干细胞研究
从基础到临床

Ganxibao Yanjiu
cong Jichu dao Linchuang

◄◄◄◄◄ ▬▬▬▬

主　审　高绍荣　韩忠朝

主　编　刘中民　汤红明

副主编　贾文文　赵庆辉

人民卫生出版社
·北 京·

图书在版编目（CIP）数据

干细胞研究：从基础到临床 / 刘中民，汤红明主编
. —北京：人民卫生出版社，2024.5 （2025.1重印）
ISBN 978-7-117-35933-7

Ⅰ.①干⋯　Ⅱ.①刘⋯②汤⋯　Ⅲ.①干细胞–研究
Ⅳ.①Q24

中国国家版本馆 CIP 数据核字（2024）第 026263 号

人卫智网	www.ipmph.com	医学教育、学术、考试、健康， 购书智慧智能综合服务平台
人卫官网	www.pmph.com	人卫官方资讯发布平台

干细胞研究：从基础到临床
Ganxibao Yanjiu：cong Jichu dao Linchuang

主　　编：刘中民　汤红明
出版发行：人民卫生出版社（中继线 010-59780011）
地　　址：北京市朝阳区潘家园南里 19 号
邮　　编：100021
E - mail：pmph @ pmph.com
购书热线：010-59787592　010-59787584　010-65264830
印　　刷：人卫印务（北京）有限公司
经　　销：新华书店
开　　本：787×1092　1/16　印张：37
字　　数：781 千字
版　　次：2024 年 5 月第 1 版
印　　次：2025 年 1 月第 2 次印刷
标准书号：ISBN 978-7-117-35933-7
定　　价：208.00 元
打击盗版举报电话：010-59787491　E-mail：WQ @ pmph.com
质量问题联系电话：010-59787234　E-mail：zhiliang @ pmph.com
数字融合服务电话：4001118166　E-mail：zengzhi @ pmph.com

编者（按姓氏笔画排序）
▸▸▸▸▸

丁　婧（上海爱萨尔生物科技有限公司）

丁利军（南京大学医学院附属鼓楼医院）

王　悦（同济大学附属东方医院）

王　斌（南京大学医学院附属鼓楼医院）

王译萱（同济大学生命科学与技术学院）

王晓明（上海安集协康生物技术股份有限
　　　　公司）

尹　峰（同济大学附属东方医院）

尹晓磊（同济大学生命科学与技术学院）

白志慧（同济大学附属东方医院）

边　杉（同济大学生命科学与技术学院）

母义明（中国人民解放军总医院）

成　昱（同济大学医学院）

毕紫娟（同济大学附属东方医院）

师知非（同济大学生命科学与技术学院）

朱剑虹（复旦大学附属华山医院）

任军伟（郑州大学第一附属医院）

刘　玲（同济大学医学院）

刘中民（同济大学附属东方医院）

刘晓雨（同济大学生命科学与技术学院）

汤　琦（上海科技创业投资股份有限公司）

汤红明（同济大学附属东方医院）

许　啸（同济大学附属东方医院）

孙海翔（南京大学医学院附属鼓楼医院）

李　媛（同济大学医学院）

李林波（同济大学生命科学与技术学院）

李佳潞（同济大学附属东方医院）

肖　明（上海爱萨尔生物科技有限公司）

吴景文（同济大学附属东方医院）

何　斌（同济大学附属东方医院）

汪　虎（暨南大学衰老与再生医学研究院）

忻元峰（同济大学附属东方医院）

张　全（上海交通大学医学院附属第一人民
　　　　医院）

张乃心（同济大学附属东方医院）

张传宇（上海赛傲生物技术有限公司）

张守梅（同济大学附属东方医院）

张磊升（细胞产品国家工程研究中心）

陈　佩（上海市临床研究伦理委员会）

陈　莉（同济大学附属东方医院）

纳　涛（中国食品药品检定研究院）

范骜元（同济大学医学院）

林　云（上海市卫生健康委员会科技教育处）

郑天慧（同济大学附属东方医院）

赵庆辉（同济大学附属东方医院）

赵雄飞（上海安集协康生物技术股份有限
　　　　公司）

侯月梅（上海市临床研究伦理委员会）

秦　瑶（同济大学医学院）

袁宝珠（上海质鼎生物科技有限公司）

贾文文（同济大学附属东方医院）

高　帅（中国农业大学动物科学技术学院）

高　崚（同济大学附属东方医院）

高　歌（上海爱萨尔生物科技有限公司）

高绍荣（同济大学生命科学与技术学院）

高维强（上海交通大学生物医学工程学院）

郭忠良（同济大学附属东方医院）

黄　威（上海市临床研究伦理委员会）

黄建英（武汉大学中南医院）

黄霏霏（南京大学医学院附属鼓楼医院）

康　岚（同济大学生命科学与技术学院）

康　琦（上海医学科学技术情报研究所）

章小清（同济大学医学院）

韩　薇（同济大学附属东方医院）

韩之海（围产干细胞北京市工程实验室）

韩忠朝（细胞产品国家工程研究中心）

童依凡（同济大学医学院）

曾　生（南京大学医学院附属鼓楼医院）

曾　军（重庆医科大学附属第一医院）

谢文杰（上海爱萨尔生物科技有限公司）

臧　丽（中国人民解放军总医院）

裴端卿（西湖大学生命科学院）

廖联明（福建医科大学附属第二医院）

黎李平（同济大学附属东方医院）

鞠振宇（暨南大学衰老与再生医学研究院）

前　言

　　干细胞具有自我更新和定向分化的潜能,在再生医学领域有着广阔的应用前景,已成为当前生命科学和医学研究的热点和前沿,在全球范围内受到广泛关注。近年来,我国已在干细胞基础研究领域取得长足进步,干细胞临床研究与转化也在积极地开展。2018年,国家统计局首次将干细胞行业列入产业统计分类,把干细胞临床应用纳入现代医疗服务目录中,这从侧面反映出国家对干细胞产业发展的重视,以及干细胞科技成果转化的迫切性。

　　作为中国干细胞及转化研究的倡导者、推动者、实践者,同济大学附属东方医院早在2012年我国干细胞产业面临各种困难、发展几乎停滞的大背景下,就前瞻布局,举全院之力创新打造了国内首个集"干细胞基础研究、临床前研究、临床研究、临床转化与应用"全产业链条为一体的国际领先的干细胞研究高地——上海张江国家自主创新示范区干细胞转化医学产业基地(以下简称干细胞基地)。

　　通过10余年建设发展,东方医院在干细胞领域取得了显著成效。在人才建设方面,集聚了院士、国家杰出青年科学基金获得者、长江学者等各类干细胞领域优秀人才200余位;在科学研究方面,先后承担了国家重点研发计划"干细胞及转化研究""干细胞研究与器官修复"重点专项14项,以及上海张江国家自主创新示范区重大专项等多项重大项目,总经费逾9亿元;在平台建设方面,承建了国家干细胞转化资源库、国家干细胞临床研究备案机构、上海市干细胞临床诊疗工程研究中心、上海干细胞临床转化研究院、上海市细胞治疗临床医学研究中心等国家级和省部级重点平台,同时为海南省干细胞工程中心提供技术支撑;在临床研究方面,构建了干细胞临床转化的全流程体系,完成国家备案项目6项、科技部新冠应急攻关项目1项、海南博鳌乐城先行区备案项目1项,数量居全国前列;在产业转化方面,人脐带间充质干细胞、人脂肪间充质干细胞、人诱导多能干细胞、人诱导多能干细胞分化的心肌细胞等4种干细胞制剂通过中国食品药品检定研究院质量复核,GMP实验室通过中国合格评定国家认可委员会(CNAS)审核,获授实验室认可证书(注册号CNAS L18393),并与干细胞产业上中下游100余家企事业单位达成战略合作;在标准研制方面,获批上海市标准化试点项目"临床研究用人源干细胞资源库建设",牵头发布6项团体标准,并参与多项国家标准和专家共识的撰写,为干细胞研究和转化应用提供了规范和指导。

　　现有的干细胞书籍多聚焦干细胞研究中某一环节,尚未形成从基础到临床全链条的知识体系。基于此,同济大学附属东方医院牵头组织了国内20余家干细胞研究或相关机构的70余位专业技术人员,编撰了《干细胞研究:从基础到临床》一书。本书整合国内干细胞领域资深专家学者的最新探索理念、策略与实践成果,从"基础到临床"全链条分析中国干细胞研究现状,包括干细胞政策与临床研究策略、干细胞基础研究、干细胞临床前研究、干细胞生产与建库、干细胞临床研究、干细胞产业现状与展望六大章节,对于当前我国推动健康科技创新,构建生物医药创新体系,打造领跑国际干细胞产业新高地,推动干细胞产业高质量发展,实施"健康中国"战略具有重要的现实指导意义。

本书的正式出版,离不开所有参与者的共同努力。在内容设置和撰写方面得到了众多专家学者的帮助和指导,在文章校对和排版方面,编委会做了大量工作,在此致以谢忱:感谢本书编委会成员,他们的远见、深厚学识和丰富的实践经验,使得这本书得以顺利出版;感谢中国人民解放军总医院王小宁教授在本书的策划阶段于百忙之中给予的指导和帮助;感谢同济大学附属东方医院干细胞基地的同事与研究生,为本书的编排、撰写、校对花费了大量的精力和时间;感谢人民卫生出版社为我们提供了一个可以与行业专家、学者交流的机会和平台,并在本书的出版过程中给予了莫大的帮助和支持!

本书的出版,旨在帮助读者更好地理解干细胞在生命科学和医学领域中的重要性和应用潜力,赋能干细胞领域内的政策制定者和监管者、基础研究者、临床研究者、研发者、转化推动者及产业投资者更好地精进认知和拓宽思维,为中国干细胞行业的快速发展做出应有的贡献。

随着干细胞技术的不断发展和迭代更新,干细胞转化与应用正逐渐成为现实,我们也有充分理由相信其必将为人类健康和疾病诊治提供更多有效手段。

由于时间仓促,书中内容难免存在不足之处,欢迎批评指正。

刘中民　汤红明
2024 年 4 月 1 日

目　录

第一章
干细胞政策与临床研究策略

▶▶▶▶▶

    干细胞因其独特的自我更新和多向分化潜力,为再生医学、组织工程和疾病治疗提供了无与伦比的可能性,作为生物医学的前沿领域,持续引发全球科学界、医疗界以及公众的广泛关注。作为一种新的方法,干细胞治疗必须遵循《药物临床试验质量管理规范》的基本原则。为了规范干细胞临床研究过程,保证研究结果科学可靠,保护受试者的合法权益和生命健康安全,需要对干细胞临床研究进行规范管理、制定相应的技术标准。本章将就干细胞研究政策、伦理管控、移植风险的医疗保险体系进行深入分析,探讨干细胞临床研究转化的策略。

第一节　干细胞研究政策分析

    干细胞产业在近 30 年取得了迅猛的发展,由于干细胞来源的特殊性、行业标准缺失和监管主体不明确等原因,导致干细胞产业在发展过程中产生与伦理道德冲突、临床转化进程受阻和监管边界模糊等诸多问题。现阶段的干细胞产业政策已跟不上干细胞产业的飞速发展,因此必须提出积极健康、符合国情的干细胞产业政策,以引导干细胞产业持久稳定发展。本书通过对我国干细胞产业发展及政策现状、对国外干细胞产业发展较好的国家干细胞产业现状及产品监管程序的分析研究,对比总结了我国干细胞行业发展的制约因素,以现行的产业政策为基础,以推动干细胞产业发展为目标,探讨我国如何尽快构建起适合国情的科学合理、内容完善的干细胞产业政策体系。

一、干细胞研究现状

    干细胞是一种未充分分化、尚不成熟的细胞,存在于早期胚胎、骨髓、脐带、胎盘和部分成体组织中,具有再分化成多种类型细胞和组织的潜力[1]。在医药领域中,干细胞产业不仅是战略性新兴产业,也是落实健康中国战略、提高人民健康水平的主力军。近年来,国内外以干细胞为基础的治疗研究发展迅速,尤其是在关节软骨修复、糖尿病、退行性疾病等领域,已开展了多项临床治疗。以干细胞技术为主的再生医学为人类攻克重大疾病、延长寿命带来重大希望,干细胞治疗领域已具备广阔的市场前景,形成了细胞治疗、脐带血库和新药筛选三大市场板块。预计未来 20 年内,干细胞医疗市场的全球规模将迅速增长,是 21 世纪世界重点战略性新兴产业之一。干细胞的诱人前景促使众多企业和社会资本纷纷进入相关领域,美国、英国、加拿大、日本、韩国等国家的干细胞企业和研究机构纷纷加大投入,试图占领干细胞研究和应用的制高点。

目前国际上干细胞发展主要有以下几个趋势:①欧美国家加快对干细胞产品的开发速度,亚洲地区则主要以干细胞药物研发为主;②各国顺应国际发展,制定相关政策放宽对干细胞研究的限制,为干细胞产业发展铺平道路;③对干细胞治疗的安全性、干细胞技术临床应用的监控和管理愈加重视。作为新型生物治疗产品,大多干细胞产品均处于临床治疗研究前期,存在许多与其产品特性及使用相关的、难以确定和控制的内源性和外源性风险因素,这使得干细胞应用监管显得至关重要[2,3]。目前,我国在干细胞研究方面的水平大体与国际同步,这是我国广大科研人员、医务工作者和政府各部门多年来共同努力的成果。但是,由于对干细胞产业的战略性认知、体制机制创新和产业化推进体系等层面还不够明晰,因而真正实现细胞治疗产业化还面临诸多难题。我国干细胞研究缺乏高质量的临床研究以及质量监管,只有把干细胞的规范化做好,才能提供更安全有效的干细胞治疗,惠及患者。

二、我国干细胞行业发展和政策现状

干细胞产业已成为近年来引人注目的领域之一,虽然国内干细胞治疗研究不断取得重要成果,但在临床转化方面仍存在一些负面影响。为促进干细胞产业科学、有序地发展,近年来,国家出台了一系列相关政策,详见表 1-1。我国干细胞从 21 世纪初期的参照药品监管,至 2012 年按照第三类医疗技术监管,再到 2015 年重新回到参照药品监管轨道,经历了"放松—收紧—规范"三个阶段。

表 1-1 我国干细胞产业政策历史(截至 2023 年 12 月 31 日)

序号	发文年月	发文部门	政策
1	1999 年 5 月	卫生部	《脐带血造血干细胞库管理办法(试行)》
2	2006 年 2 月	国务院	《国家中长期科学和技术发展规划纲要(2006—2020)》
3	2006 年 7 月	卫生部	《非血缘造血干细胞移植技术管理规范》
4	2009 年 11 月	卫生部	《脐带血造血干细胞治疗技术管理规范(试行)》
5	2010 年 10 月	国务院	《国务院关于加快培育和发展战略性新兴产业的决定》
6	2011 年 12 月	卫生部	《关于开展干细胞临床研究和应用自查自纠工作的通知》
7	2012 年 5 月	科技部	《干细胞研究国家重大科学研究计划"十二五"专项规划》
8	2013 年 3 月	卫生部办公厅、国家食品药品监督管理局办公室	《干细胞临床试验研究管理办法(试行)》

序号	发文年月	发文部门	政策
9	2013 年 3 月	卫生部办公厅、国家食品药品监督管理局	《干细胞临床试验研究基地管理办法(试行)》
10	2013 年 3 月	卫生部办公厅、国家食品药品监督管理局办公室	《干细胞制剂质量控制和临床前研究指导原则(试行)》(征求意见稿)》
11	2015 年 2 月	科技部基础研究司	《国家重点研发计划干细胞与转化医学重点专项实施方案(征求意见稿)》
12	2015 年 7 月	国家卫生和计划生育委员会、国家食品药品监督管理总局	《干细胞临床研究管理办法(试行)》
13	2015 年 7 月	国家卫生和计划生育委员会办公厅、国家食品药品监管总局办公厅	《干细胞制剂质量控制及临床前研究指导原则(试行)》
14	2016 年 1 月	国家卫生和计划生育委员会	延长脐带血造血干细胞库规划设置时间
15	2016 年 3 月	国家卫生和计划生育委员会、国家食品药品监管总局办公厅	成立国家干细胞临床研究管理工作领导小组
16	2016 年 3 月	国家卫生和计划生育委员会办公厅、国家食品药品监管总局办公厅	成立国家干细胞临床研究专家委员会
17	2016 年 5 月	国家卫生和计划生育委员会	首批干细胞临床研究机构备案公示
18	2016 年 7 月	国务院	《"十三五"国家科技创新规划》
19	2016 年 10 月	科技部	"干细胞及转化研究"试点专项 2017 年度项目申报指南
20	2016 年 10 月	中共中央、国务院	《"健康中国 2030"规划纲要》
21	2016 年 11 月	国务院	《"十三五"国家战略性新兴产业发展规划》
22	2016 年 12 月	国家食品药品监督管理总局	《细胞制品研究与评价技术指导原则(征求意见稿)》
23	2016 年 12 月	国家发展和改革委员会	《"十三五"生物产业发展规划》
24	2017 年 1 月	国家发展和改革委员会	《战略性新兴产业重点产品和服务指导目录(2016版)》
25	2017 年 3 月	国家卫生和计划生育委员会办公厅、国家食品药品监管总局办公厅	关于加强干细胞临床研究备案与监管工作的通知
26	2017 年 4 月	科技部	《"十三五"生物技术创新专项规划》
27	2017 年 5 月	科技部、国家卫生和计划生育委员会、国家体育总局、国家食品药品监督管理总局、国家中医药管理局、中国共产党中央军事委员会后勤保障部	《"十三五"卫生与健康科技创新专项规划》
28	2017 年 5 月	科技部、发展改革委、工业和信息化部、国家卫生和计划生育委员会、国家体育总局、国家食品药品监督管理总局	《"十三五"健康产业科技创新专项规划》

续表

序号	发文年月	发文部门	政策
29	2017 年 5 月	国家科技部、教育部、中国科学院、国家自然科学基金委员会	《"十三五"国家基础研究专项规划》
30	2017 年 9 月	科技部	"干细胞及转化研究"试点专项 2018 年度项目申报指南
31	2017 年 11 月	国家卫生和计划生育委员会、国家食品药品监督管理总局	第二批干细胞临床研究备案机构的公告
32	2017 年 12 月	国家食品药品监督管理总局	《细胞治疗产品研究与评价技术指导原则(试行)》
33	2018 年 1 月	国家知识产权局	《知识产权重点支持产业目录(2018 年本)》
34	2018 年 3 月	国家药品监督管理局药品审评中心	细胞治疗产品申请临床试验药学研究和申报考虑要点
35	2018 年 5 月	中国生物技术发展中心	国家重点研发计划"干细胞及转化研究"重点专项 2018 年度项目公示
36	2018 年 10 月	国务院	《国务院关于同意设立中国(海南)自由贸易试验区的批复》
37	2018 年 11 月	国务院	《关于支持自由贸易试验区深化改革创新若干措施的通知》
38	2018 年 12 月	国家卫生健康委员会	《关于政协十三届全国委员会第一次会议第 4443 号(医疗体育类 434 号)提案答复的函》
39	2019 年 1 月	国家卫生健康委员会	对十三届全国人大一次会议第 6238 号建议的答复
40	2019 年 1 月	科技部	"干细胞及转化研究"重点专项 2019 年度项目申报指南公布
41	2019 年 2 月	国家卫生健康委员会	《生物医学新技术临床应用管理条例》
42	2019 年 3 月	国家卫生健康委员会办公厅	《体细胞治疗临床研究和转化应用管办法(试行)(征求意见稿)》
43	2019 年 6 月	科技部、财政部	《国家科技资源共享服务平台优化调整名单的通知》
44	2019 年 8 月	国务院	《关于 6 个新设自由贸易试验区总体方案的通知》
45	2019 年 9 月	国家发展改革委员会、国家卫生健康委员会、国家中医药局、国家药品监督管理局	《关于支持建设博鳌乐城国际医疗旅游先行区的实施方案》
46	2019 年 9 月	科技部	"干细胞及转化研究"试点专项 2020 年度项目申报指南
47	2019 年 9 月	国家 21 部委	《促进健康产业高质量发展行动纲要(2019-2022 年)》
48	2019 年 10 月	科技部	"干细胞及转化研究"重点专项 2019 年度拟立项项目
49	2019 年 10 月	国家药品监督管理局药品审评中心	《细胞治疗产品申报临床试验药学研究问题与解答(第一期)》
50	2019 年 10 月	国家发展改革委员会	《产业结构调整指导目录(2019 年本)》
51	2019 年 11 月	国家药品监督管理局食品药品审核查验中心	《GMP 附录-细胞治疗产品》(征求意见稿)
52	2019 年 11 月	国家卫生健康委员会	《关于印发自由贸易试验区"证照分离"改革卫生健康事项实施方案的通知》

序号	发文年月	发文部门	政策
53	2019 年 12 月	中共中央、国务院	长江三角洲区域一体化发展规划纲要
54	2020 年 3 月	科技部	关于发布国家重点研发计划"干细胞及转化研究"等重点专项 2020 年度项目申报指南的通知
55	2020 年 8 月	国家药品监督管理局药品审评中心	《人源性干细胞及其衍生细胞治疗产品临床试验技术指导原则》
56	2020 年 9 月	国务院	关于印发《北京、湖南、安徽自由贸易试验区总体方案及浙江自由贸易试验区扩展区域方案》的通知
57	2020 年 12 月	国家卫生健康委员会科教司	关于《医疗卫生机构开展研究者发起的临床研究管理办法(征求意见稿)》公开征求意见的公告
58	2021 年 2 月	国家药品监督管理局药品审评中心	关于发布《免疫细胞治疗产品临床试验技术指导原则(试行)》的通告
59	2021 年 2 月	国家卫生健康委员会	《对十三届全国人大三次会议第 4371 号建议的答复》
60	2021 年 2 月	国家卫生健康委员会	《对十三届全国人大三次会议第 7606 号建议的答复》
61	2021 年 5 月	国家科技部	《2021 年"干细胞研究与器官修复"国家重点研发专项申报指南》
62	2021 年 5 月	国务院办公厅	《关于全面加强药品监管能力建设的实施意见》
63	2021 年 10 月	国家药品监督管理局	化妆品"线上净网线下清源"专项行动
64	2022 年 1 月	国家药监局	《药品生产质量管理规范-细胞治疗产品附录(征求意见稿)》
65	2022 年 1 月	工业和信息化部、国家发展和改革委员会、科学技术部、商务部、国家卫生健康委员会、应急管理部、国家医疗保障局、国家药品监督管理局、国家中医药管理局	《"十四五"医药工业发展规划》
66	2022 年 2 月	国家科技部	关于对国家重点研发计划"干细胞研究与器官修复"等 5 个重点专项 2022 年度项目申报指南征求意见的通知
67	2022 年 4 月	国家卫生健康委员会	国家限制类技术目录和临床应用管理规范(2022 年版)
68	2022 年 4 月	国家科技部	国家重点研发计划"干细胞研究与器官修复"等重点专项 2022 年度项目申报指南的通知
69	2022 年 5 月	国家发展和改革委员会	《"十四五"生物经济发展规划》
70	2022 年 8 月	国家卫生健康委员会	《"十四五"卫生健康人才发展规划》
71	2022 年 10 月	国家药品监督管理局	对十三届全国人大五次会议第 0123 号建议《大力推动干细胞应用转化大力发展国家干细胞产业促进机制》作出回复
72	2022 年 10 月	国家药监局核查中心	《细胞治疗产品生产质量管理指南(试行)》
73	2023 年 3 月	中共中央办公厅、国务院办公厅	《关于进一步完善医疗卫生服务体系的意见》

序号	发文年月	发文部门	政策
74	2023 年 4 月	国家药品监督管理局药品审评中心	《人源干细胞产品药学研究与评价技术指导原则（试行）》
75	2023 年 5 月	国家卫生健康委科教司发布	《体细胞临床研究工作指引（公开征求意见稿）》
76	2023 年 5 月	科技部	《人类遗传资源管理条例实施细则》
77	2023 年 6 月	国家药品监督管理局药品审评中心	《人源性干细胞及其衍生细胞治疗产品临床试验技术指导原则（试行）》
78	2023 年 7 月	国家药品监督管理局药品审评中心	《细胞和基因治疗产品临床相关沟通交流技术指导原则（征求意见稿）》
79	2023 年 7 月	国家药品监督管理局药品审评中心	《细胞和基因治疗产品临床相关沟通交流技术指导原则（征求意见稿）》
80	2023 年 9 月	国家药品监督管理局药品审评中心	《间充质干细胞防治移植物抗宿主病临床试验技术指导原则（征求意见稿）》
81	2023 年 10 月	国务院	《中国（新疆）自由贸易试验区总体方案》
82	2023 年 11 月	国务院	《支持北京深化国家服务业扩大开放综合示范区建设工作方案》

2009 年，卫生部制定的《医疗技术临床应用管理办法》将干细胞自体免疫细胞治疗技术列为第三类医疗技术，由卫生部进行管理。鉴于专家认为该类技术安全性、有效性尚需进一步研究论证，国家卫生主管部门未批准任何医疗机构开展该技术的临床应用。2011 年，卫生部部长办公会成立领导小组，制定了《干细胞临床研究和应用规范整顿工作方案》，以保障干细胞临床研究和应用规范整顿工作的有效开展，停止在治疗与临床试验中试用任何未经批准的干细胞，并停止接受新的干细胞项目申请。卫生部和国家食品药品监督管理局于 2012 年联合发布《关于开展干细胞临床研究和应用自查自纠工作的通知》，开展干细胞临床研究和应用规范整顿工作；2013 年，国家卫生和计划生育委员会及国家食品药品监管总局联合发布《干细胞临床试验研究管理办法（试行）》《干细胞临床试验研究基地管理办法（试行）》和《干细胞制剂质量控制和临床前研究指导原则（试行）》3 个文件的征求意见稿，指出干细胞临床试验研究必须在干细胞临床研究基地进行，研究基地由国家卫生和药监计划生育委员会及原国家食品药品监管总局组织进行遴选和确定，并且必须是三级甲等医院和药物临床试验机构[4]。2015 年，国家卫生和计划生育委员会及原国家食品药品监管总局联合发布了《关于印发干细胞临床研究管理办法（试行）的通知》《关于印发干细胞制剂质量控制及临床前研究指导原则（试行）的通知》。国家层面的两部门共同成立了干细胞临床研究管理领导小组、专家委员会和伦理专家委员会，开展干细胞临床研究机构备案监管，对已备案机构开展的干细胞临床研究项目进行监督检查，共同规范开展干细胞临床研究和应用行为。目前形成了临床研究双备案制和按药品审评申报两种监管模式，基础研究发展迅速，成果频出，但临床研究和产业发展囿于监管框架，进程滞后于日本、美国及其他发达国家[5]。

（一）我国干细胞产业发展现状

目前我国干细胞产业链主要由上游的干细胞采集与保存、中游的干细胞培养与制剂开发（干细胞的增殖及干细胞基因药物的研发）、下游的干细胞治疗三个环节构成。

干细胞上游产业市场基本成形。目前，处于产业链上游的存储业务是国内干细胞产业最为成熟的市场。我国干细胞存储业务主要集中在脐带血存储。脐带血造血干细胞（hematopoietic stem cell，HSC）是我国批准可以用于临床治疗的干细胞，由脐带血库保存。我国对脐带血库造血干细胞存储实施严格的政策准入制度，全国仅有山东、北京、上海、天津、广东、浙江、四川七处合法的脐血库。干细胞存储业务的发展还培育了一批具有代表性的企业。目前我国上游产业基本成形，但整体存储率不足 1%。

干细胞中下游产业市场仍待开发。随着政策的放开，我国干细胞治疗的市场空间也逐渐显现出来。目前，科学家已完成干细胞对糖尿病、帕金森病、阿尔茨海默病、重症肝炎、角膜病和白血病等多种病症治疗的动物实验，表明干细胞可以修复受损的细胞和组织，有望治疗神经系统疾病、免疫系统疾病，以及其他如肝病、卒中等一系列疾病。近年来，整形、伤口愈合及嫩肤等治疗领域也开始应用干细胞技术。

从全球市场角度来看，干细胞技术及开发近年来一直受到国际资本市场的热捧，仅在美国纳斯达克挂牌的上市股票中，干细胞概念股的相关市值就超过 300 亿美元。根据锐观产业研究院发布的《2023—2028 年中国干细胞治疗行业投资规划及前景预测报告》，未来随着监管政策的明确以及相关药品的获批上市，我国干细胞产业的市场潜力巨大。第一创业机构的研究报告指出，在国家政策与资本催生下，我国干细胞产业已经形成了从上游存储到下游临床应用的完整产业链。

我国各省市在干细胞产业领域争先布局，生物医药产业转型。如广州投资 160 亿元建设总面积为 1 650 亩的广州再生医学与健康实验室，重点推进基础研究与国际合作、临床研究与转化、产业发展与促进，抢占干细胞制高点；北京市政府已发布推进干细胞产业和细胞治疗的规划；上海瞄准创新策源，打造细胞治疗产业新高地；海南省建立博鳌乐城国际医疗旅游先行区，通过向中央申请先试先行政策，批准可在先行区直接进口使用国外上市药品和医疗设备及干细胞产品；云南省将干细胞产业定为经济支柱产业发展。

（二）我国干细胞行业监管现状

近年来，我国政府及科学界对干细胞技术高度重视，干细胞基础领域和临床研究都迅速发展，建立了多家产业化基地，取得了突破性的成绩。然而，国内市场还不成熟，部分医疗机构和企业利用患者期待心理，在没有监控机制、缺乏患者利益保障的情况下，向患者推销所谓的"干细胞疗法"，宣称干细胞"包治百病"，有些治疗不仅无法达到目的，还会造成健康危害，给患者增加新的伤病，被称为"干细胞治疗乱象"[6]。*Science* 和 *Nature* 等期刊更是发文，称中国某些医疗机构在干细胞治疗方面不按规定操作，存在安全隐患[7]。上海市临床研究伦理委员会主任委员、前世界卫生组织副总干事胡庆澧曾指出,我国干细胞研究缺乏正规的临床研究,以及质量监管,只有把干细胞的规范化做好,才能考虑临床治疗。

目前,我国干细胞实行临床研究和新药双轨制监管模式。临床研究实行机构和项目双备案制,需遵循《医疗机构管理条例》《干细胞临床研究管理办法(试行)》等条例开展,由国家卫生健康委员会、国家药品监督管理局共同监管。干细胞新药按照《中华人民共和国药品管理法》进行注册试验,由国家药品监督管理局进行审批与监管。在备案医疗机构开展的临床研究,需由国家卫生健康委员会、国家药品监督管理局批准,完成临床研究机构和项目双备案后,开展临床研究。目前尚未开放医疗机构开展干细胞转化应用。2019年,国家卫生健康委员会发布的《体细胞治疗临床研究和转化应用管理办法(试行)》(征求意见稿)提出,临床研究进入转化应用,只可在备案机构"定点"使用,需由国家卫生健康委员会评估公示并进一步备案,方可开展。以上市销售为目的的干细胞新药产品,需根据新药申报审批流程,完成Ⅰ、Ⅱ、Ⅲ期临床试验,在验证安全性和有效性后,向国家药监局申请新药证书,获得批准后上市销售,并在任何满足基本条件的医疗机构"多点"使用。该文件至今尚未正式发布。同时,《生物医学新技术临床应用管理条例》也在制定过程中。

由于我国相关部门架构和职能调整,干细胞管理制度还处于磨合阶段。与国外相比,我国目前存在尚未明确国家卫生健康委员会和国家药品监督管理局在干细胞临床研究备案受理过程中的具体分工、评审程序和监管权限;针对干细胞产品的监管文件均为指南、原则等形式,没有上升到法律层面,同时文件间衔接紧密性不强,无详细操作细则[8];干细胞治疗产品适应证不聚焦,表现为"包治百病",治疗范围广而杂,并且存在未开通干细胞制品注册渠道等问题。

(三)我国干细胞产业发展制约因素分析

我国现行干细胞监管制度以控制风险为主,尚未将制度设计延伸至产业培育阶段,产业发展受困于临床准入、政策框架、技术规范、转化模式等因素,产业潜能难以释放。

1. 干细胞临床研究主体门槛高,研究项目不分风险等级,制约临床开展。目前,我国干细胞临床研究主体备案要求较高,主体需为三级甲等医院,符合干细胞临床备案资质的医院较少。而受益于先行先试政策的中国干细胞集团海南博鳌附属干细胞医院,目前已突破三甲医院门槛的限制,验证了非三甲医院开展临床研究的切实可行性。此外,我国临床研究项目监管备案模式缺乏柔性,无论风险等级高低,均按照同等要求开展备案,如目前备案的项目,对较低风险的自体来源和较高风险的异体来源干细胞,均采取相同的专家评审机制和要求,风险把控机制不够完善,致使未来难以发展出质量和数量并驾齐驱的格局。

2. 监管体系有待健全。干细胞产品按照药品监管审批,"亦步亦趋"限制了标志性成果产出。目前我国干细胞及相关产品的标准和应用规范还相对滞后,需要加强政策研究和监管,加大政府管理政策的支持和引导力度。对干细胞技术和产品实行分级分类管理,对干细胞作为个体化治疗技术和药品的特殊性实行分类、分阶段管理。对申请承担干细胞临床研究的单位资质加强审核认证,确保研究活动合规开展。干细胞产品为个性化产品,验证安全、有效性需大量样本,基于当前申报审批制度和大部分产品处于临床试验早期的现状,临床试验周期将被拉长,预计我国5~7年后才能出现第一批自主研发的干细胞产品。

3. 干细胞制备标准体系缺乏,产业发展举步维艰。当前我国针对细胞制备制定了《干细胞制剂质量控制及临床研究指导原则(试行)》《干细胞临床研究管理办法(试行)》《细胞治疗产品研究与评价技术指导原则(试行)》《免疫细胞治疗产品临床试验技术指导原则(试行)》,相关规范文件较少,且未针对不同疾病类型、细胞类型做细项规范。标准体系的缺乏,导致细胞制品的应用风险和监管难度增加,企业难以在临床细胞制剂供应方面铺展规模。目前我国企业成为临床级细胞制剂供应方尚未超过60家,且企业只能就与特定协议机构开展合作,限制了企业规模化进入临床研究,阻碍了细胞制备产业的扩张。

4. 费用机制不明确,机构和患者双向受益机制有待挖掘。在机构端,我国临床研究机构面对转化路径不明确,当前已完成备案的机构,大部分限于开展无偿形式的临床研究,研究成果悬而未决、止于中途者居多。我国干细胞研究资金主要来自政府项目支持或社会赞助,虽然国内社会资本及创业投资/私募股权投资普遍看好干细胞行业发展,但由于投入大、周期长,导致对干细胞行业风险投资资金有限,制约了干细胞行业发展进程,研究转化缓慢。尽管国家卫生健康委员会于2019年发布的《体细胞治疗临床研究和转化应用管理办法(试行)》(征求意见稿)首次针对体细胞治疗转化应用提出指导意见,为干细胞的转化应用机制埋下伏笔,但仅限于征求意见稿,正式文件至今尚未发布,临床研究转化应用前路漫漫。在患者端,我国干细胞产品未纳入医保名录,患者治疗负担重。虽然目前我国尚未有干细胞产品上市,但参考PD-1单克隆抗体达伯舒纳入医保后年费用从26.9万元降至9.7万元的实例,提前探索将干细胞产品纳入医保将大幅提升产品的可及性,减轻患者的经济负担。

5. 缺乏核心资源储备。目前的细胞库主要是研究型库和众多小型商业库,均不足以推动干细胞产业化的发展,缺少能为相应疾病的发病机制、治疗新策略、新药研发等提供遗传背景和临床表现齐全的诱导多功能干细胞(induced pluripotent stem cells,iPSC)资源库。

6. 缺乏足够的人才支持机制。作为临床研究主体的医院属于卫生系统,只有临床医疗系列职称,干细胞领域等专业人才职称评定困难,在人才引进、职称评聘等方面受到多方限制,干细胞研究不但要汇聚基础科学家,更要注重挖掘聚集顶尖的临床专家以及管理、伦理、材料、法律、知识产权等跨学科人才及青年人才,以项目为抓手组建团队,建立责、权、利产权明晰的管理机制。

7. 缺乏先行先试的鼓励制度。目前尚无鼓励符合条件的单位对干细胞应用先行先试,对于符合规范的先行先试的错误要予以宽容的政策。建议政府鼓励地方和企业投入干细胞及转化医学研究,并鼓励地方出台管理实施细则,推动干细胞研究成果尽快进入临床转化。

目前我国干细胞基础研究成绩斐然、细胞治疗研究优势明显[9],但在产品上市方面仍是一片空白。对于前景广阔的干细胞产业，身处再生医学飞速发展的年代，我们不能固步自封、闭门造车，更不能坐等国外干细胞产品与技术的输入和垄断，而应该积极借鉴国外干细胞产业发展和监管的经验教训，抓住机遇加快推动干细胞产业的发展。

三、国外的干细胞行业发展和政策现状

（一）美国

美国在干细胞研究领域保持着全球领先地位。虽然由于宗教信仰和政党政见不统一等原因，干细胞研究政策几经废立，但随着美国新政策的解禁和产业界对干细胞治疗的大力支持，美国干细胞产业呈现加速发展的态势[10]。目前，美国已有 3 种干细胞产品上市。但研究人员认为，干细胞产品或药物发展太过迅速，无论是对患者还是该技术的发展都存在一定风险[11]，这些风险往往会存在于第一次人体试验中。所以，为了规范干细胞产品介入临床治疗，美国干细胞应用监管体制发挥的作用越来越重要[12]。

美国食品药品监督管理局（Food and Drug Administration，FDA）把干细胞临床应用归类于细胞疗法。FDA 负责保证生物制品的安全、纯度、效力和有效性；干细胞临床试验、干细胞治疗、干细胞产品的生产、销售等环节均由 FDA 下属的生物制品评估与研究中心负责监管。《美国公共卫生服务法》361 条和《联邦食品、药品、化妆品法案》提出，干细胞产品的审批过程和时间与其他生物制品和药品一致，但是具体审查的关注点可能会因产品而异[13]。FDA 鼓励申请人在提交新药/产品申请前和监管机构及投资商预先进行非正式的沟通交流，有助于确保产品的合法性并促进审批后产品的市场发展。早在 1993 年，美国 FDA 就意识到应该对体细胞治疗和基因治疗这类技术进行规范，并出台了《人类体细胞治疗和基因治疗指导原则》，但对细胞及组织相关产品的管理方式采取逐案处理的方式，并未有统一的标准。1997 年，FDA 向联邦政府提交了《对人体细胞及组织产品的管理建议》，自此，免疫细胞疗法以其媒介物"人体细胞产品"，正式作为"人体细胞及组织产品"被纳入美国药品法规，接受美国 FDA 的监管。之后，美国 FDA 又数次修改和完善细胞治疗产品的监管体系，于 2005 年正式颁布了《人体细胞及组织产品的管理规定》作为联邦政府的正式法规，被收录在联邦法规的第 21 章第 1271 号（《21CFR1271》）。按照《人体细胞及组织产品的管理规定》，FDA 依据细胞和组织产品风险的高低，将细胞和组织产品分为两大类管理。低风险类的产品不需要向 FDA 申请上市前的评估，但 FDA 对从事上述产品的机构要进行定期检查；高风险类的产品需要向 FDA 申请生物制品或新药或医疗器械的上市前评估和许可，进行新药临床试验和生物制品或新药申请。FDA 在 2010 年批准了一个自体细胞免疫治疗产品用于前列腺癌的治疗；2017 年 7 月 12 日，FDA 肿瘤药物专家咨询委员会批准诺华 CAR-T 疗法（CTL-019）上市。

美国在干细胞治疗早期临床试验和监管方面有超过 20 年的丰富经验，其管理主要集中在三个基本方面：①减少从捐赠者到接收者传染病传播的风险；②建立生产质量管理规范，使感

染的风险降到最低;③负责收集干细胞制品在加工过程中的安全性及有效性证明。目前,美国FDA正在努力与其他国家的监管部门(包括欧洲药品管理局)合作探索国际干细胞治疗领域共同的管理制度,以求在全球干细胞产业进行统一监管,促进其安全、规范发展[14]。

(二) 欧盟

在美国FDA将细胞治疗产品纳入其管理后,负责欧盟药品管理的欧洲药品管理局(European Medicines Agency,EMA)于2004年颁布了《人类组织和细胞捐赠、获得、筛查、处理、保存、贮藏和配送的质量和安全标准》。2007年,欧盟在对之前相关法规进行整合的基础上,又专门颁布了《先进治疗医药产品管理规定》,该法规已于2008年12月30日正式实行。按照《先进治疗医药产品管理规定》,免疫细胞治疗作为体细胞治疗产品的一种纳入其药品监管体系,由其成立的专业委员会进行评审。欧盟将干细胞产品归为新型治疗产品(advanced therapy medical products,ATMP),所有的干细胞产品均适用于新型医疗产品规范。干细胞产品审查时间与其他医疗产品一样,评估需要最多210天,由欧盟集中审查,一旦产品/技术变得更成熟,审查时间将会变短。EMA和新型医疗委员会负责干细胞治疗产品上市许可的审查申请,包括治疗产品分类和认证,并向开发人员提供科学建议。目前,欧盟体细胞治疗和组织化工程的临床试验数量大约有200项,根据EudraCT数据库分析,大约有四分之一涉及干细胞产品。

在干细胞治疗应用的监管上,欧洲重视科学立法、政府引导、行业治理,实行行业管理机构之间无缝对接的监管,提供必要的政府服务,使生物科技企业和医疗机构能够更安全、科学、有效地研发干细胞产品[15]。为了对干细胞治疗等人体组织研究和应用实施科学监管,欧盟于2004年颁布了有关人体组织和细胞研究及应用的母指令,为成员国相关的立法提供了一个制度框架[16]。2006年,欧盟又颁布两个技术指令,为成员国有关立法提供了详细的技术基准,这三个指令合称为细胞指令。欧盟表示,监管部门需谨慎平衡干细胞产品早期介入临床应用给患者带来的价值和无效药物的副作用及其他风险的关系。研发商必须向监管部门提供与质量、安全和效力相关的证据,确保所有的药品都安全和有效并且质量优等。

(三) 澳大利亚

澳大利亚药品管理局(Therapeutic Goods Administration,TGA)部分采纳了FDA和EMA的管理方式,制定了一系列法规和政策来规范干细胞医疗领域的发展,包括《药物管理局法案》和《公共卫生法案》,将干细胞治疗和基因修饰的细胞纳入生物制品管理,对干细胞的收集、分离、储存、临床试验和上市等环节进行监管,而将医疗机构针对个体开展的细胞治疗排除在药品管理之外。

(四) 韩国

韩国政府大力支持投资干细胞研究,韩国政府把干细胞产业形容为国家经济的"新增长引擎",干细胞产品由韩国食品药品安全部(Ministry of Food and Drug Safety,MFDS)

进行监管,以确保产品的安全和有效性。为了培养生命科学和生命技术,韩国颁布了《生物伦理和生物安全法》,并采用该法对干细胞产品进行集中监管。该法案允许人胚胎干细胞(embryonic stem cell,ESC)的研究,且尤其支持成体干细胞的研究,同时也允许治疗性克隆,但禁止生殖性克隆和不同种族间精胚的转移。韩国国家生命伦理委员会对干细胞产品的类型、对象以及使用胚胎或人胚胎干细胞的来源进行监管,国家卫生部部长提出具体审批意见[17]。

韩国政府推出了关于推进干细胞产业投资发展的政策,通过立法来简化干细胞治疗产品授权的过程,减少干细胞产业化发展的障碍。截至 2024 年 2 月,韩国已上市了 12 种干细胞药物,在国际干细胞产业范围内取得了显著的成绩。

(五) 日本

我国干细胞按照新药和医疗技术分类监管,在顶层监管框架上与日本接近。总结日本干细胞监管政策演变特点并借鉴日本干细胞监管优势,对我国创新监管政策,妥善解决我国干细胞产业发展需求与监管制度的矛盾具有重要意义。

日本干细胞采取新药和医疗技术双轨制监管,通过设立职责明确的监管机构、制定分类别的法律法规、打通全流程的监管审批步骤,构建了 2 条完整的监管轨道。在医疗机构执行的临床研究和应用,被认定为医疗技术,由厚生劳动省(Ministry of Health,Labour,and Welfare,MHLW)按照《再生医学安全法》进行监管。监管依照细胞来源、细胞处理方式、适用范围等将风险等级划分为三级[18],一级风险程度最高,包括诱导多能干细胞、胚胎干细胞、转基因细胞、同种异体加工细胞疗法等;二级风险为除一级风险外的大部分干细胞疗法和非同源细胞疗法;三级风险为除一、二级风险外的细胞疗法。一、二、三级风险技术均需向厚生劳动省提交研究或治疗计划,由厚生劳动省开展风险审查和备案;最高风险的临床研究和应用,需额外通过再生医学认证委员会和厚生劳动省为期 90 天的审查。

由企业开发、以取得上市销售许可为目的的干细胞新药,须经日本厚生劳动省下属的药品和医疗器械管理局(Pharmaceuticals and Medical Devices Agency,PMDA)审查,按照《药品和医疗器械法》进行注册试验和上市审批。2010 年以前,免疫细胞治疗只能在具备细胞制备能力的医疗机构开展;2010 年以后,允许向其他不具备制备能力的医疗机构提供免疫细胞产品并供其使用。PMDA 也修改现有的法规以适应细胞治疗的管理,考虑对细胞治疗产品给予有条件批准,上市后继续向 PMDA 提供研究报告,进一步确定细胞治疗产品的有效性和安全性,在 7 年内验证其安全性和有效性后,可申请最终上市[19]。

日本还将细胞标准化制备程序完善,从源头支撑产业健康持续发展。日本通过两条途径推进细胞标准化处理,从源头把控风险。一是制定完备的细胞标准化制备指导文件。根据三菱综合研究所统计数据,日本已发布细胞治疗指导文件共 128 项,针对不同的疾病领域、细胞类型,聚焦细胞采集、细胞制备、质量评价、疗效安全评估以及运输和存储标准等环节,推进细胞标准化制备。二是针对细胞流通展开链式监管。厚生劳动省要求企业须获取细胞制备许可证,方可生产并提供细胞制品。获得许可证的企业,需为细胞制品流通负责,并就细胞加工次数、投诉状况、细胞使用情况等情报信息定期向厚生劳动省跟踪报告。根据厚生劳动省数据,目前日本共发放细胞制备许可证2752项,对象涵盖医疗机构、研究机构和企业。日本针对细胞制备与提供开展链式跟踪,进一步降低了干细胞风险,为产业持续发展奠定了基础。

此外日本干细胞行业费用机制明确,企业和患者双向受益。在企业端,日本允许医疗机构对患者收取费用,并允许企业在"有条件/期限上市"期间可针对产品收费,降低了医疗机构和企业的成本,提高了企业的积极性;在患者端,日本将再生医学产品纳入了公共医疗保险,规定使用再生医学产品进行治疗的患者,只需负担治疗费用的30%,在最大限度保障患者权益的基础上,提升了产品的可及性。在费用机制方面,日本充分考虑了企业和患者的不同立场,较好地平衡了多方需求,使企业和患者成为双向受益者。

此外,为了加速相关研究,尽早实现临床应用,使日本在诱导多能干细胞研究上保持领先地位。日本政府及时确立了相关方针政策,形成了包括经济产业省、文部科学省、厚生劳动省等全国主要相关部门在内的"举国体制",目标是将日本的诱导多能干细胞研究推向一个更高水平。

因此,干细胞研究的发展离不开以下几个基本要素:①政策与规划支持;②人才培养以及一定时期内的人才引进;③文化条件,既支持干细胞治疗技术的合理应用,又通过伦理、社会、法律和道德等方面限制其负面影响;④投资机制发展和企业培育。从我国的现状看,虽然近年来干细胞研究已经获得了很大发展,但与美国、日本等发达国家相比,我国的干细胞研究仍然较为落后。而且我国现有的干细胞研究多属于基础研究,离真正临床应用还很遥远。此外,我国还没有成熟的风险投资市场,缺少技术孵化器,商业化难度大。因此,我国的干细胞治疗研究仍需大力加强。

四、对我国干细胞行业政策的建议

(一) 建立统一、规范的质量检验标准

目前我国干细胞临床研究和治疗在评估和规范化管理上存在一些漏洞,监管等配套机制不健全。同时,部队系统医院不直接接受国家卫生部门的管理监督,造成干细胞管理体系不统一的局面[20]。建议建立细胞标准化制备和应用监管链,建立细胞标准化制备指导体系,对符合细胞标准化制备要求的机构或企业颁发证书,推进细胞标准化进程。同时要求细胞制备企业应和使用机构建立联动沟通机制,形成细胞加工、治疗人数、治愈状况、安全与科学性等情况联通监管链。建立规范的质量检验标准,有利于提高我国干细胞产业的可信度和安全性。

(二) 明确各监管单位具体分工,加强顶层设计

目前我国尚缺乏对干细胞产业的顶层设计和系统性法规和标准。首先,应进一步加强国家对细胞治疗产业的顶层设计,同时发布干细胞产业的行业标准,指导和规范细胞临床研究和

应用;并加大来自政府、地方部门和企业的经费投入;引导和规范新闻媒体对细胞治疗技术的科普宣传等。其次,对于符合下列条件的干细胞技术应给予重点支持、开辟绿色通道,为国民健康造福:①代表我国在国际上领先水平,并且自主研发的创新性干细胞技术(或产品);②能够解决重大健康问题,同时在临床上有重大需求和市场;③初步证明有很好的临床疗效,且具备良好的安全性等。

要明确国家卫生健康委员会和国家药品监督管理局在受理干细胞临床研究中的具体监管分工,消除监管区空白,细化管理规则,明确管理责任。建议我国加强干细胞产业发展顶层设计与战略协调;充分发挥国家干细胞研究指导协调委员会和国家干细胞临床研究管理工作领导小组的作用;加强科技部、国家卫生健康委员会、国家药品监督管理局及其他各相关部委的沟通协调;重视并倾听干细胞产业链中利益相关方的意见,系统研究并尽快建立我国干细胞政策与法律法规框架;明确规定干细胞完成临床研究后走向临床应用的制度;并从国家层面进行统筹协调,使干细胞基础研究、临床研究、临床应用、产业化发展等能有效衔接,从而推动干细胞产业快速有序发展。

(三) 制定干细胞临床研究的法规、加强监管力度和审批的公开透明度

国家政策的停滞不前,导致很多科研机构及临床单位无法进行深入探索和合理化的产业生产[21]。目前由于没有政策法规合理引导,存在正规医疗机构难以发展干细胞治疗产业,但非正规医疗机构却存在滥用现象。由于未及时出台有效的干细胞法律法规和标准体系,我国干细胞产业在一度无序发展之后被紧急叫停。目前干细胞产业也依然存在细胞质量缺乏权威检验标准、细胞临床应用缺乏有效依据和明确的指导原则等问题。将干细胞管理规范上升到法律层面,尽早提出干细胞基础研究与临床研究的规范和政策法规,有利于维护患者权益,引导我国干细胞技术走向科学发展之路。同时应加大管理力度,审批过程公开透明,便于社会了解监督。建议国家各相关部委局建立联动机制,建立健全干细胞法律法规、指南(指导原则)法律框架,细化干细胞相关指南、指导原则和标准,明确监管部门及各自的责任,尽快出台监管细则,区别对待干细胞作为个体化治疗技术和药品的特殊性,推动符合规定的干细胞产品尽快进入临床甚至市场。对于国家批准干细胞药物和经临床研究证明安全有效的治疗技术,建议选择具备条件的单位先行应用,取得经验并形成成熟的治疗方案后,再制定统一的行业标准进行推广。

(四) 加强干细胞技术与管理的国际交流合作

美国干细胞产业的成功因素之一在于其地理位置,如加州接壤太平洋,金融、旅游、科技资源丰富,引领了干细胞的研发和产业化。建议有条件的地方和企业加大对干细胞研究的投入,并鼓励地方出台细化管理条例,推动干细胞研究成果尽快进入临床转化。在此基础上试点先行,逐步有序开展干细胞临床应用。同时,必须意识到,虽然我国干细胞基础研究已经处于国际前沿,但仍处于跟随地位。因此我国需要加强与美国等领先国家在科研、产业、监管等方面

的沟通,构建不同形式的干细胞科研与标准交流平台,与国际接轨,加强对国外标准、技术法规和政策制定的跟踪研究,通过全方位、多层次的国际交流合作,提升干细胞创新水平。坚持发展原则,积极开展国际学术交流,掌握国际最新动态,通过学习和借鉴,使我国干细胞治疗标准及政策国际化,加强我国在干细胞合作领域和标准制定方面的话语权,为干细胞产业发展奠定良好基础。

(五) 管理部门应做好引导工作,开展干细胞技术教育

政府需加强宣传,普及公众的干细胞知识与医疗常识,提高公众的鉴别能力,帮助公众理解干细胞技术,不要盲目跟风或偏信宣传成果,要尊重法律,本着科学理性的态度对待干细胞治疗,避免盲目医疗。同时加强干细胞科研单位、企业、医院伦理建设和教育,提高从事干细胞相关工作医务人员的管理认知水平。

(六) 完善多方研究资助机制,助推干细胞研发、成果转化及市场应用

干细胞产业属于新兴战略产业,具有创新周期长、研发投入高、风险性高等特点,因此需要积极的资金扶持,正是美国联邦政府、美国国立卫生研究院(NIH)、企业和民间机构等对干细胞研发的大力扶持,才使得美国在干细胞产业方面引领全球。建议我国鼓励干细胞创新,以国家重大科研计划为先导,资助一批有望取得重大突破的项目;同时引导风险投资基金和民间资金,推动产、学、研一体化,鼓励和引导科研人员与市场结合,以合资或科技入股的方式将干细胞技术成果推向市场,形成一批由科技人员创办或参与的干细胞企业,加速干细胞产业化进程。

五、小结

总之,政策的科学发展和政策的完善通常滞后于新兴技术和产业的发展,干细胞研究和产业的情况也正是如此。由于干细胞直接应用于人体,关系到人的生命健康,需要对行业进行严格监管。但是,与此同时,通过对国内外干细胞产业政策和监管的回顾,作为全球药品监管标杆的美国FDA对干细胞的监管从未因噎废食,而是不断努力追求一种平衡,既鼓励干细胞研究的创新,又对其进行谨慎规范。干细胞产业作为一种新兴的技术产业,其内容还将不断发展,其管理目前还没有一种完美的模式,管理部门应以发展的眼光积极探索,创新管理,寻找对高新医疗技术最适合的管理模式,推动新技术的应用和发展。

(林 云)

参考文献

[1] 孙园园,李敏霞,邱冬,等. 间充质干细胞临床应用研究进展[J]. 河南医学高等专科学校学报,2020,32(6):714-717.

［2］赵新新.干细胞治疗产品质量管理策略分析［J］.科学与财富,2020,（14）：226.

［3］项楠,汪国生,厉小梅.我国干细胞临床研究现状分析、政策回顾及展望［J］.中华细胞与干细胞杂志(电子版),2020,10（5）：303-309.

［4］睢素利,吴菲.解读干细胞管理征求意见稿［J］.中国医院院长,2013,9（9）：75.

［5］姜天娇,孙金海.国外干细胞产品监管现状及对我国的启示［J］.中国社会医学杂志,2016,33（2）：117-120.

［6］缪航.干细胞治疗乱象的社会建构与责任反思［J］.自然辩证法通讯,2015,37（1）：6-110.

［7］Cyranoski D. China's stem-cell rules go unheeded［J］. Nature,2012,484（7393）：149-150.

［8］姜天娇.我国干细胞技术临床研究现况调查与管理策略研究［D］.上海：第二军医大学,2016.

［9］吴祖泽.再生医学研究与转化应用［J］.领导科学论坛,2016,29（22）：87-96.

［10］陈云,邹宜諠,邵蓉,等.美国干细胞产业发展政策与监管及对我国的启示［J］.中国医药工业杂志,2018,49（12）：1733-1741.

［11］卢加琪,刘伯宁,罗建辉.基于干细胞的再生医学产品研究进展与监管现状［J］.中国科学(生命科学),2019,49（1）：18-27.

［12］傅俊英,赵蕴华.美国干细胞领域的相关政策及研发和投入分析［J］.中国组织工程研究与临床康复,2011,15（45）：8537-8541.

［13］Kellathur SN,Lou HX. Cell and tissue therapy regulation：worldwide status and harmonization［J］. Biologicals,2012,40（3）：222-224.

［14］Committee for Advanced Therapies（CAT）. Challenges with advanced therapy medicinal products and how to meet them［J］. Nat Rev Drug Discov,2010,9（3）：195-201.

［15］黄清华.英国执行EUTCD的经验和启示——兼谈中国干细胞疗法监管科学框架［J］.医学与法学,2013,（4）：15-22.

［16］黄清华.细谈欧盟三个细胞指令［J］.科技导报,2013,31（30）：11.

［17］陈云,邹宜諠,张晓慧,等.韩国与日本干细胞药品审批、监管及对我国的启示［J］.中国新药杂志,2018,27（3）：267-272.

［18］聂永星,陈艳萍,赵凯,等.日本干细胞双轨制监管对中国的经验借鉴［J］.云南大学学报(自然科学版),2020,42（S2）：92-96.

［19］Fujita Y,Kawamoto A. Regenerative medicine legislation in Japan for fast provision of cell therapy products［J］. Clin Pharmacol Ther,2016,99（1）：26-29.

［20］陈飞.干细胞治疗有待规范［J］.中国卫生,2014,30（2）：104.

［21］赵庆辉,蒋尔鹏,何斌,等.加强干细胞科技成果转化的策略探讨［J］.中华医学科研管理杂志,2020,33（4）：264-268.

第二节　干细胞临床研究的伦理原则

干细胞具有自我更新和定向分化的潜能,在再生医学领域有着广阔的应用前景。人源性干细胞及其衍生细胞治疗产品,作为重要的再生医学产品,在重要组织器官的细胞替代、组织修复、疾病治疗等方面具有巨大的潜力。目前,国内外已用自体或异体来源的成体、胚胎及诱导多能干细胞等,开展了骨关节疾病、肝硬化、移植物抗宿主病(graft versus-host disease,

GVHD)、脊髓损伤及退行性神经系统疾病和糖尿病等多类疾病治疗的临床研究。干细胞制剂相对其他类型药品来说,具有更高的风险,更需强调干细胞制剂从质量控制到临床研究结束后随访的整个过程均应符合伦理规范。本节根据国内和国际干细胞研究相关法规、指南和专家共识,将从干细胞的采集、干细胞样本库管理、干细胞临床研究以及临床研究后等方面,分别阐述干细胞临床研究的伦理关注要素和伦理审查要点。

一、干细胞的采集、制备、样本质量控制的伦理关注要素

(一) 干细胞的采集、分离及干细胞(系)的建立

1. **干细胞供者**　提供干细胞的获取方式、途径和临床资料。详细采集单基因和多基因、心血管和肿瘤等疾病的相关信息。异体干细胞供者,应收集 ABO 血型、人类白细胞抗原(human leukocyte antigen,HLA)-Ⅰ类和Ⅱ类分型资料,不得使用有明确遗传性疾病、人类免疫缺陷病毒(HIV)、乙型肝炎病毒(HBV)、丙型肝炎病毒(HCV)、人类嗜 T 淋巴细胞白血病病毒(HTLV)、嗜人类淋巴细胞的疱疹病毒(EBV)、巨细胞病毒(CMV)及梅毒螺旋体感染患者的干细胞。使用体外受精术胚胎建立的人胚胎干细胞系,应追溯配子供体,并接受筛选和检测。

2. **质量控制**　制定符合《药品生产质量管理规范》(Good Manufacturing Practice of Medical Products,GMP)要求的干细胞采集、分离和干细胞(系)建立的人员培训、材料和设备使用、细胞存储和运输、环境维护检测的标准化操作管控流程。建立多级的细胞库,如主细胞库和工作细胞库,减少细胞批次变异,并保证细胞的鉴别特征(细胞表面标志物群、表达产物和分化潜能)和无微生物污染。

(二) 干细胞制剂的制备

1. **培养基**　培养基成分的纯度、无菌、无病原微生物和无内毒素符合质量标准,满足干细胞正常生长并保持生物学活性的条件,避免使用抗生素。商业培养基应提供成分、质量合格证和批次质检证。避免使用人或动物源性血清,禁用同种异体人血清或血浆,严禁使用海绵体状脑病流行区来源的牛血清。人血液成分培养基应提供来源、批号和质检报告。

2. **滋养层细胞**　用于体外培养和建立胚胎干细胞及诱导多能干细胞的人源或动物源的滋养层细胞或细胞库,应对供体和外源性致病微生物风险进行质量控制。

3. **制备工艺**　干细胞制备工艺应有复合工艺参数和质控标准。定期审核和修订干细胞采集、分离、纯化、扩增和传代、干细胞(系)建立、功能定向分化、培养基、辅料和包材、细胞冻存、复苏、分装和标记、残余物去除等工艺标准操作流程。追踪并详细记录干细胞的制备、植入和受试者体内变化的全过程。记录并管理丢弃干细胞制剂过程。处理剩余干细胞制剂要合法且符合伦理要求。

（三）干细胞样本质量控制

1. **干细胞样本质检要求** 干细胞治疗的制剂将依据细胞来源、体外处理和临床适应证等进行质量、安全性和有效性的检验。干细胞制剂的检验可分为质量检验（安全性、有效性和质量可控性）和放行检验（类型和批次）。制备工艺、场地或规模变化时，应重新对多批次制剂质检。不同供体或组织来源混合使用的干细胞制剂，应对所有来源细胞质检。

2. **细胞质量检验**

（1）细胞鉴别、存活率及生长活性及纯度和均一性检测：不同供体及不同类型的干细胞，应进行细胞形态、遗传学、代谢酶亚型谱分析、表面标志物及特定基因表达产物等检测综合鉴别。用细胞生物学活性检测方法，判断细胞活性及生长状况。必须通过细胞表面标志物、遗传多态性及特定生物学活性方法，对干细胞制剂的纯度或均一性进行检测。混合使用的干细胞制剂，应对各来源细胞的表面标志物、细胞活性、纯度和生物学活性均一性进行检验和质控。

（2）细菌、支原体、细胞内外源致病因子和内毒素检测：应依据现行版《中华人民共和国药典》中的生物制品无菌试验、支原体和内毒素检测规程，对细菌、真菌、支原体污染和内毒素进行检测。

（3）异常免疫学反应和致瘤性检验：检测异体来源干细胞制剂对人总淋巴细胞增殖能力、不同淋巴细胞亚群增殖能力、相关细胞因子分泌的影响。对于异体来源的干细胞制剂或经体外复杂操作的自体干细胞制剂，须通过免疫缺陷动物体内致瘤试验。

（4）生物学效力试验：检测各种来源的干细胞分化潜能、诱导分化细胞的结构和生理功能、对免疫细胞的调节能力、分泌特定细胞因子、表达特定基因和蛋白等功能进行判断。

（5）培养基及其他添加成分残余量的检测。

（四）干细胞采集的伦理审查要点

1. **干细胞采集须经过伦理委员会审查**

2. **伦理审查内容** 干细胞的采集方案及知情同意书。

（1）采集方案：包括研究项目来源、资金和起止时间；研究背景和目的；捐献者的入选标准、排除标准、捐献流程、捐献者的依从性和对捐献者的人文关怀；干细胞采集数量和干细胞用途；干细胞的采集及运输和运输温度控制；干细胞样本库的质控；研究人员培训；干细胞采集记录、资料保存及隐私保密。包括干细胞取材标准操作程序、干细胞冻存标准操作程序、干细胞样本库样本存取及使用标准操作程序、剩余干细胞的废弃处理标准操作程序。

（2）来源组织供体的知情同意书、风险及获益。

（3）推荐签署独立的干细胞采集知情同意书：与临床告知书或手术同意书等合并签署时，临床告知书须加入干细胞采集内容并经伦理委员会审查通过。

（4）有科学合理具体的纳入和排除标准：干细胞供者的性别、年龄、疾病诊断或健康人群的等筛查条件。

（5）干细胞供者权益保护措施的可行性、参与研究的费用、补偿、产生损害的赔偿方式和应对措施及保险政策等。

二、干细胞样本库管理的伦理关注要素

（一）干细胞样本库管理相关法规

临床研究干细胞库的建设应遵守国家法律法规及国际准则，包括 ISO 9001、ISO 17025、ISO 13485、ISO 34、《干细胞研究和临床转化指南》《中华人民共和国人类遗传资源管理条例》《药品生产质量管理规范（2010 年修订）》《生物样本库质量和能力通用要求》《药物临床试验质量管理规范》《干细胞临床研究管理办法（试行）》《干细胞制剂质量控制及临床前研究指导原则（试行）》等[1-3]。

（二）干细胞样本入库的伦理审查要点[4]

1. 入库干细胞应通过机构、区域或样本库伦理委员会的伦理审查。

2. 入库干细胞的申请单位、项目负责人或合作机构的项目负责人信息。

3. 入库干细胞应具有存储起止时间、项目经费、干细胞使用权限、干细胞类型、干细胞收集时限和数量，避免过量采集，保护样本提供者权益。

4. 干细胞样本库条件

（1）所在机构具有法人资格。

（2）采集目的合法明确（教学、科研或商业）。

（3）采集方案合理。

（4）通过伦理审查。

（5）依据国家和国际干细胞研究建立的管理机构、机构管理和监管流程。

（6）具有符合国家质量管理标准的干细胞采集和存储场所、设备技术和人员培训。

5. 研究者具备相关研究经历或相应研究背景及能力。对于中级以下研究者或不具备相应研究经历申请人，需从严审查或咨询相关领域专家的意见。

6. 研究方案应科学、样本收集量有依据。未获资助的研究项目，建议有条件的机构经学术委员会或相关领域的 2 名及以上专家审查推荐评估并出具推荐意见书。对于样本库发起的样本收集，需要结合机构的重点学科或研究方向，提供论证评估报告。

7. 干细胞供者、干细胞存储和使用的风险评估及受益。

8. 干细胞采集和存储知情同意书的规范性（目的、样本量与类型、存储时间、隐私保护措施、退出和样本销毁程序、收益、风险、研究结果反馈和披露、知识产权、联系信息等），确保知情同意过程的规范。

9. 涉及国际合作（包括合作方为国外机构或参与人中有国外人员）的项目，需要到人类遗传资源管理机构网站申请备案。

10. 干细胞供者参加研究过程中的费用、补偿、产生损害的赔偿方式、应对措施和保险政策。

11. 利益冲突及其回避措施。

12. 由于研究方案实施不当导致发生严重不良反应造成社会舆论风险的可能性及其应对措施。

（三）干细胞样本库监管的伦理关注要素[4]

干细胞库的管理涉及干细胞来源、制备、质量控制、临床试验的开展、剩余干细胞制剂的处理等多个环节，具体如下：

1. 干细胞来源、制备、质量控制、临床研究试验的开展、剩余干细胞制剂的处理等步骤均要求可追溯。

2. 干细胞库具有专属的管理标准操作规程，具有完备的干细胞质量控制条件。

3. 干细胞库的机构管理者定期对库存系统进行审核，建立放行检验规定及不合格制剂的预防改正措施。

4. 干细胞库的机构监管部门应确保干细胞库建立包括临床模块，制备模块（包括干细胞接收过程，细胞系分离、纯化、扩增、培养、冷冻、复苏），质检模块、存储模块在内的信息管理系统。

5. 干细胞库的机构监管部门确保每份干细胞制剂应分配唯一的编码，干细胞冷冻保存方式合理，干细胞在分发前应经过审核和放行检验。

6. 干细胞库的机构监管部门应确保干细胞库建立完善的保密措施。

（四）干细胞出库的伦理审查要点[4]

1. 干细胞提交入库的机构、区域或样本库伦理委员会的伦理审查文件。

2. 出库申请单位、项目负责人或合作机构的负责人信息。

3. 干细胞出库时间、研究项目经费、出库使用范围、频次和使用年限、出入库数量、类型和使用范围的一致性。若干细胞使用人和供者不一致，需要提交入库干细胞研究者或干细胞库的知情同意书。

4. 同一研究项目已经过伦理审查，后续出库时无须每次出库都申请伦理审查，但是需要到样本库办理相关手续并且备案前次的伦理审查批件。

5. 干细胞出库时，样本库管理机构需要和干细胞使用者签署干细胞出库协议，协议包括干细胞收集是否收取处理费用、发表论文或申请专利时如何标注干细胞来源，研究结果反馈和信息披露方式、利益分配和成果如何共享、如何避免利益冲突等。

6. 干细胞供者的隐私和数据安全必须有具体保护措施。干细胞出库时供者姓名、性别、联系方式和身份证号码等可识别信息必须经过匿名化处理。

三、干细胞临床研究的伦理关注要素

（一）临床研究设计相关证据的伦理关注要素[5]

干细胞临床研究首先要设计或提出与适应证相关的疾病动物模型，以预测干细胞在人体内的治疗效果、作用机制、不良反应、适宜的输入或植入途径和剂量。其次，要在动物模型上研究和建立干细胞有效标记技术和动物体内干细胞示踪技术，并通过对干细胞的体内存活、分布、归巢、分化和组织整合分析，评价干细胞制剂的安全性和生物学效应。开展临床研究前，须进行放行检验，制定放行干细胞制剂的检验项目及放行标准流程，保证放行的制剂质量及安全信息的时效性。还需进行干细胞制剂的质量复核（由专业细胞检验机构/实验室进行干细胞制剂的质量复核检验）并出具检验报告。

1. **干细胞制剂的安全性** 主要对干细胞制剂的毒性（细胞植入时和植入后的局部和整体毒性反应）、异常免疫反应（免疫细胞亚型、相关细胞因子、重新表达供体的 HLA 抗原分子，植入体免疫排斥反应）、致瘤性（高代次、体外复杂处理和修饰的自体或异体来源的干细胞制剂）和非预期分化（非靶细胞或非靶部位分化）进行评价。

2. **干细胞制剂的有效性** 主要评价植入干细胞或其分化产物对细胞或动物模型疾病和病理影响，研究干细胞的归巢能力、免疫调节功能和代谢生物学效应标志物。对无法提出有效的体内动物模型的研究内容，应在临床前研究报告中进行全面细致的说明。

（二）开展干细胞临床研究的伦理关注要素

根据原国家卫生和计划生育委员会和原国家食品药品监管总局颁布的《干细胞临床研究管理办法（试行）》，规定机构学术委员会应当对申报的干细胞临床研究项目备案材料进行科学性审查。

1. **必要性**

（1）干细胞体外和体内基础研究提示良好的研究证据。

（2）与已有治疗方案相比，新的干细胞临床研究的预期结果更理想。

（3）待开展的干细胞临床研究会带来重要的理论知识的拓展或健康水平的提高。

2. **设计和实施**[1,5]

（1）方案经过干细胞相关领域专家审查。

（2）具有充分的干细胞体外和体内基础研究的证据。

（3）干细胞临床研究的干预措施，通过学术委员会论证和伦理委员会的审查。

（4）干细胞临床研究的干预措施对疾病的预防或治疗效果优于现有的治疗方式。

（5）用于尚无有效干预措施的疾病、威胁生命和严重影响生存质量的疾病和重大医疗卫生需求。

（6）试验设计合理，包括预计观察终点的适当性、统计方法，以及涉及受试者保护的疾病特异性问题等。

（7）谨慎选择受试者。通常不选择健康志愿者,常规治疗失败、缺乏有效治疗手段的受试者能够承受的治疗风险可能更高,或者其病情更能支持承担风险的合理性。

（8）在儿童开展临床试验前,应已获得相关干细胞相关治疗产品的成人受试者的安全性和耐受性数据。

3. 受试者选择 临床试验的受试人群选择取决于预期获益和潜在风险,在不同的临床研究阶段,应利用已获得的研究证据分析受试者的获益-风险预期。在干细胞相关产品的早期临床试验中,可依据预期的作用机制、临床前研究数据及既往相同或类似的干细胞相关产品的人体研究数据等评估受试者的潜在获益和风险。除了潜在获益和风险的评估,试验数据的可评价性也是选择研究人群的重要考量[6]。

（1）受试者人群:一项临床试验选择最适当的受试者时有多方面考量,包括潜在风险和获益,以及研究数据的可解读性等。

常规治疗失败、缺乏有效治疗手段的受试者能够承受的治疗风险可能更高,当疾病较严重时受试者更能支持承担风险的合理性。此外,因重度或晚期疾病导致生理功能大幅下降的受试者与病情较轻的受试者相比,耐受额外生理机能损失的能力更低。因此,干细胞及其衍生细胞治疗产品在开展临床试验时,应结合产品作用特点、潜在风险和获益、疾病严重性和病情进展等多个因素综合考虑[6]。

研究数据的可解读性也是选择适当研究人群时的重要考量。例如,目标适应证的常规治疗(如药物、手术、物理治疗等)可能影响干细胞相关产品安全性和有效性的评估。选择常规治疗无效且缺乏有效治疗手段的受试者,可能有助于降低常规治疗对试验药物安全性及有效性评价的影响。如果无法避免干细胞相关产品与常规治疗联合使用,则有必要在临床试验中采用稳定的常规治疗方案,如药物类型、剂量、给药频率等,以提高试验结果的可解读性。

（2）儿童受试者:对于纳入儿童受试者的临床试验,在儿童开展临床试验前,应已获得相关干细胞治疗产品的成人受试者的安全性和耐受性数据。如果申办者拟在无成人安全性研究数据的情况下进行儿童受试者试验,应提供成人研究不可行原因或不首先开展成人研究的依据。

（3）疾病诊疗中的受试者选择:只有预期试验产品预期产生的临床获益显著高于暂停或改变现有治疗的疾病进展风险时,才考虑采用该试验方法,并要有详细的补救治疗方案,避免延误或加重受试者的病情。

（4）无法按计划进行研究的受试者选择:研究方案应有未能治疗的受试者比例,以及是否将招募新的受试者入组,以替换未接受治疗的受试者。

4. 可行性 评估干细胞及其衍生细胞治疗产品运输、研究中心存储、配制等各个环节操作的可行性,并制定相应的实施方案,对临床试验早期发现的产品供应、保障程序中存在的问题,需要及时处理解决。

5. 人员资质和培训

(1)所有参与临床研究的研究者和操作人员应具备开展干细胞临床研究的基本资质。

(2)干细胞临床研究机构的监管部门应建立与业务相适应的组织架构。

(3)干细胞临床研究机构具有干细胞临床研究审计体系,包括具备资质的内审人员和内外审制度。

(4)对研究者和临床研究相关操作人员应着重进行干细胞研究方案的书面标准操作规程(standard operating procedure,SOP)依从性、用药过程记录、可能产生的不良事件以及预防和处理措施等内容的系统培训。

6. 相关风险 试验方案应有研究停止规则(在事件达到了严重性或发生频率时停止,评估修订后恢复试验)、暴露于风险程度和受试者人数。根据产品特点和前期研究结果,针对临床试验中的安全性风险,制定风险控制方案(风险预防、识别、诊断、处理和预后随访)。

(三)干细胞临床研究(探索性研究)的伦理关注要素

1. **研究目的** 探索目标适应证后续研究的给药方案,为有效性和安全性确证的研究设计、研究终点、方法学等提供基础。

2. **临床起始剂量** 提供动物实验、体外实验和临床数据。

3. **剂量递增和队列规模** 剂量增幅要考虑非临床研究及类似产品对受试者安全性和有效性,扩大队列规模要考虑危重症受试者和慢性非致命性疾病的临床试验安全性。

4. **给药方式** 同一剂量组内下一例受试者或下一个剂量组受试者给药前,依据急性和亚急性不良反应、细胞在体内的活性持续时间和/或既往类似产品在人体中的应用经验等制定随访间隔。首次用于人体的干细胞相关产品采用单次给药方案。

5. **最大耐受剂量** 基于疾病的严重性和获益风险预期,用剂量递增设计方案确定最大耐受剂量。临床试验剂量不超出探索性研究剂量范围。

6. **对照设置** 对照设置以观察安全性为主,初步观察产品活性或疗效,可不设对照组。如设置对照,应考虑研究目的、疾病的进展程度和严重性、治疗选择等多种因素。安慰剂对照有助于初步评价有效性。

(四)干细胞临床研究(确证性研究)的伦理关注要素

伦理审查是当今国际通行的控制研究风险的重要手段,所有干细胞相关产品临床试验均应遵循尊重原则、受益原则、公正原则、无伤原则四个伦理审查的基本原则。具体参照我国《药物临床试验质量管理规范》(2020年)、《药物临床试验质量管理规范》、International Council for Harmonisation of Technical Requirements for Pharmaceuticals for Human Use(ICH)E6(R1),Good clinical practice(GCP)、《涉及人的临床研究伦理审查委员会建设指南》(2020版)、《世界医学协会赫尔辛基宣言》(2013版)以及国际医学科学组织理事会（Council for International Organization of Medical Sciences，CIOMS）的《涉及人类健康相关研究的国际伦理指南》（2016年）等确立的人体生物医学研究的伦理标准。

1. 研究目的 确认临床研究中初步提示的安全性和疗效，为药品注册提供关键的获益/风险评估证据。

2. 对照和设盲 干细胞相关产品建议保持盲法。缺少合适的对照时，不宜采用安慰剂，可采用最佳支持性治疗对照。研究者或医务人员参与细胞的采集操作的自体干细胞治疗产品，考虑用独立审评委员会，评判的临床终点作为主要终点的判定标准，或对结果进行敏感性分析。

3. 疗效和安全性 确保临床研究中受试者临床获益相关的终点或替代终点内的相关的疗效、疗效的持续时间（不含生物学活性指标、合并用药或伴随治疗的减量或停止）和安全性（风险、迟发不良事件的发生率、严重性和危险因素）。

在目前国内已经开展的干细胞相关产品药物临床试验中，尚未观察到反复出现的严重安全性风险，但考虑到有限的数据量及观察时间较短，产品安全性仍需要持续评估。此类产品的试验方案建议包括研究停止规则，以及时控制暴露于风险的程度和受试者人数。基于评估结果，可能修订临床研究方案以降低受试者的安全风险。修订内容一般包括入组标准的修订（例如排除出现特定不良事件风险较高的受试者人群），或者剂量降低、产品配制或给药方式的调整或受试者安全监测方案的改进等。在研究方案进行调整改进以后，可能考虑恢复试验[6]。

（五）干细胞临床研究的伦理审查要点[7]

申办方、临床研究人员、研究实施医疗机构、监管机构均负有责任确保临床试验符合伦理。与所有的临床研究一样，干细胞干预的临床试验必须遵循国际国内公认的伦理准则、科学性要求及保护受试者原则。

1. 机构要求

（1）申请开展干细胞临床研究伦理审查的机构必须是已获得国家干细胞临床研究备案的机构。

（2）国家批准的干细胞研究备案机构必须建立专门的干细胞研究学术委员会和干细胞研究伦理审查委员会。

（3）确保干细胞临床研究伦理审查之前已获得学术评审。

（4）对干细胞临床研究还需要根据有关规定进行额外的独立研究评估，包括接受国家权威管理部门或授权机构要求的分级审查或审核。

2. 研究设计

（1）所有涉及干细胞干预的临床研究，须首先提交干细胞同行专家进行学术评审，对被提议的干细胞临床试验设计的科学性和有效性做出科学判断。学术委员会和伦理审查委员会均应对临床研究的价值进行审慎的考察。如果没有相关学术文献可供参考，伦理审查必须基于专业和专家意见作出判断。

（2）对比较新的干细胞干预建立的治疗模型，可能没有预先设计的研究方案，且无法提出指南试验设计。对于这类研究，以创新性医疗方法进行评估更为合适。有前景的创新性治疗策略应该在大规模应用前，尽早对其进行系统评估。

3. 伦理审查成员

（1）伦理审查委员会对干细胞临床研究方案审查时，参加审查的成员必须包括具有能力评估干细胞临床前研究的专家。

（2）参加审查的成员中应包含有能力评估临床试验设计的专家，包括统计学分析专家和与疾病相关的特殊问题的临床专家。

（3）参加审查的成员应当至少包含1名从事过干细胞相关基础、产品研发或临床研究3年以上的研究人员。

4. 知情同意

（1）研究人员、临床医生与医疗机构应该让受试者在有足够决策能力的情况下行使有效的知情同意。无论是在科研还是医疗的背景下，都应该向受试者提供有关干细胞创新疗法风险的确切信息，以及干细胞创新疗法的发展现状。

（2）如果受试者缺乏自我决策能力，应该采用法定监护人代理同意，并且严格保护受试者避免由于非治疗程序的增加带来的风险超出最低风险。当对缺乏知情同意能力的受试者进行干预疗法试验时，研究过程中出现的风险应该限制在最低风险，除非与之相关的治疗获益远大于风险。

（3）在法定监护人的代理同意情况下，如果细胞干预临床研究或替代疗法研究进程中有大的风险与受益比的改变，必须重新获得法定监护人的知情同意。

5. 收益与风险的评估

（1）应该使用有效的设计以降低风险，用最低数量的受试者来适当解答科学问题。

（2）基于目前的科学理解，由于存在对胎儿潜在的风险，不允许招募孕妇作为受试者参加干细胞临床研究。

6. 会议审查要求

（1）干细胞临床研究伦理审查有效，必须满足以下条件。

1）须有2/3以上法定出席成员同意。

2）到场成员中熟悉干细胞相关研究的具有高级职称的研究人员，投赞成票。

（2）伦理审查委员会应对研究者的利益冲突申明进行评估，确保可能产生研究设计偏差的利益冲突（经济与非经济）最小化。

（3）干细胞临床研究资料，包括伦理审查资料，需要至少保存 30 年。

7. **利益冲突声明** 干细胞临床研究的研究者需要对与研究项目或申办者之间存在专利许可或研究成果转让的关系、与研究项目或申办者之间存在投资关系、与研究项目或申办者之间存在购买、出售、租借任何财产或不动产的关系、拥有与研究产品有竞争关系的类似产品的经济利益、与申办者之间存在雇佣与服务关系、接受申办者支付的顾问费等利益冲突进行声明。

（六）干细胞临床研究后的伦理关注要素

1. 干细胞临床研究需要针对长期随访制定单独的研究方案和知情同意书，根据疗效的持续时间设置定期随访。建议对于间充质干细胞类细胞治疗产品进行不少于 2 年的随访。

2. 建议申办者在完成临床试验方案设定的访视后，继续关注受试者的疾病预后、长期疗效、免疫功能变化以及肿瘤形成等迟发性安全风险，并观察产品在体内的持续存在时间、免疫原性等。

3. 收集上市后真实数据，获得产品长期疗效，或暴露罕见的不良反应，定期更新安全性报告或进行药品再注册。

4. 在临床研究过程中，所有关于干细胞提供者和受试者的入选和检查，以及临床研究各个环节须由操作者及时记录。所有资料的原始记录须做到准确、清晰并有电子备份，保存至临床研究结束后 30 年。

5. 对干细胞制剂应当从其获得、体外操作、回输或植入受试者体内，到剩余制剂处置等环节进行追踪记录。干细胞制剂的追踪资料从最后处理之日起必须保存至少 30 年。

6. 长期随访应考虑对儿童生长和发育的影响。干细胞相关产品可以在体内存活较长时间，并产生长期疗效。对于异体来源的干细胞相关产品，反复给药可能诱导机体产生免疫应答，进而降低重复给药的有效性或增加安全性风险。因此，确证性试验的临床终点还应关注疗效的持续时间，建议申办者根据目标人群的疾病特点和临床获益评价标准，设置足够的观察期以评价受试者的长期获益。

7. 随访时间主要取决于干细胞相关产品的风险水平、疾病进程的认识等，应在不短于迟发不良反应事件预期发生的时间段内，尽量观察到由于产品特性、暴露性质等给受试者造成的风险。

四、相关表格

干细胞伦理监管工作表见表 1-2。

表 1-2　干细胞研究伦理监管工作表[7]

受理号：			
项目名称：			
主要研究者：			

1. 研究方案的设计与实施

1.1	试验符合公认的科学原理,基于必要时充分的前期研究以及相关指南、文献、数据库	□符合要求	□不符合要求	□不涉及
1.2	与试验目的有关的试验设计和对照组设置的合理性	□符合要求	□不符合要求	□不涉及
1.3	受试者提前退出试验的标准,暂停或终止试验的标准	□符合要求	□不符合要求	□不涉及
1.4	试验实施过程中的监查和稽查计划,包括必要时成立独立的数据与安全监察委员会	□符合要求	□不符合要求	□不涉及
1.5	评估累计安全性数据的周期基本合理	□符合要求	□不符合要求	□不涉及
1.6	主要研究者具有既往干细胞研究经验,具有正高级专业技术职称,经过药物临床试验质量管理规范(GCP)培训,并获得相应资质	□符合要求	□不符合要求	□不涉及
1.7	研究者有充分的时间开展临床试验,人员配备及设备条件等符合试验要求	□符合要求	□不符合要求	□不涉及
1.8	干细胞制剂质量受权人应当由机构主要负责人正式授权,具有正高级专业技术职称,具有良好的科研信誉	□符合要求	□不符合要求	□不涉及
1.9	干细胞采集人员须经培训合格并持有医师或护士执业证书,采集信息双人复核	□符合要求	□不符合要求	□不涉及
1.10	干细胞制备人员应进行无菌服穿戴的培训,制备、质量管理负责人与质量受权人不得相互兼任	□符合要求	□不符合要求	□不涉及
1.11	干细胞临床研究的机构监管部门应建立与业务相适应的组织架构,明确管理路径、职责、权限及相互关系,配备相应资质(职称、学历、培训和实践经验)的操作人员和管理人员	□符合要求	□不符合要求	□不涉及
1.12	干细胞临床研究具有完整的原始记录,包括受试者知情同意书、原始病历、病例报告表、安全性报告等	□符合要求	□不符合要求	□不涉及
1.13	临床试验结果报告和发表的方式	□符合要求	□不符合要求	□不涉及
1.14	干细胞临床试验需要针对长期随访制定单独的研究方案和知情同意书	□符合要求	□不符合要求	□不涉及

意见与建议

2. 研究的风险与受益

2.1	试验风险的性质、程度与发生概率的评估	□符合要求	□不符合要求	□不涉及
2.2	风险在可能的范围内最小化	□符合要求	□不符合要求	□不涉及

2.3	预期受益的评估:受试者的受益和社会的受益	□符合要求	□不符合要求	□不涉及
2.4	干细胞制剂质控部门已提供干细胞制剂生产企业的合规性、医疗机构干细胞车间/实验室的合规性、供体来源的合规性证明文件	□符合要求	□不符合要求	□不涉及
2.5	干细胞制剂质控部门已提供环境控制管理、组织采集管理、细胞分离及培养、运输、保存、档案室及数据库系统管理、质量复核等所有环节的质量控制报告	□符合要求	□不符合要求	□不涉及
2.6	方案内说明研究停止规则,规定事件(如同适应证或给药方式相关的特定医学事件或死亡)的严重性或发生频率,达到后将暂停入组和给药,直至情况得到评估	□符合要求	□不符合要求	□不涉及
2.7	临床研究结束后长期随访不少于 2 年	□符合要求	□不符合要求	□不涉及
2.8	制定干细胞临床研究结束后对受试者的长期随访方案	□符合要求	□不符合要求	□不涉及
2.9	干细胞临床研究结束后对受试者的长期随访应再次知情同意	□符合要求	□不符合要求	□不涉及
2.10	长期随访计划包括受试者的疾病预后、长期疗效、免疫功能变化以及肿瘤形成等迟发性安全风险,并观察产品在体内的持续存在时间、免疫原性等	□符合要求	□不符合要求	□不涉及
2.11	在临床研究过程中,所有关于干细胞提供者和受试者的入选和检查,以及临床研究各个环节须由操作者及时记录。所有资料的原始记录须做到准确、清晰并有电子备份,保存至临床研究结束后 30 年	□符合要求	□不符合要求	□不涉及
2.12	对干细胞制剂应当从其获得、体外操作、回输或植入受试者体内,到剩余制剂处置等环节进行追踪记录。干细胞制剂的追踪资料从最后处理之日起必须保存至少 30 年	□符合要求	□不符合要求	□不涉及
2.13	在婴儿和年幼儿童中进行临床试验时需要监测对生长和发育的影响	□符合要求	□不符合要求	□不涉及
2.14	儿童受试者应获得干细胞相关治疗产品成人受试者的安全性和耐受性数据。如申办者无成人安全数据的应提供成人研究不可行原因或不首先开展成人研究的依据	□符合要求	□不符合要求	□不涉及

意见与建议

3. 受试者的选择和招募

3.1	受试者的人群特征(包括性别、年龄、种族等)	□符合要求	□不符合要求	□不涉及
3.2	试验的受益和风险在目标疾病人群中公平和公正分配	□符合要求	□不符合要求	□不涉及
3.3	拟采取的招募方式和方法	□符合要求	□不符合要求	□不涉及
3.4	向受试者或其代表告知有关试验信息的方式	□符合要求	□不符合要求	□不涉及
3.5	受试者的纳入与排除标准	□符合要求	□不符合要求	□不涉及
3.6	招募尽可能避免威胁或不正当影响	□符合要求	□不符合要求	□不涉及

3.7	招募材料不应包含如下内容：①宣称或者暗示超出知情同意文件和方案描述之外的有利的结果或者其他的获益；②使用"新治疗"或"新药"术语，而没有解释测试物是试验性的；③要求受试者放弃其合法权益；④以醒目字体方式强调补偿金额；⑤将受试者参与研究不需要花费金钱的情况表述为"免费治疗"	☐符合要求	☐不符合要求	☐不涉及
3.8	谨慎选择受试者：①通常不选择健康志愿者，常规治疗失败、缺乏有效治疗手段的受试者能够承受的治疗风险可能更高，或者其病情更能支持承担风险的合理性；②在儿童开展临床试验前，应已获得相关干细胞相关治疗产品的成人受试者的安全性和耐受性数据	☐符合要求	☐不符合要求	☐不涉及

意见与建议

4. 知情同意书的内容

4.1	试验目的、应遵循的试验步骤（包括所有侵入性操作）、试验期限	☐符合要求	☐不符合要求	☐不涉及
4.2	预期的受试者的风险和不便	☐符合要求	☐不符合要求	☐不涉及
4.3	预期的受益。当受试者没有直接受益时，应告知受试者	☐符合要求	☐不符合要求	☐不涉及
4.4	受试者可获得的备选治疗，以及备选治疗重要的潜在风险和受益	☐符合要求	☐不符合要求	☐不涉及
4.5	受试者参加试验是否获得报酬	☐符合要求	☐不符合要求	☐不涉及
4.6	受试者参加试验是否需要承担费用	☐符合要求	☐不符合要求	☐不涉及
4.7	能识别受试者身份的有关记录的保密程度，并说明必要时，试验项目申办者、伦理委员会、政府管理部门按规定可以查阅参加试验的受试者资料	☐符合要求	☐不符合要求	☐不涉及
4.8	如发生与试验相关的损害时，受试者可以获得的治疗和相应的补偿	☐符合要求	☐不符合要求	☐不涉及
4.9	说明参加试验是自愿的，可以拒绝参加或有权在试验的任何阶段随时退出试验而不会遭到歧视或报复，其医疗待遇与权益不会受到影响	☐符合要求	☐不符合要求	☐不涉及
4.10	当存在有关试验和受试者权利的问题，以及发生试验相关伤害时，有联系人及联系方式	☐符合要求	☐不符合要求	☐不涉及

意见与建议

5. 知情同意的过程

5.1	知情同意应符合完全告知、充分理解、自主选择的原则	☐符合要求	☐不符合要求	☐不涉及
5.2	知情同意的表述应通俗易懂，适合该受试者群体理解的水平	☐符合要求	☐不符合要求	☐不涉及

续表

5.3	对如何获得知情同意有详细的描述,包括明确由谁负责获取知情同意,以及签署知情同意书的规定	□符合要求	□不符合要求	□不涉及
5.4	计划纳入不能表达知情同意者作为受试者时,理由充分正当,对如何获得知情同意或授权同意有详细说明	□符合要求	□不符合要求	□不涉及
5.5	在研究过程中听取并答复受试者或其代表的疑问和意见的规定	□符合要求	□不符合要求	□不涉及
5.6	如研究方案发生变更(修正案),在继续开始研究前重新给予知情同意	□符合要求	□不符合要求	□不涉及

意见与建议

6. 受试者的医疗和保护

6.1	研究人员资格和经验与试验的要求相适应	□符合要求	□不符合要求	□不涉及
6.2	因试验目的而不给予标准治疗的理由	□符合要求	□不符合要求	□不涉及
6.3	在试验过程中和试验结束后,为受试者提供研究相关的医疗保障	□符合要求	□不符合要求	□不涉及
6.4	为受试者提供适当的医疗监测、心理与社会支持	□符合要求	□不符合要求	□不涉及
6.5	受试者自愿退出试验时拟采取的措施	□符合要求	□不符合要求	□不涉及
6.6	延长使用、紧急使用或出于同情而提供试验用药的标准	□符合要求	□不符合要求	□不涉及
6.7	试验结束后,是否继续向受试者提供试验用药的说明	□符合要求	□不符合要求	□不涉及
6.8	受试者需要支付的费用说明	□符合要求	□不符合要求	□不涉及
6.9	提供受试者的补偿(包括现金、服务和/或礼物)	□符合要求	□不符合要求	□不涉及
6.10	补偿的数额与受试者参与研究所造成的不便和花费时间相关	□符合要求	□不符合要求	□不涉及
6.11	补偿的方式(货币,非货币)是适合的	□符合要求	□不符合要求	□不涉及
6.12	由于参加试验造成受试者的损害/残疾/死亡时提供的赔偿或治疗	□符合要求	□不符合要求	□不涉及
6.13	保险和损害赔偿	□符合要求	□不符合要求	□不涉及

意见与建议

7. 隐私和保密

7.1	可以查阅受试者个人信息(包括病历记录、生物学标本)人员的规定	□符合要求	□不符合要求	□不涉及
7.2	确保受试者个人信息保密和安全的措施	□符合要求	□不符合要求	□不涉及
7.3	若研究涉及可识别数据,需满足:①存储系统具有完善的权限管理,未经授权的人员不能访问,存储在生物样本库的标本。②采用安全编码隐藏受试者的个人身份信息、未经受试者同意,其个人的遗传检验结果不会透露给其直系亲属	□符合要求	□不符合要求	□不涉及

意见与建议

续表

8. 涉及弱势或特殊群体的试验	□适用　□不适用		
8.1	弱势或特殊群体包括无知情同意能力者、未成年人（儿童或青少年）、孕妇或哺乳期妇女等	□符合要求	□不符合要求	□不涉及
8.2	试验针对该弱势或特殊群体特有的疾病或健康问题	□符合要求	□不符合要求	□不涉及
8.3	对不具备有效知情同意能力的受试者进行试验时，研究过程中的风险应当被限制于最小风险范围内，除非预期治疗收益超过该试验所带来的可能风险	□符合要求	□不符合要求	□不涉及
8.4	当受试者无能力给予充分知情同意时，要获得其法定代理人的知情同意，如有可能还应同时获得受试者本人的同意	□符合要求	□不符合要求	□不涉及
8.5	针对受试者理解信息的能力，提供了充分的研究信息	□符合要求	□不符合要求	□不涉及
8.6	如果受试者在研究过程中具备了给予知情同意的能力，则必须获得其对继续参加研究的知情同意	□符合要求	□不符合要求	□不涉及

意见与建议

9. 研究者和研究人员的经济利益冲突			
9.1	干细胞临床研究的研究者应当对于和申办者或研究项目之间可能存在的利益冲突作声明	□符合要求	□不符合要求	□不涉及

意见与建议

主审委员意见
方案：

知情同意书：

其他：

主审委员决定：
□同意　　□修改后同意　　□修改后重审　　□不同意
持续审查频率建议：
□3个月　□6个月　□12个月　□其他_____

主审委员签字：　　　　　　　　日期：

说明：本表形式与内容为上海市临床研究伦理委员会的部分研究成果（尚未发表）。

相关法规指南目录见表 1-3。

表 1-3　法规指南目录

时间	文件名称	颁发部门
2003	人胚胎干细胞研究伦理指导原则	科学技术部,卫生部
2008	人体细胞为基础的药物产品指南	欧洲药品管理局
2008	安全性和有效性随访指南-前沿治疗药物的风险管理	欧洲药品管理局
2011	药品生产质量管理规范(2010 年修订)	卫生部,国家食品药品监督管理总局
2015	干细胞临床研究管理办法(试行)	国家卫生和计划生育委员会,国家食品药品监督管理总局
2015	细胞和基因治疗产品早期临床试验设计的考虑	美国食品药品监督管理局生物制品评估和研究中心
2015	干细胞制剂质量控制及临床前研究指导原则(试行)	国家卫生和计划生育委员会,国家食品药品监督管理总局
2021	药物临床试验数据管理与统计分析计划指导原则	国家食品药品监督管理总局
2017	细胞治疗产品研究与评价技术指导原则(试行)	国家食品药品监督管理总局
2017	干细胞通用要求	中国细胞生物学学会干细胞生物学分会
2019	中华人民共和国人类遗传资源管理条例	国务院
2020	涉及人的临床研究伦理审查委员会建设指南	国家卫生健康委员会医学伦理专家委员会办公室,中国医院协会
2020	药物临床试验质量管理规范	国家食品药品监督管理总局,国家卫生健康委员会
2020	生物制品注册分类及申报资料要求	国家药品监督管理局

说明:感谢胡庆澧教授(上海市临床研究伦理委员会主任委员、上海交通大学医学院附属瑞金医院终身教授、原世界卫生组织副总干事)在本文撰写、修改中给予的帮助。

(陈 佩　侯月梅　黄 威)

参考文献

[1] 国家卫生与计划生育委员会,国家食品药品监管总局. 干细胞临床研究管理办法(试行)[EB/OL].(2015-07-20)[2023-01-20]. https://www.nmpa.gov.cn/directory/web/nmpa/xxgk/fgwj/bmgzh/20150720120001607.html.

[2] 国家卫生与计划生育委员会,国家食品药品监管总局.干细胞制剂质量控制及临床前研究指导原则(试行)[EB/OL].(2015-07-31)[2023-01-20].https://www.nmpa.gov.cn/xxgk/fgwj/gzwj/gzwjyp/20150731120001226.html.

[3] 周红梅.临床级干细胞库的建设与管理[J].协和医学杂志,2019,10(2):172-177.

[4] 上海市临床研究伦理委员会.人类生物样本库伦理审查范本[J].医学与哲学,2020,41(2):74-80.

[5] Kimmelman J,Heslop HE,Sugarman J,et al. New ISSCR guidelines:clinical translation of stem cell research [J]. Lancet,2016,387(10032):1979-1981.

[6] 国家药品监督管理局药品审评中心.人源性干细胞及其衍生细胞治疗产品临床试验技术指导原则(征求

意见稿）[EB/OL].（2020-08-24）[2023-01-20]. https：//www.cde.org.cn/zdyz/opinioninfopage?zdyz IdCODE=6a01cdc9d22af25d89624e1780e44d10.

[7] 国家卫生健康委医学伦理专家委员会办公室,中国医院协会.涉及人的临床研究伦理审查委员会建设指南[S/OL].（2019-10-29）[2022-6-17]. https：//cmsfiles.zhongkefu.com.cn/zgyiyuanc/uploads/soft/191029/3058-191029130323.pdf.

第三节　干细胞治疗的副作用及医疗保险体系

　　干细胞因其具有自我更新增殖和多向分化潜能,被视为修复衰老和病变引起的组织器官损伤的理想种子细胞,干细胞损伤修复研究领域已成为再生医学研究的前沿热点[1]。干细胞治疗的安全性一直是一个备受关切的重大的问题。因为干细胞制剂不同于医药史上任何一种药品,它是一种活的细胞形式,进入人体后可能因为细胞活性、蛋白分子、代谢产物分泌、与体内细胞的相互作用、异常分化等导致一系列安全性问题,在临床治疗上体现为治疗副作用。在医学范畴里,副作用是指接受治疗后出现的治疗目的以外的作用,尽管该作用不一定是不利的作用,但在治疗过程,人们关注的副作用更多的是指治疗可能带来的不好的作用,即不良反应。只有当收益(治疗作用)大于风险(副作用)时,治疗才是允许的、可被接受的。副作用的产生一方面是由于治疗手段很难只针对某一特定的组织或某一特定的细胞发挥特定作用,而不影响其他的组织或细胞。另一方面,没有两个人是完全一样的,对一些人几乎没有副作用的治疗,可能对另一些人就会出现严重的副作用,这就像青霉素过敏反应,并不是每个人都会对其过敏。因此任何类型的治疗都可能产生副作用,但在每个人身上的表现不尽相同。

　　目前应用于临床治疗研究的干细胞主要包括造血干细胞、各种来源的间充质干细胞、神经干细胞、胚胎干细胞衍生细胞及支气管基底层细胞等。干细胞临床治疗研究涵盖全身各大系统,涉及的疾病包括白血病、移植物抗宿主病、卵巢早衰、急性心肌梗死、间质性肺病、膝骨关节炎、视网膜色素变性、年龄相关性黄斑变性、溃疡性结肠炎、骨修复、空鼻综合征、不孕症、狼疮性肾炎、视神经脊髓炎、薄型子宫内膜、慢性阻塞性肺疾病所致肺动脉高压、失代偿性乙型肝炎肝硬化、神经病理性疼痛、半月板损伤、小儿脑性瘫痪、帕金森病等。干细胞治疗相比于传统的药物治疗展现出了更强的替代再生修复优势,但同时也存在其不可避免的副作用。干细胞本身生物功能的复杂性,就增加了在体内的不可控性。同时,除了造血干细胞外,为获得足够治疗作用的干细胞数量,非造血干细胞往往需要分离提取后在体外进行人为扩增培养,制备培养过程质量不容易控制,会引入很多的不确定性。研究证明,随着传代次数的增加和培养时间的延长,干细胞的生物学特性可能发生根本变化,甚至发生恶变。干细胞的副作用可能紧随移植后数天至数月内发生。短期(急性)副作用通常发生在干细胞移植后的前100天内,长期(慢性)副作用通常在移植后100天或更长时间出现,大多数副作用会自行消失或可以治愈,但是某些副作用可能会持续很长时间或变成永久性的。在治疗过程中,不同种类的干细胞也有不同的风险和副作用。随着干细胞临床治疗研究在全球的广泛开展,我们应该更谨慎和全面地评估其治疗的安全性,为各层次的决策者包括卫生行政部门人员、医疗机构人员、医务工作者和患者等提供合理选择干细胞治疗技术的科学信息和决策依据。下面将结合现有的文献资料对干细胞治疗的风险及副作用进行分类总结。

一、造血干细胞治疗的副作用

造血干细胞是一类具有高度自我更新和增殖能力的细胞,能分化为所有类型的血细胞。不同于其他干细胞在体内分化的不可控性,造血干细胞移植后,能归巢至患者的骨髓,分化成各类血细胞发挥正常的造血功能。造血干细胞移植是现代生命科学的重大突破,自1968年完成了第一例骨髓移植以来,造血干细胞移植是目前功能最明确、使用最广泛的干细胞移植方法。造血干细胞的移植可以治疗多种血液和免疫系统疾病,也可以帮助某些癌症放化疗之后的血液系统重建。治疗的疾病包括急性白血病、慢性白血病、骨髓增生异常综合征、造血干细胞疾病、骨髓增殖性疾病、淋巴增殖性疾病、巨噬细胞疾病、遗传性代谢性疾病、组织细胞疾病、遗传性红细胞疾病、遗传性免疫系统疾病、遗传性血小板疾病、浆细胞疾病、地中海贫血、非血液系统恶性肿瘤、急性放射病等。

造血干细胞移植非常复杂,患者先要接受超大剂量的放疗或化疗,有时要联合其他免疫抑制药物,以清除体内的肿瘤细胞及异常克隆细胞,然后再回输采自体或异体的造血干细胞,重建正常造血和免疫系统。移植后血球计数恢复正常并且免疫系统运作良好可能需要6~12个月或更长时间。造血干细胞移植目前是许多血液和免疫疾病唯一有效的治疗手段,但同时移植后产生的副作用也可能非常严重,甚至危及生命[2,3]。

(一)造血干细胞治疗的副作用来源

1. **移植前的预处理**　造血干细胞移植前都会经过放化疗的预处理,这是为了使受体能够接受外来的造血干细胞和减少本身肿瘤细胞的负荷。但同时也摧毁了自身的造血和免疫系统,使机体处于一个极度脆弱的状态,大大增加了感染和出血的风险。此外,大剂量的放化疗也会对机体的其他器官组织产生毒性作用,出现多种不良反应,如肝细胞损伤坏死、肝纤维化、心律失常、心肌病、肺纤维化等。

2. **移植类型**　造血干细胞移植分为自体干细胞移植和异体干细胞移植。自体造血干细胞移植的造血干细胞来源于自身(包括自身骨髓造血干细胞和出生时存储的脐血干细胞),所以不会产生移植物排斥和移植物抗宿主病,移植并发症少,移植风险低,但自身骨髓造血干细胞因为缺乏移植物抗肿瘤作用以及移植物中可能混有肿瘤细胞,肿瘤复发率高,而脐血干细胞因为采集量较少,目前只适合于体重20~30kg内的小儿患者使用。异体造血干细胞移植的造血干细胞取自于正常供体,不含有肿瘤细胞,复发率低,但由于是异体移植,易发生移植物排斥和移植物抗宿主病,需要长期服用免疫抑制剂,移植后副作用多且较严重。

3. 供体造血干细胞的匹配度 对于异体造血干性移植而言,供体造血干细胞与受体的匹配度直接影响移植的效果。HLA 在主要组织相容性抗原里面起最主要的作用,它存在于人类第六对染色体上,其遗传区内含有 30 多个 HLA 座位基因,与造血干细胞移植相关的只是编码 HLA-Ⅰ类抗原和 HLA-Ⅱ类抗原基因(包括 HLA-A,HLA-B,HLA-C,DRB1,DQ,DP 座位基因)。HLA-A,HLA-B,HLA-C,DRB1 基因的错配,会导致急性和慢性移植物抗宿主病的发生率以及死亡率显著升高。因此,寻找造血干细胞移植供体时应优先从家庭成员中寻找(尤其是直系亲属),而后是骨髓库、脐血库。首选 HLA 等位基因匹配供体,然后选择 HLA 抗原匹配供体。在无匹配供体情况下,选择最佳错配组合的供体。

(二)造血干细胞治疗的常见副作用

1. 血细胞计数低 造血干细胞移植后血细胞计数将降低。干细胞需要一段时间才能进入骨髓并开始产生新的血细胞(称为植入)。白细胞计数低(中性粒细胞减少或白细胞减少)会增加感染的风险。血小板计数低(血小板减少)会增加瘀伤和出血的风险。红细胞计数低(贫血)会导致疲劳、头晕、呼吸急促和不适。

2. 感染 感染是造血干细胞移植最常见的早期副作用之一。发生这种情况是因为白细胞计数非常低,免疫系统较弱。细菌感染是最常见的,病毒或真菌感染也可能发生。在骨髓开始产生白细胞之前,所有类型移植物的感染风险都很高。同种异体移植后的风险最高,因为受体可能正在服用抑制免疫系统的药物来预防移植物抗宿主病。受体在接受造血干细胞移植后很长时间也会发生感染。晚期感染的风险取决于免疫系统恢复的速度,是否患有移植物抗宿主病以及是否正在服用抑制免疫系统的药物。

3. 出血 造血干细胞移植后可能发生出血,因为血小板计数非常低,会降低血液的凝血能力。有些人会出现严重的出血问题。在移植的干细胞开始起作用之前,受体可能需要进行血小板输注,尤其是在移植后的第 1 个月。

4. 贫血 贫血是指红细胞计数低和血细胞中血红蛋白浓度低。血红蛋白是红细胞中携带氧气的部分。当血红蛋白水平低时,可以给予集落刺激因子,如促红细胞生成素,以帮助增加红细胞计数。如果红细胞计数太低,则可能需要输血。

5. 移植物抗宿主病 在进行同种异体造血干细胞移植以后,移植物对于受者体内各个脏器产生攻击,从而导致各个系统的相关疾病发生。主要累及皮肤、胃肠道和肝脏,临床表现为移植术后出现皮肤斑丘疹、黄疸、恶心呕吐、腹泻、黏膜糜烂等症状,严重时可并发肺部损伤、感染、出血性膀胱炎等疾病。该病一般无法治愈,受体需要服用免疫抑制药物来预防或治疗移植物抗宿主病。

6. 肝小静脉闭塞性疾病 当通向肝脏的小血管被阻塞时,就会发生静脉闭塞性疾病(hepatic veno occlusive disease,VOD)。同种异体移植后,VOD 更常见。它可以在造血干细胞移植后的最初几周内发生,并可能导致肝损伤。症状包括黄疸,肝脏压痛和腹部积水。药物可用于预防或治疗 VOD。

7. 肾脏疾病 当移植后使用抗生素治疗感染或使用抑制免疫系统的药物抗移植物宿主病时,可能会产生肾毒性。严重时甚至可能导致肾脏衰竭。

8. 肺部疾病 当肺部由于感染而损坏时,可能会发生肺部疾病。肺部疾病在移植物抗宿主病患者中很常见,包括肺水肿、肺炎、限制性肺部疾病、阻塞性肺部疾病等。

9. 中枢神经系统疾病 中枢神经系统问题导致对大脑的损害,从而导致心理(认知)功能出现问题。包括:嗜睡、注意力不集中、记忆问题、失去平衡和精细活动控制等。中枢神经系统问题可能在造血干细胞移植后数月或数年出现,慢性移植物抗宿主病、感染或癌症复发都可能损坏中枢神经系统。

10. 口腔和牙齿疾病 移植物抗宿主病可引发口腔和牙齿问题的最常见原因。症状范围从口腔、咽喉、食道和胃的轻度压痛到剧烈疼痛。唾液分泌减少会导致蛀牙,感染也可能导致口腔问题。

11. 移植失败 移植失败包含原发性移植失败和继发性移植失败。原发性移植失败是指移植后的造血干细胞在移植后最初的 3~4 周内未能完成造血重建,常需进行第二次移植。继发移植失败是指造血重建后再次出现中性粒细胞及血小板计数持续造血重建标准不达标、伴有供者嵌合状态的丢失或无复发情况下骨髓中供者细胞嵌合率 <5%。使用生长因子治疗有可能改善移植物植入情况,例如促红细胞生成素和粒细胞集落刺激因子的联合治疗。

12. 移植排斥 如果人体排斥移植的造血干细胞,就会发生移植排斥(干细胞排斥)。这在同种异体移植中更为常见,尤其是在供体无关或匹配较差的情况下。移植排斥可以用生长因子治疗。

13. 二次癌症 移植前化疗和放疗的大量使用,会促进其他癌症的发展。自体造血干细胞移植后可发生骨髓增生异常综合征。骨髓增生异常综合征也可导致急性髓性白血病。同种异体造血干细胞移植后,第二种实体器官癌(例如黑色素瘤,肉瘤或脑癌)更常发生。

二、间充质干细胞治疗的副作用

间充质干细胞可以从全身多种组织中分离而来,包括骨髓、脂肪、脐带、羊膜、蜕膜、牙髓、外周血等[4]。间充质干细胞的发现可以追溯到 20 世纪 60 年代,因其具有较强的自我更新和多向分化潜能、免疫调节功能、细胞因子分泌功能、免疫原性较低、来源广泛、无伦理争议等诸多优点而被广泛应用于多种疾病的临床治疗研究,如移植物抗宿主病、急性心梗、糖尿病、脑卒中、自身免疫性疾病、成骨不全、肌萎缩侧索硬化症、脊髓损伤等,治疗效果显著。而间充质干细胞本身及其治疗过程,都可能引起相应的毒副反应,甚至产生致命的并发症。因此,在治疗某些疾病效果尚存在争议的情况下,进行干细胞临床试验,应重视其可能带来的副作用,切实保障受试者的权益[5]。

(一) 间充质干细胞治疗的副作用来源

1. **移植细胞的质量**　来源于自体或异体的间充质干细胞在临床试验前都必须经过一系列的体外操作过程,包括间充质干细胞的分离、纯化、扩增、诱导分化、冻存和复苏等。在这个过程中就可能引入危险因素,例如,制备过程中可能存在由于操作者操作不当或环境清洁级别不满足要求而发生支原体和细菌污染;为了节约成本,在细胞培养过程中,大部分细胞培养采用的是小牛血清,这就可能带来病毒(如朊病毒)感染、内毒素含量超标、细胞免疫原性增加的风险;冻存细胞时用到的二甲基亚砜(dimethyl sulfoxide,DMSO)的残留在输注过程中会引起患者发生超敏反应;为了达到临床治疗用量,细胞需要培养扩增,在传代过程中细胞可能会发生细胞老化和生物性状改变(如细胞的分化潜能、对免疫细胞的调节能力、分泌特定细胞因子的水平发生改变等),移植后可能不但起不到治疗效果,反而会引起严重的不良反应。因此,为了严格控制移植细胞的质量,规范操作流程,2015 年,原国家卫生计生委办公厅、原国家食品药品监管总局办公厅印发了《干细胞制剂质量控制及临床前研究指导原则(试行)》,随后我国多个省份的市场监督管理局也都先后出台了临床级干细胞质量控制管理规范,通过条例的方式明确干细胞制备过程中的操作规范和质量控制,将可能因细胞质量问题带来的副作用降到最低。

2. **细胞移植数量**　间充质干细胞移植中细胞移植的数量,也是决定其疗效和安全性的一个重要因素。由于间充质干细胞进入体内后的分布和代谢并不符合传统药物的分布代谢特点,且不同实验室的培养系统、间充质干细胞的来源属性等不同,常常导致间充质干细胞的质量存在差异。因此,目前很难就细胞移植的有效剂量和安全剂量达成一个一致的认识。理论上,在有效的剂量内,剂量越高治疗效果越好,当达到饱和剂量后,继续提高细胞剂量,甚至超过安全剂量时,反而可能会带来一些不良反应[6]。一些间充质干细胞临床试验中也发现相较于其所设置的低剂量组,高剂量组的患者更容易出现严重的移植副作用。

3. **供体细胞的来源**　临床上所用到的间充质干细胞来源分为自体来源和异体来源。自体的间充质干细胞多来源于患者自身的骨髓和脂肪组织,通过体外分离、纯化、扩增后进行回输治疗,而异体的间充质干细胞则多从脐带、胎盘等分离、纯化、扩增而来。长期以来,间充质干细胞被报道为低免疫原性或具有"免疫特权"。这一特性被认为能够跨越主要的组织相容性障碍进行的同种异体移植。自 2004 年以来,第一例临床同种异体间充质干细胞移植治疗IV级移植物抗宿主病取得成功后,临床试验中同种异体间充质干细胞的使用量激增。然而一些临床前和临床观察发现,间充质干细胞可能并不是拥有"免疫特权"。例如,当间充质干细胞暴露于 γ-干扰素(interferon gamma,IFN-γ)或分化为成熟细胞类型时,其主要组织相容性复合体(major histocompatibility complex,MHC) I 类和 II 类分子会显著表达,免疫原性增强。临床前研究显示,输注不匹配同种间充质干细胞可以诱导免疫记忆,接受了同种异体间充质干细胞的小鼠在第二次移植后 24 小时内表现出对供体来源的脾细胞的快速排斥反应。说明间充质干细胞也并没有"免疫特权",其在体内也能激起同种免疫反应[7]。

4. **移植方式** 间充质干细胞移植途径主要包括静脉注射、动脉注射和局部注射。静脉注射主要是利用了间充质干细胞的归巢能力,当组织损伤后,移植入人体的间充质干细胞会优先向炎症区域和损伤组织富集,发挥治疗修复作用,但缺点是植入的细胞经过外周组织时会外消耗掉大部分细胞,造成实际到达至损伤部位定植的细胞减少,无法穿过血脑屏障。静脉输注带来输液反应(如发热、头痛、恶心、呕吐),有发生静脉血栓和肺栓塞的危险。动脉注射方式与静脉方式相比损伤更大,操作有一定难度,并且容易出血,故应用相对少一些。局部注射是指将间充质干细胞直接注射到损伤区域,达到在损伤部分富集间充质干细胞的目的。局部注射由于治疗注射部位的不同,风险也各有不同。例如,治疗糖尿病足溃疡时,使用在溃疡周围进行肌内点注射后副作用较少,而在治疗脊髓损伤时,将移植细胞直接注射到脊髓损伤部分则可能发生二次损伤、破坏脊髓内传导束、增加脊髓感染概率等严重副作用。

5. **受体的年龄及整体的健康状态等** 人体作为一个异质的个体,每个个体所处的身体状态以及同一个体处于不同年龄阶段的身体状态都会不一样,因此,对治疗产生的反应也会不尽相同。南京大学医学院附属鼓楼医院风湿免疫科曾对 2007—2016 年间在其院接受骨髓间充质干细胞(bone marrow derived mesenchymal stem cell,BM-MSC)移植的 404 名不同自身免疫性疾病患者进行了回顾性研究,发现输注后大于 40 岁的患者的带状疱疹发病率和肝动脉栓塞发生率高于其他低年龄组。同时,这两种疾病的发病率在不同的免疫疾病的患者中也有所不同,显示间充质干细胞不良事件的发生率与患者的健康状态是相关的[8]。

(二)间充质干细胞治疗的常见副作用

1. **发热** 短暂的一过性发热是静脉内或动脉内间充质干细胞输注最常见的副作用。Lauralyn 等分别对 2012 年以前和 2012—2019 年的间充质干细胞血管内给药的临床随机对照试验进行 meta 分析,证实间充质干细胞输注与发热之间存在显著联系[9,10]。由干细胞输注引起的低热,一般无须特别处理,病人会自然恢复;当体温 >38.5℃时,需给退热药物处理。发热的机制尚不清楚,但可能与部分患者对特定间充质干细胞制剂产生了急性炎症反应有关。

2. **头疼、恶心、疲劳、注射部位疼痛** 头疼、恶心、疲劳感、注射部位疼痛是干细胞输注后常见的不良反应。在多个间充质干细胞临床研究中都有观察到,多数较轻微,一般无须处理可自然消退。

3. **肺水肿** 由于某种原因引起肺内组织液的生成和回流平衡失调,使大量组织液在短时间内不能被肺淋巴和肺静脉系统吸收,积聚在肺泡、肺间质和细小支气管内,从而造成肺通气与换气功能严重障碍。Chin 等报道在向慢性缺血性心力衰竭的受试者输注间充质干细胞后,有 3 名受试者出现急性、短暂性肺水肿[11]。肺水肿的发生可能与肺毛细血管的特点相关。肺毛细血管允许直径小于 $5\mu m$ 的微粒或细胞完全通过,而阻挡大部分直径超过 $20\mu m$ 的微粒或细胞,人脐带来源的间充质干细胞直径大部分集中在 $14\sim22\mu m$ 之间,所以静脉输注后间充质干细胞会在肺部大量滞留。在易感患者中,这可能导致肺动脉压力短暂升高进而发生肺水肿。

4. **栓塞** 陈丰穗等报道,两名肾病患者在输注人脐带间充质干细胞(umbilical cord derived mesenchymal stem cell,UC-MSC)后出现前臂肿痛,多普勒超声显示穿刺部位近端存在静脉血栓。尿激酶和华法林溶栓治疗后,肿胀和疼痛得到缓解[12]。此外有报道,一名接受了脂肪来源间充质干细胞输注的患者,在输注后发生了肺栓塞,后有实验证明这可能和其表面高表达的组织因子有关,而组织因子是引起凝血途径的启动因子。未培养的干细胞无促凝反应功能,说明细胞培养是间充质干细胞表达组织因子的重要诱因。在间充质干细胞的临床试验中,应该注意安全有效的抗凝剂的预防性用药。

5. **感染** 由于间充质干细胞在体内特有的免疫抑制调控作用,间充质干细胞移植可能会进一步增加感染的风险,尤其是在患有与感染相关的死亡率很高的移植物抗宿主病的严重免疫抑制患者中。在移植物抗宿主病回顾性研究中发现,不同来源的间充质干细胞移植后,会在短时间内增大发生严重感染的概率,严重者可因感染引起的并发症死亡。另外,使用胎牛血清培养的间充质干细胞可能会带来人畜共患污染(如朊病毒病),因此,在运用间充质干细胞治疗过程中一定要注意可能的感染问题,以免引发严重的后果。

6. **过敏反应** 干细胞的过敏反应并不常见,但从轻微过敏至严重的全身性过敏均有报道,其过敏源很可能来自间充质干细胞冻存时所使用的二甲基亚砜。

7. **免疫排斥** 间充质干细胞的免疫表型通常被描述为 MHC I$^+$、MHC II$^-$。它们也不表达 T 细胞共刺激分子(CD40、CD80、CD86)和造血标记(CD45、CD34、CD14、CD11、CD19 和 CD18),通常被视为"免疫豁免"的细胞。目前研究表明单次移植异体骨髓间充质干细胞是安全的,不会引起免疫反应。然而,骨髓间充质干细胞的重复给药可能会产生同种抗体。此外,在骨髓间充质干细胞培养基中使用的胎牛血清可能会在接受此类细胞的患者中引起免疫反应。

8. **致瘤促瘤作用** 干细胞可以与肿瘤细胞相提并论,是因为它们和肿瘤细胞一样具有长时间增殖的能力、高生存能力和对凋亡的抵抗力[13]。研究发现在体外传代培养 5 周以上或在低氧条件下培养,细胞恶性转化概率明显增加。临床前研究表明,间充质干细胞能促进已有肿瘤的生长和转移。而在接受骨髓间充质干细胞治疗的移植物抗宿主病患者中观察到,虽然干细胞移植减缓了移植物抗宿主病的发展,但患者白血病的复发率高于对照组。这可能与其免疫抑制特性、肿瘤间质的调节以及它们将自身转化为恶性细胞的能力有关。因此,即使在运用间充质干细胞进行临床治疗研究的十几年里,未出现有关供体细胞源的肿瘤报告,但当机体处于某些特定的条件下,仍不排除移植的间充质干细胞存在发生恶性转化的风险。同时,有研究证实,间充质干细胞在多种癌细胞的耐药性中起作用。Kurtova 等人发现,骨髓间充质干细胞能保护慢性淋巴细胞白血病细胞免受氟达拉滨、地塞米松和环磷酰胺诱导的凋亡。Lin 等人证明,骨髓间充质干细胞不仅调节人组织细胞淋巴瘤细胞 U937 的增殖,而且使 U937 细胞对柔红霉素产生耐药反应,抑制其凋亡[14]。

9. **心脏疾病** 静脉输注后,在急性期可能会出现一过性心悸或心律不齐。在一项利用间充质干细胞治疗急性心肌梗死后的临床试验中报道了两起严重的心脏副作用。一名患者在经由冠状动脉注射自体来源的间充质干细胞过程中出现了急性冠状动脉闭塞的严重并发症[15]。后分析表明,与其他患者不同的是,为了满足最低临床级细胞数量要求,其采集的 P2 代骨髓间充质干细胞的培养时间延长至了 22 天。另有一名患者在手术后第 3 天突然死亡,疑似原因是急性支架内血栓形成。

10. **眼部疾病** *The New England Journal of Medicine* 曾报道了一项间充质干细胞移植后出现了严重眼部不良反应的临床试验,3 位患有年龄相关性黄斑变性的女性受试者在接受脂肪来源的细胞眼部注射治疗后出现不可逆性的失明[16]。这无疑是给被认为是"安全的"间充质干细胞治疗敲响了警钟。

三、神经干细胞治疗的副作用

神经干细胞(neural stem cell,NSC)是指来源于神经组织或能分化为神经组织,同时具有自我更新能力和多向分化潜能的一类细胞。近年来,神经干细胞研究成为治疗神经退行性疾病和中枢神经系统损伤的热点。移植入宿主体内的神经干细胞能够向神经系统病变部位趋行、聚集,并能够存活、增殖、分化为神经元和/或胶质细胞,从而促进宿主缺失功能的部分恢复。神经干细胞移植在小儿脑性瘫痪、帕金森、缺血性卒中、肌萎缩性侧索硬化症等其他神经性病变疾病中展现出强大的治疗潜能。随着研究的深入,在确认其有效性的同时,其可能带来的副作用是其是否能广泛应用于临床治疗的最大障碍。

(一) 神经干细胞治疗的副作用来源

1. **神经干细胞来源** ①直接分离流产胎儿的脑组织获得神经干细胞;②成体细胞通过重编程产生诱导多能干细胞后,再通过诱导分化成神经干细胞;③通过胚胎干细胞诱导分化成神经干细胞;④将脐带血来源、骨髓来源和脂肪来源的间充质干细胞通过跨胚层诱导分化成神经干细胞;⑤从成体脑室下区、海马和脊髓等部位分离出的神经干细胞。这些不同来源的神经干细胞有其各自的治疗风险。胎儿脑组织来源的神经干细胞移植会增加移植的排异风险,诱导多能干细胞可以从患者自己的组织中提取和重新编程而来,由此带来的伦理问题和免疫问题更少,但存在漫长的中间步骤和未分化的诱导多能干细胞移植后的致瘤风险。胚胎干细胞诱导的神经干细胞同样存在异体移植排斥和未分化的胚胎干细胞带来的致瘤风险。脐血来源和骨髓来源的间充质干细胞诱导分化成的神经干细胞在移植后,部分患者出现了类似间充质干细胞移植的副作用(短暂性发热和头疼),同时异体移植的骨髓间充质干细胞诱导的神经干细胞会引起免疫排斥反应。成体来源的神经干细胞因其获取受到伦理和技术的限制暂未开展临床研究。

2. 神经干细胞的移植方式　依据治疗疾病的类型不同,神经干细胞移植方式也不尽相同。目前动物实验和临床治疗研究中所使用的神经干细胞移植方式主要包括局部注射移植(包括立体定向脑内注射移植和脊髓局部注射移植)、经脑脊液移植(包括腰椎穿刺蛛网膜下腔移植、脑室穿刺移植、枕大池穿刺移植)、经血液循环移植(包括静脉内注射移植和动脉移植)。神经干细胞局部移植能使干细胞集中到病灶及其周围发挥治疗作用,但对手术者操作要求较高,同时可能导致细胞在局部过度积聚,不利于神经干细胞的迁移分化。因其手术创伤大,还存在出血和感染的风险。神经干细胞经脑脊液途径移植可以使神经干细胞顺着脑脊液循环途径流经整个大脑和脊髓,适合于病变较为广泛的神经功能异常疾病的治疗,但可能会带来一过性头疼、无菌性脑膜炎和穿刺出血的风险。神经干细胞经血液循环途径移植创伤小,易被患者接受,但移植细胞在外周组织处损失较多,神经系统利用率低,临床较少采用,输注的过程同样存在细胞阻塞小血管或阻塞脑血管的风险。

(二) 神经干细胞治疗的常见副作用

1. 免疫排斥反应　中枢神经系统被认为是免疫学上孤立的部位,受到不可渗透的血脑屏障的保护。但是,最近的研究表明,活化的淋巴细胞可能会越过损伤部位的血脑屏障,而驻留的小胶质细胞可能具有抗原提呈能力。在一项对 4 名接受了同种异体神经干细胞治疗的患者进行了长达 4 年的随访研究中,研究者发现,这 4 名受试者中有 2 名产生了供体特异性的人类白细胞抗体同种抗体,表明神经干细胞注射到中枢神经系统后是可以引起免疫反应的[18]。因此,为了保护移植的神经干细胞免受免疫排斥,保证移植细胞的存活分化,在移植后会给予免疫抑制剂治疗,增加了免疫抑制剂使用后发生严重副作用的风险。

2. 致瘤作用　神经干细胞的致瘤作用是其移植后潜在的最大副作用。胚胎干细胞和诱导多能干细胞由于其多能性而在植入宿主组织后具有显著的致畸潜力。非胚胎干细胞衍生的神经干细胞和间充质干细胞通常被认为是非致瘤性的。但在 2009 年,俄罗斯首次报道了 1 例由供体来源的神经干细胞产生的神经胶质瘤。对这名患有共济失调性毛细血管扩张症的男孩进行了小脑内和鞘内人胎儿神经干细胞注射治疗。在第一次治疗 4 年后,他被诊断出患有多灶性脑肿瘤。多个分子和细胞遗传学实验分析表明,该肿瘤是非宿主来源的,微卫星检测和人类白细胞抗原分型分析显示该肿瘤至少来自 2 个供体。该肿瘤的发生可能与供体的细胞本身特性(神经胶质瘤的种子),受体的身体状态(肿瘤发生的微环境)等相关,但具体的致瘤机制并未明确[19]。与此同时,许多研究已经表明,肿瘤干细胞与神经干细胞之间有许多共同的特征和相交叉的分子表达谱,提示神经干细胞可能是肿瘤干细胞的起源[20]。尽管并非所有神经干细胞移植都会产生肿瘤,但根据现有的结果提示,神经干细胞在使用前还需进行进一步筛选,其安全性需要更多的工作和更长的时间来评估。

四、胚胎干细胞衍生细胞治疗的副作用

胚胎干细胞从早期胚胎中分离出来,是受精卵发育为囊胚时的内层细胞团,具有强大的增殖分化能力,能够形成 3 个胚层,可分化为几乎任何类型的细胞,在再生医学、组织工程、药物实验等领域具有非常重要的研究价值与应用前景。由于胚胎干细胞特有的致瘤性,故临床治疗研究使用的都是诱导终末分化后的细胞,在特定因子诱导下生成的不同组织细胞为组织再生修复提供了可期的细胞来源。目前,已经利用人胚胎干细胞成功诱导出神经前细胞、神经胶质细胞、造血细胞、心肌细胞、视网膜色素上皮细胞、肝细胞、间充质干细胞、胰岛细胞、小肠上皮细胞等,展现出巨大的细胞替代治疗潜能。但同时,因为道德、宗教与法律上的问题(比如目前分离胚胎干细胞的方法会无可避免地杀死胚胎),以及存在着致瘤、移植排斥等副作用和风险,有关胚胎干细胞的研究(即治疗性克隆)在各国都受到了一定的限制[21,22]。

(一)胚胎干细胞衍生细胞治疗的副作用来源

1. **细胞诱导和纯化** 由于胚胎干细胞本身存在致瘤性(将人胚胎干细胞注入小鼠体内,可观察到畸胎瘤的形成),目前所有临床治疗研究均是在诱导其分化为所需的治疗类型细胞的基础上进行的。已有的诱导方法尽管能诱导出具有功能的成体细胞,但要得到高纯度的靶细胞仍困难重重。同时,胚胎干细胞定向分化的机制尚未明确,各种诱导分化剂的作用机制也并不明晰,如何剔除未分化的干细胞,富集所需类型的细胞就显得尤为重要。临床上研究治疗通过使用抗特定细胞表面标记的抗体纯化所需细胞类型,用抗人胚胎干细胞表面抗原的抗体去除未分化的潜在有害细胞来筛选纯化诱导细胞,这个过程中筛选抗体的特异性至关重要。如果诱导方式的机制不明或纯化过程未能去除所有未分化细胞,可能会引入未知的长期风险。

2. **移植方式** 根据 ClinicalTrials.gov 网站上注册的胚胎干细胞源性的临床试验备案统计,发现目前胚胎干细胞移植治疗的疾病主要集中在心脏疾病、神经细胞疾病和眼科疾病,尤其是眼科疾病的治疗就占了总临床试验备案的 1/3,移植方式主要采用的是在患病组织处进行原位注射,以期再生细胞替换失去功能的细胞。相比于静脉注射,局部移植方式对于手术者操作要求更高、风险更大。在世界首例诱导多能干细胞衍生的视网膜细胞移植试验中就出现了视网膜肿胀的严重不良反应,研究者将其归结为手术操作问题——未能去除视网膜前膜,导致细胞悬液反向流动所致。

3. **供体干细胞的免疫原性** 胚胎干细胞衍生细胞移植,属于同种异体移植,除了间充质干细胞属于低免疫原性的细胞外,其他诱导分化的细胞均具有较高的免疫原性,在移植后不久,新宿主免疫系统通常会攻击并排斥这些细胞。如果要缓解这种排斥作用,保护移植细胞,就需要服用一些免疫抑制药物,这些药物的使用会带来许多副作用,例如感染,甚至肿瘤等。

(二) 胚胎干细胞衍生细胞治疗的常见副作用

1. 致瘤性　胚胎干细胞衍生细胞的致畸可能性,源于胚胎干细胞自我更新和无限增殖的能力。如果直接将胚胎干细胞体外自发分化后获得的细胞不经过任何筛选,移植入动物体内,将不可避免地产生畸胎瘤。既往研究中已有不少在应用胚胎干细胞治疗过程中因为畸胎瘤的产生而导致细胞治疗失败的报道。Teramoto 等将分化 9 天和 15 天的拟胚体直接注入小鼠肝脏,绝大多数小鼠肝脏发现畸胎瘤[23]。畸胎瘤的形成是体外分化过程中由残留的未分化细胞引起的,可能是培养过程中部分胚胎干细胞基因突变造成的。Fujikawa 等将胚胎干细胞定向诱导为胰岛素样细胞,然后再以阶段特异性胚胎抗原-1(stage-specific embryonic antigen-1,SSEA-1)为标志,利用流式细胞仪分选纯化细胞,纯度可达 99.8%,再用以治疗 1 型糖尿病小鼠。虽然表达 SSEA-1 的细胞仅为 0.2%,却依然导致了畸胎瘤的形成,使得实验失败[24]。胚胎干细胞作为一群异质性细胞,分化过程中的残留现象可能是细胞的固有特性。越来越多的研究表明,体外培养的胚胎干细胞存在多个细胞亚群,且各个亚群的特性也不一样。在反复诱导分化后,始终存在一定比例的细胞保持未分化状态。残留未分化细胞的存在是畸胎瘤形成的最主要原因。因此,目前有很多学者致力于去除残留未分化细胞,利用自杀基因、细胞因子毒性作用以及流式技术和表面标志法等方法去除残留未分化细胞,但其结果并不理想。鉴定出抗分化的异质性细胞群,筛选更加特异的筛选分子,避免未分化细胞的残留是胚胎干细胞衍生细胞移植必须解决的难题,即使将来得到了纯度 100% 诱导的靶细胞,其移植后的致瘤性也需要长期的动物实验和临床试验来评估。

2. 免疫反应　虽然胚胎干细胞是一种免疫原性很低的干细胞,但其诱导后形成的各类细胞(除间充质干细胞外)却具有高的免疫原性,故胚胎干细胞衍生细胞异体移植后首要面对的问题就是免疫排斥反应。为了保护移植细胞,防止其因为免疫系统将其视为"异己"而清除掉,在移植前和移植后都会给予免疫抑制剂。免疫抑制剂的使用促进了细胞的存活,但其长期使用也带来了感染、恶性肿瘤、心血管疾病等的发生率增加的风险,极大地限制了胚胎干细胞的临床应用。一直以来,研究者们一直在探索克服异种移植带来的排异反应的治疗策略。早在 2014 年,Zhili Rong 和他的同事们发现在人胚胎干细胞的衍生细胞中表达 CTLA4-Ig 和 PD-L1 这 2 种分子后,就可以保护这些衍生细胞免于异种免疫排斥,具体机制还有待研究[25]。同时这 2 种分子在肿瘤逃避人类免疫系统的过程中也发挥了重要作用,因此,探索如何在避免异种免疫排斥的同时,又能对移植进去的细胞在将要发生恶变时仍能起到监管作用而不至于失控,这中间仍有很多需要解决的问题。

　　干细胞治疗同其他的医学干预一样,也存在安全性及副作用问题,需要对干细胞制剂质量进行严格的质量评价和控制,以确保细胞治疗的安全性,对治疗中出现的副作用进行对症处理。同时,目前大量的干细胞治疗还处于临床试验阶段,接受治疗的受试者面临产生各种副作用的风险,所以不管是从我国相关的干细胞管理法规还是从保护受试者的伦理角度考虑,都必须为受试者购买相关保险,确保受试者在出现不良事件时能够得到一定的经济补偿和救济。

五、干细胞治疗的医疗保险

干细胞治疗技术可以对一些难治性疾病产生有效的治疗效果,但是这种新型的医疗手段同样也存在如上所述的潜在安全风险,因此对接受干细胞治疗的受试者的医疗保险需要高度重视。

(一)医疗保险是患者和医务人员的风险屏障

保险是一种通过合同进行共济的风险管理,利用大数法则进行精算,从广义上来讲,是一种商业和市场行为。其中,社会保险是一种政府主导行为,保险重点是从保险方、被保险方、经办机构三方考虑,通过平衡他们三方的关系,达到政府社会医疗保险的目的。保险最终落实是金钱方面的理赔,措施往往带有一定的妥协性。我国的医疗保险体系主要由社会医疗保险和商业医疗保险两部分组成。社会医疗保险是国家根据宪法规定,由雇主和个人按一定比例缴纳保险费,建立社会医疗保险基金,支付雇员医疗费用的一种医疗保险制度,是国家通过立法形式强制执行的,不取决于个人意志,同时作为一种社会福利事业,具有非盈利性质。商业医疗保险则是由保险公司经营的,属于营利性的医疗保障,保险人与投保人双方按照自愿原则签订合同来实现保障的险种,属于商业行为。消费者以一定数额交纳保险金,遇到重大疾病时,可以从保险公司获得一定数额的医疗费用。

医疗风险贯穿于医疗全过程中,任何医疗活动都带有或多或少的风险,是医患双方必须面对和可能承担的,如果想要在医疗过程中完全杜绝医疗风险是不可能的。医疗风险主要包括医疗意外、医疗并发症(含疾病本身可能的并发症)、医疗差错和医疗事故等。随着医疗纠纷增多,医患关系的紧张,上述任何情形都可能导致医疗纠纷的产生,从而对医护人员的人身安全,医疗机构的正常秩序产生一定的影响,患者在治疗过程中,也都会面临一定的医疗风险。医务人员、广大患者及社会公众都需要充分认识到医疗风险的不可避免性,对临床医学拥有公正客观的认识,对待疾病、对待意外,只要医患双方共同努力密切配合,医疗风险是可以有效控制和转嫁的。目前能保障的方法就是用医疗保险分担机制把风险"转嫁"给第三方,即使风险无可避免地发生了,也能保障自己的权益。通过保险风险分担机制来缓解医患矛盾,为广大患者和医务人员构建出一道防风险的屏障。

2018年8月31日,国务院发布关于第701号国务院令《医疗纠纷预防和处理条例》(自2018年10月1日起施行),其中第七条指出,"国家建立完善的医疗风险分担机制,鼓励医疗机构参加医疗责任保险,鼓励患者参加医疗意外保险。"为加强医疗质量安全管理,提高医务人员、广大病员的医疗风险防范意识,根据国家卫生行政部门及相关法律法规政策,许多医疗机构都开始联合保险公司,针对临床医学风险存在的特殊性,制定了相应的保险方案。随着时间推移,让大家都能够充分认识医疗风险的客观存在性,在发生医疗意外时,利用保险机制来分担和转嫁因医疗、手术意外给患者带来的精神压力和经济负担[26]。

(二) 干细胞疗法同样面临各类不确定性,需要保险分摊风险

干细胞疗法作为一种新型的医疗手段,在再生医学的发展上起到了很大的促进作用,并且在某些疾病领域具有巨大的应用潜力,目前已经越来越多地被应用于临床试验中。干细胞因具有修补、还原、替换和再生体内细胞的能力,对于一些无法进行常规治疗的疾病,干细胞治疗方法表现出独特优势,可以为这些疾病领域提供新的治疗策略和思路,例如近年发生的新型冠状病毒感染。当前干细胞研究已成为国际性、前沿性、战略性领域,全球大多数发达国家都聚焦干细胞领域,制定了相应的政策和国家计划。干细胞技术一直以来被视为"再生医学技术",作为近年来国际医学前沿的重点发展对象,目前已开展了大规模的临床研究,但是这种新型的医疗手段同样也存在很多安全风险。其一,安全风险来自治疗的副作用尚难以预料和控制,干细胞治疗流程同样也蕴含着风险,患者身体有可能会对外来的细胞产生异常过高的免疫应答;其次,干细胞疗法也存在更直接的风险,例如干细胞是否符合伦理规范,干细胞临床研究项目从项目伦理审查开始,到受试者入组与知情同意、受试者退出、研究的跟踪审查、项目结束,是否真正做到全流程中的伦理管控;在信息管理方面是否实现了多部门之间的信息交互。因为多数医疗机构没有建设统一的临床数据中心,各部门之间的系统没有对接,使得信息流脱节,也没有实现从临床开始,途经制备、质检、质控、存储,最后又回到临床这一系列过程的信息汇总,包括其中对于干细胞的来源及鉴定的临床数据统一等。另外,由于干细胞的治疗方案本身也具有明显的试验性质,在进行治疗之时,临床方案是否合适,治疗效果的评价标准是否合适,干细胞注射是单次还是多次才有功效等因素也同样存在风险。

目前,在医学界,对于成熟的医疗技术,一般都已经形成了固定的临床治疗指南,而干细胞治疗既是临床疾病治疗的一种个体化先进治疗技术,也可以作为药物获批上市,各个国家和地区对于干细胞治疗的政策监管各有不同。虽然不同国家卫生与药监管理体系职能有所不同,从监管与审批来看,干细胞治疗产品与临床应用总体分为两条路径:一是作为药品或医疗器械产品由药品监管部门进行临床准入与应用的监管审批,需要严格遵循药品审批的流程;二是作为医疗技术由卫生行政部门进行监管,在医疗机构直接进行临床转化和应用。

国际干细胞研究学会根据科学、临床和伦理的普遍准则,为干细胞转化研究参与者、临床科学家及有关的国际机构的管理人员提出了干细胞临床转化研究应遵守的建议,制定了《干细胞临床转化指南》[27]。而同时,干细胞作为科技领域重点发展方向之一,我国近年来对干细胞也进行了整体规划和布局,如《"健康中国 2030"规划纲要》《"十三五"国家科技创新规划》《"十三五"国家战略性新兴产业发展规划》《"十三五"国家基础研究专项规划》《"十三五"卫生与健康科技创新专项规划》《"十三五"生物产业发展规划》《"十四五"医药工业发展规划》《"十四五"生物经济发展规划》等一系列规划纲要,大力强调发展我国干细胞产业,提高

国际核心竞争力。自 2015 年起,我国先后出台了《干细胞临床研究管理办法(试行)》《干细胞制剂质量控制及临床前指导原则(试行)》《细胞治疗产品研究与评价技术指导原则(试行)》和《医疗技术临床应用管理办法》等国家政策,规范和支持干细胞及其转化研究,也为我国干细胞及转化研究营造了良好的发展环境。其中《干细胞临床研究管理办法(试行)》规定和开辟了我国干细胞临床研究双备案制度,即机构备案和项目备案,该办法由原国家卫生和计划生育委员会及原国家食品药品监督管理总局共同制定,是干细胞行业相关临床研究重要的系统性文件,对干细胞临床研究的多个方面进行了详细规定,极大地促进了我国干细胞临床研究的规范化。

同时,在药品审批方面,为了赶超干细胞新药领域世界发达水平,2017 年 10 月 26 日,原国家食品药品监督管理总局贯彻落实中共中央办公厅、国务院办公厅《关于深化审评审批制度改革鼓励药品医疗器械创新的意见》(厅字〔2017〕42 号)和《国务院关于改革药品医疗器械审评审批制度的意见》(国发〔2015〕44 号),组织对《药品注册管理办法》进行了修订,起草了《药品注册管理办法(修订稿)》,规定了细胞治疗类产品可以按照药品进行注册上市。

根据干细胞相关的法律法规的规定,在临床上开展干细胞治疗时,医疗机构需要向受试者明确说明参与干细胞临床试验的潜在风险,知情同意书必须指出干细胞治疗的新颖性与试验性,要努力减小患者对疗效潜在的不正确期望。在研究中应向受试者提供有关临床研究的现状以及可能存在风险的确切信息,并获得有完全决策能力受试者的有效知情同意。在整个临床研究过程中一直保持对受试者长期健康影响的监测,并保护受试者信息的私密性,及时报告可能产生的副作用并做出及时有效的处理。同时要制定针对治疗过程中不良反应的临床治疗方案,包括对可能的肿瘤的治疗,以及对研究引起损害的赔偿方案。而在这一系列的临床试验中,需要医疗保险的加持,以保证有必要的经济或医疗资源用于解决患者参与研究可能出现的纠纷从而转嫁风险。

另外,目前很多人会选择在新生儿出生时储存脐带血和脐带干细胞,而在干细胞分离制备、运输及存储过程中,会产生一些主客观原因导致一定比例的干细胞最终不能正常入库,如胎盘发育不良、脐带血管畸形、微生物检测阳性等。即使技术再先进的干细胞库,也无法保证每一份干细胞都能合格入库保存,会产生一些因干细胞无法入库导致的纠纷。因此,干细胞库也应该与保险公司合作,为储存者提供一项至多项完善的保险制度。在这个过程中一旦发生任何意外情况,储存者可获得一定的赔付,保险公司增加了新险种,干细胞库也少了许多不必要的赔付纠纷。干细胞保险的建立对干细胞储户、保险公司和干细胞库三方都有利。目前,我国的脐血库针对储存的客户赠送一定金额的医疗保险,例如北京市脐带血造血干细胞库对于成功储存脐带血的储户,赠送价值 102.5 万元医疗保险作为"资源 + 资金"双保险。对于脐带血造血干细胞移植医疗险保额为 80 万元/次,对于脑瘫及其他类似病症的脐带血造血干细胞回输后康复治疗险保额为 10 万元(回输后 2 年,每年 5 万元)[29]。

(三) 日本已通过立法支持干细胞治疗纳入社会医疗保险

日本再生医疗的发展一直处于世界领先位置,是世界上最早通过立法建立完备的再生医疗监管体系的国家之一。日本很多干细胞项目已经相继获得厚生劳动省(日本负责医疗卫生和社会保障的主要部门)的批准,进入临床医疗研究阶段。而日本对于再生医疗的费用承担,处在不同阶段的再生医疗社保覆盖度不同。获得限制性批准上市的再生医疗制品即列入《国家医保药品名录》或《国家医保医疗材料名录》中,享受国家健康保险报销。但对于没有实现产业化仍处在院内实施状态的再生医疗技术,由于公共医保并不涵盖新型个体化医疗的风险,因此再生医疗技术未完全纳入国家健康保险体系,视技术本身的风险与成熟度来决定是否给予报销。具体来说,在日本定点医疗机构内应用未经上市批准的干细胞制品实施临床治疗仍然能通过两条途径享受国家医保,一是处在临床研究中的再生医疗技术若通过尖端医疗评估,即可作为尖端医疗纳入医保;二是临床研究结束后进入临床试验阶段,若成功完成Ⅱ期临床试验即可纳入医保。

同时,日本为再生医疗建立了不同的救济机制,对患者由于治疗产生的健康损害进行赔偿。首先,对于上市制品的损害赔偿,主要依靠两个救济基金,分别是"不良反应救济基金系统"和"感染救济系统"。前者主要针对正常使用再生医疗制品后发生的不良反应赔偿,后者针对使用再生医疗制品后感染传染病的赔偿,2项基金资金来源于政府津贴以及相关再生医疗制品生产、销售企业年利润的捐赠。其次,对应用非获批上市的干细胞进行院内治疗引发的健康损害,赔付主要靠医疗机构为患者购买的商业保险。同时还建立了临床研究治疗评估体系负责为损害救济提供服务。服务范围包括为商业保险公司在收取保费前评估可能面临的风险,在支付保金时鉴定损害的程度,还负责裁定医疗机构和企业各自需要分担的责任和承担的补偿金额[30]。

例如在2018年,针对因事故等原因造成的脊髓损伤而导致的身体瘫痪或控制障碍的患者们的新治疗方案——自体干细胞再移植疗法,由日本国内专家会议研讨后被承认为新的对应医疗产品,这种治疗脊髓损伤的干细胞药物被命名为"Stemirac"。日本厚生劳动省在2018年12月将"Stemirac"作为医疗产品批准上市,而札幌医科大学经日本卫生主管部门有条件批准的使用患者自体间充质干细胞进行治疗的方法将开始使用日本公共医疗保险。日本厚生劳动省称此类治疗脊髓损伤的干细胞疗法首次被认定为医疗产品,即使在世界范围内都十分罕见。由此可见,日本政府为了促进再生医疗的发展并建议患者接受这种新的医疗手段,除去政府承担的公共医疗保险之外,同时也会帮助商业保险公司对新的医学领域推出相关的保险产品。这在一方面为医疗机构和需要手术的患者提供保障,另一方面也促进了保险行业的发展。

(四) 我国还未将干细胞治疗项目纳入基本社会医疗保险

在具备干细胞临床备案资质和完成临床项目备案的医疗机构进行干细胞移植手术时,可以根据备案的内容和商业保险公司制定个性化的医疗保险。例如南京鼓楼医院在进行子宫内膜原位再生的临床研究中,给每位受试者购买了某保险公司药物临床试验责任保险,保险费为500元/人次,免赔额为3000元/人次,赔偿限额为每次事故每人50万元,每次事故赔偿限额为500万元。在药物临床试验责任保险条款主条款之外并特别约定条款如下:①如发生与试验用药相关的不良事件,经研究单位定与试验用医疗技术相关,相应的救治费用也将在保险额度内给予赔付;②药物临床试验获国家食品药品监督管理局及其他相关管理机构和临床试验伦理委员会的批准为本保单的除外责任,但鉴于本试验为科研项目故不在此限;③扩展承保由静脉注射引起的过敏反应或不良事件;④扩展承保由于血液采集引起的出血等不良反应;⑤扩展承保由实验室或影像学检测导致的不良事件或过敏反应,包括宫腔镜、超声、磁共振检查;⑥扩展承保受试者本人怀孕后需要实施的药物流产或手术流产的费用;⑦扩展承保肝素输入以及基础用药地塞米松所引起的过敏反应或不良事件;⑧如风险未显著增高且未出现理赔,可按保单中约定单价保费增加病例数;⑨本试验中试验用药包括药物治疗组,扩展承保宫腔放置负载的胶原支架引起的不良事件;⑩针对在保险期间内入组的病例,每例病例的保存期限可免费延长至其随访期结束;⑪由于人员招募的原因或者国家政策变动,试验未在预期内完成,被保险人在保险期限内提出申请,经保险人审核同意,可免费顺延保险期限;⑫本特别约定如与主条款有冲突之处,以本特别约定为准。未尽之处,以主条款为准。

由此可见,目前我国的医疗机构购买的干细胞治疗相关的责任保险一般是在药物临床试验保险的基础上增加了与干细胞治疗相关的特定约定,从而制定的个性化的责任保险。对于药物临床试验保险,我国GCP规定:"申办者应对参加临床试验的受试者提供保险,对于发生与试验相关的损害或死亡的受试者承担治疗的费用及相应的经济补偿"。另外,我国《药物临床试验伦理审查工作指导原则》(2020)的附件"伦理审查主要内容"中提出"伦理委员会应对申办方提供的临床试验保险文件进行审查",而目前我国对于干细胞相关治疗是否需要备案机构提供保险并没有相关的政策规定[31]。

另外,在我国涉及干细胞的商业重疾险只有"重大器官移植术或造血干细胞移植术",这两类重大手术对人体影响较大,也是中国银行保险监督管理委员会(银保监会)规定的25种高发重疾中必保的疾病,可以利用这类保险产品转嫁风险。造血干细胞移植术指的是因为造血功能损害或造血系统恶性肿瘤,实施了造血干细胞、外周造血干细胞和脐血造血干细胞的异体移植手术,以便重建正常造血和免疫功能的一种治疗手段。造血干细胞移植术的赔付条件,需要符合3种:骨髓造血干细胞、外周血造血干细胞和脐血造血干细胞移植;必须异体移植才予赔付;需要已经实施了手术。但是除此之外,并没有专门针对干细胞临床研究的商业保险。

由此可见,在干细胞研究的风险防控方面,我国的基本医疗保险制度有待完善,而目前国内干细胞移植手术无法普遍开展的原因之一就是经济问题,部分患者的经济承受能力较弱,无法承担移植治疗手术所带来的费用,可以期待未来有更多的干细胞治疗项目或干细胞药品可以纳入我国的基础社会医疗保险中。同时,我国的商业医疗保险发展也不够充分,不能分担个人移植费用。在这点上需要国家的政策给予支持,并且建立干细胞临床研究保险机制,解决研究者与受试者的后顾之忧。商业保险公司也应在法律法规允许的范围内设计提供针对个性化、综合性的保险解决方案,建立干细胞移植风险医疗保险机制,降低干细胞研究风险[32]。

(五) 我国需要依据干细胞治疗的特点,建立更加规范的保险体系

综上所述,我国想要在干细胞领域取得长远的发展,需要建立更加规范的保险体系,以针对医疗机构、患者等在干细胞治疗上所面临的风险。我国在干细胞保险体系风险防控方面还需要在很多方面取得进步:

1. 完善我国干细胞治疗保险相关法规政策。政府可以针对干细胞保险制定专门的实施办法和政策,为干细胞保险的实施提供详细的指导原则。同时推进干细胞药物研发、审评、审批的相关政策规定,促进更多干细胞药物在我国上市获批。

2. 政府可为保险公司建立和完善干细胞治疗相关保险险种提供优惠政策,要调动商业保险公司发展和完善干细胞治疗相关保险的积极性。政府可以为提供干细胞临床研究保险险种的保险公司在税收方面提供优惠政策,并进行相应的资金补贴。同时加强培养能够从事保险行业的医药专业人员,为保险公司提供更多有医药专业背景的从业人员[33]。

3. 加强监管部门对干细胞治疗保险的监管力度。建立干细胞临床研究监管科学体系与机制,研究制定干细胞研究的监管科学体系和干细胞药物的审评审批规范标准,形成干细胞研究监管机制和政策。另外,提高伦理委员会成员对干细胞治疗保险的了解和认识。可以将医疗机构开展干细胞治疗项目的投保率作为干细胞临床备案项目复核检查的前提,提高已通过备案的机构对干细胞治疗保险的重视度,并将干细胞治疗保险纳入备案检查的日常核查工作中。

4. 加强干细胞治疗相关保险的宣传工作。国家卫生健康委员会和国家药品监督管理局可以组织针对研究者和申办方的干细胞治疗保险的宣讲和引导工作,使得研究者真正认识到保险对管理临床试验风险的重要性以及对保护自身利益的意义。另外,监督管理部门也可以利用媒体特别是互联网媒体,加强关于"干细胞保险保障受试者权益"的知识宣传,既增加公众对干细胞保险的正确认识,也可调动公众的参与性。

六、小结

干细胞临床研究及转化已成为生命科学及生物医药最前沿的领域,在重大慢性疾病治疗中的作用和优势日益凸显,该领域研究孕育着重大的科学突破和巨大的产业变革机遇。在这个前沿领域中具有不可避免的风险,我们更应当建立更加健全的保险机制以保障这项医疗革命能够顺利前行,同时降低研究人员的负担和患者的压力,共同助力《"健康中国2030"规划纲要》,惠及民众健康。

(王 斌 曾 生 黄霏霏)

参考文献

[1] 程洪艳,昌晓红,刘彩霞,等. 干细胞临床研究及管理的现状与未来[J]. 药物评价研究,2021,44(2):243-249.

[2] Mohty B,Mohty M.Long-term complications and side effects after allogeneic hematopoietic stem cell transplantation:an update [J]. Blood Cancer J,2011,1(4):e16.

[3] Vidula N,Villa M,Helenowski I B,et al. Adverse Events During Hematopoietic Stem Cell Infusion:Analysis of the Infusion Product [J]. Clin Lymphoma Myeloma Leuk,2015,15(11):e157-e162.

[4] 杨波,郑盛,左丽丽,等.骨髓间充质干细胞在大鼠实验中的移植途径及比较[J].现代生物医学进展,2014, 14(20):3967-3969.

[5] Lukomska B,Stanaszek L,Zuba-Surma E,et al. Challenges and Controversies in Human Mesenchymal Stem Cell Therapy [J]. Stem Cells Int,2019,2019(2):1-10.

[6] Furlani D,Ugurlucan M,Ong L L,et al. Is the intravascular administration of mesenchymal stem cells safe? Mesenchymal stem cells and intravital microscopy. [J]. Microvasc Res,2009,77(3):370-376.

[7] Ankrum J A,Ong J F,Karp J M. Mesenchymal stem cells:immune evasive,not immune privileged [J]. Nature Biotechnology,2014,32(3):252-260.

[8] Liang J,Zhang H,Kong W,et al. Safety analysis in patients with autoimmune disease receiving allogeneic mesenchymal stem cells infusion:a long-term retrospective study [J]. Stem Cell Res Ther,2018,9(1):312-321.

[9] Thompson M,Mei S H J,Wolfe D,et al. Cell therapy with intravascular administration of mesenchymal stromal cells continues to appear safe:An updated systematic review and meta-analysis [J]. EClinicalMedicine,2020, 17:19:100249.

[10] Lalu M M,Mcintyre L,Pugliese C,et al. Safety of Cell Therapy with Mesenchymal Stromal Cells (SafeCell): A Systematic Review and Meta-Analysis of Clinical Trials [J]. PLoS One,2012,7(10):e47559.

[11] Chen S,Liu Z,Tian N,et al. Intracoronary transplantation of autologous bone marrow mesenchymal stem cells for ischemic cardiomyopathy due to isolated chronic occluded left anterior descending artery [J]. The Journal of invasive cardiology,2006,18(11):552-556.

[12] 陈丰穗,吴志贤,蔡锦全,等.外周静脉输注脐带间充质干细胞致血栓形成临床研究[J].中华细胞与干细胞杂志,2017,7(3):159-161.

[13] Musiał-Wysocka A,Kot M,Majka M. The Pros and Cons of Mesenchymal Stem Cell-Based Therapies [J]. Cell Transplant,2019,28(7):801-812.

[14] Wong R S. Mesenchymal Stem Cells:Angels or Demons? [J]. J Biomed Biotechnol,2011,2011:459510.

[15] Gao LR,Pei XT,Ding QA,et al. A critical challenge:Dosage-related efficacy and acute complication intracoronary injection of autologous bone marrow mesenchymal stem cells in acute myocardial infarction [J]. Int J Cardiol,2013,168(4):3191-3199.

[16] Kuriyan A E,Albini T A,Townsend J H,et al. Vision loss after intravitreal injection of autologous "stem cells" for AMD [J]. New England Journal of Medicine,2017,376(11):1047-1053.

[17] Fleiss B,Guillot P V,Titomanlio L,et al. Stem Cell Therapy for Neonatal Brain Injury [J]. Clin Perinatol, 2014,41(1):133-148.

[18] Gupta N,Henry R G,Kang S M,et al. Long-Term Safety,Immunologic Response,and Imaging Outcomes

following Neural Stem Cell Transplantation for Pelizaeus-Merzbacher Disease [J]. Stem Cell Reports,2019,13（2）:254-261.

[19] Amariglio N,Hirshberg A,Scheithauer B W,et al. Donor-Derived Brain Tumor Following Neural Stem Cell Transplantation in an Ataxia Telangiectasia Patient [J]. PloS Medicine,2009,6（2）:e1000029.

[20] Hayashi Y,Lin H T,Lee C C,et al. Effects of neural stem cell transplantation in Alzheimer's disease models [J]. J Biomed Sci,2020,27（1）:29-39.

[21] 王玲,张文杰. 胚胎干细胞致瘤性研究进展[J]. 国际生物医学工程杂志,2013,36（5）:299-302.

[22] Hentze H,Graichen R,Colman A. Cell therapy and the safety of embryonic stem cell-derived grafts [J]. Trends Biotechnol,2007,25（1）:24-32.

[23] Teramoto K,Hara Y,Kumashiro Y,et al. Teratoma formation and hepatocyte differentiation in mouse liver transplanted with mouse embryonic stem cell-derived embryoid bodies [J].Transplantation Proceedings,2005,37（1）:285-286.

[24] Fujikawa T,Oh S H,Pi L,et al. Teratoma formation leads to failure of treatment for type Ⅰ diabetes using embryonic stem cell-derived insulin-producing cells [J].The American journal of pathology,2005,166（6）:1781-1791.

[25] Rong Z,Wang M,Hu Z,et al. An effective approach to prevent immune rejection of human ESC-derived allografts [J]. Cell stem cell,2014,14（1）:121-130.

[26] 杨宗凯,陈昌洪. 科学建立医疗风险保险体系[J]. 中国医学创新,2010,7（9）:170-171.

[27] 王太平,徐国彤,周琪,等. 国际干细胞研究学会《干细胞临床转化指南》[J]. 生命科学,2009（5）:747-756.

[28] 张珍,王佃亮. 干细胞库研究应用进展[J]. 中国医药生物技术,2012（2）:136-139.

[29] 王佃亮. 脐带间充质干细胞库的建设运营及问题解决策略——《脐带间充质干细胞》连载之二[J]. 中国生物工程杂志,2018（9）:106-109.

[30] 李昕,宋晓亭. 日本再生医疗法律制度述评[J]. 国外社会科学,2017（3）:126-136.

[31] 孙红闪,张象麟. 对我国药物临床试验保险实施现状的分析与思考[J]. 中国新药与临床杂志,2016,35（1）:27-31.

[32] 陈海丹. 干细胞临床研究政策回顾和展望[J]. 自然辩证法通讯,2018,40（3）:81-86.

[33] 孙爱琳. 论商业医疗保险与社会医疗保险的契合[J]. 商业经济与管理,2002（11）:48-51.

第四节　关于推进干细胞临床研究的思考

干细胞技术的诞生堪称生物医学发展史上重要的里程碑事件,利用其可制造或再生出结构和功能较为复杂的器官,可为组织替代治疗、器官移植等提供新的技术途径[1-3]。干细胞临床研究及转化应用为人类重大难治性疾病带来了希望,如心血管系统疾病、退行性疾病、炎症损伤性疾病等[4-8]。

传统化学新药研发时间一般需要 15~20 年,耗资巨大,且只能针对某一种类适应证,同时存在多种不良反应及耐药等复杂因素。而干细胞在治疗人类疾病中的地位和价值日渐凸显,一种干细胞药物有望治愈多种难治性疾病。在重大慢性疾病与严重创伤修复治疗方面,干细胞有望突破传统医学,引领生物医药领域进入新一轮的科技革命和产业变革,其每一项重大研究进展都将给人类带来不可估量的收益[9]。

干细胞及转化研究已经成为国际性、前沿性、战略性领域,名副其实地成为21世纪生命科学与医学的新主角。在政府大力投入和科研人员不断创新之下,我国干细胞前沿基础研究已跃居世界前列,部分方向处于领跑地位,尤其在细胞重编程、多能性建立及其调控等研究领域取得了众多有国际影响力的重大成果。我国在干细胞技术转化方面与欧洲、美国、日本相比仍较缓慢。干细胞临床研究已成为制约我国干细胞临床转化与应用最为关键的环节,加快干细胞临床研究及转化应用是当前干细胞全产业链条中亟需突破的瓶颈。

一、干细胞研究现状

(一) 干细胞规划与政策

作为我国科技领域重要方向之一,近年来在国家层面对干细胞进行了整体规划和布局,如《"十三五"国家科技创新规划》《"健康中国2030"规划纲要》《"十三五"国家战略性新兴产业发展规划》《"十三五"国家基础研究专项规划》《"十三五"卫生与健康科技创新专项规划》《"十三五"生物产业发展规划》《"十四五"医药工业发展规划》《"十四五"生物经济发展规划》等一系列规划纲要,强调大力发展中国干细胞产业,提高国际核心竞争力。

自2015年起,国家先后出台《干细胞临床研究管理办法(试行)》《细胞治疗产品研究与评价技术指导原则(试行)》《医疗技术临床应用管理办法》和《关于支持建设博鳌乐城国际医疗旅游先行区的实施方案》等相关政策,以规范和支持干细胞及转化研究,也为我国干细胞及转化研究营造了良好的发展环境。

2018年,国家统计局正式将干细胞产业列入《新产业新业态新商业模式统计分类(2018)》,分类代码:080106,行业代码:8499。自2012年被国家叫停以来,干细胞及转化研究在中国重新得到认可。由此可见,国家对干细胞产业发展在政策上给予了大力支持,有利于干细胞产业健康、平稳和有序发展。

(二) 干细胞基础研究进展

在国家一系列科技计划支撑下,我国干细胞基础研究已然跃居世界前列,获得了一批原创性科研成果。以"干细胞"为关键词,在国家知识产权局网检索专利,截至2023年12月31日,可检索到干细胞相关专利32 537项。在干细胞基础研发方面,我国部分方向处于"领跑"地位,尤其在细胞重编程、多能性建立及其调控等研究领域取得了众多有国际影响力的重大成果[8]。但在干细胞基础理论和关键核心技术等方面较美国、日本等发达国家尚存一定差距。

(三) 干细胞临床研究与临床试验

截至2023年12月31日,已有119家医疗机构已完成国家干细胞临床研究机构备案(不含部队医院),但仅84家机构的153项干细胞临床研究项目完成备案。治疗疾病类型包含新型冠状病毒感染、心血管疾病、神经系统疾病、自身免疫性疾病以及退行性疾病等人类重大难治性疾病。因缺乏来源统一、标准统一、质量可控的临床级干细胞制剂及相关临床研究方案或指南等规范性文件,导致只有少数机构开展实质性研究,且进展非常缓慢。

中国临床试验注册中心是由国家卫生健康委员会指定代表我国参加世界卫生组织国际临床试验注册平台的国家临床试验注册中心,是世界卫生组织国际临床试验注册平台的一级注册机构。2008—2023年,在中国临床试验注册中心注册的干细胞相关临床试验704项(表1-4),其中大多数临床试验为单中心研究,且样本规模小,也存在重复研究现象。临床试验项目类型构成中,干预性研究和观察性研究占比最高,分别为55.97%和34.97%(表1-5)。

表1-4 我国干细胞临床试验注册数量情况(2008—2023年)

年度	数量/项	数量占比/%	年度	数量/项	数量占比/%
2008	3	0.43	2017	44	6.25
2009	3	0.43	2018	87	12.36
2010	9	1.28	2019	71	10.09
2011	18	2.56	2020	119	16.90
2012	28	3.98	2021	115	16.34
2013	7	0.99	2022	63	8.95
2014	22	3.13	2023	53	7.53
2015	21	2.98	总计	651	100.00
2016	41	5.82			

表1-5 我国干细胞临床试验项目研究类型情况(2008—2023年)

研究类型	数量/项	数量占比/%
观察性研究	246	34.94
干预性研究	394	55.97
病因学/相关因素研究	14	1.99
预后研究	3	0.43
诊断试验	4	0.57
未注明	43	6.11
总计	704	100.00

(四)干细胞药物研发

自2012年暂停受理干细胞临床试验申请以来,国家药品监督管理局药品审评中心于2018年6月再度受理了干细胞疗法的临床试验注册申报。截至2023年12月31日,已接收申报106项,其中86项获得默示许可(表1-6)。相较国际优势干细胞企业,国内企业无论在规模上,还是在拥有的核心产品和技术层面上,仍有相当大的差距,同时存在跟风投机、创造力缺乏、较多低水平重复等问题。在经济全球化的今天,也面临着被并购、收购的风险。

表 1-6 我国干细胞药物注册申报情况（2018—2023 年）

序号	受理号	药品名称	企业名称	适应证	默示许可
1	CXSL1700137	人牙髓间充质干细胞注射液	北京三有利和泽生物科技有限公司；首都医科大学	慢性牙周炎，如慢性牙周炎所致牙周组织缺损	是
2	CXSL1800101	注射用间充质干细胞（脐带）	天津昂赛细胞基因工程有限公司	移植物抗宿主病	是
3	CXSL1800109	CBM-ALAM.1 异体人源脂肪间充质细胞注射液	无锡赛比曼生物科技有限公司；西比曼生物科技（上海）有限公司	膝骨关节炎	是
4	CXSL1800117	人胎盘间充质干细胞凝胶	北京汉氏联合生物技术股份有限公司	糖尿病足溃疡	是
5	CXSL1700188	人脐带间充质干细胞注射液	青岛奥克生物开发有限公司	溃疡性结肠炎	是
6	CXSB1900004	人原始间充质干细胞	天津麦迪森再生医学有限公司	造血干细胞移植后发生的急性和慢性移植物抗宿主病的治疗和预防	是
7	CXSL1900016	人脐带间充质干细胞注射液	上海爱萨尔生物科技有限公司	膝骨关节炎	是
8	CXSL1900019	REGEND001 细胞自体回输制剂	江西省仙荷医学科技有限公司	早、中期特发性肺纤维化	是
9	CXSL1900075	自体人源脂肪间充质细胞注射液	西比曼生物科技（上海）有限公司；无锡赛比曼生物科技有限公司	膝骨关节炎的IIb 期	是
10	CXSL1900124	人脐带间充质干细胞注射液	铂生卓越生物科技（北京）有限公司	用于治疗激素耐药的急性移植物抗宿主病	是
11	JXSL1900126	缺血耐受人同种异体骨髓间充质干细胞	Stemedica Cell Technologies,Inc；九芝堂美科（北京）细胞技术有限公司（进口）	缺血性脑卒中	是
12	CXSL2000005	人脐带间充质干细胞注射液	北京贝来生物科技有限公司	类风湿关节炎	是
13	CXSL2000067	M-021001 细胞注射液	北京泽辉辰星生物科技有限公司；中国科学院动物研究所	未公示	是
14	CXSL2000128	注射用人脐带间充质干细胞	深圳市北科生物科技有限公司	未公示	任务进展无信息
15	JXSL2000198	异体人骨髓间充质前体细胞注射液	天士力医药集团股份有限公司（进口）	未公示	任务进展无信息

续表

序号	受理号	药品名称	企业名称	适应证	默示许可
16	CXSL2000335	注射用间充质干细胞（脐带）	天津昂赛细胞基因工程有限公司	慢加急性（亚急性）肝衰竭	是
17	CXSL2100023	异体内皮祖细胞（EPCs）注射液	呈诺再生医学科技（珠海横琴新区）有限公司	大动脉粥样硬化型急性缺血性脑卒中	是
18	CXSL2100056	注射用间充质干细胞（脐带）	天津昂赛细胞基因工程有限公司	急性呼吸窘迫综合征	是
19	CXSL2101001	宫血间充质干细胞注射液	浙江生创精准医疗科技有限公司	特发性肺纤维化	是
20	CXSL2100091	REGEND001细胞自体回输制剂	江西省仙茗高医学科学有限公司	肺弥散功能障碍的慢性阻塞性肺病（COPD）	是
21	CXSL2101146	人脐带间充质干细胞注射液	上海慧存医疗科技有限公司	未公示	任务进展无信息
22	CXSL2101179	人脐带间充质干细胞注射液	广州赛莱拉干细胞科技股份有限公司	膝骨关节炎（Kellgren-Lawrence分级为Ⅱ级或Ⅲ级）	是
23	CXSL2101224	ELPIS人脐带间充质干细胞注射液	华夏源细胞工程集团股份有限公司	中、重度慢性斑块型银屑病	是
24	CXSL2101297	异体人源脂肪间充质干细胞注射液	江苏得康生物科技有限公司	治疗非活动性/轻度活动性腔内克罗恩病成年患者的复杂性肛周瘘	是
25	CXSL2101296	人脐带间充质干细胞注射液	上海莱馥医疗科技有限公司	特发性肺纤维化	是
26	CXSL2101334	CG-BM1异体人骨髓间充质干细胞注射液	广州赛隼生物医药科技有限公司	感染引起的中重度成人急性呼吸窘迫综合征（ARDS）	是
27	CXSL2101353	人源TH-SC01细胞注射液	江苏拓弘康恒医药有限公司	非活动性/轻度活动性克罗恩病肛瘘	是
28	CXSL2101443	CAStem细胞注射液	北京泽辉辰星生物科技有限公司	急性呼吸窘迫综合征	是
29	CXSL2101456	人羊膜上皮干细胞注射液	上海赛傲生物技术有限公司	造血干细胞移植后激素耐药型急性移植物抗宿主病	是
30	CXSL2101489	人诱导多能干细胞来源心肌细胞注射液	南京艾尔普再生医学科技有限公司	未公示	已暂停
31	CXSL2200064	珠海横琴爱姆斯坦生物科技有限公司 IMS001注射液		多发性硬化	任务进展无信息

续表

序号	受理号	药品名称	企业名称	适应证	默示许可
32	CXSL2200093	人源 TH-SC01 细胞注射液	江苏拓弘康恒医药有限公司	复杂性肛瘘	是
33	CXSL2200097	人脐带间充质干细胞注射液	上海爱萨尔生物科技有限公司	结缔组织病相关间质性肺病	是
34	CXSL2200098	人脐带间充质干细胞注射液	上海爱萨尔生物科技有限公司	缺血性脑卒中	是
35	CXSL2200114	人脐带间充质干细胞注射液	上海泉生生物科技有限公司	注射给药用于轻至中度急性呼吸窘迫综合征（ARDS）患者的治疗	是
36	CXSL2200142	ELPIS 人脐带间充质干细胞注射液	华夏源（上海）生物科技有限公司	重度狼疮性肾炎	是
37	CXSL2200145	人脐带间充质干细胞注射液	贵州中观生物技术有限公司	膝关节炎	是
38	CXSL2200162	人源脂肪间充质干细胞注射液	博品昌德生物医药科技（上海）有限公司	膝关节炎	是
39	CXSL2200194	人源多巴胺能前体细胞注射液	武汉睿健医药科技有限公司	PD	任务进展无信息
40	CXSL2200236	BRL-101 自体造血干祖细胞注射液	上海邦耀生物科技有限公司	输血依赖型 β 地中海贫血	是
41	CXSL2200291	NCR100 注射液（诱导多能干细胞来源间充质干细胞）	安徽中盛溯源生物科技有限公司	膝骨关节炎	是
42	CXSL2200299	人脐带间充质干细胞注射液	上海泉生生物科技有限公司	注射给药用于强直性脊柱炎	是
43	CXSL2200301	人脐带间充质干细胞注射液	上海泉生生物科技有限公司	注射给药用于 II 度烧伤	是
44	CXSL2200303	RY_SW01 细胞注射液	江苏睿源源生物科技有限公司	活动性狼疮肾炎	是
45	CXSL2200341	人脐带间充质干细胞注射液	上海泉生生物科技有限公司	未公示	已暂停
46	CXSL2200370	人脐带间充质干细胞注射液	北京贝来生物科技有限公司	特发性肺纤维化	是
47	CXSL2200373	血浆生物净化柱（生物人工肝）	上海微知知卓生物科技有限公司	适用于乙型病毒性肝炎等引起的慢加急性肝衰竭	是
48	CXSL2200378	HBG 基因修饰的自体 CD34+ 造血干细胞注射液	广州瑞风生物科技有限公司	输血依赖型 β-地中海贫血	是

序号	受理号	药品名称	企业名称	适应证	默示许可
49	JXSL2200142	Cytopeutics?脐带间充质干细胞（Neuroncell-EX）	Cytopeutics Sdn Bhd（MY）；玺端生命科学（深圳）有限公司	未公示	已暂停
50	CXSL2200409	人脐带间充质干细胞注射液	杭州易文赛生物技术有限公司	未公示	任务进展无信息
51	CXSL2200430	人脐带间充质干细胞膜片	京东方再生医学科技有限公司	冠状动脉旁路移植术（CABG）治疗预期效果不佳的低射血分数冠心病	是
52	CXSL2200457	人脐带间充质干细胞注射液	浙江泉生生物科技有限公司	注射给药用于失代偿期乙肝病毒肝硬化	是
53	CXSL2200505	CG-BM1 异体人骨髓间充质干细胞注射液	广州赛隽生物科技有限公司	慢加急性肝衰竭（ACLF）	是
54	CXSL2200547	人诱导多能干细胞来源心肌细胞注射液	南京艾尔普再生医学科技有限公司	严重慢性缺血性心力衰竭	是
55	CXSL2200553	注射用人脐带间充质干细胞（脐带）	天津昂赛细胞基因工程有限公司	外伤性脊髓损伤	是
56	CXSL2200581	ELPIS 人脐带间充质干细胞注射液	华夏源（上海）生物科技有限公司	慢加急性（亚急性）肝衰竭	是
57	CXSL2200587	华通氏胶间充质干细胞注射液	深圳市博雅感知药业有限公司	膝骨关节炎	是
58	CXSL2200586	VUM02 注射液（人脐带源间充质干细胞注射液）	武汉光谷中源药业有限公司	失代偿期肝硬化	是
59	CXSL2200624	人脐带间充质干细胞注射液	深圳市因诺生物科技有限公司	急性缺血性脑卒中	是
60	CXSL2300006	VUM02 注射液（人脐带源间充质干细胞注射液）	武汉光谷中源药业有限公司	特发性肺纤维化	是
61	CXSL2300030	ELPIS 人脐带间充质干细胞注射液	华夏源（上海）生物科技有限公司	中、重度宫腔粘连	是
62	CXSL2300072	CAStem 细胞注射液	北京泽辉辰星生物科技有限公司	间质性肺疾病急性加重	是
63	CXSL2300091	CAStem 细胞注射液	北京泽辉辰星生物科技有限公司	急性移植物抗宿主病（aGVHD）	是
64	CXSL2300109	NCR300 注射液（iPSCs 来源 NK 细胞）	安徽中盛溯源生物科技有限公司	骨髓增生异常综合征（MDS）	是

续表

序号	受理号	药品名称	企业名称	适应证	默示许可
65	CXSL2300129	人脐带间充质干细胞注射液	北京贝来生物科技有限公司；北京贝来药业有限公司	阿尔茨海默病	是
66	CXSL2300152	人脐带间充质干细胞注射液	苏州拓华生物科技有限公司	中/重度急性呼吸窘迫综合征	是
67	CXSL2300183	VUM02注射液（人脐带源间充质干细胞注射液）	武汉光谷中源药业有限公司	慢加急性（亚急性）肝衰竭	是
68	CXSL2300184	VUM02注射液（人脐带源间充质干细胞注射液）	武汉光谷中源药业有限公司	中、重度急性呼吸窘迫综合征	是
69	CXSL2300202	人骨髓间充质干细胞注射液	九芝堂美科（北京）细胞技术有限公司	用于治疗自身免疫性肺泡蛋白沉积症	是
70	CXSL2300204	人脂肪间充质干细胞注射液	北京暖格干细胞科技有限公司	系统性硬化症手部皮肤纤维化导致的手功能障碍（挛缩）	是
71	CXSL2300210	人源TH-SC01细胞注射液（人脐带来源间充质干细胞）	江苏拓弘康恒医药有限公司	慢性放射性直肠炎	是
72	CXSL2300213	新邦干细胞注射液（人脐带间充质干细胞）	山东兴瑞生物科技有限公司	膝骨关节炎	是
73	CXSL2300220	人脐带间充质干细胞注射液	上海莱馥医疗科技有限公司	间质性肺病	是
74	CXSL2300221	人脐带间充质干细胞注射液	杭州易文赛生物技术有限公司	中、重度急性呼吸窘迫综合征	是
75	CXSL2300229	人前脑神经前体细胞注射液	浙江霍德生物工程有限公司	缺血性脑卒中偏瘫后遗症	是
76	CXSL2300309	QN-019a细胞注射液	杭州启函生物科技有限公司	用于治疗CD19阳性的复发难治性B细胞非霍奇金淋巴瘤（B-NHL）	是
77	CXSL2300346	人源多巴胺能前体细胞注射液（IPSC衍生药物）	武汉睿健医药科技有限公司	帕金森病	是
78	CXSL2300379	血液净化用间充质干细胞（生物人工肝）	广东乾晖生物科技有限公司	慢加急性肝衰竭（早、中期）	是
79	CXSL2300385	RY_SW01细胞注射液（异体间充质干细胞）	江苏睿源生物技术有限公司	系统性硬化症	是

续表

序号	受理号	药品名称	企业名称	适应证	默示许可
80	CXSL2200341	IHS002 人脐带间充质干细胞	无锡华泰创新药技术研究院有限公司		任务进展无信息
81	CXSL2300446	人脐带间充质干细胞注射液	武汉汉密顿生物科技股份有限公司；广州汉密顿生物科技有限公司	膝关节骨性关节炎	是
82	CXSL2300461	SCM-181 注射液	云南舜喜再生医学工程有限公司		任务进展无信息
83	CXSL2300501	ELPIS 人脐带间充质干细胞注射液	华夏源（上海）生物科技有限公司；江西华夏源生物科技有限公司	中、重度活动性溃疡性肠病	是
84	CXSL2300509	VUM02 注射液（人脐带间充质干细胞注射液）	武汉光谷中源药业有限公司	激素治疗失败的II度至IV度急性移植物抗宿主病	是
85	CXSL2300547	人脐带间充质干细胞（异体）注射液	浙江金时代生物技术有限公司		任务进展无信息
86	CXSL2300561	异体内皮祖细胞（EPCs）注射液	呈诺再生医学科技（北京）有限公司	严重下肢缺血	是
87	CXSL2300562	NCR300 注射液（iPSCs 来源 NK 细胞）	安徽中盛溯源生物科技有限公司	预防急性髓系白血病异基因造血干细胞移植后复发	是
88	CXSL2300628	人源多巴胺能前体细胞注射液（IPSC 衍生药物）	睿健医药科技（苏州）有限公司；武汉睿健医药科技有限公司	发病年龄早于50岁的早发型帕金森病	是
89	CXSL2300630	人脂肪间充质干细胞注射液	北京暖格干细胞科技有限公司	局灶性硬皮病头面部及四肢皮肤硬化	是
90	CXSL2300637	注射用人脐带间充质干细胞	艾尔普再生医学科技（深圳）有限公司		任务进展无信息
91	CXSL2300656	注射用人脐带间充质干细胞	深圳市茵冠生物科技有限公司		任务进展无信息
92	CXSL2300664	人脐带间充质干细胞注射液	贵州中观生物技术有限公司	早期（ARCO I期或II期）非创伤性股骨头坏死	是

续表

序号	受理号	药品名称	企业名称	适应证	默示许可
93	CXSL2300670	人脐带间充质干细胞注射液	杭州易文赛生物技术有限公司	中重度特应性皮炎	是
94	CXSL2300699	KL003 细胞注射液 (通过慢病毒载体介导的 β-globin 基因转导的自体造血干细胞)	康霖生物科技 (杭州) 有限公司	输血依赖型 β-地中海贫血症	是
95	CXSL2300710	BD211 自体 CD34+ 造血干细胞注射液	上海本导基因技术有限公司	输血依赖型 β-地中海贫血症	是
96	CXSL2300718	人脐带间充质干细胞注射液	上海莱馥医疗科技有限公司	伴有肺间质异常的慢性阻塞性肺疾病	是
97	CXSL2300728	人脐带间充质干细胞注射液	天士力医药集团股份有限公司	伴冠状动脉旁路移植术指征的慢性缺血性心肌病导致的慢性心力衰竭。	是
98	CXSL2300747	人脐带间充质干细胞注射液	深圳市茵冠生物科技有限公司	中、重度活动期溃疡性结肠炎	是
99	CXSL2300760	注射用间充质干细胞 (脐带)	天津昂赛细胞基因工程有限公司	急性缺血性脑卒中	是
100	CXSL2300761	GMCN-508B 自体造血干祖细胞注射液	中吉智药 (南京) 生物技术有限公司	输血依赖型 β-地中海贫血	是
101	CXSL2300770	人脐带间充质干细胞注射液	深圳市茵冠生物科技有限公司		排队待审评
102	CXSL2300769	人脐带间充质干细胞注射液	广州达博生物制品有限公司		排队待审评
103	CXSL2300776	人脐带间充质干细胞注射液	北京贝来生物科技有限公司；北京贝来药业有限公司		排队待审评
104	CXSL2300795	人脐带间充质干细胞注射液	浙江泉生生物科技有限公司		排队待审评
105	CXSL2300857	人脂肪间充质干细胞注射液	北京暖格干细胞科技有限公司		排队待审评
106	CXSL2300909	CG-BM1 异体人骨髓间充质干细胞注射液	广州赛隽生物科技有限公司		排队待审评

二、干细胞临床研究影响因素

目前,干细胞临床研究已成为严重制约我国干细胞临床转化与应用的"卡脖子"环节,加快干细胞临床研究及转化应用是当前亟需突破的瓶颈。目前,客观因素、人员因素和保障体系等 3 个方面是影响干细胞临床研究进展的主要因素。

(一)客观因素

客观因素主要包含干细胞前沿基础研究亟待加强,干细胞研究机构无法获取高质量、来源清晰、质量可控的干细胞制剂,缺乏标准统一的多中心临床研究,以及缺少干细胞临床研究规范、专家共识、指南或标准等指导性文件。

1. 干细胞前沿基础研究

(1)干细胞作用机制尚待研究,关键科学问题尚待解决。关键科学问题包括干细胞多能性的维持和自我更新、干细胞的定向诱导分化、重编程与谱系重编程的机理与技术研究、诱导多能干细胞的理论与机制研究、干细胞的组织特异性与组织干细胞、干细胞与微环境的相互作用、基于干细胞的组织和器官功能重建等。

(2)干细胞体内作用机制尚待研究。一方面,干细胞进入体内后的归巢作用、免疫调节作用及抗炎作用等作用机制尚待研究;另一方面,细胞标记与示踪研究明显滞后于机体功能改善的观察,已成为干细胞治疗机制探讨的瓶颈。近期,Douglas Sipp[10]等指出间充质干细胞是否应该被称作"干细胞"有待商榷,这也再次证实了加强干细胞前沿基础研究的必要性。

2. 干细胞制剂特性

(1)干细胞制剂本身极其复杂:①细胞类型、来源、制备技术、适应证等多样;②批次、代次、质量控制技术、研究人员等不同;③成分、安全性、有效性等较为复杂;④生产制备、保存、运输等存在不稳定性。

(2)临床级干细胞生产困难:一是并非所有制备干细胞试剂都为 GMP 级、细胞治疗级或临床级;二是三个批次的细胞能否满足药品中的"三批次"理念;三是在干细胞制备过程中,条件要求极其严格。如供体背景需清晰,原辅料需具有 GMP 级别、细胞治疗级别、三类医疗器械或自检报告等,制备环境应为 GMP 洁净车间,制剂信息可追溯等要求。

综上,临床级干细胞制剂的复杂性与规模化生产相匹配的生产技术和先进工艺不足,缺乏相匹配的质量检验标准体系,导致了干细胞机构无法获取高质量、来源清晰、质量可控的干细胞制剂。

3. 干细胞临床研究

(1)单中心临床研究的局限性:国内干细胞临床研究大多是单中心研究,研究规模小,参与受试者人数少,无法获取干细胞治疗疾病的大样本数据,存在研究局限性,安全性与有效性研究结果可信度低、认可度低。

（2）临床研究指导性文件缺乏：目前只有一些行业认可的协会出台了干细胞制备、质检、存储等相关规范性文件，且大多是概略式的，没有涉及临床研究。干细胞临床研究方案没有统一标准，大多研究方案设计也存在不足之处，共性问题主要是方案结构不完整，如细胞特性考量不足、统计学运用有待完善、病例报告表设计不完整等。

综上，缺乏标准统一的多中心临床研究以及干细胞临床研究规范、专家共识、指南或标准等指导性文件已严重阻碍了干细胞临床研究进展。

（二）人员因素

人员因素主要表现在干细胞临床研究、管理等相关专业人才紧缺以及干细胞临床研究医师依从性低两个方面。

1. **人才紧缺** 干细胞药物较传统化学药物研发更为复杂，而了解、熟悉和掌握干细胞临床研究的科研人员、研究医师与护士、临床稽查员、协调员、观察员等多类别干细胞临床研究相关专业人才极其缺乏。

2. **依从性低** 干细胞临床研究医师依从性低，多数为研究医师自身因素，具体包括干细胞临床研究经验不足、相关资质缺乏、对干细胞临床研究的重要作用未给予足够重视、责任感不强、积极性不高等。同时，极少数研究医师被动完成任务，不按照研究方案开展研究，且随意性大。

（三）保障体系

干细胞临床研究保障体系主要体现在干细胞研究伦理管控机制不健全、干细胞临床研究信息管理系统模块不健全、缺乏风险防控机制、国家层面的实施细则尚待出台等4个方面。

1. **伦理管控** 干细胞临床研究的伦理管控尚待加强，部分干细胞临床研究项目从项目伦理审查开始，到受试者入组与知情同意、受试者退出、研究的跟踪审查、项目结束，没有真正做到全流程伦理管控。

2. **信息管理** 缺乏多中心信息交互，而且单个研究机构信息管理系统建设不健全，使用部门之间不能有效贯通，多数医疗机构没有建设统一的临床数据中心，部门之间的系统没有对接，使得信息流脱节，也没有实现从临床开始，途经制备、质检、质控、存储，最后又回到临床。

3. **风险防控** 缺乏风险防控机制，研究者承担绝大部分责任，没有先行先试的保护措施，也降低了研究者的积极性。

4. **监管政策** 国家层面的实施细则尚待出台，《干细胞临床研究管理办法（试行）》《干细胞制剂质量控制及临床前指导原则（试行）》等国家政策于2015年出台，启动了干细胞临床研究机构和临床研究项目备案工作，对干细胞临床研究进行了有效监管及专项整治，促进了干细胞临床研究健康有序开展。但对于干细胞药物研发、审评、审批等问题，亟需国家出台一系列可行的实施细则或管理条例等。

三、对策及建议

针对上述一系列影响干细胞临床研究推进的因素,建议:①在客观因素方面,加强干细胞前沿基础研究和干细胞多中心临床研究,建立国家级干细胞资源库等;②在人员因素方面,加强干细胞多类别人才培养;③在保障体系方面,加强监管科学机制和保障体系的建设。

(一) 客观因素方面

1. 集中力量突破关键机制

(1)集中力量突破干细胞前沿基础研究的关键机制。依托国家重大、重点专项计划,聚焦干细胞前沿基础研究的关键科学问题,跨学科、跨领域的综合集成研究,集中优势力量在关键科学问题的解决上实现突破。

(2)加强干细胞临床前大动物实验研究。利用基于基因靶向编辑技术建立大动物(猴或猪)人类重大疾病模型进行干细胞临床前评估,开展干细胞移植治疗的安全性和有效性研究,开展细胞移植后在体内存活、迁移、体内分布和功能重建的评价,研究体内微环境对移植细胞命运转归的影响以及干细胞治疗中与宿主免疫系统相互作用等关键科学问题。

2. 统一标准干细胞来源

积极解决统一规范、统一标准干细胞来源问题。在国家层面上,建立国家级干细胞资源库,为干细胞临床研究提供统一规范、标准的干细胞资源。如笔者所在单位实施的上海张江国家自主创新示范区专项发展资金重大项目《干细胞战略库与干细胞技术临床转化平台》,已建成国家 HLA 高匹配的诱导多能干细胞库,可覆盖 60% 以上中国人群移植匹配的细胞来源。

3. 积极开展干细胞多中心临床研究

以我国多发的心血管系统疾病、退行性疾病、代谢性疾病、炎症损伤性疾病等治疗为导向,全力开展多中心临床研究,力争短时间内取得多中心临床大样本研究数据,形成干细胞治疗疾病的专家共识、规范、指南或标准。如上海市Ⅳ类高峰学科"干细胞与转化"建设项目,正积极开展干细胞治疗心力衰竭、糖尿病、骨关节炎等临床研究,已取得初步成效。

(二) 人员因素

1. 人才建设

建立以干细胞与再生医学学科建设为目标的人才建设规划,培养干细胞临床研究骨干人才。探索干细胞多学科交叉融合培养模式,完善干细胞创新性人才培养体制。加强干细胞临床研究多类别人才培训,包括科研人员、研究医师、研究护士、稽查与管理人员等,以提升临床研究能力。

2. 技术培训

定期举办干细胞临床研究技术培训班或研讨会议等,加强干细胞临床研究相关知识学习与储备,提高临床经验和业务素养,培养研究者责任感与使命感。

3. 激励机制

积极探索合适的推进干细胞临床研究项目的评价、奖励及激励机制,提高研究者的积极性和获得感。同济大学附属东方医院专门推出针对干细胞临床研究项目的奖励办法,对通过院内立项和完成国家备案的项目纳入绩效和工作量考核。

（三）保障体系

1. **监管机制**　建立干细胞临床研究监管科学体系与机制，研究制定干细胞研究的监管科学体系和审评审批规范标准，形成干细胞研究监管机制和政策。

2. **信息管理**　建立完善的干细胞临床研究信息管理系统，服务于干细胞临床研究。

3. **伦理管控**　建立涉及干细胞临床研究伦理审核的相关规章制度、引导研究机构遵循我国干细胞临床研究的相关伦理法规，保护受试者的合法权益，促进我国干细胞临床研究的合规合法开展。

4. **风险防控**　建立干细胞临床研究保险机制，解决研究者与受试者后顾之忧。

四、展望

干细胞及转化研究已成为生命科学及生物医药领域最前沿增长点，对重大慢性疾病治疗的作用和优势日益凸显，有望成为继药物、手术治疗后的第 3 种疾病治疗途径，该领域研究正孕育着重大的科学突破和巨大的产业变革机遇。因此，应积极抢占生物医药产业发展制高点，全力推进干细胞临床研究及转化应用，助力国家战略发展。

（汤红明　何　斌　李佳潞）

参考文献

[1] 付小兵. 成体干细胞与再生医学：几个重要领域的进展与展望[J]. 中华医学杂志，2007（17）：1153-1155. DOI：10.3760/j.issn：0376-2491.2007.17.001.

[2] 王正国. 再生医学展望[J]. 中华创伤杂志，2012，28（1）：1-4.DOI：10.3760/cma.j.issn.1001-8050.2012.01.001.

[3] 白旭华. 人胚胎干细胞生物学特征研究现状[J]. 中国组织工程研究与临床康复，2007，11（46）：9325-9328. DOI：10.3321/j.issn：1673-8225.2007.46.032.

[4] 王泽，张宁坤，陈宇. 脐带间充质干细胞治疗心肌梗死的研究进展[J]. 实用医学杂志，2017（20）：8-10. DOI：10.3969/j.issn.1006-5725.2017.20.001.

[5] Bonnamain V，Neveu I，Naveilhan P. Neuralstem/progenitorcellsaspromising candidatesforregenerativetherapy of the central nervoussystem [J]. Fron Cell Neurosci，2012，6（1）：17.DOI：10.3389/fncel. 2012.00017.

[6] BurkeJ，HunterM，KolheR，et al. Therapeuticpotential of mesenchymal stemcell based therapy for osteoar thritis [J].Clinical and Translational Medicine，2016，5（1）.DOI：10.1186/s40169-016-0112-7.

[7] 于双杰，陈黎明，吕飒，等. 人脐带间充质干细胞治疗失代偿性乙型肝炎肝硬化的安全性与疗效[J]. 中华肝脏病杂志，2016，24（1）：51-55.DOI：10.3760/cma.j.issn.1007-3418.2016.01.010.

[8] Papazova DA，Oosterhuis NR，Gremmels H，et al. Cell-basedtherapiesforexperimentalchronickidneydisease：asystematicreviewandmeta-analysis [J]. DiseaseModels&Mech-anisms，2015，8（3）：281-293.DOI：10.1242/dmm. 017699.

[9] 王泰华. 干细胞技术为医学事业带来跨时代变革[J]. 中国科技产业，2018（8）：30.

[10] Sipp D，Robey PG，Turner L. Clear up this stem-cell mess [J]. Nature，2018，561（7724）：455-457. doi：10.1038/d41586-018-06756-9.

第二章
干细胞基础研究

▶▶▶▶▶

　　随着干细胞基础研究的深入,人们对干细胞的特性、分子机制和生物学特性有了更深入的了解。干细胞的研究不仅帮助我们解决了一系列重大医学难题,也为治疗许多重大疾病和损伤提供了新的希望。本章涵盖了干细胞基础研究的多个领域,主要包括多能干细胞与细胞重编程、多能干细胞干性维持与分化、肿瘤干细胞与肿瘤发生发展、干细胞命运调控、干细胞与表观遗传、干细胞衰老的遗传与表观遗传调控、干细胞与纳米医学。这些领域的研究成果为我们深入了解干细胞的特性和机制提供了重要的指导和支持。

　　多能干细胞是一类具有多向分化潜能的细胞,具有重要的生物学和医学价值。通过对多能干细胞的研究,我们可以了解到细胞命运选择和分化的机制,以及细胞在治疗和再生过程中的应用潜力。此外,多能干细胞的细胞重编程也是一项重要的研究领域。通过细胞重编程技术,我们可以将已经分化的细胞重新回转为干细胞状态,从而为治疗疾病和再生组织提供新的途径和可能性。多能干细胞是一类能够分化为多种类型细胞的干细胞,其维持干性和进行有序分化的机制一直是研究的热点。了解多能干细胞干性维持和分化机制对于干细胞的应用和再生医学的发展具有重要意义。肿瘤干细胞是肿瘤发生和发展的关键细胞群,其在肿瘤治疗中起着重要的作用。对肿瘤干细胞的研究可以帮助我们深入了解肿瘤的特性和治疗的机制,为肿瘤治疗提供新的策略和方法。再生中的干细胞命运调控是关键的研究领域之一。干细胞在组织和器官再生中起着重要的作用,深入了解干细胞在再生过程中的命运调控机制,可以为再生医学和组织工程提供新的思路和方法。干细胞与表观遗传也有着密切的关系。表观遗传修饰是通过改变染色质状态来调控基因表达的重要途径。干细胞命运选择和分化过程受到各种表观遗传修饰的调控,深入了解干细胞与表观遗传的相互作用机制,对于提高干细胞在治疗和重建过程中的效率和效果具有重要意义。干细胞衰老是研究领域的一个重要方向。干细胞的衰老过程与人类寿命和健康相关,对其进行研究有助于揭示细胞老化的机制以及延缓衰老的方法。干细胞与纳米医学是近年来的新兴研究方向。纳米技术的应用可以提高干细胞的存活率、增加其在体内的分布和定位,从而提高干细胞的治疗效果和安全性。干细胞在纳米医学中的应用具有广阔的前景和潜力。随着干细胞基础研究的深入,我们对干细胞的认识和应用前景有了更深入的了解。干细胞科学的发展为医学领域带来了无数的希望和可能性。相信通过持续地探索和研究,干细胞将会为人类带来更多的惊喜和希望,为实现健康长寿和人类发展做出更大的贡献。

希望本章内容能为广大读者提供全面深入的干细胞基础研究知识,并激发更多人对干细胞科学和应用的兴趣和热情。

第一节 多潜能干细胞与细胞重编程

随着干细胞研究的深入,多能干细胞与细胞重编程成为了研究的热点。多能干细胞是一类具有多种分化潜能的细胞,为我们了解细胞分化机制和细胞治疗提供了重要的基础,其在医学研究和应用中具有重要价值。细胞重编程技术则使得我们可以将已经分化的细胞重新回转为干细胞状态,为治疗疾病和再生组织提供了新的途径和可能性。多能干细胞包括胚胎干细胞和诱导多能干细胞。胚胎干细胞具有全能性,可以分化为几乎所有类型的成体细胞。而诱导多能干细胞则是通过细胞重编程技术,将已经分化的细胞重新回转为多能干细胞状态,使其具有多种分化潜能。细胞重编程技术是一项重要的研究领域,它使我们能够重新定义细胞的命运。通过引入特定的转录因子,如 Oct4、Sox2、Klf4 和 c-Myc 等,可以将已经分化的细胞重新编程为诱导多能干细胞。诱导多能干细胞具有与胚胎干细胞相似的特性,可以分化为各种类型的细胞,为治疗疾病和再生组织提供了新的途径。诱导多能干细胞的临床应用是细胞重编程领域的一大亮点。通过重编程技术,我们可以获得患者特异性的诱导多能干细胞,为个性化医疗提供可能。例如,我们可以通过将患者的皮肤细胞转化为诱导多能干细胞,再将其分化为特定类型的细胞,用于治疗患者的疾病。此外,诱导多能干细胞还可以用于疾病模型的建立和药物筛选,有助于加快药物研发的速度和降低药物研发的成本。然而,尽管诱导多能干细胞的临床应用具有巨大的潜力,目前还面临一些挑战和难题。例如,诱导多能干细胞的诱导过程的效率较低,需要改进;同时,诱导多能干细胞的分化过程也存在一定的难度,需要进一步优化。此外,诱导多能干细胞在体内的安全性和稳定性还需要更多的研究和验证。因此,加强对诱导多能干细胞的研究和临床应用是当前的重要任务。总之,多能干细胞与细胞重编程是干细胞研究的重要领域,其在医学研究和应用中具有广阔的前景和潜力。通过深入研究多能干细胞的特性和细胞重编程的机制,我们可以为治疗疾病和再生组织提供新的途径和可能性。然而,目前还需要进一步研究和探索,以进一步挖掘多能干细胞与细胞重编程的潜力,为干细胞临床研究的发展作出更大的贡献。希望本节内容能为读者提供全面了解多能干细胞与细胞重编程的参考。

一、多能干细胞

（一）干细胞的分化潜能

干细胞（stem cell）是具有自我更新和分化潜能的一类特殊的细胞类群，它们在多细胞生物体的生长、发育和生命维持中都发挥着至关重要的作用。

自我更新（self-renewal，SR）是指细胞能在维持自身性状特征的前提下分裂增殖，也就是说细胞经过分裂形成的两个细胞中至少有一个与母细胞的表型是一致的。正常的分化细胞在分裂一定代数后便会衰老并凋亡，而干细胞相对来说能维持更长时间。需要指出的是，这里说的分裂增殖并不一定是在体外条件下，许多成体干细胞并不能在体外单独培养，甚至包括全能干细胞也是尚未实现体外维持。另一方面，简单地说无限增殖也是不恰当的，即使是自我更新能力非常强的胚胎干细胞，在体外经过多代数增殖之后，其多能性也会受一定影响，而同样，受精卵的全能性在体内经过数次分裂便也丧失了。

分化潜能（potency）是指细胞分化到其他细胞类型的能力。干细胞在合适的环境或者合适的信号刺激下，能够分化为与自身不同的细胞类型，分化潜能越高的干细胞能够分化的细胞类型越多。分化潜能基本可以分为全能性（totipotency）、多能性（pluripotency）和单能性（unipotency）3 种类型。

1. **全能性** 是指细胞能够分化成构成个体的所有细胞类型，包括胚外组织，从而具有形成完整个体的能力。受精卵是具有全能性的，而随着卵裂的进行，这种分化潜能也很快丧失，逐渐转变为多能性。至今为止，尚未有方法在体外获得真正意义上的全能性，也就是说全能干细胞还不存在，甚至是否有存在的可能也未有定论。

2. **多能性** 是指细胞能够分化成多种细胞类型的能力，但不能分化成构成个体的所有细胞类型。一般这种干细胞已经经历了谱系建立，只能正常分化到一种胚层来源的细胞类型，最经典的多能干细胞（pluripotent stem cell，PSC）就是来源于囊胚内细胞团的胚胎干细胞，这种细胞能在体外合适条件下维持自我更新并能分化为内、中、外 3 个胚层细胞和组织，可与囊胚共同发育从而形成各个组织器官，与内细胞团发育缺陷的四倍体胚胎共同发育更是能获得完全由胚胎干细胞发育来的成体。诱导多能干细胞是现在唯一一种不需要经过胚胎阶段而建立的多能干细胞，它在各方面生物学性质上与胚胎干细胞非常相像，同样具有多能性。近几年，随着多能性相关研究的不断深入，对这种状态又有了更多的细分，例如根据细胞所处的发育阶段、嵌合能力、基因表达谱，以及表观遗传修饰等生物学属性，将多能干细胞又分为原始态（naïve）和始发态（primed）；利用全新的培养体系，又建立出潜能扩展多能干细胞（extended pluripotent stem cell，EPS cell），这种细胞具有胚内和胚外的发育潜能，因此更加接近全能性。

3. **单能性** 是指细胞只能分化到一种终末细胞的能力。例如精原干细胞最终只能分化为精子，骨骼肌干细胞只能分化为横纹肌。

自我更新和分化潜能这2个干细胞的基本特征,使其在再生医学上拥有巨大的应用潜力,使科研和临床工作者有希望共同努力以干细胞为种子获得亟需的细胞、组织甚至器官,用它们来替换因疾病、创伤和老化而失去功能的部分,从而实现再生医学的治疗目的。

(二)胚胎干细胞

胚胎干细胞是最早建立、最经典的多能干细胞,也是具有多能性的干细胞,目前对多能干细胞的认识都是基于对胚胎干细胞的研究建立起来的。

1. **胚胎干细胞的建立** 胚胎干细胞是胚胎发育早期着床前囊胚(blastocyst)的内细胞团(inner cell mass,ICM)在体外特定条件下得以建立并维持的具有自我更新和多能性的一类细胞。这类细胞可以在合适的体外培养体系中长期大量扩增,同时保有其分化为体内任何种类细胞的潜能。由于这些特性,使胚胎干细胞在胚胎早期发育、基因生理功能等研究领域得到广泛应用。以人类胚胎干细胞分化产生特定细胞为基础,在临床疾病的细胞治疗和药物毒性试验等方向上的应用都让人充满期待。因此,越来越多的研究工作关注胚胎干细胞的自我更新和多能性的调控机制,并为人类发育相关疾病机制和胚胎干细胞的临床应用奠定基础。

早在20世纪80年代初,英国科学家Sir Martin John Evans和Matthew Kaufman首次建立了小鼠的胚胎干细胞系[1]。小鼠胚胎干细胞是从小鼠胚胎3.5天囊胚的内细胞团分离培养获得,小鼠ICM的分离可以直接用全胚培养法实现。最初的小鼠胚胎干细胞分离培养体系模拟了早期胚胎中内细胞团的生长环境,即利用了小鼠胚胎成纤维细胞(mouse embryonic fibroblast,MEF)构成的滋养层和含血清的培养基,来维持胚胎干细胞的稳定未分化状态,其中小鼠胚胎成纤维细胞用丝裂霉素C或γ射线处理,使其在维持活力的前提下停止分裂。之后的研究表明,小鼠胚胎成纤维细胞主要通过分泌白血病抑制因子(leukemia inhibitor factor,LIF)来起作用,LIF也成为经典的小鼠胚胎干细胞培养体系中的关键性细胞因子。血清中维持胚胎干细胞未分化状态的主要成分是骨形态发生蛋白(bone morphogenetic protein,BMP)。迄今为止,血清和LIF仍然是最经典小鼠胚胎干细胞培养体系的关键成分,在这种培养条件下,胚胎干细胞呈现椭圆团块状克隆(colony)状生长,克隆圆润边缘光滑,克隆内每个细胞紧密连接,边界不清,细胞核质比高,增殖速度快,每2~3天传代一次。

1998年,美国科学家James Thomson从体外受精(in vitro fertilization,IVF)获得的胚胎中建立了首株人胚胎干细胞系[2]。人胚来源是辅助生殖成功后患者捐赠的剩余胚胎。在胚胎干细胞建系过程中,滋养外胚层(trophectoderm,TE)的滋养层细胞会影响ICM的生长,因而需要将囊胚中的TE与ICM分离,分离ICM的方法主要有免疫外科法、全胚培养法、机械法和激光法。最初的人胚胎干细胞同样是在小鼠胚胎成纤维细胞上建立,小鼠胚胎成纤维细胞作为饲养层细胞能比较好地支持人胚胎干细胞的长期培养。但是由于人胚胎干细胞建系时间长,而小鼠胚胎成纤维细胞在长时间培养中存在状态和支持能力下降的问题,同时也有动物源性污染的问题。为了解决这些问题,研究者实现了以成年人包皮成纤维细胞、胎儿皮肤成纤维细胞等人源性细胞作为饲养层细胞来进行人胚胎干细胞的建系和培养。但为了简化人胚胎干细胞的建系培养,无饲养层的方法是必要的。已经建立的无饲养层培养体系需要利用细胞外基质对培养皿进行包被,包括纤连蛋白、层黏连蛋白、Matrigel 等。胎牛血清作为经典的培养液添加剂,为胚胎干细胞提供养分,但由于成分未知且不稳定,容易造成细胞分化,因此人胚胎干细胞的培养中逐渐用血清替代物(serum replacement,SR)取代血清。不同于小鼠,人胚胎干细胞培养中的关键性细胞因子是碱性成纤维生长因子(basic fibroblast growth factor,bFGF)。最初的无饲养层培养体系为了保证营养充分,用到了条件培养基(conditional medium),即将含有 SR 的培养基先加到饲养层细胞上,1 天后收获培养液过滤死细胞,添加 bFGF 后,结合 Matrigel 等基质的使用,进行人胚胎干细胞的正常培养。血清替代物虽然能很好地支持人胚胎干细胞的建系培养,但是其成分中仍然含有动物源性成分,进一步的研究发现,无血清培养基 N2B27 再添加高浓度的 bFGF 就能维持人胚胎干细胞的未分化状态。经典的人胚胎干细胞呈单层克隆状生长,相较于小鼠胚胎干细胞生长更为缓慢,其传代方式与小鼠胚胎干细胞不同,胰酶消化导致的单细胞化过程会使人胚胎干细胞无法建立依赖 E-cadherin 的细胞间连接,引起细胞的应激反应进而导致凋亡,因而人胚胎干细胞对单细胞培养极其敏感,在传代时多采用机械法传代,这种方法能通过人工筛选最大限度地保持细胞的未分化状态。但同时机械法传代也有工作量大,难以大量扩增的问题,因此,胶原酶、dispase 等温和的酶消化法常被用来将人胚胎干细胞分离成小团块来进行扩增。在人胚胎干细胞培养过程中也常采用机械法和酶消化法结合的方式进行传代。

2. 胚胎干细胞的特性   基于已有的研究成果,研究者们总结出了胚胎干细胞特有的生物学属性,在胚胎干细胞鉴定过程中,通常需要检测其形态学特点、自我更新能力、特异基因表达情况以及多向分化潜能。

首先,胚胎干细胞具有其独特的形态及无限的自我更新能力。在体外培养时,小鼠胚胎干细胞形成致密的克隆样集落,克隆边界明显、较为光滑,克隆内细胞排列紧密界限不清晰、细胞体积小、细胞质较少、细胞核大而明显、核质比高。人胚胎干细胞的克隆内细胞呈单层分布,细胞界限相对清楚。在正常培养条件下,胚胎干细胞能够不断地进行对称分裂,产生大量未分化的子代群体,即自我更新能力。这种能力与胚胎干细胞的细胞周期特点相关,胚胎干细胞分裂快,G1、G2 期短,无明显的 G1 期检查点(check point)并有较高的端粒酶活性。另一方面,胚胎干细胞的这种快速的增殖能力也使其易于发生染色体变异,因此,正确的核型(karyotype)也是判断胚胎干细胞质量的一个关键指标。

目前检测其自我更新能力除连续传代外,常用的方法是克隆形成实验(colony forming assay)。首先将胚胎干细胞以较低的密度接种,经过培养后,具有自我更新能力的单个细胞能够通过不断地增殖形成独立的克隆,并且碱性磷酸酶(alkaline phosphatase,AP)染色呈强阳性。小鼠胚胎干细胞的单细胞克隆形成能力很强,可达到90%以上;而人胚胎干细胞单细胞形成克隆的能力非常低,约0.1%。现在常用ROCK蛋白家族的小分子抑制剂(Y27632)来大幅提高人胚胎干细胞的克隆形成能力。

其次,胚胎干细胞表达特有的标志性基因及特异性细胞表面抗原。在初步判断胚胎干细胞的形态学特点后,还需利用定量PCR或免疫荧光染色对胚胎干细胞进行特异性基因的检测,例如Oct4、Sox2、Nanog等多能性相关转录因子及一些细胞表面标志物(如小鼠胚胎干细胞表达SSEA1,人胚胎干细胞表达SSEA3和SSEA4)。

ICM在体内发育中逐步形成个体各种组织器官,正常胚胎干细胞理论上拥有分化成各个胚层乃至完整个体的能力,因而鉴定其多向分化的潜力是胚胎干细胞鉴定的核心之一。现阶段,鉴定胚胎干细胞发育多能性主要通过体外实验及体内实验来完成。体外实验中最为经典的是拟胚体(embryoid body,EB)形成实验。将胚胎干细胞使用去掉关键抑制分化因子(小鼠胚胎干细胞为LIF,人胚胎干细胞为bFGF)的培养基进行悬浮培养时,胚胎干细胞会自发地集聚成团并分化成具有三胚层(内胚层、中胚层、外胚层)来源细胞的拟胚体,以其过程在一定程度上类似胚胎早期发育而得名,当把拟胚体接种在细胞培养皿上,拟胚体中的细胞会继续生长、分化和迁移,通过免疫染色可确定分化细胞的类型,或用PCR检测三胚层特异性基因的表达情况。如果检测到3个胚层来源的细胞类型,或3个胚层来源细胞的特异性基因表达,则说明被鉴定的胚胎干细胞具有在体外培养条件下多向分化的能力。体内实验中较为经典的是畸胎瘤(teratoma)形成实验。将适量胚胎干细胞注入到免疫缺陷小鼠或与胚胎干细胞同品系小鼠体内(皮下、肌肉内或肾包膜下等部位),待胚胎干细胞在小鼠体内成瘤后,取出瘤体并进行组织切片及染色,具有多能性的胚胎干细胞应在移植部分生长和分化,形成的畸胎瘤含有3个胚层来源的多种组织或细胞类型。

受伦理限制,对于人胚胎干细胞的分化多能性检测仅限于拟胚体形成实验及畸胎瘤形成实验。而对于小鼠、大鼠等非人胚胎干细胞的多能性检查还包括嵌合体实验(chimera assay)、生殖系传递(germline transmission)以及四倍体囊胚互补实验(tetraploid blastocyst complementation assay)。嵌合体实验是将胚胎干细胞注射到受体囊胚并移植到假孕母鼠子宫后,具有多能性的胚胎干细胞能够与囊胚的内细胞团共同参与胚胎的发育,形成包括生殖细胞在内的各种成体细胞,使得到的个体表现为嵌合体的形式,这种方式能真正体现胚胎干细胞在体内环境中的多向分化能力。四倍体囊胚互补实验与嵌合体实验类似,唯一不同的地方是受体囊胚为通过细胞融合得到的四倍体囊胚,这种四倍体胚胎在后续的发育过程中只能贡献到胚外组织而导致不能正常产生个体,将待鉴定的胚胎干细胞注射到这种囊胚后,胚胎个体完全由胚胎干细胞分化发育获得,具有完全多能性的胚胎干细胞将分化为个体所有的细胞、组织类型,形成各个器官和健康的个体。任何一种细胞的分化缺陷都将导致个体正常发育失败。因此,四倍体囊胚互补实验是唯一能充分证明胚胎干细胞完全多能性的方法,也被称为检测胚胎干细胞多能性的"金标准"。

二、细胞重编程

哺乳动物生命始于受精,精卵融合形成的合子经历一系列复杂的分化过程,逐步发育到成熟的个体,每个细胞的命运受到精密的时空调控,一步步的分化在正常发育中既不能停止也无法逆转,每个个体经历的发育几乎完全一样,整个过程就好似运行着一个编写好的程序。在1981年发现胚胎干细胞之后,矛盾共存的应用潜力和局限促使科学家们努力寻找替代方案,过去几十年,干细胞领域出现了各种突破性的进展,体细胞核移植、诱导多能干细胞的发现,成功实现了将分化的细胞逆转到类似胚胎干细胞的状态,被形象地称为体细胞重编程,也将再生医学往前推进了一大步。

(一) 体细胞核移植

克隆(clone)一词源于希腊语的"klōn",又称为核移植(nuclear transfer,NT)或者体细胞核移植,是指将供体细胞的细胞核通过显微操作注射到去核的卵母细胞质中,得到重构的克隆胚胎,再通过重新激活,恢复克隆胚胎分裂及分化能力,促使其发育成为与供体细胞的基因型完全相同的克隆动物。该技术在过去的60多年里,对核质关系、细胞分化、细胞多能性、表观遗传学、发育生物学和生殖生物学等方面的研究,以及转化医学和遗传资源保存等方面的应用做出了巨大的贡献。

20世纪50年代,科学家们成功地克隆出两栖类美洲豹蛙(*Rana pipiens*)和非洲爪蟾,揭开了体细胞核移植的新篇章。由于哺乳动物卵母细胞的直径小,卵母细胞取材困难,且数量相对较少,哺乳动物的核移植研究相对于两栖类动物更为困难。1983年,美国费城 Wistar 研究所 McGrath 教授和 Solter 教授通过将受精后合子的细胞核移植入去核的小鼠卵母细胞中,最终获得了发育至成年的小鼠[3]。1986年,英国剑桥大学 AFRC 研究所 Willadsen 等将发育至8细胞或16细胞时期胚胎细胞与去核的羊卵母细胞融合后,成功得到了健康的克隆绵羊[4]。直到1997年2月,英国爱丁堡大学 Roslin 研究所 Ian Wilmut 领导的研究小组用一只6岁成年母羊的乳腺上皮细胞作为供体成功地克隆出世界上第一只体细胞克隆羊"多莉"(Dolly)[5]。"多莉"羊的成功克隆震动了整个世界,它向全世界证明了高度分化的体细胞具有遗传的全能性和发育的可逆性,在科学领域引发了克隆动物研究的高潮。之后全世界不断克隆出两栖类、鱼类和哺乳类等。2018年,中国实现了世界第一例非人灵长类体细胞核移植的突破,诞生了克隆食蟹猴(*Macaca fascicularis*),2只存活的食蟹猴分别被命名为"中中"和"华华",成为该领域发展中的又一重大里程碑[6]。

体细胞核移植技术作为细胞生物学及发育生物学领域取得的最伟大成就之一,应用前景和潜在的经济效益都非常大。这项技术在生物学方面如在保护濒危动植物的遗传资源、新物种的培育、优良畜种培育以及转基因动植物生产方面前景十分广阔。而在再生医学领域,核移植技术作为多能干细胞的一大来源,将为细胞和组织治疗提供助力。

(二)诱导多能干细胞

1. **诱导多能干细胞技术的诞生** 2006 年,日本科学家山中申弥博士(Shinya Yamanaka)做出了革命性的研究成果,基于对胚胎干细胞基因表达模式以及其特异性基因的研究,其团队将 24 个在胚胎干细胞中高表达的转录因子基因通过逆转录病毒导入小鼠的胚胎成纤维细胞中,经过 2 周的培养,他们成功得到了一种与胚胎干细胞十分相似的细胞——诱导多能干细胞[7]。更为重要的是,通过逐个筛选,他们证明只需要 4 个关键转录因子 Oct4、Sox2、Klf4、c-Myc(简称 *OSKM* 因子)就能成功将小鼠的胚胎成纤维细胞诱导为诱导多能干细胞。这一革命性的发现彻底打破了胚胎干细胞临床应用中的细胞来源和伦理问题,也极大地解决了干细胞治疗中的免疫排斥问题,开辟了重编程和再生医学的全新领域。山中申弥与 John B.Gurdon 也因为在重编程领域所做出的突出贡献而一同获得 2012 年诺贝尔生理学或医学奖。

2. **诱导多能干细胞技术的发展** 在小鼠诱导多能干细胞建立后的第 2 年,Yamanaka 和 Thomson 实验室分别成功建立了人的诱导多能干细胞[7,8]。同年,Jaenisch 实验室将诱导多能干细胞技术应用于镰刀型贫血的小鼠模型的治疗上,提出利用诱导多能干细胞治疗单基因遗传疾病的策略[9]。此后,大量工作报道了利用诱导多能干细胞技术获得病人特异性多能性细胞,可应用于单基因遗传病治疗模型和患者特异性病理筛查。

作为多能性细胞,诱导多能干细胞是否真的具有多能性,是诱导多能干细胞技术投入应用前必须回答的问题,尤其是 2006 年 Yamanaka 发表的工作中诱导多能干细胞甚至没能产生嵌合体小鼠。2009 年,中国科学家周琪和高绍荣两个团队同时发表独立工作,通过四倍体胚胎互补得到了完全由诱导多能干细胞来源的诱导多能干细胞小鼠,证明诱导多能干细胞是能够具备完全多能性的,至此打破了对诱导多能干细胞质量的质疑,使诱导多能干细胞技术的发展更进一步[10,11]。2010 年,通过对具备和不具备完全多能性的小鼠诱导多能干细胞的基因表达对比,Hochedlinger 和周琪团队都找到了位于染色体 12qF1 区域的 *Dlk1-Dio3* 基因簇,这个基因簇的转录产物,尤其是 Gtl2 和 Rian,在嵌合体实验中嵌合率很低并不能通过四倍体胚胎互补得到诱导多能干细胞小鼠的诱导多能干细胞系中被异常沉默,但在具有完全多能性的诱导多能干细胞中则表达正常。这样,这个区域的表达情况可能作为完全多能性诱导多能干细胞的候选标记[12,13]。

经典的诱导多能干细胞建立需要利用逆转录病毒将重编程因子导入体细胞使其实现过表达,而无论转基因还是逆转录病毒的使用都是阻碍诱导多能干细胞技术走上临床的重要因素。在数年的时间里,国内外科学家做了大量尝试,影响基因组稳定性的逆转录病毒可以用腺病毒、瞬时表达质粒甚至信使 RNA(messenger RNA,mRNA)或重组蛋白来代替,而部分重编程因子也不断被发现可以被化学小分子所取代。2013年,中国科学家邓宏魁团队成功实现了完全利用小分子化合物诱导小鼠体细胞重编程为化学重编程诱导多能干细胞,实现了诱导多能干细胞技术的革命性突破[14]。在供体细胞方面,最初使用的成纤维细胞由于取样不便,对患者造成一定创伤,对临床应用非常不利,因此外周血淋巴细胞和尿道上皮细胞的成功重编程,极大地简化了供体细胞来源,推进了诱导多能干细胞技术临床转化进程。

3. **诱导多能干细胞的机制研究**　重编程过程实现了2种完全不同的细胞类型的转变以及多能性的重新建立,深入探究该过程的机制对于理解"细胞命运如何决定"这一细胞生物学关键科学问题具有重要意义。

重编程机制研究中常以小鼠胚胎成纤维细胞作为供体细胞,小鼠胚胎成纤维细胞诱导到诱导多能干细胞大致需要2周左右的时间,诱导效率大致在0.01%~1%。由于整个诱导过程时间较长,效率低,诱导中后期细胞异质性很高,所以对这个过程的描绘很难做到非常准确。从基因表达特点和细胞形态来看,这个过程大致包括起始、成熟、稳定三个阶段。起始过程中,重编程因子OSKM的过表达使细胞中发生了大量基因的转录激活,包括增殖、代谢、细胞骨架等,与增殖相关的RNA代谢、DNA修复等也出现激活,而起始细胞中高表达的分化相关基因则受到抑制,相应的,从形态上可以看到细胞增殖加快,出现间质上皮转化(mesenchymal-to-epithelial transition,MET)。中期细胞异质性很强,而不同细胞的诱导进程也不尽一致,细胞群中逐渐出现成团的细胞克隆。但这些克隆大多不成熟,并未激活内源的多能性调控网络,只有很少一部分能在后期稳定为诱导多能干细胞。在晚期也就是稳定阶段,部分细胞激活了稳定的内源多能性调控网络,不再依赖外源重编程因子的表达,完成了表观修饰模式的转变,成为了真正的诱导多能干细胞,能通过单克隆扩增建立起稳定的诱导多能干细胞系。

重编程过程具有非常强的异质性,对细胞组分的研究发现在小鼠胚胎成纤维细胞诱导到诱导多能干细胞的过程中,细胞经历了Thy1的丧失,继而获得SSEA1,之后逐步激活内源性的Oct4、Sox2等多能性转录因子,而这些标志物在之后的研究中也成为了分析重编程过程的重要指标[15]。同时,由于这种高度异质性的存在,而真正实现成功转化的细胞比例又非常低,因此对整个细胞群体的研究很难体现极少数细胞成功诱导的转变过程。基于近年来的单细胞测序技术,可以看到重编程中期已经出现能实现的重编程和不能实现重编程的不同细胞转化路径,相信在此基础上更细致的研究将为重编程中细胞转变机制的解答提供新的线索。

体细胞重编程是一种细胞命运决定的过程,从体细胞到诱导多能干细胞,基因组没有发生改变,2种细胞却显示出不同的基因表达模式和细胞命运,并能在建立细胞系后稳定地遗传给下一代细胞,这与表观遗传是分不开的。重编程需要将体细胞特异的表观修饰抹去,并建立起多能性相关的修饰,因此在重编程过程中,各种表观修饰呈现出强烈的动态变化。体细胞相关基因上激活性的H3K27ac修饰在重编程早期被抹去,之后逐步代之以抑制性的修饰H3K27me3和H3K9me3。相反,多能性相关基因上的H3K27me3在重编程早期先被抹去,并伴随着该区域染色质的开放,之后逐步建立起 H3K27ac 修饰。H3K9me3、H3K27me3 以及 DNA 甲基化等抑制性修饰,起到了稳定细胞状态、阻止染色质开放的作用,被认为是重编程的主要阻碍,催化去除这些修饰的酶,例如 KDM4、KDM6、TET 蛋白等,均为重编程所需。重编程因子 OSKM 均被认为通过各种方式作用于染色质重塑,并介导了多能性相关基因所在区域的开放。对重编程具有很强促进作用的维生素 C,也是通过激活 Kdm3/4 诱导 H3K9me3 的去甲基化,来实现提高重编程效率的作用。总体来说,DNA 甲基化、组蛋白修饰、染色质高级结构等层面的表观修饰调控都在重编程中发挥着重要作用,相关因子的功能研究不胜枚举。

迄今为止,大量研究工作致力于探究重编程过程中的分子机制,从而提高重编程效率和质量,虽然该过程的黑匣子仍然有待进一步打开,但却阻挡不了诱导多能干细胞走向应用的脚步。

三、诱导多能干细胞的临床研究

(一) 诱导多能干细胞的应用优势与挑战

1. **优势** 诱导多能干细胞的优势主要体现在具有多能性、来源便捷、操作较简单,其最大优势就是可以获得患者特异的多能性干细胞,从而实现个性化治疗。

相较于成体干细胞来说,诱导多能干细胞拥有与胚胎干细胞近乎相同的分化潜能,可以分化成几乎所有种类的细胞,这是以间充质干细胞、造血干细胞为代表的多能干细胞所不能比拟的,使诱导多能干细胞的应用范围和潜力更广。

与来源于人受精囊胚内细胞团的胚胎干细胞不同,诱导多能干细胞可以由成体细胞直接诱导而成,从而规避了破坏前囊胚所带来的伦理问题,同时也回避了卵细胞获得困难的问题,使得 iPS 技术操作门槛和成本大幅度降低,更易于应用。同时,由于诱导多能干细胞可以由患者自身的细胞诱导,从而极大地解决了潜在的免疫排斥的问题。

2. **挑战** 相比体细胞核移植,诱导多能干细胞的重编程过程更加长时低效,虽然这种缺陷不影响其在病理药理上的应用,但是在急性损伤性修复的细胞治疗应用上,还是会造成很大的阻碍。而真正打开该过程的黑匣子需要进一步深入探究其中的分子机制,虽然在这方面已有大量的研究进展,但是仍然任重道远。

实验技术走向临床需要解决很多原来不需要考虑的问题,包括前面已经提到的重编程方式和供体细胞的优化,以及前文提到的无饲养层无血清的多能干细胞培养体系,都为诱导多能干细胞技术的临床转化提供了极大的助力。而三者实现结合,最终实现只利用小分子,在完全无动物源性的条件下,高效地将外周血淋巴细胞或尿道上皮细胞重编程为优质人诱导多能干细胞,这才是临床期望的理想状态。

(二) 临床应用发展和趋势

1. **基于诱导多能干细胞的细胞治疗** 诱导多能干细胞与胚胎干细胞同为多能性干细胞,可以分化成几乎所有种类的细胞,因此其最重要的应用便是细胞治疗。与来源于受精囊胚内细胞团的胚胎干细胞不同,诱导多能干细胞可以由成体细胞直接诱导而成,从而规避了破坏胚胎所带来的伦理问题,同时由于诱导多能干细胞可以由患者自身的细胞诱导获得,因此极大地解决了潜在的免疫排斥的问题。现阶段,诱导多能干细胞的临床应用主要来自日本。2014 年,Masayo Takahashi 团队利用病人自身的诱导多能干细胞分化成视网膜色素上皮细胞治疗黄斑变性。2017 年日本批准开展该疾病的异体诱导多能干细胞的临床试验。随后,日本卫生部为诱导多能干细胞的临床应用"大开绿灯"。2018 年 5 月,批准将诱导多能干细胞用于心脏衰竭的临床试验,研究者将向患者心脏表层植入一层心肌膜,通过手术,将其直接贴附到重度心脏病患者的心脏上,以起到治疗作用。同年,日本京都大学宣布,该校研究人员开展了利用诱导多能干细胞治疗帕金森病的临床试验。2019 年 2 月,诱导多能干细胞治疗脊髓损伤在日本获批。目前,世界各国都在积极开展诱导多能干细胞的临床前和临床应用研究。

从现阶段的各项临床研究成果来看,基于诱导多能干细胞的临床研究方兴未艾,治疗手段尚未成熟,各项临床研究虽未获得药到病除的神奇功效但也取得了一定效果。同时,在有效管控下也未出现使用多能干细胞导致的潜在致癌风险。

2. **基于诱导多能干细胞的疾病模型** 不同于临床细胞治疗应用上的各种限制,诱导多能干细胞在构建疾病模型上的应用则更能快速发展。应用策略基本为获得患者的体细胞继而重编程为患者特异性诱导多能干细胞,再将其诱导分化为疾病相关的细胞类型,从而实现体外疾病模型的构建,对疾病病理研究具有重要意义。受制于物种差异,传统的小鼠模型不能很好地模拟某些人类疾病,甚至无法感染某些疾病,而病人诱导多能干细胞模型可以更好地解决这个问题,还能建立患者个体特异的疾病模型,更加精准的反映疾病的真实状况,对精准治疗有着重要的指导作用。随着技术的不断发展,传统的 2D 细胞疾病模型已经逐渐被 3D 的类器官疾病模型所取代,后者可以更精准的反映人体真实的复杂结构。目前,研究者们已经利用诱导多能干细胞建立了包括脑、肠、肝脏、胰腺、肾及肺等相关的多种类器官疾病模型,对临床个性化精准治疗具有重要意义。

3. **基于诱导多能干细胞的药物筛选** 凭借诱导多能干细胞在疾病模型上得天独厚的优势,诱导多能干细胞在药物有效化合物的筛选及药物毒性验证上将发挥出重要的作用。在有效化合物的筛选上,由于诱导多能干细胞所构建的疾病模型能够更精准地反映出疾病相关细胞的状态及表型,提供更加接近临床的药物数据,因而在高通量筛选及药物优化上都发挥着重要的作用。在药物毒性检测上,利用诱导多能干细胞建立的患者特异性细胞有利于评价药物对不同患者的治疗效果及副作用水平。

具有疾病特异性表型的细胞疾病模型建立后,通常使用 3 种主要策略:高通量筛选、候选药物方法以及患者特异性疗法。在高通量筛选中,在分化的细胞上进行大量化合物测试,根据细胞表型对化合物进行评估和优化。相比之下,候选药物方法或患者特异性疗法都是基于已知疾病机制和有效或潜在的治疗方法对候选药物进行筛选。3 种方法发现的药物在临床应用前都需要进行安全性分析。近年来,高通量筛选和候选药物法被联合使用,如 Barmada 等首先在患病的小鼠神经元上进行了超大型高通量筛选,然后再对从肌萎缩性侧索硬化症患者衍生的诱导多能干细胞分化出的运动神经元和星形胶质细胞上选择的化合物进行评估,从而获得能够提高病人来源神经元存活率的新型化合物。

4. 诱导多能干细胞库　由于获得高质量的病人特异的诱导多能干细胞需要大量的时间和费用,因而在诱导多能干细胞的临床应用方面,可以采取两个策略。第一,建立人群内高 HLA 配型比例的诱导多能干细胞或胚胎干细胞库,用尽量少的细胞系覆盖尽量多的人群。第二,根据临床需求,对个性化诱导多能干细胞库的分化衍生细胞建立子库。例如,急性损伤患者需要大量组织细胞,很难在创伤后再从头制备诱导多能干细胞,并进一步分化来及时获得细胞,因此临床上就需要快速高效的分化体系或是提前制备高纯度的、符合临床应用级别的目标细胞库,以备不时之需。目前,美国、日本、部分欧洲国家以及我国都在积极开展高 HLA 配型的诱导多能干细胞库项目。

四、小结

相较干细胞核移植和细胞融合,诱导多能干细胞技术有着得天独厚的优势,其来源广泛,操作便捷,没有伦理问题并且在免疫排斥问题上表现出色。从经典的 OSKM 诱导出的诱导多能干细胞到全小分子诱导而产生的诱导多能干细胞,诱导多能干细胞技术正向临床应用稳步迈进。随着以单细胞多水平测序技术为代表的新技术不断诞生,人们对重编程的理解不断加深,对其机制解读更加细致,将促进重编程诱导效率和质量的提升。此外,对细胞命运决定过程及在发育过程的研究进展能够极大地促进干细胞的体外分化技术的发展。相信在不久的将来,诱导多能干细胞将在干细胞生物学和再生医学领域大放异彩,一个崭新的时代即将到来。

（康　岚　高绍荣）

参考文献

[1] WILLADSEN S M. Nuclear transplantation in sheep embryos [J]. Nature, 1986, 320 (6057): 63-65.

[2] WILMUT I, SCHNIEKE A E, MCWHIR J, et al. Viable offspring derived from fetal and adult mammalian cells [J]. Nature, 1997, 385 (6619): 810-813.

[3] LIU Z, CAI Y, WANG Y, et al. Cloning of Macaque Monkeys by Somatic Cell Nuclear Transfer [J]. Cell, 2018, 172 (4): 881-887.

[4] LOI P, BOYAZOGLU S, GALLUS M, et al. Embryo cloning in sheep: Work in progress [J]. Theriogenology, 1997, 48 (1): 1-10.

[5] LIU Z, CAI YJ, LIAO ZD, et al. Cloning of a gene-edited macaque monkey by somatic cell nuclear transfer [J].

National Science Review, 2019, 6 (1): 101-108.

[6] TAKAHASHI K, YAMANAKA S. Induction of pluripotent stem cells from mouse embryonic and adult fibroblast cultures by defined factors [J]. Cell, 2006, 126 (4): 663-676.

[7] TAKAHASHI K, TANABE K, OHNUKI M, et al. Induction of pluripotent stem cells from adult human fibroblasts by defined factors [J]. Cell, 2007, 131 (5): 861-872.

[8] HOCHEDLINGER K, JAENISCH R. Monoclonal mice generated by nuclear transfer from mature B and T donor cells [J]. Nature, 2002, 415 (6875): 1035-1038.

[9] GAO S, ZHENG C, CHANG G, et al. Unique features of mutations revealed by sequentially reprogrammed induced pluripotent stem cells [J]. Nature communications, 2015, 6: 6318.

[10] ZHAO XY, LI W, LV Z, et al. iPS cells produce viable mice through tetraploid complementation [J]. Nature, 2009, 461 (7260): 86-90.

[11] LIU L, LUO GZ, YANG W, et al. Activation of the imprinted Dlk1-Dio3 region correlates with pluripotency levels of mouse stem cells [J]. J Biol Chem, 2010, 285 (25): 19483-19490.

[12] STADTFELD M, APOSTOLOU E, AKUTSU H, et al. Aberrant silencing of imprinted genes on chromosome 12qF1 in mouse induced pluripotent stem cells. [J]. Nature, 2010, 465 (7295): 175-181.

[13] HOU P, LI Y, ZHANG X, et al. Pluripotent stem cells induced from mouse omatic cells by small-molecule compounds [J]. Science, 2013, 341 (6146): 651-654.

[14] STADTFELD M, MAHERALI N, BREAULT D T, et al. Defining molecular cornerstones during fibroblast to iPS cell reprogramming in mouse [J]. Cell Stem Cell, 2008, 2 (3): 230-240.

[15] GUO L, LIN L, WANG X, et al. Resolving Cell Fate Decisions during Somatic Cell Reprogramming by Single-Cell RNA-Seq [J]. Mol Cell, 2019, 73 (4): 815-829 e7.

第二节 多能干细胞干性维持与分化

多能干细胞具有显著的自我更新和多向分化潜能,逐渐成为干细胞领域的研究热点。在过去的研究中,许多重要的突破推动了干细胞和再生医学领域的基础、转化和临床研究进展。本节进一步探讨了多能干细胞的研究进展,详细论述了多能干细胞的发展历史、种类以及来源,并阐释了多能干细胞的干性维持机制。此外,由于干细胞独特的表观遗传特征的稳定性对于维持干细胞的多能性至关重要,故本节就 DNA 甲基化、组蛋白修饰、染色质重塑复合物、转录因子以及 X 染色体失活等多能干细胞的表观修饰方面进行了相关探讨。希望为多能干细胞的相关研究提供综合性的指导,特别是为对干细胞领域感兴趣的读者以及未来研究该领域的读者提供多能干细胞研究的理论指引。

一、多能干细胞

(一)多能干细胞历史

从历史上看,干细胞研究领域存在着许多重要的里程碑。1961 年,加拿大多伦多大学的 James A. Till 和 Ernest A. McCulloch 首次对干细胞进行了描述[1]。他们发现来自小鼠骨髓间充质干细胞具有分化成多种细胞类型的能力,因此被称为多能干细胞。几十年后的1996 年,苏格兰爱丁堡大学罗斯林研究所的 Keith Campbell、Ian Wilmut 及其同事克隆了"多莉"羊,证明了体细胞核移植(SCNT)的有效性[2]。1998 年,美国的 James Thomson 分离出了第一株人胚胎干细胞。2006 年,Shinya Yamanaka 通过重编程成人体细胞获得了诱导多能干细胞,研究人员从 24 个因子中减少到 4 个基本的转录因子[3-4]。2012 年,Shinya Yamanaka(日本京都大学和美国格莱斯顿研究所)和 John Gurdon(英国剑桥大学格登研究所)因发现成熟细胞可以被重新编程为多能状态而共同获得诺贝尔生理学或医学奖。此后,研究人员从多种器官中发现先天性成体干细胞[5-7]。

近年来,尤其是近十年来,干细胞研究已经发展成为一个充满前景的领域。干细胞,尤其是胚胎干细胞和诱导多能干细胞在以下主要领域中显示出重要的应用前景:再生和移植医学[8,9]、疾病模型[10,11]、药物发现筛选[12,13]以及人类发育生物学[14,15]。因此,从最初对干细胞的描述到目前正在广泛开展的临床研究,再生医学的发展仍在继续。

(二)多能干细胞概述

多能干细胞的特性是可自我更新和具有多向分化潜能,其中前者指细胞增殖的能力,后者指细胞分化为三个初级胚层之一的特殊细胞类型的能力:外胚层、中胚层、内胚层[16]。Aoi(2016)总结了 3 种评估小鼠模型中多能干细胞潜能的体内实验[17]。第 1 个模型是畸胎瘤形成实验,用于评估细胞移植到免疫功能低下小鼠体内后,三个胚层组织的自发生成能力。第 2个模型是嵌合体形成实验,通过将干细胞注射到二倍体早期胚胎(2N 囊胚)中来测试干细胞是否有助于发育,然后培育嵌合体,其他检测点包括供体细胞具有生殖系传递能力、产生功能性配子、保持染色体完整性和功能多能性。第 3 种模式是四倍体(4N)互补分析,用于测定整个生物体内被测多能干细胞的能力。将细胞注入 4N 胚胎(4N 囊胚)后,由于移植的干细胞而不是胚胎本身,对胚胎外谱系的生长阶段进行监测。

多能性的定义是分化成包括生殖细胞在内的所有细胞类型的能力。如果将干细胞移植到免疫功能低下的小鼠体内不能分化为畸胎瘤,则不应被视为多能干细胞;相反,如果能找到少数几种或只有一种分化衍生细胞的证据,则应被称为多潜能干细胞或单能干细胞。在体外捕获自我更新的多能干细胞导致了具有不同分子特征的多种体外细胞状态,每种状态在定义多能干细胞方面都发挥了重要作用。

(三)多能干细胞来源及种类

1. 小鼠多能干细胞系的建立   小鼠胚胎干细胞系于 1981 年由 2 个研究组分别获得[18,19]。在第 1 组中,Evans 和 Kaufman 从子宫腔取回小鼠早期囊胚,这是由于子宫切除导致早期囊胚孵化的植入延迟。培养的囊胚黏附在培养皿上,产生具有正常核型的多能干细胞系,并在悬浮培养条件下形成拟胚体(embryoid body,EB),在小鼠体内形成畸胎瘤[18]。研究者利用这种方法获得了 15 个不同胚胎来源的多能干细胞系。此后不久,Gail Martin 从成纤维细胞饲养细胞上培养的小鼠晚期囊胚的内细胞团(inner cell mass,ICM)中获得多能干细胞系[19]。从受孕小鼠子宫中冲洗出来的早期囊胚在 EC 条件培养基中培养,有助于囊胚的黏附和多能干细胞系的产生,超过 15 代后不需要条件培养基,并且在悬浮培养物中形成拟胚体,注射到小鼠体内时可形成畸胎瘤[19]。

1992 年,小鼠原始生殖细胞(primordial germ cell,PGC)也被用作小鼠多能干细胞系的来源[20,21]。小鼠原始生殖细胞起源于外胚层,在性交后 7.0 天的小鼠胚胎中发现,作为 8 个碱性磷酸酶阳性细胞,在 6 天内大量增殖,生成 25 000 个后代细胞[21]。2 组研究表明,碱性成纤维细胞生长因子(basic fibroblast growth factor,bFGF)的添加有助于小鼠原始生殖细胞的长期维持和增殖,有助于多能干细胞系的产生。

2. **灵长类多能干细胞系的建立**　1981 年首次获得小鼠多能干细胞系,1995 年 James Thomson 从一只 15 岁的恒河猴体内成功地获得了第一株灵长类多能干细胞系[22]。研究人员在他们的实验中利用了受精后 6 天的囊胚,产生的多能干细胞系通过表达多潜能标记物和畸胎瘤形成实验来表征[22]。

3. **核移植干细胞**　John Gurdon 等人在 1962 年率先在两栖动物中采用 SCNT 法,表明从青蛙体细胞中提取的细胞核,当转移到去核卵中时,可以产生有活力的后代[23]。在 1996 年,Ian Wilmut 第一次证明 SCNT 法可以成功地用于哺乳动物[24]。他将胚胎干细胞系衍生细胞的细胞核转移到去核的卵子中,培养出了一只活的羔羊[24]。此后不久,作者用来自成年乳腺、胎儿和胚胎细胞系的核材料复制了他们的发现。成功证明成年哺乳动物体细胞的遗传物质含有完整的遗传密码,去核的卵子含有可成功对体细胞核进行重编程以推进发育周期所需的所有辅助因子。

2018 年 1 月,中国科学家在上海宣布成功利用胎儿成纤维细胞通过 SCNT 克隆了 2 只雌性猕猴[25],从而创造了第一个通过 SCNT 克隆的灵长类动物。

创造克隆灵长类可能会彻底改变人类疾病研究[26]。遗传上一致的非人灵长类动物可能是灵长类生物学和生物医学研究的有用动物模型。这种动物模型可用于研究疾病机制和药物靶点,避免遗传变异的混杂因素,从而减少所需的实验动物数量[27]。该技术还可以与 CRISPR-Cas9 基因组编辑结合,以创建人类疾病的基因工程灵长类动物模型,如帕金森病和各种癌症。制药公司已经表明,克隆猴在药物检测中的使用需求很大[26]。上海市对这一前景领域十分看好,已优先为国际灵长类研究中心建设提供资金,该中心可生产供国际使用的克隆研究动物[26]。与其他干细胞方法相比,SCNT 是独一无二的,因为它可以生成一个完整的活体,而不是细胞、组织和器官碎片。这些细胞、组织和器官碎片可以通过胚胎干细胞和诱导多能干细胞创建。从生物生理功能的角度看,SCNT 在基础研究和临床应用方面优于胚胎干细胞和诱导多能干细胞。

4. **人胚胎干细胞**　1998 年,James Thomson 团队在人类多能干细胞研究领域取得了重大的技术进步,成功地从 IVC 诊所捐献的人类胚胎中培养的囊胚 ICM 中衍生出 5 个人胚胎干细胞系[27]。这些细胞系通过维持未分化的长时间增殖、多能性标记物的表达以及它们产生所有三个胚层的能力而被鉴定为多能干细胞[27]。人胚胎干细胞系的产生不仅为鉴定人胚胎干细胞的生物学特性和开发产生功能性体细胞谱系的方法提供了机会,还引发了一场关于利用人类胚胎衍生人胚胎干细胞系的伦理辩论,导致了对胚胎干细胞系衍生的暂停。然而,这也激发了人们努力识别可使体细胞进入多能性状态的分子因素,从而在衍生供体特异性诱导多能干细胞系方面取得了技术突破[3,4,28,29]。人胚胎干细胞是最早应用于研究的干细胞,目前仍普遍应用于临床试验。

胚胎干细胞还被用于将体细胞与小鼠[30]和人类[31,32]的体细胞融合,从而对体细胞进行重新编程。这些杂交细胞已被证明可以在体外分化为三个胚层[30-32],也有助于嵌合胚胎的发育[30]。尽管有四倍体染色体,这些杂交细胞也可以分化成体细胞谱系[32]。

5. **人诱导多能干细胞**　2012 年,Shinya Yamanaka 和 John Gurdon 获得诺贝尔生理学或医学奖,他们发现成熟细胞可以重新编程成为多能干细胞。Yamanaka 引入转录因子(Oct4、Sox2、KLF4 和 c-Myc)来创建诱导多能干细胞,这是疾病建模、细胞治疗和再生医学应用的关键技术突破[3,4]。

自从 2006 年 Yamanaka 和他的同事第一次建立诱导多能干细胞以来,重编程技术总体上有了很大的进步。特别是体外和体内直接重编程的方法,通过使用谱系特异性转录因子、RNA 信号修饰和小分子或化学物质产生特定的组织谱系。这些直接方法跳过了诱导多能干细胞这一步骤,产生了更精确的细胞,如诱导神经祖细胞(induced neural progenitor cell,iNPC),它们更接近于靶细胞谱系,如神经细胞和随后的运动神经元。

为了克服与人胚胎干细胞相关的伦理和免疫原性挑战,诱导多能干细胞已成为一种有希望的替代方法。这是因为诱导多能干细胞广泛来源于成人各种体细胞或组织,如血液、皮肤和尿液等。此外,由于人诱导多能干细胞可以从单个患者身上获得,因此当自体移植时,可以避免免疫排斥反应。因此,人诱导多能干细胞在个性化医学方面具有非凡的潜力。理论上,人体内几乎任何成熟的细胞类型,包括脐带血细胞、骨髓细胞、外周血细胞、成纤维细胞、角质形成细胞,甚至尿液中的细胞,都可以重编程为人诱导多能干细胞,然后分化成所需组织特异性细胞[33-35]。非自体(即异体)干细胞具有免疫排斥的风险。无创、重复、简单、易于获得的成熟体细胞来源是推进诱导多能干细胞的临床应用所必需的。

人们一直致力于增加细胞来源的多样性。这样做的原因包括希望了解重编程的机制、优化诱导多能干细胞的制备和构建疾病模型。能够用于产生诱导多能干细胞的体细胞种类不断增多,以匹配体内所有细胞类型。在不同的细胞类型中,重编程效率、动力学和所需因子有很大差异。例如,人类角质形成细胞和星形胶质细胞的高效重编程可归因于它们在基因表达程序、细胞周期特征和上皮表型方面与胚胎干细胞非常相似[36,37]。此外,由于其他 Yamanaka 因子[38-40]的代偿性内源性表达,一些成体干细胞可以用一种因子重编程,以排除使用潜在致癌的 *MYC* 基因。重编程可使得成体干细胞成为产生高质量诱导多能干细胞的一种有吸引力的体细胞来源。这说明重编程过程依赖于细胞环境,诱导多能性是一种普遍现象,适用于不同类型的细胞。

诱导多能干细胞比胚胎干细胞具有更多优势,它们可以产生患者特异性多能干细胞,这些细胞是自体的、非免疫原性的,并且可以提供相应疾病模型和患者个性化治疗[41]。最新发展起来的诱导多能干细胞技术与基因编辑技术的结合已成为治疗许多疾病的新希望,如神经退行性疾病[42]、心血管疾病[43]、肝病[44,45]和其他疾病。所有这些发现对于未来疾病的治疗是非常有希望的,并将为基于基因编辑的临床治疗方法开辟新的研究领域。尽管目前正在进行基于诱导多能干细胞的临床研究,但要将基础研究成功地应用于临床还需要大量的努力和时间。

在发现多能干细胞后,重要的是要确定与"金标准"胚胎干细胞的相似程度。通过转录谱、表观遗传和分化潜能的比较,已经证实了诱导多能干细胞和胚胎干细胞之间的显著相似性,但关于这2种细胞类型之间细微差异的程度和重要性仍存在争议[46]。不同研究得出的结论存在一些分歧,这可能是由于遗传背景、重编程方法和培养条件的不同所致。事实上,严格匹配的转基因小鼠诱导多能干细胞和胚胎干细胞只有2个差异表达的转录本,位于印迹 Dlk1-Dio3 基因位点。在功能上,Dlk1-Dio3 位点的印迹状态被认为是小鼠诱导多能干细胞体内发育能力的最佳预测因子[47,48]。

人们已经认识到多能干细胞在研究细胞核重编程机制、疾病建模、药物筛选和自体细胞治疗等方面的价值。然而,细胞重编程的低效率成为制约该领域研究发展的瓶颈。此外,用于传递重编程因子的逆转录病毒在整个诱导多能干细胞基因组中产生了多个整合转基因拷贝,增加了基因组毒性的风险。病毒转基因的不恰当表达会导致诱导多能干细胞分化潜能的偏差,并导致嵌合小鼠肿瘤的高发生率[49-54]。这些问题可能会干扰机制研究,危及诱导多能干细胞临床应用的安全性。因此,提高诱导多能干细胞重编程的效率、基因组完整性和安全性是研究人员优先考虑的问题。

6. **成体干细胞**　从大脑、脊髓或心脏等特定器官获得的成体干细胞可能为细胞治疗提供了一个新的方向。成人器官中干细胞的特征表明,它们的存活、静止和激活依赖于其微环境中的精确信号[55]。它们通常具有识别受损部位和死亡细胞类型的能力,只再生缺失的细胞。组织驻留成体干/祖细胞是细胞治疗的潜在易获得来源,这些细胞具有很高的自我更新能力和多向分化潜能,能够在没有免疫排斥的情况下重建受损组织。另一方面,从成熟组织中获取的成体干细胞可被重编程为诱导多能干细胞。外源性生物小分子也可用于刺激内源性细胞原位生长和分化为特定的细胞类型。

成体干细胞最重要的亚类是间充质干细胞,也是目前应用最广泛的成体干细胞。虽然间充质干细胞最初是从骨髓中分离出来的,但其他成人组织来源也已被确定[5]。人间充质干细胞的主要来源是脐血、脐带、骨髓、脂肪、胎盘和羊水以及经血。间充质干细胞已在体外和动物模型中得到广泛研究,但临床研究显示效果有限。大脑和心脏中成人干/祖细胞的发现[56]引起了人们的注意,这种内源性干细胞可能被用来修复心肌梗死和中风中受损的组织。

二、多能干细胞中多能性和基因组稳定性的维持与修饰

细胞的遗传组成(基因型)和外部因素(环境表观遗传学)可能产生以前未获得的表型。表观遗传机制,包括 DNA 甲基化和组蛋白修饰,可以通过外源因素启动,在基因表达中产生持久的变异,从而影响表型[57]。这些修饰可能是染色体畸变、线粒体突变、遗传多样性和表观遗传变异的驱动因素[58]。它们增加了生物可塑性,使未来的基因表达适应不断变化的环境和条件,包括疾病的发展。同样,遗传和表观遗传因素可以调节多能干细胞的分化趋势。这些原则也适用于由成熟细胞重编程的诱导多能干细胞[58]。

不同的诱导多能干细胞系之间可能存在遗传和表观遗传变异[59],这种变异可以从供体体细胞中遗传而来,也可以在重编程或培养过程中产生[59]。有证据表明,表观遗传记忆或不完全重编程可能会干扰诱导多能干细胞的分化特性[60,61]。如果与诱导多能干细胞特性相关的基因受到影响,诱导多能干细胞衍生物的功能活性可能受损,可能获得分化细胞的混合群体,可能存在剩余的未分化细胞,进一步增加致瘤风险[60,61]。因此,必须优化重编程策略和培养条件,以尽量减少这种变异[62]。

在再生治疗中利用多能干细胞需要其多能性,即无限制的自我更新能力、染色体的稳定性[63]。端粒长度的维持对多能干细胞的无限制自我更新、多能性和染色体稳定性至关重要。除了在端粒维持中起关键作用的端粒酶外,端粒延长所需的几种途径与基因重组和表观遗传修饰有关。端粒平衡是表观遗传重编程的一个方面,对多能性至关重要。多能干细胞中端粒长度的维持对衰老和肿瘤发生有着重要的影响[63]。端粒保持染色体的稳定性和细胞的复制能力。端粒长度由端粒伸长和端粒减少之间的平衡决定[64]。分化细胞的重编程诱导T-环和富含 C 的单链端粒 DNA 积累,激活端粒修饰通路,补偿端粒酶依赖的端粒延长。多能干细胞中的端粒比体细胞中的端粒长,通过重编程延长端粒对于实现真正的多能性至关重要[65]。

实验证明,诱导多能干细胞和胚胎干细胞表现出相似的防御机制和线粒体调节过程,以防止 DNA 损伤和活性氧的产生,从而赋予细胞维持基因组完整性的类似能力[66]。DNA 损伤反应是维持基因组完整性的关键。通过更有效的重编程方法获得的诱导多能干细胞具有额外的人胚胎干细胞样活化 c-Myc 信号以及 DNA 损伤反应信号[67]。c-Myc 分子标记可以作为表征人诱导多能干细胞基因组完整性的生物标志物。细胞周期蛋白依赖性激酶 1 调节人诱导多能干细胞的多种过程,包括有丝分裂调节、G2/M 检查点维持、凋亡、多能性维持和基因

组稳定性[68]。

如果不能修复 DNA 的双链断裂,不仅会损害干细胞自我更新和分化的能力,而且会导致基因组不稳定,最终导致疾病。诱导多能干细胞在早期重编程阶段的 2 个特性可能会损害基因组的稳定性[69]。第一个特点是诱导多能干细胞的增殖率高,细胞周期 G1 期短[70]。第二是诱导多能干细胞严重依赖于无氧糖酵解而不是氧化磷酸化[71]。此外,在细胞重编程过程中,线粒体活性降低不足以清除细胞增殖过程中过量产生的活性氧,从而导致氧化应激反应。

相对于体细胞,胚胎干细胞具有独特的机制来抵御双链断裂和氧化应激[72]。胚胎干细胞代表了所有细胞发育成有机体的起点。因此,必须保护其基因组免受内源性和外源性基因毒性应激。对内源性和外源性胁迫的 DNA 修复反应是维持胚胎干细胞基因组完整性和保证胚胎干细胞准确分化的关键。然而,在重编程过程中,诱导多能干细胞似乎易受遗传毒性应激的影响。与成熟细胞相比,胚胎干细胞具有特殊的线粒体特征,但线粒体较少且定义不清[72]。因此,胚胎干细胞对 DNA 损伤表现出超敏反应[73]。也就是说,胚胎干细胞可以控制细胞内活性氧的浓度[74],并且它们有独特的机制来维持 DNA 双链断裂修复。然而,DNA 双链断裂反应可能不会在所有的诱导多能干细胞中通过重编程完全处理。活性氧和其他试剂引起的 DNA 单链断裂可进一步导致复制过程中的双链断裂。因此,足够的应激和损伤反应是维持干细胞自我更新、分化能力和基因组稳定性的关键。

诱导多能干细胞的基因组不稳定性可以发生在任何加工阶段,导致最终细胞产物的突变,这可能对临床移植有影响。2017 年,Yoshihara 等人总结了诱导多能干细胞的基因组不稳定性,从而对其潜在的临床应用提出了挑战[75]。他们发现这种基因组不稳定性至少有 3 个根源:①预先存在的变异,亲本体细胞中等位基因频率的变化可能是由诱导多能干细胞产生过程中的克隆步骤引起的;②重编程诱导的突变,其等位基因频率在第一次或第二次细胞分裂后分别为 25% 和 12.5%;③在诱导多能干细胞的长期传代培养过程中低等位基因频率的突变。因此,基因组的不稳定性可能对诱导多能干细胞的完整性构成重大挑战。

遗传因素可以调节诱导多能干细胞的命运,包括是否获得所需的正常细胞表型(例如神经元或心肌细胞)或不期望的细胞表型,例如非特异性或癌性细胞。在诱导多能干细胞和诱导多能干细胞衍生细胞的临床转化中,这些影响在生物学上具有重要意义。如果移植细胞发展成不需要的细胞,如非特异性正常细胞或癌细胞,或迁移到非预期的地方,可能会对健康造成严重后果。因此,维持诱导多能干细胞的多能性和基因组稳定性对于下游临床应用的安全至关重要。

在基础研究和临床应用中使用诱导多能干细胞将需要改变多能性和基因组稳定性的能力。除了用小分子、小 RNA 和重编程因子外,人们对通过两种先进技术的结合来改变干细胞的基因组稳定性以创建疾病模型产生了兴趣:人诱导多能干细胞生成和 CRISPR/Cas 相关基因技术的结合[76]。最先进的 CRISPR/Cas9 基因组编辑方法已经彻底改变了生物医学研究、干细胞生物学和人类遗传学。它通过可逆地引导 RNA 靶向内源性启动子,应用 CRISPR 干扰或 CRISPR 激活来修饰基因表达。它提供了一种引入报告基因或实现异位表达的方法。在 CRISPR/Cas 协议中,基因信息可以通过单个碱基对的改变而被删除或反转,这些碱基对改变会导致突变或多态性,甚至可以修复与疾病相关的突变。CRISPR/Cas 基因工程人诱导多能干细胞与野生型细胞的平行分化为疾病特异性细胞病理的表型分析提供了基础。这种方法可以减少动物模型的使用,节省时间和金钱,同时也提高了质量控制要求的可重复性和高度稳定性。干细胞的基因组稳定性也可以通过 CRISPR/Cas9 技术进行修饰,以产生新的疾病模型,成为新的研究领域[77,78]。这些方法可用于建立精确的疾病模型进行药物筛选,在再生医学中也具有广阔的应用前景。

三、多能干细胞与表观遗传修饰

表观遗传修饰是调控细胞命运、分化和衰老等关键过程的决定性因素。表观遗传是指基因表达的可逆改变,对 DNA 序列没有影响,并通过 DNA 甲基化、转录因子组装和干扰染色质结构对基因调控产生影响,改变 DNA 蛋白质结合亲和力[79]。每种细胞类型都有一个表观遗传特征来定义其身份[80]。虽然目前还无法获得所有体细胞的表观遗传特征,但近年来表观基因组修饰的研究进展使得许多在发育过程中起重要作用的修饰被迅速识别出来。值得注意的是,每次细胞分裂后,根据细胞的命运,子代细胞可能保留或不保留与亲本细胞相似的表观遗传模式[81]。因此,在分化后,子代细胞的表观遗传特征会根据新的细胞身份发生改变。与体细胞相比,在干细胞中所有与细胞特性相关的表观遗传学标记都应该被去除,以获得多能性特征。为了将体细胞转化为诱导多能干细胞,体细胞的基因表达谱应该重置并恢复到基态。

通过将 4 种转录因子(TF)导入体细胞的方法诱导多能干细胞被成功地创造出来[3]。这些因子对成纤维细胞进行重编程后,整体基因表达发生改变,随后表观遗传标记消失。除了这些核心 TF 外,许多其他 TF 和 miRNA 在干细胞重编程和多能性维持具有关键的调控作用[82]。目前,体细胞向干细胞转化的许多分子机制已经被证实。有趣的是,基因调控的 2 个主要组成部分(TF 和 miRNA)之间的相互作用无法完全解释这些机制。因此,通过表观遗传调控的另一层基因调控被认为与干细胞有关。事实上,表观遗传修饰决定了诱导多能干细胞中许多基因的表达状态,可能直接决定干细胞的命运[83]。因此,稳定干细胞独特的表观遗传特征对于维持干细胞的多能性至关重要。

另一方面,干细胞治疗需要从患者体细胞中产生不稳定的诱导多能干细胞。然而,诱导多能干细胞群体的基因表达模式出现了意想不到的改变。尽管进行了深入的研究,这种变化的主要来源仍然是未知的。有趣的是,诱导多能干细胞和胚胎干细胞之间的差异部分与诱导多能干细胞基因组中表观遗传记忆的不完全清除有关。表观遗传记忆是指在产生的诱导多能干细胞中原始体细胞残余的表观遗传特征和转录组[84]。因此,为了获得高质量、同质的诱导多能干细胞群体,似乎需要在转化早期完全清除和重置初始体细胞的表观遗传记忆。

了解干细胞基因表达的表观遗传调控为不同类型细胞的直接转化提供新的途径。因此,不引入 TF 和 miRNA,通过操纵表观遗传标记实现细胞的直接转化。基因表达的表观遗传修饰包括 DNA 甲基化模式、染色质结构和翻译后组蛋白修饰等。基因表达依赖于多种蛋白质与转录因子的相互作用。因此,任何干扰这些相互作用的成分都可能影响基因表达。例如,通过许多 TF 扫描启动子序列对于启动转录是必要的,而 DNA 甲基化将限制启动子的可及性,从而下调基因表达。甲基 CpG 结合蛋白与转录抑制有关[85]。与这些观察结果相反,在活性基因的启动子区域也观察到了甲基化[86]。这将对甲基化在基因抑制中直接作用的旧观点提出挑战。因此,表观遗传阻断似乎是一种使细胞中的基因或整个染色体永久沉默(X-失活)的方法[87]。

有趣的是,基因组中几乎一半的 CpG 岛位于编码区域内,与启动子无关[88],这表明 DNA 甲基化与基因表达模式之间存在更为复杂的相关性。Schlosberg 等人[89]分析了 Roadmap 表观基因组学项目数据,发现转录起始位点和上游约 2kb 的甲基化与基因表达模式有关。许多癌症中检测到了不同的 DNA 甲基化模式,这有助于异质基因表达,从而导致癌症的异质性[90]。这些观察表明,表观遗传修饰会影响到基因的表达。

(一) DNA 甲基化

一般来说,DNA 甲基化与基因表达沉默[91,92]、逆转录转座子抑制[93]、基因组印记[94]、X 染色体失活[95,96]和染色质组织[97,98]有关。尽管 DNA 的所有区域都有可能被甲基化,但启动子[99]和增强子区域的甲基化可能会显著影响基因表达[100]。Barrera 等人对小鼠不同器官中的活性启动子进行了分析[101]。他们发现,大多数持续表达的管家基因的启动子都含有低甲基化的 CpG 岛。这意味着高甲基化是基因表达下调的一种手段。有趣的是,与特定组织相关的基因启动子区域含有较少的 CpG 岛,并且对 DNA 甲基化高度敏感[101]。启动子甲基化失调与异常基因表达有关,而异常基因表达又可能导致抑癌基因沉默和癌基因激活。然而,这一观点受到了相关研究的挑战[102,103]。在这些研究中,癌症与甲基化状态之间没有直接联系。增强子作为一类调控元件,影响着基因的表达。与启动子类似,它们的序列也会发生甲基化[104]。增强子的异常甲基化模式在许多癌症中也有记录[105]。许多组织特异性基因的增强子区域的差异甲基化模式已经被检测到,强调了增强子在基因调控中的作用。基于它们的甲基化和与修饰组蛋白的结合,而被激活或沉默。在活性增强子中,检测到 H3k4me1 和 H3K27ac 的富集,而在抑制增强子中存在 H3K27me3。

研究表明,重编程是重设基因表达模式以及改变原始体细胞中 DNA 甲基化和组蛋白修饰状态的结果[106]。尽管诱导多能干细胞表现出胚胎干细胞的许多特征,但原始体细胞的表观遗传记忆可能仍保留在其基因组中[107]。令人惊讶的是,与胚胎干细胞相比,它们含有改变的 DNA 甲基化模式和组蛋白修饰。这表明诱导多能干细胞中表观遗传记忆的不完全清除,并且这种体细胞记忆可能逆转诱导的整个过程,如通过去除这些因子逆转整个重编程过程[108]。通过对已知表观遗传模式的实验操作,将分化的体细胞转化为多能干细胞,直接研究了表观遗传调控在诱导多能干细胞产生中的作用[28,29]。表观遗传修饰和干细胞之间的联系已经在许多研究中得到证实[109-111],似乎 DNA 甲基化是控制干细胞产生的三个主要过程所必需的,即干细胞的建立、维持和分化。

RNA-FISH 分析单个胚胎干细胞表明 DNA 甲基化通过影响多能性相关基因的表达,在细胞命运决定中发挥作用[112]。虽然 DNA 甲基化和细胞状态之间的这种相关性已经在胚胎干细胞群体水平上得到了探索,但 Singer 等[112]已经表明,DNA 甲基化与状态之间的"随机切换"直接相关。

Senner 等[113]对不同类型的胚胎干细胞进行了 DNA 甲基化分析,发现 DNA 甲基化决定了干细胞的特性,并严格决定了谱系边界。有趣的是,H3K4me3 在小鼠胚胎的不同干细胞类型中似乎更为同质,而 H3K27me3 在这些细胞中有所不同[114]。组蛋白修饰酶也参与间充质干细胞的命运决定,其中间充质干细胞向所有三个谱系的分化取决于组蛋白和 DNA 修饰之间的平衡[115]。期望通过获得新的细胞特异性表观遗传标记来确定干细胞向功能性细胞谱系的分化。

(二)组蛋白修饰

组蛋白通过蛋白质与 DNA 的直接相互作用参与 DNA 的包装。这些蛋白质经过翻译后修饰,包括乙酰化、甲基化、磷酸化、泛素化、水解、脱氨基等[116]。其中,乙酰化、甲基化和磷酸化是组蛋白翻译后修饰的主要方式。组蛋白乙酰化发生在组蛋白 3 和 4(H3Kac 和 H4ACC)赖氨酸残基上,H2A 的程度较低。乙酰化通常会将赖氨酸侧链的电荷从正电荷改为零电荷[117]。这种修饰可能削弱蛋白质与 DNA 的相互作用,并可能将染色质的封闭结构转换为开放结构[105],从而影响基因表达。组蛋白乙酰化/脱乙酰化有两种酶:组蛋白乙酰转移酶(histone acetyltransferase,HAT,或 Klysine acetyltransferase,KAT)和组蛋白去乙酰化酶(histone deacetylases,HDAC),这两类酶被广泛认为是基因表达的激活因子和沉默因子[117]。H2A 的乙酰化是通过 Esa1、Tip60 和 Hat1 蛋白的活性实现的。虽然组蛋白乙酰化的大部分发生在组蛋白尾(N 端),但在组蛋白深处的一些其他位置也被发现乙酰化。例如,与 DNA 相互作用的 H3K56 似乎是乙酰化的,并影响组蛋白 DNA 相互作用[118]。胚胎分化需要组蛋白乙酰化,在这种情况下,细胞分裂后的命运将被确定[119]。

组蛋白甲基化主要发生在赖氨酸(K)和精氨酸(R)残基上。与组蛋白乙酰化类似,甲基化也是一种可逆反应[117]。组蛋白的甲基化主要通过甲基转移酶的活性发生。Greer 和 Shi[120]提供了组蛋白甲基化所涉及的所有酶的列表。甲基的去除可通过不同的活动实现,包括甲基化精氨酸转化为瓜氨酸[121,122]或 H3R2 和 H4R3 的直接去甲基化[123]。通过赖氨酸脱甲基酶等不同的酶进行直接脱甲基,从 H3K4me1 和 H3K4me2 中去除甲基[124]和 JMJD2 复合物,从 H3K9 和 H3K26 中去除三甲基[125]。磷酸化影响组蛋白的电荷,从而干扰蛋白质与 DNA 的相互作用。在染色质侧链的羟基上加一个磷酸基团,组蛋白尾部的负电荷增加,染色质的整体结构会受到影响。这种修饰发生在组蛋白 N 末端的丝氨酸、苏氨酸和酪氨酸残基上[126,127]。磷酸化水平由激酶和磷酸酶的活性决定,前者磷酸化组蛋白,后者去除磷酸基。有趣的是,这种修饰甚至发生在远离组蛋白尾部的氨基酸上。此类实例包括组蛋白 3 上的位置 10、28、41,其分别导致 H3S10ph、H3S28ph 和 H3Y41ph 的产生[128]。组蛋白磷酸化与 DNA 修复、细胞凋亡、有丝分裂和减数分裂等过程密切相关。在干细胞中,组蛋白磷酸化参与染色质重塑,并在重编程过程中修复受损的 DNA[129,130]。

小鼠胚胎干细胞的染色质修饰已完成了深入的研究,其乙酰化水平高于分化细胞,甲基化水平低于分化细胞[131]。这些更"活跃"的染色质构象特征与增加的转录活性[132]和染色质相关因子在胚胎干细胞中的行为相一致[133]。除了干细胞染色质惊人的高动态性外,染色质免疫沉淀(ChIP)和 ChIP-PCR 研究揭示了小鼠胚胎干细胞中发育调控基因的启动子和增强子处激活性和抑制性染色质标记的共同定位[134,135]。H3K4me3 和 H3K27me3 的这种"二价"染色质特征被认为是标记胚胎干细胞中受抑制但有可能导致其他命运的基因。H3K4me3 和 H3K27me3 在人胚胎干细胞中也有数千个基因重叠,但只有少数基因单独表达 H3K27me3。这表明二价性是人胚胎干细胞中 H3K27me3 标记的关键发育控制基因的默认染色质状态[111]。

组蛋白修饰酶以及去除某些修饰的酶依赖于关键代谢物的存在。这些代谢物的细胞内浓度在很大程度上取决于细胞的生理状态和营养物质。大多数干细胞具有非常特殊的代谢,更依赖糖酵解,而较少依赖氧化磷酸化来产生能量[136]。此外,小鼠胚胎干细胞依赖于 Thr,而人胚胎干细胞依赖于 Met 来维持其多能性[137]。去除这些氨基酸导致 SAM 水平下降,并伴随特定组蛋白甲基化位点,如 H3K4[138]。重要的是,不仅组蛋白甲基化,而且组蛋白乙酰化也受到干细胞特异性代谢途径的影响。从这些研究中可以清楚地看到,在细胞分化过程中,新陈代谢的差异会产生非常具体的影响。

此外,表观遗传调控参与体细胞向干细胞转化的四种主要 TFs(OSKM)的表达。例如,连接到 OCT4 和 NANOG 启动子区域的组蛋白上的赖氨酸甲基化/去甲基化有助于它们在干细胞中的表达模式[139]。然而,似乎 OCT4 和 NANOG 的表观遗传重编程在雌性诱导多能干细胞中没有发生[140]。在胚胎干细胞中也观察到 OCT4 上游区域的低甲基化[141]。然而在另一个例子中,SOX2 的增强子在神经分化过程中经历不同的表观遗传修饰[142]。另一方面,这些因子通过表观遗传修饰来调控其他基因的表达模式。例如,KLF4 显示出表观遗传调节肾干细胞中许多基因的表达[143]。SOX2 被认为参与维持神经细胞分化中的基因表达[144]。此外,其他组蛋白和 DNA 结合因子包括组蛋白伴侣、非组蛋白染色质蛋白、染色质重塑者也参与胚胎干细胞和诱导多能干细胞的许多生物学方面。然而,它们在不同干细胞间的差异作用尚未得到充分的探讨。例如,在肌肉细胞分化过程中,组蛋白伴侣 HIRA 调节组蛋白 3 的活性,从而调节干细胞的命运[145]。而另一种组蛋白伴侣蛋白 APLF 则调节小鼠成纤维细胞多能性的诱导[146]。Harikumar 和 Meshorer[111] 综述了非组蛋白和染色质重塑在干细胞中的详细作用。

（三）染色质重塑复合物

真核生物 DNA 被包装在染色质结构中，不仅可以压缩遗传物质，而且通过控制转录机制对遗传密码的可及性，为基因调控提供了一种手段。根据一个区域的活性状态，有两种类型的染色质：异染色质和常染色质，后者更松弛且转录活跃。染色质重塑可以实现这两种染色质状态之间的转换[147]。参与染色质重塑和组蛋白修饰的酶通过它们之间的相互作用调节染色质结构[148]。

染色质重塑是由 ATP 依赖的染色质重塑复合物进行的，它可以移动、排出或重组核小体。因此，这些复合物通过沿着 DNA 重新定位（滑动、扭曲或循环）核小体来调节基因表达。这些作用去除或取代组蛋白分子，在 DNA 上产生无核小体区域以激活基因[149]。染色质重塑涉及许多关键的细胞过程，包括转录调控、DNA 修复、凋亡和复制。因此，这一过程的失调最终可能导致许多异常的发展，包括不同类型的癌症。

蛋白质组学数据显示，染色质重塑复合物对多能性的形成至关重要[150]。不同的染色质重塑因子参与黑腹果蝇的细胞自我更新[151]。研究还表明，发育基因会经历细胞阶段特异性组蛋白修饰[131]。因此，去除体细胞基因组中的表观遗传标记是去分化的开始。

此外，在分化阶段，研究表明增强子的 DNA 甲基化导致不适当的基因表达和分化延迟[152]。多能性和分化之间的平衡也受到表观遗传调控，尤其是染色质重塑[153]。在胚胎干细胞向中胚层和内胚层分化的过程中，观察到常染色质和异染色质之间广泛的染色质重塑[154]。组蛋白去甲基酶也被证明调节胚胎干细胞向内皮细胞的分化[155]。因此，胚胎干细胞的干细胞维持似乎也与稳定的表观遗传修饰有关，这种标记的失调将导致干细胞潜能的丧失。

（四）转录因子

在胚胎发育过程中，细胞命运由转录因子网络决定。目前已有很多关于强制诱导单个或组合转录因子成功地重编程细胞命运的报道。最引人注目的是，4 种转录因子（*OCT4*、*SOX2*、*KLF4*、*c-MYC*）的过度表达可以将成纤维细胞重新编程为诱导多能干细胞[3]。在某些情况下，单个转录因子足以将成纤维细胞直接重编程为其他细胞类型，如神经元和成肌细胞[156,157]。这些例子非常重要，因为根据传统观点，细胞命运的获得依赖于多种转录因子在发育过程中的顺序需求。为了测试转录因子定向多能干细胞分化的可行性，在小鼠胚胎干细胞中进行了转录因子的系统诱导[158,159]。有趣的是，在 137 个转录因子中，有 63 个能够单独诱导并引导特异性分化程序，这表明转录因子诱导可能是指导多能干细胞分化的有效策略。

在发育过程中，完全分化的细胞需要经过几个中间阶段才会出现。例如，胚胎干细胞首先产生早期神经外胚层，产生区域特异性神经祖细胞。神经祖细胞进一步分化为有丝分裂后神经元。神经元是大脑中一种完全分化的细胞。即使在这个简化的描述中，终末期细胞的命运也是通过三个连续的细胞命运转变来推导的。发育生物学中一个突出的问题是,获得完全分化的细胞命运是否需要多重转变。越来越多的证据表明,细胞命运的获得/转化可以通过转录因子的强制表达直接发生,这表明多个发育步骤对于产生完全分化的细胞是不必要的。在诸多研究中,可以通过转录因子将多能干细胞直接转化为成熟细胞类型。发育后期相关的转录因子的过度表达可以绕过早期发育过程,从多能干细胞中快速产生功能成熟的细胞。这一点在神经元分化中尤为突出,许多研究表明单一的前神经转录因子可以以几乎100%的效率将多能干细胞转化为功能性神经元。然而,转录因子导向的多能干细胞分化在其他谱系中似乎不太有效。尽管转录因子诱导可以促进谱系分化,但在效率和功能成熟度方面还不成熟。在某些情况下,由于表观遗传障碍,转录因子未能启动多能干细胞的分化程序。小分子表观遗传抑制剂可能有助于重置多能干细胞对晚期转录因子的反应。

尽管转录因子定向分化方法比传统方法有很多优点,但还应继续进行广泛的系统分析,包括转录组和表观基因组等,以验证转录因子导向的细胞是否安全和成熟。此外,病毒介导的转录因子传递可能不适合临床应用。蛋白质转导和合成RNA转染等替代传递方法正在积极研究中。鉴于简单、可扩展、高纯度的分化方法是多能干细胞来源细胞治疗应用的主要瓶颈,转录因子诱导的多能干细胞分化方法有望成为未来细胞治疗的一种策略。

(五) X 染色体失活

重编程和干细胞生物学的另一个主要问题是 X 染色体的命运。在雌性体细胞中,X 染色体失活是一个广泛的过程。其中一条 X 染色体经历了强烈的表观遗传调控,导致几乎所有该染色体上的基因沉默。许多研究表明,失活的 X 染色体的重新激活是最终的障碍之一,应该被移除,以实现完全的重编程能力[160]。然而,女性诱导多能干细胞保留了一个失活的 X 染色体,在失活的 X 染色体的某些部位部分重新激活[161]。此外,在小鼠多能干细胞中观察到的一些染色体不稳定性与 X 染色体失活问题有关[162]。

X 染色体的再激活是一个有序的过程,在多能性中只有 10% 的基因转换为双等位基因表达[163]。在产生大量含有 X 染色体缺失的成纤维细胞群后,Barakat 等[164]成功地发现,尽管干细胞诱导期间 X 染色体再活化是有利的,但 X 染色体失活会导致细胞群的异质性。在小鼠中,已经证明多能性的获得与失活 X 染色体的再激活相关联[165]。此外,在女性多能干细胞中观察到 X 染色体的失活和甲基化模式的突然变化[166]。这些结果表明,X 染色体再激活的范围是未知的,需要进行更详细的研究。许多问题在这方面仍然是开放的,包括不同类型的诱导多能干细胞系之间的差异程度。此外,人类和其他哺乳动物的诱导多能干细胞存在许多不同之处,有待进一步研究。

有趣的是,已经证明 OSKM 因子通过与 X 染色体失活特异性转录本(Xist)内含子结合直接参与抑制 X 染色体失活[167]。然而,相关报告仔细研究了这种直接联系,表明多能性网络可能直接抑制 Xist 并激活 Tsix,进而抑制 X 染色体失活[168]。在胚胎干细胞向外胚层干细胞分化过程中对非活性 X 染色体的活体成像表明,这两个 X 染色体并不相等[169],人类胚胎干细胞在分化过程中不会改变其 X 染色体失活状态[170]。X 染色体再激活是一个缓慢的过程[171],因此可能需要对诱导方案进行修订,以包括延长初始步骤的时间。X 染色体再激活的问题在研究人类诱导多能干细胞用于自闭症和其他 X 连锁障碍等模型疾病时更为重要[172]。综上所述,在诱导多能干细胞产生的早期阶段,X 染色体表观遗传标记是不稳定的。然而,随着细胞培养时间的延长,这种不稳定性将消失。目前尚不清楚的是,如果长时间培养是否可以去除具有异常表观遗传标记的细胞,从而使这些细胞具有适当的表观遗传标记;正确的表观遗传标记是否有可能在较长的培养时间内在诱导多能干细胞中重建。

(六)胚胎干细胞与诱导多能干细胞表观遗传状态

诱导多能干细胞发育后不久,许多诱导多能干细胞系的行为是不一致的。除了基因表达上具有差异外,在表观遗传景观、分化潜能和变异景观上还发现了这 2 种细胞类型之间的不同之处[46]。一些报告表明,从等基因来源获得的人胚胎干细胞和诱导多能干细胞的基因表达和甲基化谱之间没有显著差异[173]。此外,Jeong 等[174]制定了一项获得诱导多能干细胞的方法,可移植到受损肝中,具有与胚胎干细胞分化成肝细胞的相似能力,淡化了这 2 种细胞表观遗传变异的负面影响。

值得注意的是,诱导多能干细胞和胚胎干细胞可以通过其独特的基因表达谱进行区分[175]。这种现象可以用两个特征来解释。首先,与诱导多能干细胞来源的原始体细胞相关的基因没有被有效沉默,因此部分保留了它们的特性[176]。第二,参与确定诱导多能干细胞和胚胎干细胞之间相似性的所有基因组的不完全诱导导致细胞的异质群体[177]。虽然所得到的细胞在形态上相似,但在分子水平尤其是基因表达模式上是不同的。目前许多方案产生的诱导多能干细胞的基因表达谱仅仅满足了多能干细胞的最低定义。为了获得表观遗传上的同质细胞群,需采用一些标准程序来检测产生的诱导多能干细胞[178-180]。

部分研究在这 2 种细胞类型之间观察到了更相似的模式[50]。然而,Hawkins 等[181]观察到诱导多能干细胞特有的基因中存在差异组蛋白修饰,这与胚胎干细胞不同。综上所述,诱导多能干细胞和胚胎干细胞之间的大部分差异可能是由于体细胞中亲本表观遗传记忆的不完全消除所致。无论是在原始体细胞中还是在去分化过程中的干细胞群体中,这些因素导致一些基因的不完全失活、整个干细胞相关基因的激活不足以及基因组突变的积累。因此,在对体细胞进行预评估以选择具有最少不良突变数的细胞后,需要完全消除原始体细胞的表观遗传记忆并激活所有必要的干细胞相关基因集以获得更同质的干细胞群体。

四、小结

本节探讨了多能干细胞的研究进展,并着重阐述了多能干细胞的表观修饰。干细胞技术代表了生物医学科学的突破性发展。有人积极地认为诱导多能干细胞技术尤其可能为人类疾病提供治疗,且避免与胚胎干细胞相关的伦理问题。最先进的 CRISPR/Cas9 基因改造和生物材料技术扩大了诱导多能干细胞的潜在应用。人诱导多能干细胞有潜力发展成多种特定的细胞亚型,并与其他干细胞有朝一日可能被用于提供个性化的治疗。

此外,干细胞基因表达的表观遗传调控作用可能为不同类型细胞的直接转化提供新的途径。基因表达的表观遗传修饰主要包括 DNA 甲基化模式、染色质结构和翻译后组蛋白修饰等。基因表达依赖于多种蛋白质与转录因子的相互作用。因此,任何干扰这些相互作用的成分都可能影响基因表达。在诱导多能干细胞方向上也许需要对体细胞进行预评估以选择具有最少不良突变数的细胞,以完全消除原始体细胞的表观遗传记忆并激活所有必要的干细胞相关基因集来获得更同质的干细胞群体。

最后,在诱导多能干细胞技术应用于临床之前,有许多技术和科学挑战需要解决。除了对患者安全的主要关注外,还需要一致的质量控制和简化的分化方案以及生物材料,以便将诱导多能干细胞转化为临床应用。干细胞和再生医学领域是一个充满了前景与挑战的领域,有可能在将来的某一天彻底改变基础和临床生物医学科学。

(王译萱　高绍荣)

参考文献

[1] TILL J E,MC C E. A direct measurement of the radiation sensitivity of normal mouse bone marrow cells [J]. Radiat Res,1961,14:213-222.

[2] WILMUT I,SCHNIEKE A E,MCWHIR J,et al. Viable offspring derived from fetal and adult mammalian cells [J]. Nature,1997,385(6619):810-813.

[3] TAKAHASHI K,YAMANAKA S. Induction of pluripotent stem cells from mouse embryonic and adult fibroblast cultures by defined factors [J]. Cell,2006,126(4):663-676.

[4] TAKAHASHI K,TANABE K,OHNUKI M,et al. Induction of pluripotent stem cells from adult human fibroblasts by defined factors [J]. Cell,2007,131(5):861-872.

[5] SOUSA B R,PARREIRA R C,FONSECA E A,et al. Human adult stem cells from diverse origins:an overview from multiparametric immunophenotyping to clinical applications [J]. Cytometry A,2014,85(1):43-77.

[6] CODEGA P,SILVA-VARGAS V,PAUL A,et al. Prospective identification and purification of quiescent adult neural stem cells from their in vivo niche [J]. Neuron,2014,82(3):545-559.

[7] BOND A M,MING G L,SONG H. Adult Mammalian Neural Stem Cells and Neurogenesis:Five Decades Later [J]. Cell Stem Cell,2015,17(4):385-395.

[8] DAKHORE S,NAYER B,HASEGAWA K. Human Pluripotent Stem Cell Culture:Current Status, Challenges,and Advancement [J]. Stem Cells Int,2018,2018:7396905.

[9] KWON S G,KWON Y W,LEE T W,et al. Recent advances in stem cell therapeutics and tissue engineering strategies [J]. Biomater Res,2018,22:36.

[10] PIZZICANNELLA J,DIOMEDE F,MERCIARO I,et al. Endothelial committed oral stem cells as modelling in

the relationship between periodontal and cardiovascular disease [J]. J Cell Physiol, 2018, 233 (10): 6734-6747.

[11] SPITALIERI P, TALARICO R V, CAIOLI S, et al. Modelling the pathogenesis of Myotonic Dystrophy type 1 cardiac phenotype through human iPSC-derived cardiomyocytes [J]. J Mol Cell Cardiol, 2018, 118: 95-109.

[12] SAVOJI H, MOHAMMADI M H, RAFATIAN N, et al. Cardiovascular disease models: A game changing paradigm in drug discovery and screening [J]. Biomaterials, 2019, 198: 3-26.

[13] COTA-CORONADO A, RAMÍREZ-RODRÍGUEZ P B, PADILLA-CAMBEROS E, et al. Implications of human induced pluripotent stem cells in metabolic disorders: from drug discovery toward precision medicine [J]. Drug Discov Today, 2019, 24 (1): 334-341.

[14] FANTUZZO J A, HART R P, ZAHN J D, et al. Compartmentalized Devices as Tools for Investigation of Human Brain Network Dynamics [J]. Dev Dyn, 2019, 248 (1): 65-77.

[15] NIKOLIĆ M Z, SUN D, RAWLINS E L. Human lung development: recent progress and new challenges [J]. Development, 2018, 145 (16): 163485.

[16] WOBUS A M, BOHELER K R. Embryonic stem cells: prospects for developmental biology and cell therapy [J]. Physiol Rev, 2005, 85 (2): 635-678.

[17] AOI T. 10th anniversary of iPS cells: the challenges that lie ahead [J]. J Biochem, 2016, 160 (3): 121-129.

[18] EVANS M J, KAUFMAN M H. Establishment in culture of pluripotential cells from mouse embryos [J]. Nature, 1981, 292 (5819): 154-156.

[19] MARTIN G R. Isolation of a pluripotent cell line from early mouse embryos cultured in medium conditioned by teratocarcinoma stem cells [J]. Proc Natl Acad Sci U S A, 1981, 78 (12): 7634-7638.

[20] MATSUI Y, ZSEBO K, HOGAN B L. Derivation of pluripotential embryonic stem cells from murine primordial germ cells in culture [J]. Cell, 1992, 70 (5): 841-847.

[21] RESNICK J L, BIXLER L S, CHENG L, et al. Long-term proliferation of mouse primordial germ cells in culture [J]. Nature, 1992, 359 (6395): 550-551.

[22] THOMSON J A, KALISHMAN J, GOLOS T G, et al. Isolation of a primate embryonic stem cell line [J]. Proc Natl Acad Sci U S A, 1995, 92 (17): 7844-7848.

[23] GURDON J B. The developmental capacity of nuclei taken from intestinal epithelium cells of feeding tadpoles [J]. J Embryol Exp Morphol, 1962, 10: 622-640.

[24] CAMPBELL K H, MCWHIR J, RITCHIE W A, et al. Sheep cloned by nuclear transfer from a cultured cell line [J]. Nature, 1996, 380 (6569): 64-66.

[25] LIU Z, CAI Y, WANG Y, et al. Cloning of Macaque Monkeys by Somatic Cell Nuclear Transfer [J]. Cell, 2018, 174 (1): 245.

[26] CYRANOSKI D. First monkeys cloned with technique that made Dolly the sheep [J]. Nature, 2018, 553 (7689): 387-388.

[27] THOMSON J A, ITSKOVITZ-ELDOR J, SHAPIRO S S, et al. Embryonic stem cell lines derived from human blastocysts [J]. Science, 1998, 282 (5391): 1145-1147.

[28] YU J, VODYANIK M A, SMUGA-OTTO K, et al. Induced pluripotent stem cell lines derived from human somatic cells [J]. Science, 2007, 318 (5858): 1917-1920.

[29] WERNIG M, MEISSNER A, FOREMAN R, et al. In vitro reprogramming of fibroblasts into a pluripotent ES-cell-like state [J]. Nature, 2007, 448 (7151): 318-324.

[30] TADA M, TAKAHAMA Y, ABE K, et al. Nuclear reprogramming of somatic cells by in vitro hybridization

with ES cells[J]. Curr Biol, 2001, 11 (19): 1553-1558.

[31] COWAN C A, ATIENZA J, MELTON D A, et al. Nuclear reprogramming of somatic cells after fusion with human embryonic stem cells[J]. Science, 2005, 309 (5739): 1369-1373.

[32] YU J, VODYANIK M A, HE P, et al. Human embryonic stem cells reprogram myeloid precursors following cell-cell fusion[J]. Stem Cells, 2006, 24 (1): 168-176.

[33] SINGH V K, KUMAR N, KALSAN M, et al. Mechanism of Induction: Induced Pluripotent Stem Cells (iPSC) [J]. J Stem Cells, 2015, 10 (1): 43-62.

[34] FELFLY H, HADDAD G G. Hematopoietic stem cells: potential new applications for translational medicine[J]. J Stem Cells, 2014, 9 (3): 163-197.

[35] PARK B, YOO K H, KIM C. Hematopoietic stem cell expansion and generation: the ways to make a breakthrough[J]. Blood Res, 2015, 50 (4): 194-203.

[36] RUIZ S, BRENNAND K, PANOPOULOS A D, et al. High-efficient generation of induced pluripotent stem cells from human astrocytes[J]. PLoS One, 2010, 5 (12): e15526.

[37] AASEN T, RAYA A, BARRERO M J, et al. Efficient and rapid generation of induced pluripotent stem cells from human keratinocytes[J]. Nat Biotechnol, 2008, 26 (11): 1276-1284.

[38] GIORGETTI A, MONTSERRAT N, AASEN T, et al. Generation of induced pluripotent stem cells from human cord blood using OCT4 and SOX2[J]. Cell Stem Cell, 2009, 5 (4): 353-357.

[39] KIM J B, SEBASTIANO V, WU G, et al. Oct4-induced pluripotency in adult neural stem cells[J]. Cell, 2009, 136 (3): 411-419.

[40] KIM J B, ZAEHRES H, WU G, et al. Pluripotent stem cells induced from adult neural stem cells by reprogramming with two factors[J]. Nature, 2008, 454 (7204): 646-650.

[41] KIMBREL E A, LANZA R. Current status of pluripotent stem cells: moving the first therapies to the clinic[J]. Nat Rev Drug Discov, 2015, 14 (10): 681-692.

[42] LIU Y, LIU H, SAUVEY C, et al. Directed differentiation of forebrain GABA interneurons from human pluripotent stem cells[J]. Nat Protoc, 2013, 8 (9): 1670-1679.

[43] DOPPLER S A, DEUTSCH M A, LANGE R, et al. Cardiac regeneration: current therapies-future concepts [J]. J Thorac Dis, 2013, 5 (5): 683-697.

[44] YANAGIDA A, ITO K, CHIKADA H, et al. An in vitro expansion system for generation of human iPS cell-derived hepatic progenitor-like cells exhibiting a bipotent differentiation potential[J]. PLoS One, 2013, 8(7): e67541.

[45] LIU T, WANG Y, TAI G, et al. Could co-transplantation of iPS cells derived hepatocytes and MSCs cure end-stage liver disease?[J]. Cell Biol Int, 2009, 33 (11): 1180-1183.

[46] BILIC J, IZPISUA BELMONTE J C. Concise review: Induced pluripotent stem cells versus embryonic stem cells: close enough or yet too far apart?[J]. Stem Cells, 2012, 30 (1): 33-41.

[47] STADTFELD M, APOSTOLOU E, AKUTSU H, et al. Aberrant silencing of imprinted genes on chromosome 12qF1 in mouse induced pluripotent stem cells[J]. Nature, 2010, 465 (7295): 175-181.

[48] STADTFELD M, APOSTOLOU E, FERRARI F, et al. Ascorbic acid prevents loss of Dlk1-Dio3 imprinting and facilitates generation of all-iPS cell mice from terminally differentiated B cells[J]. Nat Genet, 2012, 44 (4): 398-405, S1-S2.

[49] OKITA K, ICHISAKA T, YAMANAKA S. Generation of germline-competent induced pluripotent stem cells

[J]. Nature,2007,448 (7151):313-317.

[50] MAHERALI N,SRIDHARAN R,XIE W,et al. Directly reprogrammed fibroblasts show global epigenetic remodeling and widespread tissue contribution [J]. Cell Stem Cell,2007,1 (1):55-70.

[51] BOLAND M J,HAZEN J L,NAZOR K L,et al. Adult mice generated from induced pluripotent stem cells [J]. Nature,2009,461 (7260):91-94.

[52] KANG L,WANG J,ZHANG Y,et al. iPS cells can support full-term development of tetraploid blastocyst-complemented embryos [J]. Cell Stem Cell,2009,5 (2):135-138.

[53] ZHAO XY,LI W,LV Z,et al. iPS cells produce viable mice through tetraploid complementation [J]. Nature,2009,461 (7260):86-90.

[54] MIURA K,OKADA Y,AOI T,et al. Variation in the safety of induced pluripotent stem cell lines [J]. Nat Biotechnol,2009,27 (8):743-745.

[55] REZZA A,SENNETT R,RENDL M. Adult stem cell niches:cellular and molecular components [J]. Curr Top Dev Biol,2014,107:333-372.

[56] MIMEAULT M,BATRA S K. Great promise of tissue-resident adult stem/progenitor cells in transplantation and cancer therapies [J]. Adv Exp Med Biol,2012,741:171-186.

[57] DUNCAN E J,GLUCKMAN P D,DEARDEN P K. Epigenetics,plasticity,and evolution:How do we link epigenetic change to phenotype? [J]. J Exp Zool B Mol Dev Evol,2014,322 (4):208-220.

[58] KELLER A,DZIEDZICKA D,ZAMBELLI F,et al. Genetic and epigenetic factors which modulate differentiation propensity in human pluripotent stem cells [J]. Hum Reprod Update,2018,24 (2):162-175.

[59] LIANG G,ZHANG Y. Genetic and epigenetic variations in iPSC:potential causes and implications for application [J]. Cell Stem Cell,2013,13 (2):149-159.

[60] KIM K,DOI A,WEN B,et al. Epigenetic memory in induced pluripotent stem cells [J]. Nature,2010,467 (7313):285-290.

[61] KIM K,ZHAO R,DOI A,et al. Donor cell type can influence the epigenome and differentiation potential of human induced pluripotent stem cells [J]. Nat Biotechnol,2011,29 (12):1117-1119.

[62] CAREY B W,MARKOULAKI S,HANNA J H,et al. Reprogramming factor stoichiometry influences the epigenetic state and biological properties of induced pluripotent stem cells [J]. Cell Stem Cell,2011,9 (6):588-598.

[63] LIU L. Linking Telomere Regulation to Stem Cell Pluripotency [J]. Trends Genet,2017,33 (1):16-33.

[64] RIVERA T,HAGGBLOM C,COSCONATI S,et al. A balance between elongation and trimming regulates telomere stability in stem cells [J]. Nat Struct Mol Biol,2017,24 (1):30-39.

[65] ZHAO Z,PAN X,LIU L,et al. Telomere length maintenance,shortening,and lengthening [J]. J Cell Physiol,2014,229 (10):1323-1329.

[66] ARMSTRONG L,TILGNER K,SARETZKI G,et al. Human induced pluripotent stem cell lines show stress defense mechanisms and mitochondrial regulation similar to those of human embryonic stem cells [J]. Stem Cells,2010,28 (4):661-673.

[67] NAGARIA P K,ROBERT C,PARK T S,et al. High-Fidelity Reprogrammed Human iPSC Have a High Efficacy of DNA Repair and Resemble hESC in Their MYC Transcriptional Signature [J]. Stem Cells Int,2016,2016:3826249.

[68] NEGANOVA I,TILGNER K,BUSKIN A,et al. CDK1 plays an important role in the maintenance of

pluripotency and genomic stability in human pluripotent stem cells [J]. Cell Death Dis, 2014, 5 (11): e1508.

[69] VON JOEST M, BúA AGUíN S, LI H. Genomic stability during cellular reprogramming: Mission impossible? [J]. Mutat Res, 2016, 788: 12-16.

[70] RUIZ S, PANOPOULOS A D, HERRERíAS A, et al. A high proliferation rate is required for cell reprogramming and maintenance of human embryonic stem cell identity [J]. Curr Biol, 2011, 21 (1): 45-52.

[71] MATHIEU J, ZHOU W, XING Y, et al. Hypoxia-inducible factors have distinct and stage-specific roles during reprogramming of human cells to pluripotency [J]. Cell Stem Cell, 2014, 14 (5): 592-605.

[72] NAGARIA P, ROBERT C, RASSOOL F V. DNA double-strand break response in stem cells: mechanisms to maintain genomic integrity [J]. Biochim Biophys Acta, 2013, 1830 (2): 2345-2353.

[73] DUMITRU R, GAMA V, FAGAN B M, et al. Human embryonic stem cells have constitutively active Bax at the Golgi and are primed to undergo rapid apoptosis [J]. Mol Cell, 2012, 46 (5): 573-583.

[74] SARETZKI G, ARMSTRONG L, LEAKE A, et al. Stress defense in murine embryonic stem cells is superior to that of various differentiated murine cells [J]. Stem Cells, 2004, 22 (6): 962-971.

[75] YOSHIHARA M, HAYASHIZAKI Y, MURAKAWA Y. Genomic Instability of iPSC: Challenges Towards Their Clinical Applications [J]. Stem Cell Rev Rep, 2017, 13 (1): 7-16.

[76] HOCKEMEYER D, JAENISCH R. Induced Pluripotent Stem Cells Meet Genome Editing [J]. Cell Stem Cell, 2016, 18 (5): 573-586.

[77] STEYER B, CORY E, SAHA K. Developing precision medicine using scarless genome editing of human pluripotent stem cells [J]. Drug Discov Today Technol, 2018, 28: 3-12.

[78] STEYER B, BU Q, CORY E, et al. Scarless Genome Editing of Human Pluripotent Stem Cells via Transient Puromycin Selection [J]. Stem Cell Reports, 2018, 10 (2): 642-654.

[79] BIBIKOVA M, LAURENT L C, REN B, et al. Unraveling epigenetic regulation in embryonic stem cells [J]. Cell Stem Cell, 2008, 2 (2): 123-134.

[80] SURANI M A, HAYASHI K, HAJKOVA P. Genetic and epigenetic regulators of pluripotency [J]. Cell, 2007, 128 (4): 747-762.

[81] ZHOU Y, KIM J, YUAN X, et al. Epigenetic modifications of stem cells: a paradigm for the control of cardiac progenitor cells [J]. Circ Res, 2011, 109 (9): 1067-1081.

[82] KUPPUSAMY K T, SPERBER H, RUOHOLA-BAKER H. MicroRNA regulation and role in stem cell maintenance, cardiac differentiation and hypertrophy [J]. Curr Mol Med, 2013, 13 (5): 757-764.

[83] BORRELLI E, NESTLER E J, ALLIS C D, et al. Decoding the epigenetic language of neuronal plasticity [J]. Neuron, 2008, 60 (6): 961-974.

[84] VASKOVA E A, STEKLENEVA A E, MEDVEDEV S P, et al. "Epigenetic memory" phenomenon in induced pluripotent stem cells [J]. Acta Naturae, 2013, 5 (4): 15-21.

[85] BIRD A P, WOLFFE A P. Methylation-induced repression-belts, braces, and chromatin [J]. Cell, 1999, 99 (5): 451-454.

[86] SUZUKI M M, BIRD A. DNA methylation landscapes: provocative insights from epigenomics [J]. Nat Rev Genet, 2008, 9 (6): 465-476.

[87] LI E, BEARD C, JAENISCH R. Role for DNA methylation in genomic imprinting [J]. Nature, 1993, 366 (6453): 362-365.

[88] GIBNEY E R, NOLAN C M. Epigenetics and gene expression [J]. Heredity (Edinb), 2010, 105 (1): 4-13.

[89] SCHLOSBERG C E,VANDERKRAATS N D,EDWARDS J R. Modeling complex patterns of differential DNA methylation that associate with gene expression changes [J]. Nucleic Acids Res,2017,45(9):5100-5111.

[90] PISANIC TR 2nd,ATHAMANOLAP P,WANG TH.Defining,distinguishing and detecting the contribution of heterogeneous methylation to cancer heterogeneity [J]. Semin Cell Dev Biol,2017,64:5-17.

[91] LIN S H,WANG J,SAINTIGNY P,et al. Genes suppressed by DNA methylation in non-small cell lung cancer reveal the epigenetics of epithelial-mesenchymal transition [J]. BMC Genomics,2014,15(1):1079.

[92] MA A N,WANG H,GUO R,et al. Targeted gene suppression by inducing de novo DNA methylation in the gene promoter [J]. Epigenetics Chromatin,2014,7:20.

[93] NAGAMORI I,KOBAYASHI H,SHIROMOTO Y,et al. Comprehensive DNA Methylation Analysis of Retrotransposons in Male Germ Cells [J]. Cell Rep,2015,12(10):1541-1547.

[94] PAULSEN M,FERGUSON-SMITH A C. DNA methylation in genomic imprinting,development,and disease [J]. J Pathol,2001,195(1):97-110.

[95] SHARP A J,STATHAKI E,MIGLIAVACCA E,et al. DNA methylation profiles of human active and inactive X chromosomes [J]. Genome Res,2011,21(10):1592-1600.

[96] COTTON A M,PRICE E M,JONES M J,et al. Landscape of DNA methylation on the X chromosome reflects CpG density,functional chromatin state and X-chromosome inactivation [J]. Hum Mol Genet,2015,24(6):1528-1539.

[97] MATTOUT A,CABIANCA D S,GASSER S M. Chromatin states and nuclear organization in development-a view from the nuclear lamina [J]. Genome Biol,2015,16(1):174.

[98] GUO H,HU B,YAN L,et al. DNA methylation and chromatin accessibility profiling of mouse and human fetal germ cells [J]. Cell Res,2017,27(2):165-183.

[99] CALO E,WYSOCKA J. Modification of enhancer chromatin:what,how,and why? [J]. Mol Cell,2013,49(5):825-837.

[100] HEYN H,VIDAL E,FERREIRA H J,et al. Epigenomic analysis detects aberrant super-enhancer DNA methylation in human cancer [J]. Genome Biol,2016,17:11.

[101] BARRERA L O,LI Z,SMITH A D,et al. Genome-wide mapping and analysis of active promoters in mouse embryonic stem cells and adult organs [J]. Genome Res,2008,18(1):46-59.

[102] WAGNER J R,BUSCHE S,GE B,et al. The relationship between DNA methylation,genetic and expression inter-individual variation in untransformed human fibroblasts [J]. Genome Biol,2014,15(2):R37.

[103] MOARII M,BOEVA V,VERT J P,et al. Changes in correlation between promoter methylation and gene expression in cancer [J]. BMC Genomics,2015,16:873.

[104] HON G C,RAJAGOPAL N,SHEN Y,et al. Epigenetic memory at embryonic enhancers identified in DNA methylation maps from adult mouse tissues [J]. Nat Genet,2013,45(10):1198-1206.

[105] BELL R E,GOLAN T,SHEINBOIM D,et al. Enhancer methylation dynamics contribute to cancer plasticity and patient mortality [J]. Genome Res,2016,26(5):601-611.

[106] LEWITZKY M,YAMANAKA S. Reprogramming somatic cells towards pluripotency by defined factors [J]. Curr Opin Biotechnol,2007,18(5):467-473.

[107] PAPP B,PLATH K. Reprogramming to pluripotency:stepwise resetting of the epigenetic landscape [J]. Cell

Res,2011,21（3）:486-501.

［108］PRILUTSKY D,PALMER N P,SMEDEMARK-MARGULIES N,et al. iPSC-derived neurons as a higher-throughput readout for autism:promises and pitfalls［J］. Trends Mol Med,2014,20（2）:91-104.

［109］BERDASCO M,ESTELLER M. DNA methylation in stem cell renewal and multipotency［J］. Stem Cell Res Ther,2011,2（5）:42.

［110］BROCCOLI V,COLASANTE G,SESSA A,et al. Histone modifications controlling native and induced neural stem cell identity［J］. Curr Opin Genet Dev,2015,34:95-101.

［111］HARIKUMAR A,MESHORER E. Chromatin remodeling and bivalent histone modifications in embryonic stem cells［J］. EMBO Rep,2015,16（12）:1609-1619.

［112］SINGER Z S,YONG J,TISCHLER J,et al. Dynamic heterogeneity and DNA methylation in embryonic stem cells［J］. Mol Cell,2014,55（2）:319-331.

［113］SENNER C E,KRUEGER F,OXLEY D,et al. DNA methylation profiles define stem cell identity and reveal a tight embryonic-extraembryonic lineage boundary［J］. Stem Cells,2012,30（12）:2732-2745.

［114］RUGG-GUNN P J,COX B J,RALSTON A,et al. Distinct histone modifications in stem cell lines and tissue lineages from the early mouse embryo［J］. Proc Natl Acad Sci U S A,2010,107（24）:10783-10790.

［115］HUANG B,LI G,JIANG XH. Fate determination in mesenchymal stem cells:a perspective from histone-modifying enzymes［J］. Stem Cell Res Ther,2015,6（1）:35.

［116］BANNISTER A J,KOUZARIDES T. Regulation of chromatin by histone modifications［J］. Cell Res,2011,21（3）:381-395.

［117］BANNISTER A J,SCHNEIDER R,KOUZARIDES T. Histone methylation:dynamic or static［J］. Cell,2002,109（7）:801-806.

［118］TJEERTES J V,MILLER K M,JACKSON S P. Screen for DNA-damage-responsive histone modifications identifies H3K9Ac and H3K56Ac in human cells［J］. Embo j,2009,28（13）:1878-1889.

［119］DOVEY O M,FOSTER C T,COWLEY S M. Histone deacetylase 1（HDAC1）,but not HDAC2,controls embryonic stem cell differentiation［J］. Proc Natl Acad Sci U S A,2010,107（18）:8242-8247.

［120］GREER E L,SHI Y. Histone methylation:a dynamic mark in health,disease and inheritance［J］. Nat Rev Genet,2012,13（5）:343-357.

［121］CUTHBERT G L,DAUJAT S,SNOWDEN A W,et al. Histone deimination antagonizes arginine methylation［J］. Cell,2004,118（5）:545-553.

［122］WANG Y,WYSOCKA J,SAYEGH J,et al. Human PAD4 regulates histone arginine methylation levels via demethylimination［J］. Science,2004,306（5694）:279-283.

［123］CHANG B,CHEN Y,ZHAO Y,et al. JMJD6 is a histone arginine demethylase［J］. Science,2007,318（5849）:444-447.

［124］SHI Y,LAN F,MATSON C,et al. Histone demethylation mediated by the nuclear amine oxidase homolog LSD1［J］. Cell,2004,119（7）:941-953.

［125］WHETSTINE J R,NOTTKE A,LAN F,et al. Reversal of histone lysine trimethylation by the JMJD2 family of histone demethylases［J］. Cell,2006,125（3）:467-481.

［126］ROSSETTO D,AVVAKUMOV N,CÔTÉ J. Histone phosphorylation:a chromatin modification involved in diverse nuclear events［J］. Epigenetics,2012,7（10）:1098-1108.

［127］SAWICKA A,SEISER C. Histone H3 phosphorylation-a versatile chromatin modification for different occasions [J]. Biochimie, 2012, 94 (11): 2193-2201.

[128] DAWSON M A, BANNISTER A J, GÖTTGENS B, et al. JAK2 phosphorylates histone H3Y41 and excludes HP1alpha from chromatin [J]. Nature, 2009, 461 (7265): 819-822.

[129] SAWICKA A, SEISER C. Sensing core histone phosphorylation-a matter of perfect timing [J]. Biochim Biophys Acta, 2014, 1839 (8): 711-718.

[130] SRINAGESHWAR B, MAITI P, DUNBAR G L, et al. Role of Epigenetics in Stem Cell Proliferation and Differentiation: Implications for Treating Neurodegenerative Diseases [J]. Int J Mol Sci, 2016, 17 (2): 199.

[131] BHANU N V, SIDOLI S, GARCIA B A. Histone modification profiling reveals differential signatures associated with human embryonic stem cell self-renewal and differentiation [J]. Proteomics, 2016, 16 (3): 448-458.

[132] EFRONI S, DUTTAGUPTA R, CHENG J, et al. Global transcription in pluripotent embryonic stem cells [J]. Cell Stem Cell, 2008, 2 (5): 437-447.

[133] MESHORER E, YELLAJOSHULA D, GEORGE E, et al. Hyperdynamic plasticity of chromatin proteins in pluripotent embryonic stem cells [J]. Dev Cell, 2006, 10 (1): 105-116.

[134] AZUARA V, PERRY P, SAUER S, et al. Chromatin signatures of pluripotent cell lines [J]. Nat Cell Biol, 2006, 8 (5): 532-538.

[135] BERNSTEIN B E, MIKKELSEN T S, XIE X, et al. A bivalent chromatin structure marks key developmental genes in embryonic stem cells [J]. Cell, 2006, 125 (2): 315-326.

[136] FACUCHO-OLIVEIRA J M, ST JOHN J C. The relationship between pluripotency and mitochondrial DNA proliferation during early embryo development and embryonic stem cell differentiation [J]. Stem Cell Rev Rep, 2009, 5 (2): 140-158.

[137] SHIRAKI N, SHIRAKI Y, TSUYAMA T, et al. Methionine metabolism regulates maintenance and differentiation of human pluripotent stem cells [J]. Cell Metab, 2014, 19 (5): 780-794.

[138] SHYH-CHANG N, LOCASALE J W, LYSSIOTIS C A, et al. Influence of threonine metabolism on S-adenosylmethionine and histone methylation [J]. Science, 2013, 339 (6116): 222-226.

[139] FREBERG C T, DAHL J A, TIMOSKAINEN S, et al. Epigenetic reprogramming of OCT4 and NANOG regulatory regions by embryonal carcinoma cell extract [J]. Mol Biol Cell, 2007, 18 (5): 1543-1553.

[140] CHOI K H, PARK J K, SON D, et al. Reactivation of Endogenous Genes and Epigenetic Remodeling Are Barriers for Generating Transgene-Free Induced Pluripotent Stem Cells in Pig [J]. PLoS One, 2016, 11 (6): e0158046.

[141] HATTORI N, NISHINO K, KO Y G, et al. Epigenetic control of mouse Oct-4 gene expression in embryonic stem cells and trophoblast stem cells [J]. J Biol Chem, 2004, 279 (17): 17063-17069.

[142] SIKORSKA M, SANDHU J K, DEB-RINKER P, et al. Epigenetic modifications of SOX2 enhancers, SRR1 and SRR2, correlate with in vitro neural differentiation [J]. J Neurosci Res, 2008, 86 (8): 1680-1693.

[143] HAYASHI K, SASAMURA H, NAKAMURA M, et al. KLF4-dependent epigenetic remodeling modulates podocyte phenotypes and attenuates proteinuria [J]. J Clin Invest, 2014, 124 (6): 2523-2537.

[144] AMADOR-ARJONA A, CIMADAMORE F, HUANG C T, et al. SOX2 primes the epigenetic landscape in neural precursors enabling proper gene activation during hippocampal neurogenesis [J]. Proc Natl Acad Sci USA, 2015, 112 (15): E1936-1945.

[145] YANG J H, SONG T Y, JO C, et al. Differential regulation of the histone chaperone HIRA during muscle

cell differentiation by a phosphorylation switch [J]. Exp Mol Med, 2016, 48 (8): e252.

[146] SYED K M, JOSEPH S, MUKHERJEE A, et al. Histone chaperone APLF regulates induction of pluripotency in murine fibroblasts [J]. J Cell Sci, 2016, 129 (24): 4576-4591.

[147] NARLIKAR G J, SUNDARAMOORTHY R, OWEN-HUGHES T. Mechanisms and functions of ATP-dependent chromatin-remodeling enzymes [J]. Cell, 2013, 154 (3): 490-503.

[148] LUO R X, DEAN D C. Chromatin remodeling and transcriptional regulation [J]. J Natl Cancer Inst, 1999, 91 (15): 1288-1294.

[149] WANG G G, ALLIS C D, CHI P. Chromatin remodeling and cancer, Part Ⅱ: ATP-dependent chromatin remodeling [J]. Trends Mol Med, 2007, 13 (9): 373-380.

[150] HO L, RONAN J L, WU J, et al. An embryonic stem cell chromatin remodeling complex, esBAF, is essential for embryonic stem cell self-renewal and pluripotency [J]. Proc Natl Acad Sci USA, 2009, 106 (13): 5181-5186.

[151] XI R, XIE T. Stem cell self-renewal controlled by chromatin remodeling factors [J]. Science, 2005, 310 (5753): 1487-1489.

[152] SHEAFFER K L, KIM R, AOKI R, et al. DNA methylation is required for the control of stem cell differentiation in the small intestine [J]. Genes Dev, 2014, 28 (6): 652-664.

[153] KEENEN B, DE LA SERNA I L. Chromatin remodeling in embryonic stem cells: regulating the balance between pluripotency and differentiation [J]. J Cell Physiol, 2009, 219 (1): 1-7.

[154] GOLOB J L, PAIGE S L, MUSKHELI V, et al. Chromatin remodeling during mouse and human embryonic stem cell differentiation [J]. Dev Dyn, 2008, 237 (5): 1389-1398.

[155] WU H, D'ALESSIO A C, ITO S, et al. Genome-wide analysis of 5-hydroxymethylcytosine distribution reveals its dual function in transcriptional regulation in mouse embryonic stem cells [J]. Genes Dev, 2011, 25 (7): 679-684.

[156] CHANDA S, ANG C E, DAVILA J, et al. Generation of induced neuronal cells by the single reprogramming factor ASCL1 [J]. Stem Cell Reports, 2014, 3 (2): 282-296.

[157] DAVIS R L, WEINTRAUB H, LASSAR A B. Expression of a single transfected cDNA converts fibroblasts to myoblasts [J]. Cell, 1987, 51 (6): 987-1000.

[158] CORREA-CERRO L S, PIAO Y, SHAROV A A, et al. Generation of mouse ES cell lines engineered for the forced induction of transcription factors [J]. Sci Rep, 2011, 1: 167.

[159] NISHIYAMA A, XIN L, SHAROV A A, et al. Uncovering early response of gene regulatory networks in ESC by systematic induction of transcription factors [J]. Cell Stem Cell, 2009, 5 (4): 420-433.

[160] KIM J S, CHOI H W, ARAúZO-BRAVO M J, et al. Reactivation of the inactive X chromosome and post-transcriptional reprogramming of Xist in iPSC [J]. J Cell Sci, 2015, 128 (1): 81-87.

[161] TCHIEU J, KUOY E, CHIN M H, et al. Female human iPSC retain an inactive X chromosome [J]. Cell Stem Cell, 2010, 7 (3): 329-342.

[162] MININA IU M, ZHDANOVA N S, SHILOV A G, et al. [Chromosomal instability of in vitro cultured mouse embryonic stem cells and induced pluripotent stem cells] [J]. Tsitologiia, 2010, 52 (5): 420-425.

[163] CANTONE I, BAGCI H, DORMANN D, et al. Ordered chromatin changes and human X chromosome reactivation by cell fusion-mediated pluripotent reprogramming [J]. Nat Commun, 2016, 7: 12354.

[164] BARAKAT T S, GHAZVINI M, DE HOON B, et al. Stable X chromosome reactivation in female human

induced pluripotent stem cells [J]. Stem Cell Reports, 2015, 4 (2): 199-208.

[165] WUTZ A, JAENISCH R. A shift from reversible to irreversible X inactivation is triggered during ES cell differentiation [J]. Mol Cell, 2000, 5 (4): 695-705.

[166] GEENS M, SERIOLA A, BARBé L, et al. Female human pluripotent stem cells rapidly lose X chromosome inactivation marks and progress to a skewed methylation pattern during culture [J]. Mol Hum Reprod, 2016, 22 (4): 285-298.

[167] NAVARRO P, CHAMBERS I, KARWACKI-NEISIUS V, et al. Molecular coupling of Xist regulation and pluripotency [J]. Science, 2008, 321 (5896): 1693-1695.

[168] MINKOVSKY A, PATEL S, PLATH K. Concise review: Pluripotency and the transcriptional inactivation of the female Mammalian X chromosome [J]. Stem Cells, 2012, 30 (1): 48-54.

[169] GUYOCHIN A, MAENNER S, CHU E T, et al. Live cell imaging of the nascent inactive X chromosome during the early differentiation process of naive ES cells towards epiblast stem cells [J]. PLoS One, 2014, 9 (12): e116109.

[170] PATEL S, BONORA G, SAHAKYAN A, et al. Human Embryonic Stem Cells Do Not Change Their X Inactivation Status during Differentiation [J]. Cell Rep, 2017, 18 (1): 54-67.

[171] DO J T, HAN D W, GENTILE L, et al. Reprogramming of Xist against the pluripotent state in fusion hybrids [J]. J Cell Sci, 2009, 122 (Pt 22): 4122-4129.

[172] DANDULAKIS M G, MEGANATHAN K, KROLL K L, et al. Complexities of X chromosome inactivation status in female human induced pluripotent stem cells-a brief review and scientific update for autism research [J]. J Neurodev Disord, 2016, 8: 22.

[173] MALLON B S, HAMILTON R S, KOZHICH O A, et al. Comparison of the molecular profiles of human embryonic and induced pluripotent stem cells of isogenic origin [J]. Stem Cell Res, 2014, 12 (2): 376-386.

[174] JEONG J, KIM K N, CHUNG M S, et al. Functional comparison of human embryonic stem cells and induced pluripotent stem cells as sources of hepatocyte-like cells [J]. Tissue Eng Regen Med, 2016, 13 (6): 740-749.

[175] CHIN M H, MASON M J, XIE W, et al. Induced pluripotent stem cells and embryonic stem cells are distinguished by gene expression signatures [J]. Cell Stem Cell, 2009, 5 (1): 111-123.

[176] GHOSH Z, WILSON K D, WU Y, et al. Persistent donor cell gene expression among human induced pluripotent stem cells contributes to differences with human embryonic stem cells [J]. PLoS One, 2010, 5(2): e8975.

[177] MARCHETTO M C, YEO G W, KAINOHANA O, et al. Transcriptional signature and memory retention of human-induced pluripotent stem cells [J]. PLoS One, 2009, 4 (9): e7076.

[178] MAHERALI N, HOCHEDLINGER K. Guidelines and techniques for the generation of induced pluripotent stem cells [J]. Cell Stem Cell, 2008, 3 (6): 595-605.

[179] DALEY G Q, LENSCH M W, JAENISCH R, et al. Broader implications of defining standards for the pluripotency of iPSC [J]. Cell Stem Cell, 2009, 4 (3): 200-201.

[180] ELLIS J, BRUNEAU B G, KELLER G, et al. Alternative induced pluripotent stem cell characterization criteria for in vitro applications [J]. Cell Stem Cell, 2009, 4 (3): 198-199.

[181] HAWKINS R D, HON G C, LEE L K, et al. Distinct epigenomic landscapes of pluripotent and lineage-committed human cells [J]. Cell Stem Cell, 2010, 6 (5): 479-491.

第二章 干细胞基础研究

第三节　肿瘤干细胞与肿瘤发生发展

在肿瘤研究领域中,肿瘤干细胞是近年来备受关注的热点之一。肿瘤干细胞具有自我更新和多向分化的能力,被认为是肿瘤发生、发展和复发的关键原因之一。了解肿瘤干细胞的特性和调控机制对于深入研究肿瘤的发生和治疗具有重要意义。肿瘤干细胞是一小部分存在于肿瘤组织中的细胞群体,具有类似于正常干细胞的特性。它们具有自我更新的能力,能够不断产生新的肿瘤细胞,同时也具有多向分化的能力,可以分化为多种类型的肿瘤细胞。这些特性使得肿瘤干细胞成为肿瘤发展和复发的源泉。肿瘤干细胞的调控机制是一个复杂而多样的过程。一方面,外源性信号分子和细胞因子可以调节肿瘤干细胞的自我更新和分化,影响肿瘤的发展和进展。另一方面,内源性信号通路和基因调控网络也在肿瘤干细胞的调控中起到关键作用。例如,Wnt、Notch 和 Hedgehog 等信号通路在肿瘤干细胞的维持和调控中发挥着重要作用。值得注意的是,肿瘤干细胞与正常干细胞之间存在着相似性和差异性。肿瘤干细胞具有类似于正常干细胞的特性,如自我更新和多向分化能力。然而,它们也存在着与正常干细胞不同的特点,如更强的抗药性和更高的复发潜能。因此,了解肿瘤干细胞与正常干细胞之间的相似性和差异性,对于深入探索肿瘤发生和发展的机制,以及开发针对肿瘤干细胞的治疗策略具有重要的指导意义。

综上所述,肿瘤干细胞作为肿瘤发生和发展的关键驱动力,其特性和调控机制成为了肿瘤研究领域的焦点。通过深入研究肿瘤干细胞的特点和调控机制,我们可以更好地了解肿瘤的发生和发展过程,并为肿瘤治疗提供新的思路和策略。然而,目前对于肿瘤干细胞的研究还处于起步阶段,仍然面临着许多挑战和难题。因此,加强对于肿瘤干细胞的研究将是未来肿瘤研究的重要方向之一。希望本节内容能够为读者提供对于肿瘤干细胞的基本知识,引发更多人对于肿瘤干细胞研究和肿瘤治疗的兴趣和关注。

一、肿瘤干细胞

人们基于发育生物学及正常干细胞的研究及肿瘤异质性的现象,提出了肿瘤干细胞学说,认为肿瘤中那些具有自我更新、多向分化和重建肿瘤组织能力的细胞是肿瘤干细胞,而且这些肿瘤干细胞是驱动肿瘤发生发展的原动力。它们是肿瘤组织中一个数目很小的亚群,具有不同的生物学特性,其他肿瘤细胞代表分化的肿瘤细胞,容易被药物或常规疗法杀死。这一理论的提出很好地解释了肿瘤异质性及肿瘤耐药复发现象,并在 1997 年由 Dick 研究组在急性髓系白血病中被首次证实[1]。随后在乳腺癌、结肠癌、脑胶质瘤和前列腺癌等中都被证实存在。值得指出的是,人们对于肿瘤干细胞理论也是有争议的[2],有研究表明,某些组织可能不存在肿瘤干细胞。肿瘤干细胞与分化的肿瘤细胞实际上并不是一成不变的[3-5]。肿瘤干细胞实际上是一个处于特殊"状态"（state），即获得"自我更新和分化功能特性"（以下简称干性）的肿瘤细胞，因为分化的肿瘤细胞在外界微环境和内在因素的共同作用下也会获得肿瘤干细胞特性，这说明肿瘤干细胞具有可塑性[6-8]。

（一）肿瘤干细胞与正常干细胞的共性和差异

肿瘤干细胞与正常组织干细胞具有许多共同的特征，包括：①数量极少；②未分化或低分化状态；③有自我更新能力；④多向分化或定向分化；⑤多能基因高表达；⑥端粒酶活性高；⑦具有特异性标记物；⑧多个促进细胞分裂的特异信号通路被激活。在通常情况下，正常组织干细胞的分裂分化是一个有序可控的过程，但肿瘤干细胞的分裂分化是一个无序不可控的过程。

（二）肿瘤干细胞与细胞起源

有许多实验说明肿瘤的产生往往是由于正常组织干细胞中的抑癌基因的丢失或原癌基因的激活引起的，所以正常组织干细胞可以通过基因突变成为肿瘤起源细胞或肿瘤干细胞。例如 Clevers 研究组的实验表明，在正常肠组织的干细胞中抑癌基因丢失可以快速产生肿瘤，但在相邻的非干细胞中抑癌基因丢失则不会很快产生肿瘤[9]。在其他组织中也有相似结果。上海交通大学高维强团队的工作阐明，在前列腺组织中，*PTEN* 抑癌基因在管腔细胞或者基底细胞中的丢失都会引起前列腺肿瘤的形成，但最终是由于管腔细胞的快速对称分裂形成前列腺肿瘤，重演干细胞的自我更新能力获得的过程[10]。

（三）肿瘤干细胞与细胞分裂模式

由于肿瘤干细胞往往被认为起源于正常组织干细胞的基因突变，所以其干性维持也基本上遵循正常组织干细胞的模式。干细胞中存在对称和不对称分裂 2 种交替方式，精确调控组织正常发育。干细胞的自我更新能力赋予了其维持干细胞数量稳定的使命。在机体发育阶段或组织、器官损伤后的再生阶段，干细胞可通过对称分裂增加干细胞数量，从而满足组织器官形成或再生的需要。另一方面，干细胞又具有分化成特定形态和功能的终末端细胞的任务，干细胞的不对称分裂则可协调干细胞增殖和分化，使得干细胞在一次分裂后产生具有不同形态和命运的子细胞：其中一个子细胞保留干细胞形态和自我更新的能力并维持干细胞数量的稳定，而另一个子细胞则成为祖细胞并走向特定的分化道路，参与组织和器官的建成。干细胞对称和不对称分裂是干细胞干性维持的重要环节。简单地讲，正常组织的稳态取决于干细胞对称和不对称分裂的一个平衡，如果干细胞对称分裂过少，就会耗竭组织的干细胞库，从而导致正在修复的缺陷；反之，组织干细胞对称分裂过多，则会导致肿瘤的形成[10-11]。

（四）肿瘤干细胞与肿瘤形成

肿瘤组织含有不同类型的肿瘤细胞，不同的肿瘤细胞具有不同的分子生物学特性。肿瘤组织在细胞和分子水平上是不均一或者异质的，其中的一个亚群，所占的比例很小，但其具有很强的自我更新和分化形成完整肿瘤的能力，即致瘤性；而其他大多数肿瘤细胞不具有致瘤性。前者被称为肿瘤干细胞,是肿瘤发生及复发的根源,也是肿瘤治疗的关键靶细胞。

(五) 肿瘤干细胞与肿瘤转移

近年来许多实验(包括 Weinberg 团队及高维强团队等进行的实验)分别揭示了上皮间质转化对肿瘤干细胞样细胞干性的促进作用[12],并提出这是肿瘤转移和复发中的重要步骤。最近,高维强团队对 hTERT^{high}Numb$^{-/low}$ 前列腺肿瘤干细胞样细胞进行表型分析,发现其相较于其他肿瘤细胞具有更强迁移能力,丧失上皮细胞标记物 E-cadherin 及 ZO1 等的表达,表达间质细胞标记物 Vimentin 及 N-cadherin 等,展示显著的上皮间质转化特征。通过抑制 β-catenin 信号活性降低 hTERT^{high}Numb$^{-/low}$ 前列腺细胞上皮间质转化的特征,从而抑制肿瘤干细胞的功能,提示上皮间质转化和前列腺肿瘤干细胞的干性具有紧密联系[13,14]。

高维强团队创新性地构建了上皮间质转化荧光报告系统,用于从上市药物库中筛选对前列腺肿瘤转移具有抑制活性的药物。该报告系统由受 *CDH1* 基因启动子驱动的萤火虫荧光素酶元件以及受 *VIM* 基因启动子驱动的海肾荧光素酶的元件组成,能有效反映前列腺肿瘤细胞的上皮或间质细胞特性的状态。高通量筛选实验发现:常见的临床用于治疗口疮性溃疡的抗炎抗过敏药物氨来占诺(Amlexanox)是一个强效上皮间质转化抑制剂,对前列腺肿瘤细胞体外迁移能力、体内肿瘤形成以及转移有显著抑制效果。机制探讨实验发现氨来占诺通过下调 IKK-ε/TBK1/NF-κB 信号轴,进而抑制前列腺肿瘤细胞的上皮间质转化和肿瘤转移[15]。该项研究为靶向治疗前列腺肿瘤转移提供了新型候选药物,具有重要的临床转化意义。

(六) 肿瘤干细胞与治疗耐受

在对肿瘤的治疗过程中,人们发现化疗、内分泌疗法、放疗或常规疗法等往往只能杀死一般的肿瘤细胞,而肿瘤干细胞由于它们自身的特性能够抵抗药物或常规疗法。例如,肿瘤干细胞具有很强的转运泵,能将进入细胞内的药物迅速泵出去而使细胞免于药物的作用。肿瘤干细胞具有上皮间质转化特征,也使它们能抵抗常规疗法而出现治疗耐受。

肿瘤干细胞具有逃避细胞凋亡、增强 DNA 损伤修复、变异的表观遗传调控、异常激活的促细胞分裂信号通道等途径,进而促使其在治疗后产生药物抵抗,快速生长,导致无法控制的状态。

二、肿瘤干细胞的调控

(一) 干细胞多能基因

正常组织和器官的发育和再生中干细胞的特征是由干细胞多能基因负责的,越来越多的研究也揭示了在肿瘤的发生、发展及治疗耐受过程中,肿瘤干细胞的干性也是由干细胞多能基因维持的。例如,*SOX2* 作为重要的诱导多能干细胞转录因子之一,在不同癌症中都被报道具有调控肿瘤细胞干性的作用[16-18]。在前列腺癌的研究中也发现 *SOX2* 阳性的肿瘤细胞对激素治疗不敏感,可能是前列腺癌干细胞的关键标志物及其治疗抵抗的细胞根源[10]。此外,其他调控细胞干性的转录因子如 *Nanog*、*Bmi-1*、*OCT4* 等也被广泛报道参与肿瘤的发生发展[19-22]。除了调控细胞干性的转录因子外，很多研究发现肿瘤干细胞会特异性表达一些细胞表面蛋白，如 CD133、CD44、CD49f、LGR5 等[23]。肿瘤干细胞被认为具有干细胞的特点，干细胞多能基因对于肿瘤干细胞的自我更新和偏向静息态至关重要，使得这些肿瘤干细胞亚群在肿瘤早期发生上更可能作为细胞起源。或者，肿瘤干细胞因其静态状态而对治疗耐受并成为肿瘤复发转移的细胞根源及肿瘤治疗的重要靶点[24,25]。

（二）基因突变

抑癌基因（如 *PTEN*、*p53*）在正常组织干细胞的失活或者丢失可以促使肿瘤干细胞形成。这个现象在肠上皮和前列腺上皮组织中被发现并报道[9,10]。在肝脏中，尽管 *P53* 的失活本身并不足以引起肝细胞癌（hepatocellular carcinoma，HCC）的发生，但是如果 *P53* 与原癌基因等致癌基因的过表达同时发生就会导致肝细胞更容易致癌、转换并获得肿瘤干细胞特征，进而增加干细胞多能基因表达[26]。另外，*Homeobox C8*（*Hoxc8*）基因也被报道是影响干细胞分裂分化的重要调节因子。*Hoxc8* 沉默能促进乳腺细胞的干性和增加肿瘤干细胞数量[27]。与这些驱动基因相比，环 AMP 反应元件结合蛋白（CREBBP）最近被证明是一种新的肿瘤干细胞启动抑制剂。研究发现，在造血干细胞和祖细胞早期缺失 CREBBP 的小鼠，DNA 损伤反应发生改变，浸润性淋巴增殖性疾病/淋巴瘤发生频率增加。CREBBP 的缺失导致成熟淋巴恶性肿瘤的恶化和癌祖细胞的产生[28]。另外，前期研究表明，一个关键的细胞极性分子 Par3 的缺失可以促进前列腺肿瘤发生，其机制与癌祖细胞分裂模式从不对称分裂转变为对称分裂有关[29]。

（三）表观遗传

越来越多的研究表明，对于肿瘤干细胞的发生与功能维持，表观遗传学的调控机制可能发挥着极其重要的作用。肿瘤的易感性、进展和异质性均与干细胞在肿瘤晚期阶段的表观遗传学紊乱有密切联系，表观遗传学紊乱同时也参与了成体干细胞向肿瘤干细胞的转变[30]。这些表观遗传调控可以影响肿瘤干细胞的自我更新和分化形成新肿瘤的能力。表观遗传调控癌变重编程、肿瘤干细胞的自我更新，以及针对肿瘤干细胞表观调控机制的靶向治疗等，已成为肿瘤生物学研究的重点研究方向。

另外，已经有许多研究表明肿瘤干细胞带有异常的表观遗传学修饰，这些修饰通过影响 Wnt/β-catenin、Hedgehog、Notch 和 TGF-β/BMP 信号通路，调控肿瘤干细胞的自我更新和分化能力，进而改变肿瘤细胞生长、恶化、转移、复发及抗药的能力[31-34]。

1. 表观遗传调控分类　表观遗传学调控主要包括 DNA 甲基化、组蛋白修饰、染色质重塑和非编码 RNA（non-coding RNA，ncRNA）等。上述表观遗传学修饰类型既能独立发挥功能，又可以相互联系、共同作用，产生"协同效应"[35-37]，通过调节关键基因的表达，维持稳态，而当其出现异常改变时，则会引起多种疾病，包括肿瘤。

2. DNA 甲基化　DNA 甲基化是最常见的一种表观遗传学调控方式，是肿瘤发生的起始事件,先于基因突变。DNA甲基化大多发生在富含CG的基因区域,由DNA转移酶I(DNMTl)和DNA转移酶3A、3B(DNMT3A、3B)催化形成,通过与甲基化结合蛋白(methyl-binding protein,MBP)识别、结合,招募转录共抑制因子,进而介导转录抑制,是表观遗传学调控基因表达最常见的机制之一[38]。它在基因表达沉默、印记和X染色体失活中发挥着重要的作用,对于肿瘤的发生发展,肿瘤干细胞的调控都起着重要的作用[39,40]。

Wnt信号通路参与细胞增殖分化,并调节血液干细胞的维持与自我更新。乳腺癌中存在Wnt信号通路中许多基因的甲基化改变,包括 WIF1、SFRP1-5、APC 和 DKKI。研究结果显示,Wnt信号通路的异常激活可诱导干细胞向肿瘤干细胞转化[41]。目前,这些关键基因的表观遗传学改变是如何影响成体干细胞的转化已经较为清楚。CD133是许多肿瘤组织包括肝脏的肿瘤干细胞的表面标志物,CD133表达的肝癌患者预后很差。转化生长因子-β(transforming growth factor beta,TGF-β)在慢性肝损伤的过程中发挥着重要的作用。研究结果显示,TGF-β可以通过Smad通路抑制甲基化酶DNMT1和DNMT3B的表达,进而诱导细胞表面CD133的表达,CD133$^+$的肝癌干细胞具有促肿瘤生成的作用[42]。最近的研究结果显示,在乳腺癌患者中,改变干细胞的表观遗传学状态,对维持乳腺癌的肿瘤微环境具有一定的作用[43]。

3. **组蛋白修饰**　组蛋白修饰常发生在组蛋白的氨基端,由于暴露在染色质外面,可接受各种化学基团的修饰。组蛋白修饰又称组蛋白密码,决定着基因的开放与否,目前研究最广的是组蛋白H3、H4上赖氨酸K的乙酰化和甲基化。当组蛋白高乙酰化时,基因转录激活;而甲基化则根据其甲基化位点的不同有所不同。一般认为,H3K9(组蛋白H3第9位赖氨酸残基)和H3K27甲基化与基因转录抑制相关,而H3K4、H3K36和H3K79与基因转录激活相关[44]。

EZH2转录抑制因子是PcG蛋白的核心成分,其编码蛋白含有高度保守的SET结构域,该结构域具有甲基转移酶的活性,可以甲基化H3K27,通过甲基化作用抑制下游相关基因的表达,其中大多为抑癌基因,促进了肿瘤的增殖和转移。在转移的乳腺癌和前列腺癌中,就有EZH2高表达,Akt可以通过磷酸化EZH2来调节甲基化活性,从而调节肿瘤的生成[45]。由于PeG蛋白通常在已分化的细胞中低表达,在干细胞中高表达,因此,高表达EZH2的乳腺癌和前列腺癌细胞就很可能是由正常干细胞转化而来,它们要么是已经转化了的肿瘤干细胞,要么是去分化获得了干细胞的表型。总之,在肿瘤细胞、干细胞或祖细胞间存在着一个共同的调控网络。

4. **染色质重塑**　染色质重塑是另一种重要的表观遗传学调控机制,主要涉及4种ATP依赖染色质重塑因子SwI/SNF、CDH、IN080、IS10I。重塑因子间相互作用,通过形成重塑复合物,如BAF(SWI/SNF)、NURD、ISWI、CDHl及Tip60-p400等,改变染色质的缠绕密度,从而影响转录因子与DNA序列的结合,进一步调控基因表达。染色体结构的变异已经被报道与胚胎干细胞种类和分化能力的调节有关,其对于肿瘤干细胞的调控也可能会起作用[46]。

5. **ncRNA 和 miRNA**　非编码RNA(ncRNA)也属于广义上的表观遗传学修饰范畴。ncRNA在基因表达中起重要的作用,它们根据其大小可分为长链ncRNA和短链ncRNA。

长链 ncRNA 在基因簇以至于整个染色体水平中发挥着顺式调节作用,短链 RNA 可能扮演着保护基因组稳定性的角色,包括微小 RNA(microRNA,miRNA)在基因表达调控中发挥非常重要的作用。许多已知的致癌性 miRNA 在未分化的干细胞中表达,而在分化的组织中表达降低。肿瘤干细胞中表达减少的 miRNA 称为抑癌性 miRNA,可负性调节肿瘤干细胞的自我增殖和致瘤能力,抑制干性[47]。

Song 等通过高通量 miRNA 芯片技术,筛选出一批乳腺癌干细胞与非癌干细胞差异表达的 miRNA,其中具有抑癌特性的 let-7 miRNA 在乳腺癌干细胞中的表达显著低于其他非乳腺癌干细胞。将该 miRNA 通过慢病毒载体在乳腺癌干细胞中过表达,结果乳腺癌干细胞的干细胞特性被明显抑制,包括其在体外和体内的自我增殖能力、多向分化和巨大的增殖潜能,以及在非肥胖糖尿病小鼠(non-obese diabetic mouse,NOD 小鼠)或重度联合免疫缺陷小鼠(severe combined immunodeficiency mouse,SCID 小鼠)中的成瘤能力或肿瘤转移发生率都显著下降[48]。

此外,癌基因 *Ha-ras* 和 *HMGA2* 是 let-7 miRNA 的两个靶基因,进一步通过 RNA 干扰技术分别敲低乳腺癌干细胞中高表达的 *Ha-ras* 和 *HMGA2*,发现敲低 *Ha-ras* 仅能抑制癌干细胞的自我增殖,而对其多向分化则没有作用;敲低 *HMGA2* 只能抑制癌干细胞的多向分化能力,但不能影响其自我增殖。表明 let-7 miRNA 分别通过 ras 和 HMGA2 两条分子通路,调控乳腺癌干细胞的自我增殖和多向分化[49]。Silber 等提出 miRNA-137 和 miRNA-124 对于神经干细胞和神经祖细胞的分化是必需的,如果去除它们的表达,就会引起肿瘤干细胞的形成和肿瘤的发生[50]。最近的研究显示,在 DU145 细胞中敲除 *miR-101*,可以使 *EZH2* 表达增加。相反,如果恢复 *miR-101* 的表达,则可以降低 *EZH2* 表达,并降低细胞的侵袭能力,从而说明表观遗传学的变化有助于肿瘤干细胞的转化[51]。

在多种肿瘤中低水平的 Let-7 常与肿瘤的恶性进展相关。前列腺肿瘤干细胞的 Let-7 水平显著低于非肿瘤干细胞,当人为上调 *Let-7* 表达时,发现细胞分化程度增加,CSC 的自我增殖及致癌能力减弱。更有趣的是,发现 Let-7 的下降与 EZH2 高表达协同出现,而上调 *Let-7* 的表达则会引起 *EZH2* 表达减少,同时出现 CSC 自我增殖能力被抑制,从而表明 *Let-7* 的下调和 *EZH2* 的上调共同维持肿瘤干细胞的干性[52]。此外,miR-200b 和 miR200c 也可负性调节肿瘤干细胞的特性,乳腺癌中 miR-200b 和 miR-200c 的升高会导致肿瘤干细胞增殖和致瘤能力的减弱,而下调 miR-200b 和 miR-200c,则可引起 *BMll*、*Suzl2* 及 *H3K27me* 的上调,促进肿瘤干细胞的干性,再次证实了 miRNA 与组蛋白修饰间的协同效应[53]。研究还发现了另一个抑癌性 miR-34a,在前列腺癌、乳腺癌及胰腺癌等恶性肿瘤的肿瘤干细胞中,miR-34a 都呈现为低表达水平,且胰腺癌中低表达的 miR-34a 可以保持 Notch 通路的激活,从而维持肿瘤干细胞的自我增殖。相反,过高的 miR-34a 则会诱导细胞凋亡、衰老及细胞周期停滞,引起肿瘤干细胞的干性减弱,抑制前列腺癌转移,促进荷瘤小鼠存活[54]。

部分 microRNA 则是肿瘤干细胞维持干性所必需的,如 miR-380-5p、miR-130b、miR-181 及 miR-371-3 等,它们在肿瘤干细胞中高表达。其中,miR-371-3 通过靶向作用于 WNT 拮抗因子 *DKKl*,使 *DKKl* 沉默,从而激活 WNT 通路,进一步促进肿瘤干细胞增殖,增强致瘤能力[55]。此外,还可通过 miR-135a/b 与 APC mRNA 作用下调 *APC* 基因表达,使 WNT 通路激活,达到促进肿瘤干细胞致瘤能力的效果[56]。

目前,有越来越多的肿瘤干细胞相关 miRNA 被证实,如 miR-15/16a、miR-145、miR-29、miR-30、miR-146a、miR-324 及 miR-18I 等,它们一方面参与调控 Wnt/β-catenin、Hedgehog、Notch 和 TGF-β/BMP 信号通路,另一方面还可与 DNA 甲基化和组蛋白修饰相互作用,在调节肿瘤干细胞干性表型中发挥广泛而重要的作用。

6. 其他表观遗传学机制　除了 DNA 甲基化、组蛋白乙酰化、染色质重塑和 ncRNA,肿瘤干细胞也受其他表观遗传学机制调节,例如基因印记缺失(loss of imprinting,LOI)。LOI 是指正常不表达的等位基因异常激活或正常表达的等位基因异常沉默。它是人类肿瘤中常见的遗传学改变之一,涉及所有儿童期胚胎性肿瘤,如肺癌、卵巢癌、乳腺癌、肝癌及其他消化道肿瘤。近期研究表明,正常结肠上皮有 IGF2 印记缺失的人都患有 LOI 相关的结肠癌[57]。但由于在病变周围的非瘤组织中或癌前病变的组织中也可检出 LOI,因此认为,LOI 是肿瘤发生中的前期事件,它可以增高人和大鼠肠癌发生的危险性。

(四)端粒酶

干细胞为了维持长期自我更新的能力,它的端粒酶活性往往显著高于分化的细胞,肿瘤干细胞很可能模拟了正常干细胞的这种特性。基于这一科学猜想,高维强团队在 *Cancer Research* 发表论文,研究表明构建了端粒酶 hTERT 启动子启动荧光蛋白的慢病毒报告系统,发现内源性高表达端粒酶 hTERT^high 的前列腺肿瘤细胞相较 hTERT^low 前列腺肿瘤细胞,具备极低细胞成瘤、连续成瘤、抗雄激素耐药能力。自我更新和分化是干细胞最重要的两个特征。通过实时荧光显微追踪了上千个 hTERT^high 和 hTERT^low 前列腺肿瘤细胞的分裂模式后发现:只有 hTERT^high 细胞能进行对称分裂和不对称分裂产生 hTERT^high 和 hTERT^low 子代细胞,而 hTERT^low 前列腺肿瘤细胞只能进行对称分裂且只分裂产生 hTERT^low 子代细胞,提示 hTERT^high 细胞和 hTERT^low 细胞存在分化的层级关系,hTERT^high 细胞通过对称和不对称分裂实现自我更新和分化。hTERT^high 细胞对于前列腺癌干细胞的干性维持起着关键作用[13]。

(五)Numb 命运决定子

多种命运决定子在组织发育过程中能促进干细胞不对称分裂[58],并且在肿瘤发展中起着抑制肿瘤生长的作用。

作者团队研究发现命运决定子 Numb 对于前列腺癌干细胞的不对称分裂起着一个与 hTERT 相反的作用。Numb 蛋白在 hTERT^high 前列腺肿瘤干细胞的不对称分裂中总是不对称地分布于分化的 hTERT^low 细胞中。相比 Numb^high 细胞,Numb^{-/low} 前列腺肿瘤细胞是一群形态较小且处于静息期的细胞,优先表达多能干性相关基因且具有强抗雄激素剥夺能力。对称不对称分裂是干细胞的特有属性,上述发现为证明前列腺肿瘤干细胞样细胞的存在提供了直接证据[14]。对 hTERT^{high}Numb$^{-/low}$ 前列腺肿瘤干细胞样细胞进行了表达谱分析,发现多能干性调控相关因子的富集性表达,其中 miRNA302/367 簇显著性的高倍数表达于 hTERT^{high}Numb$^{-/low}$ 细胞中。进一步的实验发现前列腺肿瘤干细胞样细胞的功能依赖于 miRNA302/367 簇,且 miRNA302/367 簇的特异性表达并促进了抗雄激素耐药的产生。在肿瘤细胞中引入 miRNA302/367 簇的反义 RNA(anti-sense RNA),可有效抑制肿瘤干细胞的功能和抗雄激素耐药的产生[59]。此外,还发现肿瘤微环境中的外源刺激物 Wnt3a 通过 Wnt3a/hTERT/β-catenin 信号轴促进 hTERT^{high}Numb$^{-/low}$ 前列腺肿瘤干细胞样细胞进行自我更新的对称分裂[13]。这些工作揭示了前列腺肿瘤干细胞样细胞干性调控的关键胞内外因素对前列腺肿瘤异质性形成和抗雄激素耐药的发生提供了新的细胞和分子生物学机制,并提示抑制 WNT 信号或引入 miRNA302/367 簇的反义 RNA 能够干预肿瘤干细胞的自我更新。

(六)上皮间质转化

上皮间质转化(epithelial-mesenchymal transition,EMT)是指上皮细胞通过特定程序转化为具有间质表型细胞的生物学过程。通过 EMT,上皮细胞失去了细胞极性,失去与基底膜的连接等上皮表型,获得了较高的迁移、侵袭、抗凋亡和降解细胞外基质的能力等间质表型。EMT 是上皮细胞来源的恶性肿瘤细胞获得迁移和侵袭能力的重要生物学过程。

多种蛋白参与 EMT,其中 E-钙黏蛋白(E-cadherin,E-cad)对于正常的上皮细胞间连接稳定性非常重要,其表达水平与 EMT 的发生以及肿瘤的侵袭能力呈负相关;Vimentin 和 N-cadherin 的表达水平与 EMT 的发生以及肿瘤的侵袭能力呈正相关;转录因子 *SNAI1/Snail*、*SNAI2/Slug*、*ZEB1*、*ZEB2* 和 *Twist* 等可下调 E-cad 的表达而促进 EMT 的发生,继而促进肿瘤的转移[60]。

EMT 是上皮细胞失去极性转换成为具有侵袭和迁移能力的间质细胞的过程,参与细胞重编码[61],在胚胎发育过程中与干细胞的多能性[62]也密切相关。因此,EMT 对肿瘤干细胞的干性有增强作用,或者说肿瘤干细胞具有 EMT 特性[60]。

在过去的 20 多年时间里,肿瘤细胞 EMT 的活化一直被认为是导致肿瘤转移形成的诸多复杂过程中的第一步,是肿瘤细胞从原位肿瘤侵袭至周围基质组织的主要作用机制。但随着研究不断地深入,EMT 在肿瘤转移中参与调控的生物进程绝不仅仅局限在侵袭这一步,EMT 的活化还能赋予上皮性肿瘤细胞多种肿瘤干细胞特性[63-64]。例如在乳腺癌中,这些特性包括肿瘤干细胞的特异细胞表面标记物 CD44 表达增加和 CD24 的表达下调,悬浮培养条件下成球能力的显著升高以及荷瘤小鼠模型中肿瘤形成能力的显著增强。除此之外,多种人肿瘤类型的体内连续成瘤实验也证实了肿瘤细胞 EMT 的活化并促使细胞转化进入肿瘤干细胞状态。这些研究成果有力地说明 EMT 进程在驱动肿瘤细胞恶性转变时所起作用的多样性,同时也体现了 EMT 在整个肿瘤发生发展中的重要作用[65]。

EMT 进程与肿瘤干细胞之间的联系表明,EMT 的活化能够使得非肿瘤干细胞转化成为肿瘤干细胞。另外,肿瘤干细胞具有与成体干细胞相似的多能分化特性,可以分化成为非肿瘤干细胞,而 EMT 的逆向过程 MET 的发生很有可能引起这种分化的出现。因此肿瘤细胞中 EMT 和 MET 的相互转化也从另一方面论证肿瘤细胞具有极强的可塑性[66-67]。

肿瘤干细胞具有生成肿瘤的能力,散播至远端位点的肿瘤细胞就像是"种子"一样有能力形成肿瘤转移灶。而诸多研究证实 EMT 进程驱使肿瘤细胞进入干细胞样阶段。因此在肿瘤转移中,EMT 的活化不仅能将肿瘤细胞从原位组织中解离,还能赋予远端位点散播的肿瘤细胞干细胞特性,促使肿瘤远端转移灶的形成。肿瘤细胞中 EMT 的活化能够导致大量肉眼可见的肺部转移出现,如果肿瘤细胞被人为注射入静脉循环系统,它们就可以直接跳过侵袭和外渗的转移步骤[68]。

Robert A. Weinberg 等科学家在研究肺组织中浸润的肿瘤细胞与细胞外基质蛋白之间关系时发现,那些容易在转移灶"扎根"的肿瘤干细胞样细胞比其他细胞拥有富集更多由整合素聚集形成的成熟黏附斑块[69,70]。成熟黏附斑块能够强有力地激活与肿瘤干细胞样细胞增殖密切相关的黏着斑激酶 FAK,从而提升肿瘤细胞的"扎根"能力[71]。后续研究发现造成细胞亚群之间不同黏附斑块的出现主要是由于肿瘤细胞外渗入组织后细胞突出物延伸能力不同。后者是由肌动蛋白和整合素聚合而成,被称为"伪足样突起(filopodium-like protrusions, FLPs)"。FLPs 只有在 EMT 活化的细胞中才会大量形成,进而建立整合素-胞外基质联系以便黏附斑块发展,进而强有力地激活 FAK 信号通路。值得注意的是,在多种肿瘤模型中,人为激活 EMT 进程均会导致细胞 FLPs 延伸能力的显著增强。而 FLPs 延伸能力的增加会促使肿瘤细胞能更有效率地在转移位点生存、增殖以及最终形成肿瘤转移灶[72]。EMT、FLPs 以及 FAK 之间的关系很好地为 EMT 促进肿瘤转移灶的形成提供了另外一种作用机制。

(七)特异信号转导通路

多种信号转导通路(包括 Notch 及 Wnt 等)不仅对于胚胎发育过程中的正常干细胞起着至关重要的作用,对肿瘤干细胞的干性维持也必不可少[73-75,80]。跨膜受体 Notch 家族是细胞重要调控因素,涉及多种正常和肿瘤组织发育。在过去几年,高维强团队发现 Notch 信号通路在正常前列腺发育中起关键作用,也是胚胎和出生后前列腺发育生长、前列腺细胞谱系,以及激素疗法后成体前列腺维持和再生所必需的[73]。作者研究表明,Notch 可能是前列腺癌发育、发展和转移的调节因子[74]。Notch 信号通路在肿瘤发展的不同时段、在不同的肿瘤细胞类型中扮演不同的角色。

高维强团队最近提出 Notch1 可能是正常干/祖细胞标记物之一[75]。因为正常干/祖细胞可能转变为肿瘤干细胞[76],所以正常干/祖细胞的标记物可能也是肿瘤干细胞的标记物。不仅仅 Notch 信号通路的参与元素可能是干细胞的标记物,通路的激活还参与干细胞的功能,在干/祖细胞的表型维持中起重要作用[77]。这一点已在造血系统、皮肤、毛发、内耳、骨骼肌、肠系的转基因动物研究中确证[77-79]。

哺乳动物中,Notch 受体家族有 4 个成员:Notch1~Notch4。Notch 配体已鉴定 5 种:Jagged1/2 和 Delta-like 1/3/4(Dll1/3/4)。North 配体和受体结合后,导致受体异构,启动信号传导。Notch 受体在 γ-分泌酶复合物(由 presenilin-1/2、nicastrin、Pen-2、和 Aph-1 组成)作用下其胞内区域被释放入细胞浆并转移至核内,激活 CSL(C protein binding factor 1/Suppressor of Hairless/Lag1),介导下游众多基因的表达,包括 2 大 basic helix-loop-helix 转录因子家族:the hairy/enhancer-of-split(HES)家族和 the hairy/enhancerof-split-related with YRPW motif(HEY)家族。HES 和 HEY 蛋白本身反过来又抑制转录。Notch 信号通路在细胞增殖、存活、分化、组织生长发育中调节多种细胞生物学进程。与 Notch 相类似地,Wnt 信号通路也在一系列生物学过程中起着关键作用,包括神经分型、平面细胞极化、干细胞维持和细胞分化。Wnt 信号传导由细胞外蛋白(如 Wnts)结合其相应的 frizzled 受体家族而启动。信号通过信号转导级联反应,传到胞内 β-catenin 蛋白。β-catenin 蛋白入核和 TCF 形成复合体,激活下游基因,调节生物功能。

Wnt 信号通路复杂,多种因子参与其中。譬如人类中有 19 种 Wnt 配体、1 种 Wnt 抑制因子(WIF)、5 种分泌的 frizzled 相关蛋白(SFRPs)、2 种低密度脂蛋白受体相关蛋白(LRP5/6)、4 种 Dickkopf(Dkk)调控 frizzled 受体活性。其中,β-catenin 蛋白的稳定和 Axin2 的升高被认为是 Wnt 通路激活的标志。

Wnt 通路和多种组织肿瘤病理相关。*APC* 基因改变使结肠癌易发。在 *APC* 突变转基因鼠中,腺癌在肠系中形成,说明*APC* 的抑癌作用。Wnt 通路在前列腺癌中的作用最近受到关注,但尚不清楚。研究表明,Wnt 配体(如 Wnt1)在前列腺癌系和人前列腺癌组织中升高。Wnt 通路抑制因子(如 WIF1)在一些前列腺癌组织中下调。特异性去除小鼠前列腺中的 APC 基因导致腺癌。另外,β-catenin 和雄性激素受体(AR)作用可提高 AR 介导的转录,而后者对前列腺癌的进程至关重要。阐明 Wnt 信号通路如何调节前列腺发育和癌症发生,可为前列腺癌的治疗提供新的靶标。

为了了解 Wnt 信号通路在前列腺上皮发育中的作用,Wang 等用刚出生大鼠的前列腺进行实验[80]。发现 Wnt 信号通路可通过影响前列腺上皮祖细胞的增殖而调节前列腺上皮细胞的分化。另外,定量 RT-PCR 结果表明,前列腺癌细胞系和异体移植瘤中 Wnt 信号通路激活。而且,Dickkopf1(DKK1),Wnt 信号通路抑制剂显著抑制前列腺癌细胞生长和迁移。研究发现,Wnt 信号通路的激活在前列腺的发育和再生中起重要作用,抑制 Wnt 信号通路或可治疗前列腺癌。

(八)肿瘤相关的成纤维细胞

肿瘤组织中位于肿瘤上皮细胞附近的成纤维细胞对于肿瘤发生发展非常重要,同时也对肿瘤干细胞的干性维持有促进作用。首先，肿瘤干细胞本身可以分泌一些特异的生长因子影响其附近的成纤维细胞从静息或者不活跃状态转变为活跃状态，并使得这些处于活跃状态的肿瘤相关成纤维细胞（CAF）分泌肿瘤干细胞干性维持所需要的蛋白。例如，有研究表明，CAF 可以通过旁分泌方式增加肝脏肿瘤干细胞的数量，其中分泌的肝细胞生长因子（hepatocyte growth factor，HGF），能激活 c-Met/FRA1/HEY1 信号，从而使肝癌细胞发展 CAF 依赖性的 HCC[81]。在头颈部鳞状细胞癌中，最近发现 CAF 分泌的骨膜蛋白能显著增强头颈部鳞状细胞癌的肿瘤干细胞样表型、增殖和侵袭。通过这种机制，骨膜蛋白与肿瘤干细胞膜上的蛋白酪氨酸激酶 7（PTK7）结合，并激活下游 Wnt/β-Catenin 信号通路，以促进肿瘤干细胞的表型[82]。在前列腺癌中，雄激素受体也可被前列腺 CAF 分泌的干扰素-γ（IFN-γ）和巨噬细胞集群体刺激因子（M-CSF）激活，从而促进前列腺癌细胞中干细胞标志物的表达，获得前列腺癌干细胞样细胞的表征及功能[83]。

（九）血管内皮细胞

就像肿瘤相关成纤维细胞一样，肿瘤组织中的血管内皮细胞也能促进肿瘤干细胞的功能及表型。有报道称，肝脏组织中的血管内皮细胞可通过激活 Nanog 逆转录基因 P8（*NANOGP8*）通路，以旁分泌方式介导结直肠癌中肿瘤干细胞的激活[84]。此外，来自肿瘤微血管内皮细胞的条件培养基可以恢复脑胶质瘤的肿瘤干细胞表型，这是由条件培养基中存在的一种主要可溶性因子 bFGF 介导的[85]。

（十）免疫细胞

很多研究主要针对肿瘤细胞本身找原因，虽然肿瘤细胞基因组的突变和不稳定性等是肿瘤的重要特性，但研究发现肿瘤微环境与肿瘤细胞相互作用，对肿瘤细胞的各种特性起到至关重要的调节作用。其中微环境中的免疫细胞似乎起着更重要、不可替代的作用。肿瘤干细胞与肿瘤组织中的巨噬细胞、髓源性抑制细胞和 T 细胞相互作用[86]，一方面，肿瘤干细胞能分泌细胞因子和趋化因子，招募并极化肿瘤相关巨噬细胞（TAMs）。这些 TAMs 可以来自骨髓的巨噬细胞（BMDMs），也可是局部组织中的巨噬细胞（包括脑中的小胶质细胞、肝中的Kupffer 细胞和肺中的肺泡巨噬细胞）。另一方面，TAMs 可以支持肿瘤干细胞的干性获得及维持。同样，肿瘤干细胞可以通过分泌可溶性因子和外泌体产生趋化因子（如 CCL2 和 CCL5）招募骨髓中产生的髓源性抑制细胞到肿瘤组织中，促进髓源性抑制细胞的浸润、扩张和激活，而髓源性抑制细胞被招募到肿瘤组织中后，促进肿瘤干细胞的干性维持。肿瘤干细胞与 T 细胞的相互作用机制也与上述两种免疫细胞相似。

以前列腺癌为例，一方面，临床上经典抗雄治疗促进前列腺肿瘤干细胞的富集，而后者能引起免疫细胞功能的变化及免疫因子的产生水平。在体外，抗雄处理小鼠前列腺肿瘤细胞TRAMP-C2，能促使后者细胞表面 MHC-I 和 Fas 的表达升高，从而提高 TRAMP-C2 细胞对 T 细胞调节的细胞杀伤作用的敏感性[87]。同时，抗雄治疗能通过调节肿瘤细胞上 AR 和抗凋亡基因 NAIP（NLR 家族，神经元凋亡抑制蛋白）的表达增强人前列腺癌细胞系对 T 细胞调节的细胞杀伤作用的敏感性[88]。另外，抗雄治疗能激活胸腺的再生，从而增加外周 T 细胞的绝对数量，尤其是 CD4$^+$ T 细胞，并提高细胞毒性 T 淋巴细胞（cytotoxic T lymphocytes, CTL）的活性[89,90]。最后，一项临床前研究说明，经过前列腺特异抗原设计的肿瘤疫苗处理后，抗雄治疗能消除 CD4$^+$ T 细胞对前列腺肿瘤特异抗原的耐受性，从而促进 CD4$^+$ T 细胞的扩增和效应细胞因子的分泌[91]。抗原特异肽段和 MHC-Ⅱ分子的复合物与 naive CD4$^+$ T 细胞表面 TCR 结合后能诱导后者向效应 T 细胞和长期留存的记忆 T 细胞极化，增强免疫反应。

另一方面，抗雄治疗后扩增的免疫细胞也能促进前列腺癌去势抵抗（CRPC）及前列腺肿瘤干细胞的形成。例如，据临床病例分析，接受抗雄治疗后的前列腺癌病人中 CD3$^+$ 和 CD8$^+$ T 淋巴细胞，CD68$^+$ 巨噬细胞和 CD56$^+$ 自然杀伤性细胞（natural killer cells, NK cells）的比例均显著升高[92]。相似地，对前列腺癌小鼠模型的分析显示，抗雄治疗后，肿瘤微环境中侵润的多种免疫细胞的数量和比例也都大幅升高（包括 T 细胞，B 细胞，NK 细胞和髓系细胞），且 B 细胞可通过分泌淋巴毒素激活肿瘤细胞中的 IKK-α 和 STAT3，进而促进 CRPC 及前列腺肿瘤干细胞的形成[93]。另外，大量研究表明，炎症因子可促进 CRPC 及前列腺肿瘤干细胞的发生和进展。IL-6 可通过激活 SRC-1，调控 GRB2，SHC 和 JAK-1 的表达以及抑制最终会逐步发生 CRPC[94]。IL-4 可作用于 AR 共激活因子，如 CBP/P300 和 NF-κB，促进 CRPC 的进展[95]。IL-8 在 CRPC 中过表达，能与 NF-κB 相互作用且可通过激活 SRC 和 FAK 等信号通路促进 CRPC 及前列腺肿瘤干细胞的产生和肿瘤转移[96]。CXCR 家族分子 CXCR4、CXCR2/CXCR3、CXCR6 和 CXCR7，也可通过相关炎症信号通路促进 CRPC 及肿瘤干细胞的发生和进展[97,98]。

（十一）肿瘤代谢

近年来，肿瘤干细胞的代谢特征越来越受到重视，有研究报道，基于肿瘤的组织来源[99]和瘤内微环境[100]的差异，肿瘤干细胞的代谢也存在异质性。

目前，对于肿瘤干细胞的代谢特性仍未达成共识。有研究表明，乳腺癌干细胞的代谢途径主要是通过有氧糖酵解，但胰腺癌干细胞和胶质瘤干细胞却极度依赖氧化磷酸化[101]。葡萄糖是肿瘤干细胞的重要营养物质，葡萄糖会增加癌细胞中干细胞样细胞的数量；反之，葡萄糖的缺乏却会诱导肿瘤干细胞的耗竭。肿瘤干细胞所特有的代谢特征对于其干性的维持和自我更新非常重要，例如，有研究指出脂代谢的异常对于肿瘤干细胞特性的维持必不可少[102]。有研究显示，肿瘤干细胞的特性也依赖于谷氨酰胺代谢。谷氨酰胺耗竭会抑制胰腺肿瘤干细胞的自我更新，降低肿瘤干性相关基因的表达水平，最后诱导胰腺癌干细胞凋亡。也有研究发现甲硫氨酸和支链氨基酸分别对于肺癌干细胞和急性粒细胞白血病干细胞干性的维持和存活至关重要[103,104]，结直肠肿瘤干细胞的肝转移能力主要通过赖氨酸代谢[105]。此外，肿瘤干细胞的活性氧水平也是肿瘤干细胞维持其干性及治疗耐药所需要的[106,107]。

目前肿瘤干细胞代谢的特性正在不断研究中,对肿瘤干细胞的代谢特性的了解和探明有望为肿瘤治疗寻找它的代谢弱点和治疗新靶点,从而为临床肿瘤的治疗提供新的手段和方法。

三、小结

肿瘤干细胞的理论很有吸引力,但并非所有肿瘤组织中都有符合严格定义的肿瘤干细胞。甚至,在同一种组织中有的肿瘤有肿瘤干细胞,有的肿瘤没有肿瘤干细胞[2]。全美癌症研究协会 2006 年对肿瘤干细胞给出了定义:肿瘤中具有自我更新能力并能产生异质性肿瘤细胞的细胞。从临床治疗的角度来说,识别抗药性肿瘤细胞并知道它的特性更为重要,肿瘤干细胞的概念可以衍生、扩展、泛化。因此,人们可泛化定义肿瘤干细胞为:具有高致瘤性、高抗药性、高迁移性的肿瘤细胞,若能分离并找出专门杀死该类细胞的药物,与常规治疗结合,对肿瘤的控制和治愈将会更有效。

或者说,肿瘤组织中存在着一小群细胞,它们既表达干细胞标志物,能够自我更新,又具有分化产生肿瘤细胞的能力,并且往往具有抗药特性和更高的肿瘤转移能力。这些肿瘤干细胞或干细胞样细胞很可能是导致肿瘤恶化和复发的原因。如果能有效的杀死肿瘤干细胞,将成为彻底根除肿瘤、提高患者治愈率的关键,而了解肿瘤干细胞是如何产生与维系将是解开这一问题的钥匙。研究表明,肿瘤干细胞的功能与多能基因的获得、基因突变、表观遗传调控异常、端粒酶活性增高、上皮间质转化、代谢变化密切相关,同时还受肿瘤干细胞所处的微环境影响,特别是由其招募来并极化的免疫细胞、激活的肿瘤相关成纤维细胞,以及存在于肿瘤组织中的血管内皮细胞所分泌的因子,可以增强肿瘤干细胞的干性维持(图 2-1)。这些相关靶点分子或

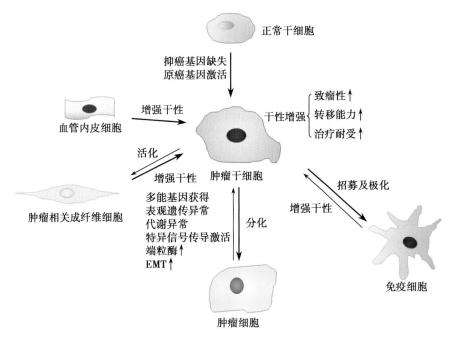

图 2-1　肿瘤干细胞的形成及与微环境中的免疫细胞、肿瘤相关细胞的相互作用

分子特征能被用来特异性鉴定及富集肿瘤干细胞,或调控肿瘤干细胞功能。未来针对该类肿瘤干细胞形成及功能的特异性靶点设计的分子靶向药物,可作为新一代的抗肿瘤药物,抑制由极化的免疫细胞、激活的肿瘤相关成纤维细胞以及存在于肿瘤组织中的血管内皮细胞所分泌的因子,减低肿瘤干细胞的干性,从而降低其致瘤性、转移能力及治疗耐受(图2-2)。结合目前常用的疗法:如手术、化疗、放疗或内分泌疗法等联合使用,或者与肿瘤免疫疗法联合使用,在杀死大部分肿瘤细胞的基础上特异性阻断肿瘤干细胞的自我更新和增殖,将会产生更好的治疗效果,大大延长病人的生存时间。

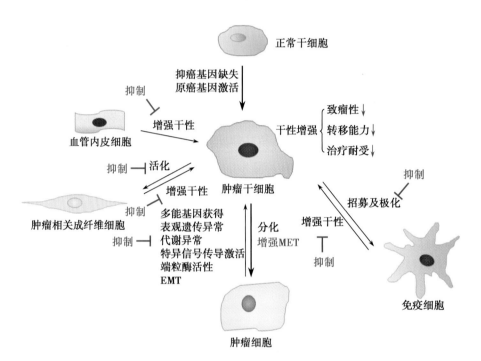

图 2-2　基于肿瘤干细胞的形成及其干性维持可采取的药物干预策略

(高维强)

参考文献

[1] BONNET D,DICK J E. Human acute myeloid leukemia is organized as a hierarchy that originates from a primitive hematopoietic cell [J]. Nature medicine,1997,3(7):730-737.

[2] MAGEE J A,PISKOUNOVA E,MORRISON S J. Cancer Stem Cells:Impact,Heterogeneity,and Uncertainty [J]. Cancer Cell,2012,21(3):283-296.

[3] NASSAR D,BLANPAIN C. Cancer Stem Cells:Basic Concepts and Therapeutic Implications [J]. Annu Rev Pathol,2016,11:47-76.

[4] MEACHAM C E,MORRISON S J.Tumour heterogeneity and cancer cell plasticity [J]. Nature,2013,501 (7467):328-337.

[5] COOPER J,GIANCOTTI F G.Integrin Signaling in Cancer：Mechanotransduction,Stemness,Epithelial Plasticity,and Therapeutic Resistance [J].Cancer Cell,2019,35 (3)：347-367.

[6] LU W,KANG Y. Epithelial-Mesenchymal Plasticity in Cancer Progression and Metastasis [J].Dev Cell,2019, 49 (3)：361-374.

[7] SCHEEL C,WEINBERG R A. Phenotypic plasticity and epithelial-mesenchymal transitions in cancer and normal stem cells? [J].Int J Cancer,201,129 (10)：2310-2314.

[8] HERMANN P C,HUBER S L,HERRLER T,et al. Distinct populations of cancer stem cells determine tumor growth and metastatic activity in human pancreatic cancer [J]. Cell Stem Cell,2007,1 (3)：313-323.

[9] BARKER N,RIDGWAY R A,CLEVERS H,et al. Crypt stem cells as the cells-of-origin of intestinal cancer [J]. Nature,2009,457 (7229)：608-611.

[10] WANG J,ZHU H H,CHU M,et al. Symmetrical and asymmetrical division analysis provides evidence for a hierarchyof prostate epithelial cell lineages [J]. Nat Commun,2014,5：4758.

[11] MORRISON SJ,KIMBLE J. Symmetric and symmetric stem-cell divisions in development and cancer [J]. Nature,2006,441 (7097)：1068-1074.

[12] MANI SA,GUO W,LIAO MJ,et al.The epithelial-mesenchymal transition generates cells with properties of stem cells [J].Cell,2008,133 (4)：704-715.

[13] ZHANG K,GUO Y,WANG X,et al.WNT/β-Catenin Directs Self-Renewal Symmetric Cell Division of hTERThigh Prostate Cancer Stem Cells [J]. Cancer Res,2017,77 (9)：2534-2547.

[14] GUO Y,ZHANG K,CHENG C,et al. Numb-/low enriches a castration resistant prostate cancer cell subpopulation associated with enhanced Notch and Hedgehog signaling [J]. Clin Cancer Res,2017,23：6744-6756.

[15] CHENG C,JI Z,SHENG Y,et al. Aphthous ulcer drug inhibits prostate tumor metastasis by targeting IKKε/TBK1/NF-κB signaling [J]. Theranostics,2018,8 (17)：4633-4648.

[16] BOUMAHDI S,DRIESSENS G,LAPOUGE G,et al. SOX2 controls tumour initiation and cancer stem-cell functions in squamous-cell carcinoma [J]. Nature,2014,511 (7508)：246-250.

[17] TAKEDA K,MIZUSHIMA T,YOKOYAMA Y,et al. Sox2 is associated with cancer stem-like properties in colorectal cancer [J]. Sci Rep,2018,8 (1)：17639.

[18] DOMENICI G,AURREKOETXEA-RODRIGUEZ I,SIMOES B M,et al. A Sox2-Sox9 signalling axis maintains human breast luminal progenitor and breast cancer stem cells [J]. Oncogene,2019,38 (17)：3151-3169.

[19] WANG X,JIN J,WAN F,et al. AMPK Promotes SPOP-Mediated NANOG Degradation to Regulate Prostate Cancer Cell Stemness [J]. Dev Cell,2019,48 (3)：345-360.

[20] ZHANG J,CHEN M,ZHU Y,et al. SPOP Promotes Nanog Destruction to Suppress Stem Cell Traits and Prostate Cancer Progression [J]. Dev Cell,2019,48 (3)：329-344.

[21] LUKACS R U,MEMARZADEH S,WU H,et al. Bmi-1 is a crucial regulator of prostate stem cell self-renewal and malignant transformation [J]. Cell Stem Cell,2010,7 (6)：682-693.

[22] RASTI A,MEHRAZMA M,MADJD Z,et al. Co-expression of Cancer Stem Cell Markers OCT4 and NANOG Predicts Poor Prognosis in Renal Cell Carcinomas [J]. Sci Rep,2018,8 (1)：11739.

[23] KIM W T,RYU C J. Cancer stem cell surface markers on normal stem cells [J]. BMB Rep,2017,50 (6)：285-298.

［24］VALENT P,BONNET D,DE MARIA R,et al. Cancer stem cell definitions and terminology:the devil is in the details ［J］. Nat Rev Cancer,2012,12（11）:767-775.

［25］BATLLE E,CLEVERS H. Cancer stem cells revisited ［J］. Nat Med,2017,23（10）:1124-1134.

［26］LIU K,LEE J,KIM J Y,et al. Mitophagy Controls the Activities of Tumor Suppressor p53 to Regulate Hepatic Cancer Stem Cells ［J］. Molecular Cell,2017,68（2）:281-292.

［27］SHAH M,CARDENAS R,WANG B,et al. HOXC8 regulates self-renewal,differentiation and transformation of breast cancer stem cells ［J］. Molecular cancer,2017,16（1）:38.

［28］HORTON S J,GIOTOPOULOS G,YUN H,et al. Early loss of Crebbp confers malignant stem cell properties on lymphoid progenitors ［J］. Nature cell biology,2017,19（9）:1093-1104.

［29］ZHOU P J,WANG X,AN N,et al. Loss of Par3 promotes prostatic tumorigenesis by enancing cell growth and changing cell division modes ［J］. Oncogene,2019,38（12）:2192-2205.

［30］ZHU K,XIE V,HUANG S.Epigenetic regulation of cancer stem cell and tumorigenesis ［J］. Advances in cancer research,2020,148:1-26.

［31］CLEVERS H,NUSSE R. Wnt/β-catenin signaling and disease ［J］. Cell,2012,149（6）:1192-1205.

［32］LIAU B B,SIEVERS C,DONOHUE L K,et al. Adaptive Chromatin Remodeling Drives Glioblastoma Stem Cell Plasticity and Drug Tolerance ［J］. Cell Stem Cell,2017,20（2）:233-246.

［33］DUPONT S,MAMIDI A,CORDENONSI M,et al.FAM/USP9x,a deubiquitinating enzyme essential for TGFbeta signaling,controls Smad4 monoubiquitination ［J］. Cell,2009,136（1）:123-135.

［34］ZHOU A,LIN K,ZHANG S,et al. Nuclear GSK3β promotes tumorigenesis by phosphorylating KDM1A and inducing its deubiquitylation by USP22 ［J］. Nat Cell Biol,2016,18（9）:954-966.

［35］DALGLIESH G L,FURGE K,GREENMAN C,et al. Systematic sequencing of renal carcinoma reveals inactivation of histone modifying genes ［J］. Nature,2010,463（7279）:360-363.

［36］BAYLIN S B,JONES P A. A decade of exploring the cancer epigenome-biological and translational implications ［J］. Nat Rev Cancer,2011,11（10）:726-734.

［37］FLAVAHAN W A,GASKELL E,BERNSTEIN B E. Epigenetic plasticity and the hallmarks of cancer ［J］. Science,2017,357（6348）:eaal2380.

［38］BANNISTER A J,KOUZARIDES T. Regulation of chromatin by histone modifications ［J］. Cell Res,2011,21（3）:381-395.

［39］BLACK J C,VAN RECHEM C,WHETSTINE J R. Histone lysine methylation dynamics:establishment,regulation,and biological impact ［J］. Mol Cell,2012,48（4）:491-507.

［40］GREER E L,SHI Y. Histone methylation:a dynamic mark in health,disease and inheritance ［J］. Nat Rev Genet,2012,13（5）:343-357.

［41］BUTTI R,GUNASEKARAN V P,KUMAR T V S,et al,Breast cancer stem cells:Biology and therapeutic implications ［J］. Int J Biochem Cell Biol,2019,107:38-52.

［42］AGHAJANI M,MANSOORI B,MOHAMMADI A,et al . Baradaran,New emerging roles of CD133 in cancer stem cell:Signaling pathway and miRNA regulation ［J］. J Cell Physiol,2019,234（12）:21642-21661.

［43］LIM B,WOODWARD WA,WANG X,et al Inflammatory breast cancer biology:the tumour microenvironment is key ［J］. Nat Rev Cancer,2018,18（8）:485-499.

［44］ESTELLER M. Cancer epigenomics:DNA methylomes and histone-modification maps ［J］. Nat Rev Genet,2007,8（4）:286-298.

[45] KIM K H,ROBERTS C W. Targeting EZH2 in cancer [J]. Nat Med,2016,22(2):128-134.

[46] WAINWRIGHT E N,SCAFFIDI P. Epigenetics and Cancer Stem Cells:Unleashing,Hijacking,and Restricting Cellular Plasticity [J]. Trends Cancer,2017,3(5):372-386.

[47] WARDA A S,KRETSCHMER J,HACKERT P,et al. Human METTL16 is a N6-methyladenosine (m6A) methyltransferase that targets pre-mRNAs and various non-coding RNAs [J]. EMBO Rep,2017,18(11): 2004-2014.

[48] SONG X,LIANG Y,SANG Y,et al. circHMCU Promotes Proliferation and Metastasis of Breast Cancer by Sponging the let-7 Family [J]. Mol Ther Nucleic Acids,2020,20:518-533.

[49] YU F,YAO H,ZHU P,et al. let-7 regulates self renewal and tumorigenicity of breast cancer cells [J]. Cell, 2007,131(6):1109-1123.

[50] SILBER J,LIM DA,PETRITSCH C,et al. miR-124 and miR-137 inhibit proliferation of glioblastoma multiforme cells and induce differentiation of brain tumor stem cells [J]. BMC Med,2008,6:14.

[51] CAO P,DENG Z,WAN M,et al. MicroRNA-101 negatively regulates Ezh2 and its expression is modulated by androgen receptor and HIF-1alpha/HIF-1beta [J]. Mol Cancer,2010,9:108.

[52] KONG D,HEATH E,CHEN W,et al Loss of let-7 up-regulates EZH2 in prostate cancer consistent with the acquisition of cancer stem cell signatures that are attenuated by BR-DIM [J]. PLoS One,2012,7(3):e33729.

[53] SHIMONO Y,ZABALA M,CHO RW,et al. Downregulation of miRNA-200c links breast cancer stem cells with normal stem cells [J]. Cell 2009; 138(3):592-603.

[54] KANG L,MAO J,TAO Y,et al. MicroRNA-34a suppresses the breast cancer stem cell-like characteristics by downregulating Notch1 pathway [J].Cancer Sci,2015,106(6):700-708.

[55] ZHOU AD,DIAO LT,XU H,et al. β-Catenin/LEF1 transactivates the microRNA-371-373 cluster that modulates the Wnt/β-catenin-signaling pathway [J]. Oncogene,2012,31(24):2968-2978.

[56] NAGEL R,LE SAGE C,DIOSDADO B,et al. Regulation of the adenomatous polyposis coli gene by the miR-135 family in colorectal cancer [J]. Cancer Res,2008,68(14):5795-5802.

[57] GAO T,LIU X,HE B,et al. IGF2 loss of imprinting enhances colorectal cancer stem cells pluripotency by promoting tumor autophagy [J]. Aging (Albany NY),2020,12(21):21236-21252.

[58] WANG M,LUO W,ZHANG Y,et al. Trim32 suppresses cerebellar development and tumorigenesis by degrading Gli1/sonic hedgehog signaling [J]. Cell Death Differ,2020,27(4):1286-1299.

[59] GUO Y,CUI J,JI Z,et al. miR-302/367/LATS2/YAP pathway is essential for prostate tumor-propagating cells and promotes the development of castration resistance [J]. Oncogene,2017,36(45):6336-6347.

[60] SINGH A,SETTLEMAN J. EMT,cancer stem cells and drug resistance:an emerging axis of evil in the war on cancer [J]. Oncogene,2010,29(34):4741-4751.

[61] LI R,LIANG J,NI S,et al. A mesenchymal-to-epithelial transition initiates and is required for the nuclear reprogramming of mouse fibroblasts [J]. Cell Stem Cell,2010,7(1):51-63.

[62] SONCIN F,MOHAMET L,ECKARDT D,et al. Abrogation of E-cadherin-mediated cell-cell contact in mouse embryonic stem cells results in reversible LIF-independent self-renewal [J]. Stem Cells,2009,27(9): 2069-2080.

[63] MANI S A,GUO W,LIAO M J,et al. The epithelial-mesenchymal transition generates cells with properties of stem cells [J]. Cell 2008,133(4):704-715.

[64] MOREL A P,LIEVRE M,THOMAS C,et al. Generation of breast cancer stem cells through epithelial-

mesenchymal transition [J]. PloS one,2008,3(8):e2888.

[65] SCHEEL C,WEINBERG R A. Cancer stem cells and epithelial-mesenchymal transition:concepts and molecular links [J]. Semin Cancer Biol,2012,22(5-6):396-403.

[66] CHAFFER C L,BRUECKMANN I,SCHEEL C,et al. Normal and neoplastic nonstem cells can spontaneously convert to a stem-like state [J]. Proc Natl Acad Sci USA,2011,108(19):7950-7955.

[67] GUPTA P B,FILLMORE C M,JIANG G,et al.Stochastic state transitions give rise to phenotypic equilibrium in populations of cancer cells [J]. Cell,2011,146(4):633-644.

[68] WAERNER T,ALACAKAPTAN M,TAMIR I,et al. ILEI:a cytokine essential for EMT,tumor formation, and late events in metastasis in epithelial cells [J]. Cancer Cell,2006,10(3):227-239.

[69] BARKAN D,KLEINMAN H,SIMMONS J L,et al. Inhibition of metastatic outgrowth from single dormant tumor cells by targeting the cytoskeleton [J]. Cancer Res,2008,68(15):6241-6250.

[70] SHIBUE T,WEINBERG R A. Integrin beta1-focal adhesion kinase signaling directs the proliferation of metastatic cancer cells disseminated in the lungs [J]. Proc Natl Acad Sci USA,2009,106(25):10290-10295.

[71] SHIBUE T,BROOKS M W,INAN M F,et al.. The outgrowth of micrometastases is enabled by the formation of filopodium-like protrusions [J]. Cancer Discov,2012,2(8):706-721.

[72] SHIBUE T,BROOKS M W,WEINBERG R A. An integrin-linked machinery of cytoskeletal regulation that enables experimental tumor initiation and metastatic colonization [J]. Cancer Cell,2013,24(4):481-498.

[73] WANG XD,LEOW CC,ZHA J,et al. Notch signaling is required for normal prostatic epithelial cell proliferation and differentiation [J]. Developmental Biology,2006,290(1):68-80.

[74] SHOU J,ROSS S,KOEPPEN H,et al. Dynamics of Notch expression during murine prostate development and tumorigenesis [J]. Cancer Research,2001,61:7291-7297.

[75] LEONG K G,GAO W Q. The Notch pathway in prostate development and cancer. Differentiation [J]. 2008,76(6):699-716.

[76] JORDAN C T,GUZMAN M L,NOBLE M. Cancer stem cells [J]. N Engl J Med,2006,355(12):1253-1261.

[77] CHIBA S. Notch signaling in stem cell systems [J]. Stem Cells,2006,24(11):2437-2447.

[78] ZHENG J L,SHOU J,GUILLEMOT F,et al. Hes1 is a negative regulator of inner ear hair cell differentiation [J]. Development,2000,127(21):4551-4560.

[79] LEWIS J. Notch signalling. A short cut to the nucleus [J]. Nature,1998,393(6683):304-305.

[80] WANG BE,WANG XD,ERNST JA,et al. Regulation of epithelial branching morphogenesis and cancer cell growth of the prostate by Wnt signaling [J]. PLoS ONE,2008,3(5):e2186.

[81] LAU EY,LO J,CHENG BY,et al. Cancer-Associated Fibroblasts Regulate Tumor-Initiating Cell Plasticity in Hepatocellular Carcinoma through c-Met/FRA1/HEY1 Signaling [J]. Cell Reports,2016,15(6):1175-1189.

[82] YU B,WU K,WANG X,et al. Periostin secreted by cancer-associated fibroblasts promotes cancer stemness in head and neck cancer by activating protein tyrosine kinase 7 [J]. Cell death & disease,2018,9(11):1082.

[83] LIAO CP,CHEN LY,LUETHY A,et al. Androgen receptor in cancer-associated fibroblasts influences stemness in cancer cells [J]. Endocrine-related cancer,2017,24(4):157-170.

[84] WANG R,BHATTACHARYA R,YE X,et al. Endothelial cells activate the cancer stem cell-associated NANOGP8 pathway in colorectal cancer cells in a paracrine fashion [J]. Molecular oncology,2017,11(8):1023-1034.

[85] FESSLER E,BOROVSKI T,MEDEMA J P. Endothelial cells induce cancer stem cell features in differentiated glioblastoma cells via bFGF [J]. Molecular cancer,2015,14 (1):157.

[86] CHEN P,HSU WH,HAN J,et al. Cancer Stemness Meets Immunity:From Mechanism to Therapy [J]. Cell Reports,2021,34 (1) :108597-108597.

[87] ARDIANI A,FARSACI B,ROGERS C J,et al. Combination therapy with a second-generation androgen receptor antagonist and a metastasis vaccine improves survival in a spontaneous prostate cancer model [J]. Clinical cancer research :an official journal of the American Association for Cancer Research,2013,19 (22): 6205-6218.

[88] ARDIANI A,GAMEIRO S R,KWILAS A R,et al. Androgen deprivation therapy sensitizes prostate cancer cells to T-cell killing through androgen receptor dependent modulation of the apoptotic pathway [J]. Oncotarget,2014,5 (19):9335-9348.

[89] PU Y,XU M,LIANG Y,et al. Androgen receptor antagonists compromise T cell response against prostate cancer leading to early tumor relapse [J]. Science Translational Medicine,2016,8 (333):333ra47.

[90] RADOJEVIC K,ARSENOVIC-RANIN N,KOSEC D,et al. Neonatal castration affects intrathymic kinetics of T-cell differentiation and the spleen T-cell level. [J]. The Journal of endocrinology,2007,192 (3):669-682.

[91] DRAKE C G,DOODY A D,MIHALYO M A,et al. Androgen ablation mitigates tolerance to a prostate/prostate cancer-restricted antigen [J]. Cancer Cell,2005,7 (3):239-249.

[92] GANNON P O,POISSON A O,DELVOYE N,et al. Characterization of the intra-prostatic immune cell infiltration in androgen-deprived prostate cancer patients [J]. Journal of Immunological Methods,2009,348 (1):9-17.

[93] AMMIRANTE M,LUO J L,GRIVENNIKOV S,et al. B-cell-derived lymphotoxin promotes castration-resistant prostate cancer [J]. Nature,2010,464 (7286):302-305.

[94] KARKERA J,STEINER H,LI W,et al. The anti-interleukin-6 antibody siltuximab down-regulates genes implicated in tumorigenesis in prostate cancer patients from a phase I study [J]. The Prostate,2011,71 (13): 1455-1465.

[95] LEE SO,LOU W,NADIMINTY N,et al. Requirement for NF-(kappa)B in interleukin-4-induced androgen receptor activation in prostate cancer cells [J]. The Prostate,2005,64 (2):160-167.

[96] WAUGH D J,WILSON C. The interleukin-8 pathway in cancer. [J]. Clinical cancer research :an official journal of the American Association for Cancer Research,2008,14 (21):6735-6741.

[97] TAICHMAN R S,COOPER C,KELLER E T,et al. Use of the stromal cell-derived factor-1/CXCR4 pathway in prostate cancer metastasis to bone [J]. Cancer research,2002,62 (6):1832-1837.

[98] SHEN H,SCHUSTER R,LU B,et al. Critical and opposing roles of the chemokine receptors CXCR2 and CXCR3 in prostate tumor growth [J]. The Prostate,2006,66 (16):1721-1728.

[99] SANCHO P,BARNEDA D,HEESCHEN C. Hallmarks of cancer stem cell metabolism [J]. Br J Cancer, 2016,114 (12):1305-1312.

[100] SNYDER V,REED-NEWMAN T C,ARNOLD L,et al. Cancer Stem Cell Metabolism and Potential Therapeutic Targets [J]. Frontiers in Oncology,2018,8 :203.

[101] TONG Y,GAO WQ,LIU Y. Metabolic heterogeneity in cancer:An overview and therapeutic implications [J].Biochim Biophys Acta Rev Cancer,2020,1874 (2):188421.

[102] YI M, LI J, CHEN S, et al. Emerging role of lipid metabolism alterations in Cancer stem cells [J]. Journal of Experimental & Clinical Cancer Research, 2018, 37(1): 1-18.

[103] WANG Z, YIP LY, LEE JHJ, et al. Methionine is a metabolic dependency of tumor-initiating cells [J]. Nature medicine, 2019, 25(5): 825-837.

[104] RAFFEL S, FALCONE M, KNEISEL N, et al. BCAT1 restricts αKG levels in AML stem cells leading to IDHmut-like DNA hypermethylation [J]. Nature, 2017, 551(7680): 384-388.

[105] WU Z, WEI D, GAO W, XU Y, et al. TPO-Induced Metabolic Reprogramming Drives Liver Metastasis of Colorectal Cancer CD110+ Tumor-Initiating Cells [J]. Cell Stem Cell, 2015, 17(1): 47-59.

[106] KIM YS, KANG MJ, CHO YM. Low production of reactive oxygen species and high DNA repair: mechanism of radioresistance of prostate cancer stem cells. [J]. Anticancer research, 2013, 33(10): 4469-4474.

[107] DIEHN M, CHO R W, LOBO N A, et al. Association of reactive oxygen species levels and radioresistance in cancer stem cells. [J]. Nature, 2009, 458(7239): 780-783.

第四节　干细胞命运调控

从单细胞生物进化到多细胞生物,细胞特化过程成为了生物功能形成的根本,这一过程称为细胞命运决定。再生医学,作为一门研究细胞、组织和器官再生以恢复或建立正常功能的交叉学科,已涉及细胞生物学、遗传学、材料学等多学科。干细胞研究在我国被视为科技重要方向,国家在多项规划中给予了重点支持,习近平总书记更是强调人民健康与国家发展的紧密关系。我国对此领域的投入显著,已有多项技术在国际上领先,多个知名高校和研究院所也设有干细胞研究中心。

为了深入了解我国在这一领域的贡献,本次对近200篇相关文献进行了梳理和分类,主要集中在细胞命运决定的机制、材料学及细胞谱系追踪三大方向。因篇幅限制,只能介绍部分优秀工作,但由此已能窥见我国在此领域的研究深度和广度。

一、细胞命运决定的分子机制研究

(一) 表观遗传学对细胞命运决定的影响

表观遗传是由非DNA变异而改变表型的"可遗传的"现象。表观遗传机制对细胞命运决定非常重要,但我们对再生过程中表观遗传机制的作用到底有多大依然还不是很清楚。

在哺乳动物早期的胚胎中,第一个细胞(受精卵)的偏向性是如何触发和影响后续细胞的命运与表观遗传相关。周琪院士团队和李伟团队于2018年在国际著名杂志 Cell 发表成果,发现有一个长链非编码RNA(long non-coding RNA, lncRNA)LincGET,在二细胞和四细胞期的小鼠胚胎细胞核里可以瞬时地不对称表达,导致其子代细胞倾向于向内细胞团(ICM)发育[1]。而这一现象的内在机制是 LincGET 可以与 CARM1 结合并促进它的核定位,从而增加

H3R26me 的甲基化水平,激活 ICM 特异性基因表达,上调转座子,增加染色质的整体可及性。这篇文章证明在胚胎发育的最早期——二细胞后期,LincGET 的异质性表达就可以作为一个上游调节因子影响随后的谱系命运。

同济大学的高绍荣团队应用超低输入染色质免疫沉淀法和测序法(ULI-NChIP-seq)对植入前小鼠胚胎和植入后分化的胚胎组织中 H3K9me3 依赖的异染色质动态进行了综合分析,并且基于这一高分辨率图谱,研究了 H3K9me3 依赖性异染色质在小鼠早期胚胎发育过程中的重编程,并探讨了 H3K9me3 依赖性异染色质在植入前胚胎中沉默长末端重复序列(LTRs)的分子机制[2]。发现 H3K9me3 在启动子和 LTRs 中表现出明显的动力学特征。2 个亲本基因组在受精后都经历了大规模的 H3K9me3 重建,亲本 H3K9me3 信号的不平衡一直持续到囊胚。H3K9me3 在 LTRs 上的重建与 DNA 去甲基化引起的活性转录沉默有关。染色质组装因子 Chaf1a 对于在 LTRs 上建立 H3K9me3 和随后的转录抑制是必需的,而在植入后胚胎中建立有谱系特异性 H3K9me3。

胚胎着床早期发生的原肠化是产生初级生殖层最关键的生物学过程之一,在原肠胚形成过程中,初级生殖层的形成需要近端和远端调控元件的精确表观遗传调控。为了研究小鼠原肠胚形成过程中表观遗传程序的动态变化,明确原肠胚形成的表观遗传机制,景乃禾院士团队与李劲松、汤富酬等团队共同合作,收集了小鼠原肠胚的亚区进行转录组和表观基因组分析。揭示了 3 个初级生殖层之间近端和远端染色质状态转变的异步特征。发现许多关键的器官发生基因相关增强子在原肠期经常被 H3K27ac 预先标记,器官发育相关增强子的表观遗传预模式确保每个生殖层向特定器官组织的正确发育,而外胚层和大脑特异性增强子 Ect2 在小鼠神经分化过程中的重要作用[3]。他们的研究提供了第一个完整的小鼠原肠胚表观遗传图谱,揭示了原胚层产生和未来器官发育的体内表观遗传基础,填补了植入前胚胎和器官发生胚胎之间表观遗传信息的知识鸿沟。

组蛋白是染色质的核心,其尾部的共价修饰在基因表达调控中有重要作用。H3K9 甲基化是异染色质蛋白(heterochromatin protein 1,HP1)染色区的停泊位点(docking site),组蛋白 H3K9 甲基化在异染色质形成及基因转录调控中具有重要的作用。裴端卿团队发现 H3K9 甲基化是小鼠成体细胞是否能完全重编程的一个障碍点,H3K9 甲基化和去甲基化之间的平衡可能提供常染色质和异染色质之间的动态切换[4]。H3K9 甲基转移酶是 BMPs 的下游靶点,并显示它们作为诱导多能干细胞命运的开关与相应的去甲基化酶通过调节核心多能性位点的 H3K9 甲基化状态,而 H3K9 甲基化和去甲基化可能在重编程和发育过程中决定细胞命运。

死盒 RNA 解旋酶 5(DEAD-box RNA helicase 5,DDX5)作为一种 RNA 结合蛋白参与改变 RNA 结构的通路、共调节转录和剪接,并与短链 ncRNA 的加工有关。姚红杰团队发现 DDX5 通过抑制非标准多梳复合体 1(non-canonical polycomb repressive complex 1, ncPRC1)亚单位 *RYBP* 的表达和功能来抑制重编程[5]。阻断 *DDX5* 表达可以提高诱导多能干细胞的效率并阻碍 miR-125b 的加工,导致 Rybp 上调和通过 Rybp 依赖的泛素化 H2AK119 抑制谱系特异性基因。此外,*RYBP* 是 *PRC1* 非依赖性招募 *OCT4* 到 *Kdm2b* 启动子所必需的,*Kdm2b* 是一种组蛋白去甲基化酶基因,通过激活内源性多能性基因来促进重编程。

H3K27me3 是在表观层面上控制细胞发育和分化的主要沉默机制,它是由多梳抑制复合体 2(polycomb repressive complex 2,PRC2)催化的,而要去除它则有 2 个组蛋白去甲基酶:*JMJD3*(也称 *KDM6B*)和 *UTX*(也称 *KDM6A*)。秦宝明团队研究了 *JMJD3* 对细胞命运的影响,他们发现 *JMJD3* 可以在 *KLF4* 的介导下募集到 *p300*、*cohesin*、*mediator*、特别是 *cohesin* 的加载因子 *NIPBL*,这些基因的增强子和启动子上,促进从 H3K27me3 到 H3K27 乙酰化(H3K27ac)的转换,以及增强子-启动子循环并在目标基因座触发生产性转录延伸。同时,*JMJD3* 在促衰老 *Ink4a/Arf* 基因座诱导 H3K27me3 去甲基化,以及参与多能性调节的组蛋白乙酰转移酶 *MOF-NSL* 复合物的一个组成部分——*PHF20* 的降解。在衰老的细胞中 *JMJD3* 负调控重编程,而在年轻的细胞中 *JMJD3* 促进重编程。*JMJD3* 还能促进 *KLF4* 介导的间充质到上皮转化(MET)以及初始到幼稚(primed-to-naïve)的多能性转化。他们的研究为 *JMJD3* 和 *KLF4* 在多种细胞命运转换中的作用提供一个新的见解,这对理解这 2 种因素在正常生理和疾病中的复杂作用具有重要意义[6]。

吉林大学白求恩第一医院的崔久嵬团队用"染色质 RNA 原位逆转录测序"(CRIST-seq)来分析与多能性主基因 *OCT4* 相互作用的 RNA 成分,发现了一种新的定位于核的 LncRNA:*Oplr16*[7]。RNA 逆转录相关 trap 测序(RAT-seq)表明 *Oplr16* 可以利用其 3'-片段招募染色质因子 *SMC1* 来协调多潜能特异性染色体内循环,可以与多个与干细胞自我更新相关的靶基因产生相互作用,特别是能够与 *OCT4* 启动子相互作用,并调节 *OCT4* 的活性,维持胚胎干细胞多能性。在与 *OCT4* 启动子结合后,*Oplr16* 可以招募 *TET2* 诱导成纤维细胞 DNA 去甲基化并激活 *OCT4*,促进重编程。*Oplr16* 可以作为一个关键的染色质因子,通过调节染色质结构和 DNA 去甲基化来控制干细胞的命运。

肝脏是人体最重要的器官之一,它比心脏和肾脏更脆弱,一旦失代偿,心肺可以用机器暂代,肾脏可以透析,但肝脏的功能则很难人工替代。为了研究参与调节肝脏大小和再生的分子机制,中山大学药物科学学院的毕惠嫦团队用 AAV-Tbg-Cre 处理的 Rosa26EYFP 小鼠或 Sox9-CreERT 进行谱系标记,用孕烷 X 受体(pregnane X receptor,Pxr)缺失小鼠或 AAV-Yap shRNA 处理小鼠研究了 Pxr 蛋白,发现 Pxr 与 yes 相关蛋白 Yap 存在相互作用,且 Yap 信号通路是 Pxr 诱导的肝脏增大所必需的[8]。在野生型和 Pxr 人源化小鼠中,选择性的 Pxr 激活剂可以通过增加细胞大小、诱导再生杂交肝细胞(HybHP)重编程和促进肝细胞和 HybHP 增殖诱导肝脏增大和加速再生,而在这一过程中 Pxr 激活诱导的 Yap 在核中定位的改变至关重要。这个研究有助于更好地理解 Pxr 的生理功能,并为 Pxr 作为促进肝脏修复的潜在治疗靶点提供了临床相关的依据。

骨骼肌的再生、维持和生长主要依赖于一小部分肌肉干细胞,称为卫星细胞,它们在静止状态下位于肌膜和基膜之间。当卫星细胞对损伤作出反应时,它们被迅速激活,产生成千上万个增殖的卫星细胞,然后分化成肌细胞,最终与原有的肌纤维融合或相互融合,修复受损的肌肉。在骨骼肌再生过程中,分化形成新纤维和自我更新以维持干细胞池的干细胞必须达到微妙的平衡。卫星细胞的过早分化导致细胞数量减少和肌肉再生失败。异常的干细胞池维持损害了骨骼肌和肌肉再生的稳态,并导致骨骼肌功能失调。中国农业大学的孟庆勇团队研究发现 miR-31 转录后抑制白细胞介素 34(IL34)mRNA,其蛋白产物激活肌源性进展所需的 JAK-STAT3 信号[9]。IL34 抑制可挽救 miR-31 基因敲除小鼠的再生缺陷。miR-31 失活通过损害成肌细胞的扩张而损害成年小鼠的肌肉再生。miR-31 是卫星细胞增殖的关键,其缺失促进增殖细胞的不对称细胞命运分离,导致肌源性增强和重新进入静止状态。靶向 miR-31 或 IL34 在卫星细胞中的活性可用于对抗病理条件下卫星细胞的功能衰竭。

组蛋白修饰和染色质重塑之间的功能性串扰是细胞命运决定过程中转录调控的关键调控模式,天津医科大学张丽君团队用 siRNA 筛选靶向表观遗传修饰因子,发现肝癌衍生生长因子相关蛋白 2(HRP2)是肌肉生成的关键调控因子[10]。HRP2 通过其 HIV 整合酶结合域(IBD)与 BRG1/BRM 相关因子(BAF)染色质重塑复合物直接作用于 BAF45c(DPF3a)亚单位,HRP2 通过其 Pro-Trp-Trp-Pro(PWWP)结构域优先与 H3K36me2 结合。ChIP-seq 分析显示 HRP2 与 DPF3a 在整个基因组中共定位,HRP2/DPF3a 向染色质的募集依赖于 H3K36me2。HRP2 和 DPF3a 通过招募 BRG1(BAF 复合体的 ATP 酶亚单位)增加染色质可及性来激活肌原性基因。发现这是一个 HRP2-DPF3a-BAF 表观遗传途径,可协调甲基化组蛋白 H3 赖氨酸 36(H3K36me)和 ATP 依赖的染色质重塑,以调节肌源性分化过程中的染色质动力学和基因转录,在肌细胞分化过程中激活肌肉特异性基因表达,缺乏就会损害损伤后的肌肉再生。

表观遗传是细胞命运研究得最多的一个方向,后续将介绍其他与表观相关的方向。

(二) m6A 甲基化修饰在细胞命运决定中的作用

RNA 腺苷酸上的第六位氮原子发生甲基化修饰,就是 N6-甲基腺苷修饰,即 m6A 甲基化修饰。m6A 甲基化修饰是高等真核生物中最丰富的 mRNA 修饰之一[11]。m6A 修饰是动态可逆的,分为甲基化酶的"写",去甲基化酶的"擦"以及甲基识别蛋白"读",由此 m6A 形成一个可逆的闭环过程,调节自身甲基化水平及上下游相关基因的表达[12-15]。m6A 甲基化修饰其实是一种重要的表观遗传现象,但是由于它自成体系而且又是目前国际上的研究热点,所以在这里把它单独列为一个小节。

甲基转移酶样 3(METTL3)的甲基转移酶复合物催化 N6-甲基腺苷(m6A)的形成,中国科学院北京基因组研究所的杨运桂团队发现了人 m6A 甲基转移酶复合物(m6A methyltransferase complex）的 2 个新组分 Wilms 肿瘤 1 结合蛋白（WTAP）和甲基转移酶样 14（METTL14）[13]。WTAP 应该是 m6A 甲基转移酶活性的一个调节亚基。WTAP 与 METTL3 和 METTL14 相互作用，是它们定位于富含前 mRNA 处理因子的核斑点和体内 m6A 甲基转移酶催化活性所必需的。转录组分析结合光活化核糖核苷增强交联和免疫沉淀（PAR-CIP）说明 WTAP 和 METL3 调节参与转录和 RNA 加工的基因的表达和选择性剪接。在斑马鱼胚胎中，吗啉介导的靶向 WTAP 和/或 METTL3 的敲除导致组织分化缺陷和细胞凋亡增加。他们首次发现 WTAP 是形成功能性 m6A 甲基转移酶复合物所需的调节亚单位，包括 METTL3 和 METTL14，它们在基因表达和选择性剪接的调节中起重要作用。朝着更彻底地理解上转录组学标记 m6A 的生物学意义迈出的重要一步。

周琪院士团队检测了小鼠胚胎干细胞、诱导多能干细胞、神经干细胞和睾丸支持细胞中 m6A 修饰的转录组的分布，发现 miRNA 通过序列配对机制介导 METTL3 与 mRNA 的结合，参与调节小鼠和人类细胞中 m6A 的形成[16]。miRNA 表达或序列的操纵通过调节 METTL3 甲基转移酶与含有 miRNA 靶向位点的 mRNA 的结合来改变 m6A 修饰水平。而且 m6A 的丰度与小鼠胚胎成纤维细胞（mouse embryonic fibroblast，MEF）向多能干细胞的重编程的效率正相关。这些发现揭示了 miRNA 在真核生物 mRNA 转录修饰调控中的作用，以及它在重编程中的细胞命运决定作用。

五个 YT521-B 同源（YTH）结构域家族蛋白可以选择性地结合到 RNA 上并以 m6A 依赖的方式影响其代谢。YTHDC1 的缺失导致小鼠类似于 METTL3 缺乏症的早期胚胎死亡。青年科学家陈捷凯带领他的团队研究了 YTHDC1 是如何调节染色质从而促进胚胎发育的[17]。他们发现，YTHDC1 需要通过识别 m6A 标记的转座子衍生转录物的子集然后招募 SETDB1 来维持小鼠胚胎干细胞身份和逆转录转座子抑制，SETDB1 介导的 H3K9me3 依赖于 YTHDC1 和 m6A RNA 来抑制二细胞期样转换和逆转录转座子。在小鼠细胞中，来自转座子的 miRNA 通过 m6A RNA 修饰和阅读器 YTHDC1 参与染色质沉默。这种 YTHDC1 和 m6A 依赖性染色质重塑与裂殖酵母中含 YTH 蛋白 Mmi1 介导的减数分裂染色质位点异染色质形成具有相似的机制。Mmi1 以不依赖于 m6A 的方式通过其 YTH 结构域识别选择性去除（DSR）基序的决定因素来靶向减数分裂 mRNA，从这些结果可以推断染色质调节的进化保守和发散机制。这是一项非常好的工作，受到了国际上的好评。

南方医科大学的肖姗团队通过液相色谱-串联质谱分析发现 METTL14 精氨酸 255（R255）可以被甲基化（R255me），METTL14 的甲基化调节 m6A 甲基转移酶复合物的活性并增强总 RNAm6A 修饰，R255me 大大增强了 METTL3/METTL14 与 WTAP 的相互作用，促进了复合物与底物 RNA 的结合。蛋白精氨酸 N-甲基转移酶 1（PRMT1）参与了 METTL14 的 R255 甲基化，而 R255 甲基缺失影响了小鼠胚胎干细胞的内胚层分化。他们的研究结果显示精氨酸甲基化是如何微调 m6A 甲基转移酶活性的，表明基因表达中蛋白质甲基化和 RNA 甲基化之间存在串扰[18]。

（三）α-酮戊二酸-维生素 C-TET 细胞命运调控系统

三羧酸循环的中间产物 α-酮戊二酸（AKG）参与细胞内的多效性代谢和调节途径，包括能量产生、某些氨基酸的生物合成、胶原生物合成、基因表达的表观遗传调节、氧化还原稳态的调节，以及有害物质的解毒。α-酮戊二酸还是 AKG 依赖性双加氧酶的必需底物，其家族包括 DNA 和组蛋白去甲基化的主要酶，如 DNA 的去甲基酶 TETs 和含有 Jumonji C 结构域的组蛋白赖氨酸脱甲基酶，如 KDM2-7。TET1-3 催化 AKG 氧化脱羧酶，将 5-甲基胞嘧啶转化为 5-羟基甲基胞嘧啶，从而触发 DNA 中去甲基化 GpC 位点[19]。jmcc-结构域组蛋白去甲基化酶可从组蛋白的明显甲基化赖氨酸残基中去除甲基，后者是一个关键的"表观遗传标记"，它参与转录活性染色质或非活性染色质的形成[20]。

维生素 C 是一种人体必需的营养物质，是重要的抗氧化剂，并且在体内参与了胶原蛋白、儿茶酚胺类及肉毒碱等物质的合成。更重要的是维生素 C 是依赖金属离子以及酮戊二酸的双加氧酶类（dioxygenases）的辅酶，如脯氨酸羟化酶（prolyl-4-hydroxylase）会在缺乏维生素 C 的情况下造成胶原合成和成熟受阻，导致坏血病[21]。它负责电子传递，可以及时将反应生成的 Fe^{4+} 还原形成 Fe^{2+}，而其自身被氧化形成脱氢抗坏血酸（dehydroascorbic acid, DHA）。而在表观遗传中，维生素 C 作为辅酶的就是 DNA 的去甲基酶 TETs 和含有 Jumonji C 结构域的组蛋白赖氨酸脱甲基酶[22]。

2010 年，裴端卿团队发现维生素 C 可以大幅度地增加小鼠和人的体细胞重编程效率，并且可以使重编程更加完全，减轻衰老对细胞的影响，但是却不是作为抗氧化剂来发挥这些效应的[23]。2011 年，他们发现组蛋白去甲基酶 Jhdm1a/1b 是维生素 C 下游体细胞重编程的关键效应因子，维生素 C 重编程过程中可以诱导小鼠胚胎成纤维细胞 H3K36me2/3 去甲基化，Jhdm1a/1b 则是维生素 C 依赖性 H3K36 脱甲基酶，它们通过抑制 *Ink4/Arf* 位点，在重编程过程中加速细胞周期进程并抑制细胞衰老。Jhdm1b 还可以与 *OCT4* 合作激活 microRNA302/367 簇，影响重编程[24]。之后，他们发现组蛋白 H3 赖氨酸9（H3K9）甲基化是完全重编程的表观遗传决定因素，骨形态发生蛋白（BMPs）是抑制重编程的关键信号分子[25]。

之后徐国良院士团队与裴端卿团队共同合作，用 3 个 *Tet* 基因都缺失的小鼠胚胎成纤维细胞（mouse embryonic fibroblast，MEF）研究重编程[26]。由于间充质干细胞向上皮细胞转化（MET）步骤受阻，*Tet* 缺乏的小鼠胚胎成纤维细胞不能被重新编程。缺乏 DNA 糖基化酶（TDG）的小鼠胚胎成纤维细胞的重编程也同样受阻。他们发现只有 3 个 *Tet* 基因都敲除的小鼠胚胎成纤维细胞才不能重编程，任意一个 *Tet* 基因未敲除都不能达到这个效果，而这一效果是对于 MET 至关重要的 miRNA（如 miR-200c）的表观遗传活化有障碍造成的。

高绍荣团队则发现 *Tet1* 通过促进 *Oct4* 去甲基化和再激活促进多能干细胞的诱导[27]。并能在重编程过程中替换 *Oct4*。*Tet1* 作用于 *Oct4* 基因座，促进 5-甲基胞嘧啶到 5-羟甲基胞嘧啶的转化,并在 OSKM-iPSC 诱导过程中促进 DNA 去甲基化和转录再激活。表明 5-甲基胞嘧啶到 5-羟甲基胞嘧啶的转化是表观遗传重构和转录组重设的关键步骤。

体细胞重编程可以重新配置染色质修饰,刘兴国团队研究了线粒体的信号调节对这一过程的影响[28]。他们发现线粒体稳态的关键调节因子线粒体通透性转换孔(mPTP)的开放可以激活线粒体活性氧(mtROS)和 miR-101c,提高 PHF8 的辅酶-α-酮戊二酸,从而增强 PHF8 介导的 H3K9me2 和 H3K27me3 去甲基化,从而提高了重编程的效率。他们发现 mPTP 是一种新的线粒体到核途径,这一途径可以通过介导表观遗传调控来确定细胞命运。

造血干/祖细胞(hematopoietic stem/progenitor cell,HSPC)在再生医学方面有着巨大的应用前景,它们是在内皮细胞向造血细胞转化过程中由造血内皮细胞产生的。潘光锦团队的研究表明,维生素 C 在这一过程中对 HPC 的生成是必不可少的[29]。他们发现缺乏维生素 C 会导致 CH3K27me3 的去甲基化酶的活性降低,H3K27me3 异常积累,最终导致内皮细胞不能进行内皮造血转化。这一发现扩大了我们对维生素 C 在发育和重编程过程中调节细胞命运决定的作用的认识。

徐国良院士团队在双加氧酶 *TET* 的研究是非常深入的,他们发现 3 种 *TET* 都被敲掉的小鼠会发生与轴性中胚层成熟受损相关的原始条纹缺陷和旁轴中胚层缺陷,这是 *Nodal* 抑制剂 *Lefty1* 和 *Lefty2* 基因的 DNA 甲基化的升高导致表达减少,导致过度活跃的 *Nodal* 信号产生的,当 *Dnmt3a* 和 *Dnmt3b* 受到阻碍时,*Lefty-Nodal* 信号传导以及缺陷小鼠的特定表型都会得到恢复[30]。原肠胚形成是发育的一个基本的早期步骤。作用于基因调控元件,*TET* 介导的 5-甲基胞嘧啶氧化平衡从头甲基化,以确保其对上游信号通路驱动的转录激活的反应,在缺乏 *TET* 的情况下,异常甲基化会导致 *Lefty-Nodal* 回路失调。之后他们发现绿藻衣藻(reinhardtii)中有一个 5-甲基胞嘧啶修饰酶(CMD1),它是 *TETs* 的同系物,不同的是,*TETs* 以 2-酮戊二酸为辅酶,CMD1 以维生素 C 为辅酶,他们发现了一种由 *TET* 同系物催化的、出乎意料地来自维生素 C 的真核 DNA 碱基修饰,它可能在光合作用的调节中抵消 DNA 甲基化[31]。接着他们继续研究 CMD1 催化的 DNA 修饰新方法——C5-甘油基甲基胞嘧啶(5gmC),CMD1 体外 DNA 结合实验表明 CMD1 对不同长度、结构和 5-甲基胞嘧啶水平的 DNA 具有可比的结合亲和力,并且对含有 5mCpG 的 DNA 表现出比含有 5mcCP-、5mcCPA-和 5mCpT-的 DNA 适中的底物偏好。维生素 C 的内酯形式与活性位点结合,并以不同于 $Fe^{2+}/^{2-}OG$ 依赖性双加氧酶中 ^{2-}OG 的方式单配位 Fe^{2+}。参与 Fe^{2+} 和维生素 C 结合的关键残基的突变使酶活性丧失,参与 DNA 结合的关键残基的突变使酶活性显著降低,揭示了 CMD1 如何识别 DNA 底物和利用维生素 C 作为共底物的分子基础[32]。

(四)多能性因子与相关信号通路对细胞命运的影响

中枢神经系统是脊椎动物体内最复杂的系统之一。胚胎发育过程中,中枢神经系统的发育受到复杂而又次序严谨的调控。为了研究早期胚胎中多能干细胞的适当的神经启动,利用全基因组芯片测序和 RNA 测序分析,景乃禾院士团队证明转录因子 *Pou3f1* 是神经促进基因的上游激活因子,并且能够抑制神经抑制信号[33]。*Pou3f1* 可以直接结合 *SOX2* 等神经谱系基因和 *BMP*、*Wnt* 等神经抑制信号下游靶点,是神经命运决定过程中内在转录因子和外在细胞信号的关键双重调节因子。

用 *MEK*(mitogen activated protein kinase)和 *GSK3*(glycogen synthase kinase 3)抑制剂(2i)培养的小鼠胚胎干细胞比用血清培养的小鼠胚胎干细胞更接近植入前囊胚的内细胞团。启动子近端暂停的 RNA 聚合酶Ⅱ(Pol2)的释放是血清中多能性和细胞周期基因转录所必需的步骤。中国科学院的外籍研究员 Miguel A Esteban 带领他的团队发现 β-catenin 可增强 2i 培养下的 *BRD4*、*CDK9*、*mediator*、*cohesin* 和 *p300*,从而使小鼠胚胎干细胞从血清中的基本态转变成 2i 中的幼稚态,补偿性地降低了对 Pol2 暂停释放的依赖[34]。

同济大学孙方霖团队研究了 *Notch* 信号对果蝇的正常发育与肠道稳态的重要作用[35]。他们发现异染色质蛋白 1c(heterochromatin protein 1c,HP1c)是果蝇肠道内稳态的重要表观遗传调节因子,HP1c 通过直接与 Notch 信号传导的关键转录因子无毛抑制因子[*Su*(*H*)]相互作用抑制 Notch 靶基因的转录。在果蝇中表达人 *HP1* 可以挽救 *HP1c* 缺失引起的表型 γ,表明 *HP1γ* 在果蝇中类似于 *HP1c* 的功能。

染色质状态和细胞代谢都与细胞命运决定相关,但它们之间有什么相互作用呢? 中国科学院上海营养与健康研究所的金颖团队通过全基因组 siRNA 筛选确定 PHB 是人胚胎干细胞自我更新的一个重要因子[36]。PHB 与 HIRA、组蛋白 H3.3 伴侣形成蛋白复合物,并稳定 HIRA 复合物的蛋白质水平。PHB 和 HIRA 共同作用控制人胚胎干细胞中组蛋白 H3.3 的沉积和基因表达。PHB 和 HIRA 调节异柠檬酸脱氢酶基因启动子处的染色质结构,从而促进转录,促进其产生胚胎干细胞命运调控的关键代谢产物——α-酮戊二酸。PHB 与 HIRA 一起将表观遗传与代谢回路连接起来。

现有的胚胎干细胞多数是处于初始态(prime),特别是人胚胎干细胞,如何让它们向幼稚态(naïve)转化是一个非常有趣的问题。裴端卿团队建立了一个 *BMP4* 驱动的初-幼转化体系,发现 *BMP4* 可以在这个过程中协调染色质可及性动力学[37]。在 *BMP4* 早期打开的基因座中,*Zbtb7a* 和 *Zbtb7b*(*Zbtb7a*/b)是 *BMP4* 的下游靶点,它们驱动了初-幼转化。*ZBTB7A/B* 促进了原始多能干细胞染色质位点的开放和附近基因的激活,*ZBTB7A* 不仅与激活基因附近的染色质位点结合,而且策略性地占据沉默基因,与 AAGGACCAGAC 基序的位点结合,在初-幼转化过程中介导基因激活和沉默。*BMP4* 可调节核结构中的一个未知功能,并将其靶点 *ZBTB7A/B* 与染色质重塑和多潜能命运控制联系起来。

c-Jun 是一个著名的癌基因,但是它在胚胎中细胞命运决定中也发挥着关键的作用。通常认为癌基因在重编程过程中是一个促进因素,但裴端卿团队发现 *c-Jun* 实际上是重编程的一个重要障碍[38],他们的实验表明,与重要的多能性基因 *OCT4* 对应,*c-Jun* 是一个体细胞状态的守

护者,而 *OCT4* 是干细胞状态的守护者。抑制 *c-Jun* 可以促进体细胞重编程,而抑制 *OCT4* 则可以促进干细胞分化。他们的实验还表明 *c-Jun* 的显性阴性突变体和 *Jdp2* 都可以在重编程中替代 *OCT4*,进一步证实了他们此前的理论。

除了基因的影响以外,代谢产物对细胞命运的影响也非常大,刘兴国团队用高覆盖率的脂质组学方法研究了脂质代谢在多能干细胞中的作用[39]。磷脂酰乙醇胺(PE)合成的 CDP-乙醇胺(CDP-Etn)途径在重编程的早期阶段是必需的。CDP-Etn 通路以 Pebp1 依赖性方式抑制 NF-κB 信号传导和间充质基因,从而加速间充质到上皮转化(MET)并增强重编程。PE 与 Pebp1 的结合增强了 Pebp1 与 IKK 的相互作用 α/β 降低 IKK 的磷酸化 α/β。CDP-Etn-Pebp1 轴在肝细胞分化中与 EMT/MET 相关,提示 Etn/PE 是一种广谱的 MET/EMT 调节代谢产物。说明了磷脂在细胞命运中的重大作用。

金颖团队研究了钙调神经磷酸酶 NFAT 对干细胞的细胞命运决定的影响[40]。他们发现钙调神经磷酸酶 Aγ 和 NFATc3/SRPX2 轴控制人胚胎干细胞中谱系和上皮间充质转化(EMT)标记物的表达。NFATc3 与 c-JUN 相互作用并调节 SRPX2 的表达,SRPX2 和 uPAR 都参与控制谱系和 EMT 标记的表达。SRPX2 敲低可以减少人胚胎干细胞中 NFATc3 和 c-JUN 共过度表达诱导的多个谱系和 EMT 标记的上调。

EMT 和 MET 是一对相反的过程,但它们绝不仅仅是相反那么简单,在细胞命运发生变化的时候它们的时空变化至关重要。郑辉团队在小鼠重编程过程中研究了这一现象,他们发现当使用 yamanaka 因子重编程时,如果以先是 OCT4-KLF4,然后是 C-MYC,最后是 SOX2 的时间序列进行诱导,可以提高重编程的效率,这一方案早期可以激活 EMT,表现为 SLUG 和 N-钙黏蛋白的上调,随后则出现 MET[41]。之后他们又在诱导小鼠成纤维细胞向神经元分化的过程中研究了 EMT 和 MET 特殊关系。他们利用一套自主研发的诱导系统,用 DMEM/F12、N2、碱性成纤维细胞生长因子(basic fibroblast growth factor,bFGF)、白血病抑制因子、维生素 C 和 2-巯基乙醇作为培养基的配方,发现在早期阶段,胰岛素和 bFGF 诱导细胞增殖、早期 EMT、STAT3 和 SOX2 的上调以及随后神经元投射的激活。上调的 SOX2 随后诱导 MET 并在晚期将细胞定向于神经元的命运。抑制这一顺序的 EMT-MET 的任何一个阶段都会损害转化。连续 EMT-MET 的关键作用与细胞的直接命运转换有关[42]。

肌肉减少是一种与肥胖和衰老相关的病症,香港中文大学的周冠豪和张颖恺团队通过低幅高频震动(LMHFV)和 β-羟基-β-丁酸甲酯(HMB)可以增加小鼠的肌肉质量和力量[43]。LMHFV 和 HMB 可以通过提高 β-catenin 的表达,抑制肌源性干细胞中的脂肪生成来减少脂肪浸润,从而延缓肌细胞减少,增强肌肉力量。

外泌体(exosomes)是一种可以作为细胞间信使的小囊泡,它们在肿瘤中的作用已经有很多研究,但是在其他疾病中尚缺乏相关报道。同济大学附属东方医院刘中民团队研究了血清外泌体是否参与心肌梗死(myocardial infarction,MI)时间充质干细胞的远程激活[44]。

他们发现缺血的心肌和肾脏可能是心肌梗死后释放血清外泌体的主要来源,外泌体中富含的 miR-1956 是介导血管生成和旁分泌 VEGF 信号传导的功能信使,在核心中介 Notch-1 的作用下通过激活 ERK1/2 增强间充质干细胞的增殖。他们的研究说明靶向外源性 miRNA 在器官/组织间的转移可能是心肌缺血后组织再生和修复的一种新的治疗策略。

由于成人的心肌细胞很难再生,心脏一旦受到病理损伤就很难恢复,但如果诱导心肌细胞重新进入细胞周期就有可能改变这个状况。刘中民团队发现 miR-708 在内的一个 miRNA 亚群在大鼠胚胎和新生心肌细胞中比在成年心肌中丰富得多。miR-708 的过表达可以抑制 MAPK14 的表达,从而在体外促进了新生大鼠或小鼠 H9C2 细胞或原代心肌细胞的增殖,还可以在缺氧或异丙肾上腺素处理下保护心肌细胞免受应激诱导的凋亡。脂质纳米粒介导 miR-708 在体内促进心肌再生和心功能恢复[45]。他们的研究表明,miR-708 通过抑制 MAPK14 可以改变心肌细胞的命运,具有心脏再生治疗的潜力。

二、决定细胞命运的材料学研究

决定细胞命运的材料学研究就是将细胞接种在合适的材料上培养以得到所需的功能性细胞的研究,随着干细胞研究的深入及生物纳米材料研究的突飞猛进,这一类的研究也越来越多,我国科学家在这一领域也多有建树。

无机或高分子材料制成的纳米结构作为一种物理因素,可以参与调控干细胞的分化或促进组织的形成。浙江大学动物学院应用生物资源研究所杨明英团队首次利用由纯生物相容性蛋白质构成的纳米结构——蚕丝素蛋白纳米脊[46],研究了这一材料对人骨髓间充质干细胞成骨分化和体内骨组织形成的影响。他们使用的是一种冰模板法制备半平行真丝蛋白纳米脊的方法,蛋白质膜中形成的水滴被冻结成冰晶(稍后通过升华去除),推动周围的蛋白质分子组装成纳米脊。这种独特的蛋白质纳米脊可以诱导人骨髓间充质干细胞向成骨细胞分化,而无需任何额外的诱导剂,甚至在没有种植间充质干细胞的皮下大鼠模型中也可以诱导骨组织的形成,同时炎症浸润更少,说明生物材料可以影响和改变细胞命运。

免疫系统和骨骼系统之间有着的密切关系,由于它们与骨骼系统共享一组信号分子、细胞因子和受体,骨中的免疫细胞可以影响骨的重塑和再吸收。因此骨移植材料不仅要注重直接成骨,还要注重免疫调节材料的开发,以创造良好的免疫环境,实现满意的骨整合。上海交通大学附属第六人民医院张先龙团队通过使用定制的磁控溅射技术在磺化聚醚醚酮(sulfonated polyether ether ketone,SPEEK)生物材料上引入一层锌离子[47]。发现锌涂层 SPEEK 表面的微环境可以调节未激活的巨噬细胞向抗炎表型的极化,并诱导抗炎和成骨细胞因子的分泌。骨髓基质细胞的成骨分化能力增强,导致锌涂层 SPEEK 与骨组织之间的骨整合得到改善,说明锌离子是骨免疫调节过程中一种很有前途的添加剂。

目前有大量可通过远程线索激活的创新生物材料,通过在体外控制细胞信号通路,近红外

（near-infrared, NIR）光就是其中很有优势的一种。湖北大学的刘想梅团队与天津大学的吴水林团队使用硫化铋/羟基磷灰石（BS/HAp）薄膜在细胞植入物周围建立了一个快速且可重复的光电响应微环境[48]。在近红外光照下，可以激活间充质干细胞的 Na^+ 通道，改变细胞对环境的黏附。间充质干细胞的行为可以通过改变光电子微环境来调节。当光电子转移到细胞膜上时，钠离子通量和膜电位去极化，改变细胞形态。同时，钙离子通畅，FDE1 表达上调。细胞核中的 TCF/LEF 通过 Wnt/Ca^{2+} 信号通路开始转录调控参与成骨分化的下游基因。这是一种体外远程、精确、无创地控制细胞命运的方法。

控制干细胞在固体——生物界面上的行为对于干细胞的命运至关重要，江雷院士团队证明聚吡咯（Ppy）阵列在纳米管和纳米尖端之间的电化学切换可以改变表面黏附，从而激活和引导间充质干细胞的分化[49]。通过无模板电化学聚合制备的 Ppy 阵列可以通过电化学氧化/还原过程在高黏附性疏水性纳米管和低黏附性亲水性纳米管之间可逆地切换，从而在纳米尺度上动态附着和分离间充质干细胞。Ppy 阵列与间充质干细胞的多环连接/分离可激活细胞内机械传递和成骨分化，这种智能表面允许纳米尺度的动态物理输入转化为生物输出，为调节干细胞命运提供了一种替代传统细胞培养基质的方法。

细胞分化的微环境一直是一个研究热点，付小兵院士团队用海藻酸钠/明胶水凝胶作为生物墨水，打印了一个类似汗腺的基质来引导间充质干细胞转化为功能性汗腺细胞，并促进小鼠汗腺的恢复[50]。通过细胞外基质差异蛋白表达分析，他们发现 CTHRC1 是汗腺分化的关键生化调节因子，而 Hmox1 能够对三维结构的激活做出反应，并且参与了间充质干细胞的分化。通过抑制和激活实验，CTHRC1 和 Hmox1 可以协同增强汗腺基因表达谱。这个研究证实了三维打印的基质线索在细胞行为和组织形态发生中的作用，并可能有助于制定基于间充质干细胞的组织再生策略或通过三维生物打印指导干细胞谱系规范。

干细胞，特别是成体干细胞体外长期培养扩增时的干性维持是组织再生及各自干细胞疗法的前提。山东大学王书华团队用一种简单的基于原电池的方法在 ITO 玻璃基板上合成了一种生物相容的 ZnO 纳米棒阵列，以此作为培养基，为人脂肪干细胞的附着、扩散和增殖提供合适的平台，以研究脂肪干细胞维持[51]。结果表明，脂肪干细胞在 ZnO-NRs 上培养 3 周后，其干细胞基因和蛋白表达水平均高于培养板和 ZnO 膜。ZnO-NRs 在不抑制细胞增殖和定向分化能力的情况下维持脂肪干细胞的干性。在培养体系中可以持续检测到 Zn^{2+} 释放和 Zn^{2+} 结合基因 KLF4 的表达增加。ZnO-NRs 的纳米形貌和 Zn^{2+} 的释放协同促进了干性的维持。这项工作不仅为利用 ZnO-NRs 维持多能干细胞的干细胞功能提供了一种新的策略，而且为实现干细胞的体外扩增提供了重要的启示。

物理信号，特别是材料的纳米拓扑结构，在指导干细胞分化中起着关键作用。山东大学的刘宏团队用一系列阳极氧化铝纳米孔阵列作为模板，制备了直径不同但中心距相同的可生物降解的聚乳酸（polylactic acid, PLA）纳米柱阵列，并在这种材料上研究了脂肪干细胞的分化[52]。在没有任何生长因子或成骨诱导培养基的情况下培养,发现纳米柱阵列可以促进脂肪干细胞的成骨分化,尤其是直径为 200nm 的纳米柱阵列。而体内动物模型显示,与平面聚乳酸膜相比,具有 200nm 柱阵列的聚乳酸膜在异位植入 4 周后具有更好的异位成骨能力。具有特定的几何和机械信号的可降解生物聚合物纳米阵列在生物医学领域有广阔的应用前景,比如脊柱融合、骨裂缝修复和牙釉质修复的贴片等。

为了提高人间充质干细胞的骨分化能力,北京大学口腔医院的魏世成团队开发出了一种通过肽负载、纳米载体包裹、海藻酸钠基水凝胶基质,成功制备了一种多能细胞培养系统,这个系统可以在适当阶段独立输送多种生长因子[53]。黏附肽修饰水凝胶能增强人间充质干细胞的存活能力和增殖能力,然后在细胞表面与受体结合形成的附加细胞肽交联网络可以捕获细胞自身分泌的 BFP-1 反馈给细胞,使得间充质干细胞可以得到长期的骨刺激。这是一种新的有效的三维培养系统,为干细胞的存活和向成熟骨组织的生长提供了一个生态位样的天然细胞外基质,与单独或同时刺激相比,增殖和成骨阶段的独立和顺序刺激可协同提高人间充质干细胞的生存能力、扩张和成骨能力。

纳米结构材料可以仅通过种类繁多但可控的几何线索来调控干细胞谱系的命运决定,但纳米几何线索决定干细胞成骨分化的机制尚不清楚。北京大学口腔医院的周永胜团队研究了人脂肪干细胞在不同直径的二氧化钛(TiO_2)纳米管阵列上的不同成骨行为[54]。体外和体内研究均表明纳米几何结构影响细胞分化,直径为 70nm 的二氧化钛纳米管是人脂肪干细胞成骨分化的最佳尺寸。而且发现二氧化钛纳米管通过抑制去甲基化视网膜母细胞瘤结合蛋白 2(RBP2),上调成骨基因 *Runx2* 和骨钙素启动子区赖氨酸 4 组蛋白 H3(H3K4)的甲基化水平,促进了人脂肪干细胞的成骨分化。首次揭示了纳米拓扑结构调控干细胞命运的表观遗传学机制。

决定细胞命运的材料学研究虽然很多,但主要集中在间充质干细胞和成骨方面。

三、细胞谱系追踪

多细胞生物,特别是高等哺乳动物个体都是由多种多样、功能各异的细胞组成,而它们都来源于同一个细胞——受精卵。所以,细胞谱系追踪对于研究生物个体的发育、生理、病理以及再生是至关重要的。细胞谱系追踪方法的局限性,使得许多生命科学领域的基本问题都没有得到充分的解决。但近年来这一领域发展迅速,我国科学家给予了极大的关注,特别是许多青年科学家表现惊艳。

细胞谱系追踪的研究上,中国科学院分子细胞科学卓越创新中心周斌团队利用两种正交的位点特异性重组酶(Cre 和 Dre)开发了一种遗传增殖谱系追踪方法增殖示踪剂(ProTracer)。在特定的细胞谱系中,ProTracer 能够以高空间分辨率暂时连续地记录细胞增殖事件[55]。用它来研究小鼠肝内稳态和再生过程中肝细胞的生成,可以对整个肝细胞池中的增殖事件进行无偏评估。克隆分析表明,前消旋体标记的肝细胞大部分经历了细胞分裂。他们发现在小鼠肝脏中,在肝脏内稳态、损伤修复和再生过程中,前体细胞在肝损伤后的修复和再生过程中显示出高度的区域性肝细胞生成[56]。

后续他们又进一步开发了 70 多个新的交叉驱动程序,以更好地针对不同的细胞谱系,并使用这些新的工具来研究了血管周围祖细胞的体内成脂命运,发现是 PDGFRa⁺ 而不是 PDGFRa⁻PDGFRb⁺ 血管周围细胞是成体脂肪细胞的内源性祖细胞。这种交叉遗传工具,还可以进行 *flox* 基因定点敲除,使用逻辑和顺序交叉遗传他们成功地删除了白色脂肪细胞(WAs)中的基因,生成了第一个真正的 Cre 驱动程序,能更精确地对感兴趣的细胞谱系进行基因操作,从而可以更深入地了解多个生命科学学科中的细胞行为和基因功能[57]。

利用上述系统,周斌团队还同时绘制了胰腺中胰岛素阳性和胰岛素阴性细胞的命运图。发现内分泌和外分泌来源的胰岛素阴性细胞在体内平衡、怀孕或损伤期间不会在成人胰腺中产生新的 β 细胞,包括部分胰腺切除术、胰管结扎或 β 细胞与链脲佐菌素消融。与转分化一致非 β 细胞可以在 β 细胞的极端遗传消融后产生胰岛素阳性细胞。数据表明,在生理条件下,胰腺内分泌和外分泌祖细胞对成年小鼠胰腺中新的 β 细胞形成没有贡献[58]。他们还追踪了损伤过程中的体内空腔巨噬细胞,发现在肺和肝损伤过程中,空腔巨噬细胞聚集在内脏器官的表面,而没有渗入实质,这些腹腔或胸膜腔巨噬细胞对组织修复和再生没有贡献。说明这套系统也可以用于研究免疫系统的细胞谱系追踪[59]。

与周斌团队的工作相类似的还有中国科学院苏州纳米技术与纳米仿生研究所的王强斌团队开发的一套 Tat-Ag2S 量子点和红光萤火虫荧光素酶(red light firefly luciferase,RfLuc)双标记法[60],利用外源 Ag2S QDs 的近红外荧光对移植小鼠间充质细胞进行定位和定量,内源性 RfLuc 可以定位并定量检测活的间充质细胞。对急性肝衰竭小鼠肝内经静脉输注小鼠间充质干细胞的分布、存活率、最终命运的时空分布进行了可视化和定量,从而提高了我们对干细胞与肝衰竭再生的认识。与周斌团队的生物化学方法不同,这是一套材料物理方面的方法,有很大的研究价值。

在细胞谱系追踪上,大数据的研究也是一个非常重要的方面。郭国骥团队在 2018 年开发了一套高通量低成本的 scRNA-seq 平台,使用简单、价格低廉。他们用这个系统对 40 多万个覆盖小鼠主要器官的单细胞进行了测序,构建了小鼠细胞图谱的基本方案[61]。2020 年,他们又用这一系统确定所有主要人体器官的细胞类型组成,并构建了人类细胞景观(human cell landscape,HCL),发现了许多尚未分类的组织的单细胞层次结构,并且对人类和小鼠的景观进行了单细胞比较分析,以确定保守的遗传网络[62]。他们还构建了衰老和热量限制的大鼠的全面的单细胞和单核转录组图谱,发现热量限制减弱了细胞类型组成、基因表达和核心转录调控网络中与衰老相关的变化,有利于逆转衰老干扰的免疫系统和异常的细胞间通信模式,包括过度的促炎症配体-受体相互作用,揭示了代谢干预如何作用于免疫系统以改变衰老过程[63]。

在单细胞大数据的生物信息学分析方面,北京大学的汤富酬团队和中国科学院生物物理研究所的王晓群团队合作,分析了从妊娠8~26周的人类前额叶皮质的2 300多个单细胞的测序结果,鉴定了6个主要类别的35种细胞亚型,并追踪了这些细胞的发育轨迹[64]。对神经祖细胞的详细分析突出了新的标记基因和中间祖细胞的独特发育特征。还绘制了前额叶皮质兴奋性神经元的神经发生时间表,并检测了早期发育的前额叶皮质中存在的中间神经元祖细胞。揭示了调节神经元产生和回路形成的内在发育依赖性信号。

对某一时刻细胞种类分布的研究并不能满足我们对细胞谱系追踪的要求,各个细胞群的时空分布将是未来更为重要的研究方向。景乃禾院士团队研究了从原肠胚形成前到后期发育过程中胚层中特定位置的细胞群的空间解析转录组[65]。这种时空转录组提供了高分辨率的数字化原位基因表达谱,揭示了组织谱系的分子谱系,并定义了多能状态在时间和空间上的连续性。转录组进一步确定了驱动谱系规范和组织模式的分子决定因素网络,支持Hippo-Yap信号在胚层发育中的作用,并揭示了内脏内胚层对早期小鼠胚胎内胚层的贡献。

四、小结

综上所述,我国在细胞命运调控领域成绩斐然、进展迅速,不但有资深科学家们的杰出工作,更有一众青年科学家们的惊艳表现。研究领域涵盖细胞生物学、遗传学、表观遗传学、生物化学、物理学、材料学、生物信息学等多个学科,有很多工作是跨学科的合作,也有不少工作已经处于世界领先地位。基于现有的趋势,相信我国在这一领域的研究一定会更加深入,产出更多成果,不久的将来一定会更加辉煌。

(裴端卿)

参考文献

[1] WANG J,WANG L,FENG G,et al. Asymmetric Expression of LincGET Biases Cell Fate in Two-Cell Mouse Embryos [J]. Cell,2018,175(7):1887-1901.

[2] WANG C,LIU X,GAO Y,et al. Reprogramming of H3K9me3-dependent heterochromatin during mammalian embryo development [J]. Nature cell biology,2018,20(5):620-631.

[3] YANG X,HU B,LIAO J,et al. Distinct enhancer signatures in the mouse gastrula delineate progressive cell fate continuum during embryo development [J].Cell Research,2019,29(11):911-926.

[4] CHEN J,LIU H,LIU J,et al. H3K9 methylation is a barrier during somatic cell reprogramming into iPSC [J]. Nature Genetics,2013,45(1):34-42.

[5] LI H,LAI P,JIA J,et al. RNA helicase DDX5 inhibits reprogramming to pluripotency by miRNA-based repression of RYBP and its PRC1-dependent and-independent functions [J]. Cell stem cell,2017,20(4):462-477.

[6] HUANG Y, ZHANG H, WANG L, et al. JMJD3 acts in tandem with KLF4 to facilitate reprogramming to pluripotency [J]. Nature communications, 2020, 11 (1): 1-16.

[7] JIA L, WANG Y, WANG C, et al. Oplr16 serves as a novel chromatin factor to control stem cell fate by modulating pluripotency-specific chromosomal looping and TET2-mediated DNA demethylation [J]. Nucleic Acids Research, 2020, 48 (7): 3935-3948.

[8] JIANG Y, FENG D, MA X, et al. Pregnane X receptor regulates liver size and liver cell fate by yes-associated protein activation in mice [J]. Hepatology, 2019, 69 (1): 343-358.

[9] SU Y, YU Y, LIU C, et al. Fate decision of satellite cell differentiation and self-renewal by miR-31-IL34 axis [J]. Cell Death & Differentiation, 2020, 27 (3): 949-965.

[10] ZHU X, LAN B, YI X, et al. HRP2-DPF3a-BAF complex coordinates histone modification and chromatin remodeling to regulate myogenic gene transcription [J]. Nucleic acids research, 2020, 48 (12): 6563-6582.

[11] LIU J, YUE Y, HAN D, et al. A METTL3-METTL14 complex mediates mammalian nuclear RNA N 6-adenosine methylation [J]. Nature chemical biology, 2014, 10 (2): 93-95.

[12] WANG X, FENG J, XUE Y, et al. Structural basis of N 6-adenosine methylation by the METTL3-METTL14 complex [J]. Nature, 2016, 534 (7608): 575-578.

[13] PING XL, SUN BF, WANG L, et al. Mammalian WTAP is a regulatory subunit of the RNA N6-methyladenosine methyltransferase [J]. Cell research, 2014, 24 (2): 177-189.

[14] GERKEN T, GIRARD C A, TUNG Y C L, et al. The obesity-associated FTO gene encodes a 2-oxoglutarate-dependent nucleic acid demethylase [J]. Science, 2007, 318 (5855): 1469-1472.

[15] HU Y, WANG S, LIU J, et al. New sights in cancer: component and function of N6-methyladenosine modification [J]. Biomedicine & Pharmacotherapy, 2020, 122: 109694.

[16] CHEN T, HAO Y J, ZHANG Y, et al. m6A RNA methylation is regulated by microRNAs and promotes reprogramming to pluripotency [J]. Cell stem cell, 2015, 16 (3): 289-301.

[17] LIU J, GAO M, HE J, et al. The RNA m 6 A reader YTHDC1 silences retrotransposons and guards ES cell identity [J]. Nature, 2021, 591 (7849): 322-326.

[18] LIU X, WANG H, ZHAO X, et al. Arginine methylation of METTL14 promotes RNA N6-methyladenosine modification and endoderm differentiation of mouse embryonic stem cells [J]. Nature Communications, 2021, 12 (1): 1-14.

[19] WALPORT L J, HOPKINSON R J, SCHOFIELD C J. Mechanisms of human histone and nucleic acid demethylases [J]. Current opinion in chemical biology, 2012, 16 (5-6): 525-534.

[20] MARTÍNEZ-REYES I, CHANDEL N S. Mitochondrial TCA cycle metabolites control physiology and disease [J]. Nature communications, 2020, 11 (1): 1-11.

[21] ROBERTSON W B, SCHWARTZ B. Ascorbic acid and the formation of collagen [J]. J. biol. Chem, 1953, 201: 689.

[22] UPADHYAY A K, HORTON J R, ZHANG X, et al. Coordinated methyl-lysine erasure: structural and functional linkage of a Jumonji demethylase domain and a reader domain [J]. Current opinion in structural biology, 2011, 21 (6): 750-760.

[23] ESTEBAN M A, WANG T, QIN B, et al. Vitamin C enhances the generation of mouse and human induced pluripotent stem cells [J]. Cell stem cell, 2010, 6 (1): 71-79.

[24] WANG T,CHEN K,ZENG X,et al. The histone demethylases Jhdm1a/1b enhance somatic cell reprogramming in a vitamin-C-dependent manner [J]. Cell stem cell,2011,9 (6):575-587.

[25] CHEN J,LIU H,LIU J,et al. H3K9 methylation is a barrier during somatic cell reprogramming into iPSC [J]. Nature genetics,2013,45 (1):34-42.

[26] HU X,ZHANG L,MAO S Q,et al. Tet and TDG mediate DNA demethylation essential for mesenchymal-to-epithelial transition in somatic cell reprogramming [J]. Cell stem cell,2014,14 (4):512-522.

[27] GAO Y,CHEN J,LI K,et al. Replacement of Oct4 by Tet1 during iPSC induction reveals an important role of DNA methylation and hydroxymethylation in reprogramming [J]. Cell stem cell,2013,12 (4):453-469.

[28] YING Z,XIANG G,ZHENG L,et al. Short-term mitochondrial permeability transition pore opening modulates histone lysine methylation at the early phase of somatic cell reprogramming [J]. Cell metabolism,2018,28 (6):935-945. e5.

[29] ZHANG T,HUANG K,ZHU Y,et al. Vitamin C-dependent lysine demethylase 6 (KDM6)-mediated demethylation promotes a chromatin state that supports the endothelial-to-hematopoietic transition [J]. Journal of Biological Chemistry,2019,294 (37):13657-13670.

[30] DAI H Q,WANG B A,YANG L,et al. TET-mediated DNA demethylation controls gastrulation by regulating Lefty-Nodal signalling [J]. Nature,2016,538 (7626):528-532.

[31] XUE J H,CHEN G D,HAO F,et al. A vitamin-C-derived DNA modification catalysed by an algal TET homologue [J]. Nature,2019,569 (7757):581-585.

[32] LI W,ZHANG T,SUN M,et al. Molecular mechanism for vitamin C-derived C 5-glyceryl-methylcytosine DNA modification catalyzed by algal TET homologue CMD1 [J]. Nature communications,2021,12 (1):1-13.

[33] SONG L,SUN N,PENG G,et al. Genome-wide ChIP-seq and RNA-seq analyses of Pou3f1 during mouse pluripotent stem cell neural fate commitment [J]. Genomics data,2015,5:375-377.

[34] ZHANG M,LAI Y,KRUPALNIK V,et al. β-Catenin safeguards the ground state of mousepluripotency by strengthening the robustness of the transcriptional apparatus [J]. Science advances,2020,6 (29):eaba1593.

[35] SUN J,WANG X,XU R G,et al. HP1c regulates development and gut homeostasis by suppressing Notch signaling through Su (H) [J]. EMBO reports,2021,22 (4):e51298.

[36] ZHU Z,LI C,ZENG Y,et al. PHB associates with the HIRA complex to control an epigenetic-metabolic circuit in human ESC [J]. Cell stem cell,2017,20 (2):274-289. e7.

[37] YU S,ZHOU C,CAO S,et al. BMP4 resets mouse epiblast stem cells to naive pluripotency through ZBTB7A/B-mediated chromatin remodelling [J]. Nature cell biology,2020,22 (6):651-662.

[38] LIU J,HAN Q,PENG T,et al. The oncogene c-Jun impedes somatic cell reprogramming [J]. Nature cell biology,2015,17 (7):856-867.

[39] Wu Y,Chen K,Xing G,et al. Phospholipid remodeling is critical for stem cell pluripotency by facilitating mesenchymal-to-epithelial transition [J]. Science advances,2019,5 (11):eaax7525.

[40] CHEN H,ZENG Y,SHAO M,et al. Calcineurin A gamma and NFATc3/SRPX2 axis contribute to human embryonic stem cell differentiation [J]. Journal of Cellular Physiology,2021,236 (8):5698-5714.

[41] LIU X,SUN H,QI J,et al. Sequential introduction of reprogramming factors reveals a time-sensitive requirement for individual factors and a sequential EMT-MET mechanism for optimal reprogramming [J].

第二章 干细胞基础研究

Nature cell biology, 2013, 15 (7): 829-838.

[42] HE S, CHEN J, ZHANG Y, et al. Sequential EMT-MET induces neuronal conversion through Sox2 [J]. Cell discovery, 2017, 3 (1): 1-14.

[43] WANG J, CUI C, CHIM Y N, et al. Vibration and β-hydroxy-β-methylbutyrate treatment suppresses intramuscular fat infiltration and adipogenic differentiation in sarcopenic mice [J]. Journal of cachexia, sarcopenia and muscle, 2020, 11 (2): 564-577.

[44] GAO L, MEI S, ZHANG S, et al. Cardio-renal exosomes in myocardial infarction serum regulate proangiogenic paracrine signaling in adipose mesenchymal stem cells [J]. Theranostics, 2020, 10 (3): 1060.

[45] DENG S, ZHAO Q, ZHEN L, et al. Neonatal heart-enriched miR-708 promotes proliferation and stress resistance of cardiomyocytes in rodents [J]. Theranostics, 2017, 7 (7): 1953.

[46] YANG M, SHUAI Y, SUNDERLAND K S, et al. Ice-Templated Protein Nanoridges Induce Bone Tissue Formation [J]. Advanced functional materials, 2017, 27 (44): 1703726.

[47] LIU W, LI J, CHENG M, et al. Zinc-modified sulfonated polyetheretherketone surface with immunomodulatory function for guiding cell fate and bone regeneration [J]. Advanced Science, 2018, 5(10): 1800749.

[48] FU J, LIU X, TAN L, et al. Photoelectric-responsive extracellular matrix for bone engineering [J]. ACS nano, 2019, 13 (11): 13581-13594.

[49] WEI Y, MO X, ZHANG P, et al. Directing stem cell differentiation via electrochemical reversible switching between nanotubes and nanotips of polypyrrole array [J]. ACS nano, 2017, 11 (6): 5915-5924.

[50] YAO B, WANG R, WANG Y, et al. Biochemical and structural cues of 3D-printed matrix synergistically direct MSC differentiation for functional sweat gland regeneration [J]. Science advances, 2020, 6 (10): eaaz1094.

[51] KONG Y, MA B, LIU F, et al. Cellular Stemness Maintenance of Human Adipose-Derived Stem Cells on ZnO Nanorod Arrays [J]. Small, 2019, 15 (51): 1904099.

[52] ZHANG S, MA B, LIU F, et al. Polylactic acid nanopillar array-driven osteogenic differentiation of human adipose-derived stem cells determined by pillar diameter [J]. Nano letters, 2018, 18 (4): 2243-2253.

[53] LUO Z, ZHANG S, PAN J, et al. Time-responsive osteogenic niche of stem cells: a sequentially triggered, dual-peptide loaded, alginate hybrid system for promoting cell activity and osteo-differentiation [J]. Biomaterials, 2018, 163: 25-42.

[54] LV L, LIU Y, ZHANG P, et al. The nanoscale geometry of TiO2 nanotubes influences the osteogenic differentiation of human adipose-derived stem cells by modulating H3K4 trimethylation [J]. Biomaterials, 2015, 39: 193-205.

[55] HE L, LI Y, HUANG X, et al. Genetic lineage tracing of resident stem cells by DeaLT [J]. Nature protocols, 2018, 13 (10): 2217-2246.

[56] HE L, PU W, LIU X, et al. Proliferation tracing reveals regional hepatocyte generation in liver homeostasis and repair [J]. Science, 2021, 371 (6532): eabc4346.

[57] HAN X, ZHANG Z, HE L, et al. A suite of new Dre recombinase drivers markedly expands the ability to perform intersectional genetic targeting [J]. Cell Stem Cell, 2021, 28 (6): 1160-1176.

[58] ZHAO H, HUANG X, LIU Z, et al. Pre-existing beta cells but not progenitors contribute to new beta cells in

the adult pancreas [J]. Nature Metabolism,2021,3(3):352-365.

[59] JIN H,LIU K,TANG J,et al. Genetic fate-mapping reveals surface accumulation but not deep organ invasion of pleural and peritoneal cavity macrophages following injury [J]. Nature communications,2021,12(1):1-15.

[60] CHEN G,LIN S,HUANG D,et al. Revealing the fate of transplanted stem cells in vivo with a novel optical imaging strategy [J]. Small,2018,14(3):1702679.

[61] HAN X,WANG R,ZHOU Y,et al. Mapping the mouse cell atlas by microwell-seq [J]. Cell,2018,172(5):1091-1107.

[62] HAN X,ZHOU Z,FEI L,et al. Construction of a human cell landscape at single-cell level [J]. Nature,2020,581(7808):303-309.

[63] MA S,SUN S,GENG L,et al. Caloric restriction reprograms the single-cell transcriptional landscape of Rattus norvegicus aging [J]. Cell,2020,180(5):984-1001.

[64] ZHONG S,ZHANG S,FAN X,et al. A single-cell RNA-seq survey of the developmental landscape of the human prefrontal cortex [J]. Nature,2018,555(7697):524-528.

[65] PENG G,SUO S,CUI G,et al. Molecular architecture of lineage allocation and tissue organization in early mouse embryo [J]. Nature,2019,572(7770):528-532.

第五节　干细胞与表观遗传

　　干细胞的自我更新及谱系分化过程是多种表观遗传信息协同作用的结果。干细胞表观遗传水平调控的研究为生命科学和医学的发展提供了重要的理论基础。人们对干细胞基因组、转录组以及表观组调控网络的研究,为早期胚胎发育与器官形成等科学问题提供了便利的研究素材。与此同时,干细胞的分化潜能为器官修复等医疗手段提供了更多的可能性,其在临床诊断、药物筛选等方面都起到了重大推进作用。近年来,干细胞及其应用过程中的表观遗传水平分析成为了当今干细胞领域研究的热点之一,诸多对人和小鼠等干细胞的特定表观遗传学特征的分析为干细胞的独特性质提供了重要见解,国内科学家在干细胞干性的维持与全能性、干细胞分化与命运决定、早期胚胎发育等领域均取得了喜人进展。

　　本节简单介绍目前研究工作中常涉及的干细胞的表观遗传现象,通过列举数类表观遗传现象以及其机制,为读者带来干细胞表观遗传学的基本理解。

一、表观遗传学概述

　　表观遗传是一种不发生 DNA 序列的改变,而是由于染色体的变化引起的稳定的可遗传的变化[1]。目前研究较多的表观遗传机制包括组蛋白的修饰及组蛋白变体的掺入、DNA甲基化与去甲基化、5'-三磷酸腺苷(ATP)依赖性的染色质重塑、非编码 RNA(ncRNA)、RNA 的修饰等。表观遗传信息的细微改变可能导致细胞内局部染色质构型、开放性或结构的改变。

（一）DNA 甲基化

以真核生物为例,DNA 甲基化是一种普遍存在的表观遗传变化,其中被人们研究最深入的 DNA 甲基化模式是 5-甲基胞嘧啶。这种 DNA 甲基化模式的本质是甲基转移到胞嘧啶的 C5 位置而产生的 DNA 序列的共价修饰。大多数 DNA 甲基化发生在 CpG 二核苷酸序列上,5mC 含量占人类基因组的约 1%。通常情况下,DNA 甲基化通过募集参与基因表达抑制的蛋白或干扰转录因子与 DNA 的结合来调节基因的表达,并且在这一过程中进一步耦联其他辅阻遏蛋白和组蛋白修饰酶,导致抑制性染色质结构的形成和基因沉默[2]。

DNA 甲基化由 DNA 甲基转移酶(DNA methyltransferases,Dnmts)家族催化(图 2-3)。其中 Dnmt3a 和 Dnmt3b 在结构和功能上极为相似,两者均可以为未修饰的 DNA 建立新的甲基化,因此被称为从头(denovo)DNA 甲基转移酶[3]。另一方面,在 DNA 复制过程中,Dnmt1 定位于复制叉,将 DNA 甲基化模式从亲本 DNA 链复制到新合成的子链上,以精确模仿 DNA 复制前存在的原始甲基化模式,因此被称作维持性 DNA 甲基转移酶[4]。在胚胎发育的过程中,以上 3 种 Dnmts 都广泛参与了调控过程。而当细胞达到终末分化状态时,Dnmts 的表达则会大大降低,这表明通常情况下,处于分化末端的细胞中 DNA 甲基化模式是相对稳定的[5]。这 3 类 Dnmts 在特定发育阶段的缺失均会导致不同程度的胚胎发育阻滞甚至胚胎死亡[6]。同时,其缺失也是多种癌症例如血液系统癌变及消化系统等恶性肿瘤的重要表象或成因之一[7-9]。此外,DNMT 家族还存在一个特殊的成员 DNMT3L,与其他 DNMT 家族成员不同,它缺乏其他 DNMT 酶中存在的催化结构域。尽管 DNMT3L 自身没有催化功能,但它可以与 DNMT3A 和 DNMT3B 结合并刺激它们的甲基转移酶活性,从而调节从头 DNA 甲基化[10]。但是基于目前的研究,DNMT3L 如何调节 DNA 甲基化以及决定其功能特异性的具体原理尚不清楚。

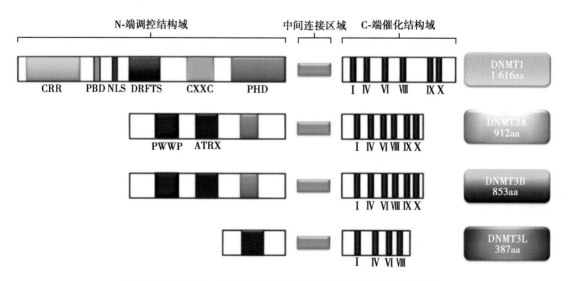

图 2-3　哺乳动物 DNA 甲基转移酶(DNMTs)家族的基本结构

DNA 甲基化是可逆的,DNA 去甲基化的过程可以是被动或者主动的。被动 DNA 去甲基化往往发生在各类分裂细胞之中。如前文所说,由于 DNMT1 在细胞复制过程中主动维持 DNA 甲基化,因此它的抑制或功能障碍将致使新掺入的胞嘧啶保持未甲基化的状态,因此降低了每次细胞分裂后的总体甲基化水平。而主动的 DNA 去甲基化作用既可以在分裂细胞也可以在非分裂细胞之中发生[11,12]。迄今为止的研究中人们尚未发现在哺乳动物细胞内能够直接使胞嘧啶与甲基的强共价碳-碳键断裂的机制。但是经过一系列酶促反应完成的脱甲基过程则已经有部分证据。在主动的 DNA 去甲基化过程中,目前有 2 种广泛被学界接受的机制。是具有脱氨酶活性的 AID/APOBEC 介导的脱氨作用使 5-甲基胞嘧啶转化成为胸腺嘧啶,产生胸腺嘧啶/鸟嘌呤错配,进而诱发碱基切除修复途径进行纠正[13]。是由 Tet 酶(ten-eleven translocationenzymes)家族的 Tet1,Tet2,Tet3 介导的氧化还原途径。Tet 酶可以在 5-甲基胞嘧啶的甲基上添加一个羟基以形成 5-羟甲基胞嘧啶。5-羟甲基胞嘧啶则可以通过 2 种途径转化回胞嘧啶。第一种途径是 Tet 酶通过反复氧化将 5-羟甲基胞嘧啶氧化成 5-甲酰基胞嘧啶,然后氧化成 5-羧基胞嘧啶。在第二种途径中,5-羟甲基胞嘧啶被 AID/APOBEC 脱氨形成 5-羟甲基尿嘧啶。这几种途径最终都需要通过碱基切除修复的方式获得无修饰的胞嘧啶[14]。

(二) 组蛋白修饰与组蛋白变体

真核细胞中的 DNA 并非裸露的,而是以染色质的形式存在的。核小体是染色质的基本结构单位,其中 146~147 个碱基对的 DNA 及核心组蛋白八聚体组成了核小体的核心结构[15]。而接头组蛋白 H1 在 DNA 进口和出口点与核小体结合,并保护连接相邻核小体的 DNA。这些组蛋白的 N 端和 C 端尾巴可以进行丰富的翻译后修饰,例如常见的甲基化、乙酰化、磷酸化等。组蛋白修饰可以改变组蛋白尾巴的电荷和结构,从而改变染色质状态和基因表达[16]。迄今为止,已发现组蛋白修饰在多种细胞的生命活动中起着重要作用。

组蛋白甲基化以往被认为是稳定且不可逆的,这类修饰在一定程度上调控某些基因组区域的长期维持。然而随着赖氨酸去甲基化酶 1(Lsd1)作为第一个组蛋白去甲基化酶被发现,人们开始重新审视这一表观遗传现象[17]。组蛋白甲基化通常由组蛋白 H3 和 H4 的赖氨酸(K)残基上添加甲基而成,根据甲基的数量分为单甲基化、二甲基化和三甲基化(分别为 me1、me2 和 me3),它们被视为基因表达的活性或抑制性标记,是最重要的转录后修饰之一[18]。组蛋白甲基转移酶催化了这一过程,该酶使用 S-腺苷甲硫氨酸作为底物,将甲基转移至组蛋白的赖氨酸残基上[19]。其中 H3K4、H3K36 和 H3K79 的甲基化被视为活跃转录的基因区域的标记[20-22],而 H3K9、H3K27 和 H4K20 的甲基化则通常与基因表达的沉默和染色质的压缩有关[23-25]。这些组蛋白修饰在染色质中并非相互排斥的,同一基因位点中存在带有 2 个或 3 个组蛋白修饰的情况,被称作二价修饰或三价修饰,这种同一位点的复数修饰被认为与基因表达的动态平衡有关[26]。

组蛋白乙酰化通常被认为是一种活跃的组蛋白修饰。它同时受组蛋白乙酰转移酶和组蛋白去乙酰化酶动态调控。组蛋白乙酰化会使赖氨酸残基的正电荷减少,从而抑制组蛋白尾巴与带负电荷的 DNA 之间的结合,并最终导致 DNA 暴露。此外,相同赖氨酸残基中的乙酰化和甲基化或可作为拮抗剂互相抑制,进而引发不同组蛋白修饰之间的复杂调控[27-28]。

组蛋白由多个等位或非等位基因编码,从而产生具有不同序列的不同亚型(表 2-1)[29]。传统的组蛋白几乎只在细胞周期的 S 期表达,并且随着 DNA 复制整合到新生染色质中,而复制无关的组蛋白变体则在整个细胞周期中均有表达[30]。组蛋白变体通过特定的组蛋白伴侣组装到染色质上[31-33]。引入组蛋白变体的核小体的结构差异通常会影响核小体中组蛋白之间的相互作用,因此会影响其染色质的稳定性以及开放/紧凑的染色质构象。

表 2-1　常见的组蛋白变体及其功能

组蛋白变体	相关因子	已知功能
H2A.X	FACT	DNA 双链损伤修复
H2A.Z	INO80,SWR1	核小体定位与下游基因的去激活
macroH2A	ATRX	平衡基因调控与稳定细胞分化状态
H3.3	HIRA,DAXX/ATRX	富集在活跃转录的基因、调控区以及某些特定异染色质,与转录的激活有关
CENP-A	HJURP	参与着丝粒与动粒的组装

(三) 染色质重塑

染色质结构并不是均匀的,其部分区域呈现相对松散或凝缩的状态。通常认为在染色质的松散区域中,DNA 处于相对"开放"状态,更容易被控制基因表达的其他蛋白质如转录因子和 RNA 聚合酶等结合。而处于"关闭"状态的凝缩区域则可及性较低,与转录相关的蛋白质很难检索并进行结合,因此这些区域的基因表达将被抑制。染色质重塑改变了染色质的"关闭"和"开放"状态,从而调节了基因表达和细胞的生命活动[34]。染色质重塑的过程是通过染色质重塑复合物介导的,ATP 依赖的染色质重塑复合物利用水解 ATP 释放的能量来破坏核小体中组蛋白与 DNA 的相互作用,改变核小体状态并调控染色质结构。根据这些重组复合物中 ATPase 的序列和结构可分为 4 个家族:SWI/SNF、ISWI、CHD 和 INO80。人体内的上述家族的复合物详细信息可参考表 2-2[35-37]。

表 2-2　人体内 ATP 依赖的染色质重塑复合物

复合物家族	主要重塑复合物	亚基数量	催化亚基
SWI/SNF	BAF	10	hBrm/BrgI
	PBAF	12	BrgI

复合物家族	主要重塑复合物	亚基数量	催化亚基
ISWI	ACF	2	Snf2H
	CHRAC	4	Snf2H
	NoRC	2	Snf2H
	RSF	2	Snf2H
	WICH	2	Snf2H
	NURF	3	Snf2L
CHD	CHD1	1	Chd1
	CHD2	1	Chd2
	NuRD	7	Chd3/Chd4（Mi-2α/Mi-2β）
INO80	INO80	15	hIno80
	SRCAP	9	SRCAP
	TRRAP/Tip60	16	P400

（四）ncRNA 及 RNA 的修饰

许多研究证明，基因表达不仅在很大程度上受到蛋白质的调控，而且还受非编码 RNA（non-coding RNA，ncRNA）的调节。随着高通量测序技术的发展及普及，越来越多的 ncRNA 被逐渐发现，ncRNA 参与各种生理过程的机制成为了人们研究的热点[38]。其中，microRNA、siRNA、lncRNA 和 PIWI 相互作用 RNA（piRNA）等已显示出在不同水平上参与转录调控的功能，包括染色质结构改变、表观遗传记忆、基因转录、RNA 的剪接、蛋白翻译和更新等[39]。

同 DNA 修饰类似，RNA 上也存在着多种多样的修饰，这些修饰通过影响 RNA 结构增加了 RNA 分子的复杂性，昭示着更为丰富多彩的 RNA 生物功能和调控体系。其中，对于 N6-甲基腺苷（m6A）的研究最为深入。自 20 世纪 70 年代首次发现以来，N6-甲基腺苷被认为是包括哺乳动物在内的大多数真核生物中最普遍的 mRNA 修饰[40]，在 mRNA 和 ncRNA 中广泛而丰富。RNA 可以分别通过专用的甲基转移酶和去甲基化酶进行甲基化和去甲基化处理[41]。m6A 的建立是由 m6A 甲基转移酶复合物完成的，该复合物由核心成分——具有甲基转移酶活性的 Mettl3/Mettl14 异二聚体和包括 Wtap、KIAA1429、ZC3H13 和 RBM15/RBM15B 等在内的调节因子组成[42]。同时，RNA m6A 修饰可以被依赖于 α-酮戊二酸和依赖于 Fe（Ⅱ）的去甲基化酶去除，如 FTO 和 Alkbh5[43]。m6A 修饰建立和擦除之间的动态平衡对于在细胞中维持适当的 m6A 水平和基因表达很重要。因此，m6A 甲基化酶和去甲基化酶的突变或失调通常会引发细胞生命活动的紊乱，在具有关键生物学功能的 RNA 上异常添加或去除 m6A 常与疾病（例如癌症）的发生相关。

二、表观遗传调控与干细胞的干性调节

细胞的干性是指细胞能分化成多胚层细胞的能力。哺乳动物的受精卵及发育早期的胚胎细胞可以独立发育成完整的个体以及胚外组织,称为全能性细胞。而培养的胚胎干细胞大多数只能分化成胚胎组织,不具有分化成胚外组织的能力,称为多能性。随着发育的进行,细胞的干性会逐渐减弱,成熟的成体干细胞通常只能分化成特定种类的体细胞[44-45]。探索细胞干性维持的机制一直是干细胞研究的热点。一些早期研究比较了胚胎干细胞及其分化后细胞的整体转录特征,这些研究的结果表明干细胞在其各个分化阶段的转录组存在着显著变化,但是当时大多数候选基因仍没有被验证功能[46]。后续的研究中许多实验室通过针对单个基因的遗传研究成功地确定了关键的多能性的因子,同时表观遗传调控研究所关注的基因产物与染色质等之间的相互作用关系为干细胞特性的研究提供了新鲜的例证。为了达到临床应用的最终目的,需要将干细胞有效地分化成特定的谱系,并且必须从分化的细胞中消除未分化至特定阶段的干细胞。因此了解干细胞多能性与干性的分子机制与表观遗传调控网络是更好地理解和利用干细胞的必经之路。

(一)胚胎干细胞的多能性与干性调控

源自内细胞团的胚胎干细胞具有无限的自我更新潜力,且具有多能性,具备分化为除胚外组织外所有细胞谱系的能力[47]。在发育过程中,干细胞选择维持多能性或是向下游谱系分化是被严格调控的。在以往的研究中已证明关键的多能性因子(例如 OCT4、NANOG 和SOX2)可以保持多能性状态并阻止分化,而在对立角度上,分化的主要调控因子则相反地促进分化并有效消除多能性[48]。多能性因子的调控并非独立,其与表观遗传调节因子协同作用,以维持胚胎干细胞多能性。首先,多能性因子调节编码表观遗传控制因子的基因。研究表明,OCT4、SOX2 和 NANOG 共同调控某些编码染色质重塑和组蛋白修饰复合物的基因,例如 *Smarcad1*、*Mys3* 和 *Set*[49]。第二,多能性因子还与组蛋白修饰酶和染色质重塑复合物相互作用。NANOG 和 OCT4 与组蛋白去乙酰化酶 NuRD(P66b 和 HDAC2),聚梳基团(*YY1*,*Rnf2* 和 *Rybp*)以及 SWI/SNF 染色质重塑复合物(Baf155)等直接或间接相互作用并调控其功能[50]。最后,多能性因子的表达同样受到表观遗传修饰的调控。例如,组蛋白去甲基化酶 Jmjd1a 通过在启动子处去除 H3K9me2 修饰,从而启动多能性相关基因 *Tcl1*、*Tcfcf2l1* 和 *Zfp57* 的表达[51]。Jmjd2c 则被证实可以去除 NANOG 启动子上的 H3K9me3 修饰,以正向调节 NANOG 的表达[52]。诸如此类的例子还有许多,而通过上述研究也可以发现除了这些重要的转录调节因子外,表观遗传修饰因子在调节多能性和分化之间的平衡中也起着决定性的作用。

1. 组蛋白修饰对细胞干性的调控 随着组蛋白去甲基化酶的发现,组蛋白甲基化动态调控的研究被人们带进了各个领域。Jumonji domain 蛋白家族的成员可以催化组蛋白赖氨酸的去甲基化,并且已被证明在促进胚胎干细胞自我更新、多能性和分化中起重要作用[51,52]。例

如，Rbp2（Jarid1a）有着特异性催化 H3K4me3 和 H3K4me2 的去甲基化能力，Rbp2 可以与 PRC2 复合物相互作用，并将 Rbp2 募集到 PcG 靶基因上，以增强 PcG 介导的基因阻抑作用[53]。在胚胎干细胞分化过程中，需要 Rbp2 擦除 H3K4me3 标记，以使分化过程中的基因表达沉默，而 ChIP 测序结果则表明这些靶基因也高度富集了抑制性 H3K27me3 修饰；而在胚胎干细胞分化过程中 PRC2 和 Rbp2 的影响都被在分化过程中被激活的启动子所取代，从而导致 H3K27me3 标记的去除和 H3K4me3 标记的沉积[54]。

胚胎干细胞中组蛋白修饰的一个重要特征是存在大量的二价基因区域，即同一基因组位点上同时存在激活性的 H3K4me3 修饰和抑制性的 H3K27me3 修饰[26]。研究认为这些二价修饰在胚胎干细胞中抑制基因的表达，但是为分化过程中关键基因的快速激活提供了一个静息状态[55]。H3K4me3 或者 H3K27me3 修饰的甲基转移酶缺陷都会对胚胎干细胞的功能产生严重的影响。敲除 PRC2 复合体相关蛋白会导致 H3K27me3 修饰的大量去除，并引起人胚胎干细胞自我更新的障碍以及内中胚层基因表达的上调[56]。同样的，H3K4 甲基转移酶 Set1a 的缺失也会导致细胞增殖障碍以及细胞凋亡的增加[57]。

除组蛋白甲基化外，胚胎干细胞的多能状态也受组蛋白乙酰化的调节，添加组蛋白去乙酰化酶抑制剂可防止胚胎干细胞分化。而发生分化后的胚胎干细胞则表现出染色质结构更紧凑且转录不活跃的状态，同时该过程伴随着组蛋白 H3 和 H4 的总体乙酰化水平降低[58]。几种组蛋白乙酰转移酶（例如 Tip60、p300 和 Gcn5）的敲除则导致谱系特异性基因的异常表达和胚胎干细胞分化能力的严重缺陷[59]。另外，使用 HAT Mof 的条件敲除胚胎干细胞系发现 HAT Mof 缺失导致胚胎干细胞自我更新丧失和拟胚体形成缺陷，并伴有 H4K16 乙酰化（K16ac）减少和转录组整体变化，并且证明 Mof 可以直接调控胚胎干细胞核心转录因子 *NANOG*、*OCT4* 和 *SOX2* 的表达[60]。

2. **细胞干性与染色质结构**　在胚胎干细胞中活跃的基因在发育后期逐渐被沉默，而细胞谱系特异性基因被激活，这一过程伴随着染色质结构的改变。而胚胎干细胞在干性维持中对于自身染色质状态的调控也至关重要。多能干细胞的整体染色质结构通常是相对松散且易于转录的，在分化时染色质则被修饰成更具抑制性的状态，包括抑制性组蛋白修饰的增加、染色质可及性降低、组蛋白变体的变化以及多能性因子的去除等。

在胚胎干细胞中，组蛋白变体 H2A.Z 的含量较高。有研究证实，组蛋白变体 H2A.Z 与核小体解聚相关，这表明 H2A.Z 在调节核小体的稳定性和完整性中起关键作用，H2A.Z 可能通过调节核小体的凝集状态而参与调节 CTCF 的结合，从而调控染色质的状态和基因表达[61]。随着干细胞的分化，抑制性 H3K9me3 修饰在全基因组水平会逐渐增加，组蛋白变体 macroH2A 也会在基因组上逐渐累积，导致基因组整体水平上表现为更加致密的结构[62,63]。

维持干性的多能性因子的表达也受到染色质结构的调控。如多能性因子 NANOG 和其他几个发育调控因子的基因座是位于 DNase I 超敏位点的位置。这些超敏位点便于多能性因子 OCT4、NANOG、ZFP281 和 Nac1 等的结合,进一步通过改变染色质高级结构来调控多能性基因的表达[64,65]。另外,染色质重塑复合物在染色质结构改变的过程中也扮演了必要角色,例如 BAF(Brg/Brahma 相关因子)或哺乳动物 SWI/SNF 复合物利用 ATP 水解产生的能量来改变染色质状态,从而控制最终影响转录组和细胞命运的转录调节子在基因组上的结合能力[36]。尽管通过 BAF 复合物影响胚胎干细胞命运决定的精确分子机制仍在发掘中,但是已有的研究通过对胚胎干细胞中 BAF 复合体不同亚基的敲除可以改变不同多能性转录因子的表达,并不同程度地损害了胚胎干细胞的分化能力,相应的多能性因子的表达也随之降低,这证明了 BAF 复合物在胚胎干细胞自我更新和分化中的重要作用[66]。

3. miRNA 与胚胎干细胞干性　在胚胎干细胞中,miRNA 可以起到维持自我更新的作用,或者可以通过抑制多能性基因来使其适当分化[67]。有关 miRNA 调控干性的重要证据来自 miRNA 测序以及部分基因敲除的干细胞系,目前已经产生并鉴定了包括 *Dgcr8* 和 *Dicer1* 等基因被敲除的几种胚胎细胞系(*Dgcr8* 和 *Dicer1* KO ESC),这些细胞模型的详细分析均表明 miRNA 的减少和细胞干性丧失有关。*Dicer* 敲除的小鼠胚胎干细胞系表现出多能性的削弱,出现了细胞 G1 期停滞和细胞凋亡的增加,同时细胞的自我更新也受到了阻碍[68]。然而,在人胚胎干细胞中 DICER1 的功能则不尽相同:DICER1 缺失增加了促凋亡基因的表达和细胞凋亡率,导致自我更新失败,但是并未发生与小鼠胚胎干细胞中 G1 期阻滞类似的情况[69]。miRNA 在胚胎干细胞的多能性维持以及自我更新中的作用见表 2-3。

表 2-3　miRNA 在胚胎干细胞的多能性维持以及自我更新中的作用[70]

miRNA 簇/家族	在胚胎干细胞中的部分功能
miR-290-295 集群(miR-290,miR-291a,miR-292,miR-291b,miR-293,miR-294,miR-295)	抑制 CYCLIN E-CDK2 途径的抑制剂调控细胞周期进程 维持干性 维持部分发育相关基因的二价状态 抑制 Rbl2 诱导多能性基因的甲基化 增强分化相关途径(MEK)
let-7 家族(let-7a,let-7b,let-7c,let-7d,let-7e,let-7f,let-7g,let-7i,miR-98,miR-202)	诱导胚胎干细胞分化和抑制 LIN28 抑制细胞周期 调控细胞凋亡
mir-302-367 群集(miR-302b*,miR-302b,miR-302c*,miR-302c,miR-302a*,miR-302a,miR-302d,miR-367)	诱发多能性 抑制 CYCLIND1 和其他 G1 期负调节因子诱导干细胞进入 S 期 染色质组织,囊泡运输,肌动蛋白细胞骨架,细胞外基质成分,多能性和自我更新的调节
mir-371-373 集群(miR-371,miR-372,miR-373*,miR-373)	抑制 WEE1 和 CDKNIA 的细胞周期调控
miR-134,miR-296,miR-470	靶向多能因子 NANOG,OCT4 和 SOX2,导致 MRNA 抑制和小鼠胚胎干细胞分化
miR-34a,miR-100,miR-137	抑制 Sirt1,Smarca5 和 JARID1B 与胚胎干细胞分化

miRNA 簇/家族	在胚胎干细胞中的部分功能
miR-23a/24/27a 集群	靶向 OCT4,Foxo1,Smad2/3(由 miR-27a 进行)和 Smad4(由 miR-24 进行)进行自我更新沉默和胚胎干细胞分化
miR-125a,miR-125b	靶向 BMP4 共同受体 Dies1 来下调 BMP4 途径,以确保小鼠胚胎干细胞的正确分化
miR-1305,miR-145	POLR3G 的转录后抑制从而下调了关键的多能性因子 OCT4,SOX2 和 KLF4 的转录后抑制,抑制自我更新并诱导分化

4. RNA 甲基化与干细胞多能性调节　在前文中我们以极具代表性的胚胎干细胞为例,展示了近年来国内外相关研究的杰出成果,简要描述了诸如组蛋白修饰、染色质重塑复合物与染色质高级结构等丰富多元的表观遗传修饰对其多能性以及干性的维持产生的影响。而在面对 RNA 甲基化这类新型研究领域时,尽管在理解 m6A RNA 转录后修饰方面已取得了巨大进展:m6A 相关甲基转移酶和去甲基化酶的发现已经部分揭示了 RNA 甲基化对干细胞多能性和分化的调节机制;但是该领域相关的研究仍处于起步阶段,研究结果尚少,且部分结论尚未达成统一。

m6A 甲基转移酶目前已有 3 种亚基被鉴定并命名,它们分别为 Mettl3、Mettl14 和 Wtap。Mettl3 和 Mettl14 表现出甲基转移酶活性,而 WTAP 作为调节亚基[71]。Mettl3 催化 m6A 发生在小鼠和人胚胎干细胞中已被证实,并被证明与干细胞身份维持与分化潜力有关。小鼠胚胎干细胞中的 *Mettl3* 敲降会导致其自我更新能力的丧失和谱系分化因子的明显升高[72]。但是另一项关于基因染色质相关锌指蛋白 217(Zfp217)的研究则得出了矛盾的结论,该蛋白可以螯合 Mettl3,是 Mettl3 的主要抑制因子之一。而敲除 *Zfp217* 却导致了干细胞自我更新和分化受损[73]。Mettl14 与 Mettl3 具有较高的同源性,两者常以异二聚体的形式共同参与 m6A 的建立[74],*Mettl14* 缺失对胚胎干细胞分化的影响也与 *Mettl3* 相似。*Mettl14* 敲除的小鼠胚胎干细胞系无法及时下调多能性调节因子从而导致了分化能力的异常[75,76]。Wtap 的降低导致 m6A 的减少更为明显,并可导致细胞死亡,Wtap 对于内胚层和中胚层的分化十分重要。*Wtap* 突变的小鼠胚胎干细胞未能表达关键的内胚层标志分子 *Foxa2* 或中胚层标志分子 *Brachyury*,在原肠运动中表现出异常的形态并死亡[77]。遗憾的是,m6A 去甲基化酶 Fto 和 Alkbh5 的研究往往基于特定的疾病模型体系,对于其与干细胞多能性调节的研究尚存空缺。但是其在疾病模型中表现出的分化失调与癌变等也暗示了其对于细胞干性维持的作用。

在胚胎干细胞中,m6A 在多能性相关 mRNA 和谱系特异性 mRNA 中广泛存在。这表明 m6A 可以通过对细胞命运转变必需的各种基因表达的微调来影响 RNA 代谢过程,从而有助于干细胞多能性的维持和有效的分化[78]。先前的研究揭示了 m6A 修饰在干细胞中的关键作用,而近期的关于 lncRNA 的 m6A 修饰研究则为 m6A 的功能提供了一个全新的角度。有研究表明,linc1281 的 m6A 修饰可以调控小鼠胚胎干细胞的分化,linc1281 的缺失影响了小鼠胚胎干细胞的分化,而 m6A 在 linc1281 转录本中高度富集,linc1281 通过 m6A 依赖性的对多能性相关的 let-7 家族 miRNA 的隔离来维持细胞的干性[79]。

(二) 原始态与始发态多能干细胞的表观遗传差异

在发育过程中,多能性状态并不是稳定且一成不变的,随着发育的进行,胚胎干细胞的多能性可以分为两个不同阶段即原始态(naïve state)和始发态(primed state)。在小鼠中,这两种细胞的体外状态分别为小鼠胚胎干细胞和小鼠外胚层干细胞(mouse epiblast stem cell,mEpiSC)。这两类多能态干细胞类型表现出明显不同的发育潜力,初始态多能干细胞能够构建囊胚嵌合体,而始发态干细胞则不具备类似的能力(图 2-4)[80]。后来的研究发现在人的胚胎发育过程中同样存在这 2 种不同状态的多能性干细胞。人类原始态多能干细胞的体外稳定捕获及关键特征成为近十年来科学家们关注的重点。然而,这些具有差异发育潜力的多能干细胞背后的表观遗传差异研究尚待完善。阐明这种表观遗传差异将有助于更好地理解这

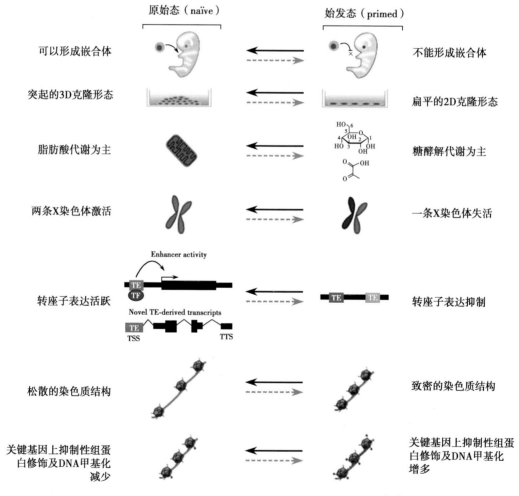

图 2-4　原始态和始发态多能干细胞的关键特征比较[81]

些多能性状态的基本特性并且推动二者之间互相转化的研究,可为干细胞的命运决定与细胞身份维持等提供新的见解。

1. **组蛋白与 DNA 甲基化的差异** 组蛋白修饰模式在原始态和始发态多能干细胞之间存在差异[82]。通常认为,原始态多能性的建立伴随着激活型组蛋白修饰的获得或抑制型组蛋白修饰的丢失[83,84]。在最近的研究中,人们还报道了原始态多能干细胞和始发态多能干细胞之间增强子区域的组蛋白修饰的差异。而其中即使是表达水平相近的基因的顺式调节回路也有显著差异,这说明即使在很大程度上两者共享一个通用的转录程序,它们的维持所依赖的信号传导途径也是存在差异的[85]。在小鼠胚胎干细胞中,很多基因存在多个增强子,包括显性近端增强子和休眠远端增强子(种子增强子)。但在小鼠外胚层干细胞中,原始态的显性增强子功能丢失,种子增强子承担主要的转录控制功能。种子增强子增加了序列保守性,当细胞从原始态多能性转变为体细胞调控程序时,种子增强子可确保适当的增强子利用和转录保真度[85]。一个很好的例子是 OCT4 增强子的使用,其中远端增强子优先用于初始状态,而近端增强子主要用于始发状态。这种区别意味着长距离染色质相互作用的差异,这可能有助于局部染色质 3D 结构的转变。然而,目前的研究手段很难简明扼要地统括组蛋白修饰的所有差异并精确地指明其中的关键差异要素,并且这些组蛋白差异本身是否是转录模式差异的先决条件也存在争议,有观点认为这些组蛋白修饰可能是其不同转录模式在染色体上的投射[86]。

原始态与始发态干细胞的 DNA 甲基化也存在差异;据报道,原始态小鼠胚胎干细胞的基因组 DNA 通常是低甲基化的,而始发态的小鼠外胚层干细胞却是高甲基化的[87]。在体外 2i/LIF(2 种 MEK 和 GSK3 抑制剂与白血病抑制因子 LIF)培养基中培养的原始态小鼠胚胎干细胞中表现出包括基因组印记在内的广泛的 DNA 甲基化缺失[88]。而在血清/LIF 培养基中培养的小鼠胚胎干细胞的 DNA 甲基化水平则处于二者之间,这种层次显著的 DNA 甲基化状态差异即是小鼠胚胎干细胞和小鼠外胚层干细胞表观遗传差异的一个明显例子。

2. **X 染色体失活** 原始态和始发态多能干细胞的另一个主要区别是 X 染色体状态的差异。X 染色体失活(X chromosome inactivation,XCI)是哺乳动物胚胎发生过程中至关重要的表观调控事件。X 染色体失活的程序相当复杂,由许多调控网络共同监管[89]。Xist-RNA 对 X 染色体的包裹被认为是 XCI 启动最早的事件之一[90]。随后 RNA pol II 和活性组蛋白修饰如 H3K4me2/3 被擦除并招募 PRC2 和 PRC1,同时抑制性组蛋白标记如 H3K27me3 和 H3K9me2 被添加到失活的 X 染色体中。最近的报道中还说明转录阻抑物 SPEN 是用于启动 X 染色体失活的重要因子,可以在活性增强子和启动子处桥接 Xist-RNA 与转录机器以及核小体重构复合物和组蛋白脱乙酰酶的相互作用[91],而 Xist RNA 结合蛋白 PTBP1、MATR3、TDP-43 和 CELF1 的组装也对 X 染色体的失活有重要的影响[92]。随后 macro-H2A 和 Ash2L 的招募被认为是相较晚发的事件。因此,确定 X 染色体失活程序启动以及随后染色体行为的分子标记值得进一步探究。

雌性 X 染色体失活状态这一表观遗传因素在拥有不同发育潜能的细胞系之间差异显著,同时在分化过程中其状态也各有异同[93]。X 染色体失活在所有体细胞谱系中往往在植入后外胚层阶段完成。有报道称,雌性小鼠外胚层干细胞中就已经出现一条失活的 X 染色体(Xi),且其富含 H3K27me3 标记,而初始态小鼠胚胎干细胞有 2 个活跃的 X 染色体(Xa)[94]。小鼠外胚层干细胞中外源性 Klf4 的强制表达也可导致 Xi 再激活[95]。由此可见,XCI 状态与细胞的分化状态密切相关。

(三)细胞的全能性与表观遗传调控

来源于内细胞团的胚胎干细胞具有三胚层分化的能力,但是不能分化成胚外组织,因此体外培养的胚胎干细胞通常不具有完整的全能性。体外全能性的获得和维持一直是干细胞研究领域的热点和难点。近年来,在对胚胎干细胞的研究中发现胚胎干细胞中存在一个小的细胞群体会呈现类似于 2-细胞胚胎(2C-like)的基因表达模式。这类细胞表达合子基因组激活(zygotic genome activation,ZGA)相关的基因,并且具有部分的胚外组织嵌合能力[96,97]。另外,最近的研究表明,体外通过化学小分子诱导同样可以获得多能干细胞,被称为 EPSC,EPSC 不仅可以嵌合到胚胎内组织细胞,还可以嵌合到胚外组织胎盘和卵黄囊中,EPSC 所得到的嵌合体小鼠具有生殖系传递的能力,证明其具有一定的全能性[98,99]。全能性细胞的表观遗传特征对全能性的获得和维持至关重要,近年来微量测序方法的建立和广泛应用也为这一领域的研究提供了强大的技术支持。

1. 2C-like 胚胎干细胞的表观遗传特征 2C-like 胚胎干细胞并不是稳定存在的,他是胚胎干细胞在培养过程中一个瞬时的状态改变,胚胎干细胞会自发变成 2C-like 胚胎干细胞,而 2C-like 胚胎干细胞也会失去 2C-like 的特性,从而维持一个动态平衡的状态。因此发生在 2C-like 胚胎干细胞上的表观遗传改变大多是瞬时的,但也是实现其功能所必需的。

与普通的胚胎干细胞相比,2C-like 胚胎干细胞整体的染色质状态与 2-细胞胚胎接近,染色质结构更加松散。DNA 甲基化测序发现,在胚胎干细胞向 2C-like 状态转变的过程中,包括基因的启动子、基因体以及重复序列在内的大量基因组位点会发生明显的 DNA 去甲基化。但是直接敲除细胞的 DNA 甲基化酶却并不会引发胚胎干细胞向 2C-like 状态转变,这说明广泛的 DNA 去甲基化是细胞进入 2C-like 状态的一个变现,而不是导致 2C-like 细胞产生的原因[100]。细胞的 2C-like 状态是瞬时的,当细胞退出 2C-like 状态时,基因组的 DNA 甲基化状态又会恢复到原来的水平,这个过程与 *Zscan4* 的瞬时表达有关,*Zscan4* 可以通过降解 DNA 甲基化相关蛋白 Uhrf1 以及 Dnmt1 来实现 DNA 甲基化的去除[101]。

除了 DNA 甲基化的改变,组蛋白修饰在胚胎干细胞向 2C-like 状态转变的过程中也会发生明显的改变,同时伴随着重复序列的瞬时激活以及合子基因组激活相关基因的表达[102]。在异染色质区域,激活性的 H3K27ac 修饰有显著增加,但是抑制性的 H3K9me2 修饰以及 DNA 甲基化却没有显著的去除。这种特性可能跟 2C-like 状态的不稳定有关,并且保证了随后状态的迅速转变。另外在很多被激活的基因启动子区域也有 H3K27ac 水平的显著增加[102]。2C-like 细胞中特异性高表达的 *Zscan4c* 基因被证实可以与多种表观修饰因子形成复合体，从而调控细胞的表观遗传[103]。除了 DNA 甲基化和组蛋白修饰的改变之外，2C-like 胚胎干细胞也呈现出更高的组蛋白流动性以及更高的染色质可及性。这些特性都与 2C-like 胚胎干细胞独特的基因表达谱密切相关。

2. EPSC 的表观遗传改变　2017 年，北京大学的邓宏魁团队和剑桥大学的刘澎涛团队采用小分子诱导的方式分别从胚胎干细胞和小鼠的 8-细胞胚胎中建立起可以稳定传代的多能胚胎干细胞系（分别称为 extended pluripotent stem cell 和 expanded potential stem cell，均简称 EPSC），并且具有胚外组织嵌合的能力。这些 EPSC 在表观遗传水平上也与现有的胚胎干细胞有明显的不同。

EPSC 最早是从 8-细胞胚胎中建立起来的，因此它的表观遗传特征更类似于小鼠的 8-细胞胚胎[98]。其 DNA 甲基化处于相对中等的水平，但是 5-羟甲基胞嘧啶的含量却很高，这可能与 8-细胞胚胎正在经历的广泛的 DNA 主动去甲基化过程类似，转录组分析也证实与 DNA 甲基化相关的甲基化酶和去甲基化酶在这类细胞中都处于较高的表达水平。与基因组的多数位置相比，印迹调控区域（imprinting control region，ICR）的 DNA 甲基化水平通常较高，并且对于细胞发育潜能的维持起到重要作用[104]。与胚胎干细胞相比，EPSC 更容易维持 ICR 区域的 DNA 甲基化稳定，这可能与其较高的发育潜能有关[99]。在组蛋白修饰方面，小鼠的 EPSC 具有较高的 H3K27me3 修饰水平，相反地，人的 EPSC 中，H3K27me3 修饰的水平比人胚胎干细胞显著降低[99]，而在小鼠的 EPSC 中，H3K27me3 修饰的水平与胚胎干细胞没有显著的差异[98]。这些结果的不同是来源于物种的差异还是细胞发育潜能的差异还有待进一步的研究。

三、早期胚胎发育中的表观遗传修饰

哺乳动物的胚胎发育开始于精子与卵母细胞的结合，在这个过程中 2 个终末分化的生殖细胞配子融合并被转化为具有全能性的合子[105]。而在合子形成至植入前发育阶段中，胚胎经历了数个关键的生物学事件，包括卵细胞激活、合子基因组激活（zygotic genome activation，ZGA）、胚胎的致密化以及囊胚期的第一次细胞分化以及植入后分化等，这些过程均受到精密有序的调控[106-111]。其中表观遗传修饰的调控对胚胎基因的表达以及细胞命运的决定起了关键的作用，相关因子的人为干扰可能造成胚胎发育的阻滞甚至最终导致胚胎的死亡，同时母体内或者体外培养中微环境的变化则可能改变表观遗传修饰从而对胚胎造成不可逆损伤[112,113]。

（一）DNA 甲基化与早期胚胎发育的表观遗传调控

以小鼠胚胎早期发育过程为例，在其第一次卵裂发生之前，除了在印迹控制区和部分逆转座子中,母源和父源基因组都经历了广泛的主动和被动去甲基化[114]。在这一过程中,父源基因组往往被更快速主动地去甲基化,同时染色质内的鱼精蛋白也被母源组蛋白替换[115]。

免疫荧光数据显示,父源基因组在第一次 DNA 复制之前就发生了 5-甲基胞嘧啶信号的明显丢失[116]。在后续的研究过程中,人们通过高通量测序等手段表明父源基因组的 DNA 甲基化去除更多的是依赖 Tet3 介导的主动去甲基化来完成[117],然而 2016 年的一项研究认为,父本 5-羟甲基胞嘧啶的积累并非由 TET3 驱动,而是依靠从头 DNA 甲基化[118],其具体机制尚待进一步探究。而母源基因组对主动去甲基化具有更强的抵抗力,通常认为二甲基化的 H3K9me2 通过募集母源因子 PGC7(也称为 STELLA,Dppa3)来促进母源基因组中的 CG 甲基化维持[119]。然而,近期的一些研究质疑了这一结论的合理性,在 STELLA 缺陷的受精卵中,5-甲基胞嘧啶的水平并没有下降,反而受到 DNMT1 从头甲基化的影响导致了 5-甲基胞嘧啶的全基因组水平升高[120]。此外,卵母细胞特异性敲除 H3K9me2 甲基转移酶 G9a 降低了 H3K9me2 的水平,但对 CG 甲基化的影响甚微[121],这些证据表明 H3K9me2 和 STELLA 在母源基因组中对 DNA 甲基化的调控作用仍需进一步研究。

在胚胎发育的早期,细胞整体的低甲基化水平保持了原始态多能性并为未来精确的分化调控做好了铺垫。谱系特异性的 DNA 甲基化重建则发生在囊胚阶段[110]。全基因组 DNA 从头甲基化与多能性的退出及谱系特异性的分化有着密不可分的联系,在这一过程中 DNMT3 和 Tet 酶的表达共同调控了 DNA 甲基化水平的动态变化[122]。这些发现为早期胚胎发育过程中表观遗传异质性的出现提供了见解,但是在谱系分化过程中,DNA 甲基化如何被精确调控还有待进一步探索。

(二) 组蛋白修饰与早期胚胎发育的表观遗传调控

随着低起始量染色质免疫共沉淀技术测序(Chromatin Immunoprecipitation sequencing,ChIP-seq)方法的开发,早期胚胎细胞数量的限制被逐渐突破,有关哺乳动物早期胚胎发育过程中组蛋白修饰重编程的研究不再局限于免疫荧光染色等观察手段[123-125],关于早期胚胎发育各阶段的各类组蛋白修饰的报道也越来越多。

2016 年,多个研究团队同时在 *Nature* 等杂志上发表论文,首次报道了小鼠早期胚胎中多种组蛋白修饰的变化图谱,这些研究显示,在受精后,父源基因组中的 H3K4me3 会被迅速去除,但是在 majorZGA 阶段这一标记则被重新建立。相比之下,人们在母源基因组中发现了 H3K4me3 的非传统形式(ncH3K4me3),其在启动子和远端区域中都有宽的信号[124]。ncH3K4me3 很容易在成熟卵母细胞中建立,直到 majorZGA 阶段才被经典的 H3K4me3 取代。赖氨酸去甲基化酶 Kdm5a 和 Kdm5b 具有主动去除宽的 H3K4me3 信号的作用,这对于 ZGA 和早期胚胎发育而言必不可少,但是在卵母细胞阶段,*Kdm5b* 过表达导致转录组重新激活,表明 ncH3K4me3 可能是维持卵母细胞全基因组沉默状态的重要原因[124]。另一方面,基因启动子区域的传统的 H3K4me3 信号的宽度在小鼠植入前胚胎发育过程中是高度动态的，并且与基因表达水平呈正相关。H3K4me3 信号宽度的动态性可能为早期胚胎中的表观遗传调控提供了一种新的机制。研究还发现较宽的 H3K4me3 信号（>5kb）在早期胚胎中含量远高于其他类型细胞，并且这些宽的 H3K4me3 信号多富集在谱系特异性的基因上。敲降 *Kdm5b* 可以干扰启动子 H3K4me3 信号的宽度并对胚胎发育产生严重的影响，这表明宽的启动子 H3K4me3 标记可能有助于谱系特异性因子的稳定表达，与细胞命运的维持息息相关[123]。

H3K27me3 常定位于启动子区域，起到抑制基因表达的作用。在小鼠早期胚胎发育过程中，早在 PN5 时期母源和父源基因组启动子区域中的 H3K27me3 修饰都已出现广泛的丢失，随后在从桑葚胚期到囊胚期的过渡过程中出现快速动态变化[123,126,127]。另一方面，母源 H3K27me3 介导的基因印迹也在早期小鼠胚胎中发现。H3K27me3 印迹可能是在卵子发生期间建立，并在植入前的胚胎中维持的。其在内细胞团中被稀释，且大多数 H3K27me3 介导的印迹在 E6.5 胚胎的外胚层干细胞中消失。最近的研究表明，卵母细胞来源的 H3K27me3 介导的印迹在植入后将转变为 DNA 甲基化依赖性的印迹，其中母源因子 Eed 和合子表达的 Dnmt3a/b 都可能参与其中，这也反映了 H3K27me3 和 DNA 甲基化在控制印迹中的互补作用[126-128]。

二价修饰为分化后的转录激活提供了发育调控因子[129]。小鼠植入前胚胎中的二价基因数量远低于胚胎干细胞，这表明在稳定的细胞系中二价修饰的存在比在过渡阶段更重要[26]。值得一提的是，PRC2 的核心成分 Ezh2 和 Suz12 负责 H3K27me3 的建立，它们在胚胎中靶向大多数可遗传的二价基因。这一发现可能有助于我们理解在早期胚胎发育中从全能性退出到分化后 PRC2 介导的 H3K27me3 的调控模式[123]。清华大学的颉伟团队在对植入后胚胎的研究中发现，在 E6.5 的外胚层干细胞中，发育相关基因的启动子区域存在一类更强的二价基因，即"超二价基因"，这在 E7.5 胚胎的相应结构中也很明显，但在 E6.5 内脏内胚层、小鼠胚胎干细胞和体细胞中却并没有这种现象。Kmt2b 在 E6.5EPI 的超二价性中起着至关重要的作用，而某种补偿机制则参与了后来的胚胎发育，此外这个工作还证明 DNA 低甲基化参与了二价的维持[130]。以上结果揭示了植入前胚胎中独特的组蛋白修饰模式和调控机制。

（三）染色质结构与早期胚胎发育中的表观遗传调控

在哺乳动物植入前胚胎的发育过程中，染色质开放程度对于表观遗传重编程至关重要。目前人们尚未知悉早期胚胎发育过程中染色质开放程度变化的具体分子机制，但是近期的一些研究为其提供了部分合理的见解。基于低起始量 DNase I 测序（liDNase-seq）的工作表明，DNase I 超敏位点随着卵裂逐渐建立，并在 8-细胞胚胎中大量增加[131]。另一项使用微量细胞 ATAC-seq 的研究显示，与受精后父母源基因组中 DNA 甲基化和组蛋白修饰的不对称重编程方式不同，除了少数等位基因特异性开放染色质外，染色质可及性的变化似乎在父母源基因组上更加同步[132]。值得注意的是，在 2-细胞阶段活跃转录基因的启动子和转录终止位点周围都存在开放的染色质位点[133]。另外,转座子的瞬时和主动转录可能与 2-细胞阶段染色质开放性增加有关[134]。

真核生物的基因组是经过有序的组装,形成互相调控的 3D 结构,并对基因表达起到重要的作用。最近利用低起始量 Hi-C 方法进行的研究揭示了 3D 基因组结构重编程在小鼠早期胚胎发育中的动态变化[135,136]。值得注意的是,MII 卵母细胞由于其处于减数分裂的中期而缺乏拓扑相关结构域(topologically associating domains,TAD)和区室结构,而更早期卵母细胞中存在着多梳蛋白关联结构域(polycomb-associating domains,PAD),其被 H3K27me3 标记并在受精后短暂地出现在母源基因组上[137]。相比之下,精子既存在拓扑相关结构域,又存在 A/B 区室结构。精子基因组还显示出频繁的超长距离互作(>4Mb)和染色体间互作[138]。2 个亲本的染色质高级结构在合子阶段和 ZGA 阶段均不明显,但在空间上彼此分离并显示出明显的区室化。这样的等位基因分离一直维持到 8-细胞阶段。值得注意的是,母源基因组中染色质区室的重建似乎要弱于父源基因组中的重建,这在一定程度上与卵母细胞和精子染色质的独特 3D 结构相吻合[135]。动态且秩序的染色质 3D 结构重编程表明了早期发育过程中表观遗传重组的重要性,然而关于 3D 染色质结构重编程的分子机制的研究还不明确,这也将是之后的研究需要攻克的难题之一。

四、干细胞的命运决定与表观遗传

在分化过程中,细胞的全能性逐渐丧失。这一过程是由交叉拮抗的转录因子的表达驱动的,转录因子促进向单一的细胞命运发展,同时抑制其他的分化途径[139]。除此之外,细胞命运的决定通过 DNA 和染色质水平上逐步获得相应的表观遗传修饰来加强[140,141]。由于发育过程中获得的关键表观遗传修饰是稳定的,并通过随后的细胞分裂进行遗传,因此建立了一种"表观遗传记忆",作为分化细胞状态表型稳定性的基础,而这种表观遗传记忆的建立以及上游细胞类型的表观遗传记忆的去除则在细胞命运决定的过程中尤为重要[142]。

虽然在生物的正常发育过程中,细胞命运的决定往往是程序且稳定的,但在体外培养的细胞系内,细胞命运的决定可以被人为调控甚至逆转。成功的重编程过程实际上需要完全擦除现有细胞的表观遗传记忆,然后建立新的特定细胞类型的表观遗传标记。因此,尽管仅通过关键转录因子的异位表达就可以实现细胞身份的改变,但转化效率仍然很低,其部分原因与现有的染色质修饰构成的重编程障碍有关[143]。而随着各类显微操作技术与细胞培养技术的革新,人们开始寻找与表观遗传记忆的消除和多能性或全能性重建有关的机制。下文也将围绕着细胞重编程过程中细胞命运的决定机制展开简要讨论。

(一)诱导性多能干细胞的表观遗传调控

随着细胞培养技术的进步,人们可以通过异位表达所需细胞类型的先驱转录因子来实现细胞命运的转变。而近年来最为轰动的案例为诱导多能干细胞。通过 4 种多能性相关转录因子:*OCT4*,*SOX2*,*KLF4*和*MYC*(OSKM)的异位表达可将体细胞直接重编程为诱导多能干细胞。这些转录因子的表达破坏了分化的体细胞的转录调控网络,并导致建立拥有胚胎干细胞样表型的体外培养细胞系[144]。除了改变转录网络,在诱导多能干细胞重编程过程中,OSKM 转录因子的过表达已被证明可诱导大规模染色质变化,最终导致建立与胚胎干细胞高度相似的染色质结构[145,146]。尽管诱导多能干细胞具有类似于胚胎干细胞的许多特征,但其原始体细胞时期的表观遗传记忆仍可能保留在其基因组中,而体细胞记忆可能会损害整个诱导过程,这与所得诱导多能干细胞系的质量也息息相关。通常,转录因子 OSKM 可通过结合其他转录因子并直接募集各种组蛋白修饰因子来重塑其结合区域的染色质结构[147]。转录因子的结合也可诱导基因座特异的 DNA 去甲基化发生[148]。另一方面,越来越多的证据表明,染色质在重编程的早期阶段就开始发挥重要的作用。在诱导多能干细胞重编程过程中,OSKM 的初始参与受到抑制性组蛋白修饰的阻碍[149],而其后续过程中也被证明存在多种表观遗传因子的阻碍[150,151]。根据上述的研究与讨论,有效的重编程不仅需要允许快速有效地结合引入的转录因子,而且能够促进染色体组分的转换,从而能够快速有效地清除预先存在的 DNA 和组蛋白修饰并重建。

1. 染色质重塑因子在重编程中的作用　目前的研究显示,多种染色质重塑因子通过其染色质重塑活性来调节体细胞重编程。在染色质重塑复合物家族中,已证明 esBAF(胚胎干细胞中的 Brm /Brg 相关因子)和 Ino80 参与了诱导多能干细胞重编程。这些重塑复合物介导开放染色质结构的产生,并被认为在重编程期间促进 OSKM 因子的结合与转录活性[152,153]。另外,CHD 家族重塑因子 Chd1 的下调会导致异染色质的积累,并伴随着重编程效率的显著降低[154,155]。相反,NuRD 复合物包含组蛋白去乙酰化酶活性。在缺乏该复合物的核心亚基 Mbd3 时,胚胎干细胞表现出与白血病抑制因子无关的自我更新能力提高。有趣的是,即使在没有 c-Myc 或 Sox2 的情况下,Mbd3 的消耗也会显著提高诱导多能干细胞的获得效率[156]。一个可能的解释是 Mbd3/NuRD 通过与 OSKM 转录因子直接相互作用募集到下游 OSKM 靶基因,并在诱导多能干细胞诱导过程中抵消它们的重新激活,虽然在胚胎干细胞中的相关研究已日臻完善[157,158],但是在诱导多能干细胞重编程过程中的更确凿的证据和深入的分子机制研究则有待填补。

2. 组蛋白修饰与组蛋白变体在重编程中的作用　诱导多能干细胞中各类组蛋白修饰对应的功能与胚胎干细胞中的具有一定程度的相似性,但诱导多能干细胞重编程过程中存在着的一系列特殊的组蛋白修饰及组蛋白变体,并且对重编程过程的发生起到关键的调控作用。

H3K4me2 分布在全基因组上的快速变化是在重编程过程中观察到的最早事件之一,通过染色质免疫共沉淀测序技术人们观测到 H3K4me2 信号峰在超过一千个基因的启动子和增强子区域表现出巨大变化,而这些基因中包括许多多能性相关基因和发育调控基因座。H3K4me2 往往被认为是转录激活的标志之一,Wdr5 是负责 H3K4 甲基化的 Set/MLL 组蛋白甲基转移酶复合物的关键成分,它可以直接与 OCT4 相互作用[159]。这种相互作用可能解释了在诱导多能干细胞重编程早期 OCT4 结合位点 H3K4 甲基化的快速获得,也可能是体细胞命运逆转的关键诱因之一。与含激活性组蛋白修饰标志物 H3K4me2/3 的区域形成鲜明对比的是,富含抑制性 H3K9me3 修饰的染色质结构域是不利于初始 OSKM 的结合的,而通过下调甲基转移酶 Suv39H1/2 降低 H3K9me3 水平即可增强这些区域的 OCT4 和 SOX2 结合并提高重编程效率[149]。因此,H3K9me3 标记的异染色质区域被认为是体细胞重编程过程中的表观遗传屏障。另外,其他的重要组蛋白修饰,如 H3K27me3 和 PRC2 之间的调控网络也影响着体细胞重编程的效率。

组蛋白变体的变化在重编程过程中也发挥重要作用。在早期的研究中人们发现,组蛋白分子伴侣 Asf1a 的过表达有利于维持胚胎干细胞的多能性,并增强了成纤维细胞(hADFs)的诱导多能干细胞诱导效率。ASF1 与组蛋白 H3-H4 异二聚体非选择性结合,并促使其从细胞质中导入细胞核,从而直接调节 H3-H4 二聚体中组蛋白 H3.1/2 和 H3.3 的转换[160]。而 Th2a 和 Th2b 的联合过表达也可使诱导多能干细胞诱导效率明显提升,在这种方式获得的诱导多能干细胞细胞系中可观察到 DNase I 超敏位点的增多,表明染色质开放性的增加[160,161],这与体细胞重编程初期染色质趋于开放的现象是一致的。

3. 体细胞重编程过程中的异常甲基化 在过去的研究中,人们利用相同遗传背景的细胞制备了诱导多能干细胞系与胚胎干细胞系,并比较了其 DNA 甲基化组和转录组差异。与胚胎干细胞相比,诱导多能干细胞系存在大量异常 DNA 甲基化区域;这说明了诱导多能干细胞重编程过程中基因表达的异常与 DNA 甲基化之间存在明显的相关性[162],诱导多能干细胞重编程过程中的不完全去甲基化可能是影响其细胞命运逆转的关键原因。在后续的研究中,人们证明了维持型 DNA 甲基转移酶 DNMT1 对诱导多能干细胞诱导效率有较大影响,通过敲除或敲降 *DNMT1* 可造成全基因组水平的 DNA 甲基化减少,并大幅提高了诱导效率,而从头甲基转移酶 Dnmt3a 和 Dnmt3b 则对体细胞重编程及命运逆转并未有明显影响[163]。而 TET 家族,尤其是 Tet1 则被证明参与 OCT4 和 NANOG 的全能性调控网络,并与 OCT4 和 TET1 的启动子周围 DNA 去甲基化的正反馈相关[145]。

(二)体细胞核移植胚胎中的表观遗传调控异常

体细胞核移植(SCNT)是将体细胞移植到去核的卵母细胞中,并启动发育的过程,是目前体外获得完整全能性的重要手段。但是,体细胞核移植中的重编程效率低下、胚外组织的缺陷以及克隆个体的异常限制了其应用。近年来,关于体细胞核移植中多种表观遗传障碍的报道越来越多,为科研人员探索提高重新编程效率提供了重要线索。

1. DNA 甲基化的表观遗传障碍 体细胞通常具有较高的 DNA 甲基化水平[163]。研究表明,胚胎激活后卵母细胞的 TET3 会迅速进入重组胚胎的假性原核(pseudopronucleus,PPN)催化从 5-甲基胞嘧啶到 5-羟甲基胞嘧啶的转换,说明在 SCNT 胚胎发育过程中 TET3

发生了主动去甲基化,这与正常胚胎发育相似[164]。全基因组亚硫酸氢盐测序(WGBS)表明,到囊胚阶段,核移植胚胎已表现出与正常受精囊胚相似的非常低的 DNA 甲基化水平,表明体细胞核移植胚胎成功实现了全基因组水平的 DNA 去甲基化[165]。但是,在小鼠 SCNT 胚胎发育到 1-细胞后期时,这种去甲基化事件还没有完成[166]。在 2-细胞和 4-细胞时期,体细胞核移植胚胎的 DNA 甲基化水平普遍高于相应时期的自然受精胚胎。在小鼠 4-细胞期体细胞核移植胚胎中,尤其是在出现了发育停滞的样本中,基因体区域的平均甲基化水平显著增加,与供体细胞的趋势更为相似。而在囊胚阶段,虽然实现了整体的 DNA 去甲基化,但是在局部的调控元件上,甚至在植入后仍然可以检测到异常的 DNA 甲基化模式[167],这些 DNA 甲基化的异常可能是导致核移植动物出生率低的原因之一。

2. **组蛋白修饰的异常** 2014 年,哈佛大学的张毅团队发现与体外受精 2-细胞胚胎相比,SCNT 2-细胞胚胎中有 222 个重编程抵抗区未能被激活,且这些重编程抵抗区在体细胞中富含 H3K9me3 修饰。通过在卵母细胞中异位表达 H3K9me3 特异性去甲基酶 Kdm4d 或在供体小鼠胚胎成纤维细胞中敲除 H3K9 甲基转移酶 Suv39h1 和 Suv39h2 去除这种表观遗传标记,可以显著提高核移植胚胎的重编程效率[168]。后来,高绍荣团队通过单细胞测序的手段发现 H3K9me3 修饰的异常是核移植胚胎 2-细胞阻滞的重要原因,通过显微注射 *Kdm4b* mRNA 有助于 SCNT 胚胎突破 2-细胞阻滞,并最终显著提高囊胚率、核移植胚胎干细胞建系效率,甚至出生率[167]。另有研究证明供体细胞中的 H3K9me3 还可妨碍核移植胚胎拓扑相关结构域的去除[169]。这些发现表明,H3K9me3 修饰无法去除是核移植胚胎重编程的重要障碍。

组蛋白 H3K4me3 修饰的正确去除与重建在核移植胚胎发育过程中也至关重要。单细胞测序的结果显示,*Kdm5b* 在 4-细胞阻滞核移植胚胎中未能被激活,而 *Kdm5b* 的过表达有助于核移植胚胎跨越 4-细胞阻滞,并显著提高囊胚的形成率和质量[167]。考虑到 Kdm5b 作为 H3K4me3 去甲基化酶的作用以及 H3K4me3 在转录起始中的作用,核移植胚胎中供体特异性 H3K4me3 标记可能是其重编程的障碍,目前这一观点已经在非洲爪蟾、人类和牛的核移植胚胎中得到证实[170,171]。

核移植胚胎中,H3K27me3 修饰同样存在明显的缺陷,而这种缺陷主要表现在对印迹基因的调控上[165,172,173]。目前有 70 余个基因被发现具有父源特异性 DNA 酶 I 超敏位点且不具有 DNA 甲基化,但却同时含有母源特异性 H3K27me3 修饰[126]。而 *Gab1*、*Sfmbt2* 和 *Slc38a4* 等与甲基化无关的印记基因均在其中[174],因此,人们推测 H3K27me3 介导的印迹缺陷可能导致核移植胚胎胎盘异常。而相应的事实证据也在核移植小鼠胚胎植入后阶段被发现,多项研究证明在核移植胚胎中丢失 H3K27me3 印迹会干扰小鼠植入后的发育,而到目前为止这种缺陷可以最早在囊胚期胚胎中被发现[175]。除 H3K27me3 印迹缺失对核移植胚胎植入后的影响外,另一组研究表明体细胞 H3K27me3 修饰的残留同样也是核移植胚胎发育的障碍。H3K27me3 特异性去甲基化酶 *Kdm6a* 的过表达显著增加了核移植胚胎的囊胚形成率[176]。总体而言,尽管其机制尚不清楚,富集在特定区域(如印迹基因)的 H3K27me3 修饰及其适当去除对核移植胚胎重编程的成功是至关重要的。

组蛋白乙酰化的重建对于克隆胚胎中合子基因的激活至关重要。组蛋白去乙酰化酶抑制剂能显著提高组蛋白乙酰化水平和克隆成功率,这在核移植中已得到广泛应用[177]。另一方面,一些乙酰化标记,如H4K8ac和H4K12ac,在核移植胚胎发育过程中持续存在于基因组中,这可能是导致克隆效率低下的原因。最近一项工作绘制了在核移植胚胎发育过程中 H3K9ac 全基因组图谱,并从中发现异常的乙酰化区域妨碍了合子基因组的激活[178]。

3. 染色质可及性与染色质高级结构的影响 小鼠核移植胚胎发育过程中染色质可及性的完整模式尚待阐明,但最近的一项研究分析了供体细胞和 1-细胞晚期小鼠核移植胚胎中的 DNase I 高敏位点(DNase I hypersensitive site,DHS)。他们发现,核移植胚胎的染色质可及性重编程在激活后 12 小时内基本已完成,供体细胞的 DNase I 高敏位点在 12 小时内发生了剧烈变化并在一定程度上重现了体外受精受精卵的 DNase I 高敏位点。这种变化是不依赖 DNA 复制的,在诸如爪蟾等模式动物的核移植胚胎中是保守的[179]。同济大学高绍荣团队最近的一项研究描述了核移植早期胚胎 3D 染色质结构的时空动态,揭示了 3D 染色质结构在核移植后可以迅速重组为自然受精胚胎样状态的发育事件。然而,在植入前核移植胚胎发育过程中,异常的拓扑相关结构域和 A/B 区室结构仍可以被观察到[169]。

五、小结

细胞干性的获得和维持是干细胞领域研究的重点之一,表观调控因子协同作用形成的复杂调控网络在这一事件中起到关键作用。近年来,国内外的多项研究对与细胞干性相关的表观调控机制进行了深入探索,这些成果为干细胞治疗及再生医学领域的发展提供了强大的理论支持。同时,在发育过程中,表观遗传的重编程是细胞获得全能性并开启新一轮发育过程的关键步骤。单细胞测序技术的持续发展,让我们可以从全基因组水平上解析这一事件中的表观遗传变化,这些出色的工作为我们揭开生命的奥秘,推动辅助生殖领域的发展起到重要作用。另一方面,这一领域仍然存在众多未解的问题,例如表观修饰在细胞中是如何稳定继承并维持细胞命运的稳定的,以及当细胞命运发生转变时,启动其变化的机制是什么等,未来技术的进步及理论的革新都将为这些问题的解答提供新的支持和见解。

(刘晓雨 师知非 高绍荣)

参考文献

[1] BERGER S L,KOUZARIDES T,SHIEKHATTAR R,et al. An operational definition of epigenetics [J]. Genes Dev,2009,23(7):781-783.

［2］MOORE L D，LE T，FAN G. DNA methylation and its basic function［J］. Neuropsychopharmacology，2013，38（1）:23-38.

［3］FENG J，CHANG H，LI E，et al. Dynamic expression of de novo DNA methyltransferases Dnmt3a and Dnmt3b in the central nervous system［J］. J Neurosci Res，2005，79（6）:734-746.

［4］LI T，WANG LS，DU YM，et al. Structural and mechanistic insights into UHRF1-mediated DNMT1 activation in the maintenance DNA methylation［J］. Nucleic Acids Research，2018，46（6）:3218-3231.

［5］CHEN Z，ZHANG Y. Role of Mammalian DNA Methyltransferases in Development［J］. Annu Rev Biochem，2020，89:135-158.

［6］OKANO M，BELL D W，HABER D A，et al. DNA methyltransferases Dnmt3a and Dnmt3b are essential for de novo methylation and mammalian development［J］. Cell，1999，99（3）:247-257.

［7］HOANG N M，RUI L. DNA methyltransferases in hematological malignancies［J］. J Genet Genomics，2020，47（7）:361-372.

［8］NEVES M，RIBEIRO J，MEDEIROS R，et al. Genetic polymorphism in DNMTs and gastric cancer:A systematic review and meta-analysis［J］. Porto Biomed J，2016，1（5）:164-172.

［9］SHI Q，SHEN L，GAN J，et al. Integrative analysis identifies DNMTs against immune-infiltrating neutrophils and dendritic cells in colorectal cancer［J］. Epigenetics，2019，14（4）:392-404.

［10］ZHANG ZM，LU R，WANG P，et al. Structural basis for DNMT3A-mediated de novo DNA methylation［J］. Nature，2018，554（7692）:387-391.

［11］ZHANG F，POMERANTZ J H，SEN G，et al. Active tissue-specific DNA demethylation conferred by somatic cell nuclei in stable heterokaryons［J］. Proc Natl Acad Sci U S A，2007，104（11）:4395-4400.

［12］ORTEGA-RECALDE O，HORE T A. DNA methylation in the vertebrate germline:balancing memory and erasure［J］. Essays Biochem，2019，63（6）:649-661.

［13］SIRIWARDENA S U，CHEN K，BHAGWAT A S. Functions and Malfunctions of Mammalian DNA-Cytosine Deaminases［J］. Chem Rev，2016，116（20）:12688-12710.

［14］MELAMED P，YOSEFZON Y，DAVID C，et al. Tet Enzymes，Variants，and Differential Effects on Function［J］. Front Cell Dev Biol，2018，6:22.

［15］LENNARTSSON A，EKWALL K. Histone modification patterns and epigenetic codes［J］. Biochim Biophys Acta，2009，1790（9）:863-868.

［16］STILLMAN B. Histone Modifications:Insights into Their Influence on Gene Expression［J］. Cell，2018，175（1）:6-9.

［17］SHI Y，LAN F，MATSON C，et al. Histone demethylation mediated by the nuclear amine oxidase homolog LSD1［J］. Cell，2004，119（7）:941-953.

［18］BLACK J C，VAN RECHEM C，WHETSTINE J R. Histone lysine methylation dynamics:establishment，regulation，and biological impact［J］. Mol Cell，2012，48（4）:491-507.

［19］SHILATIFARD A. The COMPASS family of histone H3K4 methylases:mechanisms of regulation in development and disease pathogenesis［J］. Annu Rev Biochem，2012，81:65-95.

［20］SOARES L M，HE P C，CHUN Y，et al. Determinants of Histone H3K4 Methylation Patterns［J］. Mol Cell，2017，68（4）:773-785.e776.

［21］DIFIORE J V，PTACEK T S，WANG Y，et al. Unique and Shared Roles for Histone H3K36 Methylation States in Transcription Regulation Functions［J］. Cell Rep，2020，31（10）:107751.

第二章　干细胞基础研究

[22] FAROOQ Z,BANDAY S,PANDITA T K,et al. The many faces of histone H3K79 methylation [J]. Mutat Res Rev Mutat Res,2016,768:46-52.

[23] SNOWDEN A W,GREGORY P D,CASE C C,et al. Gene-specific targeting of H3K9 methylation is sufficient for initiating repression in vivo [J]. Current Biology,2002,12(24):2159-2166.

[24] LAUGESEN A,HOJFELDT J W,HELIN K. Molecular Mechanisms Directing PRC2 Recruitment and H3K27 Methylation [J]. Mol Cell,2019,74(1):8-18.

[25] JORGENSEN S,SCHOTTA G,SORENSEN C S. Histone H4 lysine 20 methylation:key player in epigenetic regulation of genomic integrity [J]. Nucleic Acids Res,2013,41(5):2797-2806.

[26] BERNSTEIN B E,MIKKELSEN T S,XIE X,et al. A bivalent chromatin structure marks key developmental genes in embryonic stem cells [J]. Cell,2006,125(2):315-326.

[27] TREFELY S,DOAN M T,SNYDER N W. Crosstalk between cellular metabolism and histone acetylation [J]. Post-Translational Modifications That Modulate Enzyme Activity,2019,626:1-21.

[28] GONG F D,MILLER K M. Mammalian DNA repair:HATs and HDACs make their mark through histone acetylation [J]. Mutation Research-Fundamental And Molecular Mechanisms Of Mutagenesis,2013,750(1-2):23-30.

[29] MARZLUFF W F,GONGIDI P,WOODS K R,et al. The human and mouse replication-dependent histone genes [J]. Genomics,2002,80(5):487-498.

[30] ALBIG W,DOENECKE D. The human histone gene cluster at the D6S105 locus [J]. Human Genetics,1997,101(3):284-294.

[31] SUTO R K,CLARKSON M J,TREMETHICK D J,et al. Crystal structure of a nucleosome core particle containing the variant histone H2A.Z [J]. Nat Struct Biol,2000,7(12):1121-1124.

[32] TAGAMI H,RAY-GALLET D,ALMOUZNI G,et al. Histone H3.1 and H3.3 complexes mediate nucleosome assembly pathways dependent or independent of DNA synthesis [J]. Cell,2004,116(1):51-61.

[33] THAKAR A,GUPTA P,ISHIBASHI T,et al. H2A.Z and H3.3 histone variants affect nucleosome structure:biochemical and biophysical studies [J]. Biochemistry,2009,48(46):10852-10857.

[34] KLEMM S L,SHIPONY Z,GREENLEAF W J. Chromatin accessibility and the regulatory epigenome [J]. Nature Reviews Genetics,2019,20(4):207-220.

[35] WILSON B G,ROBERTS C W. SWI/SNF nucleosome remodellers and cancer [J]. Nat Rev Cancer,2011,11(7):481-492.

[36] BARISIC D,STADLER M B,IURLARO M,et al. Mammalian ISWI and SWI/SNF selectively mediate binding of distinct transcription factors [J]. Nature,2019,569(7754):136-140.

[37] SAHU R K,SINGH S,TOMAR R S. The mechanisms of action of chromatin remodelers and implications in development and disease [J]. Biochem Pharmacol,2020,180:114200.

[38] MATTICK J S. Non-coding RNAs:the architects of eukaryotic complexity [J]. EMBO Rep,2001,2(11):986-991.

[39] HOMBACH S,KRETZ M. Non-coding RNAs:Classification,Biology and Functioning [J]. Adv Exp Med Biol,2016,937:3-17.

[40] DESROSIERS R,FRIDERICI K,ROTTMAN F. Identification of methylated nucleosides in messenger RNA from Novikoff hepatoma cells [J]. Proc Natl Acad Sci USA,1974,71(10):3971-3975.

[41] HUANG H,WENG H,CHEN J. m(6)A Modification in Coding and Non-coding RNAs:Roles and

Therapeutic Implications in Cancer [J]. Cancer Cell, 2020, 37 (3): 270-288.

[42] LIU J, YUE Y, HAN D, et al. A METTL3-METTL14 complex mediates mammalian nuclear RNA N6-adenosine methylation [J]. Nat Chem Biol, 2014, 10 (2): 93-95.

[43] ZHENG G Q, DAHL J A, NIU Y M, et al. ALKBH5 Is a Mammalian RNA Demethylase that Impacts RNA Metabolism and Mouse Fertility [J]. Molecular Cell, 2013, 49 (1): 18-29.

[44] ISHIUCHI T, TORRES-PADILLA M E. Towards an understanding of the regulatory mechanisms of totipotency [J]. Current Opinion in Genetics & Development, 2013, 23 (5): 512-518.

[45] LU F, ZHANG Y. Cell totipotency: molecular features, induction, and maintenance [J]. Natl Sci Rev, 2015, 2 (2): 217-225.

[46] FORTUNEL N O, OTU H H, NG H H, et al. Comment on " 'Stemness': transcriptional profiling of embryonic and adult stem cells" and "a stem cell molecular signature" [J]. Science, 2003, 302 (5644): 393-393.

[47] KELLER G. Embryonic stem cell differentiation: emergence of a new era in biology and medicine [J]. Genes Dev, 2005, 19 (10): 1129-1155.

[48] CHEN X, XU H, YUAN P, et al. Integration of external signaling pathways with the core transcriptional network in embryonic stem cells [J]. Cell, 2008, 133 (6): 1106-1117.

[49] RIZZINO A, WUEBBEN E L. Sox2/Oct4: A delicately balanced partnership in pluripotent stem cells and embryogenesis [J]. Biochim Biophys Acta, 2016, 1859 (6): 780-791.

[50] WANG J L, RAO S, CHU JL, et al. A protein interaction network for pluripotency of embryonic stem cells [J]. Nature, 2006, 444 (7117): 364-368.

[51] LOH Y H, WU Q, CHEW J L, et al. The Oct4 and Nanog transcription network regulates pluripotency in mouse embryonic stem cells [J]. Nat Genet, 2006, 38 (4): 431-440.

[52] TOMAZ R A, HARMAN J L, KARIMLOU D, et al. Jmjd2c facilitates the assembly of essential enhancer-protein complexes at the onset of embryonic stem cell differentiation [J]. Development, 2017, 144 (4): 567-579.

[53] YU XL, CHEN H, ZUO C, et al. Chromatin remodeling: demethylating H3K4me3 of type I IFNs gene by Rbp2 through interacting with Piasy for transcriptional attenuation [J]. Faseb Journal, 2018, 32 (2): 552-567.

[54] JONES A, WANG H. Polycomb repressive complex 2 in embryonic stem cells: an overview [J]. Protein Cell, 2010, 1 (12): 1056-1062.

[55] AZUARA V, PERRY P, SAUER S, et al. Chromatin signatures of pluripotent cell lines [J]. Nat Cell Biol, 2006, 8 (5): 532-538.

[56] Collinson A, Collier A J, Morgan N P, et al. Deletion of the Polycomb-Group Protein EZH2 Leads to Compromised Self-Renewal and Differentiation Defects in Human Embryonic Stem Cells [J]. Cell Rep, 2016, 17 (10): 2700-2714.

[57] SZE C C, CAO K, COLLINGS C K, et al. Histone H3K4 methylation-dependent and-independent functions of Set1A/COMPASS in embryonic stem cell self-renewal and differentiation [J]. Genes Dev, 2017, 31 (17): 1732-1737.

[58] ZHONG X, JIN Y. Critical roles of coactivator p300 in mouse embryonic stem cell differentiation and Nanog expression [J]. J Biol Chem, 2009, 284 (14): 9168-9175.

[59] LEE Y J, SON S H, LIM C S, et al. MMTR/Dmap1 Sets the Stage for Early Lineage Commitment of Embryonic Stem Cells by Crosstalk with PcG Proteins [J]. Cells, 2020, 9 (5): 1190.

[60] LI X Z, LI L, PANDEY R, et al. The Histone Acetyltransferase MOF Is a Key Regulator of the Embryonic Stem Cell Core Transcriptional Network [J]. Cell Stem Cell, 2012, 11 (2): 163-178.

[61] WEN Z, ZHANG L, RUAN H, et al. Histone variant H2A.Z regulates nucleosome unwrapping and CTCF binding in mouse ES cells [J]. Nucleic Acids Res, 2020, 48 (11): 5939-5952.

[62] DOUET J, CORUJO D, MALINVERNI R, et al. MacroH2A histone variants maintain nuclear organization and heterochromatin architecture [J]. J Cell Sci, 2017, 130 (9): 1570-1582.

[63] DAI B, RASMUSSEN T P. Global epiproteomic signatures distinguish embryonic stem cells from differentiated cells [J]. Stem Cells, 2007, 25 (10): 2567-2574.

[64] HSIEH T S, CATTOGLIO C, SLOBODYANYUK E, et al. Resolving the 3D Landscape of Transcription-Linked Mammalian Chromatin Folding [J]. Mol Cell, 2020, 78 (3): 539-553.

[65] CAREY T S, CHOI I, WILSON C A, et al. Transcriptional reprogramming and chromatin remodeling accompanies Oct4 and Nanog silencing in mouse trophoblast lineage [J]. Stem Cells Dev, 2014, 23 (3): 219-229.

[66] YE Y, CHEN X, ZHANG WS. Mammalian SWI/SNF Chromatin Remodeling Complexes in Embryonic Stem Cells: Regulating the Balance Between Pluripotency and Differentiation [J]. Frontiers In Cell And Developmental Biology, 2021, 8 : 626383-626383.

[67] GREVE T S, JUDSON R L, BLELLOCH R. microRNA control of mouse and human pluripotent stem cell behavior [J]. Annu Rev Cell Dev Biol, 2013, 29 (1) : 213-239.

[68] BODAK M, CIRERA-SALINAS D, YU J, et al. Dicer, a new regulator of pluripotency exit and LINE-1 elements in mouse embryonic stem cells [J]. FEBS Open Bio, 2017, 7 (2): 204-220.

[69] TEIJEIRO V, YANG D P, MAJUMDAR S, et al. DICER1 Is Essential for Self-Renewal of Human Embryonic Stem Cells [J]. Stem Cell Reports, 2018, 11 (3): 616-625.

[70] DIVISATO G, PASSARO F, RUSSO T, et al. The Key Role of MicroRNAs in Self-Renewal and Differentiation of Embryonic Stem Cells [J]. International Journal Of Molecular Sciences, 2020, 21 (17): 6285-6285.

[71] FU Y, DOMINISSINI D, RECHAVI G, et al. Gene expression regulation mediated through reversible m (6) A RNA methylation [J]. Nature Reviews Genetics, 2014, 15 (5): 293-306.

[72] WANG Y, LI Y, TOTH J I, et al. N6-methyladenosine modification destabilizes developmental regulators in embryonic stem cells [J]. Nat Cell Biol, 2014, 16 (2): 191-198.

[73] AGUILO F, ZHANG F, SANCHO A, et al. Coordination of m (6) A mRNA Methylation and Gene Transcription by ZFP217 Regulates Pluripotency and Reprogramming [J]. Cell Stem Cell, 2015, 17 (6): 689-704.

[74] WANG X, FENG J, XUE Y, et al. Structural basis of N-6-adenosine methylation by the METTL3-METTL14 complex [J]. Nature, 2016, 534 (7608): 575-578.

[75] WANG P, DOXTADER K A, NAM Y. Structural Basis for Cooperative Function of Mettl3 and Mettl14 Methyltransferases [J]. Mol Cell, 2016, 63 (2): 306-317.

[76] WANG X, HUANG J, ZOU T, et al. Human m (6) A writers: Two subunits, 2 roles [J]. RNA Biol, 2017, 14 (3): 300-304.

[77] FUKUSUMI Y, NARUSE C, ASANO M. Wtap is required for differentiation of endoderm and mesoderm in the mouse embryo [J]. Developmental Dynamics, 2008, 237 (3): 618-629.

[78] WANG X, ZHAO B S, ROUNDTREE I A, et al. N (6)-methyladenosine Modulates Messenger RNA Translation Efficiency [J]. Cell, 2015, 161 (6): 1388-1399.

[79] YANG D,QIAO J,WANG G,et al. N6-Methyladenosine modification of lincRNA 1 281 is critically required for mESC differentiation potential [J]. Nucleic Acids Res,2018,46(8):3906-3920.

[80] NICHOLS J,SMITH A. Naive and primed pluripotent states [J]. Cell Stem Cell,2009,4(6):487-492.

[81] SUN L,FU X,MA G,et al. Chromatin and Epigenetic Rearrangements in Embryonic Stem Cell Fate Transitions [J]. Front Cell Dev Biol,2021,9:637309-637309.

[82] TESAR P J,CHENOWETH J G,BROOK F A,et al. New cell lines from mouse epiblast share defining features with human embryonic stem cells [J]. Nature,2007,448(7150):196-199.

[83] GAFNI O,WEINBERGER L,MANSOUR A A,et al. Derivation of novel human ground state naive pluripotent stem cells [J]. Nature,2013,504(7479):282-286.

[84] THEUNISSEN T W,POWELL B E,WANG H,et al. Systematic Identification of Culture Conditions for Induction and Maintenance of Naive Human Pluripotency [J]. Cell Stem Cell,2014,15(4):524-526.

[85] FACTOR D C,CORRADIN O,ZENTNER G E,et al. Epigenomic comparison reveals activation of "seed" enhancers during transition from naive to primed pluripotency [J]. Cell Stem Cell,2014,14(6):854-863.

[86] PTASHNE M. Epigenetics:core misconcept [J]. Proc Natl Acad Sci U S A,2013,110(18):7101-7103.

[87] HACKETT J A,DIETMANN S,MURAKAMI K,et al. Synergistic mechanisms of DNA demethylation during transition to ground-state pluripotency [J]. Stem Cell Reports,2013,1(6):518-531.

[88] YAGI M,KISHIGAMI S,TANAKA A,et al. Derivation of ground-state female ES cells maintaining gamete-derived DNA methylation [J]. Nature,2017,548(7666):224-227.

[89] PATRAT C,OUIMETTE J F,ROUGEULLE C. X chromosome inactivation in human development [J]. Development,2020,147(1):dev183095-dev183095.

[90] SAHAKYAN A,YANG Y,PLATH K. The Role of Xist in X-Chromosome Dosage Compensation [J]. Trends Cell Biol,2018,28(12):999-1013.

[91] DOSSIN F,PINHEIRO I,ZYLICZ J J,et al. SPEN integrates transcriptional and epigenetic control of X-inactivation [J]. Nature,2020,578(7795):455-460.

[92] PANDYA-JONES A,MARKAKI Y,SERIZAY J,et al. A protein assembly mediates Xist localization and gene silencing [J]. Nature,2020,587(7832):145-151.

[93] PAYER B,LEE J T. Coupling of X-chromosome reactivation with the pluripotent stem cell state [J]. RNA Biol,2014,11(7):798-807.

[94] BAO S,TANG F,LI X,et al. Epigenetic reversion of post-implantation epiblast to pluripotent embryonic stem cells [J]. Nature,2009,461(7268):1292-1295.

[95] GUO G,YANG J,NICHOLS J,et al. Klf4 reverts developmentally programmed restriction of ground state pluripotency [J]. Development,2009,136(7):1063-1069.

[96] MACFARLAN T S,GIFFORD W D,DRISCOLL S,et al. Embryonic stem cell potency fluctuates with endogenous retrovirus activity [J]. Nature,2012,487(7405):57-63.

[97] ISHIUCHI T,ENRIQUEZ-GASCA R,MIZUTANI E,et al. Early embryonic-like cells are induced by downregulating replication-dependent chromatin assembly [J]. Nat Struct Mol Biol,2015,22(9):662-671.

[98] YANG J,RYAN D J,WANG W,et al. Establishment of mouse expanded potential stem cells [J]. Nature,2017,550(7676):393-397.

[99] YANG Y,LIU B,XU J,et al. Derivation of Pluripotent Stem Cells with In Vivo Embryonic and Extraembryonic Potency [J]. Cell,2017,169(2):243-257.e225.

[100] ECKERSLEY-MASLIN M A,SVENSSON V,KRUEGER C,et al. MERVL/Zscan4 Network Activation Results in Transient Genome-wide DNA Demethylation of mESC [J]. Cell Rep,2016,17 (1):179-192.

[101] DAN J,ROUSSEAU P,HARDIKAR S,et al. Zscan4 Inhibits Maintenance DNA Methylation to Facilitate Telomere Elongation in Mouse Embryonic Stem Cells [J]. Cell Rep,2017,20 (8):1936-1949.

[102] AKIYAMA T,XIN L,ODA M,et al. Transient bursts of Zscan4 expression are accompanied by the rapid derepression of heterochromatin in mouse embryonic stem cells [J]. DNA Res,2015,22 (5):307-318.

[103] ZHANG W,CHEN F,CHEN R,Et al. Zscan4c activates endogenous retrovirus MERVL and cleavage embryo genes [J]. Nucleic Acids Res,2019,47 (16):8485-8501.

[104] CHOI J,HUEBNER A J,CLEMENT K,et al. Prolonged Mek1/2 suppression impairs the developmental potential of embryonic stem cells [J]. Nature,2017,548 (7666):219-223.

[105] XU Q,XIE W. Epigenome in Early Mammalian Development:Inheritance,Reprogramming and Establishment [J]. Trends Cell Biol,2018,28 (3):237-253.

[106] YESTE M,JONES C,AMDANI S N,et al. Oocyte Activation and Fertilisation:Crucial Contributors from the Sperm and Oocyte [J]. Results Probl Cell Differ,2017,59:213-239.

[107] MINAMI N,SUZUKI T,TSUKAMOTO S. Zygotic gene activation and maternal factors in mammals [J]. J Reprod Dev,2007,53 (4):707-715.

[108] JUKAM D,SHARIATI S A M,SKOTHEIM J M. Zygotic Genome Activation in Vertebrates [J]. Dev Cell,2017,42 (4):316-332.

[109] SCHULZ K N,HARRISON M M. Mechanisms regulating zygotic genome activation [J]. Nat Rev Genet,2019,20 (4):221-234.

[110] ZHANG Y,XIANG Y,YIN Q,et al. Dynamic epigenomic landscapes during early lineage specification in mouse embryos [J]. Nat Genet,2018,50 (1):96-105.

[111] YAO C,ZHANG W,SHUAI L. The first cell fate decision in pre-implantation mouse embryos [J]. Cell Regen,2019,8 (2):51-57.

[112] LEGAULT L M,BERTRAND-LEHOUILLIER V,MCGRAW S. Pre-implantation alcohol exposure and developmental programming of FASD:an epigenetic perspective [J]. Biochem Cell Biol,2018,96 (2):117-130.

[113] YU B,SMITH T H,BATTLE S L,et al. Superovulation alters global DNA methylation in early mouse embryo development [J]. Epigenetics,2019,14 (8):780-790.

[114] SMITH Z D,CHAN M M,MIKKELSEN T S,et al. A unique regulatory phase of DNA methylation in the early mammalian embryo [J]. Nature,2012,484 (7394):339-344.

[115] INOUE A,ZHANG Y. Nucleosome assembly is required for nuclear pore complex assembly in mouse zygotes [J]. Nat Struct Mol Biol,2014,21 (7):609-616.

[116] OSWALD J,ENGEMANN S,LANE N,et al. Active demethylation of the paternal genome in the mouse zygote [J]. Curr Biol,2000,10 (8):475-478.

[117] GU T P,GUO F,YANG H,et al. The role of Tet3 DNA dioxygenase in epigenetic reprogramming by oocytes [J]. Nature,2011,477 (7366):606-610.

[118] AMOUROUX R,NASHUN B,SHIRANE K,et al. De novo DNA methylation drives 5hmC accumulation in mouse zygotes [J]. Nat Cell Biol,2016,18 (2):225-233.

[119] HAN L,REN C,LI L,et al. Embryonic defects induced by maternal obesity in mice derive from Stella

insufficiency in oocytes [J]. Nat Genet, 2018, 50 (3): 432-442.

[120] LI Y, ZHANG Z, CHEN J, et al. Stella safeguards the oocyte methylome by preventing de novo methylation mediated by DNMT1 [J]. Nature, 2018, 564 (7734): 136-140.

[121] YEUNG W K A, BRIND'AMOUR J, HATANO Y, et al. Histone H3K9 Methyltransferase G9a in Oocytes Is Essential for Preimplantation Development but Dispensable for CG Methylation Protection [J]. Cell Reports, 2019, 27 (1): 282-293.e4.

[122] RULANDS S, LEE H J, CLARK S J, et al. Genome-Scale Oscillations in DNA Methylation during Exit from Pluripotency [J]. Cell Syst, 2018, 7 (1): 63-76. e12.

[123] LIU X, WANG C, LIU W, et al. Distinct features of H3K4me3 and H3K27me3 chromatin domains in pre-implantation embryos [J]. Nature, 2016, 537 (7621): 558-562.

[124] DAHL J A, JUNG I, AANES H, et al. Broad histone H3K4me3 domains in mouse oocytes modulate maternal-to-zygotic transition [J]. Nature, 2016, 537 (7621): 548-552.

[125] ZHANG B, ZHENG H, HUANG B, et al. Allelic reprogramming of the histone modification H3K4me3 in early mammalian development [J]. Nature, 2016, 537 (7621): 553-557.

[126] INOUE A, JIANG L, LU F, et al. Maternal H3K27me3 controls DNA methylation-independent imprinting [J]. Nature, 2017, 547 (7664): 419-424.

[127] ZHENG H, HUANG B, ZHANG B, et al. Resetting Epigenetic Memory by Reprogramming of Histone Modifications in Mammals [J]. Mol Cell, 2016, 63 (6): 1066-1079.

[128] CHEN Z, YIN Q, INOUE A, et al. Allelic H3K27me3 to allelic DNA methylation switch maintains noncanonical imprinting in extraembryonic cells [J]. Sci Adv, 2019, 5 (12): eaay7246.

[129] VASTENHOUW N L, SCHIER A F. Bivalent histone modifications in early embryogenesis [J]. Curr Opin Cell Biol, 2012, 24 (3): 374-386.

[130] XIANG Y, ZHANG Y, XU Q, et al. Epigenomic analysis of gastrulation identifies a unique chromatin state for primed pluripotency [J]. Nat Genet, 2020, 52 (1): 95-105.

[131] JIN W, TANG Q, WAN M, et al. Genome-wide detection of DNase I hypersensitive sites in single cells and FFPE tissue samples [J]. Nature, 2015, 528 (7580): 142-146.

[132] WU J, HUANG B, CHEN H, et al. The landscape of accessible chromatin in mammalian preimplantation embryos [J]. Nature, 2016, 534 (7609): 652-657.

[133] SHEN Y, YUE F, MCCLEARY D F, et al. A map of the cis-regulatory sequences in the mouse genome [J]. Nature, 2012, 488 (7409): 116-120.

[134] LU F, LIU Y, INOUE A, et al. Establishing Chromatin Regulatory Landscape during Mouse Preimplantation Development [J]. Cell, 2016, 165 (6): 1375-1388.

[135] DU Z, ZHENG H, HUANG B, et al. Allelic reprogramming of 3D chromatin architecture during early mammalian development [J]. Nature, 2017, 547 (7662): 232-235.

[136] KE Y, XU Y, CHEN X, et al. 3D Chromatin Structures of Mature Gametes and Structural Reprogramming during Mammalian Embryogenesis [J]. Cell, 2017, 170 (2): 367-381.

[137] DU Z, ZHENG H, KAWAMURA Y K, et al. Polycomb Group Proteins Regulate Chromatin Architecture in Mouse Oocytes and Early Embryos [J]. Mol Cell, 2020, 77 (4): 825-839.

[138] BATTULIN N, FISHMAN V S, MAZUR A M, et al. Comparison of the three-dimensional organization of sperm and fibroblast genomes using the Hi-C approach [J]. Genome Biol, 2015, 16 (4): 77.

[139] GRAF T,ENVER T. Forcing cells to change lineages [J]. Nature,2009,462(7273):587-594.

[140] HO J W,JUNG Y L,LIU T,et al. Comparative analysis of metazoan chromatin organization [J]. Nature, 2014,512(7515):449-452.

[141] XIE W,SCHULTZ M D,LISTER R,et al. Epigenomic analysis of multilineage differentiation of human embryonic stem cells [J]. Cell,2013,153(5):1134-1148.

[142] D'URSO A,BRICKNER J H. Mechanisms of epigenetic memory [J]. Trends Genet,2014,30(6):230-236.

[143] CRUCIANI S,GARRONI G,VENTURA C,et al. Stem Cells and Physical Energies:Can We Really Drive Stem Cell Fate? [J]. Physiological Research,2019,68(Suppl 4):S375-S384.

[144] TAKAHASHI K,YAMANAKA S. Induction of pluripotent stem cells from mouse embryonic and adult fibroblast cultures by defined factors [J]. Cell,2006,126(4):663-676.

[145] OLARIU V,LOVKVIST C,SNEPPEN K. Nanog,Oct4 and Tet1 interplay in establishing pluripotency [J]. Sci Rep,2016,6(1):25438.

[146] APOSTOLOU E,HOCHEDLINGER K. Chromatin dynamics during cellular reprogramming [J]. Nature, 2013,502(7472):462-471.

[147] APOSTOLOU E,STADTFELD M. Cellular trajectories and molecular mechanisms of iPSC reprogramming [J]. Curr Opin Genet Dev,2018,52 :77-85.

[148] DE BONI L,GASPARONI G,HAUBENREICH C,et al. DNA methylation alterations in iPSC-and hESC-derived neurons:potential implications for neurological disease modeling [J]. Clin Epigenetics,2018, 10(1):13.

[149] CHEN J K,LIU H,LIU J,et al. H3K9 methylation is a barrier during somatic cell reprogramming into iPSC [J]. Nature Genetics,2013,45(1):34-42.

[150] KIM E J Y,ANKO M L,FLENSBERG C,et al. BAK/BAX-Mediated Apoptosis Is a Myc-Induced Roadblock to Reprogramming [J]. Stem Cell Reports,2018,10(2):331-338.

[151] CHANTZOURA E,SKYLAKI S,MENENDEZ S,et al. Reprogramming Roadblocks Are System Dependent [J]. Stem Cell Reports,2015,5(3):350-364.

[152] HE L,LIU H,TANG L. SWI/SNF chromatin remodeling complex:a new cofactor in reprogramming [J]. Stem Cell Rev Rep,2012,8(1):128-136.

[153] MACKEY L C,ANNAB L A,YANG J,et al. Epigenetic Enzymes,Age,and Ancestry Regulate the Efficiency of Human iPSC Reprogramming [J]. Stem Cells,2018,36(11):1697-1708.

[154] BAUMGART S J,NAJAFOVA Z,HOSSAN T,et al. CHD1 regulates cell fate determination by activation of differentiation-induced genes [J]. Nucleic Acids Res,2017,45(13):7722-7735.

[155] GASPAR-MAIA A,ALAJEM A,POLESSO F,et al. Chd1 regulates open chromatin and pluripotency of embryonic stem cells [J]. Nature,2009,460(7257):863-868.

[156] LUO M,LING T,XIE WB,et al. NuRD Blocks Reprogramming of Mouse Somatic Cells into Pluripotent Stem Cells [J]. Stem Cells,2013,31(7):1278-1286.

[157] EE L S,MCCANNELL K N,TANG Y,et al. An Embryonic Stem Cell-Specific NuRD Complex Functions through Interaction with WDR5 [J]. Stem Cell Reports,2017,8(6):1488-1496.

[158] ZACHARIOUDAKI E,FALO SANJUAN J,BRAY S. Mi-2/NuRD complex protects stem cell progeny from mitogenic Notch signaling [J]. eLife,2019,8:e41637.

[159] KOCHE R P,SMITH Z D,ADLI M,et al. Reprogramming factor expression initiates widespread targeted chromatin remodeling [J]. Cell Stem Cell,2011,8 (1):96-105.

[160] SHINAGAWA T,TAKAGI T,TSUKAMOTO D,et al. Histone variants enriched in oocytes enhance reprogramming to induced pluripotent stem cells [J]. Cell Stem Cell,2014,14 (2):217-227.

[161] BUSCHBECK M,HAKE S B. Variants of core histones and their roles in cell fate decisions,development and cancer [J]. Nature Reviews Molecular Cell Biology,2017,18 (5):299-314.

[162] MA H,MOREY R,O'NEIL R C,et al. Abnormalities in human pluripotent cells due to reprogramming mechanisms [J]. Nature,2014,511 (7508):177-183.

[163] SMITH Z D,MEISSNER A. DNA methylation:roles in mammalian development [J]. Nat Rev Genet, 2013,14 (3):204-220.

[164] GU T P,GUO F,YANG H,et al. The role of Tet3 DNA dioxygenase in epigenetic reprogramming by oocytes [J]. Nature,2011,477 (7366) :606-610.

[165] MATOBA S,WANG H,JIANG L,et al. Loss of H3K27me3 Imprinting in Somatic Cell Nuclear Transfer Embryos Disrupts Post-Implantation Development [J]. Cell Stem Cell,2018,23 (3):343-354.

[166] CHAN M M,SMITH Z D,EGLI D,et al. Mouse ooplasm confers context-specific reprogramming capacity [J]. Nat Genet,2012,44 (9):978-980.

[167] LIU W,LIU X,WANG C,et al. Identification of key factors conquering developmental arrest of somatic cell cloned embryos by combining embryo biopsy and single-cell sequencing [J]. Cell Discov,2016,2 (1):16010.

[168] MATOBA S,LIU Y,LU F,et al. Embryonic development following somatic cell nuclear transfer impeded by persisting histone methylation [J]. Cell,2014,159 (4):884-895.

[169] CHEN M,ZHU Q S,LI C,et al. Chromatin architecture reorganization in murine somatic cell nuclear transfer embryos [J]. Nature Communications,2020,11 (1):1813.

[170] HORMANSEDER E,SIMEONE A,ALLEN G E,et al. H3K4 Methylation-Dependent Memory of Somatic Cell Identity Inhibits Reprogramming and Development of Nuclear Transfer Embryos [J]. Cell Stem Cell, 2017,21 (1):135-143.

[171] ZHOU C,ZHANG JC,ZHANG M,et al. Transcriptional memory inherited from donor cells is a developmental defect of bovine cloned embryos [J]. Faseb Journal,2020,34 (1):1637-1651.

[172] XIE BT,ZHANG H,WEI RY,et al. Histone H3 lysine 27 trimethylation acts as an epigenetic barrier in porcine nuclear reprogramming [J]. Reproduction,2016,151 (1):9-16.

[173] ZHOU C,WANG YZ,ZHANG JC,et al. H3K27me3 is an epigenetic barrier while KDM6A overexpression improves nuclear reprogramming efficiency [J]. Faseb Journal,2019,33 (3):4638-4652.

[174] OKAE H,MATOBA S,NAGASHIMA T,et al. RNA sequencing-based identification of aberrant imprinting in cloned mice [J]. Hum Mol Genet,2014,23 (4):992-1001.

[175] WANG LY,LI ZK,WANG LB,et al. Overcoming Intrinsic H3K27me3 Imprinting Barriers Improves Post-implantation Development after Somatic Cell Nuclear Transfer [J]. Cell Stem Cell,2020,27 (2):315-325.

[176] YANG L,SONG L,LIU X,et al. KDM6A and KDM6B play contrasting roles in nuclear transfer embryos revealed by MERVL reporter system [J]. EMBO reports,2018,19 (12):e46240.

[177] ENRIGHT B P,KUBOTA C,YANG X,et al. Epigenetic characteristics and development of embryos

cloned from donor cells treated by trichostatin A or 5-aza-2'-deoxycytidine [J]. Biol Reprod, 2003, 69 (3): 896-901.

[178] YANG G, ZHANG L, LIU W, et al. Dux-Mediated Corrections of Aberrant H3K9ac during 2-Cell Genome Activation Optimize Efficiency of Somatic Cell Nuclear Transfer [J]. Cell Stem Cell, 2021, 28 (1): 150-163.

[179] MIYAMOTO K, NGUYEN K T, ALLEN G E, et al. Chromatin Accessibility Impacts Transcriptional Reprogramming in Oocytes [J]. Cell Rep, 2018, 24 (2): 304-311.

第六节 干细胞衰老的遗传与表观遗传调控

衰老是生物体随着生长发育成熟等一系列生命进程而表现的一种各组织器官及微环境等的退化,最终导致细胞水平乃至个体死亡的进程。成体干细胞的衰老是各组织器官衰老的驱动力。基因的遗传因素和表观遗传因素在细胞、低等的模式生物及人类的衰老中都起到重要的作用。基因突变及端粒缩短等遗传因素,DNA 甲基化、组蛋白修饰、染色质结构、ncRNA 调控等表观遗传因素,都会对干细胞乃至生物体的生存寿命产生影响。本节主要是对遗传及表观遗传调控影响干细胞衰老的最新发现进行概述,并且对目前可行性较高的能够延缓衰老或者促进健康衰老的策略进行总结探讨,期望为延缓衰老及实现健康衰老提供潜在的干预靶点和手段。

一、干细胞衰老及其调控研究意义

随着社会的发展,人均寿命的提高,人口老龄化已成为世界各国面临的难题[1]。衰老及衰老相关疾病的发生,极大地影响着人类的生活质量。

"岁岁年年花相似,年年岁岁人不同",衰老是人体组织器官结构破坏、功能紊乱的多层面的逐渐恶化和组织损伤的累积,会导致器官健康水平和功能下降,增加身体对年龄增加而产生相关疾病的敏感性,使得生物体对各种损伤的反应减弱,最终导致个体内稳态的紊乱甚至个体死亡。衰老的特征鉴定最早是来自于体外培养的人成纤维细胞,表现为当细胞培养一段时间后出现永久的生长阻滞[2]。近年来,关于衰老的研究有了很大的进展,从线虫寿命到对百岁老人的研究,关于长寿的分子调控机制也越探越明[3]。其中,生物体的衰老与体内干细胞的衰老也有很大的关联,干细胞自我更新、分化和使受损组织和器官再生的能力伴随衰老过程逐渐降低。目前较公认的"干细胞衰老假说"是生物体中的成体干细胞在自我更新过程中所积累的有害产物或改变会导致组织内的成体干细胞的数量或者功能降低,进而引起个体的多种组织器官的功能丧失和退化,这也被认为是衰老的原因之一[4]。干细胞被广泛定义为自我更新的前体细胞,具有分化成各种类型细胞的能力,包括胚胎干细胞、成体/体细胞干细胞(如间充质干细胞)、诱导多能干细胞和祖细胞/前体细胞(如心脏祖细胞)。有研究证明,在衰老机体中注射成体间充质干细胞及神经干细胞都会逆转部分衰老的表型,并延长寿命[5]。因此,充分地解析成体干细胞衰老机制对于延缓衰老有重要意义。

遗传基因水平和表观遗传水平的变化都会影响成体干细胞衰老。衰老的遗传基因调控主要是指在衰老过程中 DNA 水平的突变及端粒 DNA 缩短等因素。表观遗传调控是指在基因组的 DNA 序列不发生改变的情况下,通过改变 DNA 甲基化修饰、组蛋白修饰、染色质重塑、ncRNA 表达等方式改变基因表达水平的调控方式[6,7]。相对于基因水平,成体干细胞表观遗传调控在衰老进程的命运决定中可塑性强,可操控性大[8]。已有证据表明,影响新陈代谢因素,比如营养、运动、药物干预等都可以通过表观遗传调控的改变来实现对衰老的调控[9-11]。

接下来,本节将概括基因及表观遗传调控方式对干细胞衰老的影响,并且尝试对可能能够延缓或者健康衰老的策略进行探讨,希望为延缓衰老及实现健康老龄化提供潜在的干预靶点。

二、成体干细胞的衰老

衰老是一种动态的细胞效应器,基因组不稳定、端粒损耗、细胞间通信改变、线粒体功能紊乱、营养缺乏、蛋白稳态丢失、干细胞衰竭、表观遗传调控改变都会促进衰老的进程[1]。

干细胞分为全能干细胞、多能干细胞、成体干细胞等,是一类具有自我更新能力及分化能力的细胞类群。终末分化细胞及成体干细胞组成了个体的大部分,机体需要成体干细胞不断的更新及分化来维持机体的稳态。成体干细胞通过再生及修复在维持个体组织结构及功能完整方面作用显著。在脑、肌肉、肠道、血液等许多组织或器官的衰老进程中,组织中的成体干细胞会出现数量变化及功能的耗竭[5]。

血液是哺乳动物最重要的循环系统之一,血液系统的稳态需要造血干细胞的维持。成体造血干细胞存在于哺乳动物的骨髓中,可以分化为红细胞、白细胞等髓系细胞,也可以分化为 B 细胞、T 细胞等淋巴系统细胞类型。研究表明,随着个体的衰老,哺乳动物体内的造血干细胞数目增多。同样在个体衰老过程中造血干细胞也会出现典型的衰老症状,比如归巢能力受损、移植存活能力受损、有髓系分化的偏向[12-14],而这种分化倾向容易导致骨髓恶性肿瘤的发生及免疫下降,小鼠模型对于这种分化倾向改变的可能解释是骨髓中具有分化为淋巴细胞倾向的造血干细胞在细胞数目及功能上都出现耗竭[15]。此外,小鼠中竞争性移植实验也证明衰老的造血干细胞会表现出归巢能力及移植成活能力显著减弱[16]。

神经干细胞的增殖与分化对于发育过程中中枢神经系统的形成起重要作用。而在成体脑中,神经干细胞的数目减少并且被严格限制在特定的区域。在啮齿动物中,神经干细胞分布在齿状回的粒下区和侧脑室的脑室下区[17];在哺乳动物中,实验证实了海马区存在持续的神经发生[17]。成体神经干细胞仍然具有自我更新和分化为瞬时扩增祖细胞的能力[18],但这种能力随着衰老会逐渐减弱。衰老对大脑具有长久且破坏性的影响,衰老普遍会伴随认知功能下降和患脑部疾病(包括癌症和神经退行性疾病)的风险增加。一个关键的问题是,具有再生能力的细胞是否有助于大脑健康,甚至使大脑"年轻化"。与其他器官相比,大脑具有协调高级认知功能的能力,因此对机体来说至关重要。但是脑功能会随着年龄的增长而下降。同时,神经退行性疾病(如阿尔茨海默病和帕金森病),以及脑癌(如神经胶质瘤)的发病率在老年人中激增[19]。尽管大脑中的所有细胞类型都会在衰老过程中受到影响,并可能导致生理性功能衰退和疾病,但是成年大脑中驻留的神经干细胞能够生成新的神经元(即神经发生)并恢复大脑部分功能。因此,在衰老过程中维持健康的干细胞储存库对于改善大脑整体健康并降低神经退行性疾病和癌症的发生率至关重要。

衰老是多种慢性和炎性疾病的主要危险因素之一,胃肠道疾病也不例外。老年人易患感染性和炎症性疾病,表现在结直肠癌发病率增高、代谢失衡、易患胃肠道感染等。与年龄相关的胃肠道变化不仅可能导致胃肠道炎症疾病的高发,还可能导致个体健康水平和寿命的下降和缩短。一些与年龄相关的并发症,如肥胖、胰岛素耐受和体弱都与胃肠道微生物群的变化有关。通常导致这类胃肠道疾病发展的条件是恶变前的化身和不典型增生。在人的胃肠道中,上皮化生病变增加了胃肠道癌的风险,此类病变的特征是上皮细胞类型的异位置换。食管鳞状上皮具有胃或肠柱状上皮的特征,导致患食管腺癌的风险更高[20]。不典型增生又以细胞异常增殖和分化为特征,被认为是在上皮癌变过程中发生的,并可能促进浸润性癌的发展。在过去的十年中,果蝇和小鼠小肠干细胞(intestinal stem cell,ISC)的发现、鉴定以及对其年龄相关功能障碍的研究使人们认识到,这些上皮疾病可能是ISC活性和功能的调节改变而导致的上皮再生方向错误的结果[21]。果蝇在这方面是一种特别有效的动物模型,它可以用来详细分析细胞自身的、局部的和全身性的信号机制,这些机制在衰老动物中失调,导致胃肠道上皮内稳态的丧失。将在以下部分中详细描述该模型,并提出一种与年龄相关的果蝇胃肠道组织稳态平衡丧失的模型,该模型也会缩短动物的个体寿命。

在日常生活中,皮肤面临大量的磨损,需要不断更新和自我修复,以保持良好状态,而皮肤干细胞在皮肤细胞的更新中起了重要的作用[22]。皮肤干细胞包括位于表皮基底层的表皮干细胞,负责表皮不同层的日常再生;位于毛囊中的毛囊干细胞,确保毛囊的不断更新,再生表皮和皮脂腺;以及负责黑素细胞再生的黑素细胞干细胞。皮肤老化被定义为皮肤中某些特征的持续丧失,包括皮肤弹性和色素沉着的减少,以及皮肤干细胞的丧失,可以分为3个阶段:①端粒磨损、DNA损伤、基因组不稳定和氧化应激导致皮肤干细胞生长停滞、衰老或凋亡死亡;②皮肤干细胞数量及其再生能力的逐渐下降;③干细胞衰竭或功能障碍,加上其他有害因素,导致与年龄有关的皮肤外观或疾病的发展[23]。在衰老过程中出现的端粒缩短、氧化应激和表观遗传的改变会造成皮肤干细胞膜、核DNA、线粒体DNA的损伤,这些损伤会导致皮肤干细胞功能障碍或丧失、皮肤平衡失调和皮肤老化[24]。皮肤层通过皮肤干细胞的分裂实现伤口的愈合,在年老个体中伤口愈合形成的疤痕往往要轻于在年轻个体中形成的疤痕,通过在小鼠中的研究表明,在年轻小鼠伤口处的皮肤会高表达一种叫作基质衍生因子1(stromal cell-derived factor 1,SDF1)的分泌因子,抑制了皮肤组织再生,而在年老小鼠中通过增加SDF1对组蛋白甲基转移酶EZH2的招募抑制SDF1的活性,从而促进皮肤组织的再生,证明在衰老过程中组织功能并不总随着年龄增加而降低[25]。

间充质干细胞是来源于发育早期中胚层的一种多潜能细胞,具有多向分化潜能及免疫调节等功能,目前已成功建立从骨髓、脐带血、小梁骨、骨膜、滑膜、胎盘、胰腺、脂肪组织、皮肤、肺和胸腺中分离培养间充质干细胞的体系,并能够在体外诱导间充质干细胞分化为成骨细胞、软骨细胞和脂肪细胞。像其他干细胞的衰老一样,活性氧的积累、DNA损伤、受损蛋白质的积累、端粒缩短、表观遗传学的改变都是加速间充质干细胞衰老的原因[26]。

三、成体干细胞衰老的调控

遗传调控及表观遗传调控通过端粒、基因突变或异位、拷贝数差异、DNA甲基化、组蛋白修饰、染色质重塑、长链非编码RNA等方式改变对成体干细胞进行调控,这些成体干细胞包括神经干细胞、间充质干细胞、小肠干细胞、皮肤干细胞、造血干细胞等[27-29,36-38],从而对衰老起到调控作用。

(一)染色质水平调控衰老的发生

基因的表达是一个随机的过程,这种随机表达的过程是通过染色质拓扑结构或者染色体修饰的改变实现的。染色体由串珠状的核小体组成,紧缩的核小体结构对于基因表达呈抑制作用。染色质重塑是指在相应的复合物的作用下,染色质的包装状态、核小体中组蛋白以及对应DNA分子会发生改变。这些复合物主要包括四个家族:SWI/SNF、ISWI、NuRD和INO80,这些复合物都具有ATP酶活性[57],能够切割组蛋白与DNA之间的联系,引起核小体的重新分布。此外染色质重塑复合物的作用一般是与组蛋白修饰及组蛋白伴侣协同作用,以完成核小体包装、驱逐及滑动等精确有序的调节过程。目前已有许多研究表明,癌症发生过程中伴随着染色质重塑调节蛋白功能缺失。越来越多的研究表明,染色质重塑调节蛋白的功能与衰老的进程密切相关。生理性衰老及早衰成体干细胞模型中都出现大范围的染色质结构的改变,同时伴随着DNA损伤增加。儿童早衰症患者中,NuRD蛋白家族复合物RBBP4和RBBP7表达下调。同样在正常细胞系中进行RBBP4和RBBP7的蛋白敲除,发现缺陷的细胞表现出早衰的表型。另外生理性衰老的细胞也表现出NuRD蛋白家族复合物成分的降低,虽然这种蛋白表达降低的具体分子机制还未发现,但是这些研究都表明染色质重塑蛋白对衰老的进程有重要的调控作用。Isw2蛋白复合物的缺失会导致酵母寿命的延长,这种延长作用是通过激活RAD51基因的表达而实现的,RAD51可以调控同源重组方式修复DNA的效率,从而实现寿命延长。SWI/SNF复合物催化亚基Chd1的缺失同样也可以延长酵母的寿命。INO80D复合物亚基Ser818Cys突变会促进人类主动脉的衰老。此外线虫中研究表明,SWI/SNF核心催化亚基的失活会导致DAF-16/FOXO延长寿命效果丢失。在人类中发现,SWI/

SNF 复合物中 BRG1 在先天性心脏病患者的心肌层中表达明显下调。BRG1 活化并与 G9a/GLP 和 DNMT3 组成复合物,结合到 MYH6 的启动子区域,通过对其启动子区域进行组蛋白甲基化或 DNA 甲基化,以抑制 MYH6 的表达,造成人及小鼠的心肌肥大[58]。

总体来说,染色质的状态受到染色质重塑复合物的调控。染色质状态的改变可能会影响衰老相关基因的表达。从酵母、线虫、小鼠到人类,这些染色质调控蛋白结构及功能都是保守的,进一步探究染色质重塑蛋白调节干细胞衰老的机制及如何通过干预这个过程来实现健康衰老甚至逆转衰老需要进一步研究。

(二)基因水平调控衰老的发生

1. **端粒调控** 衰老是一个不断发展变化的退行性过程,常伴有组织干细胞耗竭、组织炎症、基质改变、细胞衰老和代谢功能障碍等。这些细胞和组织的变化反映了线粒体、蛋白稳态、细胞间通信、营养感应、表观遗传学和 DNA 修复等潜在的异常变化,这些异常变化导致了基因组不稳定性和损坏,包括端粒功能障碍。随着对各种衰老相关分子机制更深入的了解,人们意识到端粒功能障碍是驱动衰老及其相关疾病的分子通路的诱因或促进剂。端粒由重复的核苷酸序列组成,形成"帽子结构",发挥维持染色体完整性的作用。人的端粒维持相关基因发生缺陷时,会引起生殖细胞和体细胞的退行性疾病,如先天性角化病、特发性肺纤维化、溃疡性结肠炎等。端粒等位基因功能丢失或可诱导的基因敲除小鼠加快了端粒功能障碍和衰老、早衰综合征、慢性炎症以及退行性疾病等相关性的研究[30]。内源性端粒酶的重新激活可逆转具有端粒功能障碍小鼠的过早衰老。鳉鱼和斑马鱼都是端粒生物学研究的模型,它们的端粒长度与人类相似,而其端粒功能障碍的表型同啮齿类动物模型更相似些。端粒和端粒酶在衰老、早衰综合征、年龄相关退行性疾病(如神经退变和癌症)中的作用似乎无处不在。

端粒的概念诞生于 20 世纪 30 年代,当时 McClintock 和 Muller 推断玉米和黑腹果蝇的染色体末端存在着独特的结构,并认为这对于防止染色体末端融合至关重要。Muller 结合了希腊语 telos 意为"结束(end)"和 meros 意为"部分(part)"创造了端粒(telomere)一词,意为"结束部分(end part)"。1961 年,人们证实了人类胎儿细胞具有有限的复制潜能,只可以复制 50~60 次,被称为"海夫里克极限"或复制衰老。20 世纪 70 年代初,Olovnikov(1973)和 Watson(1972)由线性 DNA 复制的不对称现象引入了"末端复制问题",推测由于末端 RNA 引物的去除,每次细胞分裂中落后的染色体末端会发生 DNA 丢失,导致染色体逐渐缩短。1978 年,Blackburn 和 Gall 对纤毛原生动物噬热四膜虫的 rDNA 进行测序,发现了六核苷酸串联重复序列 5'-CCCCAA-3'(互补链为:3'-TTGGGG-5')组成的末端。1985 年,Greider 和 Blackburn 发现了一种能够将 DNA 重复序列添加到染色体末端,延长端粒长度的新型酶,现在被称为端粒酶。1989 年,Greider 和 Blackburn 又从嗜热假单胞菌中克隆得到了端粒酶的 RNA。1990 年,Harley 等人发现并证实了端粒磨损与人原代细胞培养过程中的复制衰老平行发生,表明端粒缩短会触发海夫里克极限。通过激活 DNA 损伤检查点得到过表达 TRF2 突变形式（TRF2ΔBΔM）的人成纤维细胞。利用此细胞,科研人员在 2003 年发现了端粒减损可以诱导永久性细胞周期停滞。下一个重大突破发生在 1996 年,端粒酶被证明是一种作用于 3' 突出端的核糖核蛋白。随后,人端粒酶逆转录酶（human telomerase reverse transcriptase,hTERT）和人端粒酶 RNA 组分（human telomerase RNA component,hTERC）也被成功克隆出来。第一只 TERC 敲除小鼠在 1997 年诞生。在随后的几年中,单独敲除 TERC 和 TERT 或结合早衰以及癌症相关等位基因突变的小鼠的实验证实了端粒功能障碍可导致早衰、癌症和各种退行性疾病。这些小鼠模型证明了完整的端粒可维持基因组稳定性、组织干细胞储备、器官系统稳态和正常寿命[31]。在 1998 年,一项里程碑式的研究表明,hTERT 表达增强可以赋予人原代细胞无限增殖的潜力,这些细胞包括成纤维细胞、视网膜色素上皮细胞和血管内皮细胞,这些细胞在培养过程中始终保持正常的核型且没有出现恶性增殖的现象。回顾端粒研究史,尽管当时已经发现端粒酶在癌症中上调,但仍不确定端粒酶的功能。当增加 TERT 表达会出现与经典癌基因促进原代人细胞恶性转化一样的效果时,其在细胞转化中的作用才得到进一步证实。同时,癌症的遗传模型表明 p53 依赖的 DNA 损伤应答的状态决定了端粒缩短在体内发挥促进还是抑制癌症的作用[32]。进一步分析 mTERC$^{-/-}$ p53$^{+/-}$ 小鼠发现,小鼠上皮癌细胞表现出人源化肿瘤谱特性,即发生了人类癌症基因组典型的染色体重排和不可逆转现象[33]。因此,DNA 损伤信号失活（即 p53 缺乏）的背景下发生端粒损耗的小鼠实验揭示了老年人中易发生上皮癌的一种机制,以及此类癌症的细胞遗传学特征发生根本性改变的原因。TERC 和 TERT 敲除小鼠模型验证了端粒在衰老中的作用,并确定了驱动衰老过程的核心信号通路。首先,这些模型确定端粒功能障碍会导致加速衰老的迹象和表型,即寿命缩短、外貌老化、组织干细胞储备减少,器官萎缩以及应对压力、损伤和再生需求的能力下降。这些模型也突显了端粒功能障碍在早衰综合征和帕金森病中的重要性。其次,对 TERC$^{-/-}$ 小鼠后代不同组织进行的转录组学分析揭示了衰老相关的 p53-PGC1a 途径,整合了 3 种先前独立的衰老理论:遗传毒性应激（端粒功能障碍）、氧化损伤和线粒体衰退。最后,可诱导的 TERT 小鼠模型证明,内源性端粒酶的激活可逆转小鼠的早衰表型。此外,用腺病毒递送端粒酶可改善急性心肌梗死后的心脏功能,增强肌肉协调性以及肾、肝功能,降低胰岛素抵抗和皮下脂肪消耗,增加骨矿物质密度,延长寿命,但不会引起癌症发生率的增加[34]。几十年来,这些多元化的模型系统共同确定了端粒的分子生物学特征及其在健康和疾病中的作用。遮蔽体-端粒酶复合物端粒可以维持染色体的完整性,这对于维持物种的生命周期和繁殖至关重要。端粒末端保护的功能从较低等的多细胞生物（如嗜热链球菌）到较高等的生物（包括人类）都是进化上保守的。在结构上,端粒由 TTAGGG 的串联重复序列组成,该串联重复序列含有几千到几万个碱基,并在 3' 末端形成富含鸟嘌呤核苷酸的 75~300 个核苷酸的单链[35]。1999 年,Griffith 等首次发现了 3' 末端向后折叠,形成一个套索状结构,并将其称为 T 环。端粒隐藏在被称为遮蔽复合物的专门蛋白质中,该复合物是由六个蛋白质亚基组成的多聚体：TRF1、TRF2、TPP1、POT1、TIN2 和 RAP1。这种端粒的高阶结构可抑制端粒末端的 DNA 损伤，通过重组或经典/替代性非同源末端连接可以阻止来自融合末端的 DNA 修复程序，调节端粒酶在末端的进入和活性。相应地，上述复合物中的突变会破坏端粒-遮蔽体复合物，导致末端融合和过早衰老。TRF1 的过表达或 POT1 的下调会损害端粒酶与端粒末端的结合，从而导致端粒缩短。相反，Bloom（BLM）解旋酶在复制过程中执行稳健的双链断裂修复，TRF1 的丢失会由于无法募集 BLM 解旋酶而在端粒 DNA 中形成常见易碎位点。在正常组织中，端粒酶在生殖细胞中高度表达，同时也在皮肤、肠道、造血系统、毛发和睾丸的未分化干细胞和祖细胞中表达。分化的细胞，如角质形成细胞、成纤维细胞、骨骼肌细胞、神经元、心肌细胞和精子中 TERT 表达水平微弱，甚至检测不到[36]。TERC 与小卡哈尔体 RNA（small cajal body RNA，scaRNA）和小核仁 RNA（small nucleolar RNA，snoRNA）有关。尽管此类 RNA 由其他基因的内含子编码，但 TERC 是自身具有启动子的原型基因。TERC RNA 以含有 5’ 甲基鸟苷帽和 poly（A）尾的前体转录形式存在。这些前体被疾病相关的 poly（A）特异性核糖核酸酶[poly（A）-specific ribonuclease，PARN]腺苷酸化，从而促进 TERC 的成熟和积累。TERC 含一个由 3 个核苷酸组成的 H/ACA 域，称为卡哈尔体定位域（Cajal body localization，CAB），该序列对于结合端粒酶卡哈尔体蛋白 1（telomerase Cajal body protein 1，TCAB1）是必不可少的。TCAB1 是将端粒酶转运至钙质体进而转运至端粒末端以及催化其活性所必需的。端粒酶通过其假结/模板结构域（pseudo-knot/templatedomain，PK/T）和 CR4/5 结构域与 TERC 结合。多种蛋白质对于全酶的正常运作都是必不可少的，包括 dyskerin、NHP2、NOP10 和 GAR1，它们和其他蛋白质一起构成核心成分[37]。总之，端粒结构以及端粒酶活性和募集的精确调控，确保了正常细胞中端粒的维持。同时，它们又都容易受到突变和失调的影响，从而导致家族性和散发性的疾病。

但是，关于端粒酶复合物是如何感应信号并被招募到最短端粒以及不同成分的特定组装顺序等问题仍然没有解决。并且这些过程在正常和肿瘤细胞中调控的差异性机制仍不清楚。最重要的问题是，还需要更深入地了解调控端粒酶表达和功能的过程，以确定端粒酶对人类正常衰老以及遗传性和体细胞性退行性疾病发病机制的作用。TERT 或 TERC 功能缺失的小鼠中，端粒持续性损耗会激活 p53 依赖的凋亡途径，导致组织干细胞耗竭，诱发器官萎缩，尤其是在自我更新率高、快速增殖的组织中，如皮肤、肠、睾丸、受伤的肝脏和血液等。除了端粒维持，TERT 还可能通过 TERT 的非经典功能 Wingless-related integration site（WNT）（该途径是调节干细胞稳态的主要通路）途径激活，影响干细胞生物学功能。具体来说，在小鼠细胞中，TERT 可以与 Brahma 相关基因 1（Brahma-related gene-1，*BRG1*）发生相互作用，并作为 β-catenin 复合物中的辅助因子，导致 WNT 通路相关基因的上调。

基因组不稳定性是衰老的另一个标志，可导致干细胞耗竭，进而引发炎症。TERC 功能缺失细胞和组织的细胞遗传学分析证明端粒功能障碍可加剧染色体的不稳定性，同时也在包括大肠癌在内的多种肿瘤中出现了基因扩增、缺失、易位和后期桥形成的现象。受损或未加帽的端粒会发生末端-末端融合，形成双中心染色体，导致断裂融合桥（breakage-fusion-bridge，BFB）循环、非整倍体和四倍体、易位和扩增，在有丝分裂过程中通过局部超突变（localized hypermutations）和染色体碎裂（chromothripsis，即 clustered chromosomal rearrangements，簇状染色体重排）造成基因组不稳定。此外，*p53* 的丢失会使细胞免于 DNA 双链断裂造成的死亡，产生异常的染色体失衡和驱动癌症的不可逆转位。这些异常染色体已在非恶性增殖的老年干细胞中发现，其中突变累积程度与人类组织（包括结肠隐窝和造血系统）年龄密切相关。端粒也与线粒体紧密相关。线粒体功能随衰老逐渐丧失，导致能量（ATP）产生减少、细胞内活性氧增加。能量产生减少会导致细胞脆性增加，而活性氧升高会引发细胞损伤，包括 DNA 中 8-氧鸟嘌呤碱基损伤（端粒富含鸟嘌呤）。线粒体 DNA 聚合酶亚基 γ（polymerase subunit gamma，POLG）突变小鼠相关实验为线粒体功能障碍对衰老的影响提供了直接证据。这些突变小鼠表现出线粒体数量减少、线粒体形态异常（如线粒体嵴碎片化和外膜破裂），以及过早衰老（如脱发、驼背、体重减轻、皮下脂肪减少、骨密度降低、骨质疏松症、贫血和心肌病）。值得注意的是，这些线粒体功能障碍相关的早衰表型与端粒酶缺乏小鼠，p53 过度活化小鼠和 PGC1α/β 缺失小鼠的表型相似。考虑到线粒体在衰老中的中心地位，TERC、过氧化物酶体增殖物激活受体 g 共激活因子 1（peroxisomeproliferator activated receptor gamma co-activator，PGC1）α/β 和 POLG 功能缺失小鼠的重叠表型使我们能够将端粒，线粒体和氧化防御机制联系起来[38]。已有研究证明 TERC 缺失的小鼠线粒体功能受损，氧化防御能力降低。此外，对 TERC$^{-/-}$ 小鼠不同组织的转录组分析显示 p53 和 *PGC1α/β* 的靶基因作用明显，更加使我们确定了 3 种竞争性衰老理论的共同途径：遗传毒性应激积累、线粒体功能下降、氧化损伤增加。具体而言，端粒功能异常会激活 p53，进而抑制 *PGC1α* 和 *PGC1β* 的表达。*PGC1α/β* 表达降低反过来抑制线粒体生物发生和功能，减少氧化防御相关基因的表达。端粒-p53-PGC1α/β-线粒体的信号回路导致活性氧水平升高，进而加剧端粒鸟苷碱基上 8-羟基脱氧鸟苷的修饰[39]。该信号环路构成了一个连接端粒功能障碍，线粒体和氧化应激途径的反馈环，最终导致了衰老加速。

大量研究表明，端粒功能障碍经常出现在衰老相关疾病中。首先，在皮肤、胃肠道和造血系统等细胞大量增殖的组织中，祖细胞隔室中端粒酶水平降低和组织不断更新会导致渐进性端粒磨损，最终触发 DNA 损伤反应，例如细胞周期停滞，细胞凋亡，分化受损和衰老。其次，心脏、大脑和肝脏等细胞增殖较少的组织可能会经历活性氧诱导的端粒序列损伤，并随着时间的流逝引起端粒序列受损和脱帽。具体而言，鼠和人体研究表明，氧化应激本身会加速血管内皮、骨骼肌、心肌细胞以及先天免疫和适应性免疫的相关免疫细胞的端粒磨损。此外，尽管端粒缩短本身会产生端粒功能障碍诱导的病，但活性氧诱导的鸟嘌呤修饰也会产生端粒功能障碍诱导的病，说明了端粒蛋白复合体脱离是导致端粒脱帽的根本原因。从开创性研究中可以明显看出这一点,防护蛋白成分的干扰(例如 TRF2 的显性负突变形式)可以诱导端粒功能障碍诱导的病,而不影响端粒长度。衰老和炎症的纠缠过程可能与端粒衰老有着特别的联系。这些行为可诱发动脉粥样硬化、2 型糖尿病、骨关节炎以及帕金森病和阿尔茨海默病。最近的一项研究强调了衰老细胞在诱发阿尔茨海默病中的作用。在这项研究中,产生了神经原纤维缠结和类似阿尔茨海默病表型的 Tau 突变(MAPTP301SPS19)的小鼠,在通过遗传或药物方法去除表达 p16INK4a 的星形胶质细胞和小胶质细胞后,小鼠认知功能有所保留。这项研究发现了衰老细胞的积累先于神经原纤维缠结的形成,这表明衰老细胞可能诱导缠结的形成。相似地,从 BubR1 早衰小鼠模型中去除衰老细胞会延长健康寿命[40]。这些研究促进了能够清除人类衰老细胞的 senolytic 药物的研发。衰老-炎症性反应轴在患有晚期心力衰竭,心脏肥大和冠状动脉疾病的患者中也可能激活。炎性疾病中的端粒功能障碍端粒病的研究表明,端粒功能障碍可导致人类衰老中的炎性疾病。端粒病变是由端粒维持基因,包括 *TERT*、*TERC*、*DKC*、*PARN*、*RTEL1*、*TINF2* 和 *POT1* 的种系缺陷造成的。在细胞水平,端粒病有以下特征:①造血干细胞耗竭导致骨髓衰竭;②淋巴细胞免疫衰老;③肠道干细胞损失导致与绒毛细胞凋亡相关的肠道绒毛萎缩、绒毛变钝、基底浆细胞增多和上皮内淋巴细胞增多。在组织水平上,端粒病显示出特发性肺纤维化、肝硬化和肾脏疾病的发生率增加,所有这些都与炎症加剧有关。鉴于高活性氧水平与端粒缩短有关,并且被认为是组织炎症的驱动力,因此即使在端粒维持基因没有突变的情况下,端粒缩短和损伤也可能诱发和助长老年人的各种炎性疾病。这些情况可能源于受影响组织的一些细胞中出现的端粒功能失调,导致炎症细胞因子局部增加,并进一步导致组织损伤和端粒缩短。这类炎性疾病包括炎症性肠病、胰腺炎、非酒精性脂肪肝、慢性阻塞性肺疾病,以及慢性肝病导致的肝硬化等。在这种情况下,端粒功能障碍可能会使致病因素的致病作用更强,且端粒功能障碍自身也作为一种致病因素使疾病的发生和发展更为迅猛。

2. DNA 甲基化修饰 DNA 甲基化,作为主要的表观遗传修饰方式之一,在衰老及衰老相关疾病中起到重要作用,在某些特定位置 DNA 甲基化修饰随着生物年龄增长产生或消失。因而,DNA 的甲基化修饰变化提供了一个衡量生理年龄的标志。DNA 甲基化主要是选择性地将甲基添加到基因组 DNA 序列中特定的区域,通常是 CpG 岛发生甲基化,而 CpG 岛区域经常定位在基因的启动子区域,对调控基因的表达、转座子沉默、可变剪切、基因组稳定性维持至关重要[41]。最为经典的是胞嘧啶上的甲基化修饰,胞嘧啶可以被甲基化形成 5-甲基胞嘧啶。通过对双生子及新生儿与百岁老人 CD4$^+$T 淋巴细胞研究,表明衰老进程中 DNA 甲基化修饰比较分散,这主要是由于环境因素导致的表观遗传漂移或者基因组自身所发生的错误。DNA 甲基化对于衰老进程的影响可以通过对特定基因的表达调控实现,*POLG* 突变小鼠会出现加速衰老的表型,而在正常情况下 *POLG* 的表达会受到其启动子区甲基化水平的调控,这种甲基化的状态受到体内炎症因子的影响。

衰老进程中全基因组呈现低甲基化状态并不代表所有位点的低甲基化。在人及动物模型动脉粥样硬化中,发现全基因组 DNA 低甲基化,但抗动脉粥样硬化基因 *ESR1/2*、*ABCA1*、*KLF4* 的驱动子区域呈现超甲基化状态[42]。多梳家族蛋白目的基因在衰老及癌症中呈现出超甲基化状态。多梳家族蛋白形成的复合物与 DNA 稳定、染色质重塑及转录抑制作用相关。*Dnmt3a/b*$^{-/-}$ 小鼠胚胎干细胞中,多梳家族蛋白会倾向于与未甲基化的 CpG 岛区域结合,调控甲基化水平[43]。多梳家族蛋白识别未甲基化的 DNA 的机制是通过 KDM2B 蛋白去招募多梳抑制蛋白复合物 1/2 实现的。此外,DNMT1 活性在衰老过程中会出现持续性的下降。另外,*DNMT3a/3b* 缺失的造血干细胞移植实验中发现,这种缺陷的造血干细胞向髓系细胞和淋系细胞分化能力不变,但是增殖能力减弱,证明了 *DNMT3a/3b* 会保护造血干细胞的自我更新能力[44]。在 *DNMT3a* 敲除的神经干细胞中,神经元发生相关基因(如 *Dlx2*、*Sp8* 和 *Neurog2*)出现下调,与 H3K27me3 修饰水平升高正相关,揭示了 DNA 甲基化与组蛋白甲基化修饰协同调节靶基因的表达[45]。

(三)组蛋白水平调控衰老

真核细胞中染色质的基本单位是核小体,它是由 147 个碱基及缠绕其上的八聚体组蛋白构成,这些组蛋白的主要成分是 H2A、H2B、H3、H4,连接组蛋白 H1 与非组蛋白[异染色质蛋白 1(HP1)]会与核心组蛋白协同作用共同形成更为有序的染色质结构,即异染色质。这种更有序的结构对于 DNA 复制、转录、DNA 损伤修复都有调控作用。组蛋白修饰主要是通过对组蛋白的氨基酸进行修饰,包括组蛋白乙酰化、甲基化、磷酸化、泛素化等。这些修饰通过单独作用或相互协作以改变染色质的开放程度决定某些基因的表达。组蛋白修饰方式中与衰老关系最为密切的是组蛋白甲基化及乙酰化修饰。儿童早衰症与成人早衰症是基因组的无序而导致的人类早衰模型,这两种疾病的早衰表型与正常生理的表型非常的一致,是作为研究人类衰老进程的典型模型[46]。这两种疾病分别是由于核膜蛋白及 DNA 损伤修复蛋白突变,导致染色质结构改变而引起的。同时在人的间充质干细胞中进行 WRN 基因敲除后,发现这种 WRN 缺陷的细胞表现出早衰的表型,并且整体 H3K9me3 水平下调,并且 WRN 蛋白可以与异染色质蛋白 HP1α、SUV39H 相互作用,维持异染色质结构稳定性[47]。这些都暗示我们,基因组不稳定及染色质结构紊乱是衰老的重要诱因。

关于衰老的最初的假说是"异染色质丢失"理论。这个理论认为异染色质丢失导致整个细胞核结构都发生改变,从而定位在核内的基因表达都会受到直接或者间接的影响,从而导致衰老。在一些早衰的细胞模型中也观察到异染色质的丢失。异染色质导致的基因转录的改变从酵母到人类中都有被检测到,转录组的改变对于基因的表达调控有上调也有下调,对寿命有延长也有缩短。但是关于异染色质丢失理论存在着悖论。衰老过程中伴随着异染色质的丢失同时也有衰老相关异染色质聚集的形成。之前的理论认为,衰老相关异染色质形成是个体衰老与复制性衰老的区别,但是最近通过 HI-C 及 FAIRE 技术分析发现,衰老细胞的最终异染色质状态经过 2 步,首先是整体异染色质的丢失,之后是某些特定部位的常染色质发生凝集形成异染色质,最终这两 2 个步骤共同完成衰老细胞中异染色质重新分配[48]。

1. 组蛋白甲基化修饰 组蛋白的不同修饰方式会影响染色质的开放或者凝集,对基因表达的作用或是激活,或是沉默。组蛋白甲基化修饰一般是指在组蛋白赖氨酸残基上进行的甲基化翻译后修饰,受到组蛋白甲基转移酶调控。一般来说组蛋白 H3 第 4 位赖氨酸三甲基化(H3K4me3)与 H3 第 27 位赖氨酸三甲基化(H3K27me3)在转录调控中分别起到转录促进及转录抑制作用,在许多模型中展示出与寿命相关基因调控相关[49]。

衰老会引起这些激活与抑制的组蛋白修饰的不平衡,但是具体的机制研究有待挖掘。多梳蛋白(polycomb,PcG)和 Trithorax(TrxG)家族复合体是两类重要的组蛋白甲基转移酶复合体,它们通过对组蛋白赖氨酸残基进行特异性位点修饰并相互拮抗来实现对组蛋白的修饰。PcG 家族蛋白是成体干细胞重要的表观遗传调节因子,主要包含 PRC1 和 PRC2 两类蛋白复合体。PRC2 蛋白复合物主要包含 EED、SUZ12、RBAP46/48 及 EZH2/EZH1 四个成分,其中 EZH2/EZH1 具有甲基转移酶活性,可以特异性地催化组蛋白 H3 第 27 位赖氨酸甲基化。TrxG 家族主要是属于 COMPASS 蛋白家族[50]。COMPASS 蛋白及其同源物在果蝇、小鼠以及人类中都起到对组蛋白 H3 第 4 位赖氨酸进行修饰的作用。PRC1 蛋白复合物中的具有泛素连接酶活性的 RING1A/B 蛋白,主要对组蛋白 H2A 第 119 位赖氨酸进行泛素化(H2AK119ub)修饰,同时 PRC1 复合物中其他成分也会对组蛋白 H3 第 27 位赖氨酸进行甲基化修饰。组蛋白的甲基化修饰对于核小体的结构维持起到重要作用,从而对发育或衰老相关基因表达、DNA 修复等起调控作用。

在核膜蛋白 LaminA/C 基因突变的人成体干细胞早衰模型中发现组蛋白甲基转移酶 EZH2 较少,并且整体组蛋白第 9 位赖氨酸三甲基化及其结合蛋白 HP1α 水平降低,异染色质丢失[51]。此外,研究表明,Dot1/DOT1L 是特异性地使组蛋白 H3 第 79 位赖氨酸发生甲基化的组蛋白甲基转移酶,而 H3K79 甲基化与端粒区域的沉默、发育、细胞增殖检验点、DNA 修复、基因转录等相关[52]。

2. 组蛋白乙酰化修饰 组蛋白乙酰化修饰指在组蛋白乙酰转移酶和去乙酰化酶催化作用下,对 H3、H4 的 N-端赖氨酸残基进行修饰。组蛋白乙酰化修饰通过疏松核小体结构,使其中转录因子特异性结合的 DNA 序列暴露出来,发挥激活基因转录的作用[53],报道指出,组蛋白乙酰化修饰参与寿命调控。在大脑以及肝脏等组织器官中组蛋白乙酰化水平的变化与衰老性组织退行密切相关。在裂殖酵母复制性衰老中,乙酰化修饰的主要方式是 H3K56Ac、H4K16Ac。报道指出,组蛋白 H3K56Ac 水平会影响染色质组装、基因组稳定性、DNA 复制、基因表达等生命过程。当去乙酰化酶 *Hst3*、*Hst4* 基因敲除后,H3K56Ac 的水平随之降低,酵母基因组不稳定性增加,最终导致酵母寿命缩短。与在衰老过程中 H3K56Ac 水平下调相反,H4K16Ac 水平上调,并且是通过影响端粒区的染色质结构实现对衰老的调控。敲除 H3 去乙酰化酶复合物 Rpd3 促进果蝇与酵母的寿命延长。在小鼠大脑中发现,DNA 重复元件上整体组蛋白呈现低乙酰化状态,并且年老的小鼠出现记忆缺失,这种记忆缺失被认为与促进转录延伸的 H4K12Ac 水平较低相关。当 H4K12Ac 水平恢复后,发现可以改善小鼠伴随衰老而出现的记忆缺陷现象[54]。

HDACsIII(sirtuin)家族蛋白与衰老密切相关。与酵母 Sir2 同源的人类 sirtuin 家族蛋白对维持衰老过程中成体干细胞的稳态至关重要。SIRT6 与 SIRT7 蛋白都属于 NAD+ 依赖的组蛋白去乙酰化酶,SIRT6/SIRT7 缺失造成小鼠早衰并引起寿命的缩短,提示 SIRT6/SIRT7 具有潜在的抗衰老作用。SIRT6 纯合性敲除的人间充质干细胞表现出加速衰老的特征。SIRT6 与 NRF2 相互作用并且使 H3K56 发生去乙酰化,从而招募 RNA 聚合酶Ⅱ复合物,发挥对 NRF2 靶基因的转录激活作用,SIRT6 纯合性敲除的人间充质干细胞表现出整体组蛋白 H3K56Ac 水平升高,无法招募 RNA 聚合酶Ⅱ结合到 NRF2 的启动子区域,细胞表现出衰老表型[55]。这项发现对于深入理解 SIRT6 对衰老和寿命的调控及探索衰老相关疾病的干预具有重要意义。另外体外实验也证明,SIRT1 敲低人视网膜干细胞出现早衰的表型,过表达 SIRT1 后,这种早衰的表型可以被挽救。此外,小鼠模型中发现,Cdc42 活性激活会抑制核膜蛋白 LaminA/C 蛋白表达,减少 H3K16Ac 的分布,影响染色体的状态,致使造血干细胞衰老[56]。

(四)ncRNA 及重复序列调控衰老的发生

ncRNA 是近年来新发现的表观遗传调控影响因素。人类基因组中有 60%~90% 的序列会被转录,其中一大部分成为不合成蛋白质的 ncRNA[57]。ncRNA 包括 lncRNA 和 sncRNA,目前关于 ncRNA 的功能研究主要是集中在其作为表观遗传调控的影响因子,其他方面的功能还有待研究。研究表明 ncRNA 的紊乱与癌症、神经退行性疾病、心血管疾病、衰老等相关[59]。

在线虫与小鼠中的研究表明,属于 RNase Ⅲ家族中特异识别双链 RNA 核糖核酸内切酶 Dicer 在衰老过程中 mRNA 水平及蛋白水平都有下调,暗示着 sncRNA 的减少,事实上,microRNA 在多种生物衰老过程中都有下调。在限食小鼠中发现,限食组的小鼠 microRNA 的水平相对于对照组有上调。在人原代分离的脂肪细胞中也发现年老人群中 Dicer 的水平也是降低的。microRNA 不会改变染色质的状态,之所以被定义为表观遗传是因为它可以在不影响 DNA 序列改变的条件下产生可遗传的基因表达改变。秀丽线虫中,miRNA lin-4 功能缺失使寿命缩短,过表达 lin-4 会延长寿命。小鼠与人中也发现随着衰老的进程,一些 miRNA 的表达发生改变,但是在不同器官中 miRNA 表达改变不尽相同。miR-34 对于大脑的衰老起决定性作用。阿尔茨海默病小鼠模型及病患中都发现 miR-34 的高表达,具有抗衰老作用的去乙酰化酶 SIRT1 作为 miR-34 靶向基因,会受到 miR-34 的抑制,暗示着可能存在 miR-34 调控大脑衰老的分子机制[60]。

在人类的基因组成中包含很多重复序列,这些重复序列与衰老进程息息相关。研究发现,体外进行重复序列 Alu 转录表达使人成体干细胞进入衰老,抑制 Alu 的转录则会逆转衰老[61]。同时也发现,通过司他夫定或拉米夫定干预抑制 L1 逆转录转座子的表达,会延缓早衰小鼠的衰老表型。研究中他们发现,衰老细胞及个体中,Line1 cDNA 会在胞质中大量聚集,通过引起Ⅰ型干扰素反应诱发衰老。

ncRNA 及基因组中重复序列可能通过与其他染色质调控因子相互作用,直接或间接地调控衰老,但是这种调控作用在哺乳动物衰老过程中是如何实现的将是揭示生命衰老奥秘的一大突破。

四、延缓衰老的干预手段

对于实现延缓衰老及健康衰老,科学家们尝试各种干预手段,比如药物干预、饮食限制、运动等方式。

端粒功能障碍与衰老标志物、衰老相关疾病的发生以及遗传和获得性退行性疾病的发展的联系,促使人们将端粒酶修复作为一种潜在的延缓衰老策略。利用这种思路进行治疗的最佳方式可能是瞬时端粒酶诱导,即通过它恢复端粒储备和修复端粒损伤,同时避免由组成型端粒酶激活而促进癌症的可能性。在具有长端粒的临床前小鼠模型中,TERT 表达将小鼠寿命延长了40%。尽管这些小鼠还携带了 p53、p16 和 ARF 的额外拷贝(增强了小鼠对癌症的抗性)。尚待确定的是,延长的 TERT 表达来延长寿命和缓解疾病是否与 TERT 对端粒的作用或 WNT 的活化有关,其中 WNT 的活化可能增强干细胞的储备,随着对端粒酶调节的分子网络以及激活端粒酶促进早衰小鼠年轻化的进一步了解,人们逐渐关注可以激活 TERT 表达的抗衰老药物。尽管对它们的作用机制还不甚了解,但已经有几种小分子,包括 TA-65(环黄芪醇)和组蛋白脱乙酰酶抑制剂,被证明可以激活 TERT。TA-65 是从黄芪属植物中分离出来的一种天然化合物。正在进行的人体试验表明,TA-65 改善了黄斑功能,降低了高密度脂蛋白水平,并降低了炎症标志物 c-反应蛋白和 TNF-α 水平。此外,激素类药物,如对患有端粒病的个体使用达那唑(一种抗雌激素和抗孕激素)和 5a-二氢睾丸激素(一种雄激素)可以增加端粒酶水平。最后,靶向 TERC 稳定性的药物可能为治疗端粒病提供新的选择。PAPD5 通过 3' 寡腺苷酸化来降解 TERC,然后诱发 RNA 外泌体破坏这些转录本。如前所述,与 TERC 的去腺苷酸化和成熟有关的 PARN 在包括先天性角化不全在内的几种疾病中发生了突变。一种 PAPD5 小分子抑制剂可增加来源先天性角化不全患者的诱导多能干细胞的端粒长度,并且可在小鼠中长期发挥作用[62]。

脉冲式端粒酶活化疗法的一种特别引人入胜的应用可能是对诸如 Werner 和 Bloom 综合征等早衰性疾病的治疗。这一方法源于人类遗传退行性疾病相关的基因缺失小鼠出现退行性表型极度缺乏的现象,包括:①由 ATM 的突变失活导致的共济失调-毛细血管扩张;②Bloom 综合征,由 RecQ 解旋酶家族的 BLM 突变引起;③杜氏肌营养不良症(Duchenne muscular dystrophy，DMD），由肌营养不良蛋白的突变引起。令人惊讶的是，当这些等位基因中的每一个分别与 TERC 基因敲除小鼠杂交时，随着端粒变得更短，更像端粒在人体内的长度（通常在 G2-G3 时），这些综合征的表型渐渐出现。例如，WRN/TERC-null 小鼠概括了 Werner 综合征的标志性特征，包括后凸畸形、病理性长骨骨折、脱发和头发变白、干细胞和免疫区室缺陷、老年性白内障、造血功能障碍（例如全血细胞减少和对反应的不平衡）、免疫原性和代谢缺陷，包括胰岛素抗性。如上所述，在 *WRN* 或 *BLM* 基因中发生突变的端粒完整小鼠模型没有表现出任何退行性表型，这为端粒酶激活疗法提供了理论依据，以延迟或减轻症状并延长预期寿命。与此类似，在生殖系突变影响端粒维持的基因的个体中（例如 DKC），端粒酶激活疗法可以缓解进行性症状，例如贫血、肺纤维化和胃肠道功能障碍。端粒酶激活可能起有益作用的另一类治疗选择有限的疾病是慢性炎性疾病，例如肝硬化、胰腺炎和溃疡性结肠炎。疾病发生的端粒功能障碍可诱发组织炎症，继而可加速端粒缩短，形成正反馈循环，最终导致疾病复发，甚至诱发基因组不稳定、p53 丢失和端粒酶活性重新激活所致的癌症。在进入端粒危机之前的疾病的非常早期阶段，端粒酶的激活可以预防疾病发作和癌症发生。鉴于在端粒酶的基因诱导后小鼠脑部得到了显著改善，端粒酶激活也可能用于治疗神经退行性疾病。除端粒酶激活外，还可能通过削弱介导功能障碍性端粒的组织破坏作用的检查点的功能，来改善端粒功能障碍引起的器官变性和死亡。沿着这些思路，已经证明选择性抑制 p21 依赖的细胞周期阻滞或 puma 介导的凋亡可以改善端粒功能失调，保证小鼠组织完整性、延长寿命，而降低癌症的发展。Exo1 的缺失也可以通过抑制染色体融合体和 BFB 循环的形成来增强端粒功能障碍小鼠对 DNA 损伤的感应和 *p53* 检查点的激活，从而使端粒功能障碍小鼠的组织保持完整和稳定，并延长小鼠的寿命。与端粒酶激活在延缓衰老治疗中的潜在应用相反，在大多数癌症中观察到的端粒酶活性增加促进了人们开发抗端粒酶治疗剂，包括反义寡核苷酸、疫苗和小分子抑制剂等几种策略已经被设计出以针对癌症中的 TERT，但是还没有抗端粒酶药物进入Ⅲ期临床试验。这种效率有限性可能要归因于，端粒缩短至可抑制肿瘤的长度所需的时间。此外，抑制端粒酶的替代策略可能在临床上产生更有意义的效果。首先，由于其功能性检查点机制会触发衰老，具有完整 p53 的癌症可能更适合端粒酶抑制。临床前动物研究表明，TERT 抑制可导致淋巴瘤中 ALT 途径的激活，因此该策略仍需谨慎选择。端粒酶和 ALT 通路抑制药物的联合使用可以最大程度地减少耐药性的出现。在 ALT 阳性的癌症亚群中，靶向相关的免疫回路也可以提升药物反应率和预后效果。也就是说，因为 ALT 阳性癌细胞中胞质 DNA 能持续产生，而胞质 DNA 通过激活 cGAS-STING 通路来上调 IFN 信号，人们很容易推测出这些肿瘤可能对免疫疗法有更高的反应。在临床前研究中，将核苷类似物 6-thio-dG 掺入新合成的端粒中导致端粒 DNA 损伤，可使对 PD-L1 耐药的癌症对免疫检查点疗法敏感。

综上所述，尽管确定基因型和生物学背景以及与协同作用的特定联合治疗方法非常重要，抗端粒酶疗法仍然具有可行性，因为它在抑制晚期恶性肿瘤方面具有潜在作用。最后，目前对染色体结构和细胞生物学基础知识的探索阐明了多种人类疾病和衰老本身的核心机制。端粒领域已成为基础科学和多学科融合的典范。虽然端粒和端粒酶在衰老和癌症发病机制中的很多作用已经被揭示，但许多知识空白依然存在，例如调控端粒酶表达和活性的机制，TERT 的非经典功能以及端粒功能障碍与病理过程（如炎症、纤维化和退行性疾病）之间的相互作用。不论端粒损伤是人类疾病的诱因还是仅仅是影响因素，它都在人类疾病的发生发展过程中起到了"不可或缺"的作用[63]。这种主要作用促进了人们去开发和测试端粒酶激活剂来治疗衰老和与衰老相关疾病，并评估用于治疗晚期癌症的有效的端粒酶抑制剂。

研究表明，将一只老年小鼠和一只年轻小鼠，通过一种被称为异时共生的方法将它们的循环系统连接起来，可以恢复老年小鼠衰老表型[64]。Seno-lytics 药物诱导清除 p16-INK4a 阳性衰老细胞可延缓早衰模型小鼠和自然衰老小鼠的年龄相关疾病[65]。此外，饮食限制可以改善小肠干细胞增殖能力，促进肌肉干细胞活化及再生能力。除此之外，通过药物影响表观遗传和基因表达进而干预干细胞衰老的研究也有较大的进展。使用维生素 C 处理 WRN 缺失的早衰人间充质干细胞可以延缓早衰表型，延长细胞寿命。而维生素 D 处理的儿童早衰症细胞其基因组稳定性显著高于未处理细胞。通过白藜芦醇干预早衰症小鼠，可增加 Sirt1 与 Lamin A 的相互作用，减缓早衰小鼠成体干细胞的衰老，显著延长小鼠寿命。食品和药物管理局批准的 NRF2 激活剂奥替普拉通过重新激活 NRF2 靶基因的表达，延缓了早衰症多能干细胞分化的间充质干细胞的加速衰竭。槲皮素其抗氧化能力间接激活哺乳动物 FoxO 同源物 DAF-16 延长线虫 15% 的寿命，同时可以作为抵抗人类间充质干细胞加速衰老和自然衰老的保护剂。此外，通过对于表观基因组进行部分的重编程，瞬时表达 Yamanaka 四因子可以提升早衰小鼠的寿命及改善衰老相关表型。综上所述，通过干预衰老进程，或许可以实现延缓衰老及健康衰老。

五、小结

近年来关于衰老的研究不断进步，目前为止，我们已经知道端粒、染色质重塑、DNA 甲基化、ncRNA、组蛋白修饰都会影响衰老进程，但是我们对这些调控的理解还不够深刻。其中表观遗传调控具有可逆性，那么处于衰老情况下的成体干细胞就有可能通过逆转表观遗传修饰来实现年轻化。事实上，研究发现，饮食限制、运动等环境因素可以通过新陈代谢方式来改变表观遗传，从而影响衰老进程。因此，研究成体干细胞的表观遗传调控不仅可以加深对干细胞衰老的机制理解，还可以为个体健康衰老或延缓衰老提供契机。本节关于干细胞衰老的综述希望引导人们进一步研究，这可能有助于应对所有人最终都要遭受的致命疾病——衰老。

（鞠振宇　汪 虎）

参考文献

[1] LOPEZ-OTIN C,BLASCO M A,PARTRIDGE L,et al. The hallmarks of aging [J]. Cell,2013,153 (6): 1194-1217.

[2] REARDON S. Brain's stem cells slow ageing in mice [J]. Nature News,2017,547 (7664): 389.

[3] FONTANA L,PARTRIDGE L,LONGO V D. Extending healthy life span—from yeast to humans [J]. Science,2010,328 (5976): 321-326.

[4] HARRISON D E,STRONG R,SHARP Z D,et al. Rapamycin fed late in life extends lifespan in genetically heterogeneous mice [J]. Nature,2009,460 (7253): 392-395.

[5] TATAR M,SEDIVY J M. Mitochondria: masters of epigenetics [J]. Cell,2016,165 (5): 1052-1054.

[6] KLASS M R. A method for the isolation of longevity mutants in the nematode Caenorhabditis elegans and initial results [J]. Mechanisms of ageing and development,1983,22 (3-4): 279-286.

[7] SUDO K,EMA H,MORITA Y,et al. Age-associated characteristics of murine hematopoietic stem cells [J]. Journal of Experimental Medicine,2000,192 (9): 1273-1280.

[8] DYKSTRA B,OLTHOF S,SCHREUDER J,et al. Clonal analysis reveals multiple functional defects of aged murine hematopoietic stem cells [J]. Journal of Experimental Medicine,2011,208 (13): 2691-2703.

[9] SPALDING K L,BERGMANN O,ALKASS K,et al. Dynamics of hippocampal neurogenesis in adult humans [J]. Cell,2013,153 (6): 1219-1227.

[10] ENCINAS J M,MICHURINA T V,PEUNOVA N,et al. Division-coupled astrocytic differentiation and age-related depletion of neural stem cells in the adult hippocampus [J]. Cell stem cell,2011,8 (5): 566-579.

[11] ARTEGIANI B,CALEGARI F. Age-related cognitive decline: can neural stem cells help us? [J]. Aging (Albany NY),2012,4 (3): 176.

[12] PENG Y,XUAN M,LEUNG V Y L,et al. Stem cells and aberrant signaling of molecular systems in skin aging [J]. Ageing research reviews,2015,19: 8-21.

[13] NISHIGUCHI M A,SPENCER C A,LEUNG D H,et al. Aging suppresses skin-derived circulating SDF1 to promote full-thickness tissue regeneration [J]. Cell reports,2018,24 (13): 3383-3392.

[14] LEE C W,HUANG W C,HUANG H D,et al. DNA methyltransferases modulate hepatogenic lineage plasticity of mesenchymal stromal cells [J]. Stem cell reports,2017,9 (1): 247-263.

[15] SCAFFIDI P,MISTELI T. Lamin A-dependent nuclear defects in human aging [J]. Science,2006,312 (5776): 1059-1063.

[16] ZHANG W,LI J,SUZUKI K,et al. A Werner syndrome stem cell model unveils heterochromatin alterations as a driver of human aging [J]. Science,2015,348 (6239): 1160-1163.

[17] PAN H,GUAN D,LIU X,et al. SIRT6 safeguards human mesenchymal stem cells from oxidative stress by coactivating NRF2 [J]. Cell research,2016,26 (2): 190-205.

[18] LIU L,CHEUNG T H,CHARVILLE G W,et al. Chromatin modifications as determinants of muscle stem cell quiescence and chronological aging [J]. Cell reports,2013,4 (1): 189-204.

[19] KUBBEN N,MISTELI T. Shared molecular and cellular mechanisms of premature ageing and ageing-associated diseases [J]. Nature Reviews Molecular Cell Biology,2017,18 (10): 595-609.

[20] KUBBEN N,ZHANG W,WANG L,et al. Repression of the antioxidant NRF2 pathway in premature aging

［J］. Cell, 2016, 165（6）: 1361-1374.

［21］ CHANDRA T, EWELS P A, SCHOENFELDER S, et al. Global reorganization of the nuclear landscape in senescent cells ［J］. Cell reports, 2015, 10（4）: 471-483.

［22］ HAN S, BRUNET A. Histone methylation makes its mark on longevity ［J］. Trends in cell biology, 2012, 22（1）: 42-49.

［23］ GREER E L, MAURES T J, HAUSWIRTH A G, et al. Members of the H3K4 trimethylation complex regulate lifespan in a germline-dependent manner in C. elegans ［J］. Nature, 2010, 466（7304）: 383-387.

［24］ HIDALGO I, HERRERA-MERCHAN A, LIGOS J M, et al. Ezh1 is required for hematopoietic stem cell maintenance and prevents senescence-like cell cycle arrest ［J］. Cell stem cell, 2012, 11（5）: 649-662.

［25］ PELEG S, SANANBENESI F, ZOVOILIS A, et al. Altered histone acetylation is associated with age-dependent memory impairment in mice ［J］. Science, 2010, 328（5979）: 753-756.

［26］ DANG W, STEFFEN K K, PERRY R, et al. Histone H4 lysine 16 acetylation regulates cellular lifespan ［J］. Nature, 2009, 459（7248）: 802-807.

［27］ GRIGORYAN A, GUIDI N, SENGER K, et al. LaminA/C regulates epigenetic and chromatin architecture changes upon aging of hematopoietic stem cells ［J］. Genome biology, 2018, 19（1）: 1-21.

［28］ PEGORARO G, KUBBEN N, WICKERT U, et al. Ageing-related chromatin defects through loss of the NURD complex ［J］. Nature cell biology, 2009, 11（10）: 1261-1267.

［29］ SZAFRANSKI K, ABRAHAM K J, MEKHAIL K. Non-coding RNA in neural function, disease, and aging ［J］. Frontiers in Genetics, 2015, 6: 87.

［30］ MORI M A, RAGHAVAN P, THOMOU T, et al. Role of microRNA processing in adipose tissue in stress defense and longevity ［J］. Cell metabolism, 2012, 16（3）: 336-347.

［31］ BOEHM M, SLACK F. A developmental timing microRNA and its target regulate life span in C. elegans ［J］. Science, 2005, 310（5756）: 1954-1957.

［32］ VILLEDA S A, PLAMBECK K E, MIDDELDROP J, et al. Young blood reverses age-related impairments in cognitive function and synaptic plasticity in mice ［J］. Nature medicine, 2014, 20（6）: 659-663.

［33］ BAKER D J, CHILDS B G, DURIK M, et al. Naturally occurring p16 Ink4a-positive cells shorten healthy lifespan ［J］. Nature, 2016, 530（7589）: 184-189.

［34］ ALLSOPP R C, MORIN G B, HORNER J W, et al. Effect of TERT over-expression on the long-term transplantation capacity of hematopoietic stem cells ［J］. Nature medicine, 2003, 9（4）: 369-371.

［35］ ANDERSON R, LAGNADO A, MAGGIORANI D, et al. Length-independent telomere damage drives post-mitotic cardiomyocyte senescence ［J］. The EMBO journal, 2019, 38（5）: e100492.

［36］ ARMANIOS M, BLACKBURN E H. The telomere syndromes ［J］. Nature Reviews Genetics, 2012, 13（10）: 693-704.

［37］ BARNES R P, FOUQUEREL E, OPRESKO P L. The impact of oxidative DNA damage and stress on telomere homeostasis ［J］. Mechanisms of ageing and development, 2019, 177: 37-45.

［38］ BLACKBURN E H, GALL J G. A tandemly repeated sequence at the termini of the extrachromosomal ribosomal RNA genes in Tetrahymena ［J］. Journal of molecular biology, 1978, 120（1）: 33-53.

［39］ BUSSIAN T J, AZIZ A, MEYER C F, et al. Clearance of senescent glial cells prevents tau-dependent pathology and cognitive decline ［J］. Nature, 2018, 562（7728）: 578-582.

［40］ CHAKRAVATI D, HU B, MAO X, et al. Telomere dysfunction activates YAP1 to drive tissue inflammation

[J]. Nature communications,2020,11(1):1-13.

[41] COLLA S,ONG D S T,OGOTI Y,et al. Telomere dysfunction drives aberrant hematopoietic differentiation and myelodysplastic syndrome [J]. Cancer cell,2015,27(5):644-657.

[42] DE LANGE T. Shelterin-mediated telomere protection [J]. Annual review of genetics,2018,52:223-247.

[43] ELLISON-HUGHES G M. First evidence that senolytics are effective at decreasing senescent cells in humans [J]. EBioMedicine,2020,56:102473.

[44] HAREL I,BENAYOUN B A,MACHADO B,et al. A platform for rapid exploration of aging and diseases in a naturally short-lived vertebrate [J]. Cell,2015,160(5):1013-1026.

[45] MELZER D,PILLING L C,FERRUCCI L. The genetics of human ageing [J]. Nature Reviews Genetics, 2020,21(2):88-101.

[46] NAGPAL N,WANG J,ZENG J,et al. Small-molecule PAPD5 inhibitors restore telomerase activity in patient stem cells [J]. Cell stem cell,2020,26(6):896-909.

[47] CHAKRAVARTI D,LABELLA K A,DEPINHO R A. Telomeres:history,health,and hallmarks of aging[J]. Cell,2021,184(2):306-322.

[48] MOADDEL R,UBAIDA-MOHIEN C,TANAKA T,et al. Proteomics in aging research:A roadmap to clinical,translational research [J]. Aging Cell,2021,20(4):e13325.

[49] ANCEL S,STUELSATZ P,FEIGE J N. Muscle Stem Cell Quiescence:Controlling Stemness by Staying Asleep [J]. Trends in Cell Biology,2021,31(7):556-568.

[50] JASPER H. Intestinal stem cell aging:origins and interventions [J]. Annual review of physiology,2020,82: 203-226.

[51] BAKER D J,WIJSHAKE T,TCHKONIA T,et al. Clearance of p16 Ink4a-positive senescent cells delays ageing-associated disorders [J]. Nature,2011,479(7372):232-236.

[52] GORGOULIS V,ADAMS P D,ALIMONTI A,et al. Cellular senescence:defining a path forward [J]. Cell, 2019,179(4):813-827.

[53] YANG H,WANG H,REN J,et al. cGAS is essential for cellular senescence [J]. Proceedings of the National Academy of Sciences,2017,114(23):E4612-E4620.

[54] SCHMEER C,KRETZ A,WENGERODT D,et al. Dissecting aging and senescence—current concepts and open lessons [J]. Cells,2019,8(11):1446.

[55] SEN P,SHAH P P,NATIVIO R,et al. Epigenetic mechanisms of longevity and aging[J]. Cell,2016,166(4): 822-839.

[56] ERMOLAEVA M,NERI F,ORI A,et al. Cellular and epigenetic drivers of stem cell ageing [J]. Nature reviews Molecular cell biology,2018,19(9):594-610.

[57] ZHANG W,QU J,LIU GH,et al. The ageing epigenome and its rejuvenation[J]. Nature reviews Molecular cell biology,2020,21(3):137-150.

[58] JONES M J,GOODMAN S J,KOBOR M S. DNA methylation and healthy human aging [J]. Aging cell, 2015,14(6):924-932.

[59] FIELD A E,ROBERTSON N A,WANG T,et al. DNA methylation clocks in aging:categories,causes,and consequences [J]. Molecular cell,2018,71(6):882-895.

[60] HORVATH S,RAJ K. DNA methylation-based biomarkers and the epigenetic clock theory of ageing [J]. Nature Reviews Genetics,2018,19(6):371-384.

第二章 干细胞基础研究

[61] VEITIA R A, GOVINDARAJU D R, BOTTANI S, et al. Aging: somatic mutations, epigenetic drift and gene dosage imbalance [J]. Trends in Cell Biology, 2017, 27(4): 299-310.

[62] AVGUSTINOVA A, BENITAH S A. Epigenetic control of adult stem cell function [J]. Nature reviews Molecular cell biology, 2016, 17(10): 643-658.

[63] Sangita Pal and Jessica K. Tyler. Epigenetics and aging [J]. Science Advances, 2016, 2(7): e1600584-e1600584.

[64] PAYER L M, BURNS K H. Transposable elements in human genetic disease [J]. Nature Reviews Genetics, 2019, 20(12): 760-772.

[65] BAUMANN K. REJUVENATING S [J]. Nature Reviews Molecular Cell Biology, 2018, 19(9): 543-543.

第七节　干细胞与纳米医学

纳米医学是将纳米科学与技术的原理和方法应用于医学领域的一门学科。随着纳米技术快速发展,纳米医学与干细胞结合已成为研究热点。纳米材料的尺寸、结构与成分赋予其独特的理化性质,可实现多功能集成,并得到了医学领域的广泛关注。本节将围绕纳米探针在干细胞移植中的成像示踪、纳米技术调控干细胞增殖与分化、基于纳米技术的干细胞组织工程支架、纳米材料和干细胞结合治疗慢性疾病及医疗美容等研究热点领域,对纳米材料与干细胞的协同应用进行概述。

一、纳米探针在干细胞移植中的成像示踪

虽然目前干细胞疗法在很多疑难疾病的治疗中已显现出良好的临床前效果,但其安全性和作用机制尚未完全明确,阻碍了其向临床转化的步伐,所以开发合适的干细胞活体示踪剂跟踪干细胞移植到体内后的存活、迁移以及增殖分化状况变得空前急迫和重要。理想的干细胞活体示踪剂应该具备安全、长时间稳定标记、能指示干细胞的存活情况、能抗细胞增殖稀释、能反映干细胞分化和功能发挥情况的特点。这些要求给现有医学影像技术及活体示踪剂的研发提出了巨大挑战。近年来,纳米技术和分子生物学技术的飞速发展为干细胞活体示踪技术的发展提供了新的思路。已有一些探索性的工作将基于纳米颗粒的干细胞标记与其他标记技术结合,用于监测治疗过程中移植干细胞的位置、迁移、存活和分化,显示出纳米示踪剂用于干细胞治疗的巨大潜力。接下来,将按成像手段介绍几种典型的纳米示踪剂在移植干细胞活体示踪中的应用。

(一)光学成像纳米示踪剂

荧光成像是经典的光学成像技术,具有高灵敏度、高特异性、低成本等特点。但对于在体示踪来说,基于传统小分子荧光染料或者荧光蛋白的成像会存在严重的生物荧光背景干扰、容易光漂白及只适用于浅表成像等问题,限制了其作为干细胞示踪手段的应用[1]。而纳米荧

光量子点的高光学稳定性及发光区间的可调变性提高了荧光成像在体内长期追踪干细胞的能力。量子点（quantum dots，QDs）是一系列可发射荧光的无机半导体纳米粒子，它们丰富的发光性能来源于颗粒三个维度上纳米尺寸决定的量子限域效应：当半导体尺寸小到跟其激子波尔半径（一般为几纳米）相当时，半导体的能级发生分裂，产生了各种能级结构。激发电子在不同能级之间的跃迁使量子点对光的吸收产生了选择性，激发电子与空穴复合时发出荧光，且发光性能（强度、纯度及波长）都可以通过可控的纳米量子点制备技术来调节[2]。基于生物成像的需要，当前可通过调节量子点的组分及缺陷态结构来实现 QDs 近红外（near infra-red，NIR）发射，以增加成像的深度和信噪比[3]。例如，具有近红外发射性能的 CdSe@ZnS 核/壳结构被用来标记和跟踪 C57BL/6 小鼠模型中脂肪组织源性干细胞（adipose tissue-derived stem cell，ADSC）[4]。王强斌等人制备了具有近红外二区（NIR-II，1 000~1 700nm）发光性能的 Ag_2S QDs 并结合经典的生物发光红色荧光素酶（red fluorescence luciferase，RFLuc）标记人间充质干细胞，实现了对移植的人间充质干细胞在颅骨缺损小鼠模型中的存活和成骨分化的动态跟踪[5]。此外，上转换荧光纳米粒子（upconversion nanoparticles，UCNPs）通过反斯托克斯过程吸收几个近红外光子发出荧光的特性，使其也适合用于标记和跟踪小鼠间充质干细胞[6,7]。然而，QDs 中的重金属离子和 UCNPs 中掺杂的稀土金属离子始终是干细胞示踪向临床应用转化的障碍。与无机纳米粒子相比，聚集诱导发光（aggregation-induced emission，AIE）材料属于有机分子，具有相对更好的生物安全性，它们在分散态下不发光，在聚集态下发射出强荧光，这与传统荧光材料聚集猝灭（ACQ）的情况完全相反。这种独特的特性使 AIE 纳米材料具有持久稳定的荧光信号，且相比无机 QDs 类发光物质，AIE 纳米材料具有更高的荧光量子产率（大约 25%）[8-10]，具备用于干细胞长期示踪的潜力。例如，Ding 等人利用 AIE 材料在脂肪干细胞中有极好的滞留性的特点，用 AIE 纳米点对移植到小鼠体内的 ADSC 进行在体示踪，以生物发光和 GFP 标记为对照的体内定量研究表明，AIE 纳米点可以准确定量报告后肢缺血小鼠模型中 ADSC 的命运 42 天[11]。此外，AIE 单体很容易设计和调整，以具备近红外甚至近红外二区发光的能力。Yang 等人制备了近红外发射的 AIE 纳米点，量子产率高达 33%，用于标记 ADSC，示踪其对放射造成的皮肤损伤进行修复的过程，表明 AIE 纳米点可以稳定标记和示踪至少 1 个月的时间[12]。

（二）磁共振及磁粒子成像纳米示踪剂

相比于光学成像，共振成像技术（magnetic resonance imaging，MRI）具有更佳的组织穿透深度和更高的分辨率，同时又可以获得解剖和生理信息。MRI 信号是在外界射频脉冲作用下，水质子弛豫所导致的感生磁场变化信号。根据磁化矢量在外加磁场下向平衡态趋向时，纵向（T_1）以及横向（T_2）分量弛豫时间，将 MRI 分为 T_1/T_1^* 或 T_2/T_2^* 加权两类。T_1 加权成像较适合观察解剖结构，T_2 加权成像较适合显示组织病变。而通常引入的 MRI 对比增强造影剂也可以按此分类，以钆螯合物为基础的对比剂，通过缩短纵向弛豫率（T_1），增加 T_1 加权 MRI 序列的正对比度,是有效的 T_1 造影剂;以超顺磁性氧化铁纳米颗粒(supermagnetic iron oxide nanoparticles,SPIONs)为基础的对比剂,通过缩短 T_2/T_2^* 弛豫时间,产生较强的 T_2 负性对比效应,为 T_2 造影剂。相对钆基 MRI 信号增强剂,SPIONs 具有生物相容性更好、弛豫率更高,且具有可降解性、长的体内留存及磁控靶向性等特点,近年来被广泛用于标记干细胞。作为一种简单有效的外源性标记策略,在动物模型上,以 SPIONs 为造影剂的 MRI 成像已被用于胚胎干细胞[13]、骨髓间充质干细胞[14]、神经干细胞等多种类型干细胞移植后的体内示踪。研究者用 SPIONs 标记多能干细胞,以 T_2^* 加权的 MRI 监测多能干细胞从注射部位向脑损伤区域的迁移,监测时间长达 4 周[15]。值得注意的是,SPIONs 表面的修饰分子对它们作为干细胞示踪剂的稳定性、毒性及标记效率等有较大影响。Hyun Jung Chung 等[16]用透明质酸(hyaluronic acid,HA)与氨基化聚乙二醇(aminated polyethylene glycol,PEG-NH_2)修饰的 IONPs 标记间充质干细胞,修饰后的 IONPs 显示出更好的稳定性、分散性及更强的 MRI 对比度。Thu Mya S 等[17]使用 ferumoxytol(FDA 批准的 SPION 制剂)与肝素、鱼精蛋白在无血清培养基上形成自组装纳米复合物(ferumoxytol-heparin-protamine,HPF),有效地标记体内神经干细胞进行 MRI 成像,实现了至少 1 000 个 HPF 标记细胞植入大鼠大脑的体内 MRI 检测。实验结果表明 HPF 成像与单独 ferumoxytol 相比,T_2 弛豫增加了 3 倍。此外,SPION 作为被美国食品药品监督管理局批准应用的补血剂、造影剂,被较早地应用于临床干细胞示踪研究。早在 2006 年,Zhu J 等就利用 Feridex I.V.(FDA 批准造影剂,2008 年撤回)与 Effectene 复合物标记患者自体移植神经干细胞并示踪其在脑损伤区域的增殖与迁移[18]。此后,Margarita Gutova 等使用右旋糖酐修饰 ferumoxytol,标记神经干细胞,并移植到脑瘤患者体内,利用 MRI 可在多个时间点持续稳定地跟踪神经干细胞分布,持续 12 周[19]。Janowski 等采用聚赖氨酸(polylysine,PLL)修饰的 Ferumoxide 复合物标记脐带血来源神经干细胞,然后移植到严重脑缺血损伤婴儿的侧脑室,MRI 成像可长期监测神经干细胞增殖迁移,到 33 个月时检测不到信号[20]。

磁粒子成像(magnetic particle imaging,MPI)是一种全新的基于功能和断层影像技术检测磁性纳米颗粒空间分布的成像方式。2001 年,德国汉堡飞利浦实验室科学家 Gleich 提出了 MPI 的概念,他和另一位科学家 Weizenecker 在 2005 年研制成功了首台 MPI 扫描仪[21]。MPI 的成像原理基于朗之万顺磁定律非线性磁化曲线。MPI 的静态梯度磁场,即选择场,使不同位置的磁粒子产生有区别的信号。选择场在每一空间位置都有相对应的场向量,在中心位置场向量为 0,该点称为无场点(field-free point,FFP),磁场强度为 0。当 FFP 通过含有磁粒子的区域时,距 FFP 较远的粒子达到磁饱和,不会对总磁场的变化产生反应,接收线圈不会检测到信号。相反,FFP 附近区域内的粒子未达到磁饱和,磁性粒子磁化在大小和方向发生变化,在接收线圈中检测到信号电压,电压信号被分配到 FFP 每一位置重建,便可得到磁粒子的空间分布信息,即 MPI 信号。由于机体组织具有反磁性,不产生任何干扰信号,所以

MPI 不显示解剖结构。MPI 具有高空间分辨率和高时间分辨率的优点,可以实时成像。由于成像不显示解剖结构,不产生干扰信号,因此示踪剂分布图像具有高对比度。MPI 通过直接探测调制场的非线性响应直观地反映示踪材料的分布,磁粒子标记的细胞不仅具有高灵敏度、高对比度和几乎零信号衰减,而且还能准确地量化成像体积中细胞数量,因此 MPI 用于干细胞示踪成像具有很大优势。Bulte 等在小鼠两侧大脑半球中注射 MNP 标记的不同数量的干细胞并行 MPI 扫描,发现 MPI 信号强度与注入的不同数量细胞之间存在相关性[22]。Bo Zheng 等用铁氧化物标记间充质干细胞,采用纵向 MPI-CT 成像技术与等离子体质谱技术检测生物体内不同器官(肝脏、脾脏、心脏、肺部等)的铁含量,进而分析间充质干细胞的生物分布情况,结果表明两种方式最终测量结果非常一致($R^2=0.943$)[23]。说明 MPI 拥有在无创成像、量化细胞疗法和其他治疗药物的系统分布方面具有强大的实用价值。

(三)超声成像纳米示踪剂

超声成像使用探头发射出超声波于人体组织上并接收回波数据成像,由于人体不同组织的声阻抗和衰减特性具有差异,经过不同组织的回波强度具有差异,因而成像能反映人体组织结构。超声成像具有良好的时空分辨率和较大的组织穿透深度,是干细胞移植的又一种有效示踪手段[24]。然而,传统超声成像存在移植细胞与邻近软组织之间对比较弱,分辨率差,而不能有效示踪。为了解决这一问题,提高成像分辨率,超声造影剂(ultrasound contrast agents,UCAs)应运而生。传统的 UCAs 是由脂质、蛋白质或生物相容性聚合物包裹的微气泡[25],由气态的内核和柔软的外壳组成,当进入血液或组织时有较高的可压缩性,当超声作用到这些微泡时,在声压作用下可引起体积的变化,产生很强的反射回波[26]。然而,这些微泡的微米尺度、较差的结构稳定性以及较短的半衰期限制了它们在干细胞示踪中的应用。所以最近,许多工作集中在 UCAs 的小型化上。纳米 UCAs 已经被开发用于移植干细胞的超声成像示踪,如纳米气泡、二氧化硅纳米颗粒和纳米管等[27]。然而,纳米微泡通常不具有足够的回声,因为它们太小,无法有效地散射超声波。一种“小到大”的变化策略被提出,用来解决这个问题。例如,Min 等人制备了一种碳酸盐共聚物纳米粒子,该纳米粒子可以水解,原位产生微米级的 CO_2 气泡用于超声造影,从而很好地解决了微米气泡造影剂难以标记细胞,纳米气泡造影剂超声信号又太弱的问题[28]。二氧化硅纳米粒子和其他玻璃基纳米材料,由于具有刚性特征,跟组织的界面上存在高阻抗失配,可以显著增强超声信号[29]。Chen 等制备了一种类外泌体二氧化硅(exosome-like silica nanoparticles,ELS)纳米粒子,用于干细胞标记和示踪[30]。他们发现,该纳米粒子独特的圆盘形状及其正电粒促进了细胞的摄取,有效增强了回声信号。Farzad Foroutan[31]等合成了可生物降解的 P_2O_5-CaO-Na_2O 磷酸酯基玻璃纳米球(phosphate-based glass nanospheres,PGNs),作为超声造影剂标记间充质干细胞,发现其在体内和体外的检测限分别为 5μg/mL 和 9μg/mL。可用于 4 000 个细胞的超声成像,在成像所需剂量下没有细胞毒性。重要的是,PGNs 可以生物降解到水介质中,降解产物容易在体内代谢。这些氧化硅基及玻璃基的纳米粒子由于其相对较高的结构稳定性、低毒性、以及可调节的结构和尺寸，在超声成像实时干细胞跟踪中具有广阔的应用前景。

（四）光声成像纳米示踪剂

光声成像（photoacoustic imaging，PAI）是一种基于光声效应[32]原理的生物医学成像方式。光声效应即来自光的能量被材料吸收并作为声振[33]释放。在成像过程中，近红外激光源将光以脉冲（1~100ns）的形式打到目标组织[34]上，引起目标组织经历热弹性膨胀，释放机械波，被 PAI 检测器作为信号检出。这种成像方式将光学成像的高对比度与超声成像的深穿透性相结合，能以实时和非侵入性的方式提供功能和解剖信息。光声成像的对比剂可以是内源性的强吸收分子(如氧合和脱氧血红蛋白[36]、黑色素[37]、脂质[38]和水等)或外源性的小分子染料，如美国食品药品监督管理局批准的吲哚菁绿和其他近红外菁染料被用于 PAI，但这些分子较差的水溶性及光稳定性影响了它们的活体细胞示踪应用。近红外吸收性能的纳米材料则具有好的光学稳定性和水分散性，因此很多被开发用作移植干细胞位置追踪、功能表征、活性监测的 PAI 探针。目前常用的光声纳米造影剂主要有金纳米颗粒、普鲁士蓝纳米颗粒、有机纳米粒子、黑色素纳米颗粒等。其中，金纳米颗粒因其优异的光热转换效率、稳定的成像能力和生物安全性而被广泛应用于移植干细胞成像中。Suggs 等采用不同尺寸（20nm、40nm、60nm）的金纳米球标记并追踪体内间充质干细胞，证明了纳米颗粒标记后细胞功能仍能维持[41]。结果还发现标记干细胞中的金纳米颗粒信号可在 14 天内仍可被检测到，表明 PAI 可以长期、无创地跟踪细胞。各向异性金纳米颗粒具有较好的光热转换效率，即光声效应。Ricles 等使用双金纳米颗粒系统(由金纳米棒和金纳米球组成)来跟踪移植的干细胞，并对浸润的微噬细胞成像，开发了一种区分传递性干细胞和浸润性免疫细胞新的方法，这可能有助于揭示损伤愈合的机制[42]。Dhada 等[43]设计了一种活性氧（reactive oxide species，ROS）敏感染料（R775c）包覆金纳米棒合成材料，可通过 PAI 技术同时观测移植干细胞的活力与体内所在位置。此外，普鲁士蓝纳米颗粒由于在近红外区域有很强的光吸收，也被广泛用于光声成像造影。Kim 等利用普鲁士蓝纳米颗粒在 740nm 处具有很强的光吸收的特性，进行干细胞的示踪[44]。结果表明该纳米颗粒具有良好的生物稳定性和光声检测能力，对体内细胞的检测限可达 200/μl，检测时间可持续到注射后 14 天。

二、纳米技术调控干细胞增殖与分化

（一）纳米技术用于干细胞的转染

基因转染是研究干细胞基础生物学及促进干细胞定向分化的主要方法之一，常见的两类载体为病毒载体和非病毒载体。纳米材料作为一种新型非病毒载体，具有材料来源广泛、结构可调控、可进行靶向分子修饰、低毒、低免疫原性且易于大量制备等优势，已初步用于干细胞的定向分化研究。目前，纳米载体常用的有聚合物、脂质体、二氧化硅、磁性纳米材料等，这些载体通常被设计成具有较大的比表面积,通过被动或主动靶向方式递送 RNA/DNA、蛋白质、生长因子或其他小分子物质进入不同类型的干细胞中,进而可调控干细胞的定向分化。

基于 RNA 的骨修复与再生治疗是一种安全有效的方法,近年来被广泛研究。然而,RNA 制剂的分子稳定性往往成为制约其临床应用的阻碍。介孔氧化硅纳米颗粒(mesoporous silica nanoparticles,MSN)因其高孔隙率、可调节的尺寸、理想的生物降解性和生物安全性的特点,被认为是一种有前途的 RNA 载体。2020 年,Yan J 等人构建了一种基于介孔二氧化硅的新型 miR-26a 递送系统,表面高分子 PEI 的修饰可保护 miR-26a 在进入靶细胞之前免于被降解[45]。载带 miR-26a 的介孔氧化硅通过内吞作用进入细胞的溶酶体,并通过 KALA 短肽的膜融合和 PEI 的质子海绵效应从溶酶体逸出,从而使 miR-26a 在胞质中释放。将此 miR-26a 递送系统与大鼠骨髓间充质干细胞共培养,结果表明,载体的保护及有效转染作用使 miR-26a 在相对低浓度情况下显著增加骨髓间充质干细胞向成骨细胞的分化。

除 RNA 外,营养因子也可被纳米载体递送至干细胞。脑源性神经营养因子(brain-derived neurotrophic factor,BDNF)可以诱导干细胞的神经分化,具有促神经损伤修复的潜力。2017 年,Chung CY 等人构建了聚山梨酯 80 修饰的聚氰基丙烯酸丁酯纳米载体(polysorbate 80-coated polybutylcyanoacrylate nanocarrier,PS80 PBCA NC),以递送含有 BDNF 基因的质粒 DNA[46]。他们通过免疫荧光染色和 Western Blot 体外研究了 BDNF 表达的缺氧感应机制和纳米制剂对小鼠诱导的诱导多能干细胞缺氧后向神经元分化的诱导作用。结果表明,PS80 PBCA NC 可作为低氧敏感细胞中 BDNF 基因偶联 HRE 的有效平台,其神经诱导效果优于单独的 HRE-cmvbdnf,通过 BDNF 的表达,诱导多能干细胞能够通过激活 PI3/Akt 通路实现向神经的分化。

此外,电穿孔也被作为一种纳米技术用于细胞转染。细胞暴露在适当放电环境中时,细胞膜的稳定性被可逆地破坏并短暂地诱导膜孔的形成。电穿孔技术就是运用这个原理,通过施加短暂的电脉冲在质膜上产生纳米级小孔,使得核酸分子能够进入细胞中发生转染。如今,电穿孔已经发展成为一种快速、简单、高效的技术将 DNA 引入到各种各样的细胞中,包括细菌、酵母、植物细胞、哺乳动物细胞系及干细胞[47]。2019 年,Lee E 等人使用电穿孔技术制备了血管内皮生长因子(vascular endothelial growth factor,VEGF)和骨形态发生蛋白(bone morphogenetic protein 2,BMP2)转染的成体干细胞,具有促血管生成和成骨作用,用于治疗骨缺损[48]。以 BMP2∶VEGF=9∶1 的比例转染的成体干细胞,可在无血管环境中定植 56 天,有效修复免疫抑制大鼠的颅骨缺损和长骨节段缺损。虽然电转染有一些显著优势,但也存在一些明显缺陷,如低转染率及细胞毒性问题等[49]。

(二)基于纳米微结构材料对干细胞分化增殖的影响

金是一种惰性金属,具有相对稳定的化学性质和较好的生物相容性,很早就有将金箔用于抗衰老化妆品的先例。而基于各种纳米制备技术得到的金纳米颗粒具有更加丰富可调变的尺寸、形貌及与之关联的光学、电学及力学性能,且可通过 Au-S 共价键很容易地在其表面连接各种分子,因此金纳米粒子较早被用于生物医学领域的研究,其中包括对干细胞分化的影响研究。如 Li 等人研究表明,包被牛血清白蛋白(bovine serum albumin,BSA)的 30~70nm 的球形金纳米粒子及 70nm 的棒状金纳米粒子对人骨髓间充质干细胞的成骨分化有明显影响,而更大的 110nm 金颗粒则无明显作用。通过免疫荧光染色检测不同 AuNPs 处理后人间充质干细胞中活化的 yes 相关蛋白(yes associated protein,YAP)表达和定位,推测金纳米粒子可能被细胞以一种大小和形貌依赖的方式内吞后,作为一种机械刺激信号,影响了 YAP 的激活,进而调控了成骨相关基因(*ALP*、*Runx2*、*IBSP* 和 *SPPI*)的表达[50]。

氧化铈(CeO$_2$)也是一种生物相容性较好的无机材料,基于纳米制备技术得到的缺陷态掺杂氧化铈更是被赋予了抗氧化的性能,最近十多年被广泛应用于抗炎抗氧化,包括保护及调节干细胞功能的研究。Traversa 等[51]制备了 5~8nm 氧化铈纳米粒子,跟心脏前体细胞共培养,细胞电镜发现内吞的纳米粒子在细胞质中可以存留 7 天,并持续发挥抗氧化作用帮助心脏前体细胞对抗氧化应激,从而保持细胞的分化功能。氧化铈持续的抗氧化功能来自于其纳米制备工艺形成的氧空位,即 Ce^{3+}。且基于 Ce 离子的电化学性质,Ce^{3+} 被有害的活性氧消耗之后,还能通过纳米粒子中大量存在的 Ce 元素的正常价态 Ce^{4+} 再生,这也是以氧化铈为代表的大部分纳米酶材料发挥其长效抗氧化功能的基本原理。2017 年,Li K 等人通过等离子喷涂技术制备了掺杂 CeO$_2$ 的羟基磷灰石涂层 HA-10Ce 和 HA-30Ce,研究了 CeO$_2$ 的添加对骨髓间充质干细胞反应的影响[52]。结果表明 HA 涂层中 CeO$_2$ 含量的增加使骨髓间充质干细胞在细胞增殖、碱性磷酸酶(alkaline phosphatase,ALP)活性和矿化结节形成方面具有更好的成骨行为。RT-PCR 和 WesternBlot 分析提示 CeO$_2$ 的掺入可能通过 Smad 依赖的 BMP 信号通路促进了骨髓间充质干细胞的成骨分化,激活 Runx2 的表达,进而增强了碱性磷酸酶和骨钙素(osteocalcin,OCN)的表达。

微纳米加工技术的不断进步为细胞力学的研究提供了丰富的跟细胞尺度及结构匹配的表界面材料,表面微/纳图案对细胞行为的影响也逐渐受到越来越多的研究关注。亚细胞尺寸的凹孔、纳米柱、沟槽等拓扑结构决定了细胞黏附时焦点黏着斑的形成和分布以及整合素蛋白的表达情况,进而影响细胞铺展、迁移等行为。2017 年,Wang PY 等研究了 2 种基质(即软光刻制成的纳米沟槽和纳米柱)对人羊膜来源的间充质干细胞(human amnion derived mesenchymal stem cells,hAM-MSC)和小鼠胚胎干细胞诱导分化的影响[53]。第 1 天和第 3 天观察细胞形态和增殖情况。第 14 天,采用 qPCR 分析 hAM-MSC 和小鼠胚胎干细胞来源的胚状体(mEB)的基因表达情况。发现,纳米沟槽结构对细胞排列有沟槽深度依赖的显著影响,两种细胞类型沿深沟槽表现出强烈的排列趋势。此外,纳米沟槽抑制了 hAM-MSC 的生长,但增强了 mEB 的增殖。纳米柱对 hAM-MSC 的生长没有显著影响,但柱密度不同可以影响 mEB 的生长,这表明 mEB 在增殖方面对纳米形貌更敏感,而 hAM-MSC 只对特定的结构和尺寸敏感。之后作者对 hAM-MSC 进行了骨、软骨和脂肪分化相关基因的研究,对 mEB 进行了内胚层、中胚层、外胚层和多能性基因的研究。结果表明,与无图案平面对照相比,成骨、软骨、骨骼肌、心脏和肝脏的基因在纳米柱和纳米沟槽结构均有上调,以密度为 65% 的有序柱和深度为 40nm 的沟槽最为明显。此外,发现一小部分 mEB 有类似心脏的搏动细胞和骨细胞标记物形成。这项工作证明了纳米尺度结构在影响和调控干细胞分化中的重要性。

此外,孔结构的孔径大小、形态、分布、孔隙率及贯通性等对细胞迁移、增殖、分化以及血管和组织生长都有重要影响。2017 年,吴成铁团队通过改进 3D 打印技术和精准化控制各种结构参数,成功构建了类似莲藕的仿生生物陶瓷材料,相比传统打印方法材料改进了孔堆积结构、孔隙率、比表面积及力学性能。研究结果表明,类莲藕仿生材料显著改善了体外骨髓间充质干细胞的附着和增殖,更利于营养物质向内部的传输,引导细胞和组织向内生长,从而促进成血管及成骨,提高了骨缺损的修复性能[54]。

(三) 磁性纳米材料结合磁场调控干细胞的增殖与分化

一些具有外场响应性能的纳米材料可以作为介质,将外场能量引入施加到干细胞上,进而对其进行调控。由于细胞表面带有电荷,且有各种离子通道及带电离子的进出,胞质及细胞器内也有一定量的自由基,即含有自旋不饱和电子对的基团存在,所以细胞被认为有一定抗磁性(diamagnetic properties)[55],同理,细胞外的基质蛋白也有一定抗磁性[56]。所以磁场可以调节细胞的多种功能,包括细胞形态、细胞增殖情况、细胞周期分布、细胞凋亡以及细胞分化、细胞基因表达等[57]。此外,磁性纳米粒子本身也对干细胞的分化行为有一定影响,如,2016 年 Wang 等通过基因微阵列分析和生物信息学分析,探究了超顺磁氧化铁纳米颗粒促进间充质干细胞成骨分化的分子机制。结果表明,超顺磁性氧化铁纳米激活了经典的丝裂原活化蛋白激酶(mitogen activated protein kinase,MAPK)信号通路,通过调节该通路下游基因最终增强了干细胞向成骨的分化。更重要的,在结合外磁场共同调控时,磁性纳米粒子相当于专门针对细胞进行精确磁控的磁操纵子,将外磁场的作用传递并施加到细胞的特定部位,并可通过控制外磁场的频率,将磁场能量转化为热能或者机械能输出,将精准医疗的精度推进到了细胞和细胞器的水平。在这方面,同济大学成昱团队做了大量开创性的工作,设计了系列不同尺度的磁操纵子,用于针对肿瘤细胞溶酶体或者线粒体的破坏,大大提高了肿瘤治疗的精准度和效率[58-60]。在骨再生医学中,也有研究证实,当磁性纳米粒子标记的干细胞与磁场联合使用后,对于骨折愈合、骨关节炎的治疗等具有明显的促进作用。首先,磁纳米粒子标记的干细胞可以在磁场诱导下在损伤部位聚集定植,从而减少了干细胞的流失,并利于细胞成团生长。Sasaki 等人报道了磁纳米粒子标记的干细胞经静脉注射,磁场诱导后可在兔的脊柱损伤部位富集,干细胞在损伤部位的富集密度显著高于非标记干细胞[61]。其次,磁纳米粒子标记的干细胞还可以在磁场诱导下进行图案化排布形成特定形状的无支架细胞膜片,细胞膜片的形成可以增强细胞与细胞间连接和交流,促进分泌细胞外基质和细胞的继续增殖,有利于后续的在体移植和组织再生应用[62,63]。当然,磁性纳米粒子结合外磁场发挥细胞调节的作用效果还取决于磁场的刺激强度、磁场作用的持续时间/作用细胞的类型、细胞成熟度和治疗的"生物窗口"情况。生物窗口是指生物系统对磁场有显著响应的磁场范围。在生物窗口之外的磁场范围将会对细胞产生有限影响或者没有影响,甚至有负面或者毒性作用。

三、基于纳米技术的干细胞组织工程支架

干细胞所处的环境即细胞外基质是促进干细胞自我更新和分化的关键。细胞外基质(extracellular matrix,ECM)是由多种蛋白质和蛋白多糖组成的3D纤维网络。它不仅能够为细胞做结构支持,而且对于细胞的附着、扩散、迁移和分化等方面也具有调节作用。因此,模拟类似细胞外基质的干细胞生存环境,对于干细胞的扩增和应用有着重要作用。而3D纳米支架从产生发展到现在,其宗旨也是为了模拟这个细胞外基质的3D纤维网络。

3D纳米支架是一类由尺度在一定纳米范围(1~100nm)的基元微结构材料组成的3D高级结构,具有一定的机械支撑能力且力学性能可以调控。具有基元结构尺度跟细胞亚细胞结构匹配、易批量制备以及表面可进行多样性功能化修饰的特点,因而被广泛用于控制细胞行为[64-66]。伴随纳米技术的发展,最近十几年中,基于多种制备技术,如共价聚合、静电纺丝、3D打印等制备的各种天然或人工合成纳米支架材料被广泛应用于调控细胞,特别是干细胞的行为研究[67]。

(一) 纳米支架种类、构建方法及诱导干细胞分化迁移机制

理想情况下,用于干细胞培养的纳米支架需要满足以下要求:①没有细胞毒性;②能够与细胞生长的生理条件相容;③能够促进细胞之间以及细胞与底物的相互作用;④材料可以生物降解;⑤能够标准化、批量化生产和做应用前的处理;⑥能够人体内移植;⑦植入后尽量少地引起机体免疫反应或者炎症。常见的纳米支架材料包括天然高分子,如壳聚糖、明胶、胶原蛋白、透明质酸,以及人工合成高分子材料,如聚己内酯(polycaprolactone,PCL)、聚乳酸(polylactic acid,PLA)、聚乳酸-羟基乙酸共聚物(polylactic-glycolic acid copolymer,PLGA)、聚对苯二甲酸乙二醇酯(polyethylene terephthalate,PET)、聚乙烯醇(polyvinyl alcohol,PVA)等[68,69]。此外,还有以纳米羟基磷灰石等无机材料为主体跟高分子材料复合而成的三维多孔支架,主要用于促进干细胞的成骨分化[70]。少数报道涉及3D石墨烯碳基纳米支架材料,则主要应用于神经干细胞的诱导分化[71]。下面从支架材料的种类、制备技术及作用原理等方面对干细胞培养纳米支架展开介绍。

壳聚糖是一种阳离子共聚物,通常通过几丁质的部分去乙酰化得到,具有良好的生物相容性、生物可降解性、无毒、无致病菌以及较低的免疫原性,常作为一种抗微生物制剂以及保湿剂。壳聚糖很容易被加工成凝胶膜、纳米纤维、纳米粒子等。2008年,Cho等人用共价固定

化的糖胺聚糖（glycosaminoglycan，GAG）制备壳聚糖支架，然后通过结合微环境控制因素来模拟骨髓微环境，用于脐带血干细胞的扩增[72]。其他的天然高分子，如明胶、透明质酸等，虽然生物相容性好，但做成的水凝胶支架会带来力学和机械性能差的问题，一般要经过化学交联改性或跟其他聚合物复合后使用。Lee 等将甲基丙烯化的壳聚糖与透明质酸混合制备光交联水凝胶，包裹软骨细胞，发现可以在 21 天的长期培养中维持软骨细胞的表型和活性[73]。相比之下，人工合成高分子具有更好的力学和机械性能及生物化学稳定性。聚己内酯（PCL）是一种无毒，具有良好生物相容性、生物可降解性的脂肪族聚酯，很容易被制成薄膜、纳米纤维、水凝胶等形态。2017 年，Mousavi 等证明 PCL 纳米纤维与细胞外基质成分的结合可以改善脐带血来源造血干细胞的扩增。他们认为，支架促进干细胞增殖的原因是聚己内酯纳米纤维和纤连蛋白的结合促进了细胞之间以及细胞和支架之间的相互作用，模拟了骨髓的理化和细胞微环境。并且，支架结构基元中富含的纳米纤维形成的 3D 网络结构提供了足够大的供细胞扩张的表面积，使细胞附着更好。聚乳酸-羟基乙酸共聚物是由乳酸和羟基乙酸（glycolic acid，GA）单体共聚合成的，可通过调整两种单体的比例可调整聚合物的结晶度、力学性能和降解性能，被广泛应用于组织工程。如 Uematsu 等利用 PLGA 制备多孔支架，接种间充质干细胞，在兔子关节软骨缺损处进行实验获得了较好的成软骨效果[74]。聚对苯二甲酸乙二醇酯是一种重要的、应用广泛的工程热塑性材料聚合物，作为一种芳香族、半结晶的聚合物，具有高强度、高韧性的特点，此外还具有优异的力学性能和化学稳定性。它是由对苯二甲酸和乙二醇通过锑、钛或锗基催化剂聚合而成的，决定其最终机械性能的重要因素之一是聚合分子量的大小。Feng 等人评估了把 PET 制成薄膜和支架等不同几何结构结合蛋白质涂层策略对脐带血来源造血干细胞扩增的影响[75]。经过 10 天的培养后，研究人员发现，纤连蛋白结合的 PET 支架结构比薄膜结构在细胞扩增方面有更加显著的效果。因为 PET 支架更好地再现了骨髓微环境的三维结构。此外发现纤连蛋白比胶原蛋白能更有效地促进细胞附着。

静电纺丝是近些年构建支架材料重要手段。静电纺丝设备及操作流程相对简单，可以方便快速地实现直径从几十纳米到几微米不等的单一组分或者多种组分复合的纤维材料的制作，甚至量化生产。静电纺丝纤维形成的支架具有较大的表面积、丰富的多孔结构以及良好的机械支撑性能，非常利于干细胞的增殖和迁移。此外，细胞外基质中的某些蛋白质，如糖蛋白、黏连蛋白和纤维连接蛋白等，可以很容易地沉积在静电纺丝纤维表面或者结合到纳米纤维中间，使支架更好地匹配细胞基质中的胶原纤维的作用，实现对细胞成长微环境的模拟。通过在静电纺丝纳米纤维表面负载生物活性物质，比如酶、DNA 和生长因子对静电纺丝进一步功能化，可以控制和增强种植在支架上细胞的增殖。此外，静电纺丝纳米纤维在定向诱导干细胞迁移方面也有其独特优势。细胞迁移作为一种独特的细胞行为，在许多生物学过程中也起着关键性作用，比如促进组织的再生和伤口的愈合。细胞迁移的关键过程包括膜蛋白的响应及细胞内的信号级连的建立、细胞骨架的重排到最终细胞的极化。细胞的整体迁移，可通过生化手

193

第二章 干细胞基础研究

段,如细胞外基质和生长因子或趋化因子等,利用机械力学作用来引导细胞极化。然而,静电纺丝所制备出来的纳米支架材料一般只在 2D 尺度上模拟了细胞外基质的结构,却不具有相互连接的多孔结构,阻碍了细胞向材料内的长入过程。最近 Ding,Greiner 和 Fong 等人报道了纳米 3D 气凝胶支架的制备方法,他们通过静电纺丝和冷冻干燥相结合的方法首先将纳米纤维膜剪切成小片,再将其制备成短纤维分散在溶液中,最后通过冷冻干燥成型得到 3D 纳米纤维支架[76]。

3D 打印作为一种新兴的前沿材料构建手段,近年来被广泛用于组织工程支架的构筑。其优点在于支架的组分、内部空间结构及外观形貌的可控性,可以更好地模拟人体组织的复杂分级结构及特异性。在构建组织工程支架方面,3D 打印技术和水凝胶成型技术、纳米技术紧密衔接,催生出种类繁多的支架材料。目前该领域的研究甚至可以将包载细胞的生物基质材料作为打印墨水,一体化成型为人造组织,为干细胞与再生医学带来了新的生机。Ghosh 等人利用明胶和丝素蛋白作为生物打印墨水,分别用超声预处理的物理交联以及基于酪氨酸酶的酶交联机制包埋干细胞,然后进行打印,通过对干细胞的表型进行研究,发现物理交联的 3D 支架有助于干细胞成骨表型表达,而酶交联的 3D 支架则由于力学性能较弱,干细胞倾向于向成脂肪细胞和成软骨细胞方向分化[77]。将无机的纳米黏土作为一种打印助剂,可以显著增强 3D 水凝胶支架的机械性能。刘文广团队利用甘氨酰胺丙烯酰胺单体(N-acryloyl glycinamide,NAGA)和纳米黏土作为打印材料,打印后光交联单体,获得的支架强度可达兆帕级别,并具有很好的弹性,可以作为骨修复材料[78]。掺杂纳米粘土材料的自支撑复合水凝胶打印过程见图 2-5[79]。

总之,纳米支架用于调控干细胞宗旨在于模仿干细胞在体环境的真实细胞基质。纳米支架材料一方面提供了一个具有一定机械强度的生物相容性三维空间,另一方面材料的纳米到亚微米尺度结构(如水凝胶孔隙的壁以及静电纺丝的纤维)为细胞的有效附着和铺展提供了大的表面积及尺度匹配的"抓手"。此外,支架对生物活性物质,比如酶、DNA 和生长因子的搭载及原位控释作用也有效地模拟了细胞生长微环境,对干细胞的存活、增殖和迁移起到了调控作用。

(二) 纳米支架用于诱导干细胞成骨及成神经分化

骨组织是一种坚硬的结缔组织,由细胞、纤维和基质构成。纤维为骨胶纤维,骨组织区别于机体其他组织的最大特点是基质中含有大量的固体无机钙盐,因而具有硬度和支撑能力。每天因运动损伤、交通事故和各种疾病(骨髓软化、骨质疏松、关节炎、肿瘤和先天性畸形引起的大量骨组织损伤病例)使寻找骨组织的干细胞体内/外再生方法成为科研和临床上的迫切需求。

2018 年 Baheiraei 等人制备并研究了胶原(collagen,COL)和胶原/β-磷酸三钙(collagen/β-tricalcium phosphate,COL/β-TCP)支架在骨组织工程中的应用潜力,他们的结果表明,在复合支架上培养的小鼠骨髓间充质干细胞中,成骨标志物显著增加,并有助

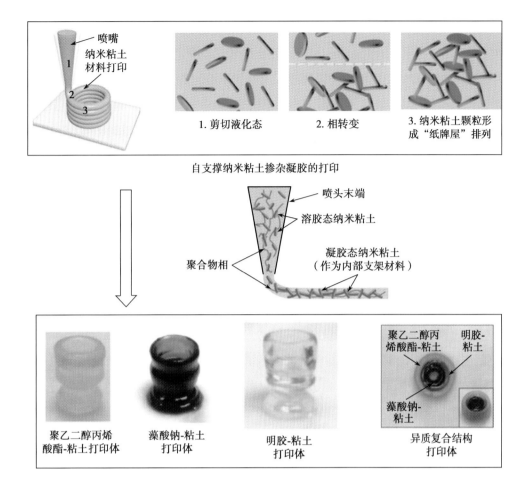

图 2-5　掺杂纳米粘土材料的自支撑复合水凝胶打印过程

于快速血管化。其机制主要是如胶原、壳聚糖、纤维素、透明质酸等天然纳米支架材料可通过有效运输细胞群、治疗和生长因子以及为组织提供足够的物理性质,来高度促进组织的再生过程[80]。2019 年,Sattary M 等人以 PCL/Gel/nHA/vitd3(聚己内酯/明胶/纳米羟基磷灰石/维生素 D_3)为新型复合材料,制备了用于骨组织工程的静电纺丝纳米复合支架。所制备的支架都保持光滑形态、纤维直径大小均匀、孔隙率适中。人类脂肪组织来源的干细胞(adipose tissue-derived stem cells,ADSC)在纳米支架上形态正常并且黏附性良好[81]。研究人员研究纳米支架上 HA 纳米粒子和维生素 D_3 对诱导人 ADSC 成骨分化和支架钙化的影响。研究人员发现用支架处理 21 天后,能够上调成骨细胞因子 ALP、COLLI、BGLAP 和 RUNX2 的表达。另外,成骨培养基诱导脂肪组织干细胞后,特异性骨基因表达显著增加,这些发现都显著提示使用 PCL/Gel/nHA/vitd3 复合支架,支架中的 HA 纳米粒子和维生素 D_3 可以诱导人 ADSC 成骨分化。

除了模拟骨组织结构的支架,外部生物力学刺激也可以调节干细胞的增殖分化行为。2020 年,De Luca A 等人通过比较静态 3D 培养和动态 3D 培养,从细胞增殖、骨分化(基因表达和蛋白合成)和超微结构分析等方面评价了人骨髓间充质干细胞在聚L-乳酸(PLLA)/纳米羟基磷灰石(nano-hydroxyapatite,nHA)复合纳米支架中定植第7天和第21天的情况[82]。当提供物理刺激时,动态3D培养可以提高人间充质干细胞的定植率和成骨分化率。动态3D培养模拟了骨环境的力学信号,在不添加生长因子的情况下,可以显著促进人间充质干细胞在PLLA/nHa纳米支架上的成骨分化,证实该复合支架适合骨的再生。2019年,Wang Y等人探讨了多孔纳米羟基磷灰石/聚癸二酸甘油酯接枝马来酸酐(porous nano-hydroxyapatite/Poly(glycerol sebacate)-grafted maleic anhydride,n-HA/PGS-g-M)复合支架的适用性、细胞效能和成骨活性,研究人员发现在n-HA/PGS-g-M复合支架中,人ADSC的体外生存能力以及成骨相关基因 *RUNX2*、*OCN* 和 *COL1A1* 的表达增强[83]。并且通过模拟体液(SBF)实验表明,与单一PGS-g-M支架相比,n-HA/PGS-g-M支架表面有更多的磷灰石沉积。最终得出结论,多孔n-HA/PGS-g-M复合支架具有良好的生物相容性和力学性能,能够促进人ADSC细胞的增殖和分化,并最终应用于骨组织工程。

除常见的诱导干细胞成骨分化外,神经分化也是常见的诱导方向。神经干细胞的生物活性受到携带药物的纳米支架材料的影响。有报道证明,合成并转移至玻璃基质上的石墨烯薄膜在没有额外刺激因子的情况下可诱导人类神经干细胞向神经元长期分化。这种能力主要是由于石墨烯薄膜可以增强神经干细胞的黏附能力,因此可以创造适当的微环境与神经细胞电耦合,施加神经电刺激。且发现人神经干细胞在石墨烯表面主要是倾向分化为神经元而非胶质细胞[84]。维甲酸(retinoic acid,RA)负载的聚乙烯亚胺/硫酸葡聚糖(polyethyleneimine/dextran sulfate,PEI/DS)纳米支架通过促进与细胞维甲酸受体的相互作用增加RA的内化,激活蛋白激酶(SAPK)和JNK信号通路,从而增强了脑室下区(subventricular zone,SVZ)神经干细胞的分化[85]。2018年,Lee SJ等探究了在复合有碳纳米管的支架上接种神经干细胞对神经干细胞增殖和分化潜能的影响[86]。研究人员将胺功能化的多壁碳纳米管(multi-walled carbon nanotubes,MWCNTs)与聚乙二醇聚合物结合,增强支架表面的纳米粗糙度和赋予支架电学刺激性能。并采用三维立体打印技术制备了具有可调多孔结构的弥散多壁碳纳米管-水凝胶复合支架。研究结果表明,与未添加MWCNTs的支架相比,添加MWCNTs的支架可促进神经干细胞增殖和早期神经元分化。并且配合电刺激可能具有促进神经突生长的协同作用,可用于神经再生的治疗。2018年,Zhou L等以植物源多酚、单宁酸、交联和掺杂导电聚吡咯链为基础,开发了一种柔软、高导电性、生物相容性的导电聚合物水凝胶(conducting polymer hydrogels,CPH)[87]。通过控制TA浓度,所制备的水凝胶具有良好的电导率和力学性能。体外实验表明,具有较高电导率的CPH可加速神经干细胞向神经元的分化,同时抑制星形胶质细胞的形成。在体内,CPH具有较高的电导率,可激活病变区内源性神经干细胞神经发生,促进运动功能恢复。未与任何其他治疗药物联合使用的CPH在体外可以诱导干细胞分化,在体内可以激活神经干细胞发生,这对于诱导刺激脊髓损伤后的组织修复有作用,因此对未来脊髓损伤治疗的生物材料设计具有重要意义。

四、纳米材料和干细胞结合治疗慢性疾病及医疗美容

(一) 基于纳米技术的干细胞分离纯化及改性

与传统的小分子化学药物或灭活的生物药品相比,细胞类药物是具有生物活性效果及作用机制更加综合、复杂的药物体系,尤其是干细胞疗法中使用的干细胞因具有自我更新能力和多向分化潜能,被认为能靠其"干性"在体内实现真正的细胞替代和组织再生,为许多现有药物无法治疗的重大疑难疾病或慢性疾病带来新的希望。

干细胞疗法的第一步就是提取并分离纯化干细胞。分离纯化干细胞对后续的治疗非常重要,因为通常提取出的细胞群内细胞种类并不纯净,可能包含对疾病无用甚至有害的非干细胞、不同种类的其他干细胞,以及同一种类但分化程度不同的干细胞。而不纯的干细胞会给后续疾病的治疗带来一些未知的风险。

目前干细胞的分离纯化方法主要有机械手工分离[88]、利用细胞自身物化性质分离(利用细胞体积及密度不同沉降离心)[89]、利用细胞表面电荷不同电泳分离、利用细胞对同一介质黏附能力不同差速黏附分离、利用细胞自身表面标志物及外源修饰标记物(蛋白质、抗体[90]、耐药基因[91]、荧光报告基因[92]的表达)不同分离、基于线粒体[93]的分离、基于 RNA[94]的分离、微流控系统分离[95]等。纳米材料也被运用于干细胞的分离纯化中。Ban K 等使用被称为分子信标(MBS)的纳米探针直接标记心脏特异性 mRNA 来分离心肌来源多能干细胞[96]。MBS 是双标记反义寡核苷酸纳米探针,具有茎环(发夹)结构,没有互补链时,3' 端猝灭剂与 5' 端荧光基团相邻猝灭荧光,与目标 mRNA 杂交互补配对时,茎环结构打开 3' 端与 5' 端物理分离产生荧光信号。此外还有基于磁性纳米粒子的磁分离技术(如免疫磁珠分离法),可以分类、标记和分离细胞。免疫磁珠分离法的主要原理是用超级顺磁性的磁珠特异性地标记细胞,在外加磁场的吸引下,以磁珠在磁场中产生的特异性磁感应特性为指标,通过微流控磁分选室进行分选。该方法具有较高的特异性,对细胞损害小,分离方法简单,并被成功运用于干细胞的分离与富集中。Jing 等使用 CD34+ 修饰的磁性纳米粒子从全血中富集外周血祖细胞,分离后的血祖细胞活性好,纯度较高(60%~96%)[97]。Wadajkar Aniket S 等开发了基于磁性多层微粒分离和富集内皮祖细胞(endothelial progenitor cells,EPC),该微粒通过 CD34 抗体磁性分离 EPC,并提供 3D 表面供细胞附着,同时可缓释生长因子,促进 EPC 体外增殖[98]。

(二) 以干细胞为载体的纳米药物递送

干细胞的"归巢"[99]及"肿瘤趋向"的生理特性,也使它们成为疾病治疗中理想递送载体。"归巢"是指组织表达多种趋化因子、黏附因子、生长因子等各种信号分子,吸引内源或外源性干细胞,定向趋向性迁移,越过血管内皮细胞到达靶向组织并定植存活。大量研究发现,

当组织缺血、缺氧、损伤时,组织内或者外源性干细胞具有向损伤部位富集的特质。同样,肿瘤微环境也会诱导干细胞到达肿瘤部位。因此干细胞作为一种针对病灶部位的天然靶向内源性物质,被广泛用作载体,有效地传递基因、细胞因子/趋化因子、纳米药物等,以促进损伤部位的修复,被用于治疗肌肉营养不良、神经退行性疾病、心血管疾病、肝肾损伤等;或传递基因编码的凋亡蛋白、免疫调节剂、肿瘤病毒或纳米药物等进行对肿瘤的抑制与杀伤。本节主要讨论干细胞负载纳米药物方面的应用。

在过去的几年里干细胞负载纳米药物被广泛用于治疗各种疾病。有两种细胞系,间充质干细胞、神经干细胞常被用于纳米药物的递送。

间充质干细胞是一种多能成体干细胞,是最容易获得的干细胞之一,目前应用较多的间充质干细胞来源于骨髓。利用间充质干细胞的肿瘤趋向特性,负载纳米颗粒或药物,已被广泛用于乳腺癌、肺癌、卵巢癌、胰腺癌、黑色素瘤、淋巴瘤等的治疗。在这些应用中,间充质干细胞以活细胞负载或者细胞膜片包裹的形式运送纳米颗粒包裹的化疗药物(如紫杉醇、阿霉素等)到达肿瘤部位,进行肿瘤的治疗,提高了化疗药物的效率,减少了毒副作用。Layek,Buddhadev等使用负载纳米粒子的纳米工程化间充质干细胞,携带抗癌药物紫杉醇(Paclitaxel,PTX)治疗肺癌,药物可在肿瘤部位缓释,且与单纯使用间充质干细胞负载紫杉醇相比,使用纳米工程化间充质干细胞使紫杉醇脱靶沉积显著减少,治疗效果显著增强[100]。Cheng Shen 等以负载紫杉醇的 PLGA 纳米颗粒修饰间充质干细胞,用于治疗小鼠的肺以及卵巢肿瘤,建立了这种纳米功能化的间充质干细胞药代动力学-药效学模型[101]。最近,Smruthi Suryaprakash[102]等提出了一种细胞球药物递送策略,帮助克服单个工程化间充质干细胞在肿瘤部位驻留时间短以及药物担载量有限的问题。他们培养了间充质干细胞球,可以担载更多的纳米药物,主动靶向胶质母细胞瘤。在体内迁移模型中,与单一间充质干细胞方法相比,混合球体靶向到肿瘤组织后,有更长的驻留时间,更好地的释放化疗药物,在小鼠模型上提高了异位胶质母细胞瘤的治疗效果。用于胶质母细胞瘤治疗的间充质干细胞/DNA 模板纳米复合杂化球体的设计示意图见图 2-6[44]。

神经干细胞主要来源于神经系统,具有分化为神经元、星形胶质细胞和少突胶质细胞的潜能,因而被广泛用于神经损伤性疾病的治疗。值得注意的是,由脑部缺血、缺氧导致的病灶,由于血管内皮细胞、胶质细胞的损伤,局部通透性增加,在多种黏附分子的作用下,神经干细胞可以透过血脑屏障,高浓度地聚集在损伤部位,因而神经干细胞是脑部疾病的天然靶向物。在神经干细胞参与的神经系统疾病治疗中,纳米材料负载药物(如镇痛药、抗阿尔茨海默病和抗帕金森病药物)或负载调节神经干细胞活性、增殖、迁移和分化的分子,经由神经干细胞运载到达病灶处,治疗疾病或改善损伤局部微环境,促进神经干细胞分化,修复和补充神经细胞。姜黄素是一种神经保护剂,但单独使用时,大脑的利用率很低,Tiwari 等将姜黄素载带进 PLGA 纳米粒子后,可有效靶向和内化到海马体神经干细胞中,原位促进神经干细胞的增殖和通过激活

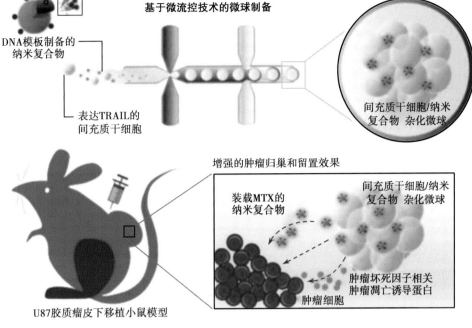

图 2-6　用于胶质母细胞瘤治疗的间充质干细胞/DNA 模板纳米复合杂化球体的设计示意图

Wnt/β-catenin 通路使干细胞向神经分化,从而实现了神经再生,一定程度上逆转了阿尔茨海默病大鼠的学习记忆障碍[103]。当然,神经干细胞也具有肿瘤趋向性,且由于其良好的非致瘤性和低免疫原性,因而被广泛用于靶向肿瘤的纳米药物递送。尤其利用其良好的血脑屏障透过性,用于脑胶质瘤的治疗。美国 FDA 已经批准神经干细胞系 HB1.F3.CD 作为细胞载体在胶质瘤治疗的临床试验中使用[104]。在神经干细胞递送纳米药物治疗肿瘤的系统中,不仅递送的药物可以杀伤肿瘤,纳米粒子本身也可发挥其光热、磁热作用,使物理治疗协同化疗对肿瘤进行杀伤。MOONEY 等利用神经干细胞运载金纳米棒,在小鼠模型上经近红外光照治疗三阴性乳腺癌移植瘤,发现经干细胞运载的金纳米棒进入肿瘤组织后的分布较直接瘤内注射的金纳米棒更均匀,光照治疗后有更低的复发率,并有效避免了非病灶部位的热损伤[105]。

　　综上,跟干细胞直接运载基因、生物大分子、化学药物等方法相比,药物经纳米粒子包裹后再结合干细胞用于治疗显然更有优势:①作为药物载体,纳米粒子能有效地保护干细胞免受负载药物的直接作用,还能帮助实现药物的可控释放;②纳米粒子能帮助干细胞穿越生物屏障,精准靶向,有些纳米粒子还对干细胞的增殖和迁移表现出明显的促进作用;③纳米粒子自身的光热、磁热等物理特性也可以协同药物作用,辅助疾病的治疗。

　　干细胞外泌体是干细胞分泌的纳米尺寸囊泡,是近几年的研究热点,也被用于负载药物治疗疾病。有研究证明,干细胞在组织修复中的关键治疗作用主要通过干细胞分泌的介质介导,而非主要来自干细胞的增殖。干细胞的外泌体中包含各种分泌蛋白,如生长因子、细胞因子、趋化因子等,因而干细胞外泌体与干细胞具有相似的生物学功能,即干细胞外泌体具有一部分修复再生的功能。此外,研究证明干细胞外泌体也具有干细胞所具有的归巢及肿瘤趋向的生物学特性,这些都为干细胞外泌体成为药物递送载体提供了条件。且与干细胞相比,干细胞外泌体具有如下优势:①外泌体不是细胞,所以免疫原性低,并且避免了可能的干细胞成瘤性风险,因而具有更高的安全性;②外泌体的微小形态,使它能较为容易地穿过细胞膜、血脑屏障等生物屏障,并且可以作为细胞间通信的一种形式被其他细胞内化;③外泌体中蛋白质和遗传物质的存在意味着这些生物活性物质可以被装载到外泌体中。

　　干细胞外泌体常被用于装载生物活性分子[如 RNA(miRNA、siRNA)、蛋白质、信号分子、病毒等]和化学药物(如紫杉醇、姜黄素及多柔比星)。并被广泛用于伤口愈合、脊髓及神经修复、心脏修复、肿瘤治疗等。Guo 等利用骨髓间充质干细胞衍生外泌体递送磷酸酶和张力蛋白同源 siRNA 通过血脑屏障到达受损脊髓区域[9]。鼻内给药后,这一系统可以减弱磷酸酶及张力蛋白同源基因(PTEN)在受损脊髓区域的表达,增强轴突生长和新血管形成,同时减少小胶质细胞和星形胶质细胞增生。经大鼠生物模型验证该经鼻给药的 Exo-PTEN 疗法可以显著促进脊髓损伤的大鼠的功能恢复。Kim 等制备了载氧化铁纳米颗粒(IONP)的模拟外泌体纳米囊泡(NV-IONP),该 NV-IONP 进入人骨髓间充质干细胞后能激活人间充质干细胞中的 JNK 和 c-Jun 信号级联,增加递送治疗性生长因子的数量,促进血管形成,减轻炎症和细胞凋亡,改善脊髓功能[106],见图 2-7。Kalani 等使用胚胎干细胞外泌体负载姜黄素促进了小鼠脑缺血后的神经血管修复[107]。Zhu 等制备了负载紫杉醇的工程化胚胎干细胞外泌体(cRGD-Exo-PTX)。细胞及动物实验证明,cRGD-Exo-PTX 通过增强靶向性显著改善了胶质母细胞瘤中紫杉醇的疗效[108]。值得注意的是干细胞外泌体不仅具有作为药物递送载体的天然特性,还具有相应的干细胞的多种生物学功能,因而其本身也可以作为"药物"使用。如间充质干细胞外泌体可以通过产生耐受性免疫应答,治疗自身免疫和中枢神经系统疾病[109]。源自诱导多能干细胞的心肌细胞分泌的外泌体可通过施加内源性分子调节细胞凋亡、炎症、纤维化和血管生成以保护心肌受伤相邻区域,具有心血管疾病治疗潜力[110]。此外,部分外泌体携带蛋白质和核酸,可以反映其细胞来源和细胞来源的病理生理状态,这些蛋白质或核酸亦可作为诊断、预后或预测疾病及其进展的生物标志物。

(三)纳米材料和干细胞结合治疗神经退行性疾病

　　神经退行性疾病是中枢神经组织慢性退行性变性而产生的系列疾病的总称,包括阿尔茨海默病、帕金森病和肌萎缩侧索硬化症等。这些疾病会对人们认知系统如记忆、判断、语言或运动系统如肢体、口齿控制等产生影响,严重降低患者生活质量,是极为严重的破坏性疾病。目前对于神经退行性疾病的发病机制,尽管存在一些认同度较高的假说如兴奋毒性、细胞凋亡和氧化应激等,但其实尚未完全明晰。在治疗方法上,由于血脑屏障阻碍药物进入神经系统以及中枢神经系统缺乏足够强大的再生能力无法弥补死亡的神经细胞等原因,而使大多数治疗无效。干细胞与纳米粒子的结合给神经退行性疾病的治疗带来了更多可能性。干细胞具有强

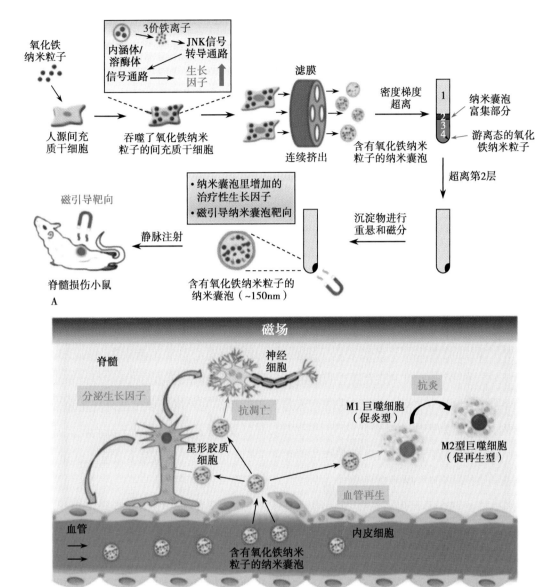

图 2-7　载氧化铁纳米颗粒的模拟外泌体纳米囊泡发挥作用

A. 用 IONP 处理人间充质干细胞(hMSC-IONP)制备 IONP 掺入的外泌体模拟纳米囊泡(NV-IONP),然后在体内用磁铁引导靶向损伤脊髓;B. NV-IONP 对损伤脊髓中的各种细胞(即内皮细胞、星形胶质细胞、神经元和巨噬细胞)的治疗作用[48]。

大的再生能力以补充死亡神经细胞,部分干细胞如神经干细胞等在特定情况下还可穿越血脑屏障。目前用于神经退行性疾病治疗的干细胞主要包括神经干细胞、间充质干细胞、胚胎干细胞和诱导多能干细胞。他们常以外源性干细胞移植的方式用于疾病的治疗,纳米粒子的结合应用则从外源性细胞移植转移到激活内源性群体并诱导干细胞迁移,此外还能起药物载体、成像示踪的作用。Carradori 等将模拟神经微管蛋白结合位点的合成肽 NFL-TBS 吸附在脂质纳米胶囊（NFL-lipid nanocapsules, LNC）上，这一结构可以选择靶向大脑神经干细胞而与脊髓神经干细胞无相互作用。纳米胶囊中包载的活性生物分子可以激活内源性神经干细胞促进再生[111]。Sykova E 等用氧化铁纳米颗粒标记的胚胎干细胞、间充质干细胞，并在皮质损伤大鼠、脑卒中大鼠模型上观察其 MRI 成像[112]。成像可长期存在并成功反映细胞向病变部位迁移的路径。Moraes L 等利用间充质负载氧化铁纳米颗粒，跟踪亨廷顿病大鼠模型移植后的细胞迁移和存活情况[113]。

（四）纳米材料和干细胞结合治疗心脏疾病

心血管疾病的急性发作，如心肌梗死及慢性心脏病导致的心肌受损及功能障碍，目前临床上除心脏移植外无有效的治疗手段。而心脏移植一方面存在手术风险大、患者等待合适的器官来源时间长等问题，另一方面即使移植成功后仍有许多如排斥反应等风险，给患者的生活带来危害。心脏病的治疗限制主要是因为过去人们广泛认同一个观点即心脏为终末端分化器官，几乎没有再生能力。多能心脏干细胞的出现将心脏重新定义为具有自我更新能力的器官，并给各种急慢性心脏疾病的治疗带来希望。人在成年期每年有 1%~2% 的心肌细胞更替，这些新的心肌细胞就来源于多能心肌干细胞的分化。但对心脏病患者来说，1%~2% 的更新率远远无法补偿疾病中损失的大量心肌细胞。所以外源移植干细胞或刺激内源性干细胞的疗法变得非常有意义。纳米粒子在其中的介入方式主要是作为外场介质传递外场能量刺激干细胞的行为，或者作为药物递送介质作用于干细胞，此外纳米粒子也可帮助干细胞靶向目标修复部位。Wang 等开发了一种多尺度药物传递系统，将含有细胞外表皮生长因子（EGF）的纳米粒子包裹在海藻酸钠水凝胶微胶囊中，并将纳米微胶囊与间充质干细胞进一步共包裹于胶原水凝胶中[114]。这个多尺度系统能持续和局部释放 EGF 促进间充质干细胞增殖分化，促进组织再生，恢复缺血部位的血液灌注，且无明显副作用。Han 等利用氧化铁纳米粒子显著增加心肌成肌细胞（H9C2）连接蛋白 Cx43 的表达，活跃 H9C2 与间充质干细胞的间隙连接耦合，调控间充质干细胞的分化增殖，改善心脏组织的修复与功能恢复[115]。离子诱导的连接蛋白43（Cx43）在 H9C2 中的表达增强示意图见图 2-8[57]。

（五）纳米材料和干细胞结合治疗肝脏疾病

肝脏是人体内最大的代谢器官，承担着体内绝大多数物质的代谢、存储、转运等；它还是消化腺体，可以分泌胆汁促进消化。当肝脏本身发生器质性改变，导致肝脏功能受损或者异常时，发生如脂肪肝、酒精肝、肝炎、肝硬化、肝血管瘤、肝癌等肝脏病变，将打破人体内环境平衡给人体带来巨大危害。目前针对终末期肝病最有效的方法是原位肝移植，但其存在供体来源紧张、手术创伤大、免疫排斥反应高、多并发症以及费用昂贵等缺点而不能广泛应用。干细胞具有高增殖性与多向分化潜能，其移植侵入性小、并发症少、技术简单、可重复使用，可以作为一种肝脏疾病的代替治疗策略。干细胞可以在体外分化再生为肝细胞或组织解决肝移植供体来源紧张的问题；或直接被移植进入体内再诱导分化为肝细胞，有效促进肝再生，部分代替

202

第二章 干细胞基础研究

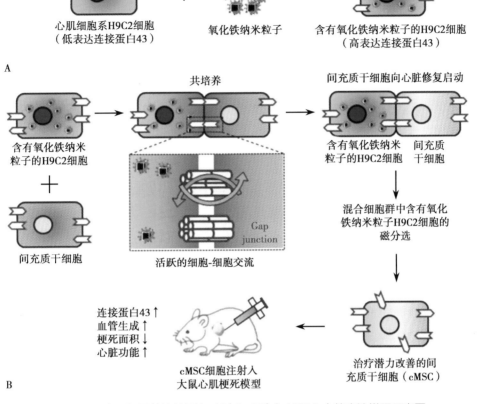

图 2-8　离子诱导的连接蛋白 43（Cx43）在 H9C2 中的表达增强示意图

其与 MSC 共培养中的作用评估以及共培养 MSC 的体内治疗效果评估。A. Cx43 通过离子摄
取增强 H9C2 的表达。B. 通过 IONP 诱导的活性细胞与 IONP（+）H9C2 共培养的 MSC 之间
的细胞间的相互作用产生治疗潜能提升的 MSC（cMSC），并提高了 cMSC 在体内的治疗效果。

坏死肝细胞,维持肝脏功能。纳米技术的高速发展进一步促进了肝脏疾病的干细胞疗法。在
体外纳米材料可以作为细胞质基质维持干细胞分化为肝样细胞,或维持肝细胞功能保护其细
胞活力,为之后的体内移植提供便利。有研究显示纳米 3D 支架可以模拟天然肝脏微环境,
维持体外肝细胞形态与功能,3D 纳米共培养系统将肝细胞与成纤维细胞共培养,可促进肝
细胞形成集落。在体内,纳米材料主要作为药物载体负载生物活性分子[如 RNA（miRNA、
siRNA）、信号因子（如 HGF、GABA、5-HT 和 VEGF 等）]调控干细胞微环境促进干细胞增殖
分化为肝细胞,从而对肝脏疾病治疗起到帮助作用。Liang 等制备了一种纳米粒子（MRINs）,
它由间充质干细胞为核心（PLGA 包裹间充质干细胞携带的再生因子）和红细胞膜外壳组成。
MRINs 静脉注射,可降低促炎细胞因子的循环水平,降低肝脏细胞凋亡率,促进肝脏再生,增
强其功能,最终提高了急性肝衰竭小鼠的存活率[116]。Wang 等发现聚乙烯亚胺（PEI）修饰的
二氧化硅纳米颗粒负载生长因子可被鼠源胚胎干细胞持续内化,并基于此开发了生长因子持

续传递系统,负载激活素 A、酸性 FI 母细胞生长因子(FGF)和肝细胞生长因子(HGF)等在体外成功将小鼠胚胎干细胞诱导为肝细胞样细胞[117]。分化完成的细胞活力未被影响,在体内可进一步被该系统诱导成为更成熟的分化形式,有效恢复损伤肝脏。此外,在干细胞治疗过程中纳米材料亦可起到标记干细胞的作用,示踪以揭示治疗及代谢途径,帮助诊疗。详见(一)基于纳米技术的干细胞分离纯化及改性。

(六)纳米材料和干细胞结合治疗肿瘤

肿瘤是世界范围内的医学难题,其治疗难点之一就是肿瘤的精准靶向问题。目前肿瘤的靶向主要是通过纳米材料的增强渗透和保留(EPR)效应来实现被动靶向,但存在难以靶向深部肿瘤、巨噬细胞清除等诸多阻碍。干细胞的归巢特性可以帮助纳米材料靶向肿瘤并增加纳米材料的生物相容性。在这里,干细胞被用作载体,传递基因编码的凋亡蛋白、免疫调节剂、肿瘤病毒或纳米药物等进行对肿瘤的抑制与杀伤,以治疗癌症。而实际上干细胞自身与肿瘤之间也存在相互作用,如间充质干细胞可以通过介导下调 Wnt/β-catenin 信号通路、下调同源性磷酸酶-张力蛋白(PTEN)/磷脂酰肌醇-3-羟激酶(PI3K)信号通路直接抑制肿瘤生长[118],可以调控肿瘤细胞周期或者直接阻滞肿瘤停于某一细胞周期以抑制肿瘤生长[119],还可以通过分化为抗原提呈细胞抑制肿瘤生长发展[120]。当我们在这些体系中引入纳米粒子,纳米粒子本身就对免疫系统、信号通路有着一定的调控作用。如氧化铁纳米颗粒可以通过诱导肿瘤组织中巨噬细胞向炎性表型极化来抑制肿瘤生长[121]。这样纳米粒子就可以与干细胞协同作用,产生更好的抗肿瘤效果。然而干细胞在某些方面又对肿瘤起着促进作用,如参与改造肿瘤微环境、帮助肿瘤免疫逃逸[122]、促进肿瘤血管生成等促进肿瘤的生长发展[123],所以使用干细胞疗法治疗疾病时需要将干细胞的致瘤风险性纳入考虑范围。此外,事实上还存在与肿瘤相关的一种特殊的干细胞——"癌症干细胞"[124],又称为肿瘤启动细胞,是一种小的恶性肿瘤细胞亚群,能快速增殖分化为各种肿瘤细胞,具有较强的自我更新能力,转移扩散能力和耐药能力。目前许多纳米粒子被用于靶向肿瘤干细胞以抑制肿瘤生长及其转移,但由于肿瘤干细胞并不同于常规意义上的干细胞,本节中不再对其展开讨论。

(七)纳米材料和干细胞结合治疗其他慢性炎症类疾病

上述讨论过的神经系统、心血管系统、肝脏系统疾病中也都存在慢性疾病的分支。而除了这些系统疾病,糖尿病、炎症等也是较为典型的慢性疾病。干细胞结合纳米材料在其中显示出了不同于传统治疗手段的调控潜能。

糖尿病足是糖尿病最严重的并发症之一,是由高血糖引起的足部周围神经病变、感染从而引发足部组织破坏,重度溃疡症状,加重了糖尿病患者的身体及精神危害。此类患者的受损皮肤由于胶原增生、血液供应不足而很难自我愈合。纳米材料联合干细胞疗法被报道可有效治疗糖尿病创面愈合。Chu 等开发聚乙二醇支架接枝槲皮素/氧化石墨烯(GO-PEG/QUE)纳米药物,修饰具有胶原纤维空间构造的脱细胞真皮基质,构建一种新型胶原-纳米材料-药物混合支架,增加间充质干细胞的黏附和增殖,诱导其分化为脂肪细胞和成骨细胞,促进糖尿病足创面修复[125]。Abazari 等将 PLGA 纳米颗粒作为支架,增加诱导多能干细胞黏附,并促进诱导多能干细胞向胰岛细胞分化发育,从根源治疗糖尿病问题[126]。

炎症是机体对于刺激的一种防御反应,对疾病治疗起辅助或阻碍作用。当机体感染或受损时炎症可以促进损伤部位愈合修复,帮助机体以高热方式杀死感染物。但长期炎症会诱导组织及器官病变,导致重大疾病。在这种情况下,炎症本身就成为了一种慢性疾病,需要进行治疗。干细胞由于其自身可通过旁分泌机制分泌抗炎因子(HGF、TGF-β 等),通过调节免疫系统抑制促炎因子(IL-6、IL-1、TNF、干扰素 γ 等)的生成[127],因而被广泛用于关节炎、急性胰腺炎、肠炎等疾病的治疗。而纳米粒子可以负载细胞保护性物质或者抗炎药物,帮助干细胞更好地抗炎、保护组织、促进修复。Wang 等开发了基于聚唾液酸的米诺环素负载型纳米药物输送系统(PSM),显示出良好的抗炎和神经保护活性,招募内源性神经干细胞到达病变部位,减少胶质瘢痕的形成,协同治疗脊髓损伤[128]。基于聚唾液酸的米诺环素负载型纳米药物输送系统(PSM)抗炎并募集体内神经干细胞修复脊髓损伤见图 2-9[70]。

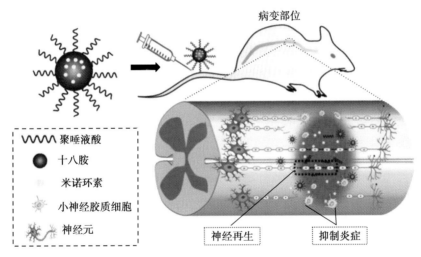

图 2-9　基于聚唾液酸的米诺环素负载型纳米药物输送系统(PSM)抗炎并募集体内神经干细胞修复脊髓损伤

(八) 纳米材料和干细胞结合用于医学美容

干细胞在医学美容方面(如抗衰老、皮肤美白、皮肤除皱、创口修复、烧伤修复、脱发治疗等)也具有巨大的应用前景。一方面,干细胞自身可以快速增殖、多向分化,使新的细胞代替衰老的或受损的细胞,并动员身体内其余干细胞及对创口有益细胞(如成纤维细胞等)的活化、增殖、迁移,刺激胶原蛋白生成,从而起到抗衰老、皮肤除皱、创口修复的作用。另一方面,干细胞具有旁分泌能力,能合成、表达、分泌多种生长因子与其受体(表皮生长因子、成纤维细胞生长因子、VEGF 等)、细胞因子(白介素、肿瘤坏死因子和趋化因子等)、调节肽(钠尿肽、降钙素基因相关肽、局部肾素-血管紧张素系统、内皮素和肾上腺髓质素等）及气体信号分子等多种生物活性因子，这些生物活性因子调控微环境，促进成纤维细胞、上皮细胞、内皮细胞的增殖，刺激血管新生及胶原蛋白的合成，抑制络氨酸活性与黑色素合成，减缓皱纹及瘢痕形成，增加皮肤弹性，改善皮肤暗沉，延缓衰老。而纳米材料被制成各种形式（如纳米微针、3D 支架、水凝胶等）以负载药物，一方面释放生物活性因子以更快诱导干细胞增殖分化，一方面释放治疗药物以抗菌、抗氧、消炎等帮助抗衰老与伤口愈合。Zhuo 等进行微针联合人间充质干细胞来源的复合生长因子对面部年轻化的疗效评估的临床试验，临床数据显示效果良好[129]。Wang 等开发了一种新型的合成伤口愈合肽（REGRT，REG）局部制剂，该制剂嵌入透明质酸的水凝胶材料中，可以持续长时间释放生理活性肽，加速皮肤伤口愈合中的上皮再生，特别是促进成纤维细胞，角质形成细胞和内皮细胞的迁移[130]。Xi 等设计了一种多功能弹性体聚（l-乳酸）-聚（柠檬酸硅氧烷）-姜黄素-聚多巴胺杂化纳米纤维支架（PPCP matrix），它显示出多种内在功能特性，包括抗氧化，抗炎，光热，抗菌，抗癌和血管生成生物活性[131]。其不仅可以通过光热疗法治疗肿瘤，此外还能通过增强早期血管生成，促进正常皮肤细胞的黏附和增殖，并加速正常小鼠和细菌感染小鼠的皮肤伤口愈合。虽然干细胞在医疗美容以及皮肤创伤修复中显示出不可忽视的作用，但干细胞的成瘤性、基因突变的诱发风险、干细胞及其细胞因子产品的稳定性、干细胞的伦理学等，还是给干细胞及相关产品的临床应用和市场推广带来了一定的阻力。而事实上，纳米材料结合干细胞用于医学美容的研究热点越来越倾向于一种纳米尺寸的生物囊泡——外泌体，它可以直接激活靶细胞表面的受体，产生信号复合体并激活胞内信号通路，或者将自身携带的蛋白质、核酸、脂质等活性分子带到细胞内，进而调控细胞的功能及生物学行为。研究表明外泌体不仅可以有效促进成纤维细胞增殖、促进血管新生、抑制瘢痕形成、抑制炎症发展，而且免疫原性低、致瘤性低、安全性高，因而被广泛应用在医疗美容中。FDA 批准了 Aegle 公司的首个细胞外囊泡新药申请（investigational new drug，IND），已开始治疗烧伤患者的临床试验。该公司通过分离纯化间充质干细胞分泌的细胞外囊泡，用以治疗严重的皮肤病，包括烧伤和大疱性表皮松解症。

五、小结

综上，本节从成像示踪、组织工程支架、药物输运、疾病治疗四个主要方面概述了纳米材料及微纳加工技术在干细胞生物医学领域中的广泛融合与应用。随着精准医学及个性化诊疗的概念深入人心，纳米材料与亚细胞结构及大分子蛋白具有尺寸匹配性，应用纳米技术有望实现干细胞命运的精准调控，在干细胞的临床研究中展现出了巨大的应用前景。

1. 在成像示踪方面，纳米探针的优势在于它属于外源性标记物，标记方法简单且相对安全；此外纳米探针性能相对稳定、信噪比高（比如 AIE 纳米点的高对比度和长时间示踪性能），如果对应的成像手段也有一定优势（比如，磁粒子成像的安全、高穿透性、高对比度和可定量性),可以期待不久的将来,一些新的纳米示踪剂会与干细胞治疗一起走向临床转化应用。此外,纳米材料的更大优势在于它可以进行功能集成,所以研发基于纳米材料的新型多模态示踪探针、诊疗一体化探针以及能反映干细胞功能的探针也是未来继续发展的方向。

2. 在组织工程领域,宏观水凝胶或静电纺丝支架中,纳米结构及纳米材料的使用已经相对成熟,未来微纳米技术的不断进步,将会给干细胞培养支架的制备注入新的生命力,比如新兴的3D打印技术及微流控技术。最近,基于磁场调控标记或无标记干细胞进行非支架组装的研究非常值得关注。

3. 纳米材料本身作为治疗药物或作为药物及细胞因子载体,和干细胞结合用于神经退行性疾病、心脏疾病等疑难重症及慢性炎症治疗的应用还在不断探索发展中,但一些纳米材料往往因为其生物安全性问题被限制在基础研究阶段,而像脂质体这种已经被FDA批准的纳米载体可能会更快跟干细胞治疗一起走向临床转化。值得关注的是磁性纳米粒子,这类兼具示踪性能、载体性能、治疗性能及外场远程可控性能的纳米材料跟干细胞治疗相结合将具有巨大的潜力。

当然,目前干细胞本身也面临一些应用的瓶颈,比如成瘤性风险及免疫排斥阻力。干细胞用于疾病治疗也只是初步显现出一些效果和现象,其深层的分子机制还远远不够明朗。而很多纳米材料,包括已经被FDA批准用作临床示踪剂的磁性纳米材料,仍然被诟病存在生物安全性问题。所以,纳米技术与干细胞治疗的结合虽前景广阔,但仍任重道远。

(成昱 李媛 秦瑶 童依凡)

参考文献

[1] KIRCHER M F,GAMBHIR S S,GRIMM J. Noninvasive cell-tracking methods [J]. Nat Rev Clin Oncol, 2011,8(11):677-688.

[2] YANG Y,CHEN J,SHANG X,et al. Visualizing the Fate of Intra-Articular Injected Mesenchymal Stem Cells In Vivo in the Second Near-Infrared Window for the Effective Treatment of Supraspinatus Tendon Tears [J]. Adv Sci,2019,6(19):1-12.

[3] YU Y,FENG C,HONG Y,et al. Cytophilic fluorescent bioprobes for long-term cell tracking [J]. Adv Mater,2011,23(29):3298-3302.

[4] YUKAWA H,KAGAMI Y,WATANABE M,et al. Quantum dots labeling using octa-arginine peptides for imaging of adipose tissue-derived stem cells [J]. Biomaterials,2010,31(14):4094-4103.

[5] HUANG D,LIN S,WANG Q,et al. An NIR-Ⅱ Fluorescence/Dual Bioluminescence Multiplexed Imaging for In Vivo Visualizing the Location,Survival,and Differentiation of Transplanted Stem Cells [J]. Adv Funct Mater,2019,29(2):1-10.

[6] WANG C,CHENG L,XU H,et al. Towards whole-body imaging at the single cell level using ultra-sensitive stem cell labeling with oligo-arginine modified upconversion nanoparticles [J]. Biomaterials,2012,33(19):

4872-4881.

[7] WILHELM S. Perspectives for upconverting nanoparticles [J]. ACS Nano, 2017, 11 (11): 10644-10653.

[8] LI K, QIN W, DING D, et al. Photostable fluorescent organic dots with aggregation-induced emission (AIE dots) for noninvasive long-term cell tracing [J]. Sci Rep, 2013, 3 (1): 1150.

[9] LI K, YAMAMOTO M, CHAN S J, et al. Organic nanoparticles with aggregation-induced emission for tracking bone marrow stromal cells in the rat ischemic stroke model [J]. Chem Commun , 2014, 50 (96): 15136-15139.

[10] GAO M, CHEN J, LIN G, et al. Long-term tracking of the osteogenic differentiation of mouse BMSCs by aggregation-induced emission nanoparticles [J]. ACS Appl Mater Interfaces, 2016, 8 (28): 17878-17884.

[11] DING D, MAO D, LI K, et al. Precise and long-term tracking of adipose-derived stem cells and their regenerative capacity via superb bright and stable organic nanodots [J]. Acs Nano, 2014, 8 (12): 12620-12631.

[12] YANG C, NI X, MAO D, et al. Seeing the fate and mechanism of stem cells in treatment of ionizing radiation-induced injury using highly near-infrared emissive AIE dots [J]. Biomaterials, 2019, 188: 107-117.

[13] PARSA H, SHAMSASENJAN K, MOVASSAGHPOUR A, et al. Effect of superparamagnetic iron oxide nanoparticles-labeling on mouse embryonic stem cells [J]. Cell J, 2015, 17 (2): 221-230.

[14] 孟增东, 邱伟, 胡彪, 等. 超顺磁性氧化铁纳米颗粒体外标记兔骨髓间充质干细胞的安全性以及MRI成像特征[J]. 中国组织工程研究, 2012, 16 (6): 951-957.

[15] KIM S J, LEWIS B, STEINER M S, et al. Superparamagnetic iron oxide nanoparticles for direct labeling of stem cells and in vivo MRI tracking [J]. Contrast Media Mol Imaging, 2016, 11 (1): 55-64.

[16] CHUNG H J, LEE H, BAE K H, et al. Facile synthetic route for surface-functionalized magnetic nanoparticles: cell labeling and magnetic resonance imaging studies [J]. ACS Nano, 2011, 5 (6): 4329-4336.

[17] THU M S, BRYANT L H, COPPOLA T, et al. Self-assembling nanocomplexes by combining ferumoxytol, heparin and protamine for cell tracking by magnetic resonance imaging [J]. Nat Med, 2012, 18 (3): 463-467.

[18] ZHU J, ZHOU L, XINGWU FG. Tracking neural stem cells in patients with brain trauma [J]. N Engl J Med, 2006, 355 (22): 2376-2378.

[19] GUTOVA M, FRANK J A, D'APUZZO M, et al. Magnetic resonance imaging tracking of ferumoxytol-labeled human neural stem cells: Studies leading to clinical use [J]. Stem Cells Transl Med, 2013, 2 (10): 766-775.

[20] JANOWSKI M, WALCZAK P, KROPIWNICKI T, et al. Long-term MRI cell tracking after intraventricular delivery in a patient with global cerebral ischemia and prospects for magnetic navigation of stem cells within the CSF [J]. PloS one, 2014, 9 (2): 1-7.

[21] 彭鹏, 龙莉玲. 磁粒子成像的发展与临床应用前景[J]. 中华放射学杂志, 2019, 53 (5): 426-430.

[22] JBULTI J W M, WALCZAK P, JANOWSKI M, et al. Quantitative "hot-spot" imaging of transplanted stem cells using superparamagnetic tracers and magnetic particle imaging [J]. Tomography, 2015, 1 (2): 91-97.

[23] JZHENG B, MARC P, YU E, et al. Quantitative magnetic particle imaging monitors the transplantation, biodistribution, and clearance of stem cells in vivo [J]. Theranostics, 2016, 6 (3): 291-301.

[24] ABOU-ELKACEM L, BACHAWAL S V, WILLMANN J K. Ultrasound molecular imaging: Moving toward clinical translation [J]. Eur J Radiol, 2015, 84 (9): 1685-1693.

[25] LI Y, CHEN Y, DU M, et al. Ultrasound technology for molecular imaging: from contrast agents to

multimodal imaging [J]. ACS Biomater Sci Eng, 2018, 4(8): 2716-2728.

[26] 杨芳. 超声、磁共振双模式微气泡造影剂的研究[D]. 南京: 东南大学, 2009.

[27] SMITH B R, GAMBHIR S S. Nanomaterials for in vivo imaging [J]. Chem Rev, 2017, 117(3): 901-986.

[28] MIN HS, SON S, YOU DG, et al. Chemical gas-generating nanoparticles for tumor-targeted ultrasound imaging and ultrasound-triggered drug delivery [J]. Biomaterials, 2016, 108: 57-70.

[29] MA M, SHU Y, TANG Y, et al. Multifaceted application of nanoparticle-based labeling strategies for stem cell therapy [J]. Nano Today, 2020, 34: 1-24.

[30] CHEN F, MA M, WANG J, et al. Exosome-like silica nanoparticles: a novel ultrasound contrast agent for stem cell imaging [J]. Nanoscale, 2017, 9(1): 402-411.

[31] FOROUTAN F, JOKERST J V, GAMBHIR S S, et al. Sol-gel synthesis and electrospraying of biodegradable (P_2O_5) 55-(CaO) 30-(Na_2O) 15 glass nanospheres as a transient contrast agent for ultrasound stem cell imaging [J]. ACS Nano, 2015, 9(2): 1868-1877.

[32] ZHU W, MIAO Z, CHU Y, et al. Photoacoustic Effect of Near-Infrared Absorbing Organic Molecules via Click Chemistry. Molecules. 2022, 27(7): 1-9.

[33] BELL A G. The production of sound by radiant energy [J]. Science, 1881, 2(48): 242-253.

[34] WANG LV, YAO J. A practical guide to photoacoustic tomography in the life sciences [J]. Nat Methods, 2016, 13(8): 627-638.

[35] WANG LV, HU S. Photoacoustic tomography: in vivo imaging from organelles to organs [J]. Science, 2012, 335(6075): 1458-1462.

[36] TANG Y, SHAH K, MESSERLI S M, et al. In vivo tracking of neural progenitor cell migration to glioblastomas [J]. Hum Gene Ther, 2003, 14(13): 1247-1254.

[37] ZHANG HF, MASLOV K, SIVARAMAKRISHNAN M, et al. Imaging of hemoglobin oxygen saturation variations in single vessels in vivo using photoacoustic microscopy [J]. Appl phys lett, 2007, 90(5): 1-3.

[38] ZHOU Y, XING W, MASLOV K I, et al. Handheld photoacoustic microscopy to detect melanoma depth in vivo [J]. Opt Lett, 2014, 39(16): 4731-4734.

[39] WANG B, KARPIOUK A, YEAGER D, et al. Intravascular photoacoustic imaging of lipid in atherosclerotic plaques in the presence of luminal blood [J]. Opt Lett, 2012, 37(7): 1244-1246.

[40] LOENING A M, DRAGULESCU-ANDRASI A, GAMBHIR S S. A red-shifted Renilla luciferase for transient reporter-gene expression [J]. Nat Methods, 2010, 7(1): 5-6.

[41] FENG SS, ZHAO L, TANG J. Nanomedicine for oral chemotherapy [J]. Nanomedicine, 2011, 6(3): 407-410.

[42] RICLES L M, NAM S Y, TREVINO E A, et al. A dual gold nanoparticle system for mesenchymal stem cell tracking [J]. J Mater Chem B, 2014, 2(46): 8220-8230.

[43] DHADA K S, HERNANDEZ D S, SUGGS L J. In vivo photoacoustic tracking of mesenchymal stem cell viability [J]. ACS Nano, 2019, 13(7): 7791-7799.

[44] KIM T, LEMASTER J E, CHEN F, et al. Photoacoustic imaging of human mesenchymal stem cells labeled with Prussian blue-poly (l-lysine) nanocomplexes [J]. ACS Nano, 2017, 11(9): 9022-9032.

[45] YAN J, LU X, ZHU X, et al. Effects of miR-26a on osteogenic differentiation of bone marrow Mesenchymal stem cells by a mesoporous silica Nanoparticle-PEI-peptide system [J]. Int J Nanomedicine, 2020, 15:

497-511.

[46] CHUNG CY,LIN MH C,LEE I,et al. Brain-derived neurotrophic factor loaded PS80 PBCA nanocarrier for in vitro neural differentiation of mouse induced pluripotent stem cells [J]. Int J Mol Sci,2017,18 (3):663.

[47] KUMAR P,NAGARAJAN A,UCHIL P D. Electroporation [J]. Cold Spring Harb Protoc,2019,7,519-525.

[48] LEE E,KO J Y,KIM J,et al. Osteogenesis and angiogenesis are simultaneously enhanced in BMP2-/VEGF-transfected adipose stem cells through activation of the YAP/TAZ signaling pathway [J]. Biomater Sci,2019, 7 (11):4588-4602.

[49] FERNANDES F,KOTHARKAR P,CHAKRAVORTY A,et al. Nanocarrier mediated siRNA delivery targeting stem cell differentiation [J]. Curr Stem Cell Res Ther,2020,15 (2):155-172.

[50] LI J,ZHANG J,WANG X,et al. Gold nanoparticle size and shape influence on osteogenesis of mesenchymal stem cells [J]. Nanoscale,2016,8 (15):7992-8007.

[51] PAGLIARY F,MANDOLI C,FORTE G,et al. Cerium oxide nanoparticles protect cardiac progenitor cells from oxidative stress [J]. ACS Nano,2012,6 (5):3767-3775.

[52] LI K,SHEN Q,XIE Y,et al. Incorporation of cerium oxide into hydroxyapatite coating regulates osteogenic activity of mesenchymal stem cell and macrophage polarization [J]. J Biomater Appl,2017,31 (7):1062-1076.

[53] WANG PY,DING S,SUMER H,et al. Heterogeneity of mesenchymal and pluripotent stem cell populations grown on nanogrooves and nanopillars [J]. J Mater Chem B,2017,5 (39):7927-7938.

[54] FENG C,ZHANG W,DENG C,et al. 3D printing of Lotus root-like biomimetic materials for cell delivery and tissue regeneration [J]. Adv Sci,2017,4 (12):1700401.

[55] ROSEN A D. Mechanism of action of moderate-intensity static magnetic fields on biological systems [J]. Cell Biochem Biophys,2003,39 (2):163-173.

[56] KOTANI H,IWASAKA M,UENO S,et al. Magnetic orientation of collagen and bone mixture [J]. J Appl Phys,2000,87 (9):6191-6193.

[57] ZHANG J,DING C,REN L,et al. The effects of static magnetic fields on bone [J]. Prog Biophys Mol Biol,2014,114 (3):146-152.

[58] SHEN Y,WU C,UYEDA T Q P,et al. Elongated nanoparticle aggregates in cancer cells for mechanical destruction with low frequency rotating magnetic field [J]. Theranostics,2017,7 (6):1735-1748.

[59] CHEN M,WU J,NING P,et al. Remote Control of Mechanical Forces via Mitochondrial-Targeted Magnetic Nanospinners for Efficient Cancer Treatment [J]. Small,2020,16 (3):1905424.

[60] WU J,NING P,GAO R,et al. Programmable ROS-Mediated Cancer Therapy via Magneto-Inductions [J]. Adv Sci,2020,7 (12):1902933.

[61] SASAKI H,TANAKA N,NAKANISHI K,et al. Therapeutic effects with magnetic targeting of bone marrow stromal cells in a rat spinal cord injury model [J]. Spine,2011,36 (12):933-938.

[62] YANG J,YAMATO M,SHIMIZU T,et al. Reconstruction of functional tissues with cell sheet engineering [J]. Biomaterials,2007,28 (34):5033-5043.

[63] KELM J M,FUSSENEGGER M. Scaffold-free cell delivery for use in regenerative medicine [J]. Adv Drug Deliv Rev,2010,62 (7-8):753-764.

[64] DE M,GHOSH P S,ROTELLO V M. Applications of nanoparticles in biology [J]. Adv Mater,2008,20(22):

4225-4241.

[65] RIVERA-GIL P, YANG F, THOMAS H, et al. Development of an assay based on cell counting with quantum dot labels for comparing cell adhesion within cocultures [J]. Nano Today, 2011, 6 (1): 20-27.

[66] GIL P R, HÜHN D, LORETTA L, et al. Nanopharmacy: Inorganic nanoscale devices as vectors and active compounds [J]. Pharmacol Res, 2010, 62 (2): 115-125.

[67] WEI M, LI S, LE W. Nanomaterials modulate stem cell differentiation: biological interaction and underlying mechanisms [J]. J Nanobiotechnology. 2017; 15 (1): 75.

[68] NEWMAN K D, MCBURNEY M W. Poly (D, L lactic-co-glycolic acid) microspheres as biodegradable microcarriers for pluripotent stem cells [J]. Biomaterials, 2004, 25 (26): 5763-5771.

[69] CHOI Y S, PARK S N, SUH H. Adipose tissue engineering using mesenchymal stem cells attached to injectable PLGA spheres [J]. Biomaterials, 2005, 26 (29): 5855-5863.

[70] JI J, TONG X, HUANG X, et al. Sphere-shaped nano-hydroxyapatite/chitosan/gelatin 3D porous scaffolds increase proliferation and osteogenic differentiation of human induced pluripotent stem cells from gingival fibroblasts [J]. Biomed Mater, 2015, 10 (4): 045005.

[71] GUO W, QIU J, LIU J, et al. Graphene microfiber as a scaffold for regulation of neural stem cells differentiation. Sci Rep. 2017, 7 (1): 5678.

[72] CHO C H, ELIASON J F, MATTHEW H W. Application of porous glycosaminoglycan-based scaffolds for expansion of human cord blood stem cells in perfusion culture [J]. J Biomed Mater Res A, 2008, 86 (1): 98-107.

[73] PARK H, CHOI B, HU J, et al. Injectable chitosan hyaluronic acid hydrogels for cartilage tissue engineering [J]. Acta Biomater, 2013, 9 (1): 4779-4786.

[74] UEMATSU K, HATTORI K, ISHIMOTO Y, et al. Cartilage regeneration using mesenchymal stem cells and a three-dimensional poly-lactic-glycolic acid (PLGA) scaffold [J]. Biomaterials, 2005, 26 (20): 4273-4279.

[75] FENG Q, CHAI C, JIANG X S, et al. Expansion of engrafting human hematopoietic stem/progenitor cells in three-dimensional scaffolds with surface-immobilized fibronectin [J]. J Biomed Mater Res A, 2006, 78 (4): 781-791.

[76] SI Y, YU J, TANG X, et al. Ultralight nanofibre-assembled cellular aerogels with superelasticity and multifunctionality [J]. Nat Commun, 2014, 5 (1): 5802.

[77] DAS S, PATI F, CHOI Y J, et al. Bioprintable, cell-laden silk fibroin-gelatin hydrogel supporting multilineage differentiation of stem cells for fabrication of three-dimensional tissue constructs [J]. Acta Biomater, 2015, 11: 233-246.

[78] ZHAI X, MA Y, HOU C, et al. 3D-printed high strength bioactive supramolecular polymer/clay nanocomposite hydrogel scaffold for bone regeneration [J]. ACS Biomater Sci Eng, 2017, 3 (6): 1109-1118.

[79] JIN Y, LIU C, CHAI W, et al. Self-supporting nanoclay as internal scaffold material for direct printing of soft hydrogel composite structures in air [J]. ACS Appl Mater Interfaces, 2017, 9 (20): 17456-17465.

[80] BAHEIRAEI N, NOURANI M R, MORTAZAVI S M J, et al. Development of a bioactive porous collagen/β-tricalcium phosphate bone graft assisting rapid vascularization for bone tissue engineering applications [J]. J Biomed Mater Res A, 2018, 106 (1): 73-85.

[81] SATTARY M, RAFIENIA M, KAZEMI M, et al. Promoting effect of nano hydroxyapatite and vitamin D3

on the osteogenic differentiation of human adipose-derived stem cells in polycaprolactone/gelatin scaffold for bone tissue engineering [J]. Mater Sci Eng C Mater Biol App, 2019, 97: 141-155.

[82] LUCA A D, VITRANO I, COSTA V, et al. Improvement of osteogenic differentiation of human mesenchymal stem cells on composite poly l-lactic acid/nano-hydroxyapatite scaffolds for bone defect repair [J]. J Biosci Bioeng, 2020, 129 (2): 250-257.

[83] WANG Y, SUN N, ZHANG Y, et al. Enhanced osteogenic proliferation and differentiation of human adipose-derived stem cells on a porous n-HA/PGS-M composite scaffold [J]. Sci Rep, 2019, 9 (1): 7960.

[84] PARK S Y, PARK J, SIM S H, et al. Enhanced differentiation of human neural stem cells into neurons on graphene [J]. Adv Mater, 2011, 23 (36): H263-H267.

[85] SANTOS T, FERREIRA R, MAIA J, et al. Polymeric nanoparticles to control the differentiation of neural stem cells in the subventricular zone of the brain [J]. ACS Nano, 2012, 6 (12): 10463-10474.

[86] LEE S J, ZHU W, NOWICKI M, et al. 3D printing nano conductive multi-walled carbon nanotube scaffolds for nerve regeneration [J]. J Neural Eng, 2018, 15 (1): 016018.

[87] ZHOU L, FAN L, YI X, et al. Soft conducting polymer hydrogels cross-linked and doped by tannic acid for spinal cord injury repair [J]. ACS Nano, 2018, 12 (11): 10957-10967.

[88] GUAN X, XU W, ZHANG H, et al. Transplantation of human induced pluripotent stem cell-derived cardiomyocytes improves myocardial function and reverses ventricular remodeling in infarcted rat hearts [J]. Stem Cell Res Ther, 2020, 11 (1): 73.

[89] XU C, POLICE S, RAO N, et al. Characterization and enrichment of cardiomyocytes derived from human embryonic stem cells [J]. Circ Res, 2002, 91 (6): 501-508.

[90] LV F J, TUAN R S, CHEUNG K M C, et al. Concise Review: The Surface Markers and Identity of Human Mesenchymal Stem Cells [J]. Stem Cells, 2014, 32 (6): 1408-1419.

[91] MA J, GUO L, FIENE S J, et al. High purity human-induced pluripotent stem cell-derived cardiomyocytes: electrophysiological properties of action potentials and ionic currents [J]. Am J Physiol Heart Circ Physiol, 2011, 301 (5): H2006-H2017.

[92] XU X Q, ZWEIGERDT R, SOO SY, et al. Highly enriched cardiomyocytes from human embryonic stem cells [J]. Cytotherapy, 2008, 10 (4): 376-389.

[93] DUBOIS N C, CRAFT A M, SHARMA P, et al. SIRPA is a specific cell-surface marker for isolating cardiomyocytes derived from human pluripotent stem cells [J]. Nat Biotechnol, 2011, 29 (11): 1011-1018.

[94] MIKI K, ENDO K, TAKAHASHI S, et al. Efficient detection and purification of cell populations using synthetic microRNA switches [J]. Cell Stem Cell, 2015, 16 (6): 699-711.

[95] YOSHIMITSU R, HATTORI K, SUGIURA S, et al. Microfluidic perfusion culture of human induced pluripotent stem cells under fully defined culture conditions [J]. Biotechnol Bioeng, 2014, 111 (5): 937-947.

[96] BAN K, WILE B, CHO K W, et al. Non-genetic purification of ventricular cardiomyocytes from differentiating embryonic stem cells through molecular beacons targeting IRX-4 [J]. Stem Cell Reports, 2015, 5 (6): 1239-1249.

[97] JING Y, MOORE L R, WILLIAMS P S, et al. Blood progenitor cell separation from clinical leukapheresis product by magnetic nanoparticle binding and magnetophoresis [J]. Biotechnol Bioeng, 2007, 96 (6): 1139-1154.

[98] WADAJKAR A S, SANTIMANO S, TANG L, et al. Magnetic-based multi-layer microparticles for endothelial progenitor cell isolation, enrichment, and detachment [J]. Biomaterials, 2014, 35 (2): 654-663.

[99] LIESVELD J L, SHARMA N, ALJITAWI O S. Stem cell homing: from physiology to therapeutics [J]. Stem Cells, 2020, 38 (10): 1241-1253.

[100] LAYEK B, SADHUKHA T, PANYAM J, et al. Nano-engineered mesenchymal stem cells increase therapeutic efficacy of anticancer drug through true active tumor targeting [J]. Mol Cancer Ther, 2018, 17 (6): 1196-1206.

[101] CHENG S, NETHI S K, Al-KOFAHI M, et al. Pharmacokinetic—Pharmacodynamic Modeling of Tumor Targeted Drug Delivery Using Nano-Engineered Mesenchymal Stem Cells [J]. Pharmaceutics, 2021, 13 (1): 92-92.

[102] SURYAPRAKASH S, LAO Y H, CHO H Y, et al. Engineered mesenchymal stem cell/nanomedicine spheroid as an active drug delivery platform for combinational glioblastoma therapy [J]. Nano Lett, 2019, 19 (3): 1701-1705.

[103] TIWARI S K, AGARWAL S, SETH B, et al. Curcumin-loaded nanoparticles potently induce adult neurogenesis and reverse cognitive deficits in Alzheimer's disease model via canonical Wnt/β-catenin pathway [J]. ACS Nano, 2014, 8 (1): 76-103.

[104] KIM J W, AUFFINGER B, SPENCER D A, et al. Single dose GLP toxicity and biodistribution study of a conditionally replicative adenovirus vector, CRAd-S-pk7, administered by intracerebral injection to Syrian hamsters [J]. J Transl Med, 2016, 14 (1): 134.

[105] MOONEY R, ROMA L, ZHAO D, et al. Neural stem cell-mediated intratumoral delivery of gold nanorods improves photothermal therapy [J]. ACS Nano, 2014, 8 (12): 12450-12460.

[106] KIM H Y, KUMAR H, JO M J, et al. Therapeutic efficacy-potentiated and diseased organ-targeting nanovesicles derived from mesenchymal stem cells for spinal cord injury treatment [J]. Nano Lett, 2018, 18 (8): 4965-4975.

[107] KALANI A, CHATURVEDI P, KAMAT P K, et al. Curcumin-loaded embryonic stem cell exosomes restored neurovascular unit following ischemia-reperfusion injury [J]. Int J Biochem Cell Biol, 2016, 79: 360-369.

[108] ZHU Q, LING X, YANG Y, et al. Embryonic stem cells-derived exosomes endowed with targeting properties as chemotherapeutics delivery vehicles for glioblastoma therapy [J]. Adv Sci, 2019, 6 (6): 1801899.

[109] RIAZIFAR M, MOHAMMADI M R, PONE E J, et al. Stem cell-derived exosomes as nanotherapeutics for autoimmune and neurodegenerative disorders [J]. ACS Nano, 2019, 13 (6): 6670-6688.

[110] JUNG J H, FU X, YANG P C. Exosomes generated from iPSC-derivatives: new direction for stem cell therapy in human heart diseases [J]. Circ Res, 2017, 120 (2): 407-417.

[111] CARRADORI D, SAULNIER P, PRÉAT V, et al. NFL-lipid nanocapsules for brain neural stem cell targeting in vitro and in vivo [J]. J Control Release, 2016, 238: 253-262.

[112] SYKOVA E, JENDELOVA P. In vivo tracking of stem cells in brain and spinal cord injury [J]. Prog Brain Res, 2007, 161: 367-383.

[113] MORAES L, VASCONCELOS-DOS-SANTOS A, SANTANA F C, et al. Neuroprotective effects and magnetic resonance imaging of mesenchymal stem cells labeled with SPION in a rat model of Huntington's

disease [J]. Stem Cell Res,2012,9(2):143-155.

[114] WANG H,AGARWAL P,XIAO Y,et al. A nano-in-micro system for enhanced stem cell therapy of ischemic diseases [J]. ACS Cent Sci,2017,3(8):875-885.

[115] HAN J,KIM B,SHIN J Y,et al. Iron oxide nanoparticle-mediated development of cellular gap junction crosstalk to improve mesenchymal stem cells' therapeutic efficacy for myocardial infarction [J]. ACS Nano, 2015,9(3):2805-2819.

[116] HOSSEINI V,MAROUFI N F,SAGHATI S,et al. Current progress in hepatic tissue regeneration by tissue engineering [J]. J Transl Med,2019,17(1):383.

[117] LIANG H,HUANG K,SU T,et al. Mesenchymal stem cell/red blood cell-inspired nanoparticle therapy in mice with carbon tetrachloride-induced acute liver failure [J]. ACS Nano,2018,12(7):6536-6544.

[118] ABDELl AZIZ M T,El ASMAR M F,ATTA H M,et al. Efficacy of mesenchymal stem cells in suppression of hepatocarcinorigenesis in rats:possible role of Wnt signaling [J]. J Exp Clin Cancer Res,2011,30(1): 49.

[119] SUN B,ROH K H,Park J R,et al. Therapeutic potential of mesenchymal stromal cells in a mouse breast cancer metastasis model [J]. Cytotherapy,2009,11(3):289-298.

[120] MORANDI F,RAFFAGHELLO L,BIANCHI G,et al. Immunogenicity of human mesenchymal stem cells in HLA-class I-restricted T-cell responses against viral or tumor-associated antigens [J]. Stem Cells,2008,26 (5):1275-1287.

[121] ZANGANEH S,HUTTER G,SPITLER R,et al. Iron oxide nanoparticles inhibit tumour growth by inducing pro-inflammatory macrophage polarization in tumour tissues [J]. Nat Nanotechnol,2016,11(11): 986-994.

[122] REN G,ZHANG L,ZHAO X,et al. Mesenchymal stem cell-mediated immunosuppression occurs via concerted action of chemokines and nitric oxide [J]. Cell Stem Cell,2008,2(2):141-150.

[123] SUN T,SUN B,NI C,et al. Pilot study on the interaction between B16 melanoma cell-line and bone-marrow derived mesenchymal stem cells [J]. Cancer Lett,2008,263(1):35-43.

[124] CLARA J A,MONGR C,YANG Y,et al. Targeting signalling pathways and the immune microenvironment of cancer stem cells—A clinical update [J]. Nat Rev Clin Oncol,2020,17(4):204-232.

[125] CHU J,SHI P,YAN W,et al. PEGylated graphene oxide-mediated quercetin-modified collagen hybrid scaffold for enhancement of MSCs differentiation potential and diabetic wound healing [J]. Nanoscale, 2018,10(20):9547-9560.

[126] ABAZARI M F,NASIRI N,NEJATI F,et al. Comparison of human-induced pluripotent stem cells and mesenchymal stem cell differentiation potential to insulin producing cells in 2D and 3D culture systems in vitro [J]. J Cell Physiol,2020,235(5):4239-4246.

[127] QIAN D,WEI G,XU C,et al. Bone marrow-derived mesenchymal stem cells(BMSCs) repair acute necrotized pancreatitis by secreting microRNA-9 to target the NF-κB1/p50 gene in rats [J]. Sci Rep,2017, 7(1):581.

[128] WANG X J,PENG C H,ZHANG S,et al. Polysialic-acid-based micelles promote neural regeneration in spinal cord injury therapy [J]. Nano Lett,2019,19(2):829-838.

[129] WANG J V,SCHOENBERG E,SAEDI N,et al. Platelet-rich plasma,collagen peptides,and stem cells for

cutaneous rejuvenation [J]. J Clin Aesthet Dermatol, 2020, 13 (1): 44-49.

[130] WANG S Y, KIM H, KWAK G, et al. Development of biocompatible HA hydrogels embedded with a new synthetic peptide promoting cellular migration for advanced wound care management [J]. Adv Sci, 2018, 5 (11): 1800852.

[131] XI Y, GE J, WANG M, et al. Bioactive anti-inflammatory, antibacterial, antioxidative silicon-based nanofibrous dressing enables cutaneous tumor photothermo-chemo therapy and infection-induced wound healing [J]. ACS Nano, 2020, 14 (3): 2904-2916.

第三章
干细胞临床前研究

▶▶▶▶▶

干细胞在实现临床应用之前,需要进行一系列的临床前研究,以确保其安全性和有效性。本章将重点介绍干细胞在临床前研究中的应用,并围绕干细胞移植后体内功能的建立与调控、基于干细胞的人工组织器官再生与构建、基于动物模型的干细胞治疗心血管疾病临床前研究,以及人多能干细胞与神经再生展开讨论,以期更加深入地了解干细胞在临床前研究中的应用,并为干细胞的临床应用提供更多的支持和指导。

第一节将介绍干细胞移植后如何促进其在受体体内的功能恢复。通过分析不同类型的干细胞治疗方案,而非讨论如何选择合适的干细胞类型和提供有效的支持条件,以加速干细胞移植后受体体内功能的恢复。

第二节将介绍基于干细胞的人工组织器官再生与构建的研究进展。干细胞在组织工程中具备重要的应用潜力,它们可以被利用以构建各种人工组织器官,如心脏、肝脏和肺部等。

第三节将着重介绍基于动物模型的干细胞治疗心血管疾病的临床前研究。心血管疾病是当前社会的主要健康问题之一,而干细胞治疗心血管疾病正成为研究的热点。我们将探索不同类型干细胞在心血管疾病治疗中的应用潜力,并强调基于动物模型的临床前研究在此领域的重要性。

最后一节将介绍人多能干细胞与神经再生的研究进展。神经系统疾病对患者的生活质量和健康产生了严重影响,而人多能干细胞在神经再生中具有重要的应用潜力。本节将深入探讨人多能干细胞的特性和应用潜力,并解析其在神经系统再生中的前景和挑战。

第一节　干细胞移植后体内功能建立与调控

干细胞理论上具有分化产生机体 200 多种功能细胞的潜能,按照分化程度可分为全能干细胞、多能干细胞(pleuripotent stem cell,PSC)和专能干细胞 3 大类。近年来,大量动物实验和临床研究显示,干细胞移植后可通过直接分化、转分化、旁分泌和免疫调节以及提供造血微环境等途径,广泛参与多种组织和器官损伤的修复和功能重建,对于探索多种复发性和难治性疾病的治疗新策略和服务于干细胞再生医学领域的转化研究均具有美好的应用前景。以造血干细胞、间充质干细胞和神经干细胞移植为代表的干细胞研究,是目前的研究热点,尤其是间充质干细胞具有造血支持和免疫调节的独特属性,可满足同种异体移植的要求,在多种系统疾病的临床治疗、产业转化和新药研发中独具优势。鉴于干细胞领域的广阔前景和国内外的飞速进展,本节将围绕干细胞的生物学属性、适应证、移植策略和分子机制的研究,系统阐述干细胞移植后的体内功能建立与调控进展,为干细胞移植研究提供新的有益资料和参考。

一、常见的移植用干细胞

(一) 造血干细胞

造血干细胞(hemopoietic stem cell,HSC)是一群具有自我更新和分化产生各类谱系的功能性血细胞的一个特异性细胞群体[1]。造血干细胞已经被发现50余年,并被广泛应用于包括白血病在内的多种血液疾病的治疗,是目前已知最典型的成体干细胞(adult stem cell),然而体外扩增能力的局限性也部分限制了其未来的临床治疗前景[2]。造血干细胞体内移植后,在骨髓造血微环境中附着于骨表面或血窦内皮的"龛"(niche),进而通过调控造血干细胞的自我更新和分化平衡来实现造血稳态和造血重建[2]。目前已知,造血干细胞可包括骨髓造血干细胞、胎盘血造血干细胞、外周血造血干细胞、脐带血造血干细胞以及最新报道的肌肉组织来源的造血干细胞。从发育生物学角度而言,造血干细胞首先出现于胚胎期的卵黄囊(yolk sac),随后迁移至胎肝、脾脏并最后到达骨髓行使造血发生和造血稳态功能[3-5]。

整体而言,由造血干细胞介导的造血发生是一个动态有序的过程,一方面通过自我更新来维持造血干细胞库的稳态,另一方面通过定向分化产生各种类型的成熟血细胞来发挥作用[3,6]。其中,关于造血系统细胞之间关系的描述中最为经典的造血分化模型是造血层级结构(hematopoietic hierarchy)模型,其直观形象地描绘了造血干细胞通过逐级分化来产生各个谱系成熟血细胞的过程。但鉴于造血发生的复杂性和研究认识的不断深入,国内外的学者对于经典的造血层级结构进行了一系列的模型修正和补充完善[3,6]。例如,中国科学院动物研究所学者团队提出,在不同生理条件下造血发生呈现不同的谱系分化模式,进而导致造血干细胞体内移植和造血发生存在明显差异[6]。

(二) 间充质干细胞

间充质干细胞(mesenchymal stem cell,MSC)是一群异质性的细胞群体,具有造血支持和免疫调节的独特属性,可分化为成骨细胞、脂肪细胞和软骨细胞[7,8]。20世纪70年代,Friedenstein等[9]最早发现在骨髓中存在一群"成纤维细胞样"(fibroblast-like)的成骨细胞在体外可以分离培养,将其命名为骨髓基质细胞(bone marrow stromal cells,BMSC)[10]。1991年,Caplan等[11]将其命名为"间充质干细胞",并被学术界广泛沿用至今。其后,研究人员从成体组织(例如脂肪、牙髓、骨髓、滑膜、外周血、软骨等组织)[7,8,12-15]、围产期组织(例如,脐带、胎盘、羊膜、羊水、脐带血)[7,16-18]成功分离制备间充质干细胞;近年来,基于细胞重编程技术,从人多能干细胞也成功实现间充质干细胞的产生[19-21]。

在很长一段时间内,由于缺乏单一特异性的鉴定标志物,且不同来源的间充质干细胞在生物学表型和多向分化潜能上表现出一定差异,这使得人们对于间充质干细胞的认识大相径庭。2006 年国际细胞治疗协会(International Society for Cellular Therapy,ISCT)以 3 条"金标准"作为间充质干细胞的最基本定义[22]:①应具有贴壁生长和连续传代能力;②高表达间充质标志物(>95%)CD73、CD90、CD105,低表达造血相关标志分子(<5%)CD31、CD34、CD45;③具有典型的成脂、成骨、成软骨三系分化(tri-lineage differentiation)能力[23],以及造血支持和免疫调节能力(immunomodulatory capacity)[24]。基于国内外的临床研究注册信息显示,骨髓间充质干细胞是目前应用最为广泛的间充质干细胞,但同时存在供者来源差异大、病原微生物感染和伦理学的风险[20];脐带间充质干细胞具有更好的体外长期扩增能力,免疫原性低且无伦理学风险,因而具有更为广阔的产业转化和新药研发价值[12]。近年来,国内外的部分研究团队开始关注特定属性的间充质干细胞的分离和制备研究,并取得了可喜进展。例如,有学者发现 CD56 阳性的骨髓间充质干细胞亚群具有更好的成软骨分化和骨再生能力[25],MSCA-1⁺ CD56⁺ 的间充质干细胞具有向软骨分化和胰岛样细胞分化的倾向性[26];研究发现,一群高表达 VCAM-1⁺(CD106⁺)的脐带间充质干细胞具有更好的促血管新生、免疫调节和归巢属性,进而在血管性疾病、免疫调节异常性疾病方面具有更好的应用前景[12,27,28]。

近年来,随着生物医药技术进步和精准再生医学的兴起,包括干细胞在内的细胞治疗正在引领继药物和手术之后的第三次技术革命。一般而言,干细胞治疗的原理是将正常的人体细胞或生物工程定向改造后的细胞输注至患者体内,从而替代受损细胞行使修复免疫杀伤功能而实现疾病治疗的目的。细胞治疗已在血液病、心血管病、糖尿病、老年痴呆等方面的应用价值不断提升。当前,全球干细胞医疗市场规模已从 2010 年的 215 亿美元,增至 2019 年的 1 482 亿美元,到 2023 年,全球干细胞医疗市场预计达到 1 500 亿美元以上;其中,2022 年全球干细胞治疗市场规模估计为 112.2 亿美元,预计到 2030 年将达到 314.1 亿美元左右,并在 2023 年至 2030 年的预测期内以 13.73% 的复合年增长率增长。全球知名调研机构 Technavio 发布的最新报告《全球细胞治疗市场 2017—2021》指出,在 2017—2021 年期间,全球细胞治疗市场预计以 23.27% 的复合年增长率增长。与此同时,2015 年我国干细胞相关产业规模达到 300 亿,并维持在 50% 以上的高复合增长;尽管受到新型冠状病毒感染相关疫情的影响,2022 年我国干细胞医疗市场规模依然达到 745.3 亿元,预计 2023 年总规模接近 800 亿元。尤其是干细胞行业准入政策、监管政策不断完善,行业准入的干细胞适应证范围将继续扩大。目前,全球批准上市的干细胞产品已有二十余款。其中,美国食品药品管理局(FDA)4 款,欧洲药品管理局(EMA)3 款,韩国食品药品管理局(KFDA)3 款,澳大利亚药物管理局(TGA)、加拿大卫生部(Health Canada)和日本厚生劳动省各 1 款,所使用的干细胞来自骨髓、脂肪和脐血等组织,其中多数为自体干细胞制剂,系个性化治疗产品;只有韩国批准的 Cartistem 和加拿大批准的 Prochymal 为异体干细胞药物。

(三) 神经干细胞

神经干细胞是一类具有分化产生神经元(又称神经细胞)、少突胶质细胞、星形胶质细胞等各类神经组织细胞的干细胞类型,同样具有自我更新和定向分化的生物学属性[29,30]。已有研究显示,神经干细胞存在于中枢神经系统(central nervous system,CNS),以增殖或静息、分化、休眠、迁移和整合等多种形式存活于脑组织,进而替代损伤或退变的神经细胞,重塑相应的神经传递和重建神经环路[31,32]。

随着研究的不断深入,神经干细胞治疗中枢神经系统损伤的相关研究也取得了可喜的进展[31,33]。然而,目前依然有许多问题亟待解决,例如神经干细胞体外扩增传代过程中的细胞活力降低和生物学表型改变,以及具体的治疗机制依然存在一定的争议[30,34]。值得注意的是,当前关于神经干细胞移植治疗的研究,主要集中于临床前的动物实验,与人类潜在种属性差异导致相关病理和修复机制的差别依然无法规避[34,35]。此外,关于神经干细胞体内移植治疗多种中枢神经系统疾病的安全性和疗效评估体系依然值得商榷,需要进一步的生物学功能和分子机制的研究来解决[36,37]。

二、干细胞移植后的体内功能建立

(一) 干细胞移植治疗血液系统疾病

关于造血干细胞移植治疗血液系统疾病的研究已日趋成熟,然而依然受到供者造血干细胞来源和配型的限制。与此同时,在骨髓造血干细胞移植的过程中,常伴发移植物抗宿主病进而导致造血重建失败。近年来,鉴于间充质干细胞独特的免疫调节属性,采用造血干细胞与间充质干细胞共移植可有效降低移植后的不良反应,进而有效提高造血重建效率和患者的生存率。Wu 等入组了 50 例复发性和难治性恶性血液病患者,在单倍体造血干细胞移植前 4 小时输注脐带间充质干细胞。结果表明,所有共移植的患者均表现出稳定的造血植入,无间充质干细胞输注的副作用和慢性移植物抗宿主病等不良反应发生,且接受治疗的患者 1 年和 2 年无进展生存率分别达到 77.8% 和 66%[38]。2014 年,中国人民解放军总医院开展单倍体造血干细胞与同种异体脐带间充质干细胞共移植,治疗 17 例重型再生障碍性贫血患者临床研究表明,有70.58% 的共移植后入组患者存活中位数达 2 年以上,14 例患者的存活超过 100 天[39]。

与此同时,国内外学者也探究了间充质干细胞在多种血液系统疾病发生中的作用与分子机制。例如,Han 等比较了健康供者与再生障碍性贫血患者骨髓间充质干细胞的生物学特性和分化功能,发现患者的间充质干细胞存在形态异常、凋亡水平升高、增殖能力和克隆形成能力(clonogenic potential) 下降、支持造血能力降低,以及成脂能力增强和成骨能力减弱等异常改变[40]。2020 年以来,中国医学科学院血液病医院 Huo 等[14]和 Wei 等[12]分别结合生物学表型和转录组学分析进一步证实,获得性再生障碍性贫血患者骨髓来源的间充质干细胞存在免疫功能异常和基因组学水平的多层面变异,并通过脐带间充质干细胞移植疾病小鼠模型证实了间充质干细胞在获得性再生障碍性贫血发病和治疗中的关键作用。上述研究提示,间充质干细胞可通过影响骨髓微环境导致骨髓移植的成败。

(二)干细胞移植治疗消化系统疾病

近年来,关于干细胞治疗消化系统疾病的研究受到国内外学者的关注。目前,已知干细胞移植对于包括肝纤维化、肝硬化、终末期肝病(end-stage liver disease)、慢加急性肝衰竭(acute-on-chronic liver failure,ACLF)在内的肝脏疾病,以及溃疡性结肠炎、急性结直肠炎和克罗恩病(Crohn's disease,CD)为代表的胃肠道疾病具有治疗或改善作用[8,16,20]。例如,Ghavamzadeh 等[41]开展了一项前瞻性的研究分析发现,造血干细胞移植对于 β 地中海贫血患者的肝脏铁超载和纤维化具有显著的改善作用。Yao 等[8]证实牙髓根尖乳头来源的干细胞移植可有效改善肝纤维化小鼠的肝脏病变和炎性因子分泌[细胞角蛋白(cytokeratin,CK)-18、CK-19、肝细胞生长因子(hepatocyte growth factor,HGF)]。2006 年,Terai 等[42]在干细胞领域学术期刊 *Stem cells* 报道了从周围静脉输注自体骨髓间充质干细胞,有效改善 9 名肝硬化患者肝功能的临床研究,并得到了多个团队的临床研究确认[43,44],进而为失代偿性肝硬化患者提供了一种新的细胞治疗策略。值得注意的是,已有研究显示,间充质干细胞输注对于包括急性失代偿性肝硬化、慢加急性肝衰竭、慢性肝功能衰竭在内的多种终末期肝病具有延缓和减轻病情的作用,且无明显不良反应出现。令人欣喜的是,近期我国生物医药企业申请的"注射用间充质干细胞(脐带)的新药临床试验"研究,也获得国家药品监督管理局药品审评中心(Center for Drug Evaluation,CDE)默示许可(受理号:CXSL2000335),有望成为全球首款上市治疗肝衰竭的干细胞新药,并将为广大慢加急性(亚急性)肝衰竭患者带来新希望。

关于干细胞治疗胃肠道疾病的研究,同样取得了可喜的研究进展。2018 年 *Gut and Liver* 杂志,公布了一项利用同种异体脐带间充质干细胞治疗 41 例克罗恩病患者的随机对照临床试验结果[45]。通过对患者的一年随访发现,接受干细胞治疗患者的克罗恩病活动指数(Crohn's Disease Activity Index,CDAI)、哈维-布拉德肖指数(Harvey-Bradshaw Index,HBI)和皮质类固醇用量均显著降低且无严重不良事件发生。近期,我国学者分别基于三硝基苯磺酸(trinitro-benzene-sulfonic acid,TNBS)诱导的小鼠炎症性肠病模型、葡聚糖硫酸钠(dextran sulfate sodium,DSS)诱导的炎症性肠炎小鼠模型和克罗恩病样的肠皮瘘大鼠模型,并结合体内荧光示踪技术动态评估并确认了不同来源的间充质干细胞移植或联合水凝胶复合物局部注射治疗的安全性和可行性,结果表明在难愈性瘘管愈合和减少炎症损伤方面作用显著[20,46,47]。

（三）干细胞移植治疗神经系统疾病

当前，全球范围内神经退行性疾病的发病率居高不下，目前没有治愈上述疾病的有效方法，尤其是老龄化和老年痴呆的相关治疗研究是领域内的研究难点[48-50]。鉴于传统临床治疗的局限性，以间充质干细胞为代表的新型细胞治疗神经退行性疾病的研究开始受到领域内的关注[51-53]。例如，2010 年 *Translational Research* 发布了一项前瞻性、无对照的单剂量临床试验结果，证实通过单侧脑室立体定向注射骨髓间充质干细胞可有效改善 7 例入组帕金森病（Parkinson's disease，PD）患者的统一帕金森病评定量表（Unified Parkinson's Disease Rating Scale，UPDRS）评分，以及面部表情、行走步态和冻结发作等临床症状[54]。尽管有报道显示，干细胞移植可明显改善缺血性脑卒中（cerebral arterial thrombosis，CAT）患者的神经功能，促进神经细胞再生，减少梗死体积，然而大部分的研究尚处于研究阶段。

阿尔茨海默病作为一种复杂的异质性疾病，病因及发病机制迄今不明且无特效药物，给患者、家庭及社会均带来了沉重负担。2020 年，Zhang 等在 *Life Sciences* 发表了一篇间充质干细胞的免疫调节功能对于阿尔茨海默病治疗的综述报道，并且指出尽管当前的诸多策略集中在应用间充质干细胞来代替凋亡或退化的神经元，然而不应忽视免疫调节属性对于小胶质细胞或星形胶质细胞活性状态的调节作用以及对转录因子介导的神经炎症的改善功能[55]。墨西哥学者 Reza-Zaldivar 等人则认为间充质干细胞主要通过分泌多种细胞因子、抑炎因子、膜受体和微 RNA（microRNA，miRNA），来阻断细胞凋亡导致神经元减少、增加神经发生和突触发生以及促进血管生成来发挥治疗阿尔茨海默病的作用[56]。类似地，在高血压脑出血（hypertensive cerebral hemorrhage）大鼠的治疗研究中，Ding 等学者证实移植骨髓间充质干细胞可在大鼠的受损组织处聚集，并进一步分化产生内皮样细胞，并通过释放多种促血管生成因子（例如 VEGF、bFGF、TGF-β1、IGFBP-1、HGF）来参与受损组织的血管形成，进而改善高血压脑出血症状[57]。此外，国内外的学者基于不同来源的间充质干细胞，开展了包括颅脑损伤（craniocerebral injury）[58]、脑性瘫痪（cerebral palsy）[59]、肌萎缩侧索硬化（amyotrophic lateral sclerosis，ALS）[60-62]、脊髓小脑性共济失调（spinocerebellar ataxia）[63,64]在内的临床治疗研究或临床前疾病动物模型治疗研究，并取得了一定的治疗和改善作用。

（四）干细胞移植治疗内分泌系统疾病

从发育生物学角度而言，内分泌系统是由胚胎内胚层和中胚层发育成的细胞或细胞群（即内分泌腺体），可与由外胚层发育产生的神经系统相配合，共同维持机体内环境的平衡和稳态。内分泌系统的功能异常，往往导致多种疾病的发生与进展，例如糖尿病及其合并症（糖尿病足、糖尿病肾病、糖尿病下肢缺血、糖尿病眼部疾病）、骨质疏松（osteoporosis）、甲状腺功能亢进症、肥胖症、高尿酸血症（hyperuricemia）与痛风等。

鉴于间充质干细胞独特的免疫调节属性,其在多种内分泌系统疾病的治疗研究中均表现出了良好的改善作用。截至 2023 年 12 月底,共有 490 项关于不同来源间充质干细胞治疗 1 型糖尿病的研究与综述发表。例如,2018 年 Cho 等在 *American Journal of Stem Cells* 期刊发表综述性的文章,系统回顾了不同来源间充质干细胞体内移植治疗 1 型/2 型糖尿病的临床研究进展,并认为间充质干细胞移植是一种治疗 1 型/2 型糖尿病的有效手段[65]。2020 年土耳其学者 Aydin 等人则进一步论述了间充质干细胞分化产生分泌胰岛素的胰腺 β 细胞在治疗糖尿病中的作用和改善机制[66]。不同的是,2020 年 *Theranostics* 杂志上发表了最新合作研究成果,即通过糖尿病肠道菌群耐药性豁免可增强脂肪间充质干细胞(adipose-derived mesenchymal stem cell,AD-MSC)治疗 1 型糖尿病的疗效[67]。上述研究为通过调节肠道微生物群,进而改善干细胞治疗 1 型糖尿病的新疗法提供了理论基础。

区别于 1 型糖尿病,2 型糖尿病是一种以血糖水平升高为临床表征的慢性代谢性疾病,病程多隐匿,可引起眼睛、心血管系统、肾脏和神经等多器官受损,进而导致糖尿病肾病、糖尿病足、视网膜病变等多种合并症的出现,常规临床治疗手段疗效不佳且易于复发。近期以来,已有研究不仅报道了不同来源间充质干细胞和外泌体(exosome)治疗 2 型糖尿病的安全性和有效性,还报道了健康供者与 2 型糖尿病患者来源的间充质干细胞的表型和功能异同[13,68,69]。例如,Jiang 等研究了利用人胎盘间充质干细胞(placenta-derived mesenchymal stem cell,PMSC)临床治疗 10 例 2 型糖尿病患者的安全性和有效性,发现患者的每日胰岛素用量和糖化血红蛋白平均值分别减少 50% 和 3.1%。此外,接受干细胞治疗的入组患者,均未出现发热、寒战、肝功能损伤等不良反应和副作用,输注后患者的肾功能和心脏功能均得到有效改善[70]。2017 年,南昌大学第一附属医院开展的一项前瞻性临床研究显示,通过注射胎盘间充质干细胞可有效改善 4 例 2 型糖尿病合并缺血性周围血管病变患者的主要症状(静息痛、冷感和间歇性跛行),提高静息踝肱指数(ankle-brachial index,ABI)和治疗后下肢新生侧枝血管评分以及促血管生成因子活性的增加[71]。值得注意的是,2020 年美国学者团队研究发现,人间充质干细胞、真皮基质(dermal matrix)和噻吗洛尔的组合产品对于小鼠糖尿病创面愈合具有显著的促进作用,上述成果发表在干细胞转化领域权威期刊 *Stem Cells Translational Medicine*。与此同时,2018 年 11 月 23 日,国家药品监督管理局批复了治疗用生物制品人 PMSC 凝胶的 1 类新药受理(受理号:CXSL1800117)。这表明,我国在生物材料与干细胞复合物治疗难治性疾病方面取得了重要的进展。此外,近年来关于利用不同来源间充质干细胞治疗糖尿病视网膜病变[72,73]、骨质疏松[74,75]、甲状腺功能亢进症[76]、肥胖[77]和高尿酸血症[78]等相关内分泌系统疾病的作用和机制研究也被陆续报道。

(五) 干细胞移植治疗免疫系统疾病

如前文所述,间充质干细胞具有免疫调节的独特属性,低表达 II 类主要组织相容性复合体(major histocompatibility complex class II,MHC-II),进而可不受同种异体移植相关配型的限制,对于包括系统性硬化病(systemic sclerosis,SS)、系统性红斑狼疮(systemic lupus erythematosus,SLE)等在内的多种免疫异常性疾病的治疗具有广阔的临床治疗前景。以SS的治疗为例,Christopeit 等首次报道了通过接受同种异体来源的骨髓间充质干细胞成功治愈 1 例重症型难治性 SS 患者的经典案例[79]。接受治疗的患者,表现出良好的 Rodnan 皮肤评分(Rodnan skin score,SCC)以及肢端溃疡和肢体坏死的改善,经血管造影检测表明患者的血液循环得到显著重建[80]。2018 年,法国 Peltzer 等学者在 *Frontiers in Immunology* 杂志发表综述性报道认为,不同来源(自体或异体)的间充质干细胞输注治疗,已在多种自身免疫性疾病(例如,多发性硬化症、克罗恩病、系统性红斑狼疮)的多项临床试验中表现出治疗前景[81,82]。

系统性红斑狼疮具有异质性,可累及多器官系统,表现为病情的加重与缓解交替进行。本病的常规临床治疗效果不佳,主要以控制病情、维持临床、改善患者生活质量和延长寿命为主要出发点。整体而言,间充质干细胞对于 SLE 和 SS 等免疫异常性疾病的治疗研究,已经成为再生医学转化研究的热点。2019 年,我国南京鼓楼医院的孙凌云团队报道了同种异体来源的间充质干细胞(骨髓源或脐带源间充质干细胞)治疗 69 例 SLE 患者的临床研究成果,证实干细胞移植治疗对于 SLE 疾病活动指数(SLE Disease Activity Index,SLEDAI)、临床症状的改善作用[83],并在后续的 1 132 例难治性 SLE 干细胞临床研究中进一步确认干细胞治疗的安全性和有效性。

近年来,关于干细胞治疗类风湿关节炎(rheumatoid arthritis,RA)的研究也取得了长足的进步。例如,早在 2008 年,中国医学科学院血液病医院与中国人民解放军三二三医院团队合作,开展了一项 17 例患者的脐带间充质干细胞治疗 RA 的临床研究,患者的关节压痛数(tender joint count)、关节肿胀数(swelling joint count)、红细胞沉降率及 28 个关节疾病活动度评分(disease activity score in 28 joints,DAS28)均得到明显改善,肝肾功能无异常变化,且均未发生排斥、过敏及其他严重不良反应。上述研究显示,间充质干细胞的独特免疫抑制性能和组织损伤修复功能,为类风湿关节炎的治疗提供了新的思路和选择。

(六)干细胞移植治疗运动系统疾病

骨关节炎(osteoarthritis,OA)是运动系统疾病的典型代表,与炎症、感染、创伤、自身免疫反应、代谢紊乱、退行性病变等多种因素有关,常规治疗包括基础治疗、药物治疗、手术治疗等,存在疗效的局限性和治疗的复发性等不足。随着干细胞组织工程和生物材料技术的发展,越来越多的学者开始探索基于干细胞治疗关节炎的新型方案,并取得了一定的成效。2014 年,韩国首尔大学医学院 Jo 等开展了一项干细胞治疗关节炎的临床研究,系统地评估了关节内注射自体脂肪间充质干细胞治疗 18 例患者的安全性和有效性,结果显示治疗后股骨内侧髁和胫骨内侧髁软骨缺损明显减小,膝关节的功能和疼痛得以改善并伴随透明样软骨再生[84]。近期南开大学的研究团队基于体内荧光示踪技术体系,评估了生物材料(透明质酸、海藻酸盐等)联合不同剂量、不同来源的间充质干细胞(脐带间充质干细胞、人多能干细胞来源的间充质干细胞)治疗兔膝骨关节炎的安全性和有效性,均提示了上述干细胞或干细胞与生物材料复合物对于膝骨关节炎的良好治疗前景[21]。在一项双盲、随机、对照研究中,Vangsness 等研究了间充质干细胞关节内注射治疗对于膝关节骨关节炎变化的改善作用,结果表明接受间充质干细胞治疗的患者半月板出现显著再生且膝关节疼痛明显缓解[85]。此外,鉴于股骨头坏死疾病进展较快,保护性负重、药物治疗、物理治疗和制动与牵引等疗效欠佳,多数患者往往需要接受手术治疗且治疗成本居高不下,基于髓芯减压植骨术联合脐带间充质干细胞移植治疗股骨头坏死的临床研究显示可有效再造坏死区骨质,这提示干细胞在该病的修复中具有重要作用,但关于长期安全性和有效性依然需要开展更为细致和深入的研究予以确认。

(七) 干细胞移植治疗呼吸系统疾病

哮喘(asthma)是一种复杂的、具有多基因遗传倾向的家族遗传集聚性疾病,且亲缘关系越密切往往发病概率越高。目前而言,哮喘不能根治,常规治疗的总体目标为缓解症状、改善缺氧、恢复肺功能和解除支气管痉挛及预防并发症。已有研究提示,多种来源的间充质干细胞可通过免疫调节属性有效抑制炎症发生和促进组织修复,进而为哮喘治疗提供了新的策略。例如,2014 年巴西 Abreu 将骨髓间充质干细胞通过气道内注入卵蛋白致敏的 C57BL/6 小鼠模型,发现小鼠气道高反应性、气道阻塞和哮喘的症状明显改善[86]。近年来,中山大学也开展了骨髓间充质干细胞对于 20 例重症哮喘患儿外周血辅助性 T 细胞 17(helper T cell 17, Th17)/调节性 T 细胞(regulatory T cell,Treg)的免疫调节研究,结果显示间充质干细胞对于共培养的患儿外周血 T 淋巴细胞增殖具有明显抑制作用。

关于间充质干细胞治疗肺炎和肺纤维化的研究,同样取得了一定的研究进展。截至 2023 年 12 月底,美国国立卫生研究院(National Institutes of Health,NIH)所辖的临床试验(Clinical Trials.gov)网站上共有 102 项关于间充质干细胞治疗肺炎的临床研究注册,分布于美国、中国、俄罗斯、白俄罗斯、印度、印度尼西亚、土耳其、智利、乌克兰、西班牙、澳大利亚等国。其中,很大一部分研究与新型冠状病毒感染(corona virus disease 2019,COVID-19)所致的急性呼吸窘迫综合征(acute respiratory distress syndrome,ARDS)和急性肺损伤(acute lung injury,ALI)有关。以 COVID-19 为例,国内外学者已发表了 200 余篇关于间充质干细胞对于不同类型新冠患者肺炎和合并症的临床研究结果,获得了良好的安全性和有效性[87-90]。2021 年,由我国企业开发的一款"注射用间充质干细胞(脐带)"治疗急性呼吸窘迫综合征(ARDS)的新药研究获得了国家药品监督管理局的临床试验默示许可(受理号:CXSL2100056)。与此同时,关于间充质干细胞和外泌体治疗肺纤维化的研究也已较为深入[91,92]。2015 年,加拿大 Srour 和 Thébaud 团队在 *Stem Cells Translational Medicine* 期刊发表综述,系统总结了关于间充质干细胞对于博来霉素诱导的肺纤维化疾病动物模型的疗效及分子机制[93]。2018 年,我国山东省医学科学院的研究团队和美国波士顿儿童医院的研究团队分别证实了脂肪间充质干细胞和间充质干细胞的外泌体移植对于大鼠硅沉着病的肺纤维化和实验性支气管肺发育不良（bronchopulmonary dysplasia，BPD）的改善效果和潜在作用机制[92,94]。不同的是，当前仅有6项关于慢性阻塞性肺疾病的干细胞临床注册研究，且仅有1项包含62例患者的临床研究结果发布，即全球第1款干细胞药物Prochymal（成体骨髓间充质干细胞）移植治疗中重度慢性阻塞性肺疾病的安全性和有效性研究[95]。入组的患者接受骨髓间充质干细胞治疗后，中重度慢性阻塞性肺疾病症状有效治愈和改善，关键指标C反应蛋白（C-reactive protein，CRP）显著降低[95]。目前已知，干细胞疗法可以通过增强纤毛细胞、上皮细胞的均衡能力，有效舒张平滑肌，消除气管和支气管痉挛，有效缓解气道肥大细胞的脱颗粒现象，从根本上为支气管炎、气管炎、哮喘、肺炎、肺纤维化和慢性阻塞性肺疾病的治疗提供新的策略[96]。

三、干细胞移植后的体内调控

（一）干细胞移植后发挥作用的方式

鉴于干细胞的独特属性，一方面通过不对称分裂的方式维持"干细胞池"自身数量的相对稳定以实现自我更新，另一方面通过接受特定微环境因素的刺激定向分化产生功能细胞以发挥组织修复与再生的功能。以间充质干细胞为例，其发挥作用包括直接分化或转分化、自分泌或旁分泌、免疫调节和提供微环境等几种主要方式。

首先，间充质干细胞可定向分化产生特异性的功能细胞来修复受损的组织或器官，目前已知间充质干细胞具有分化产生脂肪细胞、成骨细胞、软骨细胞、神经细胞和内皮细胞等多种终末的功能细胞的能力[12,21,97]。近年来，也有学者认为其具有产生构成机体三胚层多种细胞类型的潜能[98]。例如，已有研究显示，间充质干细胞可分化为中胚层（成纤维细胞、肌腱和韧带、血管内皮细胞、心肌细胞、血液）、内胚层（胰岛 β 细胞、肝细胞）、外胚层（上皮细胞、神经元）衍生的细胞，甚至具有多种转分化（transdifferentiation）的特性[99-103]。

其次，间充质干细胞可通过自分泌或旁分泌的途径，分泌多种细胞因子[（例如VEGF、bFGF、GDNF、脑源性神经营养因子（brain-derived neurotrophic factor，BDNF）、表皮生长因子（epidermal growth factor，EGF）、HGF、神经生长因子（nerve growth factor，NGF）、前列腺素 E_2（prostaglandin E_2，PGE_2）和抑炎因子（例如IFN-γ、IL-1Rα、IL-4、IL-10 和 IL-13）[104]]，抑制多种促炎因子[例如 TNF-α、IL-1β 和 IL-6、COX-2、巨噬细胞炎症蛋白1α（macrophage inflammatory protein-1α，MIP-1α）]的分泌和表达，进而对于多种免疫异常性疾病（例如移植物抗宿主病、类风湿关节炎、特应性皮炎）和感染性疾病（例如COVID-19相关急性肺损伤、急性呼吸窘迫综合征）发挥缓解和治疗作用，有效降低机体的异常免疫活化状态。即间充质干细胞体内移植后，可以接受趋化因子和促炎因子的刺激，通过独特的归巢（homing）作用到达受损或异常的部位发挥抑炎和修复的作用。

最后,间充质干细胞作为微环境的主要基质细胞,可为造血干细胞的静息、增殖和分化提供特定的微环境,进而提高造血干细胞移植后的长期造血功能和降低免疫排斥。按照"种子-土壤学说",间充质干细胞可为包括造血干细胞、功能性血细胞、内皮细胞等的附着和扩增提供重要的场所。通过分泌多种细胞因子[血小板生成素、红细胞生成素、干细胞因子(stem cell factor,SCF)等]促进造血发生和抑制淋巴细胞介导的异常免疫调节[105]。目前已知,间充质干细胞可与多种炎症细胞(巨噬细胞、白细胞等)相互作用[106],通过归巢到病变部位并分泌多种趋化因子(趋化因子CXCL12)发挥免疫调节作用,促进炎症部位的功能恢复[20,107]。但是,关于间充质干细胞治疗特定疾病的方式和机制依然需要系统和深入的研究。

(二)干细胞移植后的分子调控机制

移植的干细胞与机体成分相互作用和调控是一个十分复杂的过程。一方面,移植后的干细胞在体内进行自我更新、定向分化及细胞活力的维持(增殖、周期、衰老、凋亡)往往受到多种信号通路[例如骨形成蛋白(bone morphogenetic protein,BMP)、TGF-β、NOTCH2]、关键基因(例如,*RUNX2*基因,*MSX2*基因)、非编码RNA(例如miRNA、LncRNA、竞争性内源RNA)和表观遗传修饰(例如糖基化、乙酰化、甲基化与去甲基化)等多种因素的综合影响和调控。另一方面,移植后的干细胞及干细胞生物制品(例如,外泌体、干细胞凝胶)通过多种途径发挥调控与修复作用。

以间充质干细胞体内移植为例,其往往通过多样化的途径来发挥改善和治疗多系统疾病的作用。例如,关于干细胞治疗呼吸系统疾病的研究发现,移植后的间充质干细胞主要通过以下3种方式发挥作用:一是显著降低患者气道内的炎症因子水平,减轻肺组织和气道内的炎性细胞数目及炎性浸润,进而减轻气道炎症和降低气道高反应性,如促进IL-12和抑制IFN-γ、IL-4、IL-5、IL-13等炎性因子的分泌;二是通过直接或者间接的方式来调节免疫细胞和降低气道炎症,如通过抑制Th17细胞分化和CD4$^+$ CD25$^+$ FoxP3$^+$调节性T细胞(regulatory T cell,Treg)功能、调节Th1/Th2细胞比例,来改善机体的免疫失衡状态;三是可在特定趋化因子作用下,归巢至局部病变部位并刺激内源性的祖细胞增生和定向分化为特定组织细胞,如Ⅰ型和Ⅱ型肺泡上皮细胞。有研究发现间充质干细胞主要通过抑制滑膜细胞和巨噬细胞样细胞的钙黏素11(cadherin-11)表达和调节性T细胞的免疫反应改善类风湿关节炎临床症状[108,109]。

近期,Bahrehbar团队利用人胚胎干细胞分化产生的间充质干细胞可明显改善化疗所致的卵巢早衰小鼠模型,可能与通过旁分泌作用促进卵泡发育、卵巢分泌和卵巢细胞存活有关,但也有学者认为与干细胞分泌的细胞因子(例如VEGF、HGF、IGF-1、G-CSF)和免疫调节(例如促进患者调节性Treg细胞分化)及降低氧化应激反应(例如,抑制活性氧自由基产生)密切相关[110-112]。Shin等和Kim等分别发现,间充质干细胞可与N-乙酰半胱氨酸协同,显著降低发病大鼠TNF-α、IFN-γ、单核细胞趋化蛋白(monocyte chemoattractant protein,MCP)、

IL-6、Toll 样受体 2（Toll-like receptor，TLR2）、TLR11 的表达及导致的炎性损伤，进而提高间质性膀胱炎模型大鼠的疗效[113,114]。类似地，治疗缺血性脑卒中的研究则证实，间充质干细胞可通过调节 IL-6 和 VEGF 信号通路来降低 TNF-α 和核因子 κB（nuclear factor-κB，NF-κB）的表达，同时增强干细胞的抗炎和抗凋亡作用；而在阿尔茨海默病的治疗中，间充质干细胞则通过分泌的 TGF-β 阻断 NF-κB 炎症通路、抑制炎症反应、抑制促炎性小胶质细胞的激活和减轻氧化应激来发挥治疗作用[115,116]。因此，上述相关报道进一步提示了干细胞体内移植治疗的多层次性和调控机制的复杂性。如何揭示干细胞治疗特定疾病患者或疾病模型的分子调控机制，进而更好地服务于干细胞再生医学和组织工程相关转化和治疗研究依然任重而道远。

四、小结

本节主要介绍了干细胞移植后体内功能建立与调控的研究进展，包括常见的移植用干细胞的类型、干细胞移植治疗多种系统疾病的效果和机制、干细胞移植后发挥作用的方式和分子调控机制等方面。干细胞具有自我更新和多向分化的生物学表型，可通过直接分化、转分化、旁分泌和免疫调节等途径，参与多种组织和器官损伤的修复和功能重建，为多种复发性和难治性疾病的治疗提供了新的策略和方法。目前，干细胞移植已在血液系统、消化系统、神经系统、内分泌系统、免疫系统、运动系统、呼吸系统等多个领域的临床前和临床研究中取得了一定的成效，但也存在一些问题和挑战，例如干细胞来源的限制、干细胞质量的控制、干细胞迁移和定植的效率、干细胞安全性和有效性的评价、干细胞移植的标准化和规范化等。因此，未来的研究需要从多个角度和层面，深入探讨干细胞移植的基础理论和应用技术，为干细胞再生医学的发展和转化提供更强有力的支撑和保障。

（张磊升　韩之海　韩忠朝）

参考文献

[1] LI Z，HE XC，LI L. Hematopoietic stem cells：self-renewal and expansion [J]. Current Opinion in Hematology，2019，26（4）：258-265.

[2] WILSON A，TRUMPP A. Bone-marrow haematopoietic-stem-cell niches [J]. Nature Reviews Immunology，2006，6（2）：93-106.

[3] ORKIN S H，ZON LI. Hematopoiesis：an evolving paradigm for stem cell biology [J]. Cell，2008，132（4）：631-644.

[4] YANG WZ，YU WY，CHEN T，et al. A single-cell immunofluorescence method for the division patterns research of mouse bone marrow-derived hematopoietic stem cells [J]. Stem Cells and Development，2019，28（14）：954-960.

[5] WANG K,YAN Z,ZHANG S,et al. Clonal origin in normal adults of all blood lineages and circulating hematopoietic stem cells [J]. Experimental Hematology,2020,83:25-34.

[6] ZHANG Y,GAO S,XIA J,et al. Hematopoietic Hierarchy-An Updated Roadmap [J]. Trends in Cell Biology,2018,28(12):976-986.

[7] ZHAO Q,ZHANG L,WEI Y,et al. Systematic comparison of hUC-MSCs at various passages reveals the variations of signatures and therapeutic effect on acute graft-versus-host disease [J]. Stem Cell Research & Therapy,2019,10(1):354.

[8] YAO J,CHEN N,WANG X,et al. Human supernumerary teeth-derived apical papillary stem cells possess preferable characteristics and efficacy on hepatic fibrosis in mice [J]. Stem Cells International,2020,2020: 6489396.

[9] FRIEDENSTEIN A J,PETRAKOVA K V,KUROLESOVA A I,et al. Heterotopic of bone marrow. Analysis of precursor cells for osteogenic and hematopoietic tissues [J]. Transplantation,1968,6(2):230-247.

[10] OWEN M,FRIEDENSTEIN A J. Stromal stem cells:marrow-derived osteogenic precursors [J]. Ciba Foundation symposium,1988,136:42-60.

[11] CAPLAN A I. Mesenchymal stem cells [J]. Journal of orthopaedic research,1991,9(5):641-650.

[12] WEI Y,ZHANG L,CHI Y,et al. High-efficient generation of VCAM-1(+) mesenchymal stem cells with multidimensional superiorities in signatures and efficacy on aplastic anaemia mice [J]. Cell Proliferation, 2020,53(8):e12862.

[13] WANG L,ZHANG L,LIANG X,et al. Adipose Tissue-Derived Stem Cells from Type 2 Diabetics Reveal Conservative Alterations in Multidimensional Characteristics [J]. International Journal of Stem Cells,2020,13 (2):268-278.

[14] HUO J,ZHANG L,REN X,et al. Multifaceted characterization of the signatures and efficacy of mesenchymal stem/stromal cells in acquired aplastic anemia [J]. Stem Cell Research & Therapy,2020,11(1): 59.

[15] GADKARI R,ZHAO L,TEKLEMARIAM T,et al. Human embryonic stem cell derived-mesenchymal stem cells:an alternative mesenchymal stem cell source for regenerative medicine therapy [J]. Regenerative Medicine,2014,9(4):453-465.

[16] HOU H,ZHANG L,DUAN L,et al. Spatio-temporal metabolokinetics and efficacy of human placenta-derived mesenchymal stem/stromal cells on mice with refractory Crohn's-like enterocutaneous fistula [J]. Stem Cell Reviews and Reports,2020,16(6):1292-1304.

[17] ROSADA C,JUSTESEN J,MELSVIK D,et al. The human umbilical cord blood:a potential source for osteoblast progenitor cells [J]. Calcified Tissue International,2003,72(2):135-142.

[18] JAVED M J,MEAD L E,PRATE D,et al. Endothelial colony forming cells and mesenchymal stem cells are enriched at different gestational ages in human umbilical cord blood [J]. Pediatric Research,2008,64(1):68-73.

[19] WEI Y,HOU H,ZHANG L,et al. JNKi-and DAC-programmed mesenchymal stem/stromal cells from hESCs facilitate hematopoiesis and alleviate hind limb ischemia [J]. Stem Cell Research & Therapy,2019,10(1): 186.

[20] ZHANG L,WANG H,LIU C,et al. MSX2 initiates and accelerates Mesenchymal Stem/Stromal cell specification of hPSC by regulating TWIST1 and PRAME [J]. Stem Cell Reports,2018,11(2):497-513.

[21] ZHANG L,WEI Y,CHI Y,et al. Two-step generation of mesenchymal stem/stromal cells from human pluripotent stem cells with reinforced efficacy upon osteoarthritis rabbits by HA hydrogel [J]. Cell & Bioscience,2021,11(1):6.

[22] OLIVIER E N,RYBICKI A C,BOUHASSIRA E E. Differentiation of human embryonic stem cells into bipotent mesenchymal stem cells [J]. Stem Cells,2006,24(8):1914-1922.

[23] PLAISANT M,FONTAINE C,COUSIN W,et al. Activation of hedgehog signaling inhibits osteoblast differentiation of human mesenchymal stem cells [J]. Stem cells,2009,27(3):703-713.

[24] MAITRA B,SZEKELY E,GJINI K,et al. Human mesenchymal stem cells support unrelated donor hematopoietic stem cells and suppress T-cell activation [J]. Bone Marrow Transplant,2004,33(6):597-604.

[25] STUDLE C,OCCHETTA P,GEIER F,et al. Challenges toward the identification of predictive markers for human mesenchymal stromal cells chondrogenic potential [J]. Stem Cells Translational Medicine,2019,8(2):194-204.

[26] BATTULA V L,TREML S,BAREISS P M,et al. Isolation of functionally distinct mesenchymal stem cell subsets using antibodies against CD56,CD271,and mesenchymal stem cell antigen-1 [J]. Haematologica,2009,94(2):173-184.

[27] SEGERS VF,VAN RIET I,ANDRIES L J,et al. Mesenchymal stem cell adhesion to cardiac microvascular endothelium:activators and mechanisms [J]. American Journal of Physiology-Heart and Circulatory Physiology,2006,290(4):H1370-1377.

[28] YANG ZX,HAN ZB,JI Y R,et al. CD106 identifies a subpopulation of mesenchymal stem cells with unique immunomodulatory properties [J]. PLoS One,2013,8(3):e59354.

[29] GROCHOWSKI C,RADZIKOWSKA E,MACIEJEWSKI R. Neural stem cell therapy-Brief review [J]. Clinical Neurology and Neurosurgery,2018,173:8-14.

[30] STENUDD M,SABELSTROM H,FRISEN J. Role of endogenous neural stem cells in spinal cord injury and repair [J]. JAMA Neurology,2015,72(2):235-237.

[31] DE GIOIA R,BIELLA F,CITTERIO G,et al. Neural stem cell transplantation for neurodegenerative diseases [J]. International Journal of Molecular Sciences,2020,21(9):3103.

[32] URBAN N,BLOMFIELD I M,GUILLEMOT F. Quiescence of adult mammalian neural stem cells:a highly regulated rest [J]. Neuron,2019,104(5):834-848.

[33] GONZALEZ R,HAMBLIN M H,LEE J P. Neural stem cell transplantation and CNS diseases [J]. CNS Neurol Disord Drug Targets,2016,15(8):881-886.

[34] WEGLEITER T,BUTHEY K,GONZALEZ-BOHORQUEZ D,et al. Palmitoylation of BMPR1a regulates neural stem cell fate [J]. Proceedings of the National Academy of Sciences of the United States of America. 2019,116(51):25688-25696.

[35] ADAMS K V,MORSHEAD C M. Neural stem cell heterogeneity in the mammalian forebrain [J]. Progress in Neurobiology,2018,170:2-36.

[36] BERNSTOCK J D,PERUZZOTTI-JAMETTI L,YE D,et al. Neural stem cell transplantation in ischemic stroke:A role for preconditioning and cellular engineering [J]. Journal of Cerebral Blood Flow & Metabolism,2017,37(7):2314-2319.

[37] HAKES A E,BRAND A H. Neural stem cell dynamics:the development of brain tumours [J]. Current Opinion in Cell Biology,2019,60:131-138.

[38] WU Y,WANG Z,CAO Y,et al. Cotransplantation of haploidentical hematopoietic and umbilical cord mesenchymal stem cells with a myeloablative regimen for refractory/relapsed hematologic malignancy [J]. Annals of Hematology,2013,92(12):1675-1684.

[39] LI XH,GAO CJ,DA W M,et al. Reduced intensity conditioning,combined transplantation of haploidentical hematopoietic stem cells and mesenchymal stem cells in patients with severe aplastic anemia [J]. PLoS One, 2014,9(3):e89666.

[40] LI J,YANG S,LU S,et al. Differential gene expression profile associated with the abnormality of bone marrow mesenchymal stem cells in aplastic anemia [J]. PloS one,2012,7(11):e47764.

[41] GHAVAMZADEH A,MIRZANIA M,KAMALIAN N,et al. Hepatic iron overload and fibrosis in patients with beta thalassemia major after hematopoietic stem cell transplantation:A pilot study [J]. International Journal of Hematology-Oncology and Stem Cell Research,2015,9(2):55-59.

[42] TERAI S,ISHIKAWA T,OMORI K,et al. Improved liver function in patients with liver cirrhosis after autologous bone marrow cell infusion therapy [J]. Stem Cells,2006,24(10):2292-2298.

[43] MOHAMADNEJAD M,ALIMOGHADDAM K,MOHYEDDINBONAB M,et al. Phase 1 trial of autologous bone marrow mesenchymal stem cell transplantation in patients with decompensated liver cirrhosis [J]. Archives of Iranian Medicine,2007,10(4):459-466.

[44] CAO Y,JI C,LU L. Mesenchymal stem cell therapy for liver fibrosis/cirrhosis [J]. Annals of Translational Medicine,2020,8(8):562.

[45] ZHANG J,LV S,LIU X,et al. Umbilical cord mesenchymal stem cell treatment for Crohn's disease:a randomized controlled clinical trial [J]. Gut and Liver,2018,12(1):73-78.

[46] LIANG L,DONG C,CHEN X,et al. Human umbilical cord mesenchymal stem cells ameliorate mice trinitrobenzene sulfonic acid (TNBS)-induced colitis [J]. Cell Transplantation,2011,20(9):1395-1408.

[47] HOU H,ZHANG L,DUAN L,et al. Spatio-temporal metabolokinetics and efficacy of human placenta-derived mesenchymal stem/stromal cells on mice with refractory Crohn's-like enterocutaneous fistula [J]. Stem Cell Reviews and Reports,2020,16(6):1292-1304.

[48] GUERREIRO S,PRIVAT A L,BRESSAC L,et al. CD38 in neurodegeneration and neuroinflammation[J]. Cells,2020,9(2):471.

[49] WYSS-CORAY T. Ageing,neurodegeneration and brain rejuvenation [J]. Nature,2016,539(7628):180-186.

[50] KRITSILIS M,V RIZOU S,KOUTSOUDAKI P N,et al. Ageing,cellular senescence and neurodegenerative disease [J]. International Journal of Molecular Sciences,2018,19(10):2937.

[51] STAFF N P,JONES D T,SINGER W. Mesenchymal stromal cell therapies for neurodegenerative diseases[J]. Mayo Clinic Proceedings,2019,94(5):892-905.

[52] LO FURNO D,MANNINO G,GIUFFRIDA R. Functional role of mesenchymal stem cells in the treatment of chronic neurodegenerative diseases [J]. Journal of Cellular Physiology,2018,233(5):3982-3999.

[53] PERETS N,BETZER O,SHAPIRA R,et al. Golden exosomes selectively target brain pathologies in neurodegenerative and neurodevelopmental disorders [J]. Nano Letters,2019,19(6):3422-3431.

[54] VENKATARAMANA N K,KUMAR S K,BALARAJU S,et al. Open-labeled study of unilateral autologous bone-marrow-derived mesenchymal stem cell transplantation in Parkinson's disease [J]. Translational Research,2010,155(2):62-70.

［55］ZHANG L,DONG ZF,ZHANG JY. Immunomodulatory role of mesenchymal stem cells in Alzheimer's disease［J］. Life Sciences,2020,246:117405.

［56］REZA-ZALDIVAR E E,HERNANDEZ-SAPIENS M A,MINJAREZ B,et al. Potential effects of MSC-derived exosomes in neuroplasticity in Alzheimer's disease［J］. Frontiers in Cellular Neuroscience,2018,12: 317.

［57］DING R,LIN C,WEI S,et al. Therapeutic benefits of mesenchymal stromal cells in a rat model of hemoglobin-induced hypertensive intracerebral hemorrhage［J］. Molecules and Cells,2017,40(2):133-142.

［58］COX C S JR,HETZ R A,LIAO G P,et al. Treatment of severe adult traumatic brain injury using bone marrow mononuclear cells［J］. Stem Cells,2017,35(4):1065-1079.

［59］NIU X,XU X,LUO Z,et al. The expression of Th9 and Th22 cells in rats with cerebral palsy after hUC-MSC transplantation［J］. Journal of the Chinese Medical Association,2020,83(1):60-66.

［60］CZARZASTA J,HABICH A,SIWEK T,et al. Stem cells for ALS:An overview of possible therapeutic approaches［J］. International Journal of Neuroscience,2017,57:46-55.

［61］MAZZINI L,GELATI M,PROFICO D C,et al. Human neural stem cell transplantation in ALS:initial results from a phase I trial［J］. Journal of Translational Medicine,2015,13:17.

［62］SYKOVA E,RYCHMACH P,DRAHORADOVA I,et al. Transplantation of mesenchymal stromal cells in patients with amyotrophic lateral sclerosis:results of phase Ⅰ/Ⅱa clinical trial［J］. Cell Transplantation,2017, 26(4):647-658.

［63］MATSUURA S,SHUVAEV A N,LIZUKA A,et al. Mesenchymal stem cells ameliorate cerebellar pathology in a mouse model of spinocerebellar ataxia type 1［J］. Cerebellum,2014,13(3):323-330.

［64］CORREIA J S,NEVES-CARVALHO A,MENDES-PINHEIRO B,et al. Preclinical assessment of mesenchymal-stem-cell-based therapies in spinocerebellar ataxia Type 3［J］. Biomedicines,2021,9(12):1754.

［65］CHO J,D'ANTUONO M,GLICKSMAN M,et al. A review of clinical trials:mesenchymal stem cell transplant therapy in type 1 and type 2 diabetes mellitus［J］. American Journal of Stem Cells,2018,7(4):82-93.

［66］AYDIN S,SAGRAC D,SAHIN F. Differentiation potential of mesenchymal Stem Cells Internationalo pancreatic beta-cells［J］. Advances in Experimental Medicine and Biology,2020,1247:135-156.

［67］LV W,GRAVES D T,HE L,et al. Depletion of the diabetic gut microbiota resistance enhances stem cells therapy in type 1 diabetes mellitus［J］. Theranostics,2020,10(14):6500-6516.

［68］SUN Y,SHI H,YIN S,et al. Human mesenchymal stem cell derived exosomes alleviate type 2 diabetes mellitus by reversing peripheral insulin resistance and relieving β-cell destruction［J］. ACS Nano,2018,12(8): 7613-7628.

［69］PATH G,PERAKAKIS N,MANTZOROS C S,et al. Stem cells in the treatment of diabetes mellitus-Focus on mesenchymal stem cells［J］. Metabolism,2019,90:1-15.

［70］JIANG R,HAN Z,ZHUO G,et al. Transplantation of placenta-derived mesenchymal stem cells in type 2 diabetes:a pilot study［J］. Frontiers of Medicine,2011,5(1):94-100.

［71］ZENG X,TANG Y,HU K,et al. Three-week topical treatment with placenta-derived mesenchymal stem cells hydrogel in a patient with diabetic foot ulcer:A case report［J］. Medicine(Baltimore),2017,96(51):e9212.

［72］FIORI A,TERLIZZI V,KREMER H,et al. Mesenchymal stromal/stem cells as potential therapy in diabetic retinopathy［J］. Immunobiology,2018,223(12):729-743.

[73] ZHAO K,LIU J,DONG G,et al. Preliminary research on the effects and mechanisms of umbilical corddderived mesenchymal stem cells in streptozotocininduced diabetic retinopathy [J]. International Journal of Molecular Medicine,2020,46(2):849-858.

[74] RAMASAMY S K,KUSUMBE A P,WANG L,et al. Endothelial Notch activity promotes angiogenesis and osteogenesis in bone [J]. Nature,2014,507(7492):376-380.

[75] YANG X,XU S,CHEN X,et al. Intra-bone marrow injection of trace elements co-doped calcium phosphate microparticles for the treatment of osteoporotic rat [J]. Journal of Biomedical Materials Research Part A, 2017,105(5):1422-1432.

[76] DA SILVA D,DE FREITAS M L,CAHIL G M,et al. Influence of stem cell therapy on thyroid function and reactive oxygen species production in diabetic rats [J]. Hormone and Metabolic Research,2018,50(4):331-339.

[77] BRUIN J E,SABER N,BRAUN N,et al. Treating diet-induced diabetes and obesity with human embryonic stem cell-derived pancreatic progenitor cells and antidiabetic drugs [J]. Stem Cell Reports,2015,4(4):605-620.

[78] ZAK A,TVRZICKA E,VECKA M,et al. Severity of metabolic syndrome unfavorably influences oxidative stress and fatty acid metabolism in men [J]. Tohoku Journal of Experimental Medicine,2007,212(4):359-371.

[79] CHRISTOPEIT M,SCHENDEL M,FOLL J,et al. Marked improvement of severe progressive systemic sclerosis after transplantation of mesenchymal stem cells from an allogeneic haploidentical-related donor mediated by ligation of CD137L [J]. Leukemia,2008,22(5):1062-1064.

[80] KEYSZER G,CHRISTOPEIT M,FICK S,et al. Treatment of severe progressive systemic sclerosis with transplantation of mesenchymal stromal cells from allogeneic related donors:report of five cases [J]. Arthritis & Rheumatology,2011,63(8):2540-2542.

[81] PELTZER J,ALETTI M,FRESCALINE N,et al. Mesenchymal stromal cells based therapy in systemic sclerosis:rational and challenges [J]. Frontiers in Immunology,2018,9:2013.

[82] GRANEL B,DAUMAS A,JOUVE E,et al. Safety,tolerability and potential efficacy of injection of autologous adipose-derived stromal vascular fraction in the fingers of patients with systemic sclerosis:an open-label phase I trial [J]. Annals of Rheumatic Diseases. 2015,74(12):2175-2182.

[83] WEN L,LABOPIN M,BADOLIO M,et al. Prognostic factors for clinical response in systemic lupus erythematosus patients treated by allogeneic mesenchymal stem cells [J]. Stem Cells International,2019,2019:7061408.

[84] JO C H,LEE Y G,SHIN W H,et al. Intra-articular injection of mesenchymal stem cells for the treatment of osteoarthritis of the knee:a proof-of-concept clinical trial [J]. Stem Cells,2014,32(5):1254-1266.

[85] VANGSNESS C T JR,FARR J,BOYD J,et al. Adult human mesenchymal stem cells delivered via intra-articular injection to the knee following partial medial meniscectomy:a randomized,double-blind,controlled study [J]. The Journal of Bone and Joint Surgery-American volume,2014,96(2):90-98.

[86] ABREU S C,ANTUNES M A,MENDONCA L,et al. Effects of bone marrow mononuclear cells from healthy or ovalbumin-induced lung inflammation donors on recipient allergic asthma mice [J]. Stem Cell Research & Therapy,2014,5(5):108.

[87] LENG Z,ZHU R,HOU W,et al. Transplantation of ACE2(-) mesenchymal stem cells improves the

outcome of patients with COVID-19 pneumonia [J]. Aging and disease,2020,11(2):216-228.

[88] YEN BL,YEN ML,WANG LT,et al. Current status of mesenchymal stem cell therapy for immune/inflammatory lung disorders:Gleaning insights for possible use in COVID-19 [J]. Stem Cells Translational Medicine,2020,9(10):1163-1173.

[89] MENG F,XU R,WANG S,et al. Human umbilical cord-derived mesenchymal stem cell therapy in patients with COVID-19:a phase 1 clinical trial [J]. Signal Transduction and Targeted Therapy,2020,5(1):172.

[90] SHI L,HUANG H,LU X,et al. Effect of human umbilical cord-derived mesenchymal stem cells on lung damage in severe COVID-19 patients:a randomized,double-blind,placebo-controlled phase 2 trial [J]. Signal Transduction and Targeted Therapy,2021,6(1):58.

[91] MANSOURI N,WILLIS G R,FERNANDEZ-GONZALEZ A,et al. Mesenchymal stromal cell exosomes prevent and revert experimental pulmonary fibrosis through modulation of monocyte phenotypes [J]. JCI Insight,2019,4(21):e128060.

[92] CHEN S,CUI G,PENG C,et al. Transplantation of adipose-derived mesenchymal stem cells attenuates pulmonary fibrosis of silicosis via anti-inflammatory and anti-apoptosis effects in rats [J]. Stem Cell Research & Therapy,2018,9(1):110.

[93] SROUR N,THÉBAUD B. Mesenchymal stromal cells in animal bleomycin pulmonary fibrosis models:A Systematic Review [J]. Stem Cells Translational Medicine,2015,4(12):1500-1510.

[94] WILLIS G R,FERNANDEZ-GONZALEZ A,ANASTAS J,et al. Mesenchymal Stromal Cell Exosomes Ameliorate Experimental Bronchopulmonary Dysplasia and Restore Lung Function through Macrophage Immunomodulation [J]. American Journal of Respiratory and Critical Care Medicine,2018,197(1):104-116.

[95] WEISS D J,CASABURI R,FLANNERY R,et al. A placebo-controlled,randomized trial of mesenchymal stem cells in COPD [J]. Chest,2013,143(6):1590-1598.

[96] LI H,TIAN Y,XIE L,et al. Mesenchymal stem cells in allergic diseases:Current status [J]. Allergology International,2020,69(1):35-45.

[97] PREMER C,BLUM A,BELLIO M A,et al. Allogeneic mesenchymal stem cells restore endothelial function in heart failure by stimulating endothelial progenitor cells [J]. EBioMedicine,2015,2(5):467-475.

[98] UCCELLI A,PISTOIA V,MORETTA L. Mesenchymal stem cells:a new strategy for immunosuppression? [J]. Trends in Immunology,2007,28(5):219-226.

[99] YOUNG R G,BUTLER D L,WEBER W,et al. Use of mesenchymal stem cells in a collagen matrix for Achilles tendon repair [J]. Journal of orthopaedic research:official publication of the Orthopaedic Research Society,1998,16(4):406-413.

[100] ORBAY H,TOBITA M,MIZUNO H. Mesenchymal stem cells isolated from adipose and other tissues:basic biological properties and clinical applications [J]. Stem Cells International,2012,2012:461718.

[101] ABDALLAH B M,KASSEM M. Human mesenchymal stem cells:from basic biology to clinical applications [J]. Gene Therapy,2008,15(2):109-116.

[102] TOMA C,PITTENGER M F,CAHILL K S,et al. Human mesenchymal stem cells differentiate to a cardiomyocyte phenotype in the adult murine heart [J]. Circulation,2002,105(1):93-98.

[103] LIU Z J,ZHUGE Y,VELAZQUEZ O C. Trafficking and differentiation of mesenchymal stem cells [J]. Journal of Cellular Biochemistry,2009,106(6):984-991.

第三章 干细胞临床前研究

[104] ÖZGUL ÖZDEMIR R B,ÖZDEMIR A T,KIRMAZ C,et al. Mesenchymal Stem Cells:a Potential Treatment Approach for Refractory Chronic Spontaneous Urticaria [J]. Stem Cell Reviews and Reports, 2021,17(3):911-922.

[105] ZHANG L,LIU C,WANG H,et al. Thrombopoietin knock-in augments platelet generation from human embryonic stem cells [J]. Stem Cell Research & Therapy,2018,9(1):194.

[106] LUZ-CRAWFORD P,JORGENSEN C,DJOUAD F. Mesenchymal stem cells direct the immunological fate of macrophages [J]. Results and Problems in Cell Differentiation,2017,62:61-72.

[107] DAVIES L C,HELDRING N,KADRI N,et al. Mesenchymal stromal cell secretion of programmed death-1 ligands regulates T Cell mediated immunosuppression [J]. Stem Cells,2017,35(3):766-776.

[108] CAO C,WU F,NIU X,et al. Cadherin-11 cooperates with inflammatory factors to promote the migration and invasion of fibroblast-like synoviocytes in pigmented villonodular synovitis [J]. Theranostics,2020,10(23):10573-10588.

[109] ZHAO C,ZHANG L,KONG W,et al. Umbilical cord-derived mesenchymal stem cells inhibit cadherin-11 expression by fibroblast-like synoviocytes in rheumatoid arthritis [J]. Journal of Immunology Research, 2015,2015:137695.

[110] ESFANDYARI S,CHUGH R M,PARK H S,et al. Mesenchymal stem cells as a bio organ for treatment of female infertility [J]. Cells,2020,9(10):2253.

[111] ELFAYOMY A K,ALMASRY S M,EL-TARHOUNY S A,et al. Human umbilical cord blood-mesenchymal stem cells transplantation renovates the ovarian surface epithelium in a rat model of premature ovarian failure:Possible direct and indirect effects [J]. Tissue Cell,2016,48(4):370-382.

[112] CHEN L,GUO S,WEI C,et al. Effect of stem cell transplantation of premature ovarian failure in animal models and patients:A meta-analysis and case report [J]. Experimental and Therapeutic Medicine,2018,15(5):4105-4118.

[113] SHIN J H,RYU C M,JU H,et al. Synergistic effects of N-acetylcysteine and mesenchymal stem cell in a lipopolysaccharide-induced interstitial cystitis rat model [J]. Cells,2019,9(1):86.

[114] KIM B S,CHUN S Y,LEE E H,et al. Efficacy of combination therapy with pentosan polysulfate sodium and adipose tissue-derived stem cells for the management of interstitial cystitis in a rat model [J]. Stem Cell Research. 2020,45:101801.

[115] NOH M Y,LIM S M,OH K W,et al. Mesenchymal stem cells modulate the functional properties of microglia via TGF-β secretion [J]. Stem Cells Translational Medicine,2016,5(11):1538-1549.

[116] WEI Y,XIE Z,BI J,et al. Anti-inflammatory effects of bone marrow mesenchymal stem cells on mice with Alzheimer's disease [J]. Experimental and Therapeutic Medicine,2018,16(6):5015-5020.

第二节　基于干细胞的人工组织器官再生与构建

由于对功能性组织和器官替代的需求日益增长,组织工程技术在20世纪90年代初应运而生。经典的组织工程是基于载体基质、细胞和生长因子的结合来重建丢失或损伤的组织和器官。而干细胞作为近年来的研究热点,不仅提供了具有多能分化能力的靶细胞来源,而且可以作为辅助细胞促进组织稳态、代谢、生长和修复,极大地促进了组织工程和再生领域的基础研究和临床应用。

近年来,类器官、三维(3-dimension,3D)生物打印、器官芯片以及体内原位再生等领域的研究成为组织工程中的热点。类器官主要采用 3D 培养模式,目前已经成功模拟了各个胚层发育的器官,在研究发育、代谢和疾病模拟方面展现了强有力的优势。3D 生物打印技术主要利用具有生物活性的材料包裹不同细胞,构成生物墨水,打印出具有生物活性的组织器官,在组织修复、发育机制研究和药物筛选等方面具有极大的优势。器官芯片技术提升了体外模型系统,模拟机体组织和器官的真实性和稳健性,它是结合生物学、工程学原理和方法构建的,能够模拟特定组织和器官的关键特性或功能的微型系统。而原位再生的方法与其他方法相比具有独特的优势:利用患者自身的细胞,无需外源干细胞的植入,避免了外源免疫排斥的问题;内源细胞可以利用组织器官本身已经存在的组织结构,减少了细胞体外培养、移植、定植及整合等一系列细胞移植所需的步骤,从而减少了人为操作可能引起的细胞基因组改变的发生,也具有较低的整合障碍。

类器官、3D 生物打印、器官芯片和体内原位再生在很大程度上都是基于干细胞工程构建的,它们各有优势,同时也有不足之处。本节将对类器官、3D 生物打印、器官芯片和体内原位再生的最新研究进展、应用以及挑战进行介绍。相信随着研究的进行,这些技术在未来可以取长补短,优势互补,共同促进组织的再生与构建。

一、类器官

(一) 类器官概述

随着发育生物学和干细胞生物学的发展,人们可以了解到如何在分子水平上控制干细胞和祖细胞自我更新和沿特定组织谱系分化的行为。同时,再生医学领域研究表明,通过离体干细胞修复器官,干细胞可以分化为一种或多种所需的成熟细胞类型[1]。然而,这些基于 2D 培养的细胞有其自身培养方法的局限性,比如它们缺乏类似于体内的多种细胞的相互作用和微环境,缺乏类似于体内的 3D 结构等,这些缺陷限制了它们在基础研究和临床转化中的应用。在过去的几年里,将干细胞进行 3D 培养构建类器官,用来研究组织和器官生物学成为新的热点[2-4]。

体内器官发育通常涉及相当均质的细胞群体的自组织。自组织是均一系统中细胞分化模式的形成,由系统自主机制和局部细胞间通信导致。类器官(organoid),即器官类似物,它具有器官特异性的多种细胞类型,能够体现器官的一些特定功能(如分泌、过滤、神经活动和收缩等)。因此,将类器官定义为一种器官特异性细胞类型的集合,由干细胞或器官祖细胞发育而成,并以类似于体内的方式通过细胞分类和空间限制的谱系定向进行自组织[3]。类器官的历史可以追溯到 1970 年,当时 Rheinwald 等[5]发现将原代人角质形成细胞和 3T3 成纤维细胞共培养时,形成了类似人类表皮的分层鳞状上皮克隆,其基底层细胞增生,上层角化。而进入21世纪后,随着干细胞领域的迅猛发展,将干细胞进行3D培养,通过干细胞的分化和自组织,全球研究团队构建了人体大多数组织器官的类器官模型。接下来将对类器官领域的最新进展和应用进行介绍。

(二)各胚层类器官的研究进展

1. 外胚层类器官

(1) 脑类器官:脊椎动物的中枢神经系统源自神经外胚层。神经外胚层产生神经板,神经板折叠并融合形成神经管。神经管是具有顶基极性的上皮,围绕充满流体的内腔径向组织,最终形成脑室。中枢神经系统的轴是由形态发生梯度的协同作用建立的,例如腹背音猬因子-Wnt/骨形态发生蛋白(sonic hedgehog-wnt/bone morphogenetic protein,Shh-Wnt/BMP)轴,以及视黄酸(retinoic acid,RA)和成纤维细胞生长因子(fibroblast growth factor,FGF)等因素影响的头尾轴[6]。这些轴使上皮管细分为4个主要区域,即前脑、中脑、后脑和脊髓。前脑发育为人类大脑的大部分,包括新皮层、海马和腹侧脑末梢结构,例如杏仁核和下丘脑。中脑发育为顶盖,而后脑发育为小脑、脑桥、延髓和脑干。

在过去的几年中,3D培养方法已被广泛用于研究脑组织。Cyranoski等从小鼠或人的多能干细胞中以3D方式培养了各种孤立的大脑区域[7]。从拟胚体(embryonic body,EB)开始,可以从神经外胚层生成特定的大脑区域。具体而言,通过将小鼠[8]或人[9]类胚胎2D铺板并检查贴壁细胞来生成前脑组织。但是,如果允许聚集体继续以3D模式生长,则聚集体会形成更复杂的结构[10],最终产生背侧前脑。最近的研究进一步改进了这种方法[11],显示出神经元分层,让人联想到早期大脑皮层的发育。

其他区域也可以通过用生长因子模拟内源性自组织生成。例如,Shh信号驱动腹侧前脑组织[12]。另外,可以通过用BMP4和Wnt3a处理以生成颗粒神经元[13]或通过抑制Shh来生成小脑浦肯野细胞来生成小脑类器官[14]。相反,降低诸如血清蛋白之类的外源性生物活性因子会促进下丘脑的发生[15]。因此,通过在EB阶段刺激神经外胚层,然后施加特定的生长因子,可以生成各种单独的大脑区域类器官。

异质性神经类器官,也称为大脑类器官,包含多个不同的大脑区域[16]。该方法也从EB开始,但是未添加生长因子来驱动特定的大脑区域。该方法受肠类器官培养过程的影响,即将组织嵌入基质胶中,基质胶提供的细胞外基质(extracellular matrix,ECM)促进神经上皮的生长,然后扩大并发育成大脑的各个区域。在旋转的生物反应器中生长时,改善了养分和氧气的交换,大脑类器官可以达到几毫米的大小。这种扩展允许形成各种大脑区域,包括视网膜、背皮质、腹侧前脑、中脑-后脑边界、脉络丛和海马体。

将大脑类器官模式化到特定的大脑区域,然后融合成一个集合体,可再现人类大脑发育和神经疾病更复杂的生物学过程的可再生模型[17]。这种方法已被应用于神经元间迁移[18]、神经元投射[19]、肿瘤侵袭[20]、少突胶质发生[21]、前脑轴建立[22]和脑血管形成[23]等模型。

（2）视网膜类器官：视网膜是眼睛接受光线的神经区域，来自神经外胚层。与其他类器官培养方法一样，多能干细胞衍生的视网膜类器官的进化是建立在发育生物学基础之上的。在培养基中衍生 EB，以产生神经外胚层[24]。将一定数量的基质胶溶解在培养基中，形成更硬的神经上皮组织，这是视网膜色素上皮形成的先决条件。这促进了类似视神经囊的视网膜原始组织芽的形成。由此产生的视杯状器官非常类似早期视网膜。它们显示了神经视网膜和视网膜色素上皮标记物，具有适当的根尖-基底极性的视网膜分层，并经历了形态学组织形状的变化，模拟视杯在体内的逐步外翻和内陷。

从人多能干细胞中产生视杯类器官[25]表现出许多与小鼠视网膜相同的特征。人类视网膜类器官比小鼠类器官更大，它们需要更多的时间来发育，并且它们表现出某些组织形态的差异，如顶端核的位置。

Decembrini 等[26]报道了一种组织工程方法，通过在最佳的物理化学微环境中培养小鼠胚胎干细胞来加速和标准化视网膜器官的生产。由仿生水凝胶组成的排列圆形底微孔，结合优化的培养基配方，以高效和固定的方式促进小鼠胚胎干细胞聚集体快速生成视网膜样组织。在二维阵列上将视网膜类细胞划分为预先定义的位置，不仅可以使我们获得视网膜类细胞中几乎所有的聚集物，而且可以可靠地捕获单个类器官的动态。

（3）皮肤类器官：皮肤系统由皮肤和它的附属物组成。皮肤由两层组成，表皮和真皮，真皮产生附属物，如毛囊、汗腺和指甲。皮肤的表皮起源于外胚层，而真皮层有不同的胚层组织起源。身体大部分真皮组织起源于旁轴和侧板中胚层，而面部真皮则起源于脑神经嵴细胞[27-29]。无论真皮来源如何，所有皮肤类型都需要上皮细胞（表皮细胞）和间充质细胞（真皮细胞）的相互作用，完成最终发育和形成附属物。在动物模型中，含毛囊的啮齿动物皮肤可以通过共培养间充质细胞和上皮细胞，特别是毛囊启动真皮乳头细胞来重建[30-33]。

目前，体外皮肤衍生策略的重点是首先从分离培养的多能干细胞中生成角质形成细胞和成纤维细胞，然后将两种类型的细胞结合形成类似皮肤的双层细胞[34-37]。最近，Koehler 等开发了一种 3D 小鼠胚胎干细胞培养方案，能够产生颅表上皮细胞。在培养过程中，也产生了间充质细胞和神经细胞的异质群体[38,39]。利用这项技术，他们已经报道了如何产生内耳类器官，这些器官包含出生后小鼠前庭器官的感觉上皮[38]。

2. 中胚层类器官

（1）肾类器官：肾脏来自中胚层的早期胚胎组织，中胚层是从原始条纹发展而来的中胚层特性的细分[40]。在体内，原始条纹显示出 BMP4 和激活素 A 的相反梯度，它们的组合表征了内胚层或中胚层。中间中胚层通过 FGF 和 Wnt 信号的作用进一步细分，该组织发展为两个紧密相互作用的域，即输尿管芽和后肾间充质，它们相互促进生长并分支形成早期的肾小管。

通过将人多能干细胞（Human pluripotent stem cells，hPSC）暴露于 BMP4 和 FGF2

来驱动中胚层发生,从而产生输尿管芽[41]。然后再应用视黄酸、BMP2 和激活素 A,可以将这种输尿管芽细胞与分离的细胞共培养。后肾间充质可以从小鼠和人多能干细胞的初始 EB 阶段开始生成[42]。依次应用激活素 A、BMP4 和 Wnt 激动剂 CHIR-99021,可诱导后中胚层,即中间中胚层的前体。最后,使用视黄酸和 FGF9,可刺激组织呈现后肾间充质表型。通过与已知的肾诱导物脊髓组织共培养,该组织可以产生组织良好的肾小管,甚至新生的肾小球。

最后,通过将激活素 A 和 BMP4 应用于以 2D 方式生长的人胚胎干细胞以产生原始条纹身份,可以同时生成肾脏的两个主要谱系[43]。这些细胞在暴露于 FGF9 后转变为中间的中胚层身份,并在没有其他生长因子的情况下自发进一步发展为输尿管芽和后肾间充质。尽管最初是在 2D 模式下进行的,但这些细胞通过以低密度生长以允许形成圆顶状集落或与小鼠肾脏重新聚集共培养来呈现 3D 形态。在这两种情况下,更复杂的组织都以 3D 形式出现,其结构类似于输尿管上皮和近端小管。

(2)血管类器官:脉管系统是胚胎发生过程中最先发育的器官之一,是所有其他器官功能的基础。血管由形成管腔的内皮细胞和覆盖在大小血管内皮外壁的壁细胞如周细胞或血管平滑肌细胞组成。在发育过程中,内皮细胞在 FGF2、BMP4 和 VEGF-A 的刺激下由中胚层祖细胞产生,并组织成原始的管状网络,这个过程被称为血管生成[44]。随后,在血管生成过程中,这一原始神经丛发生重构,新的血管萌发分支,直至形成成熟的循环网络[45]。这一过程需要内皮细胞指定为尖端细胞,尖端细胞是高度迁移的内皮细胞,引导新形成的血管,而茎细胞则跟随尖端细胞,通过增殖促进血管生长[45]。

内皮细胞和壁细胞都是正常血管功能所必需的,可以从人多能干细胞中提取。Wimmer 等[46]开发了一种展现人类微血管形态、功能和分子特征的人多能干细胞生成自组织 3D 人体血管类器官的方案。这些类器官通过中胚层诱导人多能干细胞聚集物分化,随后分化为 3D 胶原基质中的内皮网络和周细胞。血管在 2~3 周形成,可在可扩展的悬浮培养中进一步生长。体外分化的人血管类器官移植到免疫缺陷小鼠体内后,进入小鼠循环,并进入功能性动脉、小动脉和静脉。

(3)子宫类器官:子宫是一个复杂的器官,包含子宫外膜、子宫肌层和子宫内膜,由基质成纤维细胞以及免疫细胞、血管和淋巴系统支持。已知的子宫上皮细胞类型包括纤毛细胞、分泌细胞和推定的干/祖细胞。来自卵巢的激素(雌激素和孕激素)调节子宫内膜的脱落(月经)及其再生(增殖期)和分化(分泌期)。以孕激素为主的分泌期是胚胎可以植入分化的子宫内膜建立妊娠的时间[47,48]。植入部位的结构支持这样的观点,即多种细胞类型,包括上皮细胞、蜕膜基质细胞、血管、常驻免疫细胞和胎盘滋养细胞,共同沟通以促进妊娠的建立[49]。

Turco 等[50]调整了用于建立人类成体干细胞来源的类器官培养条件,以产生正常和去角质人子宫内膜的三维培养。这些类器官长期扩张、基因稳定,并在生殖激素治疗后分化。子宫内膜和蜕膜的单细胞都能产生功能完整的器官样细胞。转录本分析证实了类器官和原始组织之间有很大的相似性。暴露在妊娠信号下,子宫内膜类器官形成早期妊娠的特征。Fitzgerald 等[51]利用 3D 培养系统,从正常人子宫内膜建立并生成具有长期膨胀性、可低温保存、激素应答的子宫内膜上皮样类器官。应用单细胞 RNA 测序创建了子宫内膜上皮样类器官的高分辨率基因表达图谱,并确定了它们对生殖激素雌激素和孕酮的反应。

除了以上类器官,其他中胚层如睾丸[52,53]、乳腺[54,55]、前列腺[56,57]等类器官也已经成功构建。

3. 内胚层类器官

(1)肠道类器官:胃肠道主要由内胚层形成,内胚层形成上皮管,并发展成 3 个不同部分,即前肠、中肠和后肠[58]。前肠产生口腔、咽、呼吸道、胃、胰腺和肝脏。中肠产生小肠和上升结肠。后肠产生结肠的剩余部分或大肠以及直肠。这 3 个结构域的分离涉及对具有前向或后向效应的生长因子的组合反应。Wnt 和 FGF 可抑制前肠命运,代替促进后的命运,形成肠和后肠[59,60]。

对 Wnt 和 FGF 后趋作用的了解为构建人类肠道类器官提供了基础[61]。通过应用激活素 A 来驱动中胚层身份,可以将人类多能干细胞转向后肠身份。随后添加 Wnt3a 和 FGF4 会形成后肠,即肠的前体。虽然这些细胞都是在 2D 条件下培养的,但它们都自发形成了后肠管,然后这些肠管萌芽形成球体,说明这些祖细胞具有出色的自组织能力,这一特性允许它们在特定的环境中生长时能够生成完整的 3D 类器官。Clevers 实验室已经证明,在基质胶中 3D 培养时,成年肠道干细胞(intestinal stem cell,ISC)可能会形成类器官[62]。这些成年的类器官自组织形成 3D 隐窝-绒毛结构,模仿肠道的生理和组织,甚至可以移植到小鼠中[63]。同样,人类多能干细胞产生的后肠球体可以在基质胶 3D 生长条件下生长,进一步发育为成熟的肠类器官[61]。

肠类器官可诱导隐窝-绒毛结构与其他肠道结构(主要细胞谱系的复层上皮[61,62]),包括具有顶端微绒毛刷状边界的柱状上皮肠上皮细胞。此外,细胞分裂发生在绒毛状突起的底部,肠道干细胞可以通过在更先进的类器官中表达富含亮氨酸重复序列 G 蛋白偶联受体 5(leucine-rich repeat-containing G protein-coupled receptor 5,LGR5)来鉴定。这些类器官显示出包括吸收和分泌活性在内的肠道功能。

尽管到目前为止,肠类器官是唯一由多能干细胞产生的,但消化道的其他区域已从成体干细胞发展成为类器官。如已经从成年幽门干细胞[64]或胃的主细胞[65]产生了胃类器官;从成年舌头上皮建立了舌类器官[66]。

(2)胃类器官:胃类器官可以由胃组织来源的脂肪间充质干细胞和多能干细胞启动。这两种系统之间的主要区别在于多能干细胞来源的类器官培养中存在间充质细胞。成体干细胞(adult stem cells,ASC)只能从组织来源产生特定的细胞,而多能干细胞天生具有分化为任何细胞类型的能力。因此,多能干细胞来源的类器官需要一个逐步分化的方案来诱导其分化为目标组织,而 ASC 来源的类器官从一开始只需要单一的富含生长因子的培养基。因此,多能干细胞分化为类器官需要 30~60 天,而 ASC 分化类器官只需要 7~14 天[67]。

以含 LGR5+ 干细胞的胃窦腺为基质,首次建立了小鼠 ASC 来源的胃类器官[64]。该培养方案是在添加 FGF10 和促胃泌素的肠道类器官培养系统的基础上制定的。在胃类器官中观察到主要细胞和颈黏液细胞的标记物。Wnt 浓度降低导致隐窝细胞和内分泌细胞分化,而未见壁细胞[64]。

McCracken 等[68,69]首先描述了人类多能干细胞向胃类器官的分化方法。通过添加激活素 A 和 BMP4,将人多能干细胞分化为内胚层。为了产生胃来源的前肠,应用 Noggin 抑制 BMP 信号。将这些细胞嵌入到细胞外基质中,产生 3D 前肠球状体。视黄酸和 EGF 治疗可实现胃窦分化,完全分化需要 34 天左右,产生含有隐窝细胞、颈黏液细胞和肠内分泌细胞的胃窦类器官[70]。为了将前肠进一步分化,添加了 CHIR-99021、EGF 和 FGF10。随后在培养基中添加 BMP4 和丝裂原活化蛋白激酶激酶(mitogen-activated protein kinase kinase,MAPKK)抑制剂 PD0325901 刺激壁细胞的产生。分化的类器官包含隐窝细胞、颈黏液细胞、内分泌细胞、主细胞和壁细胞[70]。用类似的方法,Noguchi 等人使用逐步分化成功地从小鼠多能干细胞中生成了类器官[71],将多能干细胞诱导为 EB,并暴露于 Shh、Wnt 拮抗剂 Dickkopf-1(Dkk1)和 Noggin。Shh 的激活以及 Wnt 信号的抑制使得管状结构的形成成为可能,所产生的球状体与早期的胃状结构相似。在细胞外基质中加入 FGF10、Noggin、WNT 和应答素可在 60 天后形成腺体。与人类多能干细胞来源的人体类器官类似,小鼠多能干细胞来源的类器官包含隐窝细胞、颈黏液细胞、内分泌细胞、头颈细胞和壁细胞[71]。

(3)肝类器官:肝脏主要来源于内胚层,由前腹腹上皮发育而成,并发展成肝芽结构[72]。该肝芽产生能够同时产生肝细胞和胆道上皮的成肝细胞,而相邻的中胚层衍生的间充质则有助于肝成纤维细胞和星状细胞。肝芽的生长涉及广泛的血管形成,并最终发展成主要的胎儿造血部位。因此,肝脏的发育代表了内胚层和中胚层衍生组织的复杂相互作用。

早期的重新聚集研究表明,解离的雏鸡胚胎肝组织可以重新聚集并组织成典型的肝脏分泌单位,并与功能性胆管的形成一致[73]。最近,鉴定了成年小鼠肝脏中的一个祖细胞群,该祖细胞在受伤后被激活,当在基质胶中生长时可以产生 3D 肝脏类器官[74]。这些成人来源的肝类器官显示出与胆道相同的细胞,可以分化形成成熟的功能性肝细胞。最后,可以将肝类器官移植到小鼠中,并证明可以部分降低肝脏疾病小鼠模型中的死亡率,并指出了它们的功能。

尽管尚未产生类似的人肝类器官,但最近建立了一种非常不同的方法来产生肝芽组织[75]。从以 2D 方式将人类多能干细胞分化为肝内胚层细胞开始,此方法将 3 种细胞群混合在一起:人类多能干细胞衍生的肝细胞、人间充质干细胞和人类内皮细胞。这种混合细胞群体模仿了发育中的肝脏的早期细胞谱系。当在基质胶层上以高密度混合时,细胞自发形成 3D 聚集体。肝芽样聚集体显示出血管形成,可以异位移植到小鼠体内以供血。也许最有希望的发现是,移植了这些肝芽组织的小鼠的血液中显示出人类特异性的代谢产物。此外,当将肝芽移植到小鼠体内时,遭受肝损伤的小鼠的存活期增加。Hendriks 等[76]利用聚类规则间隔短回文重复/相关系统 9(clustered regularly interspaced short palindromic repeats/associated system 9,CRISPR/CAS9)和同源性无关的类器官转基因方法,在 1~2 个月的时间内建立了人胎肝细胞类器官、基因组工程人类肝导管类器官和人类胎儿肝细胞类器官需要 2~3 个月。

（4）胰腺类器官:胰腺是一个腺体器官,有 2 个重要的功能:产生消化酶和产生负责葡萄糖稳态的激素。LGR5 标记多个成体器官的成体干细胞,是 Wnt 激动剂 R-spondin 的受体。肠道、胃和肝脏的 LGR5+ 干细胞在 3D 培养中生长,形成不断扩大的类器官,类似于起源组织。然而,在成人胰腺中,Wnt 信号是不活跃的,LGR5 在生理条件下不表达。Huch 等[77]报道 Wnt 通路在部分导管结扎损伤时被强有力地激活,同时在再生的胰腺导管中出现 LGR5 表达。在体外,来自小鼠胰腺的导管片段在基于 R-spondin 的培养物中启动 LGR5 的表达,并发展成出芽的囊状结构(类器官),每周扩展 5 倍,持续约 40 周。单个分离的导管细胞也可以被培养成含有 LGR5 干细胞/祖细胞的胰腺类器官,这些细胞可以被克隆扩展。克隆胰腺类器官在移植后可诱导分化为导管细胞和内分泌细胞,表明它们具有双重潜能。

（5）肺类器官:肺类器官的获得是一个可变、可控的过程,与起始细胞类型和培养微环境(包括培养基和培养系统)有关。类器官是细胞在体外增殖和分化形成的克隆产物,它们与母体细胞具有相似的生物学特性和行为。因此,肺类器官产生的首要因素是起始细胞类型,它决定了肺类器官的最终应用。通常,起始细胞是肺多能干/祖细胞、成体干细胞和胚胎干细胞。这些起始细胞可以通过报告细胞系和荧光活化细胞分选进行鉴定和分离,然后在体外的培养系统上进行培养。

肺类器官产生的其他因素是培养微环境,在培养环境中使用基质凝胶是类器官培养和其他细胞培养的主要区别。基质胶广泛用于生成 3D 肺部类器官[78,79]。基质胶含有复杂的细胞外基质(ECM),在体内为细胞提供支持框架(就像在器官中一样),促进细胞的生长和分化。2015 年,由人多能干细胞衍生的人类肺类器官首次被报道[80]。它们的结构特征与天然肺相似,由近端气道上皮、远端肺泡上皮和间叶细胞组成。

不同的研究策略产生了不同的培养微环境来生产肺类器官。Barkauskas 等[78]建立了一个与原代血小板衍生生长因子受体 α(platelet-derived growth factor α,PDGFRA)阳性的肺成纤维细胞的 3D 共培养系统,由于成纤维细胞的营养作用,可以快速产生更多、更圆的肺泡。Jacob 等[81]在没有间充质支持的 3D 培养中获得单层肺泡,基质细胞的缺乏并没有削弱诱导多能干细胞衍生的Ⅱ型肺泡上皮细胞增殖和分化的能力。没有支持细胞的培养体系可以减少内源性对起始细胞的干扰。de Carvalho 等[82]在含有其他 FGF 的情况下,用Ⅰ型胶原凝胶替代了基质胶,并发现衍生的肺类器官比使用基质胶产生的表达更多成熟细胞的标记物,这一发现为培养基提供了更多的选择。

气液界面培养系统也能支持气道干细胞的增殖和分化。考虑到与呼吸生理密切相关，优先再现呼吸道的假复层黏纤毛上皮结构，但限制气管的空间结构[83]。为了获得具有真实结构和功能的肺类器官，有研究[84]将基质胶和气液界面这两个系统组合应用，通过该系统从人多能干细胞衍生的肺类器官中获得的多纤毛气道细胞（multi-ciliated airway cell，MCAC）的功能优于 3D 培养中的 MCAC。

分离起始细胞并将其置于具有必要信号的适当培养系统中，诱导其经历从内胚层到前肠内胚层[85-87]，再经过肺类器官的发育，是体外获得肺类器官的基本过程。

（三）类器官的应用

1. 稳态、代谢和发育

类器官在体外再现了器官生物学的原理，并提供了简化的、易于获得的"最小系统"，用于辨别不同组织成分对复杂形态发生过程的相对贡献。事实上，类器官已经揭示了组织在稳态、再生和发育中的机制。由于邻近组织的潜在混杂影响，这些组织自主机制在体内很难识别。例如，在 ASC 衍生的肠类器官中，从隐窝分离的干细胞在缺乏上皮下间质室的情况下重建肠上皮[62]；在多能干细胞衍生的视杯类器官中，视泡自主地进行形态发生，而不需要来自上覆表面外胚层的信号[24]。

类器官的一个关键特征是它们比哺乳动物模型更易于实验，这有助于更深入地理解器官发生和成人器官生物学。表达 *Lgr5* 基因的小鼠肠道干细胞（intestinal stem cells，ISC）形成自我更新的克隆的能力已被证明依赖于帕内特细胞（Paneth cell）[88]。帕内特细胞表达高水平的 Wnt 配体，Wnt 信号转导对 ISC 的维持至关重要[89]。一项研究使用了表达标记 Wnt 亚型的细胞来探索 Wnt 梯度在肠道生物学中的作用[90]。在研究中肠道类器官的使用提供了一个实验性的系统来产生高分辨率的信息[90]。这项研究表明，Wnt 蛋白不会扩散，而是从帕内特细胞转移到相邻的 ISC，并通过 ISC 分裂和子细胞中膜结合的 Wnt 稀释，沿隐窝形成 Wnt 梯度。这一结果表明帕内特细胞作为 ISC 自我更新的局部 Wnt 信号源[90]，并支持一种模型，即帕内特细胞在隐窝底部的空间限制定义了 ISC 自我更新和分化之间的物理分离。这种物理分离早前在体内对 ISC 进行克隆分析实验时就已被证实，这表明对隐窝生态位的竞争决定了 ISC 是自我更新还是分化[91]。

在视杯类器官上进行的实验，提供了对视杯形态发生机制的见解，这一过程涉及视网膜色素上皮（retinal pigmented epithelium，RPE）、中视网膜神经（neural retina，NR）的内陷。用抑制细胞骨架活性收缩或细胞增殖的药物治疗小鼠视泡向视杯转化的不同阶段，表明视杯的形态形成是一个多阶段的过程。囊泡内陷的过程始于细胞骨架重组引起的机械特性的领域特异性变化。这些变化导致了收缩性的降低，从而使 NR 的硬度降低，并维持了 RPE 的高水平收缩性和硬度。在随后的过程中，细胞增殖的作用成为主导作用，产生必要的推力，以使 RPE[24]内较不坚硬的 NR 内陷。

由于人类胚胎和胎儿组织的可得性极其有限，以及围绕其使用的伦理问题，人类发育和器官发生的研究受到了限制，因此从人类干细胞衍生的类器官中获益良多。此外，将人类器官与动物模型或从动物模型衍生出来的类器官进行比较，可以突出人类与其他物种在发育方面的相似性或差异性。例如，小鼠胚胎缺乏编码 Wnt 通路核心转录因子的 β-联蛋白基因，表现出胃底的身份缺失和胃窦结构域扩张[69]。这一结果表明 Wnt 信号在指定基底身份方面起着重要作用。为了确定这是否也适用于人类胃模式，在前肠的后阶段，将人多能干细胞衍生的胃类器官[68]暴露于 Wnt 激动剂中，区域特异性标记的表达分析证实了从胃窦到胃底身份的转换[69]。

胃类器官强调了人类和小鼠的共同发育机制，而视杯类器官强调了人类特有的发育特征[24,25]。事实上，人类视杯类器官比老鼠的视杯类器官要花更长的时间才能达到相应的发育阶段，它们也比小鼠类器官更大，神经质更厚。这些物种特异性差异被人类和小鼠胚胎组织的分析证实了[92]。此外，视杯类器官揭示了物种特异性的形态发生机制。正常情况下，在从视神经囊到视杯的发展过程中，神经质由顶端的凹状结构向顶端的凸状结构转变。在小鼠类器官中，这种所谓的外翻需要神经质和 RPE 之间的连续性。在囊泡期从 RPE 分离的小鼠 NR 不会发生外翻[24,93]。相比之下，在囊泡期从 RPE 分离的人 NR 仍然能够通过整合素介导的肌球蛋白独立机制自主地发生外翻[94]。

类器官也可以作为研究自组织原理的最小系统。一个有趣的例子是对原肠胚形成的胚胎类器官模型的研究[95-100]。在这些系统中，细胞由于均匀暴露于形态发生素而采取空间组织的命运，这意味着它们是自组织的[96,98-101]。在其中一些研究中，计算机数学模型和实验数据的组合已被用于测试特定分子机制概括自组织结局的能力[96,99]。然后利用这些模型成功地预测了原肠胚在不同启动条件下的行为[96,99]。一般来说，数学模型有助于阐明自我组织的机制，预测不同条件对结果的影响，从而提高我们在体外控制复杂多细胞行为的能力。

2. 组织生理学

类器官技术已经扩展了生理学体外研究，类器官培养允许产生以前不可能培养的特定细胞类型，也包含多种分化的细胞类型，同时在基因上是稳定的。

例如，类器官培养允许肝细胞的体外培养和增殖[102,103]。迄今为止，在 2D 培养中长期体外培养人肝细胞的尝试已经失败。先前的一项研究使双潜能胆道来源的祖细胞类器官的培养成为可能[104]，开发了支持小鼠和人肝类器官（胎儿和成人）生长的培养条件，可培养 20 代以上[102]。由此产生的肝细胞含有胞质糖原颗粒，形成胆管样结构，并在生理水平上表达白蛋白和细胞色素 P450 酶，表明培养的成熟肝细胞的性质。Peng 等[103]能用类似的方法培养小鼠肝细胞。在他们的系统中描述了 TNF-α 的独特作用[105]，表明添加再生增强细胞因子有助于体外培养难以培养的细胞类型。

生理现象的研究需要多种类型的细胞的共培养。例如，一个包含干细胞的培养系统可以研究生长因子对干细胞分化的影响。Basak[106]和 Beumer 等[107]在建立了一种从类器官中获得肠内分泌细胞的方法后，利用类器官研究了生长因子对肠内分泌细胞中激素表达的影响。在类器官中，肠内分泌细胞中的激素因 BMP4 的存在或缺失而差异表达，在小鼠模型中进一步研究发现，BMP 在体内沿隐窝-绒毛轴的梯度，指示了肠内分泌细胞表达激素的开关，并沿 BMP 梯度向上迁移。

类器官的遗传稳定性和类器官可以从单个细胞建立的事实使研究单个干细胞的突变状态成为可能，因为从单个干细胞建立的类器官系可以产生足够的 DNA 用于全基因组测序。通过这种方式，Blokzijl 等[108]揭开了单个人类干细胞一生中积累的突变，在肝脏、小肠和结肠干细胞中，突变率相似，每个干细胞每年大约有 40 个新突变。然而，在结肠和小肠细胞中检测到的突变类型和产生的突变特征与肝细胞中不同。

3. 疾病模型

（1）传染病：成体干细胞衍生的类器官已被用于模拟寄生虫、细菌和病毒感染性疾病，包括由病原体引起的疾病，这些疾病以前无法在体外研究。类器官模型概括了体内感染的特征。

原生动物寄生虫隐孢子虫在免疫功能低下的个体（如艾滋病毒患者和营养不良的儿童）中可引起腹泻[109]，感染可能扩散到肺部。隐孢子虫的复杂生命周期包括有性和无性两部分，在体外模型中很难进行研究，阻碍了对其病理生理学的研究。相比之下，肠道和肺气道类器官允许隐孢子虫完成多轮无性和有性生活周期[110]。

类器官可以与细菌共培养，有助于研究感染的机制，以及细菌的致癌作用。幽门螺杆菌是慢性胃炎、消化性溃疡和胃癌的病因[111]。幽门螺杆菌被注射到胃类器官中，管腔注射确保其适当的顶端定位后，出现了一种有效的 NF-κB 介导的炎症反应[112]。在一项关于类器官的后续研究中，幽门螺杆菌如何发现其胃生态位的机制得到了阐明，即胃上皮产生尿素，细菌拥有一个敏感的系统来检测尿素，尿素起着化学引诱剂的作用[113]。

慢性胆囊沙门氏菌感染与胆囊癌相关[114]。Scanu 等[115]发现感染这种细菌对 APC+/- 小鼠和已转化的小鼠胆囊类器官都有直接的致癌作用。缺乏功能性 *TP53* 的胆囊类器官在单细胞阶段被血清伤寒沙门菌感染，结果感染的类器官显示肿瘤的特征。

病毒感染也可以在类器官中进行研究，包括在经典转化 2D 细胞系中不复制的病毒感染。人类诺如病毒是食源性急性胃肠炎最常见的病因[116]，其研究由于缺乏允许体外病毒复制的模型而受到限制。作为单层培养的肠道类器官允许多种诺如病毒的广泛复制。对于一些菌株，需要在培养基中添加胆汁才能进行复制[117]，这表明产生感染不仅需要体内类宿主细胞，还需要体内类环境。

人多瘤病毒（BK 病毒）可感染移植的肾脏，导致这些感染的肾脏供体器官丢失[118]。用 BK 病毒感染肾小管类器官，会产生斑块状感染，其核直径会增加，类似于在 BK 病毒性肾病患者的肾脏活检中观察到的现象[119]。

呼吸道合胞病毒（respiratory syncytial virus，RSV）主要发生在发展中国家，每年造成 6.6 万~19.9 万例儿童死亡[120]。RSV 感染呼吸道类器官再现了典型的体内疾病现象，包括合胞体形成、细胞骨架改变和上皮细胞脱落[121]。RSV 感染的类器官比模拟感染的控制类器官更能吸引中性粒细胞，使其成为第一个适合研究中性粒细胞-上皮细胞相互作用的类器官模型。另外，RSV 感染强烈地增加了器官样运动，并最终导致了器官样融合。

流感病毒是世界范围内的一个主要公共卫生问题，新出现的病毒可能会导致高度致命的疾病。2019 年至今，严重急性呼吸综合征冠状病毒 2（severe acute respiratory syndrome coronavirus 2，SARS-CoV-2）导致的 COVID-19[122,123]一直威胁着人类的生命，给我们带来了巨大的损失。SARS-CoV-2 主要感染呼吸道，Han 等[124]利用人多能干细胞构建了肺类器官和结肠类器官，模拟了 SARS-CoV-2 感染，并对 SARS-CoV-2 抑制剂进行了高通量筛选。用同样的方法，Lamers 等[125]发现在肺类器官中，低剂量的Ⅰ型干扰素可以减少病毒复制。Ramani 等[126]发现大脑类器官可以模拟 COVID-19 的中枢神经系统病理。这些研究强调了呼吸道类器官在模拟流感病毒感染和预测新出现病毒传染性方面的潜力。

（2）遗传疾病：来自遗传性疾病患者的类器官也被证明再现了疾病表型。如已经从 α1 胰蛋白酶抑制剂（α1-antitrypsin，A1AT）缺乏的患者中建立肝类器官。A1AT 缺乏导致肺对中性粒细胞弹性酶的保护不足，引起肺实质的破坏。同时，A1AT 突变体在肝脏内质网中的积累导致纤维化或肝硬化。来自患者的肝脏类器官含有 A1AT 聚集物，并显示凋亡增加，可能最终导致纤维化和肝硬化[104]。Alagille 综合征是由 *JAG1* 或 *NOTCH2* 基因的功能突变缺失引起的，可导致部分或完全胆道闭锁。因此，在来自 Alagille 综合征患者的类器官中，类器官向胆道命运的分化是不可能的，而在扩张条件下，与健康对照组没有观察到差异[104]。

来自突触融合蛋白 3（syntaxin-3，*STX3*）突变引起的微绒毛包涵体疾病患者[127]的肠道类器官显示部分刷状边缘微绒毛丢失和小泡亚顶端堆积，这是该病典型的组织学现象。另外，四肽重复结构域 7A（Tetratricopeptide repeat domain 7A，*TTC7A*）突变导致的多发性肠闭锁患者的肠上皮屏障被破坏。来自这些患者的类器官显示了根尖-基底细胞极性的丧失，可以通过添加 Rho 激酶抑制剂来预防[128]。

囊性纤维化（cystic fibrosis，CF）是一种单基因通道病，由囊性纤维化穿膜传导调节蛋白（cystic fibrosis transmembrane conductance regulator，*CFTR*）基因失活突变引起。对 CF 患者直肠类器官的早期研究显示了它们在证明 CFTR 功能方面的作用，通过添加毛喉素（forskolin，FSK），野生型类器官在打开 CFTR 通道时迅速膨胀[129]。这种反应不会发生在 CF 患者的类器官中，但在用最近开发的 CF 药物预培养后[129]或经 CRISPR-Cas9 纠正 *CFTR* 突变后[130]即可恢复。直肠类器官肿胀实验已被证明是药物反应的良好预测因子[131]。从支气管肺泡灌洗液中也建立了 CF 类器官，CF 气道类器官黏液层增加，再现了疾病表型。与正常对照相比，FSK 诱导的气道类器官肿胀减少，并可通过恢复 CFTR 的化合物恢复。然而，与直肠类器官不同的是,FSK 诱导的肺类器官肿胀不仅依赖于 CFTR,而且还受到氯离子转运体跨膜蛋白 16A（transmembrane protein 16A,TMEM16A）的影响,这是 CF 的一个潜在治疗靶点[93]。因此,气道类器官可能成为评估 CF 药物疗效的额外平台,特别是对作用于 TMEM16A 的药物,因为该蛋白在直肠上皮中不表达。

（3）癌症:为了研究癌症,类器官有两种不同的应用方式。最早于 2011 年建立直接来源于患者肿瘤的肿瘤类器官[132]。正常的上皮样器官已经进行了基因工程,以研究特定突变在肿瘤发生中的作用。工程和患者来源的类器官都可被原位移植到小鼠体内,建立转移性疾病模型。

类器官的高培养效率使单个癌细胞得以扩张。对所产生的类器官进行遗传分析,可以研究肿瘤的异质性。在 2018 年发表的一项研究中,从 3 个结肠肿瘤的 4~6 个区域[133]建立了克隆类器官。研究发现,每个肿瘤区域突变的数量和类型各不相同。在转录组和甲基化水平上也观察到异质性。而药物筛选实验表明,即使患者没有接受任何新辅助治疗,在分析的 3 种肿瘤中都存在对每种测试药物的耐药细胞。

类器官可以用 CRISPR-Cas9 进行基因工程。这项技术已被广泛应用于研究特定的致癌基因突变的影响。在野生型肠道类器官中,KRAS、APC、SMAD4 和 TP53（结肠癌中通常发生突变的基因）突变的引入构建了结直肠癌的体外模型[134,135]。突变细胞的功能选择是基于生长因子依赖性的丧失:KRAS 中的激活突变导致 EGF 的非依赖性,因此,可以通过提取 EGF 进行选择。同样,APC 突变细胞可以通过 Wnt 和 R-spondin 的去除来选择,SMAD4 突变细胞可以通过 BMP 抑制剂 Noggin 的去除来选择。通过添加 Nutlin-3,筛选出 P53 突变细胞。这种突变的连续引入允许在同基因背景下研究单个突变的影响,而肿瘤衍生的类器官则不可能,因为它们不包含只有一个突变的癌前细胞。APC 和 TP53 的缺失足以导致非整倍体和染色体不稳定性,并且这 4 种突变对于异种移植后的全面癌症表型是必不可少的。

DNA 错配修复酶的缺失,如 MutL 同源物 1（MutL homolog 1,MLH1）,在结直肠癌中常见,导致肿瘤具有极高的突变负荷。这些肿瘤表现出微卫星不稳定性（microsatellite instability,MSI）,因为基因组中的简单重复序列（又称微卫星）在丢失错配修复酶后发生拷贝数的变化。Drost 等[136]使用 CRISPR-Cas9 敲除 MLH1,并培养类器官 2 个月,以允许突变累积。随后对来自单个干细胞的类器官系进行 DNA 分析,结果显示,与对照组相比,突变负荷增加,检测到的突变谱与 MSI 大肠肿瘤相似。采用同样的策略,他们还研究了内切酶Ⅲ样蛋白 1（endonuclease Ⅲ-like protein 1,NTHL1）基因的作用,该基因参与碱基切除修复[137]。同样,DNA 修复基因的失活导致突变负荷的增加。在 NTHL1 突变的类器官中,主要观察到一个特定的突变,这是先前在乳腺癌中发现的[138]。同样的特征在一个发生具有种系 NTLH1 突变的乳腺癌患者身上被发现。这项研究表明,类器官忠实地再现体内突变,并允许确定肿瘤发展的机制。

除了点突变和小的插入/缺失,基因融合也被引入到使用 CRISPR-Cas9 的类器官中。雄激素受体(androgen receptor,AR)应答的跨膜丝氨酸蛋白酶2(transmembrane protease serine 2,TMPRSS2)基因和 E26 转化特异性(E26 transformation-specific,ETS)基因家族成员之间的融合发生在高达 80% 的前列腺癌中[139]。*TMPRSS2* 和最常参与这些融合的 ETS 相关基因(ETS-related gene,*ERG*)都位于 21 号染色体上,并被大约 300 万碱基对分开。使用 CRISPR-Cas9,*TMPRSS2-ERG* 融合成功地导入到小鼠前列腺组织中。这种基因改变导致 AR 驱动的 ERG 过表达,而雄激素抑制剂可以阻止这种作用,其特征与在体内观察到的特征相匹配[140]。

工程结肠直肠癌类器官的异种移植使肿瘤干细胞的体内研究成为可能[141,142],并导致转移性疾病,因此类器官成为研究转移机制的有用平台[143,144]。

Fumagalli 等[143]将 *KRAS*、*APC*、*TP53* 和 *SMAD4* 共突变的人类结肠类器官移植到小鼠中,结果显示在 44% 的小鼠中这些器官转移到肝脏和肺部。在进行移植时,只携带这 4 种基因中的 3 种突变的类器官的转移率可以忽略不计;然而,第 4 个突变的缺失可以通过提供缺失突变上游的生态位因子来克服,当给细胞提供 Noggin 时,缺少 *SMAD4* 失活的 3 个突变体发生转移。这些发现表明转移潜能与生态位因子依赖性的丧失直接相关。

(4)再生医学:在再生医学的细胞治疗中,类器官可作为可移植组织和功能细胞类型的来源。验证实验在动物模型上已有报道。例如,利用改良的视杯类器官培养方法[24]从小鼠胚胎干细胞或诱导多能干细胞中提取视网膜薄片,并将其移植到小鼠视网膜变性模型中,移植的组织可产生成熟的光感受器[92,145]。在某些情况下,能与宿主细胞建立突触连接,并恢复对光的响应。当移植到大鼠和灵长类视网膜变性模型时,由人胚胎干细胞衍生的类器官产生的视网膜组织也能存活、成熟并与宿主组织表现出一定程度的整合[94]。分离的小鼠结肠上皮细胞或单个干细胞培养的肠道类器官移植到小鼠体内后,能够使不同程度的结肠黏膜损伤再生[63]。同样,由胎儿肠祖细胞培养的移植肠球可整合到损伤的小鼠结肠中并在体内分化[146]。在动物模型上的移植实验也报道了肝脏[74,104]和肾脏[42]类器官。类器官能够提供重建器官功能的能力,以及潜在的保护移植物免受有害病理环境伤害,与剥夺其生理环境的细胞移植相比,可以代表细胞治疗应用的优势。这一假设得到了一项研究的支持,该研究报道 3D 结构的移植物比分离的胚胎视网膜祖细胞更好地融入宿主小鼠视网膜[92]。

最后,在再生医学中使用类器官可以与体外遗传矫正策略相结合,以实现受遗传疾病影响的组织的自体替换。在一项研究中,CRISPR-Cas9 介导的基因编辑被用于纠正患者来源的 ISC 中最常见的导致 CF 的 *CFTR* 突变,即 508 位苯丙氨酸缺失,然后用于生成功能性类器官[130]。

总的来说,这些结果虽然是初步的,但表明临床移植类器官来源的细胞和组织可行的。

(四) 类器官研究的局限性

使用类器官存在一些障碍和限制。首先,类器官培养需要使用动物基质提取物,通常以基质凝胶或基膜提取物的形式。这些提取物的成分在批次间存在差异,这可能会影响实验的重复性。其次,它们可能携带未知的病原体,并在移植给人类时具有潜在的免疫原性,限制了类器官在临床移植环境中的使用(例如,用于癌症免疫治疗)[147]。这可以通过临床级胶原蛋白的培养来解决,胶原蛋白已成功用于结肠类器官的扩张[63]。随着一种合成的聚乙二醇凝胶的发展,已经朝着完全确定的培养条件迈出了一步,这种凝胶可以维持小鼠成体干细胞衍生的肠道类器官的短期生长(4 代)[148]。然而,这种基质对于肠道类物质的长期扩张和非肠道类物质的扩张仍有待优化。再次,由于昂贵的生长因子鸡尾酒和动物基质提取物,类器官细胞培养的成本高于标准 2D 细胞培养。当合成凝胶能够高效生产时,后一种成本未来可能会降低。最后,成体干细胞可以分化大多数的上皮类器官,而无法分化血管、免疫细胞、基质和神经。这也适用于肿瘤,只有一个例外:在肾母细胞瘤(Wilms tumor)中,基质腔室可以维持并扩展至少10 个通道[149]。

在未来,非上皮间室的缺乏可能通过建立共培养来克服,类似于已经对免疫细胞所做的,如在多种病原体感染的气道类器官中加入中性粒细胞[150],在结肠肿瘤类器官中加入自体淋巴细胞[147]。

(五) 展望

类器官的治疗前景可能是最有潜力的领域。这些独特的组织有潜力为发育性疾病、退行性疾病和癌症建模。遗传疾病可以通过使用患者来源的诱导多能干细胞或引入疾病突变来建模。事实上,这种方法已经被用于从患者的肠、肾和大脑干细胞中生成类器官。

此外,模拟疾病的类器官可以作为药物测试的替代系统,不仅可以更好地再现人类患者的效果,还可以减少对动物的研究。特别是肝脏类器官,由于人类肝脏独特的代谢特征,它代表了一个期望很高的系统,特别是对药物测试。最后,从患者细胞中提取的体外组织可以提供替代的器官替换策略。与目前的器官移植治疗不同,这种自体组织不会出现免疫能力和排斥反应的问题。

二、3D 生物打印

(一) 3D 生物打印概述

3D 打印(three-dimensionalprinting)的概念于 20 世纪 90 年代在美国被率先提出[151,152],该技术是一种快速成型的制造技术,即根据特定的数字设计在连续的层中沉积材料来构建任意几何结构,有效地融合了材料、机械制造、信息处理、电子设备及工程设计等学科。相对于结构复杂、加工制造难度大的传统制造工艺,3D 打印技术在一定程度上突破了这一限制。40 多年来,3D 打印技术取得了长足的进步,在航空、建筑、工业、文化产业和生物医学等领域都具有独特的优势,未来将在经济、生活和健康等方面给我们带来了极大的便利。

2003 年,Mironov 等[153,154]提出了 3D 打印生物组织器官的概念,针对临床上特定病例,其需要的治疗模式是高度专一的,而 3D 打印适合应用于批量小、高度定制的场合,使得 3D 打印技术与生物医学完美契合,3D 生物打印应运而生。模仿天然类细胞外基质的 3D 结构生物打印技术已经彻底改变了现代生物医学。生物打印技术规避了与当前组织工程策略相关的各种差异,提供了一个先进的自动化平台,可以通过以预设的方式精确沉积细胞和聚合物来制造各种生物材料。

(二) 3D 生物打印的应用

3D 生物打印的初步应用是在医疗辅具上,通过与医学影像学结合,模拟打印正常与患者的人体结构[155,156],可用于手术模拟和术前规划等,提高手术成功率。其次,3D 生物打印可应用于不可降解物和可降解物的植入,利用惰性金属材料(如钛、钛合金),可对人体骨骼、牙齿进行植入修复[157];应用铁镁合金、生物陶瓷等无机材料和聚己内酯以及聚乳酸-羟基乙酸共聚物[158]等可降解物用于打印骨组织工程支架和神经支架等[159]。相较不可降解物植入,可降解物植入对人体影响较小,利于组织功能恢复。迄今为止,电子计算机断层扫描(computed tomography,CT)一直是 3D 打印的主要成像方式,因为 CT 可以提供亚毫米级的组织分辨率,清晰地识别骨和病理钙沉积,是手术或其他结构干预前常用的成像方法。除了出色的空间分辨率外,CT 还能对装有心脏起搏器、起搏器导线和金属植入物的患者进行成像,而这些都是磁共振成像(magnetic resonance imaging,MRI)扫描所不能比拟的。相比之下,MRI 可以在没有电离辐射的情况下获取高分辨率图像,并在没有碘化对比剂的情况下区分组织成分。3D 生物打印更大的应用潜力在于将活细胞按照人体内各组织器官细胞的排列方式,加之生物材料(如水凝胶)包裹形成生物墨水,打印出具有生物活性的组织器官[160],在组织修复、发育机制研究和药物筛选等方面具有极大的优势。

1. **心脏** 作为人体最重要的器官之一,心脏主要为血液流动提供动力。3D 打印的患者特异性模型可以创建许多不同的应用,如创建解剖教学工具、开发功能模型来研究心内血流、为复杂的手术计划创建可变形的混合材料模型[161],患者特定的模型可用于帮助创建或改进心脏内装置。

3D 打印建模的早期应用是为解剖学教学或演示创建模型。3D 打印模型可以快速传达复杂的解剖排列,同时描绘出患者特定的解剖病理。这样的模型对于医疗专业人员讲授正常和异常的结构关系具有指导意义。先天性心脏缺陷的患者特异性模型[162,163](如先天性心脏缺陷、瓣膜狭窄和基于导管的瓣膜植入或修复程序)已被用于住院医师和护士的重症监护培训,加强了心脏病学者和患者之间沟通。

通过高空间分辨率 CT、计算机辅助设计(computer aided design,CAD)软件和多材料 3D 打印技术的结合,可构建主动脉瓣功能障碍的患者特定 3D 模型。主动脉瓣狭窄代表了一个相对静态的瓣膜位置,CT 数据集可以获得患者特定的主动脉根部的解剖细节,包括瓣膜孔区和区域钙沉积。最近,患者特异性的主动脉瓣和主动脉根复合体模型已被有效地用于体外或台式主动脉瓣植入[164]。这些结构允许探索影响患者经导管部署的人工心脏瓣膜的特定功能。除了功能性瓣膜,最近还报道了几种不同应用的冠状动脉的建模。Javan 等[165]人证明,冠状动脉结构的 3D 打印可以使狭窄区域可视化。冠状动脉树可以通过门控-CT 方法清晰地定义,当 3D 打印在舒张期时,这些模型可以被耦合到一个流动环路,以复制心外膜冠状动脉灌注[166]。此外,当模型由光学透明材料打印时,粒子图像测速(particle image velocimetry,PIV)等技术可以直接可视化复杂的流动动力学。除了流动研究,这些功能模型还可以用来模拟介入手术[167]。

从 CT、MRI 和超声心动图可以知道,先天性心脏病往往具有复杂而又独特的几何形状[151],3D 打印模型在全面了解各种先天性心脏疾病的功能评估中起到了关键的作用。3D 打印先天性心脏病模型的应用包括介入性术前规划和模拟[168,169]。3D 打印已经重建了许多复杂的先天性心脏疾病模型[170],以增强手术规划,例如双出口右心室[162,171]、房间隔缺损和室间隔缺损[168,172-174]、法洛四联症[175,176]以及低弹性左心发育不良综合征[163,177]。此外,已经表明,3D 打印模型可能有助于在先天性心脏病患者中辅助装置插管放置的准确性[178]。

另外,患者特定的 3D 打印模型有利于心脏肿瘤切除的术前和术中手术管理[179]。由于心脏肿瘤可能会延伸到心肌壁或瓣膜结构,其根治性和完全切除的可能性很小。有报道称 3D 打印模型对心内肿瘤管理的手术策略产生了积极的影响[180,181]。3D 打印模型清晰地描绘肿瘤与周围组织相互作用的能力,而多颜色和多材料模型建立了清晰的组织边界,其方式是很难单独使用 2D 或 3D 成像呈现的。随着基于导管的结构性心脏介入治疗变得越来越复杂,有效模拟患者特定几何形状以及植入器械在该几何形状中的相互作用的能力将变得更加有价值。

然而,在这些技术能够产生更广泛的影响之前,还有几个问题需要解决。心脏结构几何复制的准确性必须通过广泛的源成像模式、3D 打印方法和心血管建模场景进行验证;在有限的生理性能范围内,天然心脏成分(如血管壁、腔壁、瓣叶)可以从广泛的 3D 打印材料混合物中建模;在 3D 打印甚至可以开始接近类似的静态性能之前,必须考虑正常和病理的天然心脏结构的材料特性。

2. 肝脏　肝脏是人体最大的腺体,其主要功能包括:①产生胆汁和分泌胆汁;②胆红素、胆固醇、激素和药物的排泄;③脂肪、蛋白质和碳水化合物的代谢;④酶激活;⑤储存糖原、维生素和矿物质;⑥大分子和蛋白质合成(如白蛋白和胆汁酸);⑦解毒[182]。解毒是肝脏重要的特异性功能。肝代谢可导致过多纤维组织的形成,导致肝脏特异性和系统功能的降低,并向依靠肝移植的不可逆转终末期肝功能衰竭转变[183]。由于不同物种的肝细胞功能存在差异,传统的动物模型在转化为人类研究时往往成本高昂,且不可靠[184-186]。此外,肝病进展和药物反应因人而异。肝毒性预测失败通常会导致药物上市后退出市场。因此,基于个性化细胞类型的有效体外人类肝脏模型被认为是一种非常有前途的方法,可以更好地了解疾病机制,作为药物筛选平台,并有可能在再生医学方法中治疗疾病。

不同的 3D 生物打印方法已被用于构建肝脏组织。Faulkner-Jones 等[187]使用基于喷墨的生物打印机将人类诱导多能干细胞和胚胎干细胞来源的肝细胞样细胞(hepatocyte-like cell,HLC)封装在藻酸盐水凝胶中,以创建 3D 环形结构。在培养基中培养前,将充满细胞的藻酸盐液滴暴露于氯化钙溶液和氯化钡中。这种基于瓣膜的生物打印可以很好地维持 HLC 的生存能力和白蛋白分泌功能。Kang 等[188]使用基于挤压的生物打印技术生成了 3D 肝脏结构。在体外培养过程中,白蛋白、去唾液酸糖蛋白受体 1 和肝细胞核因子 4a 的表达逐渐增加。该结构也被移植到体内,观察到增殖增加,白蛋白表达增加。Kizawa 等[189]展示了一种无支架 3D 生物打印技术来构建肝脏组织,该组织可以稳定维持数周胆汁酸分泌以及药物、葡萄糖和脂质代谢。为了模拟肝脏复杂的微结构。Ma 等[190]报道了使用基于数字光处理技术(digital light processing,DLP)的生物打印技术在微尺度分辨率下构建仿生肝脏组织。与传统的 2D 单层和 3D 单培养平台培养的肝细胞相比,该 3D 生物打印培养模型培养的肝细胞在细胞色素 P450 诱导后表现出更好的肝特异性功能和药物代谢潜能。Bhise 等[191]演示了直接打印到微流控室以构建芯片上的肝脏平台。在生物反应器的细胞培养室中,将 HepG2 球胶混合物液滴打印在玻璃载玻片上,然后立即进行紫外交联。工程肝结构在 30d 培养期间仍保持功能,并显示出与已发表数据类似的药物反应。此外,纳米粒子可以被整合到水凝胶中,从而形成功能结构。Gou 等[192]3D 打印了一种基于水凝胶纳米复合材料的模拟肝脏装置,可以有效地净化血液。

综上,应用 3D 打印技术建立体外肝脏模型,在提供长期培养并保持良好的肝脏特异性功能和药物代谢潜力方面显示了巨大的优势。然而,维持肝细胞功能并达到与天然肝相媲美的药物反应水平仍然是该领域的一大挑战。

3. 血管 在体外构建组织工程,例如灌注生物反应器[193],可以提供氧气和营养物质。但在体内植入后,氧气和营养物质的供应往往受到扩散动力学的限制。因为在工程组织中氧的扩散往往比它的消耗慢,氧是细胞存活的限制因素[194];因此,当组织的厚度超过了营养物质扩散的极限时,血管化的需要成为一个关键因素。对于具有高容量耗氧率的组织变得越来越重要,如心脏、胰腺和肝脏组织。很少有细胞能耐受距离血管大于 200μm 的距离[195],当扩散距离超过 100μm 时,敏感的细胞如胰岛细胞会发生坏死。因此,一个功能性的 3D 打印组织的制造将需要多尺度的血管,淋巴和/或神经网络的结合。

首次打印管状结构是利用 3D 喷墨打印技术实现的[196],研究人员使用改良喷墨打印机,将海藻酸盐和大鼠平滑肌细胞(smooth muscle cell,SMC)构建了直径 2mm 的圆柱形结构。通过手工细胞悬浮液逐层添加 SMC,在海藻酸盐沉积过程中将 SMC 移到水凝胶结构中。用这种方法验证了打印中的细胞存活率和排列状况。此外,当使用血管收缩激动剂内皮素-1溶液测试时,打印出的血管显示出血管反应能力。Duarte Campos 等[197]制备了大型血管结构,将其浸泡在高密度疏水氟碳溶液中,增强了血管结构体的物理性能。Blaeser 等[198]人使用同样的浸没法实现了细胞负载动脉分叉血管。

挤出生物打印是最流行的3D打印技术,已被用于许多组织再生研究,包括硬组织和软组织[199,200]。基于挤压的生物打印技术,用于制造血管结构,可以分为直接和间接法。在直接法中,血管结构是直接从沉积的生物墨水打印出来的。间接方法涉及使用牺牲材料,如海藻酸盐、明胶和琼脂糖,来建立用于生物墨水沉积的模具,一旦打印的血管结构被制造成[201],这些模具将被移除。Khalil 等[202]使用海藻酸盐水溶液和大鼠心脏内皮细胞的气动喷嘴系统打印了微血管网络。Gao 等[203]开发了血管结构内的内置微通道毛细血管系统,证明了使用微通道血管构建的细胞存活率比不使用微通道的血管构建的细胞存活率更高。Colosi 等[204]对微血管系统进行了进一步研究,使用同轴喷嘴挤压系统打印由低黏度生物墨水组成的微流通道,以允许细胞在血管结构内迁移。Jia 等[205]使用由明胶甲基丙烯酰、聚乙二醇四丙烯酸酯和海藻酸钠组成的同轴喷嘴系统,展示了打印各种形状和尺寸可灌注血管网络结构的能力。Zhang 等[206]通过将心肌细胞植入有组织的血管支架来评估心肌组织重构。

Guillotin 等[207]利用兔癌细胞株B16和人脐静脉内皮细胞创造了一个联合的微血管环境,证明了使用3D激光生物打印制造稳定血管网络的潜力。Zhu 等[208]利用生物墨水开发出了微尺度毛细血管样血管网络,打印血管组织的细胞存活率超过85%。Baudis 等[209]和Meyer 等[210]利用3D激光生物打印技术,分别实现了大规模血管组织和大直径分叉的血管系统。

在3D打印过程中使用的生物材料对人造血管组织的质量有关键的影响。一般来说,理想的生物打印材料应具备打印后的结构完整性和足够的机械强度,促进与宿主组织的移植,避免免疫原性,促进细胞增殖、聚集和分化。在决定采用哪种3D打印技术时,必须考虑生物墨水的物理特性,如黏度、机械强度、孔径等。考虑到生物墨水对细胞外基质沉积的影响,也必须考虑其孔径大小,而细胞外基质沉积又决定了细胞的黏附和组织。打印的水凝胶中的细胞组织对细胞-细胞信号转导有巨大的影响,并在细胞代谢的营养转移中发挥关键作用。最后,当评估打印组织的长期成功时,还必须考虑生物墨水与宿主组织的细胞相容性和打印材料的免疫原性。在血管组织的制造方面,3D打印技术在微血管网络的大规模生产方面具有潜在的应用前景。在打印过程中高度可控的生物墨水沉积可以生产各种尺寸和类型的血管网络。然而,为了打印可用于临床应用的仿生血管组织结构,仍然需要大量的研究。

4. 骨

(1)软骨:软骨组织是软骨细胞密度相对较低的无血管和动脉瘤结构。由于组织异质性[211],功能性关节软骨的再生具有挑战性。天然关节软骨的带状结构包括不同细胞形态和细胞排列的区域,以及不同的细胞外基质(ECM)排列、成分和分布。这种结构上的异质性与组织的拉伸性能有关,这使其能够抵抗由关节施加的纯拉伸和压缩力[212,213]。

软骨细胞可以从软骨的不同区域获取,通过使用 3D 打印机,在水凝胶中沉积[214],细胞保持高活力和区域特异性基因表达。喷墨 3D 打印也被用于修复临床前模型的软骨[215],实现与透明软骨相同量级压缩模量的组织结构。另一种方法是使用微块软骨细胞球制造组织结构,形成软骨束,使用管状渗透性海藻酸盐胶囊作为细胞聚集和组织束成熟的储物库[216]。该方法产生直径约 $500\mu m$ 的链,显著增加细胞密度,并改善移植后的成熟和工程组织的功能。

结合多种细胞类型也可以提高生物打印软骨的效率。使用明胶-甲基丙烯酰水凝胶对多能关节软骨常驻软骨祖细胞、骨髓间充质基质细胞和软骨细胞进行联合打印,从而产生胶原和糖胺聚糖分层分布的结构,形成浅、深部的软骨,每个都具有不同的细胞和 ECM 组合[217]。将间充质干细胞整合到天然和合成生物材料的分层结构中,可引导这些细胞分化为区域特异性软骨细胞,并形成具有力学和生化性质随深度变化的天然关节软骨[218,219]。同样,通过在纳米海藻酸钠生物墨水内诱导多能干细胞生物印染,制备了表达Ⅱ型胶原的透明样软骨组织[220]。

3D 生物打印技术的进一步发展将使生长因子、机械梯度和干细胞在每个软骨带状区域的模式的创建成为可能,从而改善生物制造软骨组织的功能。事实上,已有研究表明,3D 打印软骨植入体内后,可以具有人类耳廓的组织学和力学特征[221]。3D 打印生物可降解网状聚己内酯支架与软骨细胞悬浮培养,组织工程气管被用于替代兔天然气管[222]。由于来自老年患者的软骨细胞在产量、增殖和代谢活性方面的潜在限制,骨髓间充质干细胞可以用作获得功能性软骨细胞的细胞来源。在间充质干细胞中诱导软骨形成也可以通过添加特定的生长因子来实现[223,224],并且可以通过控制生物力学环境来调节[225]。

(2)骨:在生物打印支架或生物工程移植中控制细胞和生物材料的形状和精确放置,可尝试将骨的自然再生潜力与生物打印的优势结合起来。利用人工合成仿生纳米陶瓷,特别是磷酸钙陶瓷(如羟基磷灰石、双相磷酸钙或磷酸三钙),通过 3D 生物打印可制成骨骼状结构[226]。使用改良的喷墨 3D 打印机制作了一种钙-磷酸盐-胶原复合骨支架[227],并且证实该植入物在一段鼠股骨缺损中具有骨导电和生物可降解性。

利用有利于细胞生长和组织形成的软材料,生物打印技术可以在促进组织再生的同时满足硬骨组织的机械需求。其中一种方法是将具有强大的、机械性坚固的混合或复合结构,使细胞精确放置在骨传导水凝胶生物墨水中。这些复合物能够制造大而强的支架,具有特定类型的细胞和化学因子,可诱发特定的组织发育[228]。将纳米羟基磷灰石和人类骨祖细胞通过激光辅助生物打印进行组装[229],打印后的骨祖细胞能够保持其成骨细胞表型和功能。这些 3D 打印的结构可以模拟具有支持骨髓结构的小梁样软骨内骨的几何和整体力学特性,并在植入后进行软骨内骨化。已经使用 3D 打印构建了可伸缩的下颌骨和颅骨结构,其大小和形状与面部类似。3D 打印的下颌骨由聚己酸内酯和磷酸三钙的混合物组成,含有或不含细胞[221,230],植入动物缺损模型,可以形成成熟的带血管骨组织。

多种生物制造工具和材料的结合有望再现骨骼所必需的机械和生物特性;但是在组织形态测量和功能上接近天然骨组织的工程骨组织仍然是一个难题。效果最好的方法仍然是那些成功引导骨愈合填补损伤。然而,使用生物打印技术来指导先天愈合过程,以一种解剖学上精确的形状来填补大的骨损伤具有临床潜力。

(三) 3D 生物打印其他组织

1. **皮肤**　皮肤相对较薄,具有分层和结构化的性质,加上易于获取细胞来源,促进了 3D 生物打印技术用于制造皮肤组织的早期应用。目前有两种主要的皮肤结构 3D 生物打印策略:体外生物打印和将打印的组织移植到缺损部位;以及直接原位生物打印,即将细胞和材料直接打印到缺陷部位[228]。在胶原水凝胶中逐层沉积人类皮肤成纤维细胞和角质形成细胞的多层工程组织复合材料,使得利用生物打印技术在体外制造皮肤构造的可行性得以体现,形成了内层成纤维细胞和外层角质细胞[230]。随着激光生物打印和喷墨打印机的出现,体外皮肤生物打印具备了复杂性和准确性[231]。

直接在伤口部位进行皮肤结构的原位生物打印依赖于患者的身体作为生物打印组织功能成熟的"生物反应器"。在伤口愈合方面,这种方法的主要优点是用永久性皮肤组织快速覆盖较大的伤口,并加速愈合。与体外构建结构的移植相比,原位生物打印避免了在运输和处理过程中损坏薄而脆弱的结构的风险,并避免了与具有复杂 3D 拓扑结构的正确放置和方向相关的潜在问题。人类角质形成细胞和成纤维细胞直接打印到全层小鼠皮肤创伤模型是原位生物打印的较早应用[232],原位生物打印在 8 周后较大创面可以完全重新上皮化。Skardal 等[233]使用原位皮肤生物打印机将羊水来源的干细胞沉积在小鼠全层皮肤伤口上,包裹材料为纤维蛋白胶原生物墨水[234]或透明质酸为延长细胞因子释放定制的可调特性凝胶。尽管干细胞不能永久地整合到再生的皮肤中,但营养因子的分泌加速了伤口闭合率,促进了血管生成。

目前还没有一种生物打印方法可以完全复制天然皮肤的形态、生化和生理特性。要实现这一目标,其他细胞类型的合并和更有代表性的细胞外基质成分的模式是必要的。例如,可以实现包含表皮、真皮层和皮下层的 3 层结构,以及血管系统、神经、汗液和皮脂腺、毛囊和色素沉着等成分的结合。此外,未来的皮肤结构应该促进毛囊的正常发育和调节,色素沉着和表皮的形成和成熟。

2. **骨骼肌**　骨骼肌约占人体体重的 45%,超过 600 个不同的骨骼肌参与骨骼支持、稳定、运动和动态调节,包括代谢调节。肌肉受到创伤或疾病的影响,称为肌病[235]。这一病变给患者的生活带来极大的不便。为了解决这一问题,近年兴起了骨骼肌组织工程(skeletal muscle tissue engineering,SMTE),其目的是替换或恢复由于疾病、事故或严重的手术而受损或失去部分功能的骨骼肌。

随着 3D 打印技术的出现,SMTE 得到了进一步的发展。Gao 等[236]应用生物打印将小鼠成肌细胞精确沉积在悬臂基质中,细胞分化后,悬臂梁上的肌管变得可兴奋。Raman 等[237]开发了光遗传骨骼肌驱动的生物制动器,这些肌肉能够产生高达 $300\mu N$ 的力来响应光刺激。一些研究小组提出使用由骨骼肌脱细胞基质组成的生物墨水来增加细胞信号转导。例如,Cho 等[238]从猪骨骼肌制备了脱细胞生物油墨,并在 18℃ 下使用 1% 浓度的生物油墨打印成肌细胞的不同图案。在 37℃ 凝胶化并培养 1、4 和 7 天后,他们观察到与胶原生物墨水制备的类似构建物相比,细胞存活率高,细胞增殖增加。诱导细胞分化后,在培养第 14 天,脱细胞生物油墨构建物包裹的成肌细胞比胶原构建物具有更高的致肌基因表达。

因为需要血管网络来输送氧气和清除废物,较厚骨骼肌组织(>1mm)的生物打印仍然具有挑战性。此外,在 SMTE 中,凝胶生物墨水应该具有与骨骼肌组织类似的机械性能。制造过程应该在制造健壮的生物聚合物结构和实现生物相关细胞密度的要求之间取得平衡。自然组织,如骨骼肌组织,具有复杂的多细胞各向异性结构,与神经和血管网络有关。这种复杂性可以通过使用更复杂的生物打印过程,结合不同的技术、生物墨水和细胞类型来捕捉[239]。例如微流控技术与生物打印技术的结合[204,240],使制造梯度结构成为可能。

3. 癌症模型

传统体外培养的二维癌症模型为癌症研究提供了许多重要的见解,并取得了一些关键性的治疗成果[241]。然而,单层模型无法复制 3D 肿瘤组织的固有特征[242]。3D 生物打印技术的发展,已经产生了一些体外癌症模型,可以更好地复制肿瘤微环境(tumor microenvironment,TME),这对肿瘤的增殖、转移和药物反应是至关重要的。

TME 是高度复杂和异质性的,其特征包括机械刺激、生化梯度、几何线索、组织架构和细胞-细胞/基质相互作用[243],通过与癌细胞的大量相互作用影响转移。已经证实转移性进展导致 90% 的癌症死亡[244],并且已知与 5 年生存率显著下降有关。因此,3D 生物打印技术的研究重点之一就是阐明癌症转移的多种机制。Huang 等[245]利用基于 DLP 的生物打印技术制造了融合血管的仿生芯片,研究几何线索对肿瘤细胞(HeLa 细胞)和正常细胞(10T1/2 细胞)迁移速度的影响。发现 HeLa 细胞在狭窄通道中迁移速度加快,而成纤维细胞的迁移速度不受通道宽度的影响。TME 特征不仅影响迁移,还影响癌细胞增殖和肿瘤特征。有研究[246]用明胶、海藻酸盐和纤维蛋白原混合水凝胶构建 HeLa 细胞子宫颈肿瘤模型。通过更好地复制异质性和模拟原生微环境,3D 打印肿瘤模型比 2D 对照模型具有更高的增殖率和更高的模拟肿瘤特征,包括基质金属蛋白酶蛋白的表达和抗癌治疗紫杉醇的化疗耐药。

3D 模型中更多的仿生细胞-细胞相互作用和细胞-基质相互作用可能是细胞行为和功能差异的根源。为了研究肿瘤与基质之间的相互作用,Xu 等[247]使用液滴印刷技术将人卵巢癌细胞和成纤维细胞图案画到基质胶基质上。发现将癌细胞与正常的基质细胞组合可以产生更多生理相关的肿瘤模型，从而更好地理解癌症机制。3D 打印技术也可用于建立特殊的肿瘤模型。Yang 等[248]使用 3D 打印技术构建了皮下胶质母细胞瘤异种移植物，模拟切除后的肿瘤腔。同时，该肿瘤模型被用来评估定制的可释放药物植入物在预防胶质母细胞瘤术后复发方面的效率。

目前 3D 打印的癌症模型在细胞类型和模型设计上仍然有限，不能真正代表体外 TME。未来使用患者特异性细胞和来自患者的原发癌细胞的工作将提供更多关于患者特异性和疾病特异性细胞行为以及细胞-细胞相互作用的见解。

(四) 3D 生物打印面临的挑战

3D 生物打印技术提供了精确定位生物材料和活细胞的能力，以重建复杂的结构，可用于疾病建模和药物筛选。在肝脏[187]、心脏[161]、血管结构[201,205]和癌症[245]的各个领域，研究人员已经使用该技术建立具有器官特异性功能、药物测试应用和移植潜力的组织模型。尽管这一领域最近取得了一些成就，但在打印平台、细胞和用于构建组织模型的材料方面仍然存在挑战，很难完全再现与原生组织相比的细胞组织和结构复杂性。

1. **技术** 3D 打印平台的技术挑战包括提高分辨率、打印速度、生物相容性和放大。目前，只有光辅助生物打印机才能实现微尺度分辨率，这也取决于所使用的材料类型和打印混合物中的细胞浓度。为了产生复杂的单细胞结构，如毛细血管网络和囊胚腔，需要更高的打印分辨率。更高的印刷速度仍然是印刷机构层次结构面临的重要挑战。打印液中的细胞活力随着打印时间的增加而降低，特别是对于代谢活跃的细胞类型，如肝脏和肌肉细胞。据报道，3D 打印平台的生物相容性在细胞活力方面令人满意，但其对基因表达和功能方面的影响在很大程度上还有待研究。根据所使用的生物打印机的类型，涉及的细胞会受到各种机械和光学干扰。进一步研究生物打印工艺的机械和光学影响将为 3D 打印工艺的生物相容性提供更多的见解。最后，生物打印组织结构的规模化仍然面临挑战。目前报告的应用程序大部分是基于小样本容量。为了持续生成大量用于临床和商业应用的组织模型，未来的工作需要对打印机、细胞、材料以及打印过程进行标准化。

2. **材料** 用于 3D 生物打印的材料窗口也有很大的局限性。由于对生物材料的要求具有特定的质量，用于 3D 生物打印的常见材料种类减少到只有几种[249]。人们努力开发基于挤出的打印方法的多材料生物墨水。最近，脱细胞化 ECM 也被作为基于挤出和光辅助的生物打印平台制造可打印的生物材料[250]。与通常使用的高度纯化的 ECM 成分（如明胶和胶原蛋白生物墨水）不同，脱细胞化 ECM 生物墨水含有天然 ECM 的异质成分，可以在组织匹配的微环境中制造组织特异性细胞负载结构。随着 3D 打印仿生组织的开发，这种方法变得更加重要，因为原生 ECM 在调节细胞增殖、成熟、迁移和分化等生物活性方面发挥着关键作用[251]。总之，未来的研究方向是开发 3D 打印和细胞兼容材料可调的机械、化学和生物特性，以概括蛋白质组成以及特定患者在目标健康阶段的原生组织环境为最终目标。

将 3D 打印的组织模型应用于个性化药物筛选和疾病建模,患者特异性细胞来源,包括人诱导多能干细胞来源的细胞和来自患者的原代病变细胞,将是主要的焦点。然而,如何使分化的细胞成熟,达到成体细胞的功能水平仍然是该领域的一个巨大挑战。直接从患者身上获取的原代细胞非常稀少,在目前的工作中也没有广泛应用。促进人类诱导多能干细胞分化、一致性和成熟协议的研究是一个广泛的需求。未来利用患者原代病变细胞建立共培养或 3D 培养平台的应用,也将为个性化疾病建模的发展提供更多的见解。

3. **微环境** 虽然选择生物打印技术、材料和细胞的适当组合是发展复杂组织的必要条件,但建立具有适当物理、化学和生物特征的生理相关微环境仍然是的最终目标。对这个具体应用领域的回顾概述了研究人员为相应组织类型创造这种微环境的努力[190,191,206,252]。ECM 对齐[206,252,253]、组织微结构[190,245]和 ECM 刚度[190,253]等物理特征已被应用于研究生物打印心脏、肝脏和血管化组织。而复杂的 ECM 成分[246,254]和生长因子[255]等化学特征则被纳入各种组织和癌症系统的研究中。各种生物学特征如结合细胞组成[190,206]、共培养系统中的细胞因子相互作用[247]和血管系统[190,208]等也被广泛研究。尽管目前试图实现一种或几种组织类型的特征,但在同时整合所有与生理相关的特征以概括特定微环境方面仍存在巨大挑战。印刷技术、材料开发和细胞来源的未来发展将促进在特定微环境中建立生理相关的物理、化学和生物特征的过程。

4. **控制系统和设备** 生物打印技术提供了开发具有生理相关细胞组成、材料特性、复杂微结构和适当血管形成的体外组织模型的可能性,但这只是开发的前端。打印后培养平台的进一步创新,如生物反应器和微流控设备的结合,将需要协助功能成熟和维护,特别是大型血管化组织结构。随着这些发展,成像系统和分析工具的技术进步也将对分析大型组织结构提出很高的要求。通过应用这些动态系统,可以实现生成人体芯片的最终目标,从而创建一个完全集成的平台,研究多个微型器官的相互依赖效应[256]。因此,每个器官系统都可以通过微流控网络连接起来,并通过整合生物传感器来实时监测对代谢、pH 和不同器官血流的影响,从而彻底改变未来的药物测试。总的来说,要解决这些挑战,需要在医学、工程和生物学领域的研究和技术方面取得进步,以充分实现 3D 生物打印在开发复杂的体外疾病模型和精确医学方面的潜力。

(五) 展望

目前的 3D 打印可以作为评价生物打印技术现状的基准。通过了解促成其成功的因素,并通过预测材料和细胞生物打印的进展,我们可以推测目前哪些限制可能在短期内被克服,以及对下一代 3D 打印组织的发展将产生什么样的影响。不断开发适合 3D 打印机沉积细胞的材料,同时支持细胞功能、组织结构和生物力学特性,可以更好地模拟真实的体内环境。此外,生物打印机的进一步发展可以加快制造时间,并为制造临床相关规模的功能性组织提供所需的分辨率。加速制造过程的方法,如生物打印机或材料技术的进步,可能在未来克服目前逐层打印的缓慢速度。将3D打印与其他新兴生物技术结合,如类器官培养技术[257],可以在研究生物进化、发育和疾病的诊断治疗方面发挥新的优势。

三、器官芯片

(一) 器官芯片概述

相对于传统的二维细胞培养模型,类器官系统更好地模拟了机体组织和器官的细胞组成,三维结构,以及部分的功能[2,258]。但目前的类器官系统更多地依赖于多能干细胞或成体干细胞在体外的三维培养环境中,通过自组装的过程形成类似于人体组织和器官的结构[63,259]。这就造成了类器官系统较大的随机性和不稳定性。精确控制类器官的组成和结构变得十分困难。而且仅依靠类器官的自组织过程很难模拟较为复杂的组织和器官的高级结构。因此,进一步提升体外模型系统模拟机体组织和器官的真实性和稳健性是这一领域的一个重要的发展方向。而器官芯片技术则是解决这一问题的一个有效的方法。

(二) 器官芯片的基本原理

器官芯片是结合生物学和工程学原理和方法构建的,能够模拟特定组织和器官的关键特性或功能的微型系统[260,261]。器官芯片领域的快速发展,得益于包括干细胞、类器官、基因编辑、3D打印、微流控、生物材料和微加工等多个领域和技术的发展和交叉应用[134,262-266]。利用干细胞构建的器官芯片,可以通过结合生物学和工程学的前沿技术,使干细胞在体外的自组装过程得到更为精确的调控,从而形成结构更为复杂,更为接近体内组织和器官的组成、结构和功能的体外系统。和类器官系统一样,器官芯片同样是介于传统的细胞培养模型和动物模型之间的体外系统。器官芯片可以模拟特定人体组织和器官的细胞类型、组织结构、关键的功能以及对环境、压力或药物刺激的响应。

(三) 器官芯片的构建

构建器官芯片的基本原理是通过对特定组织器官的解构和模拟,利用细胞和工程学手段在体外重建机体特定器官的主要组成成分、特定的结构和关键的功能。因此,器官芯片的构建实际上包含对组织器官这一生物学系统反向工程学的解构以及体外重建这两个过程。构建器官芯片的第一步是对体内组织和器官组成、结构和功能的解析和简化,获得实现组织器官基本生理学功能的必要的基本元素。这些元素可能包含对应体内组织器官的特定的细胞类型,细胞与细胞之间以及细胞与环境之间的相互作用,特定的组织结构,以及维持或调控细胞命运和行为的化学和物理环境等环境因素。获得了组成组织器官基本单元的基本元素或实现组织器官关键功能的关键元素之后,进一步通过生物学和工程学相结合的手段将这些关键的元素组装起来,从而利用少量的关键成分构建组织器官的基本结构单元,并获得组织器官的主要结构和关键功能。

值得注意的是,构建器官芯片的细胞类型,可以是传统的人类肿瘤细胞系[267-269],也可以是原代分离的人的组织细胞[270-273]。但随着干细胞领域的快速发展,利用干细胞构建器官芯片已经越来越展示出独特的优越性。胚胎干细胞和诱导多能干细胞可以通过分化产生人体的各种细胞类型,从而获得与体内组织器官类似的细胞类型[274-277]。利用患者来源的诱导多能干细胞,可以获得患者特异的细胞类型,从而构建特定患者或者特定疾病的器官芯片,在个性化医疗和疾病模拟的应用中可以发挥重要的作用[278-280]。另一方面,近年来类器官领域的快速发展,也为构建器官芯片提供了新的细胞来源。类器官可以作为成体干细胞的来源,也可以获得与机体组织器官高度类似的成熟分化的细胞类型和组织结构,从而为构建更真实模拟体内组织器官生理和病理状态的器官芯片提供了重要的细胞来源[62,64,89,281]。

(四)器官芯片的关键特性

器官芯片通常模拟组织器官的关键结构和功能,根据组织器官的不同,器官芯片也有不同的大小、设计和表现形式,但不同的器官芯片都具有一些相同的关键特性。例如,器官芯片都包含所对应组织器官的多种关键细胞类型和不同细胞之间的相互作用[266];且细胞形成与所对应体内组织器官类似的 3D 的结构和组织形式[282,283];器官芯片往往还整合了对应组织器官的生物力学特性,例如肺泡的张力和血液系统的流动剪切力等[284,285]。和类器官系统不同,器官芯片往往包含更多的人工设计指导下的组织结构形成,而类器官的形成则更多的是细胞在自身特性的指导下,自发形成 3D 结构的过程。

(五)器官芯片举例

1. 肺芯片 利用工程学手段,特别是微流控技术和微加工技术构建各种细胞培养体系,用来进行药物筛选或疾病机制的研究已经有较长的历史,例如,1991 年,Rohr 等描述了一个体外的心肌培养体系[286]。随后,研究者基于微流控和微加工技术建立了多种组织细胞培养体系。器官芯片领域的标志性工作是 2010 年由哈佛大学 Ingber 等人完成的[285]。其构建的第一个器官芯片就是肺芯片。肺是人体的呼吸器官,肺泡的主要功能是气体交换,其功能的实现主要是依靠肺泡上皮细胞与毛细血管形成的空气-血液界面实现的。在肺芯片的构建过程中,Ingber 团队利用微加工和微流控技术构建了一个具有两个腔室的细胞培养界面,这两个腔室用一个很薄的,由多孔的聚二甲基硅氧烷(polydimethylsiloxane,PDMS)材料做成的薄膜隔开。薄膜的两侧分别培养人的肺泡上皮细胞和人的血管内皮细胞。当两种细胞长满薄膜两侧之后,在肺泡上皮一侧的腔室引入空气,在血管内皮细胞的一侧腔室中注入培养基,这样就使这一个界面形成了一个空气-血液交换的屏障,从而可以模拟肺泡的细胞组成(肺泡上皮和血管内皮)、结构和功能(气体交换)。值得注意的是,由于 PDMS 材料具有较好的弹性,这一肺芯片结构也可以模拟呼吸过程中肺泡拉伸和压缩的机械性质。肺芯片不仅能够模拟正常生理状态下气体交换的功能,还能够模拟在肺部疾病发生时病理状态下肺泡上皮和血管内皮的生物学变化,从而为研究肺部生理和病理提供了一个新的体外模型系统。

2. 肝芯片　肝脏是人体重要的代谢器官。在药物开发过程中,药物的肝脏毒性是一项非常重要的测试,也是很多药物临床试验失败的重要原因。人的肝脏实质细胞培养体系可以用来测试药物的肝脏毒性,但肝脏实质细胞在体外难以维持,在培养的过程中很快丧失其肝细胞的特性,因此难以作为肝脏毒性测试的理想工具。另一方面,大鼠和狗等动物模型也不能很好地预测药物在人体上的肝脏毒性,在一个150种药物的测试中,动物模型仅能正确预测71%药物在人体中的肝脏毒性[287]。因此,开发能够模拟人体肝脏细胞组成、结构和部分功能的肝脏芯片在药物测试中将具有重要的用途。2020年,Ingber团队和Emulate公司合作,利用微加工和微流控技术开发了一个包含肝脏实质细胞、肝窦内皮细胞、库普弗细胞、星形细胞等多种细胞共同形成的3D结构的肝脏芯片[287]。在这一肝脏芯片成功地预测了药物诱导的肝实质细胞损伤、脂肪变性、胆汁淤积和肝纤维化等药物的肝脏毒性。

3. 多器官芯片　模块化是器官芯片的一个重要的特性,因此,通过结合不同的器官芯片类型,有可能将多种器官芯片连接起来,从而模拟多种组织器官的相互作用,甚至构建整个人体的芯片。多器官芯片能够用来模拟药物在不同器官的吸收、分布、代谢等药理和毒理作用。例如,包含多种器官(肠道、肝脏、肾脏、心脏、肺、皮肤、血脑屏障和大脑)在内的多器官芯片已经被制造出来,并可以在体外维持3周[288]。

(六) 应用与展望

器官芯片本质上是近似模拟机体组织器官的体外模型系统,因此,器官芯片可以用来在一定程度上代替真正的组织器官用来进行多种生物学和医学的基础研究和临床应用。

器官芯片的一个重要的用途是进行新药的研发。传统的药物研发是一个花费巨大,耗时很长的过程,通常包括体外的细胞实验、动物实验和临床试验等阶段。传统的药物研发多采用高通量的简单细胞培养体系进行初步的药物筛选,对药物的有效性和毒性进行筛选和评价[289]。但这些细胞培养模型因为与真正的人体组织器官具有较大的差别,因此很难准确地预测药物的有效性和药物毒性。另一方面,在细胞培养模型筛选出的候选药物需要进一步在动物模型上进行有效性和长期的系统毒性的评价。但动物模型和人体生理学的差异使得动物模型上得到的有效性和毒性评价结果并不能很好地转化到人体上。从而导致这些候选药物在临床试验中因为毒性和有效性的问题而失败。相对于传统细胞培养模型或动物模型,人体器官芯片可以被设计来包含所对应体内人体组织器官的细胞组成、组织解构和生理学功能,从而具备更为接近于人体组织器官的生理学特性和功能和对药物的响应,因此可以成为一个更为有效地进行药物有效性和毒性评价的工具[271,290]。

另一方面,除了进行药物筛选,器官芯片还可以用来建立人体组织和器官在正常生理状态下和疾病状态下的体外模型系统,用来进行机体工作机制和疾病机制的研究。人体器官芯片可以包含生理和病理状态下的多种细胞类型,不同细胞类型之间的相互作用以及对外界因素(如感染,压力、药物等)的响应和变化,从而在研究疾病进程中发挥重要的作用[284]。虽然器官芯片相对于体内的组织器官进行了一定程度的简化,并不能包含体内组织器官所有的生物学信息,但研究者可以针对特定的研究内容,对器官芯片进行特定的设计,从而用于回答特定的科学问题。例如,简单的肠上皮芯片可以仅包含肠道上皮细胞,但为了研究特定的肠道疾病,可以在肠芯片中引入免疫细胞和共生细菌、致病菌或寄生虫等,从而用来研究细菌、寄生虫感染或炎性肠病发生发展过程中免疫细胞和上皮细胞的相互作用[291]。

总之,人体器官芯片还处于发展的早期阶段,但不可否认的是,器官芯片作为一种新的体外模型系统,通过更为精准地模拟并代替人体的组织器官,从而在疾病机制研究、药物研发、个性化医疗和精准医疗中越发体现出独特的作用与优势[267,271,273,284,292,293]。

四、体内原位再生

(一) 原位再生的基本原理

干细胞因其自我更新和分化能力,可以通过扩增和分化产生各种组织器官的细胞类型,从而在体外构建类器官、器官芯片等模型系统。类似地,在人体的多种组织器官中也存在着大量的组织干细胞。例如,在人的肠道上皮中存在肠道干细胞,胃上皮中存在胃干细胞,皮肤毛囊中存在毛囊干细胞,骨髓中存在造血干细胞[62,64,294,295]。在这些组织器官的稳态维持过程中,干细胞通过扩增和分化产生新的细胞来补充组织器官细胞的消耗;在这些组织受到损伤的时候,干细胞也会被动员起来,通过扩增和分化产生新的组织细胞来修复受损的组织器官。但除了少数的组织器官(例如胃肠道上皮、皮肤、血液系统),人体的大部分组织器官在损伤的情况下都无法利用干细胞达到完全的损伤修复,这些组织包括感觉器官,例如视网膜、内耳感音上皮,还包括其他组织,例如胰腺、心脏、肾脏、脊髓等[296]。在这些组织器官损伤时,功能细胞无法通过干细胞的扩增和分化而产生,从而导致瘢痕或组织纤维化的形成,无法恢复组织器官正常的功能。

近年来,研究人员通过对组织干细胞更为深入的理解,逐渐发展了一种新的促进组织损伤修复的策略,即通过生物学、药物化学和组织工程学的方法,直接在损伤部位激活或调控组织细胞或组织干细胞的活性,增强组织干细胞在损伤部位的增殖和分化能力,进而通过转分化或重编程等策略,获得功能性的细胞类型,从而促进组织器官损伤的修复[297-301]。

实际上,相对于体外组织构建或细胞移植,直接的原位组织构建策略具有很多独特的优势。例如,原位再生利用患者自身的细胞,无需外源干细胞的植入,因而避免了外源免疫排斥的问题。同时,内源细胞可以利用组织器官本身已经存在的组织结构,减少了细胞体外培养、移植、定植及整合等一系列细胞移植所需的步骤,从而减少了对细胞的人为操作所引起的细胞基因组发生改变的可能性,也具有较低的整合障碍[298,302,303]。

原位再生策略的发展,得益于成体干细胞、重编程、基因编辑、组织工程等领域的发展。实际上,原位再生策略利用组织器官已经存在的结构、微环境以及细胞(或干细胞),通过补充损伤修复所缺少的细胞、非细胞结构、调控因子等要素,进而利用损伤部位的体内环境作为一个生物反应器,通过诱导机体自身细胞的增殖与分化,产生功能细胞或功能性的组织结构,来促进组织器官损伤的修复。当组织器官中存在内源的成体干细胞时,可以通过调控这些成体干细胞的增殖与分化来促进组织再生[304,305];而当组织器官中不存在内源的成体干细胞时,也可以通过重编程、基因编辑等手段,将非干细胞转变为具有一定干细胞特性的细胞,并进一步起始组织的损伤再生[306];另外,非细胞成分,特别是细胞外基质成分,也可以通过外源加以补充,从而帮助内源细胞成分完成组织结构的再生与重建[307,308]。

(二)调控干细胞微环境

与体外的人工组织器官构建类似,体内的原位再生的关键要素也包括细胞(干细胞)、非细胞结构及支架,以及细胞命运的调控因子等。其中,原位再生的核心要素是细胞,只有获得了组织器官特异的功能细胞,组织器官的功能才能得到较好的修复。而干细胞因其自我更新及分化的能力,可以产生损伤修复所需的大量功能细胞,因此,获得组织特异的干细胞是组织器官再生的关键。在某些组织器官中(例如胃肠道上皮、皮肤、角膜等),已经鉴定出负责组织稳态维持和损伤修复的干细胞类型,包括胃肠道上皮的 LGR5 干细胞、毛囊干细胞、角膜缘干细胞等[64,295,309,310]。因此,在这些组织器官再生的过程中,我们可以利用特定的调控因素,调控这些干细胞的增殖及分化,来促进这些组织的再生。除了利用转基因,基因编辑等手段直接调控干细胞命运之外,调控干细胞命运的一个重要的手段是通过调控干细胞自我更新和分化的微环境。

干细胞微环境的假设最早在 1978 年由英国科学家 Schofield 提出[311]。他用这一概念解释造血干细胞和它所处物理环境之间的关系。造血干细胞在体内的行为,包括维持自我更新或向特定方向分化,并非完全由其自身决定,而是由其所处环境调控的,这一环境就是造血干细胞的微环境。微环境的关键因素包括干细胞周围的多种细胞类型、干细胞与微环境细胞之间直接或间接的相互作用、分泌的可溶性因子、细胞外基质、炎症信号、代谢信号以及物理信号包括压力、剪切力等[312]。随着人们对体内各种干细胞微环境的研究的深入,我们已经有越来越多的手段可以用来调控干细胞在体内和体外的各种行为,包括增殖、静息、分化、凋亡等,从而利用干细胞促进组织器官的损伤再生。

例如,在骨髓造血干细胞的微环境中,多种微环境细胞,包括成骨细胞、血管内皮细胞、脂肪细胞等分泌包括 SCF 和 CXCL12(SDF-1)在内的多种因子来维持造血干细胞的自我更新[313,314]。而在小肠干细胞的微环境中,帕内特细胞则通过分泌 EGF 和 Wnt 蛋白,并通过直接的细胞接触为小肠干细胞提供 Notch 配体,从而维持小肠干细胞的自我更新[88]。通过对组织干细胞微环境的解析,我们就可以通过外源添加干细胞增殖或分化所需的调控因子,来促进细胞的增殖或调控其向特定功能细胞的分化,来修复组织的损伤。

(三) 重编程获得组织干细胞

除了以上存在成体干细胞的组织器官之外，人体的大部分组织器官中(例如视网膜、内耳感音上皮、胰腺、肾脏等)，不存在活跃增殖的干细胞，在这些组织器官损伤的情况下，在损伤部位获得能够产生功能细胞的干细胞或前体细胞，就成为促进这些组织器官再生的关键。在这种情况下，细胞命运重编程或基因编辑等技术的发展，为实现这些组织器官的原位再生提供了新的方法和希望。结合基因治疗，利用载体将特定基因导入体内的细胞，改变细胞的命运，再生损伤中缺失的细胞。

以视网膜再生为例，虽然人和哺乳动物的视网膜中不存在干细胞，因而丧失了损伤再生的能力，但在包括鱼类，鸟类等低等动物中，视网膜中的米勒胶质细胞在视网膜感光细胞损伤的情况下，可以被激活，并通过增殖和分化等过程再生新的视网膜功能细胞，修复组织的损伤[315]。而在内耳感音上皮中，支持细胞在毛细胞损伤的情况下，可以发挥成体干细胞的功能，再生毛细胞，从而修复听力的损伤[39,316]。因此，米勒细胞和支持细胞虽然并不是真正意义上的成体干细胞，但他们在一定程度上保留了部分干细胞的特性，从而在组织损伤的情况下发挥一定干细胞的功能。

类似的，在人体很多组织器官中都存在具有部分干细胞特性的功能细胞或前体细胞。在正常情况下，这些细胞在组织损伤时不能发挥干细胞的再生功能，但通过重编程等手段，人们可以调控这些细胞发生一定的命运转变，获得分化产生其他功能细胞的能力，从而促进组织的损伤再生。例如，在感音神经性聋中，哺乳动物的内耳支持细胞并不能自发转变为毛细胞，但通过将无调性 bHLH 转录因子 1(atonal bHLH transcription factor 1,*Atoh1*)基因导入支持细胞中，就可以使支持细胞发生一定程度的转分化，产生新的毛细胞，从而再生听力[317,318]。在视网膜中，感光细胞的再生可以通过在米勒胶质细胞中过表达 β-联蛋白以促进其重新进入细胞周期，同时，通过腺相关病毒将 *Otx2*，*Crx* 和 *Nrl* 3 个基因导入增殖的米勒胶质细胞中，使其分化产生新的感光细胞[319]。同样的，虽然目前的研究表明，胰腺中不存在干细胞，但在胰岛 β 损伤的情况下，通过在胰岛 α 细胞中过表达 *Pdx1*，*Ngn3* 和 *Mafa* 3 个转录因子，就可以使 α 细胞发生命运转变(重编程)，转变为能够分泌胰岛素的胰腺 β 细胞，从而逆转糖尿病[320]。

(四) 非细胞成分

除了组成组织器官的细胞类型，非细胞成分，特别是细胞外基质和支架在损伤再生的过程中也起到了重要的作用。因此，细胞外基质或其他非细胞成分也可以通过植入体内来促进组织的原位再生。实际上，很多生物材料已经在临床上用于组织的损伤修复，例如 INFUSE，一种人工合成的蛋白成分的骨组织移植物，已经被用于脊椎、牙齿等骨组织的修复[321]；另外，脱细胞组分的猪小肠的黏膜下层细胞外基质和人的脱细胞真皮基质，也被用于多种组织重建的过程中[322,323]。其他的生物材料包括多种细胞外基质蛋白、水凝胶、纳米材料、聚合物材料等[324]。因为没有细胞成分，这些生物材料在临床上的应用相对于细胞移植面临着更小的风险和监管的壁垒。但这些生物材料应用于临床，仍要满足安全性和有效性的要求。

生物材料在组织结构重建的过程中可以起到多方面的作用。例如，在组织损伤程度较大的情况下，生物材料可以作为细胞黏附、生长的支架，为细胞的存活及增殖提供合适的环境[325,326]。在细胞外基质等生物材料存在的情况下，内源的干细胞或其他细胞类型可以被招募到生物材料形成的支架中，进一步结合其他调控信号来产生组织修复所需的细胞成分；另一方面，生物材料本身可以为细胞的增殖和分化等行为提供指导信号。这些信号包括干细胞自我更新和分化的微环境信号，如细胞外基质的蛋白成分、物理性质、表面结构、降解速度等特性，也可以包括生物材料所递送的蛋白因子、小分子化合物等直接调控干细胞行为的信号分子。例如，结合促血管生成因子（如 VEGF）的生物材料可以在损伤部位促进血管的生成[327,328]。

（五）应用与展望

总之，与体外的人工组织器官构建类似，通过在体内损伤部位重建正常的组织细胞结构，是一种新的诱导组织器官再生的策略。这种策略利用损伤部位机体本身存在的部分细胞类型、组织结构以及环境因素，并利用机体本身内源的修复能力，通过补充缺失的再生要素（干细胞、调控因子或非细胞成分），并在人为指导下促进组织结构的重建，来重新获得完整的组织器官结构。虽然基于这种策略的组织再生仍处于早期研究阶段，但这种策略已经展现出广阔的应用前景。在包括视觉再生、听觉再生、脊髓损伤再生、心肌再生等多种难以再生的组织器官的损伤修复过程中将发挥重要的作用。

（边 杉 尹晓磊 李林波）

参考文献

[1] MURRY C E, KELLER G. Differentiation of embryonic stem cells to clinically relevant populations : lessons from embryonic development [J]. Cell, 2008, 132 (4) : 661-680.

[2] CLEVERS H. Modeling development and disease with organoids [J]. Cell, 2016, 165 (7) : 1586-1597.

[3] LANCASTER M A, KNOBLICH J A. Organogenesis in a dish : modeling development and disease using organoid technologies [J]. Science, 2014, 345 (6194) : 1247125.

[4] SASAI Y. Cytosystems dynamics in self-organization of tissue architecture [J]. Nature, 2013, 493 (7432) : 318-326.

[5] RHEINWALD J G, GREEN H. Serial cultivation of strains of human epidermal keratinocytes : the formation of keratinizing colonies from single cells [J]. Cell, 1975, 6 (3) : 331-343.

[6] LANCASTER M A, KNOBLICH J A. Spindle orientation in mammalian cerebral cortical development [J]. Current Opinion in Neurobiology, 2012, 22 (5) : 737-746.

[7] CYRANOSKI D. Tissue engineering : The brainmaker [J]. Nature, 2012, 488 (7412) : 444-446.

[8] WATANABE K, KAMIYA D, NISHIYAMA A, et al. Directed differentiation of telencephalic precursors from embryonic stem cells [J]. Nature Neuroscience, 2005, 8 (3) : 288-296.

[9] WATANABE K,UENO M,KAMIYA D,et al. A ROCK inhibitor permits survival of dissociated human embryonic stem cells [J]. Nature Biotechnology,2007,25(6):681-686.

[10] EIRAKU M,WATANABE K,MATSUO-TAKASAKI M,et al. Self-organized formation of polarized cortical tissues from ESCs and its active manipulation by extrinsic signals [J]. Cell Stem Cell,2008,3(5):519-532.

[11] KADOSHIMA T,SAKAGUCHI H,NAKANO T,et al. Self-organization of axial polarity,inside-out layer pattern,and species-specific progenitor dynamics in human ES cell-derived neocortex [J]. Proceedings of the National Academy of Sciences of the United States of America,2013,110(50):20284-20289.

[12] DANJO T,EIRAKU M,MUGURUMA K,et al. Subregional specification of embryonic stem cell-derived ventral telencephalic tissues by timed and combinatory treatment with extrinsic signals [J]. Journal of Neuroscience,2011,31(5):1919-1933.

[13] SU H L,MUGURUMA K,MATSUO-TAKASAKI M,et al. Generation of cerebellar neuron precursors from embryonic stem cells [J]. Developmental Biology,2006,290(2):287-296.

[14] MUGURUMA K,NISHIYAMA A,ONO Y,et al. Ontogeny-recapitulating generation and tissue integration of ES cell-derived Purkinje cells [J]. Nature Neuroscience,2010,13(10):1171-1180.

[15] WATAYA T,ANDO S,MUGURUMA K,et al. Minimization of exogenous signals in ES cell culture induces rostral hypothalamic differentiation [J]. Proceedings of the National Academy of Sciences of the United States of America,2008,105(33):11796-11801.

[16] LANCASTER M A,RENNER M,MARTIN C A,et al. Cerebral organoids model human brain development and microcephaly [J]. Nature,2013,501(7467):373-379.

[17] CHEN A,GUO Z,FANG L,et al. Application of fused organoid models to study human brain development and neural disorders [J]. Frontiers in Cellular Neuroscience,2020,14:133.

[18] BAGLEY J A,REUMANN D,BIAN S,et al. Fused cerebral organoids model interactions between brain regions [J]. Nature Methods,2017,14(7):743-751.

[19] XIANG Y,TANAKA Y,CAKIR B,et al. hESC-derived thalamic organoids form reciprocal projections when fused with cortical organoids [J]. Cell Stem Cell,2019,24(3):487-497.

[20] LINKOUS A,BALAMATSIAS D,SNUDERL M,et al. Modeling patient-derived glioblastoma with cerebral organoids [J]. Cell Reports,2019,26(12):3203-3211.

[21] KIM H,XU R,PADMASHRI R,et al. Pluripotent stem cell-derived cerebral organoids reveal human oligodendrogenesis with dorsal and ventral origins [J]. Stem Cell Reports,2019,12(5):890-905.

[22] CEDERQUIST G Y,ASCIOLLA J J,TCHIEU J,et al. Specification of positional identity in forebrain organoids [J]. Nature Biotechnology,2019,37(4):436-444.

[23] WORSDORFER P,DALDA N,KERN A,et al. Generation of complex human organoid models including vascular networks by incorporation of mesodermal progenitor cells [J]. Scientific Reports,2019,9(1):15663.

[24] EIRAKU M,TAKATA N,ISHIBASHI H,et al. Self-organizing optic-cup morphogenesis in three-dimensional culture [J]. Nature,2011,472(7341):51-56.

[25] NAKANO T,ANDO S,TAKATA N,et al. Self-formation of optic cups and storable stratified neural retina from human ESC [J]. Cell Stem Cell,2012,10(6):771-785.

[26] DECEMBRINI S,HOEHNEL S,BRANDENBERG N,et al. Hydrogel-based milliwell arrays for standardized and scalable retinal organoid cultures [J]. Scientific Reports,2020,10(1):10275.

[27] DEQUEANT M L,POURQUIE O. Segmental patterning of the vertebrate embryonic axis [J]. Nature Reviews Genetics,2008,9 (5):370-382.

[28] DRISKELL R R,WATT F M. Understanding fibroblast heterogeneity in the skin [J]. Trends in Cell Biology,2015,25 (2):92-99.

[29] FERNANDES K J,MCKENZIE I A,MILL P,et al. A dermal niche for multipotent adult skin-derived precursor cells [J]. Nature Cell Biology,2004,6 (11):1082-1093.

[30] ASAKAWA K,TOYOSHIMA K E,ISHIBASHI N,et al. Hair organ regeneration via the bioengineered hair follicular unit transplantation [J]. Scientific Reports,2012,2:424.

[31] CHUONG C M,COTSARELIS G STENN K. Defining hair follicles in the age of stem cell bioengineering [J]. Journal of Investigative Dermatology,2007,127 (9):2098-2100.

[32] EHAMA R,ISHIMATSU-TSUJI Y,IRIYAMA S,et al. Hair follicle regeneration using grafted rodent and human cells [J]. Journal of Investigative Dermatology,2007,127 (9):2106-2115.

[33] IKEDA E,MORITA R,NAKAO K,et al. Fully functional bioengineered tooth replacement as an organ replacement therapy [J]. Proceedings of the National Academy of Sciences of the United States of America, 2009,106 (32):13475-13480.

[34] GLEDHILL K,GUO Z,UMEGAKI-ARAO N,et al. Melanin transfer in human 3d skin equivalents generated exclusively from induced pluripotent stem cells [J]. PLoS One,2015,10 (8):e0136713.

[35] ITOH M,UMEGAKI-ARAO N,GUO Z,et al. Generation of 3D skin equivalents fully reconstituted from human induced pluripotent stem cells (iPSC) [J]. PLoS One,2013,8 (10):e77673.

[36] OH J W,HSI T C,GUERRERO-JUAREZ C F,et al. Organotypic skin culture [J]. Journal of Investigative Dermatology,2013,133 (11):1-4.

[37] SUN B K,SIPRASHVILI Z,KHAVARI P A. Advances in skin grafting and treatment of cutaneous wounds [J]. Science,2014,346 (3212):941-945.

[38] KOEHLER K R,HASHINO E. 3D mouse embryonic stem cell culture for generating inner ear organoids [J]. Nature Protocols,2014,9 (6):1229-1244.

[39] KOEHLER K R,MIKOSZ A M,MOLOSH A I,et al. Generation of inner ear sensory epithelia from pluripotent stem cells in 3D culture [J]. Nature,2013,500 (7461):217-221.

[40] LITTLE M H,MCMAHON A P. Mammalian kidney development:principles,progress,and projections [J]. Cold Spring Harbor Perspectives in Biology,2012,4 (5):a008300.

[41] XIA Y,NIVET E,SANCHO-MARTINEZ I,et al. Directed differentiation of human pluripotent cells to ureteric bud kidney progenitor-like cells [J]. Nature Cell Biology,2013,15 (12):1507-1515.

[42] TAGUCHI A,KAKU Y,OHMORI T,et al. Redefining the in vivo origin of metanephric nephron progenitors enables generation of complex kidney structures from pluripotent stem cells [J]. Cell Stem Cell, 2014,14 (1):53-67.

[43] TAKASATO M,ER P X,BECROFT M,et al. Directing human embryonic stem cell differentiation towards a renal lineage generates a self-organizing kidney [J]. Nature Cell Biology,2014,16 (1):118-126.

[44] FERGUSON J E,3RD KELLEY R W,PATTERSON C. Mechanisms of endothelial differentiation in embryonic vasculogenesis [J]. Arteriosclerosis,Thrombosis,and Vascular Biology,2005,25 (11):2246-2254.

[45] POTENTE M,GERHARDT H,CARMELIET P. Basic and therapeutic aspects of angiogenesis [J]. Cell, 2011,146 (6):873-887.

[46] WIMMER R A,LEOPOLDI A,AICHINGER M,et al. Generation of blood vessel organoids from human pluripotent stem cells [J]. Nature Protocols,2019,14(11):3082-3100.

[47] GENBACEV O D,PRAKOBPHOL A,FOULK R A,et al. Trophoblast L-selectin-mediated adhesion at the maternal-fetal interface [J]. Science,2003,299(5605):405-408.

[48] NORWITZ E R,SCHUST D J,FISHER S J. Implantation and the survival of early pregnancy [J]. New England Journal of Medicine,2001,345(19):1400-1408.

[49] FALKINER N M. A Description of a human ovum fifteen days old with special reference to the vascular arrangements and to the morphology of the trophoblast [J]. BJOG:An International Journal of Obstetrics & Gynaecology,1932,39:471-506.

[50] TURCO M Y,GARDNER L,HUGHES J,et al. Long-term,hormone-responsive organoid cultures of human endometrium in a chemically defined medium [J]. Nature Cell Biology,2017,19(5):568-577.

[51] FITZGERALD H C,DHAKAL P,BEHURA S K,et al. Self-renewing endometrial epithelial organoids of the human uterus [J]. Proceedings of the National Academy of Sciences of the United States of America,2019, 116(46):23132-23142.

[52] BAERT Y,DE KOCK J,ALVES-LOPES J P,et al. Primary human testicular cells self-organize into organoids with testicular properties [J]. Stem Cell Reports,2017,8(1):30-38.

[53] ALVES-LOPES J P,SODER O,STUKENBORG J B. Testicular organoid generation by a novel in vitro three-layer gradient system [J]. Biomaterials,2017,130:76-89.

[54] PASIC L,EISINGER-MATHASON T S,VELAYUDHAN B T,et al. Sustained activation of the HER1-ERK1/2-RSK signaling pathway controls myoepithelial cell fate in human mammary tissue [J]. Genes & Development,2011,25(15):1641-1653.

[55] SACHS N,DE LIGT J,KOPPER O,et al. A Living biobank of breast cancer organoids captures disease heterogeneity [J]. Cell,2018,172(1/2):373-386.

[56] KARTHAUS W R,IAQUINTA P J,DROST J,et al. Identification of multipotent luminal progenitor cells in human prostate organoid cultures [J]. Cell,2014,159(1):163-175.

[57] GAO D,VELA I,SBONER A,et al. Organoid cultures derived from patients with advanced prostate cancer [J]. Cell,2014,159(1):176-187.

[58] HEATH J K. Transcriptional networks and signaling pathways that govern vertebrate intestinal development [J]. Current Topics in Developmental Biology,2010,90:159-192.

[59] DESSIMOZ J,OPOKA R,KORDICH J J,et al. FGF signaling is necessary for establishing gut tube domains along the anterior-posterior axis in vivo [J]. Mechanisms of Development,2006,123(1):42-55.

[60] MCLIN V A,RANKIN S A,ZORN A M. Repression of Wnt/beta-catenin signaling in the anterior endoderm is essential for liver and pancreas development [J]. Development,2007,134(12):2207-2217.

[61] SPENCE J R,MAYHEW C N,RANKIN S A,et al. Directed differentiation of human pluripotent Stem Cells Internationalo intestinal tissue in vitro [J]. Nature,2011,470(7332):105-109.

[62] SATO T,VRIES R G,SNIPPERT H J,et al. Single Lgr5 stem cells build crypt-villus structures in vitro without a mesenchymal niche [J]. Nature,2009,459(7244):262-265.

[63] YUI S,NAKAMURA T,SATO T,et al. Functional engraftment of colon epithelium expanded in vitro from a single adult Lgr5(+) stem cell [J]. Nature Medicine,2012,18(4):618-623.

[64] BARKER N,HUCH M,KUJALA P,et al. Lgr5(+ve) stem cells drive self-renewal in the stomach and build

long-lived gastric units in vitro [J]. Cell Stem Cell,2010,6(1):25-36.

[65] STANGE D E,KOO B K,HUCH M,et al. Differentiated Troy+ chief cells act as reserve stem cells to generate all lineages of the stomach epithelium [J]. Cell,2013,155(2):357-368.

[66] HISHA H,TANAKA T,KANNO S,et al. Establishment of a novel lingual organoid culture system: generation of organoids having mature keratinized epithelium from adult epithelial stem cells [J]. Scientific Reports,2013,3:3224.

[67] SEIDLITZ T,KOO B K,STANGE D E. Gastric organoids-an in vitro model system for the study of gastric development and road to personalized medicine [J]. Cell Death Differ,2021,28(1):68-83.

[68] MCCRACKEN K W,CATA E M,CRAWFORD C M,et al. Modelling human development and disease in pluripotent stem-cell-derived gastric organoids [J]. Nature,2014,516(7531):400-404.

[69] MCCRACKEN K W,AIHARA E,MARTIN B,et al. Wnt/beta-catenin promotes gastric fundus specification in mice and humans [J]. Nature,2017,541(7636):182-187.

[70] BRODA T R,MCCRACKEN K W,WELLS J M. Generation of human antral and fundic gastric organoids from pluripotent stem cells [J]. Nature Protocols,2019,14(1):28-50.

[71] NOGUCHI T K,NINOMIYA N,SEKINE M,et al. Generation of stomach tissue from mouse embryonic stem cells [J]. Nature Cell Biology,2015,17(8):984-993.

[72] ZARET K S. Regulatory phases of early liver development:paradigms of organogenesis [J]. Nature Reviews Genetics,2002,3(7):499-512.

[73] WEISS P,TAYLOR A C. Reconstitution of complete organs from single-cell suspensions of chick embryos in advanced stages of differentiation [J]. Proceedings of the National Academy of Sciences of the United States of America,1960,46(9):1177-1185.

[74] HUCH M,DORRELL C,BOJ S F,et al. In vitro expansion of single Lgr5+ liver stem cells induced by Wnt-driven regeneration [J]. Nature,2013,494(7436):247-250.

[75] TAKEBE T,SEKINE K,ENOMURA M,et al. Vascularized and functional human liver from an iPSC-derived organ bud transplant [J]. Nature,2013,499(7459):481-484.

[76] HENDRIKS D,ARTEGIANI B,HU H,et al. Establishment of human fetal hepatocyte organoids and CRISPR-Cas9-based gene knockin and knockout in organoid cultures from human liver [J]. Nature Protocols,2021,16(1):182-217.

[77] HUCH M,BONFANTI P,BOJ S F,et al. Unlimited in vitro expansion of adult bi-potent pancreas progenitors through the Lgr5/R-spondin axis [J]. EMBO Journal,2013,32(20):2708-2721.

[78] BARKAUSKAS C E,CRONCE M J,RACKLEY C R,et al. Type 2 alveolar cells are stem cells in adult lung [J]. Journal of Clinical Investigation,2013,123(7):3025-3036.

[79] MCCAULEY K B,HAWKINS F,SERRA M,et al. Efficient Derivation of Functional Human Airway Epithelium from Pluripotent Stem Cells via Temporal Regulation of Wnt Signaling [J]. Cell Stem Cell,2017,20(6):844-857.

[80] DYE B R,HILL D R,FERGUSON M A,et al. In vitro generation of human pluripotent stem cell derived lung organoids [J]. Elife,2015,4:e05098.

[81] JACOB A,MORLEY M,HAWKINS F,et al. Differentiation of Human Pluripotent Stem Cells Internationalo Functional Lung Alveolar Epithelial Cells [J]. Cell Stem Cell,2017,21(4):472-488.

[82] DE CARVALHO A,STRIKOUDIS A,LIU H Y,et al. Glycogen synthase kinase 3 induces multilineage

maturation of human pluripotent stem cell-derived lung progenitors in 3D culture [J]. Development, 2019, 146 (2): dev171652.

[83] FULCHER M L, RANDELL S H. Human nasal and tracheo-bronchial respiratory epithelial cell culture [J]. Methods in Molecular Biology, 2013, 945: 109-121.

[84] KONISHI S, GOTOH S, TATEISHI K, et al. Directed Induction of Functional Multi-ciliated Cells in Proximal Airway Epithelial Spheroids from Human Pluripotent Stem Cells [J]. Stem Cell Reports, 2016, 6 (1): 18-25.

[85] HUANG S X, ISLAM M N, O'NEILL J, et al. Efficient generation of lung and airway epithelial cells from human pluripotent stem cells [J]. Nature Biotechnology, 2014, 32 (1): 84-91.

[86] GREEN M D, CHEN A, NOSTRO M C, et al. Generation of anterior foregut endoderm from human embryonic and induced pluripotent stem cells [J]. Nature Biotechnology, 2011, 29 (3): 267-272.

[87] HUANG S X, GREEN M D, DE CARVALHO A T, et al. The in vitro generation of lung and airway progenitor cells from human pluripotent stem cells [J]. Nature Protocols, 2015, 10 (3): 413-425.

[88] SATO T, VAN ES J H, SNIPPERT H J, et al. Paneth cells constitute the niche for Lgr5 stem cells in intestinal crypts [J]. Nature, 2011, 469 (7330): 415-418.

[89] SATO T, CLEVERS H. Growing self-organizing mini-guts from a single intestinal stem cell: mechanism and applications [J]. Science, 2013, 340 (6137): 1190-1194.

[90] FARIN H F, JORDENS I, MOSA M H, et al. Visualization of a short-range Wnt gradient in the intestinal stem-cell niche [J]. Nature, 2016, 530 (7590): 340-343.

[91] SNIPPERT H J, VAN DER FLIER L G, SATO T, et al. Intestinal crypt homeostasis results from neutral competition between symmetrically dividing Lgr5 stem cells [J]. Cell, 2010, 143 (1): 134-144.

[92] ASSAWACHANANONT J, MANDAI M, OKAMOTO S, et al. Transplantation of embryonic and induced pluripotent stem cell-derived 3D retinal sheets into retinal degenerative mice [J]. Stem Cell Reports, 2014, 2 (5): 662-674.

[93] SONDO E, CACI E, GALIETTA L J. The TMEM16A chloride channel as an alternative therapeutic target in cystic fibrosis [J]. International Journal of Biochemistry and Cell Biology, 2014, 52: 73-76.

[94] SHIRAI H, MANDAI M, MATSUSHITA K, et al. Transplantation of human embryonic stem cell-derived retinal tissue in two primate models of retinal degeneration [J]. Proceedings of the National Academy of Sciences of the United States of America, 2016, 113 (1): E81-90.

[95] VAN DEN BRINK S C, BAILLIE-JOHNSON P, BALAYO T, et al. Symmetry breaking, germ layer specification and axial organisation in aggregates of mouse embryonic stem cells [J]. Development, 2014, 141 (22): 4231-4242.

[96] ETOC F, METZGER J, RUZO A, et al. A Balance between Secreted Inhibitors and Edge Sensing Controls Gastruloid Self-Organization [J]. Developmental Cell, 2016, 39 (3): 302-315.

[97] MARTYN I, KANNO T Y, RUZO A, et al. Self-organization of a human organizer by combined Wnt and Nodal signalling [J]. Nature, 2018, 558 (7708): 132-135.

[98] MORGANI S M, METZGER J J, NICHOLS J, et al. Micropattern differentiation of mouse pluripotent stem cells recapitulates embryo regionalized cell fate patterning [J]. Elife, 2018, 7: e32839.

[99] TEWARY M, OSTBLOM J, PROCHAZKA L, et al. A stepwise model of reaction-diffusion and positional information governs self-organized human peri-gastrulation-like patterning [J]. Development, 2017, 144 (23):

4298-4312.

[100] WARMFLASH A,SORRE B,ETOC F,et al. A method to recapitulate early embryonic spatial patterning in human embryonic stem cells [J]. Nature Methods,2014,11 (8):847-854.

[101] BAILLIE-JOHNSON P,VAN DEN BRINK S C,BALAYO T,et al. Generation of aggregates of mouse embryonic stem cells that show symmetry breaking,polarization and emergent collective behaviour in vitro [J]. Journal of Visualized Experiments,2015,(105):53252.

[102] HU H,GEHART H,ARTEGIANI B,et al. Long-term expansion of functional mouse and human hepatocytes as 3D organoids [J]. Cell,2018,175 (6):1591-1606.e1519.

[103] PENG W C,LOGAN C Y,FISH M,et al. Inflammatory cytokine TNFα promotes the long-term expansion of primary hepatocytes in 3D culture [J]. Cell,2018,175 (6):1607-1619.

[104] HUCH M,GEHART H,VAN BOXTEL R,et al. Long-term culture of genome-stable bipotent stem cells from adult human liver [J]. Cell,2015,160 (1-2):299-312.

[105] YAMADA Y,KIRILLOVA I,PESCHON J J,et al. Initiation of liver growth by tumor necrosis factor: deficient liver regeneration in mice lacking type I tumor necrosis factor receptor [J]. Proceedings of the National Academy of Sciences of the United States of America,1997,94 (4):1441-1446.

[106] BASAK O,BEUMER J,WIEBRANDS K,et al. Induced quiescence of Lgr5+ stem cells in intestinal organoids enables differentiation of hormone-producing enteroendocrine cells [J]. Cell Stem Cell,2017,20 (2):177-190.

[107] BEUMER J,ARTEGIANI B,POST Y,et al. Enteroendocrine cells switch hormone expression along the crypt-to-villus BMP signalling gradient [J]. Nature Cell Biology,2018,20 (8):909-916.

[108] BLOKZIJL F,DE LIGT J,JAGER M,et al. Tissue-specific mutation accumulation in human adult stem cells during life [J]. Nature,2016,538 (7624):260-264.

[109] CHECKLEY W,WHITE A C,J R,JAGANATH D,et al. A review of the global burden,novel diagnostics, therapeutics,and vaccine targets for cryptosporidium [J]. Lancet Infectious Diseases,2015,15 (1):85-94.

[110] HEO I,DUTTA D,SCHAEFER D A,et al. Modelling Cryptosporidium infection in human small intestinal and lung organoids [J]. Nature Microbiology,2018,3 (7):814-823.

[111] SALAMA N R,HARTUNG M L,MULLER A. Life in the human stomach:persistence strategies of the bacterial pathogen Helicobacter pylori [J]. Nature Reviews Microbiology,2013,11 (6):385-399.

[112] BARTFELD S,BAYRAM T,VAN DE WETERING M,et al. In vitro expansion of human gastric epithelial stem cells and their responses to bacterial infection [J]. Gastroenterology,2015,148 (1):126-136.

[113] HUANG J Y,SWEENEY E G,SIGAL M,et al. Chemodetection and Destruction of Host Urea Allows Helicobacter pylori to Locate the Epithelium [J]. Cell Host and Microbe,2015,18 (2):147-156.

[114] SHUKLA V K,SINGH H,PANDEY M,et al. Carcinoma of the gallbladder--is it a sequel of typhoid? [J]. Digestive Diseases and Sciences,2000,45 (5):900-903.

[115] SCANU T,SPAAPEN R M,BAKKER J M,et al. Salmonella manipulation of host signaling pathways provokes cellular transformation associated with gallbladder carcinoma [J]. Cell Host and Microbe,2015,17 (6):763-774.

[116] RAMANI S,ATMAR R L,ESTES M K. Epidemiology of human noroviruses and updates on vaccine development [J]. Current Opinion in Gastroenterology,2014,30 (1):25-33.

[117] ETTAYEBI K,CRAWFORD S E,MURAKAMI K,et al. Replication of human noroviruses in stem cell-

derived human enteroids [J]. Science,2016,353(6306):1387-1393.

[118] HIRSCH H H,BRENNAN D C,DRACHENBERG C B,et al. Polyomavirus-associated nephropathy in renal transplantation:interdisciplinary analyses and recommendations [J]. Transplantation,2005,79(10): 1277-1286.

[119] SAWINSKI D,GORAL S. BK virus infection:an update on diagnosis and treatment [J]. Nephrology Dialysis Transplantation,2015,30(2):209-217.

[120] NAIR H,NOKES D J,GESSNER B D,et al. Global burden of acute lower respiratory infections due to respiratory syncytial virus in young children:a systematic review and meta-analysis [J]. Lancet,2010,375 (9725):1545-1555.

[121] MUELLER N J,KUWAKI K,KNOSALLA C,et al. Early weaning of piglets fails to exclude porcine lymphotropic herpesvirus [J]. Xenotransplantation,2005,12(1):59-62.

[122] HU B,GUO H,ZHOU P,et al. Characteristics of SARS-CoV-2 and COVID-19 [J]. Nature Reviews Microbiology,2021,19(3):141-154.

[123] DAI L,GAO G F. Viral targets for vaccines against COVID-19 [J]. Nature Reviews Immunology,2021,21 (2):73-82.

[124] HAN Y,DUAN X,YANG L,et al. Identification of SARS-CoV-2 inhibitors using lung and colonic organoids [J]. Nature,2021,589(7841):270-275.

[125] LAMERS M M,VAN DER VAART J,KNOOPS K,et al. An organoid-derived bronchioalveolar model for SARS-CoV-2 infection of human alveolar type II-like cells [J]. EMBO Journal,2021,40(5):e105912.

[126] RAMANI A,MULLER L,OSTERMANN P N,et al. SARS-CoV-2 targets neurons of 3D human brain organoids [J]. EMBO Journal,2020,39(20):e106230.

[127] WIEGERINCK C L,JANECKE A R,SCHNEEBERGER K,et al. Loss of syntaxin 3 causes variant microvillus inclusion disease [J]. Gastroenterology,2014,147(1):65-68.

[128] BIGORGNE A E,FARIN H F,LEMOINE R,et al. TTC7A mutations disrupt intestinal epithelial apicobasal polarity [J]. Journal of Clinical Investigation,2014,124(1):328-337.

[129] DEKKERS J F,WIEGERINCK C L,DE JONGE H R,et al. A functional CFTR assay using primary cystic fibrosis intestinal organoids [J]. Nature Medicine,2013,19(7):939-945.

[130] SCHWANK G,KOO B K,SASSELLI V,et al. Functional repair of CFTR by CRISPR/Cas9 in intestinal stem cell organoids of cystic fibrosis patients [J]. Cell Stem Cell,2013,13(6):653-658.

[131] BERKERS G,VAN MOURIK P,VONK A M,et al. Rectal Organoids Enable Personalized Treatment of Cystic Fibrosis [J]. Cell Reports,2019,26(7):1701-1708.

[132] SATO T,STANGE D E,FERRANTE M,et al. Long-term expansion of epithelial organoids from human colon,adenoma,adenocarcinoma,and Barrett's epithelium [J]. Gastroenterology,2011,141(5):1762-1772.

[133] ROERINK S F,SASAKI N,LEE-SIX H,et al. Intra-tumour diversification in colorectal cancer at the single-cell level [J]. Nature,2018,556(7702):457-462.

[134] MATANO M,DATE S,SHIMOKAWA M,et al. Modeling colorectal cancer using CRISPR-Cas9-mediated engineering of human intestinal organoids [J]. Nature Medicine,2015,21(3):256-262.

[135] DROST J,VAN JAARSVELD R H,PONSIOEN B,et al. Sequential cancer mutations in cultured human intestinal stem cells [J]. Nature,2015,521(7550):43-47.

[136] DROST J,VAN BOXTEL R,BLOKZIJL F,et al. Use of CRISPR-modified human stem cell organoids to

study the origin of mutational signatures in cancer [J]. Science,2017,358(6360):234-238.

[137] WEREN R D,LIGTENBERG M J,KETS C M,et al. A germline homozygous mutation in the base-excision repair gene NTHL1 causes adenomatous polyposis and colorectal cancer [J]. Nat Genet,2015,47(6): 668-671.

[138] NIK-ZAINAL S,DAVIES H,STAAF J,et al. Landscape of somatic mutations in 560 breast cancer whole-genome sequences [J]. Nature,2016,534(7605):47-54.

[139] TOMLINS S A,RHODES D R,PERNER S,et al. Recurrent fusion of TMPRSS2 and ETS transcription factor genes in prostate cancer [J]. Science,2005,310(5748):644-648.

[140] DRIEHUIS E,CLEVERS H. CRISPR-Induced TMPRSS2-ERG gene fusions in mouse prostate organoids [J]. JSM Biotechnol Biomed Eng,2017,4(1):1076.

[141] DE SOUSA E MELO F,KURTOVA A V,HARNOSS J M,et al. A distinct role for Lgr5(+) stem cells in primary and metastatic colon cancer [J]. Nature,2017,543(7647):676-680.

[142] SHIMOKAWA M,OHTA Y,NISHIKORI S,et al. Visualization and targeting of LGR5(+) human colon cancer stem cells [J]. Nature,2017,545(7653):187-192.

[143] FUMAGALLI A,DROST J,SUIJKERBUIJK S J,et al. Genetic dissection of colorectal cancer progression by orthotopic transplantation of engineered cancer organoids [J]. Proceedings of the National Academy of Sciences of the United States of America,2017,114(12):E2357-E2364.

[144] ROPER J,TAMMELA T,CETINBAS N M,et al. In vivo genome editing and organoid transplantation models of colorectal cancer and metastasis [J]. Nature Biotechnology,2017,35(6):569-576.

[145] MANDAI M,FUJII M,HASHIGUCHI T,et al. iPSC-derived retina transplants improve vision in rd1 end-stage retinal-degeneration mice [J]. Stem Cell Reports,2017,8(1):69-83.

[146] FORDHAM R P,YUI S,HANNAN N R,et al. Transplantation of expanded fetal intestinal progenitors contributes to colon regeneration after injury [J]. Cell Stem Cell,2013,13(6):734-744.

[147] DIJKSTRA K K,CATTANEO C M,WEEBER F,et al. Generation of tumor-reactive T cells by co-culture of peripheral blood lymphocytes and tumor organoids [J]. Cell,2018,174(6):1586-1598.

[148] GJOREVSKI N,SACHS N,MANFRIN A,et al. Designer matrices for intestinal stem cell and organoid culture [J]. Nature,2016,539(7630):560-564.

[149] SCHUTGENS F,ROOKMAAKER M B,MARGARITIS T,et al. Tubuloids derived from human adult kidney and urine for personalized disease modeling [J]. Nature Biotechnology,2019,37(3):303-313.

[150] SACHS N,PAPASPYROPOULOS A,ZOMER-VAN OMMEN D D,et al. Long-term expanding human airway organoids for disease modeling [J]. EMBO Journal,2019,38(4):e100300.

[151] FAROOQI K M,SENGUPTA P P. Echocardiography and three-dimensional printing:sound ideas to touch a heart [J]. Journal of the American Society of Echocardiography,2015,28(4):398-403.

[152] SACHS E,CIMA M,CORNIE J. Three-dimensional printing:rapid tooling and prototypes directly from a CAD model [J]. CIRP Annals,1990,39:201-204.

[153] MIRONOV V,BOLAND T,TRUSK T,et al. Organ printing:computer-aided jet-based 3D tissue engineering [J]. Trends Biotechnol,2003,21(4):157-161.

[154] BOLAND T,MIRONOV V,GUTOWSKA A,et al. Cell and organ printing 2:fusion of cell aggregates in three-dimensional gels [J]. Anatomical Record Part A Discoveries in Molecular Cellular and Evolutionary Biology,2003,272(2):497-502.

[155] STOKER N G,MANKOVICH N J,VALENTINO D. Stereolithographic models for surgical planning: preliminary report [J]. Journal of Oral and Maxillofacial Surgery,1992,50 (5):466-471.

[156] RAISIAN S,FALLAHI H R,KHIABANI K S,et al. Customized titanium mesh based on the 3D printed model vs. manual intraoperative bending of titanium mesh for reconstructing of orbital bone fracture:a randomized clinical trial [J]. Reviews on Recent Clinical Trials,2017,12 (3):154-158.

[157] WAUTHLE R,VAN DER STOK J,AMIN YAVARI S,et al. Additively manufactured porous tantalum implants [J]. Acta Biomaterialia,2015,14:217-225.

[158] TURNBULL G,CLARKE J,PICARD F,et al. 3D bioactive composite scaffolds for bone tissue engineering [J]. Bioactive Materials,2018,3 (3):278-314.

[159] WILLIAMS J M,ADEWUNMI A,SCHEK R M,et al. Bone tissue engineering using polycaprolactone scaffolds fabricated via selective laser sintering [J]. Biomaterials,2005,26 (23):4817-4827.

[160] VIJAYAVENKATARAMAN S,YAN W C,LU W F,et al. 3D bioprinting of tissues and organs for regenerative medicine [J]. Advanced Drug Delivery Reviews,2018,132:296-332.

[161] VUKICEVIC M,MOSADEGH B,MIN J K,et al. Cardiac 3D printing and its future directions [J]. JACC Cardiovasc Imaging,2017,10 (2):171-184.

[162] GAREKAR S,BHARATI A,CHOKHANDRE M,et al. Clinical Application and Multidisciplinary Assessment of Three Dimensional Printing in Double Outlet Right Ventricle With Remote Ventricular Septal Defect [J]. World Journal for Pediatric and Congenital Heart Surgery,2016,7 (3):344-350.

[163] KIRALY L,TOFEIG M,JHA N K,et al. Three-dimensional printed prototypes refine the anatomy of post-modified Norwood-1 complex aortic arch obstruction and allow presurgical simulation of the repair [J]. Interdisciplinary CardioVascular and Thoracic Surgery,2016,22 (2):238-240.

[164] MARAGIANNIS D,JACKSON M S,IGO S R,et al. Functional 3D printed patient-specific modeling of severe aortic stenosis [J]. Journal of the American College of Cardiology,2014,64 (10):1066-1068.

[165] JAVAN R,HERRIN D,TANGESTANIPOOR A. Understanding spatially complex segmental and branch anatomy using 3D printing:liver,lung,prostate,coronary arteries,and circle of Willis [J]. Academic Radiology,2016,23 (9):1183-1189.

[166] KOLLI K K,MIN J K,HA S,et al. Effect of varying hemodynamic and vascular conditions on fractional flow reserve:an in vitro study [J]. Journal of the American Heart Association,2016,5 (7):e003634.

[167] RUSS M,O'HARA R,SETLUR NAGESH S V,et al. Treatment planning for image-guided neuro-vascular interventions using patient-specific 3D printed phantoms [J]. Proceedings of SPIE-The International Society for Optical Engineering,2015,9417:941726.

[168] CHAOWU Y,HUA L,XIN S. Three-dimensional printing as an aid in transcatheter closure of secundum atrial septal defect with rim deficiency:in vitro trial occlusion based on a personalized heart model [J]. Circulation,2016,133 (17):e608-610.

[169] FAROOQI K M,SAEED O,ZAIDI A,et al. 3D printing to guide ventricular assist device placement in adults with congenital heart disease and heart failure [J]. JACC:Heart Failure,2016,4 (4):301-311.

[170] VRANICAR M,GREGORY W,DOUGLAS W I,et al. The use of stereolithographic hand held models for evaluation of congenital anomalies of the great arteries [J]. Studies in Health Technology and Informatics,2008,132:538-543.

[171] FAROOQI K M,NIELSEN J C,UPPU S C,et al. Use of 3-dimensional printing to demonstrate complex

intracardiac relationships in double-outlet right ventricle for surgical planning [J]. Circulation: Cardiovascular Imaging, 2015, 8 (5): e003043.

[172] OLIVIERI L J, KRIEGER A, LOKE Y H, et al. Three-dimensional printing of intracardiac defects from three-dimensional echocardiographic images: feasibility and relative accuracy [J]. Journal of the American Society of Echocardiography, 2015, 28 (4): 392-397.

[173] COSTELLO J P, OLIVIERI L J, SU L, et al. Incorporating three-dimensional printing into a simulation-based congenital heart disease and critical care training curriculum for resident physicians [J]. Congenital Heart Disease, 2015, 10 (2): 185-190.

[174] ANWAR S, SINGH G K, VARUGHESE J, et al. 3D printing in complex congenital heart disease: across a spectrum of age, pathology, and imaging techniques [J]. JACC Cardiovasc Imaging, 2017, 10 (8): 953-956.

[175] RYAN J R, MOE T G, RICHARDSON R, et al. A novel approach to neonatal management of tetralogy of Fallot, with pulmonary atresia, and multiple aortopulmonary collaterals [J]. JACC Cardiovasc Imaging, 2015, 8 (1): 103-104.

[176] DEFERM S, MEYNS B, VLASSELAERS D, et al. 3D-printing in congenital cardiology: from flatland to spaceland [J]. Journal of Clinical Imaging Science, 2016, 6: 8.

[177] BIGLINO G, VERSCHUEREN P, ZEGELS R, et al. Rapid prototyping compliant arterial phantoms for in-vitro studies and device testing [J]. Journal of Cardiovascular Magnetic Resonance, 2013, 15 (1): 2.

[178] WANG P, QUE W, ZHANG M, et al. Application of 3-dimensional printing in pediatric living donor liver transplantation: a single-center experience [J]. Liver transplantation, 2019, 25 (6): 831-840.

[179] JACOBS S, GRUNERT R, MOHR F W, et al. 3D-imaging of cardiac structures using 3D heart models for planning in heart surgery: a preliminary study [J]. Interdisciplinary CardioVascular and Thoracic Surgery, 2008, 7 (1): 6-9.

[180] SCHMAUSS D, GERBER N, SODIAN R. Three-dimensional printing of models for surgical planning in patients with primary cardiac tumors [J]. Journal of Thoracic and Cardiovascular Surgery, 2013, 145 (5): 1407-1408.

[181] AL JABBARI O, ABU SALEH W K, PATEL A P, et al. Use of three-dimensional models to assist in the resection of malignant cardiac tumors [J]. Journal of Cardiac Surgery, 2016, 31 (9): 581-583.

[182] LAL A A, MURTHY P B, PILLAI K S. Screening of hepatoprotective effect of a herbal mixture against CCl4 induced hepatotoxicity in Swiss albino mice [J]. Journal of Environmental Biology, 2007, 28 (2): 201-207.

[183] BATALLER R, BRENNER D A. Liver fibrosis [J]. Journal of Clinical Investigation, 2005, 115 (2): 209-218.

[184] LIU TSANG V, CHEN A A, CHO L M, et al. Fabrication of 3D hepatic tissues by additive photopatterning of cellular hydrogels [J]. FASEB Journal, 2007, 21 (3): 790-801.

[185] KHETANI S R, BHATIA S N. Microscale culture of human liver cells for drug development [J]. Nature Biotechnology, 2008, 26 (1): 120-126.

[186] HEWITT N J, LECHON M J, HOUSTON J B, et al. Primary hepatocytes: current understanding of the regulation of metabolic enzymes and transporter proteins, and pharmaceutical practice for the use of hepatocytes in metabolism, enzyme induction, transporter, clearance, and hepatotoxicity studies [J]. Drug Metabolism Reviews, 2007, 39 (1): 159-234.

[187] FAULKNER-JONES A,FYFE C,CORNELISSEN D J,et al. Bioprinting of human pluripotent stem cells and their directed differentiation into hepatocyte-like cells for the generation of mini-livers in 3D [J]. Biofabrication,2015,7(4):044102.

[188] KANG K,KIM Y,JEON H,et al. Three-dimensional bioprinting of hepatic structures with directly converted hepatocyte-like cells [J]. Tissue Engineering Part A,2018,24(7/8):576-583.

[189] KIZAWA H,NAGAO E,SHIMAMURA M,et al. Scaffold-free 3D bio-printed human liver tissue stably maintains metabolic functions useful for drug discovery [J]. Biochemistry and Biophysics Reports,2017,10: 186-191.

[190] MA X,QU X,ZHU W,et al. Deterministically patterned biomimetic human iPSC-derived hepatic model via rapid 3D bioprinting [J]. Proceedings of the National Academy of Sciences of the United States of America,2016,113(8):2206-2211.

[191] BHISE N S,MANOHARAN V,MASSA S,et al. A liver-on-a-chip platform with bioprinted hepatic spheroids [J]. Biofabrication,2016,8(1):014101.

[192] GOU M,QU X,ZHU W,et al. Bio-inspired detoxification using 3D-printed hydrogel nanocomposites [J]. Nature Communications,2014,5:3774.

[193] JANSSEN F W,OOSTRA J,OORSCHOT A,et al. A perfusion bioreactor system capable of producing clinically relevant volumes of tissue-engineered bone:in vivo bone formation showing proof of concept [J]. Biomaterials,2006,27(3):315-323.

[194] BROWN D A,MACLELLAN W R,LAKS H,et al. Analysis of oxygen transport in a diffusion-limited model of engineered heart tissue [J]. Biotechnology and Bioengineering,2007,97(4):962-975.

[195] JAIN R K,AU P,TAM J,et al. Engineering vascularized tissue [J]. Nature Biotechnology,2005,23(7): 821-823.

[196] KESARI P,XU T,BOLAND T. Layer-by-layer printing of cells and its application to tissue engineering [J]. MRS Online Proceedings Library,2004,845:5-11.

[197] DUARTE CAMPOS D F,BLAESER A,WEBER M,et al. Three-dimensional printing of stem cell-laden hydrogels submerged in a hydrophobic high-density fluid [J]. Biofabrication,2013,5(1):015003.

[198] BLAESER A,DUARTE CAMPOS D F,WEBER M,et al. Biofabrication under fluorocarbon:a novel freeform fabrication technique to generate high aspect ratio tissue-engineered constructs [J]. Bio Research Open Access,2013,2(5):374-384.

[199] POLDERVAART M T,WANG H,VAN DER STOK J,et al. Sustained release of BMP-2 in bioprinted alginate for osteogenicity in mice and rats [J]. PLoS One,2013,8(8):e72610.

[200] WANG X,AO Q,TIAN X,et al. 3D bioprinting technologies for hard tissue and organ engineering [J]. Materials (Basel),2016,9(10):802.

[201] RICHARDS D,JIA J,YOST M,et al. 3D bioprinting for vascularized tissue fabrication [J]. Annals of Biomedical Engineering,2017,45(1):132-147.

[202] KHALIL S,SUN W. Bioprinting endothelial cells with alginate for 3D tissue constructs [J]. Journal of Biomechanical Engineering,2009,131(11):111002.

[203] GAO Q,HE Y,FU JZ,et al. Coaxial nozzle-assisted 3D bioprinting with built-in microchannels for nutrients delivery [J]. Biomaterials,2015,61:203-215.

[204] COLOSI C,SHIN S R,MANOHARAN V,et al. Microfluidic bioprinting of heterogeneous 3D tissue

第三章 干细胞临床前研究

constructs using low-viscosity bioink [J]. Advanced Materials, 2016, 28 (4): 677-684.

[205] JIA W, GUNGOR-OZKERIM P S, ZHANG Y S, et al. Direct 3D bioprinting of perfusable vascular constructs using a blend bioink [J]. Biomaterials, 2016, 106: 58-68.

[206] ZHANG Y S, ARNERI A, BERSINI S, et al. Bioprinting 3D microfibrous scaffolds for engineering endothelialized myocardium and heart-on-a-chip [J]. Biomaterials, 2016, 110: 45-59.

[207] GUILLOTIN B, SOUQUET A, CATROS S, et al. Laser assisted bioprinting of engineered tissue with high cell density and microscale organization [J]. Biomaterials, 2010, 31 (28): 7250-7256.

[208] ZHU W, QU X, ZHU J, et al. Direct 3D bioprinting of prevascularized tissue constructs with complex microarchitecture [J]. Biomaterials, 2017, 124: 106-115.

[209] BAUDIS S, NEHL F, LIGON S C, et al. Elastomeric degradable biomaterials by photopolymerization-based CAD-CAM for vascular tissue engineering [J]. Biomedical Materials, 2011, 6 (5): 055003.

[210] MEYER W, ENGELHARDT S, NOVOSEL E, et al. Soft polymers for building up small and smallest blood supplying systems by stereolithography [J]. Journal of Functional Biomaterials, 2012, 3 (2): 257-268.

[211] SOPHIA FOX A J, BEDI A, RODEO S A. The basic science of articular cartilage: structure, composition, and function [J]. Sports Health, 2009, 1 (6): 461-468.

[212] BUCKWALTER J A, MANKIN H J. Articular cartilage: tissue design and chondrocyte-matrix interactions [J]. Instructional course lectures, 1998, 47: 477-486.

[213] HUNZIKER E B, QUINN T M, HAUSELMANN H J. Quantitative structural organization of normal adult human articular cartilage [J]. Osteoarthritis Cartilage, 2002, 10 (7): 564-572.

[214] SCHUURMAN W, LEVETT P A, POT M W, et al. Gelatin-methacrylamide hydrogels as potential biomaterials for fabrication of tissue-engineered cartilage constructs [J]. Macromolecular Bioscience, 2013, 13 (5): 551-561.

[215] CUI X, BREITENKAMP K, FINN M G, et al. Direct human cartilage repair using three-dimensional bioprinting technology [J]. Tissue Engineering Part A, 2012, 18 (11/12): 1304-1312.

[216] YU Y, MONCAL K K, LI J, et al. Three-dimensional bioprinting using self-assembling scalable scaffold-free "tissue strands" as a new bioink [J]. Scientific Reports, 2016, 6: 28714.

[217] LEVATO R, WEBB W R, OTTO I A, et al. The bio in the ink: cartilage regeneration with bioprintable hydrogels and articular cartilage-derived progenitor cells [J]. Acta Biomaterialia, 2017, 61: 41-53.

[218] NGUYEN L H, KUDVA A K, SAXENA N S, et al. Engineering articular cartilage with spatially-varying matrix composition and mechanical properties from a single stem cell population using a multi-layered hydrogel [J]. Biomaterials, 2011, 32 (29): 6946-6952.

[219] NGUYEN L H, KUDVA A K, GUCKERT N L, et al. Unique biomaterial compositions direct bone marrow Stem Cells Internationalo specific chondrocytic phenotypes corresponding to the various zones of articular cartilage [J]. Biomaterials, 2011, 32 (5): 1327-1338.

[220] NGUYEN D, HAGG D A, FORSMAN A, et al. Cartilage Tissue Engineering by the 3D Bioprinting of iPS Cells in a Nanocellulose/Alginate Bioink [J]. Scientific Reports, 2017, 7 (1): 658.

[221] KANG H W, LEE S J, KO I K, et al. A 3D bioprinting system to produce human-scale tissue constructs with structural integrity [J]. Nature Biotechnology, 2016, 34 (3): 312-319.

[222] XIA D, JIN D, WANG Q, et al. Tissue-engineered trachea from a 3D-printed scaffold enhances whole-segment tracheal repair in a goat model [J]. Journal of Tissue Engineering and Regenerative Medicine,

2019,13（4）:694-703.

[223] HUANG A H,STEIN A,TUAN R S,et al. Transient exposure to transforming growth factor beta 3 improves the mechanical properties of mesenchymal stem cell-laden cartilage constructs in a density-dependent manner [J]. Tissue Engineering Part A,2009,15（11）:3461-3472.

[224] MAJUMDAR M K,BANKS V,PELUSO D P,et al. Isolation,characterization,and chondrogenic potential of human bone marrow-derived multipotential stromal cells [J]. Journal of Cellular Physiology,2000,185（1）: 98-106.

[225] HUANG A H,FARRELL M J,KIM M,et al. Long-term dynamic loading improves the mechanical properties of chondrogenic mesenchymal stem cell-laden hydrogel [J]. European Cells & Materials,2010, 19:72-85.

[226] BOSE S,VAHABZADEH S,BANDYOPADHYAY A. Bone tissue engineering using 3D printing [J]. Materials Today,2013,16:496-504.

[227] INZANA J A,OLVERA D,FULLER S M,et al. 3D printing of composite calcium phosphate and collagen scaffolds for bone regeneration [J]. Biomaterials,2014,35（13）:4026-4034.

[228] MURPHY S V,DE COPPI P,ATALA A. Opportunities and challenges of translational 3D bioprinting [J]. Nature Biomedical Engineering,2020,4（4）:370-380.

[229] CATROS S,FRICAIN J C,GUILLOTIN B,et al. Laser-assisted bioprinting for creating on-demand patterns of human osteoprogenitor cells and nano-hydroxyapatite [J]. Biofabrication,2011,3（2）:025001.

[230] LEE W,DEBASITIS J C,LEE V K,et al. Multi-layered culture of human skin fibroblasts and keratinocytes through three-dimensional freeform fabrication [J]. Biomaterials,2009,30（8）:1587-1595.

[231] CUBO N,GARCIA M,DEL CANIZO J F,et al. 3D bioprinting of functional human skin:production and in vivo analysis [J]. Biofabrication,2016,9（1）:015006.

[232] ALBANNA M,BINDER K W,MURPHY S V,et al. In Situ Bioprinting of Autologous Skin Cells Accelerates Wound Healing of Extensive Excisional Full-Thickness Wounds [J]. Scientific Reports,2019,9 （1）:1856.

[233] SKARDAL A,MURPHY S V,CROWELL K,et al. A tunable hydrogel system for long-term release of cell-secreted cytokines and bioprinted in situ wound cell delivery [J]. Journal of Biomedical Materials Research Part B:Applied Biomaterials,2017,105（7）:1986-2000.

[234] SKARDAL A,MACK D,KAPETANOVIC E,et al. Bioprinted amniotic fluid-derived stem cells accelerate healing of large skin wounds [J]. Stem Cells Translational Medicine,2012,1（11）:792-802.

[235] OSTROVIDOV S,SALEHI S,COSTANTINI M,et al. 3D bioprinting in skeletal muscle tissue engineering [J]. Small,2019,15（24）:e1805530.

[236] GAO G,CUI X. Three-dimensional bioprinting in tissue engineering and regenerative medicine [J]. Biotechnology Letters,2016,38（2）:203-211.

[237] RAMAN R,CVETKOVIC C,UZEL S G,et al. Optogenetic skeletal muscle-powered adaptive biological machines [J]. Proceedings of the National Academy of Sciences of the United States of America,2016,113 （13）:3497-3502.

[238] CHOI Y J,KIM T G,JEONG J,et al. 3D cell printing of functional skeletal muscle constructs using skeletal muscle-derived bioink [J]. Advanced Healthcare Materials,2016,5（20）:2636-2645.

[239] LEE V K,DAI G. Printing of three-dimensional tissue analogs for regenerative medicine [J]. Annals of

Biomedical Engineering,2017,45(1):115-131.

[240] HARDIN J O,OBER T J,VALENTINE A D,et al. Microfluidic printheads for multimaterial 3D printing of viscoelastic inks [J]. Advanced Materials,2015,27(21):3279-3284.

[241] MCMILLIN D W,NEGRI J M,MITSIADES C S. The role of tumour-stromal interactions in modifying drug response:challenges and opportunities [J]. Nature Reviews Drug Discovery,2013,12(3):217-228.

[242] LEONARD F,GODIN B. 3D In Vitro model for breast cancer research using magnetic levitation and bioprinting method [J]. Methods in Molecular Biology,2016,1406:239-251.

[243] ALBRITTON J L,MILLER J S. 3D bioprinting:improving in vitro models of metastasis with heterogeneous tumor microenvironments [J]. Disease Models & Mechanisms,2017,10(1):3-14.

[244] CHAFFER C L,WEINBERG R A. A perspective on cancer cell metastasis [J]. Science,2011,331(6024):1559-1564.

[245] HUANG TQ,QU X,LIU J,et al. 3D printing of biomimetic microstructures for cancer cell migration [J]. Biomedical Microdevices,2014,16(1):127-132.

[246] ZHAO Y,YAO R,OUYANG L,et al. Three-dimensional printing of Hela cells for cervical tumor model in vitro [J]. Biofabrication,2014,6(3):035001.

[247] XU F,CELLI J,RIZVI I,et al. A three-dimensional in vitro ovarian cancer coculture model using a high-throughput cell patterning platform [J]. Biotechnology Journal,2011,6(2):204-212.

[248] YANG Y,DU T,ZHANG J,et al. A 3D-engineered conformal implant releases dna nanocomplexes for eradicating the postsurgery residual glioblastoma [J]. Advanced Science,2017,4(8):1600491.

[249] RUTZ A L,HYLAND K E,JAKUS A E,et al. A multimaterial bioink method for 3D printing tunable,cell-compatible hydrogels [J]. Advanced Materials,2015,27(9):1607-1614.

[250] LEE H,HAN W,KIM H,et al. Development of Liver decellularized extracellular matrix bioink for three-dimensional cell printing-based liver tissue engineering [J]. Biomacromolecules,2017,18(4):1229-1237.

[251] CRAPO P M,GILBERT T W,BADYLAK S F. An overview of tissue and whole organ decellularization processes [J]. Biomaterials,2011,32(12):3233-3243.

[252] MA Z,KOO S,FINNEGAN M A,et al. Three-dimensional filamentous human diseased cardiac tissue model [J]. Biomaterials,2014,35(5):1367-1377.

[253] LIND J U,BUSBEE T A,VALENTINE A D,et al. Instrumented cardiac microphysiological devices via multimaterial three-dimensional printing [J]. Nature Materials,2017,16(3):303-308.

[254] PATI F,JANG J,HA D H,et al. Printing three-dimensional tissue analogues with decellularized extracellular matrix bioink [J]. Nature Communications,2014,5:3935.

[255] CUI X,BREITENKAMP K,LOTZ M,et al. Synergistic action of fibroblast growth factor-2 and transforming growth factor-beta1 enhances bioprinted human neocartilage formation [J]. Biotechnology and Bioengineering,2012,109(9):2357-2368.

[256] EISENSTEIN M. Artificial organs:Honey,I shrunk the lungs [J]. Nature,2015,519(7544):S16-18.

[257] LANCASTER M A,KNOBLICH J A. Generation of cerebral organoids from human pluripotent stem cells [J]. Nature Protocols,2014,9(10):2329-2340.

[258] BREDENOORD A L,CLEVERS H,KNOBLICH J A. Human tissues in a dish:The research and ethical implications of organoid technology [J]. Science,2017,355(6322):eaaf9414.

[259] HE J,ZHANG X,XIA X,et al. Organoid technology for tissue engineering [J]. Journal of Molecular Cell

Biology,2020,12(8):569-579.

[260] AHADIAN S,CIVITARESE R,BANNERMAN D,et al. Organ-on-a-chip platforms:a convergence of advanced materials,cells,and microscale technologies [J]. Advanced Healthcare Materials,2018,7(2): 201700506.

[261] ZHENG F,FU F,CHENG Y,et al. Organ-on-a-chip systems:microengineering to biomimic living systems [J]. Small,2016,12(17):2253-2282.

[262] WANG Y,WANG L,GUO Y,et al. Engineering stem cell-derived 3D brain organoids in a perfusable organ-on-a-chip system [J]. RSC Advances,2018,8(3):1677-1685.

[263] TAKEBE T,ZHANG B,RADISIC M. Synergistic engineering:organoids meet organs-on-a-chip [J]. Cell Stem Cell,2017,21(3):297-300.

[264] PARK S E,GEORGESCU A,HUH D. Organoids-on-a-chip [J]. Science,2019,364(6444):960-965.

[265] JACKSON E L,LU H. Three-dimensional models for studying development and disease:moving on from organisms to organs-on-a-chip and organoids [J]. Integrative Biology,2016,8(6):672-683.

[266] ZHANG B,KOROLJ A,LAI B F L,et al. Advances in organ-on-a-chip engineering [J]. Nature Reviews Materials,2018,3:257-278.

[267] CHRAMIEC A,TELES D,YEAGER K,et al. Integrated human organ-on-a-chip model for predictive studies of anti-tumor drug efficacy and cardiac safety [J]. Lab on a Chip,2020,20(23):4357-4372.

[268] ALBANESE A,LAM A K,SYKES E A,et al. Tumour-on-a-chip provides an optical window into nanoparticle tissue transport [J]. Nature Communications,2013,4:2718.

[269] YANG CG,WU YF,XU ZR,et al. A radial microfluidic concentration gradient generator with high-density channels for cell apoptosis assay [J]. Lab on a Chip,2011,11(19):3305-3312.

[270] SKARDAL A,MURPHY S V,DEVARASETTY M,et al. Multi-tissue interactions in an integrated three-tissue organ-on-a-chip platform [J]. Scientific Reports,2017,7(1):8837.

[271] JODAT Y A,KANG M G,KIAEE K,et al. Human-derived organ-on-a-chip for personalized drug development [J]. Current Pharmaceutical Design,2018,24(45):5471-5486.

[272] BEIN A,SHIN W,JALILI-FIROOZINEZHAD S,et al. Microfluidic Organ-on-a-Chip Models of Human Intestine [J]. Cellular and Molecular Gastroenterology and Hepatology,2018,5(4):659-668.

[273] JANG K J,MEHR A P,HAMILTON G A,et al. Human kidney proximal tubule-on-a-chip for drug transport and nephrotoxicity assessment [J]. Integrative Biology,2013,5(9):1119-1129.

[274] BAR-NUR O,RUSS H A,EFRAT S,et al. Epigenetic memory and preferential lineage-specific differentiation in induced pluripotent stem cells derived from human pancreatic islet beta cells [J]. Cell Stem Cell,2011,9(1):17-23.

[275] KATTMAN S J,WITTY A D,GAGLIARDI M,et al. Stage-specific optimization of activin/Nodal and BMP signaling promotes cardiac differentiation of mouse and human pluripotent stem cell lines [J]. Cell Stem Cell,2011,8(2):228-240.

[276] GUHA P,MORGAN J W,MOSTOSLAVSKY G,et al. Lack of immune response to differentiated cells derived from syngeneic induced pluripotent stem cells [J]. Cell Stem Cell,2013,12(4):407-412.

[277] WANG A,TANG Z,PARK I H,et al. Induced pluripotent stem cells for neural tissue engineering [J]. Biomaterials,2011,32(22):5023-5032.

[278] WANG G,MCCAIN M L,YANG L,et al. Modeling the mitochondrial cardiomyopathy of Barth syndrome

with induced pluripotent stem cell and heart-on-chip technologies [J]. Nature Medicine,2014,20(6):616-623.

[279] ACHBERGER K,PROBST C,HADERSPECK J,et al. Merging organoid and organ-on-a-chip technology to generate complex multi-layer tissue models in a human retina-on-a-chip platform [J]. Elife,2019,8:e46188.

[280] CHOUDHURY Y,TOH Y C,XING J,et al. Patient-specific hepatocyte-like cells derived from induced pluripotent stem cells model pazopanib-mediated hepatotoxicity [J]. Scientific Reports,2017,7:41238.

[281] DONTU G,ABDALLAH W M,FOLEY J M,et al. In vitro propagation and transcriptional profiling of human mammary stem/progenitor cells [J]. Genes & Development,2003,17(10):1253-1270.

[282] BANAEIYAN A A,THEOBALD J,PAUKSTYTE J,et al. Design and fabrication of a scalable liver-lobule-on-a-chip microphysiological platform [J]. Biofabrication,2017,9(1):015014.

[283] LIGRESTI G,NAGAO R J,XUE J,et al. A Novel Three-Dimensional Human Peritubular Microvascular System [J]. Journal of the American Society of Nephrology,2016,27(8):2370-2381.

[284] HUH D,LESLIE D C,MATTHEWS B D,et al. A human disease model of drug toxicity-induced pulmonary edema in a lung-on-a-chip microdevice [J]. Science Translational Medicine,2012,4(159):159ra147.

[285] HUH D,MATTHEWS B D,MAMMOTO A,et al. Reconstituting organ-level lung functions on a chip [J]. Science,2010,328(5986):1662-1668.

[286] ROHR S,SCHOLLY D M,KLEBER A G. Patterned growth of neonatal rat heart cells in culture. Morphological and electrophysiological characterization [J]. Circulation Research,1991,68(1):114-130.

[287] JANG K J,OTIENO M A,RONXHI J,et al. Reproducing human and cross-species drug toxicities using a Liver-Chip [J]. Science Translational Medicine,2019,11(517):eaax5516.

[288] NOVAK R,INGRAM M,MARQUEZ S,et al. Robotic fluidic coupling and interrogation of multiple vascularized organ chips [J]. Nature Biomedical Engineering,2020,4(4):407-420.

[289] AN W F,TOLLIDAY N. Cell-based assays for high-throughput screening [J]. Molecular Biotechnology,2010,45(2):180-186.

[290] RAJAN S A P,ALEMAN J,WAN M,et al. Probing prodrug metabolism and reciprocal toxicity with an integrated and humanized multi-tissue organ-on-a-chip platform [J]. Acta Biomaterialia,2010,106:124-135.

[291] KASENDRA M,TOVAGLIERI A,SONTHEIMER-PHELPS,A. et al. Development of a primary human small intestine-on-a-chip using biopsy-derived organoids [J]. Scientific Reports,2018,8(1):2871.

[292] WU Q,LIU J,WANG X,et al. Organ-on-a-chip:recent breakthroughs and future prospects [J]. BioMedical Engineering OnLine,2020,19(1):9.

[293] STUCKI A O,STUCKI J D,HALL S R,et al. A lung-on-a-chip array with an integrated bio-inspired respiration mechanism [J]. Lab on a Chip,2015,15(5):1302-1310.

[294] BLANPAIN C,LOWRY W E,GEOGHEGAN A,et al. Self-renewal,multipotency,and the existence of two cell populations within an epithelial stem cell niche [J]. Cell,2004,118(5):635-648.

[295] MORRIS R J,LIU Y,MARLES L,et al. Capturing and profiling adult hair follicle stem cells [J]. Nature Biotechnology,2004,22(4):411-417.

[296] GOODELL M A,NGUYEN H,SHROYER N. Somatic stem cell heterogeneity:diversity in the blood,skin and intestinal stem cell compartments [J]. Nature Reviews Molecular Cell Biology,2015,16(5):299-309.

[297] JU Y M,ATALA A,YOO J J,et al. In situ regeneration of skeletal muscle tissue through host cell recruitment [J]. Acta Biomaterialia,2014,10 (10):4332-4339.

[298] CIPITRIA A,BOETTCHER K,SCHOENHALS S,et al. In-situ tissue regeneration through SDF-1alpha driven cell recruitment and stiffness-mediated bone regeneration in a critical-sized segmental femoral defect [J]. Acta Biomaterialia,2017,60:50-63.

[299] WHITELY M,CERECERES S,DHAVALIKAR P,et al. Improved in situ seeding of 3D printed scaffolds using cell-releasing hydrogels [J]. Biomaterials,2018,185:194-204.

[300] LI W,JIANG K,WEI W,et al. Chemical approaches to studying stem cell biology [J]. Cell Research,2013,23 (1):81-91.

[301] RUSSELL A J. Regenerative medicinal chemistry:the in situ control of stem cells [J]. ACS Medicinal Chemistry Letters,2013,4 (4):365-368.

[302] AGRAWAL V,JOHNSON S A,REING J,et al. Epimorphic regeneration approach to tissue replacement in adult mammals [J]. Proceedings of the National Academy of Sciences of the United States of America,2010,107 (8):3351-3355.

[303] KIM K,LEE C H,KIM B K,et al. Anatomically shaped tooth and periodontal regeneration by cell homing [J]. Journal of Dental Research,2010,89 (8):842-847.

[304] KO I K,LEE S J,ATALA A,et al. In situ tissue regeneration through host stem cell recruitment [J]. Experimental & Molecular Medicine,2013,45 (11):e57.

[305] CALVI L M,ADAMS G B,WEIBRECHT K W,et al. Osteoblastic cells regulate the haematopoietic stem cell niche [J]. Nature,2003,425 (6960):841-846.

[306] SRIVASTAVA D,DEWITT N. In Vivo Cellular Reprogramming:The Next Generation [J]. Cell,2016,166 (6):1386-1396.

[307] SHU X Z,AHMAD S,LIU Y,et al. Synthesis and evaluation of injectable,in situ crosslinkable synthetic extracellular matrices for tissue engineering [J]. Journal of Biomedical Materials Research Part A,2006,79 (4):902-912.

[308] PRATT A B,WEBER F E,SCHMOEKEL H G,et al. Synthetic extracellular matrices for in situ tissue engineering [J]. Biotechnology and Bioengineering,2004,86 (1):27-36.

[309] BARKER N,VAN ES J H,KUIPERS J,et al. Identification of stem cells in small intestine and colon by marker gene Lgr5 [J]. Nature,2007,449 (7165):1003-1007.

[310] SCHLOTZER-SCHREHARDT U,KRUSE F E. Identification and characterization of limbal stem cells [J]. Experimental Eye Research,2005,81 (3):247-264.

[311] SCHOFIELD R. The relationship between the spleen colony-forming cell and the haemopoietic stem cell [J]. Blood Cells,1978,4 (1/2):7-25.

[312] LANE S W,WILLIAMS D A,WATT F M. Modulating the stem cell niche for tissue regeneration [J]. Nature Biotechnology,2014,32 (8):795-803.

[313] ZHANG Z,ZHU P,ZHOU Y,et al. A novel slug-containing negative-feedback loop regulates SCF/c-Kit-mediated hematopoietic stem cell self-renewal [J]. Leukemia,2017,31 (2):403-413.

[314] SUGIYAMA T,KOHARA H,NODA M,et al. Maintenance of the hematopoietic stem cell pool by CXCL12-CXCR4 chemokine signaling in bone marrow stromal cell niches [J]. Immunity,2006,25 (6):977-988.

［315］GOLDMAN D. Muller glial cell reprogramming and retina regeneration［J］. Nature Reviews Neuroscience, 2014, 15（7）: 431-442.

［316］ADLER H J, RAPHAEL Y. New hair cells arise from supporting cell conversion in the acoustically damaged chick inner ear［J］. Neuroscience Letters, 1996, 205（1）: 17-20.

［317］IZUMIKAWA M, BATTS S A, MIYAZAWA T, et al. Response of the flat cochlear epithelium to forced expression of Atoh1［J］. Hearing Research, 2008, 240（1-2）: 52-56.

［318］SUN S, LI S, LUO Z, et al. Dual expression of Atoh1 and Ikzf2 promotes transformation of adult cochlear supporting cells into outer hair cells［J］. Elife, 2021, 10: e66547.

［319］YAO K, QIU S, WANG Y V, et al. Restoration of vision after de novo genesis of rod photoreceptors in mammalian retinas［J］. Nature, 2018, 560（7719）: 484-488.

［320］MATSUOKA T A, KAWASHIMA S, MIYATSUKA T, et al. Mafa enables Pdx1 to effectively convert pancreatic islet progenitors and committed islet α-cells into β-cells in vivo［J］. Diabetes, 2017, 66（5）: 1293-1300.

［321］MCKAY W F, PECKHAM S M, BADURA J M. A comprehensive clinical review of recombinant human bone morphogenetic protein-2（INFUSE Bone Graft）［J］. International Orthopaedics, 2007, 31（6）: 729-734.

［322］VARDANIAN A J, CLAYTON J L, ROOSTAEIAN J, et al. Comparison of implant-based immediate breast reconstruction with and without acellular dermal matrix［J］. Plastic And Reconstructive Surgery, 2011, 128（5）: 403e-410e.

［323］BADYLAK S F. The extracellular matrix as a scaffold for tissue reconstruction［J］. Seminars in Cell & Developmental Biology, 2002, 13（5）: 377-383.

［324］ABDULGHANI S, MITCHELL G R. Biomaterials for in situ tissue regeneration: a review［J］. Biomolecules, 2019, 9（11）: 750.

［325］TILLMAN B W, YAZDANI S K, LEE S J, et al. The in vivo stability of electrospun polycaprolactone-collagen scaffolds in vascular reconstruction［J］. Biomaterials, 2009, 30（4）: 583-588.

［326］WALL I, DONOS N, CARLQVIST K, et al. Modified titanium surfaces promote accelerated osteogenic differentiation of mesenchymal stromal cells in vitro［J］. Bone, 2009, 45（1）: 17-26.

［327］SINGH S, WU B M, DUNN J C. The enhancement of VEGF-mediated angiogenesis by polycaprolactone scaffolds with surface cross-linked heparin［J］. Biomaterials, 2011, 32（8）: 2059-2069.

［328］NADERI H, MATIN M M, BAHRAMI A R. Review paper: critical issues in tissue engineering: biomaterials, cell sources, angiogenesis, and drug delivery systems［J］. Journal of Biomaterials Applications, 2011, 26（4）: 383-417.

第三节 基于动物模型的干细胞治疗心血管疾病临床前研究

心血管疾病是威胁人类公共健康的重大问题,它是世界范围内引起死亡人数最多的疾病之一。干细胞移植疗法是一种非常有潜力治疗心血管疾病的新方法,能够促进缺血心脏血管新生、改善收缩与舒张功能和心肌重构,显示了广阔的临床应用前景。虽然多项临床试验已证实了干细胞移植治疗心血管疾病的安全性与可行性,但是移植疗效还有待加强,并且一系列的问题(比如较低的植入率,免疫排斥,诱发心律失常等)亟待解决。大动物心血管系统生理特征,如心率、冠状动脉结构、毛细血管密度和心肌机械力等,与人类更为相似,在模拟特定的人类心血管疾病状况、测试干细胞疗法时,有其显著优势,有助于解决多种临床试验问题,包括确定最佳移植细胞种类、数量、体积、注射速度、移植部位、移植时间等多种临床情况,从而加速干细胞从基础研究到临床应用的转化。本节将从中国心血管发病现状与干细胞治疗、大动物模型的优势、大动物心血管疾病模型的选择和制备、干细胞治疗大动物心血管疾病的研究进展、大动物干细胞移植途径、大动物干细胞移植后活体示踪技术、大动物干细胞移植研究面临的挑战、前景与展望几个方面详述目前基于大动物模型的干细胞治疗心血管疾病临床前研究进展。

一、中国心血管疾病发病现状与干细胞治疗

我国 2021 年的《中国心血管健康与疾病报告 2022》显示中国居民心血管疾病的患病率和病死率仍处在上升阶段,其死亡占全因死亡的 40% 以上,成为当今社会的重大公共卫生问题。心血管疾病的发病与现代社会人们不健康的生活方式和人口老龄化进程密切相关,并影响着患者的生活质量和预期寿命,其高昂的医疗费用也给社会经济和医疗保障体系带来巨大负担[1-2],特别是由于心肌梗死导致的心力衰竭(简称心衰)目前在临床上缺乏有效的治疗手段,入院心力衰竭患者 5 年生存率仅为 50%。药物溶栓、经皮冠状动脉介入治疗、冠状动脉旁路移植术是目前治疗心力衰竭的主要方法,虽然可以在一定程度上延缓心力衰竭的发展,但因心肌细胞缺血坏死,形成纤维化瘢痕,预后大多不良。对于终末期心衰患者而言,心脏移植仍然是目前唯一有效的治疗方案选择[3,4],受限于供体数量,每年接受心脏移植的患者数量仅占可接受移植患者总数的 1%。供体缺乏的现状在短期内无法解决,且还有自体免疫排斥等因素的限制,临床无法常规应用,这使得研究人员将研究的重点转移到了组织再生替代疗法上。然而成年哺乳动物的心脏不具有再生能力,这使得通过内源性组织再生替代受损心肌组织或丢失心肌细胞几乎无法实现[5]。

干细胞生物学和再生医学的发展与突破,为研究设想的实现带来了曙光。移植成体干细胞或多能干细胞衍生细胞修复和再生受损心肌、增强病变心脏收缩与舒张功能、改善心肌重构,为治疗心血管疾病带来了新的希望,显示了广阔的临床应用前景[6]。干细胞生物学复杂多变,为干细胞技术和疗法的质量,以及测试监管等,带来极大挑战,细胞培养的一致性和细胞系的遗传稳定性亦存在极大问题。研究发现,长期体外培养的多能干细胞(包括胚胎干细胞和诱导多能干细胞),可能出现遗传和表型漂移导致干细胞出现突变,导致肿瘤形成,这均需要临床前长期动物实验论证。啮齿类等小动物模型,由于其生理特征的限制,仅能反映干细胞的存活和分化能力,不能精准有效的反映对心脏的疗效以及副作用等问题,限制了其在干细胞领域的应用[7]。大动物模型可以模拟特定的人类疾病状况,在测试干细胞疗法时,有其显著优势。大

动物的使用,可以弥补啮齿类和人类之间的物种差异,帮助解决各种关键的临床试验问题,包括确定最佳移植细胞种类、数量、体积、注射速度、移植部位、移植时间等多种临床情况,从而加速干细胞从基础研究到临床应用的转化[8]。

二、大动物模型的优势

临床前研究均需使用动物模型进行论证,这些模型能够很好地帮助理解疾病的发展、研发潜在的治疗方案、评测治疗功效。目前最常使用的干细胞治疗心血管疾病模型是小鼠和大鼠等啮齿类动物模型。使用啮齿类动物,优点包括便宜、繁殖迅速、重复性强、便于基因编辑等[8]。但是,啮齿类动物无法精确地反映人类特定疾病的表型,这就迫使科研人员开发更能有效预测人类疾病的其他动物模型(大动物模型),如犬、猪、羊以及非人灵长类动物。大动物生理学特征,如心率、冠状动脉结构、毛细血管密度和心肌机械力等,与人类更为相似,更加接近临床情况[7,9]。与啮齿类相比,大动物模型的免疫系统、神经系统也与人类更为接近。临床应用的心脏超声、心脏核磁等影像仪器可以直接应用到大动物,便于客观实验研究。而且这些动物的寿命更长,方便进行长时间体内实验研究观察。下面将详细阐述心血管疾病大动物模型的优势。

(一) 生理结构

小鼠与人类在体型、心脏解剖结构以及生理学方面存在巨大差异[10]。成年人的心脏重量约为360~480g,而成年小鼠的心脏重量仅为0.14~0.15g,这使得两者具有不同的机械特性,在每克小鼠组织中注射的干细胞数量很容易超过在人类或大型动物中注射的几个数量级,这给干细胞移植数量、移植细胞溶解体积、注射速率和移植位置的研究带来了障碍。在冠状动脉解剖结构上,人和小鼠也存在差异,近交系小鼠冠状动脉解剖结构相似,而人类心脏的冠状动脉由于遗传和发育的影响,其异质性明显。不仅是冠状动脉,在观察人与小鼠毛细血管分布情况时,研究人员发现人类心肌组织单位面积内的毛细血管密度明显小于小鼠。这也就意味着冠状动脉阻塞在小鼠模型中缺血区域位置和面积相对恒定,而在人类心脏中却存在很大变异,这些差异使得小鼠心肌梗死模型不能准确反映疾病发病过程中真实发生的病理生理特征。相比之下,猪、羊等大动物在心脏尺寸和冠状动脉解剖结构上与人更为接近,能够更可靠地反映干细胞改善临床患者的效果。

(二) 生理特性

由于心脏节律存在差异,评估血流动力学与心脏电生理时,小鼠等啮齿类动物并非理想的实验动物模型。成年人的正常心率为60~100次/min,而小鼠的心率为400~600次/min,开展干细胞移植影响心脏电生理的研究,几乎不可能使用小鼠模型。猪的心率约为80次/min,与人的类似,具有明显的模型优势。小鼠等啮齿类动物的寿命约为2年,人的平均寿命约为80年,平均寿命存在巨大差异,啮齿类动物模型不能精确的模拟人类疾病的发展过程。而猪和猴的平均寿命为 20 年,与人的更为接近,可方便进行长时间体内研究。

(三) 免疫系统

6 500 万~7 500 万年前,物种的分化使得每个物种所拥有的生态环境不同,进而造成不同的进化压力。小鼠和人之间存在着不同的免疫/炎症途径,因此,鼠类的研究结果不能可靠地预测人类的干细胞治疗效果,这就需要在临床试验开始之前进行大动物的相关研究。可能因为用于研究小鼠免疫/炎性途径的试剂相对用于研究猪的试剂普遍要多得多,所以,猪与人免疫/炎症反应之间的比较研究相比在小鼠身上进行的要少,而且也不够复杂。但灵长类猴的免疫系统被认为与人最为接近,我们能够从精心设计的猴模型中获得干细胞移植机制上的见解,并可靠地预测临床治疗的结果。

(四) 分子结构

在细胞和分子水平上,人和小鼠也存在着明显差异。与小鼠心肌细胞相比,人类的心肌细胞横截面积明显更大,并且在肌蛋白组成上也并不相同,这提示两者在心肌力学行为中可能存在着差异[10]。基于以上原因,在小型动物模型中获得的实验数据无法直接应用于临床研究。因此,对于更为注重临床转化的研究,非常有必要开展大型动物模型研究,进一步验证啮齿类动物模型中获取的初步实验数据。大型动物模型的应用对于弥合干细胞基础研究中的新发现与其临床转化之间的鸿沟起着至关重要的作用。

三、大动物心血管疾病模型的选择和制备

(一) 大动物种类的选择

在心血管疾病研究领域,大型动物作为实验模型与啮齿类动物相比具有明显优势。所谓的“大型动物”是一个集合概念,集合中的每种动物都存在异质性,作为心血管疾病的研究载体具有各自的优势与不足,没有任何一种动物模型可以完美地模拟人类相关疾病完整的病理生理过程。因此,选择适合的动物模型对于提高干细胞治疗心血管疾病基础和临床前研究的可转化性至关重要。目前在心血管疾病研究领域中常用的大型动物包括猪、非人灵长类猴、绵羊、狗、兔等[11-13]。

在心血管疾病研究领域,猪被认为是迄今为止最好的实验动物模型,在心脏的体积、解剖结构以及心肌形态上,猪与人类极为相似,尤其是冠状动脉侧支在心肌组织内的分布几乎一致。因此,在以心肌梗死为代表的心血管疾病的研究过程中,使用猪作为实验模型可以极大地还原该类疾病在人类心脏中的发病过程。然而,猪与人类难治性心律失常的发生易感性有所不同,用猪评估干细胞移植对于心律失常的影响,可靠性不足是目前猪作为研究模型的主要缺点。非人灵长类动物与人类基因具有高度的同源性是该类实验模型的主要优势,对于验证干细胞治疗机制有着重要意义。但该类动物饲养条件要求高、配合度低、实验难度大等问题极大地限制了该类动物研究的开展。由于绵羊心脏中的侧支循环较少,阻塞血管后梗死区的血流

完全中断而其他区域的血流供给不受影响,可研究特定的不同位置心肌损伤对于心力衰竭的影响,因此,绵羊是开展干细胞治疗心肌梗死后充血性心力衰竭研究较为合适的动物模型。使用绵羊开展心血管疾病研究的局限性在于,绵羊作为反刍动物,其消化道和胸廓解剖结构与单胃动物相比具有很大差异,这使得一些胸部成像方法,特别是侵入性的超声检测带来了困难。此外,狗和兔等动物由于其依从性好也广泛应用于干细胞临床前研究。

(二)常用心血管疾病模型制备

心肌梗死模型是大动物心血管疾病模型中常用的一种模型,梗死面积大且稳定一致、手术成功率高、梗死后存活时间长的大动物慢性心肌梗死模型,对于进一步探索心肌梗死的分子和细胞改变的机制,以及进行干细胞治疗心肌梗死导致的心衰、预防左室重塑的研究都是至关重要的[14,15]。为了便于大量模型的制备,手术操作时间不宜过长,术中器械操作便利,价格不宜过高。理想的心肌梗死模型应该具有较大的梗死面积,不同的动物模型之间梗死面积和冠脉靶血管状态稳定一致,同时具备较高的术中存活率和较长的术后存活时间。下面将对常用的大动物心肌梗死模型制备方法进行介绍。

1. **开胸冠脉结扎心肌梗死模型**　开胸行冠脉结扎是最早应用的构建心肌梗死模型的方法[16],将诱导麻醉的动物行气管插管,呼吸机辅助呼吸并吸入麻醉维持,充分镇痛,然后开胸暴露心脏。将冠状动脉如左前降支置于视线下,直接穿线结扎,结扎冠脉远端供血范围内的心肌严重缺血及坏死,以心电图相关导联 ST 段弓背抬高,结扎线以下的心肌颜色变暗为结扎成功标志。小型猪多选择前降支中段进行结扎,以保证一定的手术成功率。该方法的优点在于其结扎水平和对应的心肌梗死范围明确可控,且便于在造模同时进行准确的心外膜注射等干预给药;该方法的缺点:①创伤大,不利于动物术后长期存活;②手术必须气管插管、充分的麻醉与镇痛及规范的外科操作,总体的手术时间较长;③手术切口与梗死后的心脏易形成纤维组织粘连,可能会影响左室重构;④切口本身的创伤性炎症对后续的影像学检查可能亦会有影响。

2. **DSA 辅助球囊封堵冠脉构建心肌梗死模型**　经皮穿刺股动脉血管,在数字减影血管造影(digital subtraction angiography,DSA)的辅助下,经血管鞘送入球囊扩张导管至前降支第一对角支与第二对角支之间。扩张球囊系统一过性地阻断冠脉前向血流 60~120min 造成远端心肌组织缺血,然后再恢复灌注,从而诱发心肌梗死,是目前被广泛认可并使用的模型制备方法,阻塞水平亦多控制在前降支中段[17]。该技术模拟了缺血再灌注后诱发的心肌梗死,可精确定位球囊阻塞水平,心肌梗死模型比较稳定,可重复性强;术中创伤较小,利于术后长期存活,并保持了动物胸腔环境的完整性,避免了创伤性炎症等干扰;且由于术中创伤小,对麻醉和镇痛、呼吸机辅助呼吸的要求相对较低;另外,再次利用经过严格消毒灭菌的穿刺针、鞘管、导管、导丝和球囊来建模,可大幅降低实验成本。但在球囊阻塞过程中血流突然完全中断,恶性室性心律失常发生率非常高,要注意联合抗心律失常药使用。

四、干细胞治疗大动物心血管疾病模型的研究进展

(一) 干细胞治疗大动物心血管疾病进展

1. **猪模型** 因为猪与人类相似的心脏/体重比和心脏电生理特性,所以猪成为干细胞临床前研究的重要且最常使用工具。目前干细胞治疗各类心血管疾病研究已在猪模型中取得了令人鼓舞的结果。在一项研究中,研究人员将胚胎干细胞来源的心肌细胞(embryonic stem cell-derived cardiomyocyte,ESC-CM)作为生物起搏器,治疗由传导阻滞引起的心动过缓,取得了不错的效果。这一实验结果在另一项由 Kehat 主导的研究中得以验证,他们发现左心室完全性传导阻滞可以在移植胚胎干细胞来源的心肌细胞后通过细胞整合得以改善[18]。在急性心肌梗死的研究中,Ye 和他的同事们将过表达 IGF-1 的诱导多能干细胞来源的心肌细胞、内皮细胞、平滑肌细胞与纤维蛋白结合制作了心脏补片,并通过补片移植改善了猪心肌梗死后心功能[19]。日本的研究人员将诱导多能干细胞来源的心肌细胞(induced pluripotent stem cell-derived cardiomyocyte,iPSC-CM)种植在大网膜瓣上制备了细胞贴片,结果显示大网膜瓣可以通过其促进血管新生的作用,提高移植 iPSC-CM 的存活率,使用这种移植方式也提高了 iPSC-CM 对猪慢性缺血性心肌病的治疗效果[20]。在猪急性心肌梗死中也测试了这种移植方式的治疗效果,移植诱导多能干细胞来源的心肌细胞提高了猪急性心肌梗死后心功能并且改善了心室重塑[21]。此外,在 Gao 主导的一项研究中,研究人员将诱导多能干细胞来源的心肌细胞、平滑肌细胞、内皮细胞按照适宜比例加入纤维蛋白心脏补片中,并通过体外动态培养促进其成熟,将该心脏补片移植到猪急性心肌梗死模型后,通过血流动力学和组织学检测对其治疗效果进行评估发现,补片移植明显改善了心肌梗死后心功能,并且促进了心肌梗死周边区的血管新生[22]。这些研究结果提示多能干细胞来源的心肌细胞和非心肌细胞共同移植的重要性,一方面移植心肌细胞可以通过增强心肌收缩力改善心脏泵血功能,另一方面移植非心肌细胞可以通过旁分泌作用促进血管新生以减少组织纤维化。这些研究同样也证实了猪作为模型动物在干细胞治疗心血管疾病研究临床转化中的重要作用。

2. **绵羊模型** 绵羊作为模型动物在心血管疾病研究领域中占有重要地位,尤其是在缺血性心脏病和心力衰竭的研究中具有优势,这主要是因为绵羊心脏在解剖结构上有着更少的侧支,阻塞单一动脉时其血管支配区域的心肌血流完全受阻,同时心脏其他正常区域的血流不受影响。这对于研究移植干细胞在缺血梗死区内的细胞定植和评估不同缺血位置对心脏功能的影响十分有利。绵羊模型作为干细胞移植模型是在一项胚胎干细胞治疗心肌梗死的研究中引入的,研究人员发现心内注射胚胎干细胞改善了心肌梗死后心功能,减轻了心室重塑[23]。成体干细胞移植同样在绵羊模型中开展,在一项由 Dixon 主导的研究中,研究人员发现通过心内移植同源的间充质干细胞可以改善绵羊心肌梗死后的左心室收缩功能,减少心室瘢痕组织生成[24]。一些基因改造的干细胞在绵羊模型上进行了评估,同样证实了绵羊可作为一种可靠的临床前实验动物模型。

3. **非人灵长类模型** 研究人员很早就意识到了非人灵长类动物在再生医学研究领域中作为模型动物的重要地位。尤其是在关于人多能干细胞移植研究中,食蟹猴是十分有价值的临床前模型。这主要是因为食蟹猴的 *MHC* 基因仅表现出十分有限的多样性,并且在结构上与人类十分相似[25]。在既往的一项实验中,研究人员通过对食蟹猴进行 MHC 配型后移植 iPSC-CM,观察到这些细胞在移植后表现出了免疫耐受并改善了宿主心肌梗死后的心脏收缩功能[26]。另外,胚胎干细胞来源的心肌细胞对缺血再灌注模型的治疗效果也在食蟹猴模型中得以验证,胚胎干细胞来源的心肌细胞移植可以促进梗死区的心肌再生,并且通过形成黏附连接建立起以同步钙瞬变为特点的电-机械耦联[27]。胚胎干细胞来源的心肌细胞移植也可能会引发心律失常,这可能与移植心肌细胞的成熟度有关,不成熟的心肌细胞其钙调控能力较弱,较慢的传导速度和残留的起搏电流可能是导致细胞移植后发生心律失常的原因。尽管相对不成熟的胚胎干细胞来源的心肌细胞对缺氧环境不敏感的特性可能有利于移植后细胞的存活,但是未成熟的胚胎干细胞来源的心肌细胞收缩力不足,难以达到改善心脏功能的目的。因此,相关改进方案需要在后续研究中继续进行。

(二)干细胞衍生产品治疗大动物心血管疾病进展

基于细胞疗法的发展历程中,最初干细胞原位注射修复受损组织所观察到的治疗效果,可能并不是细胞本身所改善的,越来越多的共识转向"旁分泌假说"[28,34]。该假说指出,干细胞分泌物通过调节驻留细胞的局部微环境影响组织再生表型,从而触发心肌组织的修复。随着研究的深入,干细胞分泌物主要由细胞外囊泡(extracellular vesicle,EV)及其内含物,包括微 RNA(miRNA)、非编码长链 RNA、和环状 RNA 以及生长激素(growth hormone,GH)和细胞因子构成[29]。EV 是细胞分泌的具有脂质双分子层的囊泡,按照直径大小和生物发生通常分为两类,一类直径 30~150nm,内体来源的外泌体;另一类直径 100~1 000nm,通过细胞膜出芽产生的微囊泡。EV 包含的 ncRNA(尤其是 miRNA)被认为是细胞发挥旁分泌效应的重要组成部分。

心肌球源性细胞(cardiosphere-derived cell,CDC)是在非黏附条件下培养的心脏祖细胞形成的多细胞聚集形态,心肌球源性细胞外泌体(cardiosphere-derived cellexosome,CDCexo)在心脏再生疗法中得到了广泛研究。在大动物猪的心肌梗死模型中,Gallet 等采用急性和慢性两种猪心肌梗死模型,研究 CDCexo 的治疗效果[30]。在急性梗死模型研究中,心肌内给药而非冠状动脉给药,缺血再灌注 30min 后进行 CDCexo 治疗可以显著降低猪心肌梗死面积和射血分数。在慢性心肌梗死模型研究中,动物在心肌梗死 4 周后设置对照组或经导管心肌内注射 CDCexo 的治疗组,经过 1 个月的观察,与对照组相比,治疗组显示出更好的射血分数和收缩末期容积。外泌体中 miRNA 特别是 miR-181b 触发了抗炎巨噬细胞极化[31],是 CDCexo 的有益作用之一。López 等人研究了在猪心肌梗死后 72 小时内心包内注射 CDCexo 的治疗效果。治疗 24 小时后,血液取样结果显示,治疗组的循环抗炎标记物 CD14$^+$ CD163$^+$ M2 巨噬细胞增加,并且心包液中 M2 分化标志物精氨酸酶 1 上调,证明了 CDCexo 的微创心包内给药是安全的,并且对抗炎反应有局部和全身的作用[32]。Scrimgeour 等通过植入血管收缩环,造成血管封堵制备慢性心肌缺血模型,2 周后向缺血区域注射间充质干细胞外泌体,治疗 5 周后,与对照组相比,治疗猪的心脏毛细血管密度、心输出量和每搏输出量显著提高[33]。在另外一个的实验中,作者还对 4 只猪测试了经静脉注射给药间充质干细胞外泌体,却发现心肌血流量或心脏功能并没有明显影响。

到目前为止,外泌体最有效的给药途径是通过导管或开胸手术进行心肌内注射,而外泌体的侵入性给药限制了其临床应用转化。因此,研究人员正在努力设计工程化 EV,以针对全身给药后特异性靶向缺血性心肌组织。与细胞疗法相比,EV 可简单、快速的生产出来,并易于在临床上使用。预处理或化学/遗传操作干细胞 EV 后,可进一步提高其治疗效果。迄今为止,大动物模型表明,这些 EV 治疗方式是安全和有效的[34]。

五、大动物干细胞移植途径

干细胞移植的最终目的是通过移植细胞,替代机体中受损的组织或丢失的细胞。如何将细胞以最佳的状态传递到病变区域对于细胞移植治疗的效果起着至关重要的作用。常规的干细胞心脏移植路径有 6 种:经外周静脉移植路径、经冠状动脉移植路径、经心外膜心肌内注射移植路径、经皮心内膜心肌内注射移植路径、经胸壁穿刺心包内移植途径、组织工程心脏组织/补片移植途径。随着组织工程学的发展,各类生物材料的应用对于改变干细胞在心脏组织中的移植方式起到了革命性的作用,下面对各类移植方式进行简要介绍。

(一) 经外周静脉移植路径

经静脉注射移植路径是一种通过自身血液循环系统将移植细胞运往心肌组织的移植方式。这种干细胞移植的主要优点在于操作过程简单并且侵入性低,采用这种细胞移植方式可以反复多次进行细胞移植,以提高治疗效果。经静脉注射移植干细胞的安全性和可行性已经在猪心肌梗死模型中进行了初步评估[35,36],结果显示,经静脉注射移植路径是一种安全可行的干细胞移植路径。目前,该种移植方式面临的主要问题在于移植细胞对心肌组织的靶向性不佳,移植细胞通过循环系统驻留到非目标器官,尤其是肺组织。因此,寻找心脏特异性归巢靶点和明确其潜在机制是提高经静脉注射移植干细胞治疗效果的关键。

(二) 经冠状动脉移植路径

经冠状动脉移植路径是目前干细胞移植研究中广泛使用的移植方式。该移植方式具有较低的侵入性,安全性高,细胞移植量大等优势[37]。这种移植方式要求冠状动脉处于开放状态,因此,由于冠状动脉闭塞引起的急性心肌梗死和动脉供血不足的区域难以完成细胞的传递。此外,对于间充质干细胞和多能干细胞衍生细胞这些体积较大的细胞而言,移植后细胞很难通过迁移穿透血管壁到达病变部位发挥治疗作用,也限制了此种移植方式的应用,尽管如此,经冠状动脉移植路径仍然被证实是一种可行且安全的细胞移植技术,通过冠状动脉移植干细胞可以有效地改善心脏的收缩和舒张功能,减少心室重塑。

(三) 经心外膜心肌内注射移植路径

经心外膜心肌内注射是在开胸的情况下,将干细胞直接注射移植到目标心肌组织中的移植方式[19]。结合术前影像学检查及术中心脏病变区域的观察,可以以最精确的方式进行细胞移植。目前经心外膜心肌内注射可以与冠状动脉旁路移植术、心室辅助装置植入术等开胸直视手术同时进行,也可通过胸外侧小切口在心脏不停跳的情况下单独进行。与经冠状动脉移植路径相比,经心外膜心肌内注射不干扰任何冠脉系统,不具有阻塞冠状动脉的风险。此外,经心外膜心肌内注射在靶向目的治疗区域中也具有优势,该种移植方式可以使干细胞直接到达血液供应有限的区域,并且不需要考虑通过冠脉系统移植过程中需要面对的细胞动员等复杂问题。这种移植方式是目前移植效果最为确切的移植方式。

(四) 经皮心内膜心肌内注射移植路径

经皮心内膜心肌内注射通过导管进入左心室,经心内膜将细胞直接注射入心肌内的移植方式。与经心外膜心肌内注射移植路径相比这种移植方式具有更低的侵入性,且依然具有良好的靶向性。然而这种移植方式需要专用导管,并且对移植操作人员的要求更高,所需设备昂贵难以广泛开展。且有报道显示这种移植方式具有引起恶性室性心律失常的潜在风险,因此仍需要进一步的研究与探讨[38]。尽管如此,学者们认为随着成像技术与介入相关设备的快速发展,经皮心内膜心肌内注射移植路径有望成为一种可行的、安全的、高效的细胞移植路径。

(五) 经胸壁穿刺心包内移植途径

经胸壁心包内穿刺技术作为一种心外科、心内科的穿刺操作技术,最初被发明用于急性心脏压塞患者,后来被扩展到心外膜消融或左心耳结扎手术的手术入路。针对一部分肿瘤性心包积液患者,许多医生尝试经心包穿刺技术向心包内注射药物,取得了一些积极的结果。心包的独特解剖位置和生理特性使其非常适合将药物输送到心脏,能够在高局部浓度下维持药物的持续存在。超声心动图和实时透视技术的普遍应用极大地提高了心包穿刺术的安全性和可行性。在大多数患者中,最合适的心包穿刺部位是剑突下或心尖-肋间区域。经胸壁穿刺心包内注射途径同样适用于干细胞移植。其主要优点是易于操作,避免了开胸手术的巨大创伤,是一种更安全、方便和可重复的方法。在广泛使用影像学作为指导的同时,随着技术的进步以及我们对技术理解的提高,经胸壁穿刺心包内干细胞移植途径可行性和安全性将会进一步提高。

(六) 组织工程心脏组织/补片移植途径

随着组织工程学和生物材料学的不断发展,通过生物材料预制矩阵构建 3D 心脏组织或心肌补片进行干细胞移植已经越来越受到重视[39,40]。目前已经在大型动物模型中测试的生物材料主要有 2 种,人工合成生物材料和生物衍生生物材料。人工合成的生物材料其组分具有高度的可调节性,可以通过改变组分达到调节机械强度、降解时间、材料孔径等特性模拟天然的细胞外基质。目前常用的合成材料包括聚乳酸乙醇酸、聚癸二酸甘油酯等,这些生物材料和多能干细胞衍生的心肌细胞结合移植可以对移植细胞的形态和功能产生积极影响。尽管合成材料在移植中存在与种子细胞兼容性差并且易于导致宿主产生炎性反应等问题,但合成材料支架仍然是目前临床上最有前途的干细胞移植途径之一。天然生物材料也广泛应用于干细胞移植,常用的天然生物材料包括纤维蛋白、胶原蛋白、藻酸盐基质胶等,这些生物材料和种子细胞、宿主有更好的生物兼容性。有研究证实,通过适宜的刺激可以将生物材料支架或心脏补片中多能干细胞诱导分化为心肌细胞。这类移植方式在一定程度上利用大动物模型证实了其对改善心肌梗死后心功能和降低组织纤维化的积极作用。尽管直观印象上组织工程心肌组织可以改善细胞移植后的稳定性,然而这种治疗效果远不及预期,如何改善组织工程心脏组织的微循环结构使其更好地与宿主组织整合,提高植入细胞的氧气和营养供给是这类研究有待解决的关键问题[41]。

六、大动物干细胞移植后活体示踪技术

干细胞活体示踪作为对干细胞移植治疗安全性与有效性评估的最重要技术手段,得到了越来越多的关注。作为一种新兴的尚处于临床前阶段的治疗手段,为了给干细胞移植治疗走向临床奠定坚实的基础,发展可用于大动物的非损伤干细胞示踪成像技术,以了解移植干细胞在活体内的存活和死亡情况及其决定因素将对有效干细胞疗法的开发及其临床转化都具有重大意义。如何在不影响干细胞性质的情况下,在体内全面追踪它们生存状态、迁移、增殖、活性、分化方向、凋亡和作用机制,是大动物干细胞移植后活体示踪的关键。最近分子影像学的蓬勃发展给我们提供了干细胞活体示踪的一种新方法。研究者们开始了解移植干细胞在受体中存活和死亡的过程以及影响干细胞治疗发挥作用的关键性因素。目前大动物活体示踪影像技术主要可分为基于报告基因的成像示踪技术、基于外源标记的成像示踪技术以及把各技术的优势进行结合的多模态成像技术。

(一)干细胞移植后示踪的报告基因技术

报告基因成像是生物医学研究中相当重要的一种成像工具,无创活体成像技术在未来的研究中可发挥重要作用,尽管其伦理和安全性问题还没有得到很好的解决。转入细胞内的报告基因表达往往与细胞的活力直接相关,且报告基因能够在增殖过程中不断传递给下一代细胞,因此尤其适合于对细胞存活的示踪研究[42]。下面从磁共振成像、光学成像以及放射性核素成像等3个方面,介绍报告基因技术在干细胞示踪中的应用。

1. **MRI 报告基因** 磁共振成像是目前最常用的分子成像方法,可以做到无创、动态、安全、有效的长期示踪观察和检测,示踪的效果取决于细胞内所携带磁性物质的量、磁性标记方式、活性细胞留存时间。作为一种非侵袭性的检查方式,MRI 有其先天性的优势。通过基因

转染使细胞表达特定的蛋白质,增强弛豫率及组织对比度,使得深层组织评估成为可能。MRI报告基因主要分为3类蛋白质,一类是通过金属离子转运蛋白和金属蛋白的过表达以提高细胞内顺磁含量,从而增强核弛豫率并在 T_1 或 T_2 加权 MRI 中产生不同的组织对比度[43]。铁蛋白报告基因不会被细胞分裂所稀释,使得它们成为通过 MRI 跟踪靶细胞的理想方式;另一类是利用富含赖氨酸的蛋白,使其和水质子之间产生对比[44];还有一类是利用化学交换饱和转移(chemical exchange saturation transfer,CEST)的报告基因,使饱和质子磁化,从而创造一种化学物质交换,选择性地产生 CEST 对比图像。MRI 报告基因成像也存在不足,在细胞死亡后铁蛋白复合物的降解速度和 MRI 信号的持续时间的对应关系尚没有定论。

2. **光学成像报告基因** 报告基因光学成像包括荧光成像和生物发光成像。生物发光成像是目前最为常用和有效的干细胞存活和功能示踪技术[45]。干细胞通过转基因稳定表达荧光素酶,在干细胞移植后活体成像时输注荧光素底物,荧光素酶催化荧光素的氧化反应发出光子,并利用高灵敏的电荷耦合元件(charge coupled device,CCD)对光信号进行检测以实现对干细胞的活体示踪成像。两种近红外荧光,如亚甲蓝、吲哚菁绿已被美国食品药品管理局(FDA)批准应用于临床。荧光蛋白虽具有可随细胞分裂而稳定遗传、不因细胞分裂而减弱的优点,但在应用于心脏治疗时,心肌组织存在较强绿色自发荧光,因而会给绿色荧光蛋白标记造成假阳性结果;绿色荧光蛋白表达还会受到体内环境及细胞分化影响,导致绿色荧光蛋白不表达,失去标记效果。另外这种方法在活体成像中具有光穿透能力低、空间分辨低和检测灵敏度低的缺陷,这大大限制了其在活体成像中的应用,主要局限于大动物浅表组织、疾病的分子影像研究[46]。如果以最小化损害方式缩短成像工具与深部靶区间距离,避免光信号在多层解剖结构间发散,介入探测手段可避免光学分子成像组织穿透力低、人肉眼识别能力有限、外科手术限于浅表位置疾病探查的局限性,促进光学分子成像向临床应用转化。

3. **放射性核素报告基因** 放射性核素报告基因成像的原理是将细胞通过基因工程改造表达放射性探针的受体或转运体,以促进靶细胞对放射性探针的摄取与聚集。由于该技术具有高灵敏度、高穿透深度和可定量等优点,被广泛应用于大动物以及临床干细胞示踪研究。常用的放射性核素报告基因包括3种:一是基于受体的报告基因;二是基于酶的报告基因;三是基于转运体的报告基因。首先,连续注射放射性核素到生物体,会对生物体产生潜在的放射性损害;此外,当前大多数能用的放射性示踪剂的半衰期较短,限制了该成像方法只能作为短期急性生物分布成像,在干细胞长期的死活示踪上仍有一定的局限,但不可否认放射性核素成像示踪在临床前大动物干细胞移植后示踪上有广阔的应用前景。

(二) 干细胞移植后示踪的外源标记技术

1. **外源对比剂示踪 MRI 成像技术** 外源对比剂示踪 MRI 成像技术的原理是将 MR 对比增强剂通过各种方法转移至检测细胞体内,利用体外 MRI 扫描对植入细胞进行示踪。临床常用 MRI 对比增强剂分为2种,一种是钆类阳性对比剂,在 T_1WI 信号显示为高信号,另一种为含铁阴性对比剂,如超微超顺磁性氧化铁(ultrasmall superparamagneticiron oxide, USPIO),在 T_2WI 表现为明显的低信号。钆类对比剂维持时间较短,其标记的细胞只能在移植后 14 天内检测到[47],因此不能长时程监测细胞在体内存活及转归情况。另外需要注意的是,钆类对比剂具有较大生物毒性,对各重要脏器损伤明显,限制了其在活体上的长期应用。

氧化铁纳米颗粒(superparamagnetic iron oxide nanoparticle,SPION)具有成像灵敏度高、生物可降解、副作用少、体内留存时间长且无电离辐射等优点,并且可以通过调节粒径调控磁性[48],使其在生物活性标记中展示出了巨大的应用价值。USPIO 在转入细胞前需使用多聚赖氨酸、硫酸鱼精蛋白或脂质体等多种转染进行转染,目的是便于目的细胞将其吞入。MRI 能检测 USPIO 标记的细胞信号时间长达 3 周,7 周之后成像信号基本消失,故可作为一种长期检测手段用于细胞示踪。持续数周的 MRI 监测结果同时表明移植的干细胞能够自主向损伤部位迁移。SPION 标记法主要的局限性是检测到的信号不能够反映细胞的活性以及生物学特性,导致检测的信号存在假阳性;且由于氧化铁纳米颗粒不能随细胞的分裂而进行自体复制,所以在监测移植后干细胞的增殖和分化方面存在一定不足[49]。相信随着干细胞标记技术和分子影像技术的不断发展,磁性纳米材料将在干细胞治疗领域发挥巨大的作用。

2. **外源对比剂示踪光学成像技术**　外源对比剂示踪光学成像技术是将外源表达纯化的荧光素酶与荧光探针进行偶联,利用生物发光的自发冷光作为激发光,通过生物发光共振能量转移方式使得荧光探针发射光信号。这种成像技术既可以利用荧光素酶的高特异性和高检测灵敏性,又能利用特殊荧光探针的优异光学性质克服荧光素酶光信号的缺点,因此是一种有效指示细胞活性的光学成像技术。

3. **干细胞移植后示踪的多模态成像技术**　外源标记方法只能提供细胞聚集分布的信息,而基于报告基因的成像技术往往只能提供干细胞增殖分化情况等信息。因此,结合两者的优势,发展多模态成像技术就可能对移植干细胞进行全面示踪和评估。目前多模态成像技术的策略主要包括利用基于报告基因的生物发光成像或放射性核素成像技术、联合基于外源标记的近红外荧光成像、MRI 成像或放射性核素成像等[50,51]。例如标记过的干细胞死亡时可将其内含氧化铁纳米颗粒排至附近细胞表面,这可导致附近未标记的干细胞出现假阳性,MRI 及活体荧光显像协同监测就避免了纳米颗粒制造的此种假阳性。

4. **分子影像技术的局限**　至今已研发的几项分子影像技术不仅为分子影像学这一复杂技术构建原理论证,而且为基础研究中动物提供了有用的活体微成像工具。针对猪、猴子等大动物的研究,具有高组织穿透深度和三维成像功能的 MRI 和正电子发射体层成像(positron emission tomography,PET)是理想的选择,同时他们也是心脏等深层组织成像的理想方法。分子影像技术目前还存在一些局限性,如分子光学成像技术光穿透能力弱、使用表面线圈的分子 MRI 技术对微小和深层目标的可视化不足,以及分子核影像中一些靶成像和治疗探针被肾脏和肝脏生理"清洗"等问题,均使分子影像技术在大动物基础研究及向临床应用转化研究中受到限制。因此,更为理想的干细胞示踪技术的发展,必定能帮助人们更全面了解移植干细胞在活体内的迁移、存活和功能,进而加速干细胞疗法的临床转化应用。

七、干细胞大动物移植研究面临的挑战

(一) 较低的植入率

再生疗法能够长期产生作用取决于干细胞的长时间植入,但大多数干细胞在移植后无法存活或保留。移植几个小时后,只有 0.1%~10% 的细胞能够在宿主的心脏中存活,无论它们是通过直接心肌内注射、冠状动脉移植、还是心外膜的移植方式等[39]。最近有研究表明,与直接心肌注射相比,在猪梗死区域表面缝合组织工程心脏补片的细胞移植率提高了 10 倍,另外联合植入非心肌细胞(比如内皮细胞和间充质干细胞等)有利于 iPSC-CM 的移植和成熟[41]。一旦低移植率较低的问题被克服,我们将遇到的下一个主要问题是功能整合。植入的心肌细胞可作为异位起搏点,引起心律失常。另外宿主心肌细胞与移植细胞的电生理信号转导速率亦存在差异,特别是在宿主细胞与移植细胞的交界处或是纤维化界面,这些也会导致心律失常的发生。

(二) 免疫排斥

在使用外源性的干细胞进行大动物移植时,免疫抑制是不可避免的。通过使用免疫抑制剂环孢霉素、他克莫司和甲泼尼龙等,可解决部分免疫排斥的问题。另外 Shiba 等通过 MHC 匹配,成功地将非人类灵长类多能干细胞来源的心肌细胞(pluripotent stem cell-derived cardiomyocyte,PSC-CM)移植到 MHC 相匹配的外源性的猴心肌梗死模型的心脏中,而 MHC 不相匹配的 PSC-CM 在相同的免疫抑制条件下,移植被排斥[26]。目前很多研究已经将目光放到建立通用型的人 PSC 细胞系上[52]。有研究者通过将人多能干细胞中的 β_2-microglobulin 敲除来减少免疫排斥,但是 β_2-microglobulin 低表达的副作用是减少了细胞膜表面 MHC-I 抗原的表达,从而增加了对自然杀伤细胞(natural killer cell,NK 细胞)的易感度[53]。另外,建立覆盖广泛的人类白细胞抗原(human leucocyte antigen,HLA)配型的诱导多能干细胞库也是一种有效的手段。根据计算,建立一个能够覆盖90% 中国人的干细胞库,最少需要 300 多个不同 HLA 高频纯合子的人诱导多能干细胞系。

(三) 移植后心律失常

在小型动物模型(包括小鼠,大鼠和豚鼠)中未检测到移植后心律失常。然而,在大型动物模型中,人 PSC-CM 移植后检测到短暂性室性心律失常。Shiba 等在非人类灵长类动物的外源性移植模型中观察到非致命性室性心律失常[26]。另一组研究表明,在猪心肌梗死模型中,移植后室性心律失常更为频繁,甚至可能致命[54]。通过电标测系统显示,在非人类灵长类动物和猪中,这些室性心律失常的机制是由移植区域异位起搏引起的。移植的 PSC-CM 作为"异位起搏点器"导致移植后室性心律失常,有 2 个合理的理由:不成熟和自律性。

1. PSC-CM 的不成熟性 PSC-CM 在分化后约 10 天开始自发搏动,并在体外持续收缩 1 年以上。与成年心肌细胞相比,他们通常在形态学、电生理学和转录分析上表现出不成熟的表型。如上所述,移植的心肌细胞在移植前也显示不成熟的表型。移植数周后,心律失常随时间减少,这可能反映了移植的 PSC-CM 逐渐成熟。据报道,多种因素可增强 PSC-CM 的体外成熟,如长期培养、化学处理、机械拉伸、电刺激和代谢补充等[55]。最近,有报道 3D 培养结合物理拉伸可促进 PSC-CM 的成熟[56]。尽管通过这种先进的方法无法使 PSC-CM 与成年心肌细胞完全相同,但有必要进行多次刺激,以使 PSC-CM 在体外近似于成年表型。

2. 自律性 在标准的分化方案中,分化的心肌细胞包括心室、心房和窦房结亚型。窦房结亚型占心肌细胞总数的比例相对较小,不到 10%。该亚型表现出更快的自发搏动率并高表达与自律性相关的基因(例如 *HCN4* 基因),这与起搏电流有关[57]。尽管未纯化的 PSC-CM 可以挽救猪房室传导阻滞模型,但心脏特异性同源盒转录因子(heart-specific homeobox transcription factor,Nkx2.5)阴性的心肌细胞包含更高百分比的窦房结细胞。因此,纯化的起搏细胞可以促进心脏起搏的发展,在移植前从 PSC-CM 中排除窦房结细胞,可以减少大动物模型室性心律失常的发生。

(四)干细胞大规模培养

干细胞治疗心血管疾病的首要目的是,用外源的干细胞代替体内丢失的心肌细胞。之前的经验告诉我们,在经历心肌梗死病程后,一个心脏中多达 1/4 的心肌细胞会丢失,这会导致各种的病理过程,进而最终导致心力衰竭。近年来,传统的干细胞培养和心肌分化方法的发展,还达不到适应大动物及临床治疗的高产量、价格经济、临床安全的需求。因此,需要开发新的方法来达到这些标准。这类技术进步的一个例子就是搅拌式生物反应器培养平台的发展,它能够容纳干细胞在微载体上扩增。同时,它们可以控制细胞分布、养分、气体成分和其他关键性指标,例如 pH、氧气含量和关键代谢物含量等。接下去的研究需要建立标准化、大规模、经济节约的培养方法来迎合临床前大动物研究和临床治疗的需求。

八、小结

干细胞疗法在心血管疾病组织修复过程中已经表现出巨大的潜力,大量坚实的临床前大动物研究数据,证实了干细胞移植能通过促进心肌梗死局部血管新生,保护心肌细胞存活等多重作用,改善衰竭心脏的功能。最近在分子生物学、基因工程、材料科学等方面取得的突破性进展更加深了对干细胞的理解。与此同时,大量的心血管病专家倾注心血,积极推动干细胞治疗的临床转化,多个大样本、多中心随机对照临床试验也证实了干细胞移植的安全性及可行性[58,59],尽管移植疗效还有待加强。为了以后更好地发展心血管疾病的干细胞治疗,需要更多学科交叉的研究,基础研究与临床转化应双管齐下,一方面从寻找优势干细胞资源,探讨最佳移植剂量及途径,开展大样本、长周期的临床前大动物评价出发,建立最佳细胞移植方案及规范化的安全性评价体系。一方面应结合先进的生物学技术如遗传谱系示踪和多模态成像技术等，研究移植干细胞的命运转归，探讨干细胞促进心脏功能恢复的潜在机制；另一方面，积极开发促进心脏功能恢复的策略，包括多能干细胞衍生细胞、结合组织工程的心肌补片、携带功能基因及 ncRNA 的外泌体等，加快解决比如干细胞植入率、免疫排斥、心律失常等这些问题。在人类疾病大动物模型的研究中，我们需要有针对性的深入研究，形成完善的技术体系，并将疾病动物模型建立和疾病发病机制基础研究和干细胞治疗等研究有机结合，真正将干细胞治疗心血管疾病推向临床，早日造福于人类。

（高　崚）

参考文献

[1] TZOULAKI I, ELLIOTT P, KONTIS V, et al. Worldwide exposures to cardiovascular risk factors and associated health effects: current knowledge and data gaps [J]. Circulation, 2016, 133(23): 2314-2333.

[2] ISLAM J Y, ZAMAN M M, MONIRUZZAMAN M, et al. Estimation of total cardiovascular risk using the 2019 WHO CVD prediction charts and comparison of population-level costs based on alternative drug therapy guidelines: a population-based study of adults in Bangladesh [J]. BMJ Open, 2020, 10(7): e035842.

[3] MEYERS D E, GOODLIN S J. End-of-life decisions and palliative care in advanced heart failure [J]. Canadian Journal of Cardiology, 2016, 32(9): 1148-1156.

[4] GIVERTZ M M, DEFILIPPIS E M, LANDZBERG M J, et al. Advanced heart failure therapies for adults with congenital heart disease: JACC state-of-the-art review [J]. Journal of the American College of Cardiology, 2019, 74(18): 2295-2312.

[5] HESSE M, WELZ A, FLEISCHMANN B K. Heart regeneration and the cardiomyocyte cell cycle [J]. Pflügers Archiv, 2018, 470(2): 241-248.

[6] MIYAGAWA S, SAWA Y. Building a new strategy for treating heart failure using induced pluripotent stem cells [J]. Journal of Cardiology, 2018, 72(6): 445-448.

[7] HOTHAM W E, HENSON F M D. The use of large animals to facilitate the process of MSC going from laboratory to patient-'bench to bedside' [J]. Cell Biology and Toxicology, 2020, 36(2): 103-114.

[8] EPSTEIN S E, LUGER D, LIPINSKI M J. Large animal model efficacy testing is needed prior to launch of a stem cell clinical trial: an evidence-lacking conclusion based on conjecture [J]. Circulation Research, 2017, 121(5): 496-498.

[9] HARDING J, ROBERTS R M, MIROCHNITCHENKO O. Large animal models for stem cell therapy [J]. Stem Cell Research & Therapy, 2013, 4(2): 23.

[10] CONG X, ZHANG S M, ELLIS M W, et al. Large animal models for the clinical application of human induced pluripotent stem cells [J]. Stem Cells and Development. 2019, 28(19): 1288-1298.

[11] ISHIDA M, MIYAGAWA S, SAITO A, et al. Transplantation of human-induced pluripotent stem cell-derived cardiomyocytes is superior to somatic stem cell therapy for restoring cardiac function and oxygen consumption in a porcine model of myocardial infarction [J]. Transplantation, 2019, 103(2): 291-298.

[12] RESHEF E,SABBAH H N,NUSSINOVITCH U. Effects of protective controlled coronary reperfusion on left ventricular remodeling in dogs with acute myocardial infarction:A pilot study [J]. Cardiovascular Revascularization Medicine,2020,21(12):1579-1584.

[13] BAUZÁ M D R,GIMÉNEZ C S,LOCATELLI P,et al. High-dose intramyocardial HMGB1 induces long-term cardioprotection in sheep with myocardial infarction [J]. Drug Delivery and Translational Research, 2019,9(5):935-944.

[14] SILVA K A S,EMTER C A. Large animal models of heart failure:a translational bridge to clinical success[J]. JACC:Basic to Translational Science,2020,5(8):840-856.

[15] CHARLES C J,RADEMAKER M T,SCOTT N J A,et al. Large animal models of heart failure:reduced vs. preserved ejection fraction [J]. Animals,2020,10(10):1906.

[16] BAHIT M C,KOCHAR A,GRANGER C B. Post-myocardial infarction heart failure [J]. JACC:Heart Failure,2018,6(3):179-186.

[17] SPANNBAUER A,TRAXLER D,ZLABINGER K,et al. Large animal models of heart failure with reduced ejection fraction (HFrEF) [J]. Frontiers in Cardiovascular Medicine,2019,6:117.

[18] MÜLLER P,LEMCKE H,DAVID R. Stem cell therapy in heart diseases-cell types,mechanisms and improvement strategies [J]. Cellular Physiology and Biochemistry,2018,48(6):2607-2655.

[19] CAN A,CELIKKAN F T,CINAR O. Umbilical cord mesenchymal stromal cell transplantations:a systemic analysis of clinical trials [J]. Cytotherapy,2017,19(12):1351-1382.

[20] KEHAT I,KHIMOVICH L,CASPI O,et al. Electromechanical integration of cardiomyocytes derived from human embryonic stem cells [J]. Nature Biotechnology,2004,22(10):1282-1289.

[21] YE L,CHANG Y H,XIONG Q,et al. Cardiac repair in a porcine model of acute myocardial infarction with human induced pluripotent stem cell-derived cardiovascular cells [J]. Cell Stem Cell,2014,15(6):750-761.

[22] KAWAMURA M,MIYAGAWA S,FUKUSHIMA S,et al. Enhanced survival of transplanted human induced pluripotent stem cell-derived cardiomyocytes by the combination of cell sheets with the pedicled omental flap technique in a porcine heart [J]. Circulation,2013,128(11 suppl 1):S87-S94.

[23] KAWAMURA M,MIYAGAWA S,FUKUSHIMA S,et al. Enhanced therapeutic effects of human iPS cell derived-cardiomyocyte by combined cell-sheets with omental flap technique in porcine ischemic cardiomyopathy model [J]. Scientific Reports,2017,7(1):8824.

[24] GAO L,GREGORICH Z R,ZHU W,et al. Large cardiac muscle patches engineered from human induced-pluripotent stem cell-derived cardiac cells improve recovery from myocardial infarction in swine [J]. Circulation,2018,137(16):1712-1730.

[25] MÉNARD C,HAGÈGE A A,AGBULUT O,et al. Transplantation of cardiac-committed mouse embryonic stem cells to infarcted sheep myocardium:a preclinical study [J]. Lancet,2005,366(9490):1005-1012.

[26] DIXON J A,GORMAN R C,STROUD R E,et al. Mesenchymal cell transplantation and myocardial remodeling after myocardial infarction [J]. Circulation,2009,120(11 suppl):S220-S229.

[27] ISHIGAKI H,SHIINA T,OGASAWARA K. MHC-identical and transgenic cynomolgus macaques for preclinical studies [J]. Inflammation and Regeneration,2018,38(1):1-6.

[28] SHIBA Y,GOMIBUCHI T,SETO T,et al. Allogeneic transplantation of iPS cell-derived cardiomyocytes regenerates primate hearts [J]. Nature,2016,538(7625):388-391.

[29] CHONG J J H,YANG X,DON C W,et al. Human embryonic-stem-cell-derived cardiomyocytes regenerate

non-human primate hearts [J]. Nature,2014,510 (7504):273-277.

[30] KRAUS L,MOHSIN S. Role of stem cell-derived microvesicles in cardiovascular disease [J]. Journal of Cardiovascular Pharmacology,2020,76 (6):650-657.

[31] THÉRY C,WITWER K W,AIKAWA E,et al. Minimal information for studies of extracellular vesicles 2018 (MISEV2018):a position statement of the International Society for Extracellular Vesicles and update of the MISEV2014 guidelines [J]. Journal of Extracellular Vesicles,2018,7 (1):1535750.

[32] GALLET R,DAWKINS J,VALLE J,et al. Exosomes secreted by cardiosphere-derived cells reduce scarring, attenuate adverse remodelling,and improve function in acute and chronic porcine myocardial infarction [J]. European Heart Journal,2017,38 (3):201-211.

[33] DE COUTO G,GALLET R,CAMBIER L,et al. Exosomal microRNA transfer into macrophages mediates cellular postconditioning [J]. Circulation,2017,136 (2):200-214.

[34] LÓPEZ E,BLÁZQUEZ R,MARINARO F,et al. The intrapericardial delivery of extracellular vesicles from cardiosphere-derived cells stimulates M2 polarization during the acute phase of porcine myocardial infarction [J]. Stem Cell Reviews and Reports,2020,16 (3):612-625.

[35] SCRIMGEOUR L A,POTZ B A,ABOUL GHEIT A,et al. Extracellular vesicles promote arteriogenesis in chronically ischemic myocardium in the setting of metabolic syndrome [J]. Journal of the American Heart Association,2019,8 (15):e012617.

[36] SPANNBAUER A,MESTER-TONCZAR J,TRAXLER D,et al. Large animal models of cell-free cardiac regeneration [J]. Biomolecules,2020,10 (10):1392.

[37] HALKOS M E,ZHAO Z Q,KERENDI F,et al. Intravenous infusion of mesenchymal stem cells enhances regional perfusion and improves ventricular function in a porcine model of myocardial infarction [J]. Basic Research in Cardiology,2008,103 (6):525-536.

[38] CRISOSTOMO V,BAEZ C,ABAD J L,et al. Dose-dependent improvement of cardiac function in a swine model of acute myocardial infarction after intracoronary administration of allogeneic heart-derived cells [J]. Stem Cell Research & Therapy,2019,10 (1):152.

[39] STRAUER B E,BREHM M,ZEUS T,et al. Intracoronary,human autologous stem cell transplantation for myocardial regeneration following myocardial infarction [J]. Deutsche Medizinische Wochenschrift (1946), 2001,126 (34/35):932-938.

[40] FUCHS S,BAFFOUR R,ZHOU Y F,et al. Transendocardial delivery of autologous bone marrow enhances collateral perfusion and regional function in pigs with chronic experimental myocardial ischemia [J]. Journal of the American College of Cardiology,2001,37 (6):1726-1732.

[41] ZHANG J,ZHU W,RADISIC M,et al. Can we engineer a human cardiac patch for therapy? [J]. Circulation Research,2018,123 (2):244-265.

[42] YANAMANDALA M,ZHU W,GARRY D J,et al. Overcoming the roadblocks to cardiac cell therapy using tissue engineering [J]. Journal of the American College of Cardiology,2017,70 (6):766-775.

[43] GAO L,GREGORICH Z R,ZHU W,et al. Large cardiac muscle patches engineered from human induced-pluripotent stem cell-derived cardiac cells improve recovery from myocardial infarction in swine [J]. Circulation,2018,137 (16):1712-1730.

[44] WANG G,FU Y,SHEA S M,et al. Quantitative CT and ^{19}F-MRI tracking of perfluorinated encapsulated mesenchymal stem cells to assess graft immunorejection [J]. MAGMA,2019,32 (1):147-156.

第三章 干细胞临床前研究

[45] PATRICK P S,RODRIGUES T B,KETTUNEN M I,et al. Development of Timd2 as a reporter gene for MRI [J]. Magnetic Resonance in Medicine,2016,75（4）:1697-1707.

[46] AIRAN R D,BAR-SHIR A,LIU G,et al. MRI biosensor for protein kinase A encoded by a single synthetic gene [J]. Magnetic Resonance in Medicine,2012,68（6）:1919-1923.

[47] LEE J H,PARK G,HONG G H,et al. Design considerations for targeted optical contrast agents [J]. Quantitative Imaging in Medicine and Surgery,2012,2（4）:266-273.

[48] CHEN ZY,WANG YX,YANG F,et al. New researches and application progress of commonly used optical molecular imaging technology [J]. BioMed Research International,2014,2014:429198.

[49] LI,SHEN Y,SHAO Y,et al. Gadolinium3$^+$-doped mesoporous silica nanoparticles as a potential magnetic resonance tracer for monitoring the migration of stem cells in vivo [J]. International Journal of Nanomedicine,2013,8: 119-127.

[50] ZHANG W Y,EBERT A D,NARULA J,et al. Imaging cardiac stem cell therapy:translations to human clinical studies [J]. Journal of Cardiovascular Translational Research,2011,4（4）:514-522.

[51] SKELTON R J P,KHOJA S,ALMEIDA S,et al. Magnetic resonance imaging of iron oxide-labeled human embryonic stem cell-derived cardiac progenitors [J]. Stem Cells Translational Medicine,2016,5（1）:67-74.

[52] NAUMOVA A V,MODO M,MOORE A,et al. Clinical imaging in regenerative medicine [J]. Nature Biotechnology,2014,32（8）:804-818.

[53] KUPFER M E,OGLE B M. Advanced imaging approaches for regenerative medicine:emerging technologies for monitoring stem cell fate in vitro and in vivo [J]. Biotechnology Journal,2015,10（10）:1515-1528.

[54] SHANI T,HANNA J H. Universally non-immunogenic iPSC [J]. Nature Biomedical Engineering,2019,3（5）: 337-338.

[55] WRIGHT S,ISSA F. Hypoimmunogenic genetically modified induced pluripotent stem cells for tissue regeneration [J]. Transplantation,2019,103（9）:1744-1745.

[56] ROMAGNUOLO R,MASOUDPOUR H,PORTA-SÁNCHEZ A,et al. Human embryonic stem cell-derived cardiomyocytes regenerate the infarcted pig heart but induce ventricular tachyarrhythmias [J]. Stem Cell Reports,2019,12（5）:967-981.

[57] SCUDERI G J,BUTCHER J. Naturally engineered maturation of cardiomyocytes [J]. Frontiers in Cell and Developmental Biology,2017,5:50.

[58] RONALDSON-BOUCHARD K,MA S P,YEAGER K,et al. Advanced maturation of human cardiac tissue grown from pluripotent stem cells [J]. Nature,2018,556（7700）:239-243.

[59] KADOTA S,SHIBA Y. Pluripotent stem cell-derived cardiomyocyte transplantation for heart disease treatment [J]. Current Cardiology Reports,2019,21（8）:1-7.

第四节　人多能干细胞与神经再生

神经系统疾病往往会导致神经元丢失和神经回路功能障碍。由于局部神经前体细胞（neural progenitor cell,NPC）只能产生数量有限的特定亚型的神经元,且其数量在疾病和衰老过程中显著下降,同时神经元本身缺乏再生能力,因而机体针对神经系统疾病的自我修复能力有限。人多能干细胞（human pluripotent stem cell，hPSC）在特定培养环境中，具有分化为各个区域神经前体细胞的能力，并能进一步分化成各种亚型的神经元；动物模型实验证实移植的神经前体细胞能够在体内分化成成熟的具有生理功能的神经细胞[1,2]，因此人多能干细胞具有广泛的应用前景。以干细胞为基础的细胞替代疗法目前正在进行深入的临床观察。本节重点讲述神经发育的细胞学和分子生物学机制，人多能干细胞分化为所需要的神经前体细胞与神经元亚型的策略，以及如何应用人多能干细胞治疗神经系统疾病，如阿尔茨海默病（Alzheimer's disease，AD）、亨廷顿病（Huntington disease，HD）和帕金森病（Parkinson disease，PD）等。

一、人多能干细胞

人多能干细胞包括人胚胎干细胞和人诱导多能干细胞，它们在适当的培养条件下可以自我更新以及向三胚层分化。1998年，Thomson等人成功地分离早期人类胚泡中的内细胞团（inner cell mass），体外培养并扩增传代，获得人胚胎干细胞[1]。转录因子 NANOG、OCT4 和 SOX2 的高表达，能够激活多能性基因网络，抑制谱系分化基因，从而使人胚胎干细胞维持在未分化状态。随后，通过在已分化的体细胞中表达 OCT4、SOX2、KLF4 和 C-MYC，赋予这些多能性转录因子强大的重编程能力，从而建立起人诱导多能干细胞。遗传、表观遗传和功能性分析验证了人诱导多能干细胞在很大程度上类似于人胚胎干细胞。

与体内胚胎发育过程相似，人多能干细胞体内外能分化产生外胚层、中胚层或内胚层来源的特定功能的全细胞谱系。利用谱系示踪系统对体内外分化过程进行动态监测，研究发育过程中细胞命运转化的关键节点，深化了动物模型研究发育的方式方法。体外特殊群体人诱导多能干细胞来源的细胞进行疾病分子机制研究及药物筛选实验，可揭示多种遗传疾病机制及开发相应病例的个体治疗药物。此外，产生功能性细胞类型并针对目前尚无法治愈的患者进行细胞或组织器官的替代治疗同样是人多能干细胞最重要的应用之一。

二、神经系统发育

体外人多能干细胞向三胚层不同谱系分化方法的完善，推动了人多能干细胞在发育和发育相关疾病研究中的应用。利用特异性谱系表达蛋白标记技术及谱系示踪技术，可高效而又真实地反映体内发育的一般规律。

哺乳动物神经发育大致可分为神经诱导（neural induction）、区域化（regional patterning），以及神经发生和胶质生成（neurogenesis and gliogenesis）3个阶段。神经诱导是神经发育过程中由上胚层（epiblast）通过原肠胚形成外胚层并进一步形成神经板的过程。上胚层变厚变平，发育成由柱状神经上皮细胞组成的神经板（neural plate）[3]。神经板是整个中枢神经系统（central nervous system，CNS）的原基，最终形成大脑和脊髓。在神经板的双侧边缘部位是神经板边界。在神经形成过程中,神经板边界向上抬起,在背中线处汇聚形成神经管(neural tube)。当神经管形成时,区域化同时发生,带有多部位发育潜能的初始神经上皮发育为带有明显部位特征的神经前体细胞,沿着前后轴(anterior-posterior axis,A-P)和背腹轴(dorsal-ventral axis,D-V)分布。神经管中的神经前体细胞通过不对称分裂产生成神经细胞(neuroblast),逐步向外层迁移,并成熟为神经元或胶质细胞的过程,称为神经发生和胶质生成(图3-1)。

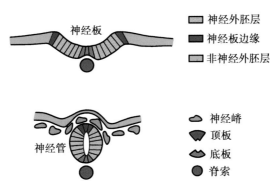

图 3-1　神经诱导和区域化是胚胎发育过程中伴随
神经板和神经管形成的两大主要细胞事件

在封闭神经管的背中线区域,融合的神经板边界形成顶板(roof plate)。同时,随着上皮细胞向间质细胞的转变,神经嵴细胞(neural crest cell)从顶板分层,这是周围神经系统(peripheral nervous system,PNS)的主要来源,包括脑神经、脊髓神经、自主神经以及施万细胞和色素细胞等。

神经管的最底部邻近脊索(notochord),称为底板(floor plate)。一个完整的神经管,由位于最顶部的顶板、神经上皮主体和最底部的底板共同组成。脊索是中胚层起源的短棒状结构,位于神经管后半部中线的腹侧。脊索在维持左右不对称和相邻组织发育方面起着重要作用。脊索通过分泌神经诱导因子,阻止位于其上方的外胚层细胞发育为表皮外胚层,从而选择神经外胚层的细胞命运。中脑的底板具有神经发生潜能,是产生多巴胺(dopamine,DA)能神经元的主要区域。

外胚层细胞转化为神经外胚层细胞,并在早期神经发育过程中特异性转化为各种区域神经前体细胞的过程遵循激活-转化(activation-transformation)模式,神经诱导在前,A-P轴、D-V轴向确立在后。神经诱导过程中,上胚层默认获得神经外胚层命运,在Wnt和转化生长因子(transforming growth factor,TGF)超家族成员等的驱动下,发育为中胚层、内胚层和非神经外胚层组织[4]。A-P轴建立过程中,位于神经板中的神经外胚层细胞具有自发生成前脑神经系统的活性,而在成纤维细胞生长因子8(fibroblast growth factor 8,FGF8)、Wnt和视黄酸(retinoic acid,RA)在内的信号分子的诱导下,神经外胚层细胞可以尾侧化为中脑、后脑和脊髓等神经组织[5]。人前脑的 D-V 轴建立也遵循激活-转化模式[6]：在没有其他诱导信号刺激下，人神经外胚层细胞倾向于自发分化为背侧端脑的神经细胞，在 Shh 信号的作用下，人神经外胚层细胞区域化为腹侧端脑的神经细胞[7,8]。

在体外培养的干细胞的命运决定过程也遵循激活-转化模式，并在分子表达时序和相互调控模式上解释了激活-转化原理。在干细胞命运未确定前，细胞内表达重要的内源性转录因子，如内细胞团和上胚层细胞表达 Sox2，在神经诱导过程中，神经板中的神经外胚层细胞维持 Sox2 的高表达；当多能干细胞被外源信号诱导至中内胚层时，停止表达 Sox2，体现了激活-转化模式[9]。Otx2 是局限表达于头侧神经管的标志性蛋白，包括表达于前脑和中脑，但不表达于后脑和脊髓。Otx2 表达于上胚层和神经外胚层细胞，而尾侧化的信号分子下调 Otx2 表达。人胚胎干细胞和人诱导多能干细胞来源的神经外胚层细胞表达 Pax6，Pax6 阳性的人神经外胚层细胞在没有外源区域化因子的作用下，自发向大脑背侧分化[10]。Pax6 抑制腹侧基因的表达，决定了神经外胚层细胞自发获得背侧端脑命运[6,11]。外源表达背侧基因 Pax6，能抑制腹侧标志基因 Nkx2.1 的表达；而外源表达 Nkx2.1 却不能抑制 Pax6 的表达。Shh 信号作为腹侧化因子通过抑制背侧基因的转录，去除其对腹侧基因的抑制，进而完成 D-V 轴向转换[6]。

在激活-转化模式中，细胞命运的转化多数由区域化中心包括顶板、底板和脊索等分泌的信号分子所驱动。脊索是产生 Shh 的区域化中心。脊索分泌的 Shh 诱导神经管底板形成，促进神经外胚层细胞的腹侧化[12]。*Shh* 敲除小鼠中，腹侧端脑神经前体细胞消失，*Nkx2.1*、*Dlx2* 和 *Gsx2* 在内的所有腹侧标记基因表达缺失。神经管闭合后，来源于顶板和皮质边缘的 Wnt 和 BMP 信号决定或维持神经细胞的背侧命运[13]。来自顶板的 Wnt 和骨形成蛋白（bone morphogenetic protein，BMP）与来自底板的 Shh 在空间上形成浓度梯度精确调控 D-V 轴向命运。转基因动物研究也揭示了这些区域特异性转录因子之间的相互拮抗作用。*Pax6* 功能缺失导致背侧区域异常表达腹侧标记基因，而 *Nkx2.1* 的丧失会导致腹侧细胞具有背侧的特征。中脑和后脑之间的峡部组织分泌的 FGF8 和 Wnt1 以及后脑内合成的 RA 是两类强有力的尾侧化信号，它们对中脑和后脑的区域化及正常发育至关重要（图 3-2）。

神经发生贯穿于胚胎发育和胎儿出生后的过程。通常，神经元亚型的命运由其亲代神经前体细胞的区域特性决定。神经前体细胞在进行几轮自我更新后，退出细胞周期，并依次分化为神经元和胶质细胞，后者包括星形胶质细胞和少突胶质细胞。分化的神经元能够迁移到它们的目的地并整合形成功能性神经环路，这是进行特定神经活动的基本单位。在皮质发育过程中，快速分裂的神经前体细胞位于大脑的脑室区和脑室下区，随后分化生成的细胞迁移到皮质板。皮层中的神经发生遵循"由内向外"的方式进行迁移，即早期出生的皮层前体细胞产生的神经元往往迁移距离短，形成大脑皮质中较深的层，而较晚生成的神经元迁移得更远，到达已形成的细胞层的上方，形成皮质的最浅层。由于细胞的迁移是连续进行的，因此，

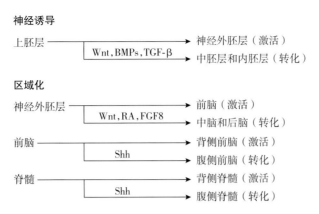

神经诱导

上胚层 ────→ ┤ Wnt, BMPs, TGF-β ├─→ 神经外胚层（激活）
                                  └─→ 中胚层和内胚层（转化）

区域化

神经外胚层 ────→ ┤ Wnt, RA, FGF8 ├─→ 前脑（激活）
                                └─→ 中脑和后脑（转化）

前脑 ────→ ┤ Shh ├─→ 背侧前脑（激活）
                  └─→ 腹侧前脑（转化）

脊髓 ────→ ┤ Shh ├─→ 背侧脊髓（激活）
                  └─→ 腹侧脊髓（转化）

图 3-2　神经诱导和区域化过程中的细胞命运转换遵循激活-转化模式

迁移中的神经元处于不同的皮质深度中。在迁移过程中,神经元由放射状胶质细胞引导,胶质细胞的突起从皮层的内表面延伸到外表面。位于端脑腹侧部分的内侧神经节隆起(medial ganglionic eminence,MGE)中的神经前体细胞是产生 γ-氨基丁酸(γ-aminobutyric acid,GABA)能抑制性中间神经元的主要来源。GABA 能中间神经元以切线方式向端脑背侧进行长距离迁移,在端脑背侧区域重新整合和成熟,并与局部兴奋性皮层神经元形成抑制性突触联系。

三、神经定向分化

人胚胎干细胞和人诱导多能干细胞在体外可依次分化为神经外胚层细胞、区域性神经前体细胞和各种类型神经元及胶质细胞。借助于体内胚胎发育关键事件的解析和指导,多能干细胞能在体外准确地模拟胚胎发育过程中的关键生物学事件。

人多能干细胞体外分化成神经外胚层细胞多采用悬浮拟胚体形成法或基于 TGFβ/BMP 信号抑制剂的贴壁培养法[2,4]。悬浮拟胚体法是将分离的人多能干细胞团悬浮在无血清培养基中以模拟原肠胚形成过程,然后在神经培养基中进行神经谱系富集。在贴壁培养法分化模式中,通过添加 TGF-β 和 BMP 信号通路的抑制剂触发神经诱导。尽管这两种分化方法之间存在差异,但来源于两种方案的神经外胚层细胞都显示出响应区域化因子产生不同区域神经前体细胞的高潜能[14]。与体内发育相类似,神经外胚层细胞无需额外的区域化因子作用,默认端脑背侧区域分化的命运。作为一种有效的尾侧化区域化因子,甲酸高效地将拟胚体和贴壁培养两种分化方法获得的神经外胚层细胞尾侧化形成后脑和颈部脊髓的神经前体细胞[7]。

研究表明,脊髓尾部由神经中胚层前体细胞(neuromesodermal progenitor,NMP)发育而来,该前体细胞在神经外胚层命运开始之前,就具有了后部区域的特征[5],提示整个上胚层可以按最终分化部位进一步细分为头侧部和尾侧部。人多能干细胞在悬浮拟胚体形成法分化系统中更有利于向头侧神经外胚层分化,而 Shh 则进一步促使头侧神经外胚层腹侧化至端脑腹侧,如外侧神经节隆起(lateral ganglionic eminence,LGE)和 MGE[15,16]。FGF8 和 Wnt 则将拟胚体分化系统中产生的神经外胚层区域化为中脑命运。然而,人多能干细胞在贴壁培养分化条件下很容易被区域化至尾侧部。在贴壁培养分化条件下,早期 Shh 刺激导致人多能干细胞定向分化为底板细胞命运(Nkx2.1$^+$/Sox1$^-$/FoxA2$^+$),而在悬浮拟胚体形成分化条件下,Shh 刺激促使人多能干细胞获得 MGE 命运(Nkx2.1$^+$/Sox1$^+$/FoxA2$^-$)[14,17]。贴壁培养分化方法产生的脊髓运动神经元较悬浮拟胚体形成分化方法效率更高。可以预期在尾侧化信号下,人多能干细胞将被诱导分化至尾侧的上胚层和 NMP,随之产生更多的尾侧神经前体细胞。由于获得疾病相关的神经前体细胞和各类亚型神经元是建模或治疗特定神经疾病的关键,因此首先需要根据所需神经前体细胞的部位特征来甄选采用悬浮拟胚体形成法还是贴壁培养法的分化模式(图 3-3)。

区域化因子的浓度梯度对于建立神经前体细胞的区域特性至关重要。在体外神经分化过程中,外源加入的区域化信号分子的浓度和持续时间同等重要。例如,悬浮拟胚体形成法分化产生的神经外胚层细胞中加入中等水平的 Shh(200ng/ml),将导致细胞获得 LGE 命运;同样条件下加入较高水平的 Shh(500~1 000ng/ml),将产生更为腹侧的 MGE 命运[15,16,18]。如前所述,神经前体细胞会依次分化成为神经元和胶质细胞。人多能干细胞来源的 Oligo2$^+$ 腹侧脊髓神经前体细胞可于分化后的第 1 个月形成脊髓运动神经元,但当前体细胞体外分化维持 3~6 个月时,将产生少突胶质细胞(图 3-3)。

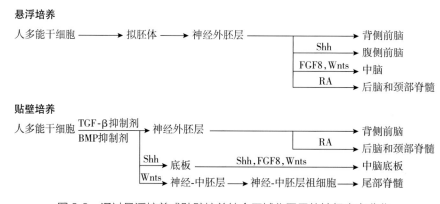

图 3-3　通过悬浮培养或贴壁培养结合区域化因子的神经定向分化

四、LGE 前体细胞分化与亨廷顿病

亨廷顿病是一种常染色体显性遗传的神经退行性疾病,典型症状包括舞蹈症和肌张力障碍、睡眠障碍、运动功能障碍、认知障碍和精神异常等。从遗传学的角度分析,亨廷顿病是由编码亨廷顿蛋白(huntingtin,HTT)基因的外显子 1 附近的胞嘧啶、腺嘌呤和鸟嘌呤重复序列

（CAG）的扩增导致突变 HTT（mutation HTT，mHTT）蛋白的累积，致使基底神经节中的纹状体 GABA 能中型多棘神经元（medium spiny neuron，MSN）首先受累。MSN 占纹状体所有神经元的 95%，近年来的 MSN 替代疗法治疗亨廷顿病显示出很好的治疗前景[16]。临床研究发现，从胎儿脑中分离出的胎儿神经组织标本移植到亨廷顿病患者脑中，显示出运动功能的中度改善。尽管研究结果令人满意，但这种基于胎儿组织的细胞替代疗法无论是在技术上还是在伦理上都受到了极大的限制和挑战，缺乏临床治疗的可行性。随后科研人员成功地将人多能干细胞分化为 LGE 前体细胞和功能性纹状体 MSN，通过 EB 分化，在人神经外胚层细胞中加入中等水平的 Shh，联合使用激活素 A 和 Wnt 信号分子能进一步改善诱导 LGE 前体细胞的分化过程。从人多能干细胞产生的 LGE 前体细胞表达前脑特征分子 FoxG1 以及 LGE 特征分子 Meis2 和 Gsx2。由这些 LGE 前体细胞在体外生成的 MSN 具有典型的多棘形态，并均一高表达 DARPP32 和 γ-氨基丁酸。更重要的是，从人多能干细胞分化而来的 MSN 显示出逐渐成熟的过程，体外具有神经元活性，如神经递质的释放、自发动作电位和突触联系。手术或基因造模的亨廷顿病小鼠中移植人多能干细胞分化而来的 LGE 前体细胞可以使纹状体内 GABA 能神经元的缺失得以补充，并显著改善认知和运动缺陷。在最近的一项研究中，Schaffer 和他的同事开发了一个可扩展的基于生物材料的 3D 平台，用于从人多能干细胞分化生成 LGE 前体和 MSN。从这种 3D 系统产生的 LGE 前体细胞在亨廷顿病转基因小鼠模型中显示出更好的移植细胞存活率和功能恢复，表明材料科学和干细胞技术的结合在细胞替代治疗中的广阔应用前景（图 3-4）。

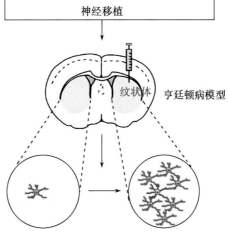

图 3-4　定向 LGE 前体细胞和 MSN 的人多能干细胞分化，用于亨廷顿病的细胞替代治疗

五、MGE 前体细胞分化与阿尔茨海默病

阿尔茨海默病是一种神经退行性疾病,与突触前胆碱能功能严重丧失有关。阿尔茨海默病患者通常会出现记忆和认知功能的进行性下降,以及定向障碍和幻觉等行为症状。已有研究表明,乙酰胆碱(acetylcholine,ACh)释放减少是阿尔茨海默病的一个主要特征,其原因是在阿尔茨海默病早期阶段,基底前脑胆碱能神经元(basal forebrain cholinergic neuron,BFCN)出现数量和功能下降。常用的几种缓解阿尔茨海默病症状的方法包括补充神经营养因子(neurotrophic factor,NTF),乙酰胆碱酯酶抑制剂(acetylcholin-esterase inhibitor,AChEI)和 N-甲基-D-天冬氨酸受体激动剂治疗等,对认知和记忆恢复有一定的改善,但是不能完全阻止疾病的进展。

细胞替代疗法被认为是治疗晚期阿尔茨海默病的根本方法。腹内侧节隆起(MGE)是胚胎发育过程中分化产生 BFCN 的唯一起源。体外分化系统能有效地分化人胚胎干细胞和人诱导多能干细胞为 MGE 前体,其后再分化为 BFCN[15,19]。EB 分化条件下高浓度的 Shh 是将神经外胚层细胞区域化为 MGE 前体的关键。虽然贴壁培养法分化的人多能干细胞中 Shh 处理会引导细胞走向底板命运,但抑制 Wnt/p38/JAK-STAT 通路,同样可以在贴壁培养法分化条件下将人多能干细胞分化为 MGE 前体。体外分化获得的 MGE 前体表达 Nkx2.1 和 FoxG1,随后分化为成熟的 BFCN,表达关键的功能性神经元标志物 MAP2 和突触蛋白(synapsin),以及合成乙酰胆碱的限速酶胆碱乙酰转移酶(choline acetyltransferase,ChAT)。体外产生的 BFCN 在长时间培养成熟后也表现出活跃的动作电位和突触活性。无论是手术损伤建模还是转基因小鼠阿尔茨海默病模型,将 MGE 前体细胞移植到双侧海马或基底核均显示出明显的认知功能恢复。组织学和电生理学研究也证实了移植后 BFCN 的分化、成熟、长期存活,并与局部神经元整合形成功能性神经环路(图 3-5)。

六、底板前体细胞分化与帕金森病

帕金森病是最严重的神经退行性疾病之一,典型症状包括震颤、运动减退、僵硬、步态和姿势异常等。病理学研究表明帕金森病的细胞病变以黑质中多巴胺能神经元的进行性死亡为主,导致多巴胺能神经元投射至纹状体中的多巴胺释放不足。

临床上治疗帕金森病最常用的药物是左旋多巴,左旋多巴被多巴胺能神经元特异性摄取,在多巴胺能神经元内转化为多巴胺,以补偿其投射至尾状核和壳核处多巴胺释放量的减少。左旋多巴的短期使用能显著改善临床症状,但长期使用会出现明显的副作用,如开关波动和运动失调。因此,我们需要一种更完整、更持久的方法来恢复多巴胺神经递质的释放和传递。

1992 年,人类胚胎中脑组织首次被移植到帕金森病患者的尾状核和壳核中进行临床试验。移植后,患者的症状如运动障碍得到改善。这一概念性临床研究验证了细胞移植对于帕

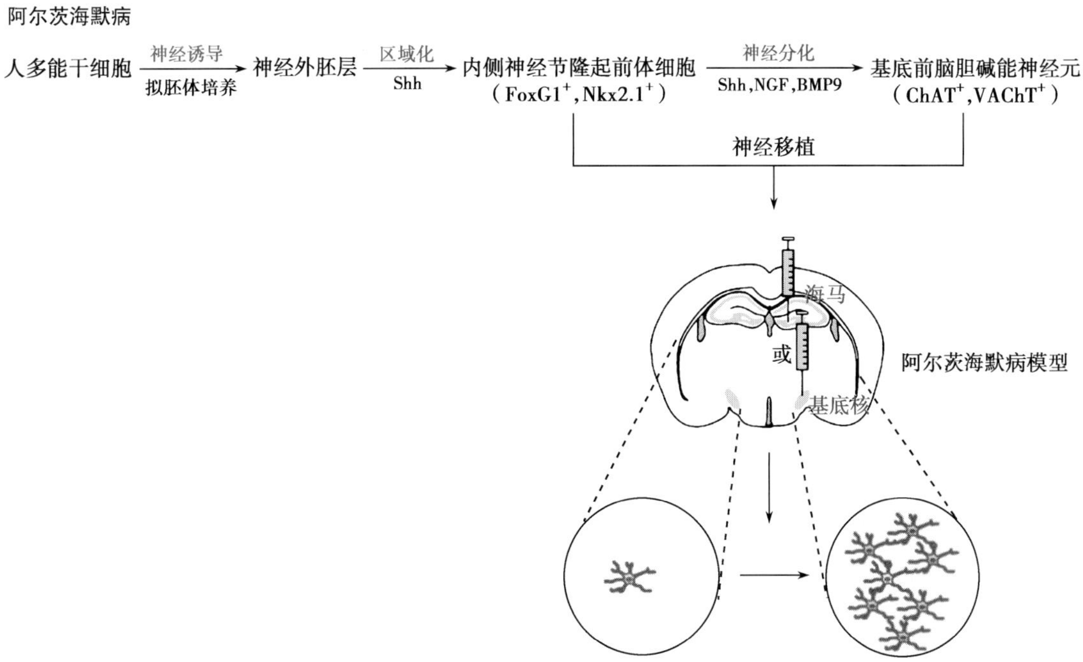

阿尔茨海默病

人多能干细胞 →(神经诱导/拟胚体培养)→ 神经外胚层 →(区域化/Shh)→ 内侧神经节隆起前体细胞（FoxG1⁺，Nkx2.1⁺）→(神经分化/Shh,NGF,BMP9)→ 基底前脑胆碱能神经元（ChAT⁺,VAChT⁺）

神经移植

海马
或
基底核

阿尔茨海默病模型

图 3-5　定向 MGE 前体细胞和 BFCN 的人多能干细胞分化,用于阿尔茨海默病的细胞替代治疗

金森病治疗的巨大潜力。然而,由于供体组织的质量、性质的不确定性,类似的临床研究未能显示出胎儿脑组织用于帕金森病替代治疗的统计学显著结果[20,21]。

　　现在科学家已能有效地将人多能干细胞分化成中脑多巴胺能神经元[22-26]。目前,贴壁培养法分化是产生底板前体和多巴胺能神经元的最佳途径。通过联合 Shh 和 FGF8 对贴壁培养法培养的人多能干细胞进行腹侧和尾侧诱导,获得中脑底板前体细胞（En1⁺/Otx2⁺/FoxA2⁺/Lmx1A⁺）,并进一步调节 Wnt 信号通路促进其多巴胺能分化,可有效产生中脑多巴胺能神经元（TH⁺/En1⁺/Otx2⁺/FoxA2⁺/Lmx1A⁺/Nurr1⁺）。此外,这些分化的多巴胺能神经元能产生自发动作电位,包括动作电位尖峰及其伴随着的与中脑多巴胺能神经元相似的缓慢阈下振荡电位。将这些中脑多巴胺能神经元前体细胞移植到帕金森病小鼠或大鼠的纹状体后,安非他明诱导的旋转行为完全消失,前肢使用和运动障碍得到改善。值得注意的是,基于人多能干细胞的中脑多巴胺能神经元前体细胞移植治疗帕金森病的疗效已在猴帕金森病模型和临床个例中得到证实,正在开展系统性临床试验[27]。Chen 和同事进行了一项开创性研究,开发了一种可通过化学遗传学精确调控体内移植的人多能干细胞来源的神经元的活性[22]。该研究将表达 DREADD（由设计药物专门激活的设计受体）的人多能干细胞分化成中脑多巴胺能神经元,显示出对移植神经元活性的严格调控,为帕金森病治疗提供更完善的细胞替代疗法（图 3-6）。

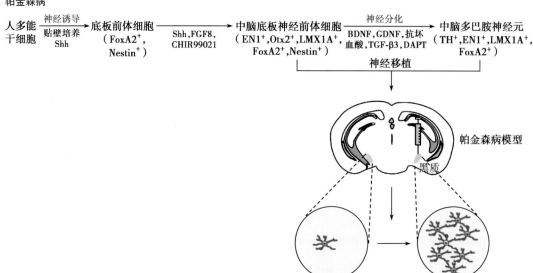

图 3-6　定向中脑底板前体细胞和多巴胺能神经元的人多能干细胞分化,用于帕金森病的细胞替代治疗

七、小结

本节介绍了神经发育的基本概念,详述了神经诱导和区域化有关的过程。令人兴奋的是,体外人多能干细胞向不同神经命运的定向分化过程遵循体内基本的神经发育原则。神经诱导和区域化遵循激活-转化模式,即细胞首先默认一种细胞命运,而特定的外源诱导信号可引导细胞走向其他命运。人胚胎干细胞和人诱导多能干细胞在分化产生人类区域性神经前体细胞和不同亚型神经元方面具有巨大的潜力,为公众关注的神经退行性疾病如亨廷顿病、阿尔茨海默病和帕金森病的细胞替代治疗提供无限的细胞来源。虽然在动物模型中利用人多能干细胞分化而来的细胞替代治疗神经系统疾病已经积累了令人满意的疗效,颇具希望,但为了充分证明这一过程的有效性和安全性,迫切需要进行系统的临床试验。将材料科学和基因工程技术有机地整合到细胞替代治疗,将大力推动人多能干细胞来源的细胞替代疗法在临床试验中的进程。小节内容可总结为:①神经发育的整个过程按顺序可分为 3 个阶段,神经诱导、区域化以及神经发生和胶质生成;②激活-转化模式适用于体内神经发育和体外神经分化过程中的大部分细胞命运决定事件;③细胞外信号如 TGFβ、BMP、Wnt、Shh、RA 和 FGF 信号分子,是神经诱导或神经前体细胞区域化的关键细胞命运诱导剂或阻断剂;④人多能干细胞可以有效地分化成神经外胚层细胞、各种区域神经前体细胞和不同亚型的神经元,再现体内神经发育的过程;⑤一系列概念性验证实验揭示了基于人多能干细胞的替代疗法对目前无法治愈的神经系统疾病的良好疗效。

(章小清　刘　玲)

参考文献

[1] THOMSON J A,ITSKOVITZ-ELDOR J,SHAPIRO S S,et al. Embryonic stem cell lines derived from human blastocysts [J]. Science,1998,282(5391):1145-1147.

[2] ZHANG SC,WERNIG M,DUNCAN I D,et al. In vitro differentiation of transplantable neural precursors from human embryonic stem cells [J]. Nature Biotechnology,2001,19(12):1129-1133.

[3] SASAI Y,DE ROBERTIS E M. Ectodermal patterning in vertebrate embryos [J]. Developmental Biology,1997,182(1):5-20.

[4] CHAMBERS S M,FASANO C A,PAPAPETROU E P,et al. Highly efficient neural conversion of human ES and iPS cells by dual inhibition of SMAD signaling [J]. Nature Biotechnology,2009,27(3):275-280.

[5] METZIS V,STEINHAUSER S,PAKANAVICIUS E,et al. Nervous system regionalization entails axial allocation before neural differentiation [J]. Cell,2018,175(4):1105-1118.

[6] CHI L,FAN B,FENG D,et al. The dorsoventral patterning of human forebrain follows an activation/transformation model [J]. Cerebral Cortex,2017,27(5):2941-2954.

[7] LI XJ,DU ZW,ZARNOWSKA E D,et al. Specification of motoneurons from human embryonic stem cells [J]. Nature Biotechnology,2005,23(2):215-221.

[8] LI XJ,ZHANG X,JOHNSON M A,et al. Coordination of sonic hedgehog and Wnt signaling determines ventral and dorsal telencephalic neuron types from human embryonic stem cells [J]. Development,2009,136(23):4055-4063.

[9] YING QL,STAVRIDIS M,GRIFFITHS D,et al. Conversion of embryonic Stem Cells Internationalo neuroectodermal precursors in adherent monoculture [J]. Nature Biotechnology,2003,21(2):183-186.

[10] ZHANG X,HUANG CT,CHEN J,et al. Pax6 is a human neuroectoderm cell fate determinant [J]. Cell Stem Cell,2010,7(1):90-100.

[11] GASPARD N,BOUSCHET T,HOUREZ R,et al. An intrinsic mechanism of corticogenesis from embryonic stem cells [J]. Nature,2008,455(7211):351-357.

[12] ERICSON J,MUHR J,PLACZEK M,et al. Sonic hedgehog induces the differentiation of ventral forebrain neurons:a common signal for ventral patterning within the neural tube [J]. Cell,1995,81(5):747-756.

[13] WILSON S W,RUBENSTEIN J L R. Induction and dorsoventral patterning of the telencephalon [J]. Neuron,2000,28(3):641-651.

[14] CHI L,FAN B,ZHANG K,et al. Targeted differentiation of regional ventral neuroprogenitors and related neuronal subtypes from human pluripotent stem cells [J]. Stem Cell Reports,2016,7(5):941-954.

[15] LIU Y,WEICK J P,LIU H,et al. Medial ganglionic eminence-like cells derived from human embryonic stem cells correct learning and memory deficits [J]. Nature Biotechnology,2013,31(5):440-447.

[16] MA L,HU B,LIU Y,et al. Human embryonic stem cell-derived GABA neurons correct locomotion deficits in quinolinic acid-lesioned mice [J]. Cell Stem Cell,2012,10(4):455-464.

[17] FASANO C A,CHAMBERS S M,LEE G,et al. Efficient derivation of functional floor plate tissue from human embryonic stem cells [J]. Cell Stem Cell,2010,6(4):336-347.

[18] MAROOF A M,KEROS S,TYSON J A,et al. Directed differentiation and functional maturation of cortical interneurons from human embryonic stem cells [J]. Cell Stem Cell,2013,12(5):559-572.

[19] YUE W,LI Y,ZHANG T,et al. ESC-derived basal forebrain cholinergic neurons ameliorate the cognitive symptoms associated with Alzheimer's disease in mouse models [J]. Stem Cell Reports,2015,5 (5):776-790.

[20] SPENCER D D,ROBBINS R J,NAFTOLIN F,et al. Unilateral Transplantation of Human Fetal Mesencephalic Tissue into the Caudate Nucleus of Patients with Parkinson's Disease [J]. The New England Journal of Medicine,1992,327 (22):1541-1548.

[21] FREED C R,BREEZE R E,ROSENBERG N L,et al. Survival of implanted fetal dopamine cells and neurologic improvement 12 to 46 months after transplantation for Parkinson's disease [J]. The New England Journal of Medicine,1992,327 (22):1549-1555.

[22] CHEN Y,XIONG M,DONG Y,et al. Chemical control of grafted human PSC-derived neurons in a mouse model of Parkinson's disease [J]. Cell Stem Cell,2016,18 (6):817-826.

[23] KIKUCHI T,MORIZANE A,DOI D,et al. Human iPS cell-derived dopaminergic neurons function in a primate Parkinson's disease model [J]. Nature,2017,548 (7669):592-596.

[24] KRIKS S,SHIM J W,PIAO J,et al. Dopamine neurons derived from human ES cells efficiently engraft in animal models of Parkinson's disease [J]. Nature,2011,480 (7378):547-551.

[25] STEINBECK J A,CHOI S J,MREJERU A,et al. Optogenetics enables functional analysis of human embryonic stem cell-derived grafts in a Parkinson's disease model [J]. Nature Biotechnology,2015,33 (2):204-209.

[26] WU J,SHENG C,LIU Z,et al. Lmx1a enhances the effect of iNSCs in a PD model [J]. Stem Cell Research,2015,14 (1):1-9.

[27] WANG YK,ZHU WW,WU MH,et al. Human clinical-grade parthenogenetic ESC-derived dopaminergic neurons recover locomotive defects of nonhuman primate models of Parkinson's disease [J]. Stem Cell Reports,2018,11 (1):171-182.

第四章
干细胞生产与建库

▶▶▶▶▶

干细胞制剂制备质检、质量控制和建库作为干细胞临床研究中至关重要的一环,制剂的质量直接影响干细胞临床研究的安全性和可靠性。本章首先在制备质检部分,遵循GMP的基本原则及其相关规定以及其他适用的规范性文件,对多种干细胞类型的制备工艺和质控点进行了总结;其次在质量控制方面,深入分析不同类型细胞的质量特征,对比研究国内外评价内容、评价技术及评价规范,形成了适用于我国干细胞临床研究的干细胞制剂质量控制体系,最后,通过标准化和信息化的干细胞资源库,可提升干细胞制剂的管理水平,以实现干细胞制剂的闭环管理。

第一节　干细胞制剂制备与质检

在人的生命周期中,细胞更新一直存在,细胞逐渐衰老,直至死亡又被新的细胞取代,在这新旧交替的过程中,干细胞在维持机体稳定,保证组织器官修复和再生中发挥着举足轻重的作用。干细胞是一类具有多向分化潜能,并在非分化状态下具有自我更新能力的细胞[1]。干细胞治疗是指应用人自体或异体来源的干细胞经体外操作输入(或植入)人体,用于疾病治疗的过程。这种体外操作包括干细胞的分离、纯化、扩增、修饰,干细胞(系)的建立、诱导分化、冻存和冻存后的复苏等过程。用于细胞治疗的干细胞主要包括成体干细胞、胚胎干细胞及诱导多能干细胞[2-4]。成体干细胞来源于自体或异体、胎儿或成人的不同组织,以及其他发育伴随组织(如脐带、羊膜、胎盘等),例如造血干细胞、间充质干细胞,以及各种类型的祖细胞和前体细胞等[5]。

目前国内外已开展了多项干细胞(指非造血干细胞)临床应用研究,涉及多种干细胞及其对应的疾病类型,包括骨关节疾病、肝硬化、移植物抗宿主病、脊髓损伤及退行性神经系统疾病和糖尿病等[6,7]。其中,干细胞主要来源于骨髓、脂肪组织、脐带血、脐带或胎盘组织的间充质干细胞,它们具有一定的分化潜能及抗炎和免疫调控能力等。

用于细胞治疗的干细胞制备技术和治疗方案,具有多样性、复杂性和特殊性。作为一种新型的生物治疗制剂,所有干细胞制剂都可遵循一个共同的研发过程,即从干细胞制剂的制备、体外实验、体内动物实验,到人体临床研究及临床治疗的整个过程。每一个研发阶段都必须对所使用干细胞制剂的细胞质量、安全性和生物学效应等方面进行相关的研究和质量控制。

一、临床级干细胞制剂的制备

临床级干细胞的制备应严谨、审慎并进行独立审查和监督,确保其安全性和有效性。即使对细胞进行最小的体外操作都有可能引入额外风险,如病原体污染、培养代数增加导致的细胞基因型和表型不稳定,在长期、压力环境下可能会变为非整倍体或发生 DNA 重组、缺失及其他基因或表观遗传异常,从而带来严重病理改变,如癌症。故临床级干细胞的制备应遵循《药品生产质量管理规范》(Good Manufacturing Practice of Medical Products,GMP)程序,防止原料和制剂在生产过程中被污染,所有试剂与制备过程均应遵守质量控制体系与规程,并且针对干细胞制备过程中的工艺都应经过严格筛选和鉴定,以确保制备工艺对干细胞影响最小,干细胞制剂质量稳定。

(一)临床级干细胞制备要求

1. **人机料法环** 临床级干细胞的质量是临床研究成败的关键因素,决定干细胞治疗安全性和有效性的关键因素,除了干细胞本身就是干细胞的制备环节。因此,干细胞制备机构如何正确理解并执行 GMP 的相关规定,并将其应用到干细胞制备的过程中非常重要。

(1)制备人员要求:①制备机构应建立制备人员健康档案,组织定期体检,有明确传染性疾病的技术人员不得上岗操作,在岗操作人员若患急性感染性疾病,应暂离操作岗位,经治疗确定转阴或治愈后方可继续操作样本或细胞;②制备人员须具有相关专业专科及以上学历,经培训合格后从事细胞制备工作,制备机构应建立制备人员管理制度与考核制度,明确工作职责并进行定期考核;③制备机构应该建立完善的培训机制,对人员进行细胞制备技术、流程以及实验室进出流程、仪器设备等操作的培训,还应对制备人员进行应急事件疏散训练,培训结束并考核合格后方可上岗;④明确各岗位职责,不同样本、细胞或操作阶段的技术人员未经培训不得擅自换岗操作。

(2)仪器、试剂和耗材要求:①应采用获得国家或国际相关资质的细胞制备相关仪器,不得使用有安全隐患的仪器操作样本及细胞制品。应对关键仪器设备进行设备验证,包括预确认(prequalification,DQ)、安装确认(installation qualification,IQ)、运行确认(operation qualification,OQ)、性能确认(performance qualification,PQ)。②对实验室操作空间和设备、设施进行编号,并建立管理档案,确保其使用记录完整可追溯,对关键仪器设备按照其使用说明建立完善的使用及维护管理制度;建立实验室设备标准操作流程(standard operation procedure,SOP),设备的使用和操作方法需要经质量管理机构认证后方可实际操作。③在仪器周围附上注意事项、操作记录本、紧急突发事件联系人和维修工程师联系方式,定期对仪器进行第三方校准,做好仪器管理档案,尤其是维修记录和校准记录。④对仪器、耗材和试剂供应商进行资质认证、信息管理和定期维护,必要时应要求供应商提供制剂质量报告和批次检验报告。⑤制备机构应建立并执行试剂耗材的采购、接收、检验、贮存、发放、使用和运输的SOP,并予以记录。⑥对关键耗材和试剂,在接收时除要求供应商提供制剂质量报告和批次检验报告外,应根据GMP管理要求对关键耗材与试剂进行菌培养和细菌内毒素等检测;更换供应商或供应商更换制剂批次时,需进行制剂质量检验,并进行菌培养和细菌内毒素检测,检验合格后方可投入使用。⑦应对制备区域内的设备进行数据采集和参数监测,建议对细胞状态和物料状态有直接关系的设备参数进行动态监测,例如冷藏冷冻箱温度、二氧化碳孵箱温湿度和液氮罐温度等。应对动态监测数据定期进行审核复核,对数据异常的设备进行维护和校对,若涉及细胞制品的制备,应追溯细胞质量。⑧细胞培养过程中严格使用来源和作用明确、对人体无毒害作用以及不影响细胞生物学活性的试剂,若同种类试剂有药品级别,应优先使用药品级,若无药品级制剂则至少使用无菌、无病毒、无支原体和符合药典要求内毒素标准的GMP级别试剂和溶液。⑨细胞培养过程中尽量避免使用动物源性、人源物质,建议使用化学成分明确的培养基等关键试剂。若需使用动物源性的血清,应检测相应的动物源性病毒,若涉及猪源胰酶消化液,应确保无猪源细小病毒污染。⑩严禁使用同种异体血清进行培养,若培养基中添加人血液成分,如白蛋白、转铁蛋白、血小板裂解物等,应采用国家批准的临床药品级制剂,并明确来源、生产商和生产批号,同时要求供应商提供批次质量鉴定报告。

（3）干细胞制备规范与准则:①干细胞制剂的制备应遵循GMP的基本原则及其相关规定以及其他适用的规范性文件,包括《干细胞制剂制备质量管理自律规范》《干细胞制剂质量控制及临床前研究指导原则(试行)》《干细胞临床研究管理办法(试行)》《干细胞制剂制备与质检行业标准(试行)》等;②干细胞制剂的制备过程从采集样本、原代分离、重编程、细胞富集或扩增、定向诱导分化和制剂化等环节,每个环节都应严格按照制定的标准操作流程进行操作,不得随意变动,同时按照实际操作进行记录,如需有变动,需经过工艺验证后方可修订SOP。

（4）干细胞制备环境要求:①干细胞制备机构应拥有符合药品GMP生产车间,包括独立的制备设备、场所和区域,建议根据样本背景(阳性样本与普通样本)、操作类型(组织处理和传代培养)、样本类型(血液、围产组织、脂肪和骨髓等)设立不同的处理区域;②开放状态下的细胞操作(组织分离、细胞培养、分装等)以及与细胞直接接触的无法终端灭菌的试剂和器具的操作,至少在C级背景下的A级洁净环境中进行;③洁净区域内所有仪器和场所应有明显的标牌标识,并包括设备标牌、房间编号、工作状态、警戒标识和应急通道标识等。

2. **制备工艺的研究**　干细胞制备工艺是从供者体内获得组织细胞,直至成品细胞的一系列操作过程,包括干细胞的采集、分离、纯化、扩增和传代,干细胞(系)的建立、向功能性细胞定向分化,培养基、辅料和包材的选择标准及使用,细胞冻存、复苏、分装、标记,以及残余物去除等。研发者对其中的每一步工艺和操作均需开展研究和验证（关键工艺研究见表4-1），并对干细胞制剂制备工艺的标准操作流程及每一过程的标准操作程序定期审核和修订。

表4-1　干细胞制备工艺验证关键步骤及质控点

关键工艺步骤	质量控制点	试验项目
组织收集	供者性别	
	HLA分型	二代测序
	供者遗传疾病家族史	
	供者传染性疾病检测	HTLV-1、HTLV-2、CMV、HIV-1、HIV-2、HBV、HCV、梅毒、朊病毒、其他与异种移植污染相关的筛选试验
	无菌性	
	活力保持	暂存温度控制
		暂存时间控制
细胞分离	分离方法验证	评价不同分离方法,对细胞得率、纯度、倍增时间的影响
	培养试剂验证	平行使用3种类型的培养基,比较不同培养条件对细胞纯度、倍增时间、克隆形成能力、传代次数的影响
细胞扩增	细胞接种密度	研究不同细胞接种密度与细胞倍增时间、传代次数的关系
	消化液种类	研究不同消化液对细胞活率、再贴壁时间、克隆形成能力和倍增时间的影响
	传代次数验证	验证不同代次细胞活力、纯度、倍增时间、检测克隆形成能力、标志物表达、免疫抑制能力、分泌能力、分化能力和基因组稳定性等
	细胞安全性	细菌和真菌、支原体、内毒素、外源性病毒检测试验、核型分析试验、干细胞成瘤性试验、软琼脂克隆形成试验
细胞冻存	冻存液选择	平行比较不同品牌冻存液,在同样的冷冻条件下(同等细胞密度、数量、冷冻温度、时间),解冻后细胞活率、再贴壁率、克隆形成能力、倍增时间的影响;再比较复苏后不同接种密度对于细胞活率、再贴壁率、克隆形成能力、倍增时间的影响
	冷冻时间研究	不同冷冻保存时间下,细胞生长动力学、细胞群体倍增时间、细胞形态、细胞表型、基因型、染色体稳定性
制剂包装和放行	包材生物相容性	包材厂家提供:密封性、相容性、安全性和抗压性能
	包装规格和体积	制剂包装规格:细胞数量、缓冲液体积等
稳定性模拟研究		考查不同温度、存储条件、冻融方法、转运方式条件下细胞的安全性、鉴别、存活率、纯度

HTLV：人类嗜T细胞病毒（human T-cell lymphotropic virus）；CMV：巨细胞病毒（cytomegalovirus）；HIV：人类免疫缺陷病毒（human immunodeficiency virus）；HBV：乙型肝炎病毒（hepatitis B virus）；HCV：丙型肝炎病毒（hepatitis C virus）。

（二）临床级干细胞制备分类

1. 诱导多能干细胞制备

（1）背景：诱导多能干细胞是一种通过成熟体细胞直接诱导重编程获得的多能干细胞,它具有和胚胎干细胞类似的生物学特性,包括细胞形态、基因表达、表观遗传修饰、增殖能力和分化潜能等。诱导多能干细胞是在 2006 年,Takahashi 和 Yamanaka 等将外源多能转录因子 Oct4、Sox2、Klf4 和 c-Myc 导入小鼠成纤维细胞而获得的[8]。随后,Takahashi 小组成功地构建了人诱导多能干细胞[9]。诱导多能干细胞具有自我更新和多向分化潜能,因此在再生医学、疾病模型和药物研发等方面具有广阔的应用前景。和胚胎干细胞相比,诱导多能干细胞的供体细胞广泛,避免了免疫排斥和伦理问题,因此,在细胞治疗和组织再生等临床应用方面更加具有优势。

(2)方法:生成诱导多能干细胞的方法有很多。大致可以概括为整合病毒、非整合病毒、自我清除质粒和非整合非病毒 4 种转导转染系统。

1)整合病毒转导:在早期研究中,各种病毒载体,包括逆转录病毒载体和慢病毒载体,被用来传递和转导重编程因子,并且逐步提高重编程效率。但是,转录因子的病毒整合可能引起相应基因组的改变,包括 Klf4 和 c-Myc 的致癌变化,这些风险使得病毒整合系统的诱导方式并不适合临床应用[8,10]。

2)非整合病毒转导:最突出的非整合重编程系统有仙台病毒重编程、外染色体重编程和 mRNA 转染,它们可以用于人诱导多能干细胞的诱导[11]。仙台病毒是一种 RNA 病毒,它没有改变宿主基因组的风险,是安全诱导多能干细胞的有效解决方案。在仙台病毒介导的重编程系统中,仙台病毒颗粒承载着可复制的 OSKM(Oct4、Sox2、Klf4 和 c-Myc 四种转录因子的合称)重编程因子 RNA,介导目的细胞的重编程[11]。在游离型质粒系统(外染色体重编程),重编程因子的持续表达依赖于 EB 病毒(Epstein-Barr virus,EBV)衍生的允许游离质粒 DNA 在分裂细胞中的复制。在 mRNA 重编程系统中,需要在受体细胞内导入重编程因子的 mRNA,由于 mRNA 的半衰期非常短,所以在诱导过程中,需要不断导入 mRNA,才能顺利完成诱导[11,12]。

3)自我清除质粒转染:人们将 OSKM 转录因子,连同生物标记 mOrange,一起结合到 piggyBac 转座子上,组成一个可消除的非病毒性载体,并成功地应用于诱导多能干细胞的诱导[13]。PiggyBac 系统的其他特性也已经被开发出来,包括 piggyBac 转座子切割、高转位活性、精确切除和良好的基因组覆盖率等,这些特性对于在全基因组范围内筛选新的重编程因子具有极大的价值[14]。

4)非整合非病毒转染:将转录因子诱导的重编程与细胞信号的小分子调控相结合是一种很有前景的诱导多能干细胞诱导策略。针对与细胞命运、状态以及功能相关的信号通路的化学物质和小分子可以用来替代传统的 OSKM 转录因子或者用于提高体细胞重编程的效率。Zhao 等通过添加 4 种小分子化合物(AM580、EPZ004777、SGC0946 和 5-aza-2-deoxycitidine)将重编程效率提高了 1 000 多倍[15]。微 RNA 作为一种重要的转录调控方式,也促进了非整合诱导方式的发展。Subramanyam 等人发现,miR-302/372 家族可以促进人成纤维细胞的重编程,他们通过靶向多个靶点协同调控体细胞重编程过程,包括细胞周期,上皮-间充质转化过程和表观遗传修饰等[16]。

2. 临床级间充质干细胞制备

(1)背景:间充质干细胞是中胚层来源的可自我更新,具多向分化潜能的多能干细胞。间充质干细胞可从骨髓、脂肪细胞、胎盘、脐带、脐带血、胰腺、牙胚及羊水中分离获得并可在特定条件下可以"横向分化"或"跨系分化"。间充质干细胞在地塞米松、抗坏血酸、胰岛素和异丁基甲基黄嘌呤等诱导条件下,在体外分化为多种组织细胞如神经细胞、成骨细胞、软骨细胞、脂肪细胞、心肌细胞等[17]。间充质干细胞因这一特性而成为再生医学、组织工程学首选的细胞类型。此外间充质干细胞还具有很多特性,如归巢迁移能力、造血支持能力、免疫调节能力等。间充质干细胞不表达 CD34 和 CD45,免疫原性低,可被"免疫豁免",因此可将异体间充质干细胞用来移植,而无需进行组织配型[18]。正是由于间充质干细胞具有独特的生物学功能、体外容易扩增和组织来源丰富等特性,使其广泛应用于实验研究和干细胞治疗技术中,从而使干细胞作为药物成为可能。

(2)方法:间充质干细胞可从骨髓、脂肪细胞、胎盘、脐带、牙胚多种组织中分离获得,因而不同组织所采用的方法不尽相同。大致可以分为:组织块培养法和酶消化法两种。

1)组织块培养法:是常用的、简便易行和成功率较高的原代培养方法,即将组织剪切成小块后接种于培养瓶。组织块法操作简便,部分种类的组织细胞在小块贴壁培养 24h 后,细胞就从组织块四周游出。但由于在反复剪切和接种过程中对组织块的损伤,并不是每个小块都能长出细胞。组织块法特别适合于组织量少的原代培养,但组织块培养时细胞生长较慢,耗时较长。

2)酶消化法:是将机体中获得的组织用酶消化的办法将组织分散成单细胞,置于合适的培养基中培养的原代细胞分离的方法。该方法细胞获得率较高,但实验步骤繁琐,容易污染。同时,不同组织所用的消化酶和消化时间是该方法所需要考虑的问题。

二、干细胞质检

干细胞质量评价是在具备有效的干细胞质量管理体系的情况下,为保障所用细胞在开展临床研究前和研究过程中的质量、安全性、有效性和稳定性所需进行的特定细胞检验。现阶段,我国的干细胞质量评价标准化体系和监管体系还不健全,非法干细胞治疗普遍存在,这不仅给接受干细胞治疗的患者带来人身财产损失,还给干细胞行业造成严重不良影响。此外不同实验室生产的干细胞由于工艺和技术的区别,其干细胞标准无法达到统一。为确保干细胞技术和产业的健康稳定及可持续发展,必须建立严格有效的干细胞质量评价标准化体系。

由于如何有效预测干细胞临床治疗的有效性是影响其制剂研发的重要瓶颈,因此干细胞的评价在其制剂研发中至关重要。相关质量评价的目的是用于预测或确保相关制剂临床治疗有效性的重要依据。干细胞质量评价体系中所有干细胞制剂,从制备、体外试验、体内动物实验,到植入人体的临床研究及临床治疗的过程,都必须对所使用的干细胞制剂在细胞质量、安全性和生物学效应等方面进行相关的研究和质量控制。干细胞质量评价检验内容一般包括理化特性、细胞生物学属性、微生物学安全性、安全性及生物学有效性 5 大主要检验部分,每个主要部分又包括数个具体检验的内容。干细胞技术已进入快速发展期,保证干细胞制剂的安全性、可控性对规范我国干细胞制剂临床转化应用具有重要意义。下面主要介绍现阶段干细胞质量评价体系的要点和研究情况,为干细胞质量保证体系的优化和完善提供参考。

三、干细胞制剂质量评价规范

(一) 总原则

为确保干细胞制剂的安全性和有效性,每批干细胞制剂均需在符合现有干细胞知识和技术条件下,涵盖理化特性分析、细胞鉴别、存活率及生长活性、纯度和均一性、无菌试验和支原体检测、细胞内外源致病因子的检测、内毒素检测、异常免疫学反应、成瘤性、致瘤性、生物学效力试验、培养基及其他添加成分残余量的检测等方面的质量要求。干细胞制剂质量评价规范适用于干细胞制剂质量检验控制的所有阶段。

(二) 人员标准

检验机构应当设立独立的质量管理部门,履行质量保证和质量控制的职责。建立和保持人员管理程序,对人员资格确认、任用、授权和能力保持等进行规范管理,明确技术人员和管理人员的岗位职责、任职要求和工作关系,使其满足岗位要求并具有所需的权力和资源,履行建立、实施、保持和持续改进管理体系的职责。

(三) 仪器设备标准

1. **设备使用** 设备应由经过授权的检测人员操作。精密、贵重和操作技术复杂的设备应编制操作和维护规程,使用时填写使用记录。设备使用和维护的最新版说明书(包括设备制造商提供的有关手册)应便于有关人员取用。

2. **设备校准** 用于检测的关键设备及其软件的准确度、分辨力和稳定性等技术指标应符合标准或规范等方法的要求。对检测结果有重要影响的仪器的关键量值,应制定校准计划。新购和损坏修复后的设备在投入使用前应进行校准或核查以证实其满足标准或规范的要求。精密设备、移动使用的设备或停用时间过久的设备,在每次使用前应进行核查或校准。

3. **设备维修维护** 设备的维护和维修不得影响制剂质量,应当制定设备的预防性维护计划,设备的维护和维修应有相应的记录。经改造或重大维修的设备应当进行再次确认,符合要求后方可用于生产。

4. **建立设备档案** 建立并保存对检测有重要影响的每一台设备及其软件的记录。

5. **设备标识** 如果设备发生了过载、误操作或处置不当、显示出可疑结果或已显示出缺陷以及超出规定限度,均应停止使用,记录上述现象。尽可能单独隔离存放以防误用,或加贴标记以表明该设备已停用,直至修复并通过校准或检测表明能正常工作为止。所有需校准的设备,应使用标签、编码或其他标识表明其校准状态,包括上次校准的日期、再校准日期或失效日期。

(四)试剂耗材标准

1. **采购** 检测所购的试剂应当符合相应的质量标准。供应商的确定及变更应当进行质量评估,并经质量负责人批准后方可采购。

2. **验收** 试剂耗材运输应当能够满足其保证质量的要求,对运输有特殊要求的,其运输条件应当予以确认。同一批次试剂耗材使用前由检测人员进行技术验收,验收合格的进行入库管理。

3. **储存** 检测试剂耗材的处理应当按照标准操作规程或标准工艺规程执行,并有记录。试剂耗材应当根据其性质有序分批贮存和周转,发放应当符合先进先出和近效期先出的原则。对有危害的物品应实施安全隔离,对怕挤怕压的物品应限制叠放层数。对贮存有温度和湿度要求的物品应建立对贮存环境的监控手段并规定环境记录的要求。

(五)检测方法标准

1. **检测方法的选择** 干细胞制剂临床放行检验,包括但不限于活细胞计数、存活率和细胞直径、细菌、支原体、内毒素检测、需氧厌氧菌检测。检测依据首选以下正式颁布的标准,优先选择检测周期短的方法:①国际和区域标准;②本国与其他国家的标准;③本国的行业标准或政府发布的技术规范;④本国地方标准;⑤知名技术组织或科学书籍与期刊公布的方法。

若无相关标准方法,为保证干细胞制剂的有效性,放行检验内容可在行业认可的方法内选择快速检测,该方法的使用由质量负责人组织进行方法学确认并制定标准操作规程,可从以下4种方法中选择1种,或是其中几种方法的组合以通过核查并提供客观证据,证实某一特定预期用途的要求可得到满足:①使用参考标准或标准物质进行校准;②与其他方法所得的结果进行比较;③与其他实验室进行比对;④对影响结果的因素做系统性评审。

2. **检测环境标准**

(1)环境要求:实验室的设计应当确保其适用于预定的用途,并能够避免混淆和交叉污染,应当有足够的区域用于样品处置、留样以及记录的保存,实验室实行检测区域与办公场所物理分离,为防止不相容检测活动的相互影响,应将不相容的检测活动进行区域隔离。

(2)环境监控:应根据标准的要求,对环境条件需要进行监控的检测实验室配备温湿度计等显示设备,环境监控设施或设备按照设备管理要求进行检定。非实验室的人员不得随意进入检测区域。

3. **准入检验** 准入检验是为了保证干细胞制剂来源和生产所用原辅料的安全性和可控性,在干细胞制剂来源和原辅料进入制备间之前进行的相关检验。

（1）干细胞制剂来源为组织或血液：准入检验主要检验提供组织或血液的供者，包括供者的病毒血液报告（HIV、HBV、HCV、梅毒螺旋体感染等）。必要时需要收集供者的ABO血型、HLA-Ⅰ类和Ⅱ类分型资料，以备追溯。

对用于异体干细胞临床研究的供者，病毒检验结果须为阴性。若用于自体干细胞临床研究的供者，病毒检验为阳性样本，则须根据临床研究方法进行酌情确认，为确保制备间环境和人员的安全性，样本操作必须在负压环境下进行。

（2）干细胞制剂来源为细胞制剂：准入检验主要检验干细胞制剂的微生物安全性，包括细胞内外源致病因子（HIV、HBV、HCV、HTLV、EBV、CMV、梅毒螺旋体）以及无菌、支原体、内毒素等检验。该病毒报告针对细胞制剂而非供者，只有上述检验均为阴性，方可允许样本准入，进行干细胞制剂制备。

（3）干细胞制剂生产所用原辅料：若干细胞生产所用的同一批次的原辅料首次准入制备间，培养基应无菌、无病毒、无支原体及限值以下的内毒素，干细胞制剂中残留的培养基成分对受者应无不良影响。应尽可能避免在干细胞培养过程中使用人源或动物源性材料、抗生素，如需要使用动物血清和抗生素，应确保其无特定动物源性病毒和抗生素污染。如需要使用猪源胰酶，应确保其无猪源细小病毒污染。干细胞制剂制备过程中所用的培养用液体，如盐溶液、消化液、缓冲液、水等，所有成分应满足要求的纯度级别（例如水应符合注射用水标准），并应无菌、无病毒、无支原体及限值以下的内毒素。因不同干细胞种类所需的原辅料有所不同，干细胞生产所用原辅料不限于以上种类，但原辅料检验均为阴性，方可允许原辅料准入，进行干细胞制剂生产。

4. **过程检验** 为确保干细胞制剂制备过程中间批次及后续生产过程的安全性，根据干细胞的特性及制备工艺，应在工艺的不同阶段（包括细胞库）制定相应的过程控制项目及质量标准，包括无菌、支原体、内外源病毒、细胞鉴别、细胞活力及生长特性、细胞纯度及均一性、细胞染色体核型、生物学效力、临床适应证特定指标、异常免疫学反应、内毒素及成瘤性等检测。

5. **质量检验** 质量检验是以评价整个生产工艺的质量及稳定性为主要目的、临床研究所需的最为重要的一种评价规范，其理念和内涵适用于包括各类干细胞制剂在内的所有治疗性细胞制剂，也应是"临床试验"注册申报所需的质量评价规范。

根据《干细胞制剂质量控制及临床前研究指导原则（试行）》，为确保干细胞治疗的安全性和有效性，其质量须符合现有干细胞知识和技术条件下的全面质量要求，每批干细胞制剂均须进行质量检验，包括但不限于以下方面。

（1）一般理化特性分析：需结合制剂类型和制剂特征开展研究，常包括外观、颜色、pH值、明显可见异物、渗透压摩尔浓度、装量等项目。

（2）细胞鉴别：应当通过细胞形态、遗传学、代谢酶亚型谱分析、表面标志物及特定基因表达产物等检测，对不同供体及不同类型的干细胞进行综合的细胞鉴别。

（3）存活率及生长活性：采用不同的细胞生物学活性检测方法，如活细胞计数、细胞存活率、细胞直径、细胞倍增时间、细胞周期、克隆形成率、端粒酶活性等判断细胞活性及生长状况。

（4）纯度和均一性：通过检测细胞表面标志物、遗传多态性及特定生物学活性等，对干细胞制剂进行纯度和均一性的检测。对胚胎干细胞及诱导多能干细胞植入人体前的终末诱导分化产物，必须进行细胞纯度和分化均一性的检测。对于需要混合使用的干细胞制剂，需对各独立细胞来源之间的细胞表面标志物、细胞活性、纯度和均一性进行检验和控制。

（5）无菌试验和支原体检测：应依据现行版《中华人民共和国药典》（以下简称《中国药典》）中的生物制品无菌试验和支原体检测规程，对细菌、真菌及支原体污染进行检测。

（6）细胞内外源致病因子的检测：应结合体内和体外方法，根据每种干细胞制剂的特性进行人源及动物源性特定致病因子的检测。如使用过胎牛血清，需进行牛源特定病毒的检测；如使用胰酶等猪源材料，应至少检测猪源细小病毒；如胚胎干细胞和诱导多能干细胞在制备过程中使用动物源性滋养层细胞，需进行细胞来源相关特定动物源性病毒的全面检测，另外若使用各类病毒和质粒等还应进行对应的病毒载体残留检测和基因突变分析等。

（7）内毒素检测：应依据现行版《中国药典》中的内毒素检测规程，对内毒素进行检测。

（8）异常免疫学反应：检测异体来源干细胞制剂对小鼠小胶质细胞（BV2细胞）和其相关细胞因子分泌的影响，以检测干细胞制剂可能引起的异常免疫反应。

（9）成瘤性：对于异体来源的干细胞制剂或经体外复杂操作的自体干细胞制剂，需通过免疫缺陷动物体内成瘤试验，也可以通过软琼脂克隆形成实验和端粒酶活性检测，检验细胞的成瘤性。

（10）生物学效力试验：可通过检测干细胞分化潜能、诱导分化细胞的结构和生理功能、促血管形成能力、免疫调节能力、分泌特定细胞因子、表达特定基因和蛋白等功能，判断干细胞制剂与治疗相关的生物学有效性。

（11）培养基及其他添加成分残余量的检测：应对制备过程中制剂残余的、影响干细胞制剂质量和安全性的成分进行检测，如牛血清蛋白、抗生素、细胞因子等。

值得注意的是，干细胞的种类不同，其检验方法和内容也有所区别。随着对干细胞知识和技术认识的不断增加，细胞检验内容也应随之不断更新。

6. 放行检验　放行检验是在完成质量检验的基础上，对每一类型每一批次干细胞制剂，在冻存入库及临床应用前所进行的相对快速和简化的检验。鉴于干细胞制剂的特殊性，要求放行检验应在相对短的时间内，科学、快速的反映干细胞制剂的质量及安全信息。

所有快速放行检验的样本留样必须在无菌条件下准备，根据约定的体积和细胞数留取细胞上清和细胞，并且所有样本管需使用塑封袋密封保存，以确保运输过程中的安全。

根据放行检验快速检测要求，优先选择检测周期短的方法，若无国际、国家、行业、地方规定的快速检测方法时，项目自定方法在进行方法验证，经质量负责人确认同意后可用于放行检验。为确保干细胞制剂在临床应用的安全性,每批干细胞制剂均需在现有干细胞检测技术基础上进行放行检验,包括但不限于细胞属性和微生物安全性,检测项目包括活细胞计数、存活率检测、细胞直径、无菌试验、支原体检验和内毒素检验。上述检验项目在快速检测的方法上可同时采用标准方法进行比较。快速放行检验结果符合相关规定后可对细胞进行放行。

7. 复核检验

(1)内部复核:在初次检测无效或需进行溯源的情况下,对干细胞制剂留样样本进行复核检测,除细胞活率外,复核留样样本数和类型与放行检验一致。进行复核检验的项目根据初次检测结果确定。

(2)质量复核:由外部专业细胞检验机构或实验室进行干细胞制剂的质量复核检验,并出具检验报告,证明本机构或实验室生产的干细胞制剂符合临床使用要求。根据 2015 年国家卫生和计划生育委员会与国家食品药品监督管理总局发布的《干细胞制剂质量控制及临床前研究指导原则(试行)》,为便于质量复核,项目申请者应向质量复核单位提供临床前干细胞制剂研究的综合报告,报告内容包括详细的干细胞制剂制备工艺、治疗适应证、所用辅料、包材以及制备工艺各环节的质量标准。

四、干细胞特异性质量评价

(一) 不同种类细胞质量评价要点:多能、成体

为确保干细胞治疗的安全性和有效性,每批干细胞制剂均须符合现有干细胞知识和技术条件下全面的质量要求。干细胞制剂的检验内容,需参考国内外有关细胞基质和干细胞制剂的质量控制指导原则,进行全面的细胞质量、安全性和有效性的检验。同时,根据细胞来源及特点、体外处理程度和临床适应证等不同情况,对所需的检验内容做必要调整,细胞检验内容会不断更新。现就诱导多能干细胞和间充质干细胞为例,分别进行特异性的质量评价重点描述。

1. 诱导多能干细胞

(1)细胞鉴别:细胞形态贴壁生长,呈集落样;短串联重复序列(short tandem repeat,STR)分析为单一细胞来源;细胞标志物 Sox2、Oct4、Nanog、SSEA-4、TRA-1-60、TRA-1-81 阳性细胞比例≥90%;阴性 SSEA-1 阳性细胞比例应≤2%;碱性磷酸酶染色为阳性;多能性标志分子(Sox2、Oct4、Nanog、TRA-1-81)免疫荧光染色为阳性;染色体核型分析为无异常。

(2)存活率及生长活性:采用细胞周期分析等,检测标准为$(S+G_2)\geq30.0\%$。

(3)体内分化畸胎瘤:通过畸胎瘤分化检测细胞成瘤性,需观察到体内接种后可长出畸胎瘤,且瘤体经 HE 染色后应可见内、中、外三个胚层特异组织形态。

(4)生物学效力试验:通过免疫荧光检测外胚层分化能力(Pax6、GAD1)、中胚层分化能

力（Brachyury、NCAM）、内胚层分化能力（Sox17、FoxA2）等，表达均为阳性。

（5）培养基及其他添加成分残余量的检测：由于在诱导多能干细胞制备中需采用仙台病毒作为载体，令其携带基因诱导细胞重编程，因此在制剂质量检验中需加入仙台病毒残留检测，以保证制剂的安全性。

2. 间充质干细胞

（1）细胞鉴别：细胞形态为贴壁生长、呈梭形；间充质干细胞表面标记物 CD73、CD90、CD105 阳性细胞比例皆≥95%；CD11b、CD19、CD31、CD34、CD45、HLA-DR 阳性细胞比例皆≤2%。

（2）存活率及生长活性：可采用不同的细胞生物学活性检测方法，如：细胞存活率、细胞群体倍增时间等，新鲜细胞存活率须≥90%，冻存细胞存活率须≥80%。

（3）细胞内外源致病因子的检测：细胞内外源致病因子的检测应结合体内和体外方法，同时增加特殊人源病毒检查，体外法通过细胞培养直接观察红细胞吸附试验、不同细胞传代培养检查红细胞吸附试验、不同细胞传代培养检查红细胞凝集试验，体内法通过鸡胚接种、特殊人源病毒检查 HIV-1、HBV、HCV、人巨细胞病毒（human cytomegalovirus，HCMV）、EBV、人乳头瘤病毒（human papilloma virus，HPV）、人类疱疹病毒（human herpes virus，HHV）-6、HHV-7，检测标准体外试验均为阴性，体内试验存活率见检测结果。

（4）异常免疫学反应：通过小鼠小胶质细胞（BV2 细胞）增殖抑制试验检测 BV2 细胞抑制率对干细胞的免疫抑制能力进行评价。

（5）成瘤性：可通过软琼脂克隆形成试验、端粒酶活性检测等进行干细胞制剂的成瘤性检测。软琼脂克隆应无克隆形成，端粒酶活性应低于成瘤细胞。

（6）生物学效力试验：通过体外定向诱导分化方法验证间充质干细胞有向成脂、成骨、成软骨分化的能力，以判断其细胞分化的多能性。

（7）培养基及其他添加成分残余量的检测：应对制剂制备过程中残余的和影响干细胞制剂质量及安全性的成分，如牛血清蛋白、抗生素、细胞因子等进行检测。

（二）同种细胞异质性评价

根据《干细胞制剂质量控制及临床前研究指导原则（试行）》中的检测内容，对干细胞质量评价需要有基础的标准，检测合格说明干细胞质量符合临床使用要求，但符合不代表有优势，即使是同一类型的细胞，不同供体来源、不同亚群的干细胞在细胞质量方面有非常大的差异，如细胞因子分泌、组织修复能力、免疫调节能力等，即干细胞的异质性。建立干细胞异质性质量检验与临床研究治疗效果相结合的评价体系是未来干细胞质量评价的发展趋势。

1. 细胞因子分泌能力　最初，干细胞的治疗潜力被认为是可以迁移到受损组织，进行体内分化替换受损或死亡细胞。随着研究的不断深入，发现干细胞迁移到损伤部位通过旁分泌发挥其作用。干细胞通过分泌血管生成素（angiopoietin，Ang）1/2、VEGF、胎盘生长因子

（placental growth factor，PGF）、FGF、血小板生长因子（plateletderived growth factor，PDGF）、EGF、TGF-β、IGF、GH、HGF 等在内的多种生长因子，参与调节细胞繁殖、支持、存活、迁移、分化等多种细胞反应，为组织再生和器官修复提供适宜的微环境。在参与调节代谢、炎症、细胞凋亡、防御等过程中，干细胞分泌因子包括白介素家族 IL-1、IL-2、IL-3、IL-4、IL-6、IL-7、IL-8、IL-10、IL-11、IL-12 等，肿瘤坏死因子家族 TNF-α，趋化因子 MIP-1α、MCP-1 等，以及一些细胞因子的受体（配体）。干细胞合成并分泌利尿钠肽（natriuretic peptide，NP）、C 型利尿钠肽（C-type natriuretic peptide，CNP）、脑利尿钠肽（brain natriuretic peptide，BNP）、心房利尿钠肽（atrial natriuretic peptide，ANP）及其特异性受体、降钙素基因相关肽（calcitonin generelated peptide，CGRP）、内皮素（endothelin，ET）、肾上腺髓质素（adrenomedullin，ADM）等在内的多种调节肽，主要参与涉及细胞存活与保护、心血管调节等过程，也为组织再生和器官修复提供稳定的内环境，是当前生理功能调节研究中的热门。干细胞还产生一些特异性活性因子，不仅调节干细胞自身的存活、迁移、归巢和增殖等过程，还调节靶组织的功能与修复。这些因子包括 SCF、SDF、SDNSF 等。有研究显示年轻来源的干细胞被刺激后，相关基因的上调明显高于老龄组，而这些正是围产组织干细胞效果卓越的核心因素。细胞因子分泌的检测可以针对不同疾病治疗需求筛选有作用优势的干细胞。

2. 免疫调节能力 干细胞的免疫调节作用，可在免疫或炎症疾病，如严重肺损伤、细菌和病毒感染相关的急性呼吸窘迫综合征、重症肌无力疾病中进行应用。间充质干细胞具有降低炎症和免疫调控的特性。不同来源的间充质干细胞抑制免疫细胞增殖百分比在 50%~90% 之间。国际细胞治疗协会（ISCT）发布了指导方针，将免疫功能检测作为间充质干细胞制剂的发布标准，其分析方法包括定量检测 mRNA、相关的表面标志物和分泌相关蛋白。除了检测生物标志物外，间充质干细胞可以通过与外周血单核细胞（peripheral blood mononuclear cell，PBMC）或小鼠小胶质细胞（BV2 细胞）共培养，检测间充质干细胞抑制免疫细胞增殖功能和相关因子。还可将供体间充质干细胞与患者 T 细胞共培养，测量其代谢活性的增加可以作为一个间充质干细胞效力测定。

3. 组织修复能力 促血管生成能力强的干细胞用于组织修复作用效果更有优势。有研究显示不同供体来源的间充质干细胞在促血管生成能力上存在差异。Athersys 公司在其间充质干细胞制剂 MultiStem 的开发中，就将血管生成能力的测定，作为间充质干细胞治疗急性心肌梗死和下肢缺血动物模型关键指标。

4. 相关基因检测 针对疾病发病机制，检测与疾病治疗相关的基因表达，例如高表达胶质细胞源性神经营养因子的神经干细胞更有助于治疗肌萎缩侧索硬化。过表达 VEGF 或 HGF 的间充质干细胞嵌入血管支架中，可以加速血管重新内皮化，并降低支架植入手术后血管再狭窄的发生率。根据干细胞治疗相关基因的检测结果分析作为干细胞基因改造的参考，可以扩大干细胞的应用适应范围，从而更好地治疗多种疑难疾病。有研究利用间充质干细胞向肿瘤部位的趋化特点,基因改造间充质干细胞,使得间充质干细胞表达白介素,从而在肿瘤局部通过激活细胞毒性 T 淋巴细胞(cytotoxic T lymphocyte,CTL)和 NK 细胞来加强抗癌效果。同样,通过基因工程表达肿瘤坏死因子相关凋亡诱导配体(TNF-related apoptosis-inducing ligand,TRAIL)的间充质干细胞显示了抗骨髓瘤的活性,并在体外显著地触发了对骨髓瘤细胞的杀伤。

(三)干细胞临床效果评价指标

上述内容的评价标准均属于临床使用前干细胞质量评价。效果评价是干细胞临床使用后针对不同疾病治疗效果进行的相关检测。干细胞治疗的安全性得到了多项临床研究的验证,但干细胞治疗还普遍缺乏循证医学证据。目前已经开展的很多临床研究都没有进行严格的大规模随机对照研究,且缺乏干细胞治疗机制研究,无法为大多数干细胞治疗的可靠性提供直接的证据。重视并加强干细胞治疗的技术评估工作,整顿、规范干细胞治疗,将干细胞和精准医疗相结合在干细胞治疗疾病方面显得尤为重要。

1. **临床观察指标** 依据临床中对疾病治疗的相关评价指标,心衰患者的预后评价指标包括患者射血分数的变化和相关标记物。代表心肌组织损伤或坏死的标记物:肌红蛋白、肌钙蛋白、肌酸激酶同工酶(creatine kinase-MB,CK-MB)、乳酸脱氢酶同工酶等。代表心功能受损、心衰或血流动力学障碍的标记物:BNP 等。代表心肌组织或血管炎症反应的标记物:C 反应蛋白等。干细胞治疗脑卒中后神经修复的临床指标包括治疗前后行脑 MRI、血生化指标检查,来观察干细胞疗法的安全性。干细胞治疗糖尿病肾病的临床效果通过血糖含量检测、尿白蛋白水平(如白蛋白肌酐比值)和估算的肾小球滤过率(estimated glomerular filtration rate,eGFR)进行评估。

2. **干细胞作用指标** 根据干细胞治疗疾病机制的研究对重要因子或相关基因进行检测。间充质干细胞进入人体后主要集中在肺部,对急性肺部损伤起治疗作用,通过免疫调节作用降低炎症损伤,可以检查肺组织中促进炎症进展的因子和抑制炎症进展的因子含量,同时检测一种抑制炎症反应的重要免疫细胞(调节性 T 细胞)的数量。目前对于干细胞作用指标的研究主要是免疫调节和组织修复相关因子的检测,但干细胞是具有活性、能趋化迁移和多途径发挥功能的,与传统药物的稳定性和均一性无法达成一致,现阶段对不同疾病治疗的作用机制没有阐明,还缺乏确定的量效关系评价策略、通用的质量标准和最佳治疗方案。

五、小结

随着干细胞技术的发展和应用,干细胞制剂成为一类具有广泛应用前景的生物医药产品。干细胞制剂制备与质检是其成功应用的关键。干细胞制备质检在临床中具有重要的意义。通过建立合理的干细胞制备和质检体系,可以确保干细胞制剂的质量和有效性,使其安全、可靠地应用于临床。特别是在干细胞治疗中,制备的干细胞制剂直接涉及人体健康和生命安全,因此必须严格控制其质量。对干细胞制剂进行全面的质检,可以对干细胞的纯度、活性、安全性、遗传稳定性、毒性等方面进行评估,确保干细胞制剂达到人体临床应用的安全标准,从而增强干细胞治疗的临床疗效。

但是干细胞制备质检仍需解决一系列问题。一方面,目前对于如何正确评估干细胞品质和活性仍存在一定的技术难点。另一方面,在干细胞制备和质检过程中,如何保证操作的标准化是关键。因此,为了更好地确保干细胞制剂的质量和有效性,需要进一步深入研究干细胞制剂的制备和质检,加强标准化管理和规范化操作,制定更加严格的质检标准,并不断引入新的技术和手段,以便更好地实现其临床应用。

干细胞制剂制备与质检是干细胞治疗中必不可少的关键环节,只有确保制剂的高质量和安全性,才能更好地推广干细胞治疗和临床应用。因此,需要不断加强研究,持续优化干细胞制备与质检技术,建立更加严格的质检系统,为干细胞治疗的临床应用提供更有力的支撑。

(贾文文　白志慧)

参考文献

[1] BLANPAIN C,FUCHS E. Stem cell plasticity. Plasticity of epithelial stem cells in tissue regeneration [J]. Science,2014,344(6189):1242281.

[2] GORADEL N H,HOUR F G,NEGAHDARI B,et al. Stem cell therapy:A new therapeutic option for cardiovascular diseases [J]. Journal of Cellular Biochemistry,2018,119(1):95-104.

[3] DUNCAN T,VALENZUELA M. Alzheimer's disease,dementia,and stem cell therapy [J]. Stem Cell Research & Therapy,2017,8(1):111.

[4] MEAD B,BERRY M,LOGAN A,et al. Stem cell treatment of degenerative eye disease [J]. Stem Cell Research,2015,14(3):243-257.

[5] DULAK J,SZADE K,SZADE A,et al. Adult stem cells:hopes and hypes of regenerative medicine [J]. Acta Biochimica Polonica,2015,62(3):329-337.

[6] GAO F,CHIU S M,MOTAN D A,et al. Mesenchymal stem cells and immunomodulation:current status and future prospects [J]. Cell Death & Disease,2016,7(1):e2062.

[7] ZHOU X,HONG Y,ZHANG H,et al. Mesenchymal stem cell senescence and rejuvenation:current status and challenges [J]. Frontiers in Cell and Developmental Biology,2020,8:364.

[8] TAKAHASHI K,YAMANAKA S. Induction of pluripotent stem cells from mouse embryonic and adult fibroblast cultures by defined factors [J]. Cell,2006,126(4):663-676.

[9] TAKAHASHI K,TANABE K,OHNUKI M,et al. Induction of pluripotent stem cells from adult human fibroblasts by defined factors [J]. Cell,2007,131(5):861-872.

[10] MAHERALI N,HOCHEDLINGER K. Guidelines and techniques for the generation of induced pluripotent stem cells [J]. Cell Stem Cell,2008,3(6):595-605.

[11] SCHLAEGER T M,DAHERON L,BRICKLER T R,et al. A comparison of non-integrating reprogramming methods [J]. Nature Biotechnology,2015,33(1):58-63.

[12] WARREN L,MANOS P D,AHFELDT T,et al. Highly efficient reprogramming to pluripotency and directed differentiation of human cells with synthetic modified mRNA [J]. Cell Stem Cell,2010,7(5): 618-630.

[13] KAJI K,NORRBY K,PACA A,et al. Virus-free induction of pluripotency and subsequent excision of reprogramming factors [J]. Nature,2009,458(7239):771-775.

[14] WANG W,BRADLEY A,HUANG Y. A piggyBac transposon-based genome-wide library of insertionally mutated Blm-deficient murine ES cells [J]. Genome Research,2009,19(4):667-673.

[15] ZHAO Y,ZHAO T,GUAN J,et al. A XEN-like state bridges somatic cells to pluripotency during chemical reprogramming [J]. Cell,2015,163(7):1678-1691.

[16] SUBRAMANYAM D,LAMOUILLE S,JUDSON R L,et al. Multiple targets of miR-302 and miR-372 promote reprogramming of human fibroblasts to induced pluripotent stem cells [J]. Nature Biotechnology, 2011,29(5):443-448.

[17] PITTENGER M F,MACKAY A M,BECK S C,et al. Multilineage potential of adult human mesenchymal stem cells [J]. Science,1999,284(5411):143-147.

[18] VERONESI F,GIAVARESI G,TSCHON M,et al. Clinical use of bone marrow,bone marrow concentrate, and expanded bone marrow mesenchymal stem cells in cartilage disease [J]. Stem Cells and Development, 2013,22(2):181-192.

第二节　干细胞制剂的质量控制

近年来世界范围的干细胞治疗研究发展迅猛,为许多传统医学难以治疗的疾病带来了新希望[1]。目前,不同类型的干细胞已被应用到几乎所有疾病类别的临床治疗研究中,而以干细胞产品,包括其衍生产品,如不同类型的细胞外囊泡为主要治疗成分,通过特定给药方式和剂量用于治疗各类疾病的临床应用即为干细胞治疗[1-3]。

干细胞是人类医药发展史上最为复杂的医药产品,无论对研发者或是监管者均构成了巨大的挑战。干细胞产品的多样性、异质性、复杂性、变异性等特性,是以往所有医药产品无法比拟的。质量问题则是干细胞面临的各种挑战中最核心最本质的内容。应对干细胞质量相关挑战的重要措施之一,就是对相关细胞进行全面而深入的质量控制[4]。

有效的干细胞质量控制是依赖相应的质量控制体系实现的,相关体系是由基于cGMP等原则的质量保障体系和质量评价体系构成。其中质量评价体系是由评价各类干细胞综合质量属性、满足综合质量要求的评价技术体系及相应的评价规范等标准体系所构成[5,6]。干细胞的综合质量要求与其自身的科学性、制备工艺及所关联的风险因素直接相关,可将其归纳为基本生物学属性、微生物学安全性、生物学安全性及生物学有效性(又称生物学效应)4大类质量属性[6-8]。其中,基本生物学属性包括细胞鉴别、活性及纯度;微生物学安全性指与各类微生物(如细菌、真菌、病毒)及其代谢产物(如内毒素)污染相关的安全性;生物学安全性包括异常免疫反应、成瘤性和/或促瘤性、异常分化及异位迁移等;生物学有效性则包括分化潜能、免疫调控及组织再生功能[6-8]。

干细胞质量评价体系的建立,是以综合质量要求中各"关键质量属性"研究为基础,并在此基础上建立各"关键质量属性"评价技术、质量标准、质量评价用标准物质及评价规范[6,8]。在评价内容构建上,如何准确评价干细胞治疗的有效性已成为干细胞产品研发是否成功的重要瓶颈因素,因此未来会越来越强调在临床前研究阶段对干细胞生物学有效性的评价内容。另外,有效的质量评价体系,应能针对产品研发的不同阶段和不同产品形态,形成指导各评价技术有机组合为内容的评价规范,以满足相关生产工艺的确认、过程控制、产品放行、备案或注册申报等不同形式、不同目的的质量控制要求或目标[4-6,8]。

为进一步应对目前干细胞治疗研究所面临的质量挑战,特别是为满足社会第三方干细胞质量评价机构发展的需要,本节在以往干细胞质量控制相关文章和工作经验的基础上[9],重新梳理了目前国内外干细胞质量控制方面的内容,特别是质量评价体系相关的内容,希望这些内容能够为现阶段我国干细胞质量控制提供务实的参考和指导,并以此助力我国干细胞临床研究、产品研发及产业发展。

一、干细胞类型及相关质量特性

(一) 成体干细胞或组织干细胞

成体干细胞存在于已发育的胚胎组织或成人组织及出生伴随的附件组织(如脐带、胎盘)中,包括间充质干细胞、造血干细胞,和各类前体细胞,如神经干细胞等[10]。其中,不同组织来源的间充质干细胞,由于来源丰富、分离及体外培养方法相对简单、安全性相对较高,以及所具有的独特免疫调控功能和组织再生能力,成为过去十年里临床研究中发展最为迅速的干细胞类型[11]。

1. 人间充质干细胞 人间充质干细胞是一类成纤维细胞样的细胞,具有有限自我更新和有限分化潜能,广泛存在于各成体组织。目前临床研究用的人间充质干细胞大多来源于骨髓、脐带、脂肪、牙髓、肌腱、皮肤等组织[12]。在人间充质干细胞的质量标准方面,2006年国际细胞治疗协会(ISCT)首次提出了不同组织来源人间充质干细胞的共同标准,即所有人间充质干细胞可在塑料平皿上贴壁生长;具有相对独特的细胞表面标志蛋白群,其中CD105、CD73和CD90标志蛋白的阳性率应不低于95%,而CD45、CD34、CD14或CD11b、CD79α或CD19和HLA-Ⅱ类分子的阳性率应不高于2%;体外具有向骨细胞、脂肪细胞、软骨细胞等不同细胞系列分化的能力[13]。

除分化功能外,人间充质干细胞还具有独特的免疫调控功能,可促进恢复免疫平衡或形成有利于组织损伤修复的免疫微环境。目前认为,人间充质干细胞的免疫调控功能主要是由其与不同的免疫细胞直接相互作用和/或释放不同免疫调控活性因子所体现。2012年起草《干细胞制剂质量控制及临床前研究指导原则(试行)》时就提出了免疫调控功能是不同来源人间充质干细胞的重要生物学有效性质量属性,因此需对其进行有效评价[14]。ISCT 也于 2013 年提出,在评价人间充质干细胞的生物学效应时需对其免疫调控功能进行客观评价[15]。

2. **人神经干细胞** 成体人神经干细胞是一类广泛存在于胎儿脑组织或出生后部分人脑区域(如脑管膜下区和海马区),具有自我更新和可向各类神经细胞(神经元和神经胶质细胞,如星形胶质细胞、少突胶质细胞)分化的细胞[16]。人神经干细胞移植为神经损伤修复和退行性神经系统疾病治疗带来了新希望。

(二) 人胚胎干细胞

人胚胎干细胞是指从发育至第 5 天的胚胎囊胚内细胞团中分离和建立的具有向内、中、外胚层来源的各类组织分化潜能的干细胞[7,17]。人胚胎干细胞多能性的分化潜能使其成为具有补充替代机体各种病损细胞的种子细胞。由人胚胎干细胞分化的功能细胞,如视网膜色素上皮细胞和神经前体细胞等已被用于视黄斑变性[18]和脊髓损伤[19]等疾病的临床研究中。

尽管如此,目前除伦理学因素外,仍有两大限制因素影响人胚胎干细胞临床研究的进一步发展。其一是成瘤性,未分化的人胚胎干细胞有很强的致畸胎瘤活性,因此不能直接应用于疾病的治疗,必须经诱导分化为终末功能细胞或组织前体细胞才可用于临床研究[20]。但由于受到体外诱导分化技术限制,现阶段尚无法准确判断诱导分化的完全性,也无法准确评价诱导分化的细胞中人胚胎干细胞残留。因此,经人胚胎干细胞诱导分化的细胞在应用于临床研究前,必须进行全面细致的成瘤性风险评估[21]。其二是人胚胎干细胞的免疫排斥反应,人胚胎干细胞分化的细胞在临床应用时由于存在 HLA 配型的差异,极有可能被受体的免疫系统排斥,因此,人胚胎干细胞诱导分化细胞的临床应用必须考虑 HLA 配型和/或免疫抑制剂的使用[20]。

(三) 诱导多能干细胞

诱导多能干细胞是指经病毒或非病毒载体技术对已分化的成体细胞进行基因重编程所获得的具有类似于胚胎干细胞多向分化潜能的干细胞[22]。由于诱导多能干细胞可由机体的不同类型细胞(如成纤维细胞、外周血单个核细胞、尿液脱落细胞等)经重编程后获得[23],且又克服了胚胎干细胞的伦理学问题和部分的免疫排斥问题(指自体诱导多能干细胞),未来具有广泛的应用前景。目前由诱导多能干细胞分化的各类特定组织功能细胞(如视网膜色素上皮细胞、神经前体细胞、心肌细胞等)和免疫细胞(如 NK 细胞、CAR-T、巨噬细胞等)等临床前或临床研究均呈现快速发展的趋势[20],使得传统的干细胞治疗和免疫细胞治疗的概念/界限变得越来越模糊。

传统细胞重编程是以 Oct3/4、Sox2、Klf4 和 c-Myc 转录因子组合,通过病毒载体介导用于制备诱导多能干细胞[22]。由于早期诱导多能干细胞重编程技术选择可随机整合入基因组的病毒载体,而且用于重编程的基因均具有一定程度的"癌基因"特性,以及重编程后诱导多能干细胞类似于胚胎干细胞具有很强的致畸胎瘤特性,因此对诱导多能干细胞诱导分化细胞临床应用的关键质量控制考虑同样需关注肿瘤相关风险[24]。另外,由于高效诱导诱导多能干细胞分化的方法还需进一步完善,分化细胞中尚存在残留未分化诱导多能干细胞的风险。此外,诱导多能干细胞在形成细胞系和后续诱导分化过程中较胚胎干细胞或成体干细胞更容易发生遗传学和表观遗传学异常,因此诱导多能干细胞的遗传学和表观遗传学稳定性应是另一个关键性质量控制问题[25]。

二、干细胞制备工艺与干细胞质量控制

干细胞产品的质量是由其细胞自身的生物学属性和制备工艺所决定的,主要制备工艺包括细胞获取、扩增、细胞库建立、诱导分化、特殊处理等,不同细胞类型,制备工艺的内容和流程也有所不同,人间充质干细胞[26]和人胚胎干细胞[27,28]的常规制备工艺流程见图4-1[9]。

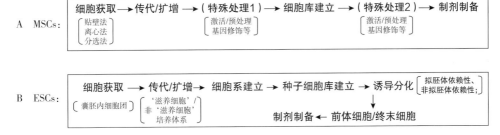

图 4-1 间充质干细胞和胚胎干细胞的制备工艺流程图

A.间充质干细胞(MSC)的制备工艺流程包括:细胞获取、传代/扩增、建库和建库前后的特殊处理过程和制剂制备过程;B.胚胎干细胞(ESC)的制备工艺流程包括:从囊胚内细胞团获取细胞,在滋养层细胞或非滋养层细胞的培养条件下培养、传代、建系,然后在建立种子细胞库后通过拟胚体(EB)或非 EB 依赖性的方式诱导分化为特定的终末功能细胞或终末功能细胞的前体细胞,用于制剂的制备。

(一)细胞的获取和扩增

1. 人间充质干细胞的获取和扩增 目前人间充质干细胞获取的方法主要有组织块贴壁筛选法、密度梯度离心法、流式细胞仪分选法及免疫磁珠分离法等[29],获取方法的选择主要根据其来源组织的特点或特定工艺的需要,见表4-2[9]。

表 4-2 不同组织来源人间充质干细胞的获取方法

人间充质干细胞的来源	获取方法
骨髓、脐带血、外周血、羊水等	获取样本后,可通过密度梯度离心、贴壁筛选培养、流式或磁珠分选等方法获得间充质干细胞
脂肪	获取样本后通过酶解消化和贴壁培养筛选获取脂肪间充质干细胞
脐带、胎盘	经机械法剪切所获得组织,然后进行组织贴壁培养筛选获取间充质干细胞。机械法结合酶解法可提高初期细胞分离效率

人间充质干细胞是贴壁生长的细胞,传统的扩增方法是使用塑料培养瓶或细胞工厂等二维贴壁培养扩增。但二维培养到一定密度并逐渐形成接触抑制后,在不进行消化传代情况下,扩增效率会大大降低。而传代培养,除可能会引入外源性微生物污染外,细胞的生物学活性会随着传代次数的增加而逐渐减弱,并最终进入复制性衰老(replicative senescence)阶段。目前,除传统二维静态培养方法外,还有悬浮培养、基于微载体的三维动态培养等方法用于大规模扩增人间充质干细胞,但这些扩增工艺还有待进一步完善和验证,以减少扩增技术对人间充质干细胞生物学活性的影响[30]。

体外扩增的人间充质干细胞应呈纤维细胞样贴壁生长;具有相对独特的表面标志物群;具有一定分化潜能;具有抑制促炎性细胞亚群(如 Th1 和 Th17)增殖以及促进调节性细胞亚群(如 Treg、Ⅱ型巨噬细胞)增殖或极化的功能;能够表达与免疫调控和组织再生相关的活性因子,如 IDO1、PGE_2、HGF、VEGF、IL-6 等[31-33]。

2. **人胚胎干细胞的获取和扩增** 在体外受精发育良好的囊胚,用酶消化去除透明带并将内细胞团接种到"滋养细胞"(灭活后使用)表面,在维持细胞未分化状态的培养条件下增殖并克隆性生长,并在不断通过机械性或酶解法剔除自发分化细胞克隆的同时,在体外持续传代形成人胚胎干细胞系[17]。传统的人胚胎干细胞培养体系,常依赖动物源性"滋养细胞",近年来逐渐发展出非"滋养细胞"依赖的、非动物源性材料依赖的人胚胎干细胞培养及扩增体系[27],以减少细胞交叉污染和动物源性病原体污染等相关风险[34]。整个制备工艺应保障以下人胚胎干细胞质量要求:遗传学的稳定性、特定细胞标志分子表达、生长活性(包括冻存后的复苏活性)、纯度、微生物学安全性和具备人胚胎干细胞应有的"干性"和"多向分化潜能"等生物学功能[7]。

处于特定代次并保持未分化状态的人胚胎干细胞,是制备各类临床研究用功能细胞的"种子细胞"[7]。在人胚胎干细胞的质量控制中,在确保其独特生物学特征的同时,控制人胚胎干细胞"种子细胞"的自发分化和维持其"干性"是其生物学特性质量控制的重要考虑。一般认为,40~60 代次以内的人胚胎干细胞能保持相对较高的遗传学稳定性,因此可作为临床研究用人胚胎干细胞"种子细胞"的代次[35,36]。

3. **人神经干细胞的获取和扩增** 目前临床研究用的神经干细胞主要来源于流产胎儿的脑组织及成人干细胞聚集的特定区域(如海马区和脑室下区)[37],经手术获取相应的脑组织,然后将其置于无血清培养液中吹散,经细胞筛过滤制成单细胞悬液后悬置于神经干细胞特定的条件培养基中培养 2~3 天,随后可获得显微镜下可视的大量悬浮的不规则的细胞团或细胞球。随后两周的连续培养过程中,部分细胞团细胞会发生死亡,或贴壁生长后陆续死亡。而剩余的细胞团或新形成的细胞团逐渐形成较大的悬浮神经干细胞球,即成体人神经干细胞。悬浮生长的神经干细胞球可通过机械法或酶消化法分离传代扩增,一般可在体外传 30~40 代。

体外扩增的人神经干细胞应呈球形悬浮生长，并表达神经上皮干细胞蛋白（nestin）（流式细胞技术检测神经上皮干细胞蛋白阳性率应大于 95%）。在特定诱导分化条件下，人神经干细胞可分化为神经元、星形胶质细胞和少突胶质前体细胞等多种神经细胞，并表达所分化细胞的特定标记分子和获得神经细胞特定功能（如神经电活动）。同时，分化过程伴随神经上皮干细胞蛋白和其他"干性"相关蛋白（如 Sox2）表达水平显著降低[38]。

（二）诱导分化

诱导分化是指干细胞在体外特定诱导分化条件下，不同程度地向终末分化细胞转变的过程，其主要目的是在体外大量获得在鉴别特征、生物学效应等方面与终末分化细胞相似或相同的细胞，用于修复、补充或替代病损细胞、组织，或辅助重建病损组织或器官。

1. **人间充质干细胞的诱导分化**　人间充质干细胞在特定诱导分化条件下，可以分化为类似骨细胞、软骨细胞、脂肪细胞、神经细胞、肝细胞、心肌细胞、视网膜色素上皮细胞、血管内皮细胞等三个胚层不同细胞系列的细胞[39]。针对不同临床适应证选择对人间充质干细胞进行特定功能细胞的诱导分化，是制剂制备的重要工艺，而诱导分化后的细胞应具备相关功能细胞的关键性细胞生物学特征。

然而，人间充质干细胞非"专业"干细胞，只具有有限的分化功能，目前已很少依赖其诱导分化功能作为间充质干细胞产品设计目标，而对人间充质干细胞多细胞系列诱导分化功能的判断主要是对其"干性"质量的评价，而非用于细胞产品设计。此外，选择性对向骨细胞、脂肪细胞、软骨细胞分化能力分析，已成为对所有组织来源人间充质干细胞在功能学上进行细胞鉴别和反映其生物学有效性的基本内容[40]。

2. **人胚胎干细胞的诱导分化**　除不能向胚外组织细胞分化外，理论上，人胚胎干细胞可向三胚层所有细胞系列分化。人胚胎干细胞体外诱导分化的基本策略是首先使人胚胎干细胞在悬浮培养条件下聚集形成 EB，再经特定诱导分化信号分子刺激，使其向特定终末细胞或前体细胞分化[7]。由于这种诱导分化策略会在定向分化过程中发生自发非目标分化，可能导致终末细胞中混杂有其他非目标细胞。因此，对终末分化细胞或前体细胞的纯度、相关功能、残存胚胎干细胞和可能的非目标分化细胞的检测，是人胚胎干细胞特定诱导分化细胞质量控制的重要内容[20]。

3. **成体人神经干细胞的诱导分化**　成体人神经干细胞可在体外分化为神经元、星形胶质细胞和少突胶质细胞等类型的神经细胞[41]，诱导分化的基本策略是将悬浮生长的神经球分散成单细胞悬液后，按一定密度接种于不同组织基质覆盖的平皿上生长，在特定培养条件下培养一定的时间，可诱导分化为 Tuj-1 阳性的神经元、GFAP 阳性的星形胶质细胞和 Sox10、O4、A2B5 及 PDGFR 阳性的少突胶质前体细胞等不同类型的分化细胞。

（三）特殊处理

干细胞的特殊处理是指在各类干细胞生物学有效性研究基础上，以提高其临床治疗有效性为目的,加强相关细胞产品终末制剂生物学有效性为主要方式的技术策略。常见技术策略包括细胞激活/预处理和基因修饰等。目前主要是针对不同组织来源的人间充质干细胞和成体人神经干细胞使用特殊处理策略。

1. **激活/预处理**　激活/预处理是指通过预先对细胞采用细胞因子或化学物质诱导、物理方式干预(如低氧处理等)、细胞表面修饰或对治疗部位的组织局部注射趋化因子、细胞因子或化学药物、物理方式干预(超声波、机械牵张、低强度激光照射等)或埋植/填充高分子材料等手段以提高干细胞的免疫调控能力、向特定类型细胞分化的能力、向病损组织的迁移能力或促进组织修复/再生的功能等。临床治疗时还可通过将多种不同方式的激活/预处理手段联合使用,以发挥干细胞的最大治疗效果。目前激活/预处理研究是以提高人间充质干细胞和成体人神经干细胞的生物学有效性为主要目的,为此需采用不同的细胞或动物模型对激活/预处理后细胞的生物学有效性进行综合评价。

（1）人间充质干细胞的激活/预处理:与人间充质干细胞治疗有效性相关的生物学有效性,依赖于细胞向病损组织迁移的能力(即归巢作用)、独特的免疫调控及组织再生功能[42]。人间充质干细胞免疫调控功能依赖于人间充质干细胞与病损组织细胞及微环境中的其他细胞直接作用,和/或释放各种促进免疫调控及组织再生功能的因子(如 IL-6、IDO1、TGFb、VEGF、HGF、PDGF 等),以及通过释放包含各类活性分子的细胞外囊泡等形式,以实现其抗炎、调节免疫反应和/或促进组织修复及再生等治疗作用[43]。不同的激活/预处理目标,就是通过不同的细胞分子机制提高人间充质干细胞的"归巢"功能、免疫调控功能及组织再生功能。

（2）成体人神经干细胞的激活/预处理:人神经干细胞预处理的主要策略是延长移植后细胞在体内的存活时间、控制其分化方向以及维持其"干性"等。例如,采用 bFGF、EGF 和 LIF 共同处理后,可促进成体人神经干细胞增殖,并在此基础上通过 bFGF、肝素和层粘连蛋白处理可控制人神经干细胞向胆碱能神经元分化,同时降低其向星形胶质细胞分化[44]。有研究发现,成体人神经干细胞经体外特定预处理 7 天后,移植至外伤性大鼠脑损伤部位,可通过提高 GDNF 的分泌水平显著提高该疾病模型大鼠的空间学习和记忆能力[45]。

对特殊预处理后的细胞,在质量控制方面应考虑对预期出现的生物学特性进行评价,如对预处理后的细胞进行相应的定向分化能力、免疫调控能力、特定活性因子的分泌等功能的检测。另外,由于在特殊预处理过程中添加的试剂,如细胞因子、生长因子、小分子化合物等,可能会引发不同程度的生物学安全性风险,因此应考虑在终末制剂的质量控制中增加对这些添加物的残留检测[34]。

2. **基因修饰**　基因修饰是通过不同转染方式将各种功能基因或基因修饰物(如反义 RNA、基因编辑元件等)导入目的细胞,以影响目的细胞中特定基因的表达水平或结构特征,进而影响目的细胞的生物学功能,如改变其诱导分化能力、增强特定细胞因子表达、改变免疫应答反应、修饰特定目标基因等等。如高表达 HGF 以提高人间充质干细胞促进血管及组织再生能力[46];高表达 BDNF 或 GDNF 促进间充质干细胞修复受损中枢神经系统的功能[47];通过 RNA 干扰技术沉默神经干细胞中 β 分泌酶（β-secretase）的表达水平,可赋予人神经干细胞治疗老年性痴呆的作用[48];高表达 hNGF,可促进细胞的生长以及向少突胶质细胞的分化[49];过表达 GDNF 可提高人神经干细胞移植到纹状体后促进多巴胺神经元重建、修复和分化等的功能[50]。

在质量控制方面,应对基因修饰处理所采用的病毒或非病毒载体的质量和基因修饰的预期效果和非预期效应（如"脱靶效应"）进行有效评价。

三、干细胞产品的监管与质量控制

任何医药产品的监管目标,都是用于满足其监管属性所关联的监管要求。监管属性是由相关产品的安全性、有效性的复杂程度所决定,并且本质上是由其质量属性所规定的。

（一）干细胞的监管属性和质量属性

1. **干细胞的监管属性** 国际上在确定干细胞的监管属性方面存在以下几种情况。

（1）美国:美国 FDA 根据来源、存在形式和应用情况,将干细胞分为组织细胞产品和治疗性细胞产品（并被归类为生物药产品）。前者由器官组织产品演化而来,相关细胞的获得起源于组织,制备方法简单并多以一定程度的组织形式存在,并以传统的组织细胞移植或同源使用为主要应用方式。而后者是通过复杂的制备步骤获得可增殖的（和/或修饰的）细胞为制备工艺目标,多以纯化的细胞或与其他细胞或组织工程材料结合为最终产品的形式存在,并且应用时是以非同源使用为主要应用方式。两者在监管属性上的主要差异是:后者主要依据类似于药品的监管模式,在获批上市前必须通过严格的临床试验判断其产品的安全性和有效性,而前者则不需要经过严格的临床试验[51-54]。

（2）欧盟及日本:欧盟及日本都通过各自的相关法规,将干细胞定义为具有药品特性的治疗产品（类似于生物药）,但从产品定义和分类上也体现了与传统药品不同性质的监管属性。例如,欧盟将干细胞归为先进的治疗性医药产品（advanced therapeutic medicinal product,ATMP）大类下的细胞医药产品（cell-based medicinal product,CBMP）,由于其先进性也伴随着不成熟性,因此在监管方面会体现一定的灵活性或个例原则（case-by-case principle）[19,55]。日本将干细胞定义为人细胞来源的治疗性产品（human cell-derived therapy product）,类似于生物药定义,并根据风险因素的不同将不同类型的干细胞进行分级,并且不同风险等级分类也体现了不同监管属性的考虑。

（3）我国:我国在法规上仍缺乏明确的对干细胞监管属性的定义。但在监管层面,我国已将干细胞确定为具有药品属性的监管属性,但现有的监管属性具有以"类双轨制"形式的中国特色（见后述）[2,4,40]。

2. **干细胞的质量属性** 干细胞的质量属性是由决定其临床应用的安全性和有效性的所

有质量要素的总和构成的,其内容是依据细胞的科学性、临床适应证、制备工艺和相关风险等综合因素确立的。在以往质量研究和质量评价经验基础上,我们已将干细胞的所有质量属性归纳为:①基本生物学属性;②微生物学安全性;③生物学安全性;④生物学有效性[5-8]。

(1)基本生物学属性:是干细胞基本生物学中与其质量密切相关的各质量要素,用于准确反映其鉴别、活性、纯度、均一性等质量要求。其中,鉴别是根据细胞的形态学、遗传学、代谢酶谱、特定基因(或基因群)表达产物(如特定表面标志蛋白),以及独特的生物学功能等生物学特性综合判断;细胞活性是由活细胞数、增殖周期、倍增时间、克隆形成率、端粒酶活性和/或端粒长度等生物学特征综合体现;细胞纯度和均一性是指在细胞制备过程中可能发生细胞间交叉污染的程度和污染细胞的类型,以及同一批次、同一制备阶段(如同一级的细胞库细胞)的细胞基本生物学属性的均一性,该质量要求可通过标志蛋白、个体遗传多态性、特定生物学功能等进行综合判断。

(2)微生物学安全性:干细胞的微生物学安全性是指无菌(真菌、细菌)和无支原体、病毒及相关微生物代谢产物污染的质量要求。其中,病毒污染包括种属特异病毒(如人源病毒、制备过程中可能引入的各种动物源性病毒)、内外源逆转录病毒以及所有非特异性病毒。为确保微生物学安全性,除需依赖基于 cGMP 原则的质量保障体系外,还需设立过程控制及终产品质量控制,并通过体外细胞模型、实验动物及鸡胚接种,对有潜在微生物及其代谢产物污染进行有效检测。

(3)生物学安全性:干细胞生物学安全性是指与干细胞生物学特性相关联的安全性问题,其中包括细胞进入体内可能存在的成瘤性、促瘤性、异常免疫反应、异常分化、异位迁移或停留等生物学安全性问题。在评价生物学安全性时,应尽可能地考虑相关的临床适应证、给药途径、剂量等因素,利用合理的体外细胞模型和体内疾病动物模型对相关的生物学安全性进行有效评估。

(4)生物学有效性:干细胞生物学有效性是与其临床治疗有效性密切相关的各种生物学特性的总和,是临床前研究阶段用于预测临床治疗有效性的重要质量要求。目前,可将各类干细胞(特别是不同组织来源的人间充质干细胞)的生物学有效性归类为诱导分化功能、免疫调控功能及组织再生功能。其中,诱导分化功能主要是指在体外特定诱导分化培养条件下,相关细胞向目标细胞分化的能力。不同类型的干细胞具有不同程度和类别的分化潜能,但在诱导分化功能评价中,只需选择具有代表性的诱导分化功能进行评价。例如,2006 年由 ISCT 提出的成骨细胞、成软骨细胞、成脂肪细胞分化能力,可用于反映不同组织来源的人间充质干细胞诱导分化功能。组织再生功能是指不同类型干细胞所具有的保护组织细胞抗凋亡、促进病损组织血管再生、刺激促炎性的巨噬细胞向抑制炎性的巨噬细胞极化、刺激病损组织内源性干细胞增殖和分化等所有生物学功能的总和。另外,需要有机地结合体外细胞模型和体内动物模型对干细胞生物学有效性进行综合评价。

(二)干细胞产品的质量控制要求

国际上不同国家或地区的监管机构对干细胞的质量控制要求是有差异的,其中,美国FDA的监管体系最为全面、理念最为清晰,因此其对干细胞质量控制要求也最具代表性。

1. **美国FDA对干细胞产品的质量控制要求**　美国FDA监管体系中,对具有生物药监管属性的干细胞质量要求是由21CFR的不同部分及相关的技术性指导原则所体现,其中细胞制备过程需符合药品cGMP原则,由21CFR200-201规定;干细胞临床试验申报时,需符合IND申报的要求;在涉及生物药共性的质量属性(如微生物安全性、生物学安全性及生物学效应)方面是由21CFR600s规定;在生物药结合组织工程材料时,组织工程材料部分的监管要求由21CFR800s规定[51-54]。

反映干细胞质量及质量控制要求的内容,主要由IND申报所需的药学信息所体现。在药学信息中,除需提供细胞的基本信息(如细胞类型、来源、同源或异源来源及供者筛查情况)外,还需提供细胞制备用关键试剂、辅料及关键制备工艺信息。在涉及产品质量评价时,要求进行细胞鉴别、微生物学检测(包括所检的微生物类型、体外和体内检测方法)、工艺相关的纯度(或残留物)检测、生物学效应;要求对每一批次的终末制剂进行放行检验;要求对工艺及终末制剂的稳定性进行评价;对于异体来源的细胞产品要考虑建立多级细胞库(如主细胞库和工作细胞库),并对相应的细胞库进行有效的质量控制[56]。

需要强调的是,随着干细胞临床研究的快速发展,研发者和监管者都需对各类干细胞生物学有效性的质量控制研究和质量评价给予高度的重视。在相关质量评价中,所有评价方法的建立和应用需符合生物药cGMP的原则,即评价方法:①具有定量或定性功能;②对结果应预设接受和排除标准;③要设有合适的参考物质、标准和对照;④具有可接受的准确性、灵敏度、特异性和可重复性;⑤能够对关键成分进行定性和定量分析。由于干细胞科学及技术发展的局限性和产品从早期研发到临床研究各阶段的要求不断演进等因素,对特定产品进行生物学效应评价时,可选择确证性的生物学分析方法和/或非确证性分子标志物替代性方法,并且必要时各种评价方法需联合使用[6,57]。

2. **我国对干细胞产品的质量控制要求**　我国现阶段正在试行的是"类双轨制"的干细胞临床转化研究的管理模式,即以"备案"模式的"临床研究"和"注册"模式的"临床试验",两者在干细胞质量控制的要求从形式和内容上都是不相同的。其中,"备案"模式的"临床研究"是依据《干细胞临床研究管理办法(试行)》的规定[58],要求所有用于临床研究的干细胞制剂质量控制需符合《干细胞制剂质量控制及临床前研究指导原则(试行)》[14]。该指导原则要求,干细胞制剂的制备(包括培养基、滋养细胞、制备工艺)及管理需符合药品生产GMP原则,并建议对所使用细胞开展安全毒理评价,并需对细胞制剂进行由第三方复核的"质量检验"。

"注册"模式的"临床试验"依据《细胞治疗产品研究与评价技术指导原则(试行)》(2017),该管理措施虽对"质量检验"不进行规定,但在形式和内容上都要求临床研究用细胞具有"生物药"监管属性,研发者在细胞药 IND 申报时,需提供符合 GMP 原则的、完整的经验证的药学信息、安全毒理评价信息及临床研究方案和相关统计学设计等,并通过这些形式上更加严格的方式强化对细胞制品的质量控制[59]。

细胞检验是利用体系化的质量评价技术,依据产品研发所处不同阶段和不同产品形态选择不同的检验规范,以实现制备工艺验证、过程控制、质量复核、产品放行等质量控制目标,进而确保综合有效的质量控制。而"质量检验"是一种特定管理形式下的评价规范,以保障所使用细胞制备工艺的质量及稳定性基本符合"临床研究"的质量要求。

《干细胞制剂质量控制及临床前研究指导原则(试行)》提出了 10 项具体检验类别[14],分别是,①细胞鉴别;②存活率及生长活性;③纯度和均一性;④无菌试验及支原体检查;⑤细胞内外源致病因子的检查;⑥内毒素检查;⑦异常免疫学反应;⑧致瘤性;⑨生物学效力试验;⑩培养基及其他添加成分残余量的检测。这 10 项检测内容中的每一项又是由多个细化的检测项目所组成,用于综合评价干细胞的基本生物学属性、微生物学安全性、生物学安全性和生物学有效性的质量水平。另外,这些检验内容可灵活应用并构成不同的检验规范,用于实现不同的质量控制目标。

四、干细胞质量评价内容、评价技术及评价规范

(一) 干细胞质量评价内容及评价技术

所有治疗性细胞产品在临床应用前都应满足上述所提的基本生物学属性、微生物学安全性、生物学安全性及生物学有效性四大类质量要求。每一类质量要求由各具体的关键质量属性组成,而干细胞产品的质量控制内容就是利用各关键质量属性的评价技术、质量标准和评价规范对处于不同阶段、不同产品形态的细胞进行有效评价,以确保细胞产品符合总体质量要求[4,40]。

1. **基本生物学属性评价** 干细胞基本生物学属性的重要内容为细胞鉴别,包括成分鉴别和活性鉴别。成分鉴别包括不同细胞来源个体的遗传多态性(STR 位点基因指纹图谱分析)、细胞遗传学(染色体核型分析或 CGH 阵列分析)和必要时的基因组序列分析,以及细胞种属鉴别(同工酶谱分析或特定种属 DNA 分析)。活性鉴别包括细胞形态、活率、特异标志分子及共性功能分析。各类基本生物学属性评价内容需有机结合使用,以确保相关细胞基本生物学属性的完整性和质量水平[60]。

2. **微生物学安全性评价** 微生物学安全性方面,所有治疗性细胞产品均需具备生产用细胞基质的微生物安全性(需按照现行 2020 版《中国药典》)和治疗性细胞产品特定的微生物学安全性(如对内毒素检测和对终末制剂的快速微生物学检测等)[61]。另外,在细胞的获取、扩增、培养传代和冻存过程中若采用动物源性的血清或其他材料(如胰酶、细胞因子、贴壁辅助试剂等),有可能引入相关动物源性微生物污染,应在培养过程中尽可能采用非动物源性和由监

管机构批准的替代品。如果不可避免地使用了动物源性材料,应对所使用材料相关的动物源性微生物污染进行检测。

微生物安全性检测包括直接对细胞培养液或裂解液中潜在的病原物(如脂多糖、膜蛋白、核酸等)进行检测,也可选择对各种微生物敏感的动物进行体内细胞接种。依据现行版《中国药典》和 WHO 指导原则的要求,试验动物可包括乳鼠、小鼠、豚鼠和家兔。不同动物不同接种方式的选择,可覆盖对不同常见病原微生物的检测[61,62]。同时,也可利用对不同微生物敏感的指示细胞(或细胞模型)接种,对可能的人源病毒、动物源特异及非特异病毒污染进行体外检测。体外检测技术所观察的内容,包括指示细胞的生长活性、细胞病变、血吸附或血凝现象。特异病毒指种属特异病毒,包括人源特异病毒,如 HIV、HBV、HCV、HCMV、EBV、HPV 和 HHV 等;动物源特异病毒包括猪细小病毒、猪圆环病毒、鼠细小病毒、牛细小病毒等。此外,还应对干细胞进行逆转录病毒和细菌内毒素的检测。

另外,对于需要特殊条件培养的干细胞,如诱导多能干细胞和人胚胎干细胞,在建系过程中或传代培养过程中如使用动物源或人源细胞作为饲养层细胞,还应对相应的饲养层细胞进行全面的微生物安全性评价。

3. **生物学安全性评价**　干细胞生物学安全性主要是由其细胞生物学特性、细胞来源、制备工艺等相关的风险因素所决定。各种风险因素可导致相关细胞产品的异常免疫反应、成瘤性和/或促瘤性、异常分化、异常迁移等。因此,干细胞生物学安全性的评价内容包括:①异常免疫反应;②成瘤性和/或促瘤性;③异位迁移;④异常分化等。然而,由于知识和技术的限制,目前临床前研究阶段干细胞生物学安全性评价仍以异常免疫反应、成瘤性和/或促瘤性为主要内容。

微生物污染、特定制备工艺或细胞老化可改变干细胞表达炎症相关因子的水平(如释放促炎因子和表达促炎的细胞表面黏附分子),因此在移植入人体后可能会诱发异常免疫反应。目前用于异常免疫反应评价的技术包括总淋巴细胞增殖、炎症因子释放、对特定促炎的免疫细胞增殖激活、HLA-Ⅱ类抗原激化、免疫细胞共刺激分子活化等评价技术[63]。

人神经干细胞、人胚胎干细胞/诱导多能干细胞等类型的干细胞具有不同程度的成瘤性,而绝大多数的人间充质干细胞成瘤性风险较低。然而,人间充质干细胞可能具有不确定的促瘤性。目前用于常规评价干细胞成瘤性的技术主要是选择免疫缺陷动物皮下接种,如裸鼠和 SCID 鼠。对促瘤性的评价应基于合理设计的质量研究结果,选择合理的评价用肿瘤细胞、相关动物模型和所用细胞数量等。

对于人胚胎干细胞/诱导多能干细胞诱导分化的终末功能细胞或功能前体细胞生物学安全性评价,应包含对相应"种子细胞"残留的评价[7,64]。对于经人胚胎干细胞/诱导多能干细胞分化的功能前体细胞,还应判断其向终末细胞分化的能力,在此过程中应对分化细胞的纯度及其与前体细胞的比例进行有效评价。

4. 生物学有效性评价 生物学有效性评价应根据相关细胞生物学特性及其临床治疗适应证设计评价内容。评价技术分为确证性评价技术和替代性评价技术,应根据不同的质量控制目标,合理选择确证性或替代性评价技术,或两者的不同组合。

人间充质干细胞生物学有效性的评价内容应包括诱导分化功能、免疫调控功能及组织再生功能。其中,诱导分化功能应包括成骨、成脂、成软骨细胞的分化功能和满足于特定临床适应证的诱导分化功能[65,66]。对人胚胎干细胞/诱导多能干细胞生物学有效性评价,应分别对"种子细胞"及分化细胞进行评价。对于"种子细胞",应评价其干性、多能性[7];而对于分化细胞,应根据不同分化细胞的生物学特性进行相应生物学有效性的评价[64]。

(二) 干细胞质量评价规范

质量评价规范是质量评价体系中不同评价技术和相关质量标准有机组合而构成的各类质量评价策略,用于确保相关产品在不同研发阶段的不同产品形态所应达到的质量控制目标。应在各类细胞制备的不同阶段,对相应的种子细胞、细胞库细胞(或其他形态的中间细胞)及终末细胞制剂确立明确的质量要求/质量控制目标。其中,终末细胞制剂需具备完全的质量要求,即符合上述"四大类"总体质量要求中所有关键质量属性的质量要求,而种子细胞和细胞库细胞可依据不同类型细胞,符合"四大类"中的部分和/或每一类中的部分质量要求。

每一质量控制目标中,针对或指导各关键质量属性评价技术的有机组合,构成相应质量控制目标的质量评价规范。每一质量控制目标的实现,在相关细胞整体质量控制中具有相对的独立性,以充分体现过程控制在管理体系中的阶段性和计划性。

对于人间充质干细胞和其他体外扩增技术相对成熟并可大量扩增的干细胞,为提高其质量的稳定性,应建立不同级别的细胞库(如种子细胞库、主细胞库、工作细胞库等)。因此,应针对不同级别的细胞库细胞和终末细胞制剂,设立相应的质量控制目标和质量评价规范。并且在充分考虑不同细胞在各级细胞库中的细胞数量、生物学特性、可能的风险因素以及监管需要的基础上,针对不同级别的细胞库灵活考虑"全检"或"部分检"策略及相关评价内容。其中"全检"策略可对应《干细胞制剂质量控制及临床前研究指导原则(试行)》中的"质量检验"。"质量检验"可在其他检验规范不完善或质量保障体系不健全的情况下,通过对一定独立批次的终末制剂进行评价以判断相关细胞产品工艺的质量和稳定性。而"部分检"评价策略,可对应"中间产品"(如各级细胞库细胞)或终末制剂的"放行检验"。

(三) 代表性干细胞的质量评价及评价规范

1. 人间充质干细胞的质量评价内容及评价规范

(1) 对人间充质干细胞特殊评价内容的说明

1) 鉴别和纯度检测:体外培养的人间充质干细胞应能贴壁生长,外观呈成纤维细胞状。遗传多态性分析,如人源 STR 图谱鉴别(16 个等位基因位点)应确保相关细胞为单一细胞来源。细胞遗传学分析(如染色体核型分析或 CGH 阵列分析)应显示为正常人二倍体细胞。细胞种属鉴别(如同工酶谱分析或特定种属 DNA 分析)应为人源细胞,并无种属间细胞交叉污染。人间充质干细胞特征性表面标志分子 CD73、CD90、CD105 阳性率应不小于 95%;CD34、CD45、CD14 或 CD11b、CD79α 或 CD19、HLA-DR 阳性率应低于 2%。

2)细胞活性检测:细胞活性检测是人间充质干细胞制剂制备各阶段中最基本的检测内容,可作为细胞冻存复苏前后放行检验的内容。细胞存活率可利用各种反映细胞活性的染色法,或流式细胞仪检测。另外,还可通过检测细胞周期计算细胞增殖指数(包括各细胞周期比例和 S 期及 G_2/M 期占总细胞周期的比例),以及利用细胞生长曲线综合判断细胞增殖活性。

3)成瘤性检测:可通过免疫缺陷动物体内接种进行成瘤性检测。另外,还可通过软琼脂克隆形成率、端粒酶活性检测,对细胞的成瘤风险进行初步判断。

4)微生物学安全性评价。

5)生物学有效性评价:人间充质干细胞的生物学有效性评价中的诱导分化功能检测应包括成骨、成脂、成软骨细胞的分化功能检测,和满足于特定临床适应证的诱导分化功能检测。诱导分化功能检测除常规染色和功能性实验外,还可通过检测关键性分子标志物表达情况进行快速替代性检测。人间充质干细胞免疫调控功能评价,包括其抑制总淋巴细胞增殖能力、抑制促炎性淋巴细胞 Th1/Th17 亚群增殖能力、促进 Treg 亚群增殖能力的检测、人间充质干细胞分泌免疫调控因子(如 PGE_2、HGF、VEGF、IDO1 等)的检测。另外,可根据人间充质干细胞临床适应证相关病理学原理,选择更具针对性的免疫调控检测指标。人间充质干细胞组织再生能力的检测包括促进新生血管生成能力、抗细胞凋亡能力的检测等[33,63,65,66]。

6)制剂检测:应对制剂的外观、装量、可见异物等内容进行检测。另外,还需对制剂制备各阶段引入的杂质材料,如牛血清、胰蛋白酶、抗生素等材料的残留进行检测。

(2)人间充质干细胞的质量评价规范:应根据所制备细胞的数量,鼓励建立多级人间充质干细胞库,并对每一级细胞库和终末细胞制剂确立明确的质量要求和质量标准,具体内容见表4-3。可依据各级细胞库和终末细胞制剂的细胞数量、生物学特性、可能的风险因素及监管需要,制定"质量检验"和"放行检验"的内容。"质量检验"的对象应涵盖同一批次细胞的 2~3 个不同代次的细胞,以体现动态细胞质量的稳定性[9,67]。

2. 人胚胎干细胞/诱导多能干细胞的质量评价及评价规范　人胚胎干细胞/诱导多能干细胞及其分化细胞在干细胞生物学特性、安全性和生物学有效性等方面,以及从细胞获取、诱导分化到应用于临床的细胞制剂制备全过程均较各类成体干细胞复杂得多,因此其质量评价体系也较成体干细胞复杂得多。一个有效的策略是对制备全过程各主要阶段的细胞分别建立相应的评价体系,例如,可分别建立人胚胎干细胞/诱导多能干细胞"种子细胞"的质量评价内容及规范和经诱导分化所得特定目标细胞(如视网膜色素上皮细胞,见下述)质量评价内容及规范。

表 4-3　人间充质干细胞质量要求和质量标准

分类	质量要求内容	质量标准
鉴别和纯度检测	细胞形态	贴壁生长,为成纤维细胞形态
	STR 图谱	应表达独立来源的人的 16 个等位基因峰
	同工酶	应为人源细胞
	细胞标志物	CD73、CD90、CD105≥95%；CD34、CD45、CD14 或 CD11b、CD79α 或 CD19、HLA-DR≤2%
	种属间细胞交叉污染检测	应为人源细胞,无种属间交叉污染
	染色体核型检查	核型应为 46,XX 或 46,XY,无异常染色体结构
微生物学安全性评价	细菌、真菌检查、结核分枝杆菌检查、支原体检查、细胞内、外病毒因子检查、人源病毒检查、牛源病毒检查、猪源病毒检查、逆转录病毒检查、内毒素检测	应为阴性
生物学有效性评价	诱导分化能力检测	应具有成骨、成脂、成软骨细胞分化能力
	免疫调控功能检测	应具有免疫抑制功能
	组织再生能力检测	应具有促进组织再生功能
细胞活性检测	细胞存活率检测	应符合规定
	细胞周期分析	细胞增殖指数应符合规定
	细胞生长曲线和倍增时间检测	细胞倍增时间应符合规定
致瘤性检测	裸鼠体内接种试验	应为阴性
	软琼脂克隆形成实验	应无克隆形成
	端粒酶活性检测	应为阴性
制剂检测	外观、装量、可见异物	应符合规定
	牛血清白蛋白残留量检测	应符合规定
	内毒素检测	应符合规定
	抗生素残留量检测	应符合规定

（1）人胚胎干细胞/诱导多能干细胞"种子细胞"的质量评价内容及规范

1）细胞鉴别:人胚胎干细胞/诱导多能干细胞的细胞鉴别同样包括细胞形态鉴别、遗传多态性(如基于 16 位点的 STR 图谱分析)、种属鉴别和细胞遗传学特征,以及特定标志分子的鉴别等。经流式细胞分析,人胚胎干细胞/诱导多能干细胞应表达 SSEA-3、SSEA-4、TRA-1-60和 TRA-1-81,且阳性率应高于 70%,而 SSEA-1 的阳性率则应低于 10%[68]。

2）人胚胎干细胞/诱导多能干胞"种子细胞"生物学有效性:"干性"和"多能性"可作为人胚胎干细胞/诱导多能干细胞生物学有效性的质量属性,其评价方法主要通过体外及体内模型,以及碱性磷酸酶染色法、免疫荧光法、流式细胞法、qPCR 法等技术进行综合评价。其中,体外方法是细胞体外 EB 形成能力以及经诱导分化形成三个胚层具有代表性的细胞,如神经、心肌和肝脏细胞;体内方法是将细胞接种 SCID 鼠体内,判断细胞的畸胎瘤形成能力,以及畸胎瘤中可观察到代表性的三个胚层的分化组织,如腺体组织、脂肪组织、软骨组织等[7]。

3）人胚胎干细胞/诱导多能干细胞"种子细胞"生长活性的检测：人胚胎干细胞"种子细胞"的生长活性检测包括对其细胞周期、生长倍增时间、端粒酶活性及存活率等的检测。其中，高水平的端粒酶活性是人胚胎干细胞/诱导多能干细胞"种子细胞"的重要特征[7]。

4）人胚胎干细胞"种子细胞"质量评价规范：综合考虑人胚胎干细胞"种子细胞"关键质量属性、相关风险因素及与临床应用相关的生物学有效性，可建立以细胞鉴别、微生物学安全性、干性/多能性和细胞活性检测等为主要内容的质量评价规范[9,69]，具体内容见表4-4。

表4-4　拟建立的人胚胎干细胞质量评价体系的具体检查内容

分类	质量要求内容	质量标准
细胞鉴别试验	细胞形态	细胞核大，有一个或几个核仁，胞核中多为常染色质，胞质少，结构简单；细胞集落呈二维克隆生长，克隆边缘清晰、表面光滑，克隆内细胞之间连接紧密，看不清细胞界限
	STR 图谱	应表达独立来源的人的 16 个等位基因峰
	同工酶	应为人源细胞
	细胞标志物（阳性标志物：SSEA-3、SSEA-4、TRA-1-60、TRA-1-81、Oct4 等；阴性标志物：SSEA-1 等）	标准待定
	种属鉴定及种属间细胞交叉污染检测	应为人源细胞，无种属间交叉污染
	染色体核型分析	应为 46,XX 或 46,XY，无异常染色体结构
细胞微生物学安全性检查	细菌、真菌检查、结核分枝杆菌检查、支原体检查、细胞内、外病毒因子检查、人源病毒检查、牛源病毒检查、猪源病毒检查、逆转录病毒检查、内毒素检查	应为阴性
胚胎干细胞干性检测	碱性磷酸酶染色	应为阳性
	多能性基因的表达（如 *Oct4*、*Nanog*、*Sox2* 等）	应为阳性
	EB 的形成	悬浮培养 3~7 天后细胞可聚集形成近似球形细胞团
	检测 EB 中三胚层代表的基因表达水平（如 *GAD1*、*Pax6*、*AFP* 等）	应为阳性
胚胎干细胞多能性检测	三个胚层代表细胞的诱导分化：具有代表性的三个胚层细胞相关基因表达和标志分子的表达（如外胚层中的神经前体细胞，Pax6、Nesting、Otx2；中胚层的心肌细胞，MESP2、CTNT、ISL1 等；内胚层的肝前体细胞，Sox17、AFP、HNF4 等）	应为阳性
	畸胎瘤分化	SCID 小鼠体内接种胚胎干细胞后 6 周可形成畸胎瘤

分类	质量要求内容	质量标准
胚胎干细胞多能性检测	HE染色分析畸胎瘤组织形态	畸胎瘤中应可观察到具有代表性的三个胚层组织形态(如毛发、软骨、脂肪、腺上皮等组织形态)
细胞活性检测	细胞存活率	存活率应符合规定
	细胞群体倍增时间和生长曲线	标准待定
	端粒酶活性	标准待定
	细胞周期	标准待定

（2）经人胚胎干细胞诱导分化的视网膜色素上皮细胞质量评价内容及规范

1）对分化后的视网膜色素上皮细胞的鉴别：经人胚胎干细胞诱导分化的视网膜色素上皮细胞的特殊鉴别内容有形态鉴别、遗传学鉴别和分子标志物鉴别。分化的视网膜色素上皮细胞体外二维培养时呈典型的"铺路石"状，无其他形态细胞的残留；遗传学鉴别包括个体遗传多态性(如16个等位基因位点的STR图谱分析需与相关人胚胎干细胞/诱导多能干细胞"种子细胞"一致)和细胞遗传学(如染色体核型分析或光谱核型分析)特征；特定分子标志包括MITF、RPE65、Rlbp1和MerTK等[64]。

2）微生物学安全性评价：微生物学安全性的要求与"种子细胞"相同。

3）生物学有效性评价：人胚胎干细胞诱导分化视网膜色素上皮细胞的生物学有效性评价是基于分化细胞特殊的生物学功能的检测，具体内容见表4-5[9]。

表4-5　人胚胎干细胞诱导分化的视网膜色素上皮细胞生物学有效性评价内容

分类	质量要求内容	质量标准
特定细胞生物学功能	黑色素颗粒	细胞内应观察到有黑色素颗粒(定量标准待定)
	细胞分泌的特定细胞因子(如PEDF、BDNF等)	细胞因子的分泌应符合规定
	细胞吞噬荧光微球的能力	应具有吞噬荧光微球的能力(定量标准待定)
特定分子标志	与视网膜色素上皮细胞功能相关的特定分子标志物的表达(如MITF、RPE65、Otx2、BEST1和ZO-1等)	基因或蛋白表达应为阳性

4）人胚胎干细胞/诱导多能干细胞分化细胞的生物学安全性评价：除治疗性细胞产品共性的生物学安全性评价内容外，人胚胎干细胞分化细胞的生物学安全性评价重点是分化后细胞中人胚胎干细胞的残留。对人胚胎干细胞残留检测主要采用流式细胞法和荧光定量PCR方法对人胚胎干细胞的分子标志(如SSEA-4、TRA-1-60等)和标志基因(如*Nanog*、*Oct4*和*Sox2*等)进行检测，另外还采用SCID小鼠睾丸接种细胞的方法，检测分化后细胞是否能够形成畸胎瘤来判断人胚胎干细胞的残留[69]。

五、小结

建立以质量保障体系和质量评价体系为内容的质量控制体系,对干细胞产品研发和产业发展至关重要。而质量评价体系的建立是以各"关键质量属性"研究为基础,以评价技术、质量标准、标准物质和评价规范为主要内容。随着 cGMP 设施投入和相应管理理念不断提升,未来干细胞产品的质量保障将更多地依赖于有效的质量评价体系。而本节所总结的内容是在以往相关细胞质量研究、标准研究及质量评价经验积累的基础上总结的,其中的综合质量属性、质量评价内容、评价规范等内容已能够从质量控制方面为现阶段我国干细胞研发及临床转化研究提供务实的指导和帮助,并可以此支撑和推动我国干细胞产品研发及产业发展。

(袁宝珠　纳　涛)

参考文献

[1] BLAU H M,DALEY G Q. Stem cells in the treatment of disease [J]. New England Journal of Medicine,2019,380(18):1748-1760.

[2] 袁宝珠. 干细胞研究产业发展及监管科学现状[J]. 中国药事,2014,28(12):1380-1384.

[3] PHINNEY D G,PITTENGER M F. Concise review:MSC-Derived exosomes for cell-free therapy [J]. Stem Cells,2017,35(4):851-858.

[4] YUAN B Z. Establishing a quality control system for stem cell-based medicinal products in China [J]. Tissue Engineering Part A,2015,21(23/24):2783-2790.

[5] 袁宝珠.《干细胞临床研究管理办法(试行)》中的"质量检验"[R]. 深圳:中国生物制品学年会报告,2015.

[6] 付小兵,王正国,吴祖泽. 再生医学:转化与应用[M]. 北京:人民卫生出版社,2016:619-622.

[7] 纳涛,郝捷,张可华,等. 临床研究用人胚胎干细胞"种子细胞"的质量评价[J]. 生命科学,2016,28(7):731-742.

[8] 袁宝珠. 干细胞的"法规-监管-指导原则"体系[J]. 生命科学,2016,28(8):949-957.

[9] 王军志. 生物技术药物研究开发和质量控制[M]. 3 版. 北京:科学出版社,2018:962-989.

[10] CABLE J,FUCHS E,WEISSMAN I,et al. Adult stem cells and regenerative medicine-a symposium report[J]. Annals of the New York Academy of Sciences,2020,1462(1):27-36.

[11] ANDRZEJEWSKA A,LUKOMSKA B,JANOWSKI M. Concise review:mesenchymal stem cells:from roots to boost [J]. Stem Cells,2019,37(7):855-864.

[12] UCCELLI A,MORETTA L,PISTOIA V. Mesenchymal stem cells in health and disease [J]. Nature Reviews Immunology,2008,8(9):726-736.

[13] DOMINICI M,LE BLANC K,MUELLER I,et al. Minimal criteria for defining multipotent mesenchymal stromal cells. The International Society for Cellular Therapy position statement [J]. Cytotherapy,2006,8(4):315-317.

[14] 关于印发干细胞制剂质量控制及临床前研究指导原则(试行)的通知[EB/OL]. (2015-7-31)

[2022-07-01]. https://www. nmpa. gov. cn/xxgk/fgwj/gzwj/gzwjyp/20150731120001226. html.

[15] KRAMPERA M,GALIPEAU J,SHI Y,et al. Immunological characterization of multipotent mesenchymal stromal cells—The International Society for Cellular Therapy (ISCT) working proposal [J]. Cytotherapy, 2013,15(9):1054-1061.

[16] OBERNIER K,ALVAREZ-BUYLLA A. Neural stem cells:origin,heterogeneity and regulation in the adult mammalian brain [J]. Development,2019,146(4):dev156059.

[17] THOMSON J A,ITSKOVITZ-ELDOR J,SHAPIRO S S,et al. Embryonic stem cell lines derived from human blastocysts [J]. Science,1998,282(5391):1145-1147.

[18] LIU Y,XU HW,WANG L,et al. Human embryonic stem cell-derived retinal pigment epithelium transplants as a potential treatment for wet age-related macular degeneration [J]. Cell Discovery,2018,4:50.

[19] TSUJI O,MIURA K,FUJIYOSHI K,et al. Cell therapy for spinal cord injury by neural stem/progenitor cells derived from iPS/ES cells [J]. Neurotherapeutics,2011,8(4):668-676.

[20] YAMANAKA S. Pluripotent stem cell-based cell therapy-promise and challenges [J]. Cell Stem Cell,2020, 27(4):523-531.

[21] JEONG H C,CHO S J,LEE M O,et al. Technical approaches to induce selective cell death of pluripotent stem cells [J]. Cellular and Molecular Life Sciences,2017,74(14):2601-2611.

[22] TAKAHASHI K,YAMANAKA S. Induction of pluripotent stem cells from mouse embryonic and adult fibroblast cultures by defined factors [J]. Cell,2006,126(4):663-676.

[23] GONZALEZ F,BOUE S,IZPISUA BELMONTE J C. Methods for making induced pluripotent stem cells: reprogramming a la carte [J]. Nature Reviews Genetics,2011,12(4):231-242.

[24] YASUDA S,KUSAKAWA S,KURODA T,et al. Tumorigenicity-associated characteristics of human iPS cell lines [J]. PLoS One,2018,13(10):e0205022.

[25] GORE A,LI Z,FUNG H L,et al. Somatic coding mutations in human induced pluripotent stem cells [J]. Nature,2011,471(7336):63-67.

[26] MUSHAHARY D,SPITTLER A,KASPER C,et al. Isolation,cultivation,and characterization of human mesenchymal stem cells [J]. Cytometry A,2018,93(1):19-31.

[27] LAGARKOVA M A,EREMEEV A V,SVETLAKOV A V,et al. Human embryonic stem cell lines isolation, cultivation,and characterization [J]. In Vitro Cellular & Developmental Biology-Animal,2010,46(3/4): 284-293.

[28] LEROU P. Embryonic stem cell derivation from human embryos [J]. Methods in Molecular Biology,2011, 767:31-35.

[29] RICCIARDI M,PACELLI L,BASSI G,et al. Mesenchymal stem cell isolation and expansion methodology [M]//Hayat M. Stem Cells and Cancer Stem Cells,Volume 3. Berlin:Springer,2012:22-33.

[30] KRUTTY J D,KOESSER K,SCHWARTZ S,et al. Xeno-Free Bioreactor Culture of Human Mesenchymal Stromal Cells on Chemically Defined Microcarriers[J]. ACS Biomaterials Science & Engineering,2021,7(2): 617-625.

[31] ZHANG K,NA T,WANG L,et al. Human diploid MRC-5 cells exhibit several critical properties of human umbilical cord-derived mesenchymal stem cells [J]. Vaccine,2014,32(50):6820-6827.

[32] NA T,LIU J,ZHANG K,et al. The notch signaling regulates CD105 expression,osteogenic differentiation and immunomodulation of human umbilical cord mesenchymal stem cells [J]. PLoS One,2015,10(2):

e0118168.

[33] HAN X,NA T,WU T,et al. Human lung epithelial BEAS-2B cells exhibit characteristics of mesenchymal stem cells [J]. PLoS One,2020,15（1）:e0227174.

[34] 袁宝珠.治疗性干细胞产品的相关风险因素[J].中国生物制品学杂志,2013,26（5）:736-739.

[35] HAKALA H,RAJALA K,OJALA M,et al. Comparison of biomaterials and extracellular matrices as a culture platform for multiple,independently derived human embryonic stem cell lines[J]. Tissue Engineering Part A, 2009,15（7）:1775-1785.

[36] BOWLES K M,VALLIER L,SMITH J R,et al. HOXB4 overexpression promotes hematopoietic development by human embryonic stem cells [J]. Stem Cells,2006,24（5）:1359-1369.

[37] PALMER T D,SCHWARTZ P H,TAUPIN P,et al. Cell culture. Progenitor cells from human brain after death [J]. Nature,2001,411（6833）:42-43.

[38] MA G,ABBASI F,KOCH W T,et al. Evaluation of the differentiation status of neural stem cells based on cell morphology and the expression of Notch and Sox2 [J]. Cytotherapy,2018,20（12）:1472-1485.

[39] COOK D,GENEVER P. Regulation of mesenchymal stem cell differentiation [M]//Hime G,Abud H. Transcriptional and Translational Regulation of Stem Cells. Berlin:Springer,2013,213-229.

[40] YUAN B Z,WANG J. The regulatory sciences for stem cell-based medicinal products [J]. Frontiers of Medicine,2014,8（2）:190-200.

[41] EMSLEY J G,MITCHELL B D,KEMPERMANN G,et al. Adult neurogenesis and repair of the adult CNS with neural progenitors,precursors,and stem cells [J]. Progress in Neurobiology,2005,75（5）:321-341.

[42] LIESVELD J L,SHARMA N,ALJITAWI O S. Stem cell homing:From physiology to therapeutics [J]. Stem Cells,2020,38（10）:1241-1253.

[43] SONG N,SCHOLTEMEIJER M,SHAH K. Mesenchymal stem cell immunomodulation:mechanisms and therapeutic potential [J]. Trends in Pharmacological Sciences,2020,41（9）:653-664.

[44] TARASENKO Y I,YU Y,JORDAN P M,et al. Effect of growth factors on proliferation and phenotypic differentiation of human fetal neural stem cells [J]. Journal Of Neuroscience Research,2004,78（5）: 625-636.

[45] GAO J,PROUGH D S,MCADOO D J,et al. Transplantation of primed human fetal neural stem cells improves cognitive function in rats after traumatic brain injury [J]. Experimental Neurology,2006,201（2）: 281-292.

[46] DUAN H F,WU C T,WU D L,et al. Treatment of myocardial ischemia with bone marrow-derived mesenchymal stem cells overexpressing hepatocyte growth factor [J]. Molecular Therapy,2003,8（3）: 467-474.

[47] UCHIDA S,HAYAKAWA K,OGATA T,et al. Treatment of spinal cord injury by an advanced cell transplantation technology using brain-derived neurotrophic factor-transfected mesenchymal stem cell spheroids [J]. Biomaterials,2016,109:1-11.

[48] LIU Z,LI S,LIANG Z,et al. Targeting beta-secretase with RNAi in neural stem cells for Alzheimer's disease therapy [J]. Neural Regeneration Research,2013,8（33）:3095-3106.

[49] MAREI H E,ALTHANI A,AFIFI N,et al. Over-expression of hNGF in adult human olfactory bulb neural stem cells promotes cell growth and oligodendrocytic differentiation [J]. PLoS One,2013,8（12）:e82206.

[50] DU J,GAO X,DENG L,et al. Transfection of the glial cell line-derived neurotrophic factor gene promotes

neuronal differentiation [J]. Neural Regeneration Research, 2014, 9 (1): 33-40.

[51] Current Good Manufacturing Practice for Finished Pharmaceuticals: The FDA 21 Code Of Federal Regulations 211 [EB/OL]. (2023-03-28) [2023-06-01]. https://www. accessdata. fda. gov/scripts/cdrh/cfdocs/ cfCFR/CFRSearch. cfm? fr=211.1.

[52] Investigational New Drug Application: The FDA 21 Code Of Federal Regulations 312 [EB/OL]. (2023-03. 28) [2023-06-01]. https://www. accessdata. fda. gov/scripts/cdrh/cfdocs/cfCFR/CFRSearch. cfm? CFRPart=312.

[53] General Biological Products Standards: The FDA 21 Code Of Federal Regulations 610 [EB/OL]. (2023-03-28) [2022-06-01]. https://www. accessdata. fda. gov/scripts/cdrh/cfdocs/cfcfr/CFRSearch. cfm? CFRPart=610.

[54] Human Cells, Tissues, and Cellular and Tissue-Based Products: The FDA 21 Code of Federal Regulations 1271 [EB/OL]. (2023-03-28) [2023-06-01]. https://www. accessdata. fda. gov/scripts/cdrh/cfdocs/ cfCFR/CFRSearch. cfm? CFRPart=1271.

[55] Guideline on Human Cell-Based Medicinal Products: European Medicines Agency [EB/OL]. (2008-05-21) [2023-06-01]. https://www. ema. europa. eu/en/documents/scientific-guideline/guideline-human-cell-based-medicinal-products_en. pdf.

[56] Chemistry Manufacturing and Controls (CMC) Guidances for Industry (GFIs) and Questions and Answers (Q&As) [EB/OL]. (2023-05-12) [2023-06-01]. https://www. fda. gov/AnimalVeterinary/ GuidanceComplianceEnforcement/GuidanceforIndustry/ucm123635. htm.

[57] Guidance for Industry: Potency Tests for Cellular and Gene Therapy Products [EB/OL]. (2011-01) [2023-06-01] https://www. fda. gov/downloads/BiologicsBloodVaccines/GuidanceComplianceRegulatoryIn formation/Guidances/CellularandGeneTherapy/UCM243392. pdf.

[58] 关于印发干细胞临床研究管理办法(试行)的通知 [EB/OL]. (2015-07-20) [2023-06-01]. https://www. nmpa. gov. cn/yaopin/ypfgwj/ypfgbmgzh/20150720120001607. html.

[59] 总局关于发布细胞治疗产品研究与评价技术指导原则的通告（2017年第216号）[EB/OL]. (2017-12-18) [2023-06-01]. https://www. nmpa. gov. cn/directory/web/nmpa/xxgk/ggtg/qtggtg/20171222145101557. html.

[60] 纳涛, 袁宝珠. 基于细胞色素b序列差异的细胞种属鉴别及种属间细胞交叉污染的快速检测方法[J]. 药物分析杂志, 2014, 34 (11): 2054-2059.

[61] 生物制品生产检定用动物细胞基质制备及检定规程[M]//国家药典委员会. 中国药典: 2020年版 三部. 北京: 中国医药科技出版社, 2020: 11-20.

[62] Recommendations for The Evaluation of Animal Cell Cultures As Substrates for The Manufacture of Biological Medicinal Products and for The Characterization of Cell Banks: Replacement of Annex 1 of WHO Technical Report Series, No. 878. [EB/OL]. (2013-05-22) [2023-06-01]. https://cdn. who. int/ media/docs/default-source/biologicals/documents/trs_978_annex_3. pdf? sfvrsn=fe61af77_3&download=true.

[63] 张可华, 纳涛, 韩晓燕, 等. 基于免疫调控功能的间充质干细胞生物学有效性质量评价策略[J]. 中国新药杂志, 2016, 25 (03): 283-290.

[64] 纳涛, 王磊, 郝捷, 等. 人胚胎干细胞来源的视网膜色素上皮细胞质量控制研究[J]. 生命科学, 2018, 30 (3): 248-260.

[65] 韩晓燕, 纳涛, 张可华, 等. 人间充质干细胞生物学有效性的质量评价[J]. 中国新药杂志, 2018, 27 (21):

[66] 张可华, 纳涛, 韩晓燕, 等. 人间充质干细胞生物学有效性质量评价用标准细胞株 CCRC-hMSC-S1 的建立及评价[J]. 中国新药杂志, 2020, 29 (21): 2502-2510.

[67] 袁宝珠. 临床研究用人间充质干细胞质量检验规范(征求意见稿)[R]. 北京: 干细胞研发进展与质量评价学术论坛, 2019.

[68] ADEWUMI O, AFLATOONIAN B, AHRLUND-RICHTER L, et al. Characterization of human embryonic stem cell lines by the International Stem Cell Initiative [J]. Nature biotechnology, 2007, 25 (7): 803-816.

[69] 袁宝珠. 临床研究用人胚胎干细胞质量评价规范(征求意见稿)[R]. 北京: 干细胞研发进展与质量评价学术论坛, 2019.

第三节　临床级干细胞资源库及信息化管理系统构建

高质量、标准化的干细胞资源库是干细胞基础与临床研究的基础和源头,是实现干细胞转化应用的核心环节之一。标准化制备、存储和应用临床级干细胞已然成为建设干细胞资源库的重要内容,也是提升我国生命科学与生物医药原创性研究与研发进程的基石。

本节结合国家干细胞转化资源库实践经验和管理模式,介绍临床级干细胞资源库及信息化管理系统构建。

围绕干细胞库实际业务的需求,结合目前国家干细胞转化资源库信息系统建设理念,即将干细胞资源库运行过程中最为重要的五个部分:临床、制备、质检、样本、质量,分别作为功能模块植入临床项目管理子系统、样本管理子系统和冷链管理子系统,并使用数据接口形式将 3 个系统组合形成有机整体。

干细胞资源库标准化建设与管理,可以有效保证干细胞的质量。在规范化管理的基础上建立一体化的信息系统,可以实现闭环管理,保证干细胞的全流程信息完整和追溯。

一、临床级干细胞资源库背景与现状

当前人工器官、器官移植和组织工程等方法已经成为组织或器官、损伤、缺损等修复或治疗的重要手段[1-5],而随之术后排斥反应、感染、免疫反应、供体来源困难等问题日益突出。干细胞技术的进步,可"制造或再生"出结构或功能均较为复杂的器官,为干细胞治疗、组织替代治疗、器官移植等提供新的技术途径[6-11]。

干细胞资源是国家重要的战略资源,如何安全有效地保存我国特殊、唯一、稀有的人类生物资源,对促进我国人口健康、维护生命资源安全、治疗重大疾病等具有重要的意义。其修补、还原、替换和再生体内细胞的能力,干细胞疗法可用于一些常规治疗无能为力的病症,包括新型冠状病毒感染、心血管系统疾病、内分泌系统疾病、神经系统疾病、呼吸系统疾病、退行性疾病等人类重大疾病[1-5]。

干细胞资源库,又称为"生命银行(life bank)",系大规模进行收集、处理、存储和分发不同来源的干细胞资源,以及对干细胞相关的信息进行存储管理的设施或机构。干细胞资源库有多种分类方法。根据干细胞资源的提供方式及应用对象来分类,可以将其分为公共干细胞库(public stem cell bank),简称"公共库",以及自体干细胞库(autologous stem cell bank),简称"自体库"[5]。公共库是由捐献者自愿捐赠,通过制备及相关质量检测建立的干细胞资源库,存储的细胞可用于干细胞研究及转化应用;自体库则是个人为自身存储的干细胞资源库。根据干细胞存储的种类,可以分为造血干细资源库、间充质干细胞库、诱导多能干细胞库等。根据干细胞的来源来分类,可以分为骨髓库、脐带血造血干细胞库(简称脐血库)、胎盘干细胞库、胚胎干细胞库、羊膜干细胞库、乳牙牙髓干细胞库等。

近年来干细胞资源库建设已引起全球各国的高度重视,纷纷投入大量人力物力快速推进,欧美从 20 世纪开始已出现专门的生物样本资源库,目前正从之前零星的、单一的样本库向着大规模、网络化、联盟化的生物样本库发展。据不完全统计,全球生物样本库数量已超过3 000 个,其中不乏具有国际影响力的各类干细胞资源库,如日本 RIKEN 生物资源中心、英国UKSCB、韩国 KSCB(KNIH)干细胞库,德国 hPSCreg 库等,它们通过长期稳定的大规模样本收集和数据分析,获得了极其宝贵的研究积累,不仅为新药研发提供了宝贵的战略资源,而且为建立长期高效的健康卫生体系提供了依据。

国家干细胞转化资源库依托同济大学附属东方医院(临床级干细胞资源库)和同济大学生命科学与技术学院(科研级干细胞资源库)负责承建。围绕国家重大发展战略任务,旨在建成干细胞转化资源种类齐全、资源储量丰富的国家级干细胞资源库,为我国干细胞基础研究、临床转化、新药研发等提供资源和技术支撑,以期推动实现中国干细胞产业"共建、共享、共赢"的新局面。平台拥有覆盖 60% 中国人群的 HLA 高频诱导多能干细胞以及各类临床级和科研级干细胞资源,不仅可为转化医学研究和精准医疗研究提供重要的基础战略资源和技术服务,亦为高校、科研院所、企事业单位等提供科研、临床、药物筛选等需求的有效资源,并通过干细胞资源深度挖掘和整合为各类用户主动提供系统性、综合性、知识性、公益性的科技服务。

2018 年,国家统计局首次将干细胞行业列入产业统计分类,把干细胞临床应用纳入到现代医疗服务目录中,这从侧面反映出国家对干细胞产业发展的重视以及干细胞临床转化的迫切性。因此,建立高标准、规模化临床级干细胞资源库尤为关键,并作为核心和基础支撑加快我国干细胞临床研究及转化应用,推动我国干细胞产业发展。

二、临床级干细胞资源库的标准化建设与实践

作为国家干细胞转化资源库承建主体,同济大学附属东方医院临床级干细胞资源库始建

于2015年,在上海张江国家自主创新示范区干细胞转化医学产业基地重大专项资金支持下,于2016年投资3 000万元改造扩建,一期占地面积600m²,样本存储规模达300万份。重点打造了涵盖"五大功能"的临床级干细胞资源库,即种子细胞库、主细胞库、工作细胞库、产品细胞库和第三方存储库,也兼顾含有医院临床特色资源的生物样本库,以期为干细胞临床研究和应用服务[13-14]。

(一)平面布局

根据国际生物和环境样本库协会(International Society for Biological and Environmental Repositories,ISBER)最佳实践、《中国医药生物技术协会生物样本库标准(试行)》、全球先进输血和细胞治疗联盟(Advancing Transfusion and Cellular Therapies Worldwide,AABB)标准、细胞治疗认证委员会(Foundation for the Accreditation of Cellular Therapy,FACT)的《细胞治疗通用标准》以及《中国药典》等关于干细胞资源库建设相关规范和标准,对临床级干细胞资源库各功能区进行布局规划,见图4-2。

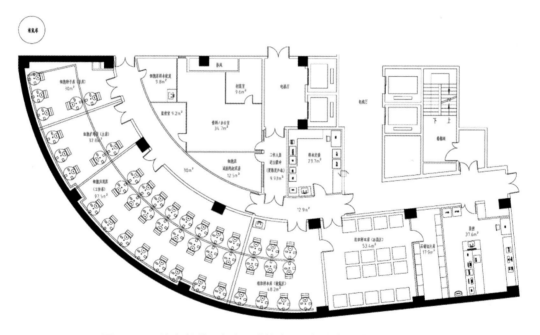

图4-2 同济大学附属东方医院临床级干细胞资源库平面布局图

(二)功能划分

功能区域涵盖细胞存储区(种子细胞库、主细胞库、工作细胞库、产品细胞库和第三方存储库),体液组织样本存储区(深低温冰箱区和气相液氮罐区),病理蜡块室存储区,体液和组织样本接收处理区,样本质控区,细胞收发区,体液和组织样本收发区,档案室,总控室,库房等,部分功能区实景如图4-3所示。各功能区域均配有紫外线消毒设施和温湿度监控设施。

图 4-3　同济大学附属东方医院临床级干细胞资源库实景图

A. 内走廊；B. 液氮存储区；C. 深低温冰箱存储区；D. 病理蜡块存储区；E. 细胞收发区；F. 质控室。

（三）设施设备

功能区域现配有用于样本处理、样本保藏、样本转运、冷链监控管理以及其他一些设施设备，包括高效气相液氮罐 44 台，并配备自动化液氮加注管路和液氮供应塔以及 −80℃ 深低温冰箱 15 台；高效气相液氮罐和深低温冰箱并配备 24h 不间断冷链监控系统，确保生物样本安全有效；配有氧浓度监测仪和新风及强排风系统，确保工作人员安全；同时配有离心机、生物安全柜、纯水机、PCR 仪、酶标仪、核酸自动提取仪等仪器设备。

（四）质量管理体系

同济大学附属东方医院临床级干细胞资源库已建立全面质量管理体系，包括质量手册、程序性文件、作业指导书及记录表单四级文件体系，建有质量管理体系文件约 200 个。2019年 3 月和 8 月分别通过 ISO 9001:2015 质量管理体系认证和中国医药生物技术协会组织生物样本库分会生物样本库质量达标检查(图 4-4),增强了临床级干细胞资源库综合实力、保障了生物样本的质量、提升了风险控制能力。2017 年 9 月和 2022 年 11 月两次通过科技部中国人类遗传资源保藏行政许可(图 4-5),进一步使得干细胞资源保藏和管理更加规范、更科学。

图 4-4　中国医药生物技术协会组织生物样本库分会生物样本库质量达标检查合格证书和 ISO 9001:2015 质量管理体系认证

图 4-5　人类遗传资源采集、收集、买卖、出口、出境审批决定书和中国人类遗传资源保藏审批决定书

(五)细胞建库流程

以临床级人脐带间充质干细胞为例,按照《中国药典》及干细胞相关规范和指南等,结合人脐带间充质干细胞特性,建库流程依次是种子细胞库(选取 P1 代次细胞)、主细胞库(选取 P3 代次细胞)和工作细胞库(选取 P5 代次细胞)建立,并进行相关质量检测。人脐带间充质干细胞建库流程见图 4-6 所示。

1. **种子细胞库建立**　冲洗脐带,将脐带剪成 1~2cm 小段,剔除脐带中 3 根血管(2 根动脉,1 根静脉),再将剔除血管后的脐带剪成 1~2mm³ 的细小组织块,然后进行贴壁培养,培养

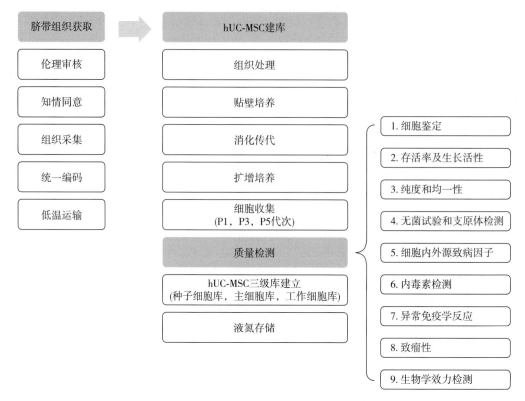

图 4-6　人脐带间充质干细胞（hUC-MSC）建库流程

过程中使用无血清培养基。经消化后获得 P0 代次细胞,再进行传代、扩增获得 P1 代次细胞,放行检验合格后,即为人脐带间充质干细胞种子细胞。

2. **主细胞库建立**　对 P1 代次细胞种子进行逐级传代、扩增,获得 P3 代次细胞,放行检验合格后,形成人脐带间充质干细胞主细胞库。

3. **工作细胞库建立**　对 P3 代次细胞再次进行传代、培养、扩增,获得 P5 代次细胞,放行检验合格后,形成人脐带间充质干细胞工作细胞库。

4. **质量检测**　根据 2015 年国家卫生和计划生育委员会与国家食品药品监督管理总局颁发的《干细胞制剂质量控制及临床前研究指导原则(试行)》,2017 年国家食品药品监督管理总局颁发的《细胞治疗产品研究与评价技术指导原则(试行)》,以及行业协会发布的《干细胞制剂制备与质检行业标准(试行)》《干细胞通用要求》等关于质量控制技术规范要求,并按照相关检测方法[11,12],对建库的人脐带间充质干细胞进行生物学特性、安全性与稳定性等检测,检测内容包括但不限于:细胞鉴别、存活率及生长活性、纯度和均一性、细胞内外源致病因子的检测、内毒素检测、无菌试验和支原体检测、致瘤性和促瘤性检测、异常免疫学反应、生物学效应试验、特异性因子检测、培养基及其他添加成分残余量的检测等,确保脐带间充质干细胞株质量可控[15]。

5. **资源体系**　围绕人类重大难治性疾病,如心衰、糖尿病、骨关节炎、神经退行性疾病、新型冠状病毒感染等,国家干细胞转化资源库重点打造临床级和科研级两大类资源体系。资源种类及数量如图 4-7 所示。

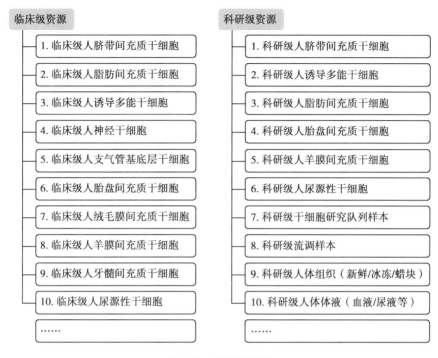

图 4-7 资源体系图

（1）临床级干细胞资源:HLA 高频诱导多能干细胞 288 株、脐带间充质干细胞 1 683 株、脂肪间充质干细胞 85 株、人胚胎干细胞 3 株,人支气管基底层干细胞 100 株、神经干细胞 10 株等(截至 2023 年 12 月 31 日)。

（2）科研级干细胞资源:人胚胎干细胞 91 株、人诱导多能干细胞 1 075 株、人成体干细胞 84 株;小鼠成体干细胞 20 株、小鼠胚胎干细胞 567 株、小鼠诱导多能干细胞 82 株、小鼠体细胞核移植来源胚胎干细胞 50 株、孤雄和孤雌单倍体胚胎干细胞 43 株等(截至 2023 年 12 月 31 日)。

（3）干细胞配套资源:主要包括干细胞临床研究队列样本,以及相关疾病的组织和体液样本。

6. **干细胞资源库功能** 通过与大学、医学院、医院、相关干细胞企业等机构协作共享,相关资源并实时汇交至中国科技资源共享网,形成国内较大的干细胞资源库共享服务网络,面向我国各类干细胞科技活动提供临床级干细胞资源、技术支持和服务,并为人类重大难治性疾病的生物医学和转化医学研究构建良好平台。干细胞资源库功能如图 4-8 所示。

7. **容灾备份** 在干细胞资源库建设过程中,笔者积极探索并制定资源库容灾备份机制及备份库。一方面保障干细胞资源实体安全。对于在库资源,坚持"不能把鸡蛋放在同一个篮子里"的原则,把干细胞资源存储在不同存储区域(主库和分库)不同高效气相液氮罐中,并建

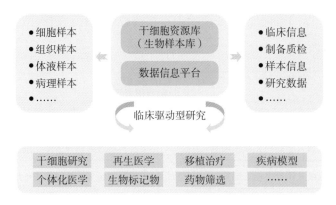

图 4-8　干细胞资源库功能示意图

立干细胞资源备份库,确保资源安全、有效。另一方面保障资源库数据安全。对于资源库信息管理系统,采用 2 个以上服务器运行,并定期对资源数据进行备份、镜像备份和异地备份,如主库和分库,分库和分库之间,确保资源库数据安全。

8. **安全管理**　干细胞资源库通过加强人员教育和培养安全意识,建立健全各项安全管理流程体系,加强样本管理制度化、规范化、标准化,加强监督、不定期核查现场等措施,确保样本安全有效。

（1）冷链安全:通过落实干细胞资源库《日常值班制度》《安全管理制度》《应急管理制度》等,保障 24h 不间断冷链监控,确保样本冷链安全。

（2）数据安全:干细胞资源库按照相应规定定期进行样本相关数据备份,确保干细胞资源库数据安全。

（3）异地容灾备份:按照"鸡蛋不能放在同一个篮子里"整体思想和相关要求,干细胞资源库与其他机构合作,做到种子细胞株或其他珍贵样本异地容灾备份。

（4）其他安全:干细胞资源库地处医院负一楼,基于洪涝灾害发生的风险确定防涝方案,定期检查排水管和排水泵,增加场地巡查频率,减少内涝发生概率;将设备电源插座安装在桌面以上的高度,以减少内涝发生时对电器设备的损坏;消防安全方面,干细胞资源库的消防系统,包括建筑防火、监测系统(烟雾或热量传感器)、灭火系统(消防栓和喷淋系统)等;电力供给方面,干细胞资源库采用双电路供电,当出现供电中断时,系统将自动连接备用供电设备,并配备手动开关用于切换供电线路;在防入侵管理方面,干细胞资源库配备严格的门禁系统,设置权限,且仅对授权人员开放,未授权人员不能入内,各区域均安装了 24h 防入侵监测系统。

三、干细胞资源库信息管理系统建设

干细胞资源库创新打造了全流程一体化信息管理系统,系统涉及临床部、制备部、质检部、样本部、质量部相关工作(图 4-9),功能涵盖原料采集、资源处理、资源保藏和资源使用,形成干细胞全生命周期流程的信息化管理。

①临床部	②制备部	③质检部	④样本部	⑤质量部
·方案申请	·样本接收	·样本接收	·样本接收	·制度建立
·受试者招募	·分离纯化	·资料审查	·注释标识	·过程监督
·样本采集	·培养扩增	·准入检测	·样本入库	·内部审核
·临床研究	·诱导分化	·过程检测	·样本存储	·外部审核
·跟踪随访	·冻存转运	·放行检测	·放行分发	·认证认可
	·复苏取样	·报告发放	·包装运输	
		·复核检验	·废除登记	

图 4-9 信息系统建设内容

干细胞资源库信息管理系统由三个子系统组成,一是项目管理子系统,由临床部使用,可实现临床项目从立项到结题的全流程管理,功能涵盖项目过程中的立项审查、项目资源管理、受试者管理、信息流转等功能。二是样本管理子系统,由制备部、质检部、样本部使用,可实现干细胞资源的全生命周期管理,功能涵盖样本操作、流转和存储信息的记录、查询和统计,以及设备的管理。三是冷链管理子系统,由质量部使用,可实现干细胞资源在存储和流转过程中的冷链管理,功能涵盖冷链信息管理和冷链报警。

(一) 项目管理子系统

1. **系统权限设置** 项目管理子系统是干细胞资源库信息管理系统的基础,登录界面如图 4-10 所示,由于参与项目的人员种类较多,根据人员性质分成 3 种,并分配相应的功能。

图 4-10 系统登录界面

(1)项目管理员:该角色性质为干细胞项目负责人、伦理委员会或科学委员会负责人,持有的主要功能如下。

1)项目资料审核功能:对立项资料进行伦理和科学审核操作。

2)用户管理功能:对系统内用户进行注册和注销操作。

3)项目申请流程管理功能:对项目申请流程中各个审核节点进行设定,并对申请材料的强制性进行设定。

（2）项目负责人：该角色性质为各个项目的负责人，持有的主要功能如下。

1）项目申请功能：在系统内提交项目立项申请，并对立项申请材料的完整性和有效性进行初步验证。

2）项目人员管理功能：在项目内添加项目参与人员，并可注册相应的账户。

3）项目进度管理功能：在系统内添加项目进度表，并支持在项目进度表中设定各个环节的内容、次数和时限等。

（3）项目研究者：该角色性质为具体进行研究活动的操作人员，持有的主要功能如下。

1）条码管理功能：在系统内生成样本和人员条码。

2）捐赠者人员管理功能：在系统内新增、删除、编辑捐赠者的信息和随访信息。

3）样本采集功能：记录样本采集的时间地点等信息，采集的信息与样本管理子系统建立接口进行数据的实时交互。

2. **立项审查** 立项审查包括项目申请、伦理审查、合同审核、项目质控计划制定、项目进度管理、项目结题管理和机构结题管理，管理过程中的审核过程在线完成，上传相应文件后，系统会发送审核通知短信至系统内预存的对应审核人员手机中，以此实现电子签名和无纸化办公，提高了项目立项的效率。

3. **受试者管理** 项目立项完成后正式进入实施阶段。实施阶段主要功能围绕受试者管理。其中受试者信息的录入主要通过抓取实验室信息系统（laboratory information system，LIS）内的信息，包括受试者的基本信息、临床信息和检测信息均可在 LIS 系统内抓取，避免人工输入导致的误差。在受试者签署同意后，将知情同意以电子版的形式上传至系统内进行保存。当受试者完成入组后，通过系统内预先录入的随访计划，设定包括计划随访日期、检验项目和持续时间等各项内容，对受试者的进度进行管控。另外对随访过程中受试者样本信息进行记录，包括样本类型、采集时间、采集方式、采集地点、采集温度、容器类型、样本量、采集人和标签编号。

4. **信息流转** 所有样本的数据均同步至样本管理子系统，同步过程保证编码的一致性，从受试者录入开始，系统生成受试者唯一条码，条码的内容包括日期、流水号和研究组别，该代码和受试者的临床信息进行绑定，在系统中扫描代码可调取受试者的临床信息。同时样本在完成采集后系统生成样本唯一条码，该条码在系统中与受试者条码进行绑定。条码管理功能主要保证了所有条码的唯一性，为进一步保证调整的唯一性，在条码打印的过程中可设定仅运行单次打印，重复打印需经审核。

（二）样本管理子系统

1. **系统权限设置** 样本管理子系统是干细胞信息管理系统的核心部分，根据不同的岗位可以将系统的操作人员分为 4 类，分别是设备管理员，样本管理员，质量管理员和系统管理员，根据不同的岗位,系统开放的功能模块不同,具体功能分配如下。

（1）设备管理员:设备的新建、删除、修改、空间设置、容器类型匹配和报警设置。

（2）样本管理员:知情同意书管理、样本交接、样本处理、样本出库、样本入库、样本移库、单据管理、样本信息查询、样本信息导入和样本源匹配。

（3）质量管理员:样本信息查询、操作记录查询、操作流程编辑、前处理记录编辑、添加质控计划和质控数据上传。

（4）系统管理员:样本类型编辑、样本组编辑、统计报表生成、报警通知管理、用户管理、申请单管理和其他以上3位管理员的所有功能。

2. 设备管理　根据设备的作用分为操作设备和存储设备。

（1）操作设备:包括离心机、生物安全柜、程序降温仪和制冰机等,此类设备在系统中储存的信息包括设备的序列号、资产编号、采购时间、维修记录、维保记录和校准记录,为便于设备的管理和识别,系统为每台设备生成编码,操作人员通过扫描编码可以调取系统内的信息,以及在操作记录中扫描编码将记录和使用的设备进行关联(图4-11)。

（2）储存类设备:包括深低温冰箱和高效气相液氮罐,该类设备相比操作类设备另外要求系统对设备的存量、规格、状态进行管理,需具备容器管理和位置管理,其中容器管理通过对每个储存设备的储存空间设定来定义规格,设定的内容包括冻存盒行列数、储存区域划分(图4-12)和层架设定。

图4-11　设备管理二维码

根据规格进行容器设定可以最大化发挥储存设备的储存能力。容器设定完成后,根据设备编号和层架号生成容器编码,操作人员需将容器编码粘贴于容器外,实现系统内位置和实际

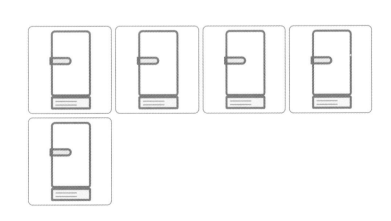

图4-12　储存区域划分

位置的对应。位置管理是将每个容器赋予相应的属性,该属性包括样本组、样本量、样本类型、库区和状态。样本组指样本所属的项目组,样本量指样本体积或细胞数量,样本类型指细胞的种类,库区指主细胞库、工作细胞库和种子细胞库,状态包括待检、合格、不合格。完成位置设定后,系统可根据样本信息自动对样本位置进行匹配,提高了操作人员在入库过程中的作业效率,另外系统根据容器的空位情况对样本进行分配,提高了容器的使用效率。

设备报警功能包括设备维保、校准和容量提醒。设备维保提醒是通过在系统内设定设备维保的周期,在设备需要进行维保前一周对设备管理员发送提醒,完成设备维保后在系统填写设备维保记录。设备校准提醒是通过在系统内上传设备校准计划,在设备需要校准前一个月提醒设备管理员进行设备校准的流程,在完成设备校准后需在系统内上传设备校准报告。容量提醒是通过设定各容易的存储上限,在存量超过设定值后提醒设备管理进行设备新增或者调整。

3. 信息记录　记录的信息包括干细胞类型信息、处理信息和异动信息。干细胞类型信息指在系统内对细胞的类型进行录入,如脂肪间充质干细胞、脐带间充质干细胞和诱导多能干细胞等,赋予不同细胞类型以特定的样本编号,用于样本的编码,对每种类型的细胞可再补充字段,如细胞的成本、保存年数和操作记录,界面如图 4-13 所示。

图 4-13　样本类型字段

处理信息指对每种细胞的操作方式进行记录匹配,界面如图 4-14 所示,根据细胞类型的不同操作规程,在系统内对细胞操作规程进行预先录入,便于批细胞记录的生成及细胞的追溯。在实际操作过程中会碰到与操作规程出现差异的情况,该种情况下要求具备手动输入操作记录的功能,该功能开放的字段包括细胞数、冻存数量、冻存时间和操作人,对细胞操作的关键部分如离心速度、离心时间、消化时间等工艺不得进行改变。

异动信息指细胞在细胞库内的入库、出库、移库和销毁记录等所有细胞位置和状态发生变化的记录。异动信息包括但不限于细胞外包装情况、运输温度、细胞来源、交接日期、运送人、项目负责人、接收人、细胞库负责人、原始管号、供体编号、采集地点、项目编号、代次、细胞级

图 4-14　操作记录

别、容器类型、添加剂、细胞制剂体积、制备时间、储存期限、储存温度、库区、制备人员信息、知情同意和供体检测报告，异动信息的确认以扫描为主，扫描二维码进行确认（图4-15）。

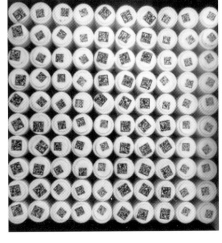

图4-15　细胞顶部扫描图像

细胞移库记录指在细胞库区的变化，在细胞入库后首先进入细胞库的待检区，根据细胞检测的结果，细胞会发生库区的变化，当细胞从待检区进入合格区时，需要记录移库时间、操作人员、原细胞位置和目标位置信息。当细胞从待检区进入不合格区时，需要记录移库时间、操作人员、细胞位置、目标位置、不合格原因。

细胞销毁记录指在细胞进入不合格区后，质量部门对该库区内的细胞进行处理方式的确定，处理的方式包括降级和销毁。降级是对细胞进行移库，需记录的信息包括原细胞级别如临床级、目标库区信息如科研、操作时间、移库人、原位置和目标位置。销毁是对细胞进行销毁处理，需记录的信息包括操作时间、操作人员、审核人员、细胞编号、销毁方式。

在信息记录实际操作过程中，为提高信息识别的效率以及确保细胞温度环境稳定，可采用整盒扫描的形式，进行整板扫描，配置整板扫描仪，利用接口配置在系统内直接调取整板扫描仪内的扫描数据，缩短入库扫描的时间。由于冻存盒处在液氮环境中，在取出后容器产生雾气和结霜，为解决此类问题，一般建议选用特殊的整板扫描仪，该种扫描仪配置除雾和除霜功能的材质，除雾和除霜功能由扫描面板上特殊涂层材料减缓细胞标签上的结霜现象实现。

4. **信息查询**　信息查询包括信息查询和临床信息查询，细胞信息的查询字段指细胞的编号、来源、类型、处理记录、供体编号、采集时间、代次、级别、库区、添加剂、系统交接时间、系统入库时间、细胞位置、细胞数、细胞制剂容量、容器类型、样本组、样本源编号、样本编号和批次号，并根据查询信息的不同进行字段的设定，界面如图4-16所示。信息查询功能需对以上每个字段进行精准或模糊查询，并对查询结果进行分析和导出。导出文件的字段可使用问卷编辑功能，根据用户的需求不同设定不同字段组合的问卷。

临床信息查询通过与LIS系统接口进行数据调取，调取的数据包括供体的基本信息如姓名、年龄、身份证号和家庭住址等，临床信息则包括受试者每次随访时进行检测的项目名称、检测结果、参考值和检测日期等，由于以上信息属于机密信息，细胞库负责对所有涉及受试者隐私的数据进行保密，所以使用该功能的操作人员仅限于负责项目的临床工作人员。相关人员根据信息机密程度执行不同保密措施，干细胞库的数据分级由数据的敏感程度划分，具体划分规则如下：①非敏感数据，属于公开数据，指细胞库的设施情况、人员情况和库内资源种类及数量情况；②涉及资源数据，属于内部数据，指细胞库内资源的具体情况如储存位置、制备过程、

图 4-16　信息查询字段设定

识别编号、检测具体结果等;③涉密数据,指供体的个人信息及对应的临床数据。

干细胞资源库在运行过程中,承接对外业务时必然需要开放一部分的信息查询功能,所以就需要对信息进行分级和脱敏操作。按照不同的分级结果对数据的开放和共享提出不同要求,分级结果将确定该类型数据是否适合开放和共享、数据开放和共享的范围,以及在对该级别数据进行开放和共享前是否需要脱敏处理等。具体管控要求如下:①公开数据,无条件共享,可以完全开放;②内部数据,有条件共享,在签署对外合作协议后,对所申请部分的资源数据进行开放;③涉密数据,原则上不共享,对于部分需要开放的数据,需要进行脱敏处理,且控制数据分析的类型。

5. 信息统计　信息的统计功能包括对细胞信息的统计和设备信息的统计,细胞信息的统计包括以月度或者年度的形成生成统计报表,统计报表的内容包括样本类型、样本组、本期清点、前期库存、本期入库、本期出库、本期出借、本期返还和库存,报表的形式包括表格形式和图表形式。设备信息的报表内容包括设备名称、型号、数量、维保周期、校准有效期、储存容量。报表的形式以表格和可视化界面的形式,可视化界面显示设备状态,如绿色(正常使用)、黄色(维修中)、灰色(封存)、蓝色(停机)和红色(报废)。

(三) 冷链管理子系统

1. 权限设置　冷链管理是细胞质量管理的重要监管手段,主要功能包括冷链信息管理和冷链报警功能。冷链管理子系统根据用户岗位分为 3 种,监控人员,操作人员和管理员。根据岗位的不同分配不同的功能模块,具体如下。

(1) 监控人员　数据查询、数据分析、报警管理、轨迹查询和监控对象管理。

（2）操作人员　数据查询和报警处理记录。

（3）管理员　监控设备管理、数据管理、人员管理、权限管理、系统日志查询和以上两个岗位的所有功能。

2. **冷链信息管理**　冷链信息管理包括监控数据查询、监控数据分析和轨迹查询。监控数据查询的内容包括数据采集的时间、所属部门、对象名称、对象状态、监控点位、上下限、实时温度、实时湿度、对象类型和设备编号（图 4-17）。

部门	设备名称	监控点	实时数据	上下限	更新时间	状态	查看
生物样本库	N01液氮罐温度	监控点1	-173.1°C	-200.0~-150.0°C	2024-01-04 14:20	正常	历史数据　设置
生物样本库	N06液氮罐温度	监控点1	-177.5°C	-200.0~-150.0°C	2024-01-04 14:20	正常	历史数据　设置
生物样本库	N07液氮罐温度	监控点1	-169.2°C	-200.0~-150.0°C	2024-01-04 14:20	正常	历史数据　设置
生物样本库	N11液氮罐温度	监控点1	-168.5°C	-200.0~-150.0°C	2024-01-04 14:20	正常	历史数据　设置
生物样本库	N12液氮罐温度	监控点1	-176.2°C	-200.0~-150.0°C	2024-01-04 14:20	正常	历史数据　设置
生物样本库	N23液氮罐温度	监控点1	-172.3°C	-200.0~-150.0°C	2024-01-04 14:20	正常	历史数据　设置
生物样本库	N24液氮罐温度	监控点1	-171.9°C	-200.0~-150.0°C	2024-01-04 14:20	正常	历史数据　设置
生物样本库	N35液氮罐温度	监控点1	-178.1°C	-200.0~-150.0°C	2024-01-04 14:20	正常	历史数据　设置
生物样本库	N38液氮罐温度	监控点1	-175.8°C	-200.0~-150.0°C	2024-01-04 14:20	正常	历史数据　设置
生物样本库	N40液氮罐温度	监控点1	-168.8°C	-200.0~-150.0°C	2024-01-04 14:20	正常	历史数据　设置

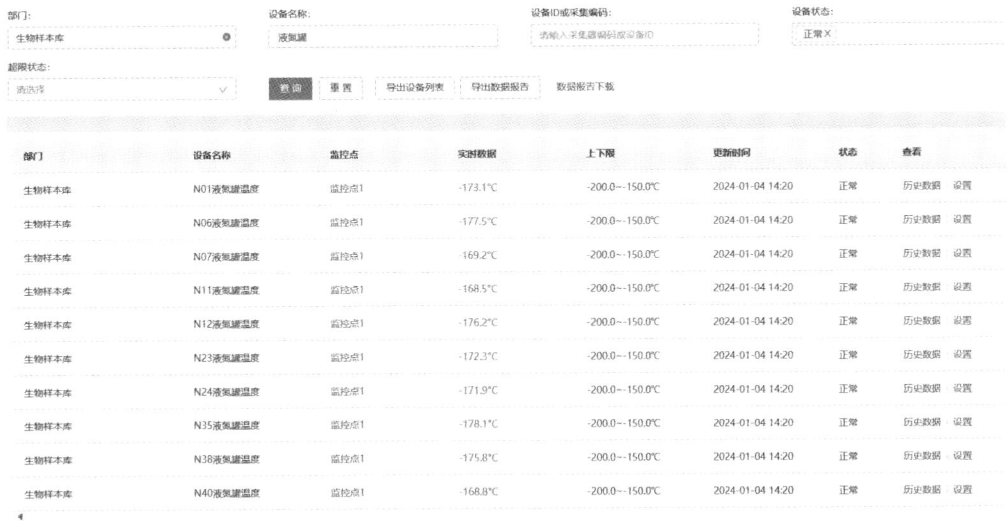

图 4-17　冷链数据展示

数据查询指实时数据和历史数据的查看，在实时数据查询中用户可查询冷链设备返回的最近一次采集间隔内的数据，数据采集间隔根据用户需求进行调整（图 4-18）。在历史数据查询中用户选定时间段，系统导出选定时间内该设备的最高、最低温度和平均温度，数据导出的格式为无法修改的加密 PDF 文件。

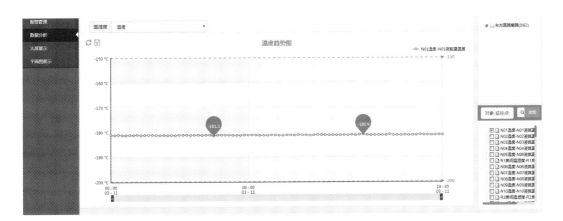

图 4-18　冷链数据查询

监控数据分析包括数据的按天分析、按天导出、数据曲线、报警原因统计、可靠性统计、信号强度统计。

按天分析是指24h内每个小时内的平均值,并以表格的形式展示在系统内,数据根据上下限分别显示绿色(在范围内)、红色(超过上下限)和灰色(无数据),通过该功能用户可以快速了解设备的冷链情况。按天导出是将按天分析的数据以PDF的形式导出。数据曲线是针对单个设备的数据分析,用户选定单个设备后设定时间段,系统绘制该设备在该时间段内的温度折线图。报警原因统计指在冷链监控数据在发生超过上下限的情况下,操作人员对该情况的发生原因进行统计,以图表的形式展示发生报警的原因的次数和比例。可靠性统计的统计内容是每个设备发生故障的次数,系统以图表的形式展示一定时间范围内所有设备发出报警的次数。信号强度情况统计是针对转运过程中的冷链设备的信号变化情况,系统以图表的形式展示一定时间段内的设备信号变化,为之后分析冷链数据缺失分析提供数据。轨迹查询功能是系统对冷链设备的全球定位系统(global positioning system,GPS)数据进行查询,系统结合数据在地图上标明设定时间段内的冷链设备的定位数据,该功能展示了细胞转运的时间和路径。

3. 冷链报警　报警管理是冷链管理子系统的核心功能,该功能是在设备出现温度超限的情况下,发送信息通知指定人员(图4-19)。报警管理功能包括报警查询、报警处理和报警设置功能,报警查询功能查询的信息包括报警处理状态、报警开始时间、最近报警时间、响应时间、处理时间、受控单位、对象名称、报警原因、处理人及处理内容,并对以上信息进行适当统计分析。

报警设置包括对监控数据的上下限设置、数据采集间隔设置和处理方法设置。监控数据的上下限设置是根据细胞储存要求的不同设定不同的上下限,一般设定的范围为建议储存温

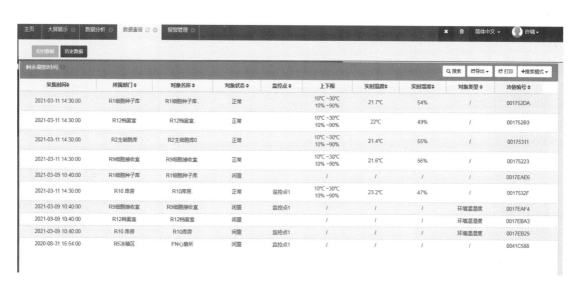

图4-19　各设备报警管理设置

度的±10℃。另外环境监控方面根据季节的变化可以适当调整上下限,避免环境监控无意义报警。数据采集间隔设置指在监控过程中冷链设备向冷链管理子系统发送数据的频率,该频率的设定根据监控对象的不同进行设定,如针对环境监控,由于细胞处在稳定的液氮环境中,细胞库内的环境温度监控要求较低,数据采集频率设定为20~60min/次。

细胞储存设备的监控,由于是细胞储存过程中最关键的设备,所以对储存设备的监控要求较高,数据采集的频率可设为5~10min/次,细胞转运过程中的监控,由于转运过程中容易出现突发情况,为让操作人员及时发现处理,数据采集的频率可设为1~5min/次。报警处理指操作人员在处理报警的过程记录,针对可能发生的报警情况,需制定不同的操作规程,将操作规程录入系统后,操作人员可进行勾选,如出现未预料的报警情况,系统也支持手动录入处理方法。另外报警设定可针对每种设备的不同设定不同的报警对象,在报警人员设定界面输入工作人员的姓名、发送方式、手机号和微信号信息,在发生报警后系统会发送报警信息至指定的人员手机中。

四、小结

众所周知,干细胞资源库作为干细胞与转化研究的基石,在再生医学研究、药物研发与疾病诊疗等方面起到重要作用。本节主要结合国家干细胞转化资源库建设实践,从平台规划布局、功能区划分、设施设备、质量管理体系以及全流程控制信息化系统等方面展开介绍。

干细胞资源库及信息管理系统的标准化建设将促进资源整合与优化,打破基础与临床研究围墙和壁垒,改变固有的转化模式。只有从干细胞资源库基础建设、干细胞质量管理体系、干细胞资源信息化管理等方面进行协同考量,才可保证干细胞资源的质量。而干细胞资源库信息系统不仅实现了全流程的覆盖,还有效提高了干细胞信息的可追溯性。相较于使用独立的存储、检测和制备机构,系统的一体化特性增强了干细胞资源库管理水平,确保了整个信息系统的顺利运行。通过对样本信息和临床信息关联分析来探究疾病的发生、发展、分型、转归等全周期,以提高临床诊治水平,从而实现"从临床中来到临床中去"与"个体化精准治疗"目标,推进转化医学研究与促进精准医疗的发展。

(赵庆辉　黎李平　张乃心　许　啸)

参考文献

[1] 裴雪涛.干细胞生物学[M].北京:科学出版社,2003.

[2] THOMSON J A,ITSKOVITZ-ELDOR J,SHAPIRO S S,et al. Embryonic stem cell lines derived from human blastocysts [J]. Science,1998,282(5391):1145-1147.

[3] FERRARO F,CELSO C L,SCADDEN D. Adult stem cels and their niches [J]. Advances in Experimental Medicine and Biology,2010,695:155-168.

[4] ORTUÑO-COSTELA M D C,CERRADA V,GARCÍA-LÓPEZ M,et al. The challenge of bringing iPSCs to the patient [J]. International Journal of Molecular Sciences,2019,20(24):6305.

[5] NERI S. Genetic stability of mesenchymal stromal cells for regenerative medicine applications:A fundamental biosafety aspect [J]. International Journal of Molecular Sciences,2019,20(10):2406.

[6] CORTESINI R. Stem cells,tissue engineering and organogenesis in transplantation [J]. Transplant Immunology,2005,15(2):81-89.

[7] LV F J,TUAN R S,CHEUNG K M,et al. Concise review:the surface markers and identity of human mesenchymal stem cells [J]. Stem cells,2014,32(6):1408-1419.

[8] FRIEDENSTEIN A J,CHAILAKHJAN R K,LALYKINA K S. The development of fibroblast colonies in monolayer cultures of guinea-pig bone marrow and spleen cells [J]. Cell and Tissue Kinetics,1970,3(4):393-403.

[9] CAPLAN A I. Mesenchymal stem cells [J]. Journal of Orthopaedic Research,1991,9(5):641-650.

[10] VON BAHR L,BATSIS I,MOLL G,et al. Analysis of tissues following mesenchymal stromal cell therapy in humans indicates limited long-term engraftment and no ectopic tissue formation [J]. Stem cells,2012,30(7):1575-1578.

[11] KALININA N,KHARLAMPIEVA D,LOGUINOVA M,et al. Characterization of secretomes provides evidence for adipose-derived mesenchymal stromal cells subtypes[J]. Stem Cell Research & Therapy,2015,6:221.

[12] SINGH R K,OCCELLI L M,BINETTE F,et al. Transplantation of human embryonic stem cell-derived retinal tissue in the subretinal space of the cat eye [J]. Stem Cells,2019,28(17):1151-1166.

[13] 赵庆辉,周红梅,汤红明等. 干细胞资源库及信息管理系统的标准化建设[J]. 转化医学杂志,2018,7(01):17-19.

[14] 张乃心,赵庆辉,汤红明等. 临床生物样本库建设的思考[J]. 中国研究型医院,2023,10(01):11-15. DOI:10. 19450/J. CNKI. JCRH. 2023. 01. 003.

[15] 赵庆辉,白志慧,贾文文,汤红明,刘中民. 临床级人脐带间充质干细胞资源库的构建[J]. 国际生物医学工程杂志,2021,44(06):454-459. 10. 3760/CMA. J. CN121382-20210515-00606.

[16] TAKAHASHI K,YAMANAKA S. Induction of pluripotent stem cells from mouse embryonic and adult fibroblast cultures by defined factors [J]. Cell,2006,126(4):663-676.

[17] TORSVIK A,ROSLAND G V,SVENDSEN A,et al. Spontaneous malignant transformation of human mesenchymal stem cells reflects cross-contamination:putting the research field on track-letter [J]. Cancer Research,2010,70(15):6393-6396.

[18] HUGHES P,MARSHALL D,REID Y,et al. The costs of using unauthenticated,over-passaged cell lines:how much more data do we need? [J]. Biotechniques,2007,43(5):575.

[19] WRIGLEY J D,MCCALL E J,BANNAGHAN C L,et al. Cell banking for pharmaceutical research [J]. Drug Discovery Today,2014,19(10):1518-1529.

[20] KIMMELMAN J,HESLOP H E,SUGARMAN J,et al. New ISSCR guidelines:clinical translation of stem cell research [J]. Lancet,2016,387(10032):1979-1981.

[21] 国务院. 中华人民共和国人类遗传资源管理条例[EB/OL]. (2019-06-10)[2021-10-10]. http://www.

most. gov. cn/xxgk/xinxifenlei/fdzdgknr/fgzc/flfg/201906/t20190612_147044. html.

[22] 国家卫生计生委,国家食品药品监管总局. 关于印发干细胞临床研究管理办法(试行)的通知[EB/OL]. (2015-07-20)[2020-10-10]. https://www. nmpa. gov. cn/yaopin/ypfgwj/ypfgbmgzh/20150720120001607. html.

第五章
干细胞临床研究

▶▶▶▶▶

在干细胞产业上中下游,干细胞临床实践备受关注,其拥有巨大潜力,有望为人类的健康和疾病治疗带来革命性的变革。随着科学的进步和研究的深入,干细胞治疗已经在多种疾病中展现出了令人瞩目的效果和前景。为更好地促进干细胞与再生医学领域的进步和创新,我们组织行业内的权威专家撰写了此章节,共分为10部分,主要阐述了干细胞在中枢神经系统疾病、心力衰竭、呼吸系统疾病、新型冠状病毒感染、帕金森病、阿尔茨海默病、骨关节炎、激素耐药的重症急性移植物抗宿主病、糖尿病、卵巢早衰等疾病中的临床实践进展,以期指导相关临床工作者提高对干细胞在疾病治疗中的安全性、精准性和有效性的认识。

第一节 临床研究用干细胞种类及在中枢神经系统疾病的临床研究进展

干细胞被定义为具有自我增殖更新能力和多潜能分化的一群细胞[1-4]。按照干细胞的潜能可以分为:

①全能干细胞:一种为生殖全能性细胞(totipotent cells),该类细胞具有形成完整有机个体的潜能或特性,如受精卵细胞;一种为发育全能性细胞(pluripotent stem cell,PSC),如胚胎干细胞,其可发育分化形成生物个体的全部种类细胞,但不能独自形成胎盘;②多能干细胞(multipotent stem cell):为可分化形成多种类型细胞、组织的细胞,如造血干细胞、间充质干细胞、神经干细胞等;③单能干细胞(unipotent stem cell):为具有向一种细胞类型分化潜能的细胞,如成肌干细胞(skeletal muscle stem cell)等。

根据干细胞的发育阶段不同,又可将其分为:

①胚胎干细胞:主要来源于受精卵发育成囊胚过程中的内层细胞团,属高度未分化细胞,可分化形成成体所有组织、器官;②成体干细胞(Adult stem cells,ASC):主要来源于动物或人体组织器官的干细胞,如造血干细胞、间充质干细胞、神经干细胞等,其中根据出生前后不同,来源于胎儿器官组织或成人器官组织,又可分别分为胎儿神经干细胞和成人神经干细胞。

在 2012 年之前,干细胞的研究及应用属于野蛮发展阶段,因相关监管宽松,在干细胞临床研究及应用的具体操作和实施上十分不规范[5]。随后,我国相关监管部门开始针对不规范行为进行整顿并加强相应监管力度。2015 年 7 月,国家卫生计生委、国家食品药品监管总局印发《干细胞临床研究管理办法(试行)》,为我国干细胞临床研究正式建立起规范化的监管制度,这也是我国首个干细胞临床研究管理的规范性文件[6]。近几年来,我国政策主要体现为大力支持和发展干细胞基础和临床研究。自 2016 年起,科技部国家重点研发计划启动"干细胞及转化研究"专项,提升我国干细胞研究水平并推动相关研究成果的临床转化应用[7]。该专项的施行为我国干细胞基础及临床研究带来了巨大动力与强大支持,也使得我国干细胞基础及临床研究迎来了飞速发展的新篇章。

依据《干细胞临床研究管理办法(试行)》,我国干细胞临床研究实行机构备案和项目备案的双备案制度。截至 2023 年 12 月 31 日,我国共有正式通过干细胞临床研究项目备案的机构已达到 141 家,其中包含 22 家军队系统的医院。总共进行干细胞临床研究备案项目数已达 153 项。在目前已成功备案的研究项目中所涉及到的临床研究用干细胞主要包括胚胎干细胞、间充质干细胞(来源于骨髓、脐带、脂肪、胎盘、牙髓、经血等)、神经干细胞、宫血干细胞、羊膜上皮干细胞等多种不同类型的干细胞。备案研究项目中所涉及到的临床疾病包括小儿脑性瘫痪、帕金森病、脊髓损伤、神经病理性疼痛、急性心肌梗死、心衰、卵巢早衰合并不孕、银屑病、骨关节炎、间质性肺病、狼疮性肾炎、肝硬化、系统性红斑狼疮、2 型糖尿病、糖尿病肾病等多种疾病,囊括了人体多器官多系统。2021 年 2 月 9 日,国家卫生健康委发布《对十三届全国人大三次会议第 4371 号建议的答复》中明确提出:"我委一直鼓励和支持干细胞、免疫细胞等研究、转化和产业发展"。干细胞、免疫细胞等细胞制剂具有明显的药品属性。国家药品监管部门已经为相关制剂通过药品审批制定配套政策,审批后可迅速广泛应用,既有利于保障医疗质量安全,又有利于产业化、高质量发展。

在本节中主要介绍临床研究常用干细胞的种类及其特性,其中包括临床研究常用的胚胎干细胞、成体干细胞及诱导多能干细胞,并将进一步介绍中枢神经系统(central nervous system,CNS)疾病干细胞治疗的临床研究进展,其中主要涉及的中枢神经系统疾病包括创伤性脑损伤、缺血性脑卒中、脑出血及帕金森病,并分别对相应疾病的病理生理机制、治疗现状及临床研究进展进行阐述。

一、临床研究用干细胞种类及特性

(一) 胚胎干细胞及其特性

胚胎干细胞具有形成身体众多器官分化细胞的能力。胚胎的发育始于卵子受精,导致受精卵的形成。受精卵的不断分裂增加了细胞数量,这些细胞被称为透明带的糖蛋白膜所覆盖。受精卵进入桑葚胚期(4~6 个细胞)后不久,就形成一个中央充满液体的腔(囊胚腔)。胚胎发育的这个阶段叫作胚泡;其中细胞数为 40~150 个。胚泡外层的细胞形成滋养层(外层合胞滋养层、内部细胞滋养层),胚泡内部的细胞形成内细胞团(internal cell mass,ICM)或胚细胞。内细胞团形成双层胚,由毗邻滋养层的上胚层和毗邻囊胚腔的下胚层组成。上胚层产生胚胎的所有三个胚层——外胚层、中胚层和内胚层。内细胞团是胚胎干细胞的来源。

胚胎干细胞和其他细胞在培养早期重要的区别是胚胎干细胞的生长和培养需要饲养细胞(feeder cells)[8]。有丝分裂灭活的小鼠胚胎成纤维细胞(mouse embryonic fibroblast,MEF)是最常用的饲养细胞。先进的胚胎干细胞培养系统已不需要饲养细胞。人胚胎干细胞在紧密包裹的集落中生长,具有较高的核质比,有显著的核仁是集落中胚胎干细胞典型的特征。人胚胎干细胞的特征还包括许多细胞表面标记和转录因子的表达,包括阶段特异性胚胎抗原4(SSEA-4)、SSEA3、TRA 抗原、Oct3/4、Nanog 及人胚胎干细胞阴性标记,如SSEA-1[9,10]。

对人胚胎干细胞自我更新能力的分析通常是在长期体外培养后测量端粒长度和端粒酶活性的测定来评估。人胚胎干细胞多能性的功能确认通常是通过在体外和体内检测分化为所有三个胚层(外胚层、中胚层和内胚层)的潜力来实现的。在体外,人胚胎干细胞被允许随机分化为胚状体(embryoid body,EB),这是悬浮培养中生长的细胞的聚集物,然后进行免疫细胞化学分析,或通过 RT-PCR 检测与三个胚层相关的基因表达[11,12]。

(二)成体干细胞及其特性

1. **神经干细胞** Reynolds 和 Weiss 等于 1992 年首次从成年小鼠脑纹状体中分离并在体外培养出能够进行自我增殖和具有多向分化潜能的细胞群,并进而提出神经干细胞这一概念[13]。美国科学家 Mckay 在 1997 年进一步将神经干细胞表述为:能进行自我分裂增殖更新(self-renew),并能够多向分化为神经元、星形胶质细胞及少突胶质细胞的这样一群细胞[14]。神经干细胞主要存在于成年锯齿动物及人脑的神经龛(niches)内,可位于侧脑室的脑室下区(subventricular zone,SVZ)、海马齿状回的颗粒下区(subgranular zone,SGZ)和纹状体等多个脑区[15,16]。按照分化潜能,神经干细胞属于多能干细胞;依据发育状态,其又属于成体干细胞。神经干细胞具有种属特异性低、免疫排斥反应小、低致瘤性等优点[17,18]。

2. **间充质干细胞** 1966 年 Friedenstein 教授于骨髓组织中发现间充质干细胞[19]。此外,从脂肪、外周血、羊膜、牙龈、胸腺、胎盘、滑膜、胎血、脐血、胎肝、羊水等组织中,也可成功分离出间充质干细胞。间充质干细胞来源于中胚层,为多能干细胞,自我更新能力强,具有较高的多向分化潜能。一定条件下可分化为中胚层来源的细胞及内、外胚层来源的细胞,如肌细胞、内皮细胞、脂肪细胞、骨细胞、软骨细胞、神经细胞等。间充质干细胞主要存在于结缔组织间隙,尤以脂肪组织、脐带、骨髓较丰富。目前研究较多的间充质干细胞主要包括骨髓间充质干细胞、脐血间充质干细胞、脐带间充质干细胞以及脂肪间充质干细胞[20,21]。间充质干细胞可分泌神经营养因子、调节免疫、神经保护、促进血管形成等。骨髓间充质干细胞优势在于营养因子分泌量较高,但不足之处在于含量有限,增殖分化潜能有限难以满足临床研究和应用需求,细胞提取过程会给病人或细胞捐献者带来痛苦等[22-24]。脐带间充质干细胞优势在于取材方便,增殖能力较强,细胞衰老率低,抗炎作用较好,免疫原性低等;不足之处在于细胞分离效率较低。脂肪间充质干细胞采集方便,来源丰富;不足在于增殖效率较低、衰老率较高[23,24]。

(三)诱导多能干细胞及其特性

多能干细胞可无限增殖并分化为所有三个胚层的细胞。这两种特性使干细胞成为各种疾病和损伤细胞疗法的有吸引力的来源。胚胎干细胞和诱导多能干细胞这两种类型的人类干细胞正在被探索用于临床。其中诱导多能干细胞是 2006 年干细胞科学取得的一项重大技术突破。日本京都大学山中伸弥(Shinya Yamanaka)教授通过使用四种转录因子的混合物,可以从小鼠体细胞(如成纤维细胞)中产生具有类似于胚胎干细胞的基因表达谱和发育潜力的细胞,这些细胞被称为诱导多能干细胞。四个因子(OCT4、SOX2、KIF4 和 C-MYC)被称为"Yamanaka 因子"[25]。体细胞可被重编程为新的细胞身份的概念,也为直接将跨谱系的体细胞转化为不同的细胞类型铺平了道路。诱导多能干细胞与胚胎干细胞具有很多相同性质。自2007 年以来,人类诱导多能干细胞技术为干细胞生物学和再生医学领域以及疾病建模和药物发现领域带来迅速发展。诱导多能干细胞技术优势包括易获得性、可扩展性、产生几乎任何所需细胞类型的能力,避免了人胚胎干细胞相关的伦理问题,以及使用患者特异性诱导多能干细胞开发个性化药物的潜力。此外,基因编辑技术的最新进展,特别是 CRISPR-Cas9 技术,使得基于基因定义的人诱导多能干细胞疾病模型的快速生成成为可能。诱导多能干细胞在细胞治疗和其他应用中的潜力巨大,目前超过 14 种疾病和损伤的细胞疗法已经或即将进入临床试验[26,27]。人多能干细胞技术更复杂的应用也取得了稳步进展:包括从多能干细胞中分化造血干细胞以治疗白血病和其他血液疾病,开发用于治疗肝衰竭的肝器官样细胞,以及用于治疗肾衰竭的肾器官样细胞。

二、干细胞治疗中枢神经系统疾病的临床研究进展

(一)干细胞在创伤性脑损伤治疗中的临床研究进展

1. 创伤性脑损伤的病理生理　中国的创伤性脑损伤(traumatic brain injury,TBI)患者比世界上大多数其他国家都多,这种情况也成为一个主要的公共卫生问题。中国 TBI 的人口死亡率估计约为每 10 万人 13 例,与其他国家报告的比率相似。在过去 30 年,中国 TBI 研究的质量有了实质性的提高,越来越多的临床研究证明了这一点。2001—2016 年,中国 18 项回顾性临床研究报告了 125 474 例 TBI 患者,其中最常见的原因是道路交通事故[66 465(53.0%)],跌倒[35 911(28.6%)]、暴力[8 532(6.8%)]和其他原因[14 566(11.6%)],如运动损伤[28]。

与 TBI 相关的神经元组织损伤分为两类。①原发性损伤:由初始损伤期间的机械力直接引起;②二次损伤:在初次损伤后进一步的组织和细胞损伤。TBI 病的病理表现以脑缺血、炎症和氧化还原失衡引起的血脑屏障改变为特征。创伤的早期特征是血脑屏障的破坏、血流量的减少或改变及神经元和胶质细胞的损伤。继发性损伤从最初的损伤开始,几小时、几天或几个月后出现,涉及各种事件,例如氧化应激、钙稳态改变、炎症和轴突损伤,最终导致细胞退化、神经回路紊乱及突触传递和突触可塑性受损。在行为上,这些变化表现为创伤后头痛、抑郁、个性改变、焦虑、攻击性以及注意力、认知、感觉处理和交流的缺陷。

2. **创伤性脑损伤的治疗现状** 目前针对创伤性脑损伤的治疗主要为手术治疗、药物治疗以及对症治疗以后的康复治疗,但治疗效果并不好,尤其是对长期昏迷、瘫痪、认知障碍等严重神经功能损害的患者,传统的治疗效果有限。根据我国《脑损伤神经功能损害与修复专家共识》,脑功能损害的神经保护与修复治疗主要可分为以下几种:

神经营养药物:创伤可导致神经组织的机械性损伤(原发性损伤)或缺血缺氧性损害(继发性损伤),神经保护的目的是干预病灶周围组织或缺血"半暗带"发生的"瀑布式"级联损害反应,它强调的是"早期"与"保护",故应在 3~6h 的神经保护时间窗内使用,防止神经组织发展为不可逆性损害。

神经调控治疗:意识障碍包括持续性植物状态和微意识状态,是一种因严重脑损伤后没有可察觉意识的状态,即觉醒而不清醒的无意识状态,病程超过 3 个月。由于患者唤醒系统受损,故通过现行的常规促醒治疗效果不佳。神经调控治疗的目的是对唤醒系统施加外源持续电刺激,提高脑的电生理活动,使其达到维持意识清醒的水平。

细胞修复治疗:指用神经源或非神经源细胞代替、修复或改善受损神经系统功能的一种疗法,常通过细胞移植至体内实现。TBI 是一种非常复杂的疾病。如今,没有有效的治疗方法能够减少原发性损伤的影响,只有能够阻止其进展的治疗方法。近几十年来,神经干细胞和骨髓间充质干细胞已被证明是一种有效的工具,可减少创伤后脑损伤的影响。在描述的几项临床研究中,通过静脉注射和腰椎穿刺给药的骨髓间充质干细胞显示出受损脑区的改善。使用间充质干细胞移植获得了相同的结果;然而,研究的数量较少。因此,现有结果鼓励使用干细胞和被描述为对 TBI 治疗有用的疗法。期待已久的结果和未来的研究对于利用细胞移植管理TBI 是必要的[29]。

3. **干细胞在创伤性脑损伤治疗中的临床研究进展** 干细胞在 TBI 治疗中的应用逐渐作为一种可能的治疗应用进入临床。干细胞疗法用于再生医学,以恢复受损神经元。干细胞表现出向不同细胞类型分化能力并具有自我更新能力的细胞。在 TBI 动物模型上进行的不同临床前研究中,干细胞移植促进了几项神经学参数的改善。近几十年来,一些研究表明干细胞在治疗神经系统疾病如 TBI 病中具有潜在的治疗作用。在此,我们总结了中国目前已开展的使用干细胞作为 TBI 患者治疗方法的临床研究。

复旦大学附属华山医院神经外科曾进行创伤性脑损伤自体神经干细胞移植的Ⅰ、Ⅱ期临床研究。他们收取患者伤口处暴露的脑组织碎片在体外进行分离、培养成多能神经干细胞,然后将这些细胞移植至患者脑损伤区,对8例移植的患者进行观察,在移植后2周~2年进行评估。发现移植神经干细胞可促进患者损伤区代谢和功能的恢复。海马齿状回颗粒下区PET-CT研究发现移植组的损伤区代谢明显高于对照组,这表明干细胞移植区神经代谢活动提高,且移植组神经功能的改善明显优于对照组。还对移植患者进行了为期8年的随访,无一例产生肿瘤,同时发现移植组的神经功能恢复统计学显著优于对照组,证明该方法具有有效性及长期安全性。此外,延安大学周志武团队于2010年12月—2013年10月开展了胚胎源性神经干细胞移植治疗颅脑损伤后遗症的近期疗效的临床研究,样本量为33例,证实神经干细胞移植术治疗颅脑创伤后遗症近期疗效确切,并且安全可靠,不良反应轻微,未见明显排斥反应发生。神经干细胞移植可一定程度修复神经,改善患者神经功能的缺失,促进脑外伤患者临床症状的改善,提高生活质量,促使患者早日回归社会[30]。

广东三九脑科医院康复科于2014年10月—2015年3月观察鞘内脐血干细胞移植治疗脑外伤后认知障碍的临床疗效,样本量为20例。发现干细胞移植治疗组较常规治疗组的简易精神状态量表(MMSE)及韦氏智力量表评分高。说明脐血干细胞移植一定程度上能够改善脑外伤后认知障碍[31]。中国人民武装警察部队总医院安沂华团队2011年开展了人脐带间充质干细胞移植对TBI患者的影响。该研究纳入40例患者,随机分为干细胞治疗组和对照组。干细胞治疗组的患者通过腰椎穿刺进行了4次干细胞移植。发现干细胞移植组在移植后6个月上肢运动亚评分、下肢运动亚评分、感觉亚评分和平衡亚评分均有改善。患者自我护理子评分、括约肌控制子评分、活动子评分、运动子评分、交流子评分和社会认知子评分有显著改善。总而言之,研究结果证实,脐带间充质干细胞移植改善了TBI后遗症患者的神经功能和自我护理[32]。河南省红十字血液中心开展了脐带血间充质干细胞(umbilical cord blood mesenchymal stem cell,UCB-MSC)损伤患者,其中纳入TBI患者4例,治疗后2例运动功能明显改善,1例感觉基本恢复,肌力Ⅲ级,1例持续植物状态患者PVS评分由5分提高到8分[33]。脐带间充质干细胞移植可能是TBI后遗症患者的一种潜在治疗方法。

宁波市镇海龙赛医院脑外科于2011年3月—2013年10月开展了自体骨髓间充质干细胞移植治疗重脑外伤后遗症患者的临床研究。纳入26例严重脑外伤后遗症患者,对患者6个月后的功能独立性方面进行评分和对比研究。发现干细胞移植组患者在生活自理能力、活动能力、行动能力、理解交流能力、社会认知能力及总分方面较治疗前改善,美国国立卫生研究院卒中量表(NIHSS)评分也明显改善[34]。西京医院刘卫平团队于2008—2009年开展了骨髓基质干细胞体外诱导分化及移植治疗脑外伤患者的临床研究,纳入3名患者。体外培养获得原代骨髓基质干细胞,予1名外伤后植物生存状态患者经颅置入Ommaya囊,经Ommaya囊注射骨髓基质干细胞至侧脑室,另外2名患者通过鞘内注射干细胞的方法移植。发现移植细胞一周后植物生存患者未出现发热、癫痫等症状,肢体肌张力下降,持续一段时间后变高,3个月后四肢肌张力降低,眼球也由原来不能追踪注视变为可追踪注视,头颅 CT 检查及 PET-CT 结果显示:有患侧颞叶有新生脑组织及脑组织的代谢。另2名患者移植后均出现不同程度的好转,表现为肌张力下降,肌力恢复。3名患者的脑脊液 BDNF 浓度均在术后1、3、5、7天逐渐升高,14天后下降。证明骨髓间充质干细胞移植治疗颅脑损伤后神经功能缺失不仅在理论上具有可行性,且临床实践结果也支持该结论[35]。南昌大学第二附属医院邓志锋团队于2004年10月—2005年5月开展了应用自体骨髓间充质干细胞移植治疗5例中枢神经系统损伤后神经功能障碍患者(脑卒中患者3例,脑外伤术后患者2例)。手术首先抽取自体骨髓细胞悬液,在体外经过分离培养后,制成骨髓间充质干细胞悬液,通过静脉输注的方式移植脑内。移植治疗后所有患者均未见不良反应。出院半年后随访,最长随访时间达2年。5例患者神经功能缺损症状较移植前均有很大程度的改善,其中2例神志不清患者神志恢复,可按吩咐动作;4例患者肌力提高1~3个级别;失语症状均得到一定改善[36]。但近期有报告称,一名36岁女性 TBI 患者接受自体骨髓间充质干细胞治疗后早期发生急性早幼粒细胞白血病,并在治疗后不久就死于弥散性血管内凝血[37]。所以骨髓间充质干细胞治疗 TBI 的安全性和有效性需要大规模的临床研究来证实。

(二) 干细胞在缺血性脑卒中治疗中的临床研究进展

1. **缺血性脑卒中的病理生理**　缺血性脑卒中是全球第二大常见死亡原因,也是导致残疾的主要原因。卒中后的脑损伤由一系列复杂的病理生理事件引起,包括兴奋性毒性、氧化和硝化应激、炎症和细胞凋亡[38,39]。

大脑对缺血性损伤特别敏感,一个重要的原因是脑组织被谷氨酸受体激活。中风后[40,41],谷氨酸作为一种神经毒性兴奋性神经递质,通过兴奋性毒性发病机制在缺血中发挥关键作用。几种类型的离子型和代谢性谷氨酸受体,如 NMDA 受体和 AMPA 受体的激活,会导致细胞膜去极化,促进钙离子流入神经元。兴奋毒性过程中,线粒体钙浓度的增加导致活性氧(reactive oxygen species,ROS)的产生,线粒体去极化,钙失调,最后诱导神经元死亡。

缺血时,氧化和硝化应激也是损伤的重要原因,即 ROS 和活性氮簇(reactive nitrogen species,RNS)的过量生成[42]。成因包括 NMDA 介导的兴奋性毒性、Ca^{2+} 内流过多、线粒体功能障碍和神经元型一氧化氮合酶(neuronal nitric oxide synthase,nNOS)激活。过量的 ROS 导致细胞大分子的破坏,并有助于导致凋亡细胞死亡的信号传导过程。

炎症反应是脑血管疾病病理生理的重要机制[43,44]。最初的炎症反应是通过小胶质细胞的激活和招募来介导的。小胶质细胞是大脑中的驻留巨噬细胞,在脑损伤后高度激活[45]。缺血激活小胶质细胞,将其转化为吞噬细胞,释放多种细胞毒性和/或细胞保护物质。小胶质细胞通过产生 IGF-I、BDNF 等神经营养因子来发挥神经保护作用[46]。在缺血反应中,活化的小胶质细胞分泌促炎细胞因子,包括 TNF-α、IL-1β、IL-6,以及其他潜在的细胞毒性分子,如前列腺素、ROS 和 RNS。虽然小胶质细胞激活的最初目的是大脑保护神经元,但小胶质细胞的过度激活会导致有害炎症,增加神经元死亡的可能性。此外,在缺血大脑中,ROS 系统上调促炎基因 *NF-κB*、*IRF-1*、*HIF-1* 和 *STAT3*,增加细胞因子和黏附分子表达,使白细胞通过脑内皮向内迁徙[44,46]。

细胞凋亡参与缺血性脑卒中的发病机制凋亡内在刺激被线粒体信号通路激活,而外部刺激触发细胞表面死亡受体,如 TNF-α、Fas(CD95/APO1)和 TRAIL(TNF 相关凋亡诱导配体)受体,最后由 caspase 酶诱导凋亡[47]。

2. **缺血性脑卒中的治疗现状** 目前,组织纤溶酶原激活剂(tPA)是 FDA 批准的唯一一种用于缺血性中风治疗的溶栓药物[48-50]。内源性 tPA 是一种丝氨酸蛋白酶,在机体纤溶系统中起重要作用。血管受伤后,血小板聚集在纤维蛋白网上,形成血块。tPA 通过激活纤溶酶原到纤溶酶来启动血液凝块溶解的过程,纤溶酶原切割纤维蛋白并溶解凝块。tPA 的治疗时间窗非常狭窄,必须在中风发作后 4.5h 内给药,否则出现出血性转化的风险很高,并且治疗中可能导致其他并发症,如过敏或全身出血等。一项研究评估了使用 Rho 激酶抑制剂法舒地尔(Fasudil)的可能性,法舒地尔被加载到脂质体中,并在光化学诱导大鼠 MCA 梗塞模型 tPA 给药前 2h 应用,发现联合用药可延长大鼠治疗时间窗[51]。

替奈普酶是另一种组织型纤溶酶原激活剂,与阿替普酶相比,它对纤维蛋白有更高的亲和力,半衰期更长。它被广泛用于急性冠脉事件,在这种情况下,它的全身性出血率比阿替普酶低。NOR-TEST 是一项Ⅲ期随机、开放、盲法的终点试验,比较了 0.4mg/kg 的替奈普酶和标准剂量的阿替普酶在 AIS 中的疗效。在主要结局(90 天 mRS 0-1 分别为 64% 和 63 %)和安全性(有症状的脑出血)方面,替奈普酶和阿替普酶没有显示差异[52]。

血管内机械取栓是急性严重缺血性卒中大血管闭塞治疗的最新成果,MR CLEAN 临床试验是第一个显示机械取栓治疗 AIS 疗效的显著阳性试验[53]。在这项试验中,500 名来自 LKW 的患者在 6h 内被随机分配到荷兰 16 个医疗中心,接受常规治疗(包括静脉注射阿替普酶,如果符合条件)或常规治疗加血管内血块提取符合条件的患者(包括经血管成像证实前循环近端动脉闭塞的患者),主要结果是 90 天改良 Rankin 评分(mRS 0-2)的功能独立性。后续一些临床试验 ESCAPE、EXTEND-IA、SWIFT PRIME 和 REVASCAT 均提前结束数据,由于绝大多数数据都表明血栓切除显著改善了功能结果。多个研究显示出类似的结果,有充分证据表明,在发现到血栓摘除不到 6h 内有选择性的挑选大血管闭塞的急性卒中患者,可获得获益。然而,根据上述试验,只有不到 10% 的患者满足上述治疗条件[54]。对于发现后 6h 后血管内治疗,两项研究(DAWN[55] 和 DEFUSE3[56])发表,显示 6h 以上患者的功能结局显著改善。且两项试验都有严格的影像学标准。

急性卒中患者使用阿司匹林进行二级卒中预防,收到国际卒中试验(IST)[57]和中国急性卒中试验(CAST)[58]的确认。两项研究均在患者发病后可显著降低随访末期的病死率和残疾率。单用阿司匹林和阿司匹林联合其他抗凝药物（如氯吡格雷）在预防卒中方面没有差异。其他的物理治疗和预防措施包括血压管理、完全仰卧位、血糖管理被证明有助于卒中患者的康复。AIS 管理领域的新疗法包括扩大血栓摘除适应证、干细胞治疗和神经保护的研究。

3. 干细胞移植在缺血性脑卒中治疗中的临床研究进展　干细胞具有自我更新、归位和多谱系分化的能力，干细胞治疗是一种很有前途的缺血性中风治疗策略[17,59,60]。用于此目的的干细胞包括间充质干细胞、神经干细胞、胚胎干细胞和诱导多能干细胞[17,59,60]。在临床水平上，大多数临床试验使用的是骨髓间充质干细胞或神经干细胞（无论是野生型，基因修饰过表达某些神经营养基因，或预处理以促进移植后的细胞存活和分化）移植到缺血脑区。许多研究表明，间充质干细胞的旁分泌作用可发挥神经营养效应，直接或间接地提高功能效益。旁分泌信号可能是恢复过程的主要条件。间充质干细胞的修复机制主要包括细胞迁移、血管生成、免疫调节、神经保护和神经回路重建[61]。

在一项 2005 年自体骨髓间充质干细胞治疗缺血性脑卒中的 I / II 期临床研究中，30 例缺血性脑卒中患者分为骨髓间充质干细胞组（n=5）和对照组（n=25）。间充质干细胞组静脉输注 1.0×10^8 个细胞。在 12 个月的随访期间，间充质干细胞组的 Barthel 指数和改良 Rankin 量表（mRS）评分较对照组获得持续改善[62]。该团队随机进行一项为期 5 年的随访临床试验中，研究人员将 85 例患者随机分为间充质干细胞组和对照组。间充质干细胞组采用静脉自体间充质干细胞。随访 5 年，最后对 52 例患者进行检查。与对照组相比，间充质干细胞组 mRS 评分下降，mRS 评分为 0~3 分的患者数量明显增加[63]。基因转染诱导的骨髓间充质干细胞可能具有更高的治疗价值。一项 I / IIa 研究探讨了改良骨髓间充质干细胞移植的临床结果[64]。SB623 细胞作为同种异体修饰的骨髓间充质干细胞，转染编码 Notch-1 胞内结构域的质粒。慢性中风患者，然后分为三组，分别接受立体定向不同剂量的细胞，随访 12 个月。与基线相比，欧洲卒中量表（ESS）、NIHSS 和 Fugl-Meyer 评分均有显著改善。

神经干细胞是一种自我更新的多能细胞。它们具有分化成多种细胞系的潜力，如神经元、星形胶质细胞和少突胶质细胞。神经干细胞分布于发育中的整个大脑，并位于成人大脑的两个主要神经源性区域——脑室下区（SVZ）和粒状下区（SGZ）。脑损伤后，内源性静止的神经干细胞活跃起来，参与脑修复过程。越来越多的临床前研究表明，神经干细胞移植是一种有效的治疗缺血性中风的方法，通过多种机制，如保存血脑屏障（BBB）、减轻神经炎症、增强神经发生和血管生成，并最终实现神经功能恢复[65]。

已有研究探讨同种异体人神经干细胞系 cTX0e03 的植入亚急性-慢性脑卒患者的安全性，11 名缺血性卒中患者在卒中后平均 30 个月接受了剂量高达 2 000 万细胞的 CTX0E03 脑内植入术，术后 24 个月未观察到细胞相关的安全问题，在一些患者中观察到了神经和功能的适度改善（PISCES-1 试验）[66]。而在 II 期临床试验中，招募的 23 名缺血性卒中后 2~13 个月有明显上肢运动障碍的成年人[67]。通过卒中发生 7.5 个月后立体定向注射 2×10^7 个细胞至植入脑梗死同侧壳核,观察上肢功能评分(ARAT 总评分)恢复。结果显示 7 例患者的 ARAT 总评分有所改善。

（三）干细胞在脑出血治疗中的临床研究进展

1. **脑出血的病理生理** 自发性出血性脑卒中是世界上最具破坏性的脑血管疾病之一,占所有脑卒中的 15%[68]。出血性脑卒中的发病率和死亡率都很高。出血性脑卒中的发病率在普通人群中约为 0.1%~0.2%,在老年人中更高,其中死亡率极高,死亡率几乎为 30%~50%。尽管有多种治疗方法,幸存者不可避免地会遭受长期和严重的神经损伤。根据目前的数据,出血性脑卒中的预后极差。出血性脑卒中的病理机制包括原发性损伤和继发性损伤两部分。第一种是占位效应和血肿对邻近脑组织的机械损伤。同时,血液和血细胞分解产物如酶、血红蛋白和铁离子的毒性作用会导致更严重的继发性损伤。继发性损伤包括由原发性损伤引起的多种分子、细胞和生化反应;典型的有炎症、细胞凋亡、脂质过氧化、自由基损伤和谷氨酸兴奋毒性等。

2. **脑出血的治疗现状** 目前,出血性脑卒中的有效治疗方法包括手术清除血肿以减轻脑组织的压力和血肿毒性代谢物造成的损伤、控制颅内压和血压、减轻脑水肿、支持性护理和康复。然而,目前只证明了有限的干预效果。治疗出血性脑卒中的替代方法或有效方法是必要的。干细胞治疗因其在组织替代、神经营养、神经生成、血管生成、抗凋亡和免疫调节等方面的优势而被广泛应用于多种脑部疾病,并且作为一种有前途的方法,已经引起了全世界研究者的极大兴趣。目前,越来越多的关于干细胞治疗出血性脑卒中的研究,不仅在动物实验中,而且在临床试验中,显示出良好的疗效,并在挽救受损脑组织和促进功能恢复方面具有潜力。

干细胞在出血性脑卒中治疗中可能的治疗机制涉及多种因素,这些因素已被研究多年[68]。最重要的机制之一是干细胞移植修复或替换被破坏的神经细胞和组织,包括神经元和胶质细胞,这有助于确保神经传导通路的完整性,从而重建神经功能。此外,在分子水平上,整合的干细胞能够通过旁分泌信号提供神经营养因子,从而产生神经营养效应。此外,干细胞有助于减少出血性脑卒中引起的继发性损伤,包括凋亡、炎症和血脑屏障破坏,并促进血管生成和神经发生。

3. **干细胞移植在脑出血治疗中的临床研究进展** 中国近几十年也开展了一些干细胞治疗出血性脑卒中的临床研究,采用的细胞类型主要是骨髓间充质干细胞、脐血干细胞、神经干细胞、胚胎干细胞等。下文总结了我国目前已开展的使用干细胞作为出血性脑卒中患者治疗方法的临床研究。

骨髓间充质干细胞:河南大学第一附属医院 2011 年 1 月—2013 年 9 月住院治疗的老年脑出血患者 100 例,50 例行立体定向下行自体干细胞移植治疗,观察 6 个月预后,发现立体定向下自体骨髓间充质干细胞移植可显著改善老年脑出血患者近期神经功能,但远期疗效有待进一步评价[69]。南阳南石医院对 2014 年 6 月—2016 年 6 月收治的 86 例脑出血患者,依据治疗方案不同分为 2 组各 43 例。对照组仅采取常规微创血肿清除术治疗,观察组在对照组基础上联合自体骨髓间充质干细胞移植治疗,发现对脑出血患者应用自体骨髓间充质干细胞移植治疗效果显著,可明显减轻患者神经功能损伤,提高内皮祖细胞与神经营养因子水平,促进其神经功能恢复,提升其日常生活能力[70]。聊城市脑科医院神经外科 2012 年 1 月—2015 年 11 月期纳入 35 例治疗的脑出血患者,观察自体骨髓间充质干细胞移植治疗脑出血的近期疗效,结果显示自体骨髓间充质干细胞移植对脑出血患者的治疗是安全的、可行的,且其近期疗效明显[71]。王万宏等采用单靶点立体定向自体骨髓间充质干细胞移植治疗脑出血的临床研究,患者移植后 NIHSS 评分显著降低、Barthel 指数升高的显著效果,大多数脑出血后遗症患者日常生活水平提高,重返社会,减轻社会和家庭的沉重负担,社会效益明显[72]。曹文锋等对纳入 2010 年 1 月至 2012 年 3 月的 12 例脑出血患者采用鞘内注射途径移植骨髓间充质干细胞治疗显示,骨髓间充质干细胞移植治疗脑出血安全性较好,且能促进患者的神经功能恢复,提高日常生活能力[73]。李计成等对 2009 年 1 月—2012 年 1 月纳入的 25 例脑出血患者通过蛛网膜下腔注射方式行自体骨髓间充质干细胞移植,显示采用自体骨髓间充质干细胞治疗脑出血临床疗效安全有效,近期临床疗效明显,远期治疗效果有待观察[74]。

脐血干细胞:袁进国等纳入 45 例脑出血患者,采用人脐带间充质干细胞移植联合综合康复治疗对脑出血后遗症的治疗效果。提示脐带间充质干细胞体外培养后移植治疗脑出血后遗症,无特殊不良反应,配合综合康复治疗可达到功能恢复的较好效果[75]。李秀云等纳入 26 例脑出血患者,采用鞘内注射法将体外分离出的脐血干细胞移植到脑出血患者的蛛网膜下腔,并随访观察 3 个月,显示鞘内注射移植脐血干细胞治疗脑出血有效可行且急性期优于后遗症期[76]。

胚胎干细胞:刘士东等纳入 5 例脑出血患者,腰椎穿刺植入胚胎干细胞,观察胚胎神经干细胞移植治疗脑出血后遗症的临床疗效,显示胚胎神经干细胞移植对改善脑出血后遗症有效,显著提高生存质量[77]。

神经干细胞:尚雪峰等纳入在 2011 年 1 月—2012 年 12 月该院收治 40 例小儿脑瘫及外伤、脑出血患者,观测应用神经干细胞移植治疗对小儿脑瘫及外伤、脑出血后遗症患者的临床疗效,显示神经干细胞移植可不同程度的改善脑瘫患儿及外伤、脑出血患者的后遗症,能有效的提高患者的生活质量,手术具有创伤小,疗效可靠,术后并发症少等优点,在神经外科领域具有较大的发展前景[78]。

(四)干细胞在帕金森病治疗中的临床研究进展

帕金森病(Parkinson's disease,PD)属于一种中枢神经系统退行性疾病[79]。在 1817 年,首次由英国医生詹姆斯·帕金森(James Parkinson)进行描述。该病以散发性为主,中老年人多见。临床表现主要由运动障碍类症状(静止性震颤、肌肉强直、运动迟缓及姿势平衡障碍)和非运动障碍类症状(自主神经功能紊乱、精神症状、睡眠障碍、感觉障碍等)构成[80,81]。随着社会老龄化加重,帕金森病给患者及其家人的生活质量造成巨大影响,为社会带来沉重的负担。

1. **帕金森病的病理生理**   在正常生理情况下,中脑多巴胺(dopamine,DA)能神经元合成多巴胺,随后通过黑质-纹状体通路将多巴胺输送至纹状体,进而发挥生理作用,如控制机体运动等。在病理情况下,α-突触核蛋白(α-synuclein)、泛素等形成路易氏小体(Lewy body),随后大量聚集于中脑黑质致密部多巴胺能神经元(dopaminergic neurons,DNs)胞质内,进而导致 DNs 功能障碍、进行性退变、凋亡,DNs 数量减少,神经递质多巴胺水平降低,黑质-纹状体通路受损,纹状体区多巴胺含量减少。脑内纹状体多巴胺含量降低,导致乙酰胆碱系统功能相对亢进,出现震颤、肌肉强直、运动减少等症状。此外,中脑-边缘系统/中脑-大脑皮质通路也受影响,导致高级神经活动障碍。在帕金森病病变早期,机体可进行自我代偿;当病变进展到失代偿期时,即出现典型帕金森病症状。此外,线粒体功能障碍、氧化应激、谷氨酸毒性作用、免疫炎性反应、细胞凋亡、转运体失调、遗传因素等共同促进帕金森病病理过程的发生发展[82,83]。

2. **帕金森病的治疗现状**   目前临床上针对帕金森病患者的治疗手段,主要包括药物治疗与手术治疗。药物治疗主要包括多巴胺替代剂(如左旋多巴等)、单胺氧化酶-B 抑制剂(如普拉克索等)、多巴胺受体激动剂等[79,80]。手术治疗以脑深部电刺激术(deep brain stimulation,DBS)为主流术式[84];另一术式,神经核团损毁术,则因损伤过大,目前临床已经基本不采用。中医/针灸治疗、康复与运动疗法、心理疏导等也有一定疗效[85]。但是,目前临床上所使用的治疗手段均只能在一定程度上缓解帕金森病患者的症状,却不能有效逆转帕金森病患者的病程进展及最终结局[86,87]。这也是一直以来临床医生及帕金森病患者在本病治疗过程中不得不面临的巨大窘境。同时,这也促使临床医生及相关科研人员对帕金森病的治疗方法手段进行了新的思考,即能否通过其他新的治疗策略来逆转帕金森病患者的病程进展,阻止患者中脑黑质多巴胺能神经元的退行性变性及数量减少。或者再生具有生理功能的多巴胺能神经元或者外源性补充具有正常生理功能的多巴胺能神经元,从而从根本上治疗甚至治愈帕金森病患者。干细胞能进行自我增殖更新,且因其具有多向分化潜能故而可定向分化为多巴胺能神经元,从而部分替代变性或者补充丧失的多巴胺能神经元。此外,干细胞也可通过旁分泌功能,分泌各种营养因子,进而保护多巴胺能神经元。因此,在帕金森病的治疗中具有重要应用前景。

3. **干细胞移植在帕金森病治疗中的临床研究进展**   目前用于帕金森病治疗的干细胞来源较为广泛,主要包括胚胎干细胞、间充质干细胞、神经干细胞以及诱导多能干细胞[18,88]。研究显示:骨髓间充质干细胞移植治疗帕金森病患者,可明显改善帕金森病患者的日常活动和运动功能,未观察到明显不良反应[89-93]。也有研究团队报道,利用脐带血间充质干细胞移植治疗帕金森病患者,研究显示出积极结果。脐带间充质干细胞移植也被不同研究团队报道,可显著改善帕金森病患者症状并且安全,无明显副反应[63,94-99]。人视网膜色素上皮细胞(human retinal pigment epithelial cells,hRPE)具有神经祖细胞的特征,并且可在一定条件下,能诱导分化为DNs。在2012年,来自中国人民解放军海军总医院的尹丰团队在 *CNS Neuroscience & Therapeutics* 杂志上发布了一项移植hRPEs治疗帕金森病患者的临床试验研究成果。在该临床试验中,研究人员在磁共振引导立体定向下移植1×10^6 hRPE(总体积:210μl)进入12例帕金森病患者大脑壳核内。研究结果显示:移植后3个月,在off state状态下,11例患者的UPDRS-M评分改善;移植后12个月这种良好应答达到顶峰,随后逐渐下降;移植后36个月,仍有8例病人感觉状态好于基线水平。此外,在移植后6个月期间,通过正电子发射断层扫描(positron emission tomography,PET)显示患者脑内DA释放增加[100]。随后,于2016年,另一项来自中国人民解放军海军总医院冷历歌团队的临床研究报告显示:神经前体细胞,3×10^7个细胞,通过移植进入帕金森病患者脑纹状体中以后[101]。使用统一帕金森病量表(unified Parkinson's disease rating scale,UPDRS)、Hoehn-Yahr评分、PDQ-39评分及Schwab-England评分去评估患者神经功能状况;通过检测是否有肿瘤形成、免疫排斥、移植细胞诱发的并发症及移植相关副作用评估神经前体细胞移植治疗可能出现的副作用。结果显示,神经前体细胞移植治疗可改善帕金森病病人症状及无明显移植副作用被观察到[101]。

2017年中国科学院周琪团队成功建立完全无异源(Xeno-free)的临床级人胚胎干细胞系,其团队所建立细胞系具有多能性、能分化出各种类型的临床级后代细胞,并成功获得中国食品药品监督管理局的合格认证[102]。同年,该研究团队在美国 *ClinicalTrials.gov* 上注册并启动中国第一个以人胚胎干细胞为基础的临床I/IIIa期研究(注册编号:NCT03119636)。该临床研究主要利用人胚胎干细胞来源的神经前体细胞通过单剂量的立体定向的颅内纹状体内注射,随后评估注射后帕金森病病人的6个月治疗诱发不良事件发生率及12个月UPDRS评分等,以此来探究细胞移植治疗的安全性及有效性。该临床研究将在细胞移植前将受试者与细胞库中的胚胎干细胞进行配型以期能够避免免疫排斥反应,因此这也是首个基于配型使用胚胎干细胞治疗帕金森病的临床研究。此外,于2018年,该研究团队在灵长类动物上对所建立细胞系进行临床前的安全性及有效性评估,所获结果显示:其衍生的中脑多巴胺能神经元移植进入帕金森病猴脑中后,至少24个月,移植细胞未形成肿瘤,却获得行为学改善,同时纹状体DA含量也有所增加。该研究也为后续临床研究提供临床前数据[103]。在日本,人诱导多能干细胞治疗帕金森病的临床试验已经获得批准。在美国,2020年5月哈佛大学医学院麻省总院的Jeffrey Schweitzer和宋彬等人在 *the New England Journal of Medicine* 上首次报道了患者来源诱导多能干细胞的多巴胺能祖细胞人体脑内移植治疗帕金森病患者的临床试验。研究结果显示:移植后,移植细胞存活时间达24个月,并且植入后18~24个月时,患者帕金森病症状的临床指标稳定或改善,运动障碍相关量表评分下降,"关闭"时间由3小时减少到1小时,并且未观察到运动障碍发生及神经系统其他不良反应[104]。

三、小结

本节主要介绍了干细胞的种类及特性,以及它们在创伤性脑损伤、缺血性脑卒中、脑出血和帕金森病等中枢神经系统疾病中的临床研究进展。干细胞具有自我更新和多向分化的能力,可以替代或修复受损的神经细胞,促进神经功能的恢复。目前,临床上常用的干细胞包括胚胎干细胞、成体干细胞和诱导多能干细胞,它们各有优缺点,需要根据不同的疾病和患者情况选择合适的细胞类型和移植方式。干细胞移植的安全性和有效性还需要更多的临床试验和长期随访来验证,同时也需要探索干细胞的作用机制和优化治疗方案。

展望未来,干细胞治疗中枢神经系统疾病仍然面临着一些挑战和问题,如干细胞的来源、分化、迁移、存活、免疫排斥、致瘤性、伦理等。随着干细胞技术的不断发展和完善,相信干细胞治疗将为中枢神经系统疾病的患者带来更多的希望和福祉。

(朱剑虹　曾　军　任军伟　张　全)

参考文献

[1] MORRISON S J,SHAH N M,ANDERSON D J. Regulatory mechanisms in stem cell biology [J]. Cell, 1997,88(3):287-298.

[2] WEISSMAN I L. Stem cells:units of development,units of regeneration,and units in evolution [J]. Cell, 2000,100(1):157-168.

[3] 康岚,陈嘉瑜,高绍荣.中国细胞重编程和多能干细胞研究进展[J].遗传,2018,40(10):825-840.

[4] 王勇,杨静思,韩兴龙,等.干细胞引领生物医学革命[J].自然杂志,2020,42(2):84-90.

[5] CYRANOSKI D. China's stem-cell rules go unheeded [J]. Nature,2012,484(7393):149-150.

[6] 周琪.中国及中国科学院干细胞与再生医学研究概述[J].生命科学,2016,28(8):833-838.

[7] 项楠,汪国生,厉小梅.我国干细胞临床研究现状分析、政策回顾及展望[J].中华细胞与干细胞杂志(电子版),2020,10(5):303-309.

[8] BISWAS A,HUTCHINS R. Embryonic stem cells [J]. Stem Cells Dev,2007,16(2):213-222.

[9] CARPENTER M K,ROSLER E,RAO M S. Characterization and differentiation of human embryonic stem cells [J]. Cloning Stem Cells,2003,5(1):79-88.

[10] BRANDENBERGER R,KHREBTUKOVA I,THIES R S,et al. MPSS profiling of human embryonic stem cells [J]. BMC Dev Biol,2004,4(1):1-16.

[11] REUBINOFF,B E,PERA,M F,FONG C Y,et al. Embryonic stem cell lines from human blastocysts: somatic differentiation in vitro [J]. Nat Biotechnol,2000,18(4):399-404.

[12] VAZIN T,FREED W J. Human embryonic stem cells:derivation,culture,and differentiation:a review [J]. Restor Neurol Neurosci,2010,28(4):589-603.

[13] REYNOLDS B A,WEISS S. Generation of neurons and astrocytes from isolated cells of the adult mammalian central nervous system [J]. Science,1992,255(5052):1707-1710.

[14] MCKAY R. Stem cells in the central nervous system [J]. Science,1997,276(5309):66-71.

［15］ZHU J,WU X,ZHANG H L. Adult neural stem cell therapy:expansion in vitro,tracking in vivo and clinical transplantation［J］. Curr Drug Targets,2005,6（1）:97-110.

［16］ZHENG Y T,HUANG J W,ZHU T M,et al. Stem cell tracking technologies for neurological regenerative medicine purposes［J］. Stem Cells Int,2017,2017:2934149.

［17］BOESE A C,LE Q E,PHAM D,et al. Neural stem cell therapy for subacute and chronic ischemic stroke［J］. Stem Cell Res Ther,2018,9（1）:154.

［18］吕颖,白琳,秦川. 干细胞治疗帕金森病的研究进展［J］. 中国比较医学杂志,2019,29（08）:142-148.

［19］FRIEDENSTEIN A J,PIATETZKY-SHAPIRO Ⅱ,PETRAKOVA K V. Osteogenesis in transplants of bone marrow cells［J］. J Embryol Exp Morphol,1966,16（3）:381-390.

［20］IZADPANAH R,TRYGG C,PATEL B,et al. Biologic properties of mesenchymal stem cells derived from bone marrow and adipose tissue［J］. J Cell Biochem,2006,99（5）:1285-1297.

［21］JIN H J,BAE Y K,KIM M,et al. Comparative analysis of human mesenchymal stem cells from bone marrow,adipose tissue,and umbilical cord blood as sources of cell therapy［J］. Int J Mol Sci. 2013,14（9）:17986-18001.

［22］ANDRZEJEWSKA A,DABROWSKA S,LUKOMSKA B,et al. Mesenchymal stem cells for neurological disorders［J］. Adv Sci（Weinh）,2021,8（7）:2002944.

［23］何川,刘霆. 间充质干细胞生物学特性的研究进展［J］. 西部医学,2020,32（01）:148-151.

［24］曾贵荣,杨柳,罗桂芳,等. 间充质干细胞治疗的生物安全研究进展［J］. 中国比较医学杂志 2020,30:140-145.

［25］TAKAHASHI K,YAMANAKA S. Induction of pluripotent stem cells from mouse embryonic and adult fibroblast cultures by defined factors［J］. Cell,2006,126（4）:663-676.

［26］KARAGIANNIS P,TAKAHASHI K,SAITO M,et al. Induced pluripotent stem cells and their use in human models of disease and development［J］. Physiol Rev,2019,99（1）:79-114.

［27］YAMANAKA S. Pluripotent stem cell-based cell therapy-promise and challenges［J］. Cell Stem Cell,2020,27（4）:523-531.

［28］JIANG J Y,GAO G Y,FENG J F,et al. Traumatic brain injury in China［J］. Lancet Neurol,2019,18（3）:286-295.

［29］YASUHARA T,KAWAUCHI S,KIN K,et al. Cell therapy for central nervous system disorders:current obstacles to progress［J］. CNS Neurosci Ther,2020,26（6）:595-602.

［30］王鹏. 立体定向神经干细胞移植术在颅脑损伤治疗中的疗效分析［D］. 延安:延安大学,2014.

［31］倪莹莹,赵春梅. 脐血干细胞移植治疗脑外伤后认知障碍临床观察［C］. 2016粤湘赣康复医学论坛论文集,2016:368-368.

［32］WANG S,CHENG H B,DAI G H,et al. Umbilical cord mesenchymal stem cell transplantation significantly improves neurological function in patients with sequelae of traumatic brain injury［J］. Brain Res,2013,1532:76-84.

［33］韩小改. 脐血间充质干细胞治疗神经系统疾病的临床研究［J］. 中国输血杂志,2012,25（10）:1096-1099.

［34］徐黔,韦益停,王良,等. 自体骨髓间充质干细胞移植在严重脑外伤后遗症患者中的应用［J］. 中国卫生检验杂志,2015,25（02）:204-206.

［35］玉石. 骨髓基质干细胞体外诱导分化及移植治疗脑外伤患者的临床观察［D］. 西安:第四军医大学,2009.

［36］邓志锋,汪泱,邓丽影,等. 自体骨髓间充质干细胞移植治疗中枢神经系统损伤性疾病（附五例报告）［J］. 实用临床医学,2007,8（06）:62-65,70.

[37] SONG K, LI W C, LI M. Acute promyelocytic leukemia following autologous bone marrow-derived mesenchymal stem cell transplantation for traumatic brain injury: a case report [J]. Oncol Lett, 2015, 10 (5): 2905-2908.

[38] LAI T W, ZHANG S, WANG Y T. Excitotoxicity and stroke: identifying novel targets for neuroprotection [J]. Prog Neurobiol, 2014, 115: 157-188.

[39] KHOSHNAM S E, WINLOW W, FARZANEH M, et al. Pathogenic mechanisms following ischemic stroke [J]. Neurol Sci, 2017, 38 (7): 1167-1186.

[40] LIU B S, LIAO M X, MIELKE J G, et al. Ischemic insults direct glutamate receptor subunit 2-lacking AMPA receptors to synaptic sites [J]. J Neurosci, 2006, 26 (20): 5309-5319.

[41] WARD M W, REGO A C, FRENGUELLI B G, et al. Mitochondrial membrane potential and glutamate excitotoxicity in cultured cerebellar granule cells [J]. J Neurosci, 2000, 20 (19): 7208-7219.

[42] CHERUBINI A, RUGGIERO C, POLIDORI M C, et al. Potential markers of oxidative stress in stroke [J]. Free Radic Biol Med, 2005, 39 (7): 841-852.

[43] CUZZOCREA S, RILEY D P, CAPUTI A P et al. Antioxidant therapy: a new pharmacological approach in shock, inflammation, and ischemia/reperfusion injury [J]. Pharmacol Rev, 53 (1): 135-159.

[44] LUCAS S M, ROTHWELL N J, GIBSON R M. The role of inflammation in CNS injury and disease [J]. Br J Pharmacol, 147: S232-S240.

[45] GRAEBER M B, STREIT W J. Microglia: biology and pathology. Acta Neuropathol, 2010, 119 (1): 89-105.

[46] MRAK R E, GRIFFIN W S T. Glia and their cytokines in progression of neurodegeneration. Neurobiol Aging, 2005, 26 (3): 349-354.

[47] KROEMER G, GALLUZZI L, BRENNER C. Mitochondrial membrane permeabilization in cell death. Physiol Rev, 2007, 87 (1): 99-163.

[48] BARTHELS D, DAS H. Current advances in ischemic stroke research and therapies [J]. Biochim Biophys Acta Mol Basis Dis, 2020, 1866 (4): 165260.

[49] PHIPPS M S, CRONIN C A. Management of acute ischemic stroke [J]. BMJ, 2020, 368: 16983.

[50] GRAVANIS I, TSIRKA S E. Tissue-type plasminogen activator as a therapeutic target in stroke [J]. Expert Opin Ther Targets, 2008, 12 (2): 159-170.

[51] FUKUTA T, ASAI T, YANAGIDA Y et al. Combination therapy with liposomal neuroprotectants and tissue plasminogen activator for treatment of ischemic stroke [J]. FASEB J, 2017, 31 (5): 1879-1890.

[52] LOGALLO N, NOVOTNY V, ASSMUS J, et al. Tenecteplase versus alteplase for management of acute ischaemic stroke (NOR-TEST): a phase 3, randomised, open-label, blinded endpoint trial [J]. Lancet Neurol, 2017, 16 (10): 781-788.

[53] BERKHEMER O A, FRANSEN P S S, BEUMER D, et al. A randomized trial of intraarterial treatment for acute ischemic stroke [J]. N Engl J Med, 2015, 372 (1): 11-20.

[54] MCMEEKIN P, WHITE P, JAMES M A, et al. Estimating the number of UK stroke patients eligible for endovascular thrombectomy [J]. Eur Stroke J, 2017, 2 (4): 319-326.

[55] NOGUEIRA R G, JADHAV A P, HAUSSEN D C, et al. Thrombectomy 6 to 24 hours after stroke with a mismatch between deficit and infarct [J]. N Engl J Med, 2018, 378: 11-21.

[56] ALBERS G W, MARKS M P, KEMP S, et al. Thrombectomy for stroke at 6 to 16 hours with selection by perfusion imaging [J]. N Engl J Med, 2018, 378 (8): 708-718.

[57] INTERNATIONAL STROKE TRIAL COLLABORATIVE GROUP. The international stroke trial (IST): a randomised trial of aspirin, subcutaneous heparin, both, or neither among 19435 patients with acute ischaemic stroke [J]. Lancet, 1997, 349 (9065): 1569-1581.

[58] CAST (CHINESE ACUTE STROKE TRIAL) COLLABORATIVE GROUP. CAST: randomised placebo-controlled trial of early aspirin use in 20 000 patients with acute ischaemic stroke [J]. Lancet, 1997, 349 (9066): 1641-1649.

[59] LI J S, ZHANG Q, WANG W, et al. Mesenchymal stem cell therapy for ischemic stroke: A look into treatment mechanism and therapeutic potential [J]. J Neurol, 2021, 268 (11): 4095-4107.

[60] SINDEN J D, VISHNUBHATLA I, MUIR K W. Prospects for stem cell-derived therapy in stroke [J]. Prog Brain Res, 2012, 201: 119-67.

[61] GUNAWARDENA T N A, RAHMAN M T, ABDULLAH B J J, et al. Conditioned media derived from mesenchymal stem cell cultures: the next generation for regenerative medicine [J]. J Tissue Eng Regen Med, 2019, 13 (4): 569-586.

[62] BANG O Y, LEE J S, LEE P H, et al. Autologous mesenchymal stem cell transplantation in stroke patients [J]. Ann Neurol, 2005, 57 (6): 874-882.

[63] LEE J S, HONG J M, MOON GJ, et al. A long-term follow-up study of intravenous autologous mesenchymal stem cell transplantation in patients with ischemic stroke [J]. Stem Cells, 2010, 28 (6): 1099-1106.

[64] STEINBERG G K, KONDZIOLKA D, WECHSLER L R, et al. Clinical outcomes of transplanted modified bone marrow-derived mesenchymal stem cells in stroke: a phase 1/2a Study [J]. Stroke, 2016, 47 (7): 1817-1824.

[65] MILJAN E A, SINDEN J D. Stem cell treatment of ischemic brain injury [J]. Curr Opin Mol Ther. 2009, 11 (4): 394-403.

[66] KALLADKA D, SINDEN J, POLLOCK K, et al. Human neural stem cells in patients with chronic ischaemic stroke (PISCES): a phase 1, first-in-man study [J]. Lancet, 2016, 388 (10046): 787-796.

[67] MUIR K W, BULTERS D, WILLMOT M, et al. Intracerebral implantation of human neural stem cells and motor recovery after stroke: multicentre prospective single-arm study (PISCES-2) [J]. J Neurol Neurosurg Psychiatry, 2020, 91 (4): 396-401.

[68] GAO L S, XU W L, LI T, et al. Stem cell therapy: a promising therapeutic method for intracerebral hemorrhage [J]. Cell Transplant, 2018, 27 (12): 1809-1824.

[69] 马建功, 任虹宇, 李明轩, 等. 立体定向下自体干细胞移植治疗老年脑出血后遗症的效果 [J]. 中国老年学杂志, 2018, 38 (9): 2070-2071.

[70] 王辉, 王恬. 自体骨髓间充质干细胞移植治疗脑出血 [J]. 中国实用神经疾病杂志, 2017, 20 (17): 25-27.

[71] 周隆善. 自体骨髓间充质干细胞治疗脑出血疗效观察及机制研究 [D]. 济宁: 泰山医学院, 2017.

[72] 王万宏, 王亚林. 单靶点立体定向自体骨髓间充质干细胞移植治疗脑出血的临床研究 [Z]. 唐山市丰南区医院, 2016.

[73] 曹文锋, 谢旭芳, 张洪连, 等. 自体骨髓间充质干细胞移植治疗脑出血临床研究 [J]. 中国实用神经疾病杂志, 2014, 17 (7): 10-12.

[74] 李计成, 李晓明, 戴如飞, 等. 自体骨髓间充质干细胞移植治疗脑出血的疗效观察 [J]. 中国实用神经疾病杂志, 2012, 15 (20): 8-10.

[75] 袁进国, 冯斌, 曹藏柱, 等. 脐带间充质干细胞移植并康复治疗脑出血后遗症 1 年随访 [J]. 中国组织工程研究, 2012, 16 (14): 2656-2660.

[76] 李秀云,张国华.脐血干细胞移植治疗脑出血的疗效分析[J].中华全科医学,2011,9(11):1724-1725.

[77] 刘士东,宁佩佩,张庆华.胚胎神经干细胞移植治疗脑出血后遗症疗效观察[J].医学综述.2011;17(12):1908-1909.

[78] 尚雪峰.神经干细胞移植治疗中枢神经系统疾病的临床疗效分析[D].延安:延安大学,2013.

[79] 中华医学会神经病学分会帕金森病及运动障碍学组,中国医师协会神经内科医师分会帕金森病及运动障碍专业委员会.中国帕金森病的诊断标准(2016版)[J].中华神经科杂志,2016,49(04):268-271.

[80] POSTUMA R B,BERG D,STERN M,et al. MDS clinical diagnostic criteria for Parkinson's disease[J]. Mov Disord,2015,30(12):1591-1601.

[81] YASUHARA T,KAMEDA M,SASAKI T,et al. Cell therapy for Parkinson's disease[J]. Cell Transplant 2017,26(9):1551-1559.

[82] 邵凤霞,徐希明.帕金森病的分子机制及细胞移植治疗进展[J].中国药学杂志,2020,55(18):1487-1491.

[83] 陈生弟,王刚,刘军,等.帕金森病发病机制与诊治的基础与临床研究进展[J].上海交通大学学报(医学版),2012,32(9):1221-1226.

[84] 中华医学会神经外科学分会功能神经外科学组,中华医学会神经病学分会帕金森病及运动障碍学组,中国医师协会神经内科医师分会帕金森病及运动障碍学组,等.中国帕金森病脑深部电刺激疗法专家共识(第二版)[J].中华神经外科杂志,2020,36(4):325-337.

[85] 宋鲁平,王强.帕金森病康复中国专家共识[J].中国康复理论与实践,2018,24(7):745-752.

[86] PIRES A O,TEIXEIRA F G,Mendes-Pinheiro B,et al. Old and new challenges in Parkinson's disease therapeutics[J]. Prog Neurobiol,2017,156:69-89.

[87] 梁红红,朱红灿,祝清勇,等.帕金森病治疗研究进展[J].中国神经免疫学和神经病学杂志,2019,26(2):133-139.

[88] 梁星光,黄玉洁,伍亚红,等.干细胞移植在治疗神经退行性疾病方面的临床应用[J].中华移植杂志(电子版),2015,9(4):188-193.

[89] 李统帅,王晚璞,杜廷福,等.骨髓间充质干细胞移植治疗帕金森病的研究进展[J].医药导报,2018,37(10):1227-1233.

[90] 刘定华,顾鲁军,韩伯军,等.自体骨髓间充质神经干细胞移植治疗帕金森病的疗效观察[J].中华物理医学与康复杂志,2016,38(3):194-198.

[91] 王旭,张志彬,贾芙蓉,等.自体骨髓间充质干细胞移植治疗帕金森病的疗效[J].中国老年学杂志,2014,34(1):22-23.

[92] 魏振宇,孙有树,胡东华,等.自体骨髓干细胞移植联合神经营养因子治疗帕金森病的疗效[J].中国实用神经疾病杂志,2014,17(21):58-59.

[93] 屈新辉,谢旭芳,周超,等.自体骨髓干细胞移植治疗帕金森病32例[J].中国医药导报,2013,10(30):48-50.

[94] 刘磊,冯德朋,陈燕,等.脐血间充质干细胞移植治疗帕金森病的可行性[J].中国组织工程研究,2015,19(28):4567-4571.

[95] 赵堂亮,吴正敏,王萍,等.脐带间充质干细胞移植对帕金森病的临床疗效观察[J].中华细胞与干细胞杂志(电子版),2015,5(4):40-44.

[96] 李兴,李波,李婍,等.脐带间充质干细胞移植治疗帕金森病效果分析[J].中国实用神经疾病杂志,2014,17(2):8-10.

[97] 卢爱丽.脐带间充质干细胞治疗帕金森病的疗效[J].中国老年学杂志,2013,33(21):5245-5247.

[98] 邱云, 汪铮, 路红社. 脐带间充质干细胞移植治疗帕金森病8例[J]. 中国组织工程研究与临床康复, 2011, 15(36): 6833-6836.

[99] 吴立克, 王晓娟, 褚赛纯, 等. 脐血间充质干细胞移植治疗帕金森病30例[J]. 中国组织工程研究与临床康复, 2009, 13(40): 7951-7954.

[100] YIN F, TIAN Z M, LIU S, et al. Transplantation of human retinal pigment epithelium cells in the treatment for Parkinson disease[J]. CNS Neurosci Ther, 2012, 18(12): 1012-1020.

[101] LENG L G, TIAN Z M. Transplantation of neural precursor cells in the treatment of Parkinson disease: an efficacy and safety analysis[J]. Turk Neurosurg, 2016, 26(3): 378-383.

[102] YASUHARA T, KAMEDA M, SASAKI T, et al. Cell Therapy for Parkinson's Disease[J]. Cell Transplant, 2017, 26(9): 1551-1559.

[103] WANG Y K, ZHU W W, WU M H, et al. Human clinical-grade parthenogenetic ESC-derived dopaminergic neurons recover locomotive defects of nonhuman primate models of Parkinson's disease[J]. Stem Cell Reports, 2018, 11(1): 171-182.

[104] SCHWEITZER J S, SONG B, HERRINGTON T M, et al. Personalized iPSC-derived dopamine progenitor cells for Parkinson's disease[J]. N Engl J Med, 2020, 382(20): 1926-1932.

第二节 干细胞治疗心力衰竭的研究进展

近年来, 随着我国经济水平的提高和社会老龄化的加速, 心血管疾病的发病率逐年上升。心力衰竭(心衰, heart failure, HF)是各种心脏疾病的严重表现或晚期阶段, 死亡率和再住院率居高不下。发达国家成人心衰患病率为1.0%~2.0%。2012~2015年中国高血压调查数据显示, ≥35岁的成年人中, 心衰患病率为1.3%, 我国现有心衰患者达1 205万, 每年新发心衰患者297万。中国心衰患者注册登记研究(China-HF)显示住院患者病死率为4.1%。心衰已成为威胁我国居民健康的重要疾病之一。近年虽然心衰的药物治疗和器械治疗取得了重要进展, 但是终末期心衰的治疗手段仍然有限, 尤其是心脏移植, 受限于供体因素, 临床上远不能满足终末期心衰的治疗需求。因此再生医学, 如干细胞治疗可能成为未来治疗心衰最有希望的措施之一。

一、背景介绍

心力衰竭是由心肌结构和功能缺陷导致心室充盈或射血功能缺损引起的临床综合征[1], 主要症状为呼吸困难、乏力和液体潴留, 其被认为是一种世界性的严重疾病。过去几十年全球医疗水平取得了快速进步, 但心衰的发病率仍呈上升趋势[2]。《2021年欧洲心脏病学会急慢性心衰诊断与治疗指南》依据左室射血分数(left ventricular ejection fraction, LVEF), 将心衰分为射血分数降低的心衰(heart failure with reduced ejection fraction, HFrEF)、射血分数保留的心衰(heart failure with preserved ejection fraction, HFpEF)和射血分数轻度降低的心衰（heart failure with mildly reduced ejection fraction，HFmrEF）（表 5-1）。美国纽约心脏病协会（NYHA）将心衰按进展和症状分为 4 期、4 级：A 期，前心衰阶段；B 期，前临床心衰阶段；C 期，临床心衰阶段；D 期，难治性终末期心衰阶段；Ⅰ 级，日常活动不受限制；Ⅱ 级，体力活动轻度受限；Ⅲ 级，体力活动明显受限；Ⅳ 级，不能从事任何体力活动（表 5-2）。

表 5-1　2021 欧洲心脏病学会（ESC）HF 指南根据 LVEF 对慢性心衰进行分类

心衰分类	HFrEF	HFmrEF	HFpEF
1	症状 ± 体征	症状 ± 体征	症状 ± 体征
2	LVEF≤40%	LVEF 41%~49%	LVEF≥50%
3	—	—	心脏结构和/或功能异常的客观证据，与左心室舒张功能障碍/左室充盈压升高一致，包括钠尿肽升高

表 5-2　美国纽约心脏病协会（NYHA）心衰分期及分级

分期	细目	分级	细目
A 期	存在心衰高危因素，尚无器质性心脏病或心衰	Ⅰ 级	一般活动不引起心衰症状
B 期	已有器质性心脏病，但无心衰症状和/或体征	Ⅱ 级	一般活动下可出现心衰症状
C 期	已有心脏结构变化，既往或目前有心衰症状和/或体征	Ⅲ 级	低于平时一般活动即引起心衰症状
D 期	虽经严格优化内科治疗，但休息时仍有症状，常伴心源性恶病质	Ⅳ 级	休息状态下也存在心衰症状，活动后加重

心衰的病理改变较为复杂，主要包括心肌细胞的病变、细胞外基质沉积、血管受损和炎症浸润等[3-4]。心衰的传统治疗主要依靠药物治疗，目的是改善症状及预后，降低死亡率和发病率，目前常用药物主要通过利尿钠系统、交感神经系统、盐皮质激素受体和肾素血管紧张素等系统发挥作用，改善心肌表现，提升心输出量，从而改善患者预后。其他治疗方法如介入治疗和外科搭桥手术等可以重建血运，减少进一步瘢痕形成和不利的心室重塑，恢复未受损心肌功能。但上述方法不能挽救已经死亡的心肌细胞，无法使瘢痕组织转变为有功能的相关细胞，无法逆转心衰进展。心脏移植和心衰晚期使用的左室辅助装置是治疗终末期心力衰竭的有效手段，但前者受限于供体的严重短缺，后者则因为植入后的并发症及术后管理问题被限制广泛应用。

干细胞移植作为一种新的治疗策略，有报道可改善心肌梗死后晚期心衰患者的心功能[5-7]。许多基础研究和临床研究证实，干细胞移植可增强组织灌注，促进血管生成，保护心肌组织[8-11]。2001 年 Jackson 等首次报道了干细胞移植治疗心肌梗死，并取得了令人鼓舞的结果。此后，越来越多的临床研究表明干细胞的安全性，且很少出现与治疗相关的不良事件[12]。

本节主要介绍用于心衰治疗的干细胞类型、移植途径、治疗机制及未来发展趋势。干细胞代表了一种具有自我更新特性和产生子细胞潜能的细胞群，能够沿着特定的细胞谱系分化[13]。

至今为止,已有多种类型的干细胞应用于慢性心衰的研究,本文主要介绍目前常见的几种类型干细胞。

二、细胞类型

目前用于心衰治疗的干细胞主要分为多能干细胞(pluripotent stem cell,PSC)和成体干细胞(adult stem cell,ASC)。其中多能干细胞主要包括胚胎干细胞和诱导多能干细胞。成体干细胞主要包括骨骼肌成肌细胞、骨髓来源的干细胞和脐带血间充质干细胞等。

(一) 胚胎干细胞

胚胎干细胞来源于人类胚胎中未分化的内群细胞,是典型的全能干细胞。与成体干细胞相比,胚胎干细胞的主要优势在于其基因组稳定性、较强的分化和增殖能力。同时胚胎干细胞具有分化为体内所有的细胞类型的潜能[14]。正因为胚胎干细胞的这种特性,基于胚胎干细胞的组织工程及干细胞方面的治疗近年来一直是医学研究的重点方向。Ménard等人在动物模型上已经证实,可通过移植胚胎干细胞分化为心肌细胞,诱导其增殖,减少瘢痕面积,改善心脏重构,从而改善心功能。但是对于胚胎干细胞的临床运用,我们仍需考虑到其分化为畸胎瘤的潜在风险[15],同时由于其来源于同种异体,所以移植后的免疫反应,也是我们所面对的重要问题[16-17]。此外,从胚胎干细胞生成特定组织是困难的,同时也存在伦理问题。例如,一些研究提出,人胚胎干细胞来源的心肌细胞植入后可诱发心律失常[18]。

(二) 诱导多能干细胞

2006年,Takahashi和Yamanaka通过逆转录病毒载体向体细胞引入转录因子,结果发现引入的4种转录因子Oct4、Sox2、Klf4和c-Myc可将小鼠成纤维细胞转化为多能状态,从而建立了诱导多能干细胞技术[19]。诱导多能干细胞可从人类细胞中提取,最常见的来源是皮肤细胞和血细胞。与胚胎干细胞相似,诱导多能干细胞具有多能性和克隆性,能够分化为包括心脏和血管细胞在内的所有三个胚层细胞类型[20-22],即内胚层、中胚层和外胚层。在大多数情况下,胚胎干细胞和诱导多能干细胞在功能上较为相似[23],但诱导多能干细胞存在表观遗传差异,这与DNA甲基化模式有关[24]。不同的研究已明确表明,诱导多能干细胞可分化为具有心肌细胞结构和功能特性的心肌细胞[22,25]。诱导多能干细胞的体外心肌细胞分化模仿了体内心脏发生过程[26]。首先诱导分化为中胚层,然后形成心脏前体。诱导多能干细胞主要通过胚状体形成从而分化为心肌细胞[27-28],但当诱导多能干细胞暴露于激活素A和骨形态发生蛋白4时,分化出的心肌细胞显著增加[29]。同时,对关键通路的调控亦是驱动诱导多能干细胞向不同心脏细胞分化的关键。抑制Wnt通路是获得心肌细胞及决定心肌细胞类型的重要措施。在分化过程的后期,IWR1对Wnt信号通路的抑制被发现与心室样心肌细胞的显著增加有关[30-33]。

与胚胎干细胞相比,诱导多能干细胞具有一定优势。首先,相较于胚胎干细胞,诱导多能干细胞可由成熟细胞去分化而生成,从而规避了胚胎干细胞的伦理问题。其次,制备诱导多能干细胞来源的细胞与它们的供体在基因上相同,这使得精准和个性化医疗成为可能。再次,诱导多能干细胞可与基因组编辑技术相结合,通过基因控制,在建立疾病模型方面有着更为强大的作用[34,35]。最后,基于诱导多能干细胞分化的心肌细胞模型可用于药物研究和心脏毒性筛选等领域。诱导多能干细胞的这些特性使其成为干细胞研究的热门细胞。但培养条件、表观遗传记忆、遗传不稳定性和体细胞重编程可能导致诱导多能干细胞变异。同时,来源成体细胞的遗传背景和年龄也可能影响诱导多能干细胞合成,比如从年轻患者身上分离的体细胞可能更容易被重新编程[36],甚至在来自同一患者的细胞克隆中也存在可变性的问题,这些限制了诱导多能干细胞的进一步广泛应用。

(三)骨骼肌成肌细胞

骨骼肌成肌细胞来源于肌卫星细胞,位于基底层和肌膜之间,在肌肉损伤或疾病引起的肌肉变性时被激活。由于骨骼肌成肌细胞易于获取、可快速体外扩增和相对耐缺氧环境等特性,最初被认为是心肌再生的理想细胞群,也是最早用于动物和人类临床治疗心力衰竭的干细胞[37]。骨骼肌成肌细胞可由自体细胞获取,在动物模型中,它们也被证明对缺血、炎症和氧化应激具有一定抗性[38]。Bonaros 等研究证实,骨骼肌成肌细胞移植后可分化成肌小管,从而形成骨骼肌样结构,可提高心肌收缩力、减轻心室负性重构和减少心肌纤维化[39]。在临床研究中,Gavira 等通过对接受骨骼肌成肌细胞联合冠状动脉搭桥治疗后的心衰患者进行随访,提示骨骼肌成肌细胞对于提高患者心功能及远期愈后具有积极效果[40]。

但在分化过程中,新形成的骨骼肌管由于缺乏连接蛋白 43 和 N-钙黏蛋白等主要缝隙连接蛋白,从而失去了形成缝隙连接的能力,导致骨骼肌管与心肌缺乏电耦合,使室性心律失常的风险增加[41]。由于自体骨骼肌成肌细胞移植治疗缺血性心肌病的不良后果和潜在的心律失常的威胁及其他细胞类型的可行性,近年来对以骨骼肌成肌细胞为基础的心脏病治疗的关注逐渐减少。

(四)骨髓来源干细胞

骨髓来源干细胞包括造血干细胞和间充质干细胞。人类骨髓由细胞成分和细胞外基质组成,细胞外基质含有细胞因子和生长因子[42]。细胞成分又可分为已分化的细胞和未分化细胞。其中未分化的干细胞群由造血干细胞和非造血间充质前体细胞组成,而非造血间充质前体细胞产生的基质细胞即为骨髓间充质干细胞。在小鼠体内用高纯度的造血干细胞进行的实验并不能证明受损心脏或大脑的修复。使用单个纯化的造血干细胞的实验表明,即使在很长时间间隔内,这些造血干细胞也不能对任何非造血组织产生贡献。

骨髓间充质干细胞是骨髓干细胞的一个重要子集,已被证明能够分化成中胚层细胞系的多种细胞类型,包括成骨细胞[43]、脂肪细胞[44]、骨骼肌细胞[45]、胰岛细胞[46]和心肌细胞[47,48]。有研究显示,通过体内注射,骨髓间充质干细胞可移植和分化成心肌细胞,修复梗死心肌[49,50]。尽管在动物模型中,骨髓间充质干细胞可改善整体心脏功能[51,52],但近期研究发现，在猪动物模型中，经冠状动脉注射骨髓间充质干细胞后2周，只有2%的细胞在心脏中被发现，且没有心肌细胞分化的直接证据[53]。这也间接提示骨髓间充质干细胞可能不只是通过转化为心肌细胞来改善心肌功能。

进一步研究提示骨髓间充质干细胞可通过多种机制，包括中胚层分化、免疫调节和旁分泌改善心肌功能。同时，骨髓间充质干细胞还分泌外泌体和微囊泡，这些外泌体和微囊泡本身含有有效的血管生成细胞因子或信使RNA（messenger RNA，mRNA）分子，对其局部环境产生影响。具体内容可见后文中干细胞治疗心力衰竭的机制。

（五）脐带血间充质干细胞

脐带血间充质干细胞是间充质干细胞的重要成员之一，由Erices等于2000年最早报道[54]。它是中胚层发育的早期细胞，具有多向分化潜能，其形态和生物学特点与骨髓间充质干细胞相似。有研究报道，在不同诱导条件下脐带血间充质干细胞能够向不同谱系分化，不仅可分化为成骨细胞、脂肪细胞、软骨细胞、肌肉细胞和神经细胞等，还可跨胚层分化[55,56]。脐带血间充质干细胞为较原始的间充质干细胞，故相较于其他来源的间充质干细胞具有更强的增殖、分化能力及较弱的细胞免疫功能，这便决定了脐带血间充质干细胞具有相对较低的移植物抗宿主病概率。

同时脐带血间充质干细胞具有良好的免疫反应调节和损伤组织修复能力。亦有报道称，人源脐带血间充质干细胞用于治疗新型冠状病毒感染所引起的炎症反应，结果取得了良好疗效[57]。总体来说，脐带血间充质干细胞可作为一种新的细胞来源，已成为各系统疾病细胞移植、基因治疗及构建组织工程研究的新热点。

现阶段，对于可用于心力衰竭治疗的干细胞类型研究已基本成熟，目前的研究重点已逐渐偏向于改善干细胞疗效研究。干细胞的疗效取决于干细胞的来源、移植方式、植入后干细胞的活性、干细胞的效力和疾病的严重程度。其中移植方式是影响最终结果的关键因素。

三、移植途径

干细胞治疗心衰的主要限制之一是滞留率低。在慢性心力衰竭的背景下，细胞招募和归巢刺激明显减少，因此不足以改善心肌损伤[58]。这一限制可通过向受损心肌移植外源性干细胞来改善。到目前为止，关于干细胞输送到心肌的方式仍未达成共识。本节主要介绍在临床前和临床环境中已使用的几种干细胞移植途径，如静脉注射、冠脉内注射、心肌注射及基于新型组织工程材料的细胞片。

（一）静脉注射

静脉注射被认为是一种非侵入性的心肌修复方法，可用于弥漫性心肌病患者的治疗[59]。细胞经静脉输注进入体循环后接收损伤组织局部信号，然后被传输到心脏[60]。Wolfet等于2009年报道，在猪模型中，经静脉输注间充质干细胞可恢复梗死后的心肌功能。但细胞治疗的疗效较为短暂且有限,尤其经静脉输注干细胞治疗。有研究对人和动物静脉输注的干细胞进行放射标记,经成像显示,绝大多数细胞最初流向肝脏和脾脏。体积较大的细胞,如间充质干细胞最初聚集于肺,但24h后重新分布到肝脏和脾脏[61]。而心肌细胞中只能检测到较弱的信号[62]。但是相关研究缺乏对静脉注射后远期心肌细胞摄取的探讨。

此外,有报道称这种移植方式需要多次注射,同时会导致大量干细胞的浪费[63]。Hoogduijn等研究发现,静脉给予每公斤体重 $0.5×10^6$ 个细胞足以导致心肌梗死,大剂量移植可能会诱发全身免疫反应[64]。这与需多次静脉注射移植干细胞的治疗方法相矛盾。

虽然短期内静脉注射干细胞的心肌摄取较少,但其移植途径的方便性、对心衰患者的整体健康评估的改善以及对心律失常一定的抑制作用[65],使静脉注射仍成为干细胞治疗心衰的常用移植途径。

(二) 冠脉内注射

冠脉内注射是一种将供体细胞悬液注入受体冠脉循环的技术。它是急性心肌梗死后最广泛使用的移植途径,并在之前研究中广泛使用[66-68]。冠脉注射首次出现在2001年经皮冠状动脉腔内介入术后骨髓单个核细胞移植的可行性研究中[69]。已有研究表明,与静脉注射和经心内膜移植相比,在猪的模型中,经冠脉注射移植间充质干细胞具有更高的滞留率和传输效率[70-72]。

1. 顺行冠状动脉灌注(antegrade intracoronary infusion,AICI) AICI是通过导管插入动脉系统(通常是股动脉),并可以通过影像学辅助,最终到达目标冠状动脉[73]。到达目标冠状动脉后,将气囊导入冠脉,通过气囊膨胀,暂时阻断冠脉血流。随后经导管将干细胞悬液以高流速或低流速注入冠脉,最后恢复冠脉血流[74]。为了避免额外损伤,球囊导管应尽量放置在最靠近梗死相关冠状动脉的位置[75]。

AICI由于遵循了正常心肌冠状动脉血流,因此可使灌注液更加均匀地分布于目标区域。这就使得该种方法获得了广泛应用。但由于这是一种侵入性方法,所以存在一定的血管损伤风险,如冠状动脉栓塞、冠状动脉破裂等[76]。此外,AICI不能使闭塞的冠状动脉重新开放,因此可能不适用于晚期冠心病患者[77]。同时,心肌肥大冠脉狭窄患者的冠脉血流常发生代偿性加速,这间接影响了细胞的心肌附着率。但上述风险也受操作方式、细胞具体形状及患者血管情况的影响,比如可通过适当增加细胞悬液输注速度,从而减少细胞聚集和微血管堵塞风险。此外,合适的细胞大小亦是影响血管阻塞的重要因素。现阶段,仍缺乏针对这一移植途径的全面研究,应进一步了解通过这一途径输注的细胞治疗效果。

2. 逆行冠状静脉注射(retrograde coronary venous infusion,RCVI) RCVI通过颈内静脉或股静脉,最终将导管置于冠状窦。在临床前试验中,细胞通常通过冠状静脉注入。小鼠等小动物模型的细胞输注量为 $1×10^6$ 个,大动物模型如猪或狗的细胞输注量一般为 $3×10^9$ 个[78-80]。然而在临床试验中,细胞悬液一般是通过冠状窦注射,因此注射的细胞数量也与动物模型不同,从 1×10^8 个到 4×10^9 个不等[81,82]。有研究者采用双气囊导管,远端气囊通过低阻力与静脉-静脉吻合的方法,最大限度地减少输送细胞进入体循环的冲洗[83]。

由于冠心病患者的冠状动脉常有不同程度的闭塞,而通过冠状窦输注避免了这一问题,因此,理论上 RCVI 更为有效。与 AICI 相比,RCVI 是早期冠状动脉梗阻伴有多支冠脉疾病、静脉闭塞或有移植动脉桥患者的另一种细胞移植途径。

RCVI 同时存在一定局限性。首先由于这是一种侵入性输注方法,可能会增加冠状窦损伤甚至破裂风险。其次,类似于 AICI,由于细胞悬液的黏性及细胞大小,RCVI 存在阻塞和形成栓子的风险[67]。目前为止,仍没有足够的证据证明通过这种方法可以增加细胞归巢及对心肌细胞更新有效性的影响。仍需要更多的临床前和临床研究来探索传输机制和潜在的益处。

冠脉内注射效果取决于多种因素,如细胞黏附性及迁移,这些因素会影响细胞的心肌滞留率[75]。尽管已具备了冠脉注射技术,但在临床前研究中对该方法应用的动力学和时机还没有充分研究。虽然临床试验证实了冠脉注射细胞的积极影响,但需要更多的研究来了解供体细胞归巢。此外,由于血液的冲洗,如何改善供体细胞的滞留率仍然是一个需要解决的问题。

(三) 心肌注射

通过心肌注射(myocardial injection),干细胞可直接被注射到梗死心肌区域边缘,这可使供体细胞获得更好的血液和氧气供应,以保证供体细胞存活率。由于其操作的简便性,这种方法已被广泛应用于临床前试验,特别是小动物模型中。心肌注射主要包括心内膜注射和心外膜注射。

早期研究发现,与冠状动脉或静脉注射干细胞相比,直接心肌注射可使输注的干细胞获得更多的心肌滞留量[70]。Mozid 等利用特定的心脏导航系统证明了心肌注射干细胞可能是恢复心脏功能最有效的方式[84]。最近有研究报道,利用细胞因子和骨髓间充质干细胞联合心肌注射对 LVEF 有正向作用[85]。

首先,相较于循环系统的移植途径,心肌注射最重要的优势在于可降低血流动力学影响,从而向目标心肌注射高浓度细胞[86]。此外,心肌注射的冠脉栓塞风险较小。但这种方法同时存在一定限制,其中首要的挑战就是正常心肌和梗死心肌的区分。其次,注射后的细胞缺乏机电耦合,这可能导致了心肌注射后的心律失常。Menasché 等学者利用患者自体骨骼肌成肌细胞在冠脉旁路移植手术中,注射入心肌瘢痕内部和周围,术后定期随访,可观察到心肌注射患者的左室射血分数和其他心脏超声表现均有所改善。但在 10 例入组患者中,有 4 例术后早期出现了持续性及单形性室性心动过速[87]。近期也有研究报道,通过心肌注射异基因诱导多能干细胞可以改善非人类灵长类动物的心肌收缩力,但同时显著增加了室性心动过速的发生率。值得注意的是,在该研究中,这种移植后的心律失常似乎是短暂的,高峰出现在细胞移植后第 14 天,之后逐渐减少[88]。此外由于心肌注射的侵袭性,而且心肌梗死患者局部心肌改变,注射部位及周围存在一定的穿孔风险。

1. **心内膜注射(endocardial injection)** 心内膜注射是利用经皮导管在影像学辅助下到达梗死区域,注射供体细胞[89]。Perin 等学者比较了经冠状动脉和心内膜注射间充质干细胞,发现急性心肌梗死后心内膜注射相对更为安全,并且具有更高的心肌滞留率[90]。

相较于心外膜注射,这种移植方式可避免心脏直视手术的风险,在影像学辅助下经心内膜注射,同时可评估心肌活力,从而提供高细胞滞留率和改善心功能[90,91]。此外,利用 3D 影像系统的引导还可以使供体细胞均匀分布,从而降低毒性风险。但是,我们不能忽视其介入路线的复杂性,这对操作人员技术要求较高,同时具有心脏穿孔的风险。虽然一些临床前和临床试验已经证明了它的安全性和有效性,但更可靠的长期效果仍有待进一步研究[92]。

2. **心外膜注射(epicardial injection)** 心外膜注射需要通过开胸手术,在直视观察下利用特定针头将细胞注射到目标心肌[93]。将针头插入心肌后,需先进行回抽,以确保针头不在心室腔内,最后在损伤心肌区域周围多点注射。这种方法已广泛应用于临床前研究,尤其是小动物模型。但心外膜注射存在细胞悬液泄漏这一技术缺陷。此外在手术过程中,细胞只能输注一次,而且输注的剂量不能精确掌控。这些因素都可能会导致供体细胞的生存受限和滞留率降低,从而限制治疗效果[94]。现阶段仍缺乏关于注射时间、压力和注射部位对疗效影响的相关研究[75]。

(四)细胞片

尽管直接心肌注射可成功修复局部受损区域,但这种移植途径容易引起移植细胞的聚集和坏死,并且所移植的干细胞的形状、大小和精确位置难以控制,这可能导致细胞存活率低、边缘移植和疗效欠佳[94-97]。因此,利用生物材料辅助细胞移植技术愈加受到重视。

基础科学的重大进展加速了组织工程在替代各种组织和器官方面临床应用的进展。新型生物材料与活细胞的结合在重建广泛的功能性组织方面取得了临床成功。然而,由于组织工程支架存在一定的缺陷,目前在心肌组织的临床应用极为有限。一方面,如何将支架与心肌细胞紧密结合,从而形成致密心肌组织;另一方面,多支血管的支架植入问题仍有待解决。此外,也有研究提示长期支架移植后往往会出现剧烈的炎症反应、异体反应和心律失常的可能性,最终导致治疗效果欠佳[96,98-99]。为了解决这些缺陷,无支架的细胞片(cell sheet)技术应运而生[100]。

目前细胞载体材料已成为研究的热门领域[101]。这些生物材料在体外通常处于一种液体状态,注射进入体内后,通过温度或 pH 等相关条件改变,触发其转化为半固态或固态。比如已有关于基于温度调节的生物材料,在 37℃时为疏水状态,32℃以下为亲水状态[102,103]。与生物可降解支架相比,无支架的细胞片是非酶无损伤的,并可通过条件变化调节形状,从而改善支架降解的许多问题[104,105]。这些生物材料可通过心肌注射和冠脉注射输送,甚至可通过导管输送。由于减少了冲刷效应,细胞滞留率得以增加[106,107]。

Wang 等对载有骨髓间充质干细胞的细胞片激活内源性心脏修复的机制进行了研究,发现细胞片通过促进缺氧诱导因子 1-α（HIF-1α）、胸腺素 β4（Tβ4）、VEGF 和基质细胞衍生因子-1（SDF-1）的表达，从而改善了小鼠存活率[108]。

通过细胞片移植可避免直接心外膜注射引起的心肌损伤和炎症。此外，细胞片可以放置在梗死区域的表面，更具有靶向作用[109]。细胞片可以改善心肌梗死急性期和慢性期的收缩功能，并减少移植细胞凋亡，抑制局部移植后的炎症反应。在细胞片的临床应用方面，只有有限的研究表明成肌细胞源性细胞片在缺血性心肌病和扩张型心肌病患者中具有部分功能[110-114]。目前仍缺乏有效的大规模临床试验证明细胞片在长期急性心肌梗死大动物模型中的显著作用。此外，细胞片移植后改善心脏功能的细胞和分子机制也有待进一步研究。

四、治疗机制

早期研究认为干细胞治疗心衰主要通过直接分化和增殖形成心肌细胞，并最终与宿主心肌细胞结合，从而促进心脏的再肌化。但大多数试验研究表明，最终存活的移植细胞非常少，它们的微小残留数量绝不能解释同一时间点观察到的功能改善[115]。目前认为，干细胞主要通过释放生物分子混合物，通过内源性修复通路，刺激血管生成，减轻炎症、纤维化和潜在凋亡，进而改善心肌功能[116,117]。体外研究提示，添加无细胞的间充质干细胞培养基后，低氧诱导的大鼠心肌细胞死亡减少[118,119]。

2001 年 Fuchs 等报道，从骨髓细胞培养基中可分离获得 VEGF 和巨噬细胞趋化蛋白-1（MCP-1）。他们进一步观察到，在诱导心肌缺血的猪模型中，经心内膜注射自体骨髓细胞，可增加缺血心肌侧支灌注，改善了缺血心肌功能[120]。Kinnaird 等学者在 2004 年提出了移植细胞可发挥旁分泌作用的概念，他们发现骨髓来源的基质细胞可在培养基中分泌 VEGF 和碱性成纤维细胞生长因子等细胞因子[121]。2005 年 Gnecchi 等人研究证明，经心肌内注射存活基因 AKTI 修饰的间充质干细胞的培养基可减少冠脉闭塞大鼠的梗死面积，最后得出的数据支持干细胞在组织保护和修复中的旁分泌作用假说[122]。有研究发现在食蟹猴心肌梗死动物模型中，CD34+ 干细胞可分泌 VEGF，并且经这些细胞处理的心肌同时含有高浓度的 VEGF。这些研究提示，移植细胞分泌的 VEGF 和其他细胞因子可能是以旁分泌的方式作用于宿主心肌，并增强宿主内源性细胞的血管生成活性，从而减少梗死面积[123]。基于这些临床前研究，旁分泌机制现在被广泛认为是改善大多数细胞类型的心脏功能的主要原因。胚胎干细胞和诱导多能干细胞可能是例外，因为它们似乎保留了向心肌细胞分化的能力。

移植后的干细胞可以通过旁分泌途径分泌各种细胞因子、趋化因子和生长因子。研究表明 TNF-α、IL-6、IL-8 等促炎细胞因子可增加心肌细胞对缺血的耐受，所以这些细胞因子被认为是心脏保护的潜在介质[124]。此外，IL-8 对细胞增殖和血管生成有明显影响[125]。然而，细胞因子通常介导不同的调节效果，并可能影响不同的信号转导途径，这限制了单纯细胞因子治疗的潜力。在急性心肌梗死中，基于旁分泌机制治疗原理使用高剂量的细胞因子治疗是不可行的,因为它们可能会对生理系统产生大量负面效果,甚至还会引起炎症风暴。

在旁分泌中,细胞外囊泡似乎在细胞间通信中起着至关重要的作用。外泌体最小的细胞外囊泡,起源于脂质双分子层,直径约为 50~150nm,由大多数体细胞和干细胞分泌[126,127]。

外泌体包含多种分子和信号因子,如脂质、信使 RNA(mRNA)及微小 RNA(microRNA,miRNA),这使外泌体能够在传递生物信息和基因调节受体细胞功能中发挥重要作用[128]。miRNA 是具有 19~22 个核苷酸的 SncRNA,可调控基因表达、细胞发育、增殖、凋亡和分化[129]。

近年来研究发现外泌体具有免疫耐受性和细胞趋向性,被认为是一种潜在的药物传递载体。不同分子,如干扰小 RNA(siRNA)可通过人类外泌体传递,这些细胞颗粒可用作潜在的基因传递载体[130]。此外,通过将不同的分子转染到间充质干细胞中,最终可产生富含所需要的目标分子的外泌体[131]。Vandergriff 等研究了与导向分子结合的外泌体,在缺血再灌注损伤小鼠模型中提高了心肌活力,并改善了细胞滞留率[132]。干细胞来源的外泌体被认为是心肌修复的无细胞治疗策略,具有广阔的应用前景[133]。

Yu 等研究表明间充质干细胞来源的外泌体分泌的 miRNA-221 在心肌细胞中具有保护作用[134]。此外,也有研究发现静脉注射干细胞分泌的外泌体可减少小鼠模型的梗死面积[135]。miRNA 在外泌体介导的作用中扮演着重要角色。miRNA 通过与特定的 mRNA结合,阻止蛋白质翻译,从而在转录后水平调控基因表达。一些 miRNA 在健康的心脏组织中高度表达,因此可能在维持正常心脏功能方面发挥作用[136]。一些 miRNA 与许多疾病相关,包括冠心病[137,138]。此外,某些 miRNA 在人类胚胎干细胞中大量表达,在细胞周期中发挥作用,调节细胞的多能性和分化[139,140]。这便使得 miRNA 成为分子治疗的焦点,尤其是在再生医学和细胞编程方面的应用。最近关于 miRNA 在细胞重编程应用的研究中发现,一些 miRNA 可与转录因子联合促进诱导多能干细胞的产生[141-143]。此前的一项研究报道,miR-138 可通过靶向肿瘤抑制基因 P53 的 3'-非翻译区域来提高重编程效率。miR-138 与 OCT4、SOX2、KLF4结合可下调 P53 及其下游基因的表达,从而促进诱导多能干细胞的生成[144]。同理,阻断以去乙酰化酶 1(SIRT1)为靶点的衰老相关 miR-195 以及 P53 的靶点 miR-34a 的缺失[86],也可显著增强重编程效率。Anokye-Danso 等研究者发现,miR-302/367 簇的表达可将小鼠和人成纤维细胞重编程成诱导多能干细胞,而不影响外源性转录因子[145]。总的来说,诱导多能干细胞可由心脏内部的特定的 miRNA 特异性编程和诱导,同时 miRNA 也可提高干细胞的植入和活性。这些特性使 miRNA 在未来的再生心血管治疗中备受关注。

此外,2005 年 Thum 等学者提出了死亡干细胞假说,认为用于治疗的干细胞已经凋亡,启动免疫调节机制,从而诱导心肌重构和潜在的心脏保护作用[146-148]。体外实验表明,辐照后凋亡的外周血单个核细胞释放的 IL-8 水平明显高于未处理的对照组细胞[149,150]。进一步研究显示,注射这种细胞的急性心肌梗死动物模型的左室射血分数和心输出量明显改善[151]。这些作用主要是通过 Akt/Erk 通路调控。因此,凋亡细胞传递的危险信号可能通过激活促存活和抗凋亡级联反应,从而减少梗死面积,并保护细胞免受缺氧诱导的细胞死亡。

五、小结

心衰是心血管疾病的终末阶段,其较高的发病率和住院率极大地加重了患者经济负担和社会负担。虽然干细胞治疗是一种新型治疗手段,但其相关的临床前和临床研究结果受诸多因素影响。首先,干细胞种类的多样性决定了不同干细胞的作用机制及治疗效果可能不同;其次,干细胞的提取和培养方式不同,这可能也影响了干细胞的活性、分化状态;最后,用于治疗的干细胞剂量、移植途径及移植时机不同也影响着治疗效果。因此,应进一步完善干细胞的标准化治疗,以规范干细胞治疗的临床前实验和临床应用。

如何提高干细胞的疗效是目前研究关注的主要问题,如通过生物材料辅助细胞移植、基因修饰干细胞和低氧预处理等手段,增加干细胞活性、增殖能力或心脏滞留率。此外,亦有通过脱细胞疗法模仿干细胞旁分泌作用,以外泌体和微囊泡为介质携带生长因子和 miRNA 至靶组织,改善局部微环境,促进局部细胞修复和功能恢复[152-153]。现阶段干细胞治疗心衰的研究重心主要偏向于大样本的临床研究、移植途径以及治疗机制。传统的静脉注射、心肌注射和冠脉注射已逐渐应用于临床前及临床研究中,基于组织工程的生物材料细胞片技术也愈加受到学者关注。对于治疗机制的研究也愈加趋向于分子水平。但是,仍没有充分证据阐明干细胞治疗心衰的具体机制。未来,基于基因编辑和生物材料结合的治疗方式可能成为干细胞治疗的一种新思路。

(刘中民 韩 薇 忻元峰)

参考文献

[1] INAMDAR A A,INAMDAR A C. Heart failure:diagnosis,management and utilization [J]. J Clin Med,2016,5(7):62.

[2] ROGER V L,GO A S,LLOYD-JNES D M,et al. Heart disease and stroke statistics—2012 update:a report from the American Heart Association [J]. Circulation. 2012,125(1):e2-e220.

[3] THACKERAY J T,HUPE H C,WANG Y,et al. Myocardial inflammation predicts remodeling and neuroinflammation after myocardial infarction [J]. J Am Coll Cardiol,2018,71(3):263-275.

[4] ONG S B,HERNÁNDEZ-RESÉNDIZ S,CRESPO-AVILAN G E,et al. Inflammation following acute myocardial infarction:Multiple players,dynamic roles,and novel therapeutic opportunities [J]. Pharmacology,2018,186:73-87.

[5] SUNCION V Y,GHERSIN E,FISHMAN J E,et al. Does transendocardial injection of mesenchymal stem cells improve myocardial function locally or globally? :An analysis from the Percutaneous Stem Cell Injection Delivery Effects on Neomyogenesis(POSEIDON)randomized trial [J]. Circ Res,2014,114(8):1292-1301.

[6] XU R,DING S,ZHAO Y,et al. Autologous Transplantation of Bone Marrow/Blood-Derived Cells for

Chronic Ischemic Heart Disease:A Systematic Review and Meta-analysis [J]. Can J Cardiol,2014,30(11): 1370-1377.

[7] YAU T M,PAGANI F D,MANCINI D M,et al. Intramyocardial Injection of Mesenchymal Precursor Cells and Successful Temporary Weaning from Left Ventricular Assist Device Support in Patients with Advanced Heart Failure:A Randomized Clinical Trial [J]. JAMA,2019,321(12):1176-1186.

[8] SEGERS V F M,LEE R T. Stem-cell therapy for cardiac disease [J]. Nature,2008,451(7181):937-942.

[9] DING D C,SHYU W C,LIN S Z. Mesenchymal stem cells [J]. Cell Transplant,2011,20(1):5-14.

[10] VASILEIOS K,DIFEDE D L,GARY G,et al. Autologous Mesenchymal Stem Cells Produce Concordant Improvements in Regional Function,Tissue Perfusion,and Fibrotic Burden When Administered to Patients Undergoing Coronary Artery Bypass Grafting Novelty and Significance [J]. Circ Res,2014,114(8): 1302-1310.

[11] BARTUNEK J,BEHFAR A,DOLATABADI D,et al. Cardiopoietic Stem Cell Therapy in Heart Failure[J]. J Am Coll Cardiol,2013,61(23):2329-2338.

[12] JACKSON K A,MAJKA S M,WANG H,et al. Regeneration of ischemic cardiac muscle and vascular endothelium by adult stem cells [J]. J Clin Invest,2001,107(11):1395-1402.

[13] BLAU H M,BRAZELTON T R,WEIMANN J M. The Evolving Concept of a Stem Cell:Entity or Function? [J]. Cell,2001,105(7):829-841.

[14] OETTGEN P,BOYLE A J,SCHULMAN S P,et al. Cardiac Stem Cell Therapy. Need for Optimization of Efficacy and Safety Monitoring [J]. Circulation,2006,114(4):353-358.

[15] RIESS P,MOLCANYI M,BENTZ K,et al. Embryonic stem cell transplantation after experimental traumatic brain injury dramatically improves neurological outcome,but may cause tumors [J]. J Neurotrauma,2007,24 (1):216-225.

[16] FIJNVANDRAAT A C,VAN GINNEKEN A C G,SCHUMACHER C A,et al. Cardiomyocytes purified from differentiated embryonic stem cells exhibit characteristics of early chamber myocardium [J]. J Mol Cell Cardiol,2003,35(12):1461-1472.

[17] FIJNVANDRAAT A C,DEPREZ R H L,MOORMAN A F M. Development of heart muscle-cell diversity:a help or a hindrance for phenotyping embryonic stem cell-derived cardiomyocytes [J]. Cardiovasc Res,2003,58(2):303-312.

[18] HARDING S E,ALI N N,BRITO-MARTINS M,et al. The human embryonic stem cell-derived cardiomyocyte as a pharmacological model [J]. pharmthera,2007,113(2):341-353.

[19] TAKAHASHI K,OKITA K,NAKAGAWA M,et al. Induction of pluripotent stem cells from fibroblast cultures [J]. Nat Protoc,2007,2(12):3081-3089.

[20] SCHENKE-LAYLAND K,RHODES K E,ANGELIS E,et al. Reprogrammed Mouse Fibroblasts Differentiate into Cells of the Cardiovascular and Hematopoietic Lineages [J]. Stem Cells,2008,26(6): 1537-1546.

[21] NARAZAKI G,UOSAKI H,TERANISHI M,et al. Directed and systematic differentiation of cardiovascular cells from mouse induced pluripotent stem cells [J]. Circulation,2008,118(5):498-506.

[22] ZHANG J,WILSON G F,SOERENS A G,et al. Functional Cardiomyocytes Derived from Human Induced Pluripotent Stem Cells [J]. Circ Res,2009,104(4):e30-e41.

[23] TAKAHASHI K,TANABE K,OHNUKI M,et al. Induction of pluripotent stem cells from adult human

fibroblasts by defined factors [J]. Cell,2007,131(5):861-872.

[24] LISTER R,PELIZZOLA M,KIDA Y S,et al. Hotspots of aberrant epigenomic reprogramming in human induced pluripotent stem cells [J]. Nature,2011,471(7336):68-73.

[25] LAFLAMME M A,CHEN K Y,NAUMOVA A V,et al. Cardiomyocytes derived from human embryonic stem cells in pro-survival factors enhance function of infarcted rat hearts [J]. Nat Biotechnol,2007,25(9):1015-1024.

[26] YANG L,SOONPAA M H,ADLER E D,et al. Human cardiovascular progenitor cells develop from a KDR+ embryonic-stem-cell-derived population [J]. Nature,2008,453(7194):524-528.

[27] IZHAK,KEHAT,LEONID,et al. Electromechanical integration of cardiomyocytes derived from human embryonic stem cells [J]. Nat Biotechnol,2004,22(10):1282-1289.

[28] XU C,POLICE S,RAO N,et al. Characterization and enrichment of cardiomyocytes derived from human embryonic stem cells [J]. Circ Res,2002,91(6):501-508.

[29] ZHU W Z,VAN BIBER B,LAFLAMME M A. Methods for the derivation and use of cardiomyocytes from human pluripotent stem cells [J]. Methods Mol Biol,2011,767:419-431.

[30] REN Y,LEE M Y,SCHLIFFKE S,et al. Small molecule Wnt inhibitors enhance the efficiency of BMP-4-directed cardiac differentiation of human pluripotent stem cells [J]. J Mol Cell Cardiol,2011,51(3):280-287.

[31] LIAN X,HSIAO C,WILSON G,et al. Robust cardiomyocyte differentiation from human pluripotent stem cells via temporal modulation of canonical Wnt signaling [J]. Proc Natl Acad Sci U S A,2012,109(27):E1848-E1857.

[32] KARAKIKES I,SENYEI G D,HANSEN J,et al. Small molecule-mediated directed differentiation of human embryonic stem cells toward ventricular cardiomyocytes [J]. Stem Cells Transl Med,2014,3(1):18-31.

[33] WENG Z,KONG C W,REN L,et al. A simple,cost-effective but highly efficient system for deriving ventricular cardiomyocytes from human pluripotent stem cells [J]. Stem Cells Dev,2014,23(14):1704-1716.

[34] SEEGER T,SHRESTHA R,LAM C K,et al. A premature termination codon mutation in MYBPC3 causes hypertrophic cardiomyopathy via chronic activation of nonsense-mediated decay [J]. Circulation,2019,139(6):799-811.

[35] NGUYEN Q,LIM K R Q,YOKOTA T. Genome editing for the understanding and treatment of inherited cardiomyopathies [J]. Int J Mol Sci,2020,22;21(3):733.

[36] MACK D L,GUAN X,WAGONER A,et al. Disease-in-a-dish:the contribution of patient-specific induced pluripotent stem cell technology to regenerative rehabilitation [J]. Am J Phys Med Rehabil,2014,93(11):S155-S168.

[37] MENASCHE,PHILIPPE,HAGEGE,et al. Myoblast transplantation for heart failure [J]. Lancet,2001,357(9252):279-280.

[38] DUCKERS H J,HOUTGRAAF J,HEHRLEIN C,et al. Final results of a phase IIa,randomised,open-label trial to evaluate the percutaneous intramyocardial transplantation of autologous skeletal myoblasts in congestive heart failure patients:the SEISMIC trial [J]. EuroIntervention,2011,6(7):805-812.

[39] BONAROS N,RAUF R,SCHLECHTA B,et al. Increased cell engraftment and neoangiogenesis after combined transplantation of skeletal myoblasts and angiopoietic progenitors in ischemic heart failure [J]. Interact Cardiovasc Thorac Surg,2007,55(S 1):249-255.

第
五
章

干
细
胞
临
床
研
究

[40] GAVIRA J J,HERREROS J,PEREZ A,et al. Autologous skeletal myoblast transplantation in patients with nonacute myocardial infarction:1-year follow-up [J]. J Thorac Cardiovasc Surg,2006,131 (4):799-804.

[41] MILLS W R,MAL N,KIEDROWSKI M J,et al. Stem cell therapy enhances electrical viability in myocardial infarction [J]. J Mol Cell Cardiol,2007,42 (2):304-314.

[42] BIRBRAIR A,FRENETTE P S. Niche heterogeneity in the bone marrow [J]. Ann N Y Acad Sci,2016, 1370 (1):82.

[43] CAPLAN A I,CORREA D. PDGF in bone formation and regeneration:new insights into a novel mechanism involving MSCs [J]. J Orthop Res,2011,29 (12):1795-1803.

[44] GIACOMELLI C,NATALI L,NISI M,et al. Negative effects of a high tumour necrosis factor-α concentration on human gingival mesenchymal stem cell trophism:the use of natural compounds as modulatory agents [J]. Stem Cell Res Ther,2018,9 (1):135.

[45] PARK S,CHOI Y,JUNG N,et al. Myogenic differentiation potential of human tonsil-derived mesenchymal stem cells and their potential for use to promote skeletal muscle regeneration[J]. Int J Mol Med,2016,37(5): 1209-1220.

[46] MONFRINI M,DONZELLI E,RODRIGUEZ-MENENDEZ V,et al. Therapeutic potential of Mesenchymal Stem Cells for the treatment of diabetic peripheral neuropathy [J]. Exp Neurol,2017,288: 75-84.

[47] MAKINO S,FUKUDA K,MIYOSHI S,et al. Cardiomyocytes can be generated from marrow stromal cells in vitro [J]. J Clin Invest,1999,103 (5):697-705.

[48] HAFEZ P,JOSE S,CHOWDHURY S R,et al. Cardiomyogenic differentiation of human sternal bone marrow mesenchymal stem cells using a combination of basic fibroblast growth factor and hydrocortisone [J]. Cell Biol Int,2016,40 (1):55-64.

[49] KAWADA H,FUJITA J,KINJO K,et al. Nonhematopoietic mesenchymal stem cells can be mobilized and differentiate into cardiomyocytes after myocardial infarction [J]. Blood,2004,104 (12):3581-3587.

[50] HATZISTERGOS K E,QUEVEDO H,OSKOUEI B N,et al. Bone marrow mesenchymal stem cells stimulate cardiac stem cell proliferation and differentiation [J]. Circ Res,2010,107 (7):913-922.

[51] ISO Y,SPEES J L,SERRANO C,et al. Multipotent human stromal cells improve cardiac function after myocardial infarction in mice without long-term engraftment [J]. Biochem Biophys Res Commun,2007, 354 (3):700-706.

[52] TOMA C,PITTENGER M F,CAHILL K S,et al. Human mesenchymal stem cells differentiate to a cardiomyocyte phenotype in the adult murine heart [J]. Circulation,2002,105 (1):93-98.

[53] LEIKER M,SUZUKI G,IYER V S,et al. Assessment of a nuclear affinity labeling method for tracking implanted mesenchymal stem cells [J]. Cell Transplant,2008,17 (8):911-922.

[54] ERICES A,CONGET P,MINGUELL J J. Mesenchymal progenitor cells in human umbilical cord blood [J]. Br J Haematol,2000,109 (1):235-242.

[55] CSAKI C,MATIS U,MOBASHERI A,et al. Chondrogenesis,osteogenesis and adipogenesis of canine mesenchymal stem cells:a biochemical,morphological and ultrastructural study [J]. Histochem Cell Biol, 2007,128 (6):507-520.

[56] DOMINICI M,LE BLANC K,MUELLER I,et al. Minimal criteria for defining multipotent mesenchymal stromal cells. The International Society for Cellular Therapy position statement [J]. Cytotherapy,2006,8(4):

315-317.

[57] LIANG B,CHEN J,LI T,et al. Clinical remission of a critically ill COVID-19 patient treated by human umbilical cord mesenchymal stem cells:A case report [J]. Medicine,2020,99 (31):e21429.

[58] THEISS H D,DAVID R,ENGELMANN M G,et al. Circulation of CD34$^+$ progenitor cell populations in patients with idiopathic dilated and ischaemic cardiomyopathy (DCM and ICM) [J]. Eur Heart J,2007,28 (10):1258-1264.

[59] BARBASH I M,CHOURAQUI P,BARON J,et al. Systemic delivery of bone marrow-derived mesenchymal stem cells to the infarcted myocardium:feasibility,cell migration,and body distribution [J]. Circulation,2003,108 (7):863-868.

[60] ZHANG Y,MIGNONE J,MACLELLAN W R. Cardiac Regeneration and Stem Cells [J]. Physiol Rev, 2015,95 (4):1189-1204.

[61] KRAITCHMAN D L,TATSUMI M,GILSON W D,et al. Dynamic imaging of allogeneic mesenchymal stem cells trafficking to myocardial infarction [J]. Circulation,2005,112 (10):1451-1461.

[62] KANG W J,KANG H J,KIM H S,et al. Tissue distribution of 18F-FDG-labeled peripheral hematopoietic stem cells after intracoronary administration in patients with myocardial infarction [J]. J Nucl Med,2006,7 (8):1295-1301.

[63] SAITO T,KUANG J Q,BITTIRA B,et al. Xenotransplant cardiac chimera:immune tolerance of adult stem cells [J]. Ann Thorac Surg,2002,74 (1):19-24.

[64] HOOGDUIJN M J,ROEMELING-VAN RHIJN M,ENGELA A U,et al. Mesenchymal stem cells induce an inflammatory response after intravenous infusion [J]. Stem Cells Dev,2013,22 (21):2825-2835.

[65] HARE J M,TRAVERSE J H,HENRY T D,et al. A randomized,double-blind,placebo-controlled, dose-escalation study of intravenous adult human mesenchymal stem cells (prochymal) after acute myocardial infarction [J]. J Am Coll Cardiol,2009,54 (24):2277-2286.

[66] BARTUNEK J,WIJNS W,HEYNDRICKX G R,et al. Timing of intracoronary bone-marrow-derived stem cell transplantation after ST-elevation myocardial infarction [J]. Nat Clin Pract Cardiovasc Med,2006,3: S52-S56.

[67] LLANO R,EPSTEIN S,ZHOU R,et al. Intracoronary delivery of mesenchymal stem cells at high flow rates after myocardial infarction improves distal coronary blood flow and decreases mortality in pigs [J]. Catheter Cardiovasc Interv,2009,73 (2):251-257.

[68] ZHANG Y,SIEVERS R E,PRASAD M,et al. Timing of bone marrow cell therapy is more important than repeated injections after myocardial infarction [J]. Cardiovasc Pathol,2011,20 (4):204-212.

[69] STRAUER B E,BREHM M,ZEUS T,et al. Intracoronary,human autologous stem cell transplantation for myocardial regeneration following myocardial infarction [J]. Dtsch Med Wochenschr,2001,126 (34/35): 932-938.

[70] FREYMAN T,POLIN G,OSMAN H,et al. A quantitative,randomized study evaluating three methods of mesenchymal stem cell delivery following myocardial infarction [J]. Eur Heart J,2006,27 (9):1114-1122.

[71] SCHÄCHINGER V,ERBS S,ELSÄSSER A,et al. Intracoronary bone marrow-derived progenitor cells in acute myocardial infarction [J]. N Engl J Med,2006,355 (12):1210-1221.

[72] STRAUER B E,YOUSEF M,SCHANNWELL C M. The acute and long-term effects of intracoronary Stem cell Transplantation in 191 patients with chronic heARt failure:the STAR-heart study [J]. Eur J Heart

第
五
章

干
细
胞
临
床
研
究

Fail, 2010, 12 (7): 721-729.

[73] CAMPBELL N G, SUZUKI K. Cell delivery routes for stem cell therapy to the heart: current and future approaches [J]. J Cardiovasc Transl Res, 2012, 5 (5): 713-726.

[74] DIB N, MENASCHE P, BARTUNEK J J, et al. Recommendations for successful training on methods of delivery of biologics for cardiac regeneration: a report of the International Society for Cardiovascular Translational Research [J]. JACC Cardiovasc Interv, 2010, 3 (3): 265-275.

[75] DIB N, KHAWAJA H, VARNER S, et al. Cell therapy for cardiovascular disease: a comparison of methods of delivery [J]. J Cardiovasc Transl Res, 2011, 4 (2): 177-181.

[76] VULLIET P R, GREELEY M, HALLORAN S M, et al. Intra-coronary arterial injection of mesenchymal stromal cells and microinfarction in dogs [J]. Lancet, 2004, 363 (9411): 783-784.

[77] PENICKA M, WIDIMSKY P, KOBYLKA P, et al. Images in cardiovascular medicine. Early tissue distribution of bone marrow mononuclear cells after transcoronary transplantation in a patient with acute myocardial infarction [J]. Circulation, 2005, 112 (4): e63-e65.

[78] FORMIGLI L, PERNA A M, MEACCI E, et al. Paracrine effects of transplanted myoblasts and relaxin on post-infarction heart remodelling [J]. J Cell Mol Med, 2007, 11 (5): 1087-1100.

[79] HUANG Z, SHEN Y, SUN A, et al. Magnetic targeting enhances retrograde cell retention in a rat model of myocardial infarction [J]. Stem Cell Res Ther, 2013, 4 (6): 149.

[80] YOKOYAMA S I, FUKUDA N, LI Y, et al. A strategy of retrograde injection of bone marrow mononuclear cells into the myocardium for the treatment of ischemic heart disease [J]. J Mol Cell Cardiol, 2006, 40 (1): 24-34.

[81] PATEL A N, MITTAL S, TURAN G, et al. REVIVE trial: retrograde delivery of autologous bone marrow in patients with heart failure [J]. Stem Cells Transl Med, 2015, 4 (9): 1021-1027.

[82] TUMA J, FERNÁNDEZ-VIÑA R, CARRASCO A, et al. Safety and feasibility of percutaneous retrograde coronary sinus delivery of autologous bone marrow mononuclear cell transplantation in patients with chronic refractory angina [J]. J Transl Med, 2011, 9 (1): 1-7.

[83] HOU D, YOUSSEF E A S, BRINTON T J, et al. Radiolabeled cell distribution after intramyocardial, intracoronary, and interstitial retrograde coronary venous delivery: implications for current clinical trials [J]. Circulation, 2005, 112: 150-156.

[84] MOZID A, YEO C, ARNOUS S, et al. Safety and feasibility of intramyocardial versus intracoronary delivery of autologous cell therapy in advanced heart failure: the REGENERATE-IHD pilot study [J]. Regen Med, 2014, 9 (3): 269-278.

[85] CHOUDHURY T, MOZID A, HAMSHERE S, et al. An exploratory randomized control study of combination cytokine and adult autologous bone marrow progenitor cell administration in patients with ischaemic cardiomyopathy: the REGENERATE-IHD clinical trial [J]. Eur J Heart Fail, 2017, 19 (1): 138-147.

[86] CHARWAT S, GYÖNGYÖSI M, LANG I, et al. Role of adult bone marrow stem cells in the repair of ischemic myocardium: current state of the art [J]. Exp Hematol, 2008, 36 (6): 672-680.

[87] MENASCHÉ P, HAGÈGE A A, VILQUIN J T, et al. Autologous skeletal myoblast transplantation for severe postinfarction left ventricular dysfunction [J]. J Am Coll Cardiol, 2003, 41 (7): 1078-1083.

[88] SHIBA Y, GOMIBUCHI T, SETO T, et al. Allogeneic transplantation of iPS cell-derived cardiomyocytes

第五章 干细胞临床研究

regenerates primate hearts [J]. Nature,2016,538(7625):388-391.

[89] SHERMAN W,MARTENS T P,VILES-GONZALEZ J F,et al. Catheter-based delivery of cells to the heart [J]. Nat Clin Pract Cardiovasc Med,2006,3:S57-S64.

[90] PERIN E C,SILVA G V,ASSAD J A R,et al. Comparison of intracoronary and transendocardial delivery of allogeneic mesenchymal cells in a canine model of acute myocardial infarction [J]. J Mol Cell Cardiol,2008, 44(3):486-495.

[91] BERVAR M,KOZELJ M,POGLAJEN G,et al. Effects of transendocardial CD34+ cell transplantation on diastolic parameters in patients with nonischemic dilated cardiomyopathy [J]. Stem Cells Transl Med,2017,6 (6):1515-1521.

[92] FUKUSHIMA S,COPPEN S R,LEE J,et al. Choice of cell-delivery route for skeletal myoblast transplantation for treating post-infarction chronic heart failure in rat [J]. PloS one,2008,3(8):e3071.

[93] MENASCHÉ P,ALFIERI O,JANSSENS S,et al. The Myoblast Autologous Grafting in Ischemic Cardiomyopathy (MAGIC) trial:first randomized placebo-controlled study of myoblast transplantation [J]. Circulation,2008,117(9):1189-1200.

[94] MENASCHÉ P. Cell therapy trials for heart regeneration—lessons learned and future directions [J]. Nat Rev Cardiol,2018,15(11):659-671.

[95] MENASCHE P. Cardiac cell therapy:lessons from clinical trials [J]. J Mol Cell Cardiol,2011,50(2): 258-265.

[96] MATSUURA K,MASUDA S,SHIMIZU T. Cell Sheet-Based Cardiac Tissue Engineering [J]. Anat Rec (Hoboken),2014,297(1):65-72.

[97] BEHFAR A,CRESPO-DIAZ R,TERZIC A,et al. Cell therapy for cardiac repair—lessons from clinical trials [J]. Nat Rev Cardiol,2014,11(4):232-246.

[98] SHIMIZU T,YAMATO M,KIKUCHI A,et al. Two-dimensional manipulation of cardiac myocyte sheets utilizing temperature-responsive culture dishes augments the pulsatile amplitude [J]. Tissue Eng,2001,7(2): 141-151.

[99] CHRISTMAN K L,LEE R J. Biomaterials for the treatment of myocardial infarction [J]. J Am Coll Cardiol,2006,48(5):907-913.

[100] YANG J,YAMATO M,SHIMIZU T,et al. Reconstruction of functional tissues with cell sheet engineering [J]. Biomaterials,2007,28(34):5033-5043.

[101] CHAN A T,KARAKAS M F,VAKROU S,et al. Hyaluronic acid-serum hydrogels rapidly restore metabolism of encapsulated stem cells and promote engraftment [J]. Biomaterials,2015,73:1-11.

[102] HARAGUCHI Y,SHIMIZU T,YAMATO M,et al. Scaffold-free tissue engineering using cell sheet technology [J]. RSC Adv,2012,2(6):2184-2190.

[103] ALBLAWI A,RANJANI A S,YASMIN H,et al. Scaffold-free:A developing technique in field of tissue engineering [J]. Comput Methods Programs Biomed,2020,185:105148.

[104] KOBAYASHI J,KIKUCHI A,AOYAGI T,et al. Cell sheet tissue engineering:cell sheet preparation, harvesting/manipulation,and transplantation [J]. J Biomed Mater Res A,2019,107(5):955-967.

[105] KIM K,BOU-GHANNAM S,OKANO T. Cell sheet tissue engineering for scaffold-free three-dimensional (3D) tissue reconstruction [J]. Methods Cell Biol. 2020,157:143-167.

[106] NARITA T,SHINTANI Y,IKEBE C,et al. The use of scaffold-free cell sheet technique to refine

mesenchymal stromal cell-based therapy for heart failure [J]. Mol Ther,2013,21(4):860-867.

[107] SEIF-NARAGHI S B,SINGELYN J M,SALVATORE M A,et al. Safety and efficacy of an injectable extracellular matrix hydrogel for treating myocardial infarction [J]. Sci Transl Med,2013,5(173):173ra25.

[108] WANG Q,WANG H,LI Z,et al. Mesenchymal stem cell-loaded cardiac patch promotes epicardial activation and repair of the infarcted myocardium [J]. J Cell Mol Med,2017,21(9):1751-1766.

[109] YU H,LU K,ZHU J,et al. Stem cell therapy for ischemic heart diseases [J]. Br Med Bull,2017,121(1):135-154.

[110] SAWA Y,MIYAGAWA S,SAKAGUCHI T,et al. Tissue engineered myoblast sheets improved cardiac function sufficiently to discontinue LVAS in a patient with DCM:report of a case [J]. Surg Today,2012,42(2):181-184.

[111] SAWA Y,MIYAGAWA S. Present and future perspectives on cell sheet-based myocardial regeneration therapy [J]. Biomed Res Int,2013,2013:583912.

[112] MIYAGAWA S,DOMAE K,YOSHIKAWA Y,et al. Phase I clinical trial of autologous stem cell-sheet transplantation therapy for treating cardiomyopathy [J]. J Am Heart Assoc,2017,6(4):e003918.

[113] YOSHIKAWA Y,MIYAGAWA S,TODA K,et al. Myocardial regenerative therapy using a scaffold-free skeletal-muscle-derived cell sheet in patients with dilated cardiomyopathy even under a left ventricular assist device:a safety and feasibility study [J]. Surg Today,2018,48(2):200-210.

[114] YAMAMOTO R,MIYAGAWA S,TODA K,et al. Long-term outcome of ischemic cardiomyopathy after autologous myoblast cell-sheet implantation [J]. Ann Thorac Surg,2019,108(5):e303-e306.

[115] SHARMA S,MISHRA R,BIGHAM G E,et al. A deep proteome analysis identifies the complete secretome as the functional unit of human cardiac progenitor cells [J]. Circ Res,2017,120(5):816-834.

[116] GARBERN J C,LEE R T. Cardiac stem cell therapy and the promise of heart regeneration [J]. Cell stem cell,2013,12(6):689-698.

[117] GNECCHI M,ZHANG Z,NI A,et al. Paracrine mechanisms in adult stem cell signaling and therapy [J]. Circ Res,2008,103(11):1204-1219.

[118] GNECCHI M,HE H,LIANG O D,et al. Paracrine action accounts for marked protection of ischemic heart by Akt-modified mesenchymal stem cells [J]. Nat Med,2005,11(4):367-368.

[119] DI SANTO S,YANG Z,WYLER VON BALLMOOS M,et al. Novel cell-free strategy for therapeutic angiogenesis:in vitro generated conditioned medium can replace progenitor cell transplantation [J]. PloS one,2009,4(5):e5643.

[120] FUCHS S,BAFFOUR R,ZHOU Y F,et al. Transendocardial delivery of autologous bone marrow enhances collateral perfusion and regional function in pigs with chronic experimental myocardial ischemia [J]. J Am Coll Cardiol,2001,37(6):1726-1732.

[121] KINNAIRD T,STABILE E,BURNETT M S,et al. Local delivery of marrow-derived stromal cells augments collateral perfusion through paracrine mechanisms [J]. Circulation,2004,109(12):1543-1549.

[122] GNECCHI M,HE H,LIANG O D,et al. Paracrine action accounts for marked protection of ischemic heart by Akt-modified mesenchymal stem cells [J]. Nat Med,2005,11(4):367-368.

[123] YOSHIOKA T,AGEYAMA N,SHIBATA H,et al. Repair of Infarcted Myocardium Mediated by Transplanted Bone Marrow-Derived CD34$^+$ Stem Cells in a Nonhuman Primate Model [J]. Stem Cells,2005,23(3):355-364.

[124] ARRAS M,STRASSER R,MOHRI M,et al. Tumor necrosis factor-alpha is expressed by monocytes/macrophages following cardiac microembolization and is antagonized by cyclosporine [J]. Basic Res Cardiol,1998,93(2):97-107.

[125] KOCHER A A,SCHUSTER M D,SZABOLCS M J,et al. Neovascularization of ischemic myocardium by human bone-marrow-derived angioblasts prevents cardiomyocyte apoptosis,reduces remodeling and improves cardiac function [J]. Nat Med,2001,7(4):430-436.

[126] GARIKIPATI V N S,SHOJA-TAHERI F,DAVIS M E,et al. Extracellular vesicles and the application of system biology and computational modeling in cardiac repair [J]. Circ Res,2018,123(2):188-204.

[127] CABY M P,LANKAR D,VINCENDEAU-SCHERRER C,et al. Exosomal-like vesicles are present in human blood plasma [J]. Int Immunol,2005,17(7):879-887.

[128] SIMONS M,RAPOSO G. Exosomes-vesicular carriers for intercellular communication [J]. Curr Opin Cell Biol,2009,21(4):575-581.

[129] PARIZADEH S M,FERNS G A,GHANDEHARI M,et al. The diagnostic and prognostic value of circulating microRNAs in coronary artery disease:A novel approach to disease diagnosis of stable CAD and acute coronary syndrome [J]. J Cell Physiol,2018,233(9):6418-6424.

[130] WAHLGREN J,DE L KARLSON T,BRISSLERT M,et al. Plasma exosomes can deliver exogenous short interfering RNA to monocytes and lymphocytes [J]. Nucleic Acids Res,2012,40(17):e130.

[131] SHIMBO K,MIYAKI S,ISHITOBI H,et al. Exosome-formed synthetic microRNA-143 is transferred to osteosarcoma cells and inhibits their migration [J]. Biochem Biophys Res Commun,2014,445(2):381-387.

[132] VANDERGRIFF A,HUANG K,SHEN D,et al. Targeting regenerative exosomes to myocardial infarction using cardiac homing peptide [J]. Theranostics,2018,8(7):1869-1878.

[133] SHAFEI A,ALI M A,GHANEM H G,et al. Mesenchymal stem cells therapy:a promising cell based therapy for treatment of myocardial infraction [J]. J Gene Med,2017,19(12):e2995.

[134] YU B,GONG M,WANG Y,et al. Cardiomyocyte Protection by GATA-4 Gene Engineered Mesenchymal Stem Cells Is Partially Mediated by Translocation of miR-221 in Microvesicles [J]. Plos One,2013,8(8):e73304.

[135] LAI R C,ARSLAN F,LEE M M,et al. Exosome secreted by MSC reduces myocardial ischemia/reperfusion injury [J]. Stem Cell Res,2010,4(3):214-222.

[136] ROMAINE S,TOMASZEWSKI M,CONDORELLI G,et al. MicroRNAs in cardiovascular disease:An introduction for clinicians [J]. Heart,2015,101(12):921-928.

[137] KISHORE A,BORUCKA J,PETRKOVA J,et al. Novel Insights into miRNA in Lung and Heart Inflammatory Diseases [J]. Mediators Inflamm,2014,2014:259131.

[138] WANG S S,WU L J,LI J J,et al. A meta-analysis of dysregulated miRNAs in coronary heart disease [J]. Life Sci,2018,215:170-181.

[139] ROSA A,BRIVANLOU A H. Regulatory non-coding RNAs in pluripotent stem cells [J]. Int J Mol Sci,2013,14(7):14346-14373.

[140] CUI J,XIE X. Non-coding RNAs:emerging regulatory factors in the derivation and differentiation of mammalian parthenogenetic embryonic stem cells [J]. Cell Biol Int,2017,41(5):476-483.

[141] ROSA A,BRIVANLOU A H. Regulatory non-coding RNAs in pluripotent stem cells [J]. Int J Mol Sci,2013,14(7):14346-14373.

第五章 干细胞临床研究

[142] KONDO H,KIM H W,WANG L,et al. Blockade of senescence-associated microRNA-195 in aged skeletal muscle cells facilitates reprogramming to produce induced pluripotent stem cells[J]. Aging Cell,2016,15(1): 56-66.

[143] YONG J C,LIN C P,HO J J,et al. MiR-34 miRNAs provide a barrier for somatic cell reprogramming[J]. Nat Cell Biol,2011,13(11):1353-1360.

[144] YE D,WANG G,LIU Y,et al. MiR-138 promotes induced pluripotent stem cell generation through the regulation of the p53 signaling [J]. Stem Cells,2012,30(8):1645-1654.

[145] ANOKYE-DANSO F,TRIVEDI C M,D JUHR,et al. Highly efficient miRNA-mediated reprogramming of mouse and human somatic cells to pluripotency [J]. Cell Stem Cell,2011,8(4):376-388.

[146] PERRUCHE S,KLEINCLAUSS F,BITTENCOURT M,et al. Intravenous infusion of apoptotic cells simultaneously with allogeneic hematopoietic grafts alters anti-donor humoral immune responses [J]. Am J Transplant,2004,4(8):1361-1365.

[147] SAAS P,BONNEFOY F,KURY-PAULIN S,et al. Mediators Involved in the Immunomodulatory Effects of Apoptotic Cells [J]. Transplantation,2007,84:S31-S34.

[148] THUM T,BAUERSACHS J,POOLE-WILSON P A,et al. The dying stem cell hypothesis:immune modulation as a novel mechanism for progenitor cell therapy in cardiac muscle [J]. J Am Coll Cardiol, 2005,46(10):1799-1802.

[149] ANKERSMIT H J,HOETZENECKER K,DIETL W,et al. Irradiated cultured apoptotic peripheral blood mononuclear cells regenerate infarcted myocardium [J]. Eur J Clin Invest,2009,39(6):445-456.

[150] LICHTENAUER M,MILDNER M,BAUMGARTNER A,et al. Intravenous and intramyocardial injection of apoptotic white blood cell suspensions prevents ventricular remodelling by increasing elastin expression in cardiac scar tissue after myocardial infarction [J]. Basic Res Cardiol,2011,106(4):645-655.

[151] LICHTENAUER M,MILDNER M,HOETZENECKER K,et al. Secretome of apoptotic peripheral blood cells(APOSEC)confers cytoprotection to cardiomyocytes and inhibits tissue remodelling after acute myocardial infarction:a preclinical study [J]. Basic Res Cardiol,2011,106(6):1283-1297.

[152] SLUIJTER J,MIL A V,VLIET P V,et al. MicroRNA-1 and-499 regulate differentiation and proliferation in human-derived cardiomyocyte progenitor cells [J]. Arterioscler Thromb Vasc Biol,2010,30(4):859-868.

[153] YELLON D M,DAVIDSON S M. Exosomes Nanoparticles Involved in Cardioprotection? [J]. Circ Res, 2014,114(2):325-332.

第三节　干细胞治疗呼吸系统疾病的临床研究进展

呼吸系统疾病是临床常见病、多发病。很多相关疾病因发病机制不明确,或病情迁延,缺乏有效治疗手段,最终并发呼吸衰竭,甚至死亡。细胞移植治疗中的干细胞治疗是近几年兴起的治疗方法,可通过再生修复、免疫调节及抗衰老达到治疗作用。目前国内外围绕间质性肺疾病、慢性阻塞性肺疾病(chronic obstructive pulmonary disease,COPD)、急性呼吸窘迫综合征和支气管肺发育不良等难治性肺疾病已开展许多基础、临床前及临床研究。本节从呼吸系统常见疾病治疗现状、干细胞移植治疗作用机制、移植治疗的方法及注意事项、干细胞移植临床研究进展等方面进行阐述。

一、呼吸系统疾病概述

呼吸系统疾病是临床常见病、多发病。由于大气污染、吸烟和工业经济发展导致的理化因子、生物因子以及人口年龄老化等因素,使近年来呼吸系统疾病如慢性阻塞性肺疾病、支气管哮喘和肺恶性肿瘤等的发病率明显增加,同时呼吸道传染病如流行性感冒、肺结核和新型冠状病毒感染等严重威胁人类生命健康。呼吸系统疾病主要病变在气管、支气管、肺部及胸腔,各种原因导致的炎症性损伤是上述疾病的根本原因,终末期往往缺乏有效治疗手段。

难治性肺疾病是指利用已有药物、医疗手段及支持治疗,仍不能有效控制病情进展,预后及生存质量较差,对个人、家庭及社会造成严重经济和人力负担的肺部疾病,包括急性呼吸窘迫综合征(acute respiratory distress syndrome,ARDS)、支气管肺发育不良、进行性纤维化性间质性肺病(progressive fibrosing interstitial lung diseases,PF-ILD)、闭塞性细支气管炎(bronchiolitis obliterans,BO)、难治性支气管哮喘(difficult asthma,DA)、终末期肺毁损与支气管扩张、极重度慢性阻塞性肺疾病和矽肺等。其病因复杂,发病机制不明确,病情迁延,随着病情进展,严重时可并发呼吸衰竭,甚至死亡,是临床医师常面临的难题。

干细胞移植是近几年兴起的治疗方法。干细胞是一种未充分分化、尚不成熟的细胞,具有再生为各种组织器官和人体细胞的潜在功能。干细胞移植治疗是把健康的干细胞移植到患者体内,以修复或替换受损细胞或组织,从而达到治愈的目的。随着细胞治疗基础研究的深入、移植技术的进展及各种临床研究的不断开展,发现细胞移植治疗安全性良好,副作用小,患者依从性高,而且更个体化、更精准,为各种肺部炎症损伤、纤维化及组织毁损的治疗提供了一个新选择。目前呼吸系统临床研究中采用的干细胞主要包括两类:一类为肺脏再生修复为主的干细胞,包括支气管基底层细胞或者克拉拉细胞(Clara cell),多为自体通过气管镜采集后体外培养扩增,然后再通过气管镜回输;另一类为调节肺脏免疫应答为主的间充质干细胞,可来源于自体或者异体的骨髓、脂肪、脐带、羊膜、胎儿血、月经血等,治疗方式主要为静脉注射,但也可通过气管镜局部回输。

(一)支气管肺来源干细胞

呼吸系统损伤后具有一定的自我修复功能,如大部分非化脓性感染的支气管炎或肺炎痊愈后可很快修复不留痕迹,因此气管-支气管内可能存在不同龛位,以容纳不同干细胞。基底细胞、分泌细胞和纤毛细胞是组成气道假复层上皮的主要细胞,Randell 等[1]将基底细胞移植到受损的气道上皮基底膜,发现有基底细胞样的、未完全分化的中间细胞类型生成,并逐渐分化为黏液细胞和纤毛细胞,形成和正常气道完全相似的上皮组织。这表明在基底细胞中存在具有多分化潜能的细胞,可能是上皮细胞的干细胞,但是在发育过程中,分泌细胞和纤毛细胞先于基底细胞发育,而且在成熟肺受到损伤后,分泌细胞具有很强的增殖活性,所以,目前基底细胞被大多数学者认为可继续增殖分化,而纤毛细胞是终末分化细胞,不再进行分裂。同济大学左为团队[2]研究发现位于气道上皮皱襞的罕见 SOX9+ 基底细胞(BC)体外扩增后移植于损伤小鼠肺中,可形成肺泡上皮和细支气管上皮,并具有气体交换功能。研究团队对 2 例支气管扩张症患者进行了首次自体 SOX9+BC 移植临床试验,细胞移植 3~12 个月后,肺组织得到一定程度修复,肺功能增强,提示组织特异性干或祖细胞原位移植可重建功能性成人肺组织结构,有望成为一种成熟的再生治疗策略。

Clara 细胞被认为是远端支气管的一种主要的短暂扩增细胞,胞质内富含滑面内质网、低电子密度的非黏液性胞质颗粒以及有较高活性的细胞色素 P450,可表达 Clara 细胞分泌蛋白(Clara cell secretory protein,CCSP)。许多研究结果显示 Clara 细胞中可能存在有干细胞特性的亚群。Hong 等[3]使小鼠吸入萘造成气道损伤,应用氚标记胸腺嘧啶核苷(3H-TdR)标记增生细胞后发现,标记存留细胞中包括变异 Clara 细胞和肺神经内分泌细胞;选择性去除变异 Clara 细胞后发现,虽然肺神经内分泌细胞和神经上皮小体出现数目增加,但气道上皮并没有修复,说明气道上皮的修复是通过具有自我更新和分化能力的 Clara 细胞实现的,Clara 细胞中可能存在具有干细胞特性的亚群,而神经上皮小体在保持其干细胞特性及调节细胞增殖分化中起重要作用。

(二)间充质干细胞

间充质干细胞具有自我更新能力、多向分化潜能和免疫调节等功能。间充质干细胞是目前全球临床研究与应用中最热门的细胞,目前全球范围内在美国临床试验数据库(*ClinicalTrials.gov*)上注册的间充质干细胞相关的临床试验约有 1 000 项,其中 80% 以上的临床试验处于临床 I 期和 II 期,约 15% 处于临床 III 期阶段[4]。超过 200 项已完成的临床试验结果表明,间充质干细胞用于多种疾病的治疗安全可行,并有一定疗效。目前,间充质干细胞在疾病中发挥作用的机制主要包括定向增殖分化、旁分泌多种细胞因子调节免疫、细胞外囊泡和线粒体转移及表观遗传调控等,但具体机制仍不明确,仍需进一步探索与研究。

间充质干细胞不仅具有自我更新及向其他组织分化的能力,还对多种先天性或适应性免疫细胞具有免疫调节作用,如可以抑制树突状细胞的自我分化和成熟,促进巨噬细胞向 M2 型细胞极化,抑制 NK 细胞、NKT 细胞、B 细胞、CDT 细胞增殖及诱导 Treg 细胞扩增等[5-8]。间充质干细胞的免疫调节作用主要是通过多种可溶性介质的释放经旁分泌途径参与[9,10]。此外,Huaman 等[11]研究发现:间充质干细胞缺乏 MHC-I、MHC-II 及 T 细胞表面共刺激分子(CD40、CD80 及 CD86)的表达导致间充质干细胞免疫源性较低,可有效逃避免疫排斥反应。

间充质干细胞可来源于骨髓、脂肪、脐带、羊膜、胎儿血和月经血等,不同来源的间充质干细胞在增殖速度、分泌细胞因子和免疫调节能力上存在差异,即使同种来源,不同个体之间的间充质干细胞也出现功能上的异质性。脐带和羊膜来源的间充质干细胞在增殖能力上具有明显优势,脂肪和骨髓来源的次之;免疫调节能力方面,脐带、羊膜和脂肪来源的间充质干细胞优于骨髓来源的间充质干细胞,而胎盘来源的间充质干细胞的免疫调节能力最差;分泌细胞因子谱方面,脐带来源的间充质干细胞分泌细胞生长因子的总量明显高于骨髓来源的间充质干细胞,但不同来源的分泌细胞因子谱有明显特点。间充质干细胞体外增殖能力不同还可能与不同细胞传代数或起源组织内的增殖力不同有关。Chen 等[12]在间充质干细胞体外增殖培养研究中发现脐带血间充质干细胞增殖培养能力最强,但 Nakao 等研究中发现骨髓间充质干细胞增殖培养能力最高[13]。脐带血间充质干细胞与其他来源的间充质干细胞相比,具有取材更方便、免疫源性低、异体治疗无免疫排斥反应、无伦理限制和安全性高等临床应用优势。

  静脉注射是间充质干细胞移植最常用和简单的途径。由于肺部血管系统的特性,静脉注射最大的弊端就是肺部能清除大量间充质干细胞,导致趋化到损伤部位发挥治疗作用的间充质干细胞数量减少。健康和疾病状态下,间充质干细胞在体内的代谢动力学有差异,低氧环境可增加间充质干细胞在肺部的滞留。间充质干细胞治疗 ARDS 的最佳剂量,目前并没有形成统一标准,这与间充质干细胞不符合传统药物典型的分布和代谢模型有关。目前临床研究中,静脉注射间充质干细胞的剂量范围相对稳定,集中在(1~10)×10^6/kg。未经体外扩增的间充质干细胞本身安全无害,体外扩增最大风险在于基因突变,骨髓间充质干细胞体外培养至 30 代时出现染色体异常,脐带血间充质干细胞体外培养至 18 代就出现了基因突变,同时随着体外增殖代数增加,间充质干细胞增殖活性和分泌细胞因子能力都在降低。目前认为 5 代以内的间充质干细胞增殖能力、旁分泌信号通路、分化潜能和 DNA 稳定性均维持在较好的状态[14]。

(三) 间充质干细胞外泌体

  外泌体是由间充质干细胞分泌的圆形细胞外膜囊泡,具有特定的脂质和蛋白质,大小在 30~120nm 之间。从细胞释放的外泌体可以通过旁分泌或自分泌的方式改变细胞行为,信号向细胞的传递也主要通过外泌体和细胞膜间的直接接触方式进行。间充质干细胞外泌体内部富含蛋白质、细胞因子、mRNA 和 miRNA 等物质,可从供体细胞转移到受体组织,从而调节它们的生物学行为,也可以消除早期缺氧巨噬细胞内流和下调缺氧激活的炎症通路,从而介导间充质干细胞的抗炎特性[15]。间充质干细胞外泌体具有与干细胞相似的功能特征。此外,间充质干细胞外泌体还可以自由通过血脑屏障,通过影响受体细胞的存活、增殖、迁移和基因表达来调节许多生理和病理过程[16]。根据鉴定结果发现,间充质干细胞衍生的外泌体既能表达外泌体的常见表面标志物如 CD9、CD63 和 CD81 等,还能在间充质干细胞的膜上表达一些黏附性的分子,如 CD29、CD44 和 CD73 等[17]。其简便快捷的给药方式能增加治疗的安全性,减少了储存、运输等方面的问题,因此降低了与细胞移植相关的许多风险。间充质干细胞外泌体的提取首先是通过流式细胞术对间充质干细胞进行鉴定,并利用其条件培养基分离纯化以保证其为间充质干细胞来源的外泌体。有 72% 的研究从条件培养基中提取外泌体,最常见的分离方法为超速离心,其次是沉淀方法(23%),也有很多研究开始采用超滤和试剂盒提取的方法进行外泌体的分离和纯化[18]。用于鉴定外泌体的方法包括纳米粒子跟踪分析、透射电子显微镜、流式细胞术、蛋白质印迹法和酶联免疫吸附测定等。这些方法中的两种或三种通常组合用于外泌体的鉴定。

外泌体在呼吸系统的疗效研究多数尚处于基础研究中,也有少量临床研究报道。Li 等[19]在小鼠肺缺血再灌注损伤的研究中,气管内给予 MEx 或 miR-21-5p 可以抑制肺泡巨噬细胞的 M1 极化、高迁移率族蛋白 B1、白细胞介素(IL-8、IL-1β、IL-6、IL-17)和肿瘤坏死因子等的分泌,并明显减轻肺水肿和缺血再灌注导致的肺损伤。Moon 等[20]也在急性肺损伤(acute lung injury,ALI)的小鼠模型中证实了肺上皮细胞衍生的外泌体可激活巨噬细胞,从而减轻肺脏损伤。此外,间充质干细胞外泌体在缺氧、高氧、野百合碱(MCT)和 VEGF 受体拮抗剂 SUGEN5416 或缺氧诱导的肺动脉高压模型中均显示了显著的益处[21]。此外,间充质干细胞外泌体治疗还能够消除早期缺氧巨噬细胞肺内流,下调缺氧激活的炎症通路,从而介导间充质干细胞的抗炎特性。Willis 等[22]利用新生儿高氧支气管肺发育不良模型,静脉注射一剂"纯化"的间充质干细胞外泌体(来源于人脐带或人骨髓),可显著改善肺形态和肺发育,减少肺纤维化,改善肺血管重塑和右心室肥大(right ventricular hypertrophy,RVH)及右心室重/体重(right ventricular weight/body weight,RVW/BW)比率。因此,间充质干细胞外泌体被认为可能在很大程度上可以改善急性肺损伤、支气管肺发育不良、慢性阻塞性肺疾病、肺动脉高压和哮喘等肺部疾病,但目前仍存在很多问题,如外泌体提取的纯度和产量,治疗肺部疾病的作用机制,以及间充质干细胞外泌体携带的蛋白质、脂质、mRNA 和 miRNA 是否会对人体产生其他危害等,当然间充质干细胞外泌体在肺部疾病的治疗方面仍然具有广泛的研究价值和应用前景。

目前关于难治性肺疾病的干细胞移植研究主要在慢性阻塞性肺疾病、间质性肺病、支气管发育不良、ARDS 以及新近爆发的呼吸道传染病-重症新型冠状病毒感染,本章节主要针对上述难治性肺疾病近年来所进行的临床安全性和有效性评价情况及进展进行综述。

二、慢性阻塞性肺疾病

慢性阻塞性肺疾病是一种常见的以持续气流受限为特征的可预防和治疗的疾病,气流受限进行性发展,与气道和肺脏对有毒颗粒或气体的慢性炎症反应增强有关。慢性阻塞性肺疾病的发病率因持续暴露于慢性阻塞性肺疾病危险因素及全球社会人口结构改变正逐步升高,全球 40 岁以上发病率高达 9%~10%,致残率和病死率很高[23]。目前慢性阻塞性肺疾病治疗措施主要包括家庭氧疗、糖皮质激素、支气管扩张剂、自我康复锻炼及无创呼吸机辅助呼吸等,但不能有效预防疾病进展或修复肺结构/肺功能[24]。

干细胞移植治疗是否在慢性阻塞性肺疾病中有一定的疗效,目前尚不明确。早在 2011 年

Ribeiro-Paes 等[25]就报道了一项在巴西开展的单中心临床试验,评估晚期慢性阻塞性肺疾病(Ⅳ期呼吸困难)患者输注骨髓单个核细胞(bone marrow mononuclear cell,BMMC)的安全性。患者在骨髓采集前立即接受临床检查并接受粒细胞集落刺激因子治疗。分离 BMMC 并注入外周静脉。12 个月的随访显示,未发现明显副作用,患者的生活质量明显改善,临床病情稳定,表明疾病的自然病程发生了变化,提示 BMMC 细胞治疗为肺气肿的病程或自然史中带来了改变,抑制或减缓了疾病的进展。

由于间充质干细胞不仅具有自我更新及向其他组织分化的能力,还对多种先天性或适应性免疫细胞具有免疫调节作用,免疫源性较低,可有效逃避免疫排斥反应。这些特性使得间充质干细胞成为包括慢性阻塞性肺疾病在内的多种疾病理想的治疗细胞类型,可能成为当前治疗慢性阻塞性肺疾病一种新的有效手段。间充质干细胞给药方式主要采用静脉注射,也有在支气管镜介入治疗时如支气管镜单向阀、聚合物肺减容术、支气管镜热蒸汽消融术、弹簧圈肺减容术、气道旁路支架术和去神经治疗等联合局部输注。不同组织来源的间充质干细胞的增殖、分化、免疫表型及免疫调节活性等生物学特性在多方面不仅存在差异,而且对患者治疗效果可能有影响。

在已经报道的有关间充质干细胞治疗慢性阻塞性肺疾病的临床研究中,未发现与干细胞移植相关的不良反应,安全性高,而有效性方面尚有待于更多的临床数据支撑。Weiss 等[26]研究中纳入了 62 例中至重度的慢性阻塞性肺疾病患者并接受了 4 次间充质干细胞输注,并在第一次输注后随访 2 年,结果显示间充质干细胞组 27 名患者和安慰剂组 28 名患者出现不良事件,其中间充质干细胞组 10 例,安慰剂组 8 例发生严重不良事件,但大多数不良事件报告为轻度,在第 1 秒用力呼气容积(FEV₁)、FEV₁ 预测值、用力肺活量(FVC)和肺活量等方面两组无显著统计学差异,但间充质干细胞组循环 CRP 早期较基线水平下降。提示间充质干细胞全身给药对中重度慢性阻塞性肺疾病患者是安全的,为后续的细胞治疗研究提供了基础。

单向支气管内瓣膜置入术(EBV)已被用于治疗慢性阻塞性肺疾病。然而,局部炎症可能导致这些患者的临床状况恶化。Oliveira 等[27]研究中招募了 10 例重度肺气肿患者并分为 EBV+MSC(实验组)和 EBV+ 生理盐水(对照组),进行 90 天的随访,在间充质干细胞注射期间未观察到严重或显著的临床症状和体征,其中实验组和对照组分别发生 2 例和 3 例不良事件,两组患者的肺功能(如 FEV₁、FVC、FEV₁/FVC 和 TLC)、体质量指数和 6min 步行实验结果均显示无明显差异,但 EVB+MSC 组循环 CRP 在第 30、90 天较基线水平显著下降。提示间充质干细胞局部气管内给药对重度慢性阻塞性肺疾病患者是安全的,并有一定抑制炎症作用,为后续的细胞移植局部治疗研究提供了基础。

Stolk 等[28]研究中招募了 10 名重度肺气肿患者并进行 2 次肺减容手术,在第一次肺减容手术时分离骨髓间充质干细胞并进行体外扩增,在第二次手术前 3 周和 4 周分别进行静脉输注骨髓间充质干细胞，并在最后一次骨髓间充质干细胞输注后 3 周内进行评估，结果表示在输注 48 小时内及 3 周内均未出现症状或毒性反应，且该研究还采用免疫组化和 PCR 技术分析了两次手术后的肺组织，结果显示经骨髓间充质干细胞输注后，肺泡间隔的内皮标志物 CD31 的表达增加了 3 倍，证明间充质干细胞可诱导 CD31 表达，而 CD31 在内皮细胞迁移和血管生成中扮演重要角色。此外，随访 1 年后，FEV_1 较基线增加了（390 ± 240）ml，余气量减少了（540 ± 145）ml，所有患者的体重平均增加了 4.6kg，其可能是肺减容术和间充质干细胞治疗综合作用的结果，提示自体骨髓间充质干细胞有一定的治疗效果。

Armitage 等[29]在澳大利亚开展的一项 I 期临床研究中（澳大利亚临床试验注册号12614000731695），研究对象为轻度至极重度稳定期慢性阻塞性肺疾病患者。患者接受两次低代（P4~5）异基因骨髓来源的间充质干细胞输注，每千克体重约 2×10^6 个间充质干细胞，间隔 1 周，第一次输注包含放射性（铟-111，一种低能放射性同位素，半衰期为 68h）标记细胞，第二次输注使用未标记细胞。对慢性阻塞性肺疾病急性加重期患者的安全性和住院率进行了1 年监测。结果发现，间充质干细胞输注无明显不良反应，耐受性良好，输注后 30min 内通过计算机断层扫描（CT）在肺部检测到铟-111，24 小时后仍能检测到；输注后 7 天内，在肝脏、脾脏和骨髓中检测到摄取，主要机制是铟与转铁蛋白结合并被网状内皮系统吸收，积聚在肝脏和脾脏中。患者在首次输注后 4h 内，通过单光子发射计算机断层扫描（SPECT）进行评估，并与低剂量 CT 叠加以确定铟-111 活性和间充质干细胞在肺部的定位。与正常肺相比，肺气肿患者肺中的铟-111 减少。通过线性回归分析，铟-111 在肺中的滞留量与 FEV_1（$R^2=0.68$，$P=0.02$）和 DLco（$R^2=0.81$，$P=0.01$）呈正相关，提示轻度疾病患者在肺血管中保留间充质干细胞的时间比重度疾病患者长，后者在重塑的肺气肿肺中表现出低灌注，这种分布可保护健康的肺组织。因慢性阻塞性肺疾病急性加重而入院的病例从间充质干细胞输注前 1 年内发生的11 例减少到输注后 1 年内发生的 6 例。在输注后的 1 年内没有使用额外的干预措施，除非在此期间病情恶化后需要治疗。第二次输注后 3 周测得的肺功能与输注前相比没有变化：FEV_1中位数（范围）37%pred（23%~87%pred）与 41%pred（41%~98%pred），$P=0.48$；用力肺活量 80%pred（59%~106%pred）与 82%pred（56%~101%pred），$P=0.84$。这些发现也与其他在慢性阻塞性肺疾病中的间充质干细胞试验一致，这些试验也显示肺活量测定在统计学上没有显著的改变。该研究提示间充质干细胞未能在肺功能测定方面显示明显疗效，可能与肺气肿低肺灌注有关，但可明显降低急性加重风险，而避免急性加重是目前慢性阻塞性肺疾病疗效的重要评价指标。

上述的研究表明，对慢性阻塞性肺疾病患者进行多剂量间充质干细胞治疗似乎安全可行，并可减少炎症反应。然而，由于缺乏足够的数据支撑，临床上应用间充质干细胞治疗慢性阻塞性肺疾病是否可改善肺功能尚不明确，仍需进一步研究。

除间充质干细胞外，关于间充质干细胞外泌体在慢性阻塞性肺疾病的治疗作用方面的研究,目前仅有一篇临床研究报道。Harrell 等[30] 在胎盘来源间充质干细胞(PMSC)培养过程中提取外泌体,利用间充质干细胞衍生产品 "Exo-d-MAPPS" 治疗慢性阻塞性肺疾病。研究发现,Exo-d-MAPPS 可显著改善烟雾暴露小鼠的呼吸功能,降低血清中炎性细胞因子(TNF-α、IL-1β、IL-12 和 IFN-γ)的水平,提高血清中免疫抑制性 IL-10 的浓度,减轻慢性气道炎症。肺的细胞组成分析表明,Exo-d-MAPPS 治疗减弱肺浸润巨噬细胞、中性粒细胞、NK 细胞和 NK T 细胞中炎性细胞因子的产生,减轻肺浸润巨噬细胞和树突状细胞的抗原呈递特性。此外,Exo-d-MAPPS 促进炎症肺中产生免疫抑制性 IL-10 的交替活化以及巨噬细胞、调节性树突状细胞和 CD4+FoxP3+ T 调节细胞的扩张,从而改善慢性气道炎症。同时作者还观察了 30 例慢性阻塞性肺疾病患者,Exo-d-MAPPS 口服治疗后显著改善慢性阻塞性肺疾病患者的肺功能状况和生活质量。重要的是,Exo-d-MAPPS 具有良好的耐受性,因为 30 名慢性阻塞性肺疾病患者服用 Exo-d-MAPPS 后均未出现任何不良反应。因此,Exo-d-MAPPS 可能被认为是治疗慢性炎症性肺病的一种潜在的新的治疗药物,其疗效有待在大样本临床试验中进一步探讨。

此外,肺内的支气管基底层细胞具有类似于成体组织干细胞的活性,具有再生修复支气管和肺泡结构的功能。支气管基底层细胞可来源于自体组织,避免了免疫排异的问题,这些特点使支气管基底层细胞作为新一代 "种子" 细胞在治疗一些机体无法自然修复的肺组织细胞损伤方面有着得天独厚的优势及良好的临床应用前景。陆军军医大学附属第一医院孙凤军团队[31] 开展了一项自体支气管基底层细胞治疗慢性阻塞性肺疾病的小样本探索性研究,共入组 4 例慢性阻塞性肺疾病患者,从慢性阻塞性肺疾病患者的 3～5 级支气管中获取微量组织分离提取 SOX9+ 支气管基底层细胞,体外扩增后进行自体移植。干细胞移植前和移植后 4、12、24、48 周,评估患者的肺功能相关指标,包括第 1 秒用力呼气容积(FEV$_1$)占预计值百分比、用力肺活量(FVC)占预计值百分比、FEV$_1$/FVC、肺总量(TLC)占预计值百分比、余气量(RV)占预计值百分比、RV/TLC、一氧化碳弥散量(DLco)及 DLco 与肺泡通气量(VA)比值(DLco/VA)、6min 步行距离及圣乔治呼吸问卷(SGRQ)评分,于基底层细胞移植前和移植后 1、3、6 个月,监测患者的血常规相关指标、肝肾功能指标和心肌酶谱指标。结果显示,与移植前比较,基底层细胞移植后 4、12、24、48 周,患者 6min 步行距离均较移植前有所增加,SGRQ 评分较移植前有所降低($P<0.05$);FEV$_1$ 占预计值的百分比、TLC 占预计值的百分比、RV 占预计值的百分比和 RV/TLC 有所增高,FVC 占预计值的百分比、FEV$_1$/FVC、DLco 占预计值百分比及 DLco/VA 有所降低,但差异无统计学意义($P>0.05$)。细胞移植前和移植后 1、3、6 个月,患者血常规指标、肝肾功能指标和心肌酶谱指标均在正常值范围内。由此,自体支气管基底层细胞移植治疗慢性阻塞性肺疾病患者的初步结果有效和安全,但尚需进一步大样本临床研究。广州医科大学附属第一医院呼吸科关于 "人自体支气管基底层细胞移植治疗慢性阻塞性肺疾病的实验性医学研究" 干细胞临床研究项目于 2019 年通过国家卫生健康委员会和国家药品监督管理局备案,期待后续项目的进展报告。

三、特发性肺纤维化

特发性肺纤维化(idiopathic pulmonary fibrosis,IPF)是一种慢性、进行性和纤维化性间质性肺疾病,组织学和/或胸部高分辨率CT(chest high-resolution computed tomography,HRCT)以普通型间质性肺炎(usual interstitial pneumonia,UIP)为特征表现,病因不明,好发于老年人。特发性肺纤维化的发病机制尚不清楚,主要的假说包括炎症反应学说和损伤修复学说,可能与接触粉尘或金属、自身免疫、慢性反复的微量胃内容物吸入、病毒感染和吸烟等因素有关。遗传基因对发病过程可能有一定影响。致病因素导致肺泡上皮和上皮下基底膜反复发生微小损伤后的异常修复。反复微小损伤导致肺泡上皮凋亡,激活产生多种生长因子和趋化因子诱导成纤维细胞的募集、分化和增生,刺激上皮基质转化,成纤维细胞分化为肌成纤维细胞,促进成纤维细胞和肌成纤维细胞灶的形成,最终导致纤维瘢痕形成、肺结构破坏和肺功能丧失。肺泡内氧化负荷过重,也有可能参与肺泡的损伤过程。炎症在特发性肺纤维化发病过程中通常轻微,包括与Ⅱ型肺泡上皮细胞和细支气管上皮增生相关的淋巴细胞和浆细胞在肺间质的片状浸润[32]。整个特发性肺纤维化发生过程尤其是早期炎症阶段,许多细胞因子可参与其中,例如TGF-β、TNF-α,结缔组织生长因子(connective tissuegrowth factor,CTGF)等。

特发性肺间质纤维化从诊断开始中位生存期仅2~3年。目前无特效治疗手段,抗纤维化药物吡非尼酮和尼达尼布有一定延缓肺功能下降的作用,但疗效有限且价格昂贵,肺移植是目前终末期特发性肺纤维化唯一推荐的治疗方法,但肺源获取困难且移植本身风险极高,后继治疗费用昂贵。因此,绝大多数特发性肺纤维化患者死于呼吸衰竭。

干细胞已被广泛用于临床疾病的治疗研究。目前已有一些干细胞相关临床研究治疗特发性肺纤维化的文献报道。Chambers 等[33]将非血缘供者胎盘来源的间充质干细胞经外周静脉输注给8例中重度特发性肺纤维化(DLco≥25%,FVC≥50%)患者,随访6个月,结果表明患者对治疗的耐受良好,FVC、DLco、6min 步行实验和CT 纤维化评分与基线相比无变化,无纤维化加重迹象。与治疗相关不良反应如血氧饱和度(SO₂)下降[1%(0%~2%)]和心率下降轻微且短暂,血流动力学无变化。6个月后2例患者在治疗过程中出现肺部感染,经抗生素治疗后好转,这可能与间充质干细胞治疗有关,其中1例患者出现小肠梗阻,经剖腹探查后证实为肠粘连所致,与间充质干细胞治疗无关。2例患者治疗过程中出现特发性肺纤维化进展,其中1例经激素治疗后好转,可能与间充质干细胞治疗无关;另1例经氧疗及激素治疗,研究结束时仍未好转,可能与间充质干细胞治疗有关。

Glassberg 等[34]将非血缘供者骨髓间充质干细胞经外周静脉输注给9例轻中度特发性肺纤维化患者,随访60周,结果表明对特发性肺纤维化患者输注$2×10^8$个人骨髓间充质干细胞是安全的,所有患者均耐受良好,未发生严重治疗相关不良事件;2例死亡是由于特发性肺纤维化的进展(疾病恶化和/或急性加重),与治疗无关。输注后60周FVC占预计值百分比平均下降3.0%,DLco占预计值百分比平均下降5.4%。大多数患者(78%)发生轻度不良反应,如支气管炎、普通感冒和鼻窦炎等,但均与治疗无关。Averyanov等[35]为评估高累积剂量骨髓间充质干细胞治疗中重度特发性肺纤维化患者的安全性、耐受性和疗效。将20例FVC≥40%,DLco≥20%,且将在过去12个月下降均>10%的患者随机分为两组:第一组每3个月静脉注射2次同种异体间充质干细胞($2×10^8$个细胞),第二组为安慰剂。研究结束后,每名间充质干细胞治疗组患者共获得$1.6×10^9$个间充质干细胞。所有患者在给药间充质干细胞后均无明显不良反应。在间充质干细胞治疗组中,研究者观察到与安慰剂组相比,13周内6min步行距离、26周内DLco和39周内FVC的改善明显更好。骨髓间充质干细胞治疗组12个月的FVC较基线增加了7.8%,而安慰剂组下降了5.9%。但未发现两组之间的死亡率差异(每组有两名患者死亡)或高分辨率CT纤维化评分的任何变化。提示对于特发性肺纤维化和肺功能迅速下降的患者,大剂量的同种异体间充质干细胞治疗是一种安全且有希望的方法来减少疾病进展。

自体脂肪干细胞在脂肪组织中大量存在且容易获取,Tzouvelekis等[36]将自体脂肪来源的基质细胞-基质血管组分(stromal vascular fraction,SVF)细胞经气道输注给14例轻中度特发性肺纤维化患者(FVC占预计值百分比>50%和DLco占预计值百分比>35%),随访12个月,结果表明所有患者均未出现严重或有临床意义的不良事件,且患者在功能参数(FVC、FVC占预计值百分比>和DLco占预计值百分比>等)和生活质量指标方面都没有进展,均耐受良好。有半数患者出现治疗后短暂发热,这可能与支气管镜检查有关,但不能排除细胞治疗可能导致这种轻微副作用的可能性。Ntolios等[37]开展了一项脂肪间充质干细胞治疗特发性肺纤维化的长期疗效和安全性观察Ⅰ期临床研究,无患者出现肿瘤。发现18个月和24个月时的DLco扩散能力(平均 ΔDLco=6.2%,P=0.04)和FVC(平均 ΔFVC=6%,P=0.029)的变化(δ-Δ)显示功能显著下降。中位无进展生存期为26个月,中位总生存期为32个月。所有患者首次给药后至少存活2年(2年存活率100%),最终有12例(85.7%)死于疾病进展。中位生存率和进展时间与已发表的流行病学数据一致。由于只纳入14例患者,尚未发现疗效获益,迫切需要进一步的临床试验和机制研究。

人脐带血间充质干细胞具有增殖和分化快、免疫原性低和可无创性收集等优点。为了评估脐带血间充质干细胞治疗特发性肺纤维化的安全性及有效性,Zhang等[38]将人异体脐带血间充质干细胞静脉输注给1例重度特发性肺纤维化患者,随访12个月,未观察到不良事件,患者临床状况良好,生活质量有所提高,肺功能、6分钟步行距离(6MWD)和CT纤维化评分均较基线增加,肺纤维化面积较基线水平降低,该研究结果表明脐带血间充质干细胞能够减轻纤维化进程。

支气管基底细胞被大多数学者认为可继续增殖、分化，而纤毛细胞是终末分化细胞，不再进行分裂。同济大学左为团队[39]研究发现远端气道干细胞（p63/Krt5）来源的家系在移植到受感染的肺后分化为Ⅰ型和Ⅱ型肺细胞及细支气管分泌细胞，在培养中繁殖这些细胞同时维持其固有的谱系能力，表明它们在急慢性肺部疾病干细胞治疗中的潜力。左为团队研究还发现，位于气道上皮皱襞的罕见SOX9+基底细胞（BC）可再生成人肺。人SOX9+BC可通过支气管镜刷洗容易分离出来，并在无饲养条件下无限期扩张。体外扩增的人SOX9+BC移植于损伤小鼠肺后，可形成肺泡上皮和细支气管上皮，重建了气-血交换系统，改善了受体肺功能。应用吡非尼酮调控肺微环境，抑制TGF-β信号转导，可进一步提高移植效率。在此理论支撑和临床前研究基础上，上海市东方医院呼吸科郭忠良团队与左为团队联合开展的国家备案项目"自体支气管基底层细胞治疗间质性肺病临床研究"目前已招募患者12例，均为中重度特发性肺纤维化患者，截至目前尚未发现与细胞移植治疗相关的不良反应。

四、支气管肺发育不良

支气管肺发育不良是新生儿（尤其是早产儿）常见的慢性肺部疾病，是新生儿时期发病率和死亡率较高的疾病。支气管肺发育不良的发病机制复杂，包括血管发育不良、肺泡化停止和肺部炎症。目前支气管肺发育不良的主要治疗方法有一氧化氮吸入，维生素A、咖啡因和抗氧化剂的使用[40]。据欧洲一项报告显示，糖皮质激素的使用虽然能降低支气管肺发育不良的发生率，但可能会增加患儿的死亡率及导致远期神经系统不良结局[41]。因此，支气管肺发育不良没有特效的治疗方法，主要依靠支持性呼吸措施。近年来干细胞治疗支气管肺发育不良相关的动物实验在不断开展，但多数动物实验均用SD大鼠在高氧诱导环境下建模，主要给予间充质干细胞治疗。关于干细胞移植治疗支气管肺发育不良的动物实验尚不能完全阐释具体的治疗机制。主流研究认为干细胞的旁分泌作用是干细胞治疗支气管肺发育不良的主要机制，抗炎作用在干细胞预防和治疗支气管肺发育不良的过程中发挥了重要作用[42]。

临床研究方面，来自韩国的Chang等[43]开展了Ⅰ期临床试验，结果表明，气管内移植间充质干细胞是安全的，在随访至纠正胎龄两岁时未发现患儿出现明显副作用。该试验采用人脐带血间充质干细胞通过气道内滴入途径治疗支气管肺发育不良患儿，该研究共纳入9例早产儿，其中3例患儿接受了剂量为1×10^7/kg的干细胞治疗，6例患儿接受了剂量为2×10^7/kg的干细胞治疗。研究结果表明干细胞治疗组支气管肺发育不良的严重程度低于对照组。同时，该研究还表明干细胞移植可明显降低气道分泌物中的炎症因子的水平，减轻支气管肺发育不良的严重程度，随访到第84天时未发现明显副作用。对照组和移植受者的其他不良结局发生率无异，提示同种异体人脐带血间充质干细胞气管内移植治疗早产儿是安全可行的，值得进行更大规模的Ⅱ期对照研究。

Ahn等[44]也开展了一项Ⅰ期临床试验，探讨间充质干细胞治疗2岁以下早产儿支气管肺发育不良的长期安全性和疗效。间充质干细胞组 9 例患儿中 1 例于产后 6 个月死于阴沟肠杆菌败血症,其余 8 例存活,无移植相关不良反应,包括致瘤性。间充质干细胞组无患儿在家补充氧气后出院,而对照组为 22%。在 2 年随访中,间充质干细胞组无患儿被诊断为脑性瘫痪、失明或发育迟缓;对照组有 1 例患儿被诊断为脑性瘫痪,1 名患儿被诊断为发育迟缓。因此认为,在早产儿气管内移植间充质干细胞是安全的,在 2 岁左右时对呼吸、生长和神经发育无不良影响。

胎盘羊膜是一种免疫特权组织,来源于羊膜的干细胞和干样细胞具有免疫特权和免疫调节作用,人羊膜上皮细胞(human amniotic epithelial cell,hAEC)在支气管肺发育不良的临床前模型中显示出治疗前景[45]。人羊膜上皮细胞可以很容易地从废弃胎盘中获得,并且数量足够多,不需要培养扩增,从而降低商品成本和细胞生产过程中的污染风险。经过简单的酶消化和纯化,每一期胎盘将产生超过 1.5×10^8 个细胞[46]。与支气管肺发育不良相关的是,在该病的临床前模型中,人羊膜上皮细胞已被证明能防止肺泡简化和肺部炎症[47],这也是支气管肺发育不良的两个特征。Lim 等[48]在一项单中心、开放标签 I 期试验中,通过静脉输注给 6 名患有支气管肺发育不良的早产儿羊膜上皮细胞(1×10^6 个/kg)。结果发现,人羊膜上皮细胞移植耐受性良好。但第 1 个患儿通过缓慢的静脉输注细胞(2×10^6 个/ml),在细胞给药期间出现短暂的急性缺氧和心动过缓,细胞给药中途停止输注后恢复。这一事件被认为是细胞相关的微栓塞现象。因此,通过伦理审查后改变了细胞给药方法,包括采用了输液过滤器,降低了细胞浓度和细胞输注率,在随后的五个患儿中没有观察到类似事件。所有患者均未发现同种异体排异反应及新发肿瘤形成。一名患儿在细胞给药后 1 个月死于意外拔管引起的心肺衰竭引起的多器官衰竭,考虑与细胞给药无关。血清 CRP(一种急性全身炎症反应蛋白)水平在给药后 48h 内下降或保持不变,所有 5 名存活的患儿在 174 天(155~388d)的平均生命期内,通过补充氧气(中位低流量氧气流速 0.25L/min)出院回家。

另外,目前已有中国、美国、韩国、西班牙在美国临床试验数据库上注册了干细胞治疗支气管肺发育不良的临床试验,样本量最少为 8,最大为 200,随访时间最短 14 天,最长 63 个月,部分试验已经进入 II 期临床研究。

五、急性呼吸窘迫综合征

急性呼吸窘迫综合征(acute respiratory distress syndrome,ARDS)是急性肺损伤(acute lung injury,ALI)最严重的形式,是在多种原发病和诱因作用下发生的急性缺氧性呼吸衰竭综合征。肺部感染尤其是细菌性肺炎是常见病因;另外,脓毒血症、全身炎症反应综合征(SIRS)、吸入性肺炎、创伤、大量输血和重症坏死性胰腺炎等也是诱发 ARDS 的危险因素。虽然目前对 ARDS 发病机制有了更深了解,同时机械通气及支持疗法也有了很大进步,但 ARDS 的病死率仍高达 30%~50%。因此,新的治疗措施亟待提出。

近年来,很多研究报道了间充质干细胞治疗肺部疾病的潜力。间充质干细胞可通过细胞接触依赖性机制释放可溶性因子发挥作用,表现为抗炎、抗凋亡、促进内皮及上皮细胞修复、增强微生物及肺泡内液体清除等过程,改善 ARDS 动物模型的肺功能及生存率。另外,间充质干细胞表面表达低水平Ⅰ型人类白细胞抗原(HLA),不表达Ⅱ型主要组织相容性抗原(MHC-Ⅱ)和 T 细胞共刺激分子,具有低免疫原性,为同种异体间充质干细胞治疗提供理论依据[49]。

目前报道有 3 项已完成的间充质干细胞治疗 ARDS 的临床试验。Zheng 等[50]报道了 12 例氧合指数(PaO₂/FiO₂)<200mmHg 的 ARDS 患者,随机分为异体脂肪间充质干细胞组和安慰剂组。患者静脉注射 1×10^6/kg 或生理盐水。两组均未发生与间充质干细胞给药有关的输液毒性或严重不良事件,不良事件总数无显著性差异,提示同种异体脂肪间充质干细胞治疗 ARDS 安全可行。治疗后第 28 天的住院时间、无呼吸机天数和无 ICU 天数相似。间充质干细胞组第 5 天血清表面活性蛋白(surfactant associated protein D,SP-D)水平显著低于第 0 天(P=0.027),而 IL-8 水平变化不显著。与第 0 天相比,第 5 天的 IL-6 水平呈下降趋势,但这一趋势无统计学意义(P=0.06)。因此,尚需要进一步开展临床试验或机制研究以明确疗效。

Wilson 等[51]开展的一项多中心、开放标记、剂量递增的Ⅰ期临床试验,9 例患者均为中度至重度 ARDS,且根据急性发作需要通过气管插管进行正压通气,氧合指数(PaO₂/FiO₂)小于 200mmHg(1mmHg=0.133kPa),呼气末正压(PEEP)至少为 8cmH₂O(1cmH₂O=0.098kPa)的定义纳入研究,双侧浸润与前胸片肺水肿一致。分别接受静脉注射不同剂量(1×10^6 个/kg、5×10^6 个/kg、10×10^6 个/kg)骨髓间充质干细胞。主要结果包括预先指定的输液相关事件和严重不良事件的发生率。结果发现,9 名患者中均未报告任何预先指定的输液相关事件或治疗相关不良事件。在输注后的几周内,3 名患者出现严重不良事件:1 名患者在研究第 9 天死亡;1 名患者在研究第 31 天死亡;1 名患者发现脾脏、肾脏和大脑多发性栓塞梗死,年龄不确定,但根据磁共振结果被认为发生在间充质干细胞输注之前。这些严重的不良事件都不被认为与间充质干细胞有关。在此基础上进行的Ⅱa 期临床试验[52],共筛查 1 038 例,其中 60 例符合条件并接受治疗,无患者经历过任何预先定义的间充质干细胞相关血流动力学或呼吸不良事件。间充质干细胞组 1 例在间充质干细胞输注后 24h 内死亡,但死亡可能与间充质干细胞无关。在基线方面,间充质干细胞组在急性生理和慢性健康评估Ⅲ、分钟通气和 PEEP 之间的数值平均得分高于安慰剂组。经 Apache Ⅲ评分调整后,28 天死亡率的危险比为 1.43(95%CI 0.40~5.12,P=0.58),间充质干细胞的存活率在 36%~85% 之间,表明一剂静脉注射间充质干细胞对中重度 ARDS 患者是安全的,但需要进行更大规模的试验来评估疗效。

Chen 等[53]开展了一项针对 H7N9 导致的 ARDS 患者开放性临床试验,将 44 例 H7N9 导致的 ARDS 患者作为对照组,17 例 H7N9 导致的 ARDS 患者作为异体经血来源间充质干细胞的实验组。值得注意的是,与对照组相比,实验组的死亡率显著降低(实验组死亡 17.6%,

对照组死亡 54.5%）。此外，间充质干细胞移植并没有对参与 5 年随访的 4 名患者的身体造成有害影响。这些结果提示间充质干细胞能显著提高 H7N9 诱导的 ARDS 的存活率，为临床前和临床治疗 H7N9 诱导的 ARDS 提供了理论依据。当然，间充质干细胞治疗 ARDS 的疗效需要更多临床研究来评估。间充质干细胞来源、给药途径和最佳剂量等可能是影响间充质干细胞疗效的重要因素。

六、小结

干细胞治疗在难治性肺部疾病及呼吸系统危重症抢救中有着非常良好的应用前景，国内外的文献报道均显示干细胞治疗具有很高的安全性，但仍存在诸多问题需要探索和突破，例如细胞制剂的提取与制备、质量控制、生物学特性、有效性和长期安全性等。相信在研究人员的不懈努力下，随着越来越多的基础研究和临床试验的开展，干细胞治疗极有可能为呼吸系统难治性疾病的治疗带来新曙光。

（郭忠良）

参考文献

[1] RANDELL S H，WALSTAD L，SCHWAB U E，et al. Isolation and culture of airway epithelial cells from chronically infected human lungs [J]. In Vitro Cell Dev Biol Anim，2001，37（ 8 ）:480-489.

[2] MA Q，MA Y，DAI X，et al. Regeneration of functional alveoli by adult human SOX9$^+$ airway basal cell transplantation [J]. Protein Cell，2018，9（ 3 ）:267-282.

[3] HONG K U，REYNOLDS S D，GIANGRECO A，et al. Clara cell secretory protein-expressing cells of the airway neuroepithelial body microenvironment include a label-retaining subset and are critical for epithelial renewal after progenitor cell depletion [J]. Am J Respir Cell Mol Biol，2001，24（ 6 ）:671-681.

[4] NITKIN C R，BONFIELD T L. Concise Review：Mesenchymal Stem Cell Therapy for Pediatric Disease：Perspectives on Success and Potential Improvements [J]. Stem Cells Transl Med，2017，6（ 2 ）:539-565.

[5] ZHOU Y，YAMAMOTO Y，XIAO Z，et al. The Immunomodulatory Functions of Mesenchymal Stromal/Stem Cells Mediated via Paracrine Activity [J]. J Clin Med，2019，8（ 7 ）:1025.

[6] SALDANA L，BENSIAMAR F，VALLÉS G，et al. Immunoregulatory potential of mesenchymal stem cells following activation by macrophage-derived soluble factors [J]. Stem Cell Res Ther，2019，10（ 1 ）:58.

[7] MUN C H，KANG M I，SHIN Y D，et al. The Expression of Immunomodulation-Related Cytokines and Genes of Adipose-and Bone Marrow-Derived Human Mesenchymal Stromal Cells from Early to Late Passages [J]. Tissue Eng Regen Med，2018，15（ 6 ）:771-779.

[8] EL-SAYED M，EL-FEKY M A，EL-AMIR M I，et al. Immunomodulatory effect of mesenchymal stem cells：Cell origin and cell quality variations [J]. Mol Biol Rep，2019，46（ 1 ）:1157-1165.

[9] ZHENG G，QIU G，GE M，et al. Human adipose-derived mesenchymal stem cells alleviate obliterative bronchiolitis in a murine model via IDO [J]. Respir Res，2017，18（ 1 ）:119.

[10] BROEKMAN W,ROELOFS H,ZARCONE M C,et al. Functional characterisation of bone marrow-derived mesenchymal stromal cells from COPD patients [J]. ERJ Open Res,2016,2(2):00045-2015.

[11] HUAMAN O,BAHAMONDE J,CAHUASCANCO B,et al. Immunomodulatory and immunogenic properties of mesenchymal stem cells derived from bovine fetal bone marrow and adipose tissue [J]. Res Vet Sci,2019,124:212-222.

[12] CHEN J Y,MOU X Z,DU X C,et al. Comparative analysis of biological characteristics of adult mesenchymal stem cells with different tissue origins [J]. Asian Pac J Trop Med,2015,8(9):739-746.

[13] NAKAO M,INANAGA D,NAGASE K,et al. Characteristic differences of cell sheets composed of mesenchymal stem cells with different tissue origins [J]. Regen Ther,2019,11:34-40.

[14] HAN J B,LI Y M,LI Y Y. Strategies to enhance mesenchymal stem cell-based therapies for acute respiratory distress syndrome [J]. Stem Cells Int,2019,2019:5432134.

[15] CHEN J,HU C,PAN P. Extracellular vesicle microRNA transfer in lung diseases[J]. Front Physiol,2017,8:1028.

[16] ZHANG X,YUAN X,SHI H,et al. Exosomes in cancer:small particle,big player [J]. J Hematol Oncol,2015,8:83.

[17] YU B,ZHANG X,LI X. Exosomes derived from mesenchymal stem cells [J]. Int J Mol Sci,2014,15(3):4142-4157.

[18] ELAHI F M,FARWELL D G,NOLTA J A,et al. Preclinical translation of exosomes derived from mesenchymal stem/stromal cells [J]. Stem Cells,2020,38(1):15-21.

[19] LI J W,WEI L,HAN Z,et al. Mesenchymal stromal cells-derived exosomes alleviate ischemia/reperfusion injury in mouse lung by transporting anti-apoptotic miR-21-5p [J]. Eur J Pharmacol,2019,852:68-76.

[20] MOON H G,CAO Y,YANG J,et al. Lung epithelial cell-derived extracellular vesicles activate macrophage-mediated inflammatory responses via ROCK1 pathway [J]. Cell Death Dis,2015,6(12):e2016.

[21] WILLIS G R,FERNANDEZ-GONZALEZ A,REIS M,et al. Macrophage immunomodulation:the gatekeeper for mesenchymal stem cell derived-exosomes in pulmonary arterial hypertension? [J]. Int J Mol Sci,2018. 19(9):2534.

[22] WILLIS G R,FERNANDEZ-GONZALEZ A,ANASTAS J,et al. Mesenchymal stromal cell exosomes ameliorate experimental bronchopulmonary dysplasia and restore lung function through macrophage immunomodulation [J]. Am J Respir Crit Care Med,2018,197(1):104-116.

[23] CHAN K Y,LI X,CHEN W,et al. Prevalence of chronic obstructive pulmonary disease (COPD) in China in 1990 and 2010 [J]. J Glob Health,2017,7(2):020704.

[24] JANCZEWSKI A M,WOJTKIEWICZ J,MALINOWSKAE,et al. Can Youthful Mesenchymal Stem Cells from Wharton's Jelly Bring a Breath of Fresh Air for COPD [J]. Int J Mol Sci,2017,18(11):2449.

[25] RIBEIRO-PAES J T,BILAQUI A,GRECO O T,et al. Unicentric study of cell therapy in chronic obstructive pulmonary disease/pulmonary emphysema [J]. Int J Chron Obstruct Pulmon Dis,2011,6:63-71.

[26] WEISS D J,CASABURI R,FLANNERY R,et al. A placebo-controlled,randomized trial of mesenchymal stem cells in COPD [J]. Chest,2013,143(6):1590-1598.

[27] DE OLIVEIRA H G,CRUZ F F,ANTUNES M A,et al. Combined Bone Marrow-Derived Mesenchymal Stromal Cell Therapy and One-Way Endobronchial Valve Placement in Patients with Pulmonary Emphysema:

A Phase I Clinical Trial [J]. Stem Cells Transl Med,2017,6(3):962-969.

[28] STOLK J,BROEKMAN W,MAUAD T,et al. A phase I study for intravenous autologous mesenchymal stromal cell administration to patients with severe emphysema [J]. QJM,2016,109(5):331-336.

[29] ARMITAGE J,TAN D B A,TROEDSON R,et al. Mesenchymal stromal cell infusion modulates systemic immunological responses in stable COPD patients:a phase I pilot study [J]. Eur Respir J,2018,51(3):1702369.

[30] HARRELL C R,MILORADOVIC D,SADIKOT R,et al. Molecular and Cellular Mechanisms Responsible for Beneficial Effects of Mesenchymal Stem Cell-Derived Product "Exo-d-MAPPS" in Attenuation of Chronic Airway Inflammation [J]. Anal Cell Pathol(Amst),2020,2020:3153891.

[31] 程林,袁慊,王瑜,等. 自体支气管基底层细胞治疗慢性阻塞性肺疾病的小样本探索性研究[J]. 重庆医学,48(23):4012-4016.

[32] RAGHU G,REMY-JARDIN M,MYERS J L,et al. Diagnosis of Idiopathic Pulmonary Fibrosis. An Official ATS/ERS/JRS/ALAT Clinical Practice Guideline [J]. Am J Respir Crit Care Med,2018,198(5):e44-e68.

[33] CHAMBERS D C,ENEVER D,ILIC N,et al. A phase 1b study of placenta-derived mesenchymal stromal cells in patients with idiopathic pulmonary fibrosis [J]. Respirology,2014,19(7):1013-1018.

[34] GLASSBERG M K,MINKIEWICZ J,TOONKEL R L,et al. Allogeneic Human Mesenchymal Stem Cells in Patients With Idiopathic Pulmonary Fibrosis via Intravenous Delivery(AETHER):A Phase I Safety Clinical Trial [J]. Chest,2017,151(5):971-981.

[35] AVERYANOV A,KOROLEVA I,KONOPLYANNIKOV M,et al. First-in-human high-cumulative-dose stem cell therapy in idiopathic pulmonary fibrosis with rapid lung function decline [J]. Stem Cells Transl Med,2020,9(1):6-16.

[36] TZOUVELEKIS A,PASPALIARIS V,KOLIAKOS G,et al. A prospective,non-randomized,no placebo-controlled,phase I b clinical trial to study the safety of the adipose derived stromal cells-stromal vascular fraction in idiopathic pulmonary fibrosis [J]. J Transl Med,2013,11:171.

[37] NTOLIOS P,MANOLOUDI E,TZOUVELEKIS A,et al. Longitudinal outcomes of patients enrolled in a phase Ib clinical trial of the adipose-derived stromal cells-stromal vascular fraction in idiopathic pulmonary fibrosis [J]. Clin Respir J,2018,12(6):2084-2089.

[38] ZHANG C,YIN X,ZHANG J,et al. Clinical observation of umbilical cord mesenchymal stem cell treatment of severe idiopathic pulmonary fibrosis:A case report [J]. Exp Ther Med,2017,13(5):1922-1926.

[39] ZUO W,ZHANG T,WU DZ,et al. p63(+)Krt5(+) distal airway stem cells are essential for lung regeneration [J]. Nature,2015,517(7536):616-620.

[40] BEAM K S,ALIAGA S,AHLFELD S K,et al. A systematic review of randomized controlled trials for the prevention of bronchopulmonary dysplasia in infants [J]. Journal of perinatology,2014,34(9):705-710.

[41] BASSLER D,PLAVKA R,SHINWELL E S,et al. Early inhaled budesonide for the prevention of bronchopulmonary dysplasia [J]. N Engl J Med,2015,373(16):1497-1506.

[42] FUNG M E,THÉBAUD B. Stem cell-based therapy for neonatal lung disease:it is in the juice [J]. Pediatric research,2014,75(1):2-7.

[43] CHANG Y S,AHN S Y,YOO H S,et al. Mesenchymal stem cells for bronchopulmonary dysplasia:phase 1 dose-escalation clinical trial [J]. Journal of pediatrics,2014,164(5):966-972.

第五章 干细胞临床研究

[44] AHN S Y, CHANG Y S, KIM J H, et al. Two-Year Follow-Up Outcomes of Premature Infants Enrolled in the Phase I Trial of Mesenchymal Stem Cells Transplantation for Bronchopulmonary Dysplasia [J]. J Pediatr, 2017, 185:49-54.

[45] ZHU D, WALLACE E M, LIM R. Cell-based therapies for the preterm infant [J]. Cytotherapy, 2014, 16(12):1614-1628.

[46] MURPHY S, ROSLI S, ACHARYA R, et al. Amnion epithelial cell isolation and characterization for clinical use [J]. Curr Protoc Stem Cell Biol, 2010, Chapter 1: Unit 1E. 6.

[47] VOSDOGANES P, HODGES R J, LIM R et al. Human amnion epithelial cells as a treatment for inflammation-induced fetal lung injury in sheep [J]. Am J Obstet Gynecol, 2011, 205:156. e26-e33.

[48] LIM R, MALHOTRA A, TAN J, et al. First-In-Human Administration of Allogeneic Amnion Cells in Premature Infants With Bronchopulmonary Dysplasia: A Safety Study[J]. Stem Cells Transl Med, 2018, 7(9): 628-635.

[49] MASTERSON C, JERKIC M, CURLEY GF, et al. Mesenchymal stromal cell therapies: potential and pitfalls for ARDS [J]. Minerva Anestesiol, 2015, 81(2):179-194.

[50] ZHENG G, HUANG L, TONG H, et al. Treatment of acute respiratory distress syndrome with allogeneic adipose-derived mesenchymal stem cells: A randomized, placebo-controlled pilot study [J]. Respir Res, 2014, 15(1):39.

[51] WILSON J G, LIU K D, ZHUO H, et al. Mesenchymal stem (stromal) cells for treatment of ARDS: a phase 1 clinical trial [J]. Lancet Respir Med, 2015, 3(1):24-32.

[52] MATTHAY M A, CALFEE C S, ZHUO H, et al. Treatment with allogeneic mesenchymal stromal cells for moderate to severe acute respiratory distress syndrome (START study): a randomised phase 2a safety trial [J]. Lancet Respir Med, 2019, 7(2):154-162.

[53] CHEN J, HU C, CHEN L, et al. Clinical study of mesenchymal stem cell treating acute respiratory distress syndrome induced by epidemic Influenza A (H7N9) infection, a hint for COVID-19 treatment [J]. Engineering (Beijing), 2020, 6(10):1153-1161.

第四节 人脐带间充质干细胞治疗新型冠状病毒感染症状的进展

现阶段,新型冠状病毒将与人类长期共存,危害人类生命安全。新型冠状病毒感染后可刺激肺部产生细胞因子风暴,引发肺部等脏器损伤,继而造成呼吸衰竭或多器官功能衰竭。新型冠状病毒感染尚无特效药物或特异性治疗手段,主要以对症治疗、病因治疗和支持性治疗为主,亟需寻找安全有效的治疗方法。间充质干细胞具有强大的免疫调节、损伤修复和再生功能,能有效抑制过度炎症反应,减轻新型冠状病毒感染引起的免疫病理损伤,是极具潜力的治疗新型冠状病毒感染疗法。人脐带间充质干细胞因其来源丰富、免疫原性低、易获取及体外易培养的优势,成为治疗新型冠状病毒感染的最佳干细胞来源。目前,国内外已开展了多项脐带间充质干细胞治疗新型冠状病毒感染的临床研究,初步揭示了其良好的安全性和有效性。但由于早期研究样本数量较少,高质量随机对照试验研究缺乏以及长期随访数据欠缺等不足,仍需更多临床研究数据支持脐带间充质干细胞治疗新型冠状病毒感染的有效性和安全性。

一、新型冠状病毒感染概述

（一）新型冠状病毒感染暴发背景及发病机制

2019年12月开始,中国湖北省武汉市陆续报告了多起不明原因的肺炎病例,其传播速度之快,范围之广泛,对人民的生命安全所造成的威胁之大,使其迅速成为了国内外广泛关注的公共卫生事件[1]。2020年1月,该病致病原最终被确立为一种新型的冠状病毒,世界卫生组织(WHO)将其命名为2019-nCoV,并将新型冠状病毒感染疫情列为"国际关注的突发公共事件"[2-3],发布了联合国机构的最高级别警报。2020年2月11日,WHO将新型冠状病毒感染引起的肺炎命名为"COVID-19",同日,国际病毒分类委员会(ICTV)宣布将新型冠状病毒(2019-nCoV)的正式分类名确定为严重急性呼吸综合征冠状病毒2(SARS-CoV-2)。新型冠状病毒感染疾病流行特征以聚集性疫情为主,具有较强的人传人的能力[4]。疫情爆发初期,我国迅速启动突发公共卫生事件一级响应政策,并将该传染病纳入《中华人民共和国传染病防治法》的乙类传染病,按甲类传染病管理。新型冠状病毒感染疫情发生以来,党中央高度重视疫情防控,因时因势动态优化调整防控措施,不断提高科学精准防控水平,成功经受住了全球疫情的多轮冲击,避免了致病力相对较强的原始株、德尔塔变异株等在我国的广泛流行,极大减少了重症和死亡,使我国疫情流行和病亡数保持在全球最低水平。随着病毒变异、疫情变化、疫苗接种普及和防控经验积累,我国新型冠状病毒感染疫情防控工作也进入了新阶段。2022年12月26日,国务院应对新型冠状病毒感染疫情联防联控机制发布《关于印发对新型冠状病毒感染实施"乙类乙管"总体方案的通知》,文件指出,综合评估病毒变异、疫情形势和我国防控基础等因素,我国已具备将新型冠状病毒感染由"乙类甲管"调整为"乙类乙管"的基本条件,自2023年1月8日起,全国正式开始对新型冠状病毒感染实施"乙类乙管"。2023年5月5日,世界卫生组织正式宣布新冠疫情不再构成"国际关注的突发公共卫生事件",世界各国、各地区疫情防控政策也开始逐渐放松。但纵观全球,新型冠状病毒感染仍然在持续威胁人类的生命健康安全。WHO官网(https://www.who.int/)显示,截至格林威治时间+8,2023年7月5日晚上10:01,全球已报告新型冠状病毒感染确诊病例767 726 861例,死亡6 948 764例,国际新型冠状病毒的防控形势依旧严峻。如何快速寻找新型冠状病毒感染有效预防手段和治疗方法,是控制和消灭疫情的当务之急,也是各国政府和医疗卫生科研人员的深入研究的领域,未来仍需要制定针对疫情变化的长期规划,引进成功的科技创新成果,加快科学证据在疫情控制和疾病治疗中的应用,做好与病毒长期共存的准备。

新型冠状病毒属于冠状病毒科β冠状病毒属,是一种表面有包膜的单股正链RNA病毒[5],主要感染哺乳动物[6],在电子显微镜下可观察到此病毒在外膜上有冠状病毒独特且明显的棒状粒子凸起,形成独特的日冕或花冠结构,所以将此病毒命名为冠状病毒[7]。经研究发现,SARS-CoV-2 与 SARS-CoV 的入侵途径相似,主要是通过 S 蛋白与血管紧张素转换酶 2（angiotensin converting enzyme2,ACE2）结合后侵入宿主细胞[8]。ACE2 在心脏、肾脏、睾丸、肺、肝、脑、胰腺和结肠等组织中均有表达,SARS-CoV-2 感染可导致呼吸系统、心血管系统、消化系统和泌尿系统的损伤,甚至继发 ARDS 和全身炎症反应,进一步引发多器官功能衰竭[9]。当病毒与机体相互作用后,机体会快速释放大量炎性细胞因子,引发机体免疫功能失衡,并导致细胞因子风暴（cytokine storm,CS）的发生。临床研究发现,重症新型冠状病毒感染患者血液中 IL-2、IL-7、IL-10、GM-CSF、IP-10、MCP-1、MIP-1A 和 TNF-α 等细胞因子的表达水平均有升高,证实细胞因子风暴参与了 SARS-CoV-2 的致病过程[10]。因此,抑制病毒感染过程中的 CS 有助于减轻患者临床症状,改善新型冠状病毒感染预后。

（二）新型冠状病毒感染临床表现

1. **一般人群** 基于流行病学调查,新型冠状病毒感染潜伏期为 1~14 天,临床多为 3~7 天。多数患者主要表现为发热、干咳和乏力,少数患者表现为咽干、咽痛、鼻塞、流涕、肌肉酸痛和腹泻等症状。重症患者在起病 1 周后可快速进展为 ARDS、脓毒血症休克、难以纠正的代谢性酸中毒和出凝血功能障碍及多器官功能衰竭（multiple organ failure,MOF）[11]。

2. **特殊人群** 儿童病例表现出的症状相对较轻,与成人相似,多有高热,主要累及上呼吸道。极少数儿童可有多系统炎症综合征（multisystem inflammatory syndrome in children,MIS-C）,出现发热伴皮疹、非化脓性结膜炎、黏膜炎症、低血压或休克、凝血功能障碍、中毒性休克综合征或噬血细胞综合征等[12]。患有新型冠状病毒感染的孕产妇临床症状和进展过程与同龄患者相近。多数患者预后良好,老年人、有慢性基础疾病者、晚期妊娠和围产期女性和肥胖人群预后相对较差。

（三）治疗措施

主要治疗策略为对症治疗（如吸氧和退热）、病因治疗（如抗病毒和免疫疗法等）及在需要时进行抗菌治疗和支持性治疗（例如呼吸支持和循环支持）等。

1. **一般治疗** 按一般呼吸道传染病隔离治疗,保证充分的能量和营养摄入,保持水、电解质平衡。高热者行物理降温,必要时给予解热药物。咳嗽咳痰患者可酌情给予止咳化痰药物,当患者继发细菌感染时,应根据细菌培养药敏结果应用相应敏感的抗生素治疗[13]。

2. **抗病毒治疗** 抗病毒治疗是新型冠状病毒感染主要的治疗措施之一,应结合患者病程病情,尽早合理选用新型冠状病毒感染抗病毒药物,同时注意药物的不良反应和药物相互作用[14]。恢复期血浆（convalescentplasma,CP）中含有针对 SARS-CoV-2 的抗体,可有效中和重症患者的病毒血症,有助于抑制病毒并改善炎症反应[15-16],最新研究建议在有重症风险的患者、未检测到 SARS-CoV-2 抗体的患者以及免疫抑制患者病程早期输注高中和滴度的恢复期血浆最有效,对新型冠状病毒感染晚期患者不建议输注恢复期血浆[17]。另外,静脉输注新型冠状病毒感染的免疫球蛋白可作为新型冠状病毒感染的潜在疗法[18],与抗病毒药物联合使用可提供针对 COVID-19 的替代治疗[19]。目前我国尚无批准用于低龄儿童的新型冠状病毒感染的抗病毒药物。中药制剂在一定程度上可以作为抗病毒感染的治疗选择，如蒲地蓝消炎口服液、抗病毒合剂、连花清瘟颗粒等[20]。

3. **免疫治疗**　对于氧合指标进行性恶化、影像学进展迅速、机体炎症反应过度激活状态的重型和危重型病例，酌情短期内(不超过 10 天)使用糖皮质激素，建议地塞米松 5mg/天或甲泼尼龙 40mg/天，避免长时间、大剂量使用糖皮质激素，以减少副作用。

4. **间充质干细胞**　SARS-CoV-2 进入机体后，可刺激肺部产生细胞因子风暴[21]，进而导致患者出现肺部损伤甚至发生呼吸衰竭，而间充质干细胞及其外泌体具有强大的抗炎和抗凋亡作用，可有效调节机体的免疫机制，抑制过度炎症反应，修复损伤的肺上皮细胞，促进肺泡液清除，从而减轻新型冠状病毒感染相关的免疫病理损伤[22-24]。间充质干细胞在治疗新型冠状病毒感染上具有良好的应用前景，但需更多临床数据支撑[25]。

二、间充质干细胞概述

间充质干细胞是在 1970 年由 Friedenstein 和他的同事们首次从骨髓中发现，通过在培养皿中培养整个骨髓，并去除不贴壁的细胞——留下具有成形细胞的贴壁细胞，能够形成离散的菌落，在一定时间内能不断增殖[26]。间充质干细胞来源丰富，具有多向分化潜能、分泌多种因子及低免疫原性等独特的生物学功能。它属于一种非造血细胞，在适宜的体内或体外环境下有着多向分化能力，可分化成各类细胞，如脂肪细胞、软骨细胞、骨细胞、成纤维细胞、心肌细胞、骨骼肌细胞和神经细胞等。间充质干细胞还能够分泌多种因子，包括趋化因子、细胞因子、生长因子和遗传物质等，有助于迁移到受伤组织或器官，发挥调节炎症免疫反应的作用，并提供一个健康的微环境来促进组织修复，而其低免疫原性这一特点则使得患者在接受同种异体移植治疗后不容易发生免疫排斥反应[27-28]。在活体研究中，间充质干细胞已在多种疾病类型，如移植物抗宿主疾病、多发性硬化、炎症性肠病、糖尿病以及心肌病等疾病的动物模型中取得了成果[29]。

基于以上临床前研究的积极结果，干细胞疗法已广泛用于人体治疗多种疾病，且取得了良好的效果，包括成骨不全[30]、心肌损伤[31]、肝损伤[32]、肾损伤[33]、骨质疏松[34]、全身性红斑狼疮[35-36]、移植物抗宿主疾病[37]、多发性硬化[38]和类风湿性关节炎[39]等疾病。

在各种来源的间充质干细胞中，脐带间充质干细胞的收集相对容易，对产妇和婴儿风险较低，伦理学争议较少[30,40]，出生后收集的脐带血可被冻存供将来临床使用，且不会失去生存能力和功能[41]。目前，脐带间充质干细胞已经被推荐用于治疗 H5N1 感染导致的肺损伤[42]，当间充质干细胞通过静脉输注进入机体后，部分干细胞在肺部积累，能够潜在地改善肺部的微环境，保护肺泡上皮细胞，阻止肺纤维化并有效改善肺功能[42-43]。

三、间充质干细胞治疗新型冠状病毒感染的潜在治疗机制

（一）免疫调控作用

在体内炎症因子的刺激下，间充质干细胞能以多种方式调节体内 T 细胞的功能。一方面，间充质干细胞能调节性 T 细胞的增殖，使其停滞在 G0 期或 G1 期；另一方面，间充质干细胞能释放或分泌相关细胞因子，如 TGF-β、肝细胞生长因子（hepatocyte growth factor，HGF）等来调控 T 细胞的功能[44]。另外，间充质干细胞还能通过影响 B 细胞的分化、增殖和分泌抗体发挥免疫调控作用。有研究发现间充质干细胞能影响体内 B 细胞 G0 期或 G1 期的转变，并以多种方式影响 B 细胞抗体产生，且能够通过激活 T 细胞释放 IFN 抑制边缘区活化的 B 细胞达到间接调节 B 细胞的免疫作用[45]。除此之外，间充质干细胞还能通过影响巨噬细胞和树突状细胞（dendritic cell，DC）等免疫细胞的功能来达到免疫调控作用。在体内炎症环境中，间充质干细胞能以负反馈形式调节巨噬细胞功能，巨噬细胞的促炎型（macrophages1，M1）释放的炎症因子能刺激间充质干细胞上调环氧化酶-2（cyclooxygenase-2，COX-2）信号而使前列腺素 E_2（prostaglandin E_2，PGE_2）的分泌增加，促使巨噬细胞由促炎型（M1）转变为抗炎型（macrophages2，M2）；在内毒素刺激下，间充质干细胞可分泌 HGF，在促使 DC 细胞分化为调节型 DC 细胞的同时，干预 DC 细胞的成熟和抗原呈递功能，减少炎症因子的分泌，达到调控和维持体内免疫应答作用[46-47]。

机体免疫应答异常是导致多数 COVID-19 患者病情加重的主要因素，多数患者发病时症状较轻，少数患者在发病一周后病情会突然加重，最主要的原因可能是患者体内过度的免疫反应引起的细胞因子风暴。间充质干细胞在体内对各种免疫细胞的调节作用很可能是积累放大的，它能通过调节免疫反应强度，减少引起细胞因子风暴的主要细胞因子如 TNF-α、IL-1、IL-6、IL-12 和 IFN-γ 等的释放，增加 IL-10 和肿瘤坏死因子 α 刺激基因-6（tumor necrosis factor alpha stimulated gene-6，*TSG6*）编码的分泌性蛋白等抗炎细胞因子以及 VEGF 的分泌，达到缓解细胞因子风暴发生发展的目的[48-49]。另外，间充质干细胞还可通过抑制异常激活的 Th1 细胞（为 CD4+ 细胞，主要分泌 IL-2、IFN-γ 和 TNF 等炎症因子）和 Th17 细胞（主要分泌 IL-17 和 IL-22 等促炎症因子）分化，诱导 Th17 细胞向调节性 T 细胞分化，增加抗炎细胞因子 IL-4 水平的同时降低促炎因子 IFN-γ 的水平，进而抑制过激免疫反应，预防细胞因子风暴的发生[50]。

越来越多的研究表明，间充质干细胞主要通过旁分泌机制来发挥免疫调节作用，其中，间充质干细胞分泌的细胞外囊泡（extracellular vehicle，EV）具有重要的作用[51]。细胞外囊泡（主要分为外泌体、微泡和凋亡小体）广泛存在于细胞培养上清以及各种体液（血液、淋巴液、唾液、尿液、精液和乳汁）中，携带有细胞来源相关的多种蛋白质、脂类、DNA、mRNA 和 miRNA 等，参与细胞间通信、细胞迁移、血管新生和免疫调节等过程。在抑制细胞因子风暴过

程中,间充质干细胞主要以旁分泌机制分泌多种生长因子和抗炎细胞因子,并通过释放外泌体和微泡等胞外囊泡来发挥细胞间通信作用[50,52]。

(二) 损伤修复作用

SARS-CoV-2 主要靶部位为肺部,病毒进入体内会导致患者出现急性肺损伤,引起患者肺泡上皮细胞及毛细血管内皮细胞受损,出现弥漫性肺泡损伤和渗出性肺泡炎,导致急性低氧性呼吸功能不全等症状,进而发展成急性呼吸窘迫综合征[12,48]。间充质干细胞一方面能通过潜在的分化功能、刺激机体产生多种细胞因子及分泌大量含有 miRNA 的外泌体和囊泡,进而影响 Wnt 和 PI3K/AKT 等信号通路来发挥治疗和修复肺部损伤的作用[53];另一方面,则通过分泌 HGF、角质细胞生长因子(keratinocyte growth factor,KGF)和粒细胞-巨噬细胞集落刺激因子(granulocyte-macrophage colony-stimulating factor,GM-GSF)等细胞营养因子,刺激多种上皮和内皮细胞的再生和分化,同时通过减少肺组织中 TGF-β、TNF-α、I 型胶原蛋白及Ⅲ型胶原蛋白等的产生,进一步改善肺部组织细胞内的微环境,保护并修复受损血管内皮细胞和肺泡上皮细胞,促进肺泡表面活性物质的分泌和新生血管生成,最终达到恢复患者的急性肺功能损伤和 ARDS 患者肺泡-上皮屏障功能的目的[54-55]。

(三) 抗病毒作用

与更多分化的细胞相比,间充质干细胞对病毒感染具有更强的抵抗性,而这种能力有赖于间充质干细胞能够表达干扰素刺激基因(interferon-stimulated gene,*ISG*)。*ISG* 的表达调控及其产物可对病毒繁殖周期中的多个阶段产生靶向作用,如抑制病毒基因组整合/扩增、蛋白质翻译、组装和释放等,从而阻止病毒感染机体[56]。在间充质干细胞表达的 ISG 中,IFI6、ISG15、SAT1、PMAIP1、p21/CDKN1A 和 CCL2 等是特别的存在,它们可以在病毒穿过细胞的脂质双分子层之前对其产生抵抗作用,从而阻止细胞被登革病毒、埃博拉病毒、SARS 冠状病毒和甲型流感病毒等多种病毒感染[57]。此外,间充质干细胞产生的抗菌肽 LL-37 和吲哚胺2,3-双加氧酶(indoleamine2,3-dioxygenase,IDO)能够影响并抑制病毒复制,从而有效减少病毒的产生[58-59]。

综上所述,间充质干细胞既能以多种途径调节性 T 细胞、B 细胞、巨噬细胞及 DC 细胞等免疫细胞的功能而发挥免疫调控作用,又能以旁分泌形式调节各种不同细胞因子和炎症因子的分泌和释放,缓解 CS 的发生和发展。此外,间充质干细胞还能通过合成和分泌多种血管和组织细胞生长因子,促进受损血管和肺泡组织的修复和重建,并通过表达干扰素刺激基因抑制病毒繁殖、减少病毒产生并阻止机体细胞被病毒感染,显著改善患者的预后,促使患者机体功能逐渐恢复正常状态。鉴于间充质干细胞以上的可能机制,将为 COVID-19 患者的临床治疗带来新希望。

四、人脐带间充质干细胞治疗新型冠状病毒感染的临床研究成果

间充质干细胞来源广泛,包括自体骨髓、脂肪组织、牙髓和脐带等各种来源[60]。自体骨髓间充质干细胞需要患者接受侵入性手术来获取,采集过程十分痛苦,且产生的间充质干细胞数量有限(0.001%~0.01%),并有早期衰老的特征[61]。脂肪间充质干细胞的获取同样需要对患者进行侵入性手术,且还需要更多研究证明其有效性和安全性[62]。牙髓干细胞因其在成年人中的使用范围有限以及提取后缺乏再生能力而具有一定的应用局限性[63]。脐带是新生儿围产组织的一种重要器官,组织来源广,间充质干细胞数量丰富,其采集过程对母体和新生儿不造成任何损伤。有研究指出,脐带可能是治疗新型冠状病毒感染和相关症状的间充质干细胞最佳来源[64]。作为同种异体来源,脐带中含有丰富的干细胞,其免疫原性较低,易于获得,并且富含免疫调节和再生因子,具有良好的安全性、增殖率、克隆率且体外培养相对容易等优势[65,66],未来人脐带间充质干细胞将成为新型冠状病毒感染细胞治疗临床研究的重要趋势。

美国疼痛管理中心(Pain Management Centers of America)在 2020 年 3 月提出将脐带间充质干细胞作为救治危重新型冠状病毒感染患者的一种治疗策略,并提出脐带间充质干细胞是治疗新型冠状病毒感染最理想的细胞类型[67]。2020 年 10 月,Hugo C. Rodriguez 等[64]研究提出脐带间充质干细胞和/或脐带华通胶间充质干细胞(Wharton's jelly-derived mesenchymal stem cell,WJ-MSC)是治疗新型冠状病毒感染患者并减轻医疗资源负担的间充质干细胞理想来源。

(一)国内脐带血间充质干细胞治疗新型冠状病毒感染的临床研究进展

新型冠状病毒感染疫情暴发以来,国内众多临床研究者积极寻找安全有效治疗手段,开展了多项脐带血间充质干细胞治疗新型冠状病毒感染的研究,其中大部分研究在国家卫生健康委员会完成备案,并在中国临床试验注册中心和 *Clinical trials* 等平台注册。脐带间充质干细胞治疗新型冠状病毒感染的探索研究,有效拓宽了治疗手段,为疫情防控救治发挥了重要作用。

2020 年 4 月,首都医科大学附属北京佑安医院发布的"人间充质干细胞治疗新型冠状病毒感染肺炎(COVID-19)的临床研究"初步结果[43]显示,脐带间充质干细胞治疗 COVID-19 安全性良好,受试者临床检测指征得到改善。研究未出现急性输注反应,且间充质干细胞组受试者呼吸急促和低氧饱和度均消失,CRP 水平下降,氧饱和度上升,毛玻璃样混浊和肺炎的浸润明显减少,TNF-α 显著降低,IL-10 水平显著升高。

2020 年 7 月,陆军军医大学第二附属医院 Guo Zhinian 等[68]发表了其在泰康同济(武汉)医院开展的"应用脐带间充质干细胞治疗重症新型冠状病毒感染患者的临床研究"结果。该研究入组了 30 例重症新型冠状病毒感染受试者,均未发现与脐带间充质干细胞输注相关的不良事件,且治疗后 SARS-CoV-2 PCR 结果转阴平均时间缩短,淋巴细胞计数和氧合指数(PaO₂/FiO₂)升高,CRP、降钙素原、IL-6 及 D-二聚体水平降低。研究表明脐带间充质干细胞

治疗可帮助重症新型冠状病毒感染患者恢复氧合指数并降低细胞因子风暴发生风险。

2020年8月，中国人民解放军总医院第五医学中心王福生院士团队发布了"hUC-MSC治疗COVID-19患者的I期临床试验"结果[69]。该研究共纳入18例受试者，其中试验组和对照组各9例。两组均采用标准的COVID-19治疗方案，此外试验组分别于第0、3、6天再接受人脐带间充质干细胞静脉输注治疗。结果显示人脐带间充质干细胞治疗具有良好的安全性，虽然有3例受试者出现了短暂的面部潮红、发热或缺氧症状，但可自行消退，且未发生与脐带间充质干细胞输注相关的严重不良事件。研究初步表明新型冠状病毒感染患者接受多次脐带间充质干细胞输注是安全、可耐受的，但试验组和对照组住院时间和临床疗效指标无显著差异。

2020年8月，南京医科大学第二附属医院发表了其在湖北省黄石市中医医院开展的"人脐带间充质干细胞治疗重症COVID-19肺炎"的研究结果[70]。该研究共纳入41例重症新型冠状病毒感染受试者，试验组12例接受脐带间充质干细胞治疗，对照组29例采用标准治疗。研究结果显示人脐带间充质干细胞治疗展现出了更优的疗效和安全性。试验组疾病恶化发生率和28天死亡率为0，呼吸急促、低氧饱和度和无力疲劳感等症状明显改善，临床改善时间中位数为9天，CRP和IL-6水平显著降低，淋巴细胞计数迅速恢复至正常范围，且未出现输注相关不良反应。相比之下，对照组临床改善时间中位数为14天，且有4例受试者出现疾病进展并接受了有创机械通气，28天死亡率为10.34%。

2020年11月，武汉大学中南医院黄建英团队发布了其开展的"人脐带间充质干细胞治疗新型冠状病毒感染所致重症及危重症肺炎的安全性和有效性临床研究"结果[71]。该研究共纳入16例新型冠状病毒感染受试者，其中重症9例，危重症7例，共接受4次脐带间充质干细胞输注治疗。研究未观察到急性输注不良反应，也未出现迟发性超敏反应和干细胞相关的继发感染，但发生了2例严重不良事件，分别为COVID-19合并细菌性肺炎和感染性休克。研究结果显示，经过脐带间充质干细胞治疗后，重症及危重症新型冠状病毒感染受试者死亡率降为6.25%（同期流行病学数据显示重症及危重症的死亡率45.4%），且氧合指数、肺部影像学表现得到改善，淋巴细胞计数水平恢复，促炎性细胞因子分泌得到抑制。研究初步证明了脐带间充质干细胞治疗重症和危重症新型冠状病毒感染是安全有效的。

2021年2月，中国人民解放军总医院第五医学中心王福生院士团队发布了"hUC-BMSC对重症COVID-19患者肺损伤的影响：一项随机、双盲、安慰剂对照的II期临床试验"结果[72]，这是国内首个干细胞治疗新型冠状病毒感染的随机双盲II期临床试验。该研究入组了100例重症COVID-19所致的肺损伤受试者，按照2:1随机分配至脐带血间充质干细胞组和安慰剂组，脐带间充质干细胞组在第0、3和6天接受脐带间充质干细胞输注治疗。研究结果显示，与安慰剂组相比，脐带间充质干细胞组受试者肺部病变大小有改善趋势，合并病变发生率显著降低，6分钟步行测试距离增加，且未观察到与间充质干细胞相关的血流动力学或呼吸系统不良事件。研究表明脐带间充质干细胞治疗COVID-19所致的肺损伤具有良好的耐受性和有效性。

2021年10月,中国医学科学院/北京协和医学院赵春华团队[73]等发表了其开展的一项随机、单盲、安慰剂对照的Ⅱ期临床试验结果。研究显示,接受脐带来源间充质干细胞治疗的新型冠状病毒感染受试者与安慰剂组相比,住院时间更短。在机理研究方面,间充质干细胞可通过调节免疫微环境和促进组织修复,来提高 COVID-19 患者的临床疗效。

2022年1月,中国人民解放军总医院第五医学中心王福生院士团队[74]发表了使用脐带间充质干细胞治疗重症新型冠状病毒感染患者随访一年的研究结果。结果显示,与安慰剂组相比,脐带间充质干细胞组全肺病变体积不断缩小,不良反应发生率更低。研究结果显示脐带间充质干细胞治疗对 COVID-19 患者肺部病变和症状的恢复具有长期获益。

2022年6月,Meiping Chu 等[75]对7例重症 COVID-19 患者进行了脐带间充质干细胞来源的外泌体雾化治疗。研究结果显示,接受外泌体治疗的重症患者肺部病灶显著缩小或完全消失,缩短了住院时间,且不会引起急性过敏或继发性过敏反应,而未接受雾化治疗的患者肺部病灶仍然存在。研究结果表明,脐带间充质干细胞来源的外泌体雾化治疗可能成为一种更优的早期治疗选择。

(二)国外脐带间充质干细胞治疗 COVID-19 的临床研究进展

2020年6月,英国 Wellcome Wolfson 实验医学研究所等公布了其计划开展的"一项随机、安慰剂对照、三盲 REALIST COVID-19 试验"[76]。该研究计划纳入60例重症新型冠状病毒感染受试者,按1:1随机分组,试验组输注 4×10^8 个人脐带间充质干细胞[在多电解质注射液(Plasma-Lyte 148)中稀释达到200ml],安慰剂组仅输注 Plasma-Lyte 148 输液溶液(200ml)。主要安全性指标是严重不良事件发生率,主要疗效指标是第7天的氧合指数,次要疗效指标是第4、7、14天的氧合指数、序贯器官衰竭评估(sequential organ failure assessment,SOFA)评分、机械通气时间和 ICU 住院时间等。2023年5月研究结果公开发布,试验组与对照组在主要和次要疗效指标、病死率及1年内间质性肺病发生率等方面均无显著差异。研究结果表明脐带间充质干细胞用于治疗新型冠状病毒感染重症患者是安全的,但并不能改善肺器官功能障碍[77]。

2021年1月,美国迈阿密大学米勒医学院糖尿病研究所发表了"脐带间充质干细胞治疗 COVID-19 急性呼吸窘迫综合征:一项双盲,1/2a 期随机对照试验"结果[42]。该研究共入组24例受试者,按1:1比例随机分配至脐带间充质干细胞治疗组或对照组。脐带血间充质干细胞治疗组受试者接受了两次静脉输注(第0天和第3天),对照组接受两次溶媒溶液输注。研究结果显示,脐带间充质干细胞治疗可显著改善新型冠状病毒感染受试者的生存率和恢复时间,降低促炎性细胞因子水平,且未观察到与脐带间充质干细胞输注相关的严重不良事件。研究结果表明脐带间充质干细胞治疗可降低 COVID-19 急性呼吸窘迫综合征患者的死亡风险,缩短康复时间。

2021年1月,伊朗德黑兰医科大学发布了其开展的一项"围产期组织来源间充质干细胞治疗 COVID-19 引起的 ARDS 重症患者单臂、开放、两中心 I 期临床试验"结果[78]。该研究共纳入 11 例 COVID-19 诱导的 ARDS 受试者。研究结果表明,脐带间充质干细胞治疗是安全的,并可改善危重症新型冠状病毒感染诱发的 ARDS 患者的呼吸窘迫症状,减少炎症指标水平。同时,该研究也初步证明,新型冠状病毒感染合并脓毒症或多器官衰竭的患者,不适合采用脐带间充质干细胞进行治疗。

五、现阶段脐带间充质干细胞治疗 COVID-19 的临床试验开展情况及未来展望

截至目前,根据美国临床试验注册中心网站的检索结果显示,全球已有 103 项与间充质干细胞治疗新型冠状病毒感染相关的临床试验项目登记注册,其中 18 项在东亚地区,12 项在欧洲地区,29 项在北美地区等。目前大部分研究仍在进行中,仅 26 项临床试验处于已完成状态。在我国,共有 6 家医疗机构 9 个干细胞临床研究项目按照《干细胞临床研究管理办法(试行)》的规定完成备案,并在医学研究登记备案信息系统登记(表 5-3),已有 15 项临床研究项目在美国临床试验注册中心网站登记注册(表 5-4),其中大部分间充质干细胞来源于脐带[79]。

表 5-3 我国干细胞治疗新型冠状病毒感染临床研究备案项目(截至 2023 年 12 月 31 日)

序号	注册号	题目	开展机构	获公示时间
1	MR-42-21-014665	宫血干细胞治疗 2019-nCoV 病毒导致的重度急性肺损伤的安全性和有效性临床研究	武汉大学人民医院	2021.08
2	MR-42-21-014661	牙髓间充质干细胞治疗新型冠状病毒所致重症肺炎的临床研究	武汉大学人民医院	2021.08
3	MR-42-21-015064	人脐带间充质干细胞治疗新型冠状病毒感染所致重症及危重症肺炎的安全性和有效性临床研究	武汉大学中南医院	2021.09
4	MR-42-21-015067	异体人牙髓间充质干细胞治疗 COVID-19 重症肺炎的安全性和有效性研究	武汉大学人民医院	2021.09
5	MR-33-20-000283	宫血干细胞治疗 2019-nCoV 病毒导致的急性肺损伤(肺炎)的临床研究	浙江大学医学院附属第一医院	2020.06
6	MR-42-21-014662	CAStem 细胞药物治疗重型新冠肺炎研究	武汉市金银潭医院	2021.08
7	MR-11-21-015063	人胚干细胞来源 M 细胞(CAStem)治疗重症新型冠状病毒(2019-nCoV)肺炎及急性呼吸窘迫综合征的安全性和有效性研究	首都医科大学附属北京佑安医院	2021.09
8	MR-23-21-015065	人胚干细胞来源 M 细胞(CAStem)治疗重症新型冠状病毒(2019-nCoV)肺炎及急性呼吸窘迫综合征的安全性和有效性研究	哈尔滨医科大学附属第一医院	2021.09
9	MR-44-21-015066	间充质干细胞治疗新型冠状病毒肺炎重症患者的安全性和有效性随机、对照临床研究	广州医科大学附属第一医院	2021.09

表 5-4 我国干细胞临床研究项目登记注册情况

序号	研究题目	干预方法	研究单位/地点
1	A Clinical Study on Safety and Effectiveness of Mesenchymal Stem Cell Exosomes for the Treatment of COVID-19.	Biological : Extracellular Vesicles from Mesenchymal Stem Cells	The First Affiliated Hospital of Wenzhou Medical University Wenzhou, Zhejiang, China
2	UC-MSCs in the Treatment of Severe and Critical COVID-19 Patients	Biological : umbilical cord mesenchymal stem cells Drug : paxlovid	Shanghai East Hospital, Shanghai Tongji University Shanghai, Shanghai, China
3	Application and Research of Mesenchymal Stem Cells in Alleviating Severe Development of COVID-19 Infection	Biological : Umbilical cord mesenchymal stem cells implantation Other : Comparator	The First Hospital of Hebei Medical University Shijiazhuang, Hebei, China
4	Safety and Efficacy of Umbilical Cord Mesenchymal Stem Cell Exosomes in Treating Chronic Cough After COVID-19	Biological : MSC-derived exosomes	Huazhong University of Science and Technology Union Shenzhen Hospital Shenzhen, Guangdong, China
5	Mesenchymal Stem Cell Treatment for Pneumonia Patients Infected With COVID-19	Biological : MSCs	Beijing 302 Military Hospital of China Beijing, China
6	Safety and Efficacy Study of Allogeneic Human Dental Pulp Mesenchymal Stem Cells to Treat Severe COVID-19 Patients	Biological : allogeneic human dental pulp stem cells (BSH BTC & Utooth BTC) Other : Intravenous saline injection (Placebo)	Renmin Hospital of Wuhan University (East Campus) Wuhan, Hubei, China
7	Safety and Effectiveness of Mesenchymal Stem Cells in the Treatment of Pneumonia of Coronavirus Disease 2019	Drug : Oseltamivir Drug : hormones Device : oxygen therapy Procedure : mesenchymal stem cells	Fuzhou General Hospital Fuzhou, Fujian, China
8	Bone Marrow-Derived Mesenchymal Stem Cell Treatment for Severe Patients With Coronavirus Disease 2019 (COVID-19)	Biological : BM-MSCs Biological : Placebo	Guangzhou Institute of Respiratory Health, The First Affiliated Hospital of Guangzhou Medical University Guangzhou, Guangdong, China

序号	研究题目	干预方法	研究单位/地点
9	Efficacy and Safety of Umbilical Cord Mesenchymal Stem Cells in the Treatment of Long COVID-19	Biological:UC-MSCs	Shanghai East Hospital Shanghai, China
10	UC-MSCs in the Treatment of Severe and Critical COVID-19 Patients With Refractory Hypoxia	Biological:UC-MSCs treatment	Shanghai East Hospital, Shanghai Tongji University Shanghai, Shanghai, China
11	Clinical Research of Human Mesenchymal Stem Cells in the Treatment of COVID-19 Pneumonia	Biological:UC-MSCs Other:Placebo	Puren Hospital Affiliated to Wuhan University of Science and Technology Wuhan, Hubei, China
12	Study of Human Umbilical Cord Mesenchymal Stem Cells in the Treatment of Severe COVID-19	Biological:UC-MSCs Drug:Placebo	Union Hospital, Tongji Medical College, Huazhong University of Science and Technology Wuhan, Hubei, China
13	Treatment With Human Umbilical Cord-derived Mesenchymal Stem Cells for Severe Corona Virus Disease 2019 (COVID-19)	Biological:UC-MSCs Biological:Saline containing 1% Human serum albumin (solution without UC-MSCs)	General Hospital of Central Theater Command Wuhan, Hubei, China Maternal and Child Hospital of Hubei Province Wuhan, Hubei, China Wuhan Huoshenshan Hospital Wuhan, Hubei, China
14	Therapy for Pneumonia Patients iInfected by 2019 Novel Coronavirus	Biological:UC-MSCs Other:Placebo	Puren Hospital Affiliated to Wuhan University of Science and Technology Wuhan, Hubei, China
15	Umbilical Cord (UC)-Derived Mesenchymal Stem Cells(MSCs) Treatment for the 2019-novel Coronavirus (nCOV) Pneumonia	Biological:UC-MSCs	Zhongnan Hospital of Wuhan University Wuhan, Hubei, China

间充质干细胞具有强大的免疫调节、血管调节及抗病毒特性,在输注进入人体后,可在肺部发生聚集,发挥免疫调节作用和再生修复功能,促进微血管重塑和细胞分化,改善肺部微环境,抑制有害的免疫反应,帮助修复损伤器官,促进组织细胞再生,从而快速减轻肺部的炎症损伤,有效缓解新型冠状病毒感染患者的细胞因子风暴,预防由新型冠状病毒感染所引起的 ARDS 和多器官功能衰竭的发生。尤其是在重症新型冠状病毒感染患者的治疗上,其临床获益已得到多项研究结果论证[42,80]。相对于成本较高的单克隆抗体药物和副作用风险较大的糖皮质激素药物,间充质干细胞可以从异体器官或组织来源中获取,具有良好的临床应用性和易获性,伦理争议较低,同时,由于间充质干细胞不表达 ACE2 和跨膜丝氨酸蛋白酶 2(transmembrane protease serine2,TMPRSS2),不具有新型冠状病毒感染所识别的受体,所以间充质干细胞本身不会感染新型冠状病毒。而通过临床实践进一步发现,间充质干细胞在治疗新型冠状病毒感染方面具有良好的安全性和耐受性[43,81]。因此,在新型冠状病毒感染治疗途径选择上间充质干细胞具有更大的优势[25]。

尽管脐带间充质干细胞治疗新型冠状病毒感染的研究取得了积极的结果,但需要注意的是,早期临床研究病例数量较少,且缺乏更多高质量的 RCT 研究,其长期安全性仍需要足够的样本量及长期随访观察才能确定,后期临床研究需要进一步完善研究设计,严格把控纳入排除标准,扩大临床研究患者队列,合理选择结局观察指标,以确保临床试验结果的准确性和有效性,保障患者的用药安全。同时,由于已发表的临床数据有限,脐带间充质干细胞治疗 COVID-19 的具体实施方案还存在着很多问题,有待进一步研究和探索。比如最佳的给药方式(如剂量、途径、频率、间隔时间等)、适用人群及给药时机等。有研究认为,新型冠状病毒感染症状发作时即使用间充质干细胞可有效预防或减弱 COVID-19 患者的细胞因子风暴[82],但也有研究者表示任何基于间充质干细胞的 COVID-19 治疗均应侧重考虑重症及危重症病例,不建议在新型冠状病毒感染早期应用间充质干细胞治疗,因为炎症反应有利于遏制病毒感染,而过多的免疫抑制则会消除控制病毒感染所必需的"生理炎症",如果不当使用干细胞治疗可能起到负面的作用[83]。因此,是否应该将中度或轻度的 COVID-19 患者纳入间充质干细胞的临床研究目前尚无定论。在采取通气支持措施(插管/机械通气)及合并其他危险因素(高龄、糖尿病、心血管疾病等)的患者治疗上也需要综合考虑其临床症状和实验室指标,以确定给药的最佳方案[77],尤其是重症 COVID-19 患者处于高凝状态,极易发生弥散性血管内凝血、血管栓塞和血栓性多器官衰竭,在治疗方案的选择上应更谨慎。此外,虽然相关的临床试验逐渐增多,但各研究中细胞输注的途径、给药剂量和次数都有所不同[84]。因此,仍需要继续拓展相关临床及临床前研究,探索脐带间充质干细胞治疗 COVID-19 的潜在作用机制,进一步优化临床治疗策略,寻找其最佳剂量、给药途径及确切时间点,以制定对患者最为有益的治疗方案。

随着 COVID-19 在全球范围内的爆发流行,目前迫切需要开发出安全有效的治疗方法来应对疫情发展。基于脐带间充质干细胞在 COVID-19 中潜在的治疗前景,而未经授权使用或滥用未经证实的间充质干细胞产品及疗法的风险极高,因此,针对此类重大传染性疾病的潜在新疗法的开发,必须经过严谨科学的临床试验来证明其安全性和有效性,并应以完整和透明的方式报告数据结果。在临床研究工作的开展过程中也应严格遵循伦理,保护受试者的健康和权益。自2015年起,我国陆续出台干细胞制剂及干细胞临床研究管理办法等技术规范,加强对干细胞临床研究的监管,在提高干细胞治疗研究科学规范性和防范干细胞临床应用乱象的同时,进一步加快临床转化应用的速度,以满足患者的迫切需求。现今,我国干细胞移植技术已处于较为成熟且不断发展的阶段,但由于地方临床研究能力和技术水平上的差距,其临床研究方面仍存在地区发展不平衡的情况,后期在开发基于疾病机制原理和基于循证的脐带间充质干细胞治疗COVID-19疗法之外,政府和行业应提供一个有力和连续的国际化的交流支撑平台,为更好地推进脐带间充质干细胞疗法相关研究与应用奠定基础。

(黄建英)

参考文献

[1] Epidemiology Working Group for NCIP Epidemic Response, Chinese Center for Disease Control and Prevention. The epidemiological characteristics of an outbreak of 2019 novel coronavirus diseases(COVID-19) in China [J]. Zhonghua Liu Xing Bing Xue Za Zhi,2020,41(2):145-151.

[2] 中华预防医学会新型冠状病毒肺炎防控专家组. 新型冠状病毒肺炎流行病学特征的最新认识[J]. 中华流行病学杂志,2020,41(2):139-144.

[3] 张海洪. 突发公共卫生事件相关研究的伦理思考:基于新冠病毒肺炎疫情防控的思考[J]. 中国医学伦理学,2020,33(4):415-418.

[4] 杨潮,马秋艳,郑玉红,等. 新型冠状病毒传播途径[J]. 中华预防医学杂志,2020,54(4):374-377.

[5] 张济,耿兴义,曹若明,等. 全球新型冠状病毒感染的研究进展[J]. 山东大学学报(医学版),2013,51(4):108-112.

[6] CUI J,LI F,SHI Z L. Origin and evolution of pathogenic coronaviruses[J]. Nat Rev Microbiol,2019,17(3):181-192.

[7] 钱艺,谢正德. 四种人新型冠状病毒的研究进展[J]. 中华传染病杂志,2014(9):573-576.

[8] WRAPP D,WANG N,CORBETT K S,et al. Cryo-EM Structure of the 2019-nCoV Spike in the Prefusion Conformation [J]. Science,2020,367(6483):1260-1263.

[9] ZHU C,SUN B,ZHANG X,et al. Research Progress of Genetic Structure,Pathogenic Mechanism,Clinical Characteristics,and Potential Treatments of Coronavirus Disease 2019 [J]. Front Pharmacol,2020,11:1327.

[10] HUANG C,WANG Y,LI X,et al. Clinical features of patients infected with 2019 novel coronavirus in Wuhan,China [J]. Lancet,2020,395(10223):497-506.

[11] RODRIGUEZ-MORALES A J,CARDONA-OSPINA J A,GUTIÉRREZ-OCAMPO E,et al. Clinical, laboratory and imaging features of COVID-19:a systematic review and meta-analysis [J]. Travel Med In-fect Dis,2020,34:101623.

[12] 国家卫生健康委员会.《新型冠状病毒肺炎诊疗方案(试行第八版修订版)》[EB/OL].(2021-04-14)

[2023-06-05]. http://www. gov. cn/zhengce/zhengceku/2021-04/15/content_5599795. htm.

[13] 中华人民共和国国家卫生健康委员会. 新型冠状病毒感染诊疗方案(试行第十版)[J]. 国际流行病学传染病学杂志,2023,50(01):1-7.

[14] 张福杰,王卓,王全红,等. 新型冠状病毒感染者抗病毒治疗专家共识[J]. 中华临床感染病杂志,2023,16(01):10-20.

[15] CHEN L,XIONG J,BAO L,et al. Convalescent plasma as a potential therapy for COVID-19 [J]. Lancet Infect Dis,2020,20(4):398-400.

[16] SHEN C,WANG Z,ZHAO F,et al. Treatment of 5 critically Ⅲ patients with COVID-19 with convalescent plasma [J]. JAMA,2020,323(16):1582-1589.

[17] 李阿中,蒋琦,崔大伟. 新型冠状病毒肺炎康复者恢复期血浆临床应用的研究进展[J]. 中华临床感染病杂志,2021,14(01):24-28,65.

[18] CAO W,LIU X,BAI T,et al. High-dose intravenous immunoglobulin as a therapeutic option for deteriorating patients with coronavirus disease 2019 [J]. Open Forum Infect Dis,2020,7(3):ofaa102.

[19] JAWHARA S. Could intravenous immunoglobulin collected from recovered coronavirus patients protect against COVID-19 and strengthen the immune system of new patients? [J] Int J Mol Sci,2020,21(7): 2272.

[20] 蒋荣猛,谢正德,姜毅,等. 儿童新型冠状病毒感染诊断、治疗和预防专家共识(第五版)[J]. 中华实用儿科临床杂志,2023,38(01):20-30.

[21] CHEN N,ZHOU M,DONG X,et al. Epidemiological and clinical characteristics of 99 cases of 2019 novel coronavirus pneumonia in Wuhan,China:a descriptive study [J]. Lancet,2020,395(10223):507-513.

[22] CAO X. COVID-19:immunopathology and its implications for therapy[J]. Nat Rev Immunol,2020,20(5): 269-270.

[23] YU B,ZHANG X,LI X. Exosomes derived from mesenchymal stem cells [J]. Int J Mol Sci,2014,15(3): 4142-4157.

[24] BARI E,FERRAROTTI I,SARACINO L,et al. Mesenchymal Stromal Cell Secretome for Severe COVID-19 Infections:premises for the Therapeutic Use [J]. Cells,2020,9(4):924.

[25] GOLCHIN A,SEYEDJAFARI E,ARDESHIRYLAJIMI A. Mesenchymal stem cell therapy for COVID-19: present or future [J]. Stem cell Rev REP,2020,16(3):427-433.

[26] FRIEDENSTEIN A J,PIATETZKY S Ⅱ,PETRAKOVA K V. Osteogenesis in transplants of bone marrow cells [J]. J Embryol Exp Morphol,1966,16(3):381-390.

[27] ZHU H,XIONG Y,XIA Y Q,et al. Therapeutic Effects of Human Umbilical Cord-Derived Mesenchymal Stem Cells in Acute Lung Injury Mice [J]. Sci Rep,2017,7:39889.

[28] LEE D K,SONG S U. Immunomodulatory mechanisms of mesenchymal stem cells and their therapeutic applications [J]. Cell Immuriol,2018,326:68-76.

[29] SAMSONRAJ R M,RAGHUNATH M,NURCOMBE V,et al. Concise Review:Multifaceted Characterization of Human Mesenchymal Stem Cells for Use in Regenerative Medicine [J]. Stem Cells Transl Med,2017,6(12):2173-2185.

[30] HORWITZ E M,GORDON P L,KOO W K,et al. Isolated allogeneic bone marrow-derived mesenchymal cells engraft and stimulate growth in children with osteogenesis imperfecta:implications for cell therapy of bone [J]. Proc Natl Acad Sci U S A,2002,99(13):8932-8937.

第五章 干细胞临床研究

［31］CHEN S L,FANG W W,YE F,et al. Effect on left ventricular function of intracoronary transplantation of autologous bone marrow mesenchymal stem cell in patients with acute myocardial infarction［J］. Am J Cardiol 2004,94（1）:92-95.

［32］MEIER R P,MÜLLER Y D,MOREL P,et al. Transplantation of mesenchymal stem cells for the treatment of liver diseases,is there enough evidence? ［J］. Stem Cell Res,2013,11（3）:1348-1364.

［33］ALFARANO C,ROUBEIX C,CHAAYA R,et al. Intraparenchymal injection of bone marrow mesenchymal stem cells reduces kidney fibrosis after ischemia-reperfusion in cyclosporine-immunosuppressed rats［J］. Cell Transplant,2012,21（9）:2009-2019.

［34］VEGA A,MARTÍN-FERRERO M A,DEL CANTO F,et al. Treatment of Knee Osteoarthritis With Allogeneic Bone Marrow Mesenchymal Stem Cells:A Randomized Controlled Trial［J］. Transplantation, 2015,99（8）:1681-1690.

［35］CARRION F,NOVA E,RUIZ C,et al. Autologous mesenchymal stem cell treatment increased T regulatory cells with no effect on disease activity in two systemic lupus erythematosus patients［J］. Lupus,2010,19（3）: 317-322.

［36］WANG D,HUANG S,YUAN X,et al. The regulation of the Treg/Th17 balance by mesenchymal stem cells in human systemic lupus erythematosus［J］. Cell Mol Immunol,2017,14（5）:423-431.

［37］PRASAD V K,LUCAS K G,KLEINER G I,et al. Efficacy and safety of ex vivo cultured adult human mesenchymal stem cells（Prochymal^{TM}）in pediatric patients with severe refractory acute graft-versus-host disease in a compassionate use study［J］. Biol Blood Marrow Transplant,2011,17（4）:534-541.

［38］FERNÁNDEZ O,IZQUIERDO G,FERNÁNDEZ V,et al. Adipose-derived mesenchymal stem cells （AdMSC）for the treatment of secondary-progressive multiple sclerosis:A triple blinded,placebo controlled, randomized phase Ⅰ/Ⅱ safety and feasibility study［J］. PLoS One,2018,13（5）:e0195891.

［39］CONNICK P,KOLAPPAN M,CRAWLEY C,et al. Autologous mesenchymal stem cells for the treatment of secondary progressive multiple sclerosis:an open-label phase 2a proof-of-concept study［J］. Lancet Neurol,2012,11（2）:150-156.

［40］LIAO Y,GEYER M B,YANG A J,et al. Cord blood transplantation and stem cell regenerative potential［J］. Exp Hematol,2011,39（4）:393-412.

［41］RASHNONEJAD A,ERCAN G,GUNDUZ C,et al. Comparative analysis of huma-n UCB and adipose tissue derived mesenchymal stem cells for their differ-entiation potential into brown and white adipocytes［J］. Mol Biol Rep,2018,45（3）:233-244.

［42］LANZONI G,LINETSKY E,CORREA D,et al. Umbilical cord mesenchymal stem cells for COVID-19 acute respiratory distress syndrome:A double-blind,phase 1/2a,randomized controlled trial［J］. STEM CELLS Transl Med,2021,10（5）:660-673.

［43］LENG Z K,ZHU R J,HOU W,et al. Transplantation of ACE2-Mesenchymal stem cells improve the outcomes of patients with COVID-19 pneumonia［J］. Aging Dis,2020,11（2）:216-228.

［44］徐畅,张英驰,郝莎,等. 间充质干细胞治疗新冠肺炎的科学性和可行性探讨［J］. 中国科学:生命科学, 2020,50（8）:802-811.

［45］CORCIONE A,BENVENUTO F,FERRETTI E,et al. Human mesenchymal stem cells modulate B-cell functions［J］. Blood,2006,107（1）:367-372.

［46］PROCKOP D J. Concise review:two negative feedback loops place mesenchymal stem/stromal cells at the center of early regulators of inflammation [J]. Stem Cells, 2013, 31(10): 2042-2046.

[47] LU Z H, CHANG W, MENG S S, et al. Mesenchymal stem cells induce dendritic cell immune tolerance via paracrine hepatocyte growth factor to alleviate acute lung injury [J]. Stem Cell Res Ther, 2019, 10(1): 372.

[48] 鞠秀丽. 间充质干细胞治疗新型冠状病毒肺炎的潜在机制和研究进展[J]. 山东大学学报(医学版), 2020, 58(3): 32-37.

[49] KHUBUTIYA M S, VAGABOV A V, TEMNOV A A, et al. Paracrine mechanisms of proliferative, anti-apoptotic and anti-inflammatory effects of mesenchymal stromal cells in models of acute organ injury [J]. Cytotherapy, 2014, 16(5): 579-585.

[50] UCCELLI A, DE ROSBO N K. The immunomodulatory function of mesenchymal stem cells: mode of action and pathways [J]. Ann NY Acad Sci, 2015, 1351: 114-126.

[51] 马聪, 张青宜, 郭子宽, 等. 间充质干细胞来源的细胞外囊泡: 免疫相关疾病的理想细胞替代疗法[J]. 现代免疫学, 2019, 39(2): 159-163.

[52] HARRELL C R, JOVICIC N, DJONOV V, et al. Mesenchymal stem cell-derived exosomes and other extracellular vesicles as new remedies in the therapy of inflammatory diseases [J]. Cells, 2019, 8(12): 1605.

[53] FU X R, LIU G, HALIM A, et al. Mesenchymal stem cell migration and tissue repair [J]. Cells, 2019, 8(8): 784.

[54] 王佳一, 邹伟, 刘晶. 间充质干细胞治疗新型冠状病毒肺炎研究进展及相关临床试验难点[J]. 生物工程学报, 2020, 36(10): 1970-1978.

[55] YANG Y, HU S, XU X, et al. The vascular endothelial growth factors-expressing character of mesenchymal stem cells plays a positive role in treatment of acute lung injury in vivo [J]. M ediators Inflamm, 2016, 2016: 2347938.

[56] KHOURY K, CUENCA1 J, CRUZ F, et al. Current status of cell-based therapies for respiratory virus infections: Applicability to COVID-19 [J]. Eur Respir J, 2020, 55(6): 2000858.

[57] Wu X, Dao Thi VL, Huang Y, et al. Intrinsic Immunity Shapes Viral Resistance of Stem Cells [J]. Cell. 2018, 172(3): 423-438.

[58] LI F, KARLSSON H. Antiviral effect of IDO in mouse fibroblast cells during influenza virus infection [J]. Viral Immunol, 2017, 30(7): 542-544,

[59] TRIPATHI S, TECLE T, VERMA A, et al. The human cathelicidin LL-37 inhibits influenza A viruses through a mechanism distinct from that of surfactant protein D or defensins [J]. J Gen Virol, 2013, 94(Pt 1): 40-49.

[60] FABRE H, DUCRET M, DEGOUL O, et al. Characterization of different sources of human MSCs expanded in serum-free conditions with quantification of chondrogenic induction in 3D [J]. Stem Cells Int, 2019, 2019: 2186728.

[61] MOHAMED-AHMED S, FRISTAD I, LIE S A, et al. Adipose-derived and bone marrow mesenchymal stem cells: a donor-matched comparison [J]. Stem Cell Res Ther, 2018, 9(1): 168.

[62] USUELLI F G, D'AMBROSI R, MACCARIO C, et al. Adipose-derived stem cells in orthopaedic pathologies [J]. Br Med Bull, 2017, 124(1): 31-54.

[63] RAVINDRAN S, HUANG C C, GEORGE A. Extracellular matrix of dental pulp stem cells: applications in pulp tissue engineering using somatic MSCs [J]. Front Physiol, 2014, 4: 395.

[64] RODRIGUEZ H C, GUPTA M, CAVAZOS-ESCOBAR E, et al. Umbilical cord: an allogenic tissue for

potential treatment of COVID-19 [J]. Hum Cell,2021,34(1):1-13.

[65] LI X Y,BAI J P,JI X F,et al. Comprehensive characterization of four different populations of human mesenchymal stem cells as regards their immune properties,proliferation and differentiation [J]. Int J Mol Med,2014,34(3):695-704.

[66] PRASANNA S J,GOPALAKRISHNAN D,SHANKAR S R,et al. Pro-inflammatory cytokines,IFNgamma and TNFalpha,influence immune properties of human bone marrow and Wharton jelly mesenchymal stem cells differentially [J]. PLoS One ,2010,5(2):e9016.

[67] ATLURI S,MANCHIKANTI L,HIRSCH J A. Expanded Umbilical Cord Mesenchymal Stem Cells (UC-MSCs) as a Therapeutic Strategy in Managing Critically Ill COVID-19 Patients:The Case for Compassionate Use [J]. Pain Physician,2020,23(2):E71-E83.

[68] GUO Z N,CHEN Y L,LUO X Y,et al. Administration of umbilical cord mesenchymal stem cells in patients with severe COVID-19 pneumonia [J]. Crit Care,2020,24(1):420.

[69] MENG F P,XU R N,WANG S,et al. Human umbilical cord-derived mesenchymal stem cell therapy in patients with COVID-19:a phase 1 clinical trial [J]. Signal Transduct Target Ther,2020 ,5(1):172.

[70] SHU L,NIU C M,LI R Y,et al. Treatment of severe COVID-19 with human umbilical cord mesenchymal stem cells [J]. Stem Cell Res Ther,2020,11(1):361.

[71] FENG Y,HUANG J J,WU J Y,et al. Safety and feasibility of umbilical cord mesenchymal stem cells in patients with COVID-19 pneumonia:A pilot study [J]. Cell Prolif,2020 ,53(12):e12947.

[72] SHI L,HUANG H,LU X C,et al. Effect of human umbilical cord-derived mesenchymal stem cells on lung damage in severe COVID-19 patients:a randomized,double-blind,placebo-controlled phase 2 trial [J]. Signal Transduct Target Ther,2021,6(1):58.

[73] ZHU R,YAN T,FENG Y,LIU Y,et al. Mesenchymal stem cell treatment improves outcome of COVID-19 patients via multiple immunomodulatory mechanisms [J]. Cell Res,2021,31(12):1244-1262.

[74] SHI L,YUAN X,YAO W,et al Human mesenchymal stem cells treatment for severe COVID-19:1-year follow-up results of a randomized,double-blind,placebo-controlled trial [J]. EBioMedicine,2022,75:103789.

[75] CHU M,WANG H,BIAN L,et al. Nebulization Therapy with Umbilical Cord Mesenchymal Stem Cell-Derived Exosomes for COVID-19 Pneumonia [J]. Stem Cell Rev Rep,2022,18(6):2152-2163.

[76] GORMAN E,SHANKAR-HARI M,HOPKINS P,et al. Repair of Acute Respiratory Distress Syndrome by Stromal Cell Administration in COVID-19 (REALIST-COVID-19):A structured summary of a study protocol for a randomised,controlled trial [J]. Trials,2020,21(1):462.

[77] GORMAN EA,RYNNE J,GARDINER HJ,et al. Repair of Acute Respiratory Distress Syndrome in COVID-19 by Stromal Cells (REALIST-COVID Trial):A Multicentre,Randomised,Controlled Trial [J]. American journal of respiratory and critical care medicine,2023,208(3):256-269.

[78] HASHEMIAN S R,ALIANNEJAD R,ZARRABI M,et al. Mesenchymal stem cells derived from perinatal tissues for treatment of critically ill COVID-19-induced ARDS patients:a case series [J]. Stem Cell Res Ther,2021,12(1):91.

[79] QU W C,WANG Z,HARE J M,et al. Cell-based therapy to reduce mortality from COVID-19:Systematic review and meta-analysis of human studies on acute respiratory distress syndrome [J]. Stem Cells Transl Med,2020,9(9):1007-1022.

[80] SHI L,HUANG H,LU X C,et al. Effect of human umbilical cord-derived mesenchymal stem cells on lung

damage in severe COVID-19 patients：a randomized，double-blind，placebo-controlled phase 2 trial［J］. Signal Transduct Target Ther，2021，6（1）：58.

［81］ZHANG Y X，DING J，REN S D，et al. Intravenous infusion of human umbilical cord Wharton's jelly-derived mesenchymal stem cells as a potential treatment for patients with COVID-19 pneumonia［J］. Stem Cell Res Ther，2020，11（1）：207.

［82］MALLIS P，MICHALOPOULOS E，CHATZISTAMATIOU T，et al. Mesenchymal stromal cells as potential immunomodulatory players in severe acute respiratory distress syndrome induced by SARS-CoV-2 infection ［J］. World J Stem Cells，2020，12（8）：731-751.

［83］ROCHA J L M，DE OLIVEIRA W C F，NORONHA N C，et al. Mesenchymal Stromal Cells in Viral Infections：Implications for COVID-19［J］. Stem Cell Rev Rep，2021，17（1）：71-93.

［84］YEN B L，YEN M L，WANG L T，et al. Current status of mesenchymal stem cell therapy for immune/ inflammatory lung disorders：Gleaning insights for possible use in COVID-19［J］. Stem Cells Transl Med，2020，9（10）：1163-1173.

第五节　干细胞治疗帕金森病的临床研究进展

帕金森病（Parkinson disease，PD）是一种中枢神经系统退行性疾病，临床表现为运动障碍和非运动障碍。运动障碍包括静止性震颤、运动迟缓、肌强直和姿势步态障碍等；非运动障碍包括便秘、焦虑、抑郁、尿路功能障碍、快速眼动睡眠行为障碍等。现有的临床治疗手段主要为药物或手术治疗，这些治疗方法无法治愈帕金森病，也不能阻止其进展，还可能导致额外的副作用，例如异动症和加重非运动症状。

干细胞具有自我增殖能力，具有分化为各种类型终末细胞的特性。理论上，将干细胞移植到人脑后，它能够替代和修复脑内丢失和损伤的多巴胺能神经元，从而改善帕金森病患者的临床症状甚至逆转疾病进程。

本节根据不同干细胞类型的生物学特点，结合近几年采用这些干细胞治疗帕金森病的临床研究结果，对干细胞治疗帕金森病的安全性和有效性进行了初步分析；同时，对干细胞研究中存在的问题进行了初步的探讨，希望本节内容能为干细胞治疗帕金森病的后续临床研究提供一定的参考依据。

一、帕金森病

帕金森病是仅次于阿尔茨海默病的第二大类神经退行性疾病。全球现有帕金森病患者超过 600 万人，主要是 65 岁以上老人，平均发病年龄为 55 岁，其中，大约 10% 的患者为早发型帕金森病，在 21~50 岁之间确诊，可能与家族性或遗传性有关[1]。

多数研究普遍认为，帕金森病是由中脑黑质致密部中多巴胺能神经元（dopaminergic neuron）缺失所引起的进行性神经退行性疾病。此外，帕金森病患者在各个脑区均出现路易斯体(Louis body,LB)的 α 突触核蛋白(α-synuclein)的聚集沉积和神经炎症,这进一步促进了疾病发展。

临床上可使用多种治疗方法来帮助控制运动症状,包括应用左旋多巴(L-dopa),多巴胺能激动剂或多巴胺分解抑制剂(儿茶酚-O-甲基转移酶和单胺氧化酶抑制剂)或外科手术,例如脑深部电刺激(Deep brain electrical stimulation,DBS)。但随着病情进展,这些治疗效果逐渐减弱,且还会导致额外副作用,例如异动症等。最重要的是,这些治疗方法无法治愈帕金森病,更不能阻止疾病进展。近年来涌现出了一批替代治疗研究方案,其中特别令人关注的是细胞替代疗法。

最初的细胞替代疗法,使用的移植物是取自于人流产胎儿来源的中脑腹侧组织(Tissue of the ventral human midbrain,hfVM),这些移植物包含未成熟的中脑多巴胺能神经元及其祖细胞,通常将其移植到人脑纹状体中,预期它们会释放并提高帕金森病患者脑内的多巴胺含量。其中最知名的是欧盟的 TRANSEURO(www.transeuro.org.uk)临床试验项目。TRANSEURO 是一项开放标签的多中心临床试验,计划将获取的 hfVM 组织移植入90 例想参加神经移植的帕金森病患者脑内,并对他们进行定期临床观察;正电子发射断层扫描(PET)和磁共振成像扫描,评估时间超过 4 年[2]。然而,hfVM 组织来源有限,且不能体外增殖。因此,尽管有来自欧盟的大量资源支持,该项计划的 90 例细胞移植手术研究仅进行了20 例[3]。

最近研究表明,hfVM 移植物在帕金森病患者的壳核中存活了至少 24 年,且无炎症发生迹象。该患者在细胞移植后的前 10 年中,其临床症状有所改善;但以后这种改善效果减弱,表明移植物逐渐丧失治疗作用;尸检的组织病理学分析显示,在 hfVM 移植物中,约 12% 的神经元为 α 突触核蛋白阳性,反映患者脑部植入的神经元已被病理侵入[4]。

显然,hfVM 移植存在一些问题:一是移植的多巴胺能神经元存活率低,对患者纹状体中的多巴胺能神经支配能力有限;二是人类胎儿脑组织的来源有限,并难以标准化;并且分离出的 47% 的样本中有微生物污染,必须进行去污处理;三是可能会出现因移植物引起的运动异常(GID);四是胎儿 hfVM 是异体移植,在整个移植和观察期间都需要使用免疫抑制剂,如环孢素,以防止同种异体移植引起的免疫排斥[5,6]。

由于使用胎儿脑组织存在上述局限性,国内外的研究者为了寻找用于帕金森病移植的细胞类型,进行了大量研究工作,迄今为止最有希望的就是干细胞。干细胞是未分化的细胞,具有分化为多种特定细胞类型的能力。由于这些特性,它们目前被认为是开发细胞替代治疗药物的最佳选择。

二、帕金森病的干细胞治疗

干细胞具有自我增殖、能分化为多种类型终末细胞的特性,在理论上,将其移植到体内后,它能够替代和修复各种机体损伤;分泌多种营养因子、促进内源性细胞存活和增殖;降低病变部位炎症因子水平、调节免疫微环境。因此,众多研究者开展了干细胞治疗帕金森病的探索性研究。不同类型的干细胞在治疗帕金森病的过程中,展现出了各自优缺点,下面将具体概述几种较常见的干细胞治疗帕金森病的临床研究情况(国内外干细胞治疗帕金森病的临床试验项目情况见表5-5;国内干细胞治疗帕金森病的临床研究备案项目情况见表5-6)。这些干细胞来源包括神经干细胞,各种来源的间充质干细胞,人羊膜上皮细胞、以及胚胎干细胞/人诱导多能干细胞衍生细胞。当前,大部分研究都处于临床Ⅰ期和Ⅱ期阶段,其主要目的是探索干细胞应用于帕金森病治疗的安全性和初步有效性。

(一)人源神经干细胞

人神经干细胞是能产生中枢神经系统所有神经细胞的多能干细胞,能够自我更新,免疫原性很低。它们可以从胎儿、新生儿和成年大脑中获得,也可以从多能干细胞的定向诱导中获得。研究表明,人神经干细胞移植至帕金森病动物模型后,能够在动物脑内长期存活和迁移,并分化为 TH 阳性的多巴胺能神经元,还能分泌多种神经营养因子,如 BDNF、GDNF 等,此外还具有一定的免疫调节作用。通过上述机制,人神经干细胞能够改善帕金森病动物的行为学表现,并促进内源性神经修复和再生。目前,人神经干细胞的临床试验大多处于Ⅰ/Ⅱ期阶段。

2019 年,Madrazo 等发表了一项神经前体细胞治疗帕金森病的Ⅰ期临床试验结果。通过向帕金森病患者壳核(putamen)后侧注射来源于人胎脑来源的神经祖细胞(OK99 细胞系),分析其治疗帕金森病的安全性和初步有效性[7]。此研究共入组 8 例中度帕金森病患者,在手术前 10 天开始每天给予环孢素 A,并在术后持续 1 个月。在术前、术后的第 1、2、4 年进行神经学、神经心理学和脑成像评估。到目前,8 例患者中有 7 例已完成 4 年随访。这 7人中,有 6 人在细胞移植 1 年后都表现出不同程度的运动改善,在患者的"关期"(停药后至少 12h)中能观察到 UPDRS Ⅲ量表测评运动功能的改善。PET 成像显示中脑多巴胺有增加的趋势。4 年随访期后,临床症状改善情况有所减少,但仍好于基线。神经心理学评分没有变化。试验结果表明,OK99 细胞移植是安全的,没有异常免疫反应,也没有发生其他不良反应。

该研究所用的神经祖细胞来源于孕 6 周的人胎脑组织供体。在采集供体前,研究者对供者(孕妇)的血液样本(血清)进行了 HIV/HAV/HBV/HCV/HTLV/CMV 等病毒检测,有生殖器疱疹、癌症、哮喘、红斑狼疮、类风湿关节炎、过敏、自身免疫性血管炎和药物滥用史的潜在供者也被排除在外。在知情同意的条件下,对妊娠第 6 周的供者(孕妇)进行流产手术并收集胎儿组织,解剖获取整个胎脑的前脑组织,消化成单细胞悬液进行培养和冷冻保存。在第 2天,对细胞培养物进行无菌检测(USP<71>);在第 4 天,进行细胞核型分析和外源病毒因子检测,然后将细胞转移至封闭的生物反应器系统进行培养传代至第 7 天后冷冻保存,并建立主

表 5-5　干细胞治疗帕金森病的临床研究项目列表

序号	NCT 编号	项目名称	移植物	申办方/合作方	临床阶段	开始日期	研究状态
1	NCT00976430	同种异体骨髓源间充质干细胞移植治疗帕金森病	同种异体骨髓源间充质干细胞	Jaslok Hospital and Research Centre	未知	2009 年 7 月	终止
2	NCT01446614	间充质干细胞移植治疗帕金森病	骨髓源间充质干细胞	中国人民解放军南部战区总医院	Phase 1 Phase 2	2011 年 10 月	未知
3	NCT02780895	干细胞修复治疗帕金森脑病	人源干细胞	Celavie Biosciences, LLC	Phase 1	2014 年 5 月	未知
4	NCT01453803	评估自体脂肪来源的 SVF 细胞在帕金森病患者中的安全性和效果的研究	自体脂肪来源的 SVF 细胞	Ageless Regenerative Institute	未知	2014 年 5 月	撤销
5	NCT02452723	神经干细胞治疗帕金森病患者的安全性评价研究	神经干细胞（ISC-hpNSC）	Cyto Therapeutics Pty Limited	Phase 1	2016 年 7 月	未知
6	NCT03128450	神经干细胞治疗帕金森病患者的安全性和有效性评价研究	人源神经干细胞	苏州大学第二附属医院	Phase 2 Phase 3	2017 年 4 月	未知
7	NCT03119636	人胚胎干细胞来源的神经前体细胞治疗帕金森病患者的安全性和有效性评价研究	人胚胎干细胞来源的神经前体细胞	中国科学院/郑州大学第一附属医院	Phase 1 Phase 2	2017 年 5 月	未知
8	NCT04146519	帕金森病细胞治疗	自体间充质干细胞	Belarusian Medical Academy of Post-Graduate Education	Phase 2 Phase 3	2017 年 7 月	未知
9	NCT02611167	同种异体骨髓源间充质干细胞移植治疗原发性帕金森病	同种异体骨髓源间充质干细胞	The University of Texas Health Science Center, Houston	Phase 1	2017 年 11 月	完成
10	NCT03550183	脐带间充质干细胞治疗帕金森病	脐带间充质干细胞	河北纽西诺生物医药科技有限公司	Phase 1	2018 年 1 月	未知
11	NCT03684122	间充质干细胞诱导的神经干细胞治疗帕金森病	间充质干细胞诱导的神经干细胞	University of Jordan	Phase 1 Phase 2	2018 年 6 月	未知
12	NCT03815071	自体神经干细胞治疗帕金森病	iPS 诱导的自体神经干细胞	北京呈诺医学科技有限公司	Early Phase 1	2019 年 2 月	未知
13	NCT06142981	PRP 和 PBD-VSEL 干细胞治疗帕金森病	PRP 和 PBD-VSEL 干细胞	Fatima Jinnah Medical University	未知	2019 年 9 月	完成
14	NCT04414813	人羊膜干细胞立体定位移植治疗帕金森病	人羊膜干细胞（hAESCs）	同济大学附属东方医院/上海赛傲生物技术有限公司	Early Phase 1	2020 年 10 月	完成
15	NCT04506073	IIa 期随机安慰剂对照试验：间充质干细胞作为原发性帕金森病的改善疗法	间充质干细胞	The University of Texas Health Science Center, Houston	Phase 2	2020 年 11 月	完成

序号	NCT 编号	项目名称	移植物	申办方 / 合作方	临床阶段	开始日期	研究状态
16	NCT04802733	MSK-DA01 细胞治疗晚期帕金森病的 1 期安全性和耐受性研究	多巴胺神经元（MSK-DA01）	BlueRock Therapeutics Memorial Sloan Kettering Cancer Center	Phase 1	2021 年 5 月	启动，未招募
17	NCT04928287	帕金森病（早期和中期）随机双盲临床试验	脂肪间充质干细胞（HB-adMSCs）	Hope Biosciences Stem Cell Research Foundation	Phase 2	2021 年 6 月	完成
18	NCT04995081	同种异体脂肪间充质干细胞（HB-adMSCs）治疗早中期帕金森病	脂肪间充质干细胞（HB-adMSCs）	Hope Biosciences Stem Cell Research Foundation|Hope Biosciences	Phase 2	2021 年 7 月	招募中
19	NCT05152394	同种异体人脑间充质干细胞治疗帕金森病的安全性研究	同种异体人脑带间充质干细胞	The Foundation for Orthopaedics and Regenerative Medicine	Phase 1	2022 年 1 月	尚未招募
20	NCT03309514	神经干细胞来源神经元移植治疗帕金森病	神经干细胞来源神经元	NeuroGeneration	Phase 1 Phase 2	2022 年 6 月	撤销
21	NCT05635409	干细胞衍生的多巴胺神经元移植治疗帕金森病的安全性和耐受性研究	干细胞衍生的多巴胺神经元	University of Cambridge	Phase 1	2022 年 11 月	招募中
22	NCT05435755	脑室人羊膜干细胞（hAESCs）精确移植治疗帕金森病	人羊膜干细胞（hAESCs）	同济大学附属东方医院 / 上海赛傲生物技术有限公司	Early Phase 1	2020 年 12 月	已完成
23	NCT05691114	脑室人羊膜干细胞（hAESCs）精确移植治疗帕金森病	人羊膜干细胞（hAESCs）	同济大学附属东方医院 / 上海赛傲生物技术有限公司	Phase 1	2023 年 2 月	招募中
24	NCT05887466	胚胎干细胞来源的多巴胺前体细胞治疗 PD 的安全性和有效性研究	胚胎干细胞来源的多巴胺前体细胞（A9-DPC）	S.Biomedics Co., Ltd	Phase 1 Phase 2	2023 年 5 月	招募中
25	NCT05897957	先前接受 BRT-DA01 治疗的帕金森病患者的持续评估	iPS 来源的多巴胺能神经元（BRT-DA01）	BlueRock Therapeutics	未知	2023 年 5 月	邀请招募
26	NCT05901818	自体诱导神经干细胞来源的多巴胺前体细胞治疗帕金森病的安全性和有效性研究	自体诱导神经干细胞来源的多巴胺前体细胞	首都医科大学宣武医院	Phase 1	2023 年 6 月	招募中
27	NCT06141317	多能性脂肪干细胞（PASCs）治疗帕金森病的随机临床试验	多能性脂肪干细胞（PASCs）	University of California, Los Angeles	Phase 1 Phase 2	2023 年 6 月	启动，未招募
28	NCT06145711	iPS 来源的多巴胺前体细胞治疗帕金森病	iPS 来源的多巴胺前体细胞	同济大学附属东方医院	未知	2023 年 11 月	尚未招募
29	NCT06167681	NouvNeu001 治疗帕金森病的安全性、耐受性和有效性研究	iPS 来源的多巴胺前体细胞（NouvNeu001）	武汉睿健医药科技有限公司	Phase 1 Phase 2	2023 年 12 月	尚未招募

数据来源：clinicaltrials.gov，截至 2023 年 12 月 31 日。

第五章 干细胞临床研究

表 5-6　国家卫生健康委员会备案的干细胞治疗帕金森病的临床研究项目列表

序号	项目名称	机构名称	公布时间
1	人源神经干细胞治疗帕金森病的安全性和有效性临床研究	中国医学科学院北京协和医院	2019 年 6 月
2	人源神经干细胞治疗早发型帕金森病伴运动并发症的安全性与初步有效性评价	同济大学附属东方医院	2019 年 6 月
3	人胚胎干细胞来源的神经前体细胞治疗帕金森病	郑州大学第一附属医院	2017 年 3 月
4	人羊膜上皮干细胞（hAESC）立体定向移植治疗帕金森病的临床研究	同济大学附属东方医院	2020 年 4 月
5	自体诱导神经干细胞来源的多巴胺能神经前体细胞治疗帕金森病的安全性和有效性研究	首都医科大学宣武医院	2023 年 6 月
6	临床级 iPSC 衍生多巴胺能神经前体细胞治疗帕金森病的临床研究	同济大学附属东方医院	2024 年 1 月

细胞库。在对主细胞库进行细胞鉴定和安全性测试后,将部分批次细胞复苏并用生物反应器培养至第 13 天,获取细胞并建立工作细胞库。工作细胞库细胞检定包括安全性测试和细胞特性分析。安全性测试包括无菌、支原体、内毒素和核型分析。细胞特性分析包括流式细胞仪测、成瘤性和放行检测等。流式细胞仪检测要求 OCT4>90%,SOX2>90%,MHC-Ⅰ<10%,MHC-Ⅱ<10%,CD105<10% 和酪氨酸羟化酶 <10%。成瘤性检测要求将 300 万个细胞皮下注射到 Beige SCID 小鼠的腹部,观察 12 周均无肿瘤形成。在细胞移植前要进行放行检测,将工作细胞库细胞取出解冻,用培养基洗涤细胞并计数,以 1×10^6/ml 的浓度重新悬浮于培养基中,并进行活力测试（0.4% 的台盼蓝染色）,革兰氏染色和内毒素检测。细胞放行要求活力>80%,革兰氏染色阴性,内毒素 <3EU/ml;将最终制剂的一部分进行无菌和支原体测试。细胞制剂以每小瓶 2ml 培养基中 2×10^6 个细胞的细胞悬液的形式,在温度可控的（2~8℃）容器中运输过夜。连续记录容器内部的温度,并在植入前检查是否有偏差。在手术前立即再次测试细胞活力高于 90%。手术后,将剩余细胞悬液的样品进行无菌测试。

　　所有入组患者采用相同的干预方式,采用 MRI 脑部扫描后,结合 Leksell 立体定位系统和 Stealth Station 手术导航系统,将神经祖细胞定位注射到壳核,一共注射两个部位,壳核后侧和中部各一个注射点,每 1 个点注射 1ml 细胞悬液,合计给予 2×10^6 个细胞。在手术前 10天,患者开始口服免疫抑制剂,15mg/（kg·d）的环孢素 A 和 225mg/d 的吲哚美辛,并持续至术后 1 个月。所有患者的手术情况很顺利,相关手术操作、立体定向移植神经前体细胞的过程,以及术后 30 天内均未出现任何并发症。8 名帕金森病患者分别接受了神经系统和神经心理学评估(基线,术后 6 个月、1 年、2 年和 4 年),PET 成像评估(基线,术后 1 年和 2 年),磁共振成像评估(术前,术后 24 小时、6 个月、1 年、2 年和 4 年),对干细胞的免疫反应测试(基线和手术后 6 个月)。基线评估要求患者处于"关期"(停用抗帕金森药物至少 12h)。治疗干预的主要指标是评估患者手术后的神经功能;次要指标是评估患者手术后的神经心理学表现、MRI

和 PET 成像以及免疫反应。

研究结果显示,在主要指标方面(患者的神经功能评估),除 1 例患者外,7 例患者在术后第 1 年均表现出运动功能改善;第 2 年有 3 例进一步改善,其他 3 例显示出改善,尽管改善程度有所减少,但比基线时要好。在次要结果指标方面,患者的神经心理学评分没有显著变化,基本不受细胞移植的影响;PET 成像显示出 RAC 结合减少以及 FDOPA 摄取水平增加(RAC结合减少表明内源性多巴胺的反应性可能增加,FDOPA 摄取水平增加表示多巴胺能突触前神经末梢活性可能提高);大脑 MRI 检测显示,术后 4 年内,所有患者的大脑均未发现肿瘤;在免疫原性血清学检测方面,基线时在第 7 号患者上观察到最高的神经前体细胞特异性抗体反应率为 12%;大多数患者在植入后 1 个月(使用免疫抑制剂时)和 6 个月(停用免疫抑制剂)时显示出相似或较低的反应水平,均未超过 12%;在细胞毒性试验中,将给定时间段内的三个值中的最大值用于评分,观察到的最高基线是第 1 号患者(23%),在 1 个月或 6 个月的随访中,没有患者超过基线的 23%。此外,在 12 个月随访中,7 例经过全面评估的患者均显示出移植物诱发的运动障碍。

结合上述结果,本研究中神经前体细胞移植治疗帕金森病安全性高。虽然在有效性方面取得了一些正面的结果,但是由于缺乏对照,样本量小,干细胞治疗作用机制尚不明确;此外,给药的干细胞重悬在细胞培养基中,其中的细胞因子和添加物有可能在最初的 1 年里促进了疾病的改善,所以并不能对神经前体细胞治疗的有效性获得最终结论。

2017 年苏州大学第二附属医院开展了一项神经干细胞治疗帕金森病的队列型 Ⅱ/Ⅲ 期临床试验(*ClinicalTrials.gov*,NCT02452723),共招募 12 名中重度帕金森病患者,采用通过鼻腔进行神经干细胞无创移植的给药方式,每周 1 次细胞移植,共 4 次,旨在研究神经干细胞治疗帕金森病的有效性和安全性。目前该项目尚未发表试验数据。

2016 年,全球首个针对帕金森病的多能干细胞疗法的临床研究获得批准[8]。澳大利亚药物管理局(Therapeutic Goods Administration,TGA)和墨尔本健康人类研究伦理委员会(HREC)独立审查了大量的临床前研究数据,并批准了人孤雌生殖神经干细胞系(ISC-hpNSC)治疗帕金森的 Ⅰ 期临床试验(*ClinicalTrials.gov*,NCT02452723)。这是一项单中心、开放标签、剂量爬坡的临床研究,随访期 6 年,旨在对众多客观的指标、以及患者自述的安全性和有效性指标进行评估。每位患者将收集 6 年的安全性和有效性数据。这项研究招募了 12 名患者,分为 3 组,单次给药,每组分别给予 3×10^7、5×10^7 和 7×10^7 个 ISC-hpNSC细胞。通过磁共振成像引导的立体定向手术将细胞移植到双侧尾状核、壳核和黑质中。

ISC-hpNSC 是未受精卵母细胞诱导获得的神经干细胞。在此之前,国内外多项研究都证实了单性生殖干细胞的不同衍生物在多种神经系统疾病模型中都是安全有效的[9,10]。与其他细胞替代疗法相比,ISC-hpNSC 具有一定的优势,它绕开了 hfVM 组织或人胚胎干细胞面临的伦理问题,因为在其衍生过程中未使用胎儿或有生命的胚胎。ISC-hpNSC 具有多种作用机制,包括神经营养支持、神经再生和免疫调节[11]。ISC-hpNSC 在体外能有效分化为可释放多巴胺、激发自发动作电位并表达多巴胺标记物的多巴胺能神经元。在啮齿动物和非人类灵长类动物帕金森病模型中,移植的 ISC-hpNSC 能够存活并分化为 TH⁺ 的 DA 神经元(1%~2%)。大部分移入的细胞保持为静息的干细胞状态,少部分分化为神经胶质和神经元。在所有接受 ISC-hpNSC 移植的动物中都没有发现成瘤迹象。ISC-hpNSC 的潜在免疫原性很低,表达 HLA-G,并且对 NK 细胞介导的杀伤具有独特的抵抗力[12]。神经干细胞可通过减少 TNF-α 和 MHC-Ⅱ 激活的炎性细胞的表达来进一步减轻神经炎症,已被证明在多种神经系统疾病模型中均有效[13,14]。

本次临床研究尚在进行中,但从 ISCO 公司公布的 12 个月中期研究结果来看,队列内的所有患者都达到了主要终点,即细胞移植是安全的。由于样本量较小,治疗的有效性难以进行统计评估,但患者的帕金森病症状均得到改善。移植后 6 个月,患者的失能时间(左旋多巴失去最佳疗效且帕金森病症状复发的时间)平均下降了 24%,无运动障碍的非失能时间(每日左旋多巴在无运动障碍的情况下发挥最佳疗效的持续时间)在同一时期平均增加了 19%。所有的患者情绪得到了改善,Beck 抑郁量表的平均改善率为 35%。所有患者的认知能力得到了改善或保持,PDQ-39 的认知障碍平均改善 14%,PDQ-39 的日常生活活动维度平均改善 22%,移动维度改善 15%,身体不适维度改善 12%。UPDRS 评分没有提高,但帕金森病冲动-强迫障碍减少 53%。此次临床研究未见严重不良反应,未见肿瘤、囊肿、炎症或感染加重,未检测到抗移植物的人白细胞抗原抗体。此次使用的测试剂量用于确保治疗的安全性和耐受性,低于临床前研究确定的最佳治疗剂量,预计在第二组(接受更高剂量的细胞)中会有更好的效果,其中已有两名患者接受了治疗[15]。

2016 年,中国人民解放军海军总医院发表了一项神经干细胞治疗帕金森病的临床试验结果,试验目的是评估神经前体细胞移植治疗帕金森病的临床安全性、可行性和有效性[16]。21 位年龄在 42~79 岁(中位年龄 57.33 岁)的患者参加了这项研究,所有患者均表现出双侧但不对称的帕金森病临床特征。排除的标准包括:①继发性帕金森病;②帕金森综合征;③先前的脑外科手术、癫痫症、严重的认知障碍或抑郁症、脑血管疾病和其他神经系统疾病的磁共振成像(MRI)证据;④左旋多巴治疗期间出现幻觉或妄想;⑤手术可能导致的其他禁忌证。将 3×10^7 个(0.25ml)神经前体细胞单侧注射到纹状体中,每位患者接受两次手术给药,两次手术之间的时间为 7~57 个月。为了获得首次移植手术的有效性,通过重复测量方差分析比较了第一次与第二次手术的评估结果。采用统一的帕金森病评分量表(UPDRS)、Hoehn-Yahr、PDQ-39 和 Schwab-England 评分用于评估帕金森病患者的神经功能。从四个方面评估了移植的可能副作用:①肿瘤形成;②免疫排斥和免疫抑制剂的使用;③移植物引起的并发症;④递送相关的副作用。结果显示,帕金森病患者的症状在移植后有统计学意义(P<0.01)的改善,且细胞移植没有明显的副作用。

试验所用的神经前体细胞（第5~10代）由海军总医院干细胞研究中心提供，来源于流产胎脑组织（aborted fetal sample）。在供者知情同意下，从北京妇产医院获得了流产的胎儿样本（10~20周）。所有母亲均无遗传病和传染病史。经北京大学健康科学中心伦理委员会批准使用人体组织。患者先使用MRI扫描确定注射的目标部位。然后，进行采用立体定向手术向单侧纹状体中注射总计 3×10^7 神经前体细胞（0.25mL）。注射后，测试患者的语言和四肢运动能力。

通过重复测量方差分析对两次移植的结果进行了比较，统一的帕金森病评分量表（UPDRS），Hoehn-Yahr，PDQ-39和Schwab-England评分结果显示，移植后长达57个月，患者的症状都得到了改善。有8位患者接受了PET-CT扫描，6例患者在移植后6个月，在移植侧的壳状核中发现了放射性核素多巴胺转运蛋白（DAT）的摄取量增加。1例患者在移植后12个月接受了PET-CT扫描，未发现移植侧有重要变化。1例患者在移植后24个月接受了PET扫描，结果显示，非移植侧的FDOPA摄取量高于另一侧。安全性方面，患者在两次细胞移植前分别进行了MRI扫描，结果显示，细胞移植后没有肿瘤形成；所有的患者均未使用免疫抑制剂，未观察到严重的免疫排斥反应，未发生脑组织暂时性水肿，未观察到其他局部组织炎症反应；所有患者均无与移植相关的并发症，包括运动障碍或失语症；也未发生与手术相关的并发症，所有患者均在7天内出院，无严重的出血或感染。结果表明，神经前体细胞对帕金森病患者的免疫原性很低，具有良好的安全性和一定的有效性。

2014~2015年驻马店市中心医院进行了一项非注册临床试验项目，采用鞘内给药的方式，手术移植神经干细胞治疗帕金森病患者27例[17]。分别记录患者治疗前、治疗后12个月的UPDRS评分，并观察患者随访12个月的治疗效果。结果显示，治疗后12个月，患者UPDRS量表中的行为和心理评分、日常生活质量评分、运动功能评分、并发症评分均明显低于治疗前（$P<0.05$），且治疗后12个月UPDRS量表总评分也低于治疗前（$P<0.05$）。27例患者平均随访12个月，治疗总有效率为81.48%（22/27例），其中显著改善患者10例（37.04%），有效改善12例（44.44%），无效5例（18.52%）。虽然此研究随访期较短，但研究结果表明，神经干细胞移植手术治疗帕金森病疗效确切，可明显改善患者UPDRS评分，提升生活质量。

（二）间充质干细胞

间充质干细胞是一种多能成体干细胞，具有中胚层来源的多系分化潜能（通常分为脂肪细胞，骨细胞和软骨细胞）。间充质干细胞可从多种来源分离，包括骨髓、胎盘、脐带、脂肪组织等[18]。临床前研究结果表明，间充质干细胞可以用于帕金森病动物模型的治疗，并且能够改善动物的帕金森症状。其作用机制包括细胞因子旁分泌、免疫调节等，某些条件下还能促进体内多巴胺能神经元的再生。间充质干细胞能够分泌保护性神经营养因子、生长因子和细胞因子（包括VEGF、HGF、IGF-1、BDNF、β-NGF、TGF-β、FGF2、GDNF等），也抑制炎性细胞因子（TNF-α，IL-1β和INF-γ）的水平而发挥免疫调节作用。此外，它的免疫原性很低，无畸胎瘤风险，在移植入人体后致瘤的可能性较低，不涉及严重伦理问题，因此非常适合于临床应用。

但是,应用间充质干细胞也存在一些问题,例如它移植后在宿主体内的存活率很低;静脉移植可能引起毛细血管栓塞;间充质干细胞的扩增能力有限且较容易分化;临床级间充质干细胞通常需要在第 5 代之前进行使用[11]。近年来,间充质干细胞治疗帕金森病的临床试验项目基本都处于 I / II 期试验阶段,大部分处于招募阶段,仅有少量研究发布了相关的临床试验数据。

2012 年,印度班加罗尔 BGS-Global Hospital 的 N.K.Venkataramana 团队发表了一项临床试验结果,采用骨髓间充质干细胞双侧移植治疗帕金森病,研究者称这是第一篇证明骨髓间充质干细胞双侧同种异体移植安全且有利于神经保护和神经修复的论文[19]。

在此之前,该团队进行了一项开放型临床试验[20]。采用自体骨髓间充质干细胞单剂量单侧移植治疗帕金森病,试验纳入了 7 名 22~62 岁帕金森病患者,平均病程为(14.7 ±7.56)年,通过立体定向手术将骨髓间充质干细胞移植到脑室下区(Subventricular zone,SVZ)。对患者进行了为期 10~36 个月的随访。"关期"(停用帕金森病药物后约 12h)的基线平均得分为 65.00 ±22.06,"开期"(服药后 2h 内)的基线平均得分为 50.60 ±15.85(UPDRS 得分越低越好)。7 名患者中有 3 人"帕金森病统一评分"(UPDRS)的"OFF"/"ON"得分有明显降低。最近他们的随访数据表明,"关期"的平均得分是 43.3,比基线提高了 22.9%;"开期"的平均得分为 31.7,降低了 38%。Hoehn-Yahr 评分以及 Schwab-England 评分这两方面评分改善相似,Hoehn-Yahr 评分从 2.7 降至 2.5,Schwab-England 评分改善率为 14%。面部表情,步态和僵直发作等症状方面有主观改善,2 例患者帕金森病药物剂量明显减少。这些结果表明,整个研究项目似乎是安全的,帕金森病患者干细胞移植后未发生严重的不良事件。不过,在第 12~18 个月随访时,发现大约 25% 的患者出现了病情恶化的趋势,这可能是由于未移植侧的持续变性疾病进展所致。由于试验招募的患者数量有限以及一些不受控制的外部因素,因此本次研究的有效性难以评估。

针对上述研究遇到的问题,N.K.Venkataramana 团队开展了另一项队列临床试验[19]。这项研究招募了 12 名确诊 5~15 年的帕金森病患者,所有患者均在双侧 SVZ 接受骨髓间充质干细胞移植,每侧移植 1ml(1×10^6 个)细胞并随访 12 个月。根据 UPDRS 评分结果,"开期"基线的平均得分为 62.33,干细胞移植后平均得分为 51.16,即比基线降低了 17.92%。同样,在"关期",干细胞移植 12 个月后的平均分数由基线的 86.5 降至 59.5,改善百分比为 31.21%。结果与之前使用自体骨髓间充质干细胞单侧移植治疗帕金森病的临床试验数据一致。大多数帕金森病患者在干细胞移植后 3 个月的首次随访中自述临床症状改善,这些症状包括言语清晰、震颤减轻等。这些变化也可以在以后的随访中看到,表明这些改善不是暂时的。在一些长病程的患者(11~15 年)中也注意到了类似的改善。但是改善是短暂的,到第二次随访(第 6 个月)时,他们中的大多数病情已发生了进展。研究者在基线和干细胞移植后 12 个月,对患者大脑进行了 MRI 检查。尽管症状有所改善且疾病没有进一步进展,但在 MRI 扫描中未观察到结构性变化。MR 示踪成像(MR tractography)结果显示出特定模式的恢复,在胼胝体中观察到某些结构变化,表明这里可能发生了早期的神经再生。这些变化持续了整个随访过程,并且与患者临床症状的改善有相关性。目前,研究者正在继续进行 PET 扫描研究,这将为中脑黑质区发生的代谢和功能变化的研究提供宝贵的信息。在随访期间,患者没有增加用药。主观上,患者报告言语清晰,震颤、僵硬和强直发作减少。改善的情况与疾病的持续时间相关。与晚期阶段(11~15 年)相比,在早期阶段(少于 5 年)移植的患者表现出更大的改善,并且没有进一步的疾病进展。晚期阶段的帕金森病患者在干细胞移植后临床症状没有任何改善。

研究者认为骨髓间充质干细胞对早期帕金森病患者的改善要显著优于晚期患者。这是由于大脑中存在的"神经再生储备"一旦丧失,帕金森病疾病进展并涉及多个脑领域,就很难停止这一进程;同时,变性是如此广泛和迅速,以至于它超出了外源性骨髓间充质干细胞的修复能力,无法帮助进行神经保护和神经再生。骨髓间充质干细胞移植似乎并没有改变病程,可能需要考虑选择更频繁的间隔,以提供多剂量的细胞和/或测试源自不同来源(如脂肪组织或脐带基质)的干细胞。

这项研究证明了移植到大脑 SVZ 的成人同种异体骨髓间充质干细胞的安全性及其在早期帕金森病患者中的疗效。所有患者对手术的耐受性良好,没有术后并发症,并且在 1 周内出院。这表明将同种异体骨髓间充质干细胞植入脑的 SVZ 没有发生急性细胞毒性作用,并且该过程是安全的。

2015 年,中国人民解放军联勤保障部队第九○○医院发表了一项脐带间充质干细胞治疗帕金森病的临床试验结果[21]。医院干细胞治疗科收治了 20 例经鞘内注射脐带间充质干细胞治疗的原发性帕金森病患者为实验组;另外收治了 20 例经口服左旋多巴治疗的原发性帕金森病患者为对照组。采用帕金森统一评分量表(UPDRS)分别记录患者治疗前、治疗后 1、3、6个月的量化评分。结果显示,实验组治疗前 UPDRS 评分为(85.45±4.41)分,治疗后 1 个月、3 个月、6 个月 UPDRS 评分分别为(74.00±4.32)分、(69.35±3.94)分、(65.00±3.74)分;对照组治疗前 UPDRS 评分为(86.80±3.76)分,治疗后 1 个月、3 个月、6 个月 UPDRS 评分分别为(80.35±3.50)分、(79.00±2.99)分、(78.15±3.91)分,两组治疗后 1 个月、3 个月、6个月 UPDRS 评分均下降,但实验组下降程度较对照组明显,差异均有统计学意义($P<0.05$);对实验组及对照组治疗前与治疗后 1 个月、3 个月、6 个月 UPDRS 评分差值(d)的差异进行统计分析,差异均有统计学意义($P<0.05$)。对精神、行为和情绪方面进行疗效评估,实验组及对照组经治疗后 UPDRS 评分均下降,但差异无统计学意义($P>0.05$)。对日常生活活动,运动检查两个方面进行疗效评估,经治疗后 1 个月、3 个月、6 个月,实验组及对照组 UPDRS 评分均下降,实验组的临床疗效明显优于对照组,差异均有统计学意义($P<0.05$)。对并发症方面进行疗效评估,在治疗后 1 个月、3 个月,实验组 UPDRS 评分下降程度均大于对照组,但差异无统计学意义($P>0.05$);在治疗后 6 个月,实验组 UPDRS 评分下降程度大于对照组,差异有统计学意义($P<0.05$)。在安全性方面,经鞘内注射脐带间充质干细胞后,患者出现乏力症状 4

例、低热（体温 37.3℃）1 例、头痛 1 例、腰痛 2 例，给予对症处理后可完全缓解。本次研究的结果显示，鞘内注射脐带间充质干细胞治疗帕金森病的临床疗效优于单纯口服左旋多巴片治疗帕金森病。

（三）羊膜上皮干细胞

人羊膜上皮干细胞（human amniotic epithelial stem cell，hAESC），来自人剖腹产胎盘的羊膜组织。该细胞具有如下特点：胚胎干细胞特性；多巴胺能神经元的相应功能；分泌多种因子促进神经细胞修复；免疫调节作用；抗氧化应激作用；细胞移植不会引起免疫排斥反应；没有致瘤性；来源广泛，应用不受伦理限制[22-24]。

2020 年 1 月，上海市东方医院与上海赛傲生物技术有限公司联合开展的"人羊膜上皮干细胞立体定向移植治疗帕金森病的临床研究"完成国家干细胞临床研究项目备案通过。经过 2 年研究，共有 18 例 5 年以上病史的帕金森病受试者完成了临床试验。该研究是一个探索性、开放的临床研究。按研究方案要求，帕金森病受试者在符合入排标准后，吴景文团队采用无框架立体定向技术（机器人）辅助下安装 Ommaya 药物囊，Ommaya 药物囊导管端直达前额侧脑室内，另一端位于受试者头皮下。经头皮下 Ommaya 药物囊穿刺注射，研究者可以实现多次脑室内移植 hAESC。团队的基础研究证实，采用 hAESC 脑室内移植治疗帕金森病大鼠，具有较好的安全性和有效性[25]。

在临床研究中，每名受试者在 Ommaya 药物囊安装手术后，排除受试者颅内出血、感染、水肿等情况。在术后第 7 天，通过 Ommaya 药物囊进行首次 hAESC 脑室内移植，并将此天设定为细胞移植和随访观察的第 0 天。受试者在第 0 天，第 1 月 ±5 天，第 2 月 ±5 天，第 3 月 ±5 天，共进行 4 次 hAESC 移植，每次移植细胞数量为 5×10^7 个细胞/2ml。4 次 hAESC 移植后，再继续跟踪随访 9 个月，随访期一共为 12 个月。该团队先完成了 15 例帕金森病受试者的临床研究。每位帕金森病受试者接受了 4 次脑室内 hAESC 精准移植，完成了 1 年的随访观察。这项研究表明，脑室内移植 hAESC 后未出现严重不良反应和免疫排斥反应，初步证实了 hAESC 脑内移植的安全性。15 例帕金森病受试者的临床症状和帕金森病量表评分（统一帕森病评分量表-UPDRS、帕金森病生存质量量表-PDQ39、汉密尔顿抑郁量表-HAMD、SCHWAB&ENGLAND 日常活动能力量表、HOEHN&YAHR 分级、健康调查简表-SF-36）证实，所有受试者的运动症状，如肢体僵硬、震颤和运动迟缓均得到了一定程度改善（自身对照基线期有显著差异）；非运动症状如抑郁、焦虑好转；睡眠质量提高；饮食增加；面部皮肤变得细腻光滑；大便干燥改善；多尿情况减少。

研究表明，多巴胺对维持躯体的协调运动发挥着精细调节作用，多巴胺缺乏会导致帕金森病患者的运动障碍；5-HT 神经递质能抑制抑郁，促进褪黑素合成，提高睡眠质量，对睡眠和消化起着至关重要的作用；5-HT 的缺乏会导致患者出现抑郁和焦虑。

在对 15 例帕金森病受试者研究基础上，团队又对 3 例帕金森病受试者做了同样的临床研究。不同之处在于,这3例受试者增加了PETMR的多巴胺转运蛋白和脑脊液多巴胺和血清素(5-HT)等神经递质质谱分析。研究发现,与基线期相比,3例受试者在移植hAESC后的第4、6、12个月时,其尾状核头部、壳核等高摄取^{18}F-FPCIT(18F-FPCIT为多巴胺转运蛋白标记物),表明纹状体内的多巴胺转运蛋白表达在细胞移植后显著增高,以第6个月为最高。检测的多巴胺和5-HT在脑脊液内的含量也随hAESC移植后逐渐升高,以第6个月为最显著。这项研究表明,hAESC脑室内移植是安全的;它可以有效改善帕金森病患者的临床症状,这种改善似乎与脑内多巴胺和5-HT等神经递质增高有关。

2022年12月,该项研究又获得了国家重点研发计划支持,目前正在进行hAESC的剂量递增探索研究。

(四) 胚胎干细胞/诱导多能干细胞

人胚胎干细胞因为其自身的全能性特性,自1998年被成功分离以后,一度被认为是细胞再生医疗最理想的细胞来源。但是伦理问题、肿瘤形成的风险、表型不稳定以及宿主移植排斥的风险等一系列难以克服的问题,让人胚胎干细胞直接应用于临床变得困难重重。人诱导多能干细胞是通过重编程从人成体细胞中获得的细胞,Yamanaka在2006年首次阐述了人诱导多能干细胞的发现过程。这一发现是干细胞研究和再生医学领域的一项重大突破。他们通过引入四个主要的转录因子OCT3/4,SOX2,KLF4和c-MYC,来重现成体细胞的多能性状态[26]。它们与人胚胎干细胞具有许多相似之处,包括细胞形态、多能性标记的表达、表观遗传学改变、体外分化为三个胚层细胞的潜力、体内畸胎瘤的形成能力以及产生嵌合体的能力。由于人诱导多能干细胞可以通过无限制地复制实现自我更新,因此可以获得无数可用于神经移植的细胞,是补充中脑多巴胺能神经元的理想细胞来源。使用人诱导多能干细胞进行细胞替代治疗的另一个优势是,自体人诱导多能干细胞衍生的细胞可以在供者自体内使用,从而减少了对免疫排斥的担忧[27]。人诱导多能干细胞衍生的神经前体细胞,其安全性和有效性在动物实验中也得到了验证,它在动物脑内能长期存活与分化,并且至少两年内不会在大脑中形成肿瘤[28,29]。目前,中国、澳大利亚和日本都已开始使用胚胎干细胞/诱导多能干细胞衍生细胞产品开展治疗帕金森病的临床试验[30]。

虽然人诱导多能干细胞可通过重编程来获得可移植的自体神经前体细胞,在一定程度上规避伦理的问题,但是还是会存在很多与人胚胎干细胞相似的问题,比如自体组织的表观遗传记忆问题、基因组不稳定性、重编程过程本身的问题(尤其是在使用整合型病毒载体时),以及畸胎瘤形成(诱导多能干细胞残留)的风险[5]。

2020年,Schweitzer等在 *New England Journal of Medicine* 发表了一项个例临床试验结果(由美国国立卫生研究院和其他机构资助),使用源自患者自体的诱导多能干细胞体外分化获得的中脑多巴胺能神经祖细胞移植治疗帕金森病[31]。移植的细胞是在GMP条件下生产的,具有黑质致密部多巴胺能神经元的表型特性。这些细胞被先后两次定位移植至帕金森病患者的壳核(先是左脑,然后6个月后进行右脑移植)。使用 ^{18}F-DOPA(fluorine-18-L-dihydroxy-phenylalanine)进行正电子发射断层成像(PET)扫描,提示移植细胞能够长期存活。在细胞移植后的第 18~24 个月,患者的帕金森病的临床测量指标在一定程度上得到了稳定或改善。

该患者是一位 69 岁的惯用右手的男性,有 10 年的进行性原发性帕金森病病史。他正在接受卡比多巴-左旋多巴缓释胶囊(分别含卡比多巴 23.75mg 和左旋多巴 95.00mg,剂量为 3 粒/次,每天 4 次),罗替高汀(每天 4mg)和雷沙吉兰(每天 1mg)(总计每日 904mg 左旋多巴当量)治疗。他报告自己的症状为运动控制障碍,每天有 3h 的"关期",表现为肢体震颤、姿势和精细运动控制恶化。增加左旋多巴剂量,超过上述剂量会导致直立性低血压。该患者接受了两次 MRI 引导下的立体定向外科手术,分别植入左半球和右半球的壳核中,间隔期为 6 个月(符合 FDA 的管理指南)。每次手术给予 4×10^6 个细胞,围手术期静脉输注头孢唑林。整个过程均不使用免疫抑制剂,糖皮质激素或抗惊厥药。每次手术后,对患者进行过夜监测,并于第二天出院。

在第一次(左)植入后 24 个月和第二次(右)植入后 18 个月后,患者未报告任何不良事件或功能下降。在初次细胞移植前,由于患者害怕停药会导致症状恶化而拒绝停药,因此没有在"关期"进行 MDS-UPDRS 第Ⅲ部分(评估帕金森病运动体征)的评分。首次植入后第 4 周的"关期"得分为 43,随后的随访测得的数据分别为 33 分、41 分,而在 24 个月时为 33 分。在给予多巴胺替代药物峰值剂量下("开期"),MDS-UPDRS 第Ⅲ部分的评分在植入时为 38 分,在随访期间的数据分别为 19 分、35 分,在 24 个月时为 29 分。PDQ-39 得分(评估帕金森病相关的生活质量,得分越低表示生活质量越好)在植入时为 62 分,随访期间的数据分别为 2 分、34 分,在 24 个月时为 2 分。

随访 24 个月时,患者使用的抗帕金森病药物剂量为卡比多巴-左旋多巴缓释胶囊(分别含卡比多巴 23.75mg 和左旋多巴 95.00mg 的胶囊,每天 4 次,分别为 3、3、2 和 3 粒胶囊)、罗替高汀(每天 4mg)、雷沙吉兰(每天 1mg)和屈昔多巴(每天 100mg)(每天总剂量相当于左旋多巴 847mg 当量);与细胞移植前相比,左旋多巴用量降低了 6%。患者未观察到异动症状。

影像学检查表明,两处诱导多能干细胞来源的移植细胞已注射至壳核,并分别存活了 24 个月(左侧)和 18 个月(右侧)。^{18}F-DOPA PET 信号的变化不明显,但在壳核的移植部位附近增加最为明显,这正是帕金森病患者摄取量下降的典型部位。

研究者认为应该谨慎地评价患者的运动评估和症状评分的改善,因为试验没有设盲,而且没有对照组比较。在细胞移植后的第 18~24 个月内,临床改变逐渐出现,这段时间中,每日的左旋多巴的用量减少了 6%,但 6% 的降低与临床症状改善的联系有不确定性。影像学的研究结果表明,移植物能够在体内长期存活,临床疗效的评估可能需要更长时间的随访。随访 24

个月中没有观察到运动障碍或其他神经系统不良反应。整个实验过程并未使用免疫抑制剂，研究者认为自体成纤维细胞重编程并诱导生成的神经祖细胞，仍然可以认为是自体细胞，而人源化小鼠上的免疫学试验结果也支持这一理论。

总的来说，从获得的临床数据、MRI 以及 PET 检测的结果来看，研究者认为 24 个月的随访期后，患者相应的症状得到了改善并可能继续延续。在后期的工作中，他们会针对不同的患者采用 24 个月以上的观察期继续进行探索研究。

2018 年，Takahashi 团队在日本开展了一项"诱导多能干细胞衍生的多巴胺能神经元祖细胞移植治疗帕金森病"的临床试验项目[32]。在日本，干细胞临床应用采用的是双轨制：一是基于日本《再生医学安全法》的临床研究途径；二是基于修订的日本《药品事务法》的临床试验途径。研究团队选择了后者。试验旨在批准和建立一种新的细胞治疗方法，并得到了日本药品和医疗器械局（PMDA）的批准以及机构审查委员会的批准。该临床试验的目的是评估人类诱导多能干细胞衍生的多巴胺能祖细胞移植至帕金森病患者壳核中的安全性和有效性。患者的招募始于 2018 年 8 月，首例手术于 2018 年 10 月在日本京都大学医院进行。这是一项单臂、非随机、开放式Ⅰ/Ⅱ期研究。观察期为手术后两年。在全身麻醉下，约有 5×10^6 个细胞通过立体定向技术移植到双侧壳核，每侧三个区域，每个区域各四个点分别注入大约 2×10^5 个细胞（总共 12 个点）。该研究使用的细胞源于一位健康的日本人，拥有最常见的 HLA 表型，大约可以和 17% 的日本人群相匹配。在临床前食蟹猴的研究中，证实了通过 HLA 匹配移植可以降低免疫反应，并增加多巴胺神经元的存活率[33]。但此次临床试验中，不做 HLA 配型，因为可能无法做到所有的HLA（包括次要抗原）都匹配。因此，在手术后 1 年内，受试者都要口服免疫抑制剂（他克莫司）。试验的主要终点指标与安全性有关：①不良事件的发生率和严重程度；②移植后 24 个月大脑中是否存在移植细胞的过度生长，可以通过 MRI 进行评估。次要终点与疗效相关：①MDS-UPDRS 评分；②每天平均开期和关期时间；③Hoehn-Yahr 评分；④PDQ-39 得分；⑤EQ-5D-5L。作为一种更客观的替代标记，研究者采用了 PET 对多巴胺能神经元的功能、移植细胞的增殖（FLT），以及宿主脑部的免疫应答（GE-180）进行评估。相应的试验项目正在进行中，尚无可查询数据。

2017 年，郑州大学第一附属医院开展了一项胚胎干细胞来源的神经前体细胞治疗帕金森的临床研究（NCT03119636），研究将 4×10^6 个人胚胎干细胞-神经前体细胞定点移植至帕金森病患者脑内。在细胞移植前，对患者和胚胎干细胞进行了配型。这是国内第一例使用人胚胎干细胞的临床研究，也是 2015 年国内第一批通过干细胞临床研究备案的项目，旨在研究人胚胎干细胞-神经前体细胞移植治疗帕金森病的安全性和有效性。目前该项目正处于临床Ⅰ期在研阶段，尚无可查询试验数据。

三、小结

目前为止，国内外的研究团队已经开发了多种干细胞用于帕金森病的临床治疗研究，这些细胞有神经干细胞、间充质干细胞、人羊膜上皮细胞，以及人胚胎干细胞/人诱导多能干细胞诱导的神经祖细胞与多巴胺能神经前体细胞等，并且在临床前研究与临床试验中证明了采用这些干细胞移植治疗帕金森病的安全性和初步有效性。然而，目前仍存在众多的问题需要深入地研究和探讨。

近年来，细胞移植的伦理、细胞制剂标准化生产、细胞的免疫原性/毒性以及细胞的迁移和分布等问题，越来越受到监管层和研究者的关注。

以前的帕金森病临床研究项目中使用的胎儿腹侧中脑移植物或者其他类型同种异体的干细胞移植物，都存在一定的伦理问题，在后续的研究中需要接受严格的伦理监管。因此，一些研究者开始探索患者自体细胞重编程为人诱导多能干细胞再诱导分化为靶向细胞，然后进行细胞移植治疗疾病的可能性，并取得了一定的研究进展[31]。不过个性化的治疗必然会面临治疗成本的问题，高昂的治疗费用可能会导致受惠的患者寥寥无几。此外，细胞移植后，在脑内或者目标病变区产生的免疫原性和免疫毒性问题也越来越受到大家的关注。鉴于人中枢神经系统相对免疫豁免的特性，对神经干细胞、间充质干细胞这些公认免疫原性较低的同种异体干细胞移植，免疫反应相对温和，临床前动物安全性试验结果也对此进行了验证[34]，因此部分研究者在研究中没有使用任何免疫抑制剂，并且没有观察到异常的免疫反应；也有研究者仅使用瞬时免疫抑制剂可提供超过 20 年的长期移植物存活[16]。对于临床试验中是否需要使用免疫抑制剂的问题，可能需要针对不同的细胞类型，从临床前研究的有效性和安全性结果中获得相应的实验数据支持。

针对上述问题，有研究者提出了通用人诱导多能干细胞的概念，通过将 *B2M* 基因敲除与 HLA-E 过表达相结合[35]或通过敲除 MHC-Ⅰ/Ⅱ[36]来建立通用人诱导多能干细胞系，可以提供免疫耐受而不产生任何免疫排斥反应。理论上，使用这种方法可以将单个通用人诱导多能干细胞系或诱导产生的神经元施用于全球任何一例帕金森病患者。但是，这种经过体外基因修饰改造的通用细胞有可能逃避免疫监视，所以我们在使用它时，仍然需要非常谨慎，以避免产生未知的安全隐患。

此外，干细胞移植后在体内的迁移和分布也越来越受到大家的关注。干细胞是否移植到了正确的目标部位？细胞移植后能在体内存活多久？一段时间后细胞还存活多少？移植的细胞是否被宿主排斥？是否存在包括肿瘤形成在内的不可控的细胞增殖情况？针对上述问题，研究者进行了多种类型的干细胞在体示踪探索研究，包括使用生物发光法（BLI），使用放射性同位素 ^{89}Zr、^{18}F、^{99}mTc-exametazime（99mtc）、^{111}In-oxine 等的 PET/SPECT 成像研究，以及磁性纳米颗粒 Gd_2O_3-MSN、Magnetite 等作为磁共振成像对比剂的 MRI 研究[1,37,38]，临床上也有少量基于超顺磁性氧化铁（SPIO）的细胞示踪试验[38]。虽然大家对干细胞在体细胞示踪寄予厚望，但是目前还是面临着很多的问题，比如示踪材料对人体的安全性、示踪持续时间、代谢途径、对干细胞活性的影响、对干细胞功能的影响、检测仪器的灵敏度、检测方法的可靠性等。总的来说，目前的临床细胞示踪试验一般仅用于细胞移植的手术辅助手段或短期的细胞存活示踪，将来可能会对干细胞移植物进行适当标记并长期追踪，以辅助临床疗效的评估。

近年来，国内的干细胞研究发展非常迅速，从 2015 年开始，国家出台了一系列的干细胞临床前研究以及临床研究的指导原则，鼓励和指导研究者进行干细胞治疗各种疾病的探索性研究。此外，针对逐渐兴起的基因转导和修饰的细胞治疗产品，也出台了相应的药学研究和非临床研究的指导原则。国内的干细胞药物申报与干细胞临床研究双线并行，已经涌现出了一系列干细胞产品，希望在不久的将来，将有应用于治疗帕金森病的干细胞药物上市，这将为广大的帕金森患者带来福音。

（吴景文　赵雄飞　王晓明）

参考文献

[1] LIU ZHAOHUI, CHEUNG HOI-HUNG. Stem Cell-based Therapies for Parkinson Disease [J]. International Journal of Molecular Sciences, 2020, 21 (21): 8060.

[2] TRONCI E, FIDALGO C, CARTA M. Foetal Cell Transplantation for Parkinson's Disease: Focus on Graft-lnduced Dyskinesia [J]. Parkinsons Dis, 2015, 2015: 563820.

[3] BARKER R A. Designing stem-cell-based dopamine cell replacement trials for Parkinson's disease [J]. Nat Med, 2019, 25 (7): 1045-1053.

[4] GONZÁLEZ C, BONILLA S, FLORES A L, et al. An Update on Human Stem Cell-Based Therapy in Parkinson's Disease [J]. Curr Stem Cell Res Ther, 2016, 11 (7): 561-568.

[5] PALMER C, CORONEL R, LISTE I. Treatment of Parkinson's Disease Using Human Stem Cells [J]. Journal of Stem Cell Research and Medicine, 2016, 1 (3): 71-77.

[6] KORDOWER J H, GOETZ C G, CHU Y, et al. Robust graft survival and normalized dopaminergic innervation do not obligate recovery in a Parkinson disease patient [J]. Ann Neurol, 2017, 81 (1): 46-57.

[7] MADRAZO I, KOPYOV O, ÁVILA-RODRÍGUEZ M A. Transplantation of Human Neural Progenitor Cells (npc) Into Putamina of Parkinsonian Patients: a Case Series Study, Safety and Efficacy Four Years After Surgery [J]. Cell Transplant, 2019, 28 (3): 269-285.

[8] GARITAONANDIA I, GONZALEZ R, SHERMAN G, et al. Novel Approach to Stem Cell Therapy in Parkinson's Disease [J]. Stem Cells and Development, 2018, 27 (14): 951-957.

[9] GONZALEZ R, GARITAONANDIA I, POUSTOVOITOV M, et al. Neural Stem Cells Derived from Human Parthenogenetic Stem Cells Engraft and Promote Recovery in a Nonhuman Primate Model of Parkinson's Disease [J]. Cell Transplant, 2016, 25 (11): 1945-1966.

[10] LIU YI, YE X Y, MAO L N, et al. Transplantation of parthenogenetic embryonic stem cells ameliorates cardiac dysfunction and remodelling after myocardial infarction [J]. Cardiovasc Res, 2013, 97 (2): 208-218.

[11] GONZALEZ R,GARITAONANDIA I,CRAIN A,et al. Proof of concept studies exploring the safety and functional activity of human parthenogenetic-derived neural stem cells for the treatment of Parkinson's disease [J]. Cell Transplant,2015,24(4):681-690.

[12] SCHMITT J,ECKARDT S,SCHLEGEL P G,et al. Human parthenogenetic embryonic stem cell-derived neural stem cells express HLA-G and show unique resistance to nk cell-mediated killing [J]. Mol Med,2015, 21(1):185-196.

[13] NAPOLI E,BORLONGAN C V. Cell Therapy in Parkinson's disease:host brain repair machinery gets a boost from stem cell grafts [J]. Stem Cells,2017,35(6):1443-1445.

[14] GOLDBERG N R S,MARSH S E,OCHABA J,et al. Human Neural progenitor transplantation rescues behavior and reduces α-synuclein in a transgenic model of dementia with lewy bodies [J]. Stem Cells Transl Med,2017,6(6):1477-1490.

[15] 吕颖,白琳,秦川. 干细胞治疗帕金森病的研究进展[J]. 中国比较医学杂志,2019,29(8):142-148.

[16] LENG L G,TIAN Z M. Transplantation of neural precursor cells in the treatment of parkinson's diseasa:an efficacy and safety analysis [J]. Turk Neurosurg,2016,26(3):378-383.

[17] 康霞. 神经干细胞移植治疗帕金森病的效果观察[J]. 中国实用神经疾病杂志,2018,21(11):1233-1237.

[18] ARUTYUNYAN I,ELCHANINOV A,MAKAROV A,et al. Umbilical cord as prospective source for mesenchymal stem cell-based therapy [J]. Stem Cells lnt,2016,2016:6901286.

[19] VENKATARAMANA N K,PAL RAKHI,RAO SHAILESH A V,et al. Bilateral transplantation of allogenic adult human bone marrow-derived mesenchymal stem cells into the subventricular zone of parkinson's disease: a pilot clinical study [J]. Stem Cells Int,2012,2012:93902.

[20] VENKATARAMANA N K,KUMAR S K V,BALARAJU S,et al. Open-labeled study of unilateral autologous bone-marrow-derived mesenchymal stem cell transplantation in parkinson's disease [J]. Translational Research,2010,155(2):62-70.

[21] 赵堂亮,吴正敏,王萍,等. 脐带间充质干细胞移植对帕金森病的临床疗效观察[J]. 中华细胞与干细胞杂志(电子版),2015,5(4):264-268.

[22] BARKER R A,CONSORTIUM T. Designing stem-cell-based dopamine cell replacement trials for Parkinson's disease [J]. Nat Med,2019,25(7):1045-1053.

[23] INSAUSTI C L,BLANQUER M,GARCÍA-HERNÁNDEZ A M,et al. Amniotic membrane-derived stem cells:immunomodulatory properties and potential clinical application [J]. Stem Cells and Cloning,2014,7: 53-63

[24] GRZYWOCZ Z,PIUS-SADOWSKA E,KLOS P,et al. Growth factors and their receptors derived from human amniotic cells in vitro [J]. Folia Histochem Cytobiol,2014,52(3):163-170.

[25] 薛寿儒,杨新新,董万利,等. 人羊膜上皮细胞移植治疗帕金森病鼠的研究[J]. 中华神经外科杂志,2009, 25(10):941-944.

[26] TAKAHASHI K,YAMANAKA S. Induction of pluripotent stem cells form mouse embryonic and adult fibroblast cultures by defined factors [J]. Cell,2006,126(4):663-676.

[27] LAPERLE A H,SANCES S,YUCER N,et al. iPSC modeling of young-onset Parkinson's disease reveals a molecular signature of disease and novel therapeutic candidates [J]. Nat Med,2020,26(2):289-299.

[28] KIKUCHI T,MORIZANE A,DOI D,et al. Human iPS cell-derived dopaminergic neurons function in a primate Parkinson's disease model [J]. Nature,2017,548(7669):592-596.

[29] ZHOU T, KIM T W, CHONG C N, et al. A hPSC-based platform to discover gene-environment interactions that impact human β-cell and dopamine neuron survival [J]. Nat Commun, 2018, 9(1): 4815.

[30] DOI D, MAGOTANI H, KIKUCHI T, et al. Pre-clinical study of induced pluripotent stem cell-derived dopaminergic progenitor cells for Parkinson's disease [J]. Nat Commum, 2020, 11(1): 3369.

[31] SCHWEITZER J S, SONG B, HERRINGTON T M, et al. Personalized iPSC-derived Dopamine Progenitor Cells for Parkinson's Disease [J]. New England Journal of Medicine, 2020, 382(20): 1926-1932.

[32] TAKAHASHI J. iPS cell-based therapy for Parkinson's disease: A Kyoto trial [J]. Regenerative therapy, 2020, 13: 18-22.

[33] MORIZANE A, KIKUCHI T, HAYASHI T, et al. MHC matching improves engraftment of iPSC-derived neurons in non-human primates [J]. Nat Commun, 2017, 8(1): 385.

[34] GARITAONANDIA I, GONZALEZ R, CHRISTIANSEN-WEBER T, et al. Neural stem cell tumorigenicity and biodistribution assessment for phase I clinical trial in Parkinson's Disease [J]. Scientific Reports, 2016, 6: 34478.

[35] GORNALUSSE G G, HIRATA R K, FUNK S E, et al. HLA-E-expressing pluripotent stem cells escape allogeneic responses and lysis by NK cells [J]. Nat Biotechnol, 2017, 35(8): 765-772.

[36] DEUSE T, HU X, GRAVINA A, et al. Hypoimmunogenic derivatives of induced pluripotent stem cells evade immune rejection in fully immunocompetent allogeneic recipients [J]. Nat Biotechnol, 2019, 37(3): 252-258.

[37] OLIVEIRA F A, NUCCI M P, FILGUEIRAS I S, et al. Noninvasive tracking of hematopoietic stem cells in a bone marrow transplant model [J]. Cells, 2020, 9(4): 939.

[38] BARTHÉLÉMY I, THIBAUD J L, DE FORNEL P, et al. In vivo stem cell tracking using scintigraphy in a canine model of DMD [J]. Sci Rep, 2020, 10(1): 10681.

第六节　干细胞治疗阿尔茨海默病的研究进展

以进行性认知功能损害、精神行为失常及日常生活工作能力障碍为主要临床表现的痴呆可由多种病因导致，其中阿尔茨海默病作为一种神经退行性疾病，是最常见的痴呆发病原因，占痴呆总病例的 50%~70%[1]。2018 年《世界老年痴呆报告》显示，全世界大约有 5 000 万人死于痴呆，预计到 2030 年，这个数字将增加到约 8 200 万，到 2050 年将增加到约 1.52 亿。阿尔茨海默病的发病机制及治疗一直是神经学科研究的热点，但阿尔茨海默病的确切发病机制至今仍未明确，也无特效治疗方法。随着干细胞技术的发展，可能会为明确阿尔茨海默病的发病机制及研发有效的治疗药物带来新的希望。

一、阿尔茨海默病流行病学、临床表现及病理生理改变

大部分阿尔茨海默病为散发型，只有不到 5% 的病例为家族遗传型。散发型病例一般于 65 岁以后发病，主要与年龄、环境因素、心脑血管疾病、抑郁及载脂蛋白 E4 基因（apolipoprotein E4, ApoE4）等多种因素的相互作用有关。散发型阿尔茨海默病发病与淀粉样前体蛋白

（amyloid precursor protein，APP）突变无关，但可能与*ApoE4*基因有关，约有 60%～75% 的阿尔茨海默病患者携带有 *ApoE4* 基因，与非携带者相比，携带者的阿尔茨海默病患者发病更年轻[2,3]。家族遗传型阿尔茨海默病一般在 65 岁前发病，与早老蛋白 1 基因（presenilin-1，*PSEN1*）、早老蛋白 2 基因（presenilin-2，*PSEN2*）及 APP 突变有关，为常染色体显性遗传疾病。APP 剪切后可产生 β 淀粉样蛋白（amyloid β-protein，Aβ），其异常聚集导致淀粉样斑块形成是阿尔茨海默病的一种病理特征。

在临床表现中，阿尔茨海默病一般首先表现为近事记忆损害和日常生活工作能力减退，随后出现其他认知领域的损害，如语言、逻辑理解、定向、执行功能、判断能力等，最后出现运动障碍。这些症状的出现与神经元死亡和突触退化导致的大脑体积减少有关，尤其是具有记忆功能和空间定向能力的海马[4]。目前认为，阿尔茨海默病患者首先出现颞叶内侧皮层神经变性；随后进展为海马 CA1 区、下托及基底前脑网络受累，这些区域的脑萎缩与阿尔茨海默病患者的语言及情景记忆受损有关[5]；最后神经变性波及整个颞叶及大部分皮层组织。但在散发型阿尔茨海默病患者中这种病理变化的时间顺序仍受到一定质疑。

目前认为阿尔茨海默病的病理改变主要为：①tau 蛋白异常磷酸化；②Aβ 沉积，老年斑形成；③活性小胶质细胞减少；④神经元与突触缺失。

（一）tau 蛋白与阿尔茨海默病

tau 蛋白的基因位于 17 号染色体的 17q21 位点，含有 16 个外显子。外显子 2，3，10 可以通过剪切组成 6 种 mRNA 组合，在大脑中以 6 种异构体的形式表达。tau 蛋白是一种微管相关蛋白，与微管蛋白结合后可作为神经元轴突中微管组装的核心，促进其他微管蛋白在此核心上延伸聚集形成微管并防止解聚，在维持其结构稳定性，保持微管间距离及参与轴突运输中起作用[6]。正常成熟脑内 tau 蛋白磷酸化位点少，而阿尔茨海默病患者脑中 tau 蛋白磷酸化位点可高达 40 个以上，其中 Thr231、Ser262 位点的磷酸化直接影响了 τ 蛋白与微管的结合[7]。在阿尔茨海默病患者中，蛋白激酶/蛋白磷酸酶调节失衡，蛋白激酶（糖原合成酶激酶-3、有丝分裂原活化蛋白激酶、cAMP 依赖性蛋白激酶等）活性升高或者蛋白磷酸酶[8]（PP2A 等）活性降低是引发 τ 蛋白过度磷酸化的直接原因。过度磷酸化的 tau 蛋白一方面与微管相关蛋白 1（microtubule associated proteins 1，MAP1）、MAP2 等微管蛋白竞争性地结合微管导致微管解聚，从而拮抗性阻碍了 tau 蛋白与微管蛋白的结合，阻碍轴突运输能力；另一方面自身的聚集促进双股螺旋纤维形成，双股螺旋纤维进一步聚集形成细胞内的神经纤维缠结。tau 蛋白主要分布于大脑的额叶、颞叶、海马和内嗅区的神经元，其过度磷酸化可诱发神经元变性并最终引起痴呆的发生。

研究显示，局部 tau 蛋白异常磷酸化水平升高早于萎缩，不同区域的 tau 蛋白病理改变和脑萎缩的进展可能反映了一个时相转移。脑内 tau 蛋白磷酸化与疾病进展密切相关，可能是阿尔茨海默病早期临床治疗的目标之一。

（二）Aβ 与阿尔茨海默病

APP 基因约有 170kb,位于 21 号染色体上,人的 *APP* 基因含有 19 个外显子。当 *APP* 基因转录后可形成多种同源体产物,主要有 3 种形式,分别为 APP695、APP751 和 APP770。脑组织中主要是 APP695。APP 在细胞膜上是一种跨膜糖蛋白,通过与细胞膜外基质的相互作用介导神经细胞之间的黏附,增加神经突触之间的联系及突触可塑性。Aβ 由 APP 水解生成。APP 有 2 条水解途径:一条途径由 α-分泌酶,在 APP 氨基酸序列第 687 位(即在 Aβ 结构内赖氨酸-16 和亮氨酸-17 之间)进行裂解,并产生可溶性的 α-APP 和 C83 片段多肽。因这一过程阻止 Aβ 的产生,该过程称为非淀粉样蛋白生成途径。目前已知 α-APP 具有神经营养作用,促进神经细胞发育,并通过降低细胞内的 Ca^{2+} 浓度,起到神经保护作用。在正常情况下,该代谢途径占优势。另一条途径经 β-分泌酶和 γ-分泌酶作用,β-分泌酶作用于 APP 氨基酸序列的第 671 位上,可生成 β-APP 和 C99 片段多肽;γ-分泌酶切割残留在细胞内的 C99,产生 Aβ 和 APP 胞内结构域。该过程称为淀粉样蛋白生成途径[9]。Aβ(主要为 Aβ40 和 Aβ42)释放至细胞外,APP 胞内结构域则在细胞内。γ-分泌酶对 APP 的作用是决定 Aβ40 和 Aβ42 的生成比例,正常情况下,脑组织主要生成 Aβ40,而在阿尔茨海默病时 Aβ42 升高。Aβ 有很强的自聚性,Aβ42 相对于 Aβ40 更容易聚集,易在脑实质内形成斑块。高毒性的 Aβ1-42 寡聚体是导致阿尔茨海默病的重要原因。

大脑内 Aβ 的清除主要包括 3 条途径[10,11]:①非酶促的运输机制,即跨越血脑屏障将 Aβ 从大脑运到血液,主要被低密度脂蛋白受体相关蛋白-1 介导;②Aβ 酶降解系统,涉及一些蛋白酶,如脑啡肽酶、胰岛素降解酶、内皮素转换酶及纤维蛋白溶酶;③细胞吞噬清除,星形胶质细胞及小胶质细胞可参与 Aβ 的清除。在阿尔茨海默病早期,Aβ 可以通过血脑屏障向外周转运,但清除效率下降,血浆及脑脊液的 Aβ 浓度增加。随着病情进展,Aβ 在脑内不能被有效清除,沉积于脑实质,进而导致阿尔茨海默病的发生。中枢神经系统通过血脑屏障向周围输出 Aβ 的能力受损,被认为是 Aβ 在体内蓄积并最终形成斑块的原因。Aβ 在大脑中沉积并形成斑块,使神经元损伤或死亡,被认为是阿尔茨海默病的一种病理特征。

（三）小胶质细胞与阿尔茨海默病

神经系统主要由各种类型的细胞构成,包括神经元、小胶质细胞、胶质细胞。各种细胞在神经保护、维持中枢神经系统稳态(离子浓度、神经递质等)和免疫中起作用。小胶质细胞呈现分枝状形态,有许多分支突起,这使它们能够对大脑环境进行观察。且小胶质细胞是脑内常驻免疫细胞,相当于脑和脊髓中的巨噬细胞,是大脑的第一道防线[12,13]。作为中枢神经系统的免疫细胞,小胶质细胞在阿尔茨海默病的发生、发展过程中具有两面性,既可以通过吞噬组织中的病原体及有害物质保护神经元,又可以在致炎因子的作用下分泌炎性细胞因子对神经元起毒性作用[14,15],在阿尔茨海默病的发病机制中可能起重要作用。

研究表明,髓细胞表达触发受体 2(triggering receptor expressed on myeloid

cells-2,TREM2）在阿尔茨海默病相关免疫反应中起重要作用[16]。TREM2 可与 ApoE 相互作用，触发小胶质细胞的活性[17]。在阿尔茨海默病的神经炎症过程中，ATP 被释放到细胞外间隙，诱导小胶质细胞的 P2X7 受体（P2X7R）表达增加，并激活小胶质细胞。P2X7R 是位于细胞膜上 ATP 门控的非选择性阳离子通道，负责 Ca^{2+} 或 Na^+ 的内流和 K^+ 的流出[18]。除了激活小胶质细胞之外，这种受体在小胶质细胞中表达增加也导致其吞噬活性的降低[19]，刺激产生 TNF-α、COX-2、IL-6、MMP-9 和活性氧（reactive oxygen species，ROS）等神经毒性分子[20-22]。已证明 P2X7R 在介导小胶质细胞死亡和细胞因子的释放中起重要作用，同时 P2X7/NLRP3 炎症通路导致促炎性细胞因子 IL-1、IL-18 和 IL-33 的释放[23-25]。由此提示，细胞外 ATP 介导的小胶质细胞的 P2X7R 过度激活在神经炎症诱导的阿尔茨海默病中起重要作用[26]。

二、干细胞与阿尔茨海默病临床试验前研究

目前，tau 蛋白异常磷酸化及 Aβ 沉积被认为是阿尔茨海默病发病最主要的病理特征。目前针对阿尔茨海默病的药物临床研究主要以 tau 蛋白和 Aβ 为靶点，以期阻止、延缓，甚至逆转阿尔茨海默病病理学的进展。在以 Aβ 为靶点的阿尔茨海默病治疗中分为增加 Aβ 清除和减少 Aβ 生成两大治疗策略。遗憾的是，迄今为止，在以 Aβ 为靶点、tau 蛋白或其他通路为靶点或者同时针对 Aβ、tau 蛋白等多个靶点的药物临床试验研究中均未取得症状显著改善的成果。尤其在针对 Aβ 靶点治疗的临床试验失败后，出现了对"淀粉样级联反应假说"作为疾病分子机制的质疑。研究显示，突触功能障碍是一个关键的早期事件，并且与疾病的进展有明确的相关性。虽然突触受损通常在 Aβ 斑块附近加重，但是 Aβ 斑块沉积可以在没有突触受损的情况下发生，而突触受损也可发生在没有 Aβ 沉积的区域[27,28]。一旦 Aβ 诱导的突触功能障碍和广泛的神经退变发生，仅仅通过减少脑内淀粉样蛋白可能无法逆转这些临床反应，针对 Aβ 沉积或 tau 蛋白的干预时机已被证明对临床反应至关重要，故已将临床试验从晚期阿尔茨海默病，转移到疾病的早期无症状阶段[29,30]。

Aβ 或 tau 蛋白可能是复杂阿尔茨海默病发病机制中的一个参与者。由于阿尔茨海默病病理生理学的复杂性，基于"一种药物一个目标"的药物设计策略没有为抗阿尔茨海默病的有效治疗提供帮助[31]，多模式治疗（包括结合病理学的药理学靶向治疗，刺激内源性神经发生和突触发生，以及外源性神经替换等）可能成为有效治疗阿尔茨海默病的新策略。干细胞技术的革命性发展为阿尔茨海默病治疗带来了新的希望，干细胞可以通过特定分化来补充丢失的细胞，刺激神经发生，并可将治疗药物输送到大脑。研究人员已经用数十种不同的方法在转基因鼠模型中有效地治疗了阿尔茨海默病。但是，啮齿动物模型通常依赖与阿尔茨海默病相关的一个或多个基因的过度表达建模，尽管它们能够成功地重现一些病理特征，但仍无法完整地呈现人阿尔茨海默病病理生理发展特征。因此，利用干细胞技术在人类遗传背景下建立相关病

理生理模型,更有利于研究疾病的发病机制,为疾病的有效治疗提供依据。

(一)内源性干细胞修复治疗与阿尔茨海默病

对早期阿尔茨海默病的干细胞内源性修复治疗理论源于:①使成人大脑中常驻神经干细胞上调,刺激成人的海马神经发生来补偿神经退变。成年海马神经发生在学习和记忆中起关键作用,因此促进这一过程可能有助于改善阿尔茨海默病早期遗忘症状。②选择药物或基因治疗上调生长因子,包括脑源性神经营养因子(brain-derived neurotrophic factor,BDNF)、胰岛素样生长因子-1(insulin-like growth factor 1,IGF-1)、神经生长因子(nerve growth factor,NGF)和VEGF[32],以调节神经发生。然而,海马神经发生随着年龄增长而减少。在无疾病条件下,成年每天产生约800个新神经元下降到晚年的100个。在阿尔茨海默病中,其病理改变影响神经发生,且海马神经元大量丢失,在齿状回中丢失约100万,在CA1中丢失约500万[33,34]。海马神经发生需要有序的扩增,才能使齿状回数量恢复正常。因此,对于早期阿尔茨海默病神经元的损害仅靠内源性修复缺乏有效性。

(二)外源性干细胞修复治疗与阿尔茨海默病

外源性干细胞修复治疗旨在通过引入干细胞,恢复退化神经元网络,从而恢复认知功能。同时,通过神经保护生长因子或其诱导的产物起到旁分泌作用。另外,退化的神经元回路可以通过干细胞的分化和参与进行治疗性修复。外源性干细胞治疗的一个重要步骤就是选择合适的细胞来源,目前最常用的细胞有胚胎干细胞、间充质干细胞、脑源性神经干细胞和诱导多能干细胞。每一种类型的干细胞在修复治疗过程中都有其不同的特点。

1. **胚胎干细胞** 胚胎干细胞来源于发育中囊胚的内细胞团(在胚胎发育的第5~6天),具有分化成各种细胞的能力[35]。

多向分化的特性是胚胎干细胞最大的优势,在脑损伤啮齿类动物模型中进行胚胎干细胞移植,其认知功能得到恢复[36]。但也是由于胚胎干细胞多向分化的特性,移植未分化的胚胎干细胞可能出现细胞不受控制的生长和肿瘤形成,故其在临床应用中受到限制[37]。为避免这种风险,胚胎干细胞可在体外预分化为神经干细胞后移植到啮齿动物模型,产生以胆碱能神经元为主的神经元,改善空间记忆能力[38]。有研究显示,将人胚胎干细胞转化成稳定的胆碱能神经元后进行移植,能够在功能上整合到海马神经元回路中[39]。另一研究显示,胚胎干细胞转化为内侧神经节突状前体细胞:基底前脑神经元(包括乙酰胆碱神经元和γ-氨基丁酸中间神经元)生成的起源,移植到鼠脑损伤模型中,这些细胞能够分化成γ-氨基丁酸能和胆碱能神经元亚型,并与宿主神经元回路形成突触整合,从而改善受损的空间记忆和学习能力[40]。尽管进行了临床前研究,但使用人胚胎干细胞进行治疗阿尔茨海默病的临床研究,仍受到伦理及免疫反应等问题的限制。

2. **神经干细胞** 神经干细胞具有多能性,在发育过程中可产生所有类型的神经细胞。存在于成人大脑的脑室下区和海马齿状回颗粒层,是一种自我更新的多能细胞,能产生神经元,少突胶质细胞或星形胶质细胞[41]。同时,神经干细胞的旁分泌效应,已被证明具有显著治疗潜力。

移植神经干细胞增加了啮齿类阿尔茨海默病模型及老年灵长类动物大脑的神经发生和认知功能[42,43],将过度表达胆碱乙酰转移酶的人神经干细胞移植到具有胆碱能神经毒性的啮齿动物中,出现空间记忆和学习缺陷的逆转[44]。将胚胎端粒中获得的人神经干细胞移植到阿尔茨海默病鼠的侧脑室,可在侧脑室迁移分化成神经元与胶质细胞,并通过信号调节通路、代谢活性及分泌抗炎细胞因子等机制降低 tau 蛋白磷酸化、Aβ42 水平,降低星形胶质细胞的增生,增强了内源性突触的形成,增加了神经元、突触及神经纤维的密度,提高阿尔茨海默病鼠的空间记忆能力[45-47]。虽然其作用机制目前尚未完全明确,可能与神经保护或免疫调节因子的旁分泌作用及直接神经元的分化有关。人神经干细胞在老年鼠中可以增加BDNF 和 NGF 的水平,提高其认知功能和体能。BDNF 是重要神经保护因子,由神经元合成,在大脑皮层及海马中高表达,这些区域与脑学习记忆有关。神经干细胞产生的 BDNF 可以增加海马突触的密度和胆碱能神经元的数量[48,49],这种旁分泌功能可能在阿尔茨海默病治疗中产生作用。目前,神经干细胞移植生成大量非神经胶质细胞仍然是神经替换治疗的主要限制因素。

3. 间充质干细胞 间充质干细胞可以从脐带血或华通胶(Wharton's jelly)中获得,也可以从骨髓和脂肪组织中获得,被归类为多能细胞,能够产生多种中胚层来源的细胞类型。由于间充质干细胞的获得和处理操作相对容易,且能够生成各种类型的细胞,间充质干细胞是目前最常被研究的干细胞类型之一,也是阿尔茨海默病研究中最常用的干细胞来源。

在啮齿动物模型中,移植的间充质干细胞可向神经细胞分化,增加局部乙酰胆碱神经递质的浓度、BDNF 和 NGF,改善运动和认知功能。间充质干细胞移植也可以抑制 tau 蛋白和 Aβ 相关的细胞死亡,减少 Aβ 沉积和斑块形成,刺激神经、突触发生和神经元分化,改善空间学习和记忆能力的损害[50-53]。然而,到目前为止,还没有明确证据表明间充质干细胞来源的神经元在体内的具体功能。同时,体内间充质干细胞的真正神经替换受到神经元分化率低和胶质细胞形成倾向的限制[54]。

间充质干细胞对阿尔茨海默病的治疗作用主要认为:①免疫调节;②减低 Aβ 斑块的形成路径;③神经营养。间充质干细胞抗炎和免疫调节的旁分泌作用,包括上调神经保护性细胞因子(如 IL-10)以及降低促炎性细胞因子(如 TNF-α、IL-1β)的水平[53,55]。在阿尔茨海默病的细胞模型中,间充质干细胞通过分泌的因子促进神经元分化及存活等神经保护的旁分泌功能。间充质干细胞参与组织修复的另一个途径是分泌细胞外囊泡。间充质干细胞可通过基因改造和药物辅助治疗释放针对 Aβ 沉积的细胞外囊泡[56]。

4. 诱导多能干细胞 诱导多能干细胞是通过基因工程将成熟成纤维细胞转化为具有表型和分化能力多能化和类胚胎化的干细胞,这一技术可以获得自体多能细胞,从而实现自体移植[57]，并避免了非特异性来源的伦理和免疫排斥问题。2006年，从鼠成纤维细胞中首次获得诱导多能干细胞。诱导多能干细胞可转化成结构和功能成熟的神经元及具有电生理活性功能的突触网络[58]。在诱导过程中使用额外的转录因子，也可直接分化成特定的神经元亚型，如多巴胺能神经元[59]。

将人诱导多能干细胞转化的神经前体细胞移植到有严重淀粉样蛋白沉积和渐进性空间记忆障碍的转基因小鼠的海马中，这些前体细胞可分化为胆碱能神经元，并显著改善了记忆障碍[60]。因来源于阿尔茨海默病患者诱导多能干细胞转化的神经元可表达阿尔茨海默病相关的神经元病理表型，包括异常的 Aβ 水平、tau 蛋白异常磷酸化及轴突长度变短等[61,62]，而使自体诱导多能干细胞的临床运用受限。虽然通过基因组编辑技术，如重组同源基因、转录激活剂样效应核酸酶等，可将健康的神经元移植到阿尔茨海默病患者体内，但目前诱导多能干细胞仍主要用于体外或动物模型研究。利用诱导多能干细胞转化的神经元可以在体外重演阿尔茨海默病病理学特征，对阿尔茨海默病发病机制的研究和筛选阿尔茨海默病治疗药物有重要的应用价值。通过阿尔茨海默病模型显示，诱导多能干细胞可有效调节内源性神经发生、替换丢失的神经元或逆转病理变化。在转基因阿尔茨海默病鼠模型中，用诱导多能干细胞获得一种表达 Aβ-降解蛋白酶的巨噬细胞样细胞，可降低 Aβ 水平。将来自不同 *ApoE* 基因型的人诱导多能干细胞转化为阿尔茨海默病相关表型神经元，发现 ApoE4 及其构象的改变（不是 ApoE3）是阿尔茨海默病致病的病理表型[63]。Arber 等[64]在家族遗传型 AD-APP 和 PSEN1 突变的背景下，利用从多个患者中转化的诱导多能干细胞神经元可以模拟 APP 代谢过程和 Aβ 的产生，为研究家族遗传型阿尔茨海默病基因突变引起的细胞功能障碍提供有价值的模型。同时，诱导多能干细胞也是用于研究阿尔茨海默病治疗的工具[65]。

此外，诱导多能干细胞也运用于卒中与帕金森病的研究。在缺血性卒中啮齿动物模型研究中，将人诱导多能干细胞转化的神经干细胞移植入卒中鼠脑后，通过神经营养旁分泌效应改善神经功能和减少炎症因子[66]。自体诱导多能干细胞转化的多巴胺能神经元可在帕金森病猴中长期存活，且其治疗疗效已经得到证实，在术后 2 年，运动能力和功能得到改善，细胞存活且增殖[67]。

目前，因致瘤性、免疫原性、患者遗传缺陷及最优重新编程等问题的存在，诱导多能干细胞的临床应用仍受到阻碍。

三、干细胞与阿尔茨海默病临床试验

基于干细胞治疗阿尔茨海默病动物模型的临床前研究结果，干细胞能够分化成神经元和神经胶质细胞，通过分泌神经营养和神经保护剂，以旁分泌的方式刺激内源性修复机制。目前已登记了多项干细胞治疗阿尔茨海默病的临床试验，大多数仍在进行中。由于间充质干细胞的易获得性和易操作性,间充质干细胞是目前最常用于临床试验的干细胞类型,也是阿尔茨海默病临床试验研究中最常用的干细胞来源。间充质干细胞的移植方法有多种,其中静脉注射可在不发生致癌或免疫反应的情况下,穿过血脑屏障有效地移植到神经损伤区域。相对于传统的颅内注射,这种移植方法因其简便及创伤小的特点在临床应用中具有很大优势,但也存在移植过程中被多个器官过滤的情况[68]。

在 9 例疑似阿尔茨海默病(简易智力状态检查量表:10~24 分;PET 扫描显示存在 Aβ 病理改变)的入组受试者中进行颅内(双侧海马和楔前叶)注射同种异体人脐带血来源间充质干细胞的临床试验中[69],分为高剂量组(6×10^6 个细胞;$n=6$)与低剂量组(3×10^6 个细胞;$n=3$),3 个月与 24 个月进行随访检查。在 24 个月随访时未发现认知能力下降的减缓及 Aβ 病理改变的减少,所有患者未发现术后及移植后不良反应。此临床试验未获得病理改善等结果,考虑可能与试验采用神经影像技术评定阿尔茨海默病脑病理变化,其敏感性低于动物实验中使用死后生化分析法有关。

针对阿尔茨海默病的临床试验,有静脉注射人脐带血来源间充质干细胞、人脐带来源间充质干细胞、脂肪来源间充质干细胞及人骨髓间充质干细胞,有脑室内注射人脐带血来源间充质干细胞,有使用从患者脂肪抽吸术中获得的自体脂肪来源的基质血管分离细胞等。目前,尚未获得干细胞治疗阿尔茨海默病显著有效的临床研究结果,可能与我们仍未明确阿尔茨海默病患者细胞移植的最佳时机、剂量、移植途径、治疗效果及持续时间等有关。

四、小结

明确阿尔茨海默病发病机制对于寻找有效的阿尔茨海默病治疗方法至关重要。诱导多能干细胞转化的神经元在形态、电生理和转录方面与人脑皮层神经元相似,这为进一步深入研究阿尔茨海默病提供了有利条件。同时,可在体外研究阿尔茨海默病患者诱导多能干细胞转化神经元的突变、复制和单核苷酸的多态性等。目前,这个领域仍存有缺陷:①采用不同的重编程方法可能影响诱导多能干细胞的质量和多态性。②在体外很难重现老化过程。

使用诱导多能干细胞转化神经元的 3D 培养技术,可能补偿这些缺陷。3D 培养比 2D 培养更容易呈现出一些病理变化,而且 3D 类器官的复杂性(无论是组织架构还是细胞类型)将增加对复杂事件的了解,如病理改变的进程和细胞行为[70,71]。2D 和 3D 平台的优势已经在药物研发领域得到证实。β-和 γ-分泌酶抑制剂及其他药物,已经被证明对 APP 代谢过程和 tau 蛋白的下游效应产生影响。这些平台可能为人体临床试验前的体外药物筛选提供新途径,甚至可能对患者个体化药物进行分类。

我们可以从干细胞生物学中获得大量关于阿尔茨海默病疾病的新信息。通过诱导多能干细胞技术可以了解阿尔茨海默病的早期发生事件,家族遗传型阿尔茨海默病基因突变和遗传风险变异的分子效应,为药物的筛选提供人类神经元。尽管目前仍然存在一些障碍,但诱导多能干细胞模型仍可能在研发新的阿尔茨海默病治疗方法及选择治疗时机等方面作出贡献。

（王　悦）

参考文献

[1] FERRI C P, PRINCE M, BRAYNE C, et al. Global prevalence of dementia: a Delphi consensus study [J]. Lancet, 2005, 366 (9503): 2112-2117.

[2] HUANG Y, MUCKE L. Alzheimer mechanisms and therapeutic strategies [J]. Cell, 2012, 148 (6): 1204-1222.

[3] FARRER L A, CUPPLES L A, HAINES J L, et al. Effects of age, sex, and ethnicity on the association between apolipoprotein E genotype and Alzheimer disease. a meta-analysis. APOE and Alzheimer disease meta analysis consortium [J]. JAMA, 1997, 278 (16): 1349-1356.

[4] GIRALDO E, LLORET A, FUCHSBERGER T, et al. Aβ and tau toxicities in Alzheimer's are linked via oxidative stress-induced p38 activation: Protective role of vitamin E [J]. Redox Biol, 2014, 2: 873-877.

[5] DELBEUCK X, VANDER LINDEN M, COLLETTE F. Alzheimer's disease as a disconnection syndrome? [J]. Neuropsychol Rev, 2003, 13 (2): 79-92.

[6] VILLEMAGNE V L, OKAMURA N. Tau imaging in the study of ageing, Alzheimer's disease, and other neurodegenerative conditions [J]. Curr Opin Neurobiol, 2016, 36: 43-51.

[7] LI T, PAUDEL H K. Glycogen synthase kinase 3 beta phosphorylates Alzheimer's disease-specific Ser396 of microtubule associated protein Tau by a sequential mechanism [J]. Biochemistry, 2006, 45 (10): 3125-3133.

[8] SONTAG E, NUNBHAKDI-CRAIG V, LEE G, et al. Molecular interactions among protein phosphatase 2A, tau, and microtubules. Implications for the regulation of tau phosphorylation and the development of tauopathies [J]. J Biol Chem, 1999, 274 (36): 25490-25498.

[9] TEBBENKAMP A T, BORCHELT D R. Protein aggregate characterization in models of neurodegenerative disease [J]. Methods Mol Biol, 2009, 566: 85-91.

[10] SHIBATA M, YAMADA S, KUMAR S R, et al. Clearance of Alzheimer's amyloid-ss (1-40) peptide from brain by LDL receptor-related protein-1 at the blood-brain barrier [J]. J Clin Invest, 2000, 106 (12): 1489-1499.

[11] DEANE R, SAGARE A, ZLOKOVIC B V. The role of the cell surface LRP and soluble LRP in blood-brain barrier Abeta clearance in Alzheimer's disease [J]. Curr Pharm Des, 2008, 14 (16): 1601-1605.

[12] REZAIE P, MALE D. Mesoglia & microglia—a historical review of the concept of mononuclear phagocytes within the central nervous system [J]. J Hist Neurosci, 2002, 11 (4): 325-374.

[13] NIMMERJAHN A, KIRCHHOFF F, HELMCHEN F. Resting microglial cells are highly dynamic surveillants of brain parenchyma in vivo [J]. Science, 2005, 308 (5726): 1314-1318.

[14] STREIT W J, XUE Q S. Life and death of microglia [J]. J Neuroimmune Pharm, 2009, 4 (4): 371-379.

[15] SARLUS H, HENEKA M T. Microglia in Alzheimer's disease [J]. J Clin Invest, 2017, 127 (9): 3240-3249.

[16] HANSEN D V, HANSON J E, SHENG M. Microglia in Alzheimer's disease [J]. J Cell Biol, 2018, 217 (2): 459-472.

[17] KRASEMANN S, MADORE C, CIALIC R, et al. The TREM2-APOE pathway drives the transcriptional

phenotype of dysfunctional microglia in neurodegenerative diseases [J]. Immunity, 2017, 47 (3): 566-581.

[18] VOLONTE C, APOLLONI S, SKAPER S D, et al. P2X7 receptors: channels, pores and more [J]. CNS Neurol Disord Drug Targets, 2012, 11 (6): 705-721.

[19] NI J, WANG P, ZHANG J, et al. Silencing of the P2X (7) receptor enhances amyloid-β phagocytosis by microglia [J]. Biochem Biophys Res Commun, 2013, 434 (2): 363-369.

[20] SHIEH C H, HEINRICH A, SERCHOV T, et al. P2X7-dependent, but differentially regulated release of IL-6, CCL2, and TNF-alpha in cultured mouse microglia [J]. Glia, 2014, 62 (4): 592-607.

[21] MURPHY N, LYNCH M A. Activation of the P2X7 receptor induces migration of glial cells by inducing cathepsin B degradation of tissue inhibitor of metalloproteinase 1 [J]. J Neurochem, 2012, 123 (5): 761-770.

[22] BARTLETT R, YERBURY J J, SLUYTER R. P2X7 receptor activation induces reactive oxygen species formation and cell death in murine EOC13 microglia [J]. Mediators Inflamm, 2013, 2013: 271813.

[23] HE Y, TAYLOR N, FOURGEAUD L, et al. The role of microglial P2X7: Modulation of cell death and cytokine release [J]. J Neuroinflammation, 2017, 14 (1): 135.

[24] BHATTACHARYA A, JONES D N C. Emerging role of the P2X7-NLRP3-IL1β pathway in mood disorders [J]. Psychoneuroendocrinology, 2018, 98: 95-100.

[25] DI VIRGILIO F. Liaisons dangereuses: P2X (7) and the inflammasome [J]. Trends Pharmacol Sci, 2007, 28 (9): 465-472.

[26] THAWKAR B S, KAUR G. Inhibitors of NF-κB and P2X7/NLRP3/Caspase 1 pathway in microglia: Novel therapeutic opportunities in neuroinflammation induced early-stage Alzheimer's disease [J]. J Neuroimmunol, 2019, 326: 62-74.

[27] BONCRISTIANO S, CALHOUN M E, HOWARD V, et al. Neocortical synaptic bouton number is maintained despite robust amyloid deposition in APP23 transgenic mice [J]. Neurobiol Aging, 2005, 26 (5): 607-613.

[28] SPIRES T L, MEYER-LUEHMANN M, STERN E A, et al. Dendritic spine abnormalities in amyloid precursor protein transgenic mice demonstrated by gene transfer and intravital multiphoton microscopy [J]. J Neurosci, 2005, 25 (31): 7278-7287.

[29] CAO J, HOU J, PING J, et al. Advances in developing novel therapeutic strategies for Alzheimer's disease [J]. Mol Neurodegener, 2018, 13 (1): 64.

[30] PINHEIRO L, FAUSTINO C. Therapeutic strategies targeting amyloid-β in Alzheimer's disease [J]. Curr Alzheimer Res, 2019, 16 (5): 418-452.

[31] SCHNEIDER L S, MANGIALASCHE F, ANDREASEN N, et al. Clinical trials and late-stage drug development for Alzheimer's disease: an appraisal from 1984 to 2014 [J]. J Intern Med, 2014, 275 (3): 251-283.

[32] JIN K, ZHU Y, SUN Y, et al. Vascular endothelial growth factor (VEGF) stimulates neurogenesis in vitro and in vivo [J]. Proc Natl Acad Sci U S A, 2002, 99 (18): 11946-11950.

[33] DONOVAN M H, YAZDANI U, NORRIS R D, et al. Decreased adult hippocampal neurogenesis in the PDAPP mouse model of Alzheimer's disease [J]. J Comp Neurol, 2006, 495 (1): 70-83.

[34] SPALDING K L, BERGMANN O, ALKASS K, et al. Dynamics of hippocampal neurogenesis in adult humans [J]. Cell, 2013, 153 (6): 1219-1227.

[35] MARTELLO G, SMITH A. The nature of embryonic stem cells [J]. Annu Rev Cell Dev Biol, 2014, 30:

647-675.

[36] ACHARYA M M,CHRISTIE L-A,LAN M L,et al. Rescue of radiation-induced cognitive impairment through cranial transplantation of human embryonic stem cells [J]. Proc Natl Acad Sci U S A,2009,106(45): 19150-19155.

[37] FONG C Y,GAUTHAMAN K,BONGSO A. Teratomas from pluripotent stem cells:A clinical hurdle [J]. J Cell Biochem,2010,111(4):769-781.

[38] MOGHADAM F H,ALAIE H,KARBALAIE K,et al. Transplantation of primed or unprimed mouse embryonic stem cell-derived neural precursor cells improves cognitive function in Alzheimerian rats [J]. Differentiation,2009,78(2/3):59-68.

[39] BISSONNETTE C J,LYASS L,BHATTACHARYYA B J,et al. The controlled generation of functional basal forebrain cholinergic neurons from human embryonic stem cells [J]. Stem Cells,2011,29(5):802-811.

[40] LIU Y,WEICK J P,LIU H,et al. Medial ganglionic eminence-like cells derived from human embryonic stem cells correct learning and memory deficits [J]. Nat Biotechnol,2013,31(5):440-447.

[41] SHIMADA I S,LECOMTE M D,GRANGER J C,et al. Self-renewal and differentiation of reactive astrocyte-derived neural stem/progenitor cells isolated from the cortical peri-infarct area after stroke [J]. J Neurosci,2012,32(23):7926-7940.

[42] BLURTON-JONES M,KITAZAWA M,MARTINEZ-CORIA H,et al. Neural stem cells improve cognition via BDNF in a transgenic model of Alzheimer disease [J]. Proc Natl Acad Sci U S A,2009,106(32): 13594-13599.

[43] KORDOWER J H,WINN S R,LIU Y T,et al. The aged monkey basal forebrain:rescue and sprouting of axotomized basal forebrain neurons after grafts of encapsulated cells secreting human nerve growth factor [J]. Proc Natl Acad Sci U S A,1994,91(23):10898-10902.

[44] PARK D,YANG Y H,BAE D K,et al. Improvement of cognitive function and physical activity of aging mice by human neural stem cells over-expressing choline acetyltransferase [J]. Neurobiol Aging,2013,34 (11):2639-2646.

[45] ZHANG Q,WU H H,WANG Y,et al. Neural stem cell transplantation decreases neuroinflammation in a transgenic mouse model of Alzheimer's disease [J]. J Neurochem,2015,136(4):815-825.

[46] LEE I S,JUNG K,KIM I S,et al. Human neural stem cells alleviate Alzheimer-like pathology in a mouse model [J]. Mol Neurodegener,2015,10:38.

[47] AGER R R,DAVIS J L,AGAZARYAN A,et al. Human neural stem cells improve cognition and promote synaptic growth in two complementary transgenic models of Alzheimer's disease and neuronal loss [J]. Hippocampus,2015,25(7):813-826.

[48] BLURTON-JONES M,KITAZAWA M,MARTINEZ-CORIA H,et al. Neural stem cells improve cognition via BDNF in a transgenic model of Alzheimer disease [J]. Proc Natl Acad Sci U S A,2009,106 (32):13594-13599.

[49] XUAN A G,LUO M,JI W D,et al. Effects of engrafted neural stem cells in Alzheimer's disease rats [J]. Neurosci Lett,2009,450(2):167-171.

[50] PARK D,YANG G,BAE D K,et al. Human adipose tissue-derived mesenchymal stem cells improve cognitive function and physical activity in ageing mice [J]. J Neurosci Res,2013,91(5):660-670.

[51] ZILKA N,ZILKOVA M,KAZMEROVA Z,et al. Mesenchymal stem cells rescue the Alzheimer's disease cell

model from cell death induced by misfolded truncated tau [J]. Neuroscience, 2011, 193: 330-337.

[52] YANG H, XIE Z H, WEI L F, et al. Human umbilical cord mesenchymal stem cell-derived neuron-like cells rescue memory deficits and reduce amyloid-beta deposition in an AβPP/PS1 transgenic mouse model [J]. Stem Cell Res Ther, 2013, 4(4): 76.

[53] KIM K-S, KIM H S, PARK J-M, et al. Long-term immunomodulatory effect of amniotic stem cells in an Alzheimer's disease model [J]. Neurobiol Aging, 2013, 34(10): 2408-2420.

[54] LEE J, KURODA S, SHICHINOHE H, et al. Migration and differentiation of nuclear fluorescence-labeled bone marrow stromal cells after transplantation into cerebral infarct and spinal cord injury in mice [J]. Neuropathology, 2003, 23(3): 169-180.

[55] LEE H J, LEE J K, LEE H, et al. Human umbilical cord blood-derived mesenchymal stem cells improve neuropathology and cognitive impairment in an Alzheimer's disease mouse model through modulation of neuroinflammation [J]. Neurobiol Aging, 2012, 33(3): 588-602.

[56] KATSUDA T, TSUCHIYA R, KOSAKA N, et al. Human adipose tissue-derived mesenchymal stem cells secrete functional neprilysin-bound exosomes [J]. Sci Rep, 2013, 3: 1197.

[57] ROSS C A, AKIMOV S S. Human-induced pluripotent stem cells: Potential for neurodegenerative diseases [J]. Hum Mol Genet, 2014, 23(R1): R17-R26.

[58] PANG Z P, YANG N, VIERBUCHEN T, et al. Induction of human neuronal cells by defined transcription factors [J]. Nature, 2011, 476(7359): 220-223.

[59] LIU X, LI F, STUBBLEFIELD E A, et al. Direct reprogramming of human fibroblasts into dopaminergic neuron-like cells [J]. Cell Res, 2012, 22(2): 321-332.

[60] FUJIWARA N, SHIMIZU J, TAKAI K, et al. Restoration of spatial memory dysfunction of human APPA transgenic mice by transplantation of neuronal precursors derived from human iPS cells [J]. Neurosci Lett, 2013, 557: 129-134.

[61] BALEZ R, STEINER N, ENGEL M, et al. Neuroprotective effects of apigenin against inflammation, neuronal excitability and apoptosis in an induced pluripotent stem cell model of Alzheimer's disease [J]. Sci Rep, 2016, 6: 31450.

[62] HOSSINI A M, MEGGES M, PRIGIONE A, et al. Induced pluripotent stem cell-derived neuronal cells from a sporadic Alzheimer's disease donor as a model for investigating AD-associated gene regulatory networks [J]. BMC Genomics, 2015, 16(1): 84.

[63] WANG C, NAJM R, XU Q, et al. Gain of toxic apolipoprotein E4 effects in human iPSC-derived neurons is ameliorated by a small-molecule structure corrector [J]. Nat Med, 2018, 24(5): 647-657.

[64] ARBER C, TOOMBS J, LOVEJOY C, et al. Familial Alzheimer's disease patient-derived neurons reveal distinct mutation-specific effects on amyloid beta [J]. Mol Psychiatry, 2020, 25(11): 2919-2931.

[65] ISRAEL M A, YUAN S H, BARDY C, et al. Probing sporadic and familial Alzheimer's disease using induced pluripotent stem cells [J]. Nature, 2012, 482(7384): 216-220.

[66] ECKERT A, HUANG L, GONZALEZ R, et al. Bystander effect fuels human induced pluripotent stem cell-derived neural stem cells to quickly attenuate early stage neurological deficits after stroke [J]. Stem Cells Transl Med, 2015, 4(7): 841-851.

[67] HALLETT P J, DELEIDI M, ASTRADSON A, et al. Successful function of autologous iPSC-derived dopamine neurons following transplantation in a non-human primate model of Parkinson's disease [J]. Cell

Stem Cell,2015,16(3):269-274.

[68] RA J C,SHIN I S,KIM S H,et al. Safety of intravenous infusion of human adipose tissue-derived mesenchymal stem cells in animals and humans [J]. Stem Cells Dev,2011,20(8):1297-1308.

[69] KIM H J,SEO S W,CHANG J W,et al. Stereotactic brain injection of human umbilical cord blood mesenchymal stem cells in patients with Alzheimer's disease dementia:aphase 1 clinical trial [J]. Alzheimers Dement,2015,1(2):95-102.

[70] BOSI S,RAUTI R,LAISHRAM J,et al. From 2D to 3D:novel nanostructured scaffolds to investigate signalling in reconstructed neuronal networks [J]. Sci Rep,2015,5:9562.

[71] LI Y,MUFFAT J,OMER A,et al. Induction of expansion and folding in human cerebral organoids [J]. Cell Stem Cell,2017,20(3):385-396.

第七节　间充质干细胞治疗骨关节炎的研究进展

骨关节炎(OA)是一种患病率高、缺乏有效非手术治疗且终末期致残的退行性疾病,其患病率在世界范围内持续增高,给个人和社会造成深远影响。目前通过传统的非药物手段、药物手段甚至手术治疗都不能彻底治愈这类疾病,而干细胞治疗领域的蓬勃发展为骨关节炎的治疗指明了新方向。间充质干细胞是一类多能干细胞,能够向多种细胞类型分化,在软骨缺损疾病的治疗中有明显优势。近年研究发现多种间充质干细胞能够治疗 OA,而便于获取的脂肪间充质干细胞具有重要应用潜力,脂肪间充质干细胞提取过程中的中间产物基质血管组分(SVF)与脂肪间充质干细胞均可被用于 OA 的治疗;另外 IxCell hUC-MSC-O(IxCell human umbilical cord mesenchymal stem cell-derived osteoblasts)治疗膝骨关节炎已经完成Ⅰ期临床试验并成功进入Ⅱ期临床试验,同样具有重要的临床治疗潜力。本节针对 SVF、脂肪间充质干细胞和 IxCell hUC-MSC-O 在 OA 治疗中的机制及现有的临床试验进行综述,旨在为间充质干细胞治疗 OA 的相关研究提供参考。

一、骨关节炎治疗研究现状

骨关节炎(osteoarthritis,OA)是最常见的关节疾病之一,全球 60 岁以上人群患病率大约在 12%[1,2],而我国全年龄患病率为 8.1%[3]。OA 是亚洲第四大致残疾病[4],是导致男性失去工作能力的第二大疾病[5]。OA 最常见的症状是骨关节的慢性疼痛,另外合并压痛、活动受限、积液和不同程度的局部炎症等临床表现[6],疼痛的原因可能是骨髓病变、滑膜增厚(滑膜炎)、膝关节积液及持续炎症、神经损伤及神经肽的释放、关节损伤以及关节周围病变等[7,8],OA 不仅能够造成患者生理疼痛和功能障碍,且对患者自尊的负面影响也很大[9]。与关节炎相关的内外因素中,内在因素包括年龄、性别、遗传、营养、骨密度、体重、体质量指数(BMI)等,外在因素包括外伤、手术和关节畸形等,这些都与 OA 易感性的增加密切相关[10],其中年龄的增长被认为是 OA 发展的最突出的危险因素,因此 OA 在老年人中最为常见[11]。

迄今为止,膝 OA 仍是一种不可治愈疾病,尚无使膝骨关节完全恢复正常的治疗方法[12]。锻炼、患者教育和减肥等非药物治疗手段仍是国际指南推荐治疗膝 OA 的首选策略,有证据表明非药物治疗手段对改善膝关节炎患者的功能有一定程度疗效[13,14],例如减轻体重能够减轻关节承重,改善疼痛和功能,减少轻度炎症,从而改善关节功能[15],但非药物治疗方式一般仅在疾病早期有一定疗效。目前治疗膝骨关节炎的药物主要有口服类药物和注射类药物[16],口服类药物虽然能够缓解患者症状,减轻疼痛,但不能修复关节损伤,且伴有成瘾、肠胃糜烂出血和心血管风险增加等不良反应,严重者可危及生命[17]。注射类药物主要为透明质酸,可保护关节软骨,但其作用机制不明确、治疗效果不明显及疗效持续时间短,需多次反复注射,存在感染风险[18]。上述非手术治疗手段一般在 OA 轻、中度阶段采用,而手术治疗方式一般在 OA 终末期采用。目前最常见的膝 OA 手术方式是全膝关节置换术,可极大程度改善终末期膝 OA 患者的关节功能,但关节置换术费用高、风险大,术后恢复时间长,人工关节使用寿命有限[19],且可能存在多种并发症,其中最常见是假体不稳定,其次是假体周围关节感染、无菌性松动和韧带损伤等[20],调查显示大约有 20% 的患者认为初次关节置换术治疗结果没有达到他们的期望[21]。目前,OA 早期诊断较为困难,通常是有临床症状或者晚期才被发现,此时包括物理治疗、抗炎、止痛、润滑等保守治疗效果十分有限,只能通过置换手术改善生活质量,而置换手术具有相对较高的并发症发生率和死亡率,手术相关并发症发生率大约为 5.6%[22]。因此,亟需能够有效缓解甚至逆转 OA 进展的治疗手段,近年来成体干细胞研究的不断深入为 OA 治疗提供了新方向。

(一) OA 软骨改变

OA 重要的病理改变是软骨基质的退变[23]。软骨基质主要由Ⅱ型胶原形成基本骨架,与蛋白多糖相互交联,再由散布于交联结构中的软骨细胞及其他多种成分形成致密的软骨组织,具有一定程度上的抗压、耐摩擦属性[24]。衰老驱动关节组织变化,如低级别的系统性炎症、细胞外基质破坏、晚期糖基化终末产物(AGE)积累、聚集蛋白聚糖大小和水合作用减少,以及胶原降解增加,同时在衰老的软骨细胞中,线粒体异常、氧化应激和软骨细胞自噬减少,刺激分解代谢途径和细胞死亡,这些变化都促使 OA 进一步发展[23]。软骨细胞仅占关节软骨体积的 5%,加之软骨组织没有直接血供以及缺少祖细胞、干细胞,所以软骨损伤后自我修复能力差[25]。

(二) 现有软骨损伤修复技术

软骨损伤修复的"金标准"是形成成熟的透明软骨并具有相应的功能及力学属性,而且能够与周围软骨完全整合[26]。

目前软骨损伤修复手段可分为利用自我修复和利用额外组织/细胞修复两大类。软骨具有一定自我修复能力,例如累及软骨下骨的软骨损伤可以由骨髓腔的间充质干细胞迁移到损伤区域,通过分化为软骨细胞并分泌软骨基质进行修复[27]。关节镜清创及 Pridie 打孔微骨折可以通过将非全层损伤延伸至软骨下骨,进而激活上述固有损伤修复过程[28]。这种方式在较小的骨软骨损伤可能形成透明软骨样的修复组织[28],然而在较大软骨损伤时这种修复往往形成富含Ⅰ型胶原的纤维软骨,机械力学属性比透明软骨差[27]。虽然这种自身修复机制已经在软骨损伤治疗中应用多年,但微骨折的修复组织随着时间推移会形成瘢痕样纤维组织,甚至发生骨替代,影响治疗效果,对于老年人,微骨折治疗效果更差,长期疗效存在争议[29]。

利用额外组织/细胞修复方式包括自体骨软骨移植、骨膜/软骨膜移植和自体软骨细胞移植等,学者期望能够通过这些方式达到透明软骨修复目的。

自体骨软骨移植是将非承重区骨软骨结构移植到损伤区域,能够形成大部分是透明软骨样的修复组织,随访结果显示其效果优于微骨折[30],但面临供区大小有限以及移植后供区并发症、患者本身稀少的健康自体软骨组织不能满足软骨损伤修复所需细胞量,且修复的软骨很少达到原生软骨的质量等问题[31]。

骨膜/软骨膜移植的理论基础是这两种组织含有成体干细胞,能够长期维持成软骨分化潜能,因而被用于软骨损伤修复。但该方式的长期效果不明确,并且修复组织稳定性较差[32]。

自体软骨细胞移植是 FDA 批准的细胞疗法[33],一般是取自体非承重区软骨在体外进行扩增,随后移植到损伤区域并用膜(骨膜等)覆盖,进行缺损修复[34]。这种方法能够获得良好的临床疗效[35],但随机对照临床试验显示自体软骨细胞移植与微骨折疗法无显著性差异[36]。这种疗法的缺点包括需要额外的手术操作获取供区自体软骨,恢复时间长(6~12 个月)以及与周围软骨整合不佳等[37]。

现有的软骨损伤修复技术具有各自的局限性,且长期临床效果存在争议,因而需要更方便有效的治疗方式。间充质干细胞由于能够进行成软骨分化,具有治疗 OA 软骨损伤的潜力。

(三) 基于间充质干细胞的软骨损伤修复技术

间充质干细胞是一群具有自我更新和多向分化能力的细胞[38],对于多种疾病具有重要的治疗潜力。间充质干细胞可以通过直接接触或分泌生物活性分子来发挥软骨再生、营养、免疫调节、抗炎等作用,因而是 OA 治疗的潜在方式。间充质干细胞可以来自不同组织,如骨髓、滑膜、骨外膜、脐带、脂肪组织及松质骨等[39]。

1. 间充质干细胞治疗软骨损伤的机制　干细胞具有归巢的属性,当进入宿主体内后,干细胞可以接收损伤区域释放的不同趋化因子信号,迁移到目标组织[40]。间充质干细胞表达趋化因子受体,包括 CXC 趋化因子受体 4、整合素、选择素、血管细胞黏附分子 1 等[41]。例如 CXC 趋化因子受体 4 是间充质干细胞一个亚群高表达的趋化因子受体,能够与其配体趋化因子基质细胞衍生因子-1 结合进行归巢[42]。

干细胞归巢后能够较长时间的留存并整合在损伤区域参与修复。2008 年,Mizuno 等人通过绿色荧光蛋白(green fluorescent protein,GFP)标记的滑膜来源间充质干细胞对大鼠半月板缺损模型进行治疗，发现关节腔内注射细胞后半月板缺损得到修复，能够在半月板缺损部位检测到 GFP 信号浓聚，且直到注射后 12 周依然存在 GFP 信号[43]。这项研究提示干细胞可迁移黏附到损伤区域，直接参与半月板软骨的再生。

间充质干细胞治疗 OA 可能不仅通过组织特异性分化参与修复，还能通过分泌作用参与OA 治疗[44]。Zhang 等将骨髓间充质干细胞与 OA 患者软骨细胞共培养后发现能够促进软骨细胞的增殖，抑制炎症反应[45]。间充质干细胞分泌的生物活性物质可能影响诸如免疫、凋亡、干细胞生长和分化等多种生物学过程[46]。间充质干细胞可通过释放 TGF-β、VEGF、表皮细胞生长因子（epidermal growth factor，EGF）等生长因子促进局部组织修复[47]。TGF-β和胰岛素样生长因子（insulin-like growth factor，IGF-1）也可促进间充质干细胞向软骨细胞分化，并且这些分化而来的软骨细胞能够与成熟成体软骨细胞类似地表达 Ⅱ 型胶原[48]。

间充质干细胞的外泌体是间充质干细胞分泌生物活性因子的一种途径，被认为能够代替间充质干细胞在某些疾病治疗中的作用[49]。2016 年 Zhang 等人在免疫缺陷大鼠构建骨软骨缺损模型后利用人间充质干细胞的外泌体对其进行治疗，发现其能够促进新生组织长入，促进基质 Ⅱ 型胶原和蛋白聚糖的表达，进而促进软骨再生[50]。

间充质干细胞主要从以下三方面逆转骨关节炎的病理进程，达到治疗目的：①间充质干细胞发挥炎症抑制作用，可分泌多种抗炎细胞因子增强对软骨的保护作用，减轻关节炎症反应，调节关节腔微环境[64]。②间充质干细胞发挥免疫调节作用，分泌转化生长因子等细胞因子，抑制 T 细胞增殖并促进其向调节性 T 细胞表型转化[65-67]；间充质干细胞能调节 B 细胞增殖，并抑制活化 NK 细胞等炎症免疫细胞的增殖[64,68,69]；此外间充质干细胞还能分泌吲哚胺2,3-双氧合酶、前列腺素 E2 等细胞因子或小分子对免疫系统进行调节[64,70-72]。③间充质干细胞能促进关节软骨自身修复，分泌骨形态发生蛋白、VEGF 和表皮生长因子和一系列刺激局部组织修复的生物活性分子[73-75]，与其他调节因素共同影响软骨细胞的分化和软骨基质的形成[76,77]。

2. 间充质干细胞来源的选择　不同来源的间充质干细胞的质量、活性和潜能方面存在一定的差异，因此也影响着临床使用何种来源间充质干细胞的抉择。骨髓来源间充质干细胞可能比脂肪来源间充质干细胞具备更高的成骨和成软骨分化能力，表现出更好的活性和质量，但其提取时需要局部麻醉患者，并伴有轻微局部感染风险[51]。同时骨髓来源间充质干细胞比例只占骨髓提取物的 1/100 000~1/25 000，相较于脂肪来源间充质干细胞少，因而临床应用需要大量扩增[51]。骨髓间充质干细胞体外扩增时前几代能够保持自我更新和多向分化能力[52]，但成人骨髓间充质干细胞体外扩增能力有限，持续扩增会发生干细胞衰老以及多向分化潜能的丢失[53]。目前有学者通过异位表达 hTERT 来将骨髓间充质干细胞永生化以实现持续的体外扩增并保留分化潜能[54]，虽然证明了永生化骨髓间充质干细胞在异种移植中不会成瘤，但依然有高表达成骨基因、分化潜能受限等问题[54]。而脂肪组织来源的间充质干细胞能够较容易地从腹部或者臀部获取,其提取的间充质干细胞比例能够达到脂肪抽吸物的2%,远大于等量骨髓的间充质干细胞提取量[55]。滑膜间充质干细胞被认为比其他来源间充质干细胞(骨髓和脂肪来源)具备更低的成骨性、更好的成软骨性以及更高的增殖活性,在随着年龄增长和体外扩增后,其仍能保持其多能性[56],但同样面临细胞获取困难的问题。与其他来源的间充质干细胞相比,人脐带血间充质干细胞具有更高的增殖率、更好的核型稳定性、更大的成软骨潜能和更优的治疗效果,除此之外,人脐带血间充质干细胞还有几个额外的优势,包括脐带血库的易用性、无创收集程序和低免疫原性[57]。此外,根据间充质干细胞的供体来源又可以分为自体间充质干细胞和异体间充质干细胞。目前临床上多采用自体间充质干细胞进行相关研究。一方面,自体间充质干细胞分离、扩增后注入人体,可以避免免疫排斥反应;另一方面,使用自体间充质干细胞可以有效地规避医学伦理问题。因此,自体来源的间充质干细胞被广泛应用于临床试验,并取得良好的效果。

对于某些无法获取自体组织进行细胞提取的患者,异体细胞或许能够发挥治疗潜能。目前异体来源的间充质干细胞用于临床的实验较少。2015年,在一项实验编号为NCT01586312的随机对照的临床Ⅱ期试验中,Vega等评估了异体骨髓来源的间充质干细胞治疗膝骨关节炎的疗效。该试验选取30例保守治疗无效的膝骨关节炎患者,其中15例患者注射了$4×10^7$个异体骨髓间充质干细胞,另外15例注射了60mg的透明质酸作为安慰剂对照组。结果显示,与安慰剂组的患者相比,接受异体骨髓间充质干细胞治疗的患者在临床骨关节功能指标和软骨质量上显著改善[58]。MATAS等在一项临床编号为NCT0250695的研究中应用异体脐带来源的间充质干细胞治疗骨关节炎,评估单次或多次关节内注射脐带源性间充质干细胞的对膝骨关节炎的作用,随访(12个月)结束时,多次给药组与透明质酸对照组相比,在总WOMAC评分、疼痛成分和VAS评分方面发生了显著变化[59]。

尽管间充质干细胞通常被认为是低免疫原性,但从一些临床结果中看,异体间充质干细胞依然可诱发轻微免疫反应,因此当应用异体间充质干细胞时,剂量的选择尤为重要。细胞剂量的评估对于寻找间充质干细胞治疗骨关节炎的最佳剂量非常重要,即寻找一种安全且有效的最小剂量。临床研究中患者的异质性,以及病例数的限制使得不同临床试验的结果有着较大差异,因此含大量病例数的随机前瞻性试验非常必要。

3. 间充质干细胞治疗的给药次数

目前普遍采取间充质干细胞给药方式是将间充质干细胞制成细胞悬液,向关节腔内直接注射,这种方式简单易行,对患者损伤较小,在临床试验中广泛应用。有一些临床研究比较了多次膝关节注射和单次膝关节注射疗效,发现多次给药能获得稳定的治疗效果。

一些临床试验发现,间充质干细胞在单次给药后一段时间内能起到良好的治疗作用,但效果得不到长时间维持。Khalifeh Soltani在用异体胎盘来源间充质干细胞治疗膝骨关节炎的研究中发现,治疗后2周疼痛减轻,日常生活能力和症状改善并持续到治疗后8周,而在8周后治疗带来的改善作用开始降低,24周后临床改善已无统计学意义[60]。2015年Emadedin等,使用0.5×10^6/kg的骨髓间充质干细胞治疗6位KL3~4级骨关节炎患者时,在30个月的随访期内能显著提升WOMAC评分、增加软骨厚度和软骨下骨上修复组织的延展,这些改善在12个月后仍保持稳定,但随后有所减少[61]。据此,有研究者提出了通过多次注射进行加强,以获得更持久改善作用的想法。

2017年,Al-Najar等在临床编号NCT02118519的研究中给KL分级2~3级膝骨关节炎患者注射两次共约6×10^7个骨髓间充质干细胞,发现重复给药是安全的,其间仅发生一些可逆转的轻微疼痛,同时重复给药后的患者在KOOS评分与MRI上显示明显改善[62]。Song等在一项临床编号NCT01809769的研究中给予患者两次重复的5×10^7个脂肪间充质干细胞时,发现患者的疼痛等指标明显好转,当第三次给予5×10^7个间充质干细胞时,骨关节炎症状进一步好转,并增加了软骨体积[63]。2019年,Freitag等在一项临床研究中纳入了30名患者,将其分为三组,第一组患者进行单次的膝关节腔内注射1×10^8个间充质干细胞,第二组患者隔6个月后再次注射1×10^8个间充质干细胞,对照组采取保守疗法。随访1年后发现相对于对照组,关节注射间充质干细胞的患者膝关节功能改善明显,且两次注射间充质干细胞的患者得到更稳定的临床效果,该研究不仅证实了注射脂肪间充质干细胞的治疗效果,也证明了膝关节多次注射间充质干细胞临床效果更好[64]。

考虑到重复给药治疗的安全性已经得到部分临床验证,间充质干细胞重复给药可能是延长治疗效果的解决方案,但目前针对多次给药和单次给药的对比性研究较少,尚需更多的临床研究结果加以证实。

4. 间充质干细胞治疗的安全性及不良反应

由于间充质干细胞的快速增殖能力和肿瘤来源细胞因子诱导迁移潜力,在评估间充质干细胞疗法时必须关注其安全性及不良反应,因此目前已有的临床研究都将间充质干细胞治疗OA的安全性纳入了研究。在临床试验中,与间充质干细胞治疗相关的不良反应包括注射部位并发症,例如局部的膝关节疼痛、肿胀,自体来源间充质干细胞采样时发生腰部疼痛及血肿等不良反应。而异体来源间充质干细胞由于其仍存在轻微的免疫原性,在进行治疗时需要密切关注是否引起免疫反应。

自体来源间充质干细胞能最大限度地减少免疫反应和不良反应,增加治疗的安全性,但在一些临床试验中仍能观察到自体间充质干细胞治疗后引起的不良反应,包括注射部位不适乃至重度不良反应。Bastos等报道了18例膝OA患者接受自体骨髓间充质干细胞注射治疗后,8例治疗相关不良反应,并出现了2例治疗相关的严重不良反应(强烈的膝关节疼痛),该严重不良反应在予止痛药治疗后缓解,无持续损害作用[65]。Orozco等在利用自体来源的骨髓间充质干细胞治疗12例膝骨关节炎患者时,发现50%的患者均会出现短暂并轻微的注射部位疼痛,并持续数天[66]。2015年,Freitag等的一项试验发现,当单次或者多次采用自体脂肪间充质干细胞治疗时,80%~100% 会出现轻度至重度的不良反应,且治疗组之间无显著差异,其中最常见的不良反应是注射部位的不适和肿胀[67]。Soler 等给 15 位膝骨关节炎患者注射自体间充质干细胞时,报告了 14 例轻度不良反应和两例重度不良反应的发生,这些不良反应包括膝关节疼痛及肿胀、膝关节交锁及背部疼痛等[68]。Song 等给予 18 例膝骨关节炎患者以不同剂量的自体脂肪间充质干细胞治疗,并报道各组内均发生一过性的关节疼痛和关节肿胀,但均自发缓解[63]。

在异体来源的间充质干细胞中也发生了不良反应,但未报道有不良反应的后遗症。Gupta 等在 60 例膝 OA 患者关节内注射同种异体的间充质干细胞后,发现 9 例患者发生治疗相关的不良反应,另有 1 例患者发生严重不良反应(滑膜积液)[69]。

目前为止没有临床试验报告治疗相关的严重不良反应及不良的反应导致的持续伤害,并且所有病例发生的不良反应的症状均在一定时间内得到缓解,没有患者因为间充质干细胞的安全性问题而终止临床试验。

二、脂肪来源间充质细胞治疗骨关节炎的研究进展

脂肪组织来源于中胚层,能够通过储存脂质维持能量代谢,也是一种内分泌器官。早在 20 世纪 70 年代已有了前体脂肪细胞的描述[70]。脂肪间充质细胞(adipose derived stromal cell,ADSC)位于脂肪组织基质的血管周围[71]。2001—2002 年,Zuk 等人证明了脂肪组织来源的 SVF 中含有干细胞,具有多向分化的潜能,可以分化成软骨、骨、肌肉和脂肪等组织[72]。随后被学者用脂肪间充质干细胞来描述这群具有自我更新、非对称分裂及多向分化潜能的细胞。

(一)脂肪间充质干细胞的优势

脂肪间充质干细胞与骨髓间充质干细胞有类似的表面标志物[73]和多向分化及成软骨能力[74]。但一些研究认为脂肪间充质干细胞成软骨能力弱于骨髓间充质干细胞[75],然而通过联合使用诸如 TGF-β2、IGF-1、骨形态发生蛋白 6(bone morphogenetic protein-6,BMP-6)等生长因子可以使脂肪间充质干细胞的成软骨能力达到与骨髓间充质干细胞类似水平[76]。

脂肪间充质干细胞相比骨髓间充质干细胞具有如下优点。

(1)获取简单方便:相比诸如骨髓、脐带、骨骼肌、滑膜等其他组织,脂肪组织数量丰富、方便获取,仅通过局部麻醉即可获得大量组织,不会对供者造成较大影响,细胞获取简单可重复[77]。

(2)获取细胞数量更多:虽然相同体积骨髓包含的有核细胞是 SVF 的 6 倍,SVF 中的贴壁细胞却是骨髓的 4 倍。$CD45^-CD31^-CD90^+CD105^+$ 的间充质干细胞占 SVF 的 4.28%,却仅占骨髓的 0.42%[78]。

(3)增殖能力更强:不同物种脂肪间充质干细胞增殖能力具有差异,在猴子[79]和猪[80]中骨髓间充质干细胞具有比脂肪间充质干细胞更强的增殖潜能,然而小鼠[81]、绵羊[82]、狗[83]和

人[84]的脂肪间充质干细胞具有比骨髓间充质干细胞更强的增殖能力。人源脂肪间充质干细胞能够在经历更多次传代依然保持多向分化潜能,在长期培养中保持稳定的表型[85]。

(4)免疫原性更低:脂肪间充质干细胞不表达Ⅱ型主要组织相容性复合物[86],脂肪间充质干细胞表达 HLA-ABC 抗原比骨髓间充质干细胞更少,提示脂肪间充质干细胞具有更低的免疫原性[87]。

(5)免疫调控能力更强:脂肪间充质干细胞具有更强的免疫抑制能力,能够抑制单核细胞向树突状细胞的分化和成熟,增强树突状细胞分泌的抗炎细胞因子 IL-10,且效果强于骨髓间充质干细胞[88]。

(6)更能适应 OA 炎症环境:Pagani 等对比了人骨髓间充质干细胞和人脂肪间充质干细胞,发现在 3D 微团培养时两种细胞均能够在成软骨分化培养基中形成成熟软骨球,而人脂肪间充质干细胞在增加炎症因子或 OA 滑液两种炎症刺激的情况下具有更优的成软骨能力[89],提示脂肪间充质干细胞可能更适合在 OA 疾病进程中进行软骨修复。

(二)脂肪间充质干细胞制备及其初产物 SVF

脂肪间充质干细胞可以在酶消化脂肪抽吸物后获得的水相中分离,这个水相中含有脂肪间充质干细胞、内皮前体细胞、内皮细胞、巨噬细胞、平滑肌细胞、淋巴细胞、外膜细胞和脂肪前体细胞等,这个细胞混合体又被称为 SVF,而 SVF 进一步纯化才能得到脂肪间充质干细胞。

1. SVF 制备 最常用的 SVF 分离方法是通过胶原酶消化脂肪抽吸物,将其分为两相,上层是成熟脂肪细胞相,下层是富含目的细胞的水相[90]。重力即可使这两相成分分开,也可以通过离心增强分离,富集目的细胞[91]。

除了酶切消化以外分离 SVF 还有非酶消化的方法[92]。这些方法大多使用机械搅拌的方式使脂肪组织崩解,释放间质细胞。由于脂肪组织与胶原结合十分紧密,仅通过机械的方式很难将其分离,因此可以预见的是,这些方式获取的细胞数相比酶消化法少[92]。

2. SVF 与脂肪间充质干细胞比较 在某些疾病的研究中 SVF 具有比脂肪间充质干细胞更优的效果[93]。SVF 相比脂肪间充质干细胞的优点一方面在于,虽然两者均有免疫调控、抗炎、促血管新生等功能,但 SVF 具有更强的细胞异质性,这可能是 SVF 在某些疾病中效果优于脂肪间充质干细胞的原因;另一方面,SVF 更易获取,不需要进行细胞分离和培养,减少了额外物质的干扰,相对而言安全性更高。但也因为 SVF 的细胞异质性,含有一些会引起免疫反应的细胞成分,只能用于自体治疗[94]。

Jurgens 等对比了 SVF 和脂肪间充质干细胞的成软骨能力,他们将两种成分种在 PLA-CPL 支架中,SVF 和脂肪间充质干细胞有类似的成软骨表型,SVF 的蛋白多糖沉积略高于脂肪间充质干细胞[95]。一项研究将 SVF 与脂肪间充质干细胞分别与原代人软骨细胞共同培养于海藻酸胶中,结果发现 SVF 组蛋白聚糖和软骨基质沉积更多[96]。但也有研究认为单独使用 SVF 不足以在动物中重建软骨[97],一些学者认为单独使用 SVF 不足以完全修复软骨损伤,特别是较大的软骨损伤[98]。SVF 中的内皮细胞组分可能促进血管新生,这可能会阻碍透明软骨的形成[99]。Lv 等人对比了自体 SVF+ 透明质酸和自体脂肪间充质干细胞 + 透明质酸治疗绵羊膝关节 OA 的效果,通过磁共振成像(MRI)、显微 CT、组织学切片和滑液检测证明脂肪间充质干细胞具有优于 SVF 的治疗效果[100]。

3. 脂肪间充质干细胞的分离及体外培养　在提取脂肪间充质干细胞时,常用抽脂手术获得的脂肪组织消化的方式。通过胶原酶 37℃震荡孵育消化脂肪组织中的胶原成分直至分层,而后离心收取底层细胞团块进行重悬、过滤和洗涤,之后的细胞团块即为 SVF。离心后 SVF 细胞团块含有大量红细胞,可以在体外扩增之前裂解红细胞,以提高细胞纯度[101]。脂肪间充质干细胞在 37℃ 5% CO_2 条件下 6h 左右即可贴壁,此时即可将不贴壁成分洗涤下来,获得纯度较高的脂肪间充质干细胞。常用脂肪间充质干细胞培养基是 DMEM 或 DMEM/F12 培养基、10% 血清、抗生素及小剂量地塞米松(用于抑制脂肪间充质干细胞分化)。

在 2013 年,国际脂肪治疗和科学联合会和国际细胞治疗学会提出了一组脂肪间充质干细胞表面标志物,具体为表达 CD90、CD73、CD105 和 CD44(>80%)而不表达 CD45 和 CD31(<2%)[102]。脂肪间充质干细胞表达 CD36 而不表达 CD106,将其与骨髓间充质干细胞进行了有效区分[102]。新鲜分离的脂肪间充质干细胞表达 CD34,但会随着体外培养的传代而消失,骨髓间充质干细胞一般不表达 CD34[103]。这些表面标志物可以用于更严格的脂肪间充质干细胞纯化。

与骨髓间充质干细胞类似,体外扩增脂肪间充质干细胞同样面临恶变的风险。有学者报道体外培养人骨髓间充质干细胞可获得染色体畸变,导致基因组不稳定和肿瘤发生;同样脂肪间充质干细胞在体外扩增中也具有恶变的可能性[104]。但目前没有直接证据证明体外培养脂肪间充质干细胞与发生恶变的确定关系。Neri 等人对脂肪间充质干细胞基因组稳定性的研究提示,体外扩增的皮下脂肪来源的脂肪间充质干细胞在早期传代中没有显著的基因改变、复制性衰老和不贴壁生长[105],并且对髌下脂肪垫来源的脂肪间充质干细胞研究也得出了相似的结论,证明了这两个部位的脂肪间充质干细胞的安全性和适用性[106]。Riester 等人构建了兔 OA 模型来验证脂肪间充质干细胞体内注射的安全性[107],研究结果显示未发现肿瘤和严重的不良事件发生[108]。

(三) 脂肪间充质干细胞治疗 OA 的机制

脂肪间充质干细胞在多种动物的体内实验中均能发挥治疗 OA 的作用。2011 年,Toghraie 等在新西兰兔膝关节构建 OA 模型 12 周后,对膝关节进行髌下脂肪垫来源脂肪间充质干细胞注射,手术 20 周后,脂肪间充质干细胞组软骨磨损、骨赘生成和软骨下骨硬化情况均较对照组轻,提示脂肪间充质干细胞对新西兰兔膝关节 OA 具有治疗作用[109]。2012 年 Toghraie 等进一步证明了皮下来源脂肪间充质干细胞也对新西兰兔膝关节 OA 具有治疗作用[110]。脂肪间充质干细胞对犬科肘关节[111]和髋关节 OA[112]、绵羊[113]和马[114]OA 同样具有治疗作用。

关节腔内注射脂肪间充质干细胞后细胞能够较长时间保留在关节腔内。Toupet 等发现，在实验动物关节腔内注射脂肪间充质干细胞后 1 个月，仅有 15% 的脂肪间充质干细胞能够在关节腔内被检测到，而 6 个月后下降至 1.5%[115]。Li 等通过荧光染料标记人脂肪间充质干细胞，并将 2.5×10^6 个人脂肪间充质干细胞注射于大鼠膝关节内，发现进行 OA 造模的膝关节 10 周后仍能检测到荧光信号，提示保留在膝关节内的细胞数在 1×10^5 以上（最低检测阈值），而未进行造模的关节中，信号仅能维持 4 周[116]。Li 等还发现人源基因仅在膝关节组织检测到，提示脂肪间充质干细胞仅分布于关节内[116]。Feng 等对超顺磁氧化铁颗粒标记后的自体脂肪间充质干细胞注射到 OA 模型的绵羊膝关节内，经过 14 周后依然能够通过 MRI 及组织学方法检测到标记信号[113]。Lv 等使用同样的方法在 18 周半月板边缘检测到了标记的细胞[100]。上述研究提示，脂肪间充质干细胞虽然在正常组织中保留时间较短，但在 OA 疾病条件下能够保存的时间更久，进而参与 OA 调控。

脂肪间充质干细胞治疗 OA 的机制尚不完全明确，可能通过细胞直接移植并分化参与修复[117]，也可能是通过旁分泌作用参与 OA 治疗[118]，或者两者的结合。有研究显示注射的脂肪间充质干细胞浸润到组织中并且分化为组织特异性干细胞[119]，另外脂肪间充质干细胞能够分泌一系列的细胞因子、趋化因子、生长因子及外泌体[120]，进而对关节周围组织产生治疗作用。

1. **修复软骨** Wang 等对构造了 OA 模型的兔膝关节腔内注射人脂肪间充质干细胞，发现人脂肪间充质干细胞能够促进兔软骨修复。他们在兔软骨中检测到了人线粒体，提示人脂肪间充质干细胞能够整合到软骨组织中参与修复，并且人脂肪间充质干细胞在兔软骨仅表达 HLA-Ⅰ而不表达 HLA-Ⅱ-DR，提示脂肪间充质干细胞能够用于移植到 HLA 不匹配的个体[121]。

2. **营养软骨** 脂肪间充质干细胞能够分泌一系列生长因子，包括肝细胞生长因子、神经生长因子、成纤维细胞生长因子（fibroblast growth factor, FGF）、VEGF、EGF 和 TGF-β 等[122]。脂肪间充质干细胞的条件培养基对 OA 软骨细胞具有抗衰老作用，具体表现为炎症刺激诱导的衰老标志基因、氧化应激基因表达下调[123]。这些研究证明脂肪间充质干细胞可能通过分泌一系列因子发挥营养软骨的作用。

3. **免疫调控** 脂肪间充质干细胞抑制炎症的作用不是持续存在的，而是需要炎症刺激激活。脂肪间充质干细胞在炎症刺激下会靠近滑膜巨噬细胞[124]，其抑制炎症的功能会被巨噬细胞分泌的干扰组 γ、TNF-α 和 IL-1α/β 等促炎因子激活，进而能够释放 IL-10、IL-1Ra、TGF-β、PGE₂ 等抗炎细胞因子，拮抗抗原呈递细胞功能[125]。脂肪间充质干细胞能够将激活的 M1 样促炎巨噬细胞转化为 M2 样抑炎表型，进而减少促炎性细胞因子的释放[126]。

Pers 等检测了接受脂肪间充质干细胞注射的严重 OA 患者外周血细胞，发现抑制炎症反应的调节性 T 细胞在脂肪间充质干细胞注射 1 个月后显著升高，这个现象注射后 3 个月依然存在。过渡 B 细胞同样显著升高,而单核细胞在注射 3 个月后显著降低,提示关节腔内注射脂肪间充质干细胞后外周血细胞具有朝向免疫调节细胞转换的趋势[127]。

Tofiño-Vian 等发现脂肪间充质干细胞的条件培养基、微囊泡和外泌体对 IL-1β 诱导的成骨细胞衰老相关基因、炎症基因表达有抑制作用[128]。而对于 OA 软骨细胞,脂肪间充质干细胞的微囊泡和外泌体可以抑制由 IL-1β 诱导的炎症因子释放及基质金属蛋白酶(matrix metalloproteinase,MMP)表达,促进抗炎细胞因子 IL-10 和软骨基质Ⅱ型胶原的表达[129]。

(四) 脂肪间充质干细胞优化

1. **供体情况**　不同人脂肪组织密度不同,提示基质含量可能有差异[130]。脂肪间充质干细胞位于脂肪组织基质血管周围,脂肪组织密度不同的人脂肪间充质干细胞数量可能也会有所差异。

细胞供体年龄对脂肪间充质干细胞的影响尚存争议,有学者认为供体年龄对细胞增殖能力影响较小[131],年龄对脂肪间充质干细胞的属性并没有显著影响[84]。另外一些研究认为,老年人来源的脂肪间充质干细胞增殖能力较年轻人来源的细胞更强[132],但老年人来源脂肪间充质干细胞成软骨分化能力更差[132]。这种差异可能是由供体性别、取材部位和培养条件等的差异造成的[133]。有两组不同的研究人员使用了相同的培养基,均得出了年龄对脂肪间充质干细胞增殖能力没有影响的结论[84,133]。Chua 等对比了 40~60 岁的退化组和小于 40 岁的年轻组患者髌骨周围脂肪来源脂肪间充质干细胞的差异,结果显示两组细胞的增殖动力学属性、免疫表型谱相似,但退化组脂肪间充质干细胞三项分化能力较年轻组更低,干性相关基因表达更低,成软骨潜能偏低,但依然能够达到与骨髓间充质干细胞最低限相似水平[134]。

基础疾病方面,肥胖和糖尿病患者的脂肪间充质干细胞增殖能力和成克隆能力较弱[135]。Skalska 等发现 OA 和 RA 患者的脂肪间充质干细胞在表面标志物、软骨基因表达、软骨分化能力等方面均无显著差异[136]。Skalska 等随后对 OA 和 RA 患者来源的脂肪间充质干细胞与外周血单个核细胞进行体外共培养,发现两者均对外周血单个核细胞的增殖有抑制作用,能够诱导抗炎细胞因子 IL-10 的释放[137]。

2. **取材部位**　Schipper 等对比了不同部位来源的脂肪间充质干细胞的差异,选取相似 BMI 的 12 位女性,分别从上臂、大腿内侧、股骨粗隆、腹部浅层和深层五个部位获取皮下脂肪进行研究。他们发现腹部浅层脂肪凋亡细胞最少,腹部浅层脂肪可能是脂肪间充质干细胞更好的组织来源[138]。Grasys 等研究了腹部、大腿和膝关节脂肪抽吸物,发现几个来源的 SVF 中脂肪间充质干细胞的百分比和增殖能力没有差异[139]。

髌下脂肪和髌上脂肪也是脂肪间充质干细胞的潜在来源,两者均有成软骨潜能[140,141]。体内和体外试验证明髌下脂肪来源的脂肪间充质干细胞比髌上来源的脂肪间充质干细胞具有更强的成软骨潜能[141,142]。de Carvalho Pires 等对比了髌下脂肪垫和关节周围皮下脂肪来源的脂肪间充质干细胞发现,两个位置来源的脂肪间充质干细胞具有类似的表面标志物和成克隆能力[143]。皮下脂肪来源的脂肪间充质干细胞在成球培养条件下相比髌下脂肪垫来源的脂肪间充质干细胞具有更强的成软骨潜能[144]。

3. 培养条件　低氧与一些成体干细胞的干性维持有关[145]，低氧培养有利于促进干细胞增殖、在移植中保持干性、促血管新生等属性[146,147]。软骨细胞在软骨组织中处在低氧环境，在深层软骨仅有 1%~6% 氧气含量[148]。Khan 等对比了髌下脂肪垫来源的脂肪间充质干细胞在 20% 含氧量和 5% 含氧量培养条件的差异，结果显示低氧条件下软骨相关基因表达升高[149]。研究显示在 1%~5% 氧含量的低氧条件下显著改善的脂肪间充质干细胞的增殖能力和成软骨分化能力，而不影响形态学和表面标志物[150]。低氧条件下共培养脂肪间充质干细胞与软骨细胞能够显著上调低氧诱导因子-1α（hypoxia-inducible factor，HIF-1α）的表达[151]，而 HIF-1α 能够上调 SOX9 的转录活性，促进脂肪间充质干细胞的细胞外基质（extracellular matrix，ECM）合成[152]，低氧处理后的脂肪间充质干细胞表达变化最显著的蛋白是 ECM 合成和细胞代谢相关蛋白[153]。虽然一项体内试验提示低氧处理后的脂肪间充质干细胞对兔和人软骨再生没有更好的效果[154]，但这项研究使用的水凝胶可能已经营造了低氧的微环境。

脂肪间充质干细胞在常规培养液不添加额外的预处理条件下培养，可能会通过分泌 VEGF 等因子对软骨细胞发挥抑制作用，抑制软骨再生[155]，因此可使用成软骨分化培养基进行培养，诱导成软骨表型，可以额外添加地塞米松、L-抗坏血酸 2-磷酸、TGF-β 和 BMP 等成分[156]。一些学者将脂肪间充质干细胞种植在 TGF-β1、TGF-β3 和 BMP-6 等生长因子修饰的活性支架材料上，结果显示支架材料促进了细胞增殖和软骨标志基因表达[157-159]。

4. 预处理　Crop 等的研究认为脂肪间充质干细胞的抗炎能力是由 IL-1β、IL-6、TNF、γ 干扰素等促炎因子激活的[160]。Maumus 等人通过 γ 干扰素预处理的脂肪间充质干细胞，治疗小鼠 OA 模型，结果显示 γ 干扰素预处理能够在体外和体内显著增强抗炎和软骨保护作用[161]。

Zheng 等通过慢病毒将 LAP-MMP-mTGF-β3 转入脂肪间充质干细胞，发现这种融合蛋白表达 TGF-β3 促进脂肪间充质干细胞软骨分化效果比直接使用 TGF-β3 更好[162]。López-Ruiz 等发现 TGF-β 家族相关生长因子 AB235、NB260 和 BMP-2 均能促进脂肪间充质干细胞成软骨能力，而将形成的软骨球移植到 SCID 小鼠皮下，4 周后 AB235 刺激的脂肪间充质干细胞形成的软骨球体积最大，形成稳定的软骨样组织，NB260 次之，BMP-2 处理的软骨球发生钙化，提示 AB235 是促进脂肪间充质干细胞成软骨更好的生长因子[144]。

Park 等发现二甲双胍刺激后的人脂肪间充质干细胞分泌抗炎细胞因子 IL-10 和 IDO 水平更高，而分泌促炎性细胞因子 IL-β 和 IL-6 水平更低；二甲双胍还能够促进人脂肪间充质干细胞迁移。当使用二甲双胍刺激后的人脂肪间充质干细胞与 OA 软骨细胞共培养时，能够抑制 IL-1β 诱导的软骨细胞 X 型胶原、VEGF、MMP1、MMP3 和 MMP13 等的表达，增加基质金属蛋白酶抑制剂-1(tissue inhibitor of metalloproteinase 1,TIMP-1)和 TIMP-3 的表达,并且对大鼠 OA 具有更好的治疗效果[163]。

软骨细胞提取物能够促进自体髌下脂肪垫来源脂肪间充质干细胞软骨相关基因表达及成软骨分化,并且在接种于 3D 支架材料中可以合成软骨基质[164]。Hildner 等发现脂肪间充质干细胞培养在 5% 血小板裂解液中时比常规 10% FBS 具有更好的成软骨分化能力[165],脂肪间充质干细胞在 10% 血小板裂解液比 10% FBS 增殖快 3 倍而不影响多向分化能力的维持[166]。

5. 生物活性材料　通过将细胞包被于生物活性支架可以使细胞更好地保留、聚集,维持细胞活性。一些研究证明支架材料能够促使脂肪间充质干细胞的增殖、黏附和迁移,促进成软骨分化和全层软骨修复[167,168]。

很多研究描述了脱细胞基质和胶原支架这两种天然材料用于软骨组织工程,其中的Ⅱ型胶原成分能够刺激脂肪间充质干细胞成软骨分化[169,170]。需要注意胶原如果来自异体及异种可能引起宿主免疫反应[171]。

透明质酸能够激活和促进脂肪间充质干细胞成软骨分化,通过透明质酸-CD44 相互作用促进细胞-基质黏附[172]。肝素-透明质酸水凝胶结合了肝素的细胞结合亲和力和透明质酸的生物可降解性,相比肝素-PEG 水凝胶和透明质酸-PEG 水凝胶具有更优的细胞扩散、增殖、黏附和迁移能力[173]。

Moutos 等构建了一套可诱导可调控表达抗炎细胞因子的生物材料,他们将包含多西环素诱导 IL-1Ra 转基因的慢病毒载体包被于聚己内酯(PCL)材料上,并将脂肪间充质干细胞接种于这种材料,实现了可诱导可调控表达抗炎细胞因子 IL-1Ra 并且在培养过程中维持与软骨组织相似生物学特性的系统,抑制 IL-1 诱导的 MMP 活性[174]。

材料的属性也会对脂肪间充质干细胞产生影响。细胞活性和数量在不同杨氏模量的壳聚糖胶中具有差异[157],Teong 等同样证明水凝胶的硬度会对脂肪间充质干细胞成软骨分化及软骨基质合成产生影响[175]。在脱细胞基质支架中增加交联能够显著降低细胞黏附和 ECM 生成[176],过度的细胞黏附可能会对脂肪间充质干细胞成软骨分化具有不良影响,在新生软骨中形成纤维样组织[177]。

(五) SVF 临床研究

2011 年 Pak 最先报道了 SVF 在软骨再生治疗当中的应用,他们从腹部获取了约 100g 脂肪组织,通过胶原酶消化后离心洗去胶原酶,获得了含有脂肪间充质干细胞的 SVF,并将之与富血小板血浆(platelet rich plasma,PRP)、透明质酸和地塞米松混合后注射于 2 位 OA 患者(分别为 70 岁女性和 79 岁女性患者)的膝关节中。注射 3 个月后,2 位患者 VAS 疼痛评分、功能评分指数(functional rating index,FRI)和关节活动度(range of motion,ROM)均有改善,他们认为 MRI 提示损伤部位有软骨样结构再生[178]。需要指出的是,这项研究使用 SVF 混合 PRP 和透明质酸进行治疗。随后,Pak 等人通过回顾性队列研究对 SVF 形式的脂肪间充质干细胞进行了安全性报告,该研究对 91 例患者进行了经皮自体 SVF(腹部来源)注射,每 6 个月进行 1 次电话随访直到 30 个月。约 1/3 的患者在注射 3 个月后的 MRI 检查中未发现注射部位肿瘤生成;长期电话随访中没有发现严重副作用及肿瘤报告。然而该研究提出有少量轻微副作用发生,主要是肿胀和肌腱炎,症状为自限性或通过非甾体类抗炎药可以缓解[179]。

2013 年,Koh 等进行了一项案例系列研究,这项研究纳入了 18 位 OA 患者,在关节镜清理术后为他们注射髌下脂肪垫来源的 SVF+PRP,WOMAC 评分、Lysholm 膝关节评分量表和 VAS 疼痛评分在平均 2 年的随访间有效改善,且最后一次随访时 WORMS 评分(whole-organ MRI score)显著优于基线水平,且 MRI 及临床指标改善情况与注射细胞数呈正相关[180]。Koh 等随后在 2014 年发表了一篇对比研究,该研究纳入了 44 例患者,对比了 SVF+PRP 和单独使用 PRP 的治疗效果。所有患者均接受了胫骨高位截骨术,其中 21 例患者接受了 SVF+PRP 注射,另外 23 例患者仅注射 PRP,随访 2 年后 SVF+PRP 组 VAS 评分和 KOOS 评分的改善显著优于 PRP 组,Lysholm 评分两组的改善则无明显差异。平均 19.8 个月后的二次关节镜探查显示 SVF+PRP 组有 50% 有纤维软骨再生,而 PRP 组则仅有 10% 有纤维软骨再生。这项研究证明脂肪间充质干细胞 +PRP 在软骨损伤修复方面较单独使用 PRP 有显著的优势,突出了脂肪间充质干细胞在软骨再生治疗中的重要作用[181]。

Hong 等通过随机双盲自身对照试验进一步对比了 SVF 与透明质酸在双侧膝关节 OA 患者的治疗效果。该研究纳入了 16 位 KL 分级在 2~3 级的双侧膝关节 OA 患者,并随机在一侧膝关节进行 SVF 注射,另一侧进行透明质酸注射。12 个月后的随访显示 VAS 疼痛评分、WOMAC 评分、ROM 在 SVF 组均有显著改善,而透明质酸对照组则无明显改善;而针对 MRI 的 WORMS 和磁共振观察软骨损伤(MOCART)评分显示 SVF 治疗膝关节相比透明质酸对照组具有显著关节软骨修复[182]。

后续研究对 SVF 注射后患者膝关节病情变化进行了多维度的评估,延迟钆增强 MRI 显示 SVF 注射组透明软骨内聚集蛋白多糖含量增加[183],膝关节活检的切片证明由新生组织存在[184];SVF 治疗后关节液中的促炎因子 IL-1β、IL-6、IL-8 较基线水平更低,而抗炎细胞因子 IGF-1 和 IL-10 水平则更高[185]。

除了膝关节,学者也对脂肪间充质干细胞在其他大关节 OA 的治疗作用展开研究。2016 年,Kim 等分别对内翻型和外翻型踝关节 OA 患者进行踝上截骨术 + 关节镜骨髓刺激治疗 + 注射 SVF,结果显示 VAS 疼痛评分、美国骨科足踝学会(AOFAS)评分在 SVF 组有着更好的改善,二次关节镜提示 SVF 组软骨修复更优[186,187]。2017 年,Pak 等人报道了一例利用自体 SVF、透明质酸和 PRP 注射治疗髋关节 OA 的案例,注射后 FRI、ROM 和疼痛评分均有显著改善,MRI 提示有软骨样结构生成[188]。这项研究提示 SVF 对诸多大关节 OA 患者均具有治疗效果。

为了对比脂肪间充质干细胞与 SVF 对 OA 的治疗效果,Yokota 等的回顾性研究比较了 42 位(59 膝)接受了脂肪间充质干细胞的患者和 38 位(69 膝)接受了 SVF 的患者,发现 SVF 组患者并发症较脂肪间充质干细胞组更多,而脂肪间充质干细胞组症状改善较 SVF 组发生更早,而 VAS 疼痛评分在脂肪间充质干细胞组改善优于 SVF 组[189]。这项研究提升脂肪间充质干细胞相比 SVF 可能具有更优的临床应用及转化潜力。

(六) 脂肪间充质干细胞临床研究

2014 年,Jo 等开展了一项随机双盲剂量梯度研究,这是第一项脂肪间充质干细胞治疗 OA 的随机双盲的临床试验。该研究纳入了 18 例患者,从腹部抽脂获得脂肪组织后进行脂肪间充质干细胞的纯化及体外扩增,制备好的细胞利用 3ml 生理盐水进行重悬。最初随机将 9 位患者分为三组进行注射:低剂量组(1.0×10^7 个)、中剂量组(5.0×10^7 个)和高剂量组(1.0×10^8 个),每组 3 位患者。MRI 及关节镜显示高剂量组软骨再生体积显著高于中低剂量组,并且再生组织在形态学上与透明软骨相近。在后续实验中,剩余 9 例患者均接收了高剂量组的脂肪间充质干细胞,未发生治疗相关的不良反应,随访 6 个月后高剂量组 WOMAC 评分显著改善[190]。这是第一项随机双盲的临床研究,设置了三组不同剂量,并且该研究并未将脂肪间充质干细胞与 PRP 或 HA 混合,明确地证明了脂肪间充质干细胞在软骨再生中的重要作用,并为后续研究中的细胞数量提供了参考。随后在 2017 年,Jo 等报道了随访 2 年后的结果,随访间没有严重副作用发生,WOMAC、KSS、KOOS 和 VAS 评分均有改善,但主要在高剂量组差异显著。中低剂量组在疼痛、膝关节功能和运动能力方面于 1 年后有下降趋势,而高剂量组在 1 年后达到平台期并维持到第 2 年[191]。

2018 年,Spasovski 等对 9 例患者进行膝关节腔内注射皮下脂肪来源的脂肪间充质干细胞($0.5 \sim 1$)$\times 10^7$,经过 18 个月的随访后他们发现,脂肪间充质干细胞注射能够在 6 个月后显著改善 KSS、HSS-KS、TL 和 VAS 评分,MOCART 评分证明了显著软骨恢复,而其他影像学指标则无明显改善或恶化[192]。

2018 年,Song 等报道了一项随机双盲试验,纳入的 18 例患者被随机分为三个不同剂量组(1×10^7 个,2×10^7 个和 5×10^7 个),进行随访长达 96 周的脂肪间充质干细胞治疗膝关节 OA 的研究,患者在疼痛、功能和软骨容积方面均有显著改善,5×10^7 的剂量组具有最好的治疗效果[193]。

为了充分证明脂肪间充质干细胞的有效性,Lu 等报道了一项前瞻性双盲随机对照研究,纳入的 53 位患者被随机分为脂肪间充质干细胞组和透明质酸组。注射 6 个月和 12 个月后 WOMAC、VAS 和 SF-36 在 70% 以上的患者显著得到改善,12 个月后的 MRI 显示脂肪间充质干细胞组软骨体积显著增加[194]。

除了膝关节,脂肪间充质干细胞也被用于治疗髋关节 OA 的临床试验。Dall'Oca 等人对 6 例髋关节 OA 患者进行了自体脂肪间充质干细胞治疗,注射 6 个月后 HHS、WOMAC 和 VAS 评分均有显著改善[195]。

三、IxCell hUC-MSC-O 治疗骨关节炎的研究机制

IxCell hUC-MSC-O 是一种将脐带来源的间充质干细胞分离后体外扩增得到的一种具有高效分化为脂肪、成骨和软骨细胞等多种组织细胞能力的多能干细胞药物,它具有低免疫源性,临床治疗中不需要进行组织相容性配型,有着广阔的临床应用前景,也没有医学伦理问题。

IxCell hUC-MSC-O 细胞贴壁生长,呈长梭形;表达间充质干细胞表面标志性抗原 CD73、CD90 和 CD105,阳性细胞比率大于 99%;不表达 CD31 和 CD45 等非间充质干细胞表面标志物。IxCell hUC-MSC-O 细胞人 II 类主要组织相容性抗原 HLA-DR 表达率低于 0.1%,证明了 IxCell hUC-MSC-O 细胞具有低免疫原性的特点,适合用于异体细胞治疗。体外培养实验证明,IxCell hUC-MSC-O 分泌 TGF-1 和 IL-8,提示该细胞可通过分泌 TGF-1 和 IL-8 而促进关节骨有软骨细胞合成软骨基质。IL-6 可刺激间充质干细胞分泌前列腺素 E_2（prostaglandin E2,PGE_2）,激发 T 细胞免疫抑制,给予 IL-6 中和抗体减低间充质干细胞抑制 T 细胞增殖的效应,提示该细胞具有调节免疫作用。在体外培养诱导下,IxCell hUC-MSC-O 细胞经体外向软骨细胞分化后,细胞分泌的酸性蛋白聚糖被阿利新蓝（Alcian Blue）染色,显微镜下见蓝色细胞团,表明 IxCell hUC-MSC-O 细胞可分化为软骨细胞。这个结果提示 IxCell hUC-MSC-O 注射进入关节腔后,有分化为软骨细胞代替受损关节软骨细胞的可能。

综上所述,IxCell hUC-MSC-O 来源于脐带,具有典型间充质干细胞形态学特征,表达间充质干细胞特异表面标志物,具备分化为软骨、骨和脂肪组织细胞的多能干性,分泌多种生物活性细胞因子和生长因子,符合间充质干细胞的鉴定标准,且免疫原性低,具有开发为异体细胞治疗产品的前景。IxCell hUC-MSC-O 可通过促进软骨基质合成、调节免疫反应和抑制炎症以及分化为软骨细胞而发挥骨关节炎的治疗作用。

药代动力学结果表明,新西兰兔和食蟹猴关节腔内注射 IxCell hUC-MSC-O 后,细胞仅分布在关节腔内,未观察到进入体循环,或分布/滞留至其他主要器官组织。毒理学研究未见毒性反应,在注射 IxCell hUC-MSC-O 后的观察期间内未见与给予本品相关的动物濒死或死亡,也未见与给予本品相关的临床观察、体重、摄食量、眼科检查、血液学指标、凝血指标和血清生化指标改变。组织病理学检查结果显示食蟹猴主要器官组织没有明显病理改变。免疫缺陷 BALB/c 裸鼠关节腔内临床拟用给药方式和皮下注射后,动物体表及皮下无肉眼可见或可触摸的肿块出现。因此,关节腔内注射 IxCell hUC-MSC-O 是安全的。阶段性药效学研究结果表明,给予患骨关节炎的新西兰兔关节腔内注射 IxCell hUC-MSC-O 后,动物关节面的损伤较安慰剂对照组明显减轻。关节病理组织切片经番红固绿染色、免疫组织化学 I 型和 II 型胶原蛋白染色后显示,IxCell hUC-MSC-O 治疗组动物的软骨基质成分表达较玻璃酸钠治疗组和

安慰剂对照组增加。

目前 IxCell hUC-MSC-O 已经完成临床Ⅰ期实验,主要目的是评价该药物安全性和耐受性,临床前研究已初步表明 IxCell hUC-MSC-O 治疗膝骨关节炎是安全且有效的。

四、小结

近几十年来,干细胞治疗及其转化应用研究逐渐成为临床治疗领域的热点,间充质干细胞全新的治疗机制,不同于传统的镇痛药、激素类药物、透明质酸及氨基葡萄糖等药物,它可以从根本上缓解炎症、调节关节腔微环境、促进自身软骨的修复作用,从而达到减轻疼痛,治疗 OA目的,是一种不同于传统药物的、全新的 OA 治疗药物。

根据已有的临床数据,在长期和短期随访期间,间充质干细胞治疗膝骨关节炎大多表现出轻微短暂的不良反应,并未出现不可逆转的严重不良反应,且这些已出现的不良反应可能与关节内注射步骤和自体来源间充质干细胞采集步骤有关。尽管绝大多数的临床试验病例和随访期有限,间充质干细胞的安全性已经在大量临床试验中得到确认。

已有的间充质干细胞治疗膝骨关节炎的临床试验结果显示,局部应用间充质干细胞似乎可以阻止疾病进展,再生软骨和减轻疼痛。然而,现有的临床研究在治疗方案、证据水平和随访期方面存在很大差异。对这些数据需要辩证解释,需要更多的临床数据为间充质干细胞治疗 OA 的具体疗效提供进一步的证据。目前关节内注射是间充质干细胞治疗膝关节炎最常用的注射部位,但是骨关节炎的病理不仅限于关节间隙,而且大部分的间充质干细胞在关节内注射后死亡,使得治疗效果不明显、较早进入平台期或衰退期,应对的方法是:一方面可以在关节内注射的基础上,辅以髌上/下脂肪垫和软骨下骨注射,使得植入的间充质干细胞作用范围更广,作用时间更长;另一方面,可以增加间充质干细胞的给药次数,使得作用时间增长,效果更加稳固。

目前针对间充质干细胞的相关研究仍然存在一些问题。现有临床的研究样本(表5-7~表5-12)一般不超过50人,缺少大规模的双盲随机对照研究,研究结果缺乏足够说服力。同时由于自体来源间充质干细胞的诸多限制,无法大规模开发和开展临床应用,另一方面,虽然间充质干细胞的免疫原性较弱但是仍旧存在,因此不管何种供体来源的间充质干细胞均有其弊端,这就对间充质干细胞的细胞来源和给药剂量及次数有所要求。但间充质干细胞的给药浓度目前也存在争议,有一些临床试验发现当细胞浓度越高时,临床效果越好,而另一些临床试验的结果相反。这些临床结果差异可能是临床试验设计不同和临床样本过少等原因导致的,需要进一步研究。另有一些临床试验发现,间充质干细胞在单次给药后一段时间内能起到良好的治疗作用,但效果得不到长时间维持,可能需要多次注射以维持疗效。

近年来的研究表明间充质干细胞能够通过旁分泌作用,调节受损部位的微环境,发挥积极作用,由此可以发展出软骨组织修复的无细胞治疗策略,即未来的研究重点可能会放在间充质

表 5-7 自体骨髓来源间充质干细胞

作者及期刊	年份	实验编号	临床阶段	病例信息			干预措施
				OA程度	病例数	入组年龄/岁	
DAVATCHI[196]	2011	NCT00550524	临床I期	KL2-3	4	54~65	给药组：8~9M（1M表示1×10^6，下同）
emadedin[61]	2015	NCT01207661	—	KL3-4	6	18~65	0.5M/kg
Soler[68]	2015	NCT01183728	临床I/II期	KL2-3	15	33~63	给药组：40.9M±0.4M
Lamo-Espinosa[197]	2016	NCT02123368	临床I/II期	KL2-4	30	50~80	安慰剂组（HA）/低剂量给药组（HA+10M）/高剂量组（HA+100M）
Al-Najar[62]	2017	NCT02118519	临床I期	KL2-3	13	34~63（平均50）	给药组（间隔1个月两次给药：30.8M+30.4M，共61.0M±0.6M）
Lamo-Espinosa[198]	2018	NCT02123368	临床I/II期	KL2-4	与2016年相同，其中有3个病例退出随访	50~80	无额外干预，仅长期随访4年
emadedin[199]	2018	NCT01504464	临床I/II期	KL2-4	43	平均53	安慰剂组（生理盐水）/实验组（MSC 40M）
Bastos[65]	2018	—		Dejour grades 2~4	18	57.6±9.6	MSC给药组（40M）/MSC+PRP给药组（40M）
Bastos[200]	2019	—		KL1-4	47	57.3±10.7	对照组（皮质类固醇）MSC给药组（40M）/MSC+PRP给药组（40M）
Chahal[201]	2019	NCT02351011	临床3	KL3-4	12	45~65	给药组1（1M）/给药组2（10M）/给药组3（50M）

注：1M=1×10^6。

表 5-8 异体骨髓来源间充质干细胞（MSC）

作者及期刊	年份	实验编号	临床阶段	病例信息			干预措施
				OA程度	病例数	入组年龄/岁	
vega[58]	2015	NCT01586312	临床I/II期	KL2-4	30	36~73	安慰剂组（HA）/给药组（40M）
Gupta[69]	2016	NCT01453738	临床II期	KL2-3	60	40~70	安慰剂组（HA）/不同给药剂量组（HA+25M/50M/75M/150M）

表 5-9　自体脂肪来源间充质干细胞（MSC）

作者及期刊	年份	临床阶段	实验编号	病例信息			干预措施
				OA程度	病例数	入组年龄/岁	
Freitag[67]	2015	—	ACTRN12614000812695	KL1-2	40	18~50	对照组（微骨折）/给药组（微骨折+MSC（第1/5/9/13周及第6个月重复注射，每次40M））
Pers[202]	2016	临床I期	NCT01585857	KL3-4	18	50~75	低剂量组（2M）、中剂量组（10M）和大剂量组（50M）
Jo[203]	2017	临床I/II期	NCT01300598	KL2-4	18	52~72	I期:给药组:10M/50M/100M II期:给药组100M
Song[63]	2018	临床I/II期	NCT01809769	KL2-4	18	40~70	I期:各2次给药组:low-dose（10M），mid-dose（20M）and high-dose（50M）II期:第3次给药:50M
Spasovski[204]	2018	—	—	IKDCB/D	9	39~78	仅 MSC 给药组（5~10M）
Lee[205]	2019	临床II期	NCT02658344	KL2-4	24	18~75	安慰剂组（生理盐水）MSC 组（100M）
Freitag[206]	2019	—	ACTRN12614000814673	KL2-3	30	>18	安慰剂组（保守治疗）/单次给药组/2次给药组（100M）
Kim[207]	2019	—	—	KL3-4	80	42~68	MSC 组（4.7M）/MSC+异体软骨组（4.7M）

注:1M=1×10^6。

表 5-10　异体脐带来源间充质干细胞（MSC）

作者及期刊	年份	实验编号	临床阶段	病例信息			干预措施
				OA程度	病例数	入组年龄/岁	
Park[208]	2017	—	—	KL3	7	18~80	给药组1（11.5~12.5M）/给药组2（16.5~20.0M）
Matas[59]	2018	NCT02580695	临床I/II期	KL1-3	26	40~65	安慰剂组（HA）/实验组1（MSC+HA）/实验组2（MSC）

注:1M=1×10^6。

表 5-11　异体胎盘来源间充质干细胞（MSC）

作者及期刊	年份	实验编号	临床阶段	病例信息			干预措施
				OA程度	病例数	入组年龄	
Khalifeh Soltani[60]	2018	IRCT2015101823298N	—	KL2-4	20	35~75	安慰剂组（生理盐水）/给药组（50~60M）

表 5-12　目前正在进行的临床试验——随机、双盲、对照试验

试验编号	MSC 来源	病例数	干预措施	对照	临床阶段
NCT03990805	Autologous ATMSC	260	单次关节内注射 ATMSC（1×10^8 个细胞）	生理盐水	Ⅲ
NCT02838069	Autologous ATMSC	153	单次关节内注射 ATMSC（1×10^7 或 2×10^7 个细胞）	生理盐水	Ⅱ
NCT03166865	Allogenic UCMSC	60	单次关节内注射同种异体 UC-MSC（1×10^7 个细胞）+ PRP（5ml）	HA 透明质酸	Ⅰ/Ⅱ
NCT03969680	Autologous BMMSC	60	重复（3次）关节内注射自体 BM-MSC+PRP（3ml）	PRP	Ⅱ
NCT03467919	Autologous ATMSC	40	单独关节内注射自体 ATMSC	GC	Ⅲ
NCT04240873	BMMSC	24	单个关节内注射 BM-MSC（1×10^8 个细胞）	生理盐水	Ⅰ/Ⅱ
NCT03990805	Autologous ATMSC	260	单次关节内注射 ATMSC（1×10^8 个细胞）	生理盐水	Ⅲ
NCT02838069	Autologous ATMSC	153	单次关节内注射 ATMSC（1×10^7 或 2×10^7 个细胞）	生理盐水	Ⅱ
NCT03166865	Allogenic UCMSC	60	单次关节内注射同种异体 UC-MSC（1×10^7 个细胞）+PRP（5ml）	HA 透明质酸	Ⅰ/Ⅱ
NCT03969680	Autologous BMMSC	60	重复（3次）关节内注射自体 BM-MSC+PRP（3ml）	PRP 富血小板血浆	Ⅱ
NCT03467919	Autologous ATMSC	40	单独关节内注射自体 ATMSC	GC 糖皮质激素	Ⅲ
NCT04240873	BMMSC	24	单个关节内注射 BM-MSC（1×10^8 个细胞）	生理盐水	Ⅰ/Ⅱ
NCT04130100	Dental pulp mesenchymal stem Cells	60	单次关节内注射 低剂量牙髓间充质干细胞髓间充质干细胞,高剂量髓间充质干细胞	HA	Ⅰ
NCT04212728	Autologous ATMSC	60	重复（3次）自体 ATMSC+PRP 关节内注射（3ml）	PRP	Ⅱ
NCT04230902	Autologous ATMSC	48	单独关节内注射自体 ATMSC	GC	Ⅲ
NCT03943576	Allogeneic ATMSC	30	单次关节内注射同种异体 ATMSC（6.7×10^6 个细胞或 4×10^7 个细胞）	HA	Ⅰ/Ⅱ
NCT03955497	Autologous ATMSC	30	HTO 手术后自体关节内 ATMSC 注射	HA	Ⅰ/Ⅱ
NCT03800810	Allogenic UCMSC	9	重复（3次）同种异体关节内注射 UC-MSC（1×10^7 个细胞）+ HA（2 ml）+ 重组人生长激素（8IU）vs. 异体 UC-MSC +HA	HA	Ⅰ

干细胞分泌的外泌体或相关活性分子上。同时,科研人员将继续对间充质干细胞进行相应改造,增强和调节间充质干细胞的作用,进一步提高治疗骨关节炎的能力。

(范骜元 尹 峰 谢文杰 肖 明 丁 婧)

参考文献

[1] NEOGI T,ZHANG Y. Epidemiology of osteoarthritis [J]. Rheumatic diseases clinics of North America, 2013,39 (1):1-19.

[2] RIORDAN E A,LITTLE C,HUNTER D. Pathogenesis of post-traumatic OA with a view to intervention [J]. Best Pract Res Clin Rheumatol,2014,28 (1):17-30.

[3] 中华医学会骨科学分会关节外科学组. 骨关节炎诊疗指南(2018 年版)[J]. 中华骨科杂志,2018,38 (12): 705-715.

[4] FRANSEN M,BRIDGETT L,MARCH L,et al. The epidemiology of osteoarthritis in Asia [J]. Int J Rheum Dis,2011,14 (2):113-121.

[5] OROZCO L,MUNAR A,SOLER R,et al. Treatment of knee osteoarthritis with autologous mesenchymal stem cells:a pilot study [J]. Transplantation,2013,95 (12):1535-1541.

[6] HUNTER D J,BIERMA-ZEINSTRA S. Osteoarthritis [J]. The Lancet,2019,393 (10182):1745-1759.

[7] SYX D,et al. Peripheral Mechanisms Contributing to Osteoarthritis Pain [J]. Curr Rheumatol Rep,2018,20 (2):9.

[8] O'NEILL T W,FELSON D T. Mechanisms of osteoarthritis (OA) pain [J]. Curr Osteoporos Rep,2018,16 (5):611-616.

[9] 吕苏梅,张瑞丽. 中老年膝骨关节炎的流行病学研究进展 [J]. 中国老年学杂志,2016,8 (36):4133-4135.

[10] PALAZZO C,NGUYEN C,LEFEVRE-COLAU M M,et al. Risk factors and burden of osteoarthritis [J]. Ann Phys Rehabil Med,2016,59 (3):134-138.

[11] ANDERSON A S,LOESER R F. Why is osteoarthritis an age-related disease? [J]. Best Pract Res Clin Rheumatol,2010,24 (1):15-26.

[12] MICHAEL J W-P,SCHLÜTER-BRUST K U,EYSEL P. The epidemiology,etiology,diagnosis,and treatment of osteoarthritis of the knee [J]. Dtsch Arztebl Int,2010,107 (9):152-162.

[13] BANNURU R R,et al. OARSI guidelines for the non-surgical management of knee,hip,and polyarticular osteoarthritis [J]. Osteoarthritis Cartilage,2019,27 (11):1578-1589.

[14] KOLASINSKI S L,et al. 2019 American College of Rheumatology/Arthritis Foundation Guideline for the Management of Osteoarthritis of the hand,hip,and knee [J]. Arthritis Care Res (Hoboken),2020,72 (2): 149-162.

[15] RICHETTE P,POITOU C,GARNERO P,et al. Benefits of massive weight loss on symptoms,systemic inflammation and cartilage turnover in obese patients with knee osteoarthritis [J]. Ann Rheum Dis,2011,70 (1):139-144.

[16] ALEXANDER LAM,LN D,EG Z,et al. Pharmacological management of osteoarthritis with a focus on symptomatic slow-acting drugs:recommendations from leading Russian experts [J]. J Clin Rheumatol,2021, 27 (8):e533-e539..

[17] KONGTHARVONSKUL J,ANOTHAISINTAWEE T,MCEVOY M,et al. Efficacy and safety of glucosamine,diacerein,and NSAIDs in osteoarthritis knee:a systematic review and network meta-analysis [J]. Eur J Med Res,2015,20 (1):24.

[18] RICHARDS MM,MAXWELL JS,WENG L,et al. Intra-articular treatment of knee osteoarthritis:from anti-inflammatories to products of regenerative medicine [J]. Phys Sportsmed,2016,44 (2):101-108.

[19] 邓晓曦,王朝鲁. 膝骨关节炎的中西医治疗研究进展 [J]. 现代中西医结合杂志,2018,27 (10):1135-1140.

[20] CANOVAS F,DAGNEAUX L. Quality of life after total knee arthroplasty [J]. Orthop Traumatol Surg Res,2018,104 (1S):S41-S46.

[21] GUNARATNE R,PRATT D N,BANDA J,et al. Patient Dissatisfaction Following Total Knee Arthroplasty:A Systematic Review of the Literature [J]. J Arthroplasty,2017,32 (12):3854-3860.

[22] BELMONT P J JR,GOODMAN G P,WATERMAN B R,et al. Thirty-day postoperative complications and mortality following total knee arthroplasty:incidence and risk factors among a national sample of 15,321 patients [J]. The Journal of bone and joint surgery American volume,2014,96 (1):20-26.

[23] ZHANG M,MANI SB,HE Y,et al. Induced superficial chondrocyte death reduces catabolic cartilage damage in murine posttraumatic osteoarthritis [J]. The Journal of clinical investigation,2016,126 (8):2893-2902.

[24] HEINEGARD D,SAXNE T. The role of the cartilage matrix in osteoarthritis [J]. Nature reviews Rheumatology,2011,7 (1):50-56.

[25] BHOSALE A M,RICHARDSON J B. Articular cartilage:structure,injuries and review of management [J]. Br Med Bull,2008,87:77-95.

[26] REDMAN S N,OLDFIELD S F,ARCHER C W. Current strategies for articular cartilage repair [J]. European cells & materials,2005,9:23-32; discussion 23-32.

[27] CAPLAN AI,ELYADERANI M,MOCHIZUKI Y,et al. Principles of cartilage repair and regeneration [J]. Clinical orthopaedics and related research,1997 (342):254-269.

[28] KOGA H,ENGEBRETSEN L,BRINCHMANN J E,et al. Mesenchymal stem cell-based therapy for cartilage repair:a review [J]. Knee surgery,sports traumatology,arthroscopy :official journal of the ESSKA,2009,17 (11):1289-1297.

[29] KREUZ P C,STEINWACHS M R,ERGGELET C,et al. Results after microfracture of full-thickness chondral defects in different compartments in the knee [J]. Osteoarthritis Cartilage,2006,14 (11):1119-1125.

[30] SOLHEIM E,HEGNA J,INDERHAUG E. Long-term survival after microfracture and mosaicplasty for knee articular cartilage repair:A comparative study between two treatments cohorts [J]. Cartilage,2020,11 (1):71-76.

[31] GUILLÉN-GARCÍA P,RODRÍGUEZ-IÑIGO E,GUILLÉN-VICENTE I,et al. Increasing the dose of autologous chondrocytes improves articular cartilage repair:histological and molecular study in the sheep animal model [J]. Cartilage,2014,5 (2):114-122.

[32] HUNZIKER E B. Articular cartilage repair:basic science and clinical progress. A review of the current status and prospects [J]. Osteoarthritis and cartilage,2002,10 (6):432-463.

[33] MIRZA Y H,OUSSEDIK S. Is there a role for stem cells in treating articular injury? [J]. British journal of hospital medicine,2017,78 (7):372-377.

[34] BARTLETT W,SKINNER J A,GOODING C R,et al. Autologous chondrocyte implantation versus matrix-induced autologous chondrocyte implantation for osteochondral defects of the knee:a prospective,randomised

study [J]. The Journal of bone and joint surgery British volume, 2005, 87 (5): 640-645.

[35] PETERSON L, VASILIADIS H S, BRITTBERG M, et al. Autologous chondrocyte implantation : a long-term follow-up [J]. The American journal of sports medicine, 2010, 38 (6): 1117-1124.

[36] COLE B J. A randomized trial comparing autologous chondrocyte implantation with microfracture [J]. The Journal of bone and joint surgery American volume, 2008, 90 (5): 1165-1166.

[37] MAKRIS E A, GOMOLL A H, MALIZOS K N, et al. Repair and tissue engineering techniques for articular cartilage [J]. Nature reviews Rheumatology, 2015, 11 (1): 21-34.

[38] STEINERT A F, GHIVIZZANI S C, RETHWILM A, et al. Major biological obstacles for persistent cell-based regeneration of articular cartilage [J]. Arthritis research & therapy, 2007, 9 (3): 213.

[39] KHAN W S, MALIK A A, HARDINGHAM T E. Stem cell applications and tissue engineering approaches in surgical practice [J]. J Perioper Pract, 2009, 19 (4): 130-135.

[40] CENTENO C J, et al. Increased knee cartilage volume in degenerative joint disease using percutaneously implanted, autologous mesenchymal stem cells [J]. Pain physician, 2008, 11 (3): 343-353.

[41] CENTENO C J, BUSSE D, KISIDAY J, et al. Safety and complications reporting on the re-implantation of culture-expanded mesenchymal stem cells using autologous platelet lysate technique [J]. Current stem cell research & therapy, 2010, 5 (1): 81-93.

[42] WYNN R F, HART C A, CORRADI-PERINI C, et al. A small proportion of mesenchymal stem cells strongly expresses functionally active CXCR4 receptor capable of promoting migration to bone marrow [J]. Blood, 2004, 104 (9): 2643-2645.

[43] MIZUNO K, MUNETA T, MORITO T, et al. Exogenous synovial stem cells adhere to defect of meniscus and differentiate into cartilage cells [J]. J Med Dent Sci, 2008, 55 (1): 101-111.

[44] JORGENSEN C. Mesenchymal stem cells immunosuppressive properties : is it specific to bone marrow-derived cells ? [J]. Stem cell research & therapy, 2010, 1 (2): 15.

[45] ZHANG Q, CHEN Y, WANG Q, et al. Effect of bone marrow-derived stem cells on chondrocytes from patients with osteoarthritis [J]. Molecular medicine reports, 2016, 13 (2): 1795-1800.

[46] BEER L, MILDNER M, ANKERSMIT H J. Cell secretome based drug substances in regenerative medicine : when regulatory affairs meet basic science [J]. Annals of translational medicine, 2017, 5 (7): 170.

[47] CAPLAN A I, CORREA D. The MSC : an injury drugstore [J]. Cell stem cell, 2011, 9 (1): 11-15.

[48] LONGOBARDI L, O'REAR L, AAKULA S, et al. Effect of IGF-I in the chondrogenesis of bone marrow mesenchymal stem cells in the presence or absence of TGF-beta signaling [J]. Journal of bone and mineral research : the official journal of the American Society for Bone and Mineral Research, 2006, 21 (4): 626-636.

[49] TOH W S, LAI R C, HUI J H P, et al. MSC exosome as a cell-free MSC therapy for cartilage regeneration : Implications for osteoarthritis treatment [J]. Seminars in cell & developmental biology, 2017, 67 : 56-64.

[50] ZHANG S, CHU W C, LAI R C, et al. Exosomes derived from human embryonic mesenchymal stem cells promote osteochondral regeneration [J]. Osteoarthritis and cartilage, 2016, 24 (12): 2135-2140.

[51] JONES E A, KINSEY S E, ENGLISH A, et al. Isolation and characterization of bone marrow multipotential mesenchymal progenitor cells [J]. Arthritis and rheumatism, 2002, 46 (12): 3349-3360.

[52] MERTELSMANN R. Plasticity of bone marrow-derived stem cells [J]. J Hematother Stem Cell Res, 2000, 9 (6): 957-960.

[53] ZIMMERMANN S, VOSS M, KAISER S, et al. Lack of telomerase activity in human mesenchymal stem cells

[J]. Leukemia, 2003, 17 (6): 1146-1149.

[54] GRONTHOS S, CHEN S, WANG C Y, et al. Telomerase accelerates osteogenesis of bone marrow stromal stem cells by upregulation of CBFA1, osterix, and osteocalcin [J]. Journal of bone and mineral research : the official journal of the American Society for Bone and Mineral Research, 2003, 18 (4): 716-722.

[55] BIANCHI F, MAIOLI M, LEONARDI E, et al. A new nonenzymatic method and device to obtain a fat tissue derivative highly enriched in pericyte-like elements by mild mechanical forces from human lipoaspirates [J]. Cell Transplant, 2013, 22 (11): 2063-2077.

[56] SAKAGUCHI Y, SEKIYA I, YAGISHITA K, et al. Comparison of human stem cells derived from various mesenchymal tissues: superiority of synovium as a cell source [J]. Arthritis Rheum, 2005, 52 (8): 2521-2529.

[57] KERN S, EICHLER H, STOEVE J, et al. Comparative analysis of mesenchymal stem cells from bone marrow, umbilical cord blood, or adipose tissue [J]. Stem Cells, 2006, 24 (5): 1294-1301.

[58] VEGA A, MARTÍN-FERRERO MA, DEL CANTO F, et al. Treatment of knee osteoarthritis with allogeneic bone marrow mesenchymal stem cells: a randomized controlled trial [J]. Transplantation, 2015, 99 (8): 1681-1690.

[59] MATAS J, ORREGO M, AMENABAR D, et al. Umbilical cord-derived mesenchymal stromal cells (MSCs) for knee osteoarthritis: repeated msc dosing is superior to a single msc dose and to hyaluronic acid in a controlled randomized phase I/II trial [J]. Stem Cells Transl Med, 2019, 8 (3): 215-224.

[60] KHALIFEH SOLTANI S, FOROGH B, AHMADBEIGI N, et al. Safety and efficacy of allogenic placental mesenchymal stem cells for treating knee osteoarthritis: a pilot study [J]. Cytotherapy, 2019, 21 (1): 54-63.

[61] EMADEDIN M, GHORBANI LIASTANI M, FAZELI R, et al. Long-term follow-up of intra-articular injection of autologous mesenchymal stem cells in patients with knee, ankle, or hip osteoarthritis [J]. Archives of Iranian Medicine, 2015, 18 (6): 336-344.

[62] AL-NAJAR M, KHALIL H, AL-AJLOUNI J, et al. Intra-articular injection of expanded autologous bone marrow mesenchymal cells in moderate and severe knee osteoarthritis is safe: a phase I/II study [J]. J Orthop Surg Res, 2017, 12 (1): 190.

[63] SONG Y, DU H, DAI C, et al. Human adipose-derived mesenchymal stem cells for osteoarthritis: a pilot study with long-term follow-up and repeated injections [J]. Regenerative Medicine, 2018, 13 (3): 295-307.

[64] FREITAG J, BATES D, WICKHAM J, et al. Adipose-derived mesenchymal stem cell therapy in the treatment of knee osteoarthritis: a randomized controlled trial [J]. Regenerative Medicine, 2019, 14 (3): 213-230.

[65] BASTOS R, MATHIAS M, ANDRADE R, et al. Intra-articular injections of expanded mesenchymal stem cells with and without addition of platelet-rich plasma are safe and effective for knee osteoarthritis [J]. Knee Surg Sports Traumatol Arthrosc, 2018, 26 (11): 3342-3350.

[66] OROZCO L, MUNAR A, SOLER R, et al. Treatment of knee osteoarthritis with autologous mesenchymal stem cells: a pilot study [J]. Transplantation, 2013, 95 (12): 1535-1541.

[67] FREITAG J, FORD J, BATES D, et al. Adipose derived mesenchymal stem cell therapy in the treatment of isolated knee chondral lesions: design of a randomised controlled pilot study comparing arthroscopic microfracture versus arthroscopic microfracture combined with postoperative mesenchymal stem cell injections [J]. BMJ Open, 2015, 5 (12): e009332.

[68] SOLER R, OROZCO L, MUNAR A, et al. Final results of a phase I/II trial using ex vivo expanded autologous Mesenchymal Stromal Cells for the treatment of osteoarthritis of the knee confirming safety and suggesting

第
五
章

干
细
胞
临
床
研
究

cartilage regeneration [J]. Knee, 2015, 23 (4): 647-654.

[69] GUPTA PK, CHULLIKANA A, RENGASAMY M, et al. Efficacy and safety of adult human bone marrow-derived, cultured, pooled, allogeneic mesenchymal stromal cells (Stempeucel®): preclinical and clinical trial in osteoarthritis of the knee joint [J]. Arthritis Res Ther, 2016, 18 (1): 301.

[70] GREEN H, KEHINDE O. An established preadipose cell line and its differentiation in culture. II. Factors affecting the adipose conversion [J]. Cell, 1975, 5 (1): 19-27.

[71] RYU YJ, CHO TJ, LEE DS, et al. Phenotypic characterization and in vivo localization of human adipose-derived mesenchymal stem cells [J]. Molecules and cells, 2013, 35 (6): 557-564.

[72] ZUK P A, ZHU M, ASHJIAN P, et al. Human adipose tissue is a source of multipotent stem cells [J]. Mol Biol Cell, 2002, 13 (12): 4279-4295.

[73] ZIMMERLIN L, DONNENBERG V S, PFEIFER M E, et al. Stromal vascular progenitors in adult human adipose tissue [J]. Cytometry A, 2010, 77 (1): 22-30.

[74] ENGLISH A, JONES E A, CORSCADDEN D, et al. A comparative assessment of cartilage and joint fat pad as a potential source of cells for autologous therapy development in knee osteoarthritis [J]. Rheumatology (Oxford, England), 2007, 46 (11): 1676-1683.

[75] DIEKMAN B O, ROWLAND C R, LENNON D P, et al. Chondrogenesis of adult stem cells from adipose tissue and bone marrow: induction by growth factors and cartilage-derived matrix [J]. Tissue engineering Part A, 2010, 16 (2): 523-533.

[76] KIM H J, IM G I. Chondrogenic differentiation of adipose tissue-derived mesenchymal stem cells: greater doses of growth factor are necessary [J]. Journal of orthopaedic research : official publication of the Orthopaedic Research Society, 2009, 27 (5): 612-619.

[77] NÖTH U, STEINERT A F, TUAN R S. Technology insight: adult mesenchymal stem cells for osteoarthritis therapy [J]. Nat Clin Pract Rheumatol, 2008, 4 (7): 371-380.

[78] JANG Y, KOH Y G, CHOI Y J, et al. Characterization of adipose tissue-derived stromal vascular fraction for clinical application to cartilage regeneration [J]. In vitro cellular & developmental biology Animal, 2015, 51 (2): 142-150.

[79] IZADPANAH R, TRYGG C, PATEL B, et al. Biologic properties of mesenchymal stem cells derived from bone marrow and adipose tissue [J]. Journal of cellular biochemistry, 2006, 99 (5): 1285-1297.

[80] BAYRAKTAR S, JUNGBLUTH P, DEENEN R, et al. Molecular- and microarray-based analysis of diversity among resting and osteogenically induced porcine mesenchymal stromal cells of several tissue origin [J]. Journal of tissue engineering and regenerative medicine, 2018, 12 (1): 114-128.

[81] IKEGAME Y, YAMASHITA K, HAYASHI S, et al. Comparison of mesenchymal stem cells from adipose tissue and bone marrow for ischemic stroke therapy [J]. Cytotherapy, 2011, 13 (6): 675-685.

[82] UDE C C, SULAIMAN S B, MIN-HWEI N, et al. Cartilage regeneration by chondrogenic induced adult stem cells in osteoarthritic sheep model [J]. PloS one, 2014, 9 (6): e98770.

[83] SPENCER N D, CHUN R, VIDAL M A, et al. In vitro expansion and differentiation of fresh and revitalized adult canine bone marrow-derived and adipose tissue-derived stromal cells [J]. Vet J, 2012, 191 (2): 231-239.

[84] CHEN HT, LEE MJ, CHEN CH, et al. Proliferation and differentiation potential of human adipose-derived mesenchymal stem cells isolated from elderly patients with osteoporotic fractures [J]. J Cell Mol Med, 2012, 16 (3): 582-593.

[85] ZHU Y,LIU T,SONG K,et al. Adipose-derived stem cell:a better stem cell than BMSC [J]. Cell biochemistry and function,2008,26 (6):664-675.

[86] BRAYFIELD C,MARRA K,RUBIN J P. Adipose stem cells for soft tissue regeneration [J]. Handchir Mikrochir Plast Chir,2010,42 (2):124-128.

[87] RIDER D A,DOMBROWSKI C,SAWYER A A, et al. Autocrine fibroblast growth factor 2 increases the multipotentiality of human adipose-derived mesenchymal stem cells [J]. Stem cells,2008,26 (6):1598-1608.

[88] IVANOVA-TODOROVA E,BOCHEV I,MOURDJEVA M,et al. Adipose tissue-derived mesenchymal stem cells are more potent suppressors of dendritic cells differentiation compared to bone marrow-derived mesenchymal stem cells [J]. Immunol Lett,2009,126 (1-2):37-42.

[89] PAGANI S,BORSARI V,VERONESI F,et al. Increased chondrogenic potential of mesenchymal cells from adipose tissue versus bone marrow-derived cells in osteoarthritic in vitro models [J]. Journal of cellular physiology,2017,232 (6):1478-1488.

[90] MATSUMOTO D,SATO K,GONDA K,et al. Cell-assisted lipotransfer:supportive use of human adipose-derived cells for soft tissue augmentation with lipoinjection [J]. Tissue Eng,2006,12 (12):3375-3382.

[91] SUNDARRAJ S,DESHMUKH A,PRIYA N,et al. Development of a system and method for automated isolation of stromal vascular fraction from adipose tissue lipoaspirate [J]. Stem Cells Int,2015,2015:109353.

[92] ARONOWITZ J A,LOCKHART R A,HAKAKIAN C S. Mechanical versus enzymatic isolation of stromal vascular fraction cells from adipose tissue [J]. SpringerPlus,2015,4:713.

[93] YOU D,JANG MJ,KIM BH,et al. Comparative study of autologous stromal vascular fraction and adipose-derived stem cells for erectile function recovery in a rat model of cavernous nerve injury [J]. Stem cells translational medicine,2015,4 (4):351-358.

[94] BORA P,MAJUMDAR A S. Adipose tissue-derived stromal vascular fraction in regenerative medicine:a brief review on biology and translation [J]. Stem cell research & therapy,2017,8 (1):145.

[95] JURGENS W J,VAN DIJK A,DOULABI B Z,et al. Freshly isolated stromal cells from the infrapatellar fat pad are suitable for a one-step surgical procedure to regenerate cartilage tissue [J]. Cytotherapy,2009,11 (8):1052-1064.

[96] WU L,PRINS HJ,LEIJTEN J,et al. Chondrocytes Cocultured with stromal vascular fraction of adipose tissue present more intense chondrogenic characteristics than with adipose stem cells [J]. Tissue engineering Part A,2016,22 (3-4):336-348.

[97] FRISBIE D D,KISIDAY JD,KAWCAK C E,et al. Evaluation of adipose-derived stromal vascular fraction or bone marrow-derived mesenchymal stem cells for treatment of osteoarthritis [J]. Journal of orthopaedic research:official publication of the Orthopaedic Research Society,2009,27 (12):1675-1680.

[98] KOH Y G,CHOI Y J,KWON O R,et al. Second-look arthroscopic evaluation of cartilage lesions after mesenchymal stem cell implantation in osteoarthritic knees [J]. The American journal of sports medicine,2014,42 (7):1628-1637.

[99] STAUBLI S M,CERINO G,GONZALEZ DE TORRE I,et al. Control of angiogenesis and host response by modulating the cell adhesion properties of an Elastin-Like Recombinamer-based hydrogel [J]. Biomaterials,2017,135:30-41.

[100] LV X,HE J,ZHANG X,et al. Comparative efficacy of autologous stromal vascular fraction and autologous adipose-derived mesenchymal stem cells combined with hyaluronic acid for the treatment of sheep

osteoarthritis [J]. Cell transplantation, 2018, 27 (7): 1111-1125.

[101] RIIS S, ZACHAR V, BOUCHER S, et al. Critical steps in the isolation and expansion of adipose-derived stem cells for translational therapy [J]. Expert Rev Mol Med, 2015, 17: e11.

[102] BOURIN P, BUNNELL B A, CASTEILLA L, et al. Stromal cells from the adipose tissue-derived stromal vascular fraction and culture expanded adipose tissue-derived stromal/stem cells: a joint statement of the International Federation for Adipose Therapeutics and Science (IFATS) and the International Society for Cellular Therapy (ISCT) [J]. Cytotherapy, 2013, 15 (6): 641-648.

[103] TRAKTUEV D O, MERFELD-CLAUSS S, LI J, et al. A population of multipotent CD34-positive adipose stromal cells share pericyte and mesenchymal surface markers, reside in a periendothelial location, and stabilize endothelial networks [J]. Circulation Research, 2008, 102 (1): 77-85.

[104] BUYANOVSKAYA O A, KULESHOV N P, NIKITINA V A, et al. Spontaneous aneuploidy and clone formation in adipose tissue stem cells during different periods of culturing [J]. Bull Exp Biol Med, 2009, 148 (1): 109-112.

[105] NERI S, BOURIN P, PEYRAFITTE J A, et al. Human adipose stromal cells (ASC) for the regeneration of injured cartilage display genetic stability after in vitro culture expansion [J]. PloS one, 2013, 8 (10): e77895.

[106] NERI S, GUIDOTTI S, LILLI N L, et al. Infrapatellar fat pad-derived mesenchymal stromal cells from osteoarthritis patients: In vitro genetic stability and replicative senescence [J]. Journal of orthopaedic research, 2017, 35 (5): 1029-1037.

[107] RIESTER S M, DENBEIGH J M, LIN Y, et al. Safety Studies for Use of Adipose Tissue-Derived Mesenchymal Stromal/Stem Cells in a Rabbit Model for Osteoarthritis to Support a Phase I Clinical Trial [J]. Stem cells translational medicine, 2017, 6 (3): 910-922.

[108] RA J C, SHIN I S, KIM S H, et al. Safety of intravenous infusion of human adipose tissue-derived mesenchymal stem cells in animals and humans [J]. Stem cells and development, 2011, 20 (8): 1297-1308.

[109] TOGHRAIE F S, CHENARI N, GHOLIPOUR M A, et al. Treatment of osteoarthritis with infrapatellar fat pad derived mesenchymal stem cells in Rabbit [J]. The Knee, 2011, 18 (2): 71-75.

[110] TOGHRAIE F, RAZMKHAH M, GHOLIPOUR M A, et al. Scaffold-free adipose-derived stem cells (ASCs) improve experimentally induced osteoarthritis in rabbits [J]. Arch Iran Med, 2012, 15 (8): 495-499.

[111] KRISTON-PÁL É, CZIBULA Á, GYURIS Z, et al. Characterization and therapeutic application of canine adipose mesenchymal stem cells to treat elbow osteoarthritis [J]. Can J Vet Res, 2017, 81 (1): 73-78.

[112] VILAR J M, BATISTA M, MORALES M, et al. Assessment of the effect of intraarticular injection of autologous adipose-derived mesenchymal stem cells in osteoarthritic dogs using a double blinded force platform analysis [J]. BMC veterinary research, 2014, 10: 143.

[113] FENG C, LUO X, HE N, et al. Efficacy and persistence of allogeneic adipose-derived mesenchymal stem cells combined with hyaluronic acid in osteoarthritis after intra-articular injection in a sheep model [J]. Tissue engineering Part A, 2018, 24 (3-4): 219-233.

[114] MARIÑAS-PARDO L, GARCÍA-CASTRO J, RODRÍGUEZ-HURTADO I, et al. Allogeneic adipose-derived mesenchymal stem cells (Horse Allo 20) for the treatment of osteoarthritis-associated lameness in horses: characterization, safety, and efficacy of intra-articular treatment [J]. Stem cells and development, 2018, 27 (17): 1147-1160.

[115] TOUPET K, MAUMUS M, PEYRAFITTE J A, et al. Long-term detection of human adipose-derived

mesenchymal stem cells after intraarticular injection in SCID mice [J]. Arthritis and rheumatism, 2013, 65 (7): 1786-1794.

[116] LI M, LUO X, LV X, et al. In vivo human adipose-derived mesenchymal stem cell tracking after intra-articular delivery in a rat osteoarthritis model [J]. Stem cell research & therapy, 2016, 7 (1): 160.

[117] ONG E, CHIMUTENGWENDE-GORDON M, KHAN W. Stem cell therapy for knee ligament, articular cartilage and meniscal injuries [J]. Current stem cell research & therapy, 2013, 8 (6): 422-428.

[118] NAKAGAMI H, MAEDA K, MORISHITA R, et al. Novel autologous cell therapy in ischemic limb disease through growth factor secretion by cultured adipose tissue-derived stromal cells [J]. Arterioscler Thromb Vasc Biol, 2005, 25 (12): 2542-2547.

[119] FERRO F, SPELAT R, FALINI G, et al. Adipose tissue-derived stem cell in vitro differentiation in a three-dimensional dental bud structure [J]. The American journal of pathology, 2011, 178 (5): 2299-2310.

[120] CAPLAN A I, DENNIS J E. Mesenchymal stem cells as trophic mediators [J]. Journal of cellular biochemistry, 2006, 98 (5): 1076-1084.

[121] WANG W, HE N, FENG C, et al. Human adipose-derived mesenchymal progenitor cells engraft into rabbit articular cartilage [J]. Int J Mol Sci, 2015, 16 (6): 12076-12091.

[122] VAN PHAM P, HONG-THIEN BUI K, QUOC NGO D, et al. Transplantation of Nonexpanded Adipose Stromal Vascular Fraction and Platelet-Rich Plasma for Articular Cartilage Injury Treatment in Mice Model [J]. J Med Eng, 2013, 2013: 832396.

[123] PLATAS J, GUILLÉN M I, PÉREZ DEL CAZ M D, et al. Paracrine effects of human adipose-derived mesenchymal stem cells in inflammatory stress-induced senescence features of osteoarthritic chondrocytes [J]. Aging (Albany NY), 2016, 8 (8): 1703-1717.

[124] TER HUURNE M, SCHELBERGEN R, BLATTES R, et al. Antiinflammatory and chondroprotective effects of intraarticular injection of adipose-derived stem cells in experimental osteoarthritis [J]. Arthritis and rheumatism, 2012, 64 (11): 3604-3613.

[125] SPAGGIARI G M, MORETTA L. Cellular and molecular interactions of mesenchymal stem cells in innate immunity [J]. Immunol Cell Biol, 2013, 91 (1): 27-31.

[126] MANFERDINI C, PAOLELLA F, GABUSI E, et al. Adipose stromal cells mediated switching of the pro-inflammatory profile of M1-like macrophages is facilitated by PGE2: in vitro evaluation [J]. Osteoarthritis and cartilage, 2017, 25 (7): 1161-1171.

[127] PERS YM, QUENTIN J, FEIRREIRA R, et al. Injection of Adipose-Derived Stromal Cells in the Knee of Patients with Severe Osteoarthritis has a Systemic Effect and Promotes an Anti-Inflammatory Phenotype of Circulating Immune Cells [J]. Theranostics, 2018, 8 (20): 5519-5528.

[128] TOFIÑO-VIAN M, GUILLÉN M I, PÉREZ DEL CAZ M D, et al. Extracellular Vesicles from Adipose-Derived Mesenchymal Stem Cells Downregulate Senescence Features in Osteoarthritic Osteoblasts [J]. Oxid Med Cell Longev, 2017, 2017: 7197598.

[129] TOFIÑO-VIAN M, GUILLÉN MI, PÉREZ DEL CAZ MD, et al. Microvesicles from Human Adipose Tissue-Derived Mesenchymal Stem Cells as a New Protective Strategy in Osteoarthritic Chondrocytes [J]. Cell Physiol Biochem, 2018, 47 (1): 11-25.

[130] MARTIN A D, DANIEL M Z, DRINKWATER D T, et al. Adipose tissue density, estimated adipose lipid fraction and whole body adiposity in male cadavers [J]. Int J Obes Relat Metab Disord, 1994, 18 (2): 79-83.

[131] MIRSAIDI A, KLEINHANS K N, RIMANN M, et al. Telomere length, telomerase activity and osteogenic differentiation are maintained in adipose-derived stromal cells from senile osteoporotic SAMP6 mice [J]. Journal of tissue engineering and regenerative medicine, 2012, 6 (5): 378-390.

[132] ALT E U, SENST C, MURTHY S N, et al. Aging alters tissue resident mesenchymal stem cell properties [J]. Stem Cell Res, 2012, 8 (2): 215-225.

[133] DING DC, CHOU HL, HUNG WT, et al. Human adipose-derived stem cells cultured in keratinocyte serum free medium: Donor's age does not affect the proliferation and differentiation capacities [J]. J Biomed Sci, 2013, 20 (1): 59.

[134] CHUA KH, ZAMAN WAN SAFWANI WK, HAMID AA, et al. Retropatellar fat pad-derived stem cells from older osteoarthritic patients have lesser differentiation capacity and expression of stemness genes [J]. Cytotherapy, 2014, 16 (5): 599-611.

[135] GU JH, LEE JS, KIM DW, et al. Neovascular potential of adipose-derived stromal cells (ASCs) from diabetic patients [J]. Wound Repair Regen, 2012, 20 (2): 243-252.

[136] SKALSKA U, KONTNY E, PROCHOREC-SOBIESZEK M, et al. Intra-articular adipose-derived mesenchymal stem cells from rheumatoid arthritis patients maintain the function of chondrogenic differentiation [J]. Rheumatology (Oxford, England), 2012, 51 (10): 1757-1764.

[137] SKALSKA U, KONTNY E. Adipose-derived mesenchymal stem cells from infrapatellar fat pad of patients with rheumatoid arthritis and osteoarthritis have comparable immunomodulatory properties [J]. Autoimmunity, 2016, 49 (2): 124-131.

[138] SCHIPPER B M, MARRA KG, ZHANG W, et al. Regional anatomic and age effects on cell function of human adipose-derived stem cells [J]. Ann Plast Surg, 2008, 60 (5): 538-544.

[139] GRASYS J, KIM B S, PALLUA N. Content of soluble factors and characteristics of stromal vascular fraction cells in lipoaspirates from different subcutaneous adipose tissue depots [J]. Aesthetic surgery journal, 2016, 36 (7): 831-841.

[140] MUÑOZ-CRIADO I, MESEGUER-RIPOLLES J, MELLADO-LÓPEZ M, et al. Human suprapatellar fat pad-derived mesenchymal stem cells induce chondrogenesis and cartilage repair in a model of severe osteoarthritis [J]. Stem Cells Int, 2017, 2017: 4758930.

[141] TANGCHITPHISUT P, SRIKAEW N, NUMHOM S, et al. Infrapatellar fat pad: an alternative source of adipose-derived mesenchymal stem cells [J]. Arthritis, 2016, 2016: 4019873.

[142] HINDLE P, KHAN N, BIANT L, et al. The infrapatellar fat pad as a source of perivascular stem cells with increased chondrogenic potential for regenerative medicine [J]. Stem cells translational medicine, 2017, 6 (1): 77-87.

[143] PIRES DE CARVALHO P, HAMEL KM, DUARTE R, et al. Comparison of infrapatellar and subcutaneous adipose tissue stromal vascular fraction and stromal/stem cells in osteoarthritic subjects [J]. Journal of tissue engineering and regenerative medicine, 2014, 8 (10): 757-762.

[144] LÓPEZ-RUIZ E, JIMÉNEZ G, KWIATKOWSKI W, et al. Impact of TGF-β family-related growth factors on chondrogenic differentiation of adipose-derived stem cells isolated from lipoaspirates and infrapatellar fat pads of osteoarthritic patients [J]. European cells & materials, 2018, 35: 209-224.

[145] KEITH B, SIMON M C. Hypoxia-inducible factors, stem cells, and cancer [J]. Cell, 2007, 129 (3): 465-472.

[146] DAS R, JAHR H, VAN OSCH GJ, et al. The role of hypoxia in bone marrow-derived mesenchymal stem

cells: considerations for regenerative medicine approaches [J]. Tissue engineering Part B, Reviews, 2010, 16 (2): 159-168.

[147] BEEGLE J, LAKATOS K, KALOMOIRIS S, et al. Hypoxic preconditioning of mesenchymal stromal cells induces metabolic changes, enhances survival, and promotes cell retention in vivo [J]. Stem cells (Dayton, Ohio), 2015, 33 (6): 1818-1828.

[148] TREUHAFT P S, DJ M C. Synovial fluid pH, lactate, oxygen and carbon dioxide partial pressure in various joint diseases [J]. Arthritis and rheumatism, 1971, 14 (4): 475-484.

[149] KHAN W S, ADESIDA A B, HARDINGHAM T E. Hypoxic conditions increase hypoxia-inducible transcription factor 2 alpha and enhance chondrogenesis in stem cells from the infrapatellar fat pad of osteoarthritis patients [J]. Arthritis research & therapy, 2007, 9 (3): R55.

[150] MERCERON C, VINATIER C, PORTRON S, et al. Differential effects of hypoxia on osteochondrogenic potential of human adipose-derived stem cells [J]. Am J Physiol Cell Physiol, 2010, 298 (2): C355-364.

[151] SHI S, XIE J, ZHONG J, et al. Effects of low oxygen tension on gene profile of soluble growth factors in co-cultured adipose-derived stromal cells and chondrocytes [J]. Cell Prolif, 2016, 49 (3): 341-351.

[152] AMARILIO R, VIUKOV SV, SHARIR A, et al. HIF1alpha regulation of Sox9 is necessary to maintain differentiation of hypoxic prechondrogenic cells during early skeletogenesis [J]. Development, 2007, 134 (21): 3917-3928.

[153] RIIS S, STENSBALLE A, EMMERSEN J, et al. Mass spectrometry analysis of adipose-derived stem cells reveals a significant effect of hypoxia on pathways regulating extracellular matrix [J]. Stem cell research & therapy, 2016, 7 (1): 52.

[154] PORTRON S, MERCERON C, GAUTHIER O, et al. Effects of in vitro low oxygen tension preconditioning of adipose stromal cells on their in vivo chondrogenic potential: application in cartilage tissue repair [J]. PloS one, 2013, 8 (4): e62368.

[155] LEE C S, BURNSED O A, RAGHURAM V, et al. Adipose stem cells can secrete angiogenic factors that inhibit hyaline cartilage regeneration [J]. Stem cell research & therapy, 2012, 3 (4): 35.

[156] ESTES B T, DIEKMAN B O, GIMBLE J M, et al. Isolation of adipose-derived stem cells and their induction to a chondrogenic phenotype [J]. Nature protocols, 2010, 5 (7): 1294-1311.

[157] SUKARTO A, YU C, FLYNN L E, et al. Co-delivery of adipose-derived stem cells and growth factor-loaded microspheres in RGD-grafted N-methacrylate glycol chitosan gels for focal chondral repair [J]. Biomacromolecules, 2012, 13 (8): 2490-2502.

[158] HE F, PEI M. Extracellular matrix enhances differentiation of adipose stem cells from infrapatellar fat pad toward chondrogenesis [J]. Journal of tissue engineering and regenerative medicine, 2013, 7 (1): 73-84.

[159] YIN F, CAI J, ZEN W, et al. Cartilage regeneration of adipose-derived stem cells in the TGF-β 1-immobilized PLGA-Gelatin Scaffold [J]. Stem Cell Rev Rep, 2015, 11 (3): 453-459.

[160] CROP M J, BAAN C C, KOREVAAR S S, et al. Inflammatory conditions affect gene expression and function of human adipose tissue-derived mesenchymal stem cells [J]. Clinical and experimental immunology, 2010, 162 (3): 474-486.

[161] MAUMUS M, ROUSSIGNOL G, TOUPET K, et al. Utility of a Mouse Model of Osteoarthritis to Demonstrate Cartilage Protection by IFN γ -Primed Equine Mesenchymal Stem Cells [J]. Front Immunol, 2016, 7: 392.

第五章 干细胞临床研究

[162] ZHENG D,DAN Y,YANG S H,et al. Controlled chondrogenesis from adipose-derived stem cells by recombinant transforming growth factor-β3 fusion protein in peptide scaffolds [J]. Acta biomaterialia,2015, 11:191-203.

[163] PARK M J,MOON S J,BAEK J A,et al. Metformin augments anti-inflammatory and chondroprotective properties of mesenchymal stem cells in experimental osteoarthritis [J]. Journal of immunology,2019,203 (1): 127-136.

[164] LÓPEZ-RUIZ E,PERÁN M,COBO-MOLINOS J,et al. Chondrocytes extract from patients with osteoarthritis induces chondrogenesis in infrapatellar fat pad-derived stem cells [J]. Osteoarthritis and cartilage,2013,21 (1):246-258.

[165] HILDNER F,EDER MJ,HOFER K,et al. Human platelet lysate successfully promotes proliferation and subsequent chondrogenic differentiation of adipose-derived stem cells:a comparison with articular chondrocytes [J]. Journal of tissue engineering and regenerative medicine,2015,9 (7):808-818.

[166] MCLAUGHLIN M,GAGNET P,CUNNINGHAM E,et al. allogeneic platelet releasate preparations derived via a novel rapid thrombin activation process promote rapid growth and increased BMP-2 and BMP-4 expression in human adipose-derived stem cells [J]. Stem Cells Int,2016,2016:7183734.

[167] KANG H,PENG J,LU S,et al. In vivo cartilage repair using adipose-derived stem cell-loaded decellularized cartilage ECM scaffolds [J]. Journal of tissue engineering and regenerative medicine,2014,8 (6):442-453.

[168] CHOI B,KIM S,FAN J,et al. Covalently conjugated transforming growth factor-β1 in modular chitosan hydrogels for the effective treatment of articular cartilage defects [J]. Biomater Sci,2015,3 (5):742-752.

[169] GARRIGUES N W,LITTLE D,SANCHEZ-ADAMS J,et al. Electrospun cartilage-derived matrix scaffolds for cartilage tissue engineering [J]. Journal of biomedical materials research Part A,2014,102 (11):3998-4008.

[170] ALMEIDA H V,CUNNIFFE G M,VINARDELL T,et al. Coupling freshly isolated CD44 (+) infrapatellar fat pad-derived stromal cells with a TGF-β3 eluting cartilage ECM-derived scaffold as a single-stage strategy for promoting chondrogenesis [J]. Adv Healthc Mater,2015,4 (7):1043-1053.

[171] HASSANBHAI A M,LAU C S,WEN F,et al. In Vivo Immune Responses of Cross-Linked Electrospun Tilapia Collagen Membrane<sup/> [J]. Tissue engineering Part A,2017,23 (19-20):1110-1119.

[172] WU SC,CHEN CH,CHANG JK,et al. Hyaluronan initiates chondrogenesis mainly via CD44 in human adipose-derived stem cells [J]. J Appl Physiol (1985),2013,114 (11):1610-1618.

[173] GWON K,KIM E,TAE G. Heparin-hyaluronic acid hydrogel in support of cellular activities of 3D encapsulated adipose derived stem cells [J]. Acta biomaterialia,2017,49:284-295.

[174] MOUTOS F T,GLASS K A,COMPTON S A,et al. Anatomically shaped tissue-engineered cartilage with tunable and inducible anticytokine delivery for biological joint resurfacing [J]. Proceedings of the National Academy of Sciences of the United States of America,2016,113 (31):E4513-4522.

[175] TEONG B,WU SC,CHANG CM,et al. The stiffness of a crosslinked hyaluronan hydrogel affects its chondro-induction activity on hADSCs [J]. J Biomed Mater Res B Appl Biomater,2018,106 (2):808-816.

[176] CHENG N C,ESTES B T,YOUNG T H,et al. Genipin-crosslinked cartilage-derived matrix as a scaffold for human adipose-derived stem cell chondrogenesis [J]. Tissue engineering Part A,2013,19 (3-4):484-496.

[177] ZHANG K,YAN S,LI G,et al. In-situ birth of MSCs multicellular spheroids in poly (L-glutamic acid)/chitosan scaffold for hyaline-like cartilage regeneration [J]. Biomaterials,2015,71:24-34.

[178] PAK J. Regeneration of human bones in hip osteonecrosis and human cartilage in knee osteoarthritis with autologous adipose-tissue-derived stem cells: a case series [J]. Journal of medical case reports, 2011, 5: 296.

[179] PAK J, CHANG JJ, LEE JH, et al. Safety reporting on implantation of autologous adipose tissue-derived stem cells with platelet-rich plasma into human articular joints [J]. BMC musculoskeletal disorders, 2013, 14: 337.

[180] KOH YG, JO SB, KWON OR, et al. Mesenchymal stem cell injections improve symptoms of knee osteoarthritis [J]. Arthroscopy, 2013, 29 (4): 748-755.

[181] KOH YG, KWON OR, KIM YS, et al. Comparative outcomes of open-wedge high tibial osteotomy with platelet-rich plasma alone or in combination with mesenchymal stem cell treatment: a prospective study [J]. Arthroscopy, 2014, 30 (11): 1453-1460.

[182] HONG Z, CHEN J, ZHANG S, et al. Intra-articular injection of autologous adipose-derived stromal vascular fractions for knee osteoarthritis: a double-blind randomized self-controlled trial [J]. International orthopaedics, 2019, 43 (5): 1123-1134.

[183] HUDETZ D, BORIĆ I, ROD E, et al. The effect of intra-articular injection of autologous microfragmented fat tissue on proteoglycan synthesis in patients with knee osteoarthritis [J]. Genes, 2017, 8 (10): 270.

[184] ROATO I, BELISARIO D C, COMPAGNO M, et al. Concentrated adipose tissue infusion for the treatment of knee osteoarthritis: clinical and histological observations [J]. International orthopaedics, 2019, 43 (1): 15-23.

[185] LAPUENTE J P, DOS-ANJOS S, BLÁZQUEZ-MARTÍNEZ A. Intra-articular infiltration of adipose-derived stromal vascular fraction cells slows the clinical progression of moderate-severe knee osteoarthritis: hypothesis on the regulatory role of intra-articular adipose tissue [J]. J Orthop Surg Res, 2020, 15 (1): 137.

[186] KIM Y S, LEE M, KOH Y G. Additional mesenchymal stem cell injection improves the outcomes of marrow stimulation combined with supramalleolar osteotomy in varus ankle osteoarthritis: short-term clinical results with second-look arthroscopic evaluation [J]. J Exp Orthop, 2016, 3 (1): 12.

[187] KIM Y S, KOH Y G. Injection of Mesenchymal Stem Cells as a Supplementary Strategy of Marrow Stimulation Improves Cartilage Regeneration After Lateral Sliding Calcaneal Osteotomy for Varus Ankle Osteoarthritis: Clinical and Second-Look Arthroscopic Results [J]. Arthroscopy, 2016, 32 (5): 878-889.

[188] PAK J , LEE J H , PARK K S, et al. Efficacy of autologous adipose tissue-derived stem cells with extracellular matrix and hyaluronic acid on human hip osteoarthritis [J]. Biomedical Research-India, 2017, 28 (4): 1654-1658.

[189] YOKOTA N, HATTORI M, OHTSURU T, et al. Comparative clinical outcomes after intra-articular injection with adipose-derived cultured stem cells or noncultured stromal vascular fraction for the treatment of knee osteoarthritis [J]. The American journal of sports medicine, 2019, 47 (11): 2577-2583.

[190] JO C H, LEE Y G, SHIN W H, et al. Intra-articular injection of mesenchymal stem cells for the treatment of osteoarthritis of the knee: a proof-of-concept clinical trial [J]. Stem cells, 2014, 32 (5): 1254-1266.

[191] JO C H, CHAI J W, JEONG E C, et al. Intra-articular injection of mesenchymal stem cells for the treatment of osteoarthritis of the knee: a 2-year follow-up study [J]. The American journal of sports medicine, 2017, 45 (12): 2774-2783.

[192] SPASOVSKI D, SPASOVSKI V, BAŠČAREVIĆ Z, et al. Intra-articular injection of autologous adipose-derived mesenchymal stem cells in the treatment of knee osteoarthritis [J]. J Gene Med, 2018, 20 (1): e3002.

[193] SONG Y, DU H, DAI C, et al. Human adipose-derived mesenchymal stem cells for osteoarthritis: a pilot

study with long-term follow-up and repeated injections [J]. Regen Med,2018,13（3）:295-307.

[194] LU L,DAI C,ZHANG Z,et al. Treatment of knee osteoarthritis with intra-articular injection of autologous adipose-derived mesenchymal progenitor cells:a prospective,randomized,double-blind,active-controlled, phase Ⅱb clinical trial [J]. Stem cell research & therapy,2019,10（1）:143.

[195] DALL' OCA C,BREDA S,ELENA N,et al. Mesenchymal Stem Cells injection in hip osteoarthritis: preliminary results [J]. Acta Biomed,2019,90（1-s）:75-80.

[196] DAVATCHI F,ABDOLLAHI B S,MOHYEDDIN M,et al. Mesenchymal stem cell therapy for knee osteoarthritis. Preliminary report of four patients [J]. International Journal of Rheumatic Diseases,2011,14 （2）:211-215.

[197] LAMO-ESPINOSA J M,MORA G,BLANCO J F,et al. Intra-articular injection of two different doses of autologous bone marrow mesenchymal stem cells versus hyaluronic acid in the treatment of knee osteoarthritis:multicenter randomized controlled clinical trial（phase Ⅰ/Ⅱ）[J]. J Transl Med,2016,14（1）: 246.

[198] LAMO-ESPINOSA J M,MORA G,BLANCO J F,et al. Intra-articular injection of two different doses of autologous bone marrow mesenchymal stem cells versus hyaluronic acid in the treatment of knee osteoarthritis:long-term follow up of a multicenter randomized controlled clinical trial（phase Ⅰ/Ⅱ）[J]. J Transl Med,2018,16（1）:213.

[199] EMADEDIN M,LABIBZADEH N,LIASTANI M G,et al. Intra-articular implantation of autologous bone marrow-derived mesenchymal stromal cells to treat knee osteoarthritis:a randomized,triple-blind,placebo-controlled phase 1/2 clinical trial [J]. Cytotherapy,2018,20（10）:1238-1246.

[200] BASTOS R,MATHIAS M,ANDRADE R,et al. Intra-articular injection of culture-expanded mesenchymal stem cells with or without addition of platelet-rich plasma is effective in decreasing pain and symptoms in knee osteoarthritis:a controlled,double-blind clinical trial [J]. Knee Surg Sports Traumatol Arthrosc,2020, 28（6）:1989-1999.

[201] CHAHAL J,GÓMEZ-ARISTIZÁBAL A,SHESTOPALOFF K,et al. Bone marrow mesenchymal stromal cell treatment in patients with osteoarthritis results in overall improvement in pain and symptoms and reduces synovial inflammation [J]. Stem Cells Transl Med,2019,8（8）:746-757.

[202] PERS Y M,RACKWITZ L,FERREIRA R,et al. Adipose mesenchymal stromal cell-based therapy for severe osteoarthritis of the knee:a phase Ⅰ dose-escalation trial [J]. Stem Cells Transl Med,2016,5（7）:847-856.

[203] JO CH,CHAI JW,JEONG EC,et al. Intra-articular injection of mesenchymal stem cells for the treatment of osteoarthritis of the knee:a 2-year follow-up study [J]. Am J Sports Med,2017,45（12）:2774-2783.

[204] SPASOVSKI D,SPASOVSKI V,BAŠČAREVIĆ Z,et al. Intra-articular injection of autologous adipose-derived mesenchymal stem cells in the treatment of knee osteoarthritis [J]. J Gene Med,2018,20（1）.

[205] LEE WS,KIM HJ,KIM KI,et al. Intra-articular injection of autologous adipose tissue-derived mesenchymal stem cells for the treatment of knee osteoarthritis:a phaseⅡ b,randomized,placebo-controlled clinical trial [J]. Stem Cells Transl Med,2019,8（6）:504-511.

[206] FREITAG J,BATES D,WICKHAM J,et al. Adipose-derived mesenchymal stem cell therapy in the treatment of knee osteoarthritis:a randomized controlled trial [J]. Regenerative Medicine,2019,14（3）:213-230.

[207] KIM YS,CHUNG PK,SUH DS,et al. Implantation of mesenchymal stem cells in combination with allogenic cartilage improves cartilage regeneration and clinical outcomes in patients with concomitant high tibial osteotomy [J]. Knee Surg Sports Traumatol Arthrosc,2020,28 (2):544-554.

[208] PARK YB,HA CW,LEE CH,et al. Cartilage regeneration in osteoarthritic patients by a composite of allogeneic umbilical cord blood-derived mesenchymal stem cells and hyaluronate hydrogel:results from a clinical trial for safety and proof-of-concept with 7 years of extended follow-up [J]. Stem Cells Transl Med, 2017,6 (2):613-621.

第八节　脐带间充质干细胞治疗急性移植物抗宿主病的研究进展

急性移植物抗宿主病(acute graft versus host disease,aGVHD)是异基因造血干细胞移植(allogeneic stem cell transplantation,allo-SCT)的严重并发症,也是导致患者死亡的重要因素。大剂量皮质类固醇是 aGVHD 的一线治疗方法,但约 50% 的 aGVHD 患者表现出激素耐药。对于激素耐药 aGVHD 目前还没有有效的二线治疗方法。基于间充质干细胞的体内外免疫调节特性,研究者尝试将其应用于 aGVHD 的治疗并取得了一定疗效。这些研究中采用的间充质干细胞包括来自脐带的间充质干细胞。虽然这些数据支持脐带间充质干细胞的有效性,然而大多数数据来自非随机对照临床试验和病例系列研究。研究结果间差异明显,可能和每个研究中脐带间充质干细胞的制备方法不同有关。将来有必要在全球范围内制定标准的制备方法和检验标准,促进脐带间充质干细胞的产业化和临床应用。

一、概述

异基因造血干细胞移植(allo-SCT)是化疗和靶向治疗等方法无法治愈的恶性和非恶性血液病的有效方法。预处理方案、高分辨率 HLA 分型、GVHD 预防方案和支持性治疗的发展使移植后患者的生存率和生存质量越来越高。然而 GVHD 仍然无法完全避免,是 allo-SCT 后最常见和最严重的并发症,甚至影响了患者的生存率[1]。GVHD 是一种全身炎症性疾病,其病理学机制是供体来源的淋巴细胞将受体抗原识别为外来抗原,诱发免疫反应。活化的 T 细胞试图消除宿主细胞,从而导致严重的多器官损伤。

在 allo-SCT 的过程中 GVHD 的预防起着关键作用。常用的预防药物包括环孢素、他克莫司、针对 T 淋巴细胞的单克隆抗体、mTOR 抑制剂和甲氨蝶呤。尽管 GVHD 的预防和治疗取得了进展,但这种危及生命的并发症的发生率仍然很高,约 50% 的受者发生 aGVHD[2]。aGVHD 通常累及皮肤、肠道和肝脏,表现为丘疹、恶心、呕吐、腹泻和肝内胆汁淤积。aGVHD 根据严重程度可以分为 4 级,14% 的患者发生Ⅲ~Ⅳ级严重 aGVHD。aGVHD Ⅰ~Ⅱ级患者的 5 年无白血病生存率为 44%~51%;相比之下,Ⅲ级患者的生存率降至 26%,Ⅳ级患者的生存率降至 7%[1]。大剂量皮质类固醇是 aGVHD 的一线治疗方法,40%~60% 的患者在用药后几天内出现疗效。但其他患者在接受皮质类固醇治疗 3~7 天后病情无好转,表现出激素耐药。发生激素耐药的 aGVHD 的患者长期预后很差,1 年总生存率低于 30%,死亡可能是由 aGVHD 直接引起,也可能是由于免疫抑制的后遗症,如潜伏病毒的再激活、败血症或复发。到目前为止还没有标准的方法作为二线治疗。二线治疗药物包括抗胸腺细胞球蛋白(ATG)、环孢素、霉酚酸酯、抗 IL-2 受体、抗 CD5 特异性免疫毒素、泛 T 细胞蓖麻毒素 A 链免疫毒素、ABX-CBL(CD147 单抗)、依那西普、英夫利昔单抗、达利珠单抗和维利珠单抗等。这些药可以单独使用,也可以联合使用。药物的选择主要依靠经验,没有足够的数据对这些药物进行比较。慢性移植物抗宿主病(chronic graft versus host disease,cGVHD)则通常发生在移植后 100 天,导致受累器官的炎症和纤维化,表现为干燥综合征、硬皮病样皮肤变化、慢性肺纤维化、肝脏和肠道损伤。与 GVHD 的发生和严重程度相关的主要危险因素是供者和受者之间的 HLA 不匹配。

在造血系统的恶性肿瘤中,供体淋巴细胞发起的移植物抗白血病(graft versus leukemia,GVL)反应和 GVHD 共存。如何在减弱 GVHD 的情况下增强移植物抗白血病效应一直是 allo-SCT 治疗恶性血液病的挑战。基于间充质干细胞的体外免疫调节特性,研究者尝试将其应用于 aGVHD 的治疗。2004 年,Le Blanc 等人[3]采用骨髓间充质干细胞输注治愈了一名 9 岁男孩的难治性肠道和肝脏Ⅳ级 aGVHD,为间充质干细胞的临床应用打下了基础。此后由于在脂肪、胎盘、脐带和牙髓等组织中发现了间充质干细胞,不同来源的间充质干细胞陆续被尝试代替骨髓间充质干细胞应用于临床。

二、脐带间充质干细胞的特征

脐带间充质干细胞和经典的骨髓间充质干细胞有很多共性。脐带间充质干细胞表达一些原始干细胞的标志,如胚胎干细胞样抗原 Tra-1-60、Tra-1-81、TERT、SSEA-1 和 SSEA-4;表达许多和干细胞潜能相关的基因,如 *OCT4*、*NANOG*、*Rex1* 和 *SOX2*。和骨髓间充质干细胞相比,脐带间充质干细胞表达更高水平的 NANOG、DNMT3B 和 GABRB3,反映了脐带间充质干细胞更原始的特性[4]。这些可以部分解释脐带间充质干细胞具有较短的倍增时间和更强的扩增能力。

三、脐带间充质干细胞的免疫调节机制

脐带间充质干细胞治疗 GVHD 的作用与其再生和免疫调节潜能密切相关。脐带间充质干细胞具有免疫抑制和免疫逃逸的能力,适合作为异基因细胞用于移植。此外脐带间充质干细胞表达非常低的 Ⅰ 类人类白细胞抗原(human leukocyte antigen class Ⅰ,HLA-Ⅰ),不表达

HLA-DR[5]，这表明脐带间充质干细胞具有特别低的免疫原性。脐带间充质干细胞不会刺激异基因 T 细胞产生体外免疫应答，因此理论上异体间充质干细胞输注后不会被排除。此外脐带间充质干细胞诱导调节性 T 细胞（Treg）的扩增，这将有助于抑制同种异体抗原反应[6,7]。脐带间充质干细胞产生 IL-10、TGF-β、HGF、PGE$_2$、IDO，介导脐带间充质干细胞对 T 细胞的免疫调节作用。当与 CD14$^+$ 单核细胞一起培养时，脐带间充质干细胞通过直接接触和分泌可溶性因子抑制其向成熟 DC 分化[8]。脐带间充质干细胞在体外能够抑制 B 细胞增殖、分化和分泌抗体[9]。

四、临床前研究

髓源性抑制细胞（Myeloid-derived suppressor cell，MDSC）是来源于骨髓的早期髓系祖细胞的异质性群体，具有抑制炎症反应的作用。天津医科大学一中心临床学院的课题体外实验证实脐带间充质干细胞分泌 HLA-G 蛋白，促进外周血 MDSC 增殖，增强 MDSC 抑制 T 细胞增殖和促进调节性 T 细胞增殖的功能。他们发现过表达 HLA-G 的脐带间充质干细胞诱导受体小鼠产生 MDSC 更强，提高 MDSC 抑制 T 细胞的能力。他们将 MHC 不相容的 C57BL/6（H-2^b）小鼠的骨髓（BM）细胞和脾细胞移植到经 8Gy 钴-60 致死性照射后的 BALB/c 小鼠体内，建立 aGVHD 小鼠模型，观察移植后 14 天和 28 天小鼠的总存活率、aGVHD 严重程度及外周血 MDSC 的变化。在移植物抗白血病模型中，小鼠移植 A20 细胞（3×10^5/只）。他们发现照射后接受 BM 移植的小鼠在 60 天内存活。而 BM+T 细胞组小鼠在 21 天左右出现严重的 aGVHD，如脱发、弓背、腹泻和死亡，60 天死亡率接近 100%。移植脐带间充质干细胞（BM+T+MSC 组）的小鼠症状较 BM+T 细胞组明显改善，皮肤、小肠和肝脏的病理学改变也较轻，近 40% 的小鼠存活 60 天以上。重要的是他们发现间充质干细胞不影响移植物抗白血病效应[10]。

在上海第六人民医院团队进行的脐带间充质干细胞治疗 aGVHD 的动物研究中，受体小鼠为 DBA/2（H-2K^d）品系；供体小鼠为 C57BL/6（H-2K^b）品系，提供骨髓和脾细胞。对 BA/2（H-2K^d）小鼠（受体小鼠）进行全身致死性照射后通过尾静脉注射来自 C57BL/6（H-2K^b）小鼠（供体小鼠）的 3×10^7 骨髓细胞和 1×10^7 脾细胞。实验组 24 小时内移植间充质干细胞，比较两组小鼠的生存率、体重、病理组织学变化和 aGVHD 评分。移植 30 天后间充质干细胞组有 60% 的小鼠存活。对照组 18 天内全部死亡。间充质干细胞可减轻异基因骨髓移植后的 aGVHD 症状，包括脱发、驼背、脸肿、腹泻和体重减轻。移植后第 7 天，aGVHD 小鼠在肝脏镜检中表现出典型的 aGVHD 变化，包括门区周围存在明显的肝淋巴细胞浸润、局部坏死和静脉淤滞。在肠道中也观察到 aGVHD 的特征性变化，包括与细胞凋亡相关的隐窝萎缩和严重的炎症细胞浸润。相比之下，7 天后间充质干细胞组的小鼠肝脏和肠道标本中很少炎症细胞浸润。此外，在移植后第 21 天，原来少量的炎症细胞浸润已经消失[11]。

在另外一个研究中,中国人民解放军总医院第五医学中心的团队发现当采用植物血凝素(phytohaemagglutinin,PHA)激活 T 细胞时,脐带间充质干细胞对 T 细胞增殖的抑制率达44.82%,而且抑制 IFN-γ 的分泌。他们在雄性 C57BL/6 小鼠和雌性 BALB/c 小鼠之间进行MHC 不匹配的小鼠移植。将雄性 C57BL/6 小鼠供体 SP 细胞和 BM 细胞输注到接受亚致死照射的雌性 BALB/c 小鼠体内。实验组在第 1 天同时静脉注射人脐带间充质干细胞。所有对照组小鼠均出现严重的 GVHD 症状,表现为驼背姿势、毛发暗淡、体重减轻和严重腹泻,并在 40 天内死亡。脐带间充质干细胞输注显著降低 aGVHD 的所有临床症状,提高移植小鼠存活率到 40%。与治疗组相比,对照组的肠道、皮肤和肝脏的 aGVHD 组织学损伤度更加严重[12]。

五、临床研究

Wu Kang Hsi 等在 2011 年第一次报道了脐带间充质干细胞在两名严重激素耐药的aGVHD 儿童患者中的应用[13]。第一位患者是一个 4 岁的男孩,他因严重再生障碍性贫血进行 6/6HLA 匹配的 allo-SCT。移植第 45 天患者出现 aGVHD,表现为呕吐、高胆红素血症及双腿和手臂斑丘疹,且类固醇治疗无效。作者给患者输注 4/6HLA 匹配的脐带间充质干细胞(3.3×10^6/kg),输注前 aGVHD 分级为Ⅳ级。输注间充质干细胞后第 2 天,腹泻程度减轻,第 6 天总胆红素浓度降至正常范围,第 7 天皮疹消退。第 28 天继续输注 3/6HLA匹配的脐带间充质干细胞(7.2×10^6/kg),6 天内症状完全消失。尽管继续给予环孢素,但在第二次脐带间充质干细胞输注后第 25 天出现Ⅳ级 aGVHD。患者接受第三次 3/6HLA匹配的脐带间充质干细胞输注(8.0×10^6/kg)。脐带间充质干细胞输注后 6 天症状完全消退。第三次输注后 2 个月环孢素剂量减少。移植后 12 个月所有免疫抑制药物停止使用,未发生 cGVHD。

第二位患者是一个 6 岁的急性淋巴细胞白血病男孩,移植了 2 个单位的 4/6HLA 相匹配的脐带血。第 21 天患者出现高胆红素血症和黄斑丘疹。他接受了 3/6HLA 匹配的脐带间充质干细胞(4.1×10^6/kg)治疗。5 天后 aGVHD 的临床表现消失。2 个月后环孢素减量,移植后 10 个月停用所有免疫抑制药物,未观察到 cGVHD。两名患者在每次输注脐带间充质干细胞期间或输注后均无副作用。

2012 年第三军医大学新桥医院报道了脐带间充质干细胞在 aGVHD 中的疗效及安全性。40 名激素耐药的 aGVHD 患者分为两组,脐带间充质干细胞组接受他克莫司 + 甲氨蝶呤(MTX)+ 脐带间充质干细胞治疗;常规治疗组仅接受他克莫司 + MTX 治疗。结果脐带间充质干细胞组治愈率及治疗有效率均高于常规治疗组。脐带间充质干细胞组和常规治疗组治疗起效的平均时间分别为(16.15 ± 6.34)天和(20.8 ± 6.94)天,差异不显著($P>0.05$);但治愈的平均时间分别为(25.5 ± 7.18)天和(30.4 ± 8.07)天,差异明显($P<0.05$)。脐带间充质干细胞

组无 1 例因感染死亡,输注脐带间充质干细胞过程中无不良反应[14]。

同年苏州大学附属第一医院团队报道了脐带间充质干细胞输注治疗 9 例激素耐药的 aGVHD 的安全性与疗效。19 例患者中Ⅱ度 aGVHD 2 例,Ⅲ度 aGVHD 5 例,Ⅳ度 aGVHD12 例。平均间充质干细胞输注总剂量为 $2.13 \times 10^6/kg$($0.60 \times 10^6/kg \sim 7.20 \times 10^6/kg$),每次输注细胞总数为 3×10^7 个。7 例患者输注 1 次,2 例患者输注 2 次,10 例患者输注 3 次及以上。11 例获得完全缓解,4 例获得部分缓解,4 例无效。未观察到输注相关的不良反应[15]。

2013 年,苏州大学附属第一医院在 5 例发生皮肤、肝脏和胃肠道Ⅲ～Ⅳ度 aGVHD 的儿童急性白血病患儿中进行脐带间充质干细胞治疗。患儿在此之前均接受过二线免疫抑制治疗,但无效。结果输注间充质干细胞后皮疹消退,肝功能恢复正常,胃肠道症状好转[16]。

2014 年厦门大学附属中山医院血液科报道了 10 例 allo-SCT 后发生 cGVHD 患者,常规免疫抑制治疗无效后给予脐带间充质干细胞治疗,治疗剂量 2×10^7 个细胞,每次 1 或 2 个剂量,每 2 周治疗 1 次。结果 4 例肺部 cGVHD 3 例显效,2 例皮肤型 cGVHD 1 例进步,1 例显效;4 例肝脏排斥患者 2 例显效,2 例无效,治疗总有效率 70%[17]。

中国人民解放军总医院第七医学中心回顾性研究了 37 例接受 allo-SCT 和随后输注脐带间充质干细胞的小儿重型再生障碍性贫血(SAA)患者的结局。脐带间充质干细胞剂量为 $1.0 \times 10^6/kg$。严重 GVHD 患者增加脐带间充质干细胞输注次数和剂量。所有患者均接受人脐带间充质干细胞输注。移植后中性粒细胞计数大于 $0.5 \times 10^9/L$ 的中位时间为 14 天(11~20 天),血小板计数大于 $20 \times 10^9/L$ 的中位时间为 19 天(14~29 天)。aGVHD 发生率为 45.9%(17/37)。aGVHD 发作中位时间为移植后 47 天(15~83 天)。cGVHD 发生率为 18.9%(7/37),其中 10.8%(4/37)是由 aGVHD 发展而来。GVHD 相关死亡率为 18.9%(7/37),aGVHD 特异性死亡率为 8.1%(3/37)。中位总生存期 35 个月(9~67 个月),3 年总生存率 74.2%(28/37)。7 例死于移植物抗宿主病,1 例死于严重侵袭性真菌感染,1 例死于肾功能衰竭。总之,移植后脐带间充质干细胞输注是安全的[18]。

2015 年苏州大学附属儿童医院团队报道 10 例血液病患儿 allo-SCT 后出现 aGVHD,在激素加免疫抑制剂治疗效果不佳的基础上予脐带间充质干细胞输注治疗,10 例患儿 aGVHD 症状均达到不同程度的缓解[19]。同年,同济医科大学协和医院报道了应用脐带间充质干细胞治疗 allo-SCT 后难治性 GVHD 患者 24 例。结果表明脐带间充质干细胞输注后 GVHD 症状明显减轻,原发疾病复发率及移植相关并发症无明显增加。$CD3^+$、$CD3^+CD4^+$ 和 $CD3^+CD8^+$ 细胞数量明显减少,NK 细胞数量不变,Treg 细胞数量增加,4 周达高峰;成熟 DC 数量减少,TNF-α 和 IL-17 水平下降,2 周达谷底[20]。

2018 年中国人民解放军海军总医院儿科报道了脐带间充质干细胞治疗儿童 allo-SCT 后难治性 aGVHD 的疗效及安全性。5 例难治性 aGVHD 患儿,男 1 例,女 4 例;年龄 1 岁 6 个月~15岁,原发病为再生障碍性贫血(AA)2例,急性非淋巴细胞白血病(AML-M2-CR2)1例,急性淋巴细胞白血病(ALL-高危 CR1)1例,骨髓增生异常综合征(MDS)1例。3例行同胞 HLA 全相合外周血造血干细胞移植,1例行母供女单倍体骨髓+外周血造血干细胞移植(HLA 3/6 位点相合),1例行父供女单倍体骨髓+外周血造血干细胞移植(HLA 3/6 位点相合)。1例用环孢素+甲氨蝶呤预防 GVHD,其余用抗胸腺细胞球蛋白+环孢素+吗替麦考酚酯+甲氨蝶呤预防 GVHD。5例均出现难治性 aGVHD,给予 3~5 种药物治疗效果差后分别给予输注 2、3 次脐带间充质干细胞,1次/周,输注细胞数量为(1.5~2.0)×10^6/kg。结果 5例难治性 aGVHD 患儿均出现好转,总体反应率为 100%,其中 2 例痊愈出院,1 例病情反复放弃治疗后死亡,另外 2 例因 aGVHD 复发后出现血栓性微血管性疾病而死亡。随访 2 年,2 例无病存活,无肿瘤发生,原发病无复发[21]。

2020 年苏州大学附属儿童医院回顾性分析了 2014 年 2 月—2018 年 12 月行 allo-SCT 术后发生激素耐药的 aGVHD 的患儿临床资料 59 例,根据治疗过程中是否接受脐带间充质干细胞治疗分为脐带间充质干细胞组(n=33)和常规组(n=26)。脐带间充质干细胞组静脉输注平均细胞数为 1.70×10^6/kg(0.43×10^6/kg~5.78×10^6/kg),平均次数为 2 次(1~5 次),均未见输注相关的不良反应。与常规组相比,脐带间充质干细胞组在治疗 aGVHD 的改善中位时间上更短(12 天 vs 18 天,P<0.05);2 组之间在治疗 aGVHD 的治愈时间,皮肤、肝脏、胃肠道疗效的总体反应率,单器官和多器官受累的 aGVHD 疗效的完全缓解率差异均无统计学意义。结合生存曲线,脐带间充质干细胞和常规组患儿生存率无明显差异[22]。

国外脐带间充质干细胞治疗 aGVHD 的临床研究比较少。在一项研究中,脐带间充质干细胞和纤维蛋白基质被用于 aGVHD 的皮损患儿的伤口局部治疗。9 例患者共应用 14 次脐带间充质干细胞-纤维蛋白基质复合创面敷料。第 7 天进行上皮化及临床疗效评价。结果 6例(43%)完全缓解,1例(7%)部分缓解,7例(50%)无缓解[23]。

2016 年,Boruczkowski 等人报道了脐带间充质干细胞用于治疗 10 例激素耐药 GVHD 患者(7 例为 aGVHD,3 例为 cGVHD)。4 例 aGVHD 和 2 例 cGVHD 患者经 1~3 次间充质干细胞输注,平均剂量为 1.5×10^6/kg。6 例有效,其中 5 例(83.3%)存活;4 例无效者中只有 1 例(25%)存活。有效组 2 例 GVHD 完全缓解,4 例症状减轻,免疫抑制剂量减低。未观察到严重不良反应。他们发现治疗结果似乎与输注脐带间充质干细胞次数无关,而输注时间对治疗结果至关重要[24]。

在 2020 年发表的一项Ⅰ期临床研究中,对 10 例新发高危或激素耐药的 aGVHD 患者进行了脐带间充质干细胞的治疗。脐带间充质干细胞在第 0 天和第 7 天静脉注射(低剂量组,2×10^6/kg,n=5;高剂量组,10×10^6/kg,n=5)。在首次输注前 1 天和第 14 天分别检测血清致瘤性抑制蛋白 2(suppression of tumorigenicity 2,ST2)和再生胰岛衍生蛋白 3α(regenerating islet-derived protein 3 alpha,REG3α)水平。低剂量或高剂量组均未见输注相关毒性或异位组织形成。在第 28 天总有效率为 70%，10 例患者中有 4 例有完全反应，3 例有部分反应。在研究第 90 天，在 9 名存活患者中 2 名患者需要增加免疫抑制治疗。第 100 天和第 180 天的患者术后生存率分别为 90% 和 60%。血清生物标志物 REG3α 降低，尤其是在高剂量组，且与临床反应相关[25]。

六、胞外小泡

不同细胞分泌的细胞外囊泡（extracellular vesicle，EV）有不同的生物学特性。在过去 10 年里，有证据表明细胞外囊泡具有部分来源细胞的生物活性。细胞外囊泡可以从体液或细胞培养上清液中获取。细胞外囊泡包括直径为 50~150nm 的小细胞外囊泡（也称为外泌体）和较大的微泡（可达 1 000nm）。这种非细胞的"细胞疗法 2.0"有助于规避含有活细胞的生物疗法的复杂工艺和质量控制问题，同时避免细胞潜在的副作用。体外和体内实验证据表明脐带间充质干细胞来源的细胞外囊泡具有脐带间充质干细胞相似的免疫调节作用[26,27]。

脐带间充质干细胞分泌的细胞外囊泡富含程序性死亡配体 1（PD-L1）。在 aGVHD 患者中观察脐带间充质干细胞输注后外周血 PD-L1 快速增加。此外，体外实验中加入抗体中和 PD-L1 后细胞外囊泡即不再抑制 T 细胞，说明细胞外囊泡来源的 PD-L1 发挥了抑制作用[28]。

脐带间充质干细胞释放的细胞外囊泡（UC-MSC-EV）可以预防 allo-SCT 移植小鼠模型的 aGVHD。受体 BALB/c 小鼠接受 X 射线全身照射 4~6h 后输注 6×10^6 供体 C57BL/6 小鼠 BM 细胞和 3×10^6 SP 细胞重建造血系统和诱导 aGVHD。移植后第 0 天和第 7 天注射 200μg 脐带 MSC-EV。结果显示，UC-MSC-EV 可减轻 aGVHD 的表现及相关组织学改变，显著降低受体小鼠的死亡率。接受脐带 MSC-EV 治疗的小鼠 $CD3^+CD8^+T$ 细胞的百分比和绝对数显著降低；血清 IL-2、TNF-α 和 IFN-γ 水平降低；血清 IL-10 水平升高。体外实验表明脐带 MSC-EV 对有丝分裂原诱导的脾细胞增殖具有剂量依赖性的抑制作用，而且移植细胞因子的分泌[29]。为了探讨脐带间充质干细胞是否可以通过细胞外囊泡相关 PD-L1 起效，研究者在他们中心的一项临床试验中检测了输注脐带间充质干细胞的 aGVHD 患者血浆样本中细胞外囊泡和 PD-L1 水平[29]。间充质干细胞输注后 1 小时，所有细胞外囊泡亚群，包括 $CD63^+CD81^+$、$CD63^+CD9^+$ 和 $CD9^+CD81^+$，均在输注后显著增加。与给药前血浆水平相比，脐带间充质干细胞输注后 30min 血浆 PD-L1 水平升高 50%。输注后 1~8h 血浆 PD-L1 水平随时间下降，然而与基线水平相比仍然较高。此外，研究人员观察到多次输注和高细胞剂量的患者血浆 PD-L1 水平也更高。因此，体内的研究结果表明，在 aGVHD 患者中细胞外囊泡相关 PD-L1 可能是脐带间充质干细胞发挥免疫抑制的成分。

七、小结

间充质干细胞是治疗 aGVHD 的选择之一。大多数病例系列报告了良好的结果。在大多数研究中应用的是人骨髓来源的骨髓间充质干细胞。不同试验中间充质干细胞输注的数量以及间充质干细胞的剂量变化很大。Trento 等人[30]通过问卷调查分析了 17 个欧洲血液和骨髓移植中心的数据。88% 的中心生产骨髓间充质干细胞,只有 2 个中心生产脐带间充质干细胞。研究之间结果差异明显,可能和每个研究中脐带间充质干细胞的制备方法不同有关。将来有必要在全球范围内制定标准的制备方法和检验标准,促进脐带间充质干细胞的产业化和临床应用。

(廖联明)

参考文献

[1] GRATWOHL A,HERMANS J,APPERLEY J,et al. Acute graft-versus-host disease:grade and outcome in patients with chronic myelogenous leukemia. Working Party Chronic Leukemia of the European Group for Blood and Marrow Transplantation [J]. Blood,1995,86(2):813-818.

[2] PAVLETIC S Z,FOWLER D H. Are we making progress in GVHD prophylaxis and treatment? [J] Hematology Am Soc Hematol Educ Program,2012,2012:251-264.

[3] BLANC L K,RASMUSSON I,SUNDBERG B,et al. Treatment of severe acute graft-versus-host disease with third party haploidentical mesenchymal stem cells [J]. Lancet,2004,363(9419):1439-1441.

[4] NEKANTI U,RAO V B,BAHIRVANI A G,et al. Long-term expansion and pluripotent marker array analysis of Wharton's jelly-derived mesenchymal stem cells [J]. Stem Cells Dev,2010,19(1):117-130.

[5] DEUSE T,STUBBENDORFF M,QUAN K T,et al. Immunogenicity and immunomodulatory properties of umbilical cord lining mesenchymal stem cells [J]. Cell Transplant,2011,20(5):655-667.

[6] WEISS M L,ANDERSON C,MEDICETTY S,et al. Immune properties of human umbilical cord Wharton's jelly-derived cells [J]. Stem Cells,2008,26(11):2865-2874.

[7] SELMANI Z,NAJI A,ZIDI I,et al. Human leukocyte antigen-G5 secretion by human mesenchymal stem cells is required to suppress T lymphocyte and natural killer function and to induce regulatory T cells [J]. Stem Cells,2008,26(1):212-222.

[8] TIPNIS S,VISWANATHAN C,MAJUMDAR A S. Immunosuppressive properties of human umbilical cord-derived mesenchymal stem cells:role of B7-H1 and IDO [J]. Immunol Cell Biol,2010,88(8):795-806.

[9] CHE N,LI X,ZHOU S L,et al. Umbilical cord mesenchymal stem cells suppress B-cell proliferation and differentiation [J]. Cell Immunol,2012,274(1/2):46-53.

[10] YANG S,WEI Y X,SUN R,et al. Umbilical cord blood-derived mesenchymal stromal cells promote myeloid-derived suppressor cell proliferation by secreting HLA-G to reduce acute graft-versus-host disease after hematopoietic stem cell transplantation [J]. Cytotherapy,2020,22(12):718-733.

[11] GUO J,YANG J,CAO G F,et al. Xenogeneic immunosuppression of human umbilical cord mesenchymal

stem cells in a major histocompatibility complex-mismatched allogeneic acute graft-versus-host disease murine model [J]. Eur J Haematol, 2011, 87 (3): 235-243.

[12] ZHANG H, TAO Y L, LIU H H, et al. Immunomodulatory function of whole human umbilical cord derived mesenchymal stem cells [J]. Mol Immunol, 2017, 87 (2): 293-299.

[13] WU K H, CHAN C K, TSAI C, et al. Effective treatment of severe steroid-resistant acute graft-versus-host disease with umbilical cord-derived mesenchymal stem cells [J]. Transplantation, 2011, 91 (12): 1412-1416.

[14] 文钦, 陈幸华, 高蕾, 等. 人脐带间充质干细胞治疗移植物抗宿主病的临床观察 [J]. 中国输血杂志, 2012, 25 (2): 123-126.

[15] 陈广华, 杨婷, 田竑, 等. 脐带间充质干细胞治疗糖皮质激素耐药的严重型急性移植物抗宿主病 19 例分析 [J]. 中华血液学杂志, 2012, 33 (4): 303-306.

[16] 乔淑敏, 陈广华, 王易, 等. 脐带间充质干细胞治疗儿童异基因造血干细胞移植后急性移植物抗宿主病疗效观察 [J]. 中国实验血液学杂志, 2013, 21 (3): 716-720.

[17] 黄英丹, 肖翠容, 林进宗, 等. 脐带来源间充质干细胞治疗异基因造血干细胞移植后慢性移植物抗宿主病 [J]. 中国组织工程研究, 2014, 18 (50): 8093-8097.

[18] SI Y J, YANG K, QIN M Q, et al. Efficacy and safety of human umbilical cord derived mesenchymal stem cell therapy in children with severe aplastic anemia following allogeneic hematopoietic stem cell transplantation: a retrospective case series of 37 patients [J]. Pediatr Hematol Oncol, 2014, 31 (1): 39-49.

[19] 郑莹, 王易, 翟宗, 等. 人脐带间充质干细胞治疗急性移植物抗宿主病的疗效观察 [J]. 中国当代儿科杂志, 2015, 12 (8): 869-872.

[20] WU Q L, LIU X Y, NIE D M, et al. Umbilical cord blood-derived mesenchymal stem cells ameliorate graft-versus-host disease following allogeneic hematopoietic stem cell transplantation through multiple immunoregulations [J]. J Huazhong Univ Sci Technolog Med Sci, 2015, 35 (4): 477-484.

[21] 章波, 栾佐, 唐湘凤, 等. 人脐带间充质干细胞治疗儿童异基因造血干细胞移植后难治性急性移植物抗宿主病的疗效 [J]. 中华实用儿科临床杂志, 2018, 33 (3): 203-207.

[22] 汪洁, 胡绍燕, 何海龙, 等. 脐带间充质干细胞治疗激素难治性急性移植物抗宿主病的临床观察 [J]. 中国输血杂志, 2020, 33 (10): 1059-1063.

[23] AKÇAY A, ATAY D, YILANCI M, et al. The use of umbilical cord-derived mesenchymal stem cells seeded fibrin matrix in the treatment of stage Ⅳ aGVHD skin lesions in pediatric hematopoietic stem cell transplant patients [J]. J Pediatr Hematol Oncol, 2021, 43 (3): e312-e319.

[24] BORUCZKOWSKI D, GŁADYSZ D, RUMIŃSKI S, et al. Third-party Wharton's jelly mesenchymal stem cells for treatment of steroid-resistant acute and chronic graft-versus-host disease: a report of 10 cases [J]. Turk J Biol, 2016, 40 (2): 493-500.

[25] SODER R P, DAWN B, WEISS M L, et al. A phase I study to evaluate two doses of Wharton's Jelly-derived mesenchymal stromal cells for the treatment of de novo high-risk or steroid-refractory acute graft versus host disease [J]. Stem Cell Rev Rep, 2020, 16 (5): 979-991.

[26] MAO F, WU Y B, TANG X D, et al. Exosomes derived from human umbilical cord mesenchymal stem cells relieve inflammatory bowel disease in mice [J]. Biomed Res Int, 2017, 2017: 5356760.

[27] MONGUIÓ-TORTAJADA M, ROURA S, GÁLVEZ-MONTÓN C, et al. Nanosized UCMSC-derived

extracellular vesicles but not conditioned medium exclusively inhibit the inflammatory response of stimulated T cells：implications for nanomedicine[J]. Theranostics，2017，7（2）：270-284.

[28] LI M Z，SODER R，ABHYANKAR S，et al. WJMSC-derived small extracellular vesicle enhance T cell suppression through PD-L1[J]. J Extracell Vesicles，2021，10（4）：e12067.

[29] WANG L，GU Z Y，Zhao X L，et al. Extracellular vesicles released from human umbilical cord-derived mesenchymal stromal cells prevent life-threatening acute graft-versus-host disease in a mouse model of allogeneic hematopoietic stem cell transplantation[J]. Stem Cells Dev，2016，25（24）：1874-1883.

[30] TRENTO C，BERNARDO M E，NAGLER A，et al. Manufacturing mesenchymal stromal cells for the treatment of graft-versus-host disease：a survey among Centers Affiliated with the European Society for Blood and Marrow Transplantation[J]. Biol Blood Marrow Transplant，2018，24（11）：2365-2370.

第九节　干细胞治疗糖尿病的临床研究进展

胰岛 β 细胞功能衰竭和胰岛素抵抗是导致糖尿病发生发展的主要机制,目前的抗糖尿病药物没有针对糖尿病发病的关键环节进行治疗,只能解除或缓解症状,延缓疾病进展,不能从根本上治愈该疾病。干细胞通过促进胰岛 β 细胞原位再生,提高胰岛 β 细胞自噬能力、调节胰岛巨噬细胞功能、修复受损的胰岛 β 细胞以改善胰岛 β 细胞功能;通过多种途径活化骨骼肌、脂肪和肝脏胰岛素受体底物-1（insulin receptor substrate-1，*IRS-1*）-*AKT-GLUT4* 信号通路,改善外周组织胰岛素抵抗,为糖尿病的精准治疗提供了新方向。研究者针对不同来源的干细胞,使用不同输注方式对 1 型糖尿病（type 1 diabetes mellitus，T1DM）和 2 型糖尿病（type 2 diabetes mellitus，T2DM）开展了系列治疗研究,取得了良好的临床疗效,且未发生严重不良反应,为干细胞治疗糖尿病的临床应用奠定了基础。

一、糖尿病的发病机制及面临的挑战

随着人们生活水平的提高及生活方式的改变,我国糖尿病患病率飞速增长。最新的研究数据表明,2013 年我国成人糖尿病患病率为 10.9%,糖尿病前期为 35.7%,其中糖尿病的知晓率仅为 36.5%,只有 32.2% 的患者接受治疗,且接受治疗的患者中仅有 49.2% 的患者糖化血红蛋白（glycosylated hemoglobin，HbA1c）得到了有效控制（<7%）[1]。我国已成为名副其实的全球"糖尿病大国"。糖尿病慢性并发症严重影响了人们身体健康和生活质量,由此产生的巨额医疗费用也给国民经济带来了巨大压力,有效控制和治疗糖尿病已成为一件刻不容缓的战略任务。胰岛 β 细胞功能减退和胰岛素抵抗是糖尿病发病的主要病理机制,但具体机制仍不明确。传统的治疗主要目标是将血糖控制在正常范围内,减少并发症的发生,但均不是直接针对病因进行的治疗。当前的药物治疗很难从根本上阻

止β细胞功能性下降,纠正胰岛素抵抗发生的病理因素,对于某些单基因突变导致的糖尿病也缺乏基因治疗的方法。强化血糖控制可以减少微血管并发症的发生,但并不能显著减少大血管并发症的发生。因此在糖尿病的治疗中有效控制并维持血糖稳定,缓解和阻止β细胞功能进行性恶化,从根本上纠正胰岛素抵抗,改善微血管及大血管并发症的发生是糖尿病治疗面临的主要挑战。20世纪初,有学者设想通过胰腺移植治疗糖尿病[2],但因供体缺乏和移植后免疫排斥问题制约了其广泛应用,因此寻找合适的胰岛细胞再生修复方法非常必要。近年来干细胞基础与临床前应用研究的进展为这一问题的解决带来了希望。

二、干细胞治疗糖尿病的机制

(一)干细胞体外定向分化为胰岛素分泌细胞

由于间充质干细胞具有多向分化潜能,许多科学家致力于将间充质干细胞体外诱导分化为胰岛素分泌细胞(insulin-producing cell,IPC)。2004年韩国学者将大鼠胰腺提取液加入到大鼠骨髓间充质干细胞的培养基中可诱导骨髓间充质干细胞形成胰岛样结构,使其表达 *Pax4*、*Nkx6.1* 等基因并分泌胰岛素,并且20mmol/L的高糖刺激可使该诱导产物胰岛素分泌增加0.25~0.58ng/ml,说明骨髓间充质干细胞体外诱导分化的IPC对高糖具有一定反应性[3]。此后,我国也有学者在这一领域开展了相关研究。2010年,中国台湾学者采用了阶段诱导的方法(首先在培养基中加入神经生长因子β、activin-A、烟酰胺以及表皮生长因子,培养7天;此后换作无血清培养基,培养7天;最后加入烟酰胺,胰岛素-转铁蛋白-硒以及成纤维细胞生长因子,再培养17天)将人脐带来源的间充质干细胞体外诱导为IPC[4];将该方法诱导的IPC植入非肥胖糖尿病/重症联合免疫缺陷(NOD/SCID)小鼠肾脏包膜下,可有效降低小鼠血糖,且在小鼠血清中检测到人源C肽。2014年,中国大陆学者采用类似的阶段培养策略,但将贴壁培养调整为悬浮培养,将人源的骨髓间充质干细胞体外诱导产生IPC,结果显示诱导产物能够更好地聚集形成团簇样结构,大大增加了诱导效率[5]。2016年,有学者对诱导方法进行了优化调整,采用三步诱导法(第一阶段,人源骨髓间充质干细胞在含5%胎牛血清(fetal bovine serum,FBS)的高糖培养基中培养15天;第二阶段,在含有5%FBS和20μmol/L烟酰胺低糖培养基中培养7天;第三阶段,将10μmol/Exendin-4加入阶段2培养的培养基中,再进行7天的孵化)将人源骨髓间充质干细胞体外诱导分化为IPC,结果显示43%的诱导产物在高糖刺激下,可以产生与人胰岛细胞类似的钙离子内流,提示此种诱导方法生成的IPC功能更为成熟[6]。但众所周知,胚胎干细胞体外诱导为IPC是通过模拟胚胎干细胞体内发育的过程而完成的。与之相比,将间充质干细胞诱导为IPC,没有体内线索可以依从,因此目前的诱导方法极为多样化,可重复性极弱,诱导效率低,细胞成分混杂,细胞成熟度有限,高糖刺激下并不能很好地分泌胰岛素以及 C 肽[7]。近几年北京大学干细胞中心团队将成体脂肪细胞创新性的使用化学小分子实现体细胞重编程获得诱导性多能干细胞，进而将其分化为胰岛细胞，该方法诱导效率高、诱导体系稳定。团队以 4 只 T1DM 恒河猴模型作为实验对象，行经肝门静脉移植该干细胞来源的 IPC 的临床前研究。结果显示，所有受试动物均表现出空腹血糖下降，餐后 C 肽在移植后第 8 周由造模后的 0.09ng/ml 升至 0.37ng/ml，外源性胰岛素用量平均减少 49%，HbA1c 由移植前的 7.2% 下降到移植 3 个月后的 5.4%。安全性方面，2 只模型猴分别出现淋巴组织增生性疾病，以及结肠出血并导致死亡。并发症考虑与免疫抑制剂的大量应用有关。该方法获得的 IPC 已于近期开展了第一例人体手术，首位受试者的空腹 C 肽水平由术前的无法测出增加至术后 0.31ng/ml；在术后的第 10 天，每日胰岛素需求量降至移植前的一半。综上，尽管间充质干细胞体外诱导分化为 IPC 取得了些许进展，但仍需要进一步优化诱导方案，提高诱导效率，并进行相关临床试验验证其有效性及安全性。

（二）干细胞改善胰岛 β 细胞功能

间充质干细胞通过改善胰岛 β 细胞功能以降低血糖是目前普遍认可的理论假设。首先，间充质干细胞可促进 T1DM 和 T2DM 动物模型胰岛 β 细胞再生。无论是 T1DM 还是 T2DM 动物模型，尾静脉输注间充质干细胞后均可使动物随机血糖明显下降，空腹胰岛素及 C 肽水平升高，胰岛 β 细胞数量较对照组明显增加，说明间充质干细胞输注能够促进 T1DM 及 T2DM 小鼠或大鼠胰岛 β 细胞再生[8,9]。间充质干细胞促进胰岛 β 细胞再生的可能机制包括：①间充质干细胞归巢至胰腺并分化为 IPC。间充质干细胞具有向损伤组织归巢的能力，有研究者认为输注的间充质干细胞可归巢至受损胰腺并在体内分化为胰岛 β 细胞。但在糖尿病动物模型中，输注入体内的间充质干细胞归巢到胰腺的数量极少，远不足以解释细胞治疗后诱发的大量新生 β 细胞[10]，在这极少量归巢到胰腺的干细胞中，又仅有一小部分能直接分化为 IPC，而这部分细胞数量太少，同样不可能是再生 β 细胞的主要来源[11]。因此，间充质干细胞促进胰岛 β 细胞再生并非依靠干细胞的自身分化。②间充质干细胞促进胰岛 β 细胞的原位再生。在多次小剂量链脲菌素（streptozotocin，STZ）诱导的 T1DM 模型中，研究者发现间充质干细胞输注后，新生的胰岛细胞团邻近胰腺导管，推测导管细胞可能是 β 细胞原位再生的主要来源[8]。而中国人民解放军总医院母义明团队未发表数据证明，在单次大剂量 STZ 诱导的 T2DM 大鼠模型中，间充质干细胞通过促进糖尿病大鼠胰岛内 α 细胞重编程为 β 细胞而实现胰岛的原位再生，进而使血糖达到稳步而持久的改善。T2DM 中，长期的高糖、高脂环境以及慢性炎症状态会导致 β 细胞去分化为 α 细胞，母义明团队未发表的数据显示，间充质干细胞输注可以通过阻断 T2DM 大鼠模型中这一过程的发生或促进去分化 β 细胞再分化为 β 细胞，从而增加 β 细胞的数量。其次，间充质干细胞可以修复 T1DM 和 T2DM 动物模型受损的胰岛 β 细胞功能。在 T1DM 模型非肥胖糖尿病小鼠中,间充质干细胞的输注减少了胰岛中 Th1 型 T 细胞的浸润,从而减少了 IFN-γ 的分泌,同时增加调节型 T 细胞的比例,从而减少 β 细胞破坏,维持 β 细胞中 *PDX-1* 的表达,改善 β 细胞功能[12,13]。体外试验将间充质干细胞与 CD4⁺T 细胞共培养(细胞与细胞接触),观察到与 CD4⁺T 细胞单独培养相比,CD4⁺CD25⁺Foxp3⁺ 调节型 T 细胞比例增加,复制率显著提升。而在"transwell"系统中进行细胞共培养,这种效应被部分削弱,表明细胞间的接触介导了这一过程。同时,间充质干细胞可以表达高水平程序性细胞死亡蛋白配体-1(programmed death-ligand 1,PD-L1),其在调节型 T 细胞的发育和功能维持中起到重要作用。抑制 PD-L1 的作用妨碍了与间充质干细胞共培养的 CD4⁺CD25⁺Foxp3⁺ 调节型 T 细胞的增殖,证实间充质干细胞分泌 PD-L1 在间充质干细胞诱导调节型 T 细胞扩增/维持中的作用。在 T2DM 的发展过程中,长期的高糖、高脂环境直接或间接通过慢性炎症损伤胰岛 β 细胞功能。体外试验表明间充质干细胞可以促进高糖培养条件下 INS-1 细胞自噬体和自噬溶酶体的结合,加速受损线粒体的清除,调节线粒体功能,减少 INS-1 细胞凋亡,改善 INS-1 细胞胰岛素的分泌[14]。经氯喹抑制自噬体和自噬溶酶体的结合,间充质干细胞抑制 β 细胞凋亡,改善 β 细胞功能的效应被大大抑制。体内试验同样证实间充质干细胞输注可提高 T2DM 大鼠 β 细胞中自噬体和自噬溶酶体的融合,从而使 β 细胞功能改善。此外,间充质干细胞促进 T2DM 大鼠胰岛中的巨噬细胞从促炎表型(M1)向抗炎表型(M2)极化,减少促炎因子、增加抗炎细胞因子的释放,来修复受损的胰岛 β 细胞功能[15]。综上,间充质干细胞可通过促进胰岛 β 细胞再生和修复受损胰岛 β 细胞两方面来改善胰岛 β 细胞功能。

(三) 干细胞改善胰岛素抵抗

胰岛素抵抗也是糖尿病发病的重要机制之一,此机制在干细胞治疗糖尿病领域长期被忽视,解放军总医院内分泌科联合基础研究所在干细胞改善胰岛素抵抗方面做了系列工作,2012 年在 *Diabetes* 杂志上撰文首次提出并证实了干细胞改善胰岛素抵抗的假设[16]:STZ 诱导的 T2DM 大鼠模型分别在第 7 天和第 21 天输注骨髓间充质干细胞,输注后第 7 天大鼠血糖较输注前显著下降,但输注后第 14 天血糖再次升高,输注后第 21 天再次输注后大鼠血糖持续下降,且下降幅度大于第一次输注,通过大鼠静脉葡萄糖耐量试验及葡萄糖钳夹试验证实,在输注早期骨髓间充质干细胞可以通过改善胰岛 β 细胞功能和改善外周靶组织胰岛素抵抗两种机制缓解大鼠高血糖状态,而输注晚期则主要通过改善外周组织胰岛素抵抗来达到长期血糖控制目的。通过对大鼠胰岛素靶组织胰岛素信号通路相关蛋白的检测证实骨髓间充质干细胞通过活化骨骼肌、脂肪和肝脏 *IRS-1-AKT-GLUT4* 信号通路改善外周组织胰岛素抵抗而达到降低血糖目的。后续的机制研究表明脐带间充质干细胞通过分泌 IL-6,上调巨噬细胞 IL-4 受体表达,提高下游 *STAT6* 磷酸化水平,从而促进促炎表型巨噬细胞(M1 型)向抗炎表型巨噬细胞(M2)极化。经间充质干细胞共培养的巨噬细胞激活脂肪细

胞中 *PI3K-AKT* 表达,改善其胰岛素抵抗[17]。体内试验证实 UCMSC 输注增加了脂肪组织中 M2 型巨噬细胞的比例,而通过小干扰 RNA 抑制间充质干细胞中 IL-6 表达,显著抑制脂肪组织中 M2 型巨噬细胞极化,从而很大程度上抑制间充质干细胞减轻脂肪组织胰岛素抵抗的效应。脂肪间充质干细胞通过激活 *AMPK* 磷酸化促进肝脏肝糖原合成并抑制肝糖原输出而改善肝脏胰岛素抵抗[18];此外脐带间充质干细胞还可通过下调 T2DM 大鼠肝脏和脂肪组织中慢性炎症小体 *NLRP3* 的表达,改善肝脏和脂肪组织的慢性炎症,激活 *PI3K-AKT* 的表达,改善大鼠的胰岛素抵抗[19]。上述研究结果为干细胞治疗糖尿病奠定了新的理论基础。

三、干细胞治疗糖尿病的临床研究

(一) 干细胞治疗 T1DM 的临床研究

T1DM 占糖尿病总数的 5%~10%,是青少年儿童时期最为流行的自身免疫性疾病,是 T 淋巴细胞介导的自身免疫反应,攻击胰岛 β 细胞使其丧失分泌胰岛素功能所致,需终生依赖胰岛素治疗,并发症发生早且严重,致死致残率高,目前主要采用胰岛素治疗。胰腺和胰岛移植曾被用于临床治疗糖尿病,且证实有效,但因供体缺乏和移植后免疫排斥问题制约了其广泛应用。造血干细胞通过免疫清除、免疫重建和免疫调节功能改善 T1DM 患者胰岛 β 细胞功能及血糖控制,使部分 T1DM 病患者暂时停用胰岛素或减少胰岛素使用量。

2007 年 Voltarelli 等发表在 *JAMA* 杂志的研究结果显示,15 例不伴糖尿病酮症酸中毒的新诊断 T1DM 患者(病程小于 6 周)采用大剂量免疫抑制剂后进行非清髓自体造血干细胞移植(autologous hematopoietic stem cell transplantation,AHSCT)治疗,14 例患者停用外源性胰岛素,其中 1 例患者停用胰岛素时间为 25 个月,4 例患者为 21 个月,7 例患者为 6 个月,另外两例患者分别为 1 个月和 5 个月。接受造血干细胞治疗后患者 6 个月 C 肽曲线下面积较前明显升高,且在 12 周和 24 周后维持不变,提示造血干细胞通过改善胰岛 β 细胞功能改善了 T1DM 患者的高血糖。试验过程中仅有 1 例患者发生了非细菌性双侧肺炎,无患者死亡,该研究开创了 AHSCT 治疗 T1DM 的先河[20]。2012 年南京大学医学院附属鼓楼医院的实验结果显示,13 例初诊(病程小于 1 年,10 例有糖尿病酮症酸中毒)的 T1DM 患者,经自体非清髓 AHSCT 治疗后,11 例患者外源性胰岛素用量明显减少且血糖控制达标,其中 3 例患者停用外源性胰岛素,停用时间分别为 7 个月(后来复用胰岛素为半量)、3 年和 4 年。作者认为该效应为 AHSCT 通过调节免疫活性细胞改善胰岛 β 细胞功能而实现。所有受试者在干细胞活化及免疫抑制时出现轻度药物相关细胞毒性的恶心、呕吐、发烧、脱发等,后自行缓解,仅有一例患者 AHSCT 治疗后 6 个月出现伴有高滴度抗甲状腺球蛋白抗体和抗过氧化物酶抗体的亚临床甲减[21]。同年,上海交通大学医学院附属瑞金医院的研究结果也显示静脉输注 AHSCT 治疗使 53.6% 的 T1DM 患者完全停用外源性胰岛素平均达 19.3 个月(随访时间为 4~24 个月),且起病时不伴酮症酸中毒的患者临床缓解率高于起病时伴有酮症酸中毒的患者(70.6% *vs* 27.3%)。非糖尿病酮症酸中毒组患者在静脉输注 AHSCT 后 1 个月空腹 C 肽、口服糖耐量试验后 C 肽峰值以及 C 肽曲线下面积均明显增加,且在 24 个月的随访中持续处于升高状态;而伴有糖尿病酮症酸中毒组患者的空腹 C 肽及口服糖耐量试验后 C 肽峰值仅分别在输注后 18 个月和 6 个月能观察到。同样多数患者在使用药物行干细胞活化及免疫抑制后出现发热、中性粒细胞减少、恶心、呕吐、脱发及骨髓抑制等症状,没有严重的急性药物中毒、感染及器官损伤发生,上述症状在 AHSCT 输注后 2~4 周逐渐消失,整个试验过程中无患者死亡,且有 1 例患者在治疗后 1 年妊娠并分娩 1 名健康女婴[22]。2012 年有研究者利用干细胞教育(表达胚胎细胞标记物的多能脐带血干细胞)的方式治疗 15 例平均病程为 8 年的 T1DM 患者,受试者分为残存胰岛 β 细胞组(A 组),胰岛 β 细胞耗竭组(B 组)和对照组(C 组),结果显示 A 组干细胞治疗后胰岛素用量减少了 38%,B 组减少了 25%,C 组无变化,胰岛素用量减少持续的时间为 24 周(随访的最长时间)。胰岛 β 细胞功能评估显示,A 组受试者空腹 C 肽治疗 12 周和 24 周后明显升高(高于正常空腹 C 肽的下限),75g 口服葡萄糖耐量试验 2h C 肽在治疗后 4 周和 12 周较治疗前明显升高;B 组受试者空腹 C 肽治疗后 12~24 周呈持续升高状态,75g 口服葡萄糖耐量试验 2h C 肽在治疗后 12~40 周呈持续升高状态(但均仍低于正常空腹 C 肽的下限);C 组受试者治疗前后胰岛 β 细胞功能无明显变化。整个试验过程中除静脉穿刺部位有不适外,未发现其它不良反应。机制分析显示干细胞教育通过增加共刺激分子(主要是 CD28 和 ICOS)表达、增加 CD4+CD25+Foxp3+ Tregs 数量、恢复 Th1/Th2/Th3 细胞因子平衡调节免疫系统从而促进胰岛 β 细胞再生[23]。2013 年青岛大学医学院附属医院发表了为期 24 个月的脐带间充质干细胞治疗初发 T1DM 的随机、双盲、安慰剂对照临床研究,结果显示:试验组的 15 例受试者中 3 例停用胰岛素,8 例胰岛素减量 50% 以上,1 例患者胰岛素用量减少 15%~50%,另外 2 例患者胰岛素用量无变化;对照组 14 例患者中 7 例胰岛素用量增加 50%,另外 7 例增加 15%~45%。治疗组治疗后空腹血糖和餐后血糖的波动明显减少,而对照组空腹及餐后血糖均波动较大。治疗组空腹 C 肽及 C 肽/血糖在治疗 1 年后明显升高,后逐渐下降,但随访 2 年时仍高于基线;对照组空腹 C 肽及 C 肽/血糖随时间延长逐渐降低。治疗组在 2 年的时间内没有糖尿病酮症酸中毒发生,而对照组中有 3 例患者发生糖尿病酮症酸中毒。治疗组中谷氨酸脱羧酶抗体(Glutamate decarboxylase antibody,GADA)阳性的 11 例患者中有 6 例转阴,而对照组中 GADA 阳性的 10 例患者中有 3 例转阴,但两者无统计学差异。整个试验过程中无不良反应发生[24]。2014 年 D'Addio 等在国际糖尿病权威杂志 *Diabetes* 发表关于造血干细胞治疗 65 例 T1DM 患者的临床研究的荟萃分析,结果显示有 50% 患者在治疗后 6 个月内停用胰岛素;32% 患者在随访 4 年后依然免除胰岛素治疗;所有患者在 HbA1c 下降的同时伴有 C 肽水平的显著增高[25]。2016 年 Snarski

使用造血干细胞治疗 T1DM 患者,83% 的患者治疗后停用外源性胰岛素,平均停用时间为 31 个月,患者的糖化血红蛋白得到有效控制。但 1 例患者在免疫抑制过程中因严重感染死亡[26]。2016 年厦门大学福州总医院开展了脐带间充质基质细胞联合自体骨髓细胞经胰上动脉移植治疗 T1DM 患者的随机、对照开放性临床研究。结果显示:治疗 1 年后,口服葡萄糖耐量试验 C 肽曲线下面积(AUCC-Pep)试验组上升了 105.7%,对照组下降了 7.7%;胰岛素曲线下面积试验组上升了 49.3%,对照组下降了 5.7%;HbA1c 试验组下降了 12%,对照组上升了 1.2%;空腹血糖试验组下降了 24.4%,对照组仅下降了 4.3%;日胰岛素需要量试验组下降了 29.2%,对照组无变化。整个试验过程受试者耐受良好,无不良反应发生[27]。虽然国内干细胞治疗 T1DM 取得了很大进步,但仍有患者治疗无效或效果差,解放军总医院研究者分析了 AHSCT 治疗 T1DM 远期缓解的预测因素,结果显示受试者的远期缓解率与基础空腹 C 肽呈正相关,而与发病年龄及肿瘤坏死因子 α(tumor necrosis factor-α,TNF-α)呈负相关[28]。T1DM 发病年龄早,长期依赖胰岛素治疗,并发症出现早,患者生活质量差,干细胞治疗为 T1DM 患者带来了希望,但如何增加疗效,延长效应时间仍是我国医务工作者需要继续探讨的问题。针对干细胞治疗 T1DM 的临床研究总结见表 5-13。

目前已有数项利用衍生 IPC 的临床及临床前研究正在进行。Vertex 公司生产的胚胎干细胞来源的胰岛细胞—VX-880 走在了临床研究的最前列。在 2021 年公布的初步研究结果中(NCT04786262),经肝门静脉输注的干细胞诱导分化的 VX-880 细胞,可使 C 肽测不出、病程超过 40 年的 T1DM 男性受试者的 HbA1c 从基线时的 8.6% 降至 5.2%;葡萄糖目标范围内时间(time in range,TIR)从基线时的 40.1%,增加至 270 天后的 99.9%,并且不再需要外源性胰岛素,被誉为"T1DM 治愈第一人"。2023 年,美国糖尿病协会科学会议公布了接受 VX-880 治疗的另外 5 名受试者的数据。这些受试者的临床疗效良好且具有一致性;总体耐受性良好,无治疗相关的严重不良事件。接受干细胞诱导分化的胰岛细胞的 T1DM 受试者实现了阶段性的功能治愈。长期的疗效以及安全性仍需进一步观察。

(二) 干细胞治疗 T2DM 的临床研究

T2DM 患病率明显高于 T1DM,且较 T1DM 有更好的胰岛 β 细胞基础,对干细胞治疗的反应更好,因此 T2DM 患者更能从干细胞治疗中获益,国内外学者也针对干细胞治疗 T2DM 开展了系列研究。

2008 年 Estrada 首次报道骨髓间充质干细胞胰腺动脉注射联合高压氧治疗,使 25 例 T2DM 患者的 HbA1c 持续下降,且患者空腹 C 肽水平得到持续改善。15 例使用胰岛素的患者治疗后胰岛素用量逐渐减少,12 月后达到最低值;15 例患者中有 4 例停用胰岛素治疗。该研究开创了干细胞治疗 T2DM 的先河[29]。2009 年 Bhansali 单独使用胰腺动脉注射骨

表 5-13 干细胞治疗 1 型糖尿病临床试验总结

序号	研究类型	受试者数量	细胞种类	细胞数量	输注次数	输注方式	随访时间	主要终点	作者及通讯作者	作者单位	发表时间
1	开放、前瞻	15	AHSCT	$3.0 \times 10^6/kg$	1	静脉输注	36 个月	副作用、胰岛素用量	Júlio C. Voltarelli	University of São Paulo	2007 年
2	开放、前瞻	13	AHSCT	$(2.05 \sim 9.60) \times 10^6/kg$	1	静脉输注	42 个月	HbA1c、C 肽、自身抗体	Li LR,Zhu DL	南京大学医学院附属鼓楼医院	2012 年
3	开放、前瞻	28	AHSCT	—	1	静脉输注	24 个月	外源性胰岛素用量	Gu WQ,Ning G	上海交通大学医学院附属瑞金医院	2012 年
4	开放、双盲	15	干细胞教育器	—	1	教育器	24 周	空腹及胰岛素激后 C 肽	Zhao Y	University of Illinois Chicago	2012 年
5	随机、双盲	29	WJ-MSC	—	2	静脉输注	21 个月	空腹及餐后 C 肽	Hu JX,Wang Y	青岛大学青岛医学院	2013 年
6	开放、前瞻	24	AHSCT	$3.0 \times 10^6/kg$	1	静脉输注	52 个月	外源性胰岛素用量	E Snarski	Medical University of Warsaw	2016 年
7	随机、对照	42	UC-MSC	$1.1 \times 10^6/kg$	2	胰腺上动脉	12 个月	C 肽曲线下面积	Cai J,Tan J	中国人民解放军联勤保障部队第九○○医院	2016 年

髓间充质干细胞,使 10 例 T2DM 患者中的 7 例胰岛素用量减少超过 75%,3 例患者停用胰岛素治疗[30]。2011 年武汉市中心医院发表了自体骨髓间充质干细胞胰腺大动脉注射联合高压氧治疗年龄 33~62 岁的 31 例 T2DM 患者的研究结果:骨髓间充质干细胞治疗 30 天后 HbA1c 较治疗前下降 1.5%,但其后又有所回升直至 24 个月;空腹 C 肽仅在治疗 90 天后较基线有所上升,但其他时间均与基线无明显差异,此结果看似疗效并不理想,可能与试验初期细胞处理及患者选择没有优化有关[31]。同年,国家干细胞工程研究中心研究组使用胎盘来源的间充质干细胞(placental derived mesenchymal stem cell,PD-MSC)每月静脉输注 1 次,连续 3 次治疗 10 例 T2DM 患者,结果显示,接受治疗患者的日胰岛素总量从 63.7U 减少为 34.7U(4 例患者胰岛素用量减少 50%),且空腹 C 肽水平从 4.1ng/ml 上升至 5.6ng/ml,试验过程中无不良事件发生[32]。2012 年青岛大学医学院研究组将 118 例 T2DM 患者随机分为 2 组,一组接受自体骨髓单个核细胞(bone marrow mononuclear cell,BM-MNC)经导管胰腺注射,另一组接受胰岛素强化治疗,随访 33 个月。BM-MNC 治疗组(n=56)18 例受试者停用胰岛素,19 例受试者胰岛素用量减少 50%,9 例受试者胰岛素用量不变或减少小于 15%;对照组(n=62)40 例受试者胰岛素用量增加 50%。BM-MNC 治疗组的 HbA1c 及 C 肽水平较治疗前好转,且明显优于胰岛素强化组,试验过程中同样未发生近期及远期不良事件[33]。2014 年中国人民解放军联勤保障部队第九〇〇医院同样使用自体 BM-MNC(胰腺动脉输注)联合高压氧治疗 T2DM 取得良好疗效:80 例患者随机分为 BM-MNC 联合高压氧组、BM-MNC 治疗组、高压氧治疗组和常规药物治疗组,治疗 12 个月后,BM-MNC 联合高压氧组和 BM-MNC 治疗组组的 C 肽曲线下面积显著改善(分别比基线水平提高 34.0% 和 43.8%),而高压氧组 C 肽曲线下面积改善不明显。治疗 12 个月时,BM-MNC 联合高压氧组 HbA1c 下降 1.2%,BM-MNC 组下降 1.1%,但在高压氧组和对照组则无明显下降。治疗 3、6、9、12 个月时 BM-MNC 联合高压氧组和 BM-MNC 组胰岛素用量显著下降,高压氧组和对照组则无明显变化[34]。2014 年中国人民解放军总医院第三医学中心研究组使用脐带华通胶间充质干细胞(Wharton's Jelly-derived mesenchymal stem cell,WJ-MSC)静脉注射联合经导管胰腺注射治疗 22 例 T2DM 患者。结果显示,治疗后患者 HbA1c 从基线的 8.20% 下降至 3 个月后的 6.89%,随访至 12 个月时 HbA1c 仍稳定在 7.0%;空腹 C 肽治疗后 1 个月因胰腺损伤轻度下降,后逐渐上升,6 个月时达到高峰,12 个月时轻度回降,且空腹 C 肽水平与 CD3[+] T 淋巴细胞的数量下降有关,但口服葡萄糖耐量试验 2h C 肽治疗前后无明显差异。17 例接受胰岛素治疗的患者治疗后胰岛素用量逐渐下降;其中 7 例患者(41%)在治疗 2~6 个月后停用胰岛素,且患者在随访结束时仍不需要胰岛素治疗;5 例(29%)患者治疗后胰岛素减量超过 50%。5 例接受口服药治疗的患者口服药减量大于 50%,其中 1 例患者完全停用口服药[35]。山东大学第二医院研究组同样应用脐带间充质干细胞每 2 周静脉输注 1 次,连续 3 次治疗 18 例 T2DM

患者,该研究将降糖药物或胰岛素的剂量减少超过 1/3,或胰岛素的剂量没有改变,但在随访的时间点血糖下降超过 20% 定义为有效,未达到疗效标准者定义为无效。结果显示,8 例治疗有效而 10 例无效;有效组和无效组之间的基线临床特征,如性别、年龄、病史、体质量指数、空腹血糖和餐后血糖无统计学差异,有效组的空腹 C 肽水平和调节性 T 细胞(Treg)明显升高。在治疗过程中,18 例患者中仅有 4 例(22.2%)出现轻微的一过性发热[36]。2015 年潍坊市人民医院研究组同样应用脐带间充质干细胞(每 2 周 1 次,共 2 次)治疗 6 例 T2DM 患者,治疗后患者胰岛素用量明显减少,其中有 3 例(50%)患者停用胰岛素,另外 3 例患者在 3 个月时胰岛素用量达到最低,但在 12 和 24 个月后逐渐回升。停用胰岛素的 3 例患者治疗后空腹 C 肽水平、峰值和 C 肽释放曲线下面积在 1 个月内显著增加,并在随访期间保持较高水平;HbA1c 在 3 个月时明显下降,且持续到随访的第 24 个月。未停用胰岛素的 3 例患者治疗后空腹 C 肽水平、峰值和 C 肽释放曲线下面积无明显变化,HbA1c 在 3 个月时下降,之后逐渐回升,在治疗和随访期内无副作用发生[37]。中国人民解放军总医院第七医学中心研究组发表的 meta 分析显示骨髓间充质干细胞与外周血单个核细胞治疗 T2DM 均可有效控制血糖,减少胰岛素用量,并改善胰岛 β 细胞功能,干细胞治疗是 T2DM 有效、安全、有前景的治疗方法[38]。2015 年 Skyler JS 等开展了一项随机、安慰剂对照、剂量递增研究,探索不同剂量骨髓间充质干细胞治疗 T2DM 的疗效。结果显示,骨髓间充质干细胞剂量为 $2.0 \times 10^6/kg$ 的患者中有 33% 达到目标 HbA1c<7%,骨髓间充质干细胞剂量为 $0.3 \times 10^6/kg$ 的患者中有 13.3% 达到目标 HbA1c<7%,提示干细胞剂量与疗效呈正比[39]。针对干细胞治疗 T2DM 的临床研究总结见表 5-14。

干细胞治疗针对胰岛素抵抗与胰岛细胞功能障碍,通过免疫清除、免疫重建、免疫调节,直接分化或诱导分化,直接接触抑制或旁分泌等多种途径修复受损胰岛细胞功能、促进胰岛细胞再生、改善胰岛素抵抗,进而改善糖尿病患者的血糖紊乱。尽管干细胞治疗的基础研究和临床研究都取得了巨大进展,给糖尿病的精准治疗提供了方向,但目前仍有很多问题尚未且亟待解决,如临床级胚胎干细胞诱导分化体系的建立,造血干细胞治疗副作用的预防与延长疗效方案的改进,间充质干细胞治疗的细胞种类、输注途径、输注次数的优化方案,人工胰腺的开发与临床应用,多种细胞治疗联合应用的方法及监测,干细胞制备和应用方案的标准化流程制定以及方案成熟后大规模、多中心临床试验的疗效验证等。干细胞的基础研究和临床研究飞速发展,随着研究结果的不断深入,干细胞治疗将会在糖尿病的精准治疗领域绽放光芒。

表 5-14 干细胞治疗 2 型糖尿病临床试验总结

序号	研究类型	受试者数量	细胞种类	细胞数量	输注次数	输注方式	随访时间	主要终点	作者及通讯作者	作者单位	发表时间
1	开放、前瞻	25	BM-MSC 高压氧	—	1	胰主动脉	12个月	HbA1c 和 C 肽变化	Estrada	University of Miami	2008 年
2	开放、前瞻	10	BM-MSC	$3.1 \times 10^6/\text{kg}$	1	胰主动脉	—	胰岛素用量	Bhansali A	Post Graduate Institute of Medical Research and Education, Chandigarh, India.	2009 年
3	开放、前瞻	31	BM-MSC	—	1	胰主动脉	321 天	HbA1c 和 C 肽变化	Wang L, Wang HX.	武汉市中心医院	2011 年
4	开放、前瞻	10	PD-MSC	$1.35 \times 10^6/\text{kg}$	3	静脉输注	6个月	外源胰岛素用量和 C 肽变化	Jiang RH, Han ZC	国家干细胞研究中心	2011 年
5	随机、对照	118	BM-MSC	—	1	胰腺背动脉	33个月	外源胰岛素用量变化	Hu JX, Wang YG	青岛大学青岛医学院	2012 年
6	随机、对照	80	BM-MSC 高压氧	—	1	胰腺背动脉	12个月	OGTT C 肽曲线下面积	Wu ZX, Tan JM	中国人民解放军联勤保障部队第九〇〇医院	2014 年
7	开放、前瞻	22	WJ-MSC	$1.0 \times 10^6/(\text{kg·次})$	2	静脉注射脾动脉	12个月	HbA1c 和 C 肽变化	Liu XB, An YH	武警总医院	2014 年
8	开放、前瞻	18	UC-MSC	$(1.0\sim3.0) \times 10^6/(\text{kg·次})$	3	静脉输注	6个月	FBG, PBG, HbA1c, C 肽变化	Kong DX, Zheng CG	山东大学第二医院	2014 年
9	开放、前瞻	6	UC-MSC	$1.0 \times 10^6/\text{kg}$	1	静脉输注	24个月	空腹 C 肽、C 肽曲线下面积	Guang LX, Dai LJ	潍坊市人民医院	2015 年
10	随机、对照	—	BM-MSC	$(0.3\sim2.0) \times 10^6/\text{kg}$	1	静脉输注	24个月	HbA1c	Skyler	University of Miami	2015 年

（母义明 臧 丽）

参考文献

[1] WANG L,GAO P,ZHANG M,et al. Prevalence and Ethnic Pattern of Diabetes and Prediabetes in China in 2013 [J]. JAMA,2017,317(24):2515-2523.

[2] BATTEZZATI A,BONFATTI D,BENEDINI S,et al. Spontaneous hypoglycaemia after pancreas transplantation in Type 1 diabetes mellitus [J]. Diabet Med,1998,15(12):991-996.

[3] CHOI K S,SHIN J S,LEE J J,et al. In vitro trans-differentiation of rat mesenchymal cells into insulin-producing cells by rat pancreatic extract [J]. Biochem Biophys Res Commun,2005,330(4): 1299-1305.

[4] WANG SH,SHYU JF,SHEN WS,et al. Transplantation of insulin producing cells derived from umbilical cord stromal mesenchymal stem cells to treat NOD mice [J]. Cell Transplant,2011,20(3):455-466.

[5] ZHANG Y H,DOU ZY. Under a nonadherent state,bone marrow mesenchymal stem cells can be efficiently induced into functional islet-like cell clusters to normalize hyperglycemia in mice:a control study [J]. Stem Cell Research & Therapy,2014,5(3):66.

[6] XIN Y,JIANG X,WANG Y,et al. Insulin-producing cells differentiated from human bone marrow mesenchymal stem cells in vitro ameliorate streptozotocin-induced diabetic hyperglycemia [J]. PLoS One, 2016,11(1):e0145838.

[7] BHONDE R R,SHESHADRI P,SHARMA S,et al. Making surrogate β-cells from mesenchymal stromal cells:perspectives and future endeavors [J]. Int J Biochem Cell Biol,2014,46:90-102.

[8] LEE R H,SEO M J,REGER R L,et al. Multipotent stromal cells from human marrow home to and promote repair of pancreatic islets and renal glomeruli in diabetic NOD/scid mice [J]. Proc Natl Acad Sci USA,2006, 103(46):17438-17443.

[9] HAO H J,LIU J J,SHEN J,et al. Multiple intravenous infusions of bone marrow mesenchymal stem cells reverse hyperglycemia in experimental type 2 diabetes rats [J]. Biochem Biophys Res Commun,2013,436(3): 418-423.

[10] HESS D,LI L,MARTIN M,et al. Bone marrow-derived stem cells initiate pancreatic regeneration [J]. Nat Biotechnol,2003,21(7):763-770.

[11] LECHNER A,YANG Y G,BLACKEN R A,et al. No evidence for significant transdifferentiation of bone marrow into pancreatic beta-cells in vivo [J]. Diabetes,2004,53(3):616-623.

[12] MADEC A M,MALLONE R,AFONSO G,et al. Mesenchymal stem cells protect NOD mice from diabetes by inducing regulatory T cells [J]. Diabetologia,2009,52(7):1391-1399.

[13] BASSI Ê J,MORAES-VIEIRA P M,MOREIRA-SÁ C S,et al. Immune regulatory properties of allogeneic adipose-derived mesenchymal stem cells in the treatment of experimental autoimmune Diabetes [J]. Diabetes, 2012,61(10):2534-2545.

[14] ZHAO K,HAO H J,LIU J J,et al. Bone marrow-derived mesenchymal stem cells ameliorate chronic high glucose-induced beta-cell injury through modulation of autophagy [J]. Cell Death Dis,2015,6(9):e1885.

[15] YIN YQ,HAO HJ,CHENG Y,et al. Human umbilical cord-derived mesenchymal stem cells direct macrophage polarization to alleviate pancreatic islets dysfunction in type 2 diabetic mice [J]. Cell Death and

Disease. 2018,9（7）:760.

[16] SI YL,ZHAO YL,HAO HJ,et al. Infusion of Mesenchymal Stem Cells Ameliorates Hyperglycemia in Type 2 Diabetic Rats [J]. Diabetes,2012,61（6：）1616-1625.

[17] XIE ZY,HAO HJ,TONG C,et al. Human Umbilical Cord-Derived Mesenchymal Stem Cells Elicit Macrophages into an Anti-Inflammatory Phenotype to Alleviate Insulin Resistance in Type 2 Diabetic Rats[J]. Stem cells,2016,34（3）:627-639.

[18] XIE M,HAO HJ,CHENG Y,et al. Adipose-derived mesenchymal stem cells ameliorate hyperglycemia through regulating hepatic glucose metabolism in type 2 diabetic rats [J]. Biochem Biophys Res Commun, 2017,483（1）:435-441.

[19] SUN X,HAO H,HAN Q,et al. Human umbilical cord-derived mesenchymal stem cells ameliorate insulin resistance by suppressing NLRP3 inflammasome-mediated inflammation in type 2 diabetes rats [J]. Stem Cell Res Ther,2017,8（1）:241.

[20] VOLTARELLI J C,COURI C E,STRACIERI A B,et al. Autologous Nonmyeloablative Hemaopoietic Stem Cell Transplantation in Newly Diagnosed Typ1 Diabetes Mellitus [J]. JAMA,2007,297（14）: 1568-1576.

[21] LI LR,SHEN SM,YANG JO,et al. Autologous Hematopoietic Stem Cell Transplantation Modulates Immunocompetent Cells and Improves Cell Function in Chinese Patients with New Onset of Type 1 Diabetes [J]. Endocrine Research,2012,97（5）:1729-1736.

[22] GU WQ,HU J,WANG WQ,et al. Diabetic Ketoacidosis at Diagnosis Influences Complete Remission After Treatment With Hematopoietic Stem Cell Transplantation in Adolescents With Type 1 Diabetes [J]. Diabetes Care,2012,35（7）:1413-1419.

[23] ZHAO Y,JIANG Z S,ZHAO T B,et al. Reversal of type 1 diabetes via islet β cell regeneration following immune modulation by cord blood-derived multipotent stem cells [J]. BMC Medicine,2012,10:3.

[24] HU JX,YU XL,WANG ZC,et al. Long term effects of the implantation of Wharton's jelly-derived mesenchymal stem cells from the umbilical cord for newly-onset type 1 diabetes mellitus [J]. Endocrine Journal,2013,60（3）:347-357.

[25] D'ADDIO F,VASQUEZ A V,NASR M B,et al. Autologous Nonmyeloablative Hematopoietic Stem Cell Transplantation in New-Onset Type 1 Diabetes:A Multicenter Analysis [J]. Diabetes,2014,63（9）: 3041-3046.

[26] E SNARSKI,A MILCZARCZYK,K HAŁABURDA,et al. Immunoablation and autologous hematopoietic stem cell transplantation in the treatment of new-onset type 1 diabetes mellitus:long-term observations [J]. Bone Marrow Transplantation,2016,51（3）,398-402.

[27] CAI J,WU Z,XU X,et al. Umbilical Cord Mesenchymal Stromal Cell With Autologous Bone Marrow Cell Transplantation in Established Type 1 Diabetes:A Pilot Randomized Controlled Open-Label Clinical Study to Assess Safety and Impact on Insulin Secretion [J]. Diabetes Care,2016,39（1）:149-157.

[28] XIANG H,CHEN HX,LI F,et al. Predictive factors for prolonged remission after autologous hematopoietic stem cell transplantation in young patients with type 1 diabetes mellitus [J]. Cytotherapy,2015,17（11）: 1638-1645.

[29] ESTRADA E J,VALACCHI F,NICORA E,et al. Combined treatment of intrapancreatic autologous bone marrow stem cells and hyperbaric oxygen in type 2 diabetes mellitus [J]. Cell Transplant,2008,17（12）:

第五章 干细胞临床研究

1295-1304.

[30] BHANSALI A,UPRETI V,KHANDELWAL N,et al. Efficacy of autologous bone marrow-derived stem cell transplantation in patients with type 2 diabetes mellitus [J]. Stem Cells Dev,2009,18（10）:1407-1416.

[31] WANG L,ZHAO S,MAO H,et al. Autologous bone marrow stem cell transplantation for the treatment of type 2 diabetes mellitus [J]. Chin Med J（Engl）,2011,124（22）:3622-3628.

[32] JIANG RH,HAN ZB,ZHUO GS,et al. Transplantation of placenta-derived mesenchymal stem cells in type 2 diabetes：a pilot study. Front Med [J]. 2011,5（1）:94-100.

[33] HU JX,LI CQ,WANG L,et al. Long term effects of the implantation of autologous bone marrow mononuclear cells for type 2 diabetes mellitus [J]. Endocrine Journal,2012,59（11）,1031-1039.

[34] WU ZX,CAI JQ,CHEN J,et al. Autologous bone marrow mononuclear cell infusion and hyperbaric oxygen therapy in type 2 diabetes mellitus：an open-label,randomized controlled clinical trial [J]. Cytotherapy,2014, 16（2）:258-265.

[35] LIU XB,ZHENG P,WANG XD,et al. A preliminary evaluation of efficacy and safety of Wharton's jelly mesenchymal stem cell transplantation in patients with type 2 diabetes mellitus [J]. Stem Cell Res Ther, 2014,5（2）:57.

[36] KONG D,ZHUANG X,WANG D,et al. Umbilical Cord Mesenchymal Stem Cell Transfusion Ameliorated Hyperglycemia in Patients with Type 2 Diabetes Mellitus [J]. Clin Lab,2014,60（12）:1969-1976.

[37] GUAN LX,GUAN H,LI HB,et al. Therapeutic efficacy of umbilical cord-derived mesenchymal stem cells in patients with type 2 diabetes [J]. Exp Ther Med,2015,9（5）:1623-1630.

[38] WANG ZX,CAO JX,LI D,et al. Clinical efficacy of autologous stem cell transplantation for the treatment of patients with type 2 diabetes mellitus：a meta-analysis [J]. Cytotherapy,2015,17（7）:956-968.

[39] SKYLER J S,FONSECA V A,SEGAL K R,et al. Allogeneic mesenchymal precursor cells in type 2 diabetes： a randomized,placebo-controlled,dose-escalation safety and tolerability pilot study [J]. Diabetes Care,2015, 38（9）:1742-1749.

第十节　干细胞治疗卵巢早衰的临床研究进展

健康女性孕育过程需要卵巢产生高潜能的卵子。卵巢组织功能提前耗竭导致卵巢早衰（premature ovarian failure,POF）和不孕。目前POF的临床治疗手段缺乏,效果较差。随着再生医学的发展,利用干细胞、生物支架材料和组织微环境等进行组织工程构建,可以有效促进卵巢组织损伤的修复。作为"种子"细胞,胚胎干细胞和诱导多能干细胞体外衍生卵子或卵原细胞获得新的进展。潜在的卵原干细胞（oogonia stem cell,OSC）可以体外分化为卵子样细胞,但其安全性和效率值得关注。间充质干细胞通过分泌多种细胞因子,促进血管新生和调节组织免疫微环境,改善POF模型动物卵巢内卵泡发育。良好的支架材料,有利于干细胞在组织内的定居、增殖和分化,有效修复损伤组织。多项研究结果显示间充质干细胞复合支架材料,增加多种细胞因子的分泌,移植POF模型动物后改善卵泡发育并提高产仔数。在通过医院伦理委员会批准和国家卫生健康委员会干细胞临床研究备案后,南京大学医学院附属鼓楼医院生殖医学中心进行脐带间充质干细胞移植干预 POF 的临床研究,在I期临床研究中 23 例 POF 患者符合入组要求,进行了干细胞移植治疗。干细胞或干细胞联合胶原支架移植改善了部分 POF 患者卵巢反应性,诞下健康的婴儿。干细胞干预 POF 的 II/III 期临床研究,将进一步验证其安全性和有效性。干细胞移植治疗 POF 的临床研究,需要考虑干细胞种类、术式和母婴安全等因素。

一、卵巢早衰

女性绝经的平均年龄在 50~52 岁(我国妇女平均为 49.5 岁),但 1%~2% 的女性因卵巢功能提前耗竭在 40 岁之前绝经,最终不孕[1,2],成为生殖医学领域的难题[3,4]。

(一)概念的演变

POF 是指女性 40 岁之前因卵巢功能耗竭出现闭经,伴有促性腺激素水平升高、雌激素水平降低等内分泌异常及生殖器官萎缩等围绝经期表现。POF 在小于 40 岁的女性中发病率约 1%,在小于 30 岁的女性中发病率约 0.1%[5]。在我国,POF 累及约 200 万育龄期女性[6]。

近年来,随着临床病例的积累和病因研究的深入,人们逐步认识到卵巢功能衰退的临床表现多样、病因复杂,且进行性发展。而 POF 是卵巢功能衰退的终末阶段。2008 年美国生殖医学协会(American Society for Reproductive Medicine,ASRM)提出"早发性卵巢功能不全"(premature ovarian insufficiency,POI)的概念,提前关注卵巢功能衰退的进程。ASRM 以基础卵泡刺激素(follicle-stimulating hormone,FSH)水平、生育能力和月经情况为参数,将卵巢功能衰退进程分为隐匿期、生化异常期和临床异常期三个阶段。隐匿期患者月经规律、FSH 水平正常,但生育能力开始下降;生化异常期患者月经仍表现规律,但 FSH 水平开始升高,生育能力显著下降;临床异常期阶段出现月经紊乱甚至闭经,FSH 进一步升高(>40IU/L),临床上出现类 POF 的表现。2015 年 12 月,在由欧洲人类生殖与胚胎学会(European Society of Human Reproduction and Embryology,ESHRE)起草的《POI 处理指南》中,POI 被重新定义:POI 是指 40 岁之前丧失卵巢正常功能,表现为闭经或月经稀发,伴有促性腺激素升高和雌激素降低。POI 的诊断需同时具备月经异常和生化指标异常:月经稀发/闭经至少 4 个月,且两次 FSH 水平 >25IU/L(间隔 4 周检测)[7]。作为新的国际标准,该指南降低了 FSH 的诊断阈值(25IU/L 代替 40IU/L),让早期阶段的患者得到充分的重视和必要的干预,但是隐匿期患者的诊断仍是难点。

(二)病因

POF 在病因上具有高度异质性,推测其发病机制为原始卵泡总数过少,卵泡功能紊乱,以及加速闭锁导致的卵泡过早损耗。虽然许多 POF 患者发病原因不明[5],但目前关于 POF 的病因研究已经取得了显著进展。

1. 遗传 遗传原因占 POI 患者的 20%~25%[8]。长期以来,染色体异常被认为是病因的重要组成部分，并可解释 10%~15% 的 POI 病例[9]。其中，最常见的是 X 染色体的异常，如 Turner 综合征、X 三体综合征、脆性 X 综合征（*FMR1* 基因突变）。*FMR1* 基因 5'UTR CGG 重复 55~200 次被称为前突变，约 20% 的可能引起脆性 X 相关的 POI 症状[10]，且可通过母婴遗传途径形成 CGG 重复 200 次以上的 *FMR1* 基因突变。近期，一项荟萃分析研究证实了 *FMR1* 前突变与卵巢功能耗竭各阶段（从卵巢储备减少到 POF）风险增加之间具有显著联系，但没有发现 *FMR1* 基因 CGG 重复次数与 POI 严重程度之间的相关性[11]。

除了染色体异常，基因突变亦可导致 POF。基于基因在卵泡发生或卵巢发育中的表达和功能，以及小鼠敲除模型的表型，确定了诸多 POF 或 POI 的候选基因，包括原始生殖细胞（primordial germ cell，PGC）迁移和增殖相关基因（*NANOS3*），细胞死亡相关基因（*PGRMC1* 和 *FMR1*），卵母细胞特异性转录因子（*FIGLA* 和 *NOBOX*），影响卵泡形成的其他转录因子（如 *NR5A1*、*WT1*、*FOXL2* 和 *FOXP3*），TGF-β 超家族（*BMP15* 和 *GDF9*），激素及其受体（如 *FSHR*、inhibin、*AMH* 和 *AMHR2*）[8,12,13]。然而，除了 *BMP15*、*FMR1* 和 *NOBOX* 之外，没有任何基因出现在超过 5% 的病例中，表明 POF 具有明显的遗传异质性。

近年来，通过在 POI 家系中使用二代测序（next generation sequencing，NGS），特别是全外显子组测序（whole exome sequencing，WES）等方法进一步鉴定出一系列新的候选基因[14]，包括 DNA 损伤修复、同源重组和减数分裂（*STAG3*[15,16]、*SYCE1*[17,18]、*SPIDR*、*PSMC3IP*[19,20]、*HFM1*[21-23]、*MSH4*[24]、*MSH5*[25]、*MCM8*[26-30]、*MCM9*[26,31-33]、*FANCM*[34]、*FANCL*[34]、*BCAR1/2*[35]、*MEIOB*[36]、*CSB-PGBD3*[37]、*NUP107*），mRNA 转录和翻译（*eIF4ENIF1*、*KHDRBS*），以及已知的 POI 候选基因（*SOHLH1*、*FSHR*）等。

此外，研究揭示非编码的微小 RNA（miRNA）在整个卵巢周期中起到重要的调控作用。研究表明，miRNA 多态性 miR-146a C>G、miR-196a2 T>C、miR-499 A>G 和 miR-449b A>G 与韩国女性 POF 发生相关[38]。miR-146a C>G 与颗粒细胞中 POI 相关基因叉头盒 O3（forkhead box O3，*FOXO3*）和细胞周期蛋白 D2（Cyclin-D2，*CCND2*）的差异表达有关[39]。此外，miR-146a 通过 Toll 样受体信号和含半胱氨酸的天冬氨酸蛋白水解酶（cysteinyl aspartate specific proteinase，Caspase）级联促进颗粒细胞凋亡[40]。我国一项微阵列研究报道了 POF 患者的特异性血浆 miRNA 特征[41]，提示 miRNA 可作为非侵入性诊断工具。POI 患者颗粒细胞的 miRNA 和 mRNA 芯片研究发现 miR-379-5p 显著上调，通过直接靶向聚多腺苷二磷酸核糖聚合酶 1（poly ADP-ribose polymerase 1，PARP1）和 X 射线交叉互补修复基因 6（X-ray repair cross complementing 6，XRCC6）抑制细胞增殖，损害 DNA 修复功能[42]，导致卵巢功能耗竭，为 POF 的发生提供了表观遗传学证据。南京鼓楼医院孙海翔团队的研究发现，POF 患者血液中 miR-181a 水平较正常女性明显升高[43]，而 miR-181a 通过下调激活素受体ⅡA（activin A receptor type 2A，ACVR2A）抑制颗粒细胞增殖[43]。另外，miR-181a 通过下调沉默信息调节因子 1（silent information regulator

1，SIRT1）、促进叉头盒 O1（forkhead box O1，FOXO1）乙酰化[44]，以及下调鞘氨醇-1-磷酸受体 1（sphingosine-1-phosphate receptor 1，S1PR1）促进颗粒细胞凋亡[45]。此外，还发现 miR-133b 下调颗粒细胞中叉头盒 L2（forkhead box L2，FOXL2）的表达，从而减少了 FOXL2 介导的类固醇激素生成急性调节蛋白（steroidogenic acute regulatory protein，StAR）和细胞色素 P450 家族 19 亚家族 A 成员 1（cytochrome P450 family 19 subfamily A member 1，CYP19A1）的转录抑制，进而促进颗粒细胞分泌雌二醇（estradiol，E_2）[46]。

2. **酶缺陷**　研究表明，酶缺陷会破坏雌激素合成，进而导致青春期延迟、原发性闭经和促性腺激素水平升高[47]。17α-羟化酶或 17,20-裂解酶缺陷症的患者性激素合成障碍，反馈性引起高促性腺激素血症，导致卵泡闭锁加快，临床可表现为高促性腺激素性闭经，此类患者缺少优势卵泡，生育能力低下[48]。半乳糖-1-磷酸盐尿苷转移酶（galactose-1-phosphate uridylyl transferase，GALT）缺乏导致半乳糖代谢障碍，出现半乳糖血症、卵巢组织纤维化、卵子数量减少，从而引起卵巢功能耗竭[49]。

3. **自体免疫性疾病**　卵巢是组织特异性和全身自体免疫性疾病中常见的免疫攻击器官。约20%的POI患者曾被诊断为伴有自体免疫性疾病，包括原发性慢性肾上腺皮质功能减退症、桥本甲状腺炎、自身免疫性多内分泌腺病综合征（autoimmune polyglandular syndrome，APS）、系统性红斑狼疮、子宫内膜异位症等[50]。在 POF 患者中，明确的自体免疫性病因的证据包括存在淋巴细胞性卵巢炎，与其他自身免疫性疾病相关，以及针对卵巢抗原的自身抗体[51]。

在 POF 患者中抗卵巢抗体（anti-ovarian antibody，AOA）（30%~67%）以及其他自身抗体的发现率较高[52]。在 POF 的临床表现出现之前，血清中已经能检测到 AOA，但抗体水平与疾病严重程度没有明显的相关性。然而，AOA 假阳性发生率较高（即特异性较差），在大量对照组患者体内也检测出了 AOA[53]。常见的 POF 或 POI 相关自身抗体包括与各种类固醇激素产生细胞[54]、促性腺激素（如抗 β-FSH 抗体）及其受体[52]、透明带[55]、卵母细胞胞质[56]、黄体[57]结合的功能性抗体，以及其他一些抗体如抗心磷脂和抗核抗体。已知的抗原包括甾体酶如 17α-羟化酶、去糖化酶（P450-侧链裂解）、3β-羟化甾体脱氢酶、21-羟化酶、人热激蛋白 90-β（human heat shock protein 90-β，HSP90-β）和抗 α-烯醇酶[52]。

自身抗体与卵巢相关抗原结合，通过补体的协作，可以产生细胞毒作用，加速卵泡闭锁，影响卵巢功能。除了异常的体液免疫，POF 患者还存在细胞免疫功能异常，表现为 $CD4^+$ T 细胞增多、$CD4^+/CD8^+$ 比值增高、B 细胞增多、NK 细胞减少、单核细胞与树突状细胞趋化和聚集功能异常[57]。细胞因子如 IL-1、IL-6、TNF-α、IFN-γ 等，全程参与卵泡的发育至闭锁。当人体免疫系统出现异常时，$CD4^+$ T 细胞分泌的 IFN-γ 增加，激活一系列细胞因子，诱发自身免疫应答，使卵泡颗粒细胞凋亡，加速卵泡闭锁。

4. **医源性因素**　肿瘤放化疗和卵巢手术治疗部分导致 POF。全球每年有超过 660 万妇女诊断为癌症,约 10% 在 40 岁以下[58]。年轻女性癌症患者,尤其是白血病、宫颈癌和乳腺癌患者,怀孕的可能性与健康的年轻女性相比减少 40%[59-61]。卵巢对放射线极其敏感:0.6~1.5Gy 的照射剂量会对女性卵巢功能造成影响;1.5~8.0Gy 的照射剂量导致 15~40 岁的女性中 POF 发生率达 50%~70%;8.0Gy 以上的照射剂量几乎对所有年龄段女性的卵巢功能造成不可逆转的损害。化疗相关卵巢功能衰竭(chemotherapy associated ovarian failure,COF)是指由于使用化疗药物而引起的内分泌腺和卵巢功能紊乱[62],其机制尚不完全清楚,推测为化疗药物引起卵泡的 DNA 损伤或卵泡的激活和进一步凋亡,导致卵泡池提前衰竭[63]。各种化疗药物与 POF 有关,其中联合治疗的患者发病率最高[63]。卵巢的手术治疗,如卵巢切除术、卵巢异位囊肿剥除术、子宫内膜异位症保守或根治手术等直接损伤卵巢组织或血管,引起卵巢的血流供应减少,导致卵巢功能耗竭。

5. 感染与环境因素　水痘带状疱疹病毒、巨细胞病毒和腮腺炎病毒等病毒感染可导致 POF,但感染后出现 POF 的确切发生率未知[64]。肺结核、疟疾和志贺菌感染亦可造成卵巢功能耗竭。吸烟是导致过早闭经的主要因素之一,由于香烟内含有多环芳烃,而卵母细胞和颗粒细胞具有芳香烃受体,可导致促凋亡基因 *BAX*(BCL2 associated X)激活,引起卵母细胞和颗粒细胞凋亡[65]。阻燃物、杀虫剂、塑料制品、橡胶制品、抗氧化剂代谢物等释放的有毒物质可诱导卵母细胞凋亡,造成卵巢功能耗竭[66]。

(三)临床表现

卵巢功能耗竭的特点是低雌激素、高促性腺激素、月经稀发或闭经以及绝经前综合征[67]。患者常因不孕症或继发性闭经就诊,常有一系列围绝经期综合征,包括潮热、出汗等血管舒缩症状,焦虑、抑郁、记忆力减退等精神神经症状,以及外阴瘙痒、阴道干涩等问题。此外,雌激素水平低下还促使骨质疏松、心血管系统疾病发生率增加等[68]。

(四)诊断与卵巢储备评估

ESHRE 提出的 POI 诊断标准为:患者年龄小于 40 岁,月经稀发或闭经至少 4 个月,且两次 FSH 水平 >25IU/L(间隔 4 周检测)[7]。POF 患者的诊断标准为 FSH 水平 >40IU/L 并伴有超过 4 个月的继发性闭经[69]。

卵巢功能储备水平的评估指标包括年龄、FSII、抑制素 B、抗米勒管激素(anti-Müllerian hormone,AMH)和窦卵泡计数(antral follicle counting,AFC),此外卵巢体积、血清 E_2、LH/FSH 比值、卵巢间质血流等亦受到关注[70]。AMH 是最可靠的指标,属于 TGF-β 超家族,由窦前卵泡和小卵泡的颗粒细胞分泌,主要作用是卵泡发育过程中抑制其他卵泡的活化和募集,维持卵巢功能储备[71]。血清 AMH 水平特异性反映卵巢储备功能,不依赖月经周期,较为稳定[72]。

研究表明端粒长度与 POI 有关,有望成为预测卵巢储备和 POI 的指标之一[73,74]。综合五个研究、252 名 POI 患者的一项系统分析表明,颗粒细胞端粒变短和端粒酶活性降低与 POI 存在相关性[75]。然而,颗粒细胞或白细胞中的端粒长度是否能够成为卵巢功能衰退的可靠早期指标,还需要大样本的研究证实[75]。

(五) 临床治疗进展

由于 POF 的复杂性,目前已经提出了一系列不同的治疗方法,包括激素治疗、透明质酸、生长激素、褪黑素、免疫调节治疗、卵巢组织冷冻、卵泡体外激活技术、中医中药和干细胞治疗等。

1. **激素治疗** POF 无生育要求者多采用激素替代治疗,常用雌孕激素序贯疗法,周期性补充雌孕激素,经下丘脑-垂体-卵巢轴的负反馈调节,降低 FSH 水平,恢复卵巢卵泡对促性腺激素的敏感性。非人灵长类动物模型的研究显示,睾酮可以促进颗粒细胞上 FSH 受体的表达,并刺激早期卵泡的生长[76]。临床研究表明,每天使用 12.5mg 经皮睾酮处理 3 周后行控制性超促排卵(controlled ovarian hyperstimulation,COH)有助于提高卵巢衰老患者的获卵数和活产率[76]。近年来的临床试验证明,化疗期间使用促性腺激素释放激素类似物(gonadotropin-releasing hormone analogue,GnRHa)对卵巢进行临时抑制,对保留生育能力有积极作用[77-79]。脱氢表雄酮(dehydroepiandrosterone,DHEA)是一种内源性类固醇激素,来源于卵巢膜细胞和肾上腺皮质网状带,对卵泡中的睾酮、E_2 的合成具有重要作用。但随着年龄的增长,女性血清 DHEA 的浓度降低[80]。POF 患者使用口服 DHEA,能够增加体外受精-胚胎移植(in vitro fertilization-embryo transfer,IVF-ET)的临床妊娠机会,降低流产风险[81]。

2. **透明质酸** 透明质酸(hyaluronic Acid,HA)可以部分缓解 POF 患者的症状,包括改善闭经、提高 E_2 水平、改善卵泡发育,但是并不能显著改善临床妊娠结局[82]。化疗同时补充透明质酸通过促进卵泡颗粒细胞中孕激素受体膜成分 1(progesterone receptor membrane component 1,PGRMC1)的表达,预防卵巢损伤[82]。

3. **生长激素** 拮抗剂方案——卵胞质内单精子注射周期中补充生长激素显著增加卵巢反应不良患者的临床获卵数、受精卵数和可移植胚胎数,但不显著改善临床妊娠率和活产率[83]。荟萃分析表明,卵巢反应不良的患者使用生长激素治疗可以显著增加临床妊娠率,活产率也有增加趋势[84,85]。

4. **褪黑素** 褪黑素是由松果体分泌的吲哚类激素,具有明显的抗氧化效应[86-88]。人类卵泡液内的褪黑素缓和氧化应激,从而保护卵母细胞和颗粒细胞,高龄女性卵泡液内的褪黑素水平显著降低[89]。褪黑素抑制顺铂诱导的磷脂酰肌醇-3 激酶-丝氨酸/苏氨酸激酶(phosphatidylinositol-3-kinase-AKT,PI3K-AKT)通路,增强非磷酸化形式的叉头盒 O3a(forkhead box O3a,FOXO3a)介导的抗氧化效应,从而缓解顺铂导致的始基卵泡储备的丢失[90]。卵巢储备降低的患者,每天口服 3mg 褪黑素至 FSH 启动日能够显著提高获卵数及优质胚胎数,但临床妊娠结局差异无统计学意义[91]。不明原因不孕的患者,每天口服 3mg 或 6mg 褪黑素,对于提高获卵数及优质胚胎数的效果差异无统计学意义[92]。

5. **免疫调节治疗** 针对自身免疫性卵巢损伤引起的POF,采用免疫调节疗法可以改善症状。最常使用的药物是大剂量糖皮质激素和静脉注射免疫球蛋白,进行免疫抑制治疗。亦可使用单克隆抗体(如TNF-α抑制剂),恢复Th2细胞占优势的免疫抑制反应[93]。免疫调节治疗在临床应用仍存在一定的争议。迄今为止,还没有明确的方法可以判定免疫因素在POF治疗中的作用,也没有明确的免疫治疗的指征和规范的用药方案,盲目应用免疫抑制剂治疗POF可能引起严重不良反应。

6. **冷冻技术** 对于肿瘤患者或需要进行卵巢手术的患者,可以在治疗前运用冷冻技术保存患者的部分生育功能,包括冷冻卵子、冷冻胚胎以及冷冻卵巢等治疗方案[63]。由于卵母细胞含有更多的水分,冷冻时容易受到冷冻损伤。胚胎冷冻前,需要使用促排卵药物促使卵泡成熟,成熟卵母细胞体外受精形成胚胎,再将胚胎进行冷冻。卵巢组织冷冻移植是指将成熟的卵母细胞或未成熟的卵母细胞、始基细胞冻存,经解冻后移植入患者体内,卵巢组织冷冻目前已经在动物实验和临床试验中取得了初步的成功,但人卵巢组织冷冻技术仍需要进一步完善。

7. **卵泡体外激活技术** 卵巢功能已经衰竭且有生育要求的POF患者,除了使用捐赠的卵子常常别无选择。卵泡体外激活(in vitro activation,IVA)技术,适用于有残余卵泡的POF患者[94]。POF患者通过激活剩余的休眠卵泡,可以用自体的卵子受孕[94]。转基因小鼠研究表明,通过活化PI3K-AKT-FOXO3a途径可以激活休眠的原始卵泡。在小鼠和人类卵巢中,磷酸酶和张力蛋白同源物(phosphatase and tensin homologue,PTEN)抑制剂(bpV)和PI3K激活剂(740Y-P)在体外培养中被证明能激活休眠的原始卵泡[94]。卵巢冷冻和移植过程中引起的卵巢皮质破坏可以抑制Hippo信号通路,进而导致次级卵泡的生长[95]。结合活化PI3K-AKT-FOXO3途径与抑制Hippo信号通路这两种方法,进行卵巢组织自体移植,成功引起卵泡生长发育并获得妊娠[96]。近期的一项荟萃分析显示,177例患者经IVA后,通过IVF或自然妊娠累计妊娠26次,活产18例,初步证明了IVA的有效性[97]。

8. **中医中药** 大量研究表明,纯中药疗法如滋阴补肾汤[98]、健脾补肾活血方[99]、温阳疏肝法[100]等,中西药联合治疗如妇科养荣胶囊联合雌二醇片/雌二醇地屈孕酮片[101]、毓麟珠联合戊酸雌二醇片/复方戊酸雌二醇片[102]、滋阴疏肝汤联合黄体酮胶囊[103]等,有效改善POF症状。近期的荟萃分析表明,针灸结合西药治疗对恢复月经、改善激素水平的效果均优于纯西药治疗[104]。

9. **干细胞治疗** 干细胞具有多向分化潜能和自我更新特性,常用于组织修复。干细胞疗法被认为是一种有望逆转卵巢功能不全患者的卵巢的功能和生育能力的新方法。

二、干细胞在卵巢早衰治疗中的应用

(一) 干细胞的分类

干细胞是一类能够增殖、自我更新并分化成多种类型细胞和促进组织再生的处于未分化状态的细胞[105]。根据干细胞的分化潜能,干细胞可被大致分为全能干细胞、高潜能干细胞、多能干细胞和单能干细胞。

1. **全能干细胞** 全能干细胞可以产生包括胚外组织在内的整个机体。仅有合子和早期卵裂球是全能性的[106]。不同物种胚胎细胞维持全能性的能力有差异[107]。滋养外胚层出现时,内细胞团形成,胚胎细胞不再具有全能性。

2. **高潜能干细胞** 高潜能干细胞是一类具有高分化潜能的干细胞,可以分化为除了胚外组织的绝大多数组织,主要包括胚胎干细胞和诱导多能干细胞。诱导多能干细胞是通过将4种转录因子 *OCT3/4*、*SOX2*、*c-MYC* 和 *KLF4* 克隆入病毒载体,将成人成纤维细胞诱导为诱导多能干细胞。诱导多能干细胞表现出胚胎干细胞的形态特征,细胞呈圆形,细胞核较大,胞质胞浆较少。同时,诱导多能干细胞表达胚胎干细胞标志物基因如 *OCT3/4*、*NANOG*、*E-RAS*、*CRIPTO*、*DAX1*、*ZFP296* 和 *FGF4* 等,并且可以诱导分化为三胚层的各种组织[108]。

3. **多能干细胞** 多能干细胞可以产生一种特定谱系内的所有细胞类型,起源于中胚层的间充质干细胞来源广泛、扩增能力强、易获取、免疫原性低,是干细胞治疗中的常用细胞。间充质干细胞可以从多种组织中获得,包括骨髓、脂肪、脐带、羊水、月经血、唾液腺、牙髓等[109]。从诱导多能干细胞中也可诱导出间充质干细胞[110]。国际细胞治疗协会间充质和组织干细胞委员会提出了定义人类间充质干细胞的最低标准[111]:在标准培养条件下,间充质干细胞是可贴壁的;间充质干细胞表达 CD73、CD90 和 CD105,缺乏 CD45、CD34、CD14 或 CD11b、CD79a或 CD19 和 HLA-DR 表面分子的表达;除此以外,间充质干细胞可在体外向成骨细胞、脂肪细胞和软骨细胞分化。

4. **单能干细胞** 具有单一分化潜能的干细胞。1994 年 Brinster 等将小鼠精原细胞注射到无生精能力的小鼠睾丸曲细精管中,使无生精能力的小鼠恢复生殖能力,证明了小鼠雄性生殖干细胞的存在,即精原干细胞(spermatogonia stem cell,SSC)[112]。近年来的研究发现,经过卵泡穿刺可以得到一批具有干细胞特性的细胞系,他们经过体外分化可以形成卵母细胞样的细胞,并且表达卵母细胞特异性分子 GDF9 和 ZP3[113],推测为卵源生殖干细胞(ovarian germline stem cell,OGSC)。

(二)干细胞修复卵巢储备功能进展

1. **高潜能干细胞** 人胚胎干细胞高表达 *DAZL* 和 *BOULE* 后体外启动减数分裂,经 GDF9和 BMP15 诱导后可以形成卵泡样结构,表达卵泡特异基因[114]。

从多能干细胞中诱导分化出具有完整功能的卵母细胞是体外衍生配子和重建卵巢功能的前提。Hayashi 等发现小鼠胚胎干细胞和诱导多能干细胞可以被诱导成原始生殖细胞样细胞(primordial germ cell-like cell,PGCLC),然后 PGCLC 来源的 GV 卵母细胞通过 IVM 在 1天后形成 MII 期卵母细胞,通过 IVF-ET,获得健康、可育的后代[115]。该团队进一步完善培养技术,建立了小鼠胚胎干细胞到卵母细胞的分化全过程,体外产生成熟的卵子,并产生后代;人工卵子受精后获得的囊胚可以衍生出多能干细胞,体外重构出整个生殖周期[116]。近期,该团队鉴定出卵母细胞生长所必需的 8 个转录因子,包括 *KAT8*、*BIRC5*、*SP110*、*DYNLL1*、*POLR2J*、*DRAP1*、*STAT3* 和 *DMAP1*,并且可以将小鼠诱导多能干细胞和胚胎干细胞转化为卵母细胞样细胞[117]。

刘林等用纯化学方法,将成年小鼠颗粒细胞重编程诱导成具有生殖系传代能力的诱导多能干细胞,可以持续定向分化为 PGCLC,并形成产生可育小鼠的卵母细胞[118]。这种利用体细胞诱导分化的方法在一定程度上避免伦理问题,是恢复卵巢功能,提高生育力的潜在措施,但其安全性仍有待观察。

2. 多能干细胞 研究证实间充质干细胞可以向损伤的卵巢组织归巢,而间充质干细胞对卵巢组织的修复作用主要体现在旁分泌作用,其中主要涉及的细胞因子包括 VEGF、IGF、HGF 等[119]。这些细胞因子通过促进血管生成、抗炎、抗凋亡和免疫调节作用增加卵巢储备。

骨髓间充质干细胞改善卵巢功能并减少卵巢耗竭[120,121]。骨髓间充质干细胞治疗可诱导 VEGF 表达,增加 E_2 水平,恢复卵巢结构,并降低凋亡因子 caspase-3 的表达[121]。骨髓间充质干细胞治疗可以增加化疗后小鼠的生育能力并减少卵巢功能障碍[122],是通过分泌的血管生成和生长因子完成[123]。

脂肪间充质干细胞是间充质干细胞的常见类型,可以通过微创操作获得,与其他组织相比,获取过程损伤小且易操作,同时具备免疫抑制作用。脂肪间充质干细胞的移植可以上调 VEGF 的表达,促进新生血管的形成,增加卵泡数量,改善排卵,并减少颗粒细胞凋亡,改善 POF 卵巢功能[124,125]。自体脂肪间充质干细胞线粒体卵母细胞内移植可以改善老年小鼠的卵母细胞质量、胚胎发育和生育能力[126],但线粒体移植治疗仍存在较大争议[127],其安全性和有效性仍需要进一步验证。

脐带间充质干细胞是广泛应用的间充质干细胞来源。与其他间充质干细胞相比,UC-MSC 增殖快、成瘤性低、免疫原性低,非侵入性[128]。将活细胞示踪剂标记的 UC-MSC 移植到小鼠卵巢后,细胞在卵巢内分布不均,其中更多的细胞位于髓质而不是皮层和生发上皮[129]。在 POF 模型大鼠中,脐带间充质干细胞尾静脉注射可以提高 E_2 及 AMH 水平,降低 FSH 水平,改善卵巢组织结构,增加卵泡数量,与脐带间充质干细胞分泌 HGF、VEGF 和 IGF-1 有关[130]。脐带血间充质干细胞(umbilical cord blood-derived mesenchymal stem cell,UCB-MSC)增加紫杉醇诱导模型大鼠的早衰卵巢中 CK8/18、TGF-β 和 PCNA 表达,下调凋亡相关 caspase-3 的表达,从而促进卵巢功能恢复[131]。

羊水来源间充质干细胞(amniotic fluid stem cell,AFSC)作为间充质干细胞的来源,具有易获得和免疫调节作用强的特点[132]。AFSC 通过恢复 DNA 损伤基因的表达恢复生理性衰老的卵巢功能[133]。AFSC 对化疗药物诱导的早衰卵巢亦有治疗作用[134]。AFSC 衍生的外泌体有助于颗粒细胞的抗凋亡[135],改善机制可能与细胞凋亡相关 miRNA 有关,包括其富集的 miR-146a 和 miR-10a,阻止卵巢内卵泡的闭锁。

人羊膜来源的间充质干细胞(amnion-derived mesenchymal stem cell,Am-MSC)尾静脉移植和原位移植均能增加 POI 大鼠的体重,改善 AMH 水平和卵泡数量,减少卵巢组织的损伤,改善卵巢功能[136]。原位移植后,卵巢组织 JNK2,P38 和 Serpin E1 的蛋白质表达显著增加。低强度的脉冲超声波预处理 Am-MSC 后,提高修复作用[137]。在 POF 大鼠模型中,人 Am-MSC 尾静脉注射后主要归巢于受损的卵巢,并且均位于间质部分,而不存在于卵泡中,不表达卵母细胞特异性标志物 ZP3 和颗粒细胞标记物 FSHR。Am-MSC 培养上清中检测出 FGF2、IGF-1、HGF、VEGF 等细胞因子。该研究还在早衰卵巢局部注射 Am-MSC 上清,检测到局部微环境改善,Bcl-2 表达降低,内源性 VEGF 增加,颗粒细胞凋亡受到抑制,血管生成增加[138]。

胎盘来源间充质干细胞(placenta-derived mesenchymal stem cell,PMSC)尾静脉注射至 POF 小鼠体内,受损卵巢功能改善,颗粒细胞凋亡减少,这一修复过程与调节 Treg 细胞和相关细胞因子如转化生长因子 β(TGF-β)和 γ 干扰素(IFN-γ)密切相关[139]。此外,3D 球形培养的 PMSC 移植通过诱导雌激素的产生和卵泡形成相关基因包括 *NANOS3*、*NOBOX* 和 *LHX8* 的表达,改善大鼠单侧卵巢切除后剩余卵巢功能[140]。

月经血的间充质干细胞(menstrual blood-derived mesenchymal stem cell,Men-MSC)移植可减少化疗药物诱导的生殖系干细胞(germline stem cell,GSC)池的耗竭[141]。Men-MSC 可以恢复 POF 小鼠的卵巢功能[142],增加小鼠的体重,改善发情周期,恢复生殖能力,并且在卵巢中对颗粒细胞凋亡具有保护作用[143]。Men-MSC 移植改善卵巢间质纤维化改善卵巢微环境,增加卵泡数量,恢复性激素水平。此外,研究提示 Men-MSC 及其上清通过分泌 FGF2 对受损卵巢发挥部分保护作用[144]。

间充质干细胞分泌的生物活性因子(包括可溶性蛋白、核酸、脂质和细胞外囊泡),其治疗效果与间充质干细胞移植后观察到的效果相似[145]。间充质干细胞来源的分泌成分可以避免间充质干细胞导致的潜在安全问题,比如不可预知的细胞分化或成瘤可能。在治疗过程中,间充质干细胞在组织中的修复作用存在最佳细胞量范围,然而间充质干细胞分泌成分受到的限制较少,且获取容易,避免了细胞收集的过程[146]。大量研究结果表明,间充质干细胞来源的分泌物是一种新的、无细胞的治疗方法,可以减轻炎症和退行性疾病,其治疗效果取决于其向靶细胞传递生长和免疫调节因子的能力。

3. **单能干细胞** 从卵巢中获得的潜在 OSC 在基因表达谱、生长特征、发育谱系等均符合生殖系干细胞特性,体内自发分化为卵母细胞,通过与颗粒细胞偶联,诱导后进入减数分裂[147]。人 OSC 移植至免疫缺陷小鼠产生卵子样结构[148],注射到免疫缺陷成年雌性小鼠卵巢皮质组织后形成卵泡样结构[149]。在不孕模型小鼠中,移植的 OGSC 所形成的卵母细胞可以完全成熟并且能够形成胚胎和后代[150]。OSC 有望成为体外卵母细胞形成和卵巢修复的新来源,但是 OSC 在临床中的应用争议较大,其安全性仍需要进一步验证。

(三)组织工程在干细胞治疗 POF 中的应用

随着组织工程领域的进步,组织工程技术已在一些临床应用中获得了成功,组织工程在生殖系统中应用逐渐成为研究热点。

胶原是动物体内结缔组织的主要成分,是保持结缔组织强度和韧性的关键成分,Ⅰ型胶原在人体皮肤、肌腱和韧带中含量最为丰富。Ⅰ型胶原蛋白由 3 条 α 肽链以右手螺旋的方式形成,每条 α 链都由交替出现的氨基酸序列(-Gly-X-Y-)构成左手螺旋,其中 X 和 Y 分别为 Pro 和 Hyp[151]。Ⅰ型胶原蛋白由 1 014 个氨基酸残基组成,长度约 280.0nm,直径约 1.5nm,具有无毒性、抗原性低、韧性强、细胞相容性好、易降解等优点,是最有前景的生物材料之一。但由于其降解速度快、强度低、力学性能差,无法满足长期执行细胞支架功能的需要,所以采用一定的方式将其与其他合成高分子材料复合改性,能显著改善其性能[152]。胶原蛋白对细胞的生长、组织形成与再生提供支架作用,并且在细胞分化与发育中起重要作用[153]。Ⅰ型胶原与改型的聚乳酸支架复合,既保持了Ⅰ型胶原生物相容性好,易于细胞黏附、生长、增殖的特性,又具备聚乳酸的力学性能[154]。将改性后的聚乳酸支架与Ⅰ型胶原复合,冻干后密封保存,适合组织工程产品商业化生产。

胶原蛋白支架能够支持细胞的附着、增殖和分化,前期研究表明胶原蛋白支架可以将间充质干细胞锚定于支架网络中,从而增加间充质干细胞滞留卵巢的时间,从而提高间充质干细胞对组织的修复作用[155]。脐带间充质干细胞复合胶原支架可以通过 FOXO3a 和 FOXO1 的磷酸化在体外激活原始卵泡[156]。而脐带间充质干细胞复合胶原支架在 POF 小鼠卵巢局部注射可以提高 E_2 及 AMH 水平,增加窦卵泡数,恢复 POF 小鼠卵巢功能,改善其生育能力,其机制与改善颗粒细胞功能和促进卵巢组织血管再生相关[157]。脂肪间充质干细胞复合胶原支架在 POI 大鼠卵巢局部注射后,干细胞可分泌多种细胞因子如 VEGF、TGF-β1、FGF1 和 HGF 等,改善大鼠动情周期、提高 E_2 水平及恢复卵泡周期性发育,并改善生育能力[155]。

(四)干细胞治疗卵巢早衰的临床进展

通过干细胞临床研究项目备案后,南京大学医学院附属鼓楼医院生殖医学中心在国内率先开展了脐带间充质干细胞移植干预 POF 合并不孕症的临床研究[156]。

该Ⅰ期临床研究是观察性的随机化前瞻研究。入选标准是药物干预无效的 20~39 岁的 POF 患者,排除了染色体核型异常、先天卵巢畸形、严重的子宫内膜异位症患者等。POF 患者的临床表现为月经紊乱、闭经、不孕,超声提示卵巢缩小、卵巢中无卵泡活动、子宫萎缩、内膜呈单线状。诊断标准包括 FSH>40IU/L,E_2<73.12pmol/L,共有 23 位 POF 患者入组。随机分为两组,A 组移植脐带间充质干细胞,B 组移植脐带间充质干细胞联合胶原。脐带间充质干细胞或脐带间充质干细胞联合液态胶原,经阴道穿刺退行性输至卵巢实质部(5×10^6 个干细胞/卵巢)。术后给予口服小剂量雌激素治疗 1 个月,然后给予雌孕激素周期性治疗。术后 B

超与激素检测卵巢内分泌与卵泡生长。根据卵泡直径增长情况决定妊娠时机。观察胚胎发育情况和妊娠结果。每例患者实施3次干细胞移植术（因特殊原因，如卵巢大小、卵巢位置改变等因素不宜手术取消除外），随访至第三次移植术后6个月。

主要疗效指标包括B超测量卵巢卵泡发育情况、卵巢内血流指数变化、E_2、FSH和AMH水平变化。次要疗效指标包括胚胎着床后血液中HCG水平检测和临床妊娠率。安全性指标包括细胞移植操作中患者一般情况监测，术后患者感染指标监测。临床上，通过卵巢内注射将间充质干细胞移植到卵巢中，无病例出现严重的副作用，如大出血、炎症或腹痛。干细胞移植的23例患者中，干细胞移植组，入组人数为11人；干细胞联合胶原组，入组人数为12人。干细胞组4例患者（36.4%，4/11）和干细胞胶原组5例患者（41.6%，5/12）移植后显示卵泡明显活动。其中，干细胞组4人取卵，获得2枚胚胎；干细胞联合胶原组2人取卵。2例患者自然妊娠，其中1例患者足月分娩，1例患者流产。部分患者卵巢体积明显增大，卵巢内血流明显增加，且血流阻力指数（RI）下降明显。

此项临床研究提示脐带间充质干细胞移植在促进POF患者卵巢功能恢复和生育能力提高方面具备良好的临床应用前景，但是这一结论仍然需要多中心大样本的临床研究加以验证。为了进一步验证脐带间充质干细胞移植治疗POF所致不孕症的临床疗效，经过再次国家备案，该中心Ⅱ期临床试验将纳入66例受试者。

王红梅等开展的非随机前瞻性临床研究提示，在POI患者卵巢原位注射1~3次脐带间充质干细胞可在一定程度上恢复患者卵巢功能，改善妊娠结局。入组的61例患者中，4例获得临床妊娠[158]。在美国临床试验数据库注册的在研或已完成的国内相关临床研究还有2项，包括郑州大学附属第一医院的胡琳莉教授主持的预计纳入28例患者的不同剂量脐带间充质干细胞治疗POI的临床研究，以及深圳市人民医院的苏放明教授主持的预计纳入40例受试者的脐带间充质干细胞/脐带血单核细胞联合激素治疗POF患者的临床研究。

三、小结

干细胞在生殖领域中应用前景广泛，但大多数仍停留在基础实验阶段，缺乏有效的临床验证。在卵巢组织修复及功能恢复的研究中，有多种基于POF病因设计的卵巢动物模型，包括免疫相关因素、胸腺切除所致自身免疫卵巢炎、基因敲除建模、物理化学因素、药物损伤等卵巢损伤模型。这些动物模型模拟了临床常见的原发或继发POF的情况，参与了多种干细胞治疗方案的临床前验证。但在早衰卵巢的修复中，临床研究仍然与基础研究有较大差距，涉及人卵巢卵泡发育与动物模型卵巢卵泡发育差异等因素[159]。

干细胞体外衍生卵子的研究目前基本都停留在实验室阶段，不仅存在高潜能干细胞成瘤性等安全问题，也存在生殖伦理等问题[160]。患者和子代的安全性问题需要进一步的验证和观察。

　　临床级干细胞的质量控制是所有运用干细胞治疗的基本要求和重要因素之一。临床级干细胞应用的平台建设需要一系列严格的质量控制规范和主管部门监督,相关工作人员经过严格的培训和考核后,形成干细胞制备—检验—储存—运送—制剂生成—临床给药的标准工作流程链。在这个过程中还需将生殖相关疾病的特殊性纳入考量范畴,在干细胞临床研究方案制定过程中,充分考虑患者和子代安全性及伦理问题[161]。

（丁利军　孙海翔）

参考文献

[1] LUBORSKY J L, MEYER P, SOWERS M F, et al. Premature menopause in a multi-ethnic population study of the menopause transition [J]. Hum Reprod, 2003, 18 (1): 199-206.

[2] GOLD E B. The Timing of the Age at Which Natural Menopause Occurs [J]. Obstet Gyn Clin N Am, 2011, 38 (3): 425-440.

[3] TE VELDE E R, PEARSON P L. The variability of female reproductive ageing [J]. Hum Reprod Update, 2002, 8 (2): 141-154.

[4] YOUNIS J S. Ovarian aging and implications for fertility female health [J]. Minerva Endocrinol, 2012, 37 (1): 41-57.

[5] NELSON L M. Clinical practice. Primary ovarian insufficiency [J]. N Engl J Med, 2009, 360 (6): 606-614.

[6] 张茜蒟, 秦莹莹, 陈子江. 卵巢早衰遗传学病因研究进展 [J]. 中国实用妇科与产科杂志, 2015, 31 (8): 768-773.

[7] WEBBER L, DAVIES M, ANDERSON R, et al. ESHRE Guideline: management of women with premature ovarian insufficiency [J]. Hum Reprod, 2016, 31 (5): 926-937.

[8] QIN Y, JIAO X, SIMPSON J L, et al. Genetics of primary ovarian insufficiency: new developments and opportunities [J]. Hum Reprod Update, 2015, 21 (6): 787-808.

[9] JIAO X, ZHANG H, KE H, et al. Premature Ovarian Insufficiency: Phenotypic Characterization Within Different Etiologies [J]. J Clin Endocrinol Metab, 2017, 102 (7): 2281-2290.

[10] HOYOS L R, THAKUR M. Fragile X premutation in women: recognizing the health challenges beyond primary ovarian insufficiency [J]. J Assist Reprod Genet, 2017, 34 (3): 315-323.

[11] HUANG J, ZHANG W, LIU Y, et al. Association between the FMR1 CGG repeat lengths and the severity of idiopathic primary ovarian insufficiency: a meta analysis [J]. Artif Cells Nanomed Biotechnol, 2019, 47 (1): 3116-3122.

[12] WANG H, LI G, ZHANG J, et al. Novel WT1 Missense Mutations in Han Chinese Women with Premature Ovarian Failure [J]. Sci Rep, 2015, 5: 13983.

[13] ALVARO M B, IMBERT R, DEMEESTERE I, et al. AMH mutations with reduced in vitro bioactivity are related to premature ovarian insufficiency [J]. Hum Reprod, 2015, 30 (5): 1196-1202.

[14] JIAO X, KE H N, QIN Y Y, et al. Molecular Genetics of Premature Ovarian Insufficiency [J]. Trends Endocrin Met, 2018, 29 (11): 795-807.

[15] LE Q S P,WILLIAMS H J,JAMES C,et al. STAG3 truncating variant as the cause of primary ovarian insufficiency [J]. Eur J Hum Genet,2016,24(1):135-138.

[16] HE W B,BANERJEE S,MENG L L,et al. Whole-exome sequencing identifies a homozygous donor splice-site mutation in STAG3 that causes primary ovarian insufficiency [J]. Clin Genet,2018,93(2): 340-344.

[17] DE VRIES L,BEHAR D M,SMIRIN-YOSEF P,et al. Exome sequencing reveals SYCE1 mutation associated with autosomal recessive primary ovarian insufficiency [J]. J Clin Endocrinol Metab,2014,99(10): E2129-E2132.

[18] MAOR-SAGIE E,CINNAMON Y,YAACOV B,et al. Deleterious mutation in SYCE1 is associated with non-obstructive azoospermia [J]. J Assist Reprod Genet,2015,32(6):887-891.

[19] ZANGEN D,KAUFMAN Y,ZELIGSON S,et al. XX ovarian dysgenesis is caused by a PSMC3IP/HOP2 mutation that abolishes coactivation of estrogen-driven transcription [J]. Am J Hum Genet,2011,89(4): 572-579.

[20] ZHAO W,SUNG P. Significance of ligand interactions involving Hop2-Mnd1 and the RAD51 and DMC1 recombinases in homologous DNA repair and XX ovarian dysgenesis [J]. Nucleic Acids Res,2015,43(8): 4055-4066.

[21] WANG J,ZHANG W,JIANG H,et al. Mutations in HFM1 in recessive primary ovarian insufficiency [J]. N Engl J Med,2014,370(10):972-974.

[22] PU D,WANG C,CAO J,et al. Association analysis between HFM1 variation and primary ovarian insufficiency in Chinese women [J]. Clin Genet,2016,89(5):597-602.

[23] ZHANG W,SONG X,NI F,et al. Association analysis between HFM1 variations and idiopathic azoospermia or severe oligozoospermia in Chinese Men [J]. Sci China Life Sci,2017,60(3):315-318.

[24] KNEITZ B,COHEN P E,AVDIEVICH E,et al. MutS homolog 4 localization to meiotic chromosomes is required for chromosome pairing during meiosis in male and female mice [J]. Genes Dev,2000,14(9): 1085-1097.

[25] GUO T,ZHAO S,ZHAO S,et al. Mutations in MSH5 in primary ovarian insufficiency [J]. Hum Mol Genet,2017,26(8):1452-1457.

[26] LUTZMANN M,GREY C,TRAVER S,et al. MCM8-and MCM9-deficient mice reveal gametogenesis defects and genome instability due to impaired homologous recombination [J]. Mol Cell,2012,47(4): 523-534.

[27] ALASIRI S,BASIT S,WOOD-TRAGESER M A,et al. Exome sequencing reveals MCM8 mutation underlies ovarian failure and chromosomal instability [J]. J Clin Invest,2015,125(1):258-262.

[28] DOU X,GUO T,LI G,et al. Minichromosome maintenance complex component 8 mutations cause primary ovarian insufficiency [J]. Fertil Steril,2016,106(6):1485-1489.

[29] BOUALI N,FRANCOU B,BOULIGAND J,et al. New MCM8 mutation associated with premature ovarian insufficiency and chromosomal instability in a highly consanguineous Tunisian family [J]. Fertil Steril,2017, 108(4):694-702.

[30] TENENBAUM-RAKOVER Y,WEINBERG-SHUKRON A,RENBAUM P,et al. Minichromosome maintenance complex component 8(MCM8) gene mutations result in primary gonadal failure [J]. J Med Genet,2015,52(6):391-399.

[31] WOOD-TRAGESER M A,GURBUZ F,YATSENKO S A,et al. MCM9 mutations are associated with ovarian failure,short stature,and chromosomal instability [J]. Am J Hum Genet,2014,95 (6):754-762.

[32] FAUCHEREAU F,SHALEV S,CHERVINSKY E,et al. A non-sense MCM9 mutation in a familial case of primary ovarian insufficiency [J]. Clin Genet,2016,89 (5):603-607.

[33] BAKKER S T,VAN DE VRUGT H J,ROOIMANS M A,et al. Fancm-deficient mice reveal unique features of Fanconi anemia complementation group M [J]. Hum Mol Genet,2009,18 (18):3484-3495.

[34] YANG Y,GUO T,LIU R,et al. Fancl gene mutations in premature ovarian insufficiency [J]. Hum Mutat,2020,41 (5):1033-1041.

[35] WEINBERG-SHUKRON A,RACHMIEL M,RENBAUM P,et al. Essential Role of BRCA2 in Ovarian Development and Function [J]. N Engl J Med,2018,379 (11):1042-1049.

[36] CABURET S,TODESCHINI A L,PETRILLO C,et al. A truncating MEIOB mutation responsible for familial primary ovarian insufficiency abolishes its interaction with its partner SPATA22 and their recruitment to DNA double-strand breaks [J]. EBioMedicine,2019,42:524-531.

[37] QIN Y,GUO T,LI G,et al. CSB-PGBD3 Mutations Cause Premature Ovarian Failure [J]. PLoS Genet,2015,11 (7):e1005419.

[38] RAH H,JEON Y J,SHIM S H,et al. Association of miR-146aC>G,miR-196a2T>C,and miR-499A>G polymorphisms with risk of premature ovarian failure in Korean women [J]. Reprod Sci,2013,20 (1):60-68.

[39] CHO S H,AN H J,KIM K A,et al. Single nucleotide polymorphisms at miR-146a/196a2 and their primary ovarian insufficiency-related target gene regulation in granulosa cells [J]. Plos One,2017,12 (8):e0183479.

[40] CHEN X,XIE M,LIU D,et al. Downregulation of microRNA146a inhibits ovarian granulosa cell apoptosis by simultaneously targeting interleukin1 receptorassociated kinase and tumor necrosis factor receptorassociated factor 6 [J]. Mol Med Rep,2015,12 (4):5155-5162.

[41] DANG Y J,ZHAO S D,QIN Y Y,et al. MicroRNA-22-3p is down-regulated in the plasma of Han Chinese patients with premature ovarian failure [J]. Fertility and Sterility,2015,103 (3):802-807.

[42] DANG Y J,WANG X Y,HAO Y J,et al. MicroRNA-379-5p is associate with biochemical premature ovarian insufficiency through PARP1 and XRCC6 [J]. Cell Death & Disease,2018,9 (2):106.

[43] ZHANG Q,SUN H,JIANG Y,et al. MicroRNA-181a suppresses mouse granulosa cell proliferation by targeting activin receptor IIA [J]. Plos One,2013,8 (3):e59667.

[44] ZHANG M,ZHANG Q,HU Y,et al. miR-181a increases FoxO1 acetylation and promotes granulosa cell apoptosis via SIRT1 downregulation [J]. Cell Death Dis,2017,8 (10):e3088.

[45] ZHANG C,SHEN J,KONG S,et al. MicroRNA-181a promotes follicular granulosa cell apoptosis via sphingosine-1-phosphate receptor 1 expression downregulation [J]. Biol Reprod,2019,101 (5):975-985.

[46] DAI A,SUN H,FANG T,et al. MicroRNA-133b stimulates ovarian estradiol synthesis by targeting Foxl2 [J]. FEBS Lett,2013,587 (15):2474-2482.

[47] JANKOWSKA K. Premature ovarian failure [J]. Prz Menopauzalny,2017,16 (2):51-56.

[48] LEE E S,KIM M,MOON S,et al. A new compound heterozygous mutation in the CYP17A1 gene in a female with 17alpha-hydroxylase/17,20-lyase deficiency [J]. Gynecol Endocrinol,2013,29 (7):720-723.

[49] BILGIN E M,KOVANCI E. Genetics of premature ovarian failure [J]. Curr Opin Obstet Gynecol,2015,27 (3):167-174.

[50] DOMNIZ N,MEIROW D. Premature ovarian insufficiency and autoimmune diseases [J]. Best Pract Res

第
五
章

干细胞临床研究

Clin Obstet Gynaecol,2019,60:42-55.

[51] GLEICHER N,KUSHNIR V A,BARAD D H. Prospectively assessing risk for premature ovarian senescence in young females:a new paradigm[J]. Reprod Biol Endocrin,2015,13:34.

[52] HALLER-KIKKATALO K,SALUMETS A,UIBO R. Review on autoimmune reactions in female infertility: antibodies to follicle stimulating hormone[J]. Clin Dev Immunol,2012,2012762541.

[53] DRAGOJEVIC-DIKIC S,MARISAVLJEVIC D,MITROVIC A,et al. An immunological insight into premature ovarian failure(POF)[J]. Autoimmunity Reviews,2010,9(11):771-774.

[54] NELSON L M. Primary Ovarian Insufficiency[J]. New Engl J Med,2009,360(6):606-614.

[55] CERVERA R,BALASCH J. Bidirectional effects on autoimmunity and reproduction[J]. Human Reproduction Update,2008,14(4):359-366.

[56] LUBORSKY J L,VISINTIN I,BOYERS S,et al. Ovarian Antibodies Detected by Immobilized Antigen Immunoassay in Patients with Premature Ovarian Failure[J]. J Clin Endocr Metab,1990,70(1):69-75.

[57] FORGES T,MONNIER-BARBARINO P,FAURE G C,et al. Autoimmunity and antigenic targets in ovarian pathology[J]. Human Reproduction Update,2004,10(2):163-175.

[58] SALAMA M,WOODRUFF T K. Anticancer treatments and female fertility:clinical concerns and role of oncologists in oncofertility practice[J]. Expert Rev Anticancer Ther,2017,17(8):687-692.

[59] STENSHEIM H,CVANCAROVA M,MØLLER B,et al. Pregnancy after adolescent and adult cancer:a population-based matched cohort study[J]. Int J Cancer,2011,129(5):1225-1236.

[60] PECCATORI F A,AZIM H A JR,ORECCHIA R,et al. Cancer,pregnancy and fertility:ESMO Clinical Practice Guidelines for diagnosis,treatment and follow-up[J]. Ann Oncol,2013,24(Suppl 6):vi160-vi170.

[61] ANDERSON R A,BREWSTER D H,WOOD R,et al. The impact of cancer on subsequent chance of pregnancy:a population-based analysis[J]. Hum Reprod,2018,33(7):1281-1290.

[62] CUI W,STERN C,HICKEY M,et al. Preventing ovarian failure associated with chemotherapy[J]. Med J Aust,2018,209(9):412-416.

[63] MAURI D,GAZOULI I,ZARKAVELIS G,et al. Chemotherapy Associated Ovarian Failure[J]. Front Endocrinol(Lausanne),2020,11:572388.

[64] EBRAHIMI M,AKBARI ASBAGH F. Pathogenesis and causes of premature ovarian failure:an update[J]. Int J Fertil Steril,2011,5(2):54-65.

[65] MATIKAINEN T,PEREZ G I,JURISICOVA A,et al. Aromatic hydrocarbon receptor-driven Bax gene expression is required for premature ovarian failure caused by biohazardous environmental chemicals[J]. Nat Genet,2001,28(4):355-360.

[66] VABRE P,GATIMEL N,MOREAU J,et al. Environmental pollutants,a possible etiology for premature ovarian insufficiency:a narrative review of animal and human data[J]. Environ Health,2017,16(1):37.

[67] KUANG H,HAN D,XIE J,et al. Profiling of differentially expressed microRNAs in premature ovarian failure in an animal model[J]. Gynecol Endocrinol,2014,30(1):57-61.

[68] CONTE B,DEL MASTRO L. Gonadotropin-releasing hormone analogues for the prevention of chemotherapy-induced premature ovarian failure in breast cancer patients[J]. Minerva Ginecol,2017,69(4):350-356.

[69] SILLS E S,ALPER M M,WALSH A P. Ovarian reserve screening in infertility:practical applications and theoretical directions for research[J]. Eur J Obstet Gynecol Reprod Biol,2009,146(1):30-36.

第五章 干细胞临床研究

[70] HANSEN K R,CRAIG L B,ZAVY M T,et al. Ovarian primordial and nongrowing follicle counts according to the Stages of Reproductive Aging Workshop (STRAW) staging system [J]. Menopause,2012,19 (2): 164-171.

[71] RAMALHO DE CARVALHO B,GOMES SOBRINHO D B,VIEIRA A D,et al. Ovarian reserve assessment for infertility investigation [J]. ISRN Obstet Gynecol,2012,2012:576385.

[72] SANTORO N. Using Antimullerian Hormone to Predict Fertility [J]. JAMA,2017,318 (14):1333-1334.

[73] MIRANDA-FURTADO C L,LUCHIARI H R,CHIELLI PEDROSO D C,et al. Skewed X-chromosome inactivation and shorter telomeres associate with idiopathic premature ovarian insufficiency [J]. Fertil Steril, 2018,110 (3):476-485.

[74] XU X F,CHEN X X,ZHANG X R,et al. Impaired telomere length and telomerase activity in peripheral blood leukocytes and granulosa cells in patients with biochemical primary ovarian insufficiency [J]. Human Reproduction,2017,32 (1):201-207.

[75] FATTET A J,TOUPANCE S,THORNTON S N,et al. Telomere length in granulosa cells and leukocytes:a potential marker of female fertility? A systematic review of the literature [J]. J Ovarian Res,2020,13 (1):96.

[76] WEIL S,VENDOLA K,ZHOU J,et al. Androgen and follicle-stimulating hormone interactions in primate ovarian follicle development [J]. J Clin Endocrinol Metab,1999,84 (8):2951-2956.

[77] MUNHOZ R R,PEREIRA A A,SASSE A D,et al. Gonadotropin-Releasing Hormone Agonists for Ovarian Function Preservation in Premenopausal Women Undergoing Chemotherapy for Early-Stage Breast Cancer:A Systematic Review and Meta-analysis [J]. Jama Oncol,2016,2 (1):65-73.

[78] DEL MASTRO L,BONI L,MICHELOTTI A,et al. Effect of the gonadotropin-releasing hormone analogue triptorelin on the occurrence of chemotherapy-induced early menopause in premenopausal women with breast cancer:a randomized trial [J]. JAMA,2011,306 (3):269-276.

[79] MOORE H C,UNGER J M,PHILLIPS K A,et al. Goserelin for ovarian protection during breast-cancer adjuvant chemotherapy [J]. N Engl J Med,2015,372 (10):923-932.

[80] MAMAS L,MAMAS E. Premature ovarian failure and dehydroepiandrosterone [J]. Fertil Steril,2009,91 (2): 644-646.

[81] TARTAGNI M,CICINELLI M V,BALDINI D,et al. Dehydroepiandrosterone decreases the age-related decline of the in vitro fertilization outcome in women younger than 40 years old [J]. Reprod Biol Endocrinol,2015,13:18.

[82] ZHAO G,YAN G,CHENG J,et al. Hyaluronic acid prevents immunosuppressive drug-induced ovarian damage via up-regulating PGRMC1 expression [J]. Sci Rep,2015,5:7647.

[83] BASSIOUNY Y A,DAKHLY D M R,BAYOUMI Y A,et al. Does the addition of growth hormone to the in vitro fertilization/intracytoplasmic sperm injection antagonist protocol improve outcomes in poor responders? A randomized,controlled trial [J]. Fertil Steril,2016,105 (3):697-702.

[84] LIU F T,HU K L,LI R. Effects of Growth Hormone Supplementation on Poor Ovarian Responders in Assisted Reproductive Technology:a Systematic Review and Meta-analysis [J]. Reprod Sci,2021,28 (4): 936-948.

[85] YANG P,WU R,ZHANG H. The effect of growth hormone supplementation in poor ovarian responders undergoing IVF or ICSI:a meta-analysis of randomized controlled trials [J]. Reprod Biol Endocrinol,2020, 18 (1):76.

第五章 干细胞临床研究

［86］REITER R J,ROSALES-CORRAL S,TAN D X,et al. Melatonin as a mitochondria-targeted antioxidant：one of evolution's best ideas［J］. Cell Mol Life Sci,2017,74（21）：3863-3881.

［87］REITER R J,MAYO J C,TAN D X,et al. Melatonin as an antioxidant：under promises but over delivers［J］. J Pineal Res,2016,61（3）：253-278.

［88］TORDJMAN S,CHOKRON S,DELORME R,et al. Melatonin：Pharmacology,Functions and Therapeutic Benefits［J］. Curr Neuropharmacol,2017,15（3）：434-443.

［89］JANG H,HONG K,CHOI Y. Melatonin and fertoprotective adjuvants：Prevention against premature ovarian failure during chemotherapy［J］. Int J Mol Sci,2017,18（6）：1221.

［90］JANG H,LEE O H,LEE Y,et al. Melatonin prevents cisplatin-induced primordial follicle loss via suppression of PTEN/AKT/FOXO3a pathway activation in the mouse ovary［J］. J Pineal Res,2016,60（3）：336-347.

［91］JAHROMI B N,SADEGHI S,ALIPOUR S,et al. Effect of Melatonin on the Outcome of Assisted Reproductive Technique Cycles in Women with Diminished Ovarian Reserve：A Double-Blinded Randomized Clinical Trial［J］. Iran J Med Sci,2017,42（1）：73-78.

［92］ESPINO J,MACEDO M,LOZANO G,et al. Impact of Melatonin Supplementation in Women with Unexplained Infertility Undergoing Fertility Treatment［J］. Antioxidants（Basel）,2019,8（9）：338.

［93］SIMON A,LAUFER N. Repeated implantation failure：clinical approach［J］. Fertil Steril,2012,97（5）：1039-1043.

［94］LI J,KAWAMURA K,CHENG Y,et al. Activation of dormant ovarian follicles to generate mature eggs［J］. Proc Natl Acad Sci U S A,2010,107（22）：10280-10284.

［95］KAWAMURA K,CHENG Y,SUZUKI N,et al. Hippo signaling disruption and Akt stimulation of ovarian follicles for infertility treatment［J］. Proc Natl Acad Sci U S A,2013,110（43）：17474-17479.

［96］KAWAMURA K,KAWAMURA N,HSUEH A J W. Activation of dormant follicles：a new treatment for premature ovarian failure？［J］. Curr Opin Obstet Gyn,2016,28（3）：217-222.

［97］WANG W,TODOROV P,ISACHENKO E,et al. In vitro activation of cryopreserved ovarian tissue：A single-arm meta-analysis and systematic review［J］. Eur J Obstet Gynecol Reprod Biol,2021,258：258-264.

［98］武颖,张莹,何军琴,等. 滋阴补肾汤方治疗肾阴亏虚型卵巢储备功能下降疗效观察［J］. 北京中医药,2015,34（12）：964-966.

［99］滕秀香,李培培. 健脾补肾活血方治疗卵巢早衰脾肾阳虚证疗效观察［J］. 中国中西医结合杂志,2016,36（1）：119-122.

［100］杨冬梅,陆东权,景致英. 温阳疏肝法治疗卵巢储备功能下降不孕症56例临床观察［J］. 四川中医,2013,31（5）：103-105.

［101］黄书慧,张晓金. 中西药联合治疗原发性卵巢功能不全的临床研究［J］. 中华中医药杂志,2017,32（4）：1707-1711.

［102］董晓英,柳顺玉. 毓麟珠治疗脾肾阳虚型卵巢早衰的临床观察［J］. 中华中医药学刊,2016,34（10）：2364-2366.

［103］刘莉莉,任长安. 滋阴疏肝汤联合黄体酮胶囊治疗卵巢储备功能减退不孕不育48例［J］. 环球中医药,2018,11（5）：775-777.

［104］罗玺,李茜,程洁,等. 针灸治疗卵巢早衰有效性的系统综述与 Meta 分析［J］. 中医杂志,2016,57（12）：1027-1032.

［105］BLAU H M,BRAZELTON T R,WEIMANN J M. The evolving concept of a stem cell：entity or function? [J]. Cell,2001,105(7):829-841.

[106] TARKOWSKI A K. Experiments on the development of isolated blastomers of mouse eggs [J]. Nature, 1959,184:1286-1287.

[107] LU F,ZHANG Y. Cell totipotency:molecular features,induction,and maintenance [J]. National Science Review,2015,2(2):217-225.

[108] TAKAHASHI K,YAMANAKA S. Induction of pluripotent stem cells from mouse embryonic and adult fibroblast cultures by defined factors [J]. Cell,2006,126(4):663-676.

[109] ULLAH I,SUBBARAO R B,RHO G J. Human mesenchymal stem cells-current trends and future prospective [J]. Biosci Rep,2015,35(2):e00191.

[110] SPITZHORN L S,MEGGES M,WRUCK W,et al. Human iPSC-derived MSCs(iMSCs)from aged individuals acquire a rejuvenation signature [J]. Stem Cell Res Ther,2019,10(1):100.

[111] DOMINICI M,LE BLANC K,MUELLER I,et al. Minimal criteria for defining multipotent mesenchymal stromal cells. The International Society for Cellular Therapy position statement [J]. Cytotherapy,2006,8(4):315-317.

[112] BRINSTER R L,AVARBOCK M R. Germline transmission of donor haplotype following spermatogonial transplantation [J]. Proc Natl Acad Sci U S A,1994,91(24):11303-11307.

[113] ZOU K,YUAN Z,YANG Z,et al. Production of offspring from a germline stem cell line derived from neonatal ovaries [J]. Nat Cell Biol,2009,11(5):631-636.

[114] JUNG D,XIONG J,YE M,et al. In vitro differentiation of human embryonic stem cells into ovarian follicle-like cells [J]. Nat Commun,2017,8:15680.

[115] HAYASHI K,SAITOU M. Generation of eggs from mouse embryonic stem cells and induced pluripotent stem cells [J]. Nat Protoc,2013,8(8):1513-1524.

[116] HIKABE O,HAMAZAKI N,NAGAMATSU G,et al. Reconstitution in vitro of the entire cycle of the mouse female germ line [J]. Nature,2016,539(7628):299-303.

[117] HAMAZAKI N,KYOGOKU H,ARAKI H,et al. Reconstitution of the oocyte transcriptional network with transcription factors [J]. Nature,2021,589(7841):264-269.

[118] TIAN C,LIU L,YE X,et al. Functional Oocytes Derived from Granulosa Cells [J]. Cell Rep,2019,29(13):4256-4267.

[119] ZHAO YX,CHEN SR,SU PP,et al. Using Mesenchymal Stem Cells to Treat Female Infertility:An Update on Female Reproductive Diseases [J]. Stem Cells Int,2019,2019:9071720.

[120] HE Y,CHEN D,YANG L,et al. The therapeutic potential of bone marrow mesenchymal stem cells in premature ovarian failure [J]. Stem Cell Res Ther,2018,9(1):263.

[121] ABD-ALLAH S H,SHALABY S M,PASHA H F,et al. Mechanistic action of mesenchymal stem cell injection in the treatment of chemically induced ovarian failure in rabbits [J]. Cytotherapy,2013,15(1):64-75.

[122] BADAWY A,SOBH M A,AHDY M,et al. Bone marrow mesenchymal stem cell repair of cyclophosphamide-induced ovarian insufficiency in a mouse model [J]. Int J Womens Health,2017,9:441-447.

[123] ESFANDYARI S,CHUGH R M,PARK H S,et al. Mesenchymal Stem Cells as a Bio Organ for Treatment of Female Infertility [J]. Cells,2020,9(10):2253.

[124] DAMOUS L L,NAKAMUTA J S,CARVALHO A E,et al. Does adipose tissue-derived stem cell therapy improve graft quality in freshly grafted ovaries? [J]. Reprod Biol Endocrinol,2015,13:108.

[125] SUN M,WANG S,LI Y,et al. Adipose-derived stem cells improved mouse ovary function after chemotherapy-induced ovary failure [J]. Stem Cell Res Ther,2013,4(4):80.

[126] WANG ZB,HAO JX,MENG TG,et al. Transfer of autologous mitochondria from adipose tissue-derived stem cells rescues oocyte quality and infertility in aged mice [J]. Aging (Albany NY),2017,9(12): 2480-2488.

[127] SHENG X,YANG Y,ZHOU J,et al. Mitochondrial transfer from aged adipose-derived stem cells does not improve the quality of aged oocytes in C57BL/6 mice [J]. Mol Reprod Dev,2019,86(5):516-529.

[128] YU YB,SONG Y,CHEN Y,et al. Differentiation of umbilical cord mesenchymal stem cells into hepatocytes in comparison with bone marrow mesenchymal stem cells [J]. Mol Med Rep,2018,18(2):2009-2016.

[129] JALALIE L,REZAIE M J,JALILI A,et al. Distribution of the CM-Dil-Labeled Human Umbilical Cord Vein Mesenchymal Stem Cells Migrated to the Cyclophosphamide-Injured Ovaries in C57BL/6 Mice [J]. Iranian Biomedical Journal,2019,23(3):200-208.

[130] LI J,MAO Q,HE J,et al. Human umbilical cord mesenchymal stem cells improve the reserve function of perimenopausal ovary via a paracrine mechanism [J]. Stem Cell Res Ther,2017,8(1):55.

[131] ELFAYOMY A K,ALMASRY S M,EL-TARHOUNY S A,et al. Human umbilical cord blood-mesenchymal stem cells transplantation renovates the ovarian surface epithelium in a rat model of premature ovarian failure:Possible direct and indirect effects [J]. Tissue Cell,2016,48(4):370-382.

[132] LOUKOGEORGAKIS S P,DE COPPI P. Concise Review:Amniotic Fluid Stem Cells:The Known,the Unknown,and Potential Regenerative Medicine Applications [J]. Stem Cells,2017,35(7):1663-1673.

[133] HUANG B,DING C,ZOU Q,et al. Human Amniotic Fluid Mesenchymal Stem Cells Improve Ovarian Function During Physiological Aging by Resisting DNA Damage [J]. Front Pharmacol,2020,11:272.

[134] LIU T,HUANG Y,GUO L,et al. CD44+/CD105+ human amniotic fluid mesenchymal stem cells survive and proliferate in the ovary long-term in a mouse model of chemotherapy-induced premature ovarian failure [J]. Int J Med Sci,2012,9(7):592-602.

[135] XIAO G Y,CHENG C C,CHIANG Y S,et al. Exosomal miR-10a derived from amniotic fluid stem cells preserves ovarian follicles after chemotherapy [J]. Sci Rep,2016,6:23120.

[136] FENG X,LING L,ZHANG W,et al. Effects of human amnion-derived mesenchymal stem cell (hAD-MSC) transplantation in situ on primary ovarian insufficiency in SD rats [J]. Reprod Sci,2020,27(7):1502-1512.

[137] LING L,FENG X,WEI T,et al. Effects of low-intensity pulsed ultrasound (LIPUS)-pretreated human amnion-derived mesenchymal stem cell (hAD-MSC) transplantation on primary ovarian insufficiency in rats [J]. Stem Cell Res Ther,2017,8(1):283.

[138] LING L,FENG X,WEI T,et al. Human amnion-derived mesenchymal stem cell (hAD-MSC) transplantation improves ovarian function in rats with premature ovarian insufficiency (POI) at least partly through a paracrine mechanism [J]. Stem Cell Res Ther,2019,10(1):46.

[139] YIN N,ZHAO W,LUO Q,et al. Restoring Ovarian Function With Human Placenta-Derived Mesenchymal Stem Cells in Autoimmune-Induced Premature Ovarian Failure Mice Mediated by Treg Cells and Associated Cytokines [J]. Reprod Sci,2018,25(7):1073-1082.

[140] KIM T H,CHOI J H,JUN Y,et al. 3D-cultured human placenta-derived mesenchymal stem cell spheroids

enhance ovary function by inducing folliculogenesis [J]. Sci Rep, 2018, 8 (1): 15313.

[141] LAI D, WANG F, YAO X, et al. Human endometrial mesenchymal stem cells restore ovarian function through improving the renewal of germline stem cells in a mouse model of premature ovarian failure [J]. J Transl Med, 2015, 13 (155): 1-13.

[142] LIU T, HUANG Y, ZHANG J, et al. Transplantation of human menstrual blood stem cells to treat premature ovarian failure in mouse model [J]. Stem Cells Dev, 2014, 23 (13): 1548-1557.

[143] MANSHADI M D, NAVID S, HOSHINO Y, et al. The effects of human menstrual blood stem cells-derived granulosa cells on ovarian follicle formation in a rat model of premature ovarian failure [J]. Microsc Res Tech, 2019, 82 (6): 635-642.

[144] WANG Z, WANG Y, YANG T, et al. Study of the reparative effects of menstrual-derived stem cells on premature ovarian failure in mice [J]. Stem Cell Res Ther, 2017, 8 (1): 11.

[145] HARRELL C R, FELLABAUM C, JOVICIC N, et al. Molecular mechanisms responsible for therapeutic potential of mesenchymal stem cell-derived secretome [J]. Cells, 2019, 8 (5): 467.

[146] FERREIRA J R, TEIXEIRA G Q, SANTOS S G, et al. Mesenchymal stromal cell secretome: influencing therapeutic potential by cellular pre-conditioning [J]. Front Immunol, 2018, 9: 2837.

[147] TRUMAN A M, TILLY J L, WOODS D C. Ovarian regeneration: The potential for stem cell contribution in the postnatal ovary to sustained endocrine function [J]. Mol Cell Endocrinol, 2017, 445: 74-84.

[148] WHITE Y A, WOODS D C, TAKAI Y, et al. Oocyte formation by mitotically active germ cells purified from ovaries of reproductive-age women [J]. Nat Med, 2012, 18 (3): 413-421.

[149] KIZUKA-SHIBUYA F, TOKUDA N, TAKAGI K, et al. Locally existing endothelial cells and pericytes in ovarian stroma, but not bone marrow-derived vascular progenitor cells, play a central role in neovascularization during follicular development in mice [J]. Journal of Ovarian Research, 2014, 7 (10): 1-8.

[150] ZHANG C, WU J. Production of offspring from a germline stem cell line derived from prepubertal ovaries of germline reporter mice [J]. Mol Hum Reprod, 2016, 22 (7): 457-464.

[151] SHOULDERS M D, RAINES R T. Collagen structure and stability [J]. Annu Rev Biochem, 2009, 78: 929-958.

[152] SORUSHANOVA A, DELGADO L M, WU Z, et al. The collagen suprafamily: From biosynthesis to advanced biomaterial development [J]. Adv Mater, 2019, 31 (1): e1801651.

[153] GUAN J, ZHU Z, ZHAO R C, et al. Transplantation of human mesenchymal stem cells loaded on collagen scaffolds for the treatment of traumatic brain injury in rats [J]. Biomaterials, 2013, 34 (24): 5937-5946.

[154] GÖGELE C, HAHN J, ELSCHNER C, et al. Enhanced Growth of Lapine Anterior Cruciate Ligament-Derived Fibroblasts on Scaffolds Embroidered from Poly (1-lactide-co-epsilon-caprolactone) and Polylactic Acid Threads Functionalized by Fluorination and Hexamethylene Diisocyanate Cross-Linked Collagen Foams [J]. Int J Mol Sci, 2020, 21 (3): 1132.

[155] SU J, DING L, CHENG J, et al. Transplantation of adipose-derived stem cells combined with collagen scaffolds restores ovarian function in a rat model of premature ovarian insufficiency [J]. Hum Reprod, 2016, 31 (5): 1075-1086.

[156] DING L, YAN G, WANG B, et al. Transplantation of UC-MSCs on collagen scaffold activates follicles in dormant ovaries of POF patients with long history of infertility [J]. Sci China Life Sci, 2018, 61 (12): 1554-1565.

[157] YANG Y,LEI L,WANG S,et al. Transplantation of umbilical cord-derived mesenchymal stem cells on a collagen scaffold improves ovarian function in a premature ovarian failure model of mice [J]. In Vitro Cell Dev Biol Anim,2019,55 (4):302-311.

[158] YAN L,WU Y,LI L,et al. Clinical analysis of human umbilical cord mesenchymal stem cell allotransplantation in patients with premature ovarian insufficiency [J]. Cell Prolif,2020,53 (12):e12938.

[159] ZHANG Y,YAN Z,QIN Q,et al. Transcriptome Landscape of Human Folliculogenesis Reveals Oocyte and Granulosa Cell Interactions [J]. Mol Cell,2018,72 (6):1021-1034. e4.

[160] BLANPAIN C,FUCHS E. Stem cell plasticity. Plasticity of epithelial stem cells in tissue regeneration [J]. Science,2014,344 (6189):1242281.

[161] De Miguel-Beriain I. The ethics of stem cells revisited [J]. Adv Drug Deliv Rev,2015,82-83:176-180.

第五章　干细胞临床研究

第六章
干细胞产业现状与展望

▶▶▶▶▶

干细胞技术是一种具有革命性的生物技术,正在向产业化方向迈进。近年来,我国在干细胞及产品转化研究领域取得了长足进展,并初步形成了完整的产业链。然而,该产业还面临许多问题,需要进一步解决,以实现大规模应用。为了推动干细胞产业高质量发展,满足转化和应用需求,应该抢抓生物医药领域的产业变革和历史发展机遇,借此打破由发达国家占据干细胞产业市场主导地位的局面。本章将从全球干细胞的产业特征和现状以及我国干细胞产业的发展现状与展望等方面进行深入分析和评估,以期为我国成为引领干细胞学术新思想、科学新发现、技术新发明、产业新方向的创新策源地提供决策支持。

第一节　干细胞产业特征与分析

作为一项具有引领性、突破性和颠覆性的生物技术,干细胞处在商业化应用的探索阶段,正在向产业化方向迈进。近年来,我国在干细胞及产品转化研究领域也取得长足进展,获得了一系列拥有自主知识产权的技术,并且已经初步形成了从上游存储到下游临床应用的较为完整的产业链。然而,随着应用需求和产业化的推进,很多问题逐渐显现,亟待解决,真正大规模应用还有很长的路要走。

本节从产业分类、全球产业态势、产品进展、专利分布等不同维度对干细胞的产业特征和现状进行分析,旨在对干细胞的产业特征和未来走向有更好的把握,以便产业链上关键要素在未来能更有效结合,推动干细胞产业迈向新的发展阶段。

一、干细胞产业分类

干细胞产业是依托于干细胞的采集、存储、研发、移植、治疗等产品或服务以满足人类各种医疗和应用需求的行业种类的总称[1]。近年来,干细胞研究的进程和产业化速度迅速加快,欧美、日本、韩国等发达国家和地区纷纷在干细胞发育调控、干细胞制备技术、干细胞临床应用等领域进行重点部署[2],干细胞产业已经成为一个生机无限的潜在经济增长点,蕴含着巨大的产业发展空间。

（一）基于治疗领域分类

干细胞产业的价值主要通过临床治疗实现，其发展动力在于治疗当前传统疗法难以有效治疗的疾病领域。因此，可以根据干细胞企业以及相关研究机构涉及的专业治疗领域进行产业划分。依据全球300多家主要的干细胞研究型企业涉及的治疗领域，可划分为中枢神经系统疾病（18%）、心血管疾病（15%）、糖尿病（11%），以及血液病、癌症、肝病、骨病、皮肤病、免疫系统疾病等[3-4]。

（二）基于干细胞来源分类

干细胞来源也是产业划分的重要标准，可分为脐带血干细胞，占到所有企业的36%；成体干细胞占15%；胚胎干细胞占14%；其他为成人骨髓干细胞、成人脑干细胞、成人皮肤干细胞和脂肪源干细胞等[4]。随着干细胞制备技术的发展，尤其是大量诱导多能干细胞的出现，使得干细胞来源类型进一步扩充。值得注意的是，随着各国政府对胚胎干细胞的解禁，未来胚胎干细胞可能和脐带血干细胞一样，成为日益重要的细分产业。

（三）基于产业链的划分

干细胞产业涵盖了很多领域和相关产业，从产业链角度可将干细胞产业分为上游、中游、下游以及相关配套产业（表6-1）[5]。

表6-1　基于产业链的干细胞产业划分

产业链	相关产业
上游产业	干细胞的采集与存储
中游产业	干细胞技术研发或产品的生产与加工
下游产业	干细胞移植及治疗
相关配套产业	研究试剂
	遗传信息技术开发
	诊断检测试剂
	生物工程材料和人造组织器官

1. **干细胞上游产业**　主要涉及医院和一些干细胞库企业。上游产业是当前发展较为成熟的干细胞产业，尤以脐带血采集与储存业务发展最为成功。由于脐带血间充质干细胞具有更强的医疗应用潜能，其采集与存储业务也发展迅速，随着治疗需求不断增加，存储业务必然成为上游产业发展的重点。

2. **干细胞中游产业**　中游产业主要涵盖干细胞制备与扩增、干细胞药品研制以及干细胞治疗技术研发等。对于干细胞制备与扩增业务来说，其主要是为研发机构提供干细胞，用于疾病治疗研究和相关干细胞制剂研发。此外，从事干细胞技术研发或产品的生产与加工的相关企业主要以输出干细胞治疗技术为主，通过向医院提供干细胞技术以及相关技术配套服务来获得相应的收益，并且可以配合医院为患者制定个性化的治疗方案并提供一整套技术支持。

3. **干细胞下游产业** 这是干细胞产业面向消费者并获得直接收益的重要产业链环节,从事该类业务的主体为医院。干细胞移植及治疗环节集成了干细胞最新技术成果,是决定干细胞产业发展的关键。随着干细胞技术日益成熟,其应用潜能进一步被挖掘,干细胞移植及治疗环节将成为未来干细胞产业最为重要的细分产业,其中孕育无限的可能。

4. **相关配套产业** 干细胞产业是集技术与服务于一体的高科技产业,其发展需要一系列相应的配套行业提供支持,形成干细胞的辅助产业链,主要包括试剂研究、遗传信息技术开发、诊断检测试剂以及生物工程材料、人造组织器官等行业。

(1)试剂研究行业是干细胞产业的一个重要组成部分。干细胞研究和应用需要大量的试剂和耗材,如细胞培养基、血清、胶原蛋白等。这些试剂和耗材的质量和稳定性直接影响到干细胞研究和应用的效果。因此,试剂研究行业为干细胞产业提供了必不可少的支持,可不断研发和优化适用于干细胞研究和应用的试剂和耗材。

(2)干细胞的遗传信息技术开发对于研究干细胞的特性和应用具有重要意义。基于遗传信息的行业包括基因测序、基因编辑、基因克隆等技术,为干细胞产业提供了必要的技术支持。此外,诊断检测试剂行业也是干细胞产业不可或缺的一部分。干细胞治疗的效果需要精确的检测和评估,这需要依赖诊断检测行业提供的高效、灵敏的检测试剂和仪器。诊断检测行业的发展也为干细胞产业提供了重要的支持。

(3)干细胞产业需要大量的生物材料,如生物膜、生物支架、生物载体等,用于构建人工组织和器官。生物材料的质量和适应性直接影响到干细胞治疗的效率和安全性。因此,生物工程材料行业的发展也为干细胞产业提供了重要的支持。

(4)人造组织器官行业也是干细胞产业的一个重要组成部分。通过利用干细胞技术,培育出人造组织和器官,用于替代损伤或病变的组织和器官,为器官移植提供了新的来源。

综上所述,干细胞产业的发展需要多个行业的支持和配合,形成完整的产业链,才能实现其最大的潜力。这些配套行业的发展不仅为干细胞产业提供了必要的支持和保障,同时也促进了科技创新和经济发展。

二、干细胞产业特征

(一)干细胞若干核心科学问题机制尚需进一步探索

目前,干细胞治疗技术作为一种突破性的治疗手段,已经在干细胞内源性修复、干细胞(及其衍生细胞)移植疗法、干细胞组织工程、干细胞类器官构建等重要领域展现了巨大的应用价值,并且技术不断成熟[6-7]。

干细胞内源性修复通过激活机体的内源性干细胞,达到组织原位再生的目的。当前利用激素、生长因子或药物分子激活内源性干细胞,通过内源性修复机制刺激组织再生已经被成功应用于造血系统、骨骼、视觉系统和组织的修复治疗。干细胞(及其衍生细胞)移植疗法把健康的干细胞(及衍生细胞)移植到患者体内,以实现对受损细胞或组织的补充、修复或替换,从而达到治愈疾病的目的。干细胞(及衍生细胞)移植疗法的发展依赖于干细胞分离、扩散及定向分化等基础性干细胞技术的优化。目前,随着技术的不断进步,以及对干细胞相关调控机制认知的逐渐深入,科研人员已经在体外实现了干细胞向多类型具有正常生理功能体细胞的转化。这些衍生细胞几乎涉及了人体的神经元、呼吸系统的肺泡上皮细胞,消化系统的胃壁细胞、肝细胞、胰岛 β 细胞、视觉系统的视网膜色素上皮细胞、角膜细胞、虹膜细胞以及生殖系统的精子细胞和卵细胞等。

干细胞组织工程基于细胞与支架材料的结合,其中皮肤、软骨、肌肉等组织细胞相对容易获取,而心脏、肝脏等内部组织细胞则很难获取,干细胞的出现为获取更多种类的组织细胞提供了可能。干细胞类器官构建利用干细胞直接诱导生成 3D 组织模型,为人类生物学研究提供了强大的方法,尽管利用这种方法构建的类器官距离机体器官替代仍然存在差距,但其在疾病模型的构建中已经展现出了良好的应用前景。目前,肝脏、大脑、胸腺、肠道、肺、肾脏等多种组织的类器官构建已经成为现实,类器官也在疾病研究、药物筛选、药物毒理测试等领域展现出了作为组织模型的应用潜力。随着干细胞研究的不断深入,干细胞技术和部分产品的市场前景逐步明朗,临床转化步伐不断加快,但是回溯到技术本源,围绕干细胞的多能性维持、细胞命运调控、细胞异常分化、重编程替代、微环境调控等技术机制仍有待深入研究和明确。同时,与材料紧密结合的复合型干细胞也将成为未来干细胞制剂的研究方向[8]。

(二)干细胞基础研究和应用转化与临床医学关系紧密

从整个干细胞产业链来看,干细胞产业区别于其他生物医药细分领域,它起始于临床,最终也将落实到临床,形成一个医疗机构为主导的产业闭环[9]。从整个产业链来看,干细胞治疗的上游是干细胞的采集和存储业务,也是目前该领域最主要、最成熟的环节;干细胞治疗的中游是干细胞增殖以及干细胞制剂的新药研发,是干细胞产业链中最重要的一环。干细胞原始数量都很有限,要达到临床应用的细胞数量级,就必须经过体外的扩增培养,数据显示,一次成功的临床治疗大约需要 $1*10^9$ 个细胞[10],这就要求分离出来的干细胞必须在短时间内经过有效的体外扩增获得大量高质量的干细胞,才能达到良好的细胞治疗效果,这也是临床应用技术的关键;产业链的下游是干细胞治疗和应用。作为一种正在研究探索的新治疗方法,干细胞治疗对于人体的安全性、有效性尚待进一步验证,还需要很多和临床紧密结合的基础研究工作给干细胞在各个疾病领域的应用提供支持[11]。

从干细胞产品开发过程来看,干细胞药物开发的过程就是从"一对一"的个体化干细胞临床应用到"一对多"的临床治疗方案,干细胞制剂开发过程在服从 GMP 原则的基础上充分考虑临床的安全性、有效性和个体化特征。在干细胞库与工作细胞库的建立方面,需要结合临床需求进行供者筛查、组织采集、细胞分离、纯化、培养、保藏、鉴别、效力检测,以及生物学特性、遗传学稳定性研究，并建立干细胞技术标准及工作标准；在干细胞制剂工艺的开发方面，需要结合临床需求进行大规模细胞扩增、细胞制备工艺、剂型选择、包装选择、处方筛选、制剂冻存/复苏，研究体外操作对干细胞生物学特性的影响，进行过程质量控制，并建立干细胞药物放行标准；在干细胞冷链运输方面，需要结合临床需求进行产品冷冻与复苏、冷链运输技术、临床快速检测、稳定性研究（包括冻存条件下制剂影响因素试验、长期试验、模拟临床应用条件下的试验等）等，通过这些研究来确定药物的储存运输条件、包装以及有效期。

（三）干细胞产品特性使其审评、量产与监管面临多重挑战

干细胞及其衍生物是一种全新的生物制品，其审评审批、制备工艺、质量监测、风险把控等都需要进行专门的考量[12]。

在审评审批方面，干细胞产品同时具有药品和生物技术两个基本属性。由于干细胞产品整个研发过程都要基于临床，目前国内医疗机构开展的干细胞临床研究是由国家卫生健康委员会和国家药品监督管理局协同共管，以《中华人民共和国药品管理法》为法律依据，遵行《干细胞临床研究管理办法（试行）》和《干细胞制剂质量控制及临床前研究指导原则（试行）》，以医疗机构为主体，实行干细胞临床研究机构和项目双备案[13]。如后续申请药品注册临床试验，可将已获得的临床研究结果作为技术申报资料提交并用于药品评价，但不能直接进行临床应用。

在制备工艺方面，目前，通过体外实验诱导和干预获得稳定且具有多能性的干细胞产品仍然是一个复杂且困难的过程。就拿用来培养细胞的培养基来说，找到最好的配方来制作具有特殊功能的高效细胞培养基，对于干细胞的生产至关重要。在生产阶段，干细胞产品的制备存在供应有限、原料不一致和生产工艺不成熟等多方面的挑战；在运输存储阶段，存在难以识别和控制的污染物扩散、难以规模化的存储工艺等诸多技术瓶颈；而在应用阶段，对于干细胞产品活性和有效性也缺乏现成的可以依赖的数据支持。

在质量监测方面，干细胞制剂的质量标准应包含基本细胞生物学属性（包括生产过程中对于细胞纯度、稳定性和效能的考量）、微生物安全性、生物安全性和生物学有效性几个方面，这些方面都直接关系到研究的风险和受试者的安全。干细胞制剂的质量控制涉及生产制备机构和医疗使用机构两大主体，贯穿干细胞的采集存储、制剂生产和临床应用全过程，需要建立专门针对干细胞制剂的规范化和个性化指标，不断完善干细胞制剂的过程检验和放行检验标准。

在风险把控方面，干细胞的自我复制和分化难以预测和控制，不可避免地伴有结果的复杂性，最常见的就是异常组织或肿瘤的形成，因此，移植后的安全问题需要格外重视。首先，移植的干细胞一旦植入就不可逆，在患者体内持续存在，需要对患者进行长期、细致的随访；其次，很多疾病的动物模型不能准确地反映人体的疾病状态，动物的毒性实验结果只能部分预测对人体的毒性反应，可能发生其他的生物学或免疫反应。

(四）干细胞产业未来商业化模式有待在实践中逐步明晰

在我国目前已经相对完整的干细胞产业链架构基础上,已经催生了三大市场板块,包括脐带血库、新药筛选和细胞治疗。

上游企业主要盈利模式为自体库的脐带血干细胞存储服务。目前很多上游公司通过与科研院所合作,共同出资建立公司控股地区脐带血库,利用其自体库进行干细胞的采集和存储。除了脐带血造血干细胞库外,近年来,间充质干细胞库也逐渐发展,随着脐带间充质干细胞研究的不断深入,消费者治疗需求也在不断增加,成为未来干细胞存储业务的市场发展点,中游企业主要通过向医院提供干细胞技术体系并收取技术服务及技术使用权转让费获得收益。下游治疗环节目前商业模式尚不清晰。

总体上,干细胞产业的商业化还处在起步阶段,各方面都面临着许多挑战。研发者对按药品管理的细胞产品的研发思路和质量控制策略还缺乏深入研究,监管机构对于干细胞产品的理解和认识也在累积的过程中。干细胞产品在医院内生产还是在企业生产、未来干细胞治疗如何收费、能否纳入医保支付尚待进一步明确,干细胞商业化模式还无法简单预测。但相信随着科研水平的进步和细胞治疗技术的不断成熟,在干细胞治疗领域的临床表现和应用前景将逐步得以明确。相应的政策环境、商业化模式也将逐步明晰。

三、国际干细胞产业发展形势

1999 年以来,干细胞与再生医学研究迅猛发展,多次入选 *Science* 杂志"十大世界科技进展",国际上普遍认为干细胞与再生医学正处于重大科学技术革命性突破的前夜。干细胞体细胞重编程研究(由山中伸弥和约翰·格登共同完成)更是获得了 2012 年诺贝尔生理学或医学奖。此外,干细胞相关治疗产品也正在陆续上市,干细胞临床研究一直保持增长趋势。

（一）产业规模

干细胞产业不仅有巨大的医学价值,还有广阔的市场前景。根据全球知名调研机构 Technavio 报告,2020—2024 年间,全球干细胞治疗市场预计将以 7% 的复合增长率增长,预计到 2025 年全球干细胞市场规模将达到 2 700 亿美元[14]。从市场分布来看,全球干细胞市场主要集中在北美、欧洲、亚太三个区域,这三大区域分别占据了 37.6%、33.0% 和 27.1% 的市场份额。近年来,中国市场发展也非常迅速,2018 年中国干细胞的市场规模达到 3.7 亿美元,年复合增长率约为 19.1%,预计 2025 年将达到 12.6 亿美元。

（二）典型国家

多国政府纷纷出台发展战略规划和重磅政策支持干细胞与再生医学研究。

1. 美国　作为全球科技最为发达的国家,美国在干细胞研究和产品研发领域也一直走在世界前列。2003 年,美国国立卫生研究院出资 430 万美元,筹建成体干细胞准备和配送中心,该中心利用标准技术手段,对来自成年人和小鼠的骨髓干细胞进行采集并持续供应。2005 年,

NIH出资2570万美元,建设美国国家干细胞库和两个人类干细胞转化研究中心。美国国家干细胞库通过对已经得到美国政府认可的干细胞株系进行分析和控制,从而对干细胞性质比较技术进行优化和标准化。这是NIH推动干细胞研究的重要里程碑。人类干细胞转化研究中心鼓励研究人员与临床医生配合,开展可以用于特定疾病的干细胞研究。

2007年,美国威斯康星大学专家将人体皮肤细胞改造成了几乎能和胚胎干细胞媲美的干细胞,从而有效避免了直接使用胚胎干细胞面临的伦理争议。2010年,美国FDA以罕用药方式批准Osiris Therapeutics公司的干细胞产品Prochymal用于治疗1型糖尿病。2014年,美国首个脐带血干细胞产品Hemacord获得了有着"医药界诺贝尔奖"之称的盖伦奖中的最佳生物技术产品奖。

但由于宗教、政治等因素影响,美国对干细胞研究一直也存在激烈争论,相关政策也几经废立。小布什总统在任内两次行使否决权否决了国会通过的《干细胞研究促进法案》。直到2009年,奥巴马总统签署并发布了《消除人类干细胞科学研究的障碍》的13505号总统行政令,旨在引领这一领域技术发展。但该政策在执行中也不是一帆风顺。奥巴马政府希望把创新战略作为促进经济增长的工具,企业也意识到再生医学需要国家战略支持以维持投资和新产品的开发,并期望把再生医学打造成美国增长最快的创新行业之一。该报告的内容包括:保持监管再生医学的有关机构和政策的协调;促进社会投资;增加联邦基金对再生医学研究的投入并促进公私机构的合作;提前预测评估和批准程序等。奥巴马经济刺激计划中拨给NIH的100亿美元中有12亿美元投入于干细胞研究领域。此外,还有大量风险投资和企业资金用于再生医学研究。

再生医学联盟还计划提供一个战略架构,以保证《2011再生医学促进提案》等立法提案的实现。该提案指出,"建立以健康与人类资源部为依托的多政府机构构成的再生医学协调委员会,统领政府关于资助、推进以及监管美国再生医学发展;建立专项基金支持再生医学相关的治疗产品与相关技术的研发;建立专项资金资助FDA就再生医学监管的核心政策问题开展研究;详细调研评估联邦政府在自主开展再生医学方面的工作,并与其他主要国家的进展进行比较。"2016年,奥巴马总统签署通过了具有里程碑意义的医疗创新政策法案《21世纪治愈法案》,其中更是明确将再生医学纳入了支持的范围,并要求提供更加清晰、一致、合理的监管规范。

2019年,美国国家细胞制造协会发布了《面向2030年的细胞制造技术路线图》,该规划围绕细胞处理和自动化、流程监控和质量控制、供应链和运输物流、标准化和监管保障及成本补偿模型、员工发展5大方面,提出了美国发展细胞制造技术的目标和行动路线。该规划的出台进一步为包括干细胞在内的细胞疗法规模化制造,以及全面产业化指明了路径。

美国各州对干细胞的态度也存在较大差异。其中,加利福尼亚州、得克萨斯州等对胚胎干细胞研究持较为开放态度,均通过地方立法形式鼓励干细胞产业发展。加利福尼亚州早在

2004 年通过全民投票方式通过了《加利福尼亚州干细胞研究和治疗法案》，该法案授权州政府在未来 10 年通过发行公债的形式筹集 30 亿美元用于资助干细胞研究。2005 年，专门成立加利福尼亚州再生医学研究所负责资金管理和项目组织。通过这些经费支持，许多临时试验和产品研发得以开展[15]。

2. 英国　英国政府一直非常重视再生医学研究。不同于美国，英国较早就允许开展胚胎干细胞研究。2001 年 1 月，英国在经过了包括科学界、宗教界、企业界、政界等人士以及普通公众参与的长达 3 年的争论后，第一个将克隆研究合法化，允许科学家培养克隆胚胎以进行干细胞研究，并将这一研究定性为"治疗性克隆"。科学家可将废弃的胚胎用于干细胞和相关研究，也可通过试管内受精技术培养研究用胚胎。2004 年，英国成立了世界上第一家政府性干细胞库，包括伦敦国王学院和纽卡斯尔生命科学中心两个分支机构。

2005 年，英国发布了"英国干细胞计划"（Pattison 报告），规划了对干细胞研究、治疗与相关技术发展的 10 年发展战略[16]。政府对干细胞科学基础和产业转化进行适当投资，在商业化进程中，可以期待私人风险投资；通过卓越中心、细胞治疗生产单位和英国干细胞库对基础研究进行组织和协调；对基础科学、干细胞科学的临床应用和动物实验监管；通过适当的知识产权立法维护投资者的信心。

2008 年，英国国会下议院通过了《人类受精和胚胎学法案》，该法案有利于干细胞研究和无性繁殖领域发展。2012 年，英国技术战略委员会、医学研究理事会、工程和物理科学研究理事会、生物技术和生物科学研究理事会联合推出了"英国再生医学发展战略"，并提出了研究路线图。该战略提出，英国要在未来 5 年在全球再生医学领域继续保持领先，必须解决知识不足及转化方面的障碍。英国计划在再生医学领域投入 7 500 万英镑，同时为战略启动建立一个投资千万英镑的再生医学研究平台。该战略旨在将再生医学相关领域简化为一个网络平台，促进再生医学领域的合作，并促进向临床治疗领域的转化，避免高科技成果无法转化或者不太成熟就进行转化。再生医学平台将搭建 5 个网络节点，如再生细胞的人体安全性评估、制造中的质量控制等。战略包括 3 方面工作：现有研究中心的科学发现研究、再生医学研究平台的早期转化、英国技术战略委员会细胞治疗中心的后期商业转化。

英国还成功创建了英格兰东部地区干细胞网络。该地区拥有剑桥干细胞研究所、英国干细胞银行等著名机构以及从事干细胞相关技术、管理的各类专家，是公认的干细胞研究集中区。

3. 日本　与美国等西方国家不同的是，亚洲国家的政府积极支持干细胞研究。由于道德和宗教方面的冲突不大，日本在 2000 年启动"千年世纪工程"，把以干细胞工程为核心技术的再生医疗作为四大重点之一。该计划第一年度投资金额就高达 108 亿日元，旨在该领域赶超欧美国家。

2007 年，日本文部科学省在诱导多能干细胞研究取得进展后，决定投入 70 亿日元用于支持非胚胎性干细胞等再生医学领域研究。2008年,由文部科学省牵头筹建的京都大学诱导多能干细胞研究中心正式启用,该中心汇聚了日本众多一流干细胞科学家。2009年,文部科学省发布了诱导多能干细胞研究的10年路线图,包括4个方面:发现诱导多能干细胞启动机制的基础研究;创造与宣传诱导多能干细胞研究的标准;创造与确证有利于药物发现的患者来源的诱导多能干细胞,并建立诱导多能干细胞库;推动再生医学研究,包括细胞、组织、诱导多能干细胞分化的组织移植的临床前与临床研究。

为了加速相关研究,尽早实现临床应用,使日本在诱导多能干细胞研究上保持领先地位,日本政府制定了相关方针政策,形成了包括经济产业省、文部科学省、厚生劳动省等全国主要相关部门在内的"举国体制",以将日本的诱导多能干细胞研究推向更高水平。

日本采取"有条件/期限上市许可",将再生医学产品的有效性评价从上市前转移到了上市后,一方面促进了干细胞产品数据的积累,为筛选优质再生医学产品创造了时间窗口,一方面在确定安全的基础上加快了审评,提升了本土企业的积极性和外资企业的吸引力[17]。根据日本数据,"有条件/期限上市许可"实施前8年,仅有2个细胞治疗产品获批[18],"有条件/期限上市许可"实施后4年里,则有6个细胞治疗产品获批,其中3个是由诺华等外资企业研制。灵活高效的产品上市政策进一步促进了日本干细胞产业的发展。此外,日本还允许企业在"有条件/期限上市许可"期间可针对产品收费,并将再生医学产品纳入了公共医疗保险,规定使用再生医学产品进行治疗的患者只需负担治疗费用的30%。这既保障了企业的研发积极性,也保障了患者的权益。

4. 其他 2019年,澳大利亚出台了干细胞领域的国家十年规划——《干细胞治疗使命计划路线图》,提出了全面推进干细胞疗法转化的六大优先领域,包括干细胞疗法转化相关重点研究、能力和人才建设、临床转化、干细胞疗法商业化、干细胞相关伦理及公众参与等政策研究、基础设施建设。

(三)上市产品

截至2022年12月底,全球已经有20余款干细胞产品获批上市[19](表6-2),分布于美国、日本、韩国、印度、澳大利亚、加拿大、新西兰、意大利等国家,其中韩国、日本、美国上市产品较多。细胞来源以间充质干细胞为多,适应证包括膝关节软骨缺损、移植物抗宿主病、克罗恩病、急性心肌梗死、遗传性或获得性造血系统疾病、退行性关节炎、赫尔勒综合征、血栓闭塞性动脉炎等。

下面介绍部分代表产品情况。

1. Prochymal

(1)产品情况:Prochymal是由Osiris公司研发的一种用于治疗1型糖尿病的一种先进的组织工程再生的医疗产品。2010年5月4日,FDA以罕见药的方式核准该干细胞疗法产品上市。

表 6-2 全球干细胞相关治疗产品上市情况

商品名	国家和地区	批准年份	适应证	细胞类型	来源
Osteocel	美国	2005	骨修复	异体骨髓间充质干细胞	骨髓
Prochymal	美国	2009	移植物抗宿主病	异体骨髓来源间充质干细胞	骨髓
AlloStem	美国	2010	骨修复	异体脂肪间充质干细胞	脂肪
CardioRel	印度	2010	心肌梗塞	自体间充质干细胞	
MPC	澳大利亚	2010	骨修复	自体间质前体细胞产品	骨髓
Grafix	美国	2011	急性/慢性伤	异体胎盘膜间充质干细胞	胎盘
Cellgram-AMI	韩国	2011	急性心肌梗死	自体骨髓间充质干细胞	骨髓
Cellentra VCBM	美国	2012	骨修复	骨基质异体间充质干细胞	
Cartistem	韩国	2012	膝关节软骨损伤	脐带血间充质干细胞	
Cuepistem	韩国	2012	复杂性克罗恩病并发肛瘘	自体脂肪间充质干细胞	
Trinity ELITE	美国	2013	骨修复	骨基质异体间充质干细胞	骨基质
OvationOS	美国	2014	骨修复	骨基质异体间充质干细胞	骨基质
Neuro NATA-R	韩国	2014	肌萎缩性侧索硬化症	自体骨髓间充质干细胞	骨髓
Stempeucel	印度	2015	血栓闭塞性动脉炎	骨髓混合间充质干细胞	骨髓
Temcell	日本	2016	移植物抗宿主病	骨髓间充质干细胞	骨髓
Stemirac	日本	2018	脊髓损伤	自体骨髓间充质干细胞	骨髓
Alofisel	欧盟	2018	复杂性克罗恩病并发肛瘘	异体脂肪间充质干细胞	脂肪
RNL-AstroStem	日本	2018	阿尔茨海默病	自体脂肪间充质干细胞	脂肪

Prochymal 一次剂量为人间充质干细胞 2×10^6/kg,通过静脉滴注方式给药(1 袋适用于 50kg 体重受者)。1 期疗程为 1 周 2 次,维持 4 周(间隔 3 天),然后评估是否需要继续治疗;2 期疗程为 1 周 1 次,维持 4 周。如果出现复发现象,再重新进行 1 个疗程。

(2)适应证:主要用于糖尿病治疗。根据国际糖尿病联盟统计,2015 年全球糖尿病患者约有 4.15 亿,每 11 个人就有 1 人患有糖尿病。预测到 2040 年,全球将会有 6.42 亿人患有糖尿病。

糖尿病是由于体内产生胰岛素的胰岛 β 细胞遭到破坏,从而失去了产生胰岛素的功能。在体内胰岛素绝对缺乏的情况下,就会引起血糖水平持续升高。传统糖尿病的治疗方式主要是给患者进行胰岛素皮下注射,降低血糖缓解糖尿病,但是只能用于皮表,并不能从根源上解决问题,要从根源上解决问题就得保护好胰岛 β 细胞。

(3)应用现状:Prochymal 在得到 FDA 审批之后,该品种并没有在 Osiris 公司保留。在 2013 年的时候,Osiris 公司以 1 亿美元将 Prochymal 和 Chondrogen 转让给澳大利亚的 Mesoblast 公司,并且停止了所有单纯使用间充质干细胞的临床研发工作。在 2016 年,Prochymal 改名为 TemCell 在日本进行销售。Mesoblast 公司结束了 Prochymal 在治疗 1 型糖尿病上的Ⅱ期临床试验,药物 Prochymal 作为体外培养的人间充质干细胞,通过静脉注射的方式输入人体内,进行糖尿病治疗。

2. MPC

(1)产品情况:间充质前体细胞(mesenchymal precursor cell,MPC)是由澳大利亚 Mesoblast 公司研究和开发的再生治疗产品。2010 年 10 月,澳大利亚药物管理局批准该干细胞产品上市。

Mesoblast 公司开发的间充质前体细胞成人干细胞技术平台(MPC 技术平台)围绕心脏病、脊柱和肌肉骨骼疾病、肿瘤和血液疾病、免疫介导性疾病等领域开发细胞治疗产品。

(2)适应证:主要用于骨科手术中的局部注射、骨折愈合以及椎间盘融合。腰痛已经成为众多办公族的标配之一,也是导致残疾的主要原因之一,对正常工作和生活产生了很大影响。导致腰痛的一位隐形杀手叫作椎间盘退行性变,它和死亡一样是必然要出现的,而且以不同的程度发生在每个人身上。椎间盘退行性变可以导致几种不同的症状,包括腰部疼痛、腿部疼痛以及神经根受压引起的无力症状。

技术人员利用特定的标志物 STRO-1 技术从健康人骨髓中提取出 MPC,并且在这些干细胞发育形成骨、软骨、脂肪和肌肉组织时,根据不同的需求提取出不同发育阶段的 MPC,或者让它们接触生长因子混合物,发育成符合技术人员特定需要的细胞类型,如专门用于修复受损组织的细胞。由于间充质干细胞没有"明显"的表面特征,注射到患者体内时不会发生排斥反应。

(3)应用现状:临床显示,MPC 在椎间盘退行性变治疗领域已经取得了很好的治疗效果。在美国和澳大利亚的 13 个地点随机选取 100 例中度至重度背痛患者进行治疗的对比数据显示,接受 MPC 治疗的患者中有 62% 的患者腰痛症状得到完全缓解,相比之下使用安慰剂的患者只有 35% 得到缓解。根据 FDA 的安排,2022 年之前患者可以通过商业渠道进行购买用于背部疼痛的 MPC 细胞产品。

此外,MPC 技术平台下的产品已经在多项疾病的治疗领域上有了突破性的进展,例如 Mesoblast 针对慢性充血性心力衰竭研发的干细胞产品 MPC-150-IM 目前尚处在Ⅲ期临床试验阶段。目前临床数据显示,MPC-150-IM 不仅能使患者的心脏功能复苏,同时还能激活包括诱导内源性血管网络的形成、减少有害的炎症产生、减少心脏瘢痕和纤维化等在内的多个功能。

3. HeartiCellgram-AMI

(1)产品情况:HeartiCellgram-AMI 是由韩国 FCB-Pharmicell 公司研发的干细胞药物。2011 年 7 月 1 日,KFDA 正式批准该产品投放市场销售,标志着世界首例干细胞治疗药物在韩国正式诞生。

Hearticellgram 是一款主要成分为自体间充质干细胞的产品,按照注射细胞数量分为 $5×10^7,7×10^7$ 和 $9×10^7$ 三种规格。在临床上使用时,需要根据体重不同选择不同的规格。

(2)适应证:用于治疗心肌梗死,在患者发现胸痛 72 小时以内,实施冠状动脉整形术,对再灌注的急性心肌梗死患者具有左心室射血分数的改善效果。心肌梗死一直是人类病患潜藏的"死亡杀手",是人类健康的威胁,尤其在老年中发病率最高。数据显示,心肌梗死在欧美最为常见,美国每年约有 150 万人发生心肌梗死。在发展中国家,心肌梗死也是最大的死亡原因之一,同时急性心肌梗死也是冠心病中最为严重的疾病。我国近年来也呈明显上升趋势,每年新发至少 50 万,现存患者至少 200 万。

(3)应用现状:该干细胞产品获准用于急性心肌梗死治疗主要是基于 6 年的临床试验及干细胞治疗心肌梗死临床治疗效果。临床显示,干细胞移植 6 个月后,患者左室射血分数改善 6%(密歇根大学的心脏病专家马克拉塞尔认为,左室射血分数改善 6%,病情可达到最大程度的改善)。开发这款新药的韩国 FCB-Pharmicell 公司表示希望能进一步获得国际同行的独立评审,以增加这款产品的可信度。

Hearticellgram-AMI 目前每次注射的费用是 1 800 万韩元(相当于 10 万人民币),且不在医保报销范围之内,因此在一定程度上也影响了接受治疗的患者数量。

4. Cartistem

(1)产品情况:Cartistem 是由韩国 MEDIPOST 公司开发的源于新生儿脐带血干细胞的细胞制剂,也是世界上第一个获批的异体(同一物种的不同个体采集)干细胞药物。在 2012 年 1 月,韩国食品药品管理局批准该产品上市。

Cartistem 是由人类脐带血衍生的间充质干细胞和透明质酸钠组合而成,使用剂量为 $2.5×10^6/500ml/cm^2$(膝关节软骨损伤面积)。

(2)适应证:用于治疗退行性关节炎、膝关节软骨损伤,为退行性关节炎患者提供了新的治疗手段。膝骨关节炎是指膝关节软骨变性、破坏及骨质增生而引起的一种慢性骨关节病,主要症状有膝部疼痛、膝关节肿胀、膝关节弹响等症状。膝骨关节炎总患病率高达 15.6%,在 45 岁以上人群中比较高发,患病率随着年龄增长而增高,女性高于男性。据世界卫生组织估计,骨关节炎可能成为导致残疾的第四大主要原因。在我国,大约有 1 亿的骨关节炎患者,其患病率与年龄密切相关。另外,肥胖和一些特殊职业以及关节损伤也是引起膝骨关节炎的重要因素。

(3)应用现状:根据公开的临床数据显示,接受 Cartistem 治疗的患者病情完全缓解,无需二次治疗。根据 MEDIPOST 公司的公开文件描述,Cartistem 在 2019 年上半年售出 81 亿韩元(约为 670 万美元),比 2018 年同期的 65 亿韩元增长了 24.7%。MEDIPOST 于 2018 年完成了美国 I/IIa 期临床试验的给药。观察期结束后,计划进一步开展 IIb、III 期临床试验。

除此以外,计划进一步开拓澳大利亚、日本、新西兰、印度等国家和中国香港地区的市场。

5. Cuepistem

(1)产品情况:Cuepistem 是韩国最早进行干细胞技术研究的 Anterogen 公司开发的一种自体脂肪组织提取的干细胞产品。2012 年 1 月,KFDA 正式批准该干细胞产品上市,成为 KFDA 批准上市的首个脂肪干细胞治疗药物。

(2)适应证:用于治疗复杂性克罗恩病并发肛瘘。克罗恩病是一种慢性炎症性肠病,全世界发病人数在 500 万左右。克罗恩病患者要长期遭遇肠壁炎症以及其他肠外表现,例如皮损、关节炎等并发症。其中,难以处理的,严重影响患者生活质量的并发症是复杂性肛瘘,往往久治不愈且缺乏有效的治疗手段。肛瘘的发病率占肛门直肠疾病的 1.67%~2.6%,国外为 8%~20%,发病年龄以 20~40 岁青壮年为主。

(3)应用现状:Anterogen 公司作为韩国在干细胞治疗领域的领军企业,拥有 GMP 级生产设施和质量规范,是获得最多细胞治疗剂许可的企业。虽然 Cuepistem 的临床治疗结果没有完全公开,但技术已经出口到日本等地。

6. Holoclar

(1)产品情况:Holoclar 是由意大利 Chiesi 制药研发的首个含干细胞的先进治疗产品。2015 年 2 月,欧盟批准该干细胞产品上市。Holoclar 是一种活组织产品,类似于一个隐形眼镜,其活性物质为“离体扩增的包含干细胞的自体人角膜上皮细胞”,由取自患者角膜未受损区域的一小片活组织制备并在实验室利用细胞培养技术生长而成,可用于替代受损的角膜细胞。其中,角膜缘干细胞负责角膜上皮的连续再生和维持。通过在眼球重建干细胞储备,Holoclar 能够启动正常的角膜细胞生长和维持功能。

细胞的注射数量取决于角膜表面的尺寸(表面面积,单位 cm^2)。Holoclar 的推荐剂量是 7.9×10^4~$31.6 \times 10^4/cm^2$。每一个全息球的制备都是作为 1 个单一的处理。如果治疗医师认为有必要,可以重复治疗。按照医生的建议,给药后应进行适当的抗生素和抗炎治疗。

(2)适应证:用于成人(物理或化学因素所致)眼部灼伤导致的中度至重度角膜缘干细胞缺乏症(limbal stem cell deficiency,LSCD),是首个用于治疗该疾病的产品。Holoclar 不仅能够作为角膜移植的替代疗法,同时可以在大范围眼部损伤的情况下增加角膜移植成功的概率。由物理或化学眼灼伤导致的单侧或双侧中度至重度 LSCD 定义为至少两个角膜象限存在浅层角膜新生血管,同时中央角膜受累,严重视力损害。膜缘干细胞的缺乏使角膜上皮失去再生和修复的能力,引起角膜结膜上皮化、新生血管长入、慢性炎症、反复上皮缺损、基质瘢痕化以及角膜自溶和溃疡,若不进行治疗,LSCD 最终可导致失明。

(3)应用现状:临床显示,Holoclar 能够修复眼部角膜损伤,并改善或解决疼痛、畏光等症状,同时可改善患者的视敏度。在使用患者过去的医疗记录的回顾性研究中,Holoclar 被证明可有效恢复由烧伤引起的中度或重度角膜缘干细胞缺陷患者的稳定角膜表面。在 Holoclar

植入术后1年,104名接受治疗的患者中有75名(72%)被认为是基于角膜表面稳定存在的成功植入物,没有表面缺陷,很少或没有向内生长的血管(角膜缘的常见特征细胞缺乏症)。患者的症状也减少了,例如疼痛和炎症,以及视力的改善。2019年底,意大利Chiesi制药宣布,英国国家医疗服务体系首例患者接受了干细胞疗法Holoclar治疗,标志着那些因物理或化学烧伤而患有LSCD的患者临床治疗方面的一个重要里程碑。

7. AstroStem

(1)产品情况:AstroStem是由韩国生物技术公司Nature Cell旗下干细胞研究机构Biostar开发的干细胞药物。2018年4月,该药物获批在日本福冈三一诊所商业化使用。

AstroStem是一种通过静脉内注射的自体脂肪间充质干细胞治疗剂,注射共10次,大约共$2×10^8$个细胞。其作用机制是药物通过干细胞的固有特性之一"归巢效应"到达受损病变部位直接分化,或通过营养效应和旁分泌效应互相作用。

(2)适应证:用于治疗阿尔茨海默病。阿尔茨海默病是一种起病隐匿的进行性发展的神经系统退行性疾病。临床上以记忆障碍、失语、失用、失认、视空间技能损害、执行功能障碍以及人格和行为改变等全面性痴呆表现为特征,病因迄今未明。65岁以前发病者,称早老性痴呆;65岁以后发病者称老年性痴呆。该病目前缺乏有效的治疗手段,对症治疗目的主要是控制伴发的精神病理症状。

(3)应用现状:AstroStem的相关技术曾被日本厚生劳动省获准应用于针对自身免疫性疾病的患者三千多次。基于以往的研究,该研究机构将有望通过血管、软骨、神经等组织的重新修复,进而开发出难治性疾病的干细胞药物,针对脑血栓、心肌梗死、糖尿病、老年痴呆等疾病的治疗。

8. Hemacord

(1)产品情况:Hemacord是由美国纽约血液中心研发生产的脐带血干细胞产品。2011年11月,该产品获得FDA批准上市,成为世界第一个获批的脐带造血祖细胞疗法。

(2)适应证:用于造血系统紊乱患者的造血干细胞移植过程。Hemacord含有的造血祖细胞(来源于脐带血、骨髓、外周血)可批量培养,比骨髓液的免疫原性低,药物与患者配型比骨髓配型快捷和安全许多,可以通过静脉注射,利用干细胞的靶向性使其自动向骨髓移动并在骨髓中分裂和成熟,当成熟的细胞进入血液,就会恢复部分或者全部细胞的数量和功能,包括免疫功能。在免去骨髓配型的等待和移植风险的同时达到更为优异的治疗效果。据统计,我国白血病的发病率在6/10万左右,每9分钟就有一个人因白血病死亡。

(3)应用现状:纽约血液中心在1992年开展了国家脐带血项目,由国家卫生研究院资助研究和示范。自成立以来提供了超过5 000份脐带血移植到患有致命疾病的患者体内。为脐带血移植治疗血液系统恶性疾病、免疫系统和某些遗传代谢病效益提供了证据。一并开发的技术程序及捐赠者和接受者的配套设施,为脐带血监管所认可并为治疗剂发放许可证做出了重要贡献。

2014年10月,Hemacord获得了美国"最佳生物技术产品奖"提名。在临床应用中,虽然Hemacord具有一定副作用,但这种方法的治疗风险仍然大大低于骨髓移植,并因为脐带血银行的存在而可以快速配型,且治疗效果显著。目前,脐带血移植已经被用来治疗某些血癌、遗传性代谢和免疫系统疾病,且这种试剂形式的药物在发展成熟后,会比传统骨髓移植廉价很多。

9. Stempeucel

（1）产品情况:Stempeucel是由印度班加罗尔的生物科技公司Stempeutics研制的干细胞产品。2016年6月,印度药品管理总局批准该干细胞产品上市。Stempeucel是从健康成人身上提取的同种异体骨髓间充质干细胞,通过该公司专属的池化技术,让单个主细胞库产生可供100多万名患者使用的剂量。

（2）适应证:主要用于治疗严重肢体缺血。严重肢体缺血是从外周动脉疾病发展而来的,它阻断下肢动脉,造成血流量减少,患者会感到脚或脚趾有剧烈的疼痛,并且供血不足会导致腿和脚的疼痛和伤口恶化。如果不治疗,患者可能最终需要截去受影响的肢体。严重肢体缺血在中国目前最常见治疗方法的特点是原发性截肢率高、疗程多和疗程相关的并发症发生率高。

（3）应用现状:2015年4月,Stempeutics的池化技术就获得了我国国家知识产权局的方法专利,也是全球首个获得该项专利的公司。2019年,Stempeutics获得美国专利商标局授予专利,专利涵盖了通过注射同种异体间充质基质细胞来治疗缺血的方法。下一步,该产品有望获得美国FDA批准上市。

10. Alofisel

（1）产品情况:Alofisel（Darvadstrocel,前期名称为Cx601）是由比利时干细胞公司TiGenix和日本武田制药合作研发和生产的干细胞药物。2018年3月,该药物获得欧盟委员会批准上市,成为欧洲市场首个获得集中上市许可批准的异体干细胞疗法。

Alofisel是一种局部注射的同种异体脂肪干细胞悬浮液,脂肪干细胞。

（2）适应证:主要用于治疗克罗恩病患者复杂性肛周瘘,这些患者往往对至少一种常规疗法或生物疗法耐受。Alofisel分泌的细胞因子具有调节免疫系统和抑制炎症的作用,因此被认为具有治疗克罗恩病患者复杂性肛周瘘的潜力。

（3）应用现状:临床显示,Alofisel对于治疗克罗恩病患者的复杂性肛周瘘具有安全性和有效性,且具有长期缓解作用。根据武田和TiGenix双方于2016年7月签署的一项协议,武田拥有Alofisel在美国以外市场的独家权利。2018年年初,武田宣布出资6.3亿美元收购TiGenix,此次收购进一步扩大了武田在消化道疾病后期药物研发管线,并加强了其在美国市场中的分量。

（四）临床试验

截至2023年2月28日,在ClinicalTrials.gov注册的干细胞相关临床试验已达7 230项。其中,美国开展的干细胞相关临床试验占全球的总数接近一半,有3 411项,占比47.18%。中国、法国、德国分别占9.86%、6.44%和5.42%。分临床阶段看,全球实施Ⅲ期干细胞临床试验有1 083项,占14.98%。分资助者类型看,NIH资助占16.19%,企业资助占25.55%。分研究类型看,实验性研究占87.94%,观察性研究占11.37%。分疾病种类看,癌症最多,占比46.17%,其次为心血管疾病,占比19.25%,神经性疾病占8.53%。详见表6-3。

表6-3 全球干细胞临床试验开展情况

单位:项

地区		总量	临床阶段Ⅲ期	资助者类型			研究类型			疾病种类			
				NIH	企业	其他	实验性研究	观察性研究	其他	神经性疾病	心血管疾病	癌症	糖尿病
美国		3 411	269	1 120	920	1 371	3 044	329	38	229	742	2 057	37
欧洲	法国	466	106	6	151	309	379	87	0	21	78	245	3
	德国	392	141	17	198	177	351	41	0	12	91	238	5
	英国	242	83	7	132	103	210	32	0	17	49	122	3
日韩	日本	67	24	0	55	12	65	2	0	3	27	25	0
	韩国	264	42	0	155	109	233	30	1	35	45	83	5
中国大陆		713	88	1	158	554	658	55	0	53	86	228	39
全球		7 230	1 083	1 171	1 847	4 212	6 358	822	50	617	1 392	3 338	177

2023年3月2日以"Stem Cell"为关键词在ClinicalTrials.gov数据库Intervention/Treatment条件检索,数据截至2023年2月28日。

从表6-4的结果来看,2009—2022年间,全球干细胞相关临床试验数量呈缓慢增长趋势,年均增长3.07%,总体增势呈"倒U型"。其中,2014年全球干细胞临床试验数量达到相对高峰,共有404项。而2009—2022年期间,全球干细胞临床研究数量年均保持在363项,其中2022年有388项。分国家和地区看,2009—2022年,美国是开展干细胞相关临床试验数量最多的国家,其占全球总量的比例为40.87%。此外,2009—2022年期间,美国干细胞临床试验年均保持量在148项,远多于其他国家和地区。虽然美国近年的干细胞临床试验数量有所回落,但每年仍保持在115项以上,在数量上仍体现出了相对优势。法国、德国、英国在2020年的干细胞相关临床试验数量可能由于新型冠状病毒感染疫情影响而大幅减少。近几年,中国大陆干细胞相关临床试验数量有一定程度增长,2022年达74项。总的来看,全球干细胞临床试验开展数量在近年有所回落,但美国长期处于绝对领先地位,中国大陆近年增长较快,位于第二梯队领跑者。

表6-4　全球干细胞临床试验开展情况

单位:项

年份	全球	美国	英国	德国	法国	日本	韩国	中国
2009	280	114	8	20	18	0	9	19
2010	324	149	13	22	21	3	18	26
2011	320	142	11	13	12	2	16	34
2012	344	144	3	13	18	1	19	41
2013	363	172	15	17	26	3	12	39
2014	404	162	18	17	22	6	23	43
2015	372	164	13	13	21	3	21	37
2016	395	162	22	26	36	5	21	52
2017	366	170	17	21	30	7	16	42
2018	397	165	15	14	33	3	13	63
2019	375	142	16	18	39	12	14	52
2020	388	140	5	13	25	7	19	73
2021	359	123	10	12	23	4	12	68
2022	388	118	7	11	27	3	11	74
平均	363	148	12	16	25	4	16	47
总计	5 057	2 067	173	230	351	59	224	663

2023年3月2日,以"Stem Cell"为关键词在 ClinicalTrials.gov 数据库 Intervention/Treatment 条件检索,数据截至2023年2月28日。

干细胞技术作为再生医学领域的一项重要技术,一直备受关注。它被视为未来医学发展的重要方向,为许多严重及难治性疾病带来了新的希望,例如糖尿病、骨关节炎、溃疡性结肠炎、移植物抗宿主病、自身免疫性疾病、慢性牙周炎等疾病。因此,国家不断加强对此项技术的监管力度,并实施"双轨制"管理,对干细胞技术的临床研究项目和临床研究机构进行严格把关。据国家卫健委相关数据显示,截至2022年底,我国已有干细胞临床研究备案项目153个(详见国家卫生健康委员会官网),干细胞临床研究备案机构141家(详见国家卫生健康委员会官网)。此外,根据国家药品监督管理局药品审评中心的数据显示,截至2022年底,已有86款干细胞新药申请获得临床试验默示许可,适应证包括急性移植物抗宿主病、类风湿关节炎、缺血性脑卒中、膝骨关节炎等(详见国家卫生健康委员会官网)。值得一提的是,干细胞治疗新冠肺炎也已经取得了阶段性的成效。

(五) 基于专利研究的产业趋势分析

基于对德温特世界专利索引(Derwent World Patents Index,DWPI)和评估数据库中2000—2021年跨度10年间国内外干细胞领域专利数据[1]进行检索,共获得总计187 155件专利。通过Innography专利分析工具对检索出来的全球干细胞技术专利随年度变化的数量、地域分布、技术类别、领先机构、技术主题图景等进行统计和可视化的分析,这些分析结果为我们展现全球干细胞研究的现状,并对未来发展的趋势进行判断。

1. **全球干细胞专利申请时间趋势** 从全球干细胞专利申请数量趋势图(图6-1)可以看出,干细胞领域专利申请数量总体呈现持续增长态势,并可划为3个阶段:第1阶段(2000—2003年)是干细胞领域的专利快速增长期,由2000年的3 398件发展到2003年的7 264件,增长速度较快。第2阶段(2004—2010年)是稳步发展期,专利申请量平稳持续增长,但是年申请量增长幅度不大。第3阶段(2011—2016)处于平缓发展期,专利申请连续增加,但是年申请数量有增有减,2011—2016年的专利申请数量均超过11 000件,然而,2017—2019年的申请数量有所下降,这主要是由于2018—2019年申请专利尚未完全公开,所以数据相比于实际偏小。可以初步推测,干细胞相关技术的发展正在逐步走向成熟,在相关政策和资本的支持下,产业化和临床应用的时代即将到来。

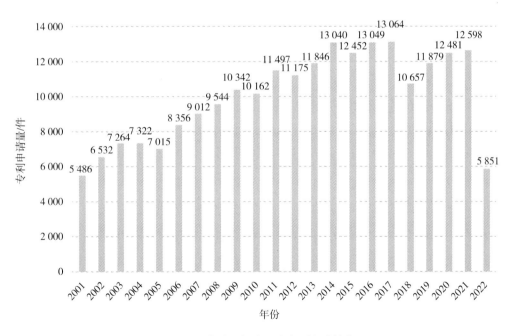

图6-1 全球干细胞研究专利申请趋势

2. **全球干细胞专利申请地域分布及趋势** 根据检索结果,最近十年美国专利商标局、世界知识产权组织和欧洲专利局受理的专利申请最多。通过对这些干细胞专利的受理国家/地区情况进行分析发现,专利数量前十位的国家/地区中,美国以42 458件位列第一;中国第二,数量为24 073件,与位居第三的日本(18 454件)相差不大;其次是澳大利亚、韩国、加拿大等。相比于登记开展的临床试验数量,中国的干细胞专利与美国相比还有较大的数量差距。这一方面反映了相比于基础研究和临床研究,干细胞技术产业化方面美国仍占据绝对优势,另一方面也一定程度上反映了干细胞技术和干细胞疗法目前和未来一段时间内潜在的市场布局,美国、中国、日本在未来一段时间内也将是干细胞产业重要的市场,干细胞领域在这些国家有着更稳健的投资和广阔的市场前景,见图6-2。

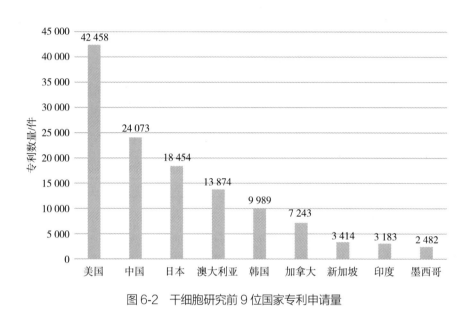

图6-2　干细胞研究前9位国家专利申请量

3. **全球干细胞专利技术类别及趋势**　干细胞同时属于生物学和医学领域,其涉及的国际专利分类(international patent classification,IPC)较多,其中专利数量排名前十的主要技术领域如图6-3所示,这十大领域可以作为当前干细胞的主要研究方向判断的参考。其中,"A61K""C12N"两个类别IPC所占比重最高,超过专利总量的50%。可见,干细胞的培养制备、基于干细胞的医用配制品等是当前干细胞领域技术研究的重点,各关键技术类别下干细胞相关专利的数量随年份变化的趋势如图6-4所示,前10项关键技术随年份变化大趋势基本相似,干细胞药物开发、疾病治疗相关的技术领域近几年正日趋成熟,围绕关键技术的创新十分活跃。

4. **全球干细胞主要专利权人机构及趋势**　根据检索获得的专利数据显示,全球干细胞领域相关专利申请量最多的前10位专利权人分别是加利福尼亚大学、麻省总医院、京都大学、新基细胞疗法、金斯瑞生物、麻省理工学院、斯坦福大学、哈佛大学、再生元制药、诺华制药。这些机构包含7家美国机构、1家日本机构、1家中国机构、1家瑞士机构。这再次说明干细胞技术研发水平在全球的分布。图6-5还展示了排名前10位的机构在不同技术类别上的竞争力。根据预测,未来干细胞治疗在中枢神经系统疾病、癌症、心血管疾病中的市场份额将增长最快。

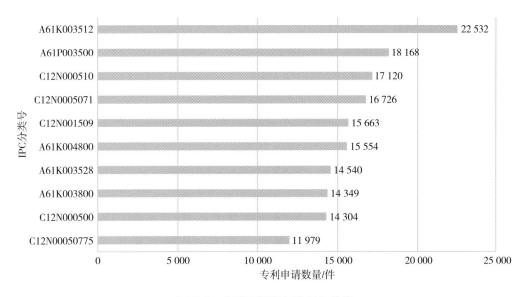

图 6-3　全球干细胞专利 IPC 分类

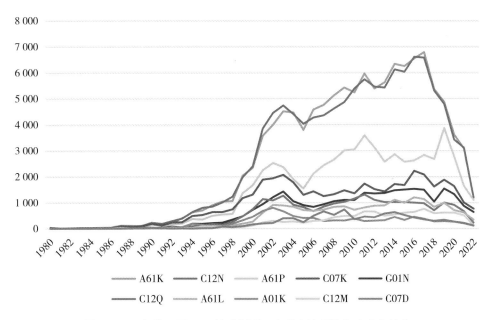

图 6-4　干细胞不同 IPC 技术类别下专利申请量的年度变化趋势

此外,皮肤、软骨组织修复及糖尿病也将成为主要市场。

5. **全球干细胞专利技术热点主题及趋势**　通过对检索到的干细胞同族专利人工再聚类(如图 6-6 所示,等高线表示专利密度,距离相近即表示专利的内容相近,等高线最高峰表示专利文献数量最多)。根据专利地图中专利的分布和相近性,将干细胞技术划分为干细胞培养(分离和扩增用于细胞治疗应用的各种组织特异性干细胞)、疾病治疗、组织修复(含 3D 打印等)、材料装置(冷冻、存储、提取、分离、融合)、生产制造以及基因序列表达这 6 大热点主题。从图中可以看出,干细胞治疗是主要的专利研究方向,且主题之间密切相关。目前,干细胞在治

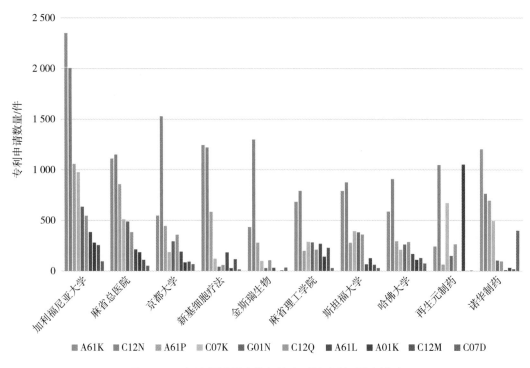

图6-5 干细胞领域前十位机构专利技术类别比例分布

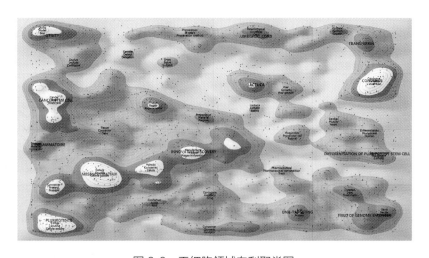

图6-6 干细胞领域专利聚类图

疗各种血液疾病,以及骨、软骨、脊髓损伤、肌腱韧带损伤、椎间盘退行性疾病的治疗上表现出显著的优势,而面向产业化需求的细胞自动化培养、扩增技术将是未来重要的方向。

四、小结

干细胞产业是以干细胞的采集、储存、研发、移植、治疗等产品或服务满足人类医疗和应用需求的行业。该产业主要分为治疗领域、干细胞来源和产业链三个分类标准,涉及多个领域和相关产业。同时干细胞产业具有巨大的发展潜力,但也面临多重挑战,如机制尚需进一步探索、与临床医学关系紧密、产品特性、量产与监管面临多重挑战等。国际干细胞产业发展形势呈现产业规模迅速扩大、典型国家引领发展、上市产品不断增加、临床试验广泛开展等趋势。未来，随着技术进步和监管政策的不断完善，干细胞产业将迎来更加广阔的发展空间。

（康琦　汤琦）

参考文献

[1] 钟华,安新颖,单连慧,等.中国干细胞产业发展概况分析[J].中国医药生物技术,2012,7(1):2-4.

[2] 项楠,汪国生,厉小梅.我国干细胞临床研究现状分析,政策回顾及展望[J].中华细胞与干细胞杂志(电子版),2020,10(5):303-309.

[3] 火石创造.干细胞治疗研究进展和产业分析[EB/OL].(2019-03-27)[2022-07-01].https://www.cn-healthcare.com/articlewm/20190327/content-1048478.html?appfrom=jkj.

[4] 何萍,程涛,郝莎.干细胞临床研究的现状及展望[J].中国医药生物技术,2020,15(3):290-294.

[5] 胡海鹏,袁永,唐慧.广东干细胞产业发展现状及对策建议[J].科技创新发展战略研究,2021,5(5):35-40.

[6] 郭潇雅.东方医院:打造干细胞全链条平台[J].中国医院院长,2022,18(3):96-99.

[7] 汤红明,赵庆辉,何斌,等.关于推进干细胞产业化的思考——以医疗机构和企业为视角[J].中华医学科研管理杂志,2021,34(1):46-50.

[8] 王玥,施慧琳,许丽,等.再生医学发展态势及发展建议[J].生命科学,2019,31(7):644-650.

[9] 黄珍霞.基于产业链边界的干细胞与再生医学产业发展战略研究[J].决策咨询,2019(1):79-82.

[10] 誉华商业参考.一篇文章让你了解干细胞全产业链[EB/OL].(2021-09-15)[2022-07-01].https://baijiahao.baidu.com/s?id=1710976013333553157&wfr=spider&for=pc.

[11] 赵庆辉,蒋尔鹏,何斌,等.加强干细胞科技成果转化的策略探讨[J].中华医学科研管理杂志,2020,33(4):264-268.

[12] 马洁,刘彩霞,谭琴,等.细胞产品质量控制与质量管理[J].药物评价研究,2021,44(2):273-292.

[13] 王国梁,梁钏镭,刘红,等.中国干细胞临床备案研究现状[J].云南大学学报(自然科学版),2020,42(S2):76-91.

[14] 茵冠生物.全球医疗的下一个重大突破口,干细胞有望惠及亿万人群[EB/OL].(2020-08-27)[2022-07-01].https://www.sohu.com/a/415095020_120669921.

[15] 陈云,邹宜諠,邵蓉,等.美国干细胞产业发展政策与监管及对我国的启示[J].中国医药工业杂志,2018,49(12):1733-1741.

[16] 黄清华.英国细胞疗法监管及运作[J].中国医院院长,2014(19):77-79.

[17] 郑颖,邓诗碧,陈方.干细胞与再生医学技术发展态势研究[J].中国生物工程杂志,2022,42(4):111-119.

[18] 雕钰惟,梁毅.日本细胞治疗产品管理及对我国的启示[J].药学进展,2019,43(12):908-913.

[19] 前瞻产业研究院.2021年全球干细胞医疗行业市场规模及发展前景分析[EB/OL].(2022-04-18)[2022-07-01]https://bg.qianzhan.com/report/detail/300/220418-2ef211ee.

第二节 中国干细胞产业现状与展望

干细胞研究是国际性的前沿性和战略性领域,各国都制定了相应的政策和计划。美国发布了"面向2025年大规模、低成本、可复制、高质量的先进细胞制造技术路线图",以保持其在相关技术和产业化领域的全球领先地位。欧盟将组织工程、细胞治疗、基因治疗产品纳入先进技术治疗医学产品管理,鼓励干细胞应用于临床。

干细胞产业具有政策依赖强、技术含量高、投资收益高、风险大和周期长等特征。按照产业链划分,可将干细胞产业分为上游(采集与存储)、中游(技术开发和产品研制)、下游(临床治疗和应用)以及相关配套(试剂耗材、生物医学材料和仪器设备等)。干细胞产业市场份额大多由欧美日韩等发达国家占据。而截至2023年底,我国尚无1种干细胞产品获批上市,尽管在前沿基础研究领域取得了一些成绩,干细胞产业化仍处于落后局面。

本节分析评估了中国干细胞产业的发展现状,并提出了推动干细胞产业高质量发展的建议,旨在通过推动干细胞产业化,满足转化和应用需求,抢抓生物医药领域产业变革和历史发展机遇,改变干细胞产业"跟跑"的被动局面,同时为我国成为引领干细胞学术新思想、科学新发现、技术新发明、产业新方向的创新策源地提供决策支持。

一、我国干细胞基础研究现状

近10余年,我国持续加大干细胞基础研究投入,并在各研究方向取得了长足进步。干细胞在椎间盘退行性病变、生殖细胞分化、肝脏疾病、眼科疾病、口腔医学、糖尿病、神经系统疾病等方面的研究已取得很大进展,同时还通过干细胞建立药物筛选模型,为高通量药物筛选提供更强有力的支持,造福人类。

(一)我国干细胞基础研究成果现状

我国干细胞基础研究可谓成绩斐然,奠基性研究可追溯到近半个世纪以前。1963年,我国成功获得国际首例克隆鱼,由中国科学院童第周等把鲤鱼胚胎的细胞核移植到鲫鱼去核卵内,得到核质杂种鱼,被誉为"亚洲鲤鱼[1]"。1964年,北京大学人民医院陆道培在中国首次以同卵双胞胎的骨髓移植,临床治疗再生障碍性贫血[2]。20世纪70年代,军事医学科学院吴祖泽团队的造血干细胞动力学研究,更代表了中国最早的干细胞生物学成就[3]。2001年,付小兵等首先发现并证实表皮细胞存在逆分化现象[4]。周琪等系统开展了各种不同种类动物的诱导多能干细胞研究,成功地从小鼠、大鼠、猕猴、猪和人的体细胞中诱导获得诱导多能干细胞,并利用诱导多能干细胞获得了具有繁殖能力的小鼠,率先证明了诱导多能干细胞具有发育的全能性[3]。裴端卿团队于2010年通过研究指出,细胞"逆转"这一过程主要是通过间充质细胞逐渐向上皮细胞状态转变而实现驱动效果的,这一细胞生物学机制有望为干细胞治疗帕金森病等退行性疾病开辟新的途径[6]。2013年，*Science*刊登了邓宏魁开展的一项全新的研究，通过小分子化合物对体细胞进行诱导，进而可重新构建诱导多能干细胞，这一研究结论为重编程体细胞开辟了一条新道路，为将来选择再生医学对重大疾病进行治疗提供了新思路[7]。

中国干细胞研究始于20世纪六七十年代，到20世纪末期一直呈缓慢发展状态，直至21世纪开始，中国干细胞基础研究进入了一个新时代，干细胞研究得到了快速发展，研究成果呈高速增长的态势（图6-7）。此外，我国还将干细胞研究列入国家863和973计划。在国家大量政策和资金支持下，我国干细胞产业发展十分迅速。我国研究人员在各大期刊发表的干细胞相关文章在2022年更是达到了11 094篇，占全世界的29.3%，且近10年的成果数是逐年增加（图6-8）。我国干细胞基础研究正处于快速发展阶段，未来有望取得重大突破。

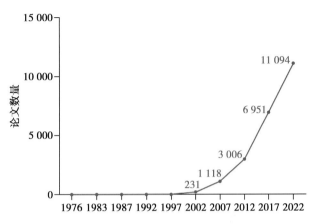

图6-7 中国干细胞相关论文发表数量变化趋势

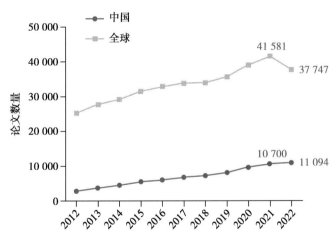

图6-8 近十年中国与全球干细胞相关发表论文数量比较

（二）国家自然科学基金

数据来源为"国家自然科学基金项目查询"网站（http://fund.keyanzhiku.com/）。以"干细胞"为关键词检索国家自然科学基金项目，检索结果显示，"干细胞"相关研究在数据库中最早开始于2003年，截至2022年，以"干细胞"为关键词的国家自然科学基金项目共6 727项（图6-9）。以下为详细情况：干细胞研究中标数在2017年以前呈上升趋势，并在2017年达到峰值，2017—2019年下降较快。国家自然科学基金干细胞研究项目资助金额

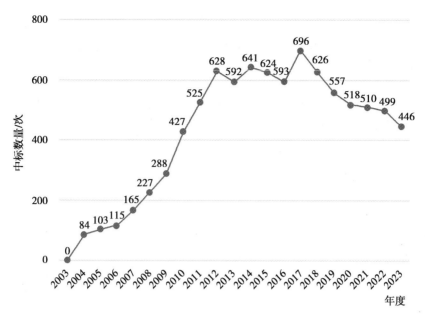

图 6-9　2000—2022 年度国家自然科学基金项目中标项目数

在 2014 年达到峰值(3.6 亿元),之后虽呈下降趋势但维持在 2.4 亿元~2.8 亿元之间,然而在 2019 年资助金额突然下降到 2 亿元以下(图 6-10)。

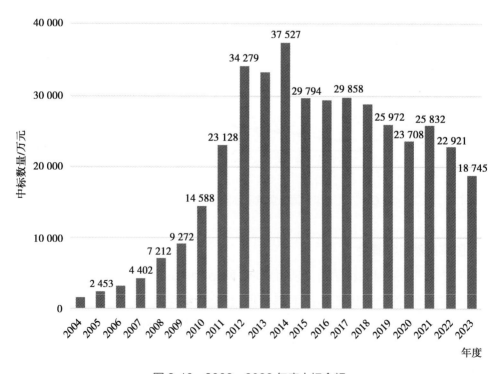

图 6-10　2003—2022 年度中标金额

(三)国家重点研发计划

国家不断加大对干细胞基础领域的支持。在 2016—2020 年国家重点研发计划中,"干细胞及转化研究"试点专项项目共计 136 项,合同金额达 23.81 亿元,平均每项 1 983.86 万元。其中,2016 年 25 项,资助金额 4.88 亿元;2017 年 43 项,资助金额 9.40 亿元;2018 年 30 项,资助金额 5.85 亿元;2019 年 23 项,资助金额 3.67 亿元;2020 年 15 项,资助金额 2.4 亿元。为落实"十四五"期间国家科技创新有关部署安排,国家重点研发计划启动实施"干细胞研究与器官修复"重点专项,并在 2021 年资助了 30 项。

二、我国干细胞产业环境与现状

(一)政策与环境

我国对细胞相关治疗技术和产品的监管经历了较为曲折的过程,大致分为四个阶段:

1. **萌芽探索期**(1999—2009 年) 原国家食品药品监督管理局在《药品注册管理办法》等相关规定中,均将包括干细胞治疗在内的细胞治疗纳入药品进行管理,但未针对细胞治疗产品特点制定专门的监管规范。这一时期由于干细胞相关治疗技术还未成熟,因此相关临床研究及应用等发展较为缓慢。

2. **野蛮生长期**(2009—2011 年) 2009 年《医疗技术临床应用管理办法》出台,该办法将自体干细胞和免疫细胞列入"第三类医疗技术",并规定通过能力审核的医疗机构可以开展该类技术的临床应用,实际为干细胞临床应用松绑。但由于此后相关配套措施一直没有出台,干细胞治疗出现野蛮生长的局面。

3. **停滞整顿期**(2011—2015 年) 2011 年,原卫生部下发《关于开展干细胞临床研究和应用自查自纠工作的通知》,要求停止在治疗和临床试验中试用任何未经批准使用的干细胞,并停止接受新的干细胞项目申请,国内干细胞临床研究由此进入"冬眠"。

4. **稳定发展期**(2015 年至今) 2015 年,《干细胞临床研究管理办法(试行)》出台,规定医疗机构开展干细胞临床研究前需向原国家卫生和计划生育委员会及原国家食品药品监督管理总局备案。2017 年,《细胞治疗产品研究与评价技术指导原则(试行)》发布,明确包括干细胞在内的细胞治疗产品可以按照药品途径进行转化应用。此后,我国多个干细胞治疗产品进入临床试验。进入 2023 年,国家药品监督管理局药品审评中心密集发布了《人源干细胞产品药学研究与评价技术指导原则(试行)》《人源性干细胞及其衍生细胞治疗产品临床试验技术指导原则(试行)》《细胞和基因治疗产品临床相关沟通交流技术指导原则(征求意见稿)》,由此看出,国家对干细胞产业发展政策给予了大力支持,有利于干细胞产业健康、平稳和有序发展。

(二)产业化现状

目前我国干细胞产业上游产业相对成熟,中游产业发展相对迅速,但进展缓慢,下游产业发展相对滞后,相关配套产业主要依赖于进口,自主研发前景巨大。

1. **上游产业** 干细胞上游产业主要以干细胞采集和存储为主,因布局较早,发展迅猛,上游产业相对成熟,成为当前我国干细胞产业的核心。近年来,细胞库发展迅速。包括国家级的干细胞库(国家干细胞资源库、国家干细胞转化资源库、中国科学院干细胞库等)、省级干细胞库(四川省干细胞库/四川免疫细胞库、河南省干细胞库、河北省干细胞库等)以及众多优秀的企业干细胞库,其业务范围主要涵盖围产期干细胞采集和存储,也包括以疾病治疗为目的的存储(北科生物、博雅干细胞、中源协和、西比曼和上海原能等)。

(1)国家干细胞资源库(原北京干细胞库),成立于2007年,2019年获国家科技部和财政部批复,是国家级科技资源共享服务平台。国家干细胞资源库建立了我国首株临床级人胚胎干细胞系,成功研发了多巴胺神经前体细胞、间充质样细胞(M细胞)等多种临床级干细胞资源,开展了人胚干细胞来源功能细胞治疗的帕金森病、黄斑变性和半月板损伤等适应证的10余项国家两委局备案干细胞临床研究,以及5项国家药品监督管理局批准的Ⅰ/Ⅱ期药物临床试验。

(2)国家干细胞转化资源库,于2019年6月5日由国家科技部、财政部联合批复,由同济大学附属东方医院(临床级干细胞资源)和同济大学生命科学与技术学院(科研级干细胞资源)负责承建,该平台属于基础支撑与条件保障类国家科技创新基地。先后投资逾1.5亿元,拥有覆盖60%中国人群的HLA高频诱导多能干细胞以及各类临床级和科研级干细胞资源,不仅可为干细胞临床研究和转化应用服务,亦可为高校、科研院所、企事业单位等提供满足科学研究需求的有效样本资源。

(3)中国科学院干细胞库,成立于2007年1月,是科技部国家重大科学研究计划专项经费两次支持下(2007—2012年和2013—2017年)在全国范围内深度建设的干细胞库之一。2014年年底,中国科学院细胞库与干细胞库整合后形成新的细胞资源库,隶属于原中国科学院生物化学与细胞生物学研究所,下属细胞库和干细胞库两个部门。2019年以细胞库和干细胞库为主体,获批"国家模式与特色实验细胞资源库"。目前,中国科学院细胞库已完成所有细胞资源的规范化和数字化整理,有400多种细胞可对外提供资源共享服务,是全国范围内细胞种类最全、供应量最大的资源中心之一。

(4)四川省干细胞库/四川免疫细胞库,由四川省、成都市发展和改革委员会备案批准认可,是成都市"十四五"生物经济发展规划生物样本战略资源库重点建设项目。该库是集干细胞资源存储、科研开发、产业化应用于一体的省内规模名列前茅的综合性干细胞资源库,覆盖脐带、胎盘、脂肪、乳牙、毛囊等多种组织来源间充质干细胞以及DC、CIK、NK等免疫细胞的存储服务。该库通过了ISO9001、ISO14001和ISO45001三标管理体系认证,其中脐带、脂肪、胎盘干细胞的制备、存储和发放通过了血液与生物治疗促进协会(AABB)认证,脐带间充质干细胞通过中国食品药品检定研究院质量复核检验。截至2022年,该库现有冻存量近 10 万份。

（5）河南省干细胞库成立于 2012 年,是经河南省卫生厅批准成立的河南地区开展干细胞采集、制备、检测、冻存的正规机构(批复文件号:豫卫医［2010］180 号),并且河南省干细胞库二期工程被河南省政府认定为 2014 年河南省第一批 A 类重点建设项目。河南省干细胞库能够保证采集的胎盘、脐带等组织在 24 小时内入库,避免了长途运输带来的细胞毁灭、活性降低等风险。并且样本可在河南省内任一家三级甲等医院使用。

（6）河北省干细胞库,由河北省原卫计委于 2014 年 3 月批准成立,由生命原点负责建设与运营,是河北省原卫计委批准的合规干细胞库,也是河北省重点建设项目的重要组成部分。河北省干细胞库一期工程建筑面积 8 000 平方米,其中 GMP 实验室 2 000 平米,储存能力 20 万份,于 2015 年初通过河北省药品检验研究院检测验收后正式运营;二期工程完工后总设计储存能力将达到 100 万份。已通过 ISO9001 质量管理体系、ISO14001 环境管理体系、ISO45001 职业健康安全管理体系三重标准体系认证。

截至 2022 年底,国内主要的干细胞资源保藏情况见表 6-5。在硬件设施方面,无论是国家级细胞库,还是省级或企业的细胞库,均有较为完善的设施设备,可以满足细胞的标准化制备和存储;在软件方面,不同的细胞库间存在差距,有些细胞库有完善的监控和信息管理系统,有些细胞库通过了多个标准认证;在标准制定方面,国家级细胞库牵头制定和完成的标准更多,承担的项目也更多一些。综上,目前国内在大力发展干细胞产业,也在支持干细胞库的建立和运行。

2. **中游产业**　主要以技术开发和干细胞产品研制为主,发展相对迅速。当前,结合我国现行政策,对我国干细胞转化途径进行总结,即"类双轨制"。经过基础研究和临床前研究后,有两种路径可选:一种路径为按照《干细胞临床研究管理办法(试行)》,依次进行"备案机构项目立项、国家卫生健康委员会和国家药品监督管理局项目备案、实施临床研究",对于已获得的临床研究结果可作为技术性申报资料提交并用于药品评价;另一种路径为按药品申报,依次进行"干细胞药品临床试验申报、临床试验、新药注册申请和药品上市临床应用"等。

在"类双轨制"下,我国医疗机构研究现状和企业药品申报情况申报如下:

（1）医疗机构研究现状:在国家干细胞临床研究双备案制度下,结束了我国"干细胞乱象"。截至 2023 年 12 月 31 日,我国完成干细胞临床研究机构备案的医疗机构共有 141 家,但仅有 84 家机构的 153 项干细胞临床研究项目完成备案(部队医院项目未公示,不含部队医院),临床备案机构以北京市、广东省和上海市最多,分别为 20 家、17 家和 15 家。临床备案项目以广东省、上海市和湖北省 3 个地区最多,分别为 24 项、23 项和 15 项。备案项目数量较多的机构是中南大学湘雅医院和中山大学附属第三医院,均为 8 项,紧随其后的是上海市东方医院、四川大学华西医院,均为 6 项。但仍有 35 家备案机构尚未有备案项目(部队医院项目未公

表 6-5　国内主要干细胞资源库细胞情况介绍

细胞库名称	成立/获批时间	依托单位	细胞类型	备注
国家干细胞资源库	2007年	中国科学院动物研究所	人胚胎干细胞,人诱导多能干细胞,人间充质干细胞	临床研究为主
国家干细胞转化资源库	2019年	同济大学	人诱导多能干细胞、人间充质干细胞	临床研究为主
国家生物医学实验细胞资源库	2019年	中国医学科学院基础医学研究所,中国食品药品检定研究院、武汉大学生命科学研究院、中国科学院昆明动物研究所和空军军医大学	人肿瘤细胞、人干细胞、人正常组织来源细胞、转化细胞	科研用途
国家模式和特色实验细胞资源库	2007年1月	中国科学院分子细胞科学卓越创新中心、中国科学院遗传发育研究所	人ES细胞、iPS细胞、成体干细胞、间充质干细胞	科研用途
华南干细胞转化库	2008年6月	中国科学院广州生物医药与健康研究院	人体细胞、人诱导多能干细胞及其衍生细胞、人胚胎干细胞及其衍生细胞	科研用途
华南细胞与干细胞库	2007年8月	华南干细胞与再生医学研究中心	人诱导多能干细胞、人胚胎干细胞、造血干细胞、人间充质干细胞	临床研究为主
西南肿瘤干细胞库	2011年9月	陆军军医大学第一附属医院	肿瘤干细胞	基础研究
生殖干细胞库	2016年	北京大学第三医院	人胚胎干细胞、人诱导多能干细胞、人间充质干细胞	基础与临床研究并重
人类干细胞国家工程研究中心干细胞库	2004年	湖南光琇高新生命科技有限公司	人胚胎干细胞、人诱导多能干细胞、人间充质干细胞	临床研究、基础研究兼有
血液系统疾病细胞资源库	2016年	中国医学科学院血液病医院(中国医学科学院血液学研究所)	人诱导多能干细胞	基础与临床研究并重
人类生殖与遗传疾病细胞资源库	2003年7月	郑州大学第一附属医院生殖与遗传专科医院、河南省生殖与遗传重点实验室和河南省妇产病(生殖医学)临床医学中心	生殖与遗传疾病相关血样本、冻存的配子和早期胚胎、人胚胎干细胞系	ISO 9001认证
华中干细胞库	2023年	华中科技大学同济医学院附属同济医院	人诱导多能干细胞(iPSC)的制备、干细胞药物的开发和干细胞库的建立	临床研究

示,不含部队医院)。

（2）企业药品申报情况:时隔4年,国家药品监督管理局药品审评中心于2018年6月上旬再度承办受理了干细胞疗法的临床试验注册申报。截至2023年12月31日,国内共有56家企业(不含子公司)的106款干细胞药物临床试验申请获得受理。共有47家企业(不含子公司)的86款获准默许进入临床试验(临床试验默示许可)。106款受理干细胞药物中有14

款已无法查到 IND 评审信息或评审暂停。

相较于国外具有品牌优势的干细胞企业产品、技术，国内公司无论在规模上，还是经营品种的质量和市场占有率方面，还有相当大的差距，比如市值偏小、拥有自主知识产权的核心技术匮乏、竞争力差、存在低水平重复与无序竞争等问题。

综上，可以看出中游产业发展相对迅速，但转化及产业化进展缓慢。

3. 下游产业　以临床治疗和应用为主，当前主要业务领域仅限于骨髓造血干细胞和脐带血造血干细胞移植，而其他诸如成体干细胞治疗尚未涉及。骨髓造血干细胞：截至 2023 年 12 月 31 日，我国脐带血造血干细胞移植超 36 300 例，其中北京脐血库超 2 000 例，天津脐血库超 3 600 例，上海脐血库超 6 800 例，浙江脐血库超 1 100 例，山东脐血库超 16 900 例，广东脐血库 4 600 例，四川脐血库超 1 300 例。

4. 配套产业　主要以干细胞相关试剂、耗材、生物医学材料和仪器设备等相关产业为主。配套产业作为干细胞产业的支撑，近年来发展比较迅速，如干细胞产品生产相关试剂、仪器设备、细胞工厂，尤其是人工智能赋能全自动化培养和存储设备。细胞工厂适用于工业批量生产、实验室操作和大规模细胞培养，是贴壁细胞的理想选择，利用细胞工厂进行间充质干细胞、多功能干细胞的工艺放大，是干细胞研究中的重要步骤。国内开展或布局细胞药物合同研发生产组织（Contract Development and Manufacturing Organization，CDMO）的企业有 8家。当前，国内相关配套产业市场主要依赖进口，自主研发前景巨大。

三、国内干细胞企业投入

国际知名咨询公司 Technavio 发布的报告《全球细胞治疗市场 2022—2026》指出，2022年全球细胞治疗市场份额达到 210.61 亿美元，并将以 56.79% 的年复合增长率加速增长。根据前瞻产业研究院的数据，中国干细胞医疗产业市场规模从 2012 年的 62 亿元增长到 2019年的 785 亿元，复合增速达到 32.59%，远高于全球增速。然而在 2020 年，受新型冠状病毒感染疫情影响，中国干细胞医疗市场规模约为 140 亿元。预计到 2024 年，中国干细胞医疗产业市场规模将超过 1 300 亿元。

2021 年开始，国内各类干细胞创新企业的融资多数都达到亿元标准，足见资金对干细胞赛道的认可。例如，2021 年 3 月，上海细胞治疗集团有限公司顺利完成 D1 轮近 5 亿元人民币融资；2021 年 9 月，西比曼生物科技集团宣布完成其私有化之后的 A 轮融资，总额达到 1.2亿美元；2022 年 2 月，赛元生物宣布完成新一轮近亿元融资；2022 年 3 月，北京华龛生物科技有限公司完成近 3 亿元 B 轮融资；2022 年 3 月，吉美瑞生再生医学集团完成超亿元 B 轮融资；2022 年 3 月，上海跃赛生物科技有限公司宣布完成近 2 亿元融资，安徽中盛溯源生物科技有限公司宣布完成总额数亿元的 A 轮融资，士泽生物医药（苏州）有限公司宣布完成超两亿元 A1 轮融资；2022 年 4 月，北京贝来生物科技有限公司顺利完成数亿元 B 轮及 B+ 轮融资;2022 年 12 月,苏州夏同生物完成数千万人民币天使轮融资;2023 年,总部位于深圳市的 Wondercel Therapeutics 宣布完成近亿元天使轮融资,推进新一代的细胞治疗产品开发。

四、推进干细胞产业化的策略

当前,我国产业化进程较欧美日韩等发达国家已处于落后局面。因此,建议融合与充分发挥医疗机构作为干细胞临床研究主体及企业作为干细胞产业化主体作用,合法化、规范化和标准化(三化)开展干细胞及转化研究。在项目研究过程中,医疗机构和企业实施双备案、双审查和双培训(三双),同时加强科研与临床结合、临床与企业结合、企业与市场结合(三合)等“政产学研医资介”多方位合作,推进干细胞产业化。

(一)合法化、规范化和标准化开展干细胞及转化研究

医疗机构和企业应合法化、规范化和标准化开展干细胞及转化研究,同时吸纳国际先进相关标准、技术规范或最佳应用实践,并结合我国国情,既要“引进来”国际干细胞产业先进技术,也要使得我国干细胞产业“走出去”。

1. 合法化研究 医疗机构和企业应严格遵循《中华人民共和国人类遗传资源管理条例》《干细胞临床研究管理办法(试行)》《细胞治疗产品研究与评价技术指导原则(试行)》《医疗技术临床应用管理办法》和《涉及人的临床研究伦理审查委员会建设指南(2019 版)》等一系列法律、法规、政策和伦理规范。在细胞样本采集、生产制备、存储和临床使用全流程过程中,做到有法可依,有规可循,杜绝市场混乱现象。同时,建议医疗机构和企业根据实际情况制定干细胞临床研究规章制度,确保有章可循。

2. 规范化研究 建议医疗机构和企业加强干细胞临床研究质量管理体系建设,如ISO9001:2015 质量管理体系和中国合格评定国家认可委员会 ISO17025 实验室认可。医疗机构和企业可设立专职的干细胞质量管理部门,负责和注重对研究组织和相关人员进行规范化培训,如干细胞从业相关培训及药物临床试验规范等培训。加强对各类别人员角色的规范化管理,包括申办者,临床研究机构人员,研究人员以及干细胞制剂研发、制备、存储和运输人员等。

3. 标准化研究 医疗机构和企业在开展干细胞临床研究过程中,确保干细胞来源统一、干细胞制剂统一、干细胞质量统一和临床研究方案统一,全流程实施标准化操作,从样本采集、制剂制备、质量检测、存储、分发、运输以及受试者入组、给药、移植治疗直至随访等全流程,都应确保安全、有效及质量可控。同时,医疗机构和企业应发挥质量管理部门作用,定期进行稽查,对临床研究进行全方位监管,以确保标准化研究的实施。

(二)双备案、双审查和双培训实施干细胞及转化研究

按照我国现行政策,医疗机构和企业应实施干细胞及转化研究双备案与双审查,同时对医疗机构和企业干细胞从业人员进行业务、技术培训等,以规范我国干细胞及转化研究。

1. 双备案 医疗机构和企业在开展干细胞及转化研究过程中,应遵循国家现行政策,对

干细胞临床研究机构和干细胞临床研究项目进行双备案。也应在研究机构、省市和国家相关主管部门(国家卫生健康委员会及国家药品监督管理局)3个层面进行备案,确保研究项目合法合规,研究数据有效可用。依托信息化管理手段,对已获得的研究数据进行存档,医疗机构和企业可根据需要进行追溯。

2. **双审查**　医疗机构和企业开展的干细胞临床研究项目应先通过研究机构学术委员会和伦理委员会的审查,确保研究项目的科学性且符合伦理规范。按照《干细胞临床研究管理办法(试行)》,医疗机构和企业内部分别自查,同时应接受省区市及国家卫生健康委员会和国家药品监督管理局等主管部门的审查和监管。

3. **双培训**　由于干细胞及转化研究具有技术含量高和政策依赖性强等特点,因此应积极对开展干细胞及转化研究的医疗机构和企业进行相关业务与技术培训及政策宣讲,以保障临床研究项目顺利实施。作为国家干细胞转化资源库承建单位,同济大学附属东方医院正实施推进有关干细胞及转化研究系列技术培训,以期提高医疗机构和企业干细胞从业人员业务素养,进一步规范我国干细胞及转化研究。

(三)医疗机构和企业三结合推进干细胞及转化研究

加强科研与临床结合、临床与企业结合、企业与市场结合(三合)等"政产学研医资介"多方位合作,发挥干细胞行业协会和产业联盟的作用,推进干细胞产业化发展。

1. **科研与临床结合**　医疗机构和企业应以人类重大疾病治疗为牵引,以临床需求为导向,开展干细胞转化医学研究,实现从"实验室"研究到"临床"应用转变。如同济大学附属东方医院正在开展适应证为新型冠状病毒感染、心力衰竭、2型糖尿病肾病、间质性肺病和帕金森病等干细胞临床研究,并取得初步成效,旨在为这些重大疾病及难治性疾病提供新的诊疗思路和策略。

2. **临床与企业结合**　融合与充分发挥医疗机构作为干细胞临床研究主体及企业作为干细胞产业化主体作用,实现从"单一创新"向"融合创新"转变,"封闭式研发"到"开放式研发"转变,加强"政产学研医资介"多方位分工和合作,真正实现互补、双赢局面,加速干细胞科技成果转化与应用。

3. **企业与市场结合**　企业与市场结合,一方面要发挥市场创新主体——干细胞高新技术企业的作用,坚持以市场需求为试金石和导向,推进我国干细胞产业由上游、中游到下游转变,并使相关配套产业协调发展。另一方面要充分发挥行业协会、产业联盟的桥梁平台作用,整合干细胞产业化资源,做到干细胞产业化全国"一盘棋",实现企业与市场的真正融合。搭建干细胞产业化的桥梁与纽带,推进干细胞产业化的发展。

五、小结

随着科技进步和社会需求的增长,干细胞产业在未来可预期内将成为最活跃和最具发展潜力的战略性新兴产业,对经济社会的发展必将产生巨大影响。截至目前,我国已经建立了多个干细胞产业化平台和基地,开展了多项干细胞临床试验和应用项目,形成了相关的产业链。然而,我国仍然存在诸多问题需要解决,例如,我国面临着干细胞法规制度尚不完善、技术水平有待提高、市场需求尚未完全明确、人才储备不足等挑战。

因此,在当前形势下,我们需要从多个方面加强干细胞产业的规划和管理,以促进其健康有序发展。融合与发挥医疗机构作为干细胞临床研究主体及企业作为干细胞产业化主体作用,通过"三化"开展干细胞及转化研究,"三双""三合"加强"政产学研医资介"多方位合作,发挥干细胞行业协会和产业联盟的作用,加快干细胞产品及衍生产品的研制、转化与应用,推进我国干细胞产业由上游、中游到下游转变,并使相关配套产业协调发展,对于抢抓新一轮生物医药领域产业变革和历史发展机遇、抢占国际干细胞产业制高点、助力国家重大发展战略具有重大现实意义。

总之,干细胞产业是我国生物医药领域的重要组成部分,也是未来人类健康和福祉的重要保障。只要我们坚持以人民为中心,以创新为动力,以合作为纽带,以规范为保障,我们就一定能够推动干细胞产业的高质量发展,为建设健康中国和人类健康事业作出新的贡献。

(汤红明　郑天慧)

参考文献

[1] 童第周,吴尚勋,叶毓芬,等.鱼类细胞核的移植[J].科学通报,1963(7):60.

[2] 陆道培.造血干细胞移植的主要进展——截止到2003年2月[J].北京大学学报(医学版),2003,35(2):113-114

[3] 吴祖泽.造血细胞动力学概论[M].北京:科学出版社,1978.

[4] FU X,SUN X,LI X,et al. Dedifferentiation of epidermal cells to stem cells in vivo[J]. Lancet,2001,358(9287):1067-1068

[5] ZHAO XY,LI W,LV Z,et al. Viable fertile mice generated from fully pluripotent iPS cells derived from adult somatic cells[J]. Stem Cell Rev Rep,2010,6(3):390-397.

[6] LI R,LIANG J,NI S,et al. A mesenchymal-to-epithelial transition initiates and is required for the nuclear reprogramming of mouse fibroblasts[J].Cell Stem Cell,2010;7(1):51-63.

[7] HOU P,LI Y,ZHANG X,et al. Pluripotent stem cells induced from mouse somatic cells by small-molecule compounds[J].Science,2013,341(6146):651-654.

附录 名词解释（按名词拼音首字母排序）

▶▶▶▶▶

F

非编码 RNA（non-coding RNA, ncRNA） 一种由基因组转录而成的不编码蛋白质的 RNA 分子，除了在转录和转录后水平上发挥作用外，还在基因表达的表观遗传学调控中发挥重要作用，根据长度和功能可分为多种类型，如 miRNA、lncRNA、circRNA、piRNA 等。

分化潜能（differentiation potential） 一种描述细胞能够分化成何种类型的细胞的概念，常用于评价干细胞的多能性，如全能干细胞具有最高的分化潜能，能够分化成所有类型的细胞，包括胚层细胞和胎盘细胞。

富集内皮祖细胞（enriched endothelial progenitor cell, EPC） 一类从外周血或骨髓中分离出来的，具有内皮细胞特征和血管生成能力的前体细胞。

G

干扰素-γ（interferon-gamma, IFN-γ） 一种免疫应答刺激的信号分子，能够激活免疫系统识别和攻击癌细胞。它具有抑制肿瘤细胞生长、诱导血管生成和抗凋亡等作用。

干扰素刺激基因（interferon-stimulated gene, ISG） 一类能够在干扰素的刺激下表达的基因。干扰素能够通过结合细胞表面的受体，启动细胞内的蛋白信号通路，从而诱导一组参与先天免疫系统反应的基因的表达。

肝细胞生长因子（hepatocyte growth factor, HGF） 一种多功能的细胞因子，能够作用于多种上皮细胞，调节细胞的生长、运动和形态发生，以及受损器官的组织再生。

干细胞（stem cell） 是具有自我更新和分化潜能的一类特殊的细胞类群，它们在多细胞生物体的生长、发育和生命维持中都发挥着至关重要的作用。

骨髓（bone marrow） 一种位于骨骼中的柔软组织，主要由造血干细胞、脂肪细胞和支持细胞组成。它是人体的主要造血器官，能够产生红细胞、白细胞和血小板。

骨髓基质细胞（bone marrow stromal cell, BMSC） 一类位于骨髓中的，具有多种功能的细胞。它们能够分化为多种细胞类型，如成骨细胞、软骨细胞、脂肪细胞等，也能够为造血干细胞提供微环境支持，还能够分泌多种生长因子和细胞因子，参与免疫调节和组织修复。

骨髓间充质干细胞（bone marrow mesenchymal stem cell, BM-MSC） 一类从骨髓中分离出来的非造血组织的多能干细胞，具有自我更新、多向分化、低免疫原性等特点。

骨形态发生蛋白（bone morphogenetic proteins，BMPs） 转化生长因子 β 超家族的成员之一，具有诱导未分化间充质干细胞向成软骨细胞和成骨细胞定向分化和增殖的能力，促进成骨细胞分化成熟，参与骨和软骨生长发育及其重建过程。

H

合子基因组激活（zygotic genome activation，ZGA） 指受精卵在分裂到一定时期后，基因组迅速激活并开始转录，同时母源积累的 RNA 逐渐降解，完成从母源转录组向合子转录组的转变的过程。合子基因组激活是胚胎发育的重要事件，涉及多种转录因子、表观遗传修饰和染色体重塑等机制。

核型（karyotype） 指一个体细胞中的全部染色体，按其大小、形态、特征顺序排列所构成的图形。核型是染色体组在有丝分裂中期的表型，反映了染色体的数目、大小、形态特征的总和。核型分析是对染色体进行测量、分组、排队、配对和形态分析的过程。

活性氧（reactive oxygen species，ROS） 指来源于氧的自由基和非自由基，包含了超氧阴离子（$O_2 \cdot -$）、过氧化氢（H_2O_2）、羟基自由基（$\cdot OH$）、臭氧（O_3）和单线态氧（$1O_2$）等，由于它们含有不成对的电子，因而具有很高的化学反应活性。活性氧在生物体内参与许多重要的生理和病理过程，如细胞信号传导、细胞凋亡、炎症反应、老化和癌症等。

I

IxCell hUC-MSC-O（IxCell human umbilical cord mesenchymal stem cell-derived osteoblasts） 一种生物制品，是从健康人脐带组织中分离提取的间充质干细胞，经过体外培养和诱导分化而成的成骨细胞。

J

肌源性干细胞（myogenic stem cell） 一类来源于肌肉组织的干细胞，具有分化为肌细胞的潜能，参与肌肉的发育、修复和再生。肌源性干细胞主要包括卫星细胞（satellite cell）和肌间质干细胞（muscle interstitial stem cell），它们在肌肉损伤后被激活，增殖并分化为肌母细胞（myoblast），最终融合形成新的肌纤维。

基因印记缺失（genomic imprinting defect） 一种导致基因印记异常的遗传缺陷，基因印记是指基因在精子或卵子中获得的特异性表观遗传修饰，使得基因只有在来自父方或母方的一条染色体上表达。基因印记缺失可以是由于基因突变、染色体异常或表观遗传改变引起的，导致基因印记的丢失或增加，影响基因的正常表达。基因印记缺失与一些遗传疾病有关，如普瑞德维利综合征、安吉尔曼综合征和贝克维德综合等。

基质血管组分（stromal vascular fraction，SVF） 一种从脂肪组织中分离出来的细胞混合物,包括脂源性干细胞、基质细胞、内皮细胞、平滑肌细胞、巨噬细胞、淋巴细胞等,具有多种生物学功能和修复能力。SVF可以用于治疗一些炎症性、退行性和自身免疫性疾病,如骨关节炎、糖尿病、肝硬化、神经退行性疾病等。

急性呼吸窘迫综合征(acute respiratory distress syndrome,ARDS) 一种危及生命的非心源性肺水肿,表现为广泛的肺泡实变,肺顺应性降低,严重的低氧血症,难以纠正的呼吸衰竭。

急性移植物抗宿主病(acute graft-versus-host disease,aGVHD) 一种发生在造血干细胞移植后的免疫介导的并发症,由于供者的免疫细胞识别并攻击宿主的组织,导致皮肤、肝脏、胃肠道等器官的损伤。

间充质干细胞(mesenchymal stem cell,MSC) 一种多能性的干细胞,来源于胚胎的中胚层,能够分化为骨细胞、软骨细胞、脂肪细胞等多种间充质细胞,具有免疫调节、抗炎、促进组织修复等功能。

碱性成纤维细胞生长因子(basic fibroblast growth factor,bFGF) 一种广泛分布于人体各种组织的生长因子,能够刺激成纤维细胞、内皮细胞、神经细胞等的增殖和分化,参与血管生成、神经发育、创伤修复等过程。

结缔组织生长因子(connective tissue growth factor,CTGF) 一种新发现的可刺激成纤维细胞增殖和胶原沉积的细胞因子,也称为CCN2,是细胞外基质相关肝素结合蛋白的CCN家族的细胞质蛋白。CTGF在心、肾、肺、肝等组织器官中均有表达,通常以低水平表达,但几乎在所有纤维化病症中显着富集。CTGF在许多生物过程中具有重要作用,包括细胞粘附,迁移,增殖,血管生成,骨骼发育和组织伤口修复。当其过度表达可导致肺纤维化、肝纤维化、肾小球硬化、硬皮病、慢性胰腺炎等多种疾病。

巨噬细胞(macrophage) 一种广泛分布于全身血液、组织的免疫细胞。巨噬细胞能够吞噬和杀灭胞内寄生虫、细菌、肿瘤细胞以及自身衰老和异常的细胞,在人体的免疫防御、免疫自稳和免疫监视中发挥重要作用。巨噬细胞属于吞噬细胞的一种,属于单核细胞系统。

N

N6-甲基腺苷(N6-methyladenosine,m6A) 一种存在于RNA中的最常见的内部修饰,由m6A甲基转移酶复合物催化生成,受到m6A去甲基酶和m6A结合蛋白的调控,影响RNA的稳定性、剪接和翻译等过程。

P

胚胎干细胞(embryonic stem cell) 源自第5~7天的胚胎中内细胞团的初始(未分化)细胞,可在体外非分化状态下"无限制地"自我更新,并且具有向三个胚层所有细胞分化的潜力,但不具有形成胚外组织(如胎盘)的能力。

Q

脐带（umbilical cord） 一种连接母体和胎儿的条索状组织，由一根脐静脉和两根脐动脉组成，外面包有灰白色的羊膜。脐带是母体和胎儿之间气体交换、营养物质供应和代谢产物排出的重要通道。

脐带华通胶间充质干细胞（umbilical cord Wharton's jelly mesenchymal stem cell，UC-WJ-MSC） 一种来源于脐带华通胶的多功能干细胞，华通胶是一种包绕在脐动脉和脐静脉周围含水量丰富的胶样组织。脐带华通胶间充质干细胞具有高度分化潜能、基因稳定、不易突变、无需配型、无排异等特点，广泛应用于疾病治疗及抗衰老研究。

脐带间充质干细胞（umbilical cord mesenchymal stem cell，UC-MSC） 一种存在于新生儿脐带组织中的多功能干细胞，能分化成多种组织细胞，具有广阔的临床应用前景，是目前干细胞临床研究中最常见的干细胞之一。

脐血间充质干细胞（umbilical cord blood mesenchymal stem cell，UCB-MSC） 一种来源于残留在脐带中的血液的多功能干细胞，具有免疫调节、抗炎、促血管生成、促伤口愈合等作用，可用于治疗多种疾病，如白血病、糖尿病、肝硬化等。

前体细胞（progenitor cell） 一种具有分化潜能的细胞，但不具有干细胞的自我更新能力。前体细胞通常是干细胞分化的中间产物，可以分化为特定的细胞类型，但不能分化为其他类型的细胞。

嵌合体实验（chimera experiment） 一种生物学实验方法，指将不同来源或不同物种的细胞或组织混合在一起，形成具有两套或多套基因组的生物体。嵌合体实验可以用于研究发育生物学、遗传学、免疫学、干细胞生物学等领域。

全基因组芯片测序（whole genome microarray sequencing） 一种基因组学的技术，利用芯片上的探针与 DNA 样本进行杂交，检测基因组中的变异、拷贝数变化、甲基化水平等信息。

全基因组亚硫酸氢盐测序（whole genome bisulfite sequencing，WGBS） 一种表观遗传学的技术，利用亚硫酸氢盐处理 DNA 样本，将未甲基化的胞嘧啶转化为尿嘧啶，然后进行高通量测序，分析 DNA 甲基化的全局图谱。

全能性（totipotency） 一种细胞的特性，指能够分化为任何细胞类型，包括胚胎和胎盘的细胞。全能性细胞只存在于受精卵和早期胚胎阶段，是最高级别的分化潜能。

全能性细胞（totipotent cell） 指具有全能性的细胞，能发育成完整成熟的个体或形成胎盘、脐带等附属支持组织。

R

人端粒酶逆转录酶（human telomerase reverse transcriptase，hTERT） 指人类端粒酶的蛋

白质组分,具有逆转录酶的活性,能以端粒酶 RNA 为模板,合成端粒 DNA。

人多能干细胞(human pluripotent stem cell,hPSC) 指人类的一类干细胞,能分化成几乎所有细胞类型,如胚胎干细胞和诱导的多能性干细胞。

人类白细胞抗原(human leukocyte antigen,HLA) 指人类的主要组织相容性复合体,位于第 6 号染色体上,包括一系列紧密连锁的基因座,与人类的免疫系统功能密切相关。

人视网膜色素上皮细胞(human retinal pigment epithelial cell,hRPE) 指位于视网膜外层的一种单层细胞,具有吞噬视网膜感光细胞的外段、吸收散射光、参与视物质的再生等多种功能。

人羊膜来源的间充质干细胞(human amniotic membrane-derived mesenchymal stem cell,hAM-MSC) 指来源于人类羊膜的一种多功能干细胞,具有低免疫原性、高增殖能力、多向分化潜能和分泌多种生长因子和细胞因子的能力。

人羊膜上皮细胞(human amniotic epithelial cell,hAEC) 指来源于人类羊膜的一种上皮细胞,具有低免疫原性、高增殖能力、多向分化潜能和分泌多种生长因子和细胞因子的能力。

S

上皮间质转化(epithelial-mesenchymal transition,EMT) 指一种细胞生物学过程,上皮细胞失去其极性和细胞连接,获得间质细胞的特征和迁移能力,参与发育、组织重塑、创伤愈合和肿瘤转移等过程。

神经干细胞(neural stem cell,NSC) 指一种存在于中枢神经系统的干细胞,具有自我更新和多向分化的能力,能分化成神经元、星形胶质细胞和少突胶质细胞。

神经前体细胞(neural progenitor cell,NPC) 指一种存在于中枢神经系统的细胞,具有有限的自我更新和分化的能力,能分化成神经元、星形胶质细胞和少突胶质细胞,是神经干细胞的下游细胞。

四倍体囊胚互补实验(tetraploid complementation assay) 一种用于评价诱导多能干细胞质量的实验方法,将诱导多能干细胞注入一个经处理获得的四倍体胚胎的囊胚腔,如果能够发育为一个完整的小鼠幼仔,表明诱导多能干细胞具有高度的多能性。

T

体外受精(in vitro fertilization,IVF) 一种辅助生殖技术,通过将取自男女双方或捐赠者的卵子和精子在实验室中进行受精,形成胚胎,然后将胚胎移植到女性的子宫内,以实现怀孕的目的。

体细胞核移植(somatic cell nuclear transfer,SCNT) 一种克隆技术,通过将体细胞的细胞核转移至去除了细胞核的卵母细胞中,使其发生再程序化并发育为新的胚胎,这个胚胎最终发育为与体细胞供体基因相同的动物个体。

条件培养基（conditioned medium） 一种收集了培养过细胞的培养基的上清液，直接用于培养其他细胞或作为其他细胞培养基的添加成分，它里面含有许多由细胞分泌的细胞因子，如生长因子等，可以增强细胞的生长、分化和功能。

W

外泌体（exosome） 一种由细胞分泌的囊泡状结构，直径约为 30~150nm，富含蛋白质、核酸、脂质等生物分子，可以在细胞间进行信息交流，参与免疫调节、细胞分化、肿瘤发生等多种生理和病理过程。外泌体的来源包括多种类型的细胞，如免疫细胞、神经细胞、肿瘤细胞等。

卫星细胞（satellite cell） 一种位于骨骼肌纤维表面的多能干细胞，可以参与肌肉的生长、修复和再生。

X

细胞外基质（extracellular matrix，ECM） 一种由细胞分泌的各种生物大分子组成的三维网络，为细胞提供结构和生化支持，参与细胞间的信号传递和功能调节。

细胞外囊泡（extracellular vesicle，EV） 一种由细胞释放的具有膜结构的小囊泡，可以携带细胞内的蛋白质、核酸和脂质等分子，参与细胞间的通讯和物质转运，包括直径为50~150nm 的小细胞外囊泡（也称为外泌体）和较大的微泡（可达 1 000nm）。

细胞因子风暴（cytokine storm） 一种由机体感染微生物后引起的体液中多种细胞因子如TNF-α、IL-1、IL-6 等迅速大量产生的现象，可以导致急性呼吸窘迫综合征和多脏器衰竭等严重后果。

细胞制剂（cell preparation） 一种通过物理或化学的方法将药物或纳米药物荷载于活细胞的新型药物制剂，可以利用细胞的特异性和活性，提高药物的靶向性和生物利用度。

小肠干细胞（intestinal stem cell，ISC） 一种位于小肠黏膜隐窝基底部的干细胞，参与正常胃肠道上皮的维持，以及损伤或应激下的再生。小肠干细胞不断向隐窝顶部迁移，在迁移过程中分化形成吸收细胞、分泌细胞等不同的肠黏膜细胞。小肠干细胞的标志物有 Lgr5、Olfm4、CD133 和 Lrig1 等。

小鼠胚胎成纤维细胞（mouse embryonic fibroblast，MEF） 一种原代培养细胞，其刺激增殖的能力强且可靠、易培养、来源丰富，常被用作干细胞培养的饲养层。一方面提供刺激干细胞增殖的各种因子，另一方面保持干细胞的未分化状态。虽然小鼠胚胎成纤维细胞传代次数有限，但可早期冻存一些，不断复苏，保持长期使用。

血管紧张素转换酶 2（angiotensin-converting enzyme 2，ACE2） 一种存在于人体多种细胞表面的酶，具有调节血压、心功能和炎症反应的作用，也是新型冠状病毒（SARS-CoV-2）的主要受体。

血管内皮生长因子（vascular endothelial growth factor，VEGF） 一种刺激血管生成和增殖的生长因子，对于组织修复和再生有重要作用，也与肿瘤的血管化和转移有关。

Y

牙髓（dental pulp，DP） 一种存在于牙齿内部的软组织，由血管、神经、淋巴管和间质细胞组成，具有感受刺激、保护牙齿、维持牙齿活力和修复牙齿损伤的功能。

亚全能性（subpotency，SP） 一种介于多能性和单能性之间的分化潜能，指细胞可以分化为某一胚层或某一系统的多种细胞类型，但不能分化为所有细胞类型。

移植物抗宿主病（graft-versus-host disease，GVHD） 一种由造血干细胞移植后产生的免疫并发症，指移植物中的免疫细胞可以识别和攻击受体的正常组织，导致皮肤、肝脏、胃肠道等器官的损伤。

诱导多能性干细胞（induced pluripotent stem cell，iPSC） 一类通过基因转染等细胞重编程技术人工诱导获得的，具有类似于胚胎干细胞多能性分化潜力的干细胞。

原始态（naive state） 指一种胚胎干细胞的状态，具有高度的自我更新和多能性，能分化成三胚层和胎盘细胞，是最原始的胚胎干细胞状态。

Z

造血干细胞（hemopoietic stem cell，HSC） 是一群具有自我更新和分化产生各类谱系的功能性血细胞的一个特异性细胞群体，是造血系统的源头。

脂肪干细胞（adipose stem cell，ASC） 一种来源于脂肪组织的多能干细胞，具有分化为脂肪细胞、成骨细胞、软骨细胞等多种细胞的能力，也具有免疫调节和抗炎的作用。

重度联合免疫缺陷小鼠（severe combined immunodeficiency mouse，SCID） 一种用于研究免疫系统和肿瘤的动物模型，具有严重的免疫缺陷，无法产生功能正常的 B 细胞和 T 细胞，易于接受人类细胞或组织的移植。

主要组织相容性复合体（major histocompatibility complex，MHC） 一种存在于细胞表面的分子，可以呈递抗原给 T 细胞，从而激活免疫应答，也可以影响组织的相容性和排斥反应，分为 Ⅰ 类和 Ⅱ 类两种类型。

转化生长因子-β（transforming growth factor beta，TGF-β） 一种具有多种生物学功能的生长因子，可以调节细胞的增殖、分化、迁移、凋亡、基质合成等过程，参与组织发育、修复、纤维化、肿瘤等多种生理和病理过程。

滋养层细胞（feeder cell，FC） 一种用于维持其他细胞的生长和分化的细胞，通常是经过辐射或化学处理的，失去了自身的增殖能力，但仍能分泌一些生长因子和细胞外基质，为其他细胞提供营养和支持。

滋养外胚层（trophectoderm，TE） 一种存在于哺乳动物囊胚中的外胚层，由围绕内细胞团的单层细胞组成，可以分化为胎盘和羊膜等滋养组织，为胚胎的着床和发育提供条件。

自然杀伤细胞（natural killer cell，NK cell） 一种具有自然杀伤活性的免疫细胞，可以识别和杀死被病毒感染或癌变的细胞，也可以分泌一些细胞因子，参与免疫调节。

自我更新（self-renewal，SR） 一种指细胞通过有丝分裂产生与自身具有相同特性的细胞的能力，是细胞的一种生物学特性，对于维持细胞数量和功能有重要作用，尤其是对于干细胞和肿瘤细胞。

组蛋白甲基转移酶（histone methyltransferase，HMT） 一种可以催化组蛋白的赖氨酸或精氨酸残基上的甲基化反应的酶，参与染色质的重塑和基因的表达调控，与发育、分化、肿瘤等过程有关。

组蛋白去乙酰化酶（histone deacetylases，HDAC） 一种可以催化组蛋白的赖氨酸残基上的去乙酰化反应的酶，导致染色质的凝缩和基因的沉默，与细胞周期、凋亡、分化、肿瘤等过程有关。

组蛋白乙酰转移酶（histone acetyltransferase，HAT） 一种可以催化组蛋白的赖氨酸残基上的乙酰化反应的酶，导致染色质的松弛和基因的激活，与转录、DNA 修复、染色体稳定等过程有关。

祖细胞（progenitors） 一类只能向特定细胞系列分化，并且只具备有限的分裂增殖能力的成体细胞。